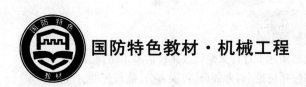

国防特色教材·机械工程

自行火炮推进系统

（上册）

张培林　何忠波　白鸿柏　等编著

哈爾濱工業大學出版社

北京航空航天大学出版社　北京理工大学出版社

哈尔滨工程大学出版社　西北工业大学出版社

内容简介

本书以我军自行火炮新装备为对象,系统地阐述了自行火炮推进系统的基本结构及工作原理,设计、制造、验收的基本要求与方法。全书包括绪论、动力部分、传操部分、液压传动、行动部分、轮式自行火炮底盘、行驶原理共 6 篇 25 章。本书特点是:结构与原理相融合,设计与制造相结合,使用与保障兼顾,体现了本书的理论价值与工程实践价值。

本书内容系统完整、针对性强,主要作为机械工程自动化(自行火炮方向)专业大学本科学员自行火炮推进系统课程的教学用书,也可供科研院所、部队、兵器试验、军代表等单位相关专业的科技人员参考。

图书在版编目(CIP)数据

自行火炮推进系统:全 2 册/张培林,何忠波,白鸿柏等编著.
—哈尔滨:哈尔滨工业大学出版社,2012.4
ISBN 978 - 7 - 5603 - 3556 - 8

Ⅰ.①自…　Ⅱ.①张…②何…③白…　Ⅲ.①自行火炮-推进系统-高等学校-教材　Ⅵ.①TJ818

中国版本图书馆 CIP 数据核字(2012)第 056104 号

自行火炮推进系统

张培林　何忠波　白鸿柏　等编著
责任编辑　杨　桦　范业婷　李长波

*

哈尔滨工业大学出版社出版发行
哈尔滨市南岗区复华四道街 10 号(150006)　发行部电话:0451 - 86418760　传真:0451 - 86414749
http://hitpress.hit.edu.cn
哈尔滨工业大学印刷厂印装　各地书店经销

*

开本:787×960　1/16　印张:67.75　插页:2　字数:1 360 千字
2012 年 4 月第 1 版　2012 年 4 月第 1 次印刷　印数:1 000 册
ISBN 978 - 7 - 5603 - 3556 - 8　定价:138.00 元

前　言

　　《自行火炮推进系统》是"十一五"期间国防特色教材,是机械工程与自动化(自行火炮方向)专业大学本科和研究生用书,也可作为相关专业人员以及科研院所、部队、兵器试验、军代表等单位相关人员参考用书。

　　《自行火炮推进系统》以我军现役自行火炮新装备为主要对象,在汲取自行火炮设计、生产、试验和教学领域的实践经验以及总结研究成果的基础上编著而成。本书突破了装备型号限制,全面阐述了自行火炮推进系统的结构、工作原理以及设计论证、制造与验收的要求,着重体现了我军自行火炮新装备的高新技术,综合阐述了推进的基础理论、新型结构原理,对比分析了各种结构的工作原理、技术特点。总之,本书力求建立自行火炮推进系统完整的系统概念,突出高新技术特色,注重理论研究,融合教学科研成果。全书概括为履带式自行火炮推进系统结构原理及行驶原理、轮式自行火炮推进系统结构原理及水上行驶原理等内容。张培林教授编著第1~3篇,何忠波副教授编著第4、5篇,白鸿柏教授编著第6篇,任国全副教授、曹凤利讲师、周景涛讲师编著了本书各章节的多媒体素材。全书由张培林教授统稿。

　　由于编者水平所限,本书难免有缺点和疏漏,望读者提出宝贵意见。

编　者

2010 年 2 月于石家庄

目　　录

第一篇　动力部分

第二篇　传操部分

绪　论

现代自行火炮是具有远距离自行机动能力和一定独立作战能力的综合火力支援系统。自行火炮属于装甲战斗车辆，但它是具有特定功能的装甲战斗车辆，它的战斗任务、战术运用不同于其他作为突击兵器使用的坦克、装甲车辆，也不同于牵引火炮。其战术技术性能上，机动能力、防护能力和车辆电子技术等方面具有坦克装甲车辆特征；弹道性能、弹药技术、火控技术等具有野战炮兵武器特征。现代车辆、武器、电子、光电、控制等先进技术的综合运用使自行火炮成为技术先进、结构复杂的综合武器系统，标志着炮兵武器的重要发展，代表了炮兵武器的发展方向，是炮兵武器装备中重要的组成部分。

一、自行火炮的产生与发展趋势

（一）自行火炮的产生与发展概况

现代工业技术的进步，带来了兵器技术的革命。在第一次世界大战中，履带式战斗车辆的应用与发展，促进了炮兵武器自行化的到来。1917 年，英国以其 I 型坦克为基础，运载 1 门 152 mm 榴弹炮，制成第一门自行火炮，被称为"运载火炮的坦克"；1918 年，法国制成以"雷诺"等坦克底盘为基础、口径为 75～280 mm 的自行火炮 6 门。法国在第一次世界大战后期曾形成"除了重、远程火炮外，其余火炮都应自行化"的设想。

20 世纪 20 年代初，由于技术问题，更由于炮兵没有看到对自行火炮的战术需要，在"自行火炮动力系统一旦失效，意味着全武器系统失去作战能力"这一主要理由影响下，当时法、美、英等主要工业国，终止了自行火炮的发展。直至第二次世界大战前，德、美等国仍然认为"牵引火炮就能满足作战需要"，牵引火炮仍然是各国装甲师、机械化师中的主要火力支援武器。

第二次世界大战爆发后，装甲兵作战思想的发展与成功运用，使主要交战国看到了自行火炮的战术需要。装甲兵在实施高速度、大纵深突击与反突击作战中，其主要作战对象是进攻与防御中的敌方坦克、前沿防御力量、后方火力支援力量，当时坦克火炮口径一般在 75～90 mm，而且是低伸弹道直瞄火炮，仅依靠坦克自身火力不足以抗击敌方性能更先进的坦克，也难于有效地歼灭或压制前沿防御力量和纵深内的火力支援力量。因此，攻防双方都迫切需要机动能力与坦克相当、火力强大的火力支援武器。在此战术背景下，一些国家的军队装备了重型坦克，火炮口径在 90～122 mm 之间，坦克质量在 45～55 t。但坦克质量的增加限制了机动性能，而新型坦克的研制与装备需要一定的时间过程，因此用重型坦克作为火力支援武器并没有达到预期的战术效果。

为满足战争需要，主要交战国纷纷利用现有坦克底盘，甚至对已经淘汰的坦克底盘进行改装,提高武器装备生产速度,前苏联曾经在 25 天内就研制生产出 152 mm 自行加榴炮;通过加装大口径火炮提高武器威力;采用固定的敞开或半封闭的炮塔简化结构、降低成本。经过如此改装,就派生出了又一种结构形式的武器——自行火炮,这实际上也是第一次世界大战中自行火炮的发展,它以直接瞄准射击为主,必要时也可以进行间接瞄准射击,主要用于反坦克作战,以弥补坦克火力的不足。第二次世界大战期间,交战各方从各自的立场和需要出发,迅速地发展了不同结构形式和用途的自行火炮。特别是反坦克作战的迫切需要,使自行反坦克炮在德国和前苏联得到迅速发展。1945 年,德军自行反坦克炮数量超过了坦克数量,而前苏联各种自行火炮数量达到 22 000 门;美、英也相继研制了 105 mm、155 mm、203 mm 口径系列的自行榴弹炮装备其装甲师;美军装甲师的炮兵,在第二次世界大战结束前全部实现自行化。

自行火炮具有大口径牵引火炮的威力,以及与坦克相当的机动能力和一定的防护性能,一方面弥补了坦克火力的不足;另一方面伴随坦克及步兵作战,提供了不间断的火力支援,正像成功运用了自行火炮的前苏联所称的"自行火炮像坦克影子一样,一面支援它,一面跟随着前进……"。也正是自行火炮在战争中的成功运用,促进了战后各国炮兵从牵引化向自行化发展,自行火炮的战术技术性能得到发展与完善,并成为现代炮兵武器装备的重要组成部分。

(二)自行火炮发展趋势

近年来爆发的世界局部战争,使主要军事大国武器装备在质量上、数量上都在发生重大变化,而自行火炮在各国武器装备中的比重也在增加。20 世纪 80 年代中期,主要军事大国装甲师自行火炮所占火炮装备数量的比例已分别达到:美军 69%,英军 62%,联邦德国 89%,前苏联 73%;80 年代后期,西方主要军事大国装甲师压制类火力支援武器及防空武器基本实现了自行化,美陆军炮兵装备中,牵引火炮与自行火炮之比为 1∶1.6,自行火炮的数量超过了牵引火炮,火炮自行化是世界各国火炮发展的趋势。

在自行火炮装备数量发生变化的同时,高新技术广泛应用,使自行火炮的战术性能也在发生重大变化。在技术上,自行火炮发展的主要趋势仍然是"增强火力、提高机动性和防护能力"。具体表现在:

1. 增大射程

增大射程的主要方式是进一步加长身管,以美国为首的西方国家,20 世纪 90 年代中后期发展的自行火炮身管长度已经为 52 倍口径。增加射程的另外途径是发展新型远程炮弹,射程达到 50 ~ 60 km。研制新概念火炮,除采用半可燃药筒、全可燃药筒技术外,液体发射药火炮、电热炮、电磁炮等将有重大发展。

2. 发展新型弹药及弹炮合一技术

新型末端制导炮弹、主动寻炮弹及子母弹正在兴起。在近年发生的世界局部战争中已经应用,火炮发射导弹技术也是各国研究的重要内容。新型弹药与弹炮合一技术不仅能增加弹药与火炮的战术应用范围,还将提高火炮与弹药系统的综合战术技术性能。

3. 提高通信、指挥、情报、控制能力

发展野战炮兵通信、指挥、情报、控制系统是各国炮兵的重要研究内容。采用弹道计算机和数字通信、卫星导航定位系统、火炮自动控制技术,使自行火炮具备自主作战能力和灵活的火力机动与反应能力。

4. 增强装备的战场生存能力

具有高度的战场生存能力是充分发挥武器装备优良战术技术性能的保证,也是装备战斗力的组成部分。未来自行火炮在技术手段和结构设计上,对战场生存能力将给予足够重视,通过加强装甲防护、隔舱化设计、威胁保护以及采用高性能的灭火抑爆装置来提高自身主动与被动防护能力,通过提高运动机动能力,进一步增强快速反应能力和战场生存能力。

5. 提高机动性

提高火炮机动性至关重要,主要措施:一是采用更紧凑的动力系统,缩小体积减轻重量,增大发动机功率密度和提高使用可靠性,以及采用更加优化的传操系统,使火炮的行驶速度和行程能与现代主战坦克相适应。二是发展轮式自行火炮,部分取代现有履带式自行火炮,以提高火炮在公路上的机动能力。

6. 采用新技术

由于高科技的发展,火炮技术也有了新的飞跃,产生了液体发射药技术、电磁推进技术、机器人和人工智能技术等。新技术将在火炮上得到应用和发展,比如155 mm液体发射药榴弹炮、电热炮和机器人榴弹炮正在进行研制和试验。

展望未来,自行火炮必将以更大的威力、更好的机动性和更强的生存力出现在战场上。

(三)我军自行火炮发展概况

20世纪80年代以来,是我军自行火炮装备建设的重要发展时期。各兵种根据现代战争对炮兵武器的要求,对自行火炮种类、性能、结构的研究不断深化,执行不同作战任务、性能和结构比较先进的自行火箭炮、自行迫击炮、自行无坐力炮、自行榴弹炮、自行高射炮等自行火炮陆续装备部队,特别是炮兵履带式自行火炮研制并装备部队,使自行火炮装备建设发生了质的变化,其结构和性能符合现代化的重要标志,也是我军武器装备现代化的重要组成部分。其典型装备是自行加榴炮、自行反坦克炮、自行榴弹炮、自行火箭炮。

二、自行火炮大部组成与功用

　　随着高新科技的发展,为适应现代战争的需要,自行火炮的性能越来越完善,结构也就越来越复杂,但其组成基本相同。

　　自行火炮主要由火力与控制系统、推进系统、辅助系统等组成。自行火炮大部组成见图0.1。

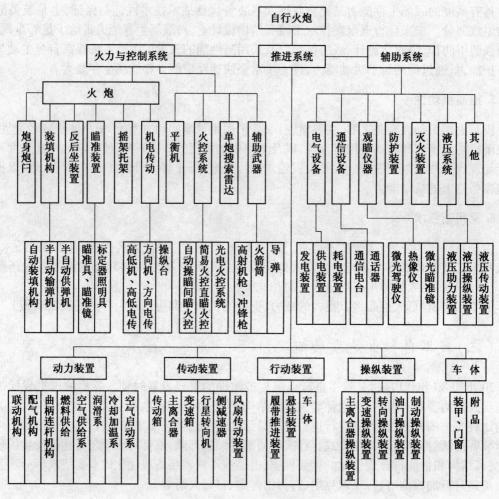

图0.1　自行火炮大部组成框图

（一）火力与控制系统

火力与控制系统用于与火药气体配合,快速、准确地赋予弹丸一定的初速、旋转速度(旋速)和飞行方向。一般由火炮、火控系统和辅助武器组成。

1. 火炮

火炮是火力系统的主体,在其他系统的配合下赋予弹丸初速、旋速和飞行方向。身管式的自行火炮由炮身、炮闩、半自动装填机、摇架、反后坐装置、方向装置、高低装置、电传或伺服装置、平衡机、瞄准装置和炮塔等组成。自行火箭炮由定向器、起落架、平衡机、瞄准机、瞄准装置、炮塔等组成。其中身管式自行火炮炮身、反后坐装置、平衡机用了牵引火炮和坦克火炮成熟的结构原理,自行火箭炮的定向器、发火系统、机电传动系统也采用了轮式自行火箭炮相近的结构,在继承的基础上,根据自行火炮的战术技术要求,结构形式有较大的改变。每门炮配备各类炮弹 30～70 发(自行小高炮除外)。

2. 火控系统

火控系统指用于搜索、发现目标、跟踪目标、控制武器瞄准、发射的整套自动化或半自动化装置,是提高武器反应速度、射击精度的关键部件。根据不同的战术、技术要求,火控系统的组成与用途也不同。现在我军装备的自行火炮配有自动操瞄系统和简易火控系统、光电火控系统。

3. 辅助武器

辅助武器是自行火炮完成作战任务的重要保证之一,主要由高平两用机枪和火箭筒等组成。根据战术技术要求的不同,所配辅助武器的型号、种类有所不同。

高平两用机枪主要用于歼灭俯冲的敌机、直升机和敌空降目标,还可以对地面的轻型装甲目标和火力点进行射击。主要由机枪、枪架和附件组成。机枪由枪管、机匣、活动部分、受弹机、击发机、瞄准装置、把手部和弹箱等组成;枪架由托叉、摇架、高低机、平衡机、瞄准镜支架和发射装置等组成。

（二）推进系统

推进系统是自行火炮的重要组成部分,用于运载火力系统以及安装所有机件、搭载乘员、实施机动;承受各种负荷,为自行火炮提供动力和自行机动牵引力,主要采用履带式自行火炮中型、轻型通用底盘,由动力装置、传动装置、操纵装置、行动装置等组成(见图 0.2)。

1. 动力装置

动力装置是自行火炮的动力源,用于将燃料燃烧的化学能转换为机械能。由曲柄连杆机

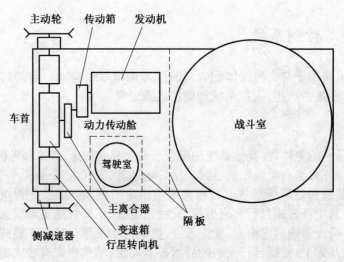

图 0.2　152 mm 自行加榴炮推进系统布置示意图

构、配气机构、联动机构、供给系、润滑系、冷却加温系、空气启动系组成。由于自行火炮具体战术技术性能不同,发动机型号也有不同,但基本结构和工作原理一致。

2. 传动装置

传动装置是发动机和主动轮之间,有运动及动力联系的所有部件的总称,用于传递和切断发动机至主动轮的动力;当发动机的扭矩、转速不变时,可增大主动轮的扭矩和转速的变化范围,以改变车辆运动时的牵引力和速度;实现前进、倒车、转向、制动与停车;带动风扇、空气压缩机、液压泵工作。由传动箱、主离合器及其操纵装置、变速箱及其操纵装置,行星转向机及其操纵装置和侧减速器组成。

3. 操纵装置

操纵装置用于控制推进系统各机构的动作,以使自行火炮得到相应的运行速度和运行方式。自行火炮操纵装置由发动机油门操纵装置、主离合器操纵装置、变速操纵装置、转向操纵装置组成,除油门操纵装置外,其他操纵装置多数有液压助力系统或液压操纵系统。

4. 侧减速器

侧减速器位于车体前部两侧,在行星转向机和主动轮之间,用于以固定的传动比增大行星转向机传给主动轮的扭矩,并相应地降低主动轮的转速。

5. 行动装置

行动装置是自行火炮的重要组成部分之一,用于支承自行火炮,实现自行火炮运动,并保证自行火炮平稳行驶及通过一定障碍,承受行驶中的冲击负荷及火炮射击时的负荷。行动装置由车体、推进装置和悬挂装置组成。

推进装置用于将传动装置传来的扭矩变为牵引力,使自行火炮运动,提高通行能力,并承受自行火炮的质量。

悬挂装置是指车体和负重轮实现弹性连接的所有零部件总称,用于减缓自行火炮行进间所受的撞击、振动,以提高自行火炮行驶的平稳性和工作的可靠性。

(三)辅助系统

自行火炮火力系统、推进系统与辅助系统相互配合,使自行火炮构成一个综合武器系统。在自行火炮总体战术技术性能中,它起相当重要的作用。随着现代科学技术的发展,以及现代指挥、情报、通信、控制、夜视、车辆电子和主、被动防护等技术在自行火炮上的广泛应用,自行火炮辅助系统对自行火炮战术技术性能的影响越来越大,并且正在不断促进自行火炮战术技术性能的发展,成为不可缺少也不能替代的部分。

自行火炮辅助系统主要由电气系统、通信系统、夜视仪器、观瞄仪器、三防装置、烟幕装置、液压系统等组成,根据各种自行火炮的不同战术技术要求,其辅助系统的组成也不完全相同。

复　习　题

0-1　简述自行火炮的发展趋势。

0-2　自行火炮一般由哪几部分组成,每一部分的作用是什么?

0-3　推进系统由哪些部分组成? 每一部分的作用是什么?

第一篇 动力部分

动力装置是自行火炮的动力源,是决定自行火炮机动性的重要因素。由发动机、供给系、润滑系、冷却加温系和启动系组成。

第1章 概　　述

1.1　发动机的分类

1.1.1　发动机的概念

自然界蕴藏着丰富的能量资源。人类在长期劳动实践中，逐渐地掌握了各种能源的特性，并制作出各种各样的动力机械。如将风力转变为机械能的风车，将水的动能转变为机械能的水轮机，将热能转变为机械能的热机等。这种将一种能量转变为机械能的机器，叫做发动机。如风力发动机(简称风力机)、水力发动机(简称水力机)、热力发动机(简称热机)等。

热力发动机一般分为内燃机和外燃机。燃料直接在发动机内部进行燃烧的热机叫做内燃机。一般所说的内燃机都是指往复活塞式内燃机，其基本特点是燃料在汽缸内直接燃烧，推动活塞往复运动而做功。习惯上又把内燃机称为发动机。

1.1.2　发动机的分类

发动机的类型和分类方法很多。

1. 按用途分

固定式：用于发电站、排灌站带动水泵等；

移动式：作为运输工具的动力，战斗车辆和其他机械的动力。

2. 按所用的燃料分

轻质燃料如汽油、酒精等发动机(汽油机)；

重质燃料如轻柴油和重柴油等发动机(柴油机)。

3. 按混合气形式的方式分

外部混合：在进气过程中通过装在进气管处的汽化器，使燃料与空气混合后充入汽缸，汽油机采用这种方式；

内部混合：在压缩冲程接近终点时，将燃料喷入汽缸，在缸内与空气混合，柴油机采用这种方式。

4. 按着火方式分

点燃式:燃料的燃烧靠火花塞产生的火花为火源对混合气点火燃烧,汽油机采用这种着火方式;

压燃式:燃料靠压缩冲程接近终点时,汽缸内气体的高温使其自燃着火,柴油机采用这种着火方式。

5. 按完成一个工作循坏的冲程数分为

二冲程:活塞运行两个冲程,即曲轴旋转一周完成一个循环;

四冲程:活塞运行四个冲程,即曲轴旋转两周完成一个循环。

6. 按进气方式分

非增压式:发动机进气冲程进入缸内的空气靠下行吸入;

增压式:利用与进气管连通的增压器,将外界空气增高压力后充入汽缸。

7. 按冷却方式分

液冷式:用液体(通常用水)对发动机进行冷却;

风冷式:用空气对发动机进行冷却。

由于冷却方式的不同而引起了内燃机的部分结构、性能和使用条件的变化。但风冷内燃机与液冷内燃机有很多共性:如曲柄连杆机构、配气驱动机构、供油系、润滑系、启动系、点火系(汽油机)等方面是相同或相似的。风冷与液冷内燃机各有不同的优缺点,从科学技术发展的历史看,它们各有自己的难点要突破;而工艺水平的不断提高,有利于它们扬长避短。风冷内燃机与液冷内燃机就是这样相互促进、取长补短、共同发展的。

8. 按照发动机转速或活塞平均运动速度分

高速:发动机转速大于 1 000 r/min 或大于 9 m/s;

中速:发动机转速为 500 ~ 1 000 r/min 或为 6 ~ 9 m/s;

低速:发动机转速小于 500 r/min 或为 4 ~ 6 m/s。

1.2　内燃机的基本知识

1.2.1　构造及常用术语

1. 内燃机总体构造

发动机是一种由许多机构和系统组成的复杂机器。无论是汽油机,还是柴油机;无论是四冲程发动机,还是二冲程发动机;无论是单缸发动机,还是多缸发动机,要完成能量转换,实现工作循环,保证长时间连续正常工作,都必须具备以下一些机构和系统。

(1)曲柄连杆机构

曲柄连杆机构是发动机实现工作循环、完成能量转换的主要运动零件。它由机体组、活塞连杆组和曲轴飞轮组等组成。在做功冲程中,活塞承受燃气压力在汽缸内做直线运动,通过连杆转换成曲轴的旋转运动,并从曲轴对外输出动力。而在进气、压缩和排气冲程中,飞轮释放能量又把曲轴的旋转运动转化成活塞的直线运动。

(2)配气(气体分配)机构

配气机构的功用是根据发动机的工作顺序和工作过程,定时开启和关闭进气门和排气门,使可燃混合气或空气进入汽缸,并使废气从汽缸内排出,实现换气过程。配气机构大多采用顶置气门式配气机构,一般由气门组、气门传动组和气门驱动组组成。

(3)联动(传动)机构

将曲轴的部分动力传给配气机构和发动机附件(如高压柴油泵、空气分配器、低压柴油泵、机油泵、水泵和发电机),保证配气机构和附件能与曲柄连杆机构的运动相配合,使发动机能正常运转。

(4)燃料供给系

汽油机燃料供给系的功用是根据发动机的要求,配制出一定数量和浓度的混合气,供入汽缸,并将燃烧后的废气从汽缸内排放到大气中去。

柴油机燃料供给系的功用是把柴油和空气分别供入汽缸,在燃烧室内形成混合气并燃烧,最后将燃烧后的废气排出。

(5)润滑系

润滑系的功用是向做相对运动的零件表面输送定量的清洁润滑油,以实现液体摩擦,减小摩擦阻力,减轻机件的磨损,并对零件表面进行清洗和冷却。润滑系通常由润滑油道、机油泵、机油滤清器和一些阀门等组成。

(6)冷却系

冷却系的功用是将受热零件吸收的部分热量及时散发出去,保证发动机在最适宜的温度状态下工作。水冷发动机的冷却系通常由冷却水套、水泵、风扇、水箱、节温器等组成。风冷发动机一般由风扇、导风罩、散热片等组成。

(7)启动系

要使发动机由静止状态过渡到工作状态,必须先用外力转动发动机的曲轴,使活塞做往复运动,汽缸内的可燃混合气燃烧膨胀做功,推动活塞向下运动使曲轴旋转,发动机才能自行运转,工作循环才能自动进行。因此,曲轴在外力作用下开始转动到发动机开始自动地怠速运转的全过程,称为发动机的启动。完成启动过程所需的装置,称为发动机的启动系。

轻型车辆主要采用电动机启动,而重型车辆除采用电动机启动外,还采用高压空气启动。

(8)点火系

在汽油机中,汽缸内的可燃混合气靠电火花点燃,为此在汽油机的汽缸盖上装有火花塞,火花塞头部伸入燃烧室内。能够按时在火花塞电极间产生电火花的全部设备称为点火系,点火系通常由蓄电池、发电机、分电器、点火线圈和火花塞等组成。

2. 基本构造

柴油机的基本构造如图1.1所示。由汽缸体、汽缸盖、活塞、连杆、曲轴、曲轴箱、凸轮轴和气门等组成。

3. 常用术语(见图1.2)

(1)上止点

活塞运动时,活塞顶在汽缸内所能达到的最高位置。活塞在上止点时曲轴转角为0°。

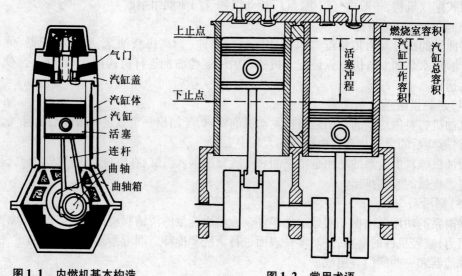

图1.1　内燃机基本构造　　　　　　**图1.2　常用术语**

(2)下止点

活塞运动时,活塞顶在汽缸内所能达到的最低位置。活塞在下止点时曲轴转角为180°。

(3)活塞冲程

上、下止点之间的距离(又称活塞行程)。曲轴每转180°,即相当于一个活塞冲程S。

(4)曲柄半径

曲轴旋转中心到曲柄销中心之间的距离称为曲柄半径,一般用R表示。通常活塞冲程为曲柄半径的两倍:

$$S = 2R$$

(5)汽缸工作容积

活塞从一个止点运动到另一个止点所扫过的容积称为汽缸工作容积。一般用V_h表示:

$$V_h = \frac{\pi}{4} D^2 S \times 10^{-6}$$

式中，D 为汽缸直径，mm；S 为活塞冲程，mm。

（6）燃烧室容积

活塞位于上止点时，其顶部与汽缸盖之间的容积称为燃烧室容积，一般用 V_c 表示。

（7）汽缸总容积

活塞位于下止点时，其顶部与汽缸盖之间的容积称为汽缸总容积，一般用 V_a 表示。显而易见，汽缸总容积就是汽缸工作容积和燃烧室容积之和：

$$V_a = V_c + V_h$$

（8）发动机排量

多缸发动机各汽缸工作容积的总和，称为发动机排量，一般用 V_L 表示：

$$V_L = V_h \cdot i$$

式中，i 为汽缸数目。

（9）压缩比

压缩比是发动机中一个非常重要的概念，压缩比表示气体的压缩程度，它是气体压缩前的容积与气体压缩后的容积之比值，即汽缸总容积与燃烧室容积之比称为压缩比。一般用 ε 表示：

$$\varepsilon = \frac{V_a}{V_c} = \frac{V_h + V_c}{V_c} = 1 + \frac{V_h}{V_c}$$

通常汽油机的压缩比为 6～10，柴油机的压缩比较高，一般为 16～22。

（10）工作循环

每个工作循环包括进气、压缩、做功和排气过程，即完成进气、压缩、做功和排气四个过程称为一个工作循环。

1.2.2 四冲程柴油机工作原理

发动机每做一次功，要经过进气、压缩、做功、排气四个动作的连续过程（即四冲程，见图1.3），以便将柴油机的化学能转变为热能，再将热能转变为机械能。

1. 进气冲程

进气门开放，排气门关闭，活塞从上止点下行，活塞上部汽缸容积增大，汽缸内压力降低。由于外界空气压力高于汽缸内的压力，所以空气由进气门进入汽缸。当活塞下行至下止点时，进气门关闭，进气冲程结束。此时汽缸内的压力为 0.08～0.09 MPa，温度为 30～60 ℃。

2. 压缩冲程

进、排气门关闭，活塞由下止点上行，将汽缸内的空气压缩至燃烧室，压力、温度升高。压缩终了时，汽缸内的压力为 3～3.5 MPa，温度为 550～650 ℃。压缩冲程快结束时，柴油以高压喷入汽缸与压缩空气混合，当温度达到柴油自燃点（在大气压力下为 300～400 ℃）时，便自行着火燃烧。

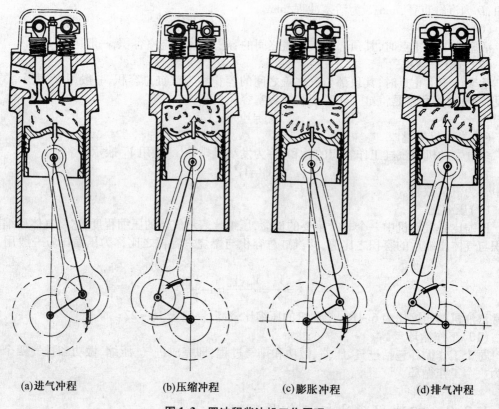

(a)进气冲程　　　　　(b)压缩冲程　　　　　(c)膨胀冲程　　　　　(d)排气冲程

图 1.3　四冲程柴油机工作原理

3. 做功冲程

柴油燃烧后,汽缸内气体的温度、压力急剧上升,最高温度可达 1 700 ~ 2 000 ℃,最高压力可达 8 ~ 10 MPa。活塞在气体压力的作用下,从上止点下行,经连杆带动曲轴旋转,将柴油燃烧后的热能转变为机械能。活塞行至下止点,做功冲程结束。此时,汽缸内的压力降至 0.3 ~ 0.4 MPa,温度降至 700 ~ 900 ℃。

4. 排气冲程

做功冲程结束,排气门开放,活塞从下止点上行,由于燃烧后的废气压力高于外界空气压力,加上活塞的推压,废气以高速从排气门排出。活塞行至上止点,排气门关闭,排气冲程结束。此时汽缸内的压力为 0.11 ~ 0.12 MPa,温度为 500 ~ 600 ℃。

综上所述,活塞在汽缸内上、下各两次,曲轴旋转两圈,完成进气、压缩、做功、排气四个动作的连续过程,产生一次动力。重复这个过程,发动机即不断地工作。

1.2.3　发动机名称和型号编制规则

为了便于内燃机的生产管理和使用,国家标准(GB725—82)《内燃机产品名称和型号编制规则》中对内燃机的名称和型号作了统一规定。

1. 内燃机的名称和型号

内燃机名称均按所使用的主要燃料命名,例如汽油机、柴油机、煤气机等。

内燃机型号由阿拉伯数字和汉语拼音字母组成。

内燃机型号由以下四部分组成。

首部:为产品系列符号和换代标志符号,由制造厂根据需要自选相应字母表示,但需主管部门核准。

中部:由缸数符号、汽缸排列形式符号、冲程符号和缸径符号等组成。

后部:结构特征和用途特征符号,以字母表示。

尾部:区分符号。同一系列产品因改进等原因需要区分时,由制造厂选用适当符号表示。

2. 内燃机型号的排列顺序及符号所代表的意义

内燃机型号的排列顺序及符号所代表的意义的规定如图1.4所示。

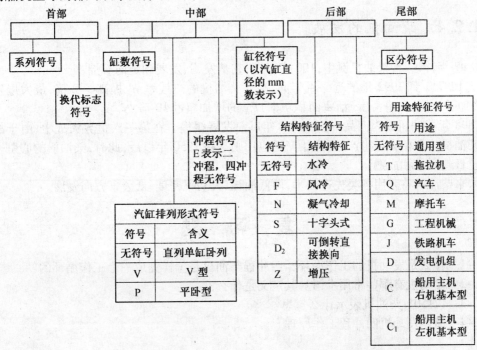

图1.4　内燃机型号的排列顺序及符号所代表的意义

3. 型号编制举例

（1）汽油机

1E65F：表示单缸，二冲程，缸径 65 mm，风冷通用型；

4100Q：表示四缸，四冲程，缸径 100 mm，水冷车用；

4100Q-4：表示四缸，四冲程，缸径 100 mm，水冷车用，第四种变型产品；

CA6102：表示六缸，四冲程，缸径 102 mm，水冷通用型，CA 表示系列符号；

8V100：表示八缸，四冲程，缸径 100 mm，V 型，水冷通用型；

TJ376Q：表示三缸，四冲程，缸径 76 mm，水冷车用，TJ 表示系列符号；

CA488：表示四缸，四冲程，缸径 88 mm，水冷通用型，CA 表示系列符号。

（2）柴油机

195：表示单缸，四冲程，缸径 95 mm，水冷通用型；

165F：表示单缸，四冲程，缸径 65 mm，风冷通用型；

495Q：表示四缸，四冲程，缸径 95 mm，水冷车用；

6135Q：表示六缸，四冲程，缸径 135 mm，水冷车用；

X4105：表示四缸，四冲程，缸径 105 mm，水冷通用型，X 表示系列符号；

12V150L：表示十二缸，V 型，四冲程，缸径 150 mm，水冷，履带车用。

1.2.4　柴油机的发展

1897 年，第一台柴油机诞生，100 多年来，它从发明、发展到走向辉煌。

从 1897 年到 1992 年的近一百年间，高速柴油机的热效率 η_e 提高了 2 倍，最大爆发压力 p_{zmax} 增加了 5 倍，功率密度（活塞面积功率）P_A 的增加超过 10 倍。

1898 年柴油机成为商品，但在 1914 年以前发展缓慢。在第一次世界大战中，由于战争的需要柴油机才开始大量生产，而开始广泛应用则是在 1950 年以后，此时，柴油机的心脏——喷油泵已日趋完善和成熟。

未来柴油机将采用各类先进技术，向低油耗、大功率密度、低公害方向发展。

复　习　题

1-1　什么是发动机的工作循环？四冲程柴油机是怎样完成一个工作循环的？

1-2　发动机有哪些常用术语？其定义是什么？

1-3　12150L 柴油机表示什么意思？

1-4　简述发动机四冲程工作原理。

第2章 液冷发动机

现装备履带式自行火炮所用发动机是国产四冲程、液冷、直接喷射式高速柴油机,共有12个汽缸,分两排呈V形排列,缸排夹角60°,型号为12150L系列(见图2.1),由曲柄连杆机构、气体分配机构、联动机构等组成。发动机以四点8个螺栓固定于底甲板支架上;并被4个限止器固定;1991年后生产的自行火炮已改为4个上、下限位体。在U形架上固定有5个橡胶减振器,U形架固定在底甲板支架上,用以减小发动机的振动(见图2.1)。

发动机技术性能见表2.1。

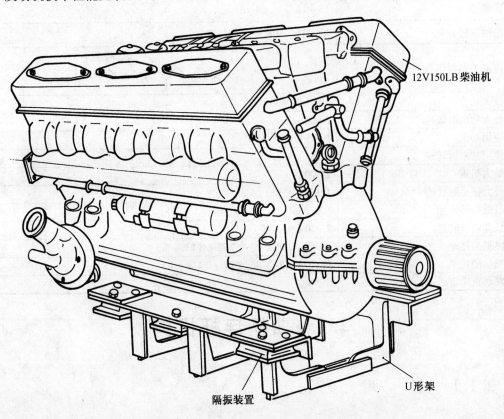

12V150LB柴油机

U形架

隔振装置

图2.1 12150LB发动机

表 2.1　12150LB 发动机技术性能

类　　型	四冲程、水冷、高速柴油机
燃烧室形式	直接喷射式
型号	WR4B12150L
汽缸数	12
汽缸排列	V 形(夹角 60°)
汽缸直径	150 mm
活塞冲程	180 mm(左排) 186.7 mm(右排)
发动机总工作容积	38.88 L
压缩比	15 ~ 16
曲轴旋转方向	顺时针(面向发动机前端)
汽缸工作顺序	左排　1　5　3　6　2　4 右排　6　2　4　1　5　3
最大功率	382 kW(520 hp)
最大功率时转速	2 000 r/min
使用功率	368 kW(500 hp)
使用功率时转速	1 750 r/min
最大扭矩	2 300 N·m
最大扭矩时转速	1 200 ~ 1 300 r/min
最低空转转速	500 r/min
最高空转转速	2 250 r/min
燃料消耗率	使用功率时不超过 252 g/(kW·h)
机油消耗率	使用功率时不超过 11 g/(kW·h)
发动机净重	895 kg

2.1　曲柄连杆机构

2.1.1　功　　用

　　曲柄连杆机构的功用是将燃料燃烧的热能转变为曲轴旋转的机械能,将活塞往复直线运动转变为曲轴的旋转运动。

2.1.2 构 造

曲柄连杆机构可分为两部分:

活动部分——由活塞组、连杆组和曲轴组成;

固定部分——由汽缸排、上曲轴箱、下曲轴箱组成。

1. 活塞组(见图2.2)

活塞组由活塞、活塞环、活塞销、活塞销盖组成。

活塞用于与汽缸盖和汽缸筒组成燃烧室,承受燃烧气体的作用力,并经连杆把作用力传给曲轴,进而使柴油机对外做功。

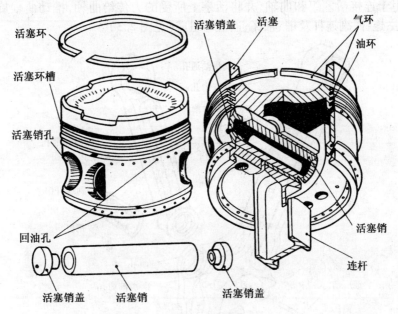

图2.2 活塞组

活塞在高压、高速、高温的恶劣条件下工作,要使柴油机工作可靠、性能良好,活塞结构必须满足以下要求:

①有足够的刚度与强度,质量应尽量轻,以满足高速性能要求;

②有良好的散热性能,吸收热能要小、散热要快,受热不均匀产生的热应力要小;

③有较小的合理的裙部、正确的几何形状及与缸体的工作间隙,以减小噪声;

④耐磨性要高,摩擦损失要小,尤其是第一环槽要耐磨。

为达到上述要求,四冲程发动机活塞目前多采用共晶硅铝合金。近年球墨铸铁活塞也有发展。自行火炮配的12150LB发动机活塞是铝合金材料制作的。活塞顶部中间凸起而四周凹,该形状在压缩冲程时使气体产生适当的涡流,并和喷油器的喷孔方向相配合,使燃料和空气混合均匀,有利燃烧。顶部边缘有 4 个缺口,当活塞位于上止点时不致与开启的气门相撞,以保证气门的正常工作。中部有活塞销孔,销孔两侧有 4 个凹槽用于减轻活塞质量,还可减小活塞在受热时因膨胀不均匀所引起的变形。中部有活塞环槽和润滑油通孔。

　　每个活塞上装有五道活塞环,用于密封气体和润滑油。从上而下第一、二道为气环,其断面第一道为梯形;第二道为矩形,用于密封气体,防止气体漏入曲轴箱;第三道为油环,其断面为 U 形,用于防止润滑油进入燃烧室。

　　活塞销用于连接活塞与连杆,并将燃烧气体作用在活塞上的力传给连杆。活塞销两端装有铝质的活塞销盖,用于防止活塞销磨损汽缸壁。

2. 连杆组

　　连杆组用于连接活塞组和曲轴,并将活塞上所受的力传给曲轴,推动曲轴旋转。共有 6 组,每组均由主连杆、副连杆及销、轴瓦、连盖等组成(见图 2.3)。

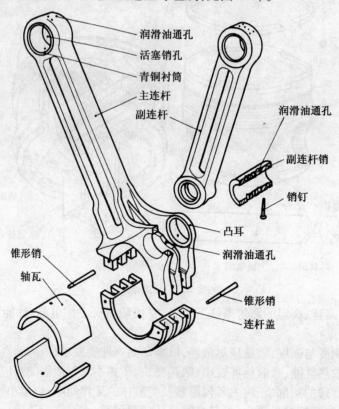

图 2.3　连杆组

主、副连杆的小端分别与左、右汽缸排的活塞连接,结构相同,孔内装有衬套,顶端有 6 个油孔。

　　主连杆大端通过轴瓦与连杆盖和曲轴连接，连杆盖通过锥形销与连杆结合成一体。用驻螺防止轴瓦转动。

　　副连杆下端通过副连杆销与主连杆凸耳连接（见图 2.4）。

3. 曲轴

　　曲轴用于将连杆传来的动力变为旋转运动，产生扭矩，经曲轴两端分别传给传动装置及发动机本身的联动机构及附件。它由 8 个曲轴颈、6 个连杆轴颈和 12 个曲轴臂组成（见图 2.5）。

　　曲轴通过轴承装在曲轴箱内，其前端花键部装有曲轴齿轮，用于带动联动机构工作。其后端花键部装有连接齿轮，用于将动力传给传动装置。连接齿轮上有刻度，用于指示曲轴转角，当"0"刻度朝上方对正刻度线时，表明左排一、六缸活塞处于上止点位置。

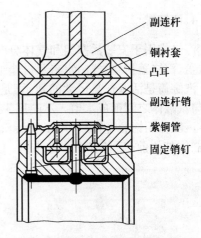

图 2.4　副连杆与主连杆的连接

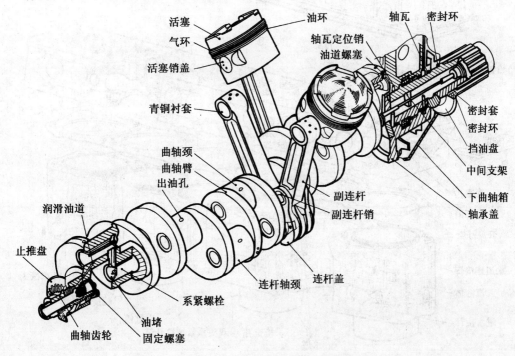

图 2.5　曲轴、连杆、活塞的连接

4. 汽缸排

汽缸排用于安装活塞组和气体分配机构。分左、右两排,构造相同,均由汽缸筒、汽缸体、汽缸盖、汽缸盖衬垫、气门室盖及衬垫组成(见图2.6)。

汽缸筒是活塞往复运动的轨道,是形成气体压缩、燃烧和膨胀的空间。它压装在汽缸体内,与汽缸体之间形成水道。下端用3道胶皮密封环防止冷却液漏入曲轴箱。

汽缸体用铝合金铸成,用于安装汽缸筒,并与其形成冷却水腔。缸体每排安装6个汽缸筒,缸体外侧前、后各有一个进水口,上端面通水孔与汽缸盖通水孔相对,缸体下部外侧有检查孔。

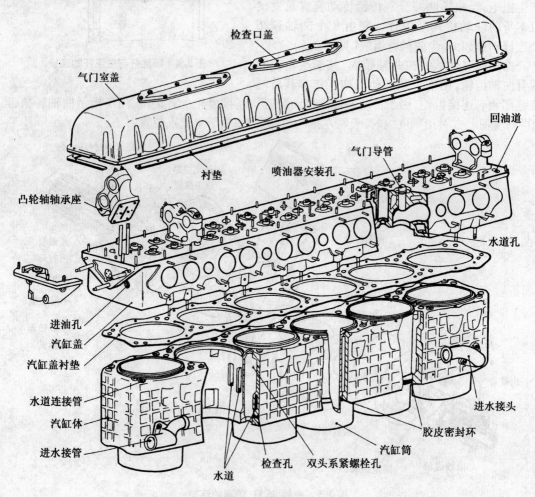

图2.6　汽缸排

汽缸盖是燃烧室的顶部,每个燃烧室顶部都有两个进气道和两个排气道,分别与进、排气管相通。上面安有气体分配机构、喷油器;前端固定有机油进油管、倾斜轴支架;后端固定有机油回油管、出水管等接管。内侧固定有进气管、空气启动活门和蒸汽排出管接管。外侧固定有排气管。

汽缸盖衬垫装在汽缸盖与汽缸体之间,防止漏气。

气门室盖用于密闭汽缸盖上固定的全部零部件。其上有 3 个检查孔及盖,用于更换喷油器及检查气体分配机构工作情况。

5. 曲轴箱

曲轴箱是发动机机体,其上固定各机构和附件。由上、下曲轴箱组成(见图 2.7)。

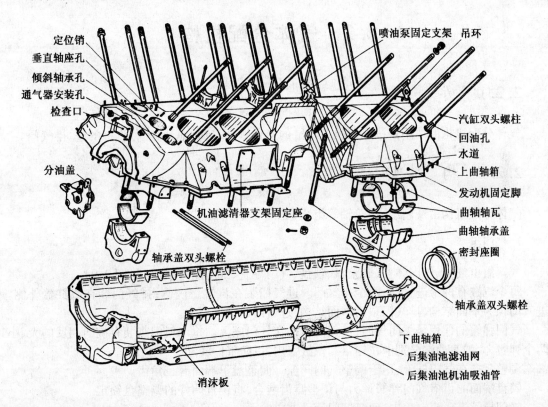

定位销
垂直轴座孔
倾斜轴承孔
通气器安装孔
检查口
分油盖

喷油泵固定支架　吊环

汽缸双头螺柱
回油孔
水道
上曲轴箱
发动机固定脚
曲轴轴瓦
曲轴轴承盖
密封座圈

机油滤清器支架固定座

轴承盖双头螺栓

轴承盖双头螺栓

下曲轴箱
后集油池滤油网
后集油池机油吸油管

消沫板

图 2.7　曲轴箱

上曲轴箱上部两斜面分别用 14 根双头螺栓固定着左、右汽缸排,平面上有 3 个高压油泵支架;左侧有发电机固定支架;右侧有机油滤清器支架;前部右侧有一通气器。

下曲轴箱用于汇集机油与遮盖机件,并固定部分附件。左侧安有低压柴油泵和转速表;右侧安有水泵和油沫排除管接头;下面有放油口螺塞;底部前端有机油泵座孔;内部分前、后集油池,并用油管与机油泵连通。

上、下曲轴箱之间通过轴瓦和轴承盖安装着曲轴。

曲轴箱前装有机油分油盖,分油盖中间孔与机油泵相连接,侧孔活门是单向的,与电动机油泵连接。

2.1.3　工作过程

启动发动机时,曲轴在外力的作用下旋转,经连杆使活塞上、下运动。在做功冲程时,混合气体在燃烧室内燃烧产生高压,推动活塞下行,经连杆带动曲轴旋转而做功。曲轴旋转带动其他缸活塞运动,使发动机连续工作。

2.2　气体分配机构

2.2.1　功　　用

气体分配机构的功用是按发动机各汽缸的工作顺序,定时地开、闭各汽缸的进、排气门。

2.2.2　构　　造

气体分配机构由气门组、凸轮轴等组成(见图2.8)。

1. 气门组

气门组由气门、气门弹簧、调整盘、锁盘、气门导管、气门座等组成(见图2.9)。

每个汽缸有两个进气门、两个排气门。进气门装在汽缸盖内侧,排气门装在汽缸盖外侧。进气门顶为平面结构,排气门顶为球面结构,进气门比排气门大。

气门弹簧的作用是关闭气门,使气门紧贴在气门座上。每个气门都装有旋向相反的大、小两个弹簧,大弹簧两端分别卡在锁盘和汽缸盖内,以防气门转动。

调整盘拧在气门杆上,用于调整气门间隙。调整盘下端面有三角齿。

锁盘端面的齿借气门弹簧弹力与调整盘齿啮合,将位置调好的调整盘锁定。

气门导管嵌入汽缸盖内,确定气门运动方向。

气门座旋紧在汽缸盖的进、排气孔上。

2. 凸轮轴

凸轮轴用于按汽缸工作顺序,定时地开闭进、排气门,由凸轮轴、轴承座及盖、凸轮轴齿轮、调整齿套等组成。

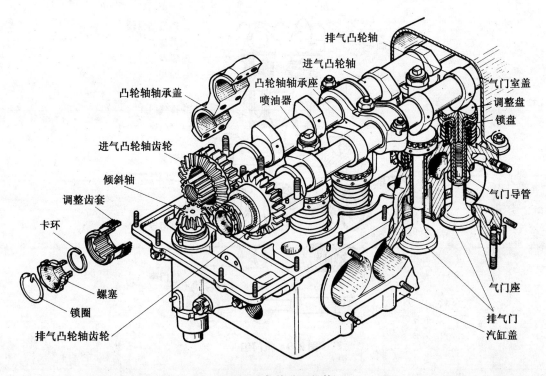

图 2.8 气体分配机构

每个汽缸排有进、排气凸轮轴各一根,内侧为进气凸轮轴,外侧为排气凸轮轴。每根轴上均有 6 对凸轮,每对凸轮按汽缸工作顺序相隔 60°。

进、排气凸轮轴通过 7 个轴承座及盖安装在汽缸盖上,第一个轴承座上有水平油道和垂直油道,并与汽缸盖的垂直油道相通,以润滑凸轮轴及轴承座。

进、排气凸轮轴齿轮空套在凸轮轴前端圆柱部位上,通过花键与调整齿套啮合,调整齿套的外齿与进、排气凸轮轴齿轮啮合,内齿与进、排气凸轮轴啮合,凸轮轴齿轮转动经调整齿套带动凸轮轴转动。改变调整齿套外齿与内齿的啮合部位,可改变凸轮轴与曲轴的相对转角,使动作协调一致。

2.2.3 工作过程

曲轴旋转时,经左、右倾斜轴带动进气凸轮轴顺时针转动,并带动排气凸轮轴旋转。当凸轮向下压气门调整盘时,弹簧被压缩,气门开启;凸轮转离气门调整盘时,弹簧伸张,气门关闭。曲轴旋转两周,凸轮轴旋转一周,各汽缸的进、排气门均开闭一次,完成一个四冲程工作循环。

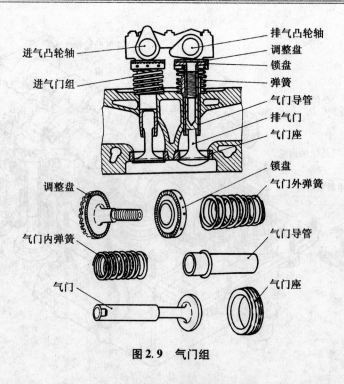

图 2.9　气门组

2.3　联 动 机 构

2.3.1　功　　用

联动机构的功用是将曲轴的部分动力传给气体分配机构和附件,保证气体分配机构和附件能与曲柄连杆机构的运动相配合,使发动机正常运转。

2.3.2　构　　造

12150LB 发动机联动机构由上曲轴箱传动部分和下曲轴箱传动部分组成(见图 2.10)。

1. 上箱传动部分

(1)曲轴齿轮部分

曲轴齿轮通过花键套在曲轴自由端的外花键上。在曲轴齿轮后端面装有止推盘,以保证齿轮的正确啮合。

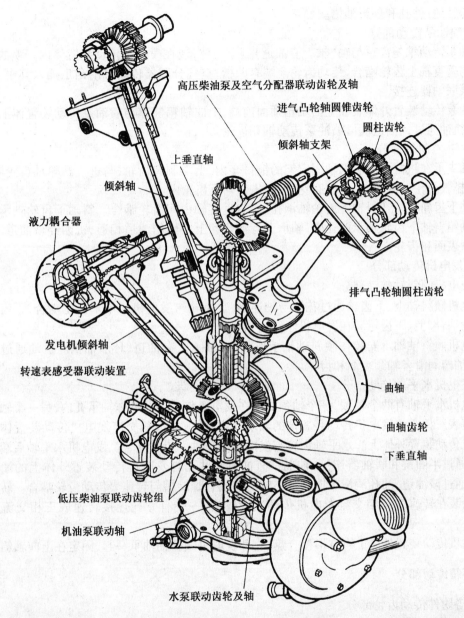

高压柴油泵及空气分配器联动齿轮及轴

进气凸轮轴圆锥齿轮

圆柱齿轮

倾斜轴支架

上垂直轴

倾斜轴

液力耦合器

排气凸轮轴圆柱齿轮

发电机倾斜轴

转速表感受器联动装置

曲轴

曲轴齿轮

下垂直轴

低压柴油泵联动齿轮组

机油泵联动轴

水泵联动齿轮及轴

图 2.10　12150LB 发动机联动机构

（2）垂直轴部分

　　垂直轴中部制有中间齿轮,与左、右斜轴齿轮啮合;轴上端装有带内花键的上齿轮,与喷油泵和空气分配器传动齿轮啮合;轴下端装有带内花键的下齿轮,与曲轴齿轮啮合。

　　垂直轴上、下齿轮和轴装在垂直轴轴承孔内。轴承装在上曲轴箱垂直轴轴承座孔里,轴承上有润滑油道、油孔和环形油槽。

（3）喷油泵传动部分

喷油泵传动轴是齿轮与轴（轴上有油道）制成一体，装在喷油泵传动装置体内。喷油泵传动齿轮与垂直轴上齿轮啮合，传动齿轮前端有凹槽，空气分配器传动轴的凸爪插入其中，后端与喷油泵联轴器连接。

喷油泵传动装置外体装在上曲轴箱顶面前端，上曲轴箱油道与喷油泵传动装置体上的油道相通，机油通过此油道润滑喷油泵传动轴和齿轮。

（4）左、右斜轴部分

斜轴支承在汽缸盖前端斜轴固定架的铜衬套内，上端制有齿轮，与进气凸轮轴齿轮啮合，带动进、排气凸轮轴旋转，下端制有花键，插入斜轴下齿轮内。

斜轴下齿轮安装在斜轴下齿轮轴承孔内，与垂直轴中间齿轮啮合。斜轴下齿轮轴承安装在上曲轴箱斜轴下齿轮轴承座孔内，轴承上有油孔和上曲轴箱油道相通，机油经该油道、油孔润滑轴颈表面和齿轮。

（5）发电机传动部分

①发电机倾斜轴传动部分

发电机倾斜轴上、下齿轮通过花键与轴连接，上齿轮与发电机水平轴齿轮啮合，下齿轮与曲轴齿轮啮合，上、下齿轮装在发电机倾斜轴轴承内。

发电机倾斜轴轴承安装在倾斜轴轴承座孔内，轴承上有油道、环形油槽。机油通过该油道、环形油槽润滑各轴颈表面和齿轮。

②发电机水平轴传动部分

发电机水平轴有两个轴颈，一个轴颈支承在发电机传动装置外体轴承孔内，另一个轴颈支承在转速表三相交流发电机传动装置体的轴承孔内，转速表三相交流发电机传动装置体固定在发电机传动装置外体上。水平轴齿轮与发电机倾斜轴上齿轮啮合。发电机水平轴后端有半圆键槽，通过半圆键和联轴器连接，轴上钻有油道和油孔与发电机传动装置外体上的油孔相通，机油通过该油道、油孔润滑摩擦表面。轴的前端有螺旋槽与转速表传动齿轮啮合。转速表传动齿轮装在转速表三相交流发电机传动装置体内，一端有方孔连接转速表三相交流发电机轴。

发电机传动装置外体上有方形接合盘，它和发电机倾斜轴轴承一起，固定在上曲轴箱上。

2. 下箱传动部分

（1）各附件传动齿轮部分

各附件传动齿轮部分包括上齿轮和下齿轮，上齿轮轴颈是中空的，孔内制有内花键，它与下齿轮轴颈上外花键套合。机油泵传动轴插在制有内花键的下齿轮轴颈中间孔内。上齿轮与曲轴齿轮啮合，下齿轮分别与水泵、输油泵的传动齿轮啮合。

机油泵传动轴两端制有花键，分别与各附件传动下齿轮的内花键（老式的与上齿轮内花键）和机油泵供油齿轮组主动齿轮连接。

各附件传动齿轮轴承装在下曲轴箱各附件传动齿轮轴承座孔内,轴承上有环形油槽和下曲轴箱油道相通。

(2)输油泵传动部分

输油泵传动部分由圆锥齿轮组、圆柱齿轮组和输油泵传动齿轮组成。圆锥齿轮组由一圆锥齿轮和一圆柱齿轮制成一体,装在下曲轴箱铜衬套内,圆锥齿轮与各附件传动下齿轮啮合。由下曲轴箱油道来的机油润滑轴颈表面。

圆柱齿轮组制成一体,装在转速表传动轴上,小圆柱齿轮与输油泵传动齿轮啮合。

转速表传动轴一端装在下曲轴箱轴承孔内,另一端装在转速表传动轴轴承孔内,靠飞溅机油润滑摩擦表面。转速表传动轴轴承装在下曲轴箱的转速表传动轴轴承座孔内。

输油泵传动齿轮装在输油泵传动齿轮轴承内,利用轴颈部分的方孔带动输油泵,靠飞溅机油润滑摩擦表面。

输油泵传动齿轮轴承装在下曲轴箱输油泵传动齿轮轴承孔内。

(3)水泵传动部分

水泵传动齿轮装在齿轮轴承内,与各附件传动下齿轮啮合;其轴颈内制有内花键和水泵传动轴连接。

水泵传动轴小端制有外花键与水泵传动齿轮的内花键连接;大端制有内花键与水泵花键衬套连接,带动水泵叶轮旋转。

水泵传动齿轮轴承装在下曲轴箱的水泵传动齿轮轴承座孔内,由下曲轴箱油道来的机油润滑摩擦表面。

传动机构的轴与齿轮用优质铬镍钨钢或优质铬镍钢制成,轴承用铝合金铸造。

齿轮与轴多采用浮式连接。

3. 液力耦合器

随着车辆电气化程度的提高,耗电量大大增加,发动机上必须装备更大功率的发电机。12150L-7 发动机由于采用了 6 kW 硅整流发电机,其工作转速增至 4 000 ~ 6 000 r/min。虽然电枢直径与惯量增加不多,但它的转动动能却增加较大,加上曲轴扭振的影响,原 12150L 发动机上的发电机橡胶盘联轴器已不能满足要求,故 12150L-7 发动机上的发电机采用了液力耦合器传动。

液力耦合器的功用是通过液体流动把曲轴的转矩传给发电机,带动发电机旋转。在机械能与工作液动能转换中,利用液体的阻尼作用,消除扭矩传递过程中产生的扭振,以提高传动机构工作的平稳性与可靠性。

液力耦合器的传动特点:

①主动轴与被动轴之间没有刚性联系,靠充入泵轮与涡轮之间的机油传递动力,传动比较平稳。

②能平稳地改变被动轴的转速,消除了来自发动机曲轴的扭转振动与冲击。

③主、被动轴转速可以不等,但传递的扭矩相等,不能"变矩",耦合器的传动效率等于它

的传动比,故当传动比高时耦合器的效率就高。

（1）构造

液力耦合器由泵轮、涡轮、泵轮轴（传动轴）、涡轮轴（主动轴）、耦合器罩、耦合器体、耦合器盖、后支座和挡油盖等组成（见图2.11）。

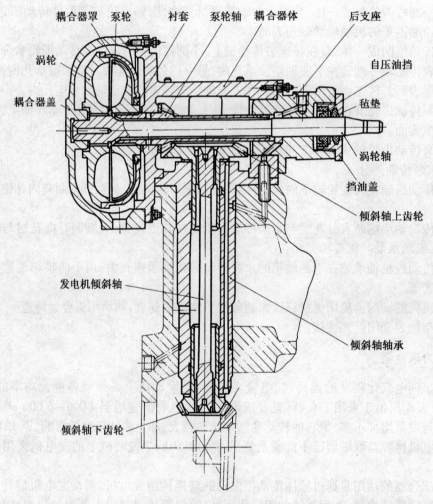

图2.11　液力耦合器

泵轮通过花键套在泵轮轴上。中空的泵轮轴与圆锥齿轮制成一体,圆锥齿轮与发电机倾斜轴上齿轮啮合。涡轮用花键套在涡轮轴上,涡轮轴装入泵轮轴内。泵轮20个叶片,涡轮22个叶片,均用铝合金铸造。泵轮与涡轮之间通过定位环保证其端面间隙0.8～1.5 mm。耦合器罩用螺纹装在涡轮上,耦合器盖装在耦合器体上。后支座用螺栓固定在耦合器体上,其后端装有挡油盖,挡油盖内装有自压油挡和毡垫,以密封机油。泵轮轴支承在耦合器体与后支座内,涡轮轴支承在耦合器盖与后支座内,两轴之间的空腔形成机油通道。涡轮轴通过联轴器与发电机连接。耦合器体上有机油进油口与发动机润滑系相通,耦合器盖上有出油口与下曲轴箱连通。

　　进入液力耦合器(由泵轮与涡轮组成的工作腔)的机油有两路:一路是来自垂直轴轴承的出油孔,经外接油管由后支座上的油孔进入泵轮轴与涡轮轴之间的空腔;另一路是由总输路油盖上第三个凸耳钻孔来的机油,由上曲轴箱暗油道、发电机倾斜轴轴承上的油槽和油孔流入泵轮轴与涡轮轴之间的空腔。两路机油共同经泵轮端面的油槽进入耦合器工作腔。

　　工作时耦合器里的机油因摩擦温度不断升高,为了不使机油由于温度过高而变稀,机油应不断更换。为此,在耦合器上钻有两个直径为 0.5 mm 的小孔。工作时机油通过小孔和耦合器盖上的出油孔流回下曲轴箱,而润滑系又继续向耦合器注入新油,进行循环更换。

　　(2)工作原理

　　发动机工作时,通过发电机倾斜轴上齿轮使泵轮旋转。由于耦合器工作腔内充有机油,泵轮驱动机油运动,于是泵轮将输入的机械能转换为液体动能,机油在涡轮中减速,又将液体动能转换为机械能,使涡轮旋转,实现由泵轮到涡轮的液体动力传动。机油由涡轮流出后,又回到泵轮,如此在工作腔内循环传递动力。

　　在耦合器中,由于只有泵轮和涡轮两个工作轮,故对其工作腔内的机油来说,它只受到来自外部的两个扭矩作用,即泵轮作用于机油的扭矩 M_B 和涡轮作用于机油的扭矩 M_T。在稳定工况时的平衡条件是

$$M_B + M_T = 0$$

　　这表明,在耦合器中,泵轮作用于机油的扭矩 M_B 恒等于机油作用于涡轮的扭矩 M_T,即耦合器没有变矩的作用,故液力耦合器又叫液力联轴器。

　　耦合器效率

$$\eta = \frac{M_T n_T}{M_B n_B}$$

式中,n_T 为涡轮转速;n_B 为泵轮转速。因

$$M_T = M_B$$

$$\frac{n_T}{n_B} = i \quad (传动比)$$

所以,$\eta = i$,即在理论上液力耦合器的效率应等于它的传动比,但因工作时不可避免地存在着摩擦损失,实际上效率是小于传动比的。

2.3.3　工作与调整

1. 各机件的传动比

配气机构和各附件与曲轴应保持一定的传动比。当曲轴转一转时,各机件的转数为:

进、排气凸轮轴　　　　　　　　　　0.5 r
喷油泵　　　　　　　　　　　　　　0.5 r

空气分配器	0.5 r
转速表三相交流发电机	0.5 r
发电机	1.75 r
水泵	1.5 r
机油泵	1.5 r
输油泵	0.93 r

2. 旋转方向

机油泵逆时针旋转(向下看),水泵逆时针旋转(向右看),输油泵逆时针旋转(向左看),其余各机件的旋转方向如图 2.12 所示。

3. 调整

对圆锥齿轮传动,必须保证正常的齿轮啮合间隙,不应过大、过小。同时,每一对齿轮的啮合间隙差也要控制在一定范围内,否则会破坏正常传动,产生撞击或卡死,加速齿轮磨损。

12150L 发动机圆锥齿轮的啮合间隙大部分规定在 0.1 ~ 0.25 mm,每一对齿轮啮合间隙的不均匀度不得超过 0.15 mm。间隙的调整采用改变调整垫圈厚度的方法进行。

2.3.4　动力传递

动力传递如图 2.12 和图 2.13 所示。

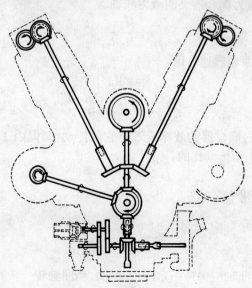

图 2.12　传动机构工作示意图

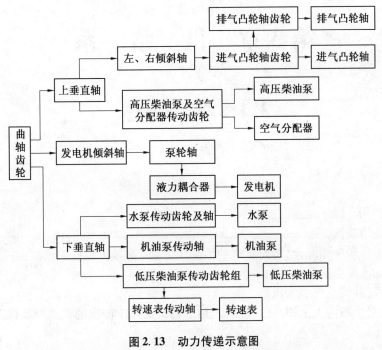

图 2.13　动力传递示意图

复 习 题

2-1　发动机的三大机构有哪几部分?

2-2　简述曲柄连杆机构的作用、构造和工作。

2-3　活塞组由几大部分组成?

2-4　气缸内的燃烧气体和水套内的冷却液是怎样密封的?

2-5　简述配气机构的作用、构造和工作。

2-6　简述联动机构的作用、构造和工作。

2-7　简述进、排气门的结构特点。

第3章 供 给 系

3.1 概 述

3.1.1 功 用

供给系的功用有以下几点:

①储存和滤清柴油。

②与汽缸工作顺序相配合,将定量柴油增高压力后,成雾状地喷入汽缸;并能根据外界负荷的变化而自动改变供油量。

③滤清空气,并将空气引入汽缸。

④将废气、集尘箱内尘土和高压柴油泵、加温器柴油泵所溢出的柴油一起排出车外。

3.1.2 组 成

供给系由燃料供给系和空气供给系两大部分组成。

1. 燃料供给系

燃料供给系由柴油箱、柴油分配开关、手摇柴油泵、柴油粗滤器、低压柴油泵、柴油细滤清器、高压柴油泵及其操纵装置、喷油器、全程调速器、油量校正器、排气开关、油压表、油温表等组成。

2. 空气供给系

空气供给系由空气滤清器、进气歧管、排气歧管、废气抽尘器等组成。

3.1.3 供给系的工作

1. 发动机启动前

发动机长期停放后,燃料供给系内可能进入空气。因此,在启动前应排除空气。其方法:打开柴油分配开关,摇动手摇柴油泵手摇柄,将柴油从油箱中吸出,经柴油分配开关、手摇柴油泵压至柴油粗滤清器;然后分成两路,一路到加温器柴油泵,另一路经输油泵、柴油细滤清器至喷油泵。此时,打开排气开关,汇集在喷油泵和柴油细滤清器上部的空气和部分柴油,经排气开关流至中组柴油箱;当听见柴油的畅流声时,即可关闭排气开关。

2. 发动机工作时

进气冲程时,汽缸内形成低压,外界空气经空气滤清器滤去其中的尘土后,经进气歧管被吸入汽缸。同时,曲轴经联动机构带动输油泵及喷油泵工作。输油泵将柴油从柴油箱吸出,经柴油分配开关、手摇柴油泵、柴油粗滤清器、输油泵及柴油细滤清器,压至喷油泵。喷油泵按汽缸工作顺序,将定量的柴油增高压力,适时地压至喷油器,成雾状地喷入汽缸,与空气混合,形成混合气。

排气冲程时,缸内废气经排气歧管、废气抽尘器及排气管排至车外。当废气流经废气抽尘器时,产生低压,将集尘箱内的尘土经抽尘管吸出,并排至车外,同时将高压柴油泵及加温器柴油泵溢出的柴油吸出,排至车外。

3.2 燃料喷射与混合气形成

燃料喷射与混合气形成对柴油机的燃烧过程有重要影响,并影响柴油机的性能指标。

3.2.1 燃料喷射

发动机要获得良好的燃烧性能需要有良好的喷油规律和雾化质量,它们不但决定于由喷油泵有关机件几何尺寸所确定的几何供油规律,而且还与影响实际喷油过程的各种具体因素,如燃料的流体力学性质、供油系统的刚性、容积等因素有关。本节将依次研究这些问题。

1. 几何供油规律

只考虑喷油泵有关机件的几何形状得出的喷油速率随喷油泵凸轮轴转角 φ(或时间 t)的变化规律称为几何供油规律。

喷油泵工作时,凸轮轴旋转,推动柱塞向上供油,很明显仅由几何形状或几何尺寸确定的供油速率由下式确定

$$\frac{\mathrm{d}q}{\mathrm{d}\varphi} = f_\mathrm{p} V_\mathrm{p} \quad \mathrm{mm}^3/(°)凸轮 \tag{3.1}$$

式中,f_p 为柱塞横截面积,mm^2;V_p 为柱塞速度,$\mathrm{mm}/(°)$凸轮。

因为 $\mathrm{d}\varphi = 6n_\mathrm{p}\mathrm{d}t$,所以由式(3.1)又可得到相对时间 t 的供油速率表达式

$$\frac{\mathrm{d}q}{\mathrm{d}t} = 6n_\mathrm{p} f_\mathrm{p} V_\mathrm{p} \quad \mathrm{mm}^3/\mathrm{s} \tag{3.2}$$

式中,n_p 为凸轮轴转速,$\mathrm{r/min}$。

由于供油速率和柱塞运动速度只差一个常数倍,因此只要知道柱塞的运动特性曲线并改变坐标比例就可以直接得到几何供油规律曲线。

图 3.1 为典型的几何供油规律曲线。h 为柱塞升程曲线,当柱塞顶端面上行至曲线 h 上的点 1 时,柱塞套上的进、回油孔完全关闭,开始供油。点 1 称为几何供油始点,对应的凸轮轴转角 φ_1 对应的曲轴转角至上止点间的转角为供油提前角。

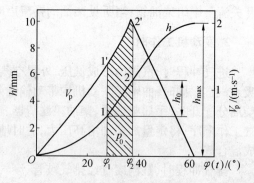

柱塞继续上行至其螺旋切边刚打开回油孔时,供油停止,相当于 h 曲线上的点 2。点 2 为几何供油终点,对应的 φ_2 为几何供油终了角。

由点 1 到点 2 对应的柱塞行程为柱塞有效行程 h_0,所对应的角度 $\varphi_2-\varphi_1$ 为几何供油延续角。

图 3.1　几何供油规律

柱塞再上行,柱塞套内的燃料又返回喷油泵油道,直至柱塞行程达 h_{max},然后柱塞又按与上行时对称的规律下行到最低位置。

在有效行程内,以 mm^3 计的几何循环供油量为

$$q_0 = \frac{\pi}{4}d^2 h_0 \qquad mm^3$$

式中,d 为柱塞直径,mm;h_0 为柱塞有效行程,mm;q_0 的大小也可以用 $1'$–$2'$ 曲线下的阴影面积表示。

2. 实际喷油过程

实际喷油过程是可压缩流体在弹性系统中作不稳定流动的复杂过程。图 3.2 为实际喷油过程中喷油器针阀升程(a)、喷油器端压力变化(b)和喷油泵端压力变化(c)曲线。

供油开始前高压腔(包括出油阀至喷油器的空间)内约有 $5\sim6$ MPa 的剩余压力 p_r。柱塞上行,在时间 0 时开始供油,当压力上升超过 p_r 和出油阀弹簧力时,出油阀上升开启,燃料进入高压腔,使喷油泵端和喷油器端压力先后在 a 和 a' 点开始上升。随着柱塞继续上行,高压腔内压力迅速上升,当喷油器端压力达到喷油器开始喷油压力 p_1 时(点 b'),针阀抬起开始向燃烧室内喷油。而后由于柱塞继续上行,喷油器端压力继续上升。到几何供油终点,喷油泵端压力达最大值(点 c),随后喷油器端也达最大值(点 c')。此后由于停止供油,压力开始下降,当压力降低至 p_2 时(点 d')针阀落座,喷油终止,随后出油阀完全落座。高压腔中压力经过短暂的波动平息后,又恢复到剩余压力 p_r。

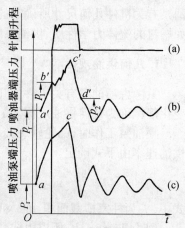

图 3.2　喷油过程进展情况

3. 喷油规律

喷油规律是在喷油过程中喷油器的实际喷油速率随凸轮轴转角(或时间 t)的变化关系。即

$$\frac{\mathrm{d}q}{\mathrm{d}\varphi}=f(\varphi) \quad \text{或者} \quad \frac{\mathrm{d}q}{\mathrm{d}t}=f(t) \tag{3.3}$$

一般情况下,主要通过调整喷油泵主要机件的结构参数,改变几何供油规律以获得良好的喷油规律,但是从实际喷油过程泵端和喷油器端的压力变化可以看出,两者之间存在着较大的差别。

图 3.3 是一台柴油机的几何供油规律与喷油规律的比较,由图可见,喷油开始角 φ' 比几何供油始角 φ_1 迟后约 9° CaA(° CaA 代表凸轮转角,又称凸轮轴转角),喷油延续角 $\varphi'_2-\varphi'_1$ 比供油延续角 $\varphi_2-\varphi_1$ 长约 4° CaA,实际喷油量小于几何供油量(两曲线与横坐标所围面积),而且曲线形状也有很大差别,最高喷油速率小于最高几何供油速率。

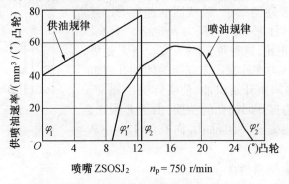

图 3.3 供油规律与喷油规律比较

4. 几何供油规律与喷油规律差别的主要原因

(1)燃料的可压缩性

当压力变化不大时,可以认为液体是不可压缩的,但在柴油机的燃料系统高压腔中,由于压力变化大,燃料的可压缩性就必须予以考虑。当压力变化 25 MPa 时,柴油体积约缩小 1% ,体积变化不大,但由于每循环的供油量本身就很小(12150L 发动机每循环供油量约为 200 mm³),而高压腔中积聚的柴油要多得多,这部分油被压缩,喷油器中的压力升高就会延迟,对喷油过程产生影响。

设高压腔中燃料的剩余压力为 p_r,容积为 V_r,受压后压力增加到 p,容积减小到 V,则压力增加 1 Pa,容积的变化率称压缩性系数 β,且

$$\beta=\frac{V_r-V}{V_r(p-p_r)} \quad \text{m}^2/\text{N} \tag{3.4}$$

β 的大小随压力、温度等因素的改变而变化,当压力变化在 $(2\sim3)\times10^7$ Pa 时

$$\beta = (4 \sim 5) \times 10^{-10} \quad m^2/N \tag{3.5}$$

压缩性系数 β 的倒数称为燃油的弹性系数 E

$$E = \frac{1}{\beta} = (2 \sim 2.5) \times 10^9 \quad N/m^2$$

(2)高压腔的弹性

高压腔是一个弹性体,当腔内压力增加时,其容积要增大。高压腔容积越大,当压力改变时,其容积的绝对变化量也越大。

综合以上两点,供油时由于燃料的可压缩性和高压腔的弹性,柱塞必须在几何供油开始后再上行一段距离,才能弥补以上影响而开始喷油,这就使喷油器端压力和喷油速率增加缓慢,喷油始点落后于几何供油始点。同理,几何供油终了时,燃料要膨胀,高压腔容积变小,致使喷油压力下降缓慢,喷油不能立即结束,使喷油结束角落后于几何供油结束角。

(3)节流的影响

当柱塞由下上行到柱塞套上的进、回油孔逐渐关闭时,由于两孔的面积 F 逐渐缩小,致使回油速度 v 迅速升高(见图3.4),这时柱塞套内的压力 p_p 也随之升高,且与速度 v 的平方成正比,这种现象叫节流。当 F 足够小时,v 将很大,致使压力在柱塞尚未完全关闭油孔时就上升到足以顶开出油阀而开始供油,使实际喷油提前。同理,当柱塞螺旋切边打开回油孔的初期,由于 F 很小,柱塞套内压力也不能完全关闭油孔,尚有约 $1.8°$ CA($°$ CA 为曲轴转角)。

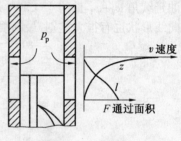

图3.4　节流作用

(4)柱塞和柱塞套的密封性

柱塞与柱塞套之间的间隙一般为 $0.002 \sim 0.004$ mm,使用中间隙还要增加。由于间隙的存在,在高压作用下,一部分燃料将由柱塞顶上方沿间隙漏回喷油泵油道,致使实际循环喷量小于几何循环供油量。同时也使 $\varphi'_1 > \varphi_1$。

5.喷油泵结构参数对燃料喷射的影响

喷油泵柱塞和凸轮共同决定着循环供油量和几何供油规律,它们对燃料喷射的影响主要反映在供油时刻和供油延续时间上;出油阀决定了高压油管的压力情况,从而影响了喷油过程。

(1)供油提前角

几何供油始点到上止点间对应的曲轴转角为供油提前角。直接影响燃烧性能的是喷油提前角,为了方便起见,常通过改变供油提前角调整喷油时刻,但是两者并不一致,而是相差一个喷油延迟角 $\varphi'_1 - \varphi_1$。

$\varphi'_1 - \varphi_1$ 的大小除了决定于燃料的可压缩性、高压腔的弹性、节流和柱塞的密封性而外,还受转速的影响,这是因为当转速改变时,上述因素对 $\varphi'_1 - \varphi_1$ 的影响程度将发生变化。从图3.5

可以看出当转速增加时喷油延迟角也随之增加。由于上述原因,发动机的最佳供油提前角是随发动机转速的升高而增大的(见图3.6)。

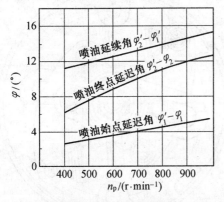
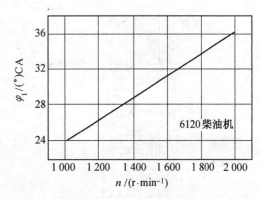

图3.5 转速变化时对实际喷油始点的影响（几何延续角 $\varphi_2-\varphi_1=8.7$（°）凸轮）

图3.6 6120柴油机最佳供油提前角 φ_1 与转速的关系

车用发动机的使用转速经常变化,为了使供油提前角能随转速改变,一般都应装供油提前角调节器。

图3.7是离心式供油提前角调节器的一种结构。它由调节器体、飞块座架、飞块和弹簧等零件组成。调节器体由发动机直接驱动。飞块座架通过半圆键与喷油泵的凸轮轴相连。飞块的一端支承在体上,另一端则通过弹簧与另一飞块的支点相连。飞块座架上开有长槽,以备飞块外移时起导向作用。当发动机转速提高时,飞块由于旋转离心力的作用克服弹簧的拉力,以体上的支点为中心,向外移动,由于飞块座架上导向槽的影响,迫使飞块座架与喷油泵凸轮轴一起沿着旋转方向,相对于体转动若干角度。由于它的转动,供油提前角随之增加。当转速降低时,飞块离心力减小,弹簧力就使飞块座架与喷油泵凸轮轴一起对体(对曲轴)做反方向转动,此时供油提前角减小。这种调节器可以保证供油提前角在 $0 \sim 10°$ CA 范围内自动调节。

(2)喷油泵凸轮形状

凸轮外形由基圆 r_0(见图3.8)、圆弧 r_1、r_2 和 r_3 组成。由于 r_1 的不同分三种类型:当 r_1 的圆心和基圆圆心位于圆弧 r_1 同一侧时,称为凸面凸轮;反之为凹面凹轮,凹面凸轮由于加工困难很少采用;当 r_1 为 ∞ 时,称为切线凸轮。

凸轮形状决定了柱塞运动规律,在柱塞最大升程、基圆都相同的情况下,凸面凸轮和切线凸轮的速度比较,切线凸轮速度增加较快。对于一定供油量,柱塞速度高,几何供油延续角 $\varphi_2-\varphi_1$ 可以缩短,从而也缩短了实际喷油延续角并改变了喷油规律(见图3.9)。一般说来,发动机转速较高时,采用切线凸轮,提高供油速度,对改善经济性有好处。但供油速度过高,在着火延迟期喷入汽缸内的燃料量多,可能使发动机工作粗暴。

对于12150L发动机 $r_1=176$ mm,$r_2=5.7$ mm,$r_3=26$ mm,$h_{max}=10$ mm,$\theta=62°36'$。

为了获得较短的几何供油延续角和必须的喷油压力,凸轮工作段(即柱塞有效行程对应的工作段)应在凸轮升程中间的高速部分。一般要求供油始点柱塞速度不低于 $0.8 \sim 1$ m/s,

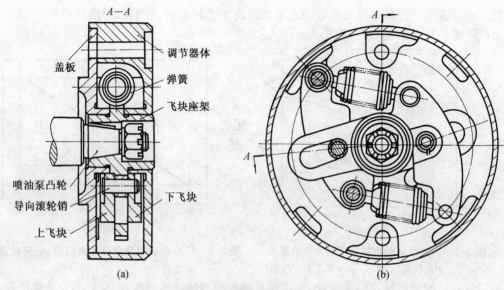

图 3.7 供油提前角自动调节器

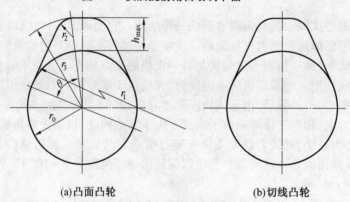

(a)凸面凸轮   (b)切线凸轮

图 3.8 凸轮外形

供油在最大速度附近终止(参看图 3.1)以保证获得较好的喷油规律。

凸轮轴转速愈高,则由式(3.2)看出,以时间计的几何供油速率增加了,同样,供油延续时间也成比例地缩短;而以凸轴转角计的供油速率却保持不变,供油延续角 $\varphi_2 - \varphi_1$ 也不变。所以,当柱塞直径一定时,几何供油随凸轮轴转角的变化规律只决定于凸轮外形。

(3)柱塞耦件

柱塞耦件由柱塞和柱塞套组成。柱塞头部有多种形式,常见的有如图 3.10 所示的三种:(a)种供油始点 φ_1 不变,用改变供油终点 φ_2 的方法调节供油量;(b)种供油终点 φ_2 不变用改变供油始点 φ_1 的方法调节供油量,当负荷增大需要增加供油量时,φ_1 减小,即提前供油角增大,故这种柱塞适用于负荷随转速增加的船用发动机;(c)种供油始点 φ_1 和终点 φ_2 都变化,适用于负荷和转速都经常变化的车用发动机,但由于制造复杂,故一般车用发动机多采用(a)种。

从提高柱塞工艺性能考虑,可把螺旋线改为斜直线,中心孔代替槽(见图 3.11)。它的优点是大大减小了偏磨损,提高了寿命。

柱塞头部螺旋切边相对于柱塞套上回油孔的位置决定几何供油量的情况如图 3.12 所示。这是(a)种柱塞的展开图。油孔内切于上边缘时为几何供油开始,内切于斜边时为几何供油终了。油孔处于位置 I 时,几何供油量为零。据计算,对于 12150L 发动机,当加油齿杆在最小位置时,油孔处于图中虚线位置,位置 II、III 分别为正常供油

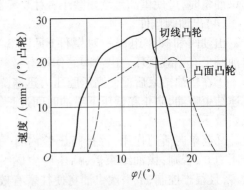

图 3.9 凸轮型式对喷油规律的影响

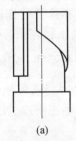  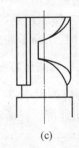

(a)　　　　　　　(b)　　　　　　　(c)

图 3.10 柱塞头部形状

位置和最大供油位置。正常调整的喷油泵不可能在位置 III 工作。在同一位置上,图上两孔中心距即为柱塞的有效供油行程。

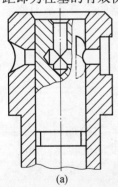 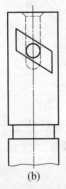

(a)　　　　　　　(b)

图 3.11 我国二号泵采用的柱塞

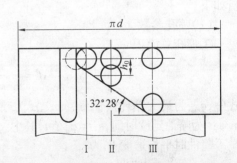

图 3.12 柱塞展开图

转动柱塞时,改变了回油孔相对于切边的位置,从而改变了有效行程,调节了几何供油量,据计算,对于 12150L 发动机,柱塞每转 1°,有效行程改变 0.055 5 mm,供油量 4.36 mm³;齿杆移动 1 mm,柱塞转动 4.24°,供油量改变 18.5 mm³。

柱塞直径是一个很重要的参数。在同一转速下增大柱塞直径,供油速率也增大,故在同样

的供油量时,可使供油延续角减小,对改善发动机经济性有利。

(4)出油阀耦件

出油阀和阀座组成一对耦件(见图3.13)。出油阀上有一减压环。出油阀的作用有:

①在供油结束后促使高压腔压力迅速降低以迅速结束喷油,防止在低压下喷油时间过长,使雾化质量下降;

②起单向活门作用,保持高压腔内有一定剩余压力 p_r,否则,供油结束后,高压腔中燃料回流较多,且很难控制,下一次供油将使柱塞有效行程的很大部分用于提高管路中压力,使循环供油量下降,在小负荷时会造成供油不正常。

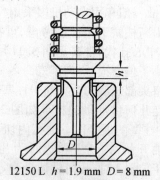

12150 L　$h = 1.9$ mm　$D = 8$ mm

图 3.13　出油阀耦件

出油阀耦件的工作原理是:当供油结束后,出油阀在压差和弹簧的作用下开始落座,当减压环开始进入阀座时,切断了油路,随后出油阀下行落座,使高压腔容积有控制地增大,增大的容积为 $V_B = \dfrac{\pi}{4}D^2 h$,$V_B$ 称减压容积,因此高压腔压力迅速下降,并保持一定的剩余压力。

改变减压容积 V_B 的大小,对发动机性能有一定的影响。加大 V_B,可使喷油迅速结束,改善雾化品质,使发动机经济性提高。加大弹簧弹力,可使出油阀迅速落座,使高压腔压力迅速降低,防止二次喷射。

6. 喷油器结构参数对燃料喷射的影响

喷油器不仅决定着喷雾质量、油量在缸内的分布,而且影响喷油规律,这些都对发动机性能有较显著的影响。现仅就自行火炮发动机广泛采用的多孔闭式喷油器的主要参数及影响分析如下。

(1)喷孔参数

①喷孔总面积

$$f_z = \frac{q_{max}}{\mu \cdot W_f \cdot t \cdot 10^3} \quad \text{mm}^2 \tag{3.6}$$

式中,q_{max} 为最大循环供油量,mm^3;μ 为喷孔流量系数,$\mu = 0.65 \sim 0.7$;W_f 为喷油时平均速度,m/s;t 为喷油延续时间,s,$t = \varphi_z/6n$,其中,φ_z 为喷油延续角,(°)CA,n 为发动机转速,r/min。

喷油时平均速度 W_f 为

$$W_f = \sqrt{2\frac{p - p_c'}{\rho} \times 10^6} \quad \text{m/s} \tag{3.7}$$

式中,p 为喷油平均压力,MPa;p_c' 为喷油时气缸平均压力,$p_c' = (p_z + p_c)/2$,MPa;ρ 为燃料密度,kg/m^3。

由式(3.7)可见,燃料从喷孔喷出的速度主要决定于喷油压力。喷油压力高,则流速大,雾化好。为了使高压系统压力不致过高，又保证混合气形成质量，W_f 一般为 200～300 m/s。

喷孔面积影响喷油延续时间和喷油压力。f_z 大，喷油延续角减小（见图 3.14）。如果喷孔面积过大，则喷油时节流小，喷油压力降低，使喷雾质量变坏。

②喷孔直径和喷孔数

如果喷孔总面积不变，喷孔数多，则喷孔直径就小，虽然燃料在燃烧室空间分布得到改善，雾化质量好，但减小了油束贯穿距离，并易引起喷孔堵塞等故障。12150L 孔数为 7～8 个；B/FL413 孔数为 3～4 个。

（2）喷油压力

①喷油开始压力 p_1

闭式喷油器针阀（见图 3.15）在喷油器弹簧力 P_{T1} 作用下，紧压在喷嘴内腔锥面上，来自高压油管的高压燃油的压力作用在针阀上，满足以下关系时，针阀即开始上升喷油：

$$P_{T1} + R + I = p_1 \frac{\pi}{4}(D^2 - d^2) \qquad (3.8)$$

式中，P_{T1} 为针阀关闭时弹簧弹力；R 为针阀移动时摩擦阻力，与针阀运动方向相反；I 为喷油器运动件惯性力，方向与运动加速度方向相反；D, d 分别为针阀身部和头部直径。

由式（3.8）看出，改变 P_{T1}，喷油压力 p_1 便随之改变。只要 P_{T1} 不变，喷油开始压力不受发动机工况影响。

②喷油终止压力 p_2

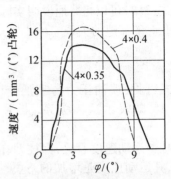

图 3.14 喷油总面积对喷油规律的影响

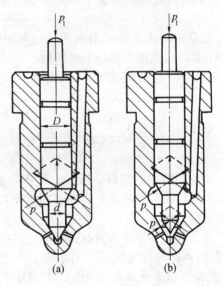

图 3.15 针阀工作

针阀升起后，作用在上面的燃油总压力因承压面积增大而增大，故维持针阀呈开启状态需要的燃油压力较低。供油终了后，当压力降到一定值且满足以下关系时，针阀开始落座：

$$P_{T2} = p_2' \cdot \frac{\pi}{4}D^2 + I + R \qquad (3.9)$$

式中，$P_{T2} = P_{T1} + h_V \cdot K$，其中，$h_V$ 为针阀升程，mm；K 为弹簧刚度，N/mm。

当针阀下落至接近落座时，弹力恢复到 P_{T1}，这时求得的压力 p_2 即为喷油终止压力。

对于 12150L 发动机，喷油器有关参数为 $D = 6$ mm，$d = 3.1$ mm，$h_V = 0.45$ mm，$K = 110$ N/mm，略去 R，I 不计，则当 $p_1 = 21$ MPa 时，$p_{T1} = 435$ N，$P_{T2} = 485$ N，$p_2' = 17.1$ MPa，$p_2 = 15.4$ MPa。

(3)实际喷油压力

利用式(3.7)可以粗略地说明实际喷油压力的大小。由这一公式,可写出喷油压力与燃料经过喷孔时的流速的关系

$$p = \frac{W_f^2 \rho}{2 \times 10^6} + p_c' \tag{3.10}$$

由上式可见,喷油压力与喷油速度 W_f^2 成正比。图 3.16 即表示这一关系,点 1 为开始喷油点。

W_f 与柱塞运动速度有关,因柱塞在有效供油行程阶段,其运动速度是增加的,这就迫使 W_f 也随之增加,所以开始喷油后,在供油阶段喷油压力也是增加的;这对提高油束的贯穿能力是很必要的。

发动机转速增加时,柱塞运动速度加快,相应的 W_f 也增加,因而喷油压力也增加。

12150L 发动机实际喷油压力可达 50 ~ 60 MPa。

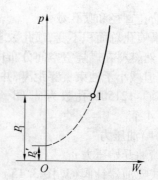

图 3.16 喷油压力与喷油速度的关系

3.2.2 柴油机的混合气形成

柴油机所用的燃料是柴油。由于柴油不易蒸发,因此采用内部混合方式形成可燃混合气,即借助喷油泵和喷油器把燃油以雾状喷入燃烧室,使其在高温、高压下蒸发,与空气混合形成可燃混合气。

为了使柴油机具有良好的性能,燃料喷射、混合气形成和燃烧都必须在压缩上止点附近迅速完成,因此混合气形成的时间相当短,一般混合气形成占 20 ~ 40° CA,对于转速为 1 500 r/min 的柴油机来说只有 0.002 2 ~ 0.004 4 s。为保证在很短的时间内迅速形成可燃混合气,人们提出了各种不同的混合气形成方式,但是目前实际应用的主要有下面两种:

①空间雾化混合,即将燃料喷向燃烧室空间,直接与空气混合形成可燃混合气。

②油膜蒸发混合,即将大部分燃料喷到燃烧室壁上,形成一层油膜,油膜受热汽化蒸发,与空气混合形成可燃混合气。

在高速柴油机上,实际混合气形成过程是两者兼而有之,两者所占的比例随燃烧过程的组织不同而有所差异,多数以空间雾化为主。

1. 燃料的喷雾

燃料经喷油器喷入燃烧室并分散为细粒的过程称为燃料的喷雾或雾化。将燃料喷散雾化可以大大增加燃料蒸发的表面积,例如 12150L 发动机,在标定工况时循环喷油量约为

0.157 cm³,如果形成一个直径为 0.67 cm 的油滴,其表面积为 1.4 cm²,如果把同样体积的燃料分散成直径为 20 μm 的细小油粒,则表面积总和为 471 cm²,增加近 336 倍,这样使燃料与空气接触机会增多,达到迅速蒸发混合的目的。

（1）油束的形成

燃料在高压作用下从喷孔喷出后形成的油粒群称为油束或喷注（见图 3.17）。

燃料经喷孔喷出过程中,由于喷孔几何形状实际上不规则,使燃料在喷出时便具有一定的初扰动,加上燃料在离开喷孔时的不均匀膨胀使其具有分散的倾向,同时在缸内空气阻力的作用下,燃料在前进中不断被粉碎成大小不等的油粒,最终形成油束。

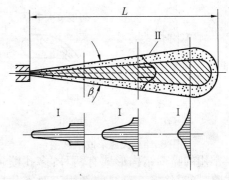

图 3.17　油束结构

油束由数百万以至数千万直径大小不等的油粒组成,油束中的油量和速度很不均匀,芯部油粒大,油量密集,前进速度高;而外层油粒小,分布松散,运动速度低,由于周围空气较多,易于形成一定混合比例的可燃混合气,因此一般火焰中心均在油束外层产生（见图 3.18）。

（2）油束特性

油束特性可用油束锥角、射程和雾化质量来说明。

①油束锥角 β,即油束锥形纵断面母线夹角。油束锥角与喷油器结构、油孔加工质量、喷油压力以及缸内空气阻力等因素有关。β 的大小用以说明油束的分散程度。

②油束射程 L,即油束的贯穿长度。L 的大小影响燃料在燃烧室内的分布,L 过大,燃料会喷到燃烧室壁上;L 过小,燃烧室末端空气不能充分利用。L 的大小应根据不同混合气形成方式的要求与燃烧室的大小来确定。

③雾化质量,即油粒的细微度和均匀度。细微度越高,说明油粒的平均直径越小;均匀度越高,说明油粒的直径差越小。细微度和均匀度都高,说明雾化质量好。

雾化质量可以用雾化特性曲线表示（见图 3.19）。图中横坐标为油粒分组直径,纵坐标表示某一分组直径的油粒占全部油粒的百分数或数目。雾化特性曲线与横坐标包围的面积越窄,越靠近纵坐标,表示雾化质量越高。

（3）影响油束的主要因素

①喷嘴结构

喷嘴结构不同,引起形成油束的初扰动也不同,因而形成的油束特性也不同;油束要与混合气形成方式和燃烧室的结构形状相配合,因此要根据不同的情况选择合适的喷嘴结构。

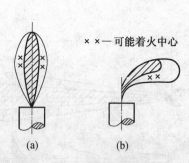

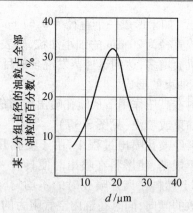

图 3.18　火源形成示意图

图 3.19　雾化特性曲线

常用的喷嘴结构形式有两种:多孔喷嘴和轴针式喷嘴(见图 3.20)。前者用于对雾化质量要求较高的直喷式燃烧室发动机上,后者常用于分开式燃烧室发动机上。

②喷油压力

喷油压力越大,燃油流出喷孔时的初扰动和初速度也就越大,受到压缩空气的阻力也越大,从而使油束锥角、射程增大,雾化质量提高。

③空气密度

缸内空气密度越大,作用在油束上的反压力

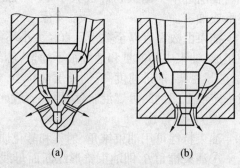

图 3.20　喷嘴结构

越大,结果使燃油分散程度增大,贯穿长度缩短,雾化质量提高。

④燃料黏度

黏度越大,分子间的相互引力越大,使燃料不易分散,结果油束锥角减小,射程增加,雾化质量变差。因此应随季节的变化,使用相应的燃料,以保持适宜的黏度。

⑤发动机转速

转速升高,柱塞供油速度增加,喷油速度也随之增加,则使雾化质量提高,油束锥角和射程也相应增加。

启动发动机时,因转速和缸内压缩终点的压力、温度低,故雾化质量差,是启动困难的一个主要原因。

⑥负荷

外界负荷变化时,循环供油量也变化,负荷小,喷油量减小,使喷油压力降低,故雾化质量差,油束锥角和射程相应减小。

2. 空气的运动

燃料喷雾是混合气形成的首要步骤,对于大型低速机也是混合气形成的主要手段,但是对于中、小型机,由于转速较高,混合气形成和燃烧时间短,为及时迅速形成混合气,尚要有一定的空气运动相配合。

(1)缸内空气运动的方法

除了大型低速发动机以外,一般直喷式燃烧室内都有一定的空气运动。一种是进气过程中形成的进气涡流,另一种是在压缩至上止点附近由于活塞上下运动产生的压缩涡流和膨胀流动。两种空气运动形成的机理不同,现分述如下。

①进气涡流

形成进气涡流的方法有下面几种(见图3.21)。

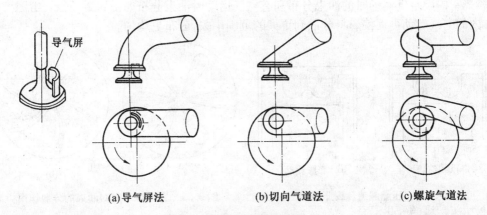

(a)导气屏法　　　　(b)切向气道法　　　　(c)螺旋气道法

图3.21　产生进气涡流的方法

a. 导气屏法

进气门顶背部加工出导气屏,工作时,导气屏导引进气流沿燃烧室壁做圆周运动,形成进气涡流。进气门不允许转动,对气道无特殊要求。

b. 切向气道法

气道形状比较平直,在气门座前强烈收缩使气流加速,并引导气流以切线方向进入汽缸形成进气涡流。

c. 螺旋气道法

将气门上方的进气道做成螺旋形,使气流在其中形成一定强度的旋转,使进入气缸的空气也同向旋转。

上述几种方法,在性能和制造上各有优缺点。最佳造型应在一定涡流比(即涡流旋转速度与发动机转速之比)时进气阻力最小。

有些发动机对气道没有采取特殊措施,但由于气道侧置,或多或少地也能形成一定的进气涡流。

②压缩涡流和膨胀流动

在压缩上止点附近,当活塞接近上止点时,活塞顶上部的环形空间中的空气被挤入活塞头部的燃烧室内,并形成一定的涡流运动,这种流动称为压缩涡流(见图3.22);当活塞下行时,活塞头部燃烧室内的气体流动,这种流动称为膨胀流动(见图3.22)。

压缩涡流和膨胀流动不影响充气效率,有助于燃料的分布和混合,它们的强度与$\dfrac{d_k}{D}$和$\dfrac{V_k}{V_c}$(D 为气缸直径,mm;V_k 为燃烧室容积,L;d_k 为燃烧室侯口直径,mm;V_c 为压缩室容积,L;V_k/V_c 又称为相对容积)有关,燃烧室喉口直径 d_k 和活塞压缩余隙 S_0 越小,形成的空气运动越强烈。

(2)空气运动的作用

①促使油束进一步分散

燃烧室内没空气运动时的油束分布和有空气运动时油束分布如图3.23所示,由图可以看出,缸内的空气运动可促使燃料分散到更大的范围中去,分布更均匀。

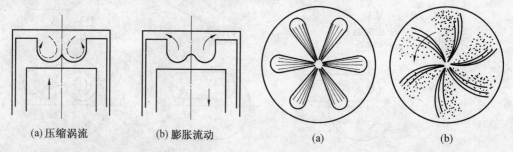

(a) 压缩涡流　　　　(b) 膨胀流动

图 3.22　压缩涡流和膨胀流动

(a)　　　　　(b)

图 3.23　空气运动时对油束的分散作用

②加速燃料的气化混合

缸内的空气运动一方面会吹袭并分散油粒,同时还带走油粒周围的燃料蒸气,因此可以加速混合。

③促进热混合

燃烧室中的空气运动规律一般认为接近涡流的规律,即气体流动的切向速度 v 随燃烧室半径增大而减小(见图3.24)。因为气流分布与气流速度有关,速度高、压力低,故自燃烧室中心向外,压力逐渐增高。一个质点 A 随旋转气流运动,一方面受离心力作用,另一方面受由于压差而引起向燃烧室中心的推力作用。据分析计算,质点 A 的运动轨迹与其本身密度 ρ' 及空气介质密度 ρ 有关。当 $\rho'=\rho$ 时,质点做圆运动;当 $\rho'/\rho>1$ 时,即质点质量较大,此时离心力起主要作用,质点 A 以螺旋线向外运动;当 $\rho'/\rho<1$,即质点质量较小,此

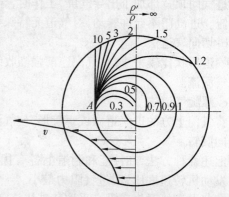

图 3.24　热混合原理图

时压差引起的推力起主要作用,质点以螺旋线向内运动。对于油粒或燃料蒸气,其密度比空气大,$\rho'/\rho>400$,因此其运动轨迹为螺旋向外;对于已燃的气体,其密度比空气小,$\rho'/\rho<0.3$,因此运动轨迹为螺旋线向内运动。由于火焰向中心运动,又将中心部分的新鲜空气挤向外围与未

燃燃料混合,这样就使已燃气体与未燃物分开,促进了混合气形成和燃烧。这种混合作用叫热混合作用。这种热混合作用只有在燃烧室内具有有组织的涡流运动时,才能实现。

空气运动除了加速混合以外,还可以加速火焰传播,促使燃烧迅速结束。

发动机的燃烧系统一般由三部分组成——进气部分(主要指进气道和进气门)、供油部分(主要指喷油泵、高压油管、喷油器)和燃烧室。进气部分使进入汽缸中的空气按一定规律运动,为形成良好的混合气创造条件;供油部分除保证及时开始喷油外,还应保证燃料按一定规律以雾状喷入汽缸;燃烧室则以其各种独有的方式促使燃料和空气进一步混合燃烧。三者配合协调才能获得满意的燃烧过程。

3.3 燃油供给系

燃油供给系的功用是:

①按汽缸工作顺序与不同工况,将一定数量的燃油加压;在适当时刻,以与燃烧室相适应的油束喷入燃烧室内,形成雾状燃油或油膜;并与空气混合,组成可燃混合气。

②滤去燃油内的机械杂质与尘土。

③储存一定容量的燃油。

柴油机燃油供给系由带调速器的喷油泵总成及操纵装置、喷油器、排气开关、输油泵、手摇泵等组成(见图 3.25)。

3.3.1 喷 油 器

1. 功用

喷油器功用是将喷油泵来的高压燃油雾化,并形成与燃烧室型式相配合的油束喷入燃烧室内的压缩空气中(或壁面),以获得良好的可燃混合气。为此,喷油器必须有一定的燃油喷射压力和一定的射程,按燃烧室形状和空气流动状况设置最佳的喷孔数目、喷孔直径和喷射方向,及时喷油,迅速断油,以实现最佳燃烧。

2. 构造

不同的柴油机采用不同型式喷油泵和不同型号的喷油器,但其结构基本相似,其主要区别是喷油孔数目的多少和结构尺寸的不同,以及各零件位置、形状的差别。现就 12150L 柴油机的喷油器介绍如下。由图 3.26 可见,喷油器由喷油器体、外套螺帽、缝隙滤油器、喷雾针、喷雾嘴、压杆、弹簧、垫圈、调压螺塞、锁紧螺帽和密封定位环组成。

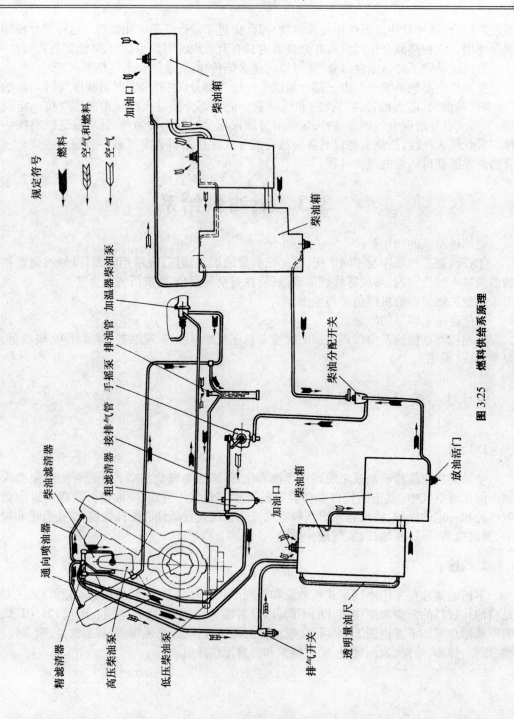

图 3.25　燃料供给系原理

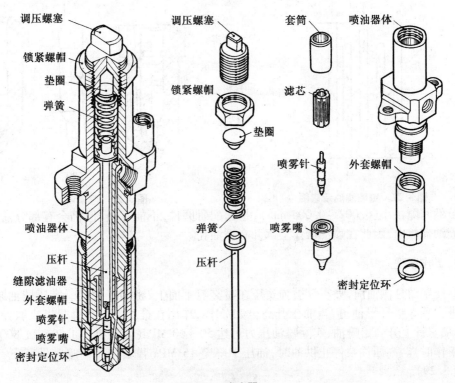

图 3.26 喷油器

喷油器体内有垂直油道,上通高压油管,下与其下平面环形油槽相通,上部有溢油孔与高压油管接口处相通。

缝隙滤油器由滤芯和套筒组成,其作用是进一步滤去柴油中的机械杂质。滤芯的外圆柱面向上、向下开有不通的油槽(见图 3.27)。柴油从垂直油道流入开口向上的油槽内,通过配合间隙进入开口向下的油槽,较大的机械杂质便被留在开口向上的油槽内,清洁的柴油流向喷雾嘴。

喷雾嘴上端面有环形油槽,经三条倾斜油道与体内下部环形油腔相通,环形油腔下部有锥形密封面,锥面有均匀分布的 7 个或 8 个直径为 0.25 mm 的喷孔(见图 3.28)。喷雾针装在喷雾嘴内,圆柱部两道环槽起润滑与密封作用。圆柱部下的大锥面,用以承受油压,使喷雾针抬起。下部锥面与喷雾嘴锥面配合,密闭喷油孔。

缝隙滤油器、喷雾嘴耦件用外套螺帽结合在喷油器体上。喷油器弹簧通过压杆将喷雾针压在喷雾嘴上。调压螺塞拧在喷油器体上,拧动调压螺塞可以调整弹簧张力,以改变喷雾针抬起压力,弹簧是保证喷油器可靠工作和喷油压力稳定的重要零件,其工作特点是变形量小(0.2～0.3 mm),刚度大,加载时间十分短促,动态载荷很大。需在专用试验台上检查调整喷油器开始喷射时的压力和雾束形状。压杆有磁性,能吸附金属微粒。喷雾针与喷雾嘴圆柱配

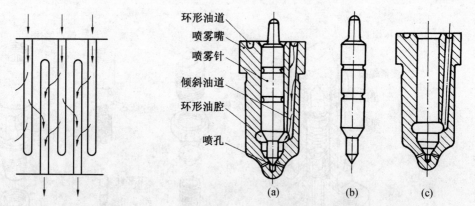

图 3.27　缝隙滤油示意图　　　　　　图 3.28　喷雾嘴

合部虽然间隙很小(0.002～0.004 mm),是选配研磨件,不能互换,但仍会有部分高压柴油渗漏到喷油器体内,因此在喷油器体上部开有溢油孔。

3. 工作原理

高压柴油泵供油前,喷雾针被弹簧压在喷雾嘴锥面上,密闭了喷孔。高压柴油泵供油时,柴油进入喷雾嘴环形油道,当油压升高至 21 MPa,作用在锥面上的合力足以克服弹簧的预压力时,喷雾针上升开始喷油,实际喷油压力可达 50～60 MPa(发动机在 1 500～1 800 r/min 大负荷工作时)。高压油泵停止供油时,油压下降至 15 MPa 弹簧伸张使喷雾针落下,停止喷油(见图 3.29)。

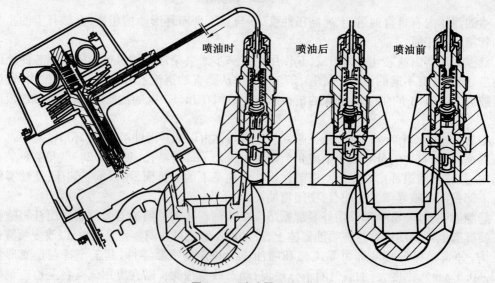

图 3.29　喷油器工作

3.3.2 喷油泵(高压柴油泵)

1. 功用

喷油泵的功用是将燃油加压,按汽缸工作顺序和柴油机的工况,在适当时刻,以一定数量的燃油供入喷油器。

多缸喷油泵应做到:

①供给各缸的油量均匀、稳定。

②各缸供油提前角相同。

③供油开始迅速,供油结束干脆。

喷油泵种类很多,B/FL413F 和 12150L 系列机型采用柱塞式喷油泵。

2. 构造

喷油泵总成(见图3.30)由与汽缸一样多的喷油泵组成。每一喷油泵包括泵体、供油组、出油活门组、驱动机构(见图3.30)。

(1)供油组

供油组由柱塞耦件和油量调节机构组成(见图3.30、图3.31)。

柱塞耦件由柱塞和柱塞套筒组成(见图3.31),是喷油泵的主要部分,用来将柴油加压并定量泵入喷油器。柱塞上部有垂直油槽、倾斜油槽(螺旋切边)和环形油槽。倾斜油槽用来调节供油量,在改变供油量时下螺旋槽只改变供油终了时刻,供油始点不变。这种结构在柴油机高负荷时,对后燃有不利影响,部分负荷时易粗暴,但因工艺性好而得到广泛采用。柱塞中部有密封环槽,用来密封和储存柴油,润滑柱塞与柱塞筒。下部有凸块和凸缘,凸块卡入转筒的直槽内,凸缘卡在下弹簧座内。柱塞筒上有两个油孔,与泵体内的油槽相通,其中圆孔是进油孔,长形孔是回油孔(也起进油作用)。柱塞筒用止动螺钉固定在泵体上,以限制柱塞筒的转动(见图3.31)。

油量调节机构由齿圈及转筒、齿杆组成。用来转动柱塞,控制供油量的大小。转筒套在柱塞筒上,转筒上的直槽卡在柱塞下部的凸块上。齿圈用系紧螺钉固定在转筒上,并与加油齿杆啮合。当加油齿杆往复运动时,齿圈通过转筒带动柱塞旋转,柱塞上、下运动时,直槽又起导向作用。松开齿圈系紧螺钉,转动转筒和柱塞,可调整该缸供油量,以使各缸供油一致(见图3.30)。

齿杆支承在泵体内的两个铜衬套内,正面有十二段齿,分别与十二个齿圈啮合。移动齿杆,十二个齿圈同时转动,改变供油量的大小。背面有定向槽,齿杆限制螺钉伸入槽内,限制了齿杆转动。

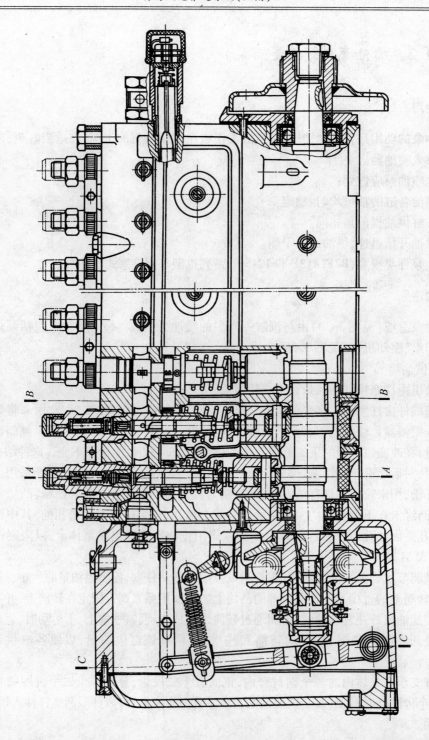

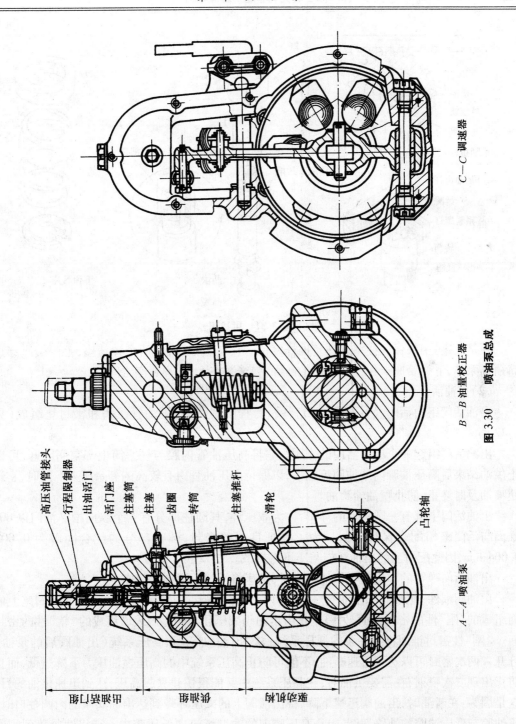

C—C 调速器

B—B 油量校正器

图3.30 喷油泵总成

A—A 喷油泵

高压油管接头
行程限制器
出油活门
活门座
柱塞筒
柱塞
齿圈
转筒
柱塞推杆
滑轮
凸轮轴

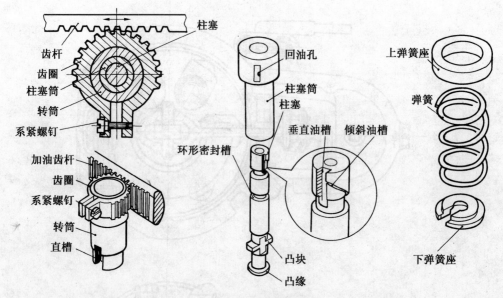

左侧图标注：
齿杆
齿圈
柱塞筒
转筒
系紧螺钉
柱塞
加油齿杆
齿圈
系紧螺钉
转筒
直槽

中间图标注：
回油孔
柱塞筒
柱塞
环形密封槽
垂直油槽
倾斜油槽
凸块
凸缘

右侧图标注：
上弹簧座
弹簧
下弹簧座

图 3.31　供油组

弹簧及座:用来保证柱塞及柱塞推杆复位。它有一根弹簧,两个弹簧座,上弹簧座穿过转筒顶住泵体,下弹簧座卡住柱塞下端的凸缘,弹簧装在上、下弹簧座之间。

(2)出油活门组

出油活门组由活门、活门座、活门弹簧、行程限制器、高压油管接头和密封垫组成(见图 3.32)。

出油活门组起一个单向活门的作用。它将高压油管内腔与柱塞筒上部空间隔开,可以防止供油结束后高压油管内柴油回流过多,以保持高压油管内有较高的剩余压力。同时,它还促使喷油及时终止,防止喷油器滴油。

出油活门中部有一圆柱形的环带,称为减压环,其圆柱部分有 4 个纵向槽。活门以 60°的锥面与活门座相配合保证密封。为了保证良好的密封,圆柱部分的配合间隙为 0.002 ~ 0.004 mm,因此配对后的出油活门与座不得拆散。

出油活门弹簧的作用是当供油终止时,迅速将活门压回到活门座上。

出油阀耦件(出油阀和出油阀座)上的两个密封环带,一个是由出油阀锥面与阀座上的锥面组成的"刚"性的密封锥面,另一个是由出油阀减压环与阀座内表面组成的"软"性的密封环面。"刚"性密封锥面将喷油泵的低压系统(进、出油口等)和高压系统(出油阀后的泵油室)分开。两次密封可以达到迅速断油,不但可防止高压系统中的高压燃油压力下降过低,而且可防止出现二次喷射;在需要供油时,在高压系统中又能很快建立起高压,达到迅速供油的目的。这是因为:在断油时,出油阀迅速下降,待出油阀上的减压环带到达出油阀座的内圆柱口时,高压油腔与低压油腔的油路切断,阻止高压腔内的油继续流向低压腔内。待出油阀落到阀座上时,在高压腔内马上空出原先占据在高压油腔中的一个圆柱体体积,其高度 h 为减压环带封住高、低压油腔后到出油阀锥面落在出油阀座上的下降高度(见图 3.32),底面积为减压环带的截面积,因而使高压腔内的油压急剧下降。供油时,柱塞耦件上面的高压油超过出油阀弹簧的预紧力和高压油腔内的燃油残余压力,出油阀开始顶起瞬间,出油阀上的密封锥面脱离阀座。虽然高压油由于减压环带未离开阀座内圆柱口,还未进入高压腔,但因环带以上的体积占据了高压油腔相应的空间,使高压油腔的油压迅速上升。

行程限制器的作用是限制活门升起的最大高度,有行程限制器时其活门升起的最大高度为 3.76 mm。若活门升起高度过大,当柱塞停止泵油时,高压油腔内柴油回流就多,高压油管内的剩余压力就低,使下次喷油器喷油不能及时开始。

(3)驱动机构

驱动机构(见图 3.30)由推杆、凸轮轴、联轴器等组成。用来驱动柱塞上下运动,将柴油泵入喷油器。

柱塞推杆:用来推动柱塞和调整供油间隔角度。它由推杆、调整螺栓、锁紧螺帽、带滚针的滑轮和轴组成(见图 3.33)。上部拧有调整螺栓,是调整各供油组之间的供油间隔角度,调整好后用锁紧螺帽锁紧。下部装有带滚针的滑轮和轴,滑轮借弹簧的张力始终与凸轮接触,滑轮轴的两端伸入泵体的纵向槽内,可防止柱塞推杆转动。

凸轮轴用来按汽缸工作顺序,适时地推柱塞推杆和柱塞上行。它有 12 个凸轮,按供油顺序互成 30°(2—11—10—3—6—7—12—1—4—9—8—5)。轴的前端装有带分划盘的花键衬套,轴的后端装有全速调速器的花盘。

联轴器用来将发动机的部分动力传给高压柴油泵,并检查和调整高压柴油泵的提前供油角度。由联轴器体、胶木花键套、花键衬套、分划盘、弹簧及卡环组成(见图 3.34)。

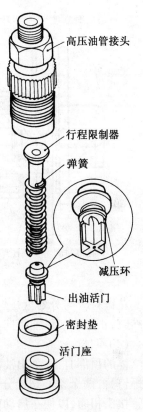

图 3.32 出油活门

（标注：高压油管接头、行程限制器、弹簧、减压环、出油活门、密封垫、活门座）

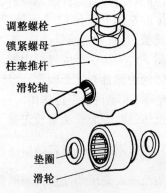

图 3.33 推杆

（标注：调整螺栓、锁紧螺母、柱塞推杆、滑轮轴、垫圈、滑轮）

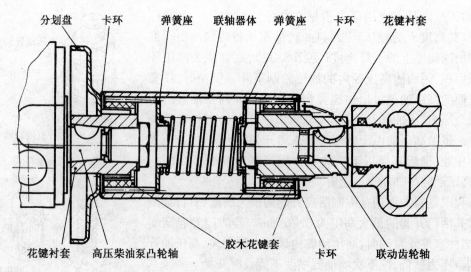

分划盘　　卡环　　　弹簧座　　联轴器体　　弹簧座　　　卡环　　　花键衬套

花键衬套　　高压柴油泵凸轮轴　　　胶木花键套　　　卡环　　　联动齿轮轴

图3.34　联轴器

花键衬套与分划盘是焊成一体的。分划盘上有刻度线,当零刻度线与轴承座上的刻度线对准时,正是第二供油组向左排一缸开始供油的时刻。

(4)泵体

体的顶部有12个出油活门安装孔,一个加油口,两个排气孔(早期出厂的发动机设有排气螺钉)。两个空心螺栓分别拧入两个排气孔内,并用排除空气管与柴油细滤清器的排除空气管接头相通,以便在启动前排除泵体油道内的空气。

体的底部拧有12个带毡垫的螺塞,毡垫用来存油,以润滑凸轮。

体的右侧拧有齿杆限制螺钉,下面有放油口及螺塞。

体的左侧上面有12个柱塞筒止动螺钉、排除空气管接头(早期出厂的发动机),中部有检查窗及盖,下面有溢油管接头、五个凸轮轴滑动轴承止动螺钉。溢油管接头是将柱塞与柱塞筒之间漏下的柴油引至废气抽尘器。

体的两侧各有三个固定耳,将高压柴油泵固定在支架上,固定螺钉除装有锁紧垫外,还有球面垫圈,可起自动定位作用。

泵体的前端装有油量校正器、凸轮轴轴承座和进油管接头,后端固定着调速器体。

3. 工作原理——燃料喷射过程

柴油进入高压柴油泵柱塞筒并经喷油器喷入燃烧室的整个过程为燃料喷射过程。

(1)泵油

曲轴旋转时,经联动机构和联轴器,带动高压柴油泵凸轮轴反时针方向旋转。当凸轮向上转时,推动推杆,使柱塞上行,弹簧被压缩;当凸轮向下转时,弹簧伸张,使柱塞及推杆下行。

当柱塞下行至打开进、回油孔时,泵体油道中的柴油在低压柴油泵的作用下进入柱塞筒内

（见图 3.35（a））；当柱塞上行，未完全关闭进、回油孔前，在柱塞的挤压下使部分柴油经油孔流回油道（图 3.35（b））；当柱塞上行到把进、回油孔完全关闭后（见图 3.35（c））、柱塞筒内油压开始升高，当燃油压力达到出油活门开启压力时，推开出油活门，经高压油管流向喷油器（见图 3.35（d））；当柱塞继续上行到螺旋切边打开回油孔时（见图 3.35（e）），柱塞筒内的柴油经垂直油槽从回油孔流回泵体油道，油压下降，出油活门落下，供油终止。

曲轴转两圈，凸轮轴旋转一圈，各柱塞上、下行一次，按工作顺序向各缸供油一次。

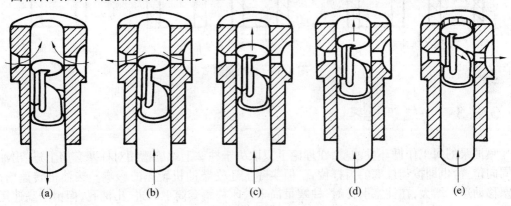

（a）　　　　（b）　　　　（c）　　　　（d）　　　　（e）

图 3.35　泵油过程

（2）供油量的调节

柴油机要发出不同功率，必须调节喷油泵的供油量。当需要柴油机发出较大功率时，喷油泵能够供给较多的柴油；当需要柴油机发出较小的功率时，喷油泵能供给较少的柴油。

喷油泵油量调节机构就是转动柱塞，用以改变循环供油量的机构。A 型喷油泵采用齿杆齿圈式油量调节机构。

喷油泵油量调节机构调节原理就是转动柱塞螺旋切边相对柱塞套筒进、回油孔的周向位置。

从柱塞顶部边缘完全关闭进、回油孔的时刻起（供油始点），到螺旋切边打开回油孔的时刻止（供油终点），柱塞的行程为有效供油行程。显然，供油量的多少取决于有效供油行程的长短。工作过程中，柱塞筒不动，转动柱塞时，供油始点不变；但由于改变了螺旋切边和回油孔的相对位置而改变了供油终点，从而改变了有效供油行程，相应改变了供油量（见图 3.36）。

加油齿杆向前移动，柱塞顺时针方向旋转（从上向下看），供油终点延迟（螺旋切边打开回油孔的时刻延迟），有效供油行程增大，供油量增加。

加油齿杆向后移动，柱塞反时针方向旋转，有效供油行程减小，供油量减小。

当柱塞的垂直油槽对准回油孔时，则不供油。

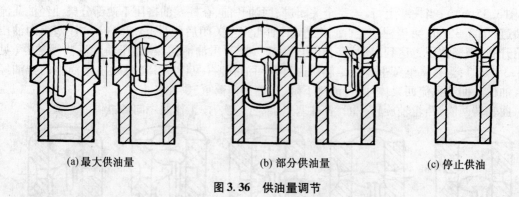

(a) 最大供油量　　　　　　　　(b) 部分供油量　　　　　　　(c) 停止供油

图3.36　供油量调节

3.3.3　全速调速器

喷油泵的每工作循环供油量,在理论上只取决于柱塞上螺旋槽相对柱塞套筒上进、出油孔的周向位置,也即拨动柱塞的齿杆位置,但实际上还受柴油机转速的影响。柴油机转速增高,柱塞移动速度增大,在柱塞上移时,柱塞虽尚未封闭柱塞套筒上的进、出油孔,但由于高速运动时燃油流动的节流作用,燃油来不及从进、出油孔流出就开始供油,所以喷油泵开始供油时刻略有提前。同理,柱塞虽然上移到其螺旋槽已经与油孔连通,但泵腔内的油压一时还来不及下降,使停止供油时刻稍有推迟。这样,即使供油齿杆位置不变,随着柴油机转速增高,喷油泵的供油量增大,相当于柱塞的有效行程增大。供油齿杆位置不变时,喷油泵的供油量随柴油机的转速而变化的关系称为喷油泵的速度特性。

喷油泵的这种特性对工况多变的车用柴油机是非常不利的,当负荷突然由大变小时,发动机转速便急剧上升,若无限制,可能使发动机转速超过最高转速,出现狂转,不仅使燃烧恶化,后燃严重,冒黑烟,甚至会使轴承严重磨损或使机件损坏;当自行加温或在行驶中短暂停车检查时,发动机在最低空转转速下工作,此时转速不稳或经常熄火,将给使用带来很大困难,影响战斗性能;当自行火炮行驶在起伏不平的地面时,发动机负荷的急剧变化将引起发动机转速的急剧变化,发动机要平稳工作,驾驶员就要及时改变供油量,使驾驶员过于疲劳,还会因操纵不及时导致发动机熄火或狂转。这都会影响战斗性能,因此要求在油门踏板不变的情况下,供油量应随负荷的变化而能自动调节,使发动机转速平稳。调速器就是当柴油机负荷变化时,能在一定范围内自动调节喷油泵的供油量,保持柴油机转速稳定的一种自动控制装置。

调速器可按转速调节范围和执行机构不同进行分类。按执行机构不同,可分机械式、液力式、气动式和电子式调速器。按转速调节范围不同,可分两极、全速、综合式调速器。

自行火炮发动机经常在负荷、转速变化条件下工作。为获得较高的平均速度,在发动机上装有全速调速器。

1. 功用

全速调速器的主要功用有：
①限制最高转速。
②稳定最低空转转速。
③当外界阻力变化时，自动调节喷油量，使发动机转速变化较小，稳定工作。

2. 构造

由调速器体、调速器盖、加油拉臂及轴、高低速弹簧及弹簧拉臂、调速器杠杆、调整拉杆、锥形固定盘、离心弹子、花盘、活动盘、推力球轴承、活动盘衬套及顶盖等组成，其简图如图 3.37 所示。

锥形固定盘装在调速器体上，其锥面与离心弹子接触，当离心弹子沿锥面做径向滚动时，可推动活动盘做轴向移动。

花盘用键和螺帽固定在高压柴油泵凸轮轴上。盘上有 6 个弹子安放孔。

活动盘套在衬套上，中间有推力球轴承，用卡环将这些零件组合成一体。

调速器杠杆的下端用轴支承在调速器体上。中部有带滚针的滑轮与顶盖接触。上部有两个销子，一个销子通过调整拉杆与加油齿杆连接，另一个销子上挂有调速器弹簧。

弹簧拉臂用半圆键及开口销固定在加油拉臂轴上，加油拉臂轴转动时，弹簧拉臂便拉伸或放松调速器弹簧。

弹簧共有两根，其中挂耳为圆孔的是低速弹簧，挂耳是长孔的为高速弹簧。

调速器体固定在高压柴油泵后端，两端面之间有衬垫。体的上方有加油口及螺塞。体的左侧有安装加油拉臂轴的安装孔及凸台。将加油拉臂轴装入孔内后并用油挡螺塞拧紧密封。凸台上有两个限制螺钉，上面一个是停止供油限制螺钉，下面一个为最大供油限制螺钉以限制最大速度。

3. 全速调速器的工作原理

驾驶员踏加油踏板时，经高压柴油泵的操纵装置使加油拉臂轴转动，带动了弹簧拉臂摆动。这样，弹簧拉臂就拉伸了调速器弹簧，弹簧的弹力对调速器杠杆产生一定的拉力，造成了一定的拉力矩。弹簧拉力矩的作用总是力图使加油齿杆向加油方向移动，增加供油量。当改变加油踏板的位置时，就改变了弹簧的拉力，也就改变了拉力矩的大小（见图 3.38）。

发动机工作后，高压柴油泵凸轮轴带动花盘和离心弹子旋转，弹子在离心力的作用下，沿锥形固定盘的工作锥面向外运动，推动活动盘、衬套及顶盖，给调速器杠杆一个推力，造成了推力矩。弹子推力矩的作用总是力图使加油齿杆向减油方向移动，减小供油量。当发动机的转速变化时，弹子的离心力变化了，推力矩的大小也就变化了。

由此可见，作用在调速器杠杆上的弹簧拉力矩和弹子推力矩是两个方向相反的力矩。当两个力矩大小相等时，加油齿杆就在某一位置上处于平衡状态，循环供油量保持一定数量，循环喷油量也就保持一定数量，发动机也就在某一转速下稳定地工作。

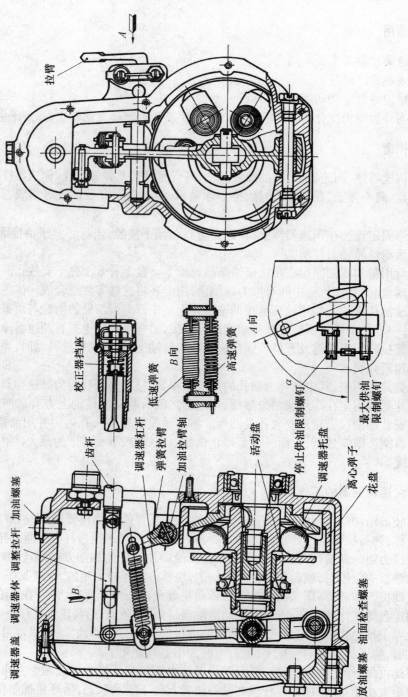

图 3.37　全速调速器

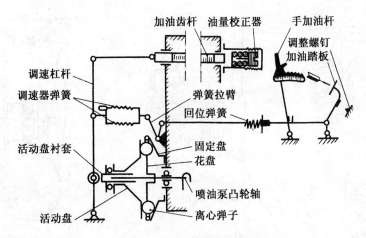

图 3.38　全速调速器工作示意图

（1）自动调节供油量

加油踏板位置不变，外界阻力矩变化时，调速器有三种工作状况（见图 3.39）。

①稳定工作（见图 3.39（a））

外界阻力一定时，弹簧的拉力矩与弹子产生的推力矩呈平衡状态，加油齿杆不动，供油量一定，发动机转速处于稳定状态。但自行火炮经常在不同地形上运动，外界阻力时刻变化，所以这种平衡只能是暂时的。

②自动加油（见图 3.39（b））

当外界阻力矩增大时，发动机负荷加大、转速下降，使高压柴油泵凸轮轴转速降低，弹子离心力减小，使弹子的推力矩小于弹簧拉力矩，在弹簧拉力矩的作用下，加油齿杆向加油方向移动，自动加油，阻止发动机转速继续下降，直到弹簧拉力矩与弹子推力矩平衡，发动机在略低的转速下稳定工作。

③自动减油（见图 3.39（c））

当外界阻力矩减小时，发动机负荷减小、转速升高，使高压柴油泵凸轮轴转速升高，弹子离心力增大，使弹子的推力矩大于弹簧拉力矩，在推力矩的作用下，加油齿杆向减油方向移动，自动减油，阻止发动机转速继续升高，直到弹簧拉力矩与弹子推力矩平衡，发动机在略高的转速下稳定工作。

由于自行火炮经常在起伏不平的地形上行驶，外界阻力矩不断变化，因此，发动机的稳定工作是暂时的和相对的。外界阻力矩增大，发动机转速下降；外界阻力矩减小，发动机转速升高。如果调速器比较灵敏，地形的起伏不是太大，在踏板位置不变时，由于调速器的作用，可以自动改变供油量，使发动机在转速变化较小的情况下工作，从而减轻了驾驶员的疲劳，提高了自行火炮的平均行驶速度。

（2）限制最高转速

加油踏板踏到底，发动机全负荷工作，如突然去掉外界负荷，发动机转速就会迅速升高，有

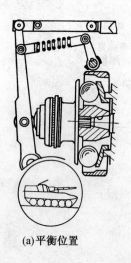 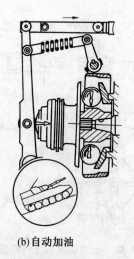 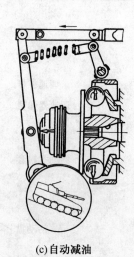

(a)平衡位置　　　　　　　(b)自动加油　　　　　　　(c)自动减油

图 3.39　全速调速器工作

损坏发动机的可能,因此,必须限制发动机最高转速。发动机转速迅速升高,弹子离心力迅速增大,当发动机转速升高到某一转速时,加油齿杆移动很小的供油位置,此时的供油量所产生的机械能仅够用于克服发动机的内部机械损失,发动机便在最高转速下工作。

显然,加油踏板踩下的位置越大,弹簧的拉力矩越大,空转转速越高。加油踏板踩到底时,所对应的空转转速为发动机的最高转速。因此,只要限制弹簧的最大拉力,也就限制了发动机的最高转速。发动机调速器是用供油限制螺钉来限制弹簧的最大拉力,供油限制螺钉的限制位置是在发动机性能调试过程中决定的,因此在使用中不允许随便拧动这个螺钉。

发动机的最高转速不超过 2 250 r/min。

(3)稳定最低空转转速

加油踏板在最小位置时,发动机能稳定工作在最低空转转速,若转速因某一因素升高,弹子的推力矩便增大,使齿杆向减油方向移动,减小喷油量从而阻止了转速继续升高;相反,如果转速因某一因素下降,弹子的推力矩便减小,在弹簧拉力矩的作用下,齿杆向加油方向移动,增加了喷油量,从而阻止了转速进一步下降。保证了发动机最低空转转速的稳定。

3.3.4　油量校正器

1. 功用

在加油踏板已踏到底、发动机输出最大功率的情况下,当外界阻力增大、发动机转速降低时,油量校正器与全速调速器配合,进一步增加供油量。

2. 构造

油量校正器由挡座、挡座套、弹簧、调整螺塞、校正器体和胶皮套组成(见图 3.40(a))。挡座套套在挡座上,挡座拧在调整螺塞上并固定,挡座套与调整螺塞间安有弹簧。调整螺塞拧在校正器体上,用铁丝锁住并铅封。校正器体拧在高压柴油泵前端,与加油齿杆在同一轴线上。校正器体上套有胶皮护套。

3. 工作原理

加油踏板未踏到底时,加油齿杆与挡座套不接触,油量校正器不工作。

当加油踏板踏到底、发动机在最大功率转速下工作时,加油齿杆与挡座套开始接触,校正器弹簧未被压缩,校正器体仍不工作(见图 3.40(b))。此时,若外界阻力增大,使发动机转速降低,则全速调速器离心弹子的推力减小,弹簧拉力矩大于离心弹子的推力矩,克服校正器弹簧的张力使加油齿杆向加油方向移动,顶动挡座套,压缩弹簧,供油量相应增多,发动机扭矩增大(见图 3.40(c))。转速降低到最大扭矩转速时,加油齿杆与

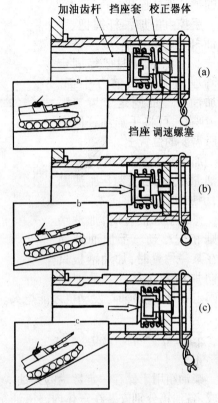

图 3.40 油量校正器

挡座接触,供油量最大,发动机产生最大扭矩。如果外界阻力继续增大,转速继续降低,由于加油齿杆被挡座顶住,供油量便不再增加,需换低排挡行驶。

由于校正器弹簧的作用,挡座套只能逐渐被压缩,供油量也逐渐增加,因此,防止了供油量突然增加过多而使燃烧恶化。

3.3.5 高压柴油泵操纵装置

1. 功用

高压柴油泵操纵装置供驾驶员控制供油量。

2. 构造

高压柴油泵操纵装置有脚控和手控两种操纵方式(见图 3.41)。

脚控是由脚踩加油踏板(位于驾驶室右前方底甲板上),通过踏板轴、拉杆等杆件与高压

泵的加油齿杆连接。

　　手控由手加油杆握把、手加油杆、弧形齿板、短拉杆等组成。手加油杆握把等固定在驾驶室右隔板前方中部。手加油杆上的固定卡齿与弧形齿啮合,可将手加油杆固定在所需要的位置上。

　　加油踏板踏下的程度与供油量成正比。踏下加油踏板,手加油杆不动。

　　操纵手加油杆时,加油踏板则相应移动。手加油杆固定在某一位置时,加油踏板只能向加油方向移动。手加油杆固定在最上位置时,发动机才能熄火。

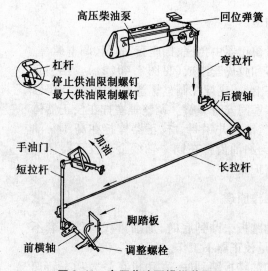

图3.41　高压柴油泵操纵装置

3.3.6　柴　油　箱

　　柴油箱用于储存一定数量的柴油。一般由2~3组油箱组成。每组油箱又由若干个油箱构成,各油箱分别安装在车体内、外,油箱间用油管和气管连接。每组油箱都有加油口及滤清器(见图3.42),油箱底部有放油活门。各组油箱分别与柴油分配开关连接。履带式自行火炮各炮油箱储油量见表3.1。

表3.1　各炮油箱储量

	油箱组数/组	油箱个数/个	容量/L
122 mm 自行榴弹炮	2	7	635.43
122 mm 自行火箭炮	3	8	817
152 mm 自行加榴炮	3	8	885
120 mm 自行反坦克炮	2	5	785
4~25 mm 自行高炮	3	5	—

3.3.7　柴油分配开关

　　柴油分配开关用于选择使用油箱或切断油路。由开关体、开关塞、定位器、弹簧、转把、压

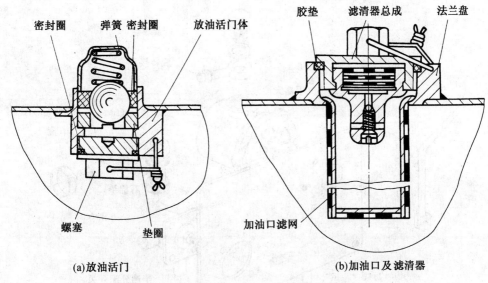

密封圈　弹簧 密封圈　　放油活门体

胶垫　　滤清器总成　　法兰盘

螺塞　　　　垫圈

加油口滤网

(a)放油活门　　　　　　　　(b)加油口及滤清器

图 3.42　柴油箱的加油口及滤清器、放油活门

紧螺帽、油挡等组成(见图 3.43)。

　　开关体上有三个进油接管分别与三组柴油箱连接,并有文字标明选择转把的位置。分配开关装在驾驶室右隔板后下方(见图 3.44)。

3.3.8　排气开关

　　排气开关用于排除高压柴油泵和柴油细滤清器内的空气,保证燃料供给系能正常工作。由开关体、弹子活门、开关杆、转把、弹簧、压紧螺塞、油挡等组成(见图 3.45)。

　　排除空气时,摇动手摇柴油泵,同时反时针转动转把,将开关杆拧松,活门开放,进入油泵和细滤清器的空气,即可通过开关流至中组油箱。顺时针转动转把,开关杆在弹簧的作用下回位,使活门关闭。

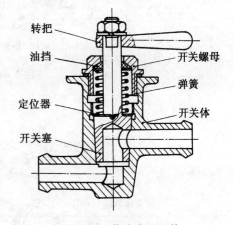

转把

油挡　　　　　　开关螺母

定位器　　　　　　弹簧

开关塞　　　　　　开关体

图 3.43　柴油分配开关

　　使用中由弹簧力弱等原因造成排气开关关闭不严时,低压柴油泵泵至柴油细滤清器的部分柴油会经排气开关流至中组油箱,造成大负荷时供油不足,发动机功率下降。因此,排气后应拧紧开关转把,必要时更换弹簧。

　　排气开关装在驾驶室右隔板中部后方。

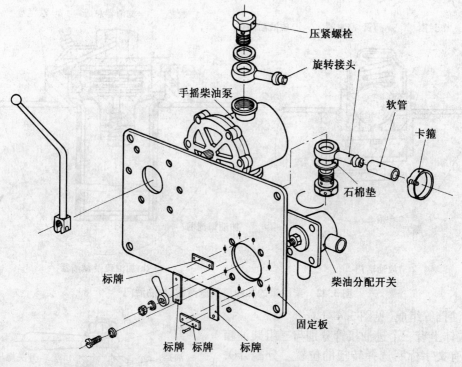

图 3.44　驾驶员右隔板

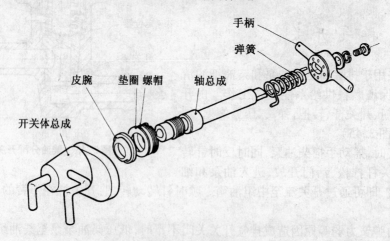

图 3.45　排气开关

3.3.9 手摇柴油泵

手摇柴油泵用于在发动机启动之前,向高压柴油泵内送柴油并排出油路内的空气。

手摇柴油泵装在驾驶室右隔板中部下方。

叶轮式手摇柴油泵由泵体、泵盖、叶轮及叶轮轴、手摇柄、进油活门及座、出油活门及座和密封油挡等组成(见图3.46)。

反时针方向摇动手摇柄时,1、3工作室容积减小,压力增大,通1工作室的进油活门关闭,通3工作室的出油活门开启。1工作室的柴油经环形油道进入3工作室,与3工作室内柴油一起经出油活门至柴油粗滤清器。同时,2、4工作室的容积增大,压力降低,通2工作室的出油活门关闭,通4工作室的进油活门开启。柴油从进油活门进入4工作室,又经叶轮与叶轮轴之间的环形油道进入2工作室,使2、4工作室充满柴油(见图3.46)。

顺时针方向摇动手摇柄时,与上述过程相似。将2、4工作室的柴油泵出,1、3工作室又充满柴油。反复摇动手摇柄时,便不断地将柴油从进油口吸入,从出油口泵出。发动机工作时,由于低压柴油泵的抽吸作用,使进、出活门同时开放,将油路沟通。

3.3.10 柴油粗滤清器

1. 功用

柴油粗滤清器的功用是在柴油进入输油泵之前,滤去柴油中较大的杂质。

2. 构造

柴油粗滤清器由滤清器盖,滤清器体,内、中、外三层滤芯,弹簧及垫圈等组成(见图3.47)。

滤清器盖上有进油管接管、出油口及内外两道装有密封垫的环形密封槽。进油管接管通滤芯外面,出油口通滤芯内腔,滤清器体中心焊有螺杆,螺杆上套有弹簧、垫圈、密封毡垫和三层滤芯。用螺帽将滤清器体及盖结合为一体,弹簧将三层滤芯压紧。三层滤芯均由滤网及金属架组成,滤芯用不锈钢丝编织网折叠制成。

柴油从进油管进入滤清器体内,流过三层滤芯滤去较大的杂质,由于通过滤芯时的燃油流速较慢,因此柴油中所含的部分杂质和水分可沉淀到滤筒底部。滤清后的柴油流至出油口后分成两路:一路到输油泵,一路到加温器柴油泵。

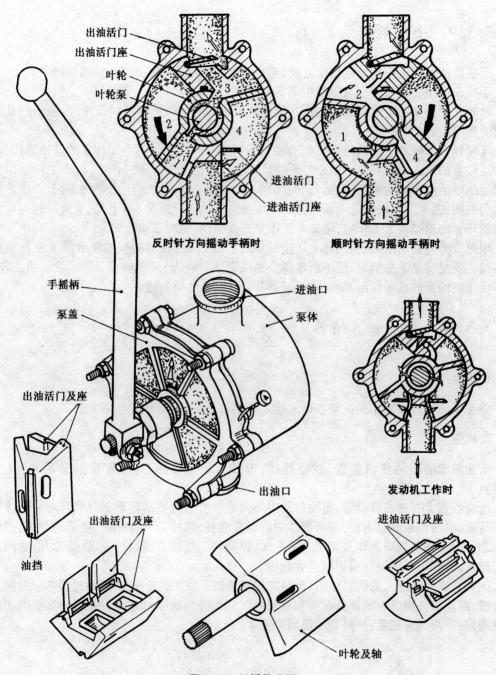

出油活门
出油活门座
叶轮
叶轮泵

进油活门
进油活门座

反时针方向摇动手柄时　　　　顺时针方向摇动手柄时

手摇柄
泵盖

进油口
泵体

出油活门及座

油挡

出油活门及座

发动机工作时

进油活门及座

出油口

叶轮及轴

图3.46　手摇柴油泵

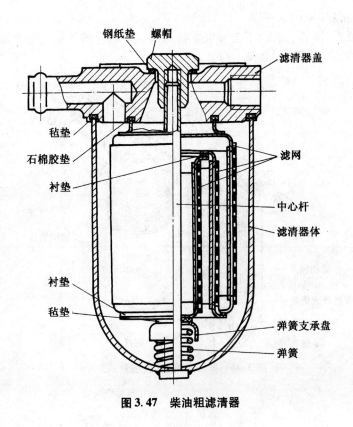

钢纸垫　螺帽

滤清器盖

毡垫

石棉胶垫

衬垫

滤网

中心杆

滤清器体

衬垫

毡垫

弹簧支承盘

弹簧

图 3.47　柴油粗滤清器

3.3.11　柴油细滤清器

1. 功用

柴油细滤清器的功用是进一步精细地滤清进入高压泵的柴油。它由两个滤清器并联而成,这样可以增大滤清面积,延长保养周期;同时能降低柴油通过滤芯的流速,从而提高柴油滤清质量。

2. 构造

每个滤清器均由滤清器体及盖、滤芯、带毡垫的垫圈、弹簧等组成。

滤清器盖通过螺帽固定在滤清器体中心螺杆上,其上有两条油道和一条空气道,进油道与滤芯外部相通,出油道与滤芯内腔相通,空气道使滤芯内腔与排除空气管相通。

滤芯现装备有两种,一种是毡片式,一种是纸质式。

毡片式滤芯由滤网、滤油毡片等组成。滤油毡片有厚、薄两种,共 15 片交错重叠套在滤网上,弹簧用于保证密封(见图3.48)。

纸质滤芯由纸板、网套、上盖、下盖和夹紧板组成。带微孔的滤纸板折叠成波纹圆筒,套在网套上,两端粘结有上、下盖(见图3.49)。

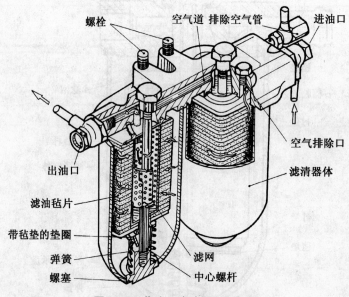

图 3.48　柴油细滤清器(毡片式)

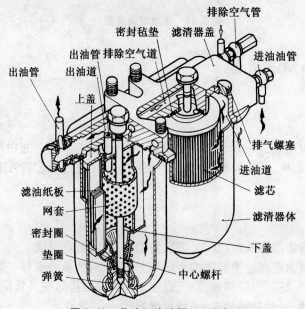

图 3.49　柴油细滤清器(纸质滤芯)

由输油泵或手摇柴油泵送来的柴油,经过油口及盖内的进油道,同时进入两个滤清器体内,经滤芯的滤油毡片和丝织网套进入滤芯内腔,再经盖上的出油管至出油道而流往喷油泵。由于滤芯的阻力很大,柴油在通过滤芯时流速很慢,因此经粗滤清器滤清后的柴油内所剩的较小杂质和水分都可沉淀到体的底部,即使极小的固体杂质也会被滤油毡片阻止不能通过,使进入高压泵的柴油便相当纯净了。

随着使用时间的增长,粗、细滤清器的滤芯逐渐脏污,体内沉淀物增多,丝织网套损坏,滤油毡片堵塞,使滤清阻力增大,滤清质量降低。因此,要定期清洗柴油粗、细滤清器,及时更换损坏或失效的零件。

3.3.12 输油泵(低压柴油泵)

1. 功用

输油泵的功用是发动机工作时,将柴油箱中的柴油泵送到喷油泵。

2. 构造

轴油泵由泵体、泵盖、回转装置、活门装置和密封装置等组成(见图3.50)。

泵体两侧有进、出油口,上部有调压活门座孔。

泵盖通过螺栓与泵体结合在一起,其螺孔内拧有调压螺塞。调压杆方轴插在调压螺塞方孔中,拧动调压杆,调压螺塞便上、下移动,调整柴油泵供油压力。

回转装置由偏心钢筒、回转筒、拨油叶、浮销、传动轴、铜轴承组成。偏心钢筒、铜轴承用定位销固定在泵体内,回转筒支承在铜轴承上。回转筒上有四条纵向槽,槽内装有拨油叶,浮销在回转筒内支承着拨油叶。传动轴通过花键带动回转筒旋转。

密封装置由两个油挡螺环、自紧油挡、密封胶垫、卡环等组成。

调压活门用于保持正常供油压力,由调压活门、弹簧、调压螺塞、调压杆、锁紧螺母组成。

旁通活门用于启动发动机前,沟通至喷油泵的油路,由旁通活门、弹簧及座、卡环等组成。

3. 工作过程(见图3.50)

(1)发动机启动前

当发动机启动前摇动手摇柴油泵时,柴油进入进油口,因回转装置不工作,柴油不能通过拨油叶到出油口,此时进油口的油压逐渐增高,当油压升至0.02~0.03 MPa时,克服旁通活门弹簧的张力,顶开旁通活门,柴油便经调压活门上的8个小孔流至出油口。当停止摇动手摇柴油泵时,旁通活门弹簧伸张,活门关闭。

(2)发动机工作时

曲轴经联动机构带动低压柴油泵回转筒及拨油叶在偏心钢筒内旋转。当某个拨油叶转到进油口处时,容积A在旋转过程中逐渐由小到大,压力降低,吸入柴油,当该拨油叶经过容积C

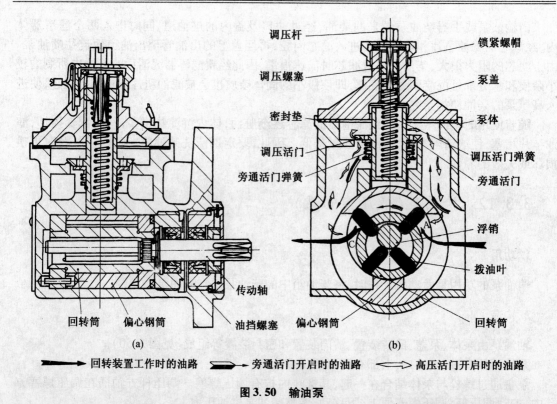

图 3.50　输油泵

转到出油口位置的过程中,容积 C 逐渐由大变小,压力升高,将柴油压至柴油细滤清器。

当供油量超过发动机工作的需要量时,出油口的油压便逐渐增高,当出油口压力增至 0.06~0.08 MPa 时,调压活门被顶开,部分柴油经调压活门流回进油口,在泵内形成小循环。待出油口压力降低后,活门在弹簧张力作用下关闭。

3.4　空气供给系

3.4.1　功用及组成

自行火炮在行驶过程中,地面上的尘土被履带扬起,使其周围的空气中含有大量的尘土。尘土的硬度高,如果发动机直接吸入这些含尘土的空气,将会使运动的机件急剧磨损。如 59 式坦克安装一台新发动机,将含尘量为 3 g/m³(土路行驶的)空气直接吸入汽缸,行驶 15~20 h 时,发动机的一些机件的磨损就达到了极限。为了减小磨损,延长发动机使用寿命,就必须对空气进行处理。空气供给系的功用就是:

①滤清进入发动机汽缸的空气,并将洁净空气导入汽缸。

②将废气、集尘箱内尘土和喷油泵、加温器柴油泵所溢出的柴油一起排出车外。

空气供给系由空气滤清器、进气歧管、排气歧管及废气抽尘器组成。

3.4.2　构　　造

1. 空气滤清器

（1）功用

空气滤清器的功用是滤清进入发动机汽缸的空气，减轻汽缸壁与活塞组间的磨损，延长发动机使用寿命。

（2）构造

空气滤清器为二级综合式滤清器，它由滤清器体、滤清器盖、滤清网、尘土分离器、集尘箱等组成（见图3.51）。

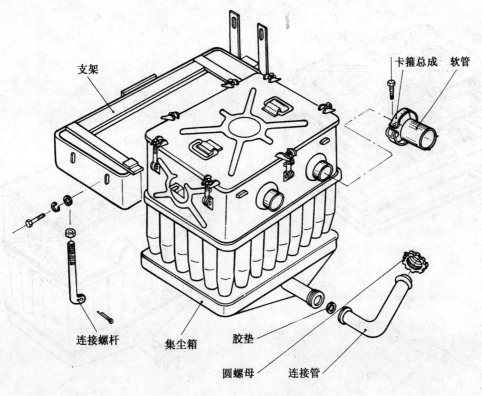

图3.51　空气滤清器

空气滤清器安装在支架上,在顶甲板上有一进气窗,上有铁丝网。

第一级滤清是离心式滤清,它由50多个尘土分离器组成(见图3.52)。由锥形导尘管、切向导管和中心导管组成。锥形导尘管上方是进气口,直接与大气相通。进气口与切向导管相连。切向导管内是中心导管,其上通二级滤清器。锥形导尘管下方是集尘箱,集尘箱呈漏斗形,其上有抽尘管接管。

第二级滤清是接触式滤清。它是由40层三种不同目数的金属网叠加而成。下部目数少,上部目数多、孔小。40层滤网装入滤清器体内,体侧壁上方有两个出气口,与进气歧管接通。上方是滤清器盖,用系紧螺栓固定在体上(见图3.53)。

(3)工作过程

在进气冲程时,汽缸内形成低压,空气滤清器内也形成低压,含尘空气进入尘土分离器的切向导气管。由于中心导管的

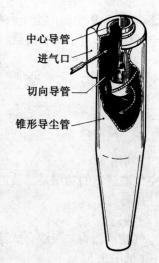

中心导管
进气口
切向导管
锥形导尘管

图3.52　尘土分离器

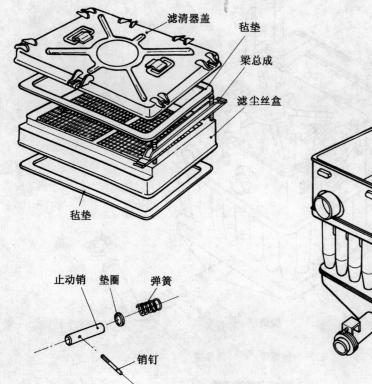

滤清器盖
毡垫
梁总成
滤尘丝盒
空气滤清器体
毡垫

止动销　垫圈　弹簧
销钉

图3.53　滤清器

进口较低,进入切向导管的空气向下做螺旋运动。空气中颗粒较大的尘土,在离心力与重力作用下,被甩向管壁并向下做螺旋运动,最后沿锥形导尘管落入集尘箱;当空气流到中心导管以下时,则改变流动方向而向上,部分尘土由于惯性较大进入集尘箱。

含尘的空气经第一级滤清后,空气中仍含有一些颗粒极小、质量极轻的灰尘,当进入滤尘金属网时,在多层的滤尘网的缝隙中曲折流过,含尘的空气与滤尘网的反复接触中,灰尘被滤尘网上的机油黏附住,使进入发动机汽缸内的空气得到进一步的滤清(见图3.54)。

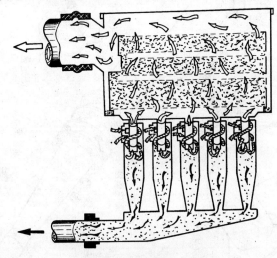

图 3.54　空气滤清器工作

2. 废气抽尘器

履带式车辆在一般土路上行驶时,空滤尘土分离器每小时大约有 1 kg 左右的尘土落入集尘箱,当含尘量较大时可达 4 kg。为了延长空气滤清器的保养期限与提高滤清质量,发动机上装有废气抽尘器。

（1）功用

废气抽尘器的功用是将空滤集尘箱中的尘土抽出并排出车外,同时将从高压柴油泵及加温器柴油泵中溢出的不洁净的柴油抽出并排出车外。

（2）构造（见图3.55）

抽尘器与空气滤清器的集尘箱上的抽尘管相连;在体上有抽油管接管,接管通过油管插入集油池内,集油池置于底甲板上,从高压柴油泵和加温器柴油泵排出的不纯净柴油流入该池。

发动机在低转速工作时,空气室的真空度较小。如:发动机在 600 r/min 工作时,空气室真空度仅比空气集尘箱内的真空度大 0.002 7 MPa(20 mm 水柱)左右,因此,保持使用转速可以提高空气室的真空度,将集尘箱内尘土及时排出车外。

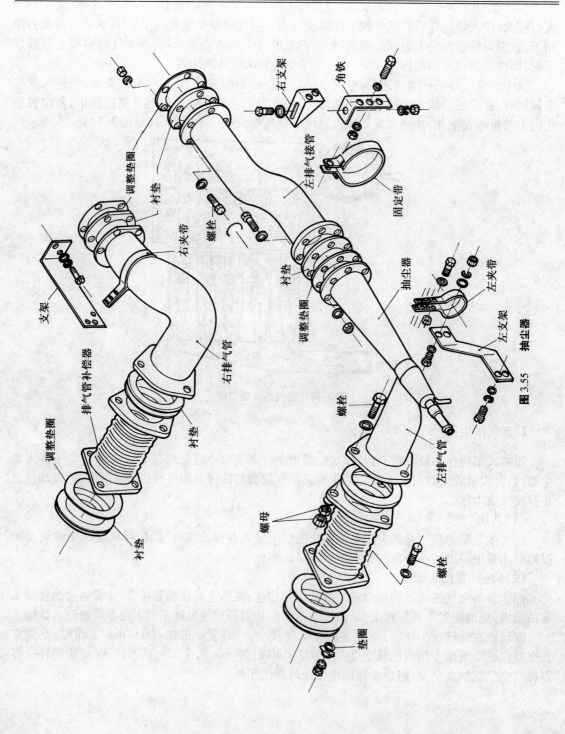

图 3.55 抽尘器

（3）工作原理

发动机工作时,废气从抽尘器的喷管喷出,而喷管的断面是逐渐收缩的,废气的流速便逐渐提高,当由喷管口高速喷出至混合室时,将空气室的空气带走,使空气室形成低压区。此处真空度大于集尘箱内的真空度,集尘箱内的尘土通过抽尘管被吸出并随废气一起排出车外。

供给系技术性能见表3.2。

表 3.2　供给系技术性能表

使用燃料		夏季 冬季	10 号柴油 35 号、50 号柴油
手摇柴油泵			叶轮式
柴油粗滤清器			滤网式
柴油细滤清器			毡片式、纸质滤芯
低压柴油泵	形式 供油压力/MPa 供油量/(L·h⁻¹) 与曲轴的传动比		回转叶片式 0.049 ~ 0.069 108(当输油泵 n = 1 400 r/min) 0.93
高压柴油泵	形式 提前供油角度		柱塞式 34°±1°
全速调速器	形式 调速范围/(r·min⁻¹) 开始断油转速/(r·min⁻¹) 完全断油转速/(r·min⁻¹)		离心式 500 ~ 2 250 2 020 2 250
空气滤清器	形式 数量		综合式 1

3.5　供给系的工作过程

供给系的工作过程如图3.56所示。

3.5.1　发动机启动前

发动机长期停放后,燃料供给系可能进入空气。因此,在启动前应排除空气。其方法为:打开柴油分配开关,摇动手摇柴油泵手柄,将柴油从油箱中吸出,经柴油分配开关、手摇柴油泵

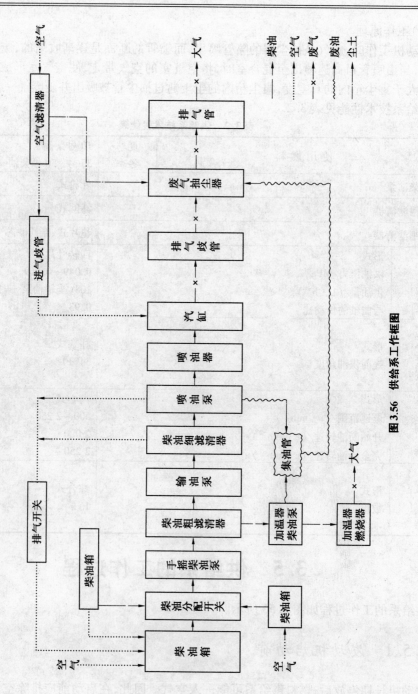

图 3.56　供给系工作框图

压至柴油粗滤清器。然后分成两路：一路到加温器柴油泵，另一路经输油泵、柴油细滤清器至喷油泵。此时，打开排气开关，汇集在喷油泵和柴油细滤清器上部的空气和部分柴油，经排气开关流至中组柴油箱。当听见柴油的畅流声时，即可关闭排气开关。

3.5.2 发动机工作时

进气冲程时，汽缸内形成低压，外界空气经空气滤清器滤去尘土后，清洁的空气经进气歧管被吸入汽缸。同时，曲轴经联动机构带动低压柴油泵工作，将柴油从柴油箱吸出，经柴油分配开关、手摇柴油泵、柴油粗滤清器、输油泵及柴油细滤清器，压至喷油泵。喷油泵按汽缸工作顺序，将定量的柴油压力增高，适时地压至喷油器，成雾状地喷入汽缸，与空气混合形成混合气。

排气冲程时，缸内废气经排气歧管、废气抽尘器及排气管排至车外。当废气流经抽尘器时，产生低压，将集尘箱内的尘土经抽尘管吸出，并排至车外，同时将高压柴油泵及加温器柴油泵溢出的柴油吸出，排至车外。

复 习 题

3—1 何谓几何供油规律，什么是喷油规律，它们之间有何区别，为什么？

3—2 喷油过程的进展情况如何？

3—3 何谓供油速率，其大小与哪些因素有关？

3—4 12150L 发动机喷油器调整螺塞螺距为 1.5 mm，试计算，此螺塞每转 90°喷油压力改变多少？

3—5 为什么发动机转速越高，喷油压力越大？

3—6 何谓油泵特性，其变化规律受哪些因素影响？ 如何校正，为什么要校正？

3—7 高压油管为什么要采用厚壁钢管，同一台发动机高压油管长度相差过大有什么影响？

3—8 简述供给系的作用、组成和工作。

3—9 简述低压柴油泵的作用、构造和工作。

3—10 简述高压柴油泵的作用、构造和工作。

3—11 简述全程调速器的作用、构造和工作。

3—12 简述高压柴油泵操纵装置的作用、构造和工作。

3—13 简述空气滤清器的作用、构造和工作。

3—14 简述柱塞耦件的泵油过程。

3—15 简述减压环的减压原理。

第4章 润滑系、冷却加温系

润滑系、冷却加温系、空气启动系,是保证发动机正常工作必不可少的重要部件。

4.1 润 滑 系

4.1.1 功用、组成及润滑方式

1. 功用

(1)润滑作用:在摩擦零件之间形成一层油膜,变干摩擦为液体摩擦。以减少零件的磨损和发动机功率损失。

(2)冷却作用:依靠机油在一定压力下循环,带走摩擦表面因摩擦而产生的热量,冷却摩擦表面,以保持正常工作的间隙。

(3)清洁作用:依靠机油的循环,带走磨掉的金属屑等杂质,以清洁摩擦表面,减少磨料性的磨损。

(4)密封作用:在汽缸壁与活塞环之间,形成一层油膜,以减少漏气。

(5)防护作用:零件表面有一层油膜,可防止锈蚀。

其中前三项是主要的。通常所说的润滑的含意或实质就是指此。

润滑系是综合式的,并采用干式曲轴箱。所谓综合式,就是发动机采用三种润滑方式:压力循环式——利用机油泵不断地将机油经各油道压入摩擦表面,如曲轴及连杆机构轴承、联动机构各轴承和凸轮轴轴承等的润滑;飞溅式——利用曲轴等机件的高速旋转,将机油甩落到摩擦表面上,如气缸壁和活塞销的润滑;自流式——利用机油的重力,从高处自然地流入摩擦表面间,此为辅助的润滑方式。所谓干式曲轴箱,就是机油储存在专门的油箱中,下曲轴箱基本不储存机油。

2. 组成

润滑系由机油箱、机油泵、机油滤清器、机油热交换器、三通变路活门、电动机油泵、油沫排除管、油压表、油温表等组成(见图4.1)。

3. 润滑方式

根据发动机中各润滑部位的构造和工作条件的不同,可采用以下几种不同的润滑方式。

(1)压力润滑

利用机油泵提高机油压力,使之连续不断地注入各摩擦表面,进行润滑,这种方式称为压

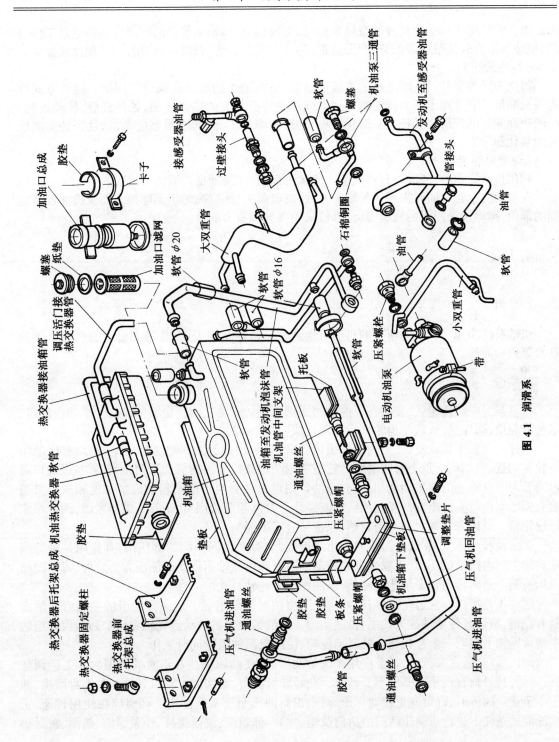

图 4.1　润滑系

力润滑。它常用于承受大负荷的摩擦表面,如主轴承、连杆轴承等处的润滑。其特点是工作可靠,机油的压力和流量可以调节,润滑效果好,并有强烈的清洁和冷却作用,但结构比较复杂。

(2)飞溅润滑

借助于运动零件的击溅甩出的油滴或油雾,把机油送到摩擦表面进行润滑。这种方式称为飞溅润滑。它常用于压力送油难以达到或承受负荷不大的摩擦表面,如汽缸壁、传动齿轮、凸轮表面等处的润滑。其特点是结构简单,消耗功率较少,但润滑不够可靠,并且容易造成机油的氧化和污染。

(3)重力润滑

利用机油的重力,从高处自然地流入摩擦表面间,此为辅助的润滑方式。

在发动机上常常同时采用 3 种润滑方式,对负荷大、速度高的主要摩擦表面及机油容易达到的部位,都尽量采用压力润滑,其余部位采用飞溅和重力润滑。

4.1.2　机　油　泵

1. 功用

机油泵的功用是将机油箱中的机油泵送到发动机各摩擦表面,并将润滑过的机油从下曲轴箱泵回机油箱。

2. 构造

机油泵为三组齿轮式,安装在下曲轴箱底部前端的安装孔内。由泵体、泵盖、送油齿轮组、回油齿轮组、调压活门、联动齿轮和齿轮罩组成(见图 4.2)。

泵体上有三个齿轮室,一个为送油组齿轮室,两个相通的为回油组齿轮室,侧面有送油组齿轮室的进、出油口。顶上有回油组齿轮室的两个进油口。面向机油泵调压活门,左进油口通过油管与下曲轴箱的前集油池相通;右进油口则通过油管与下曲轴箱的后集油池相通。泵盖上有回油组齿轮室的出油口和调压活门安装孔。泵体和泵盖用 10 个双头螺栓紧固,两个精密螺栓定位。泵体和泵盖之间有密封垫,保证结合面不漏油。

在泵盖和泵体上,靠近每组齿轮的出油口处,均有一个凹槽称为卸压槽,其作用是降低齿轮封闭空间内机油的压力,以减少齿轮转动的阻力和齿轮轴所承受的侧压力。此外,每个凹槽内均有两个通向齿轮轴安装孔的钻孔,以便润滑齿轮轴及孔。

送油齿轮组由一对齿轮组成;回油齿轮组由两对齿轮组成。送油齿轮组的主动齿轮轴内制有花键,机油泵传动轴插入其中,传递动力。送油齿轮组的被动齿轮轴和两个回油齿轮组的主动齿轮轴上装着三个互相啮合的联动齿轮,使三组泵油齿轮同时工作。

调压活门:装在泵盖上,是工厂用来调整油压的,使油压保持在正常的范围内。工厂调整后,将活门铅封,在使用时一般不要调整。在特殊情况下,确实因发动机和机油泵本身磨损,油压小于正常油压时,许可向里拧动调压螺杆,提高油压至正常范围内。调整应在使用转速、正常油温的条件下进行。调压活门由活门及座、弹簧、弹簧座、调压螺杆、锁紧螺帽、垫圈、密封垫

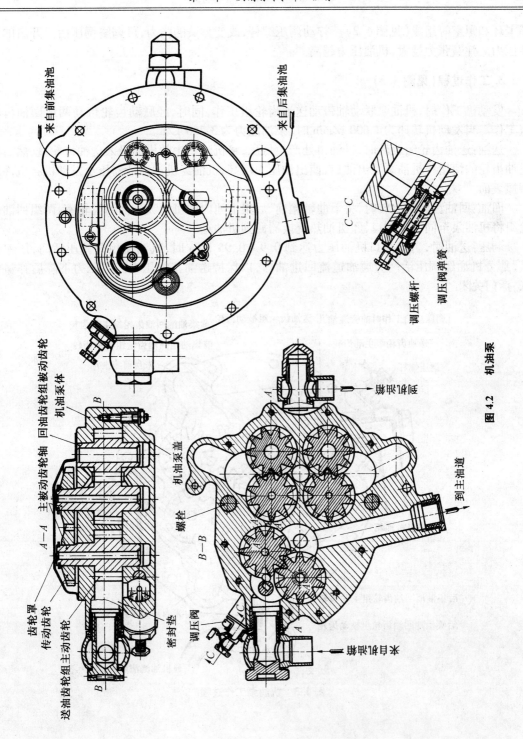

图 4.2　机油泵

圈卡环和螺塞等组成(见图4.2)。拧动调压螺杆,改变弹簧的张力,可调整调压活门开启的机油压力。弹簧张力越大,机油压力越高。

3. 工作过程(见图4.3)

发动机工作时,机油泵联动轴带动送油齿轮组工作,同时,经联动齿轮带动两组回油齿轮组工作。当发动机转速为 1 600 r/min 时,泵油能力为 3 750 L/h。

送油:送油齿轮组旋转时,进油口处产生低压,将机油箱中的机油吸入送油齿轮室,然后由送油齿轮的齿槽将机油泵至出油口,使出油压力增高,机油经机油滤清器压至发动机各机件的摩擦表面。

回油:回油齿轮组旋转时,将下曲轴箱前、后集油池内的机油吸入回油齿轮室,两组回油齿轮组将机油泵至同一出油口,经机油热交换器回到机油箱。

调压:送油时,当出油口机油压力达到 0.9 ~ 0.95 MPa 时,机油便顶开调压活门,压缩弹簧,部分机油经调压活门旁通油道流回进油口,以保持送油正常压力。当压力下降后弹簧伸张,活门关闭。

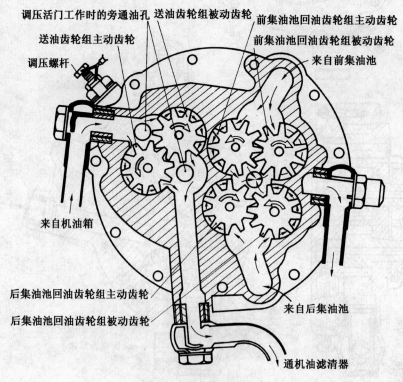

图4.3　机油泵工作过程

4.1.3 机油滤清器

1. 功用

机油滤清器的功用是滤清机油中的杂质。

2. 构造

机油滤清器是既能粗滤又能精滤的综合式滤清器。它由滤清器体、滤清器盖、缝隙滤芯、纸板滤芯、中心管、旁通活门和单向活门等组成(见图4.4)。

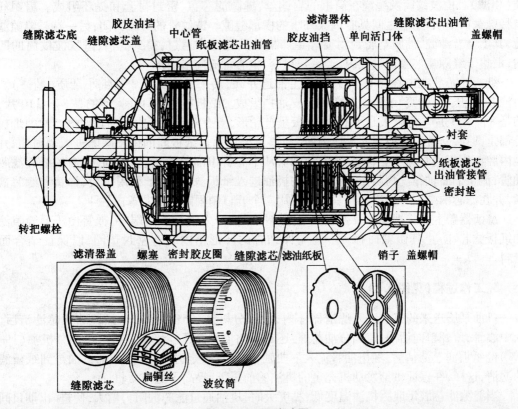

图4.4 机油滤清器

滤清器体上有进、出油口。进油口通器体的内腔,外与机油泵送油齿轮组出油口油管相通。出油口有两个,中央的为纸板滤芯出油口,经油管与右排气缸盖的机油回油管相通;旁边带单向活门的为缝隙滤芯出油口,经油管与分油盖相通。体上有旁通油道,装有旁通活门。中心管的一端焊有衬套,位于滤清器体上的限制螺钉卡在衬套的切口内,以防止中心管转动。中心管通过纸板滤芯出油管接管固定在滤清器体内中央；中心管内焊有纸板滤芯出油管，连通纸板滤芯与出油口的机油通路。中心管两端有通油孔，连通缝隙滤芯，至出油口的机油通路。中心管带内螺纹的一端拧有螺塞以防止滤清器盖取下后脏物进入中心管内腔。

单向活门装在缝隙滤芯出油口上。它由活门体、弹子、弹簧、弹簧套和盖螺帽组成。其作用有两点：一是在启动发动机前防止电动机油泵输送的机油从分油盖返回机油滤清器；二是在自行火炮长期停放时，防止机油箱中的机油逐渐流入曲轴箱。

旁通活门装在体上的进、出油口之间，它由弹子、弹簧和盖螺帽组成。当通过缝隙滤芯的阻力较大时，旁通活门开启，部分机油便从旁通油道直接流入分油盖，保证发动机各摩擦表面的润滑。

缝隙滤芯套在纸板滤芯的中心管上，与发动机的主油道串联，用来滤去机油中的较大的杂质（粗滤）。由波纹筒及缠绕在筒上的扁铜丝、缝隙滤芯盖、密封衬套和提环组成。扁铜丝具有特殊截面形状，滤丝之间具有内大外小的楔形缝隙。波纹管的一端封闭；另一端是缝隙滤芯盖，其上制有油腔，油腔与密封衬套相通。机油从缝隙中通过，得到滤清，进入波纹筒的凹槽内，汇集于缝隙滤芯盖的油腔内，经密封衬套、中心管流向出油口。

纸板滤芯装在中心管上，与发动机主油道并联，用来滤去机油中的细小杂质（精滤）。它由滤芯罩、压板、弹簧、纸板滤芯盖和胶皮油挡组成。纸板有厚、薄两种，厚的是 84～110 片，薄的是 85～111 片。薄纸板是平的，厚纸板呈链轮形，上有六道只通内腔的辐射槽。两种纸板中心都是圆孔，交替安装后中间形成内腔（油道），机油通过纸板间的微小间隙进入辐射槽，并流至内腔汇集于内腔与中心管间的环形空间，从中心管中部的油孔进入中心管内的纸板滤芯出油管，流至下曲轴箱。为防止未经滤清的机油进入纸板滤芯内，纸板用压板、弹簧和滤芯盖压紧，并在滤芯两端装有胶皮油挡。滤芯盖用三个开口销固定在滤芯罩内。

滤清器盖上有转把螺栓及弹簧。当把转把螺栓拧入中心管一端时，弹簧便压紧缝隙滤芯和纸板滤芯，防止其做轴向移动。盖与体结合的环形槽内装有密封垫圈，以保证结合面的密封。

3. 工作过程（见图 4.5）

机油泵压送来的机油进入滤清器体内，大部分机油（95%～99%）经缝隙滤芯滤清后，进入中心管，顶开单向活门，流到分油盖处，还有一路流到高压空气压缩机。小部分机油（1%～5%）经纸板滤芯滤清后，经出油管流入下曲轴箱，经过一定时间，可使全部机油得到纸板滤芯的滤清，这样，在保证供给发动机充足的机油的前提下，提高了滤清质量。

当缝隙滤芯脏污或因机油温度低、黏度大时，机油通过滤芯的阻力增大，使进、出油口间的压力差增大，当压力差达 0.46～0.57 MPa 时，旁通活门被顶开，部分机油不经滤清直接流至分油盖。待压力降低后，旁通活门关闭。

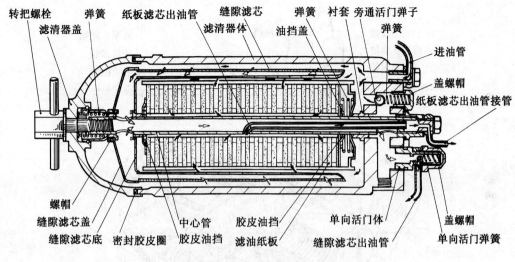

转把螺栓　弹簧　纸板滤芯出油管　缝隙滤芯　弹簧　衬套　旁通活门弹子
滤清器盖　　　　滤清器体　　油挡盖　　　　　　弹簧
　　　　　　　　　　　　　　　　　　　　　　　　　　　　进油管
　　　　　　　　　　　　　　　　　　　　　　　　　　　　盖螺帽
　　　　　　　　　　　　　　　　　　　　　　　　　　纸板滤芯出油管接管
螺帽　　　　　　　　　　　　　　　　　　　　　　　　盖螺帽
缝隙滤芯盖　　　　　中心管　胶皮油挡　　单向活门体
缝隙滤芯底　密封胶皮圈　胶皮油挡　滤油纸板　缝隙滤芯出油管　单向活门弹簧

图 4.5　机油滤清器工作过程

4.1.4　电动机油泵

电动机油泵在发动机启动之前,将机油输送到各摩擦表面,以减少启动时机件的磨损。该泵是一个功率为 500 W 的直流电动机(型号为 ZDI-500)直接带动的单组齿轮式机油泵(型号为 CB-39)(见图 4.6、图 4.7)。泵体是双层的,中层形成水套,以便在冬季流过热冷却液,以加温机油,减少流动阻力。泵体上的进、出水管接通加温器。泵盖上有进、出口,分别通机油箱和分油盖。电动机由驾驶室左侧配电板上的按钮控制。

启动前按下电动机油泵按钮,油泵即将机油箱中的机油输送至分油盖,等到油压升到 0.3 MPa 时,松开按钮。通常每次按下时间不应超过 5 s,总时间不应超过 1 min,防止烧毁电动机。同时因电动机油泵的油未经滤清,因此不宜多泵。

4.1.5　机　油　箱

机油箱用于储存机油。它由主油箱和循环油箱组成(见图 4.8)。机油箱固定在横隔板右侧、右侧甲板内侧中部的底甲板上。

循环油箱焊在主油箱内,通过连通管与主油箱相通。循环油箱内焊有蛇形水管,在冬季用来流过热冷却液加温机油(见图 4.9)。经常参加润滑系循环的主要是循环油箱中的机油,随着这部分机油的消耗,主油箱内较新鲜的机油经连通管补入循环油箱。这样,机油不易变质,并可缩短冬季启动前加温机油的时间。

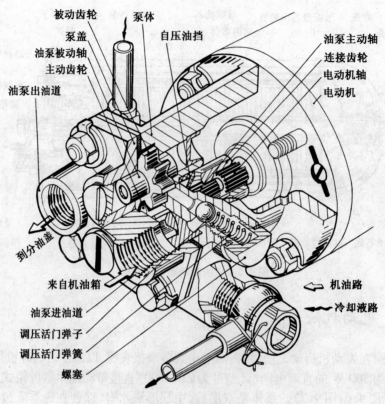

被动齿轮　　泵体
泵盖　　　　　自压油挡
油泵被动轴　　　　　　　　　　　油泵主动轴
主动齿轮　　　　　　　　　　　　连接齿轮
油泵出油道　　　　　　　　　　　电动机轴
　　　　　　　　　　　　　　　　电动机

到分油盖

来自机油箱
油泵进油道　　　　　　　　　机油路
调压活门弹子　　　　　　　　冷却液路
调压活门弹簧
螺塞

图4.6　电动机油泵

机油箱上部有加油口螺塞及滤网、进油管接管和油沫排除接管。油沫排除管与下曲轴箱相连,使油箱与大气相通。

机油箱侧面固定有三通变路活门。

机油箱要经常保持标准容量。因为机油的数、质量对发动机的寿命有很大影响。机油加至标准后,最多允许消耗掉 45 ~ 50 L。自行火炮加满柴油后,可行驶 20 h 以上,因为发动机的技术状况不同,使机油消耗量有很大的差异。例如,较新的发动机约为 1 L/h,而个别严重磨损的发动机可约达 7 L/h。因此,使用中及时加添油量至标准量。以保证一定行程和有充足的机油循环。

4.1.6　机油热交换器

机油热交换器的功用是散去润滑后的机油热量,使机油保持适当的温度。

热交换器采用鞋底状板翅式散热元件,机油热量通过散热元件传导给冷却系中的冷却液,冷却液又把这部分热量传散到大气中去(见图4.10)。

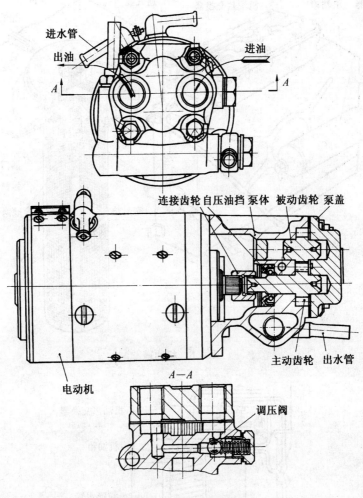

图 4.7 电动机油泵剖视

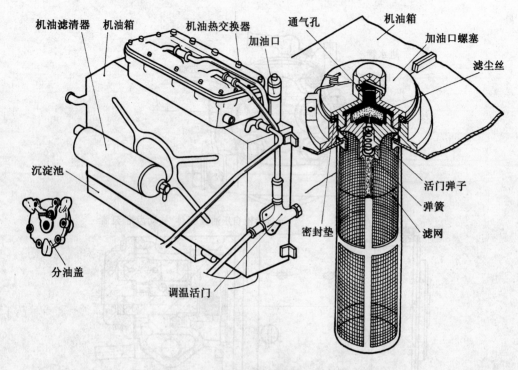

图 4.8　机油箱

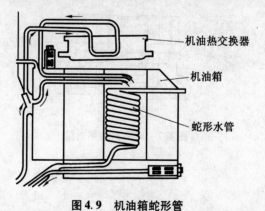

图 4.9　机油箱蛇形管

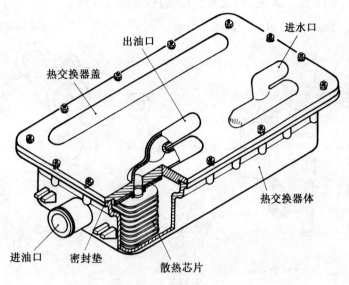

图 4.10　机油热交换器

4.1.7　三通变路活门（调温活门）

　　三通变路活门用于在机油温度变化时,自动变换机油回路,防止机油过冷并保护机油热交换器。它由活门体、弹子、弹簧、调整垫圈等组成(见图4.11)。活门的开启压力用调整垫圈调整,调好后打上铅封,活门体一通机油泵回油齿轮组,二通机油热交换器,三通机油箱(结合面上有孔,使活门与机油箱直接连通)。

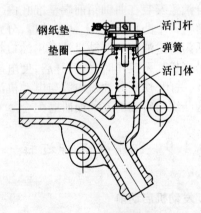

图 4.11　三通变路活门

　　油温正常时,回油压力不高,活门是关闭的,来自机油泵回油齿轮组的热机油全部流过机油热交换器,回到循环油箱内,油温低时,机油通过热交换器的阻力增大,使回油油压增高,当此压力达到 0.3 ~ 0.4 MPa 时,活门被顶开,部分机油不经热交换器而直接流回机油箱。如开启压力过小或不密封,油温就易升高。

4.1.8　分　油　盖

　　分油盖的功用是将机油泵或电动机油泵送来的机油分送到曲轴和上、下曲轴箱油道中去。

分油差由体、单向活门、座套、衬套和挡圈组成(见图4.12)。

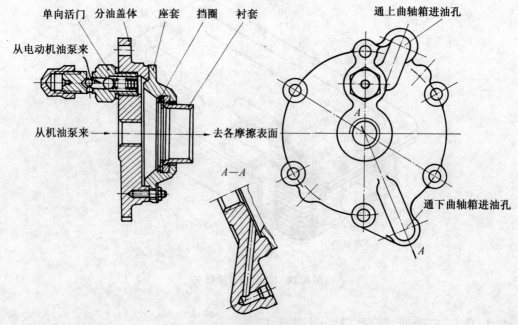

图 4.12　分油盖

　　分油盖安装在曲轴箱前端基准孔内。分油盖体中间孔通过油管与机油泵连接,体上有中心油道与两个凸爪,凸爪上钻有油道,分别与上、下曲轴箱油道相通。体的侧孔装有单向活门,单向活门通过油管与电动机油泵出油口相通,它由弹子活门、弹簧、活门体和盖螺帽组成。其功用是当机油泵工作时,活门开启,使电动机油泵送来的机油进入分油盖内腔;当发动机工作时,活门关闭,切断分油盖内腔与电动机油泵的通路,防止机油倒流。青铜衬套与曲轴头连接,衬套的凸缘与座套的支承面研磨配合。

4.1.9　润滑系工作过程

1. 发动机启动前

　　发动机长期停放,使摩擦部位表面机油极少,油膜极薄。此时如果启动,机油不能立即进入摩擦表面,尤其是油温低时。为保证启动后的正常润滑,启动前必须使电动机油泵工作,将机油压至发动机各润滑油路。

2. 发动机工作时(图 4.13、图 4.14)

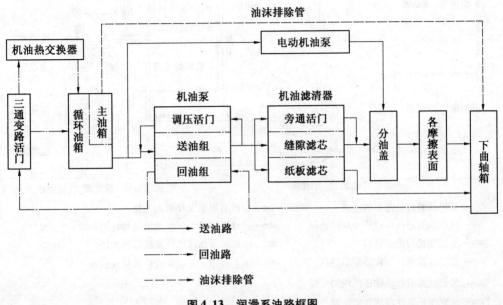

图 4.13　润滑系油路框图

(1)送油

曲轴通过联动机构带动机油泵工作,这时机油泵将机油箱中的机油吸出并泵至机油滤清器。滤清后,大部分机油经分油盖分别流至各摩擦表面,润滑后流入下曲轴箱;极少量的机油经左右排汽缸盖的机油回油管,直接流入下曲轴箱。

汇集在下曲轴箱的热机油被机油泵的回油齿轮组送到三通变路活门,然后分两种情况:如果油温较高,黏度小,则机油流至机油热交换器,经散热后流回机油箱;如果油温低,黏度大,流经机油热交换器阻力增大,部分机油便顶开三通变路活门,直接流回机油箱,这样可以防止机油温度过低或机油热交换器的损坏。

流回机油箱内的机油温度较高时,产生的泡沫和蒸气较多,如果油箱是密闭的,内部压力就会升高,所以油箱上设有油沫排除管,油沫和蒸气可沿此管流回下曲轴箱。

油压表的感受器固定在发动机联动机构端的左侧,经软管与分油盖的油管相连,它指示发动机进油口处的机油压力。在使用转速、正常油温时的正常油压为 0.6 ~ 1 MPa。油温表的感受器固定在机油回油管上,它指示从发动机内流出来的机油温度,正常油温为 70 ~ 90 ℃,短时间允许的最高油温为 110 ℃。

(2)发动机的润滑油路

进入分油盖的机油分为三路(见图 4.15):

第一路:从分油盖衬套进入曲轴的主油道,沿各曲轴颈和曲轴柄销上的出油管流出,润滑

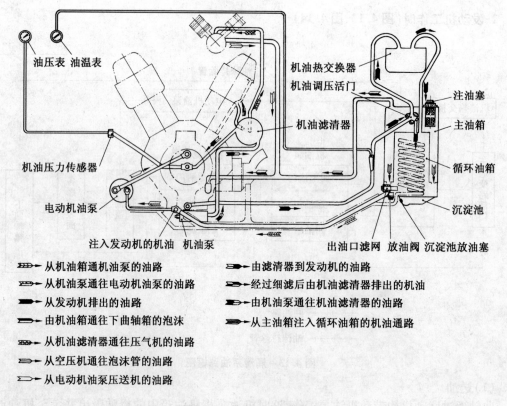

油压表　油温表

机油热交换器
机油调压活门
机油滤清器

注油塞
主油箱
循环油箱
沉淀池

机油压力传感器
电动机油泵

注入发动机的机油　机油泵

出油口滤网　放油阀　沉淀池放油塞

从机油箱通机油泵的油路　　　　　由滤清器到发动机的油路

从机油泵通往电动机油泵的油路　　经过细滤后由机油滤清器排出的机油

从发动机排出的油路　　　　　　　由机油泵通往机油滤清器的油路

由机油箱通往下曲轴箱的泡沫　　　从主油箱注入循环油箱的机油通路

从机油滤清器通往压气机的油路

从空压机通往泡沫管的油路

从电动机油泵压送机的油路

图4.14　润滑系工作原理

各轴承;小部分机油从曲轴柄销经主连杆凸耳上的油孔流出,润滑副连杆销;从曲轴颈和曲轴柄销甩出的机油,润滑汽缸壁和活塞组。

第二路:从分油盖上喷嘴送入垂直轴轴承下端的环形油槽。小部分机油润滑垂直轴上、下齿轮,大部分从轴承上端分出四支:一支向后流经上曲轴箱和高压柴油泵及空气分配器传动齿轮外体上的油道,润滑高压柴油泵及空气分配器传动齿轮轴和空气分配器;一支向前流经外接机油管润滑发电机倾斜轴、水平轴和转速表感受器传动齿轮轴;其余两支分别经上曲轴箱油道进入左、右斜轴轴承的环形油槽,润滑斜轴下齿轮轴承。又经左、右两根外接机油管将机油压送到汽缸盖,经汽缸盖内油道润滑斜轴支架。又经凸轮轴第一轴承座内油道进入凸轮轴内腔,再从轴上各油孔流出,润滑凸轮轴齿轮、各轴颈、各凸轮、各气门调整盘和气门导管等。

第三路:从分油盖下喷嘴送入下曲轴箱内油道,润滑各附件传动装置齿轮轴承。而后分成两支:一支流向水泵传动装置,润滑水泵传动齿轮轴承;另一支流向传动齿轮组,润滑轴承和齿轮。

各路润滑后的机油都汇集到下曲轴箱。

润滑系性能见表4.1。

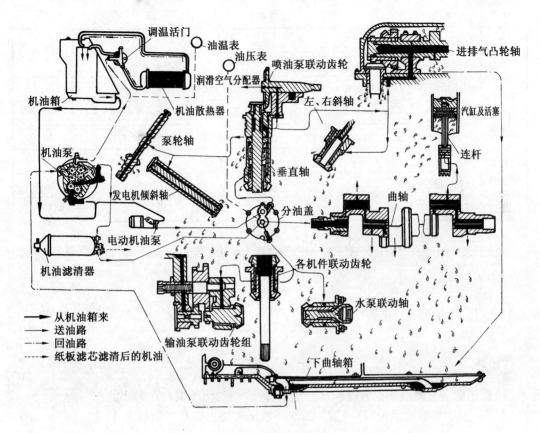

图 4.15　发动机润滑油路

表 4.1　润滑系性能

润滑系形式	综合式、干式曲轴箱
使用润滑油牌号	16 号机油和 14 号稠化机油
润滑系总容量/L	90
机油箱标准加注量/L	70
机油箱允许最低容量/L	20
短时间允许最高温度/℃	110
机油正常压力/MPa	0.6～1
最低稳定空转转速时的机油压力/MPa	≮0.2
机油消耗率/(g·(km·h)⁻¹)	≯11
油消耗量/(L·h⁻¹)	≯7

续表4.1

机油泵	形式	单层,三组齿轮式
	泵油能力/(L·h⁻¹)	3 750(n=1 600 r/min)
	调压活门调整压力/MPa	0.9 ~ 0.95（机油泵出口）
机油滤清器	形式	综合式
	旁通活门开启压力/MPa	0.47 ~ 0.58(进出口压力差)
机油热交换器	形式	板翅式
	散热面积	0.45×4 m²
三通变路活门开启压力/MPa		0.3 ~ 0.4

4.2　冷却加温系

4.2.1　功用及组成

1. 功用

(1)强制散去发动机高温零件的部分热量,使它们的温度保持在适当的范围内。
(2)在冬季(气温低于5 ℃)通过加温冷却液来加热机油和发动机本体。

2. 组成

冷却加温系由液体冷却部分、空气冷却部分和加温部分组成(见图4.16)。为液冷、密闭、强制循环式。

液体冷却部分由水泵、水散热器、膨胀水箱、加水口盖、放水开关、水温表等组成(见图4.17)。

空气冷却部分由风扇、百叶窗组成。

加温部分由加温器、接通开关、水管和蛇形水管组成。

4.2.2　水　　泵

1. 功用

水泵用于强制冷却液在冷却加温系内循环。

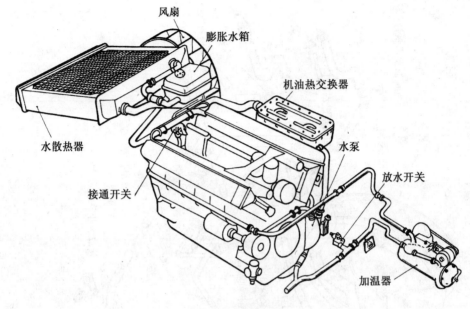

图 4.16 冷却加温系

2. 构造

水泵由泵体、泵盖、水泵轴、叶轮、球轴承、轴承座、挡油盘、支承套、传动齿轮、水挡、衬套和自压油挡等组成(见图 4.18)。

泵体上有两个出水管接管,通过水管分别与发动机进水管和放水管的水管相通。

泵盖上有两个进水管接管,通过水管分别与机油热交换器的出水管接管和机油箱内的蛇形水管相通。泵盖与泵体的结合面上装有衬垫。

水泵轴的一端有叶轮固定盘,其上铆有叶轮及拨圈;一端有花键和螺纹、传动齿轮套在水泵轴花键上并用螺帽固定,以传递动力。

向心球轴承装在轴承座内,用以支承水泵轴。在两个轴承之间装有支承套。靠泵体的轴承与水泵轴之间装有支承环。轴承座与泵体结合面间装有衬垫。

水挡用来防止水漏进曲轴箱。它由拨圈、夹布胶木垫圈、铸铁衬套、波纹水挡、弹簧和两个铜垫圈组成(见图 4.19)。铸铁衬套热压入泵体内的支承衬套凸肩下,绕有涂过封口胶的丝线,防止漏水。

自压油挡装在铸铁衬套内,防止润滑向心球轴承的机油漏出。在花键衬套与向心轴承之间,装有挡油盘,防止大量的机油进入轴承内。

为了检查水挡和油挡的完好情况,在自压油挡与夹布胶木垫圈之间的泵体上有一检查孔。在正常情况下,该检查孔处既不应漏油,也不应漏水。

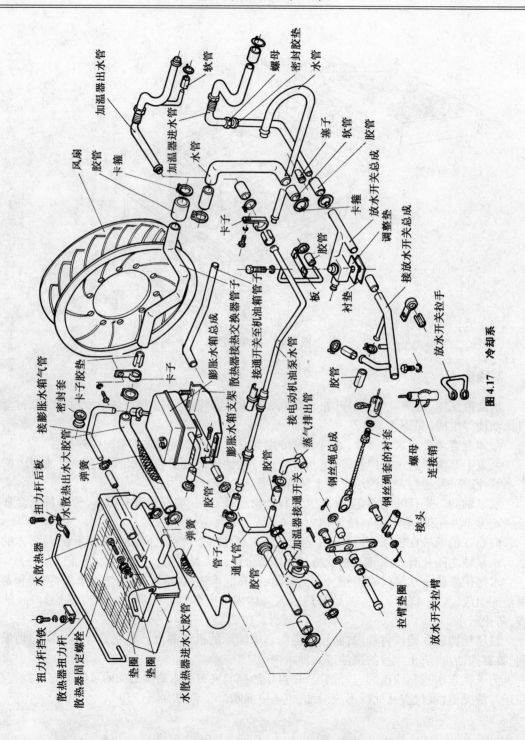

图 4.17 冷却系

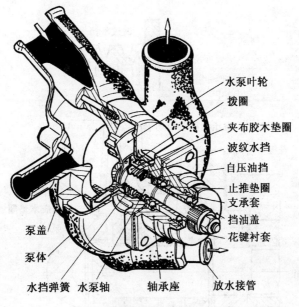

水泵叶轮
拨圈
夹布胶木垫圈
波纹水挡
自压油挡
止推垫圈
支承套
挡油盖
花键衬套

泵盖
泵体

水挡弹簧 水泵轴 轴承座 放水接管

图 4.18 水泵

3. 工作

发动机工作时,联动机构带动水泵轴及叶轮转动,叶轮拨动冷却液,产生离心力,使冷却液甩向四周,压力提高,冷却液便经出水接管流入发动机水套,同时在叶轮中心部位形成低压,水散热器中的冷却液自进水接管被吸入泵体内。曲轴不断旋转,水泵便使冷却液在冷却系中不断循环。当发动机转速为 1 750 r/min 时,水泵的泵水量为 650 ~ 700 L/min。

4.2.3 水散热器

水散热器用来储存冷却液(约 75 ~ 80 L)并把冷却液所吸收的热量散到空气中。由集水器和散热芯组成(见图 4.20)。

散热芯是采用椭圆形的直管,空气从管间吹过,可将冷却液中一部分热量从管壁散出。管外装有散热片,热量传给散热片(散热面积约 78 m^2),再通过对流散出。为了增强散热能力,散热管、散热片均用黄铜制作。

为使冷却液能均匀流过每根散热管,散热芯两端用螺栓固定着前、后集水器。集水器上有进、出水管接管和水温表感受器。在前集水器上装一膨胀水箱,位于百叶窗后面,它可保证水散热器加满水,使冷却系更可靠地工作,且可减少加水次数,因部分蒸汽可在此重新凝结成水。

来自发动机水道的热冷却液,自进水管接管进入前集水器,在散热芯内回绕四次后,经出水管接管流向水泵。当热冷却液流经散热芯时,被流过散热芯的空气流所冷却。

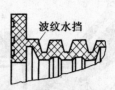

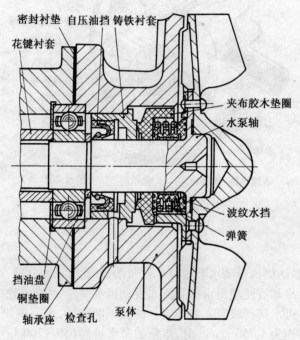

图 4.19　水泵密封装置

由于自行火炮发动机是前置的,使散热器置于前上装甲的迎风面上,使通过散热芯的空气流阻力减小,流速增快,使散热效率得到进一步提高。根据在夏季热带地区的试验说明,即使在高温条件下连续行驶,也保证了正常工作。

4.2.4　加水口盖

加水口盖又名调压活门或空气蒸汽活门,其功用是封闭加水口,使冷却加温系成为密闭的循环系统。调节冷却系内的压力,以提高冷却液的沸点,减少冷却液的损耗,并保证冷却系的正常工作和机件及管路的安全。

加水口盖由蒸汽活门、空气活门、调整螺帽等组成(见图4.21、图4.22)。

当(散热器)内部蒸汽压力高于外界大气压 0.06 ~ 0.08 MPa 时,部分蒸汽就由蒸汽活门溢至大气中。当发动机停止工作后,内部压力又会逐渐下降,气压低于外界大气压 0.008 ~

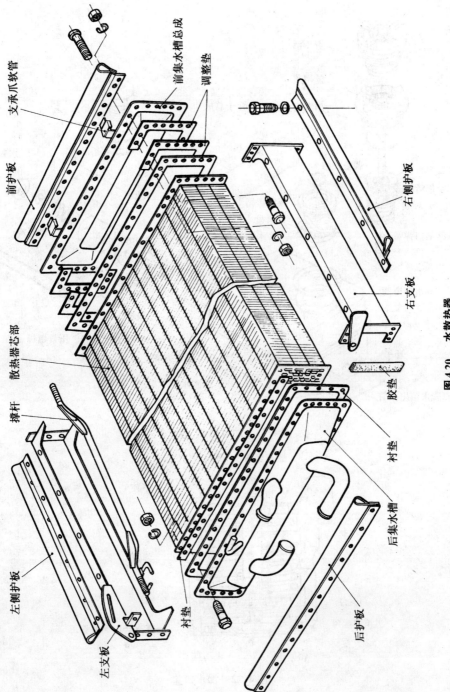

图 4.20　水散热器

支承爪软管

前集水槽总成

调整垫

前护板

右侧护板

右支板

散热器芯部

胶垫

撑杆

衬垫

左侧护板

后集水槽

衬垫

后护板

左支板

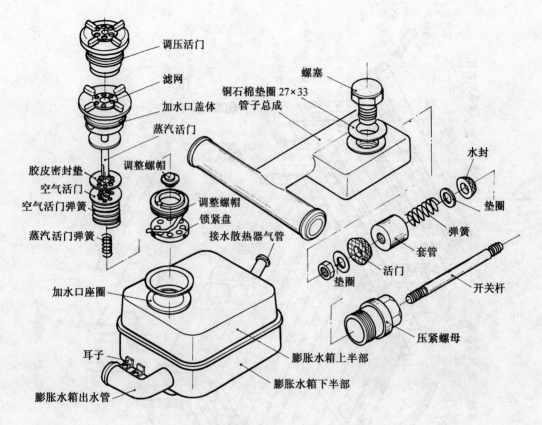

调压活门
滤网
加水口盖体
蒸汽活门
胶皮密封垫
空气活门
空气活门弹簧
蒸汽活门弹簧
调整螺帽
加水口座圈
耳子
膨胀水箱出水管
螺塞
铜石棉垫圈 27×33
管子总成
调整螺帽
锁紧盘
接水散热器气管
膨胀水箱上半部
膨胀水箱下半部
水封
垫圈
弹簧
套管
活门
垫圈
开关杆
压紧螺母

图 4.21　加水口盖、放水开关

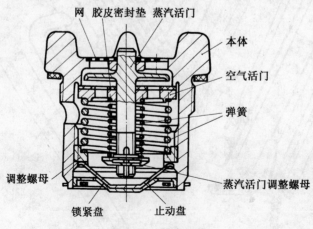

网　胶皮密封垫　蒸汽活门
本体
空气活门
弹簧
蒸汽活门调整螺母
调整螺母
锁紧盘
止动盘

图 4.22　加水口盖

0.013 MPa 时,空气又从空气活门进入冷却系,确保冷却系安全。

4.2.5　放水开关

放水开关装在加温系的最低处,用于放出整个冷却加温系中的冷却液。

放水开关位于驾驶员后隔板上底甲板上方 200～300 mm 处。放水时,将拉环用手向前拉出,并旋转 90°卡住,水即放出(见图 4.21、图 4.23)。

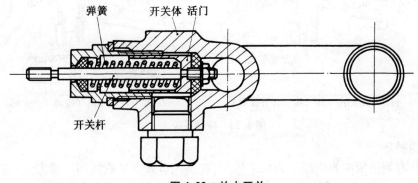

弹簧　　开关体 活门

开关杆

图 4.23　放水开关

4.2.6　接通开关

接通开关(见图 4.24)用于接通或切断冷却系与加温系之间的通路。

接通开关有两个接管,分别与加温器和机油箱的蛇形水管相通。开关转把可根据"开"和"关"操纵。

无论夏季或冬季,凡加冷却液时,均应使转把放在"开"字上,使冷却液充满冷却加温系。如在夏季,则在加完冷却液后,使转把放在"关"上,切断加温系与冷却系的联系,冷却液只在冷却系内循环。如在冬季,则在加完冷却液后,转把仍在"开"上,冷却液则在冷却加温系中循环。

使用方法:

①顺时针拧动升起螺帽,使开关塞升起;

②转动转把,当"开"字向上,并且转把与开关体上的凸边接触时,为冷却系与加温系接通位置,当"关"字向上时,为切断位置;

③松回升起螺帽,使开关塞落入开关体内紧密结合。

4.2.7　风　　扇

将动力传动室的热空气抽出,排入大气中,冷空气通过水散热器进入动力传动室,这样构

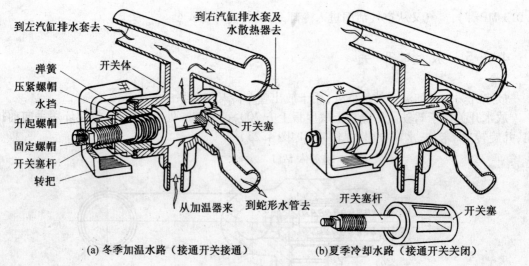

图 4.24　接通开关

成冷热空气的循环。

　　风扇装在右侧甲板内侧中部。为保护风扇,在出风口处安装铁丝网。动力从传动箱来。

　　风扇是离心式的,由铝合金制成,由风扇圆盘、导向圈、18 个风扇叶等组成。

　　由于风扇工作时的转速很高,发动机转速为 2 000 r/min 时,风扇为 2 580 r/min。在结构上用风扇摩擦连接器来传递动力,当转速突变时以保证机件的安全。使用中禁止用撬杠扳动风扇来转动曲轴,以免风扇叶变形,也不要磕碰风扇。风扇摩擦连接器摩擦力矩应为 180 ～ 350 N·m,最大不超过 500 N·m,以保证安全可靠地工作。

4.2.8　百　叶　窗

　　百叶窗装在水散热器上方。由活动叶板、固定叶板、窗框传动板、拉杆及握把等组成。百叶窗上方安装铁丝网。

　　百叶窗可调节进入水散热器的风量以使冷却液温度得到调整,其操纵开关手柄位于车外、驾驶室右前侧。

4.2.9　加　温　器

1. 功用

　　在气温低于 5 ℃时,加温器用于加温冷却液,从而达到加温机油、柴油及汽缸排的目的。

2. 构造

加温器由加温锅、喷油器、电热塞、泵组、电动机等组成(见图 4.25)。

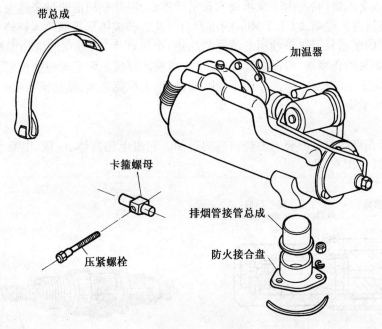

图 4.25　加温锅

(1)加温锅

加温锅由加温锅体、火管、加温锅盖和排烟口开关等组成。

火管装在体内。体和火管均用双层钢筒焊成,两层之间形成水道。体和火管的水道用四根连接管连通。体的上方有出水管和蒸汽排除管,分别通向加温器水泵的进、出水管。体的下方有进水管,与发动机水泵相通。锅体尾部有排烟管,与车底排烟口相通。

加温锅盖装在锅体的头部。其上有进气接管、检查口及螺塞、喷油器和电热塞。进气接管用胶皮管与风扇出气管相连。检查口用来检查电热塞和喷油器的工作情况,在电热塞发生故障时,还可经此孔用蘸油的布点燃混合气。

排烟口开关用来在平时关闭排烟口,防止泥水进入加温锅体内。它由排烟口盖及胶皮垫、开关杆、手柄、回位弹簧和升起螺帽组成。平时,排烟口盖关闭排烟口。当使用加温器时,拧松升起螺帽,压下开关杆,顺时针转动手柄,打开排烟口。

(2)喷油器

喷油器用来将柴油喷入燃烧室。它由喷油器体、空心螺栓、螺塞、支承盘、支承筒、喷嘴座和喷嘴等组成(见图 4.26)。

喷嘴上有一个两端均为锥形的喷孔,喷嘴座上有一个切向孔,支承筒内孔为圆锥形,支承盘上有四个油孔,螺塞上有一个油孔。以上零件依次装在喷油器体内,体拧在加温锅盖上,其间用铜垫圈密封。

喷油器靠离心力使柴油雾化。从柴油泵压来的柴油,经油管接头、空心螺栓、螺塞和支承盘上的油孔,进入支承筒内腔,由于支承筒内孔呈圆锥形,因此柴油流速越来越大,它从喷嘴座的切向孔迅速旋转进入喷嘴,以 1.2 MPa 的压力由喷孔旋转成锥形雾状喷入燃烧室。

喷油器所用的柴油只经过柴油粗滤清器的滤清,杂质较多,所以在清洗加温锅时,应用柴油清洗喷油器,如果喷孔堵塞,可用铜丝捅通,不要用铁丝硬捅。装配时应按规定装好,如果支承盘装反,堵塞螺塞上的油孔,喷油器便不能喷油;如果支承筒装反,柴油流至喷嘴座的速度便会减小,使喷雾质量降低。

(3)电热塞

电热塞用来在启动时点燃喷入燃烧室内的柴油。它由电热塞体、电极、电热丝、瓷绝缘体和压紧螺帽组成(见图 4.27)。

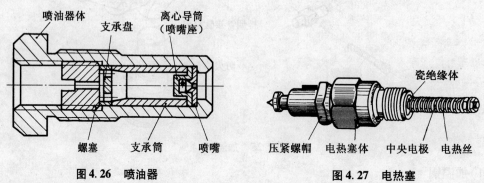

图 4.26　喷油器　　　　　　　　　图 4.27　电热塞

电热塞由蓄电池供电(耗电电流约为 6～7 A),由加温器的开关控制。

(4)泵组

泵组由柴油泵、水泵、风扇及联动装置组成(见图 4.28)。

柴油泵装在联动装置的一端,用来向喷油器供油。由泵体、供油组、进油管接管(与柴油粗滤清器相通)、溢油管接管、出油管接头、放气螺钉、调整螺杆和限制螺钉等组成。柴油泵的内部结构、工作原理与高压柴油泵的单缸供油组基本相同。泵油量的大小用调整螺杆调整,反时针转动泵油量增加,反之则减少。

风扇为离心式,其叶轮用左旋螺帽固定在风扇水泵轴上。用来供给柴油燃烧时需要的空气,并在电动机工作时传递电动机到联动装置的动力。在叶轮外圈上有皮带轮。为防止杂物进入空气道,风扇上装有铜丝网。

水泵为离心式,其叶轮装在风扇水泵轴上。用来在启动前加温发动时,强制冷却液在冷却加温系内循环,当发动机转速为 2 250 r/min 时,泵水量为 60 L/min。它由泵体、泵盖、叶轮、自压油挡和水挡组成。

联动装置由联动齿轮箱、风扇水泵轴、联动轴、手摇柄和护盖组成。

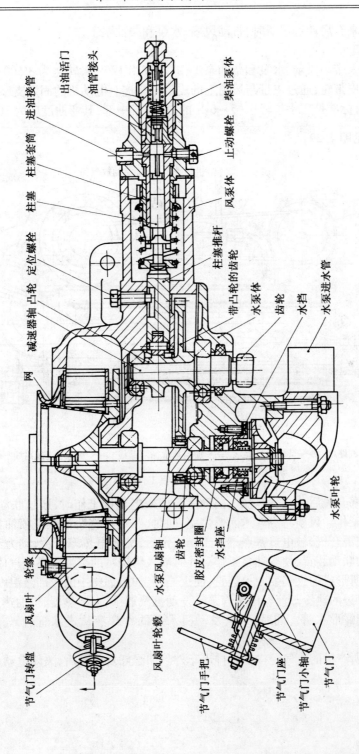

图 4.28　泵组

手摇柄用来在启动加温器时,带动风扇、水泵和柴油泵工作。

(5)电动机

电动机用来带动风扇、水泵和柴油泵工作,功率为 175 W,转速为 3 500 r/min。在电动机电枢轴上装有皮带轮,通过皮带与风扇上的皮带轮相连。电动机的固定支座可移动,以调整皮带的松紧程度,标准是用手指轻压(5~6 N 的力)皮带中部,其弯曲度应为 10~30 mm。

3. 工作(见图 4.29)

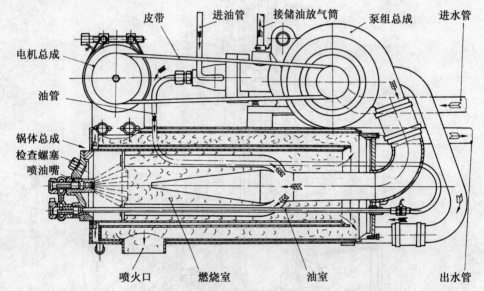

图 4.29　加温锅工作示意图

接通电热塞开关后,电热丝烧红,摇动手摇柄或电动机工作时,通过联动装置,带动风扇、水泵和柴油泵工作。风扇将空气送入燃烧室,同时,柴油泵将柴油泵至喷油器,喷入燃烧室与空气混合,形成混合气,被电热塞点燃。工作正常后,关闭电热塞开关,动力经风扇、水泵轴及联动齿轮,带动联动装置,使柴油泵工作。此时喷入燃烧室的柴油靠燃烧气体点燃。

柴油燃烧所形成的火焰喷向火焰管,使火焰管、加温锅体中的冷却液温度升高。在水泵的作用下,将加温过的热冷却液经出水管泵至发动机汽缸排、水散热器、机油热交换器、电动机油泵水套、机油箱蛇形水管。同时,来自发动机水泵的冷却液从进水管进入加温锅,使冷却液循环。

柴油燃烧所产生的废气经排烟口排出车外。加温好发动机后,关闭电动机开关,盖好排烟口盖。

4. 加温器的使用

（1）启动加温器的方法

①启动前的准备

打开接通开关。拧起排烟口盖升起螺帽，压下并转动手柄，打开排烟口。接通电路开关。接通中组柴油箱摇动手摇柴油泵，排除加温器柴油泵内的空气。

②启动加温器

未装阻风门的加温器的启动方法：装上手摇柄。打开电热塞开关，将电热塞预热约 1 min。然后先顺时针转动手摇柄，待听到有爆发声音后，立即反时针转动手摇柄，当再次听到连续的爆发声时，则迅速抽出手摇柄并打开电动机开关。加温器正常工作后，及时关闭电热塞开关。

装有阻风门的加温器启动方法：关闭阻风门，直接打开电动机开关进行启动。听到爆发声后，松开阻风门，关闭电塞开关。

电动机有故障时或为了节省电，可用油布点燃并一直用人力转动手摇柄工作。此时，应以 65～70 r/min 的速度转动手摇柄。为了减轻转动手摇柄的阻力，可将电动机皮带脱开。

③检查调整火焰长度

待加温器工作正常后，检查露出排烟口的火焰长度应为车底距地高 1/3（在严寒地区为提高加温速度火焰可调至约为 400 mm）。若火焰不符合标准，应拧松止动螺钉（但不应使其脱离蜗杆凹槽），拧动调整螺杆，调好后拧紧止动螺钉，用铁丝锁紧。

④关闭加温器

当冷却液温度达到 80～90 ℃时，先断油，再关闭电动机开关，使加温器停止工作。并将仓内的风扇开关打开，以排除车内的废气，盖好排烟口盖。

（2）使用加温器时的注意事项

①加温器工作时，必须有人看管，观察工作情况，以免失火。

②启动加温器前，应清除排烟口附近的易燃物。使用加温器后，要等排烟口温度降低后才能盖上排烟口盖，以免烧坏盖上的胶皮圈。

③供给喷油器的柴油只经过柴油粗滤清器的滤清，而喷油器又没有过滤装置，故喷油孔很易堵塞，造成不能喷油。为此，应将喷油器拆下分解，用柴油清洗。喷孔内的堵塞物，不要用铁丝硬捅，可用铜丝等捅通。否则，喷孔扩大后，造成喷雾不良。

④电热塞的电热丝尺寸根据在大气温度下能产生 200～800 ℃的温度而定，柴油燃烧后，燃烧室内温度将超过上述温度，如果正常工作后不关闭电热塞，电热丝易被烧断。因此，加温器工作时应将电热丝电路切断。

⑤使用中如电动机皮带用松时，易使加温器启动困难或工作不正常。为此，应调整皮带的松紧程度。其方法是：松开电动机固定座上螺栓，移动电动机固定座及电动机。

4.2.10　冷却加温系工作过程

1. 冷却系的一般工作情况

发动机工作时，经联动机构带动水泵旋转，把水散热器中的冷却液输送到汽缸水套内，吸收汽缸壁、盖的一部分多余的热量后,由汽缸盖后端流出,又流回水散热器内(见图4.30)。冷却液经过水散热器时,把一部分热量传散到大气中。水泵和风扇不停地旋转,冷却液就不断地吸收发动机工作时多余的热量。为保证正常工作,要求水温保持在70~90℃范围内,最低不应低于65℃,短时间允许到105℃。冷却液的循环路线是(见图4.31(a)):

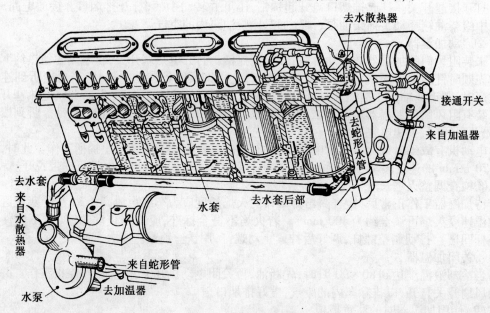

图4.30　发动机冷却

水泵 → 汽缸 → 水散热器 → 机油热交换器 → 水泵

2. 冬季冷却加温系冷却液的循环

冬季时接通开关应打开,冷却液循环部分与加温部分接通,两者成为一个循环系统,其循环路线是(见图4.31(b)):

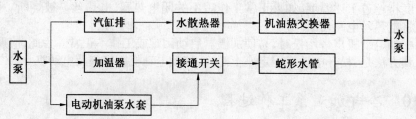

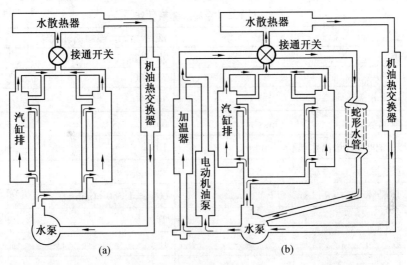

图 4.31   冷却液循环路线

3. 发动机加温预热工作

打开电热塞开关使电热丝烧红,采用电动机或手摇泵工作,通过联动装置,带动风扇、水泵及柴油泵工作。风扇将柴油燃烧所需的空气压入燃烧室,同时,柴油泵将柴油压入喷油器,喷入燃烧室,与空气混合,形成混合气,由电热塞点燃。在工作正常后,关闭电热塞开关。喷入的柴油靠燃烧气体点燃,产生大量的热量,加热冷却液,在水泵作用下,将热冷却液泵至发动机水套、水散热器、机油箱蛇形水管及电动机油泵水套。

加温时冷却液的循环路线是:

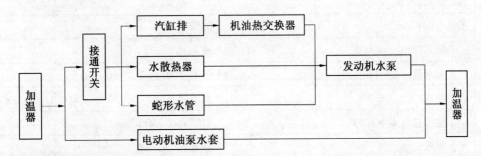

4. 空气冷却部分的工作

发动机工作时,风扇随着旋转,并驱动风扇叶片间的空气旋转,在离心力的作用下,风扇中心形成低压,将空气从进气口吸入,经水散热器和传动部分机件吸收热量后,由风扇中心甩向四周,从出气口排至大气。吸入和排出的空气量,由百叶窗的开度和发动机的转速控制。

冷却加温系性能见表 4.2。

表4.2　冷却加温系性能

冷却系型式		液冷、密闭、强制循环式
冷却液种类		水、防冻液
冷却系容量/L		75～80
水温/℃	正常水温	70～90
	最低水温	65
	短时间允许最高水温	105
	型式	离心式
	泵水量/(L·min^{-1})	60($n=1\,750$ r/min)
水散热器	型式	管式
	数量/个	1
	散热面积/m^2	78
加水口盖	蒸汽活门开启压力/MPa	>0.059～0.078
	空气活门开启压力/MPa	<0.007 8～0.012
放水开关	开关塞的行程不小于/mm	12
风扇型式		离心式
加温系型式		液体、压力循环式
加温器	型式	带火焰管加温锅,喷射式
	产热能力/(kJ·h^{-1})	最大:117 230,额定:83 736
	额定热效率/%	45
	受热总面积/m^2	0.527
	水泵 型式	离心式
	水泵 泵水量/(L·min^{-1})	650～700($n=2\,250$ r/min)
	风扇 型式	离心式
	风扇 输气量/(m^3·h^{-1})	115($n=2\,250$ r/min)
	柴油泵 型式	柱塞式
	柴油泵 泵油量(耗油时)/(L·h^{-1})	6.6～7.2
	电动机 功率/W	10
	电动机 耗电电流/A	10
	电热塞耗电电流/A	6～7

复　习　题

4-1　简述润滑系的作用、组成和工作。

4-2　简述机油泵的作用、构造和工作。

4-3　简述机油滤清器的作用、构造和工作。

4-4　启动发动机前,为什么要使电动机油泵工作?

4-5　机油箱中设置循环油箱的目的是什么?

4-6　在机油的回油路上设置旁通阀的目的是什么?

4-7　简述冷却加温系的作用、组成和工作。

4-8　简述水泵的作用、构造和工作。

4-9　简述加水口盖的作用、构造和工作。

4-10　简述加温器的作用、构造和工作。

4-11　试说明设置膨胀水箱的目的。

4-12　试说明冷却系为什么要安装加水口盖?

第5章 启 动 系

5.1 空气启动系

良好的启动性能可缩短战斗车辆的准备时间和减少工作量。因此,要求启动系在规定的使用温度能可靠启动、启动迅速、操作保养简便、能多次连续启动。

空气启动是自行火炮的主要启动方法。它是将高压空气在膨胀冲程开始时充入汽缸,使高压空气在汽缸中膨胀推动活塞而使曲轴旋转,达到启动的目的。这种启动方法具有较大的启动力矩,启动迅速可靠,操作简便,尤其是冬季更显出优越性。

5.1.1 功用及组成

1. 功用

(1)制造和储存高压空气;
(2)在膨胀冲程开始时高压空气充入汽缸,启动发动机。

2. 组成

空气启动系由高压空气压缩机、减速器、油水分离器、气滤、自动调压器、沉淀池、电控阀、空气活门、气压表、高压气瓶1(气压15 MPa)、减压阀、高压气瓶2(气压7 MPa)、气电阀、空气分配器、空气启动活门组成(见图5.1)。

5.1.2 高压空气压缩机

高压空气压缩机(见图5.2)装在传动箱后部右上方,动力来自传动箱。型号为 QYJ-150型。

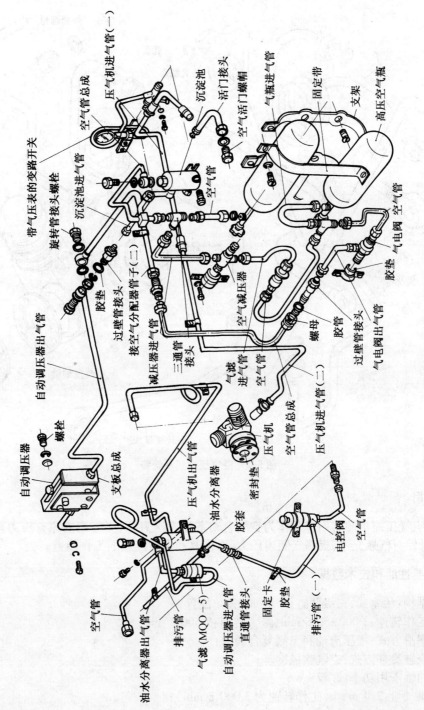

图 5.1 空气启动系

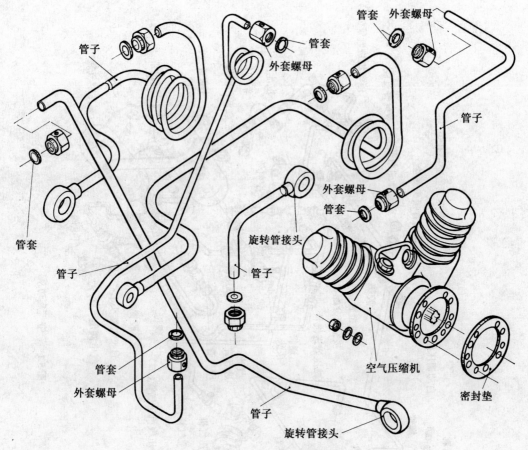

图 5.2　空气压缩机及管路

1. 功用

高压空气压缩机的功用就是作为空气启动系补充压力源,当气瓶内原有压力降至一定限度时,它开始对气瓶充气,提高气瓶内压力,以恢复和保持气瓶的工作能力。

2. 主要性能和技术数据

(1)结构:活塞式,三级两缸,V 形 90°夹角配置;

(2)工作转速:2 000±50 r/min,最大转速:2 300 r/min;

(3)润滑方式:增压滑油和飞溅复合润滑;

(4)汽缸冷却方式:空气吹风冷却;

(5)曲轴需用功率:2.57 kW;

(6)供气量:2.4 m³/h(工作转速为 2 000 r/min);

（7）工作保证期：三年内 500 发动机摩托小时。

3. 工作原理（见图 5.3）

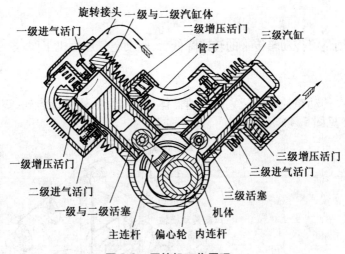

图 5.3 压缩机工作原理

运转过程。一和二级汽缸做成一体，三级汽缸单独制成。每个汽缸都有两个装有弹簧的单向活门，一个是进气活门，一个是排气活门（或称增压活门）。当汽缸内吸气时，在活门前后压力差的作用下，克服弹力，进气活门打开，此时排气活门关闭；而当排气时，在相反的压力差作用下，进气活门关闭，排气活门打开。从而保证每级汽缸内吸、排气工作过程顺利完成。

一和二级活塞相应做成一体。当其在汽缸内处于上止点位置时，一级汽缸内容积（A 室）极小——活塞顶与汽缸头端面间留有轴向间隙（一级余隙）为 0.1～0.15 mm，而此时二级汽缸内容积（B 室）为最大状态。一、二级活塞开始向下运动后，A 室逐渐增大，进行吸气，而 B 室逐渐减小，进行压缩空气和排气。当活塞下行至下止点时，A 室和 B 室内上述过程进行完毕；此时 A 室为最大状态，B 室极小——活塞与汽缸锥面间留有轴向间隙（二级余隙）为 0.05～0.10 mm。一、二级活塞转向上行后，情况与上述相反，B 室逐渐增大，进行吸气，A 室逐渐减小，进行压缩空气和排气。当活塞上行至上止点位置时，则恢复为起始状态，完成了一个工作循环。

三级活塞做往复运动时，三级汽缸内容积（C 室）的变化和工作过程，完全和二级汽缸相似。不过活塞向下运动时，是吸气，向上运动时，是压缩空气和排气，至上止点时，汽缸和活塞锥面间留有轴向间隙（三级余隙）为 0.04～0.08 mm。

各级余隙的作用，是防止汽缸和活塞由于热变形等原因发生相互碰撞；因此留有压缩余气，当汽缸内吸气时因余气膨胀而减小了吸入新鲜空气的有效容积，充气性能有所降低。

5.1.3　减　速　器

1. 功用

减速器的功用是将传动箱传来的转速降低后,驱动空气压缩机工作。

2. 构造

减速器安装在传动箱的后面。它由减速器体、减速器盖、主被动齿轮、滚珠轴承、密封垫和自压油挡等组成(见图5.4)。

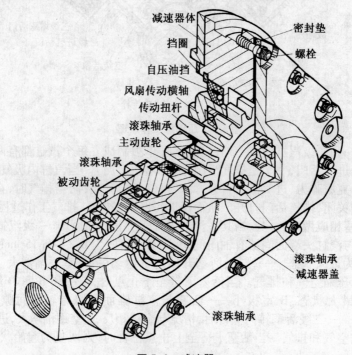

图 5.4　减速器

减速器体一孔内装有滚珠轴承,作为被动齿轮的一个支承。另一孔内装有自压油挡,自压油挡的一端紧靠在减速器体的凸台上,另一端靠着挡圈,挡圈卡在体的环形槽内,防止油挡脱出。当减速器体往箱上安装时,风扇传动扭杆的一端插入减速器内,它的外圆柱面紧装在自压油挡的圆孔内。

减速器盖用螺栓紧固在减速器体上,结合面处装有密封垫。盖内装有两个滚珠轴承,用来支承主、被动齿轮。

主动齿轮有 26 个齿,以花键套装在传动扭杆上,并用两个滚珠轴承分别支承在风扇传动轴的内圆柱面上和减速器盖内。

被动齿轮有 32 个齿,内也制有花键,与空气压缩机的偏心轴连接。它用两个滚珠轴承分别支承在减速器体和减速器盖内,并与主动齿轮啮合。

3. 工作

发动机工作时,曲轴的动力经传动箱、风扇联动装置的传动齿轮、传动扭杆、减速器主动齿轮和被动齿轮传给空气压缩机偏心轴。

5.1.4 油水分离器

油水分离器(见图 5.5)装在压缩机下方的底甲板上。

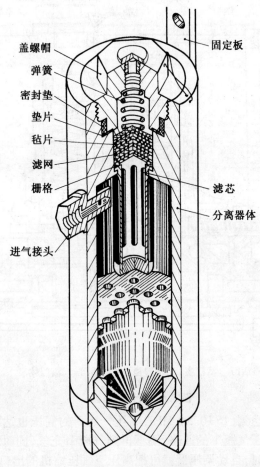

图 5.5 油水分离器

　　空气中的水蒸气和油雾,经过15 MPa压力的压缩,会凝聚成液态水和油、加上其他杂物,经过分离器,就可把高压空气中的水油等物分离出来,送至电控阀。将干净的高压空气送到气滤,再次进行滤清后,送至自动调压器。

5.1.5　自动调压器

　　自动调压器(见图5.6、图5.7)将高于15 MPa的高压空气进行减压后送入沉淀池。沉淀池的作用是再次把油、水进行沉淀,沉淀后的油、水送至电控阀与油水分离器分离出来的油、水合在一起。电控阀由驾驶室内配电板上的"排污"开关控制。"排污"开关按下,阀门打开,油、水等物被高压气体吹出车外。纯净的空气进入高压气瓶1。

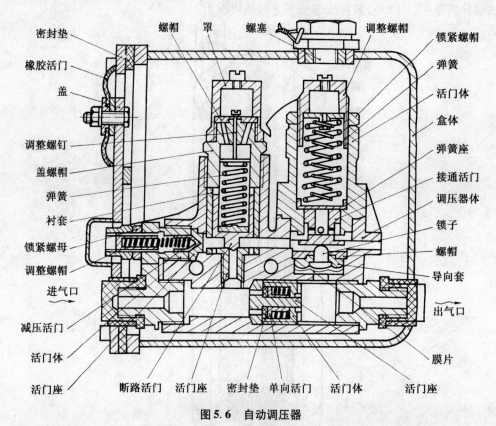

图5.6　自动调压器

　　当高压气瓶1的气压达到(15±0.5) MPa,高压气瓶2的气压也达到7 MPa时,自动调压器就切断自动调压器到高压气瓶1的通路,便不再向气瓶1充气,同时,气瓶1的高压气也不会倒流回自动调压器。此时,自动调压器就把高压空气压缩机的出口压力从15 MPa降低到1.5 MPa,使压缩机在两个气瓶保持标准压力的情况下,出口压力大幅下降,减少功率消耗和

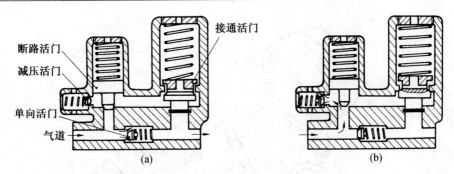

图 5.7 自动调压器工作原理

磨损。当发动机转速为 2 000 r/min 时,如果压缩机工作压力为 15 MPa,消耗功率为 2.57 kW;如果工作压力为 1.5 MPa,消耗功率为 0.257 kW。

5.1.6 三通及变路开关

三通及变路开关装在驾驶室后隔板上方。

三通一端与沉淀池的进气口相连,另一端与高压气瓶 1 和减压阀相连,第三端与变路开关相连。变路开关另两端,一端与气压表相连,另一端可与火炮复进机相连,以便必要时进行充气(见图 5.8)。

5.1.7 高压气瓶 1 和高压气瓶 2

两个高压气瓶构造一样,上下并装(1 在上)在空气活门的下方。

两个气瓶都是一个接口,上有手动旋螺,自行火炮较长时间不使用时,应关闭气瓶,减少泄漏。

三通同时将高压空气输送给气瓶 1 和减压阀。

当发动机转速为 2 000 r/min 时,向无气的高压气瓶 1 充气,约 20 ~ 30 min,就可使气压达到 15 MPa。

5.1.8 减 压 阀

减压阀(见图 5.9)装在两个气瓶之间。减压阀将 15 MPa 的高压空气减低到 7 MPa,再经过一个气滤后,进入高压气瓶 2,保证气压为 7 MPa。当使用空气启动,气压降低后,减压阀会自动向气瓶 2 补气;当气瓶 1 气压低于 7 MPa 时,减压阀不会使气瓶 2 的高压气倒流回气瓶 1 去。

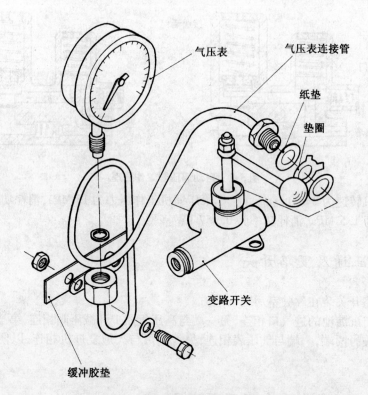

图 5.8　变路开关与气压表

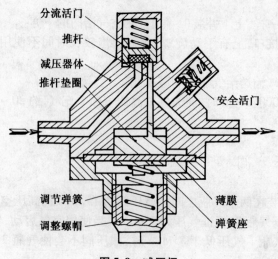

图 5.9　减压阀

5.1.9 气 电 阀

气电阀(见图 5.10、图 5.11)装在高压气瓶右下方。气电阀一端与气瓶 2 连接,另一端与发动机空气分配器连接。

气电阀的控制有两种方式:一是电控,在配电板上有"电动"标志的开关,按下时,气电阀打开,高压气瓶 2 的高压气可向空气分配器供气;二是手控,在气电阀体上有一手柄开关,向右推即打开开关,松开则关闭。在电控失效或为方便时,可用此种控制。

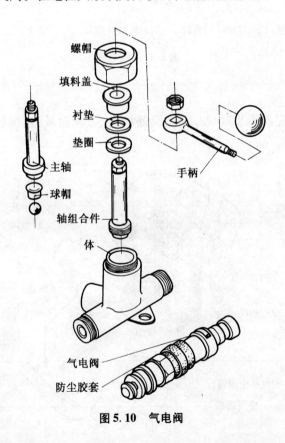

图 5.10　气电阀

5.1.10　空气分配器

1. 功用

按汽缸的工作顺序,将高压空气适时地分配到各个汽缸。

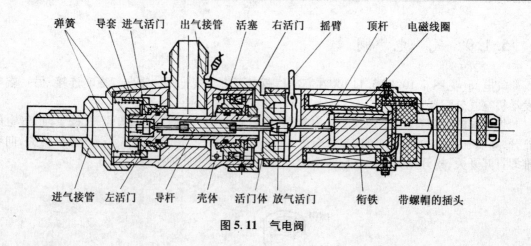

弹簧　导套　进气活门　出气接管　活塞　右活门　摇臂　顶杆　电磁线圈

进气接管　左活门　导杆　壳体　活门体　放气活门　衔铁　带螺帽的插头

图 5.11　气电阀

2. 构造

气电阀由空气分配器体及罩、联动轴、调整齿套、分气盘及盖、弹簧、垫圈和插销组成(见图 5.12、图 5.13)。

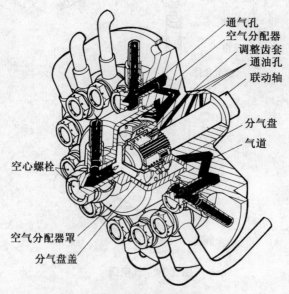

通气孔
空气分配器
调整齿套
通油孔
联动轴

分气盘
气道

空心螺栓

空气分配器罩
分气盘盖

图 5.12　空气分配器

空气分配器体,内有通气孔和气道各 12 个,按汽缸工作顺序,依次用高压空气管与各汽缸的空气启动活门连通。

空气分配器罩拧在体上,与体构成内腔。罩中央有进气孔,通过空心螺栓及高压空气管与空气启动开关连通。

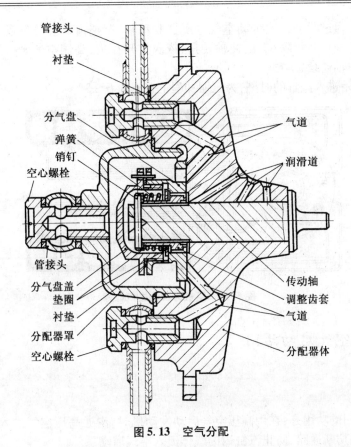

管接头
衬垫
分气盘
弹簧
销钉
空心螺栓

气道
润滑道

管接头
分气盘盖
垫圈
衬垫
分配器罩
空心螺栓

传动轴
调整齿套
气道
分配器体

图 5.13   空气分配

联动轴装在空气分配器体的中央,一端插在高压柴油泵及空气分配器联动齿轮中央的切口内,另一端带花键,上面套有调整齿套。

调整齿套上制有内、外花键,内花键 38 个齿,外花键 36 个齿。花键用来调整高压空气的进气时刻。

分气盘套在调整齿套上,借弹簧的作用与体紧密接触。盘上有一个分气口,在任一位置时只能对正体上 1 ~ 2 个通气孔,其余的通气孔被分气盘盖住。分气盘反时针旋转时,分气口则依次打开各通气孔。发动机曲轴转两圈,分气盘转一圈,12 个通气孔各打开一次。即每个汽缸各进一次高压空气。

3. 工作过程

当拧开一个高压空气瓶上的螺旋开关并打开空气启动开关时,高压空气经空气分配器罩上的高压管进入空气分配器内腔,经分气口所对正的孔道(1 ~ 2 个),沿高压空气管流至空气启动活门,进入相应的汽缸(见图 5.14),此时,该缸正在做功冲程,高压空气便推动活塞下行,使曲轴旋转。

　　曲轴旋转后,通过联动机构带动空气分配器联动轴、调整齿套及分气盘沿反时针方向旋转,分气盘上的分气口便每隔60°的曲轴转角,依次打开孔道,高压空气则按汽缸工作顺序分配到各汽缸,使曲轴连续旋转。

　　高压空气开始进入汽缸的时刻,为压缩冲程上止点前6°±3°。

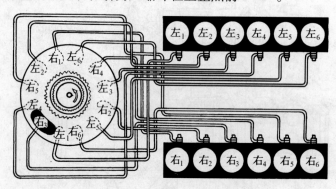

图5.14　空气分配器进气顺序

5.1.11　空气启动活门

1. 功用

　　空气启动活门的功用是:在用高压空气启动发动机时,沟通高压空气进入汽缸的通路;在发动机工作时,则切断通路,防止汽缸内的气体流入空气启动系。

2. 构造

　　空气启动活门由活门体、活门、活门弹簧、调整螺帽和盖螺帽等组成(见图5.15)。

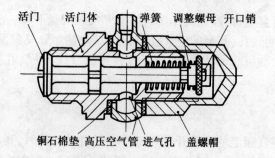

图5.15　空气启动活门

活门装在体内,借弹簧的张力,使活门的锥面紧密与体上的锥面接触,以防漏气。弹簧的张力用调整螺帽调整。

3. 工作过程

当高压空气进入空气启动活门体内,其压力超过汽缸内的气体压力和弹簧的张力时,便顶开活门,弹簧被压缩,高压空气进入汽缸。当分气盘盖住空气分配器体上的通气孔时,空气启动活门在其弹簧张力与汽缸内气体压力的作用下关闭。

5.1.12 气 滤

气滤将减压阀来的空气滤清后,供给高压气瓶 2 和气电阀(见图 5.16)。

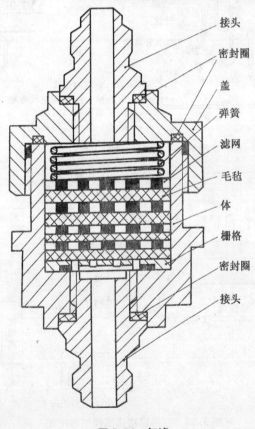

接头
密封圈
盖
弹簧
滤网
毛毡
体
栅格
密封圈
接头

图 5.16 气滤

5.1.13 空气启动系工作过程

空气启动系工作过程如图5.17所示,其框图如图5.18所示。

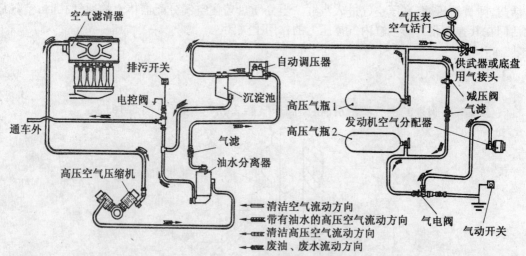

图5.17 空气启动系工作过程

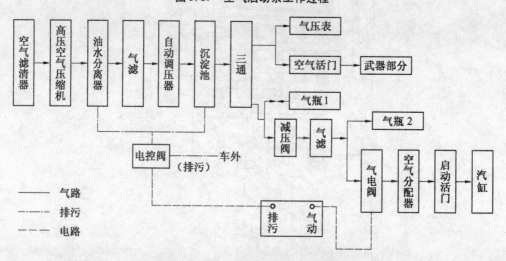

图5.18 空气启动系工作过程框图

1. 向高压气瓶充气

发动机工作时通过传动箱带动高压空气压缩机,压缩机的进气是从空气滤清器吸入的干净空气,经过三级压缩,气压达到15 MPa以上,送入油水分离器,油水等物被分离出来,排入电控阀处。干净的压缩气经气滤、自动调压器,进入沉淀池,再次将压缩气中的油、水沉淀,沉淀的油、水排入电控阀处,更为纯净的压缩空气通过三通进入高压气瓶1,并同时通过减压阀给高压气瓶2充气。当气瓶2充至(7 ± 0.5) MPa时,气瓶1充至15 MPa时为止。气压表指示的是气瓶1的气压值。

高压气瓶充气路线为:

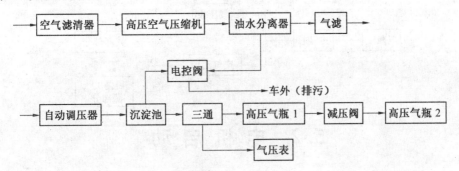

2. 当高压气瓶充至标准时(其路线如下)

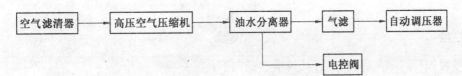

当高压气瓶充至标准时,自动调压器即切断压缩机与气瓶的通路,同时降低压缩机的出口压力至1.5 MPa,使压缩机处于低压的工作状态。

3. 启动发动机

按下配电板上的"电动"按钮,气电阀阀门打开,气瓶2的高压气通过气电阀、空气分配器、空气启动活门,进入汽缸,推动曲轴旋转而启动发动机。待发动机启动后,松开按钮,气电阀阀门关闭,高压气停止向汽缸供气,一次或数次启动后,气瓶2气压下降,减压阀工作,使气瓶1向气瓶2充气,直至气压达到(7 ± 0.5) MPa时,减压阀停止工作,使两个气瓶暂处平衡状态。其路线为:

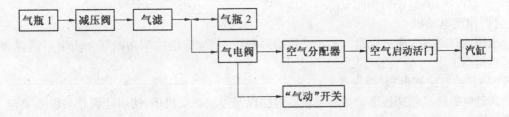

4. 向火炮复进机充气

　　武器部分的复进机和底盘减振器的蓄压器,如压力不足,则应充高压氮气,如无氮气而又急需补气,则可对其进行补充高压空气。蓄压器充气的工具是专用的,一端接在空气活门接头上,另一端接在被充气部件的接头上,待准备工作做好后,打开空气活门的手柄开关,进行充气,气充足后,关闭空气活门。其路线为:

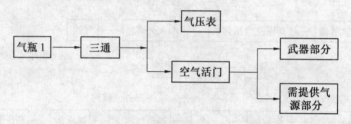

5.2　电机启动

5.2.1　启动电机构造

1. 性能

　　型号为 ZDT24-15 启动电机,其技术性能如下:

型式	四极串激
功率	11 kW
电压	24 V
最大功率时转速	1 100 r/min
最大制动力矩	190 N·m
旋转方向(从齿轮端看)	反时针
启动齿轮与飞轮齿圈传动比	9.54:1

2. 构造

　　图 5.19 为 ZDT24-15 启动电机工作原理图,从图中可知,启动时机是由串激电动机、联动电磁铁、释放机构、联动机构四大部分组成。

　　(1)串激电动机

　　机体内有磁芯和激磁绕组。电枢绕组由扁铜线制成,绕组线端在氮气介质中用铜焊和整流子铜排焊接。

　　(2)联动电磁铁(联动继电器)

　　联动电磁铁是用来接通和切断电机的电路以及带动联动机构,使启动齿轮与齿圈啮合,其构造如图 5.20 所示。

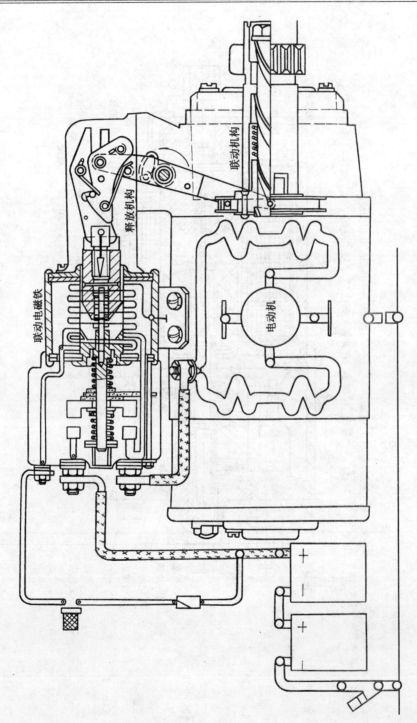

图 5.19 ZDT24-15 启动电机工作原理图

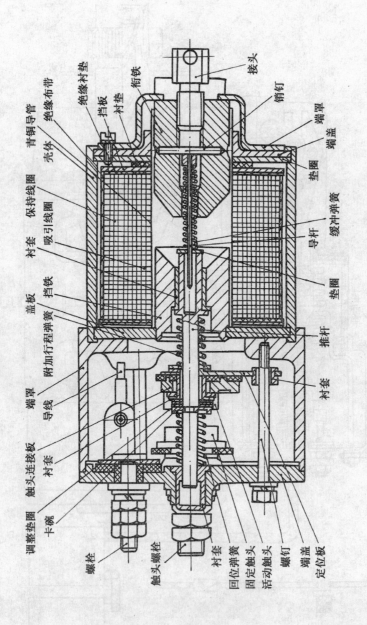

图 5.20 联动电磁铁

联动电磁铁的磁系统由壳体、衔铁、挡铁、盖板(挡铁端)、端盖(衔铁端)和垫圈组成。

线圈架由青铜导管、绝缘衬垫和挡板组成,其上绕有吸引线圈和保持线圈。

接触器部分是由触头、推杆、导杆和弹簧等组成。

衔铁中间挖空,并有销钉。衔铁运动时,其力通过销钉传到导杆,再经过缓冲弹簧和垫圈传到推杆。由于缓冲弹簧很软,故首先被压缩,回位弹簧压缩不大。缓冲弹簧压缩到一定程度时,衔铁与推杆接触,全部吸力就直接传到推杆上。

在触头闭合之前,吸力通过推杆上的锁紧垫圈压缩回位弹簧,附加行程弹簧不会被压缩。触头闭合之后,为了保证必要的触头压力,衔铁应继续运动 $1.5 \sim 2.5$ mm,称为附加行程。这里附加行程弹簧和回位弹簧同时被压缩。由于附加行程弹簧压缩,在锁紧垫圈与衬套的端面之间就形成 $1.5 \sim 2.5$ mm 的空隙。吸力消失后,弹簧伸张,推杆就开始运动,在锁紧垫圈和衬套之间的空隙消失之前,触头仍保持闭合状态。空隙消失之后,推杆才带动触头断开。在消除空隙的过程中,推杆已获得很大的速度,因而触头能迅速断开使火花减小。附加行程的大小,可以用增减调整垫圈的方法来调整,片数越少,附加行程越大。

(3)释放机构(见图5.21)

释放机构包括带浮动销钉的拉杆和带弹簧的挂钩。其作用是带动联动机构,并保证在发动机启动后启动齿轮能自由退回。

释放机构互相之间的连接关系如下:

$$\text{衔铁} \xrightarrow{\text{衔铁销钉}} \text{拉杆} \xrightarrow{\text{浮动销钉}} \text{挂钩} \xrightarrow{\text{挂钩轴}} \text{接合杠杆}$$

当衔铁移动使电动机接通后,挂钩和浮动销钉分离。这样,联动电磁铁就和接合杠杆脱离关系,保证启动齿轮能自动退回。当松开启动按钮,拉杆恢复到原始位置时,挂钩又重新和浮动销钉咬合,联动电磁铁与接合杠杆又连成一体,保证启动电机下一次的启动。

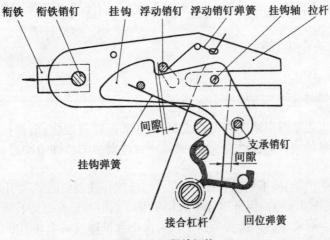

图 5.21 释放机构

(4)联动机构(见图5.22)

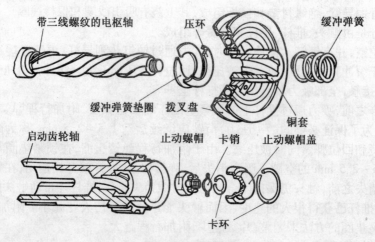

图 5.22　联动机构

联动机构的作用是把电机产生的动力传给启动齿轮。

联动机构主要零件的联接关系是这样的:铜套三个凸榫插入启动齿轮的三个槽内,使之连成一体套在带三线螺纹的电枢轴上。铜套上的三线螺纹与电枢轴的三线螺纹配合间隙很小,铜套只能沿电枢轴的三线螺纹旋转卷进,不能在电枢轴上只转动不移动或只移动不转动;启动齿轮轴的三线螺纹与电枢轴的三线螺纹的配合间隙较大,启动齿轮轴可以在电枢轴上不移动而原地转动一个齿的角度,这样,当启动齿轮与齿圈顶住时,启动齿轮轴可以在电枢轴上不移动而原地转动一个齿的角度,这样,当启动齿轮与齿圈顶住时,启动齿轮就可以原地转动一个角度,同时压缩缓冲弹簧,使启动齿轮与齿圈顺利啮合,而不致发生顶死现象。

5.2.2　启动电机的工作

1. 按下启动按钮时

电流通过联动电磁铁吸引线圈和保持线圈,挡铁和衔铁被磁化,衔铁被吸向挡铁,衔铁的移动使接合杠杆绕其轴旋转而拨动拨叉环,拨叉环通过铜套的凸榫带动启动齿轮轴沿电枢轴螺纹一面前进一面旋转。

在这里需要说明的是,按下启动按钮时,有一路电流经联动电磁铁吸引线圈至启动电动机的电枢构成通路(见图5.19)。但此电流不大(约50 A),电动机产生的转矩不能克服阻转矩,因而电枢轴不旋转。启动齿轮的旋转是由于铜套沿电枢轴螺纹运动而引起的。

2. 顶齿时

如果启动齿轮的齿和齿圈的齿槽不对正,启动齿轮被齿圈顶住时,启动齿轮停止前进。但铜套在衔铁带动下将压缩缓冲弹簧而继续前进和转动,因而带动启动齿轮原地转动一个角度,直到启动齿轮的齿与齿圈的齿槽对正时,缓冲弹簧伸张,启动齿轮与齿圈啮合。

在这里需要说明的是,启动齿轮轴之所以能在电枢轴螺纹上只转动而不前进,是因为启动齿轮轴与电枢轴三线螺纹的配合间隙较大,允许启动齿轮原地转动一个齿的角度,直到间隙消失为止。就是这个间隙(即通常所说的轴向间隙 13 mm),保证了启动齿轮在任何转角位置都能进入齿圈的齿槽。

3. 刚进入啮合时

当启动齿轮进入齿圈齿槽后,启动齿轮便停止旋转(从而铜套也不能旋转)。在联动电磁铁和联动机构的推动下,铜套继续推动启动齿轮沿齿槽前进,从而迫使电枢轴反方向旋转。

4. 进入啮合 2/3 齿长时

当启动齿轮进入齿圈达到 2/3 齿长度时,触头接通,启动电机电枢轴开始旋转(注意,此时启动齿轮轴与电枢轴三线螺纹配合间隙尚未消失,因而启动齿轮轴并未旋转),电枢轴的旋转将迫使铜套移动,从而推动启动齿轮继续前进。

此时看一下释放机构的情况。在齿啮合 2/3 以前,都是衔铁移动使接合杠杆拨动铜套前进,即接合杠杆为主动件,铜套为被动件。齿啮合 2/3 以后,触头接通,衔铁行程已终了,无力使结合杠杆旋转而拨动铜套前进。这时是电枢轴旋转才迫使铜套移动,从而使接合杠杆绕其支点转动,即铜套为主动件,接合杠杆为被动件了。接合杠杆绕其支点的转动,使其边缘与支承销钉之间的间隙消失(见图 5.23(b))。此后,接合杠杆的边缘将推动支承销钉,使挂钩绕挂钩轴转动,这样挂钩便与拉杆的浮动销钉脱离(图 5.23(c))。在这种情况下,联动电磁铁就和接合杠杆脱离关系了。

5. 全部啮合时

当启动齿轮在铜套推动下走完后 1/3 齿长顶住止动螺帽后,启动齿轮不再前进,电枢轴继续旋转使电枢轴和启动齿轮轴三线螺纹的配合间隙消失,电枢轴通过三线螺纹把转矩传到启动齿轮轴从而带动发动机旋转。

由于传递转矩时启动齿轮和齿圈之间的摩擦力很大,接合杠杆轴上被压紧的回位弹簧不能将已和联动电磁铁脱离关系的启动齿轮抽回。

6. 发动机发动起来时

当发动机发动起来时,齿圈被发动机带动旋转,使齿圈由被动转化为主动,在这一转化瞬间,启动齿轮与齿圈之间的摩擦力减小,被压紧的回位弹簧将启动齿轮抽回。如启动齿轮尚未退出,由于齿圈主动旋转后,作用在启动齿轮上的力 F 与原来相反了(见图 5.24),这个作用力也迫使启动齿轮沿电枢轴的三线螺纹退回。

这里虽然还继续按着启动按钮,但启动齿轮已自动退回,在原地空转(见图 5.23(d)),这

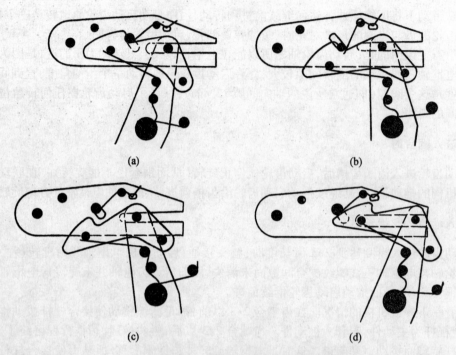

图 5.23　释放机构的工作过程

样就防止了电枢被齿圈带动做超速旋转而使电枢绕组飞散或造成其他故障。

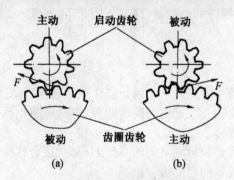

图 5.24　启动齿轮与发动机齿圈的作用力

7. 松开启动按钮时

　　刚松开启动按钮的瞬间,触头还在闭合状态,蓄电池电压通过触头加到联动电磁铁吸引线圈和保持线圈,但两个线圈电流的磁化方向相反,磁力大为减弱,衔铁和活动触头在回位弹簧作用下回到原来位置,切断了启动电机的电源。

　　随着衔铁的回位,拉杆也退回,拉杆上的浮动销钉沿挂钩前端斜面滑动而压下挂钩,最后使浮动销钉落入挂钩的钩子中,挂钩弹簧将挂钩顶上去,浮动销钉与挂钩重新钩住,使联动电磁铁重新与接合杠杆连成一体,作好下一次的启动准备。

复 习 题

5-1　常用的启动方法有哪些?

5-2　空气启动时,某缸严重漏气将出现何种情况?

5-3　简述向高压气瓶的充气过程。

5-4　简述自动调压器的作用。

5-5　简述空气启动系中减压阀的作用。

5-6　简述空气启动系的功用、组成和工作。

5-7　简述启动电机的构造和工作。

第6章 内 燃 机

6.1 内燃机的热力循环分析

活塞式内燃机工作循环是由一系列物理和化学变化的复杂过程所组成的,其影响因素也很复杂。

根据内燃机实际工作的特点,对其实际循环进行一系列假定之后,实际循环就成为内燃机理想循环。

建立内燃机性能指标的目的是便于评价其质量。内燃机的主要指标有动力性能指标、经济性能指标以及运转性能指标。要全面衡量一台内燃机的质量,除上述性能指标外,还要同时考虑可靠性、耐久性、结构工艺、操作维修、成本核算等指标,其中许多指标是相互制约的。

动力性能指标:又称功能指标,用来说明内燃机做功能力的大小,如平均压力、功率和扭矩等。

经济性能指标:简称经济指标,用来说明内燃机经济性好坏,即燃料的热能转化为机械能的效率如何。如热效率、比油耗等。

动力性能指标和经济性能指标又分指示的和有效的两种。指示指标是指在内燃机汽缸内部做功能力的大小和其经济性,它说明了循环的工作能力和完善性;有效指标则说明内燃机实际工作能力及经济性。

6.1.1 空气标准循环

内燃机理想循环是建立在一系列假定基础上的,它略去了一切实际因素的影响,集中反映了汽缸内所进行的热力循环的本质——热转为功的基本原理和规律。

满足下述四个假设条件的内燃机循环,称为空气标准循环。

(1)循环中,工质为定量的空气(视为理想气体),不考虑进、排气过程,无工质交换;

(2)燃烧过程用内燃机汽缸外的热源加热;

(3)循环结束后依靠向外放热,保证汽缸内空气的温度、压力回到原始状态;

(4)压缩与膨胀过程均为可逆过程。

在上述条件下,分析四种热力循环。

设:压缩比

$$\varepsilon = \frac{V_1}{V_2}$$

绝热指数

$$k = \frac{c_p}{c_v}$$

压力升高比 $\lambda = \dfrac{p_3}{p_2} = \dfrac{T_3}{T_2}$,对于柴油机 $\lambda = 1$。

预胀比 $\rho = \dfrac{V_3 T_3'}{V_2 T_3}$,对于汽油机 $\rho = 1$。

1. 混合加热循环

图 6.1 是现代柴油机接近的理想循环,因其加热是在定容和定压两种情况下完成的,故称混合加热循环,也称双燃烧循环。该理想循环由以下五个可逆过程组成:1–2 为等熵压缩过程,2–3 为定容加热过程,3–4 为定压加热过程,4–5 为等熵膨胀过程,5–1 为定容放热过程。

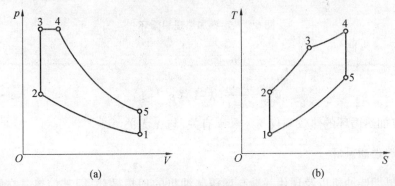

图 6.1 双燃烧循环

热效率

$$\eta_{\text{dual}} = 1 - \frac{\lambda \rho^k - 1}{\varepsilon^{k-1} \left[(\lambda - 1) + k\lambda (\rho - 1) \right]} \tag{6.1}$$

可见,混合加热循环的热效率 η_{dual} 与压缩比 ε、压力比 λ、预胀比 ρ 及工质的绝热指数 k 有关。

循环功

$$W_{\text{dual}} = \frac{p_1 V_1}{k-1} \left\{ \varepsilon^{k-1} \left[(\lambda - 1) + k\lambda (\rho - 1) \right] - (\lambda \rho^k - 1) \right\} \tag{6.2}$$

可见 W_{dual} 除与 $k, \varepsilon, \lambda, \rho$ 有关外,还与工质的初始状态有关。

2. 定容加热理想循环

图 6.2 是一般汽油机的理想循环,因其加热是在定容情况下完成的,故称定容加热循环。该理想循环由以下四个可逆过程组成:1–2 为等熵压缩过程,2–3 为定容加热过程,3–4 为等熵膨胀过程,4–1 为定容放热过程。这种理想循环也称为奥托循环(Otto Cycle)。

显然,奥托循环可以看做混合加热循环预胀比 $\rho = 1$ 的特例。因此其热效率和循环功可分别表示为

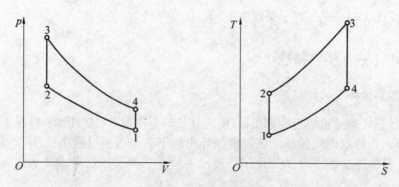

图 6.2　定容加热理想循环

$$\eta_{\text{otto}} = 1 - \frac{1}{\varepsilon^{k-1}} \tag{6.3}$$

$$W_{\text{otto}} = \frac{p_1 V_1}{k-1}(\lambda - 1)(\varepsilon^{k-1} - 1) \tag{6.4}$$

可见,定容加热循环的热效率仅与 ε 和 k 有关,与 λ 无关。

3. 定压加热理想循环

图 6.3 是早期柴油机以及现代一般高增压柴油机的理想循环,因其加热是在定压情况下完成的,故称定压加热循环。该理想循环由以下四个可逆过程组成:1-2 为等熵压缩过程,2-3 为定压加热过程,3-4 为等熵膨胀过程,4-1 为定容放热过程。这种理想循环也称为迪塞尔循环(Diesel Cycle)。

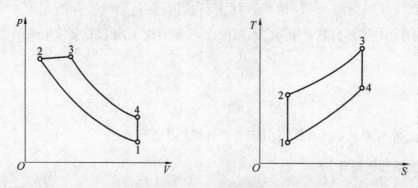

图 6.3　定压加热理想循环

显然,它也可以看做混合加热循环的一种特例,此时 $\lambda = 1$,$\varepsilon = \dfrac{V_1}{V_2}$,$\rho = \dfrac{V_3}{V_2}$。

其热效率和循环功可表示为

$$\eta_{\text{diesel}} = 1 - \frac{\rho^k - 1}{\varepsilon^{k-1}(\rho - 1)k} \tag{6.5}$$

$$W_{\text{diesel}} = \frac{p_1 V_1}{k-1} \left[k\varepsilon^{k-1}(\rho - 1) - (\rho^k - 1) \right] \tag{6.6}$$

将 η_{otto}，η_{diesel}，η_{dual} 三个效率公式写成通式，则

$$\eta_t = 1 - \frac{1}{\varepsilon^{k-1}} f(\lambda, \rho) \tag{6.7}$$

对于汽油机，$f(\lambda, \rho) = 1$，而对于柴油机与双燃烧内燃机，$f(\lambda, \rho) > 1$。由此可得到

$$\eta_{\text{otto}} > \eta_{\text{dual}} > \eta_{\text{diesel}}$$

假设压缩比 $\varepsilon = 15$，压力比 $\lambda = 1.5$，预胀比 $\rho = 1.5$，$k = 1.4$，则

$$\eta_{\text{otto}} = 0.6615, \quad \eta_{\text{diesel}} = 0.6305, \quad \eta_{\text{dual}} = 0.6405$$

理论上的分析与实际在内燃机上得到的结论不同，公式推导的前提是在相同的压缩比条件下所接触的汽油机、柴油机是实际使用的，而不是理想的。实际内燃机性能受两大因素制约：机械负荷（或汽缸最高压力）和热负荷（或排气温度）。

若以相同的缸最高压力和示功图面积（做功相等）作为考查上述三种效率的准则，如图6.4 所示，则结论不同：

$$\eta_{\text{dual}} > \eta_{\text{diesel}} > \eta_{\text{otto}}$$

由此可见：压缩比强烈地影响着汽缸最高压力和效率；在相同的汽缸最高压力和做功条件下膨胀比又强烈地影响着效率。

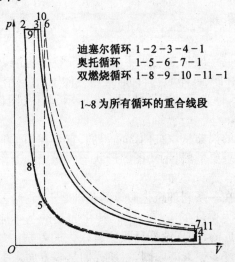

图6.4　在相同的汽缸最高压力和示功图面积下的三种循环比较

6.1.2　燃料空气循环

　　实际内燃机中作用的工质不像空气标准循环采用的纯空气那样,而是空气与燃气的混合气。其主要区别在于:燃烧前后工质成分发生变化;相应的工质比热容随温度的上升而增大(多原子燃气的摩尔比热容比双原子的空气大),意味着在同样的加热条件下,缸内的压力和温度要低,这是最主要的;工质在高温时要发生离解,需吸收相当的热量,其效果像工质比热容增加一样,这部分热量虽在膨胀后期又释放出来,但利用率却很小了。

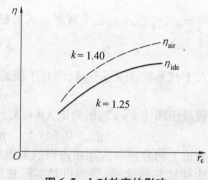

图 6.5　k 对效率的影响

　　由于工质的变化,特别是热容比 k 的减小,燃料空气循环的效率 η_{ide} 就降低了,如图 6.5 所示。

　　若以汽油机为例,$\varepsilon = 8$,$\lambda = 1$ 空气标准循环与燃料空气循环的 k 分别为 1.40 和 1.25,则

$$\eta_{air} = 0.566,\eta_{ide} = 0.444$$

效率降低达 21.6%,所以燃料空气循环的效率由于工质的变化要比标准空气循环的效率低 20%~30%。

6.1.3　实际循环

　　内燃机实际循环既不同于燃料空气循环,也不同于空气标准循环。

　　工质(即气体)在内燃机汽缸内的状态,通常用气体压力 p 随汽缸工作容积 V 或随曲轴转角 α 而变化的图形来表示,称为示功图。如图 6.6 所示,其中,图(a)为 p-V 图,图(b)为 p-α 图。

　　示功图是借助于专门的仪器从汽缸内部测得的,它是我们了解汽缸内部工作过程、探索各种因素对工作过程影响的重要资料,示功图的形状与内燃机的工作状况、工作过程的特点及燃烧室结构型式等有关。

　　内燃机理论循环建立在一系列理想化假设的基础之上,它略去了一切实际因素的影响,集中反映了汽缸所进行的热力循环的本质——热转化为功的基本原理和规律,它是由压缩、加热、膨胀、放热四个过程组成的,同理论循环相比有很大的差别。分析比较两种循环的差别和引起实际循环不可避免的许多损失的原因,可使我们从多方面入手改善实际循环,提高内燃机的经济性。

　　图 6.7 中点划线表示理论混合加热循环,虚线表示燃料空气循环,实线表示实际工作循环。循环加热量相同,压缩比和汽缸尺寸也相同。现分析它们的差别和损失。

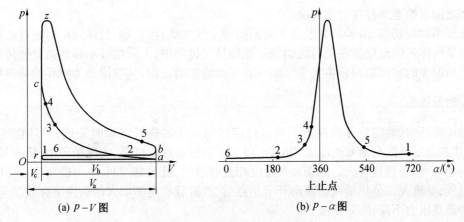

(a) $p-V$ 图   (b) $p-\alpha$ 图

图 6.6 四冲程柴油机的示功图

1. 工质比热变化引起的损失

理论循环中,假定工质比热为定值。在实际循环中,实际工质的成分是变化的,随着燃烧的进行,三原子气体(CO_2, H_2O)含量增加,所以燃烧产物的比热比新鲜空气的大。另外,实际工质的比热随温度的升高而增加,这都意味着加入同样的热量在实际循环中所引起的工质温度、压力的升高值下降,其结果是循环功减小,循环热效率低。

2. 换气损失

理论循环是一假设的封闭循环,循环进行时工质不更换,且保持数量不变。在实际循环中,由于要进行燃烧过程,所以就必须将燃烧过的废气排出汽缸并换以新鲜空气,以保持循环连续进行。同时通过排气也实现了向低温热源放热的过程。这样,对四冲程内燃机而言,除压缩和膨胀冲程

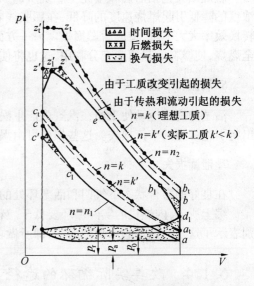

图 6.7 内燃机实际循环

外,还要有一个进气和排气冲程,即换气过程。在换气过程中,排气门必须提前开启,让废气在下止点前便开始逸出,这将使 $p-V$ 图上的有用功减小;接下去在排气冲程(br)和进气冲程(ra)时,由于进排气系统中的流动有阻力,需要消耗一部分功,这两者之和即为换气损失。

3. 传热损失

理论循环中压缩和膨胀过程假设是绝热的,而在实际循环中工质和汽缸套、汽缸盖、活塞、

气门等之间自始至终存在着热交换。

在压缩冲程初期,由于汽缸壁温度较高而使空气加热;在后期,气体温度将超过缸壁温度,热量将从气体传向缸壁。在随后的燃烧膨胀和排气过程中,工质继续不断地向缸壁传热,在示功图上所减少的有用功面积将大于压缩线底下所增加的面积,其差值即为循环的传热损失。

4. 时间损失

理论循环中,假定外界热源向工质进行定容和定压加热可以瞬时完成,并且在定压加热时,加热的速度又能与活塞速度密切配合,以实现定压加热。可是,实际循环中,活塞具有相当高的运动速度,而燃烧着火后燃烧放热速度却是有限的,且很难控制,不可能实现完全的定容、定压过程,导致大部分热量在活塞离开上止点后、汽缸容积逐渐增大的条件下释放出来。这使循环的最高压力下降,膨胀功减少。

5. 燃烧损失

燃烧损失包括后燃和不完全燃烧所造成的损失。在实际循环中,当接近 z 点时,由于氧气浓度的降低引起燃烧速度的降低,在膨胀线 e 点后燃烧还在进行,此时由于膨胀比小,使热功转换效率大大下降,造成后燃损失。另一方面,由于空气不足,混合气形成不良所引起的不完全燃烧,使燃料的热值未充分利用,这也将使燃烧膨胀线的位置下移,产生不完全燃烧损失。

6. 涡流和节流损失

活塞的高速运动使工质在汽缸内产生涡流。对于分开式燃烧室,工质在其中的流入和喷出将引起强烈的节流损失。这些损失可由涡流有利于混合气形成的燃烧得到部分补偿。

7. 泄漏损失

在良好的磨合状态下气门和活塞环处的泄漏量不多,约为工质总质量的0.2%。

综上所述,内燃机的实际循环要低于燃料空气循环,更要低于空气标准循环。图6.7中分别表示了这三种循环的示功图面积,即所做功的大小。

6.1.4　改善实际循环的途径

从实际循环和理论循环的比较来看,工质这一项的影响是不可避免的。在实际循环损失中影响较大的是换气损失、传热损失和燃烧损失。通过改善换气、传热和燃烧状况可减小与空气标准循环之间的差距,提高内燃机的动力性与经济性。

表征换气过程完善程度的主要标志是充气效率,其次是消耗于换气过程的泵吸功。因指示压力 p_i 与充气效率 η_v 成正比,即 $p_i \propto \eta_v$,所以换气过程的好坏将直接影响内燃机的动力性能和经济性能指标,还影响内燃机的排放指标。

内燃机的高速化使换气时间大为缩短,气流速度明显提高,流动阻力损失也随着增加,这

不仅增加泵吸损失,而且导致充气效率明显下降。燃烧室提高充气效率的措施可从以下几个方面考虑:

①降低进气系统的阻力损失,提高吸气终了的压力;

②降低排气系统的阻力损失,降低残余废气的压力;

③减小在进气过程中燃烧室高温零件对新鲜充量的加热,降低充量的温升。

1. 降低进气系统气体流通阻力

(1)降低进气门处的流动损失:增大进气门直径,增加气门数目,改善气道、气门和气门座处的气体流动特性,避免可能产生的局部阻力。

(2)改进凸轮轮廓型线设计:选择适当的配气相位、凸轮升程和气门开启规律。在结构和动力载荷允许的条件下,可适当地加大气门升程并尽可能快速启闭以期获得较大进气时面值,降低气流速度,提高进气压力。

(3)高速内燃机采用较小冲程缸径比 S/D 值,这样可降低活塞平均速度,并可使摩擦力、惯性减小。增大汽缸直径,在相同排量下,由于 S/D 减小,可使气门直径增大从而提高进气量。

(4)减少进气管和空气滤清器阻力。

(5)合理设计进气管形状、截面尺寸、长度,充分利用进气的脉动能量,达到最佳的进气效果。

2. 降低排气系统气体流通阻力

减小排气系统阻力,避免排气道内截面突变、急转弯和凸台,保持排气歧管和排气管的良好型线,控制过大的排气气流速度等能有效地提高充气效率、降低泵气功和汽缸内残余废气,从而提高内燃机功率和降低燃油消耗率。对增压内燃机的排气管则要与所匹配的增压系统相适应。

3. 减小对进气充量的加热

柴油机的进排气管两侧分布,汽油机为促使燃料汽化往往采用进排气管同侧布置,也有一些现代高速汽油机,为获得较高充气效率而采用进排气管分侧布置方案。

4. 利用废气涡轮增压技术

利用废气涡轮增压技术,既可利用废气能量,也会改善充气效率 η_v。

5. 改善燃烧过程

(1)改善汽油机燃烧过程,防止爆燃

汽油机燃烧过程可分为三个阶段,着火阶段Ⅰ(着火落后期)、急燃期Ⅱ和后燃期Ⅲ(见图6.8(a))。点火提前角 θ、过量空气系数 α、负荷、转速都影响燃烧过程。

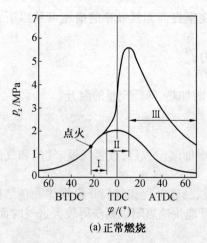 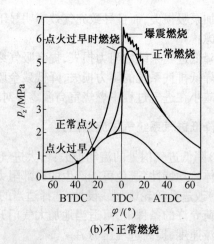

(a) 正常燃烧　　　　　　　　　　　　(b) 不正常燃烧

图 6.8　汽油机燃烧过程

①点火提前角是因时间损失而设置的,为使压缩功消耗和后燃损失的综合效果好,存在一最佳点火提前角,它与转速、过量空气系数、进气压力和温度有关。在最佳点火提前角时汽油机功率最大,油耗最低。

②当 $\alpha=0.8\sim0.9$ 时,着火落后期 I 最短,火焰传播的平均速率最高。此外由于 $\alpha<1$,混合气燃烧以后的实际分子变更系数增大以及燃料蒸发量增多,使进气温度下降,η_{v} 有所增大,因此这时 p_{z},T_{z},$\dfrac{\Delta p_{z}}{\Delta\varphi}$ 均达到最大值,但同时由于不完全燃烧,燃油比耗量 b_{e} 较高,在 $\alpha=1.03\sim1.1$ 时,b_{e} 达较佳值。

③当节气门关小时,η_{v} 急剧下降,残余废气增加,着火落后期增加,火焰传播速度下降,Δp_{z},T_{z},$\dfrac{\Delta p_{z}}{\Delta\varphi}$ 均下降,冷却液散热损失相对增加,b_{e} 增大,最佳点火提前角要提早。

④转速增加时,由于进气加热,使汽缸内混合气更均匀,有利于缩短着火落后时间;但另一方面,由于残余废气增加,又促使着火落后期增加。以上两种因素使以毫秒计的着火落后期与转速的关系不大,但是按曲轴转角计的着火落后期却随转速增加而变化。

汽油机燃烧时常遇到的一个问题是爆震(见图6.8(b))。爆震时汽油机输出功率、热效率降低,燃烧室过热,零件的应力增加。因此,不断改进燃烧系统,减少爆震倾向是提高汽油机性能的重要方面。防止爆震主要可从以下三个方面考虑:

a. 使用抗爆性高的燃料;

b. 降低终燃混合气的温度和压力;

c. 提高火焰速度或缩短火焰传播距离,缩短终燃混合气暴露在高温中的时间。

其中 a 取决于燃料的组成,b、c 取决于运转条件和燃烧室设计。

利用运转条件减轻爆燃的措施有:

a. 降低冷却液温度以降低终燃混合气温度;

b. 降低进气温度(如进气管喷水等)以降低终燃混合气温度;

c. 使用过浓、过稀混合气以增加终燃混合气的抗爆性,一般使用过浓混合气;

d. 延迟点火时间;

e. 进气节流,由于终燃混合气压力下降,不易爆燃,相反,在增压时容易引起爆燃;

f. 提高转速。

合理设计燃烧室防止爆燃的措施有:

a. 缩短火焰传播距离,利用恰当布置火花塞及形状合理的燃烧室等方法使火焰传播距离最小;

b. 终燃混合气的冷却,使离火花塞最远处的可燃混合气得到较好冷却;

c. 排气门的冷却;

d. 增加紊流,使火焰速度增加,且终燃混合气的散热也好;

e. 燃烧室扫气(如加大进排气门重叠角)的冷却作用可减轻爆燃。

正确选择材料、燃烧结构、冷却系参数可改善内燃机热负荷。

内燃机性能是由许多参数决定的,要使内燃机发挥出最佳效能,需选择最佳的参数,而这些参数又是随着工况的变化而变化的。为此,对这些参数的控制和内燃机的结构可变,是实现内燃机性能优化的重要环节,汽油机电控技术的发展和可变结构正是适应了这一要求。

(2)改善柴油机燃烧过程

柴油机的燃烧过程可分着火延迟期Ⅰ、速燃期Ⅱ、缓燃期Ⅲ和后燃期Ⅳ(见图6.9(a))。图6.9(b)是在相同喷油定时,不同发火期的燃烧过程。发火期长,压力升高率高,甚至会出现敲击声,这时应采取缩短影响发火期参数的措施或改变供油规律,控制从喷油到发火时间内进入汽缸内的燃油量,避免发火后汽缸内气体压力增长过快、过高。发火期短,则压力升高率保持合适水平,以提高热效率。图6.9(c)是预燃室或涡流室柴油机的燃烧过程,图中分别表示了预燃室(涡流室)内和主燃烧室内的燃烧过程,它与直喷式柴油机的燃烧过程(见图6.9(a))在 CD 段略有差别。当然直喷燃烧室的最大爆发压力也高于预燃室、涡流室等非直喷燃烧室的最大爆发压力。

改善柴油机燃烧过程的一些措施如下:

①改善燃油喷射系统

a. 燃油要以良好的雾状喷入燃烧室内,特别是在喷射终了时更应注意;

b. 采用高压喷射,缩短喷油时间,使其接近等容燃烧,避免燃烧不及时,提高指示热效率;

c. 在任何情况要防止可能出现的二次喷射(如喷油泵出油阀采用等压阀或衰减阀,减少高压油管容积,限制喷油器针阀升程,增加如喷油泵出油阀减压环带那样的倒吸油量等)。二次喷射不但恶化了燃油经济性,增加炭烟和 HC 等有害排放物,而且会损伤活塞和喷油器。

d. 为降低和控制燃烧噪声,希望预混燃烧的燃油量小,即喷油规律应是前期少后期多;

e. 选择适宜的喷孔数及喷射角度(方向),以求在燃烧室内达到均匀、合理的油雾分布。另外喷孔直径要和喷射压力相应,保证油柱的强贯穿力(但对直喷燃烧式柴油机不能落到燃烧室壁上),以增强空气的利用率。

f. 尽量减小喷油器前部存油槽的容积,以减少 HC 的排放;

g. 选择最佳喷油正时,从而降低 NO_x 排放要求,尽可能推迟喷油;

h. 选择较小的针阀最大升程,缩短在喷油后期喷油压力下降而针阀还开着时恶化燃油雾化的时间。

图6.10是目前常用的各种喷油系统的喷油特性。

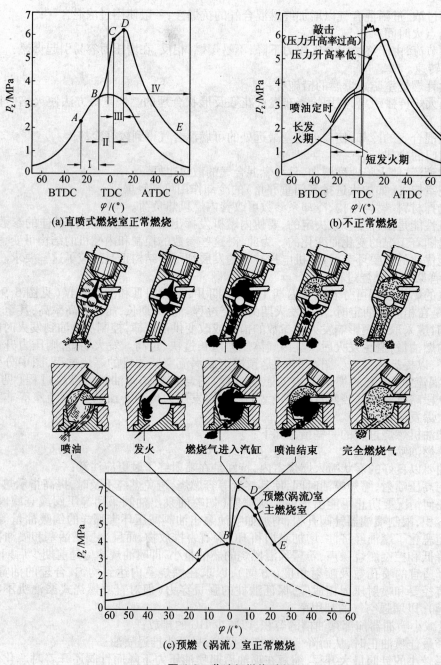

(a)直喷式燃烧室正常燃烧

(b)不正常燃烧

喷油　发火　燃烧气进入汽缸　喷油结束　完全燃烧气

(c)预燃（涡流）室正常燃烧

图6.9　柴油机燃烧过程

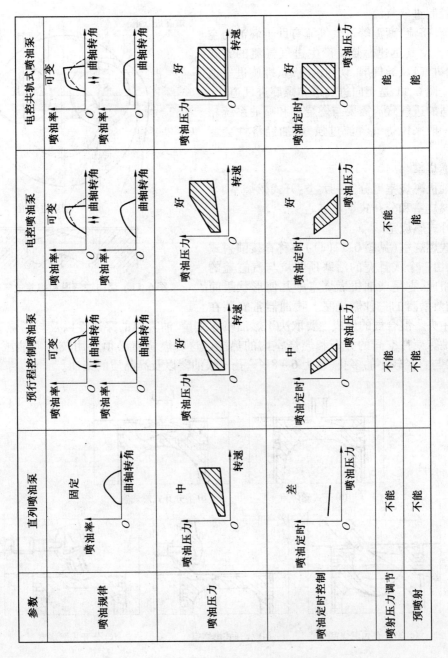

图 6.10 各种喷油系统的喷油特性

参数	直列喷油泵	预行程控制喷油泵	电控喷油泵	电控共轨式喷油泵
喷油规律	固定	可变	可变	可变
喷油压力	中	好	好	好
喷油定时控制	差	中	好	好
喷射压力调节	不能	不能	不能	能
预喷射	不能	不能	能	能

②控制进气气流

涡流、挤流、紊流等进气气流有助于燃油与空气的混合,使其迅速燃烧。产生进气气流的方式有:定向进气口、导气屏、切向进气道、螺旋进气道等多种。图 6.11 是切向进气道和螺旋进气道。

合适的进气气流需要与燃烧室和喷油系统相配合。一般来说进气气流过强,燃油经济性会变坏。

③燃烧室

柴油机燃烧室可分为三大类:开式燃烧室、半分开式燃烧室和分开式燃烧室。

a. 开式燃烧室

开式燃烧室(见图 6.12(a))也称直接喷射式燃烧室,由一个浅且宽的活塞顶凹坑与汽缸盖的底平面组成,它是柴油机燃烧室中几何形状最简单、结构最紧凑的一种燃烧室。喷油器常安装在

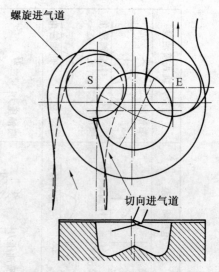

图 6.11　切向进气道和螺旋进气道

汽缸盖中央。混合气的形成主要取决于燃油喷雾质量、油雾束的穿透性以及与燃烧室形状相一致的油雾束在空间的分布和燃烧室内的热能。这种燃烧室必须采用较高喷油压力(20 ~ 40 MPa)与直径较小的多孔(常为 6~8 个)孔式喷油器以及高品质的柴油。

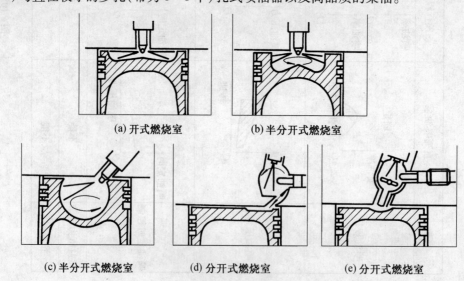

(a) 开式燃烧室　　　　(b) 半分开式燃烧室

(c) 半分开式燃烧室　　　(d) 分开式燃烧室　　　(e) 分开式燃烧室

图 6.12　柴油机的各种燃烧室简图

开式燃烧室燃油经济性好,受热件热负荷小,启动容易,不要求空气涡流。但空气利用率低,平均有效压力较低,工作粗暴,最大燃气压力较高,排气污染较重,对燃料供给系要求高,使

用中磨损大,保养复杂,对工况和燃料的变化敏感。它常用于转速较低、汽缸直径较大的柴油机上。

b. 半分开式燃烧室

半分开式燃烧室(见图 6.12(b)、图 6.12(c))活塞上的凹坑较小但深。在燃烧室中部或接近中部装有 2 ~ 4 个喷孔的喷油器。

混合气的形成依靠燃油的喷射能量、进气涡流、活塞凹坑形成的挤压气流以及燃烧室内的热能。由于有气流的帮助,可用较大喷孔直径和较少喷孔数(常为 2 ~ 4 个)的孔式喷油器。对油雾束的穿透性要求较低,所以可用较低的喷油压力(如 17 MPa)。

半分开式燃烧室又可分为燃油主要喷射在燃烧室空间(如以 ω 燃烧室(见图 6.12(b))为代表的深 ω、浅 ω、收口 ω、敞口 ω、四角形等多种形式)和燃油主要喷射在燃烧室壁上(如以球形燃烧室(见图 6.12(c))为代表的球形、斜筒形、U 形等几类)。前一类燃烧室空气涡流较弱,但空气利用率得到改善,结构较紧凑,启动性与热损失较小,燃烧时不像分开式燃烧室粗暴,平均有效压力高(p_e = 0.6 ~ 0.8),对燃料供给系要求低,经济性和启动性略逊于开式燃烧室。后一类燃烧室利用了强烈的进气涡流,将喷入的燃油大部分涂在燃烧室壁面上,形成一层很薄的油膜,然后靠活塞壁面的热能与气体涡流再逐渐蒸发、混合。这样可控制燃烧开始时可燃气的数量,达到柔和燃烧的目的,且空气利用率高、工作平稳、噪音小,能使用多种燃料。但其热损失大,油耗稍高,冷启动性差。

半分开式燃烧室较广泛地用于载重汽车的柴油机上。

c. 分开式燃烧室

分开式燃烧室(见图 6.12(d)、图 6.12(e))由两部分组成。一部分在活塞顶部与汽缸盖之间,为主燃烧室;另一部分在汽缸盖内,为辅助燃烧室。这两部分燃烧室由小通道相连。分开式燃烧室不需使用高成本、高喷射能量的燃油供给系和强烈的进气涡流。它的主要特征是混合气的形成速度很快、空气利用率很高。根据辅助燃烧室的作用,分开式燃烧室可分为涡流室和预燃室两种。

涡流室燃烧室(见图 6.12(d))近似于球形,位于主燃烧室边缘,其容积约占燃烧室总容积的 50% ~ 80%,通道面积为活塞面积的 1.2% ~ 3.5%,连接主燃烧室与涡流燃烧室的通道同涡流燃烧室相切。在涡流燃烧室中装有喷油器和启动用的电热塞。在压缩冲程,汽缸内的空气沿通道切向进入涡流室。燃油偏心地、且顺强烈的空气涡流喷入涡流室内。部分燃油在涡流室内燃烧,燃烧后的气体带着一部分尚未燃烧的燃油经通道冲入主燃烧室,在主燃烧室内形成强烈的燃烧涡流,继续燃烧,使留在其中的空气得到充分利用。因此混合气的形成好,空气利用率高,且燃烧得比较完善。

预燃室燃烧室(见图 6.12(e))常位于主燃烧室中部,其容积占燃烧室总容积的 25% ~ 35%。喷油器和启动用电热塞装在预燃室内。预燃室与主燃烧室用一个或多个孔相连,通道总面积只有活塞面积的 0.25% ~ 0.70%,通道不与预燃室相切,在压缩冲程中并不产生强烈的压缩涡流,只是由于空气流经通道孔产生一定的无规则的紊流,促使燃料与空气混合。与涡流室燃烧室不同的是燃烧大部分在主燃烧室内进行。预燃室内小部分燃油燃烧的燃气,使预燃室内压力、温度升高,燃烧后的气体带着未燃烧的大部分燃油进入主燃烧室内,并在主燃烧室内形成强烈的无组织的燃烧涡流,促使主燃烧室中的空气和燃油良好地混合、燃烧。

预燃烧室也采用轴针式喷油器,与预燃室同轴。但油束密集、喷射锥角小、射程大,燃烧集结在喷口处,使燃气尽早冲入主燃烧室内。

分开式燃烧室可作为转速高达 5 000 r/min 的高速柴油机燃烧室。这种燃烧室空气利用率好,过量空气系数为 1.2 ~ 1.6,排烟量很小,气体最大爆发压力低,机械负荷小,对供油系要求低;但热损失多,比油耗高,经济性差,启动困难。主燃烧室与辅助燃烧室间的通道热负荷大,易烧裂,为此需采用耐热镶块。

柴油机不同的混合气形成方式,呈现了柴油机燃烧室的多姿多彩。但它们各有所长,各有所短。要寻找一个理想的方案,使它能同时满足经济性好、工作柔和、平均有效压力高、废气污染低、热负荷小、使用适应性好、对燃油不敏感、寿命长等条件十分困难,甚至是不可能的。它只能在一定时间、一定条件下,满足其中的主要要求,适当兼顾次要要求,放弃一些相对不苛求的要求。所以燃烧室的形式不但随各机型不同而不同,而且在一些系列机型上,在不同的条件和应用场合,不断出现不同的燃烧室与燃烧系统。各类燃烧室性能比较见表 6.1。

表 6.1　几种典型燃烧系统性能比较

项　　目		直接喷射式燃烧室			分开式燃烧室	
		开　式	半分开式		涡流室式	预燃室式
			ω 型	球形		
混合气形成方式		空间雾化混合	空间雾化为主	油膜混合为主	空间雾化为主	空间雾化混合
气　流　运　动		不专门组织进气涡流,压缩涡流弱	中度进气涡流,有压缩和膨胀涡流	强进气涡流,有压缩和膨胀涡流	压缩涡流和膨胀涡流	压缩涡流和燃烧涡流
喷　嘴　孔　数		6 ~ 12	3 ~ 5	1 ~ 2	单孔轴针式	单孔轴针式
开始喷油压力/MPa		20 ~ 30	17 ~ 22	17 ~ 19	12 ~ 14	12 ~ 14
燃烧室内散热损失和流动损失		最小	小	较小	大	最大
压缩比	非增压	13 ~ 15	15 ~ 17	16 ~ 19	17 ~ 20	18 ~ 22
	增压	11 ~ 14	14 ~ 17	15 ~ 17		~ 14
过量空气系数		1.6 ~ 2.2	1.3 ~ 1.7	1.2 ~ 1.5	1.2 ~ 1.4	1.2 ~ 1.6
比油耗/$[g \cdot (kW \cdot h)^{-1}]$		200 ~ 230	210 ~ 240	210 ~ 240	210 ~ 270	245 ~ 280 增压 ~ 225
平均有效压力(标定)/MPa	非增压		0.6 ~ 0.8	0.7 ~ 0.9	0.6 ~ 0.8	0.6 ~ 0.8
	增压	2.0	1.0 ~ 1.2	1.0 ~ 1.2		~ 1.8

续表 6.1

项 目	直接喷射式燃烧室			分开式燃烧室	
	开 式	半分开式		涡流室式	预燃室式
		ω 型	球形		
最高爆发压力/MPa	~13	6.5~9	6.5~8	6~7.5	5.5~7 增压~12
压力升高比 $\dfrac{\Delta p}{\Delta \alpha}$	高	高	较低	低	低
启动性能	易	较易	较难	难	难
多种燃料适应性	差	差	好	较好	好
适用转速/(r·min⁻¹)	1 000~2 000	1 500~3 000	1 500~2 500	2 000~4 000	2 000~4 000
缸径范围/mm	>150	<150	90~150	<100	<200
对增压的适应性	高增压	中低增压	低增压	低增压	高增压

注:表中数据是一般范围,同一种燃烧室由于缸径、转速、增压度和调试不同,数据会有较大差别。

6.1.5 各种效率的一般范围

1. 各种效率的一般范围

表 6.2 列出了(当 $T_1 = 300$ K,$T_2 = 2500$ K,$\eta_{carmot} = 0.88$ 时)各种效率的一般范围。

表 6.2 各种效率的一般范围

状 态		η_{diesel}	η_{otto}
空气标准循环	η_{air}	0.65~0.70	0.55~0.60
燃气空气循环	$\eta_{rel} = (0.7~0.8)\eta_{air}$	0.5	0.45
热损失 η_{th} 燃烧损失 a.定时性 η_{time} 　　　　 b.完全性 η_b ⎫ 换气损失 η_{open} ⎭ $\eta_g = 0.85\eta_{rel}$		0.43~0.46	0.37~0.40
泵气损失 ⎫ 摩擦损失 ⎭ $\eta_m = (0.8~0.9)\eta_g$		0.37~0.42	0.3~0.33

2. 各种类型内燃机效率的取值

$$\eta_{i}\begin{cases}\text{四冲程柴油机} & 0.43 \sim 0.50 \\ \text{二冲程柴油机} & 0.40 \sim 0.48 \\ \text{四冲程汽油机} & 0.24 \sim 0.33 \\ \text{二冲程汽油机} & 0.19 \sim 0.27\end{cases}$$

$$\eta_{e}\begin{cases}\text{低速柴油机} & 0.38 \sim 0.45 \\ \text{中速柴油机} & 0.36 \sim 0.43 \\ \text{高速柴油机} & 0.30 \sim 0.40 \\ \text{四冲程汽油机} & 0.20 \sim 0.30 \\ \text{二冲程汽油机} & 0.15 \sim 0.20\end{cases}$$

$$\eta_{m}\begin{cases}\text{非增压四冲程些油机} & 0.78 \sim 0.85 \\ \text{增压四冲程柴油机} & 0.80 \sim 0.92 \\ \text{非增压二冲程柴油机} & 0.70 \sim 0.80 \\ \text{增压二冲程柴油机} & 0.75 \sim 0.92 \\ \text{四冲程车用汽油机} & 0.80 \sim 0.90 \\ \text{小型船用和摩托车用汽油机} & 0.75 \sim 0.80\end{cases}$$

6.1.6　内燃机的其他热力循环分析

1. 燃气轮机循环

燃气轮机理想循环为布雷顿循环(Brayton Cycle),它是工质连续流动做功的一种轮机循环,如图 6.13 所示。它既可作内燃布雷顿循环,又可作外燃布雷顿循环。内燃的布雷顿循环为开式循环,常用工质为空气或燃气。外燃的布雷顿循环是闭式循环,通过热交换器对工质加热,在另一热交换器排出工质余热。

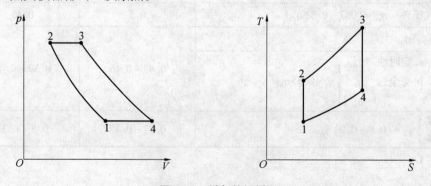

图 6.13　燃气轮机循环

循环过程为：

工质在压气机中等熵压缩 1-2，在燃烧室（或热交换器中）等压加热 2-3，在燃气轮机中等熵膨胀 3-4 和等压排气 4-1。

燃气轮机循环的指示热效率为

$$\eta_i = 1 - \pi_c^{\frac{1-k}{k}}$$

式中，π_c 为压气机中气体的压比。

燃气轮机开式循环常与内燃机基本循环配合使用。

2. 涡轮增压内燃机热力循环

将涡轮增压技术（或燃气轮机技术）应用到内燃机上是内燃机循环的一项重大技术发展。一方面内燃机希望获得更多的进气（或可燃混合气）充量，以提高内燃机的功率和热效率；另一方面从内燃机排出的高温、高压废气能导入燃气涡轮中再做功，推动与燃气涡轮相连（同轴）的压气机来提高进气（或可燃混合气）的压力供给内燃机，这样就成为增压内燃机。

涡轮增压内燃机有等压涡轮和变压涡轮两种系统，它们的热力循环也有所不同。

（1）等压涡轮增压内燃机热力循环

图 6.14 是等压涡轮增压内燃机热力循环。它由内燃机基本循环 1→2→3′→3→4→1 和燃气轮机循环 7→1→5→6→7 组成。

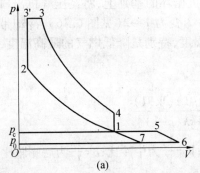
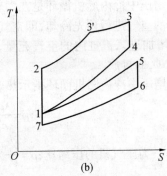

图 6.14　等压涡轮增压内燃机热力循环

压气机将气体从状态 7（大气压力 p_0）等熵压缩到状态 1（压力为 p_c）之后进入内燃机。按内燃机热力循环到达状态 4。气体在排气过程进入等压涡轮时由于排气门的节流损失和排气动能在排气总管内的膨胀、摩擦、涡流等损失而变成热能，气体温度升高，体积膨胀而到达状态 5。气体从 4→5 这部分能量没有利用，对内燃机来说相当于从状态 4 直接回到状态 1。气体在等压涡轮中从状态 5 等熵膨胀到状态 6，然后排入大气。

（2）变压涡轮增压内燃机热力循环

变压涡轮增压内燃机热力循环如图 6.15 所示。

与等压涡轮增压内燃机热力循环不同，变压涡轮增压内燃机中气体从状态 4 进入变压涡轮中排气能量还会由于排气管突然变粗而膨胀损失，进入变压涡轮前的气体压力在 p_4 与 p'_1 之间变化。如不计气体流动中的摩擦损失,气体在涡轮中的膨胀从开始排气时的 $p_4 \rightarrow p_5$ 到最后的 $p_1' \rightarrow p_5$(因为后面从汽缸中排出的气体压力不断下降)。

内燃机的等容放热过程 $4 \rightarrow 1$ 可看成为涡轮的等容加热过程 $1 \rightarrow 4$,然后为气体在涡轮内的等熵膨胀 $4 \rightarrow 5$,$5 \rightarrow 6$ 为等压放热,$6 \rightarrow 1$ 为气体在压气机中的等熵压缩。

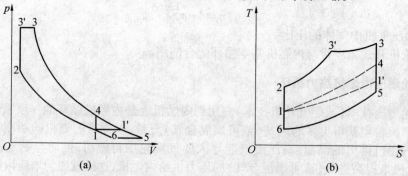

图 6.15　变压涡轮增压内燃机热力循环

3. 涡轮增压中冷内燃机热力循环

涡轮增压中冷内燃机循环是在涡轮增压内燃机循环的基础上,将经压气机出口进入内燃机进气管的空气进行预先冷却,即空气从状态 $1' \rightarrow 3$ 变为 $1 \rightarrow 2$(见图6.16),冷却带走的热量为 Q_6,以增加进入汽缸内的空气充量,降低循环温度,特别是降低燃气的最高温度,有利于抑制、减少 NO_x 的排放。

涡轮增压中冷内燃机循环指示热效率为

$$\eta_i = \frac{\lambda \rho^k - 1 + k(\varepsilon_1^{k-1} - 1)(W-1)}{\varepsilon_0^{k-1}[(\lambda-1)+k\lambda(\rho-1)]}$$

式中,$\varepsilon_1 = \dfrac{V_1}{V_2}$ 为压气机的压缩比;$\rho = \dfrac{V_6}{V_5}$ 为初膨胀比;$W = \dfrac{V_2}{V_3}$ 为中冷比;$\delta = \dfrac{V_7}{V_6}$ 为后膨胀比;$\varepsilon_2 = \dfrac{V_3}{V_4}$ 为内燃机压缩比;$\lambda = \dfrac{p_5}{p_4}$ 为压力升高比;$\varepsilon_0 = \varepsilon_1 \varepsilon_2$ 为增压内燃机总压比。

图中,Q_1 为内燃机中气体等容加热量;Q_2 为内燃机中气体等压加热量;Q_3 为涡轮中气体等压加热量;Q_4 为内燃机中气体等容放热量;Q_5 为涡轮中气体等压放热量;Q_6 为中冷器中气体冷却量。

如无中冷,$W=1$,则

$$\eta_i = 1 - \frac{\lambda \rho^k - 1}{\varepsilon_0^{k-1}[(\lambda-1)+k\lambda(\rho-1)]}$$

4. 多缸内燃机保持最佳热效率的各种热力循环

内燃机特别是移动式(车辆、船只)内燃机其工作负荷是变化的,因而其热力循环是不同

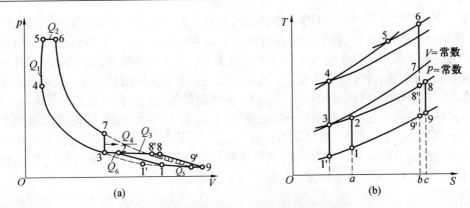

图 6.16 涡轮增压中冷柴油机的热力循环

的。在部分负荷时循环热效率大为降低。为了保持最佳热效率,在多缸内燃机上,特别是在高增压的柴油机上采用停缸、充量转换和顺序增压等热力循环方式。

(1)停(关)缸

在多缸高增压柴油机上,由于要限制柴油机内燃气的最大爆发压力和最高温度,都要适当降低压缩比 ε(视增压度高低 $\varepsilon = 10 \sim 14$)。但在部分负荷或小负荷时会使启动困难,燃烧恶化,有害气体排放增加。在此情况下与其各个汽缸的热力循环都不好,不如关掉一些缸而让另一些汽缸在最好的热力循环下工作。

德国 MTU 公司 396-03 系列增压柴油机采用的关缸技术是将柴油机的汽缸分为两组。同轴的喷油泵齿杆分别控制供给该两组汽缸油量的喷油泵柱塞。在液压油的作用下同轴的喷油泵齿杆可以相对移动,使一组汽缸供油,一组汽缸不供油。

(2)停缸与充量转换

高增压柴油机当压缩比 $\varepsilon = 8.5 \sim 12$ 时,压缩终了气体压力和温度都大幅度下降,启动时启动转速低,在汽缸上也没有形成有效的油膜,汽缸内漏气量也明显增加(约为压缩开始时汽缸内充气量的 $80\% \sim 85\%$),这些都使柴油机的启动十分困难,燃烧也不好。为此可采用汽缸充量转换方式,将停缸(也即供汽缸)的压缩空气通入工作缸(也即充汽缸)内。为了保证供气压力和正确的配气相位,供汽缸必须比充汽缸提早 $50° \sim 120°$ 曲轴转角,即充汽缸开始压缩,供汽缸已处在压缩阶段。供气时刻约在充汽缸进气门刚关闭时,供气延续到充汽缸压缩上止点前 $40° \sim 80°$ 曲轴转角,这时供汽缸内的气体压力仍约略高于充汽缸内的气体压力。

这种充量转换的热力循环方式在低转速时效果明显。转换的空气充量约为充汽缸开始压缩时空气量的 30%。压缩终了温度约可提高 $70 \ ℃$,压缩比则可比原值提高 3。当转速超过 $1\ 000 \ r/min$ 时,由于充量转换阀(机械的)、气动的或电动的单向阀、管路等的压力损失及空气转送时间减小而使转送的空气质量减少。

(3)停止增压或部分增压

为改善增压内燃机部分负荷的热力循环,也可采用相当于上面所说的关缸方式,不过它不是关掉内燃机的某些汽缸,而是让涡轮增压器不工作,这时增压内燃机就成为非增压内燃机,或让其中一个涡轮增压器(如果有两个并联的涡轮增压器,即单级增压或有两个串联的涡轮增压器,即两级增压)不工作,使涡轮增压器始终在高效率区运行,从而可保证增压内燃机在最好的热力循环下运行。停止增压或部分增压的主要装置是在涡轮和压气机的进口处分别安装控制阀和止回阀,进、排气管也作相应的变动。压气机前的止回阀只允许空气沿正常方向流动,在受到反向空气压力时就自动切断。在停止向涡轮供气时仍保留少量的燃气流入涡轮,使涡轮增压器转子保持一定转速和维持一定温度,一旦需要恢复增压器工作时就可缩短工作时间。当增压器重新投入工作时,涡轮前的控制器打开,涡轮先加速,直到压气机前的止回阀与压气机间的空气压力降低到止回阀开启的负压时压气机便投入工作。这样既可防止涡轮超速,又可保证涡轮在一定转速下承受压气机负荷。

6.2　性 能 指 标

6.2.1　指 示 指 标

1. 指示功 W_i

指示功是指一个汽缸内的工质每一循环作用于活塞上的功。从热力学中已知道,指示功的大小可以由 $p-V$ 图中闭合曲线所包围的面积来计算。

图 6.17 是三种内燃机的示功图。其中图 6.17(a)是四冲程非增压内燃机的示功图,图 6.17(b)是四冲程增压内燃机的示功图,图 6.17(c)是二冲程内燃机的示功图。

从图中可以看出,四冲程内燃机示功图都有两个闭合面积:一个是由相当于压缩、燃烧、膨胀过程线所包围的有用功面积 F_1;另一个是相当于进气和排气过程线所包围的面积 F_2,也称泵气损失。此损失对于非增压内燃机为负值,对于增压内燃机为正值。理论上指示功 W_i 应为 F_1 和 F_2 的代数和,但实际上,因泵气损失在试验时测试方面的缘故,被包括在内燃机械损失内,所以泵气损失无论是正,还是为负,指示功都只用面积 F_1 计算。

F_1 可利用面积仪量出来,然后乘上图形比例,即可求出相应的指示功。

$$W_i = \frac{F_1 \cdot a \cdot b}{100} \quad N \cdot m(J) \tag{6.8}$$

式中,F_1 为示功图面积,cm^2;a 为示功图纵坐标比例尺,$(N/cm^2)/cm$;b 为示功图横坐标比例尺,cm^3/cm。

2. 平均指示压力 p_i

指示功反映了内燃机每个汽缸在一个循环内所获得的有用功,但是它的大小不能反映循环的强度,因为指示功的大小还与汽缸工作容积有关。为了能更明晰地对内燃机缸内所完成的指示功的强度进行比较、评价,需要引出一个表示单位汽缸工作容积所做指示功的参数,即

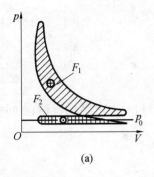 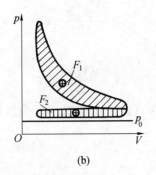 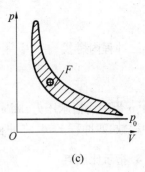

(a)   (b)   (c)

图 6.17　内燃机的 $p\text{-}V$ 图

平均指示压力 p_i。

平均指示压力是一个假想不变的压力(见图 6.18),它作用在活塞上,使活塞由上止点移到下止点,其所做的功等于指示功 W_i。如果活塞面积为 F_p,行程为 S,则根据这一定义

$$p_i \cdot F_p \cdot S = W_i$$

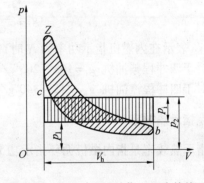

所以

$$p_i = \frac{W_i}{F_p \cdot S} = \frac{W_i}{V_h} \qquad (6.9)$$

式中,W_i 的单位为 J,汽缸工作容积 V_h 单位为 m^3,p_i 的单位为 Pa。若 W_i 单位用 kJ,V_h 单位用 L。

内燃机在标定工况下,p_i 值一般范围如下:

四冲程非增压柴油机:0.65 ~ 1.00 MPa;

四冲程增压柴油机:0.80 ~ 2.50MPa;

四冲程非增压汽油机:0.70 ~ 1.50 MPa。

图 6.18　指示功和平均指示压力的关系

3. 指示功率

指示功率是指内燃机单位时间内(s)所做的指示功。现推导如下:

每缸每循环的指示功为

$$W_i = p_i \cdot V_h$$

当转速为 $n(\text{r/min})$,行程数为 τ 时,每循环的时间为

$$t = \frac{60}{n} \cdot \frac{\tau}{2} = \frac{30\tau}{n} \quad \text{s}$$

则 i 缸内燃机的指示功率 N_i 表达式为

$$N_i = \frac{W_i}{t} \cdot i = \frac{p_i V_h i n}{30\tau} \quad \text{kW} \qquad (6.10)$$

四冲程内燃机

$$N_i = \frac{p_i V_h i n}{120} \quad \text{kW} \tag{6.11}$$

二冲程内燃机

$$N_i = \frac{p_i V_h i n}{60} \quad \text{kW} \tag{6.12}$$

式中,p_i 为平均指示压力,MPa;V_h 为汽缸工作容积,L;i 为汽缸数目;n 为内燃机转速,r/min;τ 为冲程数,四冲程 $\tau=4$,二冲程 $\tau=2$。

4. 指示比油耗

内燃机每千瓦指示功率,每小时消耗的燃料量称为指示比油耗 g_i,它是一个经济指标,表明了内燃机的经济性。根据定义

$$g_i = \frac{G_T \times 10^3}{N_i} \quad \text{g/(kW·h)} \tag{6.13}$$

式中,G_T 表示在内燃机指示功率为 N_i 时,每小时消耗的燃料量,kg/h。

对于四冲程柴油机,$g_i = 163 \sim 205$ g/(kW·h);

对于四冲程汽油机,$g_i = 245 \sim 340$ g/(kW·h)。

5. 指示热效率

指示热效率是指内燃机循环指示功 W_i 与为得到这部分指示功所消耗的燃料放热量 Q_1 之比,即

$$\eta_i = \frac{W_i}{Q_1}$$

对于一台内燃机,当测得其指示功率 N_i(kW)和每小时消耗的燃料 G_T(kg)时,因为每 kW·h 的热当量为 3 600 kJ,则根据定义和式(6.13)得

$$\eta_i = \frac{3\,600 N_i}{G_T H_u} = \frac{3.6 \times 10^6}{H_u g_i} \tag{6.14}$$

式中,H_u 为所用燃料的低热值,kJ/kg;g_i 为指示比油耗,g/(kW·h)。

指示热效率 η_i 也是内燃机的经济指标,它说明了汽缸内部热功转换的效率。

对于柴油机,$\eta_i = 0.40 \sim 0.50$;对于汽油机,$\eta_i = 0.28 \sim 0.36$。

6.2.2 机械损失和机械效率

内燃机汽缸内产生的指示功率 N_i 在通过内燃机曲轴输出前,要损失掉一部分,因此,实际输出的功率 $N_e < N_i$,N_e 称为有效功率。N_i 与 N_e 之差称为机械损失功率 N_m,N_e 与 N_i 之比称为机械效率。

1. 机械损失的组成

（1）摩擦损失

摩擦损失是指在活塞将获得的指示功经连杆、曲轴向外传递过程中因摩擦而消耗的功。这部分损失包括活塞、连杆、曲轴、凸轮机构等处轴承和摩擦副的摩擦损耗，各运动件高速运动时和空气之间的摩擦损失等。这一部分损失约占总损失的 62% ~ 75%，其中活塞组与缸壁的摩擦损失占 42% ~ 50%。

（2）带动附件的损失

这里所说的附件是指为保证内燃机工作所必不可少的部件总成，如冷却水泵（风冷内燃机为风扇）、喷油泵、机油泵、调速器、发电机和风扇等。有的内燃机，例如 12150L 内燃机，其机械损失中不包括驱动风扇的损失。带动附件的损失占总损失的 12% ~ 17%。

（3）泵气损失

泵气损失的概念前面已作过阐述，它是四冲程内燃机在排气和进气过程中，工质流动时活塞所消耗或获得的能量。对于非增压四冲程内燃机来说，这部分功为损失，约占总损失的 13% ~ 15%。对于增压内燃机，这部分功为活塞所获得的正功。

（4）驱动压气机和扫气泵的损失

机械增压柴油机的压气机和一般二冲程内燃机的扫气泵都由曲轴驱动，需要消耗指示功。

2. 平均机械损失压力 p_m 和机械损失功率 N_m

仿照平均指示压力，平均机械损失压力 p_m 也是一个假想不变的压力，它作用在活塞上，阻碍活塞运动，当活塞从上止点向下止点移动时，对活塞做负功 W_m。W_m 即为机械损失功率 N_m 换算到一个循环上的机械损失功。显然有

$$p_m = \frac{W_m}{V_h} \tag{6.15}$$

p_m 是机械损失的另一种表达形式，所以 p_m 可表示为 $p_m = p_i - p_e$，其中 p_e 称平均有效压力。

因机械损失是由许多部分组成的。其中有的与速度成正比，如内燃机摩擦损失；有的与速度平方成正比，如泵气损失。当 n 增加时，P_m 按一接近直线的抛物线上升，一般 p_m 可表示为

$$p_m = A + Bn + Cn^2$$

式中，A，B，C 为常数，视内燃机类型而定。一般非增压或增压度较低时，C 值较小，可忽略，p_m 表示为

$$p_m = a + bC_m \quad \text{MPa} \tag{6.16}$$

式中，a，b 为常数，与内燃机类型有关，见表 6.3；c_m 为活塞平均速度，m/s；$c_m = \dfrac{Sn}{30}$，m/s；S 为活塞行程，m。

表 6.3　常数 a,b 的统计数值

内燃机类型		条　件	a	b
汽油机		$c_m<10$ m/s	0.08	0.01
		$c_m>10$ m/s	0.04	0.02
柴油机	预燃室式		0.105	0.015 6
	涡流室式		0.09	0.013 8
	直接喷射式	$D<120$ mm	0.09	0.012
		$D>120$ mm	0.045	0.012
		$D>150$ mm	0.03	0.012

知道平均机械损失压力 p_m 后,对于四冲程内燃机,机械损失功率 N_m 与 p_m 之间关系如下

$$N_m = \frac{p_m V_h in}{120} \quad \text{kW} \tag{6.17}$$

3. 机械损失的测定方法

产生内燃机机械损失的原因极为复杂,以致无法用分析的方法来求出确切数值,只有通过对内燃机的试验才能获得较为可信的结果。

测定机械损失的方法目前有许多种,各种方法都有其优缺点和一定的适用范围。现将常用的几种测定方法叙述如下:

(1)示功图法

利用测试仪器测取汽缸内的示功图,并求出平均指示压力 p_i,另外,据测功器读数,求出 p_e 值,则二者之差即为该工况下内燃机的平均机械损失压力 p_m。

由此方法所得的试验结果的准确程度主要取决于示功图测录的正确程度。此外在多缸内燃机中,各缸存在着一定的不均匀性,而在试验中一般只测录一个汽缸的示功图,并用以代表其他各缸的数据,这也要产生相当的误差。所以此方法一般适用于研究单位,且常用于单缸机的研制过程中。

(2)倒拖法

先将内燃机启动并加热到正常的工作温度,然后使内燃机熄火,再用电力测功器拖动内燃机在指定转速下运转,电力测功器所消耗的功率,即为内燃机在该工况下的机械损失功率。

用此方法测定时,电力测功器消耗的功率大于内燃机在该工况下的机械损失功率。这主要是由于在倒拖时,工质在压缩和膨胀过程中,存在着与缸壁的换热损失,以致在 p-V 图上,膨胀线与压缩线不重合且处于它的下方,产生负功。内燃机压缩比越高,这块负功面积由于传出热量的增加而变得越大。

这样,对于小型、高压缩比的柴油机,倒拖法测定的机械损失可能比实际的机械损失大 15% ~ 20%,为此必须从测得的 p_m 中,减去一个适当的数值(例如,减去 0.014 MPa ~ 0.034 MPa)。对于低压缩比的内燃机(如汽油机),p_m 测定误差约为5%,因此,此方法在测定汽油机的机械损失时得到了广泛的应用。另外,倒拖法不能用于废气涡轮增压的内燃机。

（3）单缸熄火法

这种方法只适用于多缸机。当内燃机在指定工况稳定工作时，测出其有效功率 N_e，然后使某一缸熄火。在保持油门不变的条件下，调节测功器负荷，使内燃机恢复到原来的转速，重新测定有效功率 N_{e1}，则两次数据之差应为熄火的汽缸发出的指示功率 N_{i1}，即

$$N_{i1} = N_e - N_{e1}$$

顺次依法测出各缸的指示功 $N_{i1}, N_{i2}, \cdots$，则整台内燃机的指示功为

$$N_i = N_{i1} + N_{i2} + \cdots$$

整台内燃机的机械损失功率为

$$N_m = N_i - N_e$$

单缸熄火法和倒拖法相比有相同之处，但是由于此方法每次测量仅一个缸熄火，内燃机工作状态比较接近于实际工作状态，因此其测量误差比倒拖法小。对于废气涡轮增压的内燃机，由于单缸熄火后，会影响其他缸的换气规律和充气系数，故此方法不能使用。

（4）油耗线法

使内燃机在一定转速下运转，变化喷油量，测出有效功率 N_e（或 p_e），这样就可得出如图 6.19 所示的油耗 G_T-功率 N_e 曲线。将该线下端延长，如虚线所示，则延长线在横轴上的截距 OO' 即表示该转速下内燃机的机械损失功率 N_m 或 p_m。

此方法只适用于柴油机，并假定在内燃机转速不变时，机械损失功率 N_m 和指示热效率 η_i 都不随负荷增减而变化。据图 6.19 知，在曲线的 A, B 两点上有

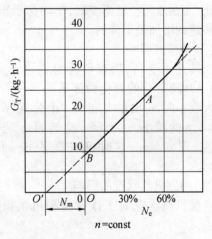

图 6.19 用油耗线法求 N_m 或 p_m

$$G_{TA} H_u \eta_i = 3\,600\ N_i = 3\,600\,(N_{eA} + N_m)$$
$$G_{TB} H_u \eta_i = 3\,600\ N_m$$

两式相除得

$$\frac{G_{TA}}{G_{TB}} = \frac{N_{eA} + N_m}{N_m}$$

由此式可看出，只要取 G_T-N_e 曲线上接近直线的线段作延长线直到与横坐标相交，则此交点的横坐标的长度就是以 N_e 坐标相同比例关系的机械损失功率 N_m 的值。

用此方法求得的损失也是近似的，其结果的可信程度取决于 p_m, η_i 随负荷变化的恒定程度。此方法使用比较方便。

4. 机械效率 η_m

有效功率 N_e 与指示功率 N_i 之比称为机械效率 η_m，因 $N_e = N_i - N_m$，所以

$$\eta_m = \frac{N_e}{N_i} = \frac{N_i - N_m}{N_i} = 1 - \frac{N_m}{N_i} \tag{6.18}$$

用平均压力表示时

$$\eta_{\mathrm{m}} = \frac{P_{\mathrm{e}}}{p_{\mathrm{i}}} = \frac{P_{\mathrm{i}} - p_{\mathrm{m}}}{p_{\mathrm{i}}} = 1 - \frac{P_{\mathrm{m}}}{P_{\mathrm{i}}} \tag{6.19}$$

机械效率是一个很重要的参数,η_{m}越高,有效功率也越高,而且经济性也好。在标定工况时,η_{m}值的范围如下:

四冲程非增压柴油机:0.78 ~ 0.85;

四冲程增压柴油机:0.75 ~ 0.92;

四冲程汽油机:0.80 ~ 0.90。

机械效率 η_{m} 随着内燃机工况及热状况的改变而在较大的范围内变化,主要影响因素有以下几个:

(1)转速的影响

由式(6.16)知道,平均机械损失压力 p_{m} 近似地与活塞平均速度成正比,即与发动机转速成正比,而在油门位置不变时,平均指示压力的变化并不甚显著,所以由公式(6.19)知道,η_{m} 随着转速的增加是下降的。

(2)负荷的影响

当转速不变时,随着负荷的变化,p_{m}变化不大,而 p_{i} 却随负荷的变化而显著地改变着。当负荷由大变小时,p_{i}也由大变小。由公式(6.19)看出,随着 p_{i} 的减小,η_{m} 下降。空转时,p_{i} 完全用于克服 p_{m},即 $p_{\mathrm{i}} = p_{\mathrm{m}}$,这时机械效率 $\eta_{\mathrm{m}} = 0$(见图6.20)。

(3)内燃机热状况的影响

内燃机热状况对工作过程和机械损失都有影响。

内燃机温度低,着火延迟期长,$\dfrac{\Delta p}{\Delta \alpha}$ 和最高压

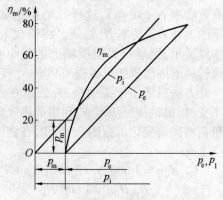

图6.20　负荷对机械效率 η_{m} 的影响

力 p_{z} 都高,致使轴承受较大的冲击性负荷,破坏正常的润滑油膜,使摩擦损失增加。同时,由于机油黏度因温度低而增大和运动件之间的工作间隙,因温度低而不正常,也使摩擦损失增大。综上所述,当内燃机温度低时,η_{m}下降。

反之,内燃机温度过高时,会造成机油黏度过低以及运动件之间的工作间隙也不正常,结果也使摩擦损失增大,η_{m}下降。

因此,内燃机有一最有利的工作温度使摩擦损失最小,η_{m}最高。对液冷式内燃机,冷却液温度为70 ~ 90 ℃时较为合适。

(4)加工和装配质量

良好的加工质量和装配有利于降低 p_{m},使 η_{m} 提高;反之,若加工和装配不当,会使摩擦、磨损增加,η_{m}下降。

6.2.3 有 效 指 标

计入机械损失后,内燃机实际输出的各项指标为有效指标。它们是平均有效压力 p_e、有效功率 N_e、有效扭矩 M_e、有效比油耗 g_e 和有效热效率 η_e。

1. 平均有效压力 p_e

与 p_i 相似,p_e 也是一个假定不变的压力,它作用在活塞上,当活塞由上止点移至下止点时所做的功为循环有效功 W_e。p_e 可用下式表示

$$p_e = p_i \cdot p_m$$

当知道机械效率 η_m 时,也可表示为

$$p_e = p_i \cdot \eta_m$$

p_e 是用来说明内燃机动力性能的一个重要参数,p_e 大说明内燃机动力性能好。p_e 的值在标定工况下的范围如下:

四冲程非增压柴油机:0.55 ~ 0.85 MPa;

四冲程增压柴油机:0.70 ~ 2.5 MPa;

四冲程汽油机:0.6 ~ 1.2 MPa。

2. 有效功率 N_e

仿照指示功率 N_i 的公式(6.10),N_e 可表达成如下形式:

四冲程内燃机

$$N_e = \frac{p_e V_h i n}{120} \quad \text{kW} \tag{6.20}$$

二冲程内燃机

$$N_e = \frac{p_e V_h i n}{60} \quad \text{kW} \tag{6.21}$$

式中,P_e 为平均有效压力,MPa;V_h 为汽缸工作容积,L;n 为内燃机转速,r/min;i 为汽缸数目。

N_e 是内燃机实际输出的功率,通常所说的内燃机功率指的就是有效功率。

3. 有效扭矩 M_e

内燃机工作时,其输出端的扭矩称为有效扭矩 M_e 或简称扭矩。扭矩是一个变值,通常所说的扭矩都指其平均值。它的大小与 p_e 成正比,现将四冲程内燃机的 M_e 的表达式推导如下

$$N_e = \frac{M_e \cdot 2\pi n}{60 \times 1\,000} \approx \frac{M_e n}{9\,549} \quad \text{kW} \tag{6.22}$$

式中,M_e 为有效扭矩,N·m;n 为内燃机转速,r/min。

由式(6.20)和(6.22)得

$$M_e = \frac{9\,549}{120} i V_h p_e = 79.58 i V_h p_e \quad \text{N} \cdot \text{m} \tag{6.23}$$

上式中各符号及其单位同式(6.20)。

4. 有效比油耗 g_e

每千瓦有效功率每小时消耗的燃料量称为有效比油耗 g_e,可见

$$g_e = \frac{G_T \times 10^3}{N_e} \quad \text{g/(kW} \cdot \text{h)} \tag{6.24}$$

式中,G_T 为在内燃机有效功率为 N_e 时,每小时消耗的燃料量,kg/h。

有效比油耗和指示比油耗之间可用机械效率 η_m 联系起来,即

$$g_e = \frac{g_i}{\eta_m}$$

5. 有效热效率 η_e

有效热效率 η_e 是内燃机循环有效功 W_e 与为得到这部分有效功所消耗的燃料发热量 Q_1 之比,即

$$\eta_e = \frac{W_e}{Q_1}$$

参照公式(6.14),仿照 η_i 的表达形式,可得

$$\eta_e = \frac{3.6 \times 10^6}{H_u g_e} \tag{6.25}$$

式中,H_u 为燃料的低热值,kJ/kg;g_e 为有效比油耗,g/(kW·h)。

有效热效率 η_e 和指示热效率 η_i 之间也可用机械效率 η_m 联系起来,即

$$\eta_e = \eta_i \cdot \eta_m$$

有效热效率 η_e 和有效比油耗 g_e 一样,都说明了内燃机的经济性。前者说明加入内燃机的能量转化为有效功的程度,后者则说明每发出 1 kW·h 的功所付出的代价。前者越高越好,后者越低越好。

在标定工况下,g_e 和 η_e 值的范围如下:

	g_e	η_e
	(g/(kW·h))	
四冲程非增压柴油机	215~285	0.3~0.4
四冲程增压柴油机	197~217	0.35~0.45
四冲程汽油机	300~410	0.2~0.3

6. 其他指标

（1）升功率 N_1

每升汽缸工作容积所能发出的有效功率称为升功率 N_1，即

$$N_1 = \frac{N_e}{iV_h} = \frac{p_e n}{120} \quad \text{kW/L} \tag{6.26}$$

式中，p_e 为标定工况时的平均有效压力，MPa；n 为内燃机标定转速，r/min。

升功率从内燃机有效功率出发，对其汽缸工作容积的利用率作总的评价，也是衡量内燃机强化程度的指标。N_1 大，说明内燃机强化程度高，发出一定有效功率时，内燃机体积小。这一点对军用车辆内燃机特别重要。由上式看出，N_1 的大小决定于 P_e 和 n 的乘积。不断提高 p_e 和 n 的水平以获得大的 N_1 是历来内燃机设计者致力以求的奋斗目标。

不同用途的内燃机，N_1 的差别很大。对于现代强化高速柴油机，N_1 已达 11.8 ~ 18.4 kW/L。四冲程汽油机 N_1 约为 22 ~ 25.8 kW/L。

（2）比重量 g_w

每千瓦有效功率所占有的内燃机重量称比重量 g_w，即

$$g_w = \frac{G_w}{N_e} \quad \text{kg/kW} \tag{6.27}$$

式中，G_w 为内燃机净重；N_e 为标定功率。

g_w 小，说明内燃机轻巧。增大升功率 N_1，选用轻金属制造内燃机和设计合理的结构尺寸都可使 g_w 减小。目前自行火炮内燃机的比重量 g_w 为 0.9 ~ 2.0 kg/kW。

（3）单位体积功率 N_v

内燃机占有的每立方米空间所能发出的功率称为单位体积功率 N_v。

$$N_v = \frac{N_e}{LBH} \quad \text{kW/m}^3 \tag{6.28}$$

式中，N_e 为标定功率，kW；L, B, H 为内燃机的长、宽、高，m。

单位体积功率大，说明内燃机结构紧凑。这一点对自行火炮内燃机来说十分重要。目前自行火炮内燃机 N_v 约为 330 kW/m³。各指标数据见表 6.4。

表 6.4　各指标数据范围（标定工况）

内燃机类型		p_i MPa	g_i g/(kW·h)	η_i	η_m
汽油机		0.7 ~ 1.5	245 ~ 340	0.28 ~ 0.39	0.75 ~ 0.90
柴油机	非增压	0.65 ~ 1.00	163 ~ 205	0.40 ~ 0.50	0.70 ~ 0.85
	增压	0.8 ~ 2.5			0.75 ~ 0.92
12150L		0.761	189.8	0.446	0.772
12V150ZL		1.04	190.4	0.475	0.80

续表6.4

内燃机类型		p_e MPa	g_e g/(kW·h)	η_e	
汽油机		0.6~1.2	300~410	0.20~0.30	
柴油机	非增压	0.55~0.85	215~285	0.30~0.40	
	增压	0.7~2.5	197~217	0.35~0.45	
12150L		0.59	245.8	0.344	
12V150ZL		0.83	238	0.38	

6.2.4　各指标和有关参数之间的联系

内燃机是在各种不同条件下工作的,而其汽缸数目和尺寸又各不相同,为对其工作过程进行评定、比较、分析影响因素和寻找改进方向,必须研究工作过程特征参数之间的联系。下面利用前述知识,求出一些主要指标和一些参数之间的联系。

1. 指示指标和各参数的联系

(1)平均指示压力 p_i

由 p_i 定义知

$$p_i = \frac{W_i}{V_h} = \frac{\Delta g \cdot H_u \eta_i}{1\ 000 V_h} = 10^{-3} \frac{H_u}{V_h} \Delta g \eta_i \quad \text{MPa} \tag{6.29}$$

又因为

$$\alpha = \frac{V_h \rho_0 \eta_v}{\Delta g l_0}$$

所以

$$\Delta g = \frac{V_h \rho_0 \eta_v}{\alpha l_0} \quad \text{g/c} \tag{6.30}$$

将式(6.30)代入式(6.29)得 p_i 的又一种表达式

$$p_i = 10^{-3} \frac{H_u}{l_0} \frac{\eta_i}{\alpha} \rho_0 \eta_v \quad \text{MPa} \tag{6.31}$$

(2)指示功率 N_i

根据式(6.10),指示功率可表示为

$$N_i = \frac{10^{-3}}{30\tau} \frac{H_u}{l_0} \frac{\eta_i}{\alpha} i V_h \rho_0 \eta_v n \quad \text{kW} \tag{6.32}$$

对于四冲程内燃机

$$N_i = 8.33 \times 10^{-6} \frac{H_u}{l_0} \frac{\eta_i}{\alpha} i V_h \rho_0 \eta_v n \quad \text{kW} \tag{6.33}$$

（3）指示热效率和指示比油耗

由式（6.31）得指示热效率 η_i 可表示为

$$\eta_i = 10^3 \frac{l_0 \alpha p_i}{H_u \rho_0 \eta_v} \tag{6.34}$$

指示比油耗可表示为

$$g_i = \frac{3.6 \times 10^6}{H_u \eta_i} = \frac{3\,600 \rho_0 \eta_v}{\alpha l_0 p_i} \quad g/(kW \cdot h) \tag{6.35}$$

2. 有效指标和各参数的联系

将上述所得 g_i，η_i，p_i，N_i 和机械效率联系起来，即得有效指标和各参数之间的联系。

$$g_e = \frac{3.6 \times 10^6}{H_u \eta_i \eta_m} = \frac{3\,600 \rho_0 \eta_v}{\alpha l_0 p_i \eta_m} \quad g/(kW \cdot h) \tag{6.36}$$

$$\eta_e = \frac{3.6 \times 10^6}{H_u g_e} = 10^3 \frac{l_0 \alpha p_i \eta_m}{H_u \rho_0 \eta_v} \tag{6.37}$$

$$p_e = 10^{-3} \frac{H_u \eta_i}{l_0 \alpha} \rho_0 \eta_v \eta_m \quad MPa \tag{6.38}$$

或

$$p_e = 10^{-3} \frac{H_u}{V_h} \Delta g_0 \eta_v \eta_m \quad MPa \tag{6.39}$$

对于四冲程内燃机

$$M_e = 79.58 V_n i p_e = 7.958 \times 10^{-2} H_u i \Delta g \eta_i \eta_m$$

$$M_e = 79.58 V_n i p_e = 7.958 \times 10^{-2} H_u i \Delta g \quad N \cdot m \tag{6.40}$$

$$N_e = 8.33 \times 10^{-6} \frac{H_u \eta_i}{l_0 \alpha} i V_h \rho_0 \eta_v \eta_m n \quad kW \tag{6.41}$$

式中，ρ_0 为空气密度，kg/m³；l_0 为完全燃烧 1 kg 燃料的理论空气量，kmol/kg；H_u 为燃料低热值，kJ/kg；V_h 为汽缸工作容积，L；Δg 为循环供油量，g/c；n 为内燃机转速，r/min。

6.2.5 影响功率 N_e 的因素

由式（6.41）看出，对于缸数 i 和工作容积 V_h 一定的内燃机，影响 N_e 的因素有 $\dfrac{H_u}{l_0}$，$\dfrac{\eta_i}{\alpha}$，ρ_0，η_v，n 和 η_m，现逐项分析如下。

1. 燃料低热值与理论空气量之比 $\dfrac{H_u}{l_0}$

燃料低热值 H_u 及完全燃烧 1 kg 燃料需要的理论空气量 l_0 决定于燃料成分，对于使用一定燃料的内燃机，比值 $\dfrac{H_u}{l_0}$ 可视为常数。对于汽油和轻柴油，$\dfrac{H_u}{l_0} \approx 2\,972$ kJ/kg。

2. 指示热效率与过量空气系数的比值 η_i/α

由指示热效率 η_i 及过量空气系数 α 的定义知道,η_i 表示单位燃料量放出的热量转变为指示功的分量,而 $1/\alpha$ 则正比于进入汽缸中的燃料量,所以 η_i/α 即正比于一个循环中燃料转变为功的全部热量,因而 η_i/α 越大,N_e 便越大。

因 α 的大小,同时也会引起 η_i 的很大变化,所以应综合研究 η_i 和 α 对 N_e 的影响,即 η_i/α 对 N_e 的影响,由于柴油机和汽油机的混合气形成与燃烧过程有很大不同,所以分别讨论。

(1)对于汽油机,当节流阀全开时,α 和 η_i,η_i/α 的关系如图 6.21(a)所示。

当混合气成分过浓,超过着火下限($\alpha \approx 0.4$),燃料不能着火,所以 $\eta_i = 0$;当混合气成分过稀,超过着火上限($\alpha \approx 1.35$),也不能着火,所以 η_i 也等于 0。当混合气稍稀,即约在 $\alpha = 1.05 \sim 1.15$ 时,η_i 达最大值,这主要是因为混合气形成不可能达到绝对均匀,所以 $\alpha = 1$ 时必然有少量燃料得不到氧气而燃烧放热,不可能达到 η_i 的最大值,而在混合气成分稍稀时,氧气相对多了,促使了燃烧完全。混合气成分再稀,即 α 再大,则由于火焰传播速度降低,燃烧不够及时,散热及废气带走的热损失大,所以 η_i 又随 α 的增大而下降。当混合气成分由 $\alpha = 1.05 \sim 1.15$ 再变浓时,则由于空气不足,燃烧不完全,故 η_i 随着 α 的减小而下降。

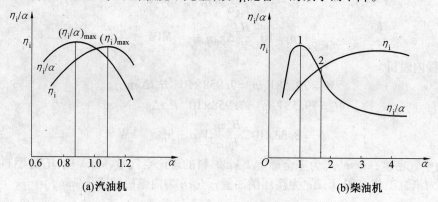

(a)汽油机　　　　　　　　　　　(b)柴油机

图 6.21　α 对 η_i,η_i/α 的影响

当 $\alpha = 0.85 \sim 0.95$ 时,火焰传播速度最高,燃烧过程进行得最迅速,故此时虽 η_i 不是最大,但 η_i/α 却达最大值。所以一般汽油机在节流阀全开时,为了发出最大功率,总是把混合气成分调整在 $\alpha = 0.85 \sim 0.95$。而在部分负荷时,为了获得好的经济性,α 调在 $1.05 \sim 1.15$ 之间。

(2)对于柴油机,因为是内部混合,混合气品质差,分布不均匀,着火依靠压缩自燃,但是,不论 α 大小,总有一些局部区域混合气成分及着火条件最好,而着火燃烧。所以广义地说,柴油机不存在着火极限问题。但是,柴油机容易发生燃烧不完全现象。故为了保证燃烧完全,α 总是大于 1 的。α 的最小值,决定于"冒烟极限",即柴油机在 α_{min} 工作时,出现明显的排烟,这是柴油机工作的极限。α_{min} 随燃烧室型式和混合气形成方式的不同而不同。一般对于直接喷射式燃烧室,$\alpha_{min} > 1.3$,分开式燃烧室 $\alpha_{min} < 1.2$,有的可达 $1.05 \sim 1.10$。

一般来说,柴油机在 $\alpha = 2.5 \sim 3.5$ 时,η_i 达最大值,此时燃烧最完全。当 α 从这一数值开始减小时,将使燃烧不完全,后燃也增加,所以 η_i 逐渐降低。反之,当 α 从这一数值开始再增大时,由于循环供油量小,雾化不良,又引起燃烧不完全,η_i 又逐渐下降,如图 6.21(b)。

η_i/α 在 α 较大时,随 α 的降低,因 η_i 变化不大,所以 η_i/α 逐渐上升;在 α 较小时,η_i/α 上升较快。点 2 时柴油机已开始明显冒烟,在点 2 后,实际上是以明显地牺牲效率来换取功率 N_e 的增加,到点 1 时,η_i/α 达到最大值,即不顾柴油机效率而单纯依靠增加喷油量的方法来增加 N_e 已达到了极限;在此之后,若再增加喷油量,即使不考虑冒烟的排温等情况,N_e 也将下降。对于实际使用的非增压柴油机,一般不允许进入点 2 以左范围内工作,即以点 2 作为允许工作的最大喷油量的界限。这样,随 α 的增大,η_i/α 将减小,所以对同一柴油机而言,当 α 增大时,功率总是下降的。

3. 空气密度

从 N_e 公式中看出,ρ_0 增大,N_e 将成正比地增大。因此,凡是能影响 ρ_0 的因素:如大气压力 ρ_0 和大气温度 T_0,也将影响 N_e。

采用增压技术,可使空气在进入汽缸前预先压缩,空气密度由 ρ_0 增加到 ρ_k。这一措施在柴油机上已得到广泛的采用,特别是当前高增压技术的迅速发展,可以使柴油机 P_e 成倍增加。

4. 充气系数 η_v

在相同的进气状态下,η_v 增加,进入到汽缸内的空气量增加,这样,将允许缸内进入更多的燃料,在同样的燃烧条件下,可以获得更多的有用功。换气过程的改善,对提高 η_v 有利,而且可以减小泵气损失。

5. 内燃机转速

增加转速,单位时间内每个汽缸内做功的次数将增加,因此,可以提高内燃机的功率。但是,n 的变化,η_i、η_v 和 η_m 都将发生变化。例如随着 n 的上升,由于燃烧过程的恶化将使 η_i 降低,η_v 也将下降,特别是 η_m 随转速上升而下降得更为明显,这都说明了 N_e 不是随 n 成正比变化的。同时也说明了用提高转速的方法来提高 N_e 是受到限制的。对于柴油机,n 一般最高可达 3 000 r/min 左右;对于汽油机则在 5 000 r/min 左右。

6. 机械效率 η_m

η_m 变化时,N_e 将成比例地变化。提高 η_m,不仅使 N_e 值增加,而且又允许采用较高的转速,又可进一步提高 N_e。这方面,主要是靠合理选定各种工作参数,靠结构上、工艺上采取措施减少其摩擦损失、泵气损失和各附件所消耗的功,靠改善内燃机的润滑、冷却等方法达到。

6.2.6　内燃机热平衡

进入内燃机汽缸内的燃料燃烧后所放出的热量,只有 20% ~45% 转化为有用功,其他大部分热量均以不同的热传递方式最终散失掉。热平衡就是表示这些热量的分配情况,它通常是用试验方法测定。根据热平衡中热量分配情况,可寻找提高热能利用的途径,计算冷却系参数等。

内燃机工作时,单位时间(s)供给内燃机燃料所具有热量的分配情况如图 6.22 所示,并可用下式表示

$$Q_T = Q_e + Q_c + Q_r + Q_b + Q_s \qquad (6.42)$$

式中,Q_T 为供给内燃机燃料具有的热量,kJ/s;Q_e 为转化为有效功的热量,kJ/s;Q_c 为冷却介质带走的热量,kJ/s;Q_r 为废气带走的热量,kJ/s;Q_b 为燃料不完全燃烧的热损失,kJ/s;Q_s 为余项损失,kJ/s。

也可将热量分配以相对于 Q_r 的百分数 q 表示,则

$$q_e + q_c + q_r + q_b + q_s = 100\% \qquad (6.43)$$

对式(6.42)中各项计算说明如下:

1. 供给内燃机燃料的热量 Q_T

$$Q_T = \frac{1}{3\ 600} H_u Q_T \quad \text{kJ/s}$$

式中,H_u 为燃料低热值,kJ/kg;Q_T 为小时耗油量,kg/h。

2. 转换为有效功率(kW)的热量 Q_e

$$Q_e = N_e \quad \text{kJ/s}$$

3. 冷却介质带走的热量 Q_c

$$Q_c = G_c C_c (t_2 - t_1) \quad \text{kJ/s}$$

式中,G_c 为冷却介质的流量,kg/s;C_c 为冷却介质

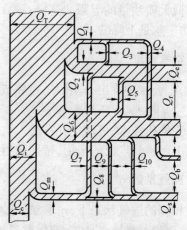

图 6.22　热平衡示意图

Q_T—加入内燃机的总热量;Q_i—转变为指示功的热量;Q_e—转变为有效功的热量;Q_m—机械损失相当的热量;Q_c—冷却介质带走的热量;Q_r—废气带走的热量;Q_b—不完全燃烧损失的热量;Q_s—余项损失的热量;Q_1—在进气时新鲜充量接收的热量;Q_2—工质传给汽缸壁的热量;Q_3—冷却液对进气的加热量;Q_4—废气对进气的加热量;Q_5—废气通过排气道传给冷却介质的热量;Q_6—通过排气管的废气所含全部能量的热当量;Q_7—机械损失转变为热量后传给冷却介质的热量;Q_8—机械损失转变为热量后辐射给大气的热量;Q_9—废气功能损失所相当的热量;Q_{10}—内燃机热辐射的热量

的比热,kJ/(kg·K);t_1,t_2 各为冷却介质进、出内燃机的温度,℃。

冷却介质带走的热量来自三个方面,即工作循环中工质通过汽缸壁传给冷却介质的热量 Q_2、废气通过缸盖的排气道传给冷却介质的热量 Q_5 和机械损失功率 N_m 的一部分转化为热后

传给冷却介质的热量 Q_7。

4. 废气带走的热量 Q_r

$$Q_r = G_T(M_2 C_p'' t_r - M_1 C_p t_o) \quad kJ/s$$

式中，M_1，M_2 各为每千克（kg）燃料产生的废气和供给的新鲜空气的千摩尔（kmol）数，kmol/kg；C_p''，C_p 各为废气和空气的定压比热，$kJ/(kmol \cdot K)$；t_r，t_o 各为排气管内废气和进入汽缸前的空气温度，℃。

5. 燃料不完全燃烧相当的热损失 Q_b

在汽油机中，由于内燃机常在 $\alpha < 1$ 情况下工作（满负荷和小负荷时），故燃料不完全燃烧所损失的热较大。在柴油机中，虽然 $\alpha > 1$，但由于混合不可能完全均匀，总有少量燃料不能完全燃烧而随废气排出。

6. 余项损失 Q_s

余项损失包括：热辐射损失的热量 Q_{10}，废气动能损失相当的热量 Q_9，机械损失功率 N_m 的一部分转化的热损失 Q_8 和其他不可估计的热损失。

机油带走的热量可以单独进行测量列为一项，也可以归入余项损失中。

在标定工况时，各项损失的范围见表6.5。从表中数据可见，燃料具有的热能只有一小部分转化为有效功，而大部分都损失掉了。其中主要损失于排气和冷却。采用废气涡轮增压，可利用废气的部分热量，这不但使废气带走的热量有所下降，而且由于采用增压后，单位汽缸工作容积的功率增加，而工质的传热面却不变，故传给冷却介质的质量相对减小。

表6.5　热平衡各项损失的范围　　　　　　%

内燃机类型		q_e	q_c	q_r	q_b	q_s
汽油机		22～28	12～27	30～50	0～20	4～9
柴油机	非增压	29～42	15～35	25～45	0～5	2～5
	增压	35～45	10～25	25～40	0～5	2～7

6.3　内燃机的实际工作过程

内燃机的实际循环由换气、压缩、燃烧、膨胀四个实际工作过程组成。各个过程进展的完善程度直接影响内燃机的各项性能指标。本节着重介绍四冲程非增压内燃机各个工作过程进展的基本规律，分析影响工作过程的主要因素。

6.3.1 换 气 过 程

更换汽缸内工质的过程称为换气过程。它是指排气门打开,从汽缸中排出废气到使新鲜空气充入汽缸,进气门关闭的整个过程。换气过程是内燃机实际工作过程的重要组成部分。对于汽缸排量和转速一定的内燃机,要使其单位循环做功多,就需要燃料在汽缸内燃烧时放热多,这既有赖于向汽缸内供入的燃料量,也有赖于充进汽缸的空气量。由于一定量的燃料要充分燃烧,需要按一定的化学当量比供给空气,因而汽缸内充气量的多少实际上就限制了循环供油量的多少。换气过程是为燃料燃烧提供必要的条件,因此换气过程进行得好坏,对内燃机性能的影响很大。

对换气过程的要求是排气干净和进气充足。但在实际换气过程中,由于换气过程所占时间十分短促,例如当 $n=2\ 000\ r/min$ 时,换气时间只有 0.04 s 左右。同时由于气体流通截面也比较小,气流受沿途阻力和其他不利因素的影响,换气不可能达到十分干净和充足。

换气过程是极其复杂的气体动力学现象。换气时,气体是在气门流通截面变化的情况下作不稳定流动,汽缸内气体的温度和压力都随曲轴转角变化。这种变化决定了换气过程品质的好坏,下面介绍换气过程的进行、表示换气过程品质的参数以及换气过程的影响因素等。

1. 换气过程的进行

图 6.23 和图 6.24 为换气过程汽缸中压力变化情况,其中图 6.23 为换气过程的 p-V 图,为了简化,没有画出压力波动情况。图 6.24 为换气过程汽缸内压力 p、排气管内压力 p_0' 和气门流通截面 f_k 随曲轴转角变化的展开图。根据换气过程气体流动和气门开闭特点,可将换气过程划分为五个阶段进行讨论。

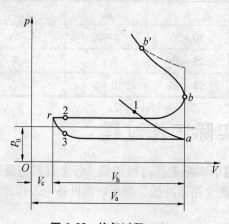

图 6.23 换气过程 p-V

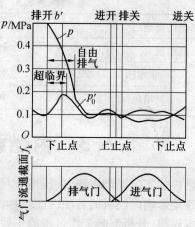

图 6.24 换气过程压力变化展开图

(1)自由排气阶段

排气门开启后,废气在缸内外压力差的作用下自由地排出汽缸,此过程称为自由排气。相当于从排气门开始开启(b')到汽缸内压力下降到接近排气管内压力的这个时刻,这个时刻在下止点 b 点附近。排气门在膨胀冲程末期,活塞尚未到达下止点之前就提前开始开启,排气提前角一般为 30°~80°曲轴转角。此时,缸内压力约为 0.29~0.49 MPa,比排气歧管内压力高得多。废气在汽缸内外压力差作用下,以极高的速度自动冲出,并产生排气噪声,缸内压力迅速下降。根据缸内压力点 p 和排气管内 p_0' 之比的不同,自由排气又可分两个阶段。

①超临界阶段:这时汽缸内压力 p 与排气管内压力 p_0' 之比大于临界值1.9,故称为超临界排气。超临界排气的特点是:排气气流通过气门流通截面处的流速等于该处气体状态下的音速,当排气温度为 600~900 ℃时,流速可达 500~600 m/s。此时排气的流量只取决于汽缸内的气体状态和气门流通截面的大小,与排气管内压力无关。

②亚临界阶段:随着废气的外流,汽缸内压力 p 和排气流速的不断下降,当 p 与 p_0' 之比小于临界值时,气体流动就进入所谓亚临界阶段。这时气流通过气门流通截面处的流速低于该处的音速,而排气的流量与 p/p_0' 有关,p/p_0' 越大,流量越大。

综上所述,自由排气阶段废气排出量只取决于汽缸内气体压力 p、温度 T 和压比 p/p_0',同活塞运动无直接关系,自由排气量约占废气量的 60%~70%。

(2)强制排气阶段

自由排气以后,汽缸内压力已下降接近排气管内压力,由于压差小,气体不再从汽缸内自行外流,而是靠活塞由下止点(b)向上止点(r)运动时强制驱入排气管中,称为强制排气阶段。这时汽缸内压力 p 主要取决于活塞运动速度、气门流通截面处的流动阻力和排气管内压力波动等的情况。在整个排气冲程,排气压力基本上都高于大气压力。

排气终了时,汽缸内压力 p_r 一般为($1.1~1.25$)p_0;排气终了温度 T_r 对于柴油机一般为700~900 K,对于汽油机一般为 750~1 000 K。

(3)惯性排气

在上止点 r 附近,进、排气门同时开启称气门重叠。在图 6.23 上,点 2 为进气门开启点,点 3 为排气门关闭终了时刻,对于非增压柴油机,在这一阶段,废气在惯性作用下继续排出汽缸,称为惯性排气阶段。进气门提前开启可为下一阶段作准备,即在抽吸进气开始时,由于气门提前开启,已经存在有一定的流动截面,使进气阻力减小、进气量增加。如果配气相位安排得当,在某些情况下,在此阶段由于废气的惯性向外流动,对进气管中气体有一种"抽吸"作用,会使换气品质提高。反之则可能出现废气倒流。排气门完全关闭,排气过程结束,一般进气提前角为 0°~45° CA,排气门延迟关闭角度为上止点后 10°~35° CA。

气门重叠角一般为 20°~50° CA。

(4)充气阶段

充气阶段又称抽吸进气,活塞由上止点(r)移向下止点(a),活塞离开上止点下行,汽缸内容积增大,压力降低,当缸内压力开始低于大气压力时,新鲜空气便在汽缸内外压力差的作用下流入汽缸,汽缸内压力从 p_r 变到 p_a。由于进气系统有一定的阻力和大气的部分压力能转化为气体流动的动能,所以整个充气阶段,汽缸内的压力都低于大气压力 p_0。此外,在充气过程中,气体与温度较高的进气系统、气门、缸套和活塞等接触,其温度 T_a 也高于大气温度 T_0。

充气终了时缸内压力一般为：柴油机 $p_a = (0.8 \sim 0.9)p_0$；汽油机 $p_a = (0.78 \sim 0.85)p_0$。缸内温度：柴油机 $T_a = 320 \sim 330$ K；汽油机 $T_a = 320 \sim 350$ K。

（5）惯性进气阶段

惯性进气阶段又称补充进气和后进气。从活塞到下止点（a）充气阶段终了时，到进气门完全关闭（1 点），缸内压力尚低于大气压力，气体仍可在压力差作用下继续流入汽缸；同时，由于在充气阶段气体获得的流速尚未消失，有一定的流动惯性，利用气体流动惯性增加进气量，因此称惯性进气。

2. 配气相位

进、排气门开始开启和关闭终了的时刻所对应的曲轴转角位置称为配气相位。它是一个对换气品质影响很大的调整参数。因此对配气相位的选择是很重要的。配气相位主要通过以下几个方面影响换气品质和内燃机的工作。

（1）时间截面的大小

气体流过气门时，既需要有一定的气门流通截面 f_k（见图 6.25（a）），又需一定时间，两者的综合称为时间截面。在图 6.25（b）中，以时间 t（或曲轴转角 α）为横坐标，以气门流通截面 f_k 为纵坐标，曲线 1 和 2 为气门流通截面随时间 t 的变化规律。显然曲线与横坐标包围的面积即为时间截面。

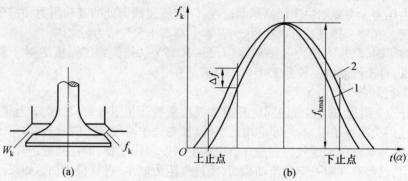

图 6.25　时间截面

由图 6.25（b）可看出，如果气门最大流通截面 f_{kmax} 一定，则气门开启时间越长（图中曲线2），时间截面越大。这不但使气体流过时间增长，而且气门在任一时刻的流通截面都比曲线1所示的变化规律大 Δf。这就使气体流过气门流通截面处的速度降低，减小了流动损失，使换气品质提高。从这一观点出发，应加大气门早开晚关的角度，使时间截面增加。

（2）气流惯性的利用

进、排气冲程终了时，活塞分别达到下止点和上止点，如前所述，气流尚有一定的流动惯性，延迟气门的关闭时刻，可利用惯性使气体继续流动。从这一观点出发，最佳配气相位应当在气流惯性消失时，气门正好关闭，以免惯性利用不充分或产生气体倒流。这一点对确定进气门关闭角最为重要。

（3）排气过程功的损失

排气门提前开启会减小膨胀功，活塞推动气体向外流动产生排气负功，这是不可免的，但开启角选择得当可使功的损失最小。如果气门开启过早（图 6.26 中点 b_2'），则汽缸内压力将按曲线 2 变化，显然，这样会使膨胀功损失太大，图 6.26 中面积 $b_2' b_t b_2$ 即为损失功。反之，如果排气门开启过晚（点 b_1'），那么，由于排气初期气门流通截面很小，气体流动阻力将很大，汽缸内压力下降将按图中曲线 3 规律变化，这就使活塞强制排气时，要克服较大的废气压力，使排气负功增加，图中 b_3

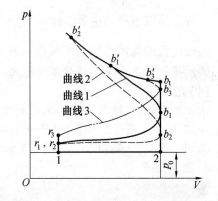

图 6.26　排气门开启时刻对损失功的影响

$21r_3$ 即为这一损失。最佳气门开启角应使膨胀功的损失与排气负功的总和最小，曲线 1 就属于这种情况。

综上所述，最佳配气相位能使进气较为充足和排气较干净，同时又使功的损失最小。两者都会使内燃机循环功增大，因此，最佳配气相位的根本标志是使内燃机发出较大的功率。由于换气过程是一个气体流动过程，最佳相位的大小必然与气体流速有关，即与内燃机转速有关。当内燃机转速改变时，原有的配气相位便不适合，所以对在使用中转速经常变化的内燃机，应在转速改变时相应地改变配气相位，使其始终处于最佳状态。但实际上这是很难实现的。故一般是根据内燃机的用途和要求使其某一转速下具有最佳配气相位。一般战斗车辆内燃机的最佳配气相位是根据内燃机最大扭矩时的转速来选定的。例如 12150L 内燃机，在 1 200 ~ 1 300 r/min 时配气相位最佳，此时发动机扭矩最大。最佳相位在试验台上由试验得出。表 6.6 为几种内燃机的配气相位。

表 6.6　几种内燃机的配气相位　　　　　　　　　　　　　　　　　（°）

发动机 型　号	进气门		排气门		气门重 叠角	备　注
	开 上止点前	关 下止点后	开 上止点前	关 下止点后		
12150L	20	48	48	20	40	直接喷射
12V150ZL	50	50	50	50	100	直喷,增压
AVCR-1360-2	49	45	75	57	106	直喷,增压
12V135Z	62	48	48	62	124	增压
FL413F	20	54	66	22	42	ω燃烧室
BFL413F	20	54	66	22	42	ω室,增压
解放牌	20	69	67	22	42	汽油机

3. 评定换气过程的主要参数

换气过程的品质可用充气系数 η_v 和余气系数 γ 来说明,其中 η_v 用以表示进气是否充足,γ 用以表示排气是否干净。现对四冲程内燃机作一分析。

(1)充气系数 η_v

由于种种原因,换气过程的实际充气量一般总是小于理论充气量,即内燃机每循环实际充气量 m_1 总是小于按进气状态(对于非增压内燃机即空气滤清器后进气管内的气体状态)理论上充满同一汽缸工作容积 V_h 的充气量 m_s;两者的比值称为充气系数,充气量也可以用千摩尔 (kmol)数 M 来表示,即

$$\eta_v = \frac{m_1}{m_s} = \frac{M_1}{M_s}$$

对于一般的非增压内燃机,因空气滤清器中的压力和温度变化较小,进气状态接近大气状态,因此也常用大气状态来定义充气系数,即充气系数为每循环实际充气量 m_1 与按大气状态充满同一汽缸工作容积 V_h 的充气量 m_0 之比,即

$$\eta_v = \frac{m_1}{m_0} = \frac{M_1}{M_0} \tag{6.44}$$

由于进气受其所接触的高温零件加温,使其内能增加,并且与残余废气混合,因此在进气终点缸内工质的内能等于新鲜充量内能与残余废气之和,即

$$(M_1 + M_r)T_a C'_V = M_1(T_0 + \Delta T)C_V + M_r T_r C''_V \tag{6.45}$$

式中,M_r 为残余废气,kmol;T_0,T_r,T_a,ΔT 各为外界、废气、进气温度和进气被高温机件加温温升,K;C_V,C'_V,C''_V 各为新鲜充量、混合气和废气的比热,kJ/(kmol·K)。

当 M_r/M_1 不大时,可认为 $C_V = C'_V = C''_V$,则

$$M_1(T_0 + \Delta T) + M_r T_r = (M_1 + M_r)T_a \tag{6.46}$$

由气体状态方程可以得出

$$M_0 = \frac{p_0 V_h}{8.314 T_0} \tag{a}$$

$$M_1 = M_0 \eta_v = \frac{p_0 V_h}{8.314 T_0}\eta_v \tag{b}$$

$$M_r = \frac{p_r V_r}{8.314 T_r} \tag{c}$$

$$M_a = M_1 + M_r = \frac{p_a V_a}{8.314 T_a}\eta_v \tag{d}$$

式中,p_0 为大气压力;M_a 为进气终点缸内工质千摩尔数;V_a 为汽缸总工作容积;V_r,p_r 为残余废气容积和压力。

将式(b),(c),(d)代入式(6.46),化简得

$$\frac{p_0 V_h(T_0 + \Delta T)}{T_0}\eta_v + p_r V_r = p_a V_a \tag{6.47}$$

近似认为 V_r 等于燃烧室容积 V_c,且 $V_h = V_c(\varepsilon-1)$,由式(6.47)可得

$$\eta_v = \frac{T_0}{T_0+\Delta T} \cdot \frac{\varepsilon p_a - p_r}{p_0(\varepsilon-1)} \tag{6.48}$$

令 Δp_a,Δp_r 分别代表进、排气过程的压力损失,即

$$\Delta p_a = p_0 - p_a \tag{6.49}$$

$$\Delta p_r = p_r - p_a \tag{6.50}$$

并代入式(6.48)得

$$\eta_v = \frac{T_0}{T_0+\Delta T}\left[1 - \frac{\varepsilon \Delta p_a + \Delta p_r}{(\varepsilon-1)p_0}\right] \tag{6.51}$$

对于柴油机,$\eta_v = 0.8 \sim 0.9$;对于汽油机,$\eta_v = 0.75 \sim 0.85$。

应指出,公式(6.48),(6.51)是在某些假定和简化情况下得出来的,它不能精确地反映影响 η_v 的所有参数。例如推导中略去了惯性进气和排气,就不能反映出配气相位的影响。

(2)余气系数 γ

排气终了时残留在汽缸内的废气量 M_r 与新鲜充量 M_1 之比称为余气系数,即

$$\gamma = \frac{M_r}{M_1} \tag{6.52}$$

将式(6.46)的(b),(c)和式(6.48)代入式(6.52),并整理,可得

$$\gamma = \frac{T_0+\Delta T}{T_r} \cdot \frac{p_r}{\varepsilon p_a - p_r} \tag{6.53}$$

对于柴油机,$\gamma = 0.03 \sim 0.06$;对于汽油机,$\gamma = 0.06 \sim 0.10$。

余气系数表示缸内废气被消除的程度,γ 越小,说明排气越干净,有利于燃烧完全。从式(6.53)看出,减小阻力 p_r,可使 γ 降低。

4. 影响充气系数的主要因素

由于新鲜充量的多少直接关系到内燃机下一个循环的最大工作能力,同时残余废气也通过减少新鲜充量来影响内燃机工作过程,因此表示新鲜充量多少的过程参数充气系数是评定换气过程品质的一个重要的综合性指标。

影响充气系数的因素很多,其中主要的有内燃机转速、内燃机负荷、进排气阻力、大气压力和温度。

(1)内燃机转速 n

转速 n 对充气系数 η_v 的影响通过进气终点压力 p_a、排气终点压力 p_r、进气加温 ΔT 和配气相位起作用(见图6.27)。

随着转速上升,进、排气终点压力 p_a 和 p_r 将分别减小和增大,而且都使 η_v 下降。由公式(6.48)还可以看出,进气压力 p_a 对 η_v 的影响比 p_r 大得多。内燃机转速升高时,与气体接触的零件温度虽也升高,但因气体流速高,受热时间短,故 ΔT 将随着 n 的升高而下降。配气相位在某一转速下——对战斗车辆内燃机在最大扭矩转速下最佳,这时,充气系数 η_v 达最大值,高

于和低于这个转速对充气都不利。

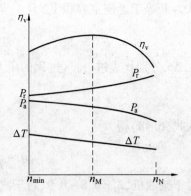

图 6.27　转速 n 对充气系数的影响

综上所述,在最大扭矩转速附近时,配气相位最佳,p_a 的下降和 p_r 的上升也不严重,ΔT 也居中,故充气系数最高。当转速由 η_{vmax} 对应的转速升高时配气相位不适应,气门关闭在进、排气惯性消失之前,不能充分利用惯性进气和排气;同时 p_a 的下降和 p_r 的上升也较大,尽管 ΔT 有所下降,但 η_v 仍随着转速的上升迅速下降。当转速由 η_{vmax} 对应的转速下降时,配气相位也不适应,进排气门关闭在惯性消失之后,使气体倒流,加之进气加温 ΔT 的增高,尽管 p_a 是上升的,p_r 是下降的,η_{vmax} 仍随转速下降而下降,但下降的程度比前者缓慢。

图 6.28 和图 6.29 分别为 12150L 柴油机和 CA-30 型越野车用汽油机充气系数 η_v 随转速 n 的变化规律。

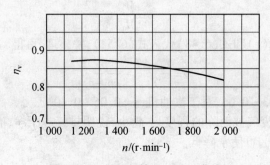

图 6.28　12150L 的 $\eta_v = f(n)$ 曲线

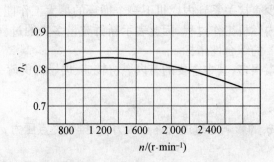

图 6.29　CA-30 车用汽油机 $\eta_v = f(n)$ 曲线

(2)内燃机负荷

负荷变化时对柴油机和汽油机的充气系数有不同的影响。

对于柴油机,负荷增大时,意味着供入汽缸的燃料增加,循环平均温度高,发动机温度也高,故 ΔT 增大,使 η_v 降低。但由于 $\Delta T / T_a$ 比值较小,下降并不很明显。图6.30中曲线2为满负荷时 η_v 随 n 的变化规律,曲线1为负荷低时 η_v 随 n 的变化规律。

对于汽油机,靠改变汽化器节气门的大小来调节负荷,满负荷时,节气门全开,进气系统阻力小,故充气系数高;部分负荷时,节气门部分开启,使进气系统阻力增大,故 η_v 低。在图6.30中曲线3表示汽油机在满负荷时的 $\eta_v = f(n)$ 曲线,曲线4表示汽油机在部分负荷时 $\eta_v = f(n)$ 曲线。

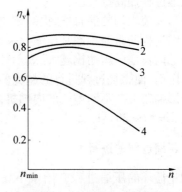

图6.30　负荷对 η_v 的影响

（3）进排气阻力

当其他条件不变时,进、排气阻力 Δp_a 和 Δp_r 增大时,由式（6.51）可看出,η_v 将下降。其中尤以进气阻力 Δp_a 影响很大。这是因为进气阻力会使汽缸整个工作容积 V_a 内的压力 p_a 都下降,带有全局性;而 Δp_r 只使 V_c 容积内的压力 p_r 升高,影响是局部的。进气门之所以比排气门大一些,其原因就在于减小 Δp_a。此外,Δp_a 和 Δp_r 增大还会使换气过程的负功增加。根据试验资料,12150L柴油机不安装排气管时,在标定工况下功率为382 kW,安装进、排气管后,由于阻力增加使 η_v 下降和负功增加,功率损失约达32 kW,占8.2%。

（4）大气压力和温度

从式（6.51）看出,随着大气压力 p_0 的增加,η_v 也增加,反之相反。车辆在我国西北高原地区使用时,内燃机无力,其主要原因就是因大气压力降低所致。

从式（6.51）还可以看出,大气温度 T_0 高时,η_v 也增加。但是因为大气温度高时,空气密度低,虽然进入汽缸中的充量的相对量有所增加,但绝对量却是下降的。所以车辆在高温地区使用时内燃机也感到无力。

6.3.2　压缩过程

由内燃机理论循环知道,压缩过程的作用是提高循环的温差,扩大工质的膨胀比,从而提高了循环功,使内燃机热功转换的效率提高。

在实际内燃机中,压缩过程的另一个重要作用是为燃料的燃烧创造条件。对于柴油机,喷入汽缸内的燃料是靠压缩终了时空气的高温高压促使其混合、着火与燃烧,一般空气温度高出燃料自燃点200~300 ℃才能保证着火。在大气中,柴油的自燃点约为350 ℃,当空气压力提高到3.43 MPa时,柴油自燃点降低为180~230 ℃。自行火炮发动机压缩终点温度高达500~700 ℃,足以满足柴油自燃的要求。在启动发动机时,压缩终点的温度对启动性能具有决定意义。

　　压缩过程提高空气压力并产生涡流,有利于柴油喷入汽缸后的雾化、加热、蒸发与混合,可以迅速形成较均匀的混合气,提高燃烧速度,改善燃烧质量。

　　压缩过程的重要参数是压缩比 ε。压缩比表示活塞从下止点移到上止点时,气体在汽缸内被压缩的程度。压缩比越大,表示气体在汽缸内被压缩得越厉害,压缩终了的压力和温度也越高。因而,使燃烧过程进行的越完善,气体膨胀做功充分,做功越多。所以压缩过程对发动机性能影响较大。不同型式的内燃机,对压缩比的大小有不同要求。一般,柴油机要求较大的压缩比,$\varepsilon = 12 \sim 20$。12150L 柴油机的压缩比 $\varepsilon = 14 \sim 15$,近期新产品 $\varepsilon = 15 \sim 16$。

1. 压缩过程的进行

　　理论循环的压缩过程开始于下止点,结束于上止点,比热比为 k,是一个绝热过程。

　　实际循环压缩过程与理论循环压缩过程不同,在实际循环中,由于进气门晚关,所以压缩过程开始于进气门关闭之时。又因为燃烧在上止点前开始,所以压缩过程也在上止点前结束;在压缩过程的进行中,在汽缸内工质温度和压力升高的同时,工质与其所接触机件表面(汽缸壁、活塞顶、缸盖内表面等)之间不断发生热交换,而且这种热交换在数量上和方向上都是变化的;工质的数量由于从不密封处泄漏而变化,同时工质的比热也是变化的。

　　在压缩过程初期,汽缸内机件表面的平均温度高于工质温度,所以工质在受压缩的同时还受到机件的加热,这就使压缩曲线比绝热压缩线陡峭(见图6.31),其变化的多变指数 n_{1x} 大于比热比 k。在某一点 e,工质温度与机件表面平均温度相等,是瞬时绝热状况,$n_{1x} = k$。此后,工质温度高

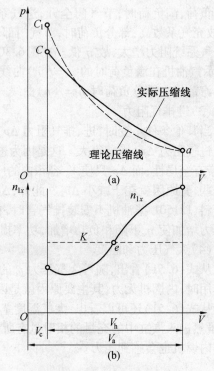

图 6.31　压缩过程进展情况

于机件表示平均温度,工质向机件传热,这就使压缩曲线变化较理论的缓慢,压缩终点的温度和压力也都低于理论的,同时 n_{1x} 小于 k。总的看来,在压缩过程中,工质要向与其接触的机件表面传出少量的热。

　　为了便于分析计算,采用一个不变的平均多变指数 n_1 来代替变化着的多变指数 n_{1x},只要用 n_1 计算所得的压缩终点压力、温度和实际一致就可以。对于已制成的内燃机,由试验测得缸内压力 p_a 和 p_c,再利用多变过程方程式就可求出平均多变指数 n_1,即

$$p_a V_a^{n_1} = p_c V_c^{n_1}$$

取对数

$$\lg p_a + n_1 \lg V_a = \lg p_c + n_1 \lg V_c$$

所以
$$n_1 = \frac{\lg p_c - \lg p_a}{\lg V_a - \lg V_c} = \frac{\lg p_c - \lg p_a}{\lg \varepsilon} \tag{6.54}$$

对于柴油机,$n_1 = 1.32 \sim 1.4$;对于汽油机,$n_1 = 1.3 \sim 1.37$。

知道 n_1 后,根据热力学有关公式,压缩终点的压力 p_c 和温度 T_c 为

$$p_c = p_a \varepsilon^{n_1} \tag{6.55}$$

$$T_c = T_a \varepsilon^{n_1 - 1} \tag{6.56}$$

2. 影响压缩过程的因素

各因素对压缩过程的影响,集中地反映在压缩过程终了时缸内气体的压力 p_c 和温度 T_c 两个参数上。对 ε 一定的内燃机,又通过压缩始点的压力 p_a,温度 T_a 和平均多变指数 n_1 的大小来影响 p_c 和 T_c。影响 p_c 和 T_c 的主要因素有以下几点。

(1)内燃机转速 n

转速上升时,单位时间内工作循环数增加,零件温度上升;同时由于压缩过程时间缩短,气体向机件表面传出热量小以及漏气量相应减小,所以转速上升时,n_1 增大,结果使 p_c、T_c 都提高。反之则 p_c 和 T_c 都降低。启动内燃机时之所以需要一定转速,其原因就在于此。

转速的变化也影响 p_a 的大小,转速升高,进气阻力增加,p_a 降低,使 p_c 降低;故转速 n 的升高只是在一定范围内才能使 p_c 增加。

(2)内燃机负荷

内燃机负荷增加时,要维持一定的转速不变,循环供油量必定增加,循环放热量增多,机件表面温度上升,这就使工质向外传出的热量减小,n_1 稍有增加,同时由于进气加温使 ΔT 增大,T_a 上升,所以负荷增加时,p_c、T_c 都略有增加。

(3)内燃机结构参数

由式(6.55)和式(6.56)看出,压缩比 ε 增大时,p_c 和 T_c 都高。对柴油机而言,ε 高不仅使其热效率高,而且也能保证内燃机正常启动和燃烧过程的完善进行。对于汽油机,因为 ε 高会引起不正常燃烧,故一般都比柴油机的低。

汽缸工作容积 V_h 大,则工质与周围机件表面接触的面积相对减小,因而传出的热量少,n_1 增加,结果 p_c、T_c 都增加。小缸径内燃机的启动性能不如大缸径内燃机好,其原因就在于工质的相对散热面大,n_1 小,同样的 p_a、T_a 导致 p_c、T_c 降低。

同理,燃烧室形状紧凑与否,也影响 n_1 的大小。直接喷射式燃烧室结构紧凑,n_1 值相对大,同样的 p_a、T_a 条件下 p_c、T_c 相对高一些,内燃机容易启动。其他类型的 n_1 值则稍低一些。

(4)内燃机热状况

内燃机热状况一方面决定于发动机负荷,另一方面决定于内燃机冷却系统的冷却强度。内燃机冷却强烈,则汽缸内表面温度低,工质向外传热量多,使 n_1 下降,加之 ΔT 也减小,T_a 低,故使 p_c、T_c 都低。

(5)汽缸的密封性

汽缸和气门处的密封性不好,会使压缩过程严重漏气,工质的散失会带走一部分热量,使

n_1 下降,结果导致 p_c, T_c 都下降,使内燃机燃烧过程恶化,严重时会造成启动困难。

使用中,随着活塞环和汽缸套、气门和气门座磨损的增加,密封性逐渐变差。因此,常以实测汽缸的压缩压力来判断发动机的磨损程度,确定内燃机是否可以延期使用。

(6)大气温度

内燃机正常运转时,大气温度对压缩过程的影响不大。

但是,在启动时,大气温度对压缩过程有显著影响。在严寒条件下启动时,空气是冷的,冷却液和内燃机也是冷的,启动时阻力大、转速低,因而在压缩过程散热强烈、漏气多,使压缩终了的压力和温度都较低。这就是冬季启动困难的基本原因。冬季启动要加温内燃机,除可以减小启动阻力和磨损,提高启动时的转速外,还可以减少压缩过程的散热和漏气,以获得较高的压缩压力和温度,保证内燃机能够顺利启动。

6.3.3 柴油机的燃烧过程

从燃料喷入汽缸开始到燃料燃烧基本完毕为止的整个过程称为燃烧过程,燃烧过程的好坏对内燃机的热效率、有关机件的机械负荷和热负荷以及内燃机的排放与噪声等都有决定性的影响。

为保证车用内燃机具有良好的工作性能和使用性能,对于燃烧过程一般提出以下要求:

(1)在小的过量空气系数 α 下,燃料能完全而迅速地燃烧,以保证内燃机的经济性和动力性能;

(2)有适度的压力升高率 $\dfrac{\Delta p}{\Delta \alpha}$ 和最大爆发力 p_{zmax} 值,以保证内燃机工作柔和、平稳和可靠;

(3)排气品质好,即高负荷不排黑烟;怠速、低负荷时不排蓝烟或白烟;废气中的有害成分含量少;

(4)变工况适应性好;

(5)冷启动性能好;

(6)燃烧稳定性好,即对内燃机制造质量、外界环境变化不敏感。

要完全满足上述要求是困难的,因为这些要求往往相互矛盾,因此对燃烧过程的要求应根据使用目的而有所侧重。

下面以开式燃烧室为例,简述柴油机燃烧过程的有关内容。

1. 燃烧过程的进展

柴油机的燃烧过程是由于在压缩冲程中活塞把缸内空气压缩到高温,在压缩冲程后期喷入的燃料自燃而产生的。

从图 6.32 可以看出柴油机的燃烧过程是一个相当复杂的过程。

目前人们对燃烧过程的了解还主要是通过分析内燃机缸内示功图得到的。用展开的示功图来分析燃烧过程,可大致分为四个阶段(见图 6.33):

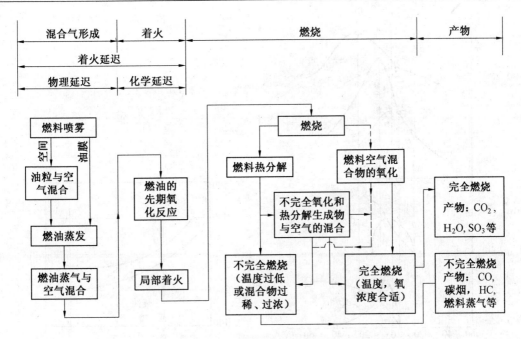

图 6.32 柴油机混合气形成和燃烧过程图

(1)着火延迟时期

从燃料喷入汽缸起(点 1)到燃料开始着火(点 2)称着火延迟时期。

在压缩到上止点前的点 1,喷油器将燃料喷入汽缸,这时缸内温度高达 450 ~ 800 ℃,远远高于当时条件下柴油的自燃温度,但是燃油并不立刻着火,而是稍有落后。柴油燃烧需要有一定的条件,它首先要由液态蒸发变成气态,并与空气混合,而且这种混合比例(即过量空气系数 α)要在一定范围内,只有当这种适当比例的混合气温度高到某一临界温度以上(见图 6.34),同时经历一定的初期氧化反应过程,燃油才能自燃着火形成火源并点燃其他燃料。由于燃油着火前需要进行这样一系列物理和化学准备过程,因此着火时刻落后于喷油时刻,我们把燃烧前的这些物理和化学变化过程分别称为物理延迟和化学延迟。

在着火延迟期内喷入汽缸的油量,在标定工况时,一般为循环供油量的 30% ~ 40%;对于中小负荷,可喷入循环供油量的全部或大部分。

在这一时期内,燃料的化学反应缓慢,加之燃料蒸发吸热等原因,没有明显的放热量,缸内压力和温度的升高主要决定于压缩过程进行的程度。

着火延迟期的长短对内燃机燃烧过程和性能有重要影响,这主要是因为着火延迟期的长短决定了在此阶段相对喷入汽缸的燃油数量。

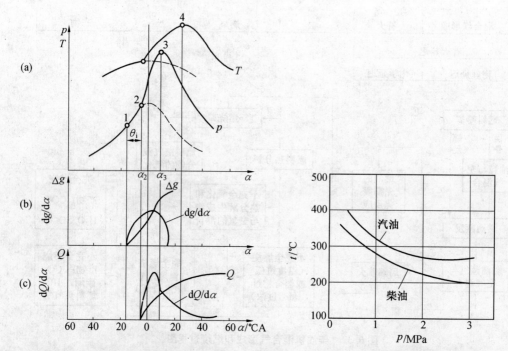

图 6.33　燃烧过程进展　　　　　　图 6.34　柴油自然温度范围

着火延迟期一般用时间 $\tau_i(s)$ 或者对应的曲轴转角 $\theta_i(° CA)$ 表示。

$$\theta_i = 6n\tau_i \tag{6.57}$$

一般高速柴油机 $\tau_i = 0.000\ 7 \sim 0.003\ s$。12150L 柴油机在 $1\ 000 \sim 2\ 000\ r/min$ 时，$\tau_i = (1.1 \sim 2.7) \times 10^{-3}\ s$，相当于 $\theta_i = 13° \sim 15°\ CA$。

（2）速燃期

从燃料开始着火（点 2）到缸内出现最高压力（点 3）为止，称速燃期。

由于在着火延迟期中喷入汽缸的燃油都已经过不同程度的物理、化学准备，所以一旦着火，第一阶段已喷入汽缸的燃油几乎一起燃烧，而且此时活塞正靠近上止点附近，缸内压力急剧上升，接近定容燃烧。表示这段压力升高的急剧程度，一般用平均压力升高率（或称压力升高比）$\dfrac{\Delta p}{\Delta \alpha}$ 来表示。

$$\frac{\Delta p}{\Delta \alpha} = \frac{p_3 - p_2}{\alpha_3 - \alpha_2} \quad MPa/(°)CA \tag{6.58}$$

由于 $\dfrac{\Delta p}{\Delta \alpha}$ 过大，会增加内燃机的机械负荷和工作噪声，因此一般控制 $\dfrac{\Delta p}{\Delta \alpha}$ 不应超过 $0.4 \sim 0.6\ MPa/(°)CA$。

燃烧过程的气体最高压力 p_z 一般出现在上止点 $6° \sim 10°\ CA$ 处，大小可达 $6 \sim 9\ MPa$。

（3）缓燃期

从最高压力（点 3）到缸内出现最高温度（点 4）为止，称缓燃期。

由于在速燃期没有燃尽的燃料的存在和在这一时期喷入的新燃料，在此阶段仍有大量燃料燃烧，由于此时燃烧是在汽缸容积不断增加的情况下进行，即使燃烧速度很快，缸内压力变化也很缓慢、保持不变或略有下降，但缸内温度随燃烧过程的进行而不断增加。随着燃烧过程的进行，废气逐渐增多，氧气减少，燃烧条件恶化，使燃烧速度越来越缓慢。

到这个阶段结束时，放热量可达循环放热量的 70% ~ 80%，最高温度可达 1 900 ~ 2 300 K，一般出现在上止点后 20° ~ 35° CA 处。

（4）后燃期

从最高温度（点 4）到燃烧基本结束，称后燃期。这一阶段终点很难确定，甚至可延续到排气开始。

在高速柴油机中，由于燃油与空气形成混合气时间短促，混合不均，总有一些燃料不能及时燃烧，拖到膨胀线上，此时的燃烧称为后燃。由于这部分热量在活塞远离上止点时放出，因此做功的效果很差，相反，却使废气温度上升，零件热负荷增加，大量热传给冷却水，导致柴油机经济性和动力性下降，故应尽量减少后燃。

2. 燃烧过程的放热规律

燃料燃烧放出的热量随曲轴转角变化的关系称为燃烧放热规律。一般用单位曲轴转角内的放热量 $\dfrac{\mathrm{d}Q_\mathrm{B}}{\mathrm{d}\alpha}$（放热速率）和曲轴转角 α 的关系曲线来表示，或者用对应某一时刻（曲轴转角）的累计放热量 Q_B 占燃料完全燃烧所能放出的总热量的百分数与曲轴转角 α 的关系曲线来表示。

放热速率和放热量直接影响缸内工质的加热速率和加热量，即决定了缸内气体压力和温度的变化规律，因此研究燃烧过程的放热规律有重要意义。

工质的加热速率 $\mathrm{d}Q/\mathrm{d}\alpha$ 或放热量 Q 可表示为

$$\frac{\mathrm{d}Q}{\mathrm{d}\alpha}=\frac{\mathrm{d}Q_\mathrm{B}}{\mathrm{d}\alpha}=\frac{\mathrm{d}Q_\mathrm{W}}{\mathrm{d}\alpha} \tag{6.59}$$

式中，$\dfrac{\mathrm{d}Q_\mathrm{B}}{\mathrm{d}\alpha}$ 为放热速率；$\dfrac{\mathrm{d}Q_\mathrm{W}}{\mathrm{d}\alpha}$ 为工质向壁面的传热速率。

或

$$Q=Q_\mathrm{B}-Q_\mathrm{W} \tag{6.60}$$

式中，Q_B 为放热量；Q_W 为工质向壁面的传热量。

图 6.35 是一个典型的放热规律曲线。从图 6.35 可以看出，燃烧放热规律一般分为三个阶段。第一阶段，放热速率很低，几乎等于零，这一阶段和燃烧过程的着火延迟期相当，称为着火延迟阶段。第二阶段燃烧放热速率很高，燃烧速度的大小主要决定于着火延迟期的持续时间和在此期间燃油准备的速度，这一阶段称为预混合燃烧阶段，它与燃烧过程的速燃期相对

应。当延迟期累积的准备充分的燃料被烧掉后,缸内的燃烧速度主要决定于新燃料与氧结合形成可燃混合气的速度。由于缸内氧气逐渐减小,燃烧速度逐渐下降,因此第三阶段的燃烧速度部分地受喷射过程的控制,也部分地受混合和扩散过程的控制。该阶段称为扩散燃烧阶段,燃烧过程的缓燃期和后燃期均属于扩散燃烧。

通过大量的研究证明:放热规律、开始放热时间、放热持续时间是燃烧过程的三个主要因素,它们直接影响内燃机缸内工质温度和压力的变化过程,进而影响发动机的各种性能,图6.36表示放热量、开始放热时间、放热持续时间相同,而放热规律不同的缸内压力曲线,从图上可以看出,燃烧放热规律对燃烧过程有重要影响。

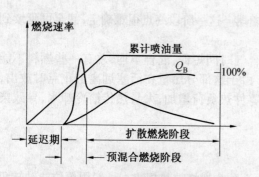

图6.35 典型的放热规律曲线   图6.36 不同放热规律产生的压力变化

随着测试技术的迅速发展以及电子计算机的应用,已经可以根据实测示功图比较精确地计算出发动机的放热规律,成为分析燃烧品质好坏的一种有效方法。同时,结合实验人们制定了各种燃烧模型或燃烧放热规律,用于发动机工作循环的计算和内燃机性能预测。

3. 柴油机燃烧存在的主要问题

(1)混合气形成困难及燃烧不完全

由于柴油馏分重不易蒸发,故将燃油喷射成雾状,使细小的油滴在汽缸内迅速蒸发与空气混合。但因混合时间极短,缸内情况异常复杂,有的地方是燃烧生成的惰性气体,有的地方可能只有空气和过稀的混合气,在混合气过浓以及有燃料液态核心的地方,还会有未蒸发完的燃油、未被氧化的烃、各种中间生成物和碳粒等;在缓燃期,可能还有燃油继续喷入。因此,缸内空气和燃油混合极不均匀,一部分燃油在高温缺氧的条件下不能完全燃烧(见图6.32),致使排气冒烟,经济性下降。为了保证燃油燃烧完全,柴油机均在过量空气系数 $\alpha>1$ 的条件下工作。一般车用柴油机 $\alpha=1.3$ 时,至少有30%的空气未被利用,在产生同样功率的情况下,与汽油机相比工作容积利用率较低,质量、体积较大。更好地组织汽缸内部柴油与空气的混合,是促进燃烧完全的先决条件。长期以来,为此进行了大量的工作,采取的主要措施是加强燃烧后期燃油与空气的混合,改善喷射,加强空气运动等。

(2)燃烧噪声

汽油机在不正常燃烧情况下也可能产生燃烧噪声,但一般情况下所讨论的燃烧噪声问题只限于柴油机。由于柴油机使用较稀的混合气而又达到比汽油机更高的热效率,这就意味着必须有较高的压力升高比使汽缸内产生很高的压力。而当压力升高比 $\dfrac{\Delta p}{\Delta \alpha}$ 值超过 0. 4 ~ 0. 6 MPa/(°)CA 时,就明显地感到有强烈的震声,给人带来难受的感觉,常称为柴油机工作粗暴,从这个意义上说,燃烧噪声是柴油机的一个难以克服的缺陷。

柴油机工作粗暴不但使机件受较大的冲击载荷,影响柴油机寿命,而且产生的噪声也影响人的健康,目前许多柴油机发出的噪声已大大超过环境保护所允许的范围,其中燃烧噪声占有相当大的比例(见图 6.37)。因此要延长柴油机寿命,降低柴油机工作噪声,应尽量减小柴油机工作粗暴程度,使之工作平稳、柔和。

压力升高比主要与压缩比和着火延迟期内形成的可燃混合气数量有关。

着火延迟期越长,着火前积累在汽缸内的燃油量越多,着火后使 $\dfrac{\Delta p}{\Delta \alpha}$ 和 p_z 值越大,柴油机工作

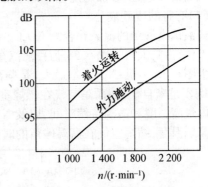

图 6. 37　车用柴油机的噪声

越粗暴。要降低柴油机机械负荷和燃烧噪声应尽量缩短着火延迟期。

减少着火延迟期内喷入汽缸的燃油数量,抑制着火延迟期中可燃混合气的形成,以及降低压缩比,均可降低发动机工作粗暴程度。

(3)排气冒烟

柴油机废气中的碳烟含量不仅降低功率而且污染大气。

碳烟的形成一般认为是燃油在高温缺氧的情况下进行燃烧,致使中间产物 C—C、C—H 裂化聚合成碳,这些碳氧化速度较慢,抑制着燃烧过程的进行,使燃烧时间增长。未燃碳一般还能在随后的燃烧中找到空气进一步燃烧,但如果空气不足或者混合不好,则碳不能燃烧而聚合成碳粒或附于汽缸内壁或随废气排入大气形成柴油机特有的黑烟现象。

碳粒往往在高负荷时发出,如车辆在加速、爬坡时,排气就可能产生黑烟,因为这种工况,α 值较小,空气相对量少。加之燃烧室温度较高,燃油的着火延迟期短,如果氧气不能及时渗透,必然使一部分燃油高温分解成碳烟。

碳烟出现不仅说明燃烧不完全,柴油机经济性下降,同时碳粒附于燃烧室壁成为积碳,引起活塞环和气阀卡死等故障。黑烟还会妨碍交通视线,污染大气,因此不允许柴油机长时间在冒烟状态下工作。

减少碳烟的主要途径是改善混合气形成,如增大过量空气系数,组织合适的空气涡流运动,改善喷射质量等。

除黑烟外,柴油机有时还产生蓝烟和白烟。一般蓝、白烟在寒冷,刚启动、惰转或低负荷运转的柴油机上发生,此时缸内温度低,着火性能不好,燃油不能完全蒸发燃烧,由这些未燃烧或部分氧化的燃料液滴与水蒸气构成的微粒,随废气排出,形成蓝烟或白烟。蓝、白烟之间并没

有严格的成分差异,只是由于微粒直径不同而对光线反射不同,产生不同颜色而已。白烟是由 0.6 μm ~ 1 mm 的颗粒构成的,蓝烟是由 0.6 μm 以下的颗粒构成的。

提高燃烧室温度、减少空气涡流运动以及减小供油提前角等措施均可减少白、蓝烟。但往往与降低黑烟的措施相矛盾。

机油窜入汽缸,参加燃烧也可产生蓝烟。

(4)有害的废气成分

柴油机废气中的氮氧化合物 NO_x(主要是 NO)、各种碳氢化合物 HC 以及 CO,SO_2 等均有害于人体,污染大气。图 6.38 为目前汽车柴油机排出的有害气体成分范围。

由图 6.38 可见:NO_x 含量最大,是柴油机废气中的主要有害成分。它与其他废气成分不同,NO_x 不是来自燃油,而是空气在燃烧室高温条件下,由氧和氮化合而成,其生成量决定于燃烧室内最高温度和高温持续时间,以及 N_2,O_2 的浓度。因此,为降低 NO_x 生成量就必须降低火焰的高峰温度,缩短空气在高温停留的时间,减少过量空气系数 α 等。

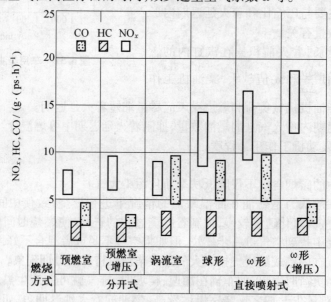

图 6.38　汽油柴油机 HC,NO_x 和 CO 范围

HC 是未燃的燃料、裂解反应的碳氢化合物及少量氧化反应的中间产物(醛、酮等)。它们是由于混合气形成不良、燃烧组织不完善、窜机油等原因引起的。

CO 是燃油不完全燃烧所产生的,主要是在局部缺氧或低温下形成的。

4. 影响燃烧过程的主要因素

(1)燃料性质

燃料的十六烷值高,表明着火性能好,因此,可以缩短着火延迟期,使柴油机工作柔和、平稳。不同的十六烷值对燃烧过程的影响如图 6.39 所示。

　　燃料的其他性质,如黏度、蒸发性能对燃烧也有影响。黏度大、蒸发性不好会影响喷雾质量和混合气形成的速度,降低启动性能,并造成在高温下燃料来不及蒸发,而裂解成碳烟的现象。十六烷值高的燃料黏度大,蒸发性不好,因此十六烷值的选择也不是越高越好,一般以40～60为宜。

　　不同类型的燃烧室对燃料的敏感程度不一样,有的柴油机还能使用多种燃料,在军用上很有意义。

　　(2)压缩比

　　压缩比较大时,压缩终点的温度和压力都比较高,使着火延迟期缩短,减少工作粗暴程度。压缩比对延迟期的影响如图6.40所示。

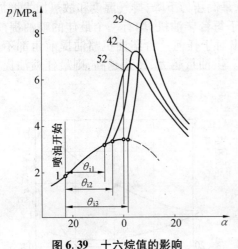

图 6.39　十六烷值的影响

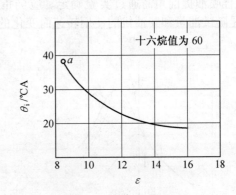

图 6.40　压缩比对延迟期的影响

a—相当于混合气着火所必须的最低压缩比点

　　适当提高压缩比会提高柴油机的经济性和启动性能。但是压缩比也不宜过大。否则又会使最高燃烧压力过分增大,增加曲柄连杆机构的机械负荷,影响发动机寿命。

　　(3)喷雾质量

　　不同类型的燃烧室对喷雾的要求不一样,直喷式燃烧室对喷雾质量要求较高,喷雾质量对燃烧过程有重要影响。

　　油束的贯穿能力要与燃烧室的形状相适应,油束过短,油量集中,容易造成缺氧燃烧,使燃料高温裂化;油束过长,与燃烧室冷壁接触,也不利于燃料的蒸发与混合。因此要适当控制油束的长度。

　　喷雾的细微程度和均匀性也会影响燃烧过程,喷雾均匀而细微,会提高混合气形成的速度,有利于发动机启动和燃料完全燃烧。相反,如果喷雾不均匀或者油滴较大,则会延迟燃料的蒸发过程,使一部分燃料来不及混合燃烧,高温裂化形成碳烟。

　　由于喷雾质量与贯穿度互相制约,因此应通过实验确定合适的喷雾质量和贯穿度。

　　(4)喷油规律

　　喷入汽缸中的燃油量随曲轴转角的变化关系称为喷油规律。

喷油规律主要是通过着火延迟期喷入汽缸的油量和喷油延续时间来影响燃烧过程(见图6.41)。由于着火延迟期不受喷油规律的影响,因此着火延迟期内喷入缸内的油量越多,内燃机工作越粗暴(如曲线1),相反如果喷油延续时间较长,则燃烧过程拖后(如曲线2),使热效率下降。

(5)喷油提前角

喷油提前角是指压缩过程中开始喷油时刻到活塞运行至上止点时刻所对应的曲轴转角。

喷油提前角对燃烧过程的影响如图6.42所示,喷油提前角过大,燃料喷入汽缸时的缸内温度和压力较低,导致着火延迟期长。适当减小喷油提前角,使燃料在更接近压缩终点时喷入汽缸,因为此时缸内压力和温度较高,所以延迟期较短,柴油机工作比较柔和。但喷油过迟,燃烧就会在膨胀过程中进行,导致压力升高比降低,最高压力下降,排气温度和散热损失增加,热效率下降。柴油机工作无力,甚至排烟冒火。对于每台柴油机,均有一个最佳的喷油提前角,这个最佳喷油提前角需通过实验确定。应当指出对于任何一台柴油机喷油提前角都不是常数,而是随供油量和柴油机的使用转速而变化的。供油量越大,转速越高,则最佳喷油提前角也越大。

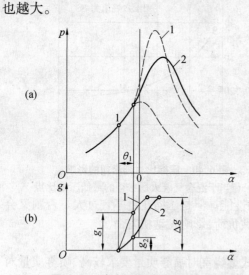

图6.41　喷油规律对燃烧过程的影响

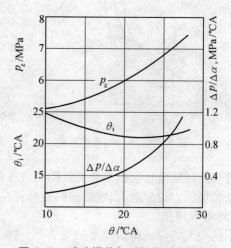

图6.42　喷油提前角对燃烧过程的影响

(6)转速 n

发动机转速变化时,会引起充气系数、缸内空气涡流运动、燃料雾化质量和燃烧室热状况的变化,因而也会引起着火延迟期和燃烧放热速度的变化。同时在供油提前角不变的情况下,转速改变,又会使燃料喷入汽缸的规律改变。

随着转速的上升,喷油压力上升,使雾化质量提高,缸内空气涡流变强,压缩行程终点的压力和温度上升,燃烧室壁面温度也有所提高。这些因素都使以时间计的着火延迟期 τ_i 缩短,同时,由于转速提高,实际允许燃料燃烧所用的绝对时间也相对缩短,两者相比 τ_i 缩短的程度比转速增加的程度小,所以以曲轴转角计的着火延迟期 θ_i 却是增加的(见图6.43虚线)。

与 τ_i 缩短的原因类似,随着转速的上升,燃料的燃烧速度也是增加的。但燃烧速度增加的程度也比转速增加得慢,所以,按曲轴转角计,燃烧过程占的角度是增加的。

另外,随转速的上升,燃料喷入汽缸的时刻将后移,喷油延续角增加,喷油终止点也要后移,喷油规律发生了变化,这是使燃烧过程滞后的又一原因。

综上所述,当其他条件和供油提前角不变时,如果在某一转速(例如在使用转速)燃烧过程的进展恰到好处,则当转速上升时,因为燃料喷入角推迟、着火延迟期 θ_i 增加、燃烧过程所占曲轴转角相对增大,将使整个燃烧过程所占曲轴转角相对增大,将使整个燃烧过程推迟,出现燃烧不及时,最高压力 p_z 下降。当转速很高时,燃烧将较大地拖到膨胀线上进行,加之充气系数的下降,使燃烧严重恶化,以至出现排烟和排火现象,这也正是限

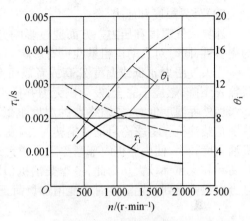

图 6.43 n 对 θ_i 和 τ_i 的影响
实线—涡流室式燃烧室
虚线—直接喷射式燃烧室

制柴油机转速提高的原因之一。为了改变这种情况,有些发动机在喷油泵传动轴处装有供油提前角自动调节器,当转速升高时,自动增加供油提前角,使燃烧过程前移,以改善燃烧过程的进展。

对于在汽缸内气流组织得比较好的分开式燃烧室柴油机,随着转速上升,空气涡流大大加强,所以 θ_i 变化不大(见图 6.43),燃烧过程不致太拖后,因此,转速变化对其燃烧过程的影响不像直接喷射式燃烧室柴油机那样敏感。

(7)负荷

负荷变化时,喷入汽缸中的燃油量也改变。当负荷增大时,喷油量多,使发动机温度上升,所以着火延迟期短(见图 6.44),发动机工作显得柔和。但是由于喷油量增加使喷油延续角增加,会使燃烧所占的时间加长。同时由于 α 的减小和 η_v 的降低,结果使燃烧过程有所恶化,表现为排黑烟甚至排火。

(8)密封性

随着使用期的增长,随着活塞组、缸套、气门和气门座的磨损,汽缸的密封性会逐渐变差,产生严重的漏气。

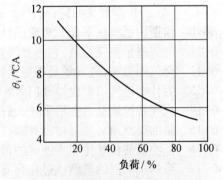

图 6.44 负荷对着火延迟期 θ_i 的影响

漏气使压缩行程终点的温度和压力都低,着火延迟期增长,使发动机工作粗暴。同时,漏气会使过量空气系数 α 减小,导致燃烧不完全;加上膨胀过程的漏气,又会使膨胀功减小,两者都会热效率下降。

（9）外界温度和压力

外界大气温度和压力一方面通过影响充气系数 η_v 每循环汽缸的实际充量影响燃烧过程的完善性，同时对发动机粗暴性也有影响。

当大气压力 p_0 低或温度 T_0 高或者兼而有之时，将使 η_v 降低或进气量不足，导致过量空气系数 α 下降，燃烧不完全，发动机无力并排黑烟。

当外界温度低时，压缩终点的温度也低，使着火延迟期变长，因而发动机的粗暴性增加。特别是柴油机在冬季冷启动或惰转时，因发动机本身和外界温度都低，着火延迟期长，而此时机油黏度较大，使内燃机内部摩擦阻力增大，尽管无负荷，循环喷油量仍较大，因此燃烧时压力升高率和噪声都较大。为此，冬季柴油机(12150L)规定低于 5 ℃启动发动机时应进行加温，且当水温升高到一定温度时才能增加负荷正常使用。

复　习　题

6-1　试说明汽油机产生爆燃的原因、危害及预防措施。

6-2　试分析引起理论循环与实际循环差别的主要原因。

6-3　四冲程柴油机燃烧过程是如何进行的？分析影响燃烧过程的因素有哪些？

6-4　试说明开式燃烧室的特点及对发动机性能的影响。

6-5　何谓平均有效压力 p_e，它说明什么问题，其大小受哪些因素影响？

6-6　何谓指示热效率 η_i，它说明什么问题，其大小受哪些因素影响？

6-7　机械损失包括哪些内容，平均机械损失压力 p_m 的大小受哪些因素影响？

6-8　何谓机械效率 η_m，受哪些因素影响？如何影响？

6-9　η_i/α 的物理意义如何，为什么 η_i 和 α 常放在一起论讨？

6-10　何谓内燃机热平衡？它说明什么问题？

6-11　何谓过量空气系数，它与充气系数有何关系？

6-12　充气系数高，进气量是否一定多？

6-13　为什么进气门都比排气门大？

6-14　配气相位错乱后会带来什么后果？

6-15　供油提前角对燃烧过程有哪些影响，如何确定适宜的供油提前角？

6-16　柴油机的粗暴性和汽油机的爆燃是否相同，它们各自对内燃机工作的影响如何？

6-17　柴油机和汽油机燃烧过程有哪些不同？

6-18　哪些因素会使柴油机排黑烟？

6-19　为什么冬季启动冷发动机时不能立即加大负荷？

6-20　快到使用期的柴油机为什么排黑烟严重？

6-21　转速对燃烧过程有何影响？

6-22　为什么柴油机的转速一般都低于汽油机的转速？

第7章 内燃机特性

7.1 概　　述

内燃机的性能指标(有效功率 N_e、有效扭矩 M_e、有效燃料消耗率 g_e 等)随工作状况(转速 n、负荷等)而变化的规律,总称为内燃机特性。这种变化规律若用曲线形式表示,则称为内燃机的特性曲线。特性曲线是评价内燃机性能的一种简单、方便、必不可少的形式。根据特性曲线,可以合理地选用内燃机,并能更有效地利用它。了解形成特性曲线的原因以及影响它变化的因素,就可以按需要的方向改造它,使内燃机性能进一步提高,并设法满足使用要求。

7.1.1　内燃机特性的分类

内燃机特性是通过实验求得的,为了不同的目的,在实验中可以取不同的自变量,求出各性能指标和工作参数随选定自变量的变化关系。根据选定自变量的不同,对于车辆用内燃机,常用内燃机特性有以下几种。

1. 速度特性

当加油踏板在某一供油位置不变时,有效功率 N_e、有效扭矩 M_e、有效燃料消耗率 g_e 随转速 n 的变化规律,称为速度特性。当加油踏板位置一定,排挡不变,自行火炮在不平地面行驶时,由于外界阻力的变化而引起内燃机转速的变化,此时 N_e,M_e,g_e 也随之变化,则内燃机按速度特性工作。固定在最大油门位置时的速度特性称为外特性;固定在任一部分油门位置时的速度特性称为部分特性。

2. 负荷特性

当内燃机转速不变时,有效燃料消耗率 g_e 随负荷(平均有效压力 p_e,M_e,N_e)的变化规律,称为负荷特性。

3. 万有特性

万有特性也称为综合特性或多参数特性。因为速度特性和负荷特性只表示内燃机在某一固定油门位置或某一指定转速下工作时性能指标的变化规律,自行火炮内燃机工况变化范围很广,需要有一系列的速度特性和负荷特性才能全面反映内燃机在各种工况下的指标变化,这在使用时是不方便的。为了能在一张图上全面表示内燃机的性能,经常应用多参数的特性曲线,这就是万有特性。

4. 调整特性

内燃机性能指标或工作参数随发动机某一调整参数(如供油提前角、开始喷油压力、水温、油温等)变化的规律,称为调整特性。调整特性是一个总称,具体名称由调整参数而定,如供油提前角调整特性。

上述内燃机特性中,应用最广泛的是速度特性和负荷特性。

7.1.2 内燃机运转工况

内燃机都要带动从动机(车辆、船舶、发电机、水泵等)工作,当转速稳定时,内燃机的功率应等于从动机所消耗的功率;内燃机的扭矩应等于从动机的阻力矩。因此,内燃机的运转工作状况必然决定于从动机的大小和类型。根据从动机的类型不同,内燃机工况大致可分以下三类:

第一类工况:内燃机功率变化,但转速 n 几乎保持不变,称为固定式发动机工况。例如内燃机带动发电机、压气机等从动机,其转速由调速器保证基本不变,而功率则随从动机负荷的大小可以从零变到最大。这种工况可用图 7.1 中的垂线 1 表示。

第二类工况:内燃机功率与其转速有一定的函数关系 $N_e = f(n)$,如图 7.1 中曲线 2 所示。这种函数关系随从动机的不同而不同。一般常见的是 $N_e = kn^3$,其中 k 为比例常数。内燃机带动螺旋桨(船舶、飞机)工作时,即按这一工况运行,故这一工况又称螺旋桨工况或螺旋桨特性。

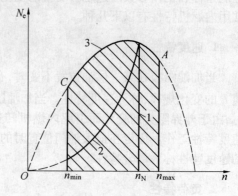

图 7.1 内燃机工况

第三类工况:功率和转速都可独立地在很大范围内变化,它们之间没有特定的关系。在图7.1中,内燃机可在 $n_{max}-A-C-n_{min}$ 所包围的面积中任一点所表示的工况下工作。车用内燃机都按这一工况工作。其运行情况是,转速决定于行车速度,可以从低转速变到很高的转速;功率则决定于行驶阻力,在任一转速下,功率都可从零变到全负荷(该转速下的最大功率)。

7.2 负荷特性

从动机施加给内燃机曲轴输出端的阻力矩 M_B 称为负荷,转速稳定时,$M_e = M_B$,所以内燃机扭矩 M_e 也称为内燃机负荷。因平均有效压力 p_e 与 M_e 成正比,所以 p_e 也可表示内燃机负荷。当内燃机转速保持不变时,有效功率 N_e 和有效扭矩 M_e 成正比,所以 N_e 也可表示负荷。

保持内燃机转速不变,有效比油耗 g_e、燃料消耗量 G_T 和其他性能参数随负荷的变化关系称为负荷特性。当车辆要以某一不变的速度沿阻力变化的道路行驶时,必须及时改变油量调节机构来调节有效扭矩,以适应外界阻力变化,这时内燃机就按负荷特性工作。

负荷特性是由实验求得的,实验中,选定转速 n,用改变油量调节机构的方法来适应负荷的变化以保持转速不变,并测出有关数据。为了较全面地了解内燃机性能,应在内燃机工作范围内按一定转速间隔,测出一系列转速时的负荷特性。

负荷特性是发动机的基本特性。利用负荷特性可查明以下指标:
①确定在指定转速下的最大许用负荷;
②确定最低比油耗及其负荷;
③确定能经济工作的负荷范围。

7.2.1　柴油机的负荷特性

1. 主要参数变化规律分析

图 7.2(a) 为一些主要性能参数,如充气系数 η_v、机械效率 η_m、指示热效率 η_i 和过量空气系数 α 随负荷 p_e 的变化关系。

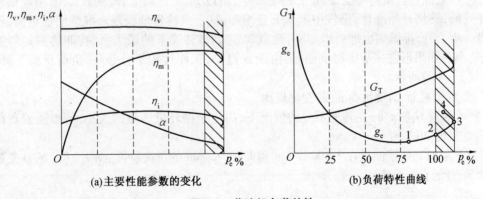

(a)主要性能参数的变化　　　　　　　(b)负荷特性曲线

图 7.2　柴油机负荷特性

(1)充气系数 η_v 的变化

柴油机靠改变供油量来改变负荷,因此,在转速不变的情况下,充气系数 η_v 随负荷 p_e 的变化不明显。一般随负荷的增加,因进气加温的程度逐步有所提高,η_v 随 p_e 的增加略有下降。

(2)过量空气系数 α 的变化

随着负荷的增加,循环供油量逐渐增大,而 η_v 又略有减小,故 α 随着 p_e 的增加明显地减小。

(3)机械效率 η_m 的变化

机械效率可表达为

$$\eta_{\mathrm{m}} = 1 - \frac{p_{\mathrm{m}}}{p_{\mathrm{i}}} = 1 - \frac{p_{\mathrm{m}}}{p_{\mathrm{e}}+p_{\mathrm{m}}}$$

在发动机转速不变的情况下,p_{m}基本不变,由此可得出,随着负荷p_{e}的增加,机械效率η_{m}是增加的。

(4)指示效率η_{i}的变化

对于柴油机,η_{i}随p_{e}的变化并不显著,一般在中等负荷时η_{i}较高。小负荷时,由于混合气形成质量差,相对传热损失大,故η_{i}下降。大负荷时,由于α小,燃烧完善性变差,所以η_{i}也下降。

2. 负荷特性曲线分析

图7.2(b)为在某一转速下柴油机的负荷特性曲线,表示了g_{e},G_{T}随负荷的变化关系。

(1)比油耗g_{e}随负荷p_{e}的变化规律,取决于指示热效率η_{i}及机械效率η_{m}的变化规律,因为

$$g_{\mathrm{e}} = \frac{3.6 \times 10^{6}}{H_{\mathrm{u}} \eta_{\mathrm{i}} \eta_{\mathrm{m}}}$$

当采用燃料一定时,H_{u}是常数,故g_{e}只决定于η_{i}和η_{m}的乘积。

当负荷$p_{\mathrm{e}} = 0$时,$\eta_{\mathrm{m}} = 0$,所以$g_{\mathrm{e}} = \infty$。以后随着负荷的增加,$\eta_{\mathrm{i}}\eta_{\mathrm{m}}$也增加,使$g_{\mathrm{e}}$逐渐下降,至点1,$g_{\mathrm{e}}$达最低点。负荷再增加,$\eta_{\mathrm{i}}\eta_{\mathrm{m}}$逐渐减小,所以$g_{\mathrm{e}}$又开始上升,到点2,因循环供油量较大,$\alpha$较低,燃烧开始恶化,排气中黑烟明显增加,这一点称冒烟极限。继续增加负荷,比油耗g_{e}进一步上升,排黑烟也进一步加剧,至点3,达到该转速下的最大负荷,即达到该转速下的极限功率。如果再进一步增加供油量,由于α过小,工作过程十分恶化,负荷反而下降,如图中曲线3~4段所示。

(2)燃料消耗量G_{T}随负荷p_{e}的变化规律

燃料消耗量G_{T}(kg/h)在转速不变的情况下,决定于循环供油量的大小,所以随着负荷的增加,G_{T}也是增加的。

图7.3为6135Q柴油机在1 800 r/min和1 200 r/min的负荷特性,图7.3(a)的自变量为p_{e},图7.3(b)的自变量为N_{e}。

7.2.2　汽油机的负荷特性

汽油机用改变进入汽缸混合气量的方法来调节负荷,负荷大时,节流阀开度大,进入汽缸中的混合气多。因此,随着负荷的变化,η_{v},α和η_{i}都有较大的变化,与柴油机有明显的区别(见图7.4)。

1. η_{v}随负荷的变化

在满负荷($p_{\mathrm{e}} = 100\%$)时,节流阀全开。随着负荷的减小,节流阀开度逐渐变小,所以η_{v}随

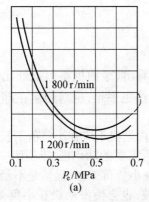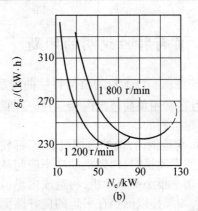

图 7.3　6135Q 负荷特性

着负荷的减小迅速降低。

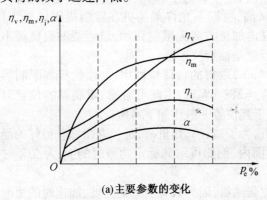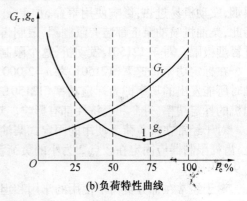

(a)主要参数的变化　　　　　　　(b)负荷特性曲线

图 7.4　汽油机负荷特性

2. α 随负荷的变化

在大负荷时,$\alpha = 0.85 \sim 0.95$,以获得高的燃烧速度,充分利用空气,提高动力性能;在中等负荷时,$\alpha = 1.05 \sim 1.15$,空气相对量大,以获得完全燃烧,提高经济性。在小负荷时,$\alpha = 0.6 \sim 0.8$,以使内燃机在缸内废气量相对较多和燃料挥发不良的情况下获得稳定燃烧。

3. η_i 随负荷的变化

在中等负荷,因 α 较大,经济性高,所以 η_i 较大。而在大负荷和小负荷,η_i 都低。

汽油机比油耗 g_e 也决定于 η_i 和 η_m 的乘积。从 $p_e = 0$ 开始,随着 p_e 的增加 $\eta_i\eta_m$ 是增加的,所以 g_e 很快下降,至点 1 达到最低值。以后随着 p_e 的增加,由于 η_i 下降,又使 g_e 上升。

7.2.3　负荷特性说明的问题

(1)对比柴油机和汽油机的负荷特性曲线后可以看出,柴油机不但最低比油耗 g_{emin} 比汽油机的低,而且在常用负荷范围内,$g_e = f(p_e)$ 曲线比汽油机平坦,这对经常在部分负荷使用的车用内燃机是很有利的。

(2)在小负荷范围内,两类内燃机的 g_e 都较大,故内燃机不应在小负荷下长期使用。当为某一从动机选用发动机时,内燃机的功率应与从动机所需要的功率匹配。用一台大功率内燃机带一台所需功率很小的从动机,将造成内燃机长期在小负荷工作,显然是不经济的。对自行火炮使用来说,如果挂以低挡在平坦的良好路面上行驶,也会使发动机在小负荷工作,因此使用中应尽量避免。

(3)对于柴油机,负荷超过冒烟极限(点2)时,由于 α 过小,燃烧不完全,废气中出现大量黑烟,发动机易过热,影响使用寿命,加上 g_e 又高,所以不允许柴油机在冒烟极限以外工作。为此,柴油机喷油泵上都装有限制器,限制齿杆向加油方向无限制移动,以使柴油机负荷不超过冒烟极限。对于12150L发动机,这个限制器就是油量校正器。

在标定功率转速下(12150L 为 $n = 2\,000$ r/min)取得的负荷特性中,加油齿杆与限制器接触时所能发出的功率即为标定功率(12150L,$N_e = 382$ kW)。由此可看出,限制器的位置对柴油机的标定功率、寿命和经济性都有影响。对于其位置一般作如下考虑:

对于经常在大负荷下使用的固定式柴油机,为了减轻其热负荷、延长寿命和获得好的经济性,齿杆限制器应固定在较点2为小的负荷范围内,例如可取其标定功率时的 p_e 为点2时 p_e 的90%。

对于经常在部分负荷下使用的车用和坦克柴油机,因为只有当车辆上坡、加速时的短时间内需要发出标定功率,故齿杆限制器一般固定在点2对应的负荷处,以获得较大的功率储备。

(4)对同一柴油机在不同转速下冒烟极限点对应的负荷(p_e,M_e)是不同的。以 n 为横坐标,以 p_e 为纵坐标,将各转速下所测得的负荷特性中的冒烟极限点2对应的 p_e(见图7.2)标出并连起来,则可得到如图7.5中所示的曲线2,称柴油机的冒烟特性。图7.5说明,转速高时,由于燃烧不及时,同样的冒烟情况,允许的循环供油量少,所以 p_e 或 M_e 也低。

设当柴油机转速为 n_N 时,由点2对应的 p_e 计算出的功率为标定功率,这时如果将加油齿杆限死,则随着转速的下降,由于:

① 转速下降,燃烧过程不及时性减小;

② 油泵特性使循环供油量 Δg 在低于某一转速后开始减小;

③ 充气系数增加等原因,使 p_e 随转速下降的变化曲线1,偏离曲线2。这样一来,在转速低于 n_N 时,p_e 或 M_e 将随转速下降变化平坦,没有充分发挥出柴油机的动力性能。为改变柴油机在转速低于 n_N 时的动力性,柴油机喷油泵一般都装有油量校正器,使循环供油量在一定转速范围内随转速下降而增加,以获得接近冒烟特性(曲线2)的曲线3。具体校正方法见7.3节。

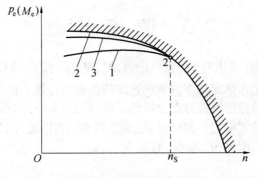

图 7.5　柴油机冒烟特性

7.2.4　负荷特性的使用意义

1. 发动机工作的经济性

通过负荷特性曲线可以了解在一定转速下有效燃料消耗率 g_e 与有效功率的变化关系及工作最经济点 g_{emin}。

在任何转速下小负荷(小油门)工作都是不经济的;在超负荷(超过冒烟极限点 2,如图 7.2 所示)下工作,不仅经济性差而且对发动机寿命有影响。

在最经济点 1 附近和点 1 与点 2 之间的负荷范围内,有效燃料消耗率 g_e 较小,而且随负荷的变化不大。即在负荷变化较广的范围内,能保持较好的经济性。这对于负荷变化频繁的自行火炮发动机来说是非常有利的。

驾驶时,应根据地形,选择适宜的排挡,在较大油门下(80% 以上)保持使用转速(1 600 ~ 1 800 r/min)下工作。即相当于在负荷特性曲线的点 1 与点 2 之间工作,此时经济性较好,功率较大。

2. 确定各转速下的最大有效功率和最大循环供油量

通过负荷特性曲线(g_e-N_e 曲线)可以确定各种转速下所达到的最大有效功率和最大循环供油量。一般根据需要按点 1 到点 2 之间所对应的有效功率确定。从测绘的 12150L 发动机在 2 000 r/min 的负荷特性曲线了解到,点 1 最经济,但此点功率较小,故最大有效功率不在此点。在点 1 到点 2 之间,有效功率 N_e 增加,有效燃料消耗率稍有上升,使经济性有所降低,但有效功率 N_e 增加较快。为了得到较大的功能指标,可以牺牲较小的经济性。为此发动机的最大有效功率 N_{emax} 和最大循环供油量就确定在最经济点 1 与冒烟极限点 2 之间,靠近冒烟极限点 2。这时的循环供油量是由高速限制螺钉和油量校正器加以限制。因此,在使用中不能随便拧动高速限制螺钉和油量校正器,以免影响发动机的有效功率和经济性。

7.3　速　度　特　性

内燃机油量调节机构(或齿杆)位置一定时, N_e, M_e, g_e 和 G_T 随转速 n 的变化关系称速度特性。油量调节机构固定在标定功率位置的速度特性称外特性。油量调节机构固定在标定功率以下任何其他位置时的速度特性称部分特性。外特性只有一个,而部分特性则有无限多个。

速度特性也是由实验求得的。测试时,把油量调节机构固定,用改变负荷的方法来改变发动机转速,待转速稳定后,测出 M_e 及 G_T,算出 N_e 及 g_e。

7.3.1　外　特　性

外特性又称全负荷速度特性,它代表内燃机在使用中允许达到的最高性能,直接关系到车辆的动力性能,所以最为重要。图 7.6 为外特性曲线,图中 n_N 为内燃机标定功率转速,n_g 为最低比油耗转速,n_M 为最大扭矩转速,n_{min} 为最低转速。因加油踏板踏到底的位置只有一个,所以 M_e, N_e, G_T 和 g_e 随 n 的变化曲线(外特性曲线)也各只有一条。它表明了内燃机在各种转速下可能达到的最大功能指标,在其他油门位置下不可能超出这些特性曲线的界限之外,可以根据它来评定内燃机的动力性能。

1. 外特性曲线的变化规律

外特性中四个性能指标 N_e, M_e, g_e 和 G_T 之间有着密切的关系。根据公式(6.22)有

$$N_e = \frac{M_e n}{9\,549}$$

所以只要得出 $M_e = f(n)$, $N_e = f(n)$ 就可很容易求得,又因

$$g_e = \frac{G_T}{N_e} \times 1\,000$$

所以只要求得 $G_T = f(n)$, $N_e = f(n)$, $g_e = f(n)$ 也就求出了。下面重点分析 M_e 和 g_e 随转速 n 的变化关系。

(1)有效扭矩 M_e 随转速的变化

由公式(6.40)知

$$M_e = 7.958 \times 10^{-2} H_u i \Delta g \eta_i \eta_m \qquad (\text{N} \cdot \text{m})$$

对于采用一定燃料的已有内燃机,上式可简化为

$$M_e = c \Delta g \eta_i \eta_m$$

式中 c 为常数。

由上式看出,影响 M_e 的因素是循环供油量 Δg、指示热效率 η_i 和机械效率 η_m。它们都是随 n 而变化的(见图 7.6(a))。

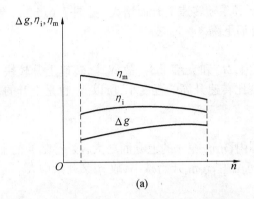
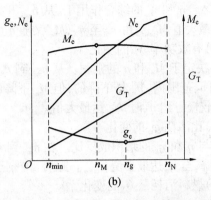

图 7.6　柴油机外特性

①循环供油量 Δg 随转速 n 的变化

循环供油量随转速的变化决定于喷油泵的油泵特性。喷油泵控制机构(加油齿杆)位置不变,即柱塞不转动,Δg 随转速 n 的变化规律称油泵特性。如 4.2 节所述,实际循环供油量小于理论供油量,由于以下原因,实际供油量 Δg 又随转速而变。

a. 节流作用:节流作用使实际供油量 Δg 增加,内燃机转速越高,节流作用越强烈,这一因素使 Δg 随 n 的上升而增加;

b. 充油影响:柱塞下行打开柱塞套上两孔至上行关闭此两孔时间内,喷油泵油道内燃料在输油泵压力作用下充入柱塞筒内。转速升高时,充油的时间缩短,特别在高速时会出现充油不足,致使 Δg 随转速上升而下降;

c. 漏油影响:漏油使 Δg 减小,随转速上升,漏油时间短,所以 Δg 增加。

综合上述各因素影响,从低转速至 n_1(见图 7.7),Δg 逐渐上升,至 n_1 达最大值,此后又随转速上升而下降。如果 n_1 在发动机工作转速以外,则在整个发动机工作转速范围内,Δg 都是随转速上升而增大的。

②指示热效率 η_i 随转速的变化

η_i 主要与燃烧的完善程度和热损失大小有关。n 低时,由于喷油压力低,喷雾不良,涡流弱及 η_v 低,使燃烧完善性差。同时由于每一工作循

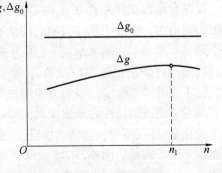

图 7.7　油泵特性

环占时间长,散热损失增加,所以 η_i 较低。在高速时,由于使燃烧过程所占曲轴转角增大,燃烧过程拖后,加之 η_v 也低,故也使 η_i 下降。上述两方面综合影响,使 η_i 在某一中间转速达最大值。

③机械效率 η_m 的变化

η_m 随 n 的上升是下降的,见式(6.18)。

在 Δg，η_i 和 η_m 的综合作用下，从 n_{min} 开始至 n_M，M_e 随转速上升而增大(见图 7.6(b))，至 n_M 时达最大值 M_{emax}；由 n_M 至 n_N，M_e 又随 n 的上升而下降。

(2)有效功率 N_e 的变化

N_e 决定于 M_e 和 n 的乘积。从 n_{min} 到 n_M 范围内，M_e 和 n 都上升，故 N_e 随转速上升较快。在 n_M 到 n_N 范围内，M_e 是下降的，但 M_e 下降的程度比转速升高的程度小，所以 N_e 也是上升的，但上升较慢。到 n_N 时，N_e 达最大值。

(3)比油耗 g_e 的变化

g_e 与 η_i 和 η_m 的乘积成反比。在 n_{min} 到 n_g 范围内，$\eta_i\eta_m$ 随 n 的上升而增大，故 g_e 随 n 的上升而下降，至 n_g 达最小值 g_{emin}。此后，在 η_g 至 η_N 范围内，$\eta_i\eta_m$ 开始减小，故 η_g 又开始增大。

(4)燃料消耗量 G_T 的变化

由于 $G_T = N_e g_e/1\,000$，所以在 n_{min} 到 n_N 之间，G_T 随 n 的上升持续增加。

2. 柴油机工作的适应性

(1)适应性系数

柴油机沿外特性工作时，M_e 随转速的变化规律对车辆性能有很大影响。图 7.8 中曲线 1，2 为两台不同柴油机扭矩 M_e 的变化规律，前者随转速下降 M_e 迅速增大，且达扭矩最高点时的转速 n_{M1} 低；后者 M_e 随转速下降增加缓慢，最大扭矩低，对应的转速 n_{M2} 比前者高。

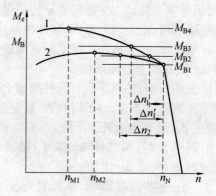

图 7.8　柴油机的适应性

设两台柴油机原来都在 n_N 时稳定工作，当外界阻力矩由 M_{B1} 增加到 M_{B2} 时，两台柴油机转速分别下降 Δn_1 和 Δn_2，$\Delta n_1 < \Delta n_2$。当阻力矩变化至 M_{B3} 时，第一台柴油机转速改变 $\Delta n_1'$，而第二台柴油机已不能继续工作了。当阻力矩增加到 M_{B4} 时，第一台柴油机仍可在 n_{M1} 下工作。

两台不同扭矩特性的柴油机对比说明：前者对外界阻力矩变化时的适应性好，即 M_B 增大，转速变化小，且在不更换排挡的情况下，柴油机克服外界阻力矩的潜力大，因而车辆行驶速度可提高。后者的适应性差，M_B 增大时转速变化大，且 M_B 增加不大时，转速就会降低至最大扭矩转速 n_{M2}，这时就要及时更换低挡，否则柴油机就要熄火。由此可见，M_e 按曲线 2 变化时，车辆平均行驶速度将降低。

柴油机适应性的好坏用适应性系数 K 来评定：

$$K = \frac{M_{emax}}{M_N} \tag{7.1}$$

式中，M_{emax} 为最大扭矩，N·m；M_N 为标定功率时的扭矩，N·m。

K 值越大，适应性越好。自行火炮发动机适应性系数 K 一般在 1.10～1.25 之间。

　　发动机沿外特性工作时,车辆行驶速度由高到低的连续变化靠更换排挡和在某一排挡中发动机转速由 n_N 至 n_M 的连续变化来保证。显然, n_N 与 n_M 的差值大,排挡的数目就可少一些。因此要求 n_N 与 n_M 有一定比例,这个比例称转速储备系数,用 λ 表示:

$$\lambda = \frac{n_N}{n_M} \tag{7.2}$$

式中, n_N 为标定功率转速; n_M 为最大扭矩转速。

　　车用柴油机 λ 在 1.4 ~ 2.0 之间。

　　这里应指出,有的资料称 K 为扭矩储备系数,而适应性系数则定义为 K 和 λ 的乘积。

　　(2)提高适应性系数的措施

　　在外特性曲线图中(见图 7.6)可看出,欲使 K 值增大(见式 7.1),最有效的方法是改变 $\Delta g (M_e = c \Delta g \eta_i \eta_m)$ 随转速的变化规律,即随着柴油机转速的降低,使 Δg 增大,从而也使有效扭矩 M_e 在较大的转速范围内随转速下降而增大。结果 M_{emax} 增大,即 K 增大,同时 n_M 也有所下降。这一方法称油量校正。在转速低于 n_N 时增大 Δg,并不会引起燃烧过程的恶化,这已在 7.2 节和图 7.5 中说明。

　　油量校正最常用的方法是在喷油泵上安装弹簧式油量校正器。

　　内燃机在标定工况工作时,加油齿杆处于标定功率位置。如前节所述,柴油机喷油泵上都装有油量限制器以防止柴油机在冒烟极限以上的负荷下工作。如果油量限制器只是一个刚性挡块,加油齿杆在标定功率的位置就是极限位置,如外界阻力矩增加导致转速下降,循环供油量无法增加,扭矩曲线则平坦。如果用弹簧式油量校正器代替刚性挡块,则可起到校正油量的作用。

　　图 7.9 为油量校正器示意图。在弹簧预紧力作用下,挡座与挡座套之间有一定间隙。标定工况时,加油齿杆与校正器挡座套刚接触。随负荷增加,发动机转速降低,加油齿杆在调速器作用下克服校正器弹簧顶紧力向加油方向移动,从而实现随转速降低增大供油量的目的。当挡座套与挡座之间的间隙消失后,加油齿杆达极限位置,此后转速再降低,按油泵特性工作, M_e 呈下降趋势。

　　图 7.10 为校正后的外特性扭矩曲线。由于油量校正弹簧有一定预紧力,因而油量校正过程开始于点 B,即调速器作用于加油齿杆的力大于弹簧预紧力时才开始增加供油量。

　　最大循环油量受冒烟极限的限制。冒烟极限随转速的变化如图 7.5 所示。随着 n 自标定转速降低, η_v 有所增加,燃烧也比较及时,同样的冒烟情况允许的循环供油量多,冒烟极限负荷也大。为了充分利用缸内空气,提高发动机动力性,校正后的扭矩曲线应尽量靠近冒烟极限。

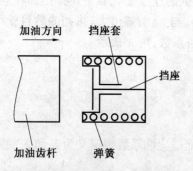

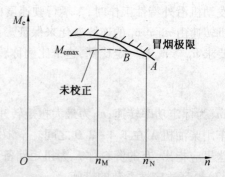

图 7.9　油量校正器示意图　　　　　图 7.10　校正后的外特性扭矩曲线

柴油机安装油量较正器后 K 值可由 1.10 左右提高到 1.25 左右。

油量校正器的作用只有在油门踩到底时才有意义,因为油门未踩到底时,遇到外界负荷增大,可通过加大油门的方法提高扭矩。

经油量校正后的外特性称校正外特性。

图 7.11 为 12150L 柴油机校正外特性曲线图,由于该柴油机喷油泵装有弹簧式油量校正器,使 Δg 随转速下降显著增大,M_e 也从 n_N 开始随转速下降明显增大,到 n_M 达最大值。结果 K 值显著增大。

$$K = \frac{M_{emax}}{M_N} = \frac{2\ 254}{1\ 824} \approx 1.24$$

(a)

(b)

图 7.11　12150L 内燃机校正外特性(带有弹簧油量校正器)

7.3.2　部分特性

　　油量调节机构(齿杆)固定在标定功率以下的任何其他位置的速度特性称柴油机的部分特性,由于部分特性循环供油量 Δg 小于外特性的循环供油量,所以与外特性比较有以下显著差别(见图7.12):

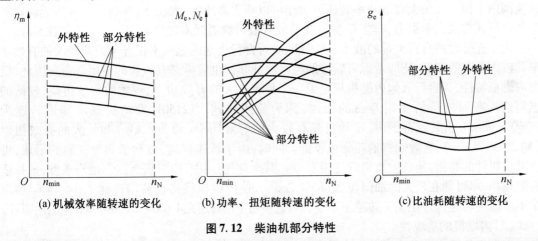

(a) 机械效率随转速的变化　　　(b) 功率、扭矩随转速的变化　　　(c) 比油耗随转速的变化

图 7.12　柴油机部分特性

　　(1)机械效率 η_m 低。机械效率 $\eta_m = 1 - \dfrac{p_m}{p_i}$,在部分特性时,机械损失压力 p_m 基本上与外特性时相同,而平均指示压力 p_i 却因 Δg 的减小而下降,所以部分特性 η_m 低于外特性的 η_m。$\eta_m = f(n)$ 曲线在外特性同名曲线下方,且大致平行。

　　(2)有效扭矩低。因为 $M_e = c \Delta g \eta_i \eta_m$,其中 η_i 变化不大,而 Δg,η_m 都低,所以 M_e 也下降。$M_e = f(n)$ 曲线也在外特性同名曲线下方,也大致平行。

　　(3)有效功率低。因功率 $N_e = M_e \cdot n/9\,549.3$,而 M_e 下降,所以 $N_e = f(n)$ 曲线也在外特性同名曲线下方。

　　(4)比油耗 g_e 高。g_e 与 $\eta_i \eta_m$ 成反比,因部分特性的机械效率 η_m 低,所以 g_e 高于外特性时的 g_e。$g_e = f(n)$ 曲线在外特性同名曲线上方,且大致平行。

7.3.3　速度特性的使用意义

　　分析了内燃机的速度特性,联系自行火炮内燃机的使用实际,得出速度特性的使用意义如下:

　　(1)外特性上显示了发动机的最大工作性能

　　从外特性曲线可以看出内燃机的最大工作性能,即最大有效功率、最大有效扭矩、小时耗油量和有效燃料消耗率是多少,以及相应的转速。内燃机在正常使用中任何转速的有效功率、有效扭矩都不会超过外特性曲线的数值。只有按外特性工作,才能发挥内燃机的最大工作性能。

(2)内燃机的工作范围应在最大有效功率转速 n_N 与最大有效扭矩转速 n_M 之间,并力求保持在使用转速。

对自行火炮发动机来说,从最大有效功率转速到最大有效扭矩转速的范围不能太小。在此转速范围内,有效功率和有效扭矩较大,而且有效燃料消耗率较低,所以,发动机尽可在此转速范围内工作。在最大有效功率转速下工作可以获得高速度、大功率;在最大有效扭矩转速下工作可以获得最大牵引力(排挡不变);在最低有效燃料消耗率转速 n_{ge} 下工作,经济性最好。

为了充分发挥自行火炮的战术、技术性能,对自行火炮内燃机不仅应考虑有较大的有效功率和较大的有效扭矩,还应考虑有较好的经济性,同时,也应考虑有较长的使用寿命。因此,根据内燃机特性,为自行火炮内燃机规定了一个具有较大的有效功率、较大的有效扭矩、较低的燃料消耗率和较长的使用寿命的转速,称为使用转速。12150L 发动机规定使用转速为 1 750 r/min,在此转速范围内,发动机具有较大的有效功率(约 368 kW)和较大的有效扭矩(约 2 058 N·m),有效燃料消耗率也较低。同时,由于转速较高,有利于润滑油膜的形成,可以减少机件的磨损,延长发动机的使用寿命。因此,在使用中,应根据道路和地形条件,选择适宜的排挡,尽可能在较大的油门位置(85% 以上),使内燃机保持在使用转速工作。实际使用中不可能使转速保持在某一转速下不变,所以,使用中使转速在 1 600 ~ 1 800 r/min 范围内即可。

(3)内燃机的适应性

内燃机的适应性是指发动机在最大油门位置时,随外界阻力的增加而自动增大有效扭矩的能力。适应性系数大,说明内燃机自动适应外界阻力变化的能力强。在自行火炮不换排挡的情况下内燃机克服外界阻力的潜力大,就可以减少换挡次数,减轻驾驶员的疲劳,提高自行火炮的机动性。例如,自行火炮上坡时,内燃机按外特性工作,随着外界阻力增大,内燃机转速从最大有效功率转速下降至最大有效扭矩转速以前,由于扭矩增加,自行火炮牵引力也自动增大,可以不换挡。但是内燃机的适应性是有限的,当转速已经下降至最大有效扭矩转速 n_M(或很接近最大有效扭矩转速 n_M)时,如果仍然爬不上去,估计内燃机转速有继续下降的可能,则应迅速换入低挡,否则发动机就会熄火。若已换入最低排挡,发动机转速已下降至最大有效扭矩转速 n_M,自行火炮仍然爬不上去时,说明自行火炮的爬坡性能已到了最大。

(4)内燃机不允许长时间在全负荷、最大有效扭矩转速或超过最大有效功率转速下工作。

内燃机在最大有效扭矩转速下工作时,循环供油量最大,转速较低,内燃机容易过热。油温、水温均易超过使用温度。在这种情况下长时间工作,易使内燃机机件磨损加剧,产生拉缸事故,严重影响内燃机正常工作和使用寿命。同时,内燃机在这种工况下燃料消耗率较高,有效功率较小,即费油,行驶速度也低,对提高自行火炮机动性是不利的。因此,除短时间克服障碍(如上大坡)外,在一般地面条件下不允许内燃机在最大油门、低转速下长时间工作。

内燃机在超过最大有效功率转速 n_N 下工作时,由于转速过高,运动件惯性力较大,使机件磨损加剧。长期在过高转速下工作,将使发动机寿命大大缩短。在原地最高空转转速下长时期工作也是不允许的。

7.4 柴油机调速特性和调速器

7.4.1 内燃机工作的稳定性

车辆在不同路面行驶时,其内燃机负荷在十分广阔的范围内变化。如果内燃机的供油量不能随外界负荷变化而调节,那么当外界负荷变化时,必将引起内燃机转速的剧烈变化,使内燃机工作无法稳定。

内燃机能否稳定工作决定于发动机扭矩 M_e 和外界负荷(行驶阻力和传动部分阻力)施加于曲轴输出端的阻力矩 M_B 及其相互关系。这种关系主要有如图 7.13 所示的两种情况。

第一种情况:扭矩 M_e 随转速上升而增大,且增大得比阻力矩 M_B 快。设内燃机在 n_0 工作,M_e 与 M_B 的交点 A_0 为其工作点。这时如果外界阻力矩减小到 M_{B2},则内燃机将在剩余力矩 M_e-M_{B2} 作用下,转速迅速上升,且转速越高,剩余阻力矩 M_B-M_{B2} 越大,致使内燃机转速上升到狂转。相反如果外界阻力矩增大到 M_{B1},则在剩余阻力矩 M_{B1}-M_e 作用下,内燃机转速将下降,且转速越低,M_{B1}-M_e 越大,致使内燃机转速下降至熄火。这种情况如同一个置于凸面上的弹子,一旦离开平衡点,就不能再回到原来位置。这是一种不稳定状态。在这种情况下,内燃机不可能稳定工作。

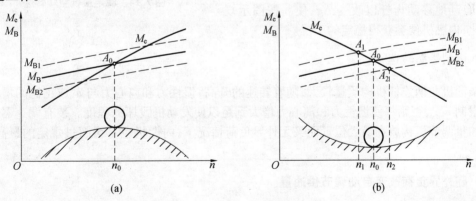

图 7.13 内燃机工作的稳定性

第二种情况:扭矩随转速上升而减小。不难看出,如果阻力矩由 M_B 减小到 M_{B2} 或增大到 M_{B1} 时,内燃机工作点将由 A_0 点变至 A_2 或 A_1,转速在较小的范围 n_1 到 n_2 之间变化,这是一种稳定状态。在这种情况下,内燃机可稳定地工作。

综上所述,内燃机在某一转速 n_1 稳定工作的条件应是:在转速 n_1 时,M_e=M_B,且在 n_1 附近,满足 $dM_B/dn > dM_e/dn$。对于车用内燃机,当路面条件不变时,有 $dM_B/dn \geqslant 0$。由此可见,为使内燃机能稳定工作,dM_e/dn 必须小于零,即内燃机的有效扭矩 M_e 应随内燃机转速上升而减小。

由内燃机速度特性看出,在内燃机转速高于 n_M 时汽油机的扭矩 M_e 随转速上升下降较快,可较好地满足稳定条件;而柴油机的 M_e 随转速上升变化平坦,故需要借助于调速器的作用改变其 M_e 的变化规律。在调速器作用下,柴油机扭矩 M_e、功率 N_e 等随转速(或负荷)的变化规律称调速特性。

在柴油机上,毫无例外地都装有调速器,调速器的功用是使喷泵在内燃机一定转速范围内,随转速 n 上升减少循环供油量或随 n 的下降而增加循环供油量,以改变 M_e(或 p_i)随转速 n 的变化规律,使内燃机工作稳定。具体功用如下。

1. 稳定最低空转转速 n_{imin}

内燃机启动后自行加温、车辆短暂停车等,内燃机都要在 n_{imin} 下工作。空转时内燃机不输出功,$M_e = 0$,当转速稳定时,平均指示压力 p_i 等于平均机械损失压力 p_m。p_m 随 n 上升而增大(见图 7.14),如果加油齿杆固定不动,根据油泵特性,循环供油量 Δg 将随 n 的上升而增加,从而也使 p_i 随 n 的上升而增大,且增大得比 p_m 快,即 $\mathrm{d}p_i/\mathrm{d}n > \mathrm{d}p_m/\mathrm{d}n$。显然这是一种不稳定状态。装有调速器后,可自动地移动齿杆以改变 Δg,使 p_i 按图示规律变化,内燃机便会获得稳定的工况。

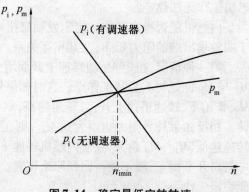

图 7.14　稳定最低空转转速

2. 限制最高转速 n_{max}

柴油机曲柄连杆机构质量较大,随着转速的升高,惯性力和离心力与 n^2 成正比的增加,故必须限制 n_{max},否则将使惯性力和离心力增大到足以使发动机毁坏的程度。装有调速器后,即使将油量调节机构放在最大位置而又无外界负荷情况下,内燃机也不会超过规定的最高空转转速 n_{max}。

3. 随外界负荷改变自动调节供油量

外界负荷 M_B 增大或减小时,自动增加或减少 Δg,以使内燃机在较小的转速变化范围内工作,减少驾驶员的操作量,并保证内燃机工作稳定。

总之,为了保证柴油机的工作稳定性,稳定最低空转转速和防止超速,在柴油机上必须装置调速器。车用柴油机所用调速器可分为两极式和全速式两种。按其构造又分机械式、气动式、液压式和电气式。最常用的是机械式,在自行火炮上则多采用机械式全速调速器。

7.4.2 调速器与调速特性

1. 机械式全速调速器

全速调速器能完成调速器的三个功用,即不仅能限制内燃机最高转速和稳定最低空转转速,而且在任一转速下都能起调节作用。机械式全速调速器结构形式众多,但工作原理基本相同。其原理简图如图 7.15 所示。

（1）工作原理

由图 7.15 可看出,加油齿杆受到两个方向的作用力。一个是由于调速器的弹子旋转时产生的离心力 F 在水平方向的分力 P_a 的合力 P_A,力图使支承盘向右移动,使调速器杠杆顺时针转动,加油齿杆向减油方向移动;另一个是调速器弹簧所产生的拉力,力图使调速器逆时针转动,加油齿杆向加油方向移动。

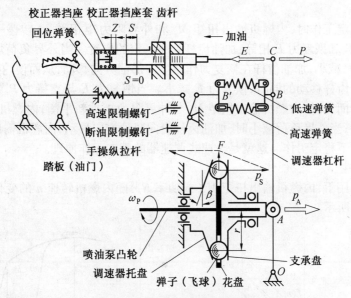

图 7.15 12150L 调速器原理图

弹簧拉力换算到齿杆处的力 E,称恢复力,它力图使齿杆向加油方向移动。恢复力的大小与油门位置和弹子旋转半径 r（或加油齿杆位置）有关。油门位置一定时,恢复力的大小随着弹子旋转半径的增大成比例增大,油门位置越大,同样 r 的恢复力越大,且不同油门位置的恢复力随 r 的变化关系为一组平行的斜直线,如图 7.16 所示。

弹子离心力换算到齿杆处的力 P,称支持力,它力图使齿杆向减油方向移动。支持力的大小与弹子的旋转半径 r（或加油齿杆位置）以及旋转角速度的平方成正比。支持力 P 随 r 的变化关系如图 7.17 所示。

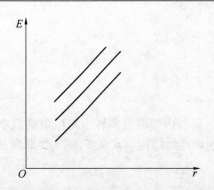

图7.16　恢复力 E 随弹子旋转半径的变化

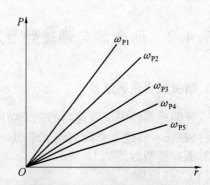

图7.17　支持力 P 随弹子旋转半径的变化

忽略摩擦力的影响,支持力与恢复力大小相等时,齿杆就处于某一平衡位置。如图7.18所示,油门位置与内燃机转速一定时,相应的 E 与 P 两直线的交点即为弹子的旋转半径,齿杆也就在一个确定的位置。油门位置或内燃机转速的改变都会使齿杆位置发生变化,使供油量改变。

当内燃机稳定工作时,内燃机输出扭矩 M_e 和外界阻力矩相平衡,转速一定;反映在加油齿杆处,支持力 P 和恢复力 E 相等,加油齿杆处于一定的位置。当外界负荷增大时,内燃机转速下降,支持力 P 减小,加油齿杆在恢复力作用下向加油方向移动,从而使内燃机输出扭矩 M_e 增加。而在加油齿杆移动的同时,恢复力 E 减小。当恢复力 E 与支持力 P 重新相等时,加油齿杆停止加油。而此时,内燃机输出扭矩 M_e 与外界阻力矩重新平衡,内燃机在稍低的转速下稳定工作。同理,当外界负荷减小时,加油齿杆会向减油方向移动,内燃机输出扭矩减小,内燃机在稍高的转速下稳定工作。这就是全速式调速器的基本工作原理。

(2)调速特性

在调速器作用下,内燃机输出扭矩 M_e (或功率 N_e)随内燃机转速 n 的变化关系,称为调速特性,如图7.19所示。

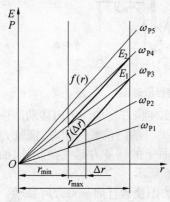
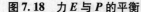

图7.18　力 E 与 P 的平衡

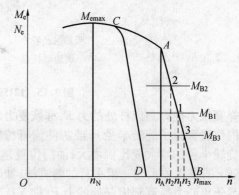

图7.19　调速特性

图中点 A 为发动机的额定工作点,即在最大油门位置时,对应的 n_A 为标定转速,对应的

N_A 为标定功率。线 AC 即为校正外特性扭矩曲线。

从点 A 出发,当外界阻力矩减小时,内燃机转速上升,使支持力 P 大于恢复力 E,加油齿杆向减油方向移动,供油量减少,输出扭矩 M_e 也减小。当外界阻力矩减小至零时,随着转速上升,输出扭矩也减至零,此时的供油量产生的指示扭矩全部用来克服内部各种阻力矩,内燃机的转速便不能再上升,在点 B 稳定工作,此时内燃机的转速即为最高空转转速 n_{max}。线 AB 即称为油门在标定功率位置时的调速特性线。

由于油门位置有无数个,调速特性线也应有无数条,如图 7.19 中的线 CD 也为某一油门位置时的调速特性线。实际上,调速特性线覆盖了外特性扭矩曲线以下的全部面积,发动机可在此面积内任一点稳定工作,这也就是全速式调速器这一名称的由来。

2. 两极调速器

两极调速器的功用是稳定发动机最低转速和限制发动机最高转速。

图 7.20 为两极调速器的原理图。轴由喷油泵凸轮轴带动旋转,圆支杆与轴装成一体。飞块可沿圆支杆移动,并能通过角度杠杆拨动滑套,然后通过垂直杠杆使加油齿杆移动,垂直杠杆的支点为 O_2。踩下油门可使垂直杠杆绕点 O_1 摆动,实现对齿杆的控制。外低速弹簧,刚度低。弹簧力图阻止飞块外移。

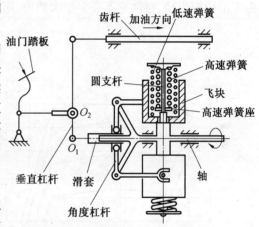

图 7.20　两极调速器原理图

两极调速器的工作原理如下:内燃机转速自 n_1 开始升高时,飞块的离心力开始克服外低速弹簧的弹力向外移动,并通过角度杠杆及滑套使杠杆绕点 O_2 转动,从而使齿杆向减油方向移动。至 n_2 时,飞块外移接触高速弹簧座。因高速弹簧刚度大,所以转速从 n_2 再上升时,飞块离心力小于两个弹簧的弹力,飞块不动,因而加油齿杆也不动(如果油门不动的话)。当转速达最大功率转速 n_3 时,飞块离心力等于两个弹簧的弹力,此后转速自 n_3 再上升,飞块又向外移动,随着转速的上升使齿杆逐渐向减油方向移动,直至内燃机空转转速 n_4。

图 7.21 为两极调速器特性图。曲线 1 表示油门在最大位置时的特性线,由图可见,当转速超过 n_3 时,飞块外移,齿杆左移减油,M_e 迅速下降,至 $n_4(n_{max})$,$M_e=0$,这就限制了最高空转转速。线 AH 相当于调速特性曲线。

曲线 2,3,4 为油门处于部分位置(即点 O_2 左移了一些)的特性线。当转速低于 n_2 时,飞块内移,使齿杆向加油方向移动,故 M_e 随 n 的下降而上升,从而稳定了最低转速;当转速高于 n_3 时,M_e 也迅速下降,但转速不超过 n_{max}。

曲线 5 为油门处于低速空转时的扭矩曲线。当 n 低于 n_2 时,自动加油,以维持空转。

在 n_2 至 n_3 之间,内燃机的转速由驾驶员根据外界负荷的大小改变油门位置来决定,调速器不起作用。

3. 机械液压调速器

前述的机械调速器的弹子组,既是感应元件又是驱动机构,故又称直接作用式。显然对大功率内燃机,由于调速器和齿杆运动的阻力较大,因此移动齿杆所需要的力也较大。如果仍用这种调速器,为保证一定的灵敏性,就必须增加弹子质量或数目,加强调速器弹簧,结果使调速器十分笨重。为此,大功率内燃机有的采用了机械液压调速器,即感应元件仍用机械式的,而驱动机构采用液压式的。

图7.22为机械液压调速器的原理图。调速器飞球旋转时产生的离心力不传给齿杆,而是通过弹簧杆经杠杆传到滑阀上。滑阀控制着动力活塞的运动。动力活塞直接与齿杆相连接。由于滑阀相当轻,移动它不需要很大的力,所以飞球就可设计得较小。

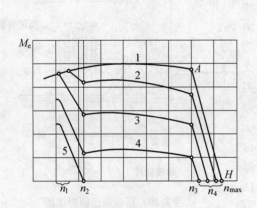

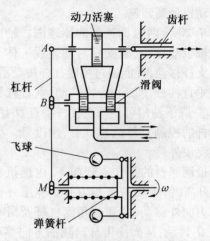

图7.21　两极调速器的特性　　　　图7.22　机械液压调速器原理图

当内燃机转速因外界负荷减小而升高时,飞球外移,并通过弹簧杆、杠杆使滑阀向左移动,这时由调速器齿轮泵所供给的高压油与动力缸的左腔相通,右腔与低压油路相通,因而动力活塞带动齿杆右移,按照新的负荷情况减小供油量。在动力活塞移动同时,杠杆绕点 M 向右摆动,这样就使滑阀的运动向相反方向进行。即这种调速器在动力活塞移动时能对滑阀产生一个相反的作用,这一套装置称为刚性反馈系统。它可以减小内燃机转速波动,保证调速器的稳定工作。当调节过程终了时,滑阀回到了起始位置,切断了通往动力缸的油路。这时动力活塞就停止运动,齿杆随之移到一个新的平衡位置。因此相应于内燃机不同负荷,就有不同的稳定转速。

7.4.3 调速器的静力指标

1. 不灵敏度 ε

前面研究调速器时略去了摩擦力的影响,由此得出的结论是:转速一有变化,E 和 P 的平衡关系即被破坏,齿杆随之就会移动。实际上调速器本身和齿杆等都有摩擦阻力,这些阻力换算在齿杆处的大小为 f,其方向总是与齿杆运动方向相反。

设内燃机开始在 n 时稳定工作,这时 $E=P$。在有阻力的情况下,如果转速因外界负荷减小而上升,齿杆不能立即向减油方向移动,转速必须进一步上升到 n_a(见图 7.23)且使 $P_{na}-E \geqslant f$ 时齿杆才能向减油方向移动;反之,如果转速因外界负荷增大而降低时,必须使转速降低至 n_b 且使 $E-P_{nb} \geqslant f$,齿杆才能向加油方向移动。可见,由于存在阻力 f,内燃机在 n_a 到 n_b 范围内齿杆不能移动,即调速器不起反应。这种现象称调速器不灵敏性。n_a 与 n_b 之差对平均速度 n 之比称不灵敏度,即

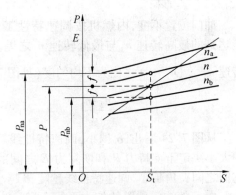

图 7.23 不灵敏度的说明

$$\varepsilon = \frac{n_a - n_b}{n} \qquad (7.3)$$

式中

$$n = \frac{1}{2}(n_a + n_b)$$

将式(7.3)通过一些变化,可求得 ε 的另一表达形式

$$\varepsilon = \frac{n_a - n_b}{n} = \frac{n_a - n_b}{n} \cdot \frac{n_a + n_b}{n_a + n_b} = \frac{n_a^2 - n_b^2}{2n^2}$$

因支持力 P 与内燃机转速平方成正比,所以上式中 n^2,n_a^2 和 n_b^2 可用该转速对应的支持力 P,P_{na} 和 P_{nb} 代替,即

$$\varepsilon = \frac{p_{na} - p_{ab}}{2p}$$

因为

$$P_{na} = P + f, \quad P_{ab} = P - f$$

所以

$$\varepsilon = \frac{2f}{2P} = \frac{f}{P} = \frac{f}{E} \qquad (7.4)$$

不灵敏度过大,不但使调速器反应迟钝,且会造成内燃机转速忽高忽低的所谓"悠车"现象,工作极不稳定。

例如 f 很大时,如果外界负荷 M_B 稍许增大,因 $M_B > M_e$ 使 n 下降时,转速必须降低很多,才

能使 $E-P$ 克服 f 使齿杆向加油方向移动。齿杆一旦移动,移动量往往超过需要,加油过多,又使 $M_e > M_B$,转速复又上升。也是因 f 过大,转速必须上升很多,才能使齿杆向减油方向移动,齿杆一旦移动,移动量又很大,致使 $M_e < M_B$,转速复又下降,从而造成了转速忽高忽低。

由式(7.4)看出,f 越小和力 P 越大,不灵敏度 ε 就越小。其他条件不变,转速升高时 P 增大,使 ε 减小;同时内燃机转速升高时,调速器和油量控制装置经常处于动态,也使 f 减小。综合上述,随着 n 的升高,ε 越来越小。一般要求在标定工况转速下,ε 不超过 $1.5\% \sim 2\%$。

为了减小不灵敏度,使用中应及时对调速器润滑保养,保持运动件的灵活性。

2. 不均匀度 δ

油门位置不变,内燃机按调速特性工作时所能达到的最高转速 n_2 与最低转速 n_1 之差和平均转速 $n = \dfrac{1}{2}(n_1 + n_2)$ 之比为不均匀度(见图7.24):

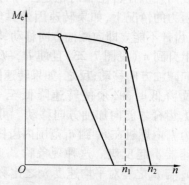

$$\delta = \frac{n_2 - n_1}{n} \qquad (7.5)$$

图7.24　不均匀度的说明

从图7.24看出,δ 越小,调速特性线越陡。δ 的大小决定于支持力 P 和恢复力 E 之间的关系。它们之间夹角越小,调速特性线越陡,δ 越小。

力 E 随油门位置的加大平行上移,力 P 随 n 上升斜度增加,且随转速的升高,每变化相同转速,力 P 变化幅度大,因此在低速时齿杆由全供油位置至空转位置时,刚度一定的 E 线对应的转速变化范围大,在高速范围,同一刚度的 E 线对应的转速范围小。所以在调速特性上则是在低速范围调速特性线斜度小,δ 大,随着转速升高,调速特性线越来越陡(见图7.25),即 δ 越来越小。

不均匀度 δ 过大、过小对内燃机工作都是不利的。δ 过大,调速特性随转速变化缓慢,当阻力矩变化时,转速变化大,使车辆平均速度降低。δ 过小,会使发动机转速不稳定。

一般车用内燃机不均匀度 δ 的最大值为 $40\% \sim 50\%$,在标定转速时为 $5\% \sim 10\%$。

为了克服低速不均匀度过大的缺点,恢复力 E 的斜度(弹簧刚度)应随油门位置的减小而减小,以使 E 与 P 的夹角在任何转速下都基本相等。显然这就需要一个变刚度的弹簧。12150L调速器采用了两根相继工作的普通弹簧,其作用就是分阶段地改变弹簧刚度,以改善低速时的不均匀度。

7.4.4　全速调速器静力分析

12150L柴油机采用全速调速器,图7.15为其调速器原理图。

图中:S 为齿杆行程,$S = 0$ 齿杆处于最右位置,$S \approx 15$ mm 时齿杆与校正器挡座套接触,这

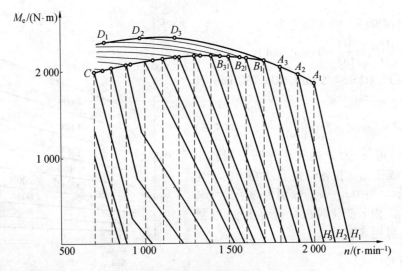

图 7.25 各转速调速特性

个位置又称全供油位置。Z 为校正器间隙，$Z_{max} = 0.9$ mm。弹子径向移动 Δr 时，齿杆也随之移动 ΔS，其关系为

$$\Delta S = \frac{CO}{AO} \tan \beta \cdot \Delta r$$

式中 $\qquad\qquad AO = 54.5$ mm，$\quad CO = 180$ mm，$\quad \beta = 20°$

因此

$$\Delta S \approx -1.2 \Delta r$$

上式说明，弹子径向移动 1 mm，齿杆移动 1.2 mm，负号说明弹子半径增大时，齿杆行程 S 减小。

当齿杆尚未接触校正器时，作用在齿杆上有两个力，一个是弹子离心力换算到齿杆处的力 P，称支持力，它力图使齿杆向减油方向移动；另一个是弹簧拉力换算在齿杆处的力 E，称恢复力，它力图使齿杆向加油方向移动。两个力大小相等时，齿杆就处于某一确定的平衡位置。

当齿杆接触校正器时，齿杆尚承受校正器反作用力 T。以下逐次分析这些力的大小及变化规律，分析中不计摩擦力的影响，并认为弹簧轴线与齿杆平行。

1. 支持力 P

调速器工作时，六个弹子在花盘内通过凸轮轴的带动而旋转。每个弹子的离心力为 F。六个弹子的离心力在轴向的分力和为

$$P_A = 6F/\tan \beta = 6\,mr\omega_p^2/\tan \beta$$

式中，m 为弹子质量；r 为弹子中心绕花盘中心的回转半径；ω_p^2 为花盘角速度，$\omega_p^2 = \dfrac{\pi n}{60}$，$n$ 为内

燃机转速。

因此作用在齿杆上的支持力为

$$P = \frac{AO}{CO}P_A = \frac{AO}{CO} \cdot 6mr\omega_p^2/\tan\beta$$

已知 $\beta = 20°$, $AO = 54.5$ mm, $CO = 180$ mm, 代入上式得

$$P \approx 5mr\omega_p^2 \approx 5mr\left(\frac{\pi n}{60}\right)^2 \tag{7.6}$$

由式(7.6)可见, 力 P 的大小与弹子回转半径 r 及转速 n^2 成正比。在各转速下, P 随 r 的变化如图 7.26 所示。图中 r_{max}, r_{min} 分别为弹子最大和最小回转半径。因 r 变化时齿杆行程也变化, 故图中横坐标也可用 S 表示。

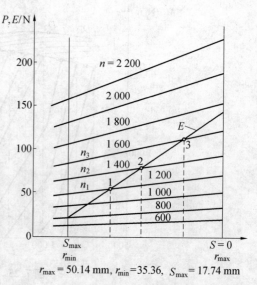

$r_{max} = 50.14$ mm, $r_{min} = 35.36$, $S_{max} = 17.74$ mm

图 7.26　支持力的变化及其和恢复力的平衡

2. 恢复力 E

这种调速器有低速弹簧和高速弹簧各一根, 它们换算到齿杆处的刚度各为 K_1 和 K_2 ($K_1 = 2.65$ N/mm, $K_2 = 3.99$ N/mm)。高速弹簧两端挂耳为长孔, 故换算到齿杆处有 13.2 mm 的空行程。

图 7.27 为换算后弹簧特性。由图可见, 当弹簧变形从 0 开始增大时, 开始只有低速弹簧被拉伸, 变形 13.2 mm 后, 挂耳间隙消失, 两弹簧同时被拉伸, 总刚度为 $K_1 + K_2$。

调速器弹簧两端的位置都能变化, B 端(见图 7.27)随齿杆移动, B' 端通过一些机构受油门控制。设齿杆在最大位置 S_{max} (图 7.27, 齿杆在最左位置), 此时踩下油门, B' 端便向左移动, 于是齿杆便受一个等于 F_0 的弹簧拉力, 称预紧力(见图 7.27), 保持油门不动, 齿杆再向右移至 S, 则作用在齿杆上的弹簧力便随之增加了一个力 F_1。两个力的和就是齿杆行程为 S 时的恢复力 E。

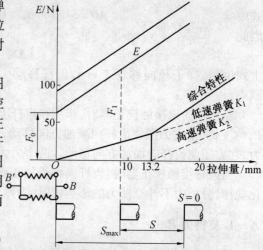

$$E = F_0 + F_1 = F_0 + K(S_{max} - S) \tag{7.7}$$

图 7.27　换算到齿杆处的弹簧特性和恢复力 E

式中, S_{max} 为齿杆最大行程; S 为齿杆行程; K 为弹簧刚度, 当力 E 小于 $13.2K_1 = 34.98$ N 时, 只有低速弹簧作用, $K = K_1$; 当 E 大于 $13.2K_1$ 时, 高低速弹簧同时起作用, $K = K_1 + K_2$。

由式(7.7)可见, 当油门位置不变(F_0 不变), 齿杆越向减油方向移动, 力 E 越大, 此时力 E

随齿杆位置的变化可用一条直线表示(当 E 由小于 34.98 N 过渡到大于 34.98 N 时,则用一折线表示)。油门在任一位置都对应一个不同的预紧力 F_0,从而也有一条相应的 E 线。因此,油门在不同位置时,恢复力可用一系列的斜直线表示。

3. 支持力 P 和恢复力 E 的平衡

两个力都作用在齿杆上,且其大小都随齿杆行程 S 变化,故可画在同一图上,参看图7.26,图中 E 线为某一油门位置时的恢复力。

设内燃机转速为 n_2,则图中转速为 n_2 的支持力与恢复力的交点 2 为两力的平衡点,齿杆将保持在 $S=S_2$ 的位置。如果内燃机转速因外界负荷减小而增至 n_3 时,两力的平衡点变为点 3,此时齿杆行程为 $S=S_3$。由此可见,在油门位置不变的情况下,随着内燃机转速的增加,齿杆可自动地向减油方向移动。

由上述可看出,调速器要完成随转速升高而减小齿杆行程以减小供油的作用,或完成随转速下降而增大齿杆行程以增加供油的作用,恢复力 E 的斜率必须大于支持力 P 的斜率。

7.4.5　调速特性线

1. 调速特性线的形成

为研究问题方便,先假定校正器是刚性的,只起限制齿杆行程的作用。图 7.28(a)和图 7.28(b)分别为 M_e 随 n 的变化规律和 P 与 E 之间的关系。图中点 A_1 的参数是:对于图7.28(a),$n=n_N=2\ 000$ r/min,$M_e=1\ 824$ N·m,对应的功率 $N_e=382$ kW;对于图 7.28(b),$P=E=138.8$ N,$S\approx15$ mm。这些参数是在内燃机调试中得到的。因 $P=E$,所以齿杆仅接触校正器而无作用力。

保持油门位置不变,预紧力 F_{01} 便不变。这时如果内燃机转速降低,力 P 将小于 E,齿杆便要向加油方向移动,但因校正器是刚性的,限制了齿杆的运动,故齿杆保持不动。这时 M_e 将按 A_1C 曲线的规律随 n 的降低而变化着。显然这条曲线即为无校正器时内燃机外特性中的扭矩曲线。

再回到点 A_1。如果内燃机转速因外界负荷减小从 n_N 开始上升时,例如转速上升到 2 100 r/min时,P 与 E 的交点将在点 a,对应的齿杆位置向减油方向移动了约 5 mm,供油量减小,因而内燃机的扭矩也随之而减小到相当于图 7.28(a)中的点 a。转速进一步上升,齿杆进一步向减油方向移动,M_e 进一步下降,直至 M_e 下降到零。这时对应的转速为 n_{max},P 和 E 在点 H_1 平衡,对应的齿杆行程可在图 7.28(b)上找出。图 7.28(a)中 A_1H_1 线即为调速特性线。

如果将油门稍抬起并保持不变,预紧力变为 F_{02},$S=15$ 时的预紧力也减小,例如在点 A_2。这时要保持齿杆仍与校正器接触而无压力,n 必须降到某一值,例如 $n=1\ 800$ r/min,才能使 $E=P$。在图 7.28(a)中点 A_2 即为这时内燃机的工作点。当由于外界负荷减小内燃机转速由 $n=1\ 800$ r/min开始上升时,则和前述道理一样,扭矩将按 A_2H_2 的规律变化。A_2H_2 也是调速特性。

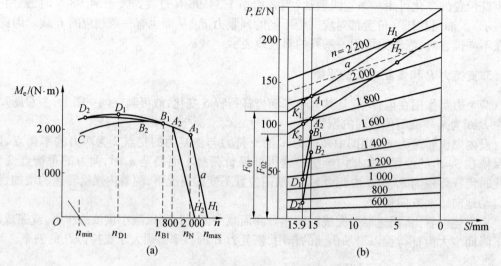

图 7.28　调速特性线及校正器工作的说明

综上所述,可以得出:

①由于调速器参与了工作,在油门位置不变的情况下,可使内燃机扭矩 M_e 随转速上升而迅速下降,直到 $M_e = 0$;

② $M_e = 0$ 时的内燃机转速为空转转速,此时的循环供油量仅能维持空转;

③有一油门位置,就有一条与之对应的调速特性线。

2. 内燃机在调速特性时的工作

(1)限制最高转速 n_{max} 和稳定最低空转转速 n_{min}

参看图 7.28,由于调速器的作用:

①当油门踩到底并完全卸掉外界负荷时,内燃机转速只能达到 n_{max}(对于 12150L 发动机, n_{max} 约为 2 200 r/min,一般资料上写为不大于 2 250 r/min),这就限制了转速的进一步提高。改变调速器弹簧预紧力 F_0 的大小,可调节 n_{max}。 F_0 靠高速限制螺钉调节(见图 7.15),向左拧出螺钉可使点 B' 左移,因而 F_0 增大, n_{max} 便增高;

②油门在任一位置都有一调速特性线,都有一一对应的空转转速,即油门在任一位置都能限制内燃机的空转转速,这些空转转速都比 n_{max} 低;

③油门在最低空转位置时,对应的空转转速即为 n_{min},当转速偏离 n_{min} 升高或降低时,可自动地减小或增加供油量(见图 7.28)。

(2)油门位置不变,外界阻力矩变化

设外界阻力矩为 M_{B2},调速特性线 AH 与 M_{B2} 曲线的交点 2 为两力矩的平衡点,对应的转速为 n_2(见图 7.29(a)),对应的齿杆位置为 S_2(见图 7.29(b))。

当阻力矩增大至 M_{B1} 时,则在 n_2 时的扭矩 $M_{e2} < M_{B1}$①,内燃机转速便下降,下降过程中 M_e

自点 2 开始增加,并在点 1 达到新的平衡,对应的转速为 n_1。在调速器处见图 7.29(b),由于 n 的下降,力 P 逐渐减小,齿杆逐渐向加油方向移动,最后在点 1 达到平衡,对应的齿杆位置为 S_1,$S_1 > S_2$,循环供油量增加。

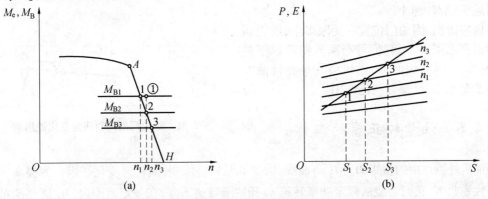

图 7.29　油门位置不变,调速器的工作

(3)阻力矩不变,油门位置变化

设油门处于某一位置,由它所决定的调速特性 A_2H_2 与 M_B 的交点 2 为内燃机的工作点(见图 7.30(a)),转速为 n_2,齿杆行程为 S_2(图(b))。

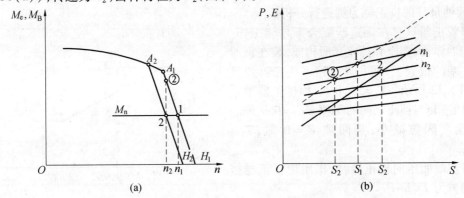

图 7.30　阻力矩不变,调速器的工作

如果油门是在瞬间踩下至某一位置,则可明显地分为两个过程:加油过程和调节过程。

加油过程:当在瞬间踩下油门时,恢复力变为图 7.30(b)中虚线所示位置,$E > P$,齿杆向加油方向移动到 $S_②$,与此同时,内燃机将按新的调速特性 A_1H_1 工作(图 7.30(a)),扭矩变为 $M_{e②}$。

调节过程:因 $M_{e②} > M_{B2}$,n 便从 n_2 开始上升,于是 M_e 将沿 A_1H_1 自点②下降(见图 7.30 (a)),到点 1 又达新的平衡,转速为 n_1。与此同时,随着 n 上升,$P > E$,齿杆又向减油方向移动,在点 1 达到新的平衡,对应的齿杆位置为 S_1。

从以上分析看出,瞬间踩下油门,发动机扭矩沿 2-②-1 变化(见图 7.30(a))。事实上在使用中油门不可能瞬间踩到预定位置,总是需要一定的时间,这时扭矩将沿 $2-②'-1$ 变化(见图 7.31)。ΔM_e 用来对发动机加速。踩下油门经历的时间越长,ΔM_e 越小。

最后应指出,因油门位置有无限多个,所以调速特性也有无限多个,它们可布满外特性以下的面积(见图 7.19),因此,内燃机可在外特性曲线下任一工况工作,且都有调速作用。

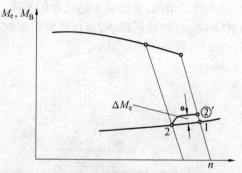

图 7.31 踩油门时间对扭矩变化的影响

7.4.6 油量校正器的工作

柴油机外特性中的扭矩 $M_e = f(n)$ 曲线,因受油泵特性限制,随转速变化平坦。为提高柴油机适应性系数 K,我们希望从标定功率转速 n_N 开始随转速下降,在一定范围内,M_e 能逐渐增加到所希望的大小。为此需要对油泵特性进行校正。校正的方法有两种,一种是出油阀校正器,它采用特殊构造的出油活门,使循环供油量随转速下降而增加,但校正作用不大,一般 K 值只能提高到 1.07 左右。另一种是弹簧校正器,其校正量和转速可根据需要决定,我国生产的二号泵及 12150L 柴油机喷油泵都采用这种校正器,各种弹簧校正器工作原理是相同的。下面以 12150L 喷油泵装的校正器为例进行分析。

弹簧校正器只有在调速器配合下才能工作。它由校正器弹簧、挡座和挡座套所构成,装在正对着齿杆左端的位置上(见图 7.15)。校正器弹簧特性如图 7.32 所示。$T_1 = 39.8$ N,称校正器预紧力,此时挡座套与挡座之间的间隙 $Z_{max} = 0.9$ mm。压缩挡座套间隙减小,当间隙 $Z = 0$ 时,$T_2 = 86.9$ N。

齿杆左端面压向校正器时,作用在校正器挡座套上的力为 $T = E - P$。

参看图 7.28,油门踩到底,内燃机转速为 n_N 时,工作点 A_1,此时齿杆行程 $S \approx 15$ mm,$E = P$,齿

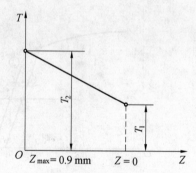

图 7.32 校正器弹簧特性

杆对校正器无作用力(调试中为了便于检查有小的压力)。保持油门不动,当 n 因外界负荷的增加而降低时 P 减小,压向校正器的力 $T = E - P$,当 $T < T_1$ 时齿杆不动。当转速降低至 n_{B1} 时,$T = T_1$,在图 7.28 中 $A_1 B_1$ 线段即为 T_1。随着转速自 n_{B1} 开始下降,$T > T_1$,挡座套开始向左移动,弹簧开始被压缩,间隙 Z 逐渐减小,齿杆向加油方向移动(图 7.28(b)中 $B_1 D_1$ 线段),扭矩 M_e 也偏离无校正器特性线 $A_1 C$ 沿 $B_1 D_1$ 变化。当转速降低到 n_{D1} 时,$T = T_2$,$Z = 0$,$S \approx 15 + 0.9 = 15.9$。不难看出,图 7.28(b)中线段 $K_1 D_1$ 即为 T_2,而 $B_1 D_1$ 即为齿杆行程 S 随 n 的变化规律,以后转速再降低,齿杆不再移动,扭矩又按油泵特性所决定的规律变化。图 7.28(a)中曲线 $A_1 B_1 D_1$ 即

为扭矩曲线。

通过以上分析可以发现：

(1)预紧力 T_1 越大，n_{B1} 便越低，即校正器开始起校正作用的转速低；

(2)挡座套与挡座之间的间隙 Z_{max} 越大，校正作用越强；

(3)校正器弹簧刚度 K_p 越大，则 $T_2 = Z_{max} K_p$ 也越大，校正终了的转速也就越低。

因此，只要正确地决定出 T_1、Z_{max} 和 K_p，就可对已知的油泵特性按人们的要求进行校正了。

油门不踩到底但踩得较大时，校正器也可以参加工作。设油门控制在 $n=1\,800$ r/min 时，P 和 E 在 $S \approx 15$ 处相等，(图7.28(b)的点 A_2)不难看出，待转速降低到 n_{B2}、$T = T_1$ 时，校正器弹簧便开始被压缩，以后随转速进一步下降，$T > T_1$，齿环向加油方向移动，M_e 从 n_{B2} 开始偏离无校正器特性线 $A_2 C$ 沿 $B_2 D_2$ 变化。当转速降低至 n_{D2} 时，校正终了，$S \approx 15 + Z_{max} \approx 15.9$。

油门踩得越小，n_B 和 n_D 越低。因此油门很小时，校正器只能部分地参加工作或根本不参加工作。

校正器的作用只有油门踩到底时才有意义。因为油门未踩到底时，遇到外界负荷增大，可通过加大油门的方法提高扭矩。

7.5 万有特性

负荷特性和速度特性只能表示某一转速或某一油门位置时内燃机各指标的变化规律，要分析各种工况下的性能就需要许多张负荷特性图或速度特性图，这样很不方便，也不清楚。为了能在一张图上较全面地表示内燃机的性能，经常应用多参数的特性曲线即万有特性。

应用最广的万有特性以转速为横坐标，平均有效压力为纵坐标，在图上画出许多等比油耗曲线和等功率曲线(见图7.33)。

7.5.1 绘制方法

等比油耗曲线可以根据各转速下的负荷特性曲线用作图法得到，其具体作法如下：

(1)将各种转速下的负荷特性以 p_e 为横坐标、g_e 为纵坐标，用同一比例尺画出特性曲线若干张。

(2)在万有特性横坐标上按一定比例标出转速值。而纵坐标比例应与负荷特性 p_e 的比

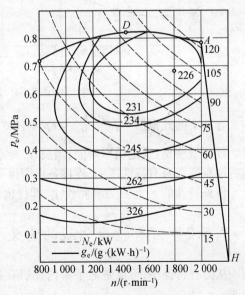

图7.33 万有特性

例相同。

(3)将某一转速下的负荷特性图横放在万有特性左边(见图 7.34)。在负荷特性图上作若干条等比油耗线与 g_e 曲线相交,各有 1、2 个交点,再从交点引出水平线至万有特性的对应转速直线上得一组新交点,在每个交点上标出相应的比油耗。然后,调换另一转速下的负荷特性图,依上述方法,再在万有特性上找出新交点并标出相应的比油耗。依次把所有的负荷特性图都用完,然后在万有特性图上将所有 g_e 相等的点连成光滑曲线,就是万有特性上的等比油耗曲线。各等比油耗曲线不能相交。绘制万有特性用的各负荷特性图,应尽量在较接近的水温、油温和大气条件下测取。

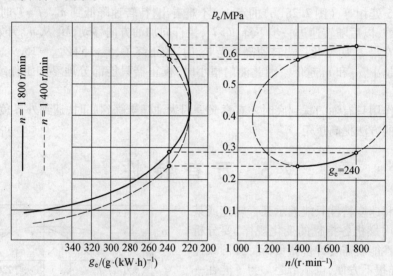

图 7.34　万有特性作图法

等功率曲线根据 $N_e = \dfrac{p_e i V_h n}{120} = K p_e n$ 公式作出。在 p_e-n 坐标中,等功率曲线是一组双曲线。具体做法是:选定功率间隔,当设 N_e 等于某一定值后,给出一转速 n,即可求出一个 p_e 值,然后逐点标在万有特性图上,连接各点即得等功率线(图 7.33 虚线)。

将外特性的 p_e 标在万有特性上,即得出该内燃机万有特性的上边界。

7.5.2　万有特性曲线的意义

从万有特性中,可清楚地了解内燃机在各种工况下的性能,很容易找出最经济的负荷和转速。

在万有特性图上,最内层的等比油耗曲线相当于最经济的区域,曲线越向外,经济性越差。等比油耗曲线的形状及分布情况对内燃机使用经济性有重要影响。如果等比油耗曲线的形状在横向上较长,则表示内燃机在负荷变化不大、而转速变化较大的情况下工作时,比油耗变化较小。如果曲线形状在纵向较长,则表示内燃机在负荷变化较大、而转速变化不大的情况下工作时,比油耗变化较小。

内燃机用途不同,对万有特性的要求也不同。对于车用内燃机,希望最经济区在万有特性的中间位置,使常用转速和负荷落在最经济区域内,并希望等比油耗线沿横向长一些。对于工程机械用内燃机,转速变化小而负荷变化范围较大,最经济区最好在标定转速附近,且沿纵向上较长。

在图 7.33 中,点 H 相当于最高空转工况,点 A 相当于标定功率,点 D 相当于最大扭矩。

7.6 调 整 特 性

内燃机的性能指标或工作参数随某一调整参数的变化规律称为内燃机调整特性。调整特性的表示方法有两种:一种是以调整参数作自变量,得出内燃机性能指标或工作参数随调整参数的变化规律,并绘成曲线;另一种是以不同调整参数下的速度特性或负荷特性,表明调整参数对内燃机性能的影响。调整特性有很多种,现仅就前者举例说明如下。

7.6.1 柴油机供油提前角调整特性

供油提前角 θ 是一个十分重要的调整参数,它的大小对 N_e、g_e、p_z 和 $\dfrac{\Delta p}{\Delta \alpha}$ 都有较大的影响,在一定范围内增大供油提前角时,柴油机的 N_e 将增大,g_e 下降,但 p_z 和 $\dfrac{\Delta p}{\Delta \alpha}$ 也增大,工作粗暴。最佳供油提前角应在经常使用的转速和负荷下,兼顾柴油机的功率、经济指标和柴油机寿命通过实验决定。

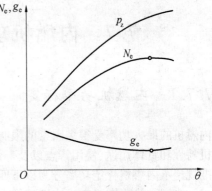

图 7.35 供油提前角调整特性

实验时,应使柴油机转速不变,油门固定在某一位置保持不变。当供油提前角变化引起柴油机的转速变化时,用改变外加负荷的办法恢复发动机的转速。逐步改变 θ 并测出 N_e,g_e 及示功图,求出 p_z,$\dfrac{\Delta p}{\Delta \alpha}$,并绘制成图,即可得出如图 7.35 所示的供油提前角调整特性图。

7.6.2 水温调整特性

液冷式内燃机的冷却水温度对柴油机功率、经济指标和使用寿命等也有很大影响。最佳水温也是兼顾几个方面通过实验决定。

实验时,保持转速不变,油门位置不变。当水温变化引起转速变化时,用改变外加负荷的办法恢复原有转速。逐步改变水温,测出有关参数并绘制成图,即得出水温调整特性。图7.36为水温对 N_e、g_e 的影响。从内燃机各机件的磨损(特别是活塞环的磨损)情况来看,水温在75℃左右时磨损量最小,如果以75℃时的磨损量为100%,则在其他温度下的磨损将大于100%。表7.1为6150L内燃机水温对磨损的影响实验结果。

综合图7.36及表7.1,兼顾动力指标、经济指标和使用寿命,即可得出正常的使用水温。12150L柴油机规定正常水温为70~90℃即由实验得出。

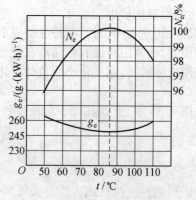

图7.36　水温调整特性

表7.1　水温对6150L发动机磨损的影响

水温/℃	50	60	70	75	80	90	95
相对磨损/%	225	150	108	100	116	192	250

7.7　内燃机功率标定及大气修正

7.7.1　内燃机功率标定

内燃机的最大功率受很多因素的限制。一台内燃机的功率究竟标定多大才合适,要根据内燃机特性和具体用途、使用特点以及寿命和可靠性要求而人为确定。根据我国具体情况,国家标准规定了内燃机标定功率分为以下四级:

(1)15 min:为内燃机允许连续运转15 min的最大有效功率;

(2)1 h功率:为内燃机允许连续运转1 h的最大有效功率;

(3)12 h功率:为内燃机允许连续运转12 h的最大有效功率;

(4)持续功率:为内燃机允许长期连续运转的最大有效功率。

每台内燃机都应按用途特点在铭牌上标明上述四种功率中的两种功率及相应转速。

15 min功率和1 h功率的特点是运行时间短,满负荷连续运行不超过它所规定的时间,其他大部分时间在低于标定功率下工作。因此可以把功率定得高一些,以充分发挥内燃机的工作能力。此种功率称为间歇功率。15 min功率通常作为汽车爬坡功率和军用车辆及快艇追击功率。1 h功率可以作为船用主机、军用履带车辆、工程机械的最大使用功率。12 h功率和持续功率的特点是使用时期长,可靠性要求高。因此把功率和转速都相应定得低一些。12 h 功率可以作为工程机械、机车和拖拉机正常使用功率。持续功率可作为长期连续运转的船舶、发电的持续使用功率。

7.7.2　大气修正

大气状况是指内燃机运行地点的环境大气压力、大气温度和相对湿度。当大气压力降低、大气温度升高和相对湿度增大时,吸入汽缸的干空气量都要降低,所以功率会减少,这就使同一台内燃机由于在不同大气状况下使用,其性能差别很大。我国土地辽阔,内燃机经常在各种大气条件下使用,这时就不能单凭铭牌功率进行配套,还需要推测在使用的大气条件下内燃机功率有多大。因此,为了使功率标定不致混乱,产品质量有统一检验标准,同时也为了比较和选用内燃机方便,换算成标准大气状况下的数值。

标准大气状态是人为规定的,它应尽可能考虑实际使用的大气状态,因为如果标准大气状况与实际使用的大气状态相差太大,则修正成标准状态时功率修正量就很大,修正误差也增大。根据我国气候情况,国家标准规定大气状况,对陆用内燃机为:环境温度为 20 ℃,大气压力为 0.101 325 MPa(760 mmHg),相对湿度为 60%。

以下介绍柴油机功率和比油耗的修正方法。

我国国家标准规定的修正方法是等过量空气系数 α 的方法,即认为功率极限只受 α 限制,在各种大气条件下,α 为常数。根据大气状况修正功率,然后再用机械效率进行有效功率的修正,修正方法如下:

(1)假定过量空气系数 $\alpha = \mathrm{const}$ 时,大气状况改变,而燃烧情况仍保持不变,即指示热效率 η_i 相同。

(2)根据实测的摩擦损失的经验数据,修正有效功率。

1. 功率修正

按 α 和 η_i 相同的假设,指示功率将与进入气缸空气质量 m 成正比,根据实验

$$\frac{N_i}{N_{io}} = \frac{m}{m_0} = \frac{p}{p_0} \cdot \left(\frac{T_0}{T}\right)^{0.75}$$

注脚"0"表示标准大气状态下数值,没有注脚为实测数值。考虑大气中水蒸气分压的影响,其指示功率修正系数为

$$K = \frac{N_i}{N_{io}} = \left(\frac{T_0}{T}\right)^{0.75}\left(\frac{p-\phi p_w}{p_0-\phi_0 p_{w0}}\right) \tag{7.8}$$

有效功率修正系数 C 的经验公式为

$$\frac{N_e}{N_{eo}} = C = K + 0.7(K-1)\left(\frac{1}{\eta_{mo}}-1\right) \tag{7.9}$$

式中,N_e 为有效功率,kW;N_i 为指示功率,kW;η_{mo} 为机械效率;p 为大气压力,mmHg;T 为环境

温度，K；ϕ 为相对湿度，%；p_w 为饱和蒸气压力，mmHg。

2. 比油耗修正

由于 $\alpha = \mathrm{const}$，所以每小时耗油量 G_T 与进入汽缸新鲜充量成正比，即

$$\frac{G_T}{G_{To}} = \frac{\rho \eta_v}{\rho_0 \eta_{vo}} = \frac{N_i}{N_{io}} = K$$

$$G_T = g_e N_e, \quad G_{To} = g_{eo} N_{eo}$$

代入得比油耗修正系数为

$$\beta = \frac{g_e}{g_{eo}} = K \frac{N_{eo}}{N_e} = \frac{K}{C} = \frac{K}{K + 0.7(K-1)\left(\dfrac{1}{\eta_{mo}} - 1\right)} \tag{7.10}$$

式中，ρ 为空气密度；η_v 为充气系数；g_e 为实测比油耗，g/(kW·h)；g_{eo} 为标准状况下比油耗，g/(kW·h)。

复 习 题

7-1　负荷特性和外特性各说明什么问题，如何由各转速下的负荷特性图作出外特性图？

7-2　调速器限速螺钉位置变化时，内燃机外特性曲线将如何变化？

7-3　油量校正器位置变化时，内燃机外特性将如何变化？

7-4　由 7-2 和 7-3 两个问题你能推断出如何调整内燃机的标定功率吗？

7-5　在调整特性中，N_{emax} 和 g_{emax} 是否发生在同一转速，为什么？

7-6　自行火炮行驶同样里程，高排挡大油门省油还是低排挡小油门省油？

7-7　自行火炮用一挡爬大坡，有两种操作方法，一个是上坡前就把油门踩到底，一个是先不踩到底，待爬不动时再踩到底，哪个方法正确，为什么？

7-8　油门越大，功率越大，这种说法对不对，如果不对，原因如何？

7-9　汽油机外特性和柴油机外特性有何主要区别，原因如何？

7-10　汽油机为什么一般不采用调速器？

7-11　内燃机原在高速时空转，突然减小油门使内燃机在低速空转，试问在变速过程中，齿杆是如何动作的？

7-12　油门位置很小时，齿杆能否接触校正器，油门踩到底时，齿杆是否一定接触校正器？

7-13　两极调速器和全程调速器的主要区别在哪里？

第8章　其他类型发动机介绍

8.1　风冷柴油机

由于冷却方式的不同,引起了内燃机的部分结构、性能和使用条件的变化。但它们有很多共性,如:曲柄连杆机构、配气机构、供油系、润滑系、启动系等方面有很多相同或相似处。

本节将以 F12L413F 机型为准叙述风冷柴油机及附属系统的结构特点。

8.1.1　概　　述

1. 风冷柴油机的主要特点

(1)通用化、系列化、标准化程度高

该系列主要零部件在各种机型上都相同,可以互换。其零部件的互换量按种类达 67%,按件数达 85%。

用不同的箱体可以构成各种多缸机,通过采用直喷式或二级燃烧系统以及非增压、增压、增压中冷的进气方式,可以得到功率范围从 64～386 kW 的直列 5,6 缸,V 型 6,8,10,12 缸的风冷柴油机系列,以满足不同用途对柴油机的要求。

(2)适应性好

地理上的适应性表现在风冷内燃机特别适于在沙漠、森林、高原等缺水地区工作。水冷内燃机有时尽管采用了闭式循环冷却系,冷却水的消耗仍然很大,加上漏水,因而在缺水地区,水冷内燃机一般都要带相当数量(如 100 L)的补充水。如 1952 年一支车队通过非洲的撒哈拉大沙漠,当地气温高达 55 ℃,装有水冷内燃机的车辆全部抛锚,而装有风冷内燃机的车队则全部通过。

风冷柴油机没有冷却水套,整个冷却系统的热容量较小,加之本系列柴油机在低温下采用了火焰加热和空气加温器的辅助启动装置,使之在严寒地区和冬季容易启动。而且启动后暖机时间短。

本系列柴油机在-40～50 ℃、海拔 3 600 m 环境下均可正常工作。

过去认为,风冷内燃机由于需要保持风道冷却空气的正常流通,所以对车辆的潜渡有困难。事实上,将整个风冷内燃机泡在水里(像水冷内燃机一样,事先需做潜渡的准备工作),仍能可靠工作,其潜渡性能不低于水冷内燃机。

气候上的适应性表现在风冷内燃机在干热、湿热、爬雪坡等气候条件下不会出现过热;而在极寒冷地区又不易出现过冷。如前所述,风冷内燃机冷却在本质上为高温冷却,外界温度的变化与气缸盖、气缸体散热片间的温度差,由于散热片温度的自动升高或下降而保持不变(或基本不变),按牛顿放热定律确定的散热量几乎与外界温度变化无关,所以风冷内燃机不易过热或过冷。水冷内燃机冷却系中的冷却液沸点是一定的,冷却液与外界空气的温度差随外界高温而减小,随外界低温而增大,相应地按牛顿放热定律确定的散热量就会不足或过多,因而使水冷内燃机出现过热或过冷。

(3)结构简单,维修保养方便

风冷柴油机为单体缸盖和缸套及并列连杆的结构,使拆装和检修方便。

风冷柴油机没有水泵、水散热器及水管等,所以,零部件少,结构简单。不需要检查和补充冷却液,不需要采取防冻措施。

(4)使用寿命长,工作可靠

根据资料统计,水冷发动机中,有38.2%的故障发生在冷却系统,而风冷发动机不用水做冷却介质,不会发生像漏水、冻裂、水垢堵塞等故障。另外,风冷发动机启动后暖机快,并且缸壁的温度较高,使缸盖、气门等磨损较小。这些都大大延长了发动机的使用寿命。

作为军用车辆的动力装置,风冷发动机的局部被弹片击穿后,仍能继续工作。

本系列柴油机,设计上还采用了一些特殊结构来提高柴油机的寿命。像缸盖上气门间的"鼻梁区"镶嵌钢片,对活塞进行喷油冷却,第一道环槽镶铸耐热座圈,缸套内表面的磷化处理,根据热负荷大小自动调节转速的风扇等。使用经验表明,在正常的维护保养条件下,作为民用柴油机,第一次大修前的寿命可达10 000 h以上。

(5)启动后在短时间内即可投入全负荷工作

风冷内燃机启动后暖机时,由于汽缸体散热片周围充满冷却气流,汽缸体的热容量比水冷内燃机周围充满冷却的汽缸套热容量小,汽缸壁面温度上升快,能在短时间内超过燃气的冷凝温度,这不但缩短了暖机时间(可缩短1/3),改善了汽缸壁与活塞组的润滑条件,而且可大大减少在露点温度下析出的腐蚀性液体,减少汽缸体的冷态磨损(见图8.1)。

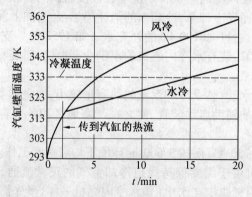

图8.1　空载启动后汽缸壁温度上升曲线(距汽缸内壁面1 mm处测量)

(6)经济性能好

本系列柴油机通过合理组织燃烧,采用先进的Bosch供油系统和喷油提前器装置,使得经济性能好。对于直喷式燃烧室柴油机,在标定工况下燃油消耗率为 251 g/(kW·h),在最大扭矩点燃油消耗率为 220 g/(kW·h),机油消耗量小于燃油消耗量的 1%。

(7)主要受热件热负荷高

风冷内燃机汽缸盖、汽缸体的壁面温度和热负荷高,其重要部位散热困难。这一不足除了采取精心设计、合理布置散热片和组织冷却气流等措施以减轻它们的热负荷外,也限制了较大缸径的风冷内燃机的使用。随着气缸直径的增大,要求单位体积的散热面积增大。用加大散热片来加大散热面积,则面临工艺上的困难、冷却气流流通阻力增加、散热片散热效率降低等一系列问题。风冷内燃机汽缸直径一般不超过 150 mm。美国中型坦克和水陆坦克上曾装用的 AVDS1790-3 型风冷柴油机的气缸直径为 146 mm,为目前最大者。

(8)对风道布置要求高

在车内,特别是内燃机后置的车内布置风道时,需注意正确的引风与排风,否则会使内燃机受到过热损伤。冷却风扬起的尘土会缩短空气滤清器寿命。夏天要注意车内的隔热,冬天车内采暖需有特别的措施。在海上使用不便,需有大风口。

2. 基本机型组成及符号含义

风冷柴油机的机型,从进气方式分,包括非增压、增压及增压中冷,从气缸排列型式分,包括直列式和 V 型,以燃烧室分有直喷式和二级燃烧系统(低污染发动机)。

按德国道依茨公司规定,柴油机机型代号各符号的含义如下:

代号组成:B/F6 ~ 12L413F/C/W/R/L

含义:B——增压发动机(无字母 B 为非增压)

　　　F——车用高速四冲程发动机

　　　6 ~ 12——汽缸数目(6 ~ 12 缸)

　　　L——风冷

　　　4——结构系列(4 为第 4 系列)

　　　13——活塞行程 130 mm

　　　F——加大汽缸直径(125 mm)

　　　C——增压中冷

　　　W——低污染

　　　R——直列式

　　　L——加长冲程

如:F12L413F 表示高速四冲程、V 型 12 缸、行程 130 mm、缸径 125 mm,直喷式燃烧室、非增压风冷柴油机。

3. F12L413F 风冷柴油机结构特点及主要技术参数

F12L413F 风冷柴油机主要结构特点是:高速四冲程,V 型 90°汽缸排夹角,直接喷射式 ω 形燃烧室。采用龙门式曲轴箱及缸盖、缸套结构。曲柄连杆机构为全支承三层合金滑动轴承中间止推的曲轴、并列连杆和带有三道活塞环的喷油冷却活塞。带有旋转装置的顶置气门及能适应高速工况的挺柱—推杆—摇臂的配气机构。混合传动布置的传动机构。带有喷油自动提前器的供油系统。由压、回油泵组成的可在倾斜路面上工作的湿式油底壳强制循环的润滑系统。带自动调节风量的前置静叶压气式水平轴流风扇。具有火焰加热器、空气加温器的辅助启动装置和电机启动系统。主要技术参数见表 8.1。

表 8.1　F12L413F 主要技术参数

参　　数		机　型　　F12L413F						
汽缸数和缸夹角	只	12 V,90°						
SAE 飞轮壳	规格	1+2						
缸径/行程	mm/mm	125/130						
工作容积	L	19.144						
压缩比		18∶1						
转速	r/min	1 500	1 800	2 000	2 150	2 300	2 500	2 650
活塞平均速度	m/s	0.65	0.78	0.867	0.932	0.996	1.083	1.148
持续功率(按 DIN6270 标准	kW		154	184	200	225	235	—
"A",超载 10%)	PS(马力)		210	250	272	291	305	— —
平均有效压力	MPa	0.644	0.641	0.627	0.624	0.611		
功率 (按 DIN6270 标准"B")	间断作业　kW	164	193	210	225	235	246	—
	间断作业　PS(马力)	223	262	286	306	320	335	—
	重负荷间断作业平均有效压力　kW		170	202	221	235	247	261	268
	PS(马力)	231	275	300	320	336	355	365
	MPa	0.711	0.704	0.694	0.685	0.673	0.655	0.634
车用功率(按 DIN70020)	kW	—	—	—	—	259	282	282
平均有效压力	PS	—	—	—	—	352	384	384
	MPa	—	—	—	—	0.706	0.707	0.667
最大转矩(按 DIN70020)	N·m	1 226						
转速(最大转矩时)	r/min	1 500						
最低持续运转转速								
间断作业	r/min	1 500						
急速	r/min	600						
有效燃油消耗率 [按车用功率(DIN70020), 在最大转矩时]	g/(kW·h)	216						
	g/(PS·h)	159						
机油消耗(占燃油消耗的百分率)	%	1						
启动方式		EL						

续表 8.1

参　　　数		机　型　　F12L413F
在标准油底壳允许的持续 倾斜位置： 风扇端/飞轮端 左/右	 (°) (°)	 10/10 30/30
海运包装所需空间容积	m³	2.84
质量	kg	1 120(不带发电机和启动电机)
冷态发动机进气门间隙 冷态发动机排气门间隙	mm mm	0.2 0.3
喷油嘴开启压力	MPa	17.5+0.8

注：
1. 燃烧过程：直接喷射式。
2. 旋转方向：逆时针(面向飞轮端)。
3. EL：电启动。
4. VA：火焰加热器。
5. 规定发动机飞轮端(功率输出端)为前端,自由端为后端。

8.1.2　风冷发动机构造

1. 曲柄连杆机构

曲柄连杆机构由固定件和运动件两大部分组成。

固定件部分包括：曲轴箱总成、油底壳、飞轮壳、附件托架、汽缸套、汽缸盖和曲轴箱通气装置等。

运动件部分包括：活塞组、连杆组、曲轴组、飞轮和减振器等(见图 8.2)。

(1)活塞总成(见图 8.3)

①活塞顶部为球形结构,ω 形燃烧室在顶部偏置。为防止和进、排气门干涉,在进、排气门相应的位置上加工有两个很浅的凹坑。顶部经过阳极氧化处理,形成 0.06～0.12 mm 硬度很高的氧化膜,使活塞顶具有较强的耐磨蚀能力。此外,氧化膜的吸热能力较低,减少了活塞顶部吸收的热量。

整个活塞外表面分为三部分：头部、环岸和裙部。头部外圆和裙部均为鼓形变椭圆,但头部与裙部椭圆方向相反,环岸为锥形变椭圆。头部车有槽,一方面可提高头部密封作用,另一方面槽中积碳后能吸附润滑油,在失油状态下工作时,可短时防止活塞与缸套咬合,避免拉缸。活塞裙部椭圆,短轴在活塞销座孔方向上。鼓形椭圆使裙部在工作状态下与缸套的接触表面增大,有利于传热,不易造成擦伤。裙部表面经过石墨化处理,可防止活塞与缸套直接接触,使

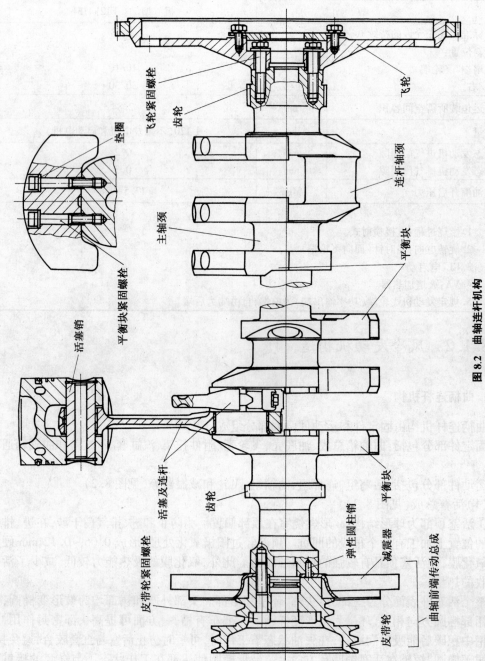

图 8.2　曲轴连杆机构

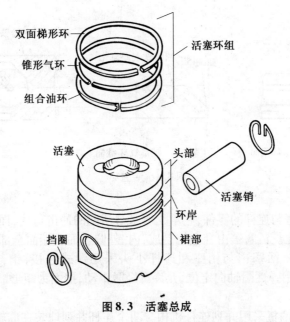

图 8.3　活塞总成

裙部磨损更均匀,减少磨损和拉缸现象。石墨还有助于活塞向缸套传热。

为了降低热负荷,活塞内部与第一环岸齐平处,铸有环状冷却油腔且与一个进油孔和两个回油孔相通。挺柱座上的喷油嘴向该冷却腔内喷油,机油在环形内冷腔内做圆周流动并借助活塞往复运动,形成振荡冷却,产生紊流,对活塞进行强制冷却。第三道环槽内,垂直于销孔轴线方向两侧,各开有两个回油孔。

为了提高第一环槽的耐高温性能,降低活塞的导入热量,延长活塞的使用寿命,在第一环槽处有铸铁耐热座圈。第二道环槽底部车有两道沟槽,成为减压腔,用来防止机油窜入燃烧室,以降低机油消耗,进一步提高气、油的密封。活塞下端为避免与箱体内的喷油嘴相碰,裙部下方有一个 $R10$ 的缺口。

②活塞环组

三道活塞环中有两道气环和一道油环,如图 8.4 所示。

第一道环为梯形气环。该环由调质球墨铸铁制成,工作表面喷有减磨钼层,可提高活塞环的抗黏着能力。

第二道环为锥形气环,锥角为 45′,由含磷灰口铸铁制成,表面经氧化处理,具有气环、油环的双重功能。

在一、二环开口上端面附近,有"TOP"标记,安装时注意标记向上,即对着燃烧室方向,不得装反。

第三道环为组合油环,由活塞环和弹簧胀圈组成。环上有 10 个通槽,材料为灰口铸铁,工作表面镀铬。体内带有弹簧胀圈,组合时弹簧胀圈的开口与环体的开口成 180°布置。

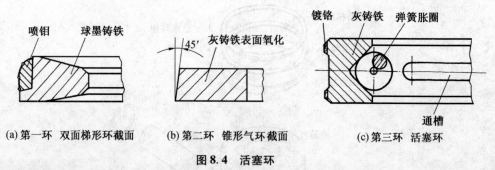

(a)第一环 双面梯形环截面　(b)第二环 锥形气环截面　(c)第三环 活塞环

图8.4 活塞环

③活塞销和挡圈

活塞销是连接活塞与连杆的零件,它承受着来自活塞的冲击负荷,而且力的大小和方向随曲轴转角作周期性变化。活塞销由合金钢制成,内、外圆表面及端面全部渗碳。活塞销与活塞和连杆采用浮式连接。活塞销与销座和连杆小头采用浮式连接,销与销孔的冷态间隙为$0.007\sim0.018$ mm,并用弹性圈轴向定位,允许有轻微窜动,挡圈为矩形断面。

(2)连杆总成

F12L413F 风冷柴油机采用并列连杆机构。两个连杆并列地装在曲轴的同一连杆轴颈,其特点是左、右两排汽缸的连杆结构相同,可通用互换,左、右两排汽缸活塞组的运动规律和受力情况一致,但两排汽缸中心线沿曲轴箱纵向相错 29 mm,使曲轴和曲轴箱的纵向尺寸加大。

连杆组由连杆体、连杆盖、连杆螺栓、连杆轴瓦、连杆小头衬套、定位销等组成(见图 8.5)。

连杆体和连杆盖由中碳铬合金钢精锻而成。经调质处理,外表面不进行机械加工,为提高抗疲劳强度,进行喷丸强化。

连杆小头内安装衬套。小头顶部有一润滑油孔,对小头衬套和活塞销飞溅润滑。小头一侧有供调整质量的凸台,另一侧有加工定位的小台,同大头的定位小台位于同一侧。

连杆杆身为工字形杆身。杆身与小头和大头的连接处都采用较大的过渡半径连接,以减少过渡处的应力。

连杆大头与连杆盖的结合面与连杆轴线成 45°,采用榫舌与榫槽定位,并通过两根 M14 高强度的螺栓紧固,无附加锁紧装置。紧固后的连杆大的一端是平齐的,另一端有台阶,装配时平齐的一面两个连杆相对,有台阶的一面向外。

连杆小头衬套为双层合金铅青铜薄壁轴套。

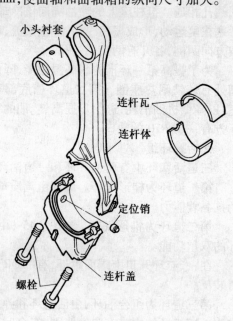

图8.5 连杆总成

钢背为低碳钢,耐磨层为铅青铜,中间开有油槽和油孔。油孔与连杆油孔相通。

连杆轴瓦为带镍栅的三层合金铅青铜薄壁轴瓦。钢背为低碳钢,钢背上是铅青铜主耐磨层,主耐磨层上镀覆金属镍栅,镍栅上镀覆铅、锡软金属合金。轴瓦为双片对开结构,靠定位销定位、止动。装配时上下片可以互换。

(3)曲轴组

曲轴组包括三个总成:曲轴总成、曲轴后端传动总成和飞轮总成。

曲轴总成包括曲轴、衬套、堵盖、平衡块、平衡块螺栓、弹性定位套、定位销和螺堵等(见图 8.6)。

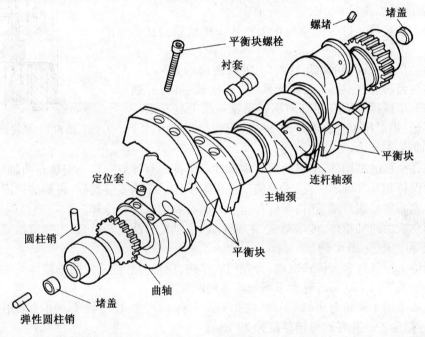

图 8.6　曲轴总成

曲轴是十字曲拐,整体锻造,多支点滑动支承,配重平衡。材料为中碳镍铬合金钢,轴颈表面高频淬火。

曲轴第三主轴颈为止推轴颈,采用翻边轴瓦止推。前后端各有一个与曲轴锻为一体的齿轮,后端齿轮用来驱动机油压油泵和回油泵,前端齿轮用来驱动配气机构、喷油泵、液压泵和冷却风扇等。前端有一个圆柱面,通过 1 个定位销和 8 个螺栓连接飞轮。后端也有一个圆柱面,通过 1 个定位销和 6 个螺栓与皮带轮和减振器连接。

曲轴的 8 个曲柄臂上,配置有平衡重。每块平衡重用两根高强度的螺栓紧固,用弹性定位套定位。

曲轴主轴颈是中空的,在此孔中压入衬套构成油道(见图 8.6)。从主轴颈至连杆轴颈有斜油道,主轴颈上有进油孔,每一连杆轴颈上有两个出油孔。

曲轴后端传动总成包括皮带轮、减振器和圆柱头螺栓。

皮带轮用来带动发电机。

减振器为钢骨架、橡胶减振器(见图8.7),其功用是避免柴油机工作时曲轴产生强烈的扭转共振,造成曲轴疲劳破坏。

减振器由圆盘、橡胶和减振体组成。用钢板冲压成的圆盘固定在曲轴后端,圆盘和减振体间是橡胶层。当曲轴扭转振动时,减振体与圆盘间产生相对运动,反复揉搓橡胶层。因为橡胶有弹性,并且内摩擦大,在橡胶的反复剪切变形过程中消耗振动能量,将能量以热量的方式散到环境中去。

皮带轮和减振器通过定位销和6个圆柱头螺栓紧固在曲轴后端。

飞轮的功用是保证柴油机运转均匀,并且传递动力。

飞轮体与齿圈通过热压(或螺栓紧固)连接成一体,并通过定位销和8个螺栓紧固在曲轴前端。飞轮外缘上刻有第一缸上止点标记,供对相位有要求的传动件的安装与调整用。

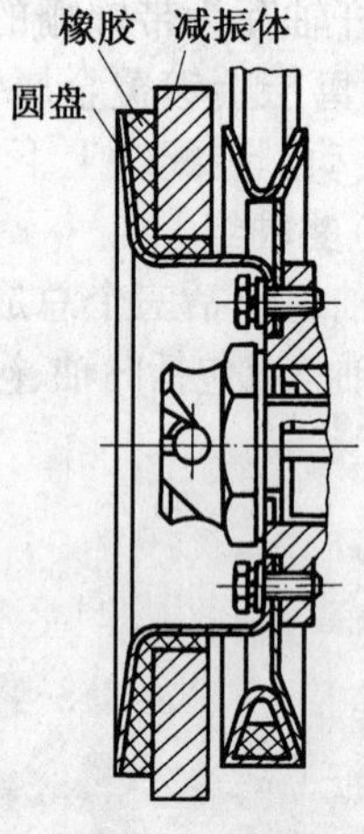

图8.7　减震器

(4)曲轴箱总成

曲轴箱是全机的基础件,全机的所有零部件和附件都直接或间接地安装在曲轴箱上,使它们在工作中保持相互准确的位置,确保柴油机正常工作。作为安装基础,将柴油机固定在车辆上。在箱体内布置有润滑油道时,保证各运动件有必要的润滑和冷却。

曲轴箱总成由曲轴箱体、传动箱盖、主轴承盖、主轴瓦与凸轮轴衬套、主油道油管、挺柱座、后油封盖板等组成(见图8.8)。

曲轴箱体采用灰口合金铸铁制成,为龙门式结构,曲轴为悬挂式。曲轴箱体与油底壳结合面较曲轴中心线下沉120 mm,有利于增加箱体的刚度。

箱体上部是两个夹角为90°的平面,在此平面上有12个缸套安装孔。由于采用并列连杆结构,左右排缸套安装孔在轴向错移量为29 mm。

缸套与箱体之间通过端面和止口定位,并用三根弹性贯穿螺栓连同缸盖一起紧固在曲轴箱体上。

箱体左排汽缸平面前部有主油道调压阀安装孔,调压阀用来保持主油道压力稳定。

箱体汽缸平面上还有缸盖回油孔和一些辅助用螺孔。

箱体汽缸平面上方有两排共24个护管孔,配气机构中的推杆从护管中穿过。护管用O形圈与箱体密封,两排护管孔夹角为97°。

箱体顶面用来安装喷油泵支架和冷却风扇传动箱。顶面前部为齿轮传动箱,用来安装传动机构齿轮及风扇传动轴。传动上安装传动箱盖。在与传动箱盖的结合平面上布置有曲轴箱通风孔及起吊螺栓孔。

箱体前端面安装飞轮壳及油封盖板。

箱体后端面通过两个圆柱销将附件托架定位,并用9个螺栓将附件托架紧固。后端面右上方有3个起吊座安装螺孔。还布置有4个紧固压、回油泵的螺栓孔。

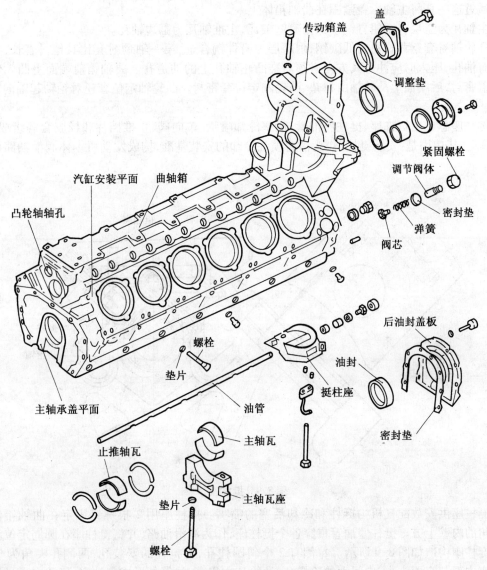

图 8.8　曲轴箱

箱体内腔上部有挺柱座安装孔,利用 2 根螺栓将挺柱座紧固到箱体上。

在主轴承座上部 90°V 型夹角中央加工有凸轮轴座孔。

箱体底部安装油底壳。

传动箱盖用来封闭齿轮传动箱,并与传动箱一起支承喷油提前器传动轴,并在其上安装液压泵和热风出口体。

主轴承盖功用是将曲轴固定在曲轴箱体上,主轴承盖上有 2 个垂直孔和 2 个水平螺纹孔,螺栓通过这些孔将主轴承盖紧固在曲轴箱体上。

　　主轴瓦为三层合金铅青铜带镍栅薄壁轴瓦,止推轴瓦为翻边轴瓦。

　　凸轮轴衬套钢背材料为低碳钢,耐磨层为铅青铜合金,第一轴颈衬套比其他衬套长,各衬套都有油孔,压入时应注意其方向必须对准凸轮轴孔上的油道孔。曲轴箱前端面上凸轮轴孔由堵盖密封,后端面上凸轮轴由衬垫、凸轮轴定位套密封。凸轮轴定位套还对轮轴起轴向定位作用。

　　挺柱座总成由挺柱座、挺柱座油管、活塞冷却喷嘴、单向阀、止推挡片和橡胶套等组成(见图8.9)。其功用是:安装挺柱,作为活塞喷油冷却的安装基准,构成发动机本体润滑油路的一部分。

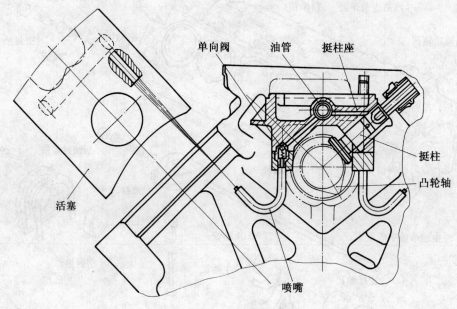

图 8.9　挺柱座

　　挺柱座供安放配气机构挺柱和冷却活塞的喷嘴。挺柱座用 2 根螺钉固定在曲轴箱体 V 形夹角的内壁上方。挺柱座油管贯穿各个挺柱座,作为润滑油路,并将挺柱座在圆周定位。

　　挺柱座构造如图 8.9 所示。每侧有 2 个斜圆柱孔,为挺柱的安装孔,两侧孔夹角为 97°。挺柱座中部制有两头小、中间大的阶梯孔,油管从中贯穿,油管外形成集油室,集油室通过相应的油道与单向阀安装孔和挺柱安装孔相通。

　　单向阀构造与安装如图 8.9 所示。从挺柱座来的机油当压力大于 0.08 ~ 0.11 MPa 时,阀门打开,机油进入喷油嘴。

　　喷油嘴由喷嘴体、喷嘴和接管组成。由单向阀来的机油从接管喷入活塞的内冷油道,对活塞喷油冷却。

　　油封盖板的功用是密封曲轴箱前端面、曲轴飞轮端轴颈和油底壳前端。

油封盖板总成主要由后油封盖板、自紧油封等组成(见图 8.8)。

(5)油底壳(见图 8.10)

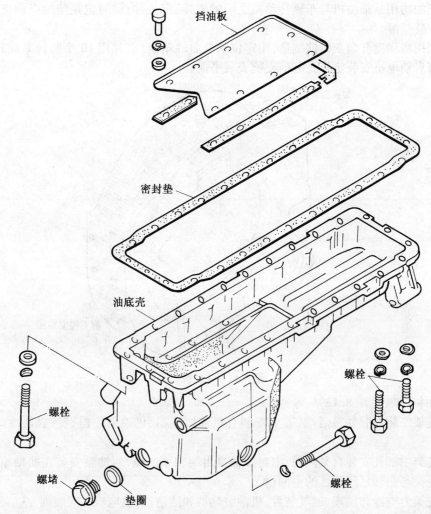

挡油板

密封垫

油底壳

螺栓

螺栓

螺栓

螺堵

垫圈

图 8.10　油底壳

　　油底壳总成的作用是密封曲轴箱下部,储存机油,消除工作时机油产生的泡沫,沉淀机油中的杂质并起部分冷却作用。

　　本机采用了湿式底壳,与干式油底壳相比它没有专用的机油箱,减少了连接管路,便于柴油机在车辆上的装拆。

　　油底壳用铝合金铸造而成,贮油池在前部,油底壳内有挡油板,储油池底部外侧 4 个方向上各有 1 个放油螺塞。储油池两外侧各有 1 个倾斜螺孔,用来安装量油尺套管接头。由于配备压油泵和回油泵,允许发动机最大倾斜角度为 45°。

油底壳与曲轴箱间由厚密封垫密封,油底壳由螺栓固定在曲轴箱、附件托架下。

(6)飞轮壳(见图8.11)

飞轮壳的功用是柴油机与车辆传动箱之间的连接、定位件;同时也是柴油机前支承架、启动电机的安装基准。

飞轮壳用高强度合金灰铸铁制造,用定位销与曲轴箱定位,并用10个螺栓紧固到曲轴箱上。其上有启动电机安装定位孔和前支腿安装平面。

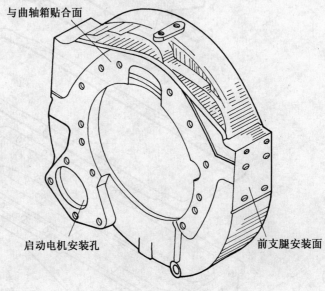

与曲轴箱贴合面

启动电机安装孔　　　　　　　　　　　　前支腿安装面

图8.11　飞轮壳

(7)附件托架(见图8.12)

附件托架安装在曲轴箱后端,其上安装有机油滤清器、机油散热器、发电机、冷却风扇等附件。

附件托架中部孔安装自紧油封,密封曲轴自由端轴颈。压、回油泵安装在曲轴箱后端面,位于附件托架与曲轴之间形成的空间内。

附件托架上有冷却风扇、通气装置、机油散热器和滤清器、发电机等安装面。

热风进口、热风出口是严寒条件下启动预热柴油机热风的进、出口,热风进口装在附件托架前端右侧(从风扇端看)安装面上,热风出口安装在传动箱盖顶斜面上,它们都由带手柄的盖子封闭,预热柴油机时将它拧下,热风进入曲轴箱加温,启动后必须将盖子装上拧紧,以免柴油机工作时大量机油外泄,造成严重事故。

附件托架内有油道,来自机油散热器机油通过油道进入机油滤清器,从机油滤清器出来的机油进入另一油道,流进曲轴箱主油道。

(8)汽缸套

汽缸套与汽缸盖、活塞组成燃烧室,并对活塞起导向作用(见图8.13)。作为风冷柴油机

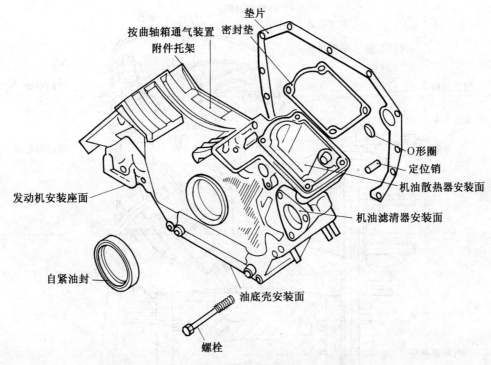

图 8.12　附件托架

的汽缸套,还通过外壁的散热片将部分热量传给冷却空气。

汽缸套是单体铸造高磷铸铁结构,各缸可以互换,汽缸套内工作表面珩磨有 60°网纹,并经过特殊磷化处理。磷化后的工作表面,形成弥散度很高的表面孔穴,构成众多的积油孔隙,加之 60°珩磨网纹,容易储存和分布机油,有利于形成油膜,改善了润滑条件。与喷钼活塞环和石墨化处理的活塞裙部相配合,使汽缸套具有较高的耐磨性和工作可靠性。

沿缸套轴向,汽缸套的壁厚是不等厚分布,上、下部较厚,中间较薄。缸套上部组成燃烧室,工作中承受较大的爆发力,底部在活塞运动时承受较大的侧压力。故上、下部分受力较大。不等壁厚可使缸套受力基本上为等强度(见图 8.14)。

汽缸体下部圆柱部分插入曲轴箱安装孔中,用其下部缸体螺栓与曲轴箱定位,由 O 形密封圈密封,汽缸体与曲轴箱止口之间还垫有厚 0.5 mm 的钢质垫片以防压伤止口平面,用三根贯穿螺栓,将缸盖与缸套一起紧固到箱体上,如图 8.13 所示。

汽缸套散热片为水平散热片,从上到下共 28 片。上面 5 片是整体的,其余 23 片沿圆周方向均匀地开有 7 个缺口,使一片散热片分成数段。缺口可增加冷却空气的紊流,提高散热片冷却效率,减少周围方向温度不均匀引起的热应力,使缸套热变形减少,各排散热片为圆形,靠两缸之间侧面的散热片较短,以减小缸心距。

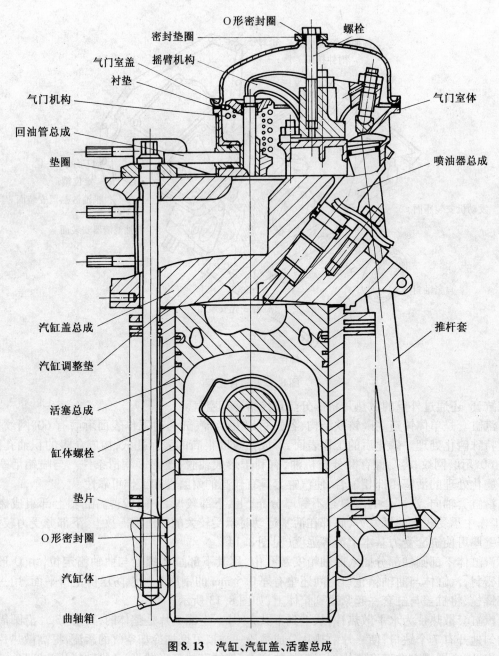

密封垫圈
O形密封圈
螺栓
气门室盖
摇臂机构
衬垫
气门机构
气门室体
回油管总成
喷油器总成
垫圈
汽缸盖总成
推杆套
汽缸调整垫
活塞总成
缸体螺栓
垫片
O形密封圈
汽缸体
曲轴箱

图 8.13　汽缸、汽缸盖、活塞总成

(9)汽缸盖总成

汽缸盖是风冷柴油机上十分重要的零件之一。它的主要功用是:

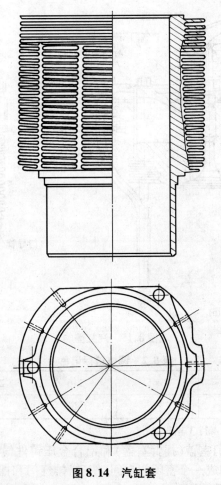

图 8.14 汽缸套

①密封缸套并与缸套、活塞构成燃烧室；

②布置进、排气道；

③安装柴油机零件，如进、排气门，摇臂等；

④散走传给汽缸盖的大量热量。

风冷柴油机汽缸盖安装总成如图 8.15 所示。汽缸盖为单体式，即一缸一盖结构，呈块状，各缸汽缸盖可以互换。

汽缸盖通过三根缸体螺栓连同缸套一起紧固在曲轴箱体上。汽缸盖和汽缸套之间没有汽缸垫，只装有活塞顶间隙调整垫，用以调整压缩比，同时起密封作用。汽缸调整垫厚度为2.3 ~ 2.9 mm，每 0.15 mm 为一组，共分 5 组，装配时可根据需要选用。调整汽缸垫在外圆作有相应颜色标记，见表8.2。

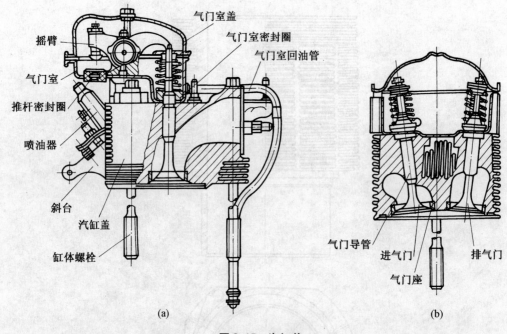

图 8.15　汽缸盖

表 8.2　调整垫标记色

厚度/mm	2.3	2.45	2.6	2.75	2.9
颜色	棕	红	橙	黄	绿

活塞顶间隙要求为 1.15~1.3 mm。

由薄钢板冲压而成的气门室盖(摇臂室盖)和铝合金压铸件气门室体(摇臂室)偏置在汽缸盖顶部的内侧,它们共同构成一个密闭的空间,使进、排气门和摇臂等零件正常工作。气门室中的机油通过回油管向曲轴箱回油。

汽缸盖采用两气门结构,即一个进气门,一个排气门,呈 V 形倾斜布置,其中心线的夹角为10°。

风冷柴油机汽缸盖为单体铝合金铸件,汽缸盖的外侧布置有进、排气管,进气道的进口设在汽缸盖顶部,排气道的出口设在汽缸盖外侧面。汽缸盖内侧,有用来安装喷油器的斜台和温度报警感受器的安装孔。汽缸盖底部是燃烧室的组成部分,呈球面,并有安装气门座的座孔。顶部除气道进口外,还有气门导管座孔。

汽缸盖散热片的布置,采用了水平、垂直和倾斜散热片混合布置的方式,以加强缸盖的冷却效果,减少缸盖的热负荷。散热片的形状呈梯形。水平散热片主要布置在缸盖燃烧室周围、喷油器两侧和进、排气道的周围,共 18 片。垂直散热片布置在鼻梁区(进、排气门座孔之间的区域)上部的冷却空气通道内,共 9 片。由于进、排气门采用 10°夹角倾斜布置,使鼻梁区冷却空气通道截面增大,冷却空气流量大,同时可布置较多的散热片,加强了鼻梁区的冷却,并可防止排气道的热量传至进气道,使进入汽缸的空气温度不至过高。倾斜散热片布置在鼻梁区上部排气道侧壁上,共 5 片,用来加强对排气道的冷却。

由于风冷柴油机为 ω 形燃烧室,为了加速混合气形成,需要在燃烧室内形成一定强度的空气涡流,故进气道为螺旋气道。

风冷柴油机气缸盖的鼻梁区是容易产生裂纹造成缸盖损坏的区域。鼻梁区金属在高温时受热膨胀而受到压应力,在柴油机冷却或负荷突然减小时,鼻梁区金属又会收缩而受到拉应力,经过长期工作,鼻梁区很容易产生热疲劳裂纹。风冷柴油机除了加强鼻梁区的冷却外,在鼻梁区铸入了 2 片八字形钢片,从而防止了裂纹的产生。钢片使鼻梁区的金属有相对的独立性,热胀冷缩时受周围金属约束小,减小了拉压应力,防止了鼻梁区裂纹的产生。

气门导管与缸盖热压配合。排气门导管较进气门短,以减少排气门对缸盖的传热,排气门导管与气门杆的配合间隙也较进气门导管大,以保证工作时的正常配合间隙,防止卡死。

气门座采用耐热合金铸铁制成,以较大的过盈量镶嵌在气缸盖的气门座孔上。密封锥面为 45°锥角。

(10)曲轴箱通气装置

曲轴箱通气装置用来清除漏到曲轴箱内的废气,保持曲轴箱正常压力,延长机油使用寿命,防止机油渗漏。

通气装置由油气分离器、呼吸器、曲轴箱出气管、回油管和通风管等组成(见图 8.16)。分离器总成固定在风扇外壳外缘的翻边上,上端由螺栓固定着呼吸器总成,下端由卡箍固定着橡胶管和回油管,回油管下端插入附件托架上平面回油孔中,由 O 形密封圈密封。分离器侧面由卡箍连接着橡胶管和出气管,出气管下端插入由螺栓固定在附件托架上的管接头中;出气管也由固定板、管夹、螺栓固定在风扇外壳翻边上。

油气分离器是一个空心圆筒,由附件托架引来的曲轴箱废气从曲轴箱出气管到分离器后,因分离器体积大,气体流速下降,温度也降低,油雾沿分离器体壁面凝聚,并沿回油管流回柴油机油底壳内,分离后的气体进入呼吸器总成,气体进入呼吸器体后,通过呼吸器体上的小孔进入橡胶薄膜的下部空间,膜片室上方与大气相通。薄膜的上方承受大气压力,下方承受废气压力。当曲轴箱的废气压力小于一定值时,呼吸器处于图 8.17(a)所示状态,滑阀隔断曲轴箱与大气通道。当曲轴箱的废气压力大于一定值时,橡胶薄膜带动滑阀向上移动,打开曲轴箱与大气的通道(见图 8.17(b))。

呼吸器排出的废气,进入柴油机进气管,使其进入燃烧室再燃烧,以免污染空气。

呼吸器的作用是维持曲轴箱中的废气压力。当压力较高时,废气和弹簧一道顶开活塞,打开废气通向进气管的通道;当曲轴箱压力过低时,大气压经橡胶管、弯管压迫薄膜、垫圈、活塞和弹簧,关闭废气通道,使曲轴箱中压力不致太低。

在柴油机每工作 2 000 h 时,应更换曲轴箱通气阀装置。对呼吸器进行维护保养时,应将呼吸盖取下,更换带橡胶薄膜的滑动线总成。

2. 配气机构

F12L413F 风冷柴油机采用下置凸轮轴、顶置气门、推挺杆的配气机构。主要零部件包括

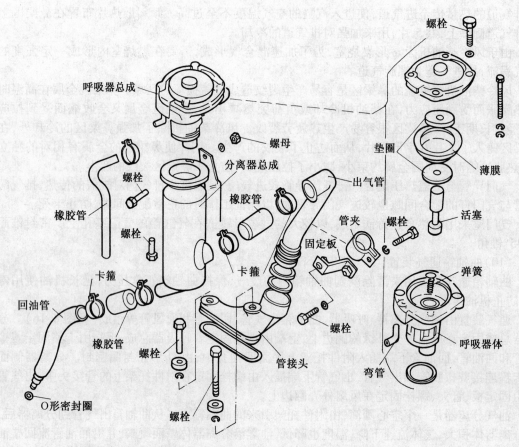

图 8.16　通气装置

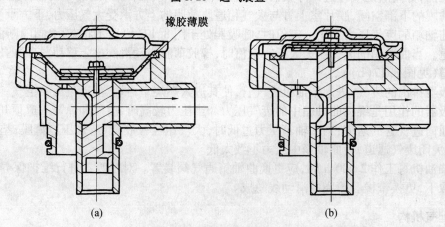

(a)　　　　　　　　　　　(b)

图 8.17　曲轴箱通气装置工作原理

凸轮轴总成、摇臂总成、推挺杆总成和气门组（见图 8.18）。

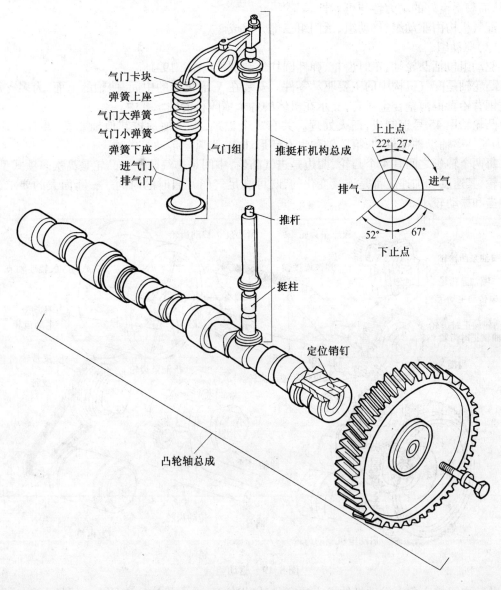

图 8.18　配气机构

　　每个汽缸一个进气门、一个排气门，由一根凸轮轴驱动。凸轮轴置于曲轴箱 V 形夹角内。正时齿轮装在凸轮轴前端，由曲轴飞轮端的正时齿轮驱动凸轮轴上的正时齿轮，带动凸轮轴旋转，再通过挺柱、推杆和摇臂机构驱动进、排气门。

配气机构的功用是保证气门在规定的时刻开启和关闭,使柴油机在稳定的充气效率下工作,从而获得良好的动力性与可靠性。

配气机构由驱动组、传动组、活门组三部分组成。

(1)驱动组

驱动组包括凸轮轴、正时齿轮、弹性圆柱销和螺栓(图8.19)。

凸轮轴是配气机构中的主要驱动零件。安装在 V 形机体的中间,曲轴的上面,为多支承,通过钢背铅青铜薄壁合金衬套,支承在机体的各个横隔板的轴承孔中。

凸轮轴用 45 号钢制成,正火处理。共有 7 个轴颈,第一轴颈较其他轴要宽,并有环形油槽,为挺柱座辅助油道供油,第 7 轴颈也有环形油槽,为风扇传动箱供油。

每两个轴颈之间有 4 个凸轮,两边是进气凸轮,中间是排气凸轮。凸轮是高次多项式型函数凸轮,其速度和加速度都是连续变化的,既可满足气门开启时的时间——断面大的要求,又使冲击和振动较小。

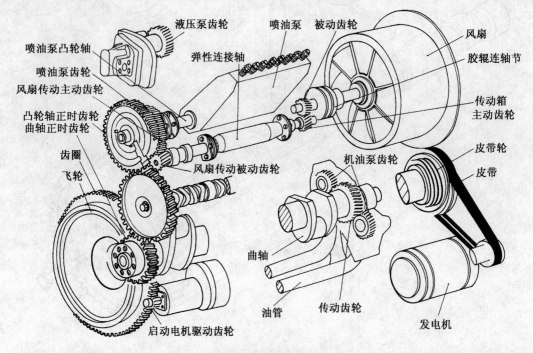

图 8.19　驱动组

凸轮之间的夹角由发动机的发火顺序、配气相位及左、右排汽缸挺柱中心线的夹角决定。

在凸轮轴前端,用螺栓将正时齿轮紧固在其上面,并通过定位销与凸轮轴定位。

为保证凸轮轴与曲轴及喷油提前器的正确装配位置,在凸轮轴正时齿轮第 1 齿(离定位销孔 90°48′处)和第 39,40 齿上有 2.5×45° 的倒角,装配时应将第 39,40 齿间的齿谷与曲轴正时齿轮上作有记号的齿啮合,第 1 齿应与喷油提前器齿轮上作有记号的两齿间的齿谷相啮合,保证三者之间传动的相互位置(见图 8.20)。

凸轮轴从曲轴箱前端装入,并通过凸轮轴衬套支承在横隔板上。凸轮轴轴向间隙的调整,由增减布置在凸轮轴盖与曲轴箱前端面间的调整纸垫来实现。

(2)传动组

传动组包括挺柱、推杆、摇臂总成(见图 8.21)。

挺柱支承在紧固在曲轴箱内腔上部的挺柱座上,左、右排挺柱孔夹角 97°。推杆穿过曲轴箱,外部罩有护管,护管的下部支承在曲轴箱护管孔内,上部支承在气门室体孔内,两端都以 O 形橡胶圈密封。气门调整螺钉旋在摇臂螺孔内,可转动以调整气门间隙。锁紧螺母将调整螺钉锁紧。摇臂座固定在气缸盖上,摇臂支承在摇臂座轴上。在进气门上布置有气门旋转机构。

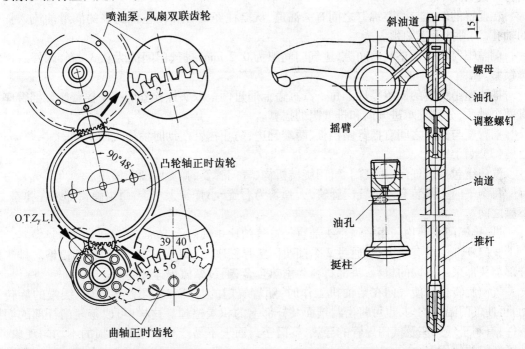

图 8.20　齿轮啮合位置图　　　　　　　图 8.21　传动组

挺柱由于凸轮直接推动而按凸轮所要求的规律运动,在凸轮与挺柱之间受到来自气门组、摇臂、推杆、挺柱的惯性力,气门弹簧和气体的压力,使凸轮与挺柱之间产生了很大的接触挤压应力,最大值可达 740 MPa,同时产生大滑移,所以必须保证工作面的耐压、耐磨。

挺柱为平面桶形,与挺柱座孔导向部配合的圆柱表面稍具桶形,两端小,中间大。因为略带桶形,当挺柱歪斜时,由于它的自位作用仍可保证凸轮型面全宽与挺柱表面相接触,可减小接触应力,使磨损均匀。

挺柱的上部有一球窝,它支承推杆的球头。为了形成油膜以利于润滑,球窝直径比球头直径大 0.1 mm。

挺柱中部有一环形油槽,其中有一纵向油道。球窝中间向下有垂直油道与纵向油道相通。

从挺柱座油道的机油可随着挺柱的上下运动间歇进入环形油槽,经纵向油道、垂直油道达球窝,可润滑挺柱与推杆的接触面。

推杆摇臂由一根钢管、一个凹形球窝和一个凸形球焊接而成。球头与挺柱球窝接触,球窝与摇臂调整螺钉头部球面接触。推杆中间形成润滑油路,润滑油从挺柱球窝沿推杆到达推杆球窝,润滑推杆与调整螺钉的接触面。

摇臂总成包括摇臂、调整螺钉、锁紧螺母、摇臂座、摇臂座挡板、螺母和O形密封圈。

摇臂支承在摇臂座轴上,一端通过调整螺钉与推杆接触,另一端为圆弧面,与气门杆端面接触。在凸轮的驱动下,挺柱、推杆上下运动,通过调整螺钉使摇臂绕摇臂座轴摆动,从而使气门打开或关闭。

在摇臂的轴孔与调整螺钉之间有一油道,从挺柱经推杆和调整螺钉来的润滑油流入摇臂的轴孔,润滑摇臂座轴颈。

调整螺钉用来调整气门间隙,进气门间隙为 0.2 mm,排气门间隙为 0.3 mm,调好后用螺母锁紧。

摇臂座是摇臂的支承零件。每一汽缸盖上通过两根双头螺栓紧固一个摇臂座。摇臂座上有两个轴颈,分别支承进气门和排气门的摇臂。

摇臂座与缸盖之间有摇臂座挡板,两端翻边,防止摇臂摆动时擦伤气门室壁。

(3)气门组

气门组包括进气门、排气门、气门旋转机构、气门弹簧、弹簧座圈和锁块。

每个气门上都装有一组气门弹簧,大弹簧为右旋,小弹簧为左旋,每组弹簧都装在弹簧上、下座之间。

进、排气门头部均采用平顶。头部直径进气门比排气门大 15%,头部锥角为 45°。

气门杆部上端有一卡槽,通过 2 个锁块固定弹簧座圈(图 8.22)。气门杆部镀铬。排气门杆部与头部采用不同的材料,头部材料为耐热合金,通过摩擦焊连接起来。

气门旋转机构使气门在柴油机工作时,随着气门的打开和关闭产生均匀、缓慢的旋转运动,可使气门温度均匀,也可将密封锥面及杆部上的积炭擦掉。这样,可改善气门杆部的润滑条件,有利于气门座及气门导管的导热,气门密封面上不易产生腐蚀和磨损的不均匀现象,延长了气门的使用寿命。

F12L413F 风冷柴油机仅在进气门弹簧下座上装有气门旋转机构。如图 8.22,它由外壳、碟形弹簧、滚珠、底座和回位弹簧等组成。

底座上有 6 个凹槽,凹槽呈中间低、两端高的弧形,每个凹槽内有一个滚珠和一个回位弹簧。底座的下端面上有 8 个小凸台。在气门弹簧力的作用下,这 8 个小凸台可压入和其接触的缸盖顶面内,保证底座不能转动。碟形弹簧支承在底座上,当气门在关闭状态时,碟形弹簧与滚珠之间有间隙。外壳支承在碟形弹簧上,气门弹簧支承在外壳上。

当进气门逐渐开启时,气门弹簧力逐渐增加,碟形弹簧受力后变形,消除与滚珠的间隙,然后,在气门全开时,迫使滚珠向底座凹槽的中间位置移动(见图 8.22)。由于底座不能转动,在摩擦力的作用下,就使碟形弹簧、外壳,连同气门弹簧、进气门一起转动了一个微小角度。进气

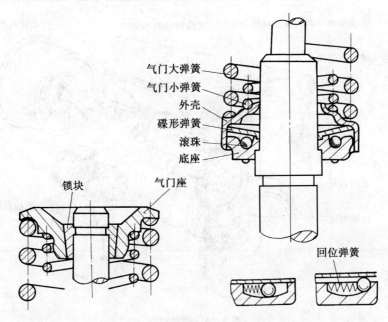

气门大弹簧
气门小弹簧
外壳
碟形弹簧
滚珠
底座
锁块
气门座
回位弹簧

图 8.22　弹簧座固定与气门旋转机构

门逐渐关闭时,气门弹簧力减小,碟形弹簧逐渐复原,滚珠受的压力也减小,在回位弹簧的作用下,滚珠又从中间位置复原,虽然有带着进气门反向转动的趋势,但由于滚珠与碟形弹簧之间的摩擦力较小,产生相对滑动,不能使气门旋转。这样,气门每打开一次,气门旋转机构便带动气门转动了一个角度。

3. 传动机构

传动机构将曲轴的部分动力传给气体分配机构、风扇、喷油泵、液压泵、压油泵、回油泵、发电机等,以保证发动机正常工作。

F12L413F 风冷柴油机的传动机构属于前后传动混合布置,以前传动布置(布置在功率输出端)为主。采用斜齿圆柱齿轮传动,兼用液力耦合器、弹性联接轴、胶辊联轴节和皮带轮等挠性传动。

重要部分的传动布置在功率输出端,包括配气机构传动、喷油泵传动和风扇传动,其他部分布置在自由端,包括压油泵和回油泵,发电机传动。

这种布置型式有正时准确、传动可靠、结构简单紧凑和维护保养方便的特点。合理采用挠性元件,提高了传动平衡性、工作可靠性和使用寿命。

图 8.23 为 F12L413F 风冷柴油机传动机构的构造。

曲轴正时齿轮与曲轴制成一体,位于功率输出端,直接驱动凸轮轴正时齿轮,带动配气机构工作;凸轮轴正时齿轮驱动喷油泵传动齿轮,带动喷油泵凸轮轴旋转,同时,驱动液压泵齿轮;风扇传动主动齿轮与喷油泵传动齿轮同轴固定连接,风扇主动齿轮驱动风扇被动齿轮,经

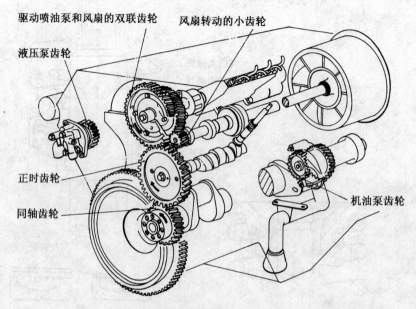

图 8.23　传动机构

弹性联接轴到传动箱主动齿轮、被动齿轮,经胶辊联轴节驱动液力耦合器,液力耦合器驱动风扇旋转。

　　曲轴自由端的传动齿轮直接驱动压油泵和回油泵齿轮,使压油泵、回油泵工作。安装在自由端的皮带轮通过皮带驱动发电机旋转。

　　启动电机通过齿轮驱动飞轮使曲轴旋转。

　　传动机构的动力传递如图 8.24 所示。

4. 燃料供给系

　　燃料供给系如图 8.25 所示,由柴油箱、柴油分配开关、手摇输油泵、柴油粗滤清器、输油泵、柴油细滤清器、喷油泵、喷油提前器、调速器、喷油器、高压油管和管路等零部件组成。

　　其功用是储存和滤清柴油,并与汽缸工作顺序配合,将定量柴油增压后成雾状喷入汽缸,根据外负荷的变化自动改变供油量。

　　(1)喷油泵

　　F12L413F 柴油机所用喷油泵是德国波许公司设计的 PE-A 型泵,喷油压力可达 60 MPa。

　　喷油泵由柱塞耦件、油量调节机构、出油阀组、传动机构和泵体组成。其功用、工作原理及构造均与 12150L 喷油泵相似或相同,个别处结构形式不同,详见图 8.26。

　　(2)调速器

　　F12L413F 风冷柴油机采用德国波许公司设计的全速式机械调速器,代号为 RQV300 ~ 1250AB1128L。代号各部分意义如下:

　　R——离心式调速器;

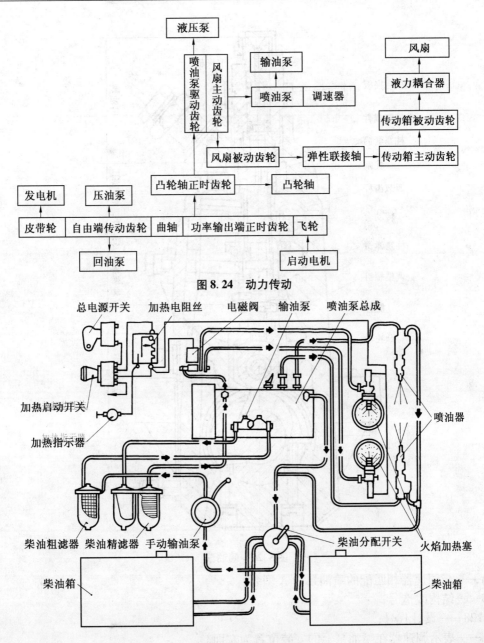

图 8.24 动力传动

图 8.25 燃料供给系

Q——用操纵杆改变浮动杠杆比;

V——全速式调速器;

300 ~ 1 250——转速调节范围,即柴油机转速在 600 ~ 2 500 r/min 范围内,调速器起作用;

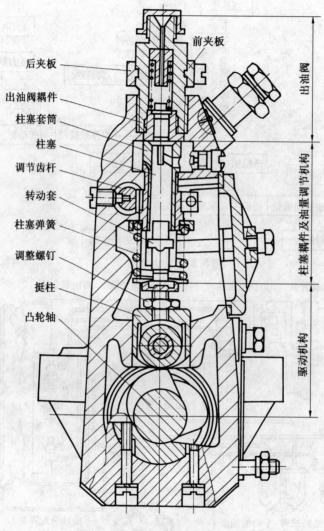

图 8.26　喷油泵

A——与调速器相匹配的喷油泵为 A 型泵；

B——结构改造号；

1128——设计代号；

L——表示调速器在喷油泵上的安装位置为左面。

调速器的功用是限制最高转速,稳定最低空转转速,当外界阻力变化时自动调节喷油量,使内燃机转速变化较小。

RQV 调速器(图 8.27、图 8.28、图 8.29)为机械飞块式全程调速器,它主要由飞块总成、角形杠杆、伸缩轴总成、滑动块、浮动杠杆、操纵杠杆、转动杆、活动销、叉形连杆、摆动臂、满载限位器、扭矩校正器、体和盖等组成。

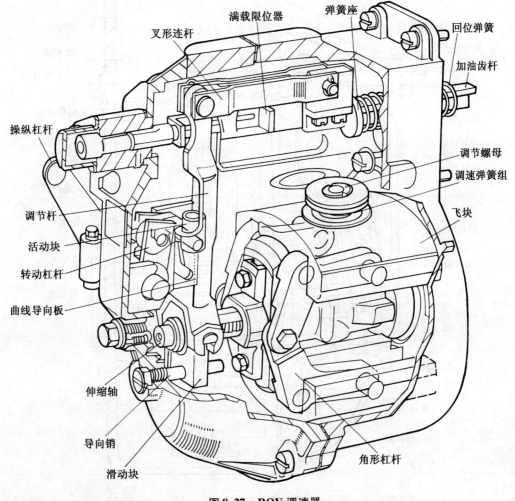

图 8.27 RQV 调速器

调速器装于喷油泵一端,与喷油泵组成一个整体。

喷油泵凸轮轴以锥面通过传动套与飞块支架相连。飞块装在飞块支架上,飞块内装有调速弹簧组,凸轮轴带动飞块旋转,飞块与角形杠杆相连,角形杠杆另一端与伸缩轴相连。通过角形杠杆把飞块的径向移动变为伸缩轴的轴向位移,再传给滑动块,滑动块被导向销约束只能做直线运动。滑动块和调节杆下端相连,调节杆上端通过叉形连杆和喷油泵加油齿杆相连。调节杆的中部有一导向槽,与转动杆相连的活动销可在槽内上下滑动。活动销的位置决定了调节杆的摆动支点。转动杠杆另一端与操纵杠杆同轴。活动销在浮动杠杆导向槽内滑动的同

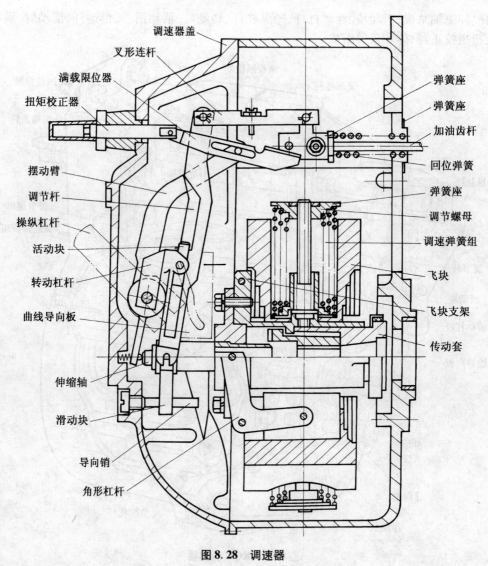

图 8.28　调速器

时,还被固定在调速器盖上的曲线导向板导向。调节杆下端和上端的传动比在 $1:1.7 \sim 1:5.9$ 之间变化。

　　飞块总成如图 8.29 所示,由飞块、怠速弹簧、两根高速弹簧、内外弹簧座和调节螺母等组成。弹簧为同心布置的圆柱螺旋弹簧,外弹簧为怠速弹簧,装在飞块与外弹簧座之间,低速空转时仅怠速弹簧起作用。中间两根为高速弹簧,装在内、外弹簧座之间。当转速升高,飞块越过怠速行程后,靠在内弹簧座上,全部弹簧一起起作用。通过调节螺母可以调节弹簧预紧力的大小。

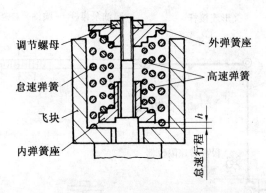

图 8.29 RQV 调速器飞块总成

伸缩轴总成如图 8.30 所示。伸缩轴是浮动杠杆和飞块之间的弹性连接装置,在某些情况下,能起缓冲作用,防止零件受力过大。飞块径向移动时,通过角形杠杆、角形杠杆连接销和支承螺栓,可使伸缩轴轴向移动,缓冲弹簧被压缩或拉伸,驱动轴套移动,使滑动块移动,带动浮动杠杆摆动。

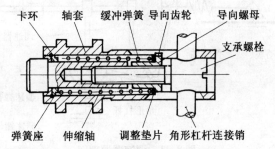

图 8.30 伸缩轴

RQV 调速器的工作原理。

柴油机在工作时,固定操纵杆在任一位置,在正常工况下(柴油机不超载或被拖动运转),柴油机都有一个确定的转速范围与之对应。当外界负荷变化时,调速器能自动调节供油量,使柴油机在这个转速范围内稳定工作(见图 8.31)。

①停车

将操纵杆扳到与停车限位螺钉接触时(图 8.32(a)中的虚线),加油齿杆被拉到停止供油位置,柴油机熄火。

②启动

柴油机处于停车状态时,满载限位器通过伸缩轴的作用,使其处于启动的位置上,此时,飞块没有离心力,调速弹簧使飞块处于最里的收拢位置,并通过角形杠杆使伸缩轴在最左边,摆动臂下端的弹簧被压缩,摆动臂上端使满载限位器向下倾斜,满载限位销脱开。

启动时,将操纵杆扳到与高速限制螺钉接触,调节杆便以活动销为支点而顺时针转动,其

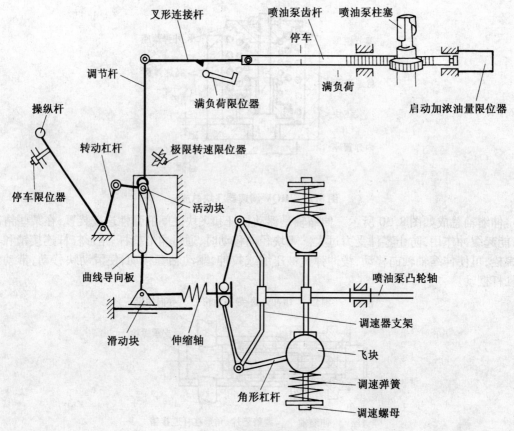

图 8.31　调速器原理图

上端便将加油齿杆推向加油方向(图 8.32(a)中的实线)。启动开关接通,启动电机旋转,使启动加浓轴和连动杆一起沿加浓轴轴向移动(图 8.32(a)),使连动杆与加油齿杆上的限位销脱开,加油齿杆移动到启动油量限制器上(图 8.32(a))。

　　启动后,转速上升,飞块向外移动,伸缩轴向右移动,使加油齿杆向减油方向移动。同时,摆动臂下端弹簧使摆动臂逆时针转动,使满载限位器向上抬起,挂上满载限位销,把加油齿杆又限制在满载油量位置以下。松开启动开关,启动加浓轴和连动杆又回到原来的位置。

　　③怠速工况

　　柴油机启动后,将操纵杆扳到较小的怠速工作位置,加油齿杆也退回到怠速油量位置刻度线。此时柴油机在较低的怠速转速下运转,较小的飞块离心力只和调速弹簧组中的怠速弹簧相平衡,另外两根高速弹簧因受下弹簧座的阻挡不与飞块接触。调速器只用较软的外弹簧维持柴油机的怠速稳定(见图 8.32(b))。若柴油机由于某种因素而转速降低,飞块离心力减小,怠速弹簧的作用力迫使飞块往里收缩,从而带动角杠杆、调速弹簧套左移,并通过调节杆使加油齿杆向加大供油量方向运动,使转速回升。

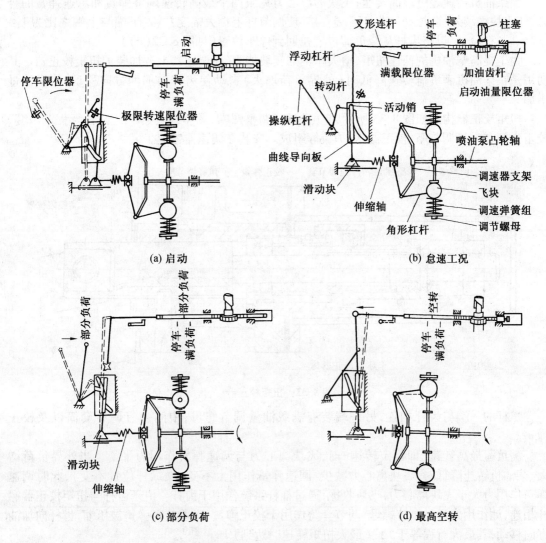

(a) 启动　　　　　　　　　　　(b) 怠速工况

(c) 部分负荷　　　　　　　　　(d) 最高空转

图 8.32　调速器工作原理图

④标定工况和最高转速调节

将操纵杆扳到与高速限制螺钉相接触的位置时,柴油机在标定功率和标定转速下运转,此时,加油齿杆与满载限位器处于刚刚接触的位置(图 8.32(c)中虚线)。

此时若负荷减小,则转速上升,因飞块离心力的增大而压缩高速弹簧,并使调节杆以活动销为支点逆时针转动,使加油齿杆向减油方向移动(图 8.32(c)中实线)。若柴油机负荷继续减小,转速继续上升,供油量也相应减少,直到柴油机达到无负荷最高空转转速为止。此时的供油量仅维持柴油机的空转。

当柴油机转速超过最高转速,飞块的离心力克服两个最高转速调节弹簧和怠速弹簧的合力,使飞块继续外移,拉动调节杆下端右移,使调节杆上端大幅度左移(下端与上端之比为1∶1.7~1∶5.9),足以将齿杆从全负荷位置拉回到停车位置(见图8.32(d))。

为了提高柴油机的低速扭矩,增大车辆的爬坡能力,在调速器上方加装了扭矩校正器。其功用是在柴油机满负荷转速降低时(外界负荷增大)自动使齿杆向加油方向移动,使供油量增加。

扭矩校正器构造如图8.33所示,它由螺杆、调整螺帽、调整螺套、调节套筒、行程调节套、校正弹簧和弹簧调节座、校正器体、护盖等组成。安装在调速器盖上。

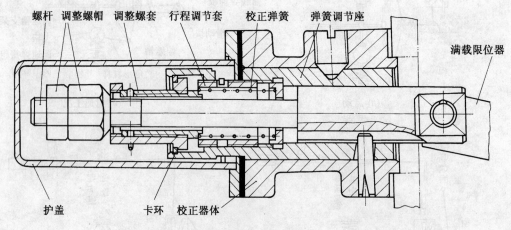

图8.33　扭矩校正器

螺杆的一端与齿杆相连,另一端装有满载油量调节螺母,中间装有调节套筒以及校正弹簧。

满负荷最高转速(即额定转速)时,飞块离心力与调速弹簧作用力平衡。当外界负荷增大、柴油机转速降低时,飞块离心力减少,调速弹簧作用力不变(操纵杆位置不变),此时调速弹簧作用力大于飞块离心力,飞块收拢,通过杠杆系统作用于齿杆。由于齿杆与扭矩校正器螺杆相连,此作用力通过调节螺母、调节套筒作用于校正弹簧,随着校正弹簧被压缩,齿杆向加油方向移动,其最大行程等于"Δ"(最大扭矩转速时达到)。

校正器在喷油泵试验台和柴油机试验台上已调整,不得自行调整。

(3)喷油器

F12L413F风冷柴油机所用的是长型多孔式喷油器。其功用、工作原理与12150L柴油机喷油器相同,在构造上基本相似,不同点是:针阀体头部只有3个孔径为0.405 mm的喷孔;缝隙滤清器位于喷油器上端。详见图8.34。

(4)供油提前角自动调节器

供油提前角自动调节器是根据柴油机转速变化自动调节供油提前角的装置。设置在喷油泵和风扇双联传动齿轮组中间。

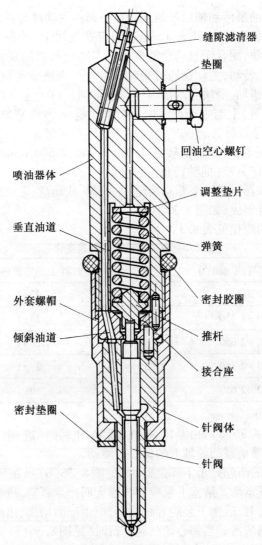

图 8.34　喷油器

缝隙滤清器

垫圈

回油空心螺钉

喷油器体

调整垫片

垂直油道

弹簧

密封胶圈

外套螺帽

推杆

倾斜油道

接合座

密封垫圈

针阀体

针阀

　　柴油机工作时,最佳的供油提前角与转速有关,即每一转速都对应一个最佳供油提前角。因此,如果采用一个固定的供油提前角,就会出现高速性能好,低速性能坏,或者保证了低速性能,就会出现高速性能不良的矛盾。提前器的作用就在于使供油提前角随着柴油机转速的上升而增大,随着转速下降而减小,保证柴油机在整个转速范围内都有良好的性能。

　　喷油提前器分机械式、液压式和电子式等。F12L413F 风冷柴油机采用机械离心式自动调节器。

　　喷油泵驱动齿轮与风扇传动齿轮及主动盘,由销钉、螺栓紧固成一体,主动盘空套在喷油泵传动轴上,被动盘与喷油泵传动轴以过盈压合在一起。主动盘与被动盘上均有径向滑槽,主动盘上的滑槽是偏心的,偏心距为 11 mm。销轴固定在飞块上,其头部(方形)配合在主动盘滑槽内,套在销轴上的滑块,配合于被动盘滑槽内。主动盘与喷油泵驱动齿轮同步转动,而喷油泵传动轴与被动盘同步转动,主动盘通过销轴—滑块—飞块带动被动盘。由于飞块在不同转速时径向位置不同,使销轴、滑块在滑槽内位置也不同。由于主动盘内偏心槽的作用,使被动盘在不同转速(滑块位置)上与主动盘产生一个角度差 α,即调整角。随着转速提高调整角 α 由小到大变化,其方向是超前的。

提前器开始起作用的转速为曲轴转速 1 200 r/min,2 500 r/min 时,提前角达最大值,F12L413F 系列机型约为 0°~7°(曲轴转角)提前角。

供油提前角自动调节器由喷油泵驱动齿轮、主动盘、从动盘、主动滑块、被动滑块、飞块、弹簧、弹簧内座、弹簧外座等组成,如图 8.35 所示。

供油提前角随转速的变化见表 8.3。

表 8.3　供油提前角随转速变化

曲轴转速/(r · min⁻¹)	供油提前角(上止点前曲轴转角/(°))
1 200	22±1
1 500 ~ 1 750	24±1
1 750 ~ 2 050	26±1
2 050 ~ 2 350	28±1
2 350 ~ 2 650	30±1

(5)活塞式输油泵

活塞式输油泵(见图 8.36(a))由泵体、挺柱、活塞、止回阀(进、出)、手油泵等组成。它安装在喷油泵体一侧,并由喷油泵凸轮轴上的偏心轮驱动。

凸轮轴转动,偏心轮的凸起处于下部位置时(见图 8.36(b)),在弹簧作用下,挺柱和活塞随着凸轮上的偏心轮向下运动。活塞上泵腔容积增大而产生真空,进油止回阀打开,燃油从进油孔吸入上泵腔。与此同时,活塞下泵腔容积减小,燃油压力增高,出油止回阀关闭,下泵腔中的燃油被压出进入燃油滤清器。当偏心轮凸起上行时(见图 8.36(c)),上泵腔油压升高,进油止回阀关闭,出油止回阀开启,燃油自上泵腔流入下泵腔。如果输油泵出油口和下泵腔室压力增高到一定值,活塞克服弹簧弹力顶起而不能回到下面的极限位置,则活塞的有效行程减小,输油泵的供油量减少。输油泵出口压力越高,活塞有效行程也越小,直至完全脱离偏心轮的上、下运动(见图 8.36(d)),从而实现了输油量与供油压力的调节。

(6)燃油粗滤器、燃油精滤器、手动输油泵、柴油分配开关、喷油泵操纵装置等的功用、工作原理、构造与 12150L 柴油机相同或相似,请参见第 5 章。

5. 空气供给系

空气供给系由干式空气滤清器、单向阀和抽尘泵及管路等组成。

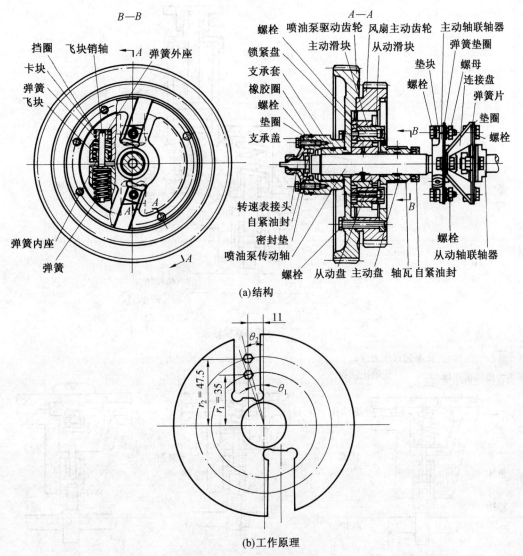

(a)结构

(b)工作原理

图 8.35　供油提前角自动调节器

（1）干式空气滤清器

空气滤清器为干式滤清器，并配有保养指示器和电动抽尘泵，可以保证供给发动机充足洁净的新鲜空气，同时又减少了不必要的定期保养。进排气管道分成两部分分别固定在发动机和车体上，两部分之间用波纹管连接，使管道不致因发动机相对车体的运动而疲劳损坏。

空气滤清器安装在车体底盘右前侧，空气经滤清器后由进气管进入汽缸，当空气滤清器过脏时，驾驶员面板上的滤清器堵塞指示灯亮，需拆下滤清器清洗，在右侧浮箱上还有电动抽

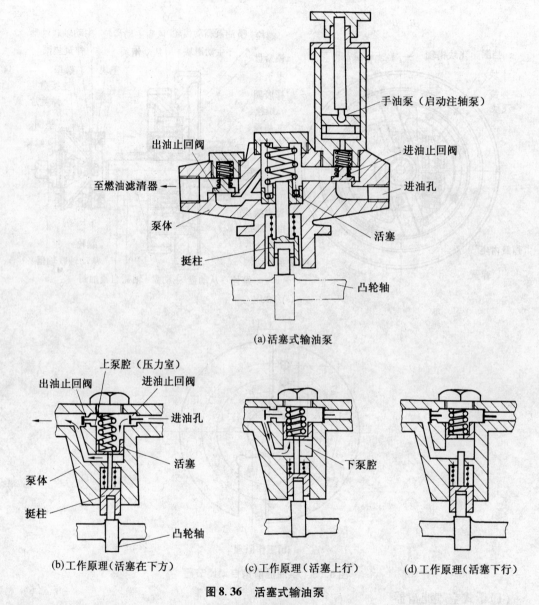

图 8.36　活塞式输油泵

尘泵。

　　进气管上安装有电加热塞和燃料喷嘴及导管,用于冬季启动时,加热进气管中的空气和在向进气管内喷注乙醚以便于低温启动,注射端位于驾驶舱右侧隔板上。

　　(2)单向阀和抽尘泵

　　单向阀由阀体、阀盖、阀门和销钉等组成。它只能使阀门向外打开,使尘土流出,可防止尘土倒流。

抽尘泵由电机、叶轮、泵体、泵盖等组成,泵体中心有尘土进口,泵体外圆切线方向有尘土出口。当电机工作时,带动叶轮旋转,叶轮中部形成低压,吸开单向阀,将集尘箱的尘土抽出,经排尘管排出车外。

6. 润滑系

润滑系的润滑、冷却、密封、清洁、保护等功用与 12150L 柴油机相同,不同的是作为液力传动介质供风扇液力耦合器以驱动风扇。

F12L413F 柴油机采用了压力、飞溅和间歇的综合润滑方式。主轴承、连杆轴承、活塞和喷油泵等承受的负荷大,相对运动速度高,采用压力润滑。汽缸壁、连杆小头与活塞销、传动齿轮等采用飞溅润滑。配气机构的传动部分受载较轻,采用间歇润滑。

润滑系统由油底壳、压油泵、回油泵、机油粗滤清器、机油精滤清器、机油散热器、带温度调节器的旁通阀、主油道、主油道调压阀等组成,如图 8.37 所示。

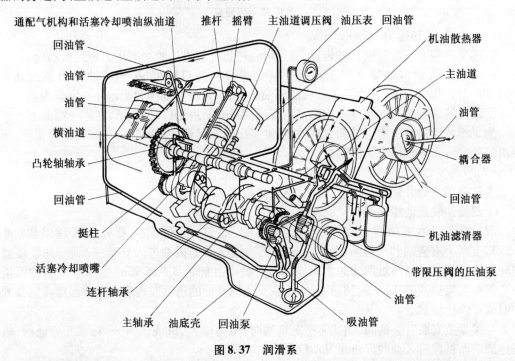

图 8.37　润滑系

（1）机油泵

机油泵包括机油压油泵和回油泵(见图 8.38)。机油压油泵的功用是以一定的压力将机油供应到摩擦表面,并使之在润滑系中不断进行循环。

机油回油泵的功用是将油底壳内的机油吸入油池,以保持集油池内有一定的油量,维护润滑系正常循环。机油压油泵、回油泵分别装在曲轴箱的两侧,由曲轴齿轮直接驱动。

机油压油泵装在风扇端,曲轴齿轮直接驱动,其传动比为 1.312 5,在柴油机转速为

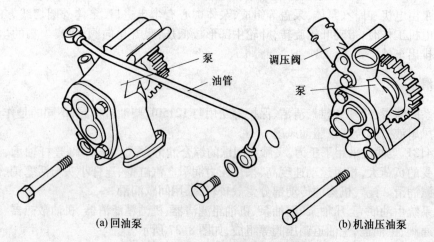

(a) 回油泵　　　　　　　　　　　　(b) 机油压油泵

图 8.38　机油泵

2 500 r/min 时,其转速为 3 280 r/min。

机油泵内装有一对外啮合的齿轮,通过齿谷将机油从进油腔提高压力带到出油腔。

机油压油泵出口处装有调压阀,由阀体、弹簧和开口销组成,当机油压力超过 0.8 ~ 1.05 MPa 时调压阀打开,分流一部分机油到油底壳,以保证机油压力稳定在一定范围内。

回油泵的结构与压油泵基本相同,只是没有调压阀,进油口与出油口在同一端面上。

为了维持回油泵正常运转和润滑,在压油泵出口和回油泵之间装有一根机油连接管,压油泵出口处的一部分机油进入回油泵。

(2) 机油滤清器

本机采用双筒并联机油滤清器和分流式离心机油滤清器。

① 双筒并联机油滤清器

双筒并联机油滤清器由支架、接盘、密封圈、滤筒、纸质滤芯、螺栓等零件组成(见图 8.39)。支架上有进油和出油两个油腔,来自机油散热器的机油进入支架进油腔,并经接盘上的环形油道进入滤筒与纸质滤芯之间,经滤芯(滤芯孔隙为 5 ~ 15 μm)滤出杂质后进入接盘中心管和支架出油腔,进入曲轴箱主油道,在支架螺塞处的进油腔内装有机油温度传感器和机油温度报警传感器。

在接盘上安装有旁通阀,当滤芯严重堵塞时,阻力增大,机油压力升高,顶开旁通阀,机油不经滤清而直接进入油腔以防止发动机因缺油而损坏。

② 分流式离心机油滤清器

分流式离心机油滤清器就是风扇总成中滤清器罩,即风扇液力耦合器罩壳,用来过滤机油中细小的杂质,当机油进入高速(最高转速超过 5 000 r/min)旋转着的滤清器罩以后,在离心力的作用下,把混在机油中密度较大的细小杂质甩出,沉积在罩壳内壁上,净化后的机油进入风扇液力耦合器泵轮,经涡轮传递运动力后流回油底壳。由于流入风扇罩盖的机油油路是并联在润滑路中的,所以被称为分流式滤清器。

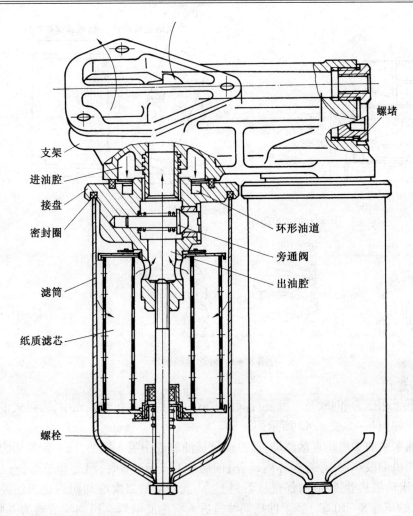

支架
进油腔
接盘
密封圈
滤筒
纸质滤芯
螺栓
螺堵
环形油道
旁通阀
出油腔

图 8. 39　机油滤清器

（3）机油散热器与旁通阀

机油散热器的功用是将发动机内的机油的一部分热量散到冷空气中，保证机油温度在允许范围内不超过 130 ℃，安装在附件托架上，结构如图 8.40 所示。

本柴油机采用的机油散热器为风冷板翅式，冷却空气从水平方向由里向外吹入散热器散热片，机油从进油孔进入散热器向上流过散热器冷却腔，然后向下流过另一半冷却腔，进入出油腔。

当机油温度较低时再进行冷却，会导致机油黏度过大，使机油通过散热器和机油滤清器的阻力大而损坏这些部件，同时对零件润滑不利。因此在散热器前装有温度调节器控制的旁通阀。当机油温度低时，机油不经散热器散热而直接进入散热器出油腔。

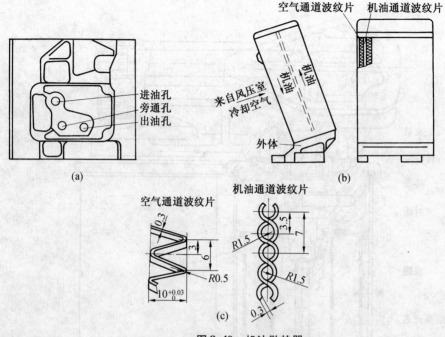

图 8.40　机油散热器

（4）工作过程

该润滑系采用压力、间歇及飞溅复合润滑方式。机油储存在油底壳中，为湿式油底壳润滑系。润滑路线如图8.41、图8.42所示。

机油压油泵由曲轴齿轮直接驱动，通过油管从油底壳中吸入机油，以一定的压力经附件托架内油道压到机油散热器、旁通阀体内，当机油温度高于 93 ℃ 时，温度调节器使控制活塞打开，机油进入机油散热器进油腔，经过从下到上、从上到下的二次冷却而到达出油腔。冷却后的机油（温度约下降 8～10 ℃）经附件托架油道进入机油滤清器。机油滤清器为并联式，机油分别进入两滤筒及滤芯外侧，滤清后的机油由中心芯杆油道进入曲轴箱主油道。主油道压力过高时，调压阀打开，分流一部分机油到油底壳，以保证压力的稳定。当机油温度低于 93 ℃ 时，旁通阀油路开通，机油直接经旁通阀附件托架油道进入机油滤清器滤清后的机油中心芯杆油道进入曲轴箱主轴道。

曲轴箱主油道一侧，各横隔板上分别打有斜油孔，从各主轴承座孔向上分别打有垂直油孔和凸轮轴座相通，并与斜油孔相交。从主油道来的机油，分三路润滑各个相对运动的工作表面。第一路通过斜油道经垂直油道往下进入主轴承孔，润滑主轴承瓦、主轴颈。并通过曲轴内油道进入连杆轴承。第二路，从垂直油道向上，分别进入各凸轮轴轴承，润滑凸轮轴轴承轴颈。在凸轮轴承孔上方，有一根连接各挺柱座的纵向油管，机油经靠飞轮端的凸轮轴环形油槽及短的垂直油道，进入该油道，机油分别流入挺柱座中，一部分机油间歇地去润滑挺柱，并经中空的

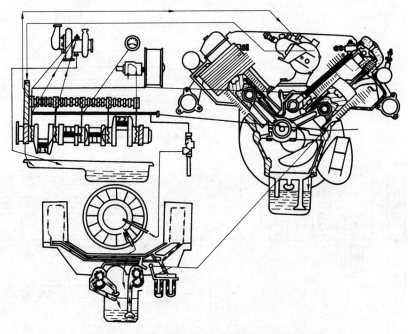

图 8.41　BF8L413F 风冷柴油机润滑系统图

推杆到达摇臂的内油道润滑摇臂轴,同时飞溅润滑气门组,经外接油管回到油底壳中。挺柱座油管中的另一部分机油经单向阀(开启压力 80～110 kPa)活塞冷却喷嘴喷向各活塞的内冷却腔,同时飞溅润滑连杆小头。靠近风扇端与第一凸轮轴相通的另一油道,斜经曲轴箱体,外接油管分别润滑风扇传动轴和喷油泵、调速器。凸轮轴颈也开有环形油槽,机油经凸轮轴承座孔到曲轴箱上平面的垂直油道去风扇传动箱,润滑传动齿轮。第三路经过和各横隔板相对应的外接油管到达其余的润滑表面。第三横隔板外接油道同机油压力表传感器连接。第四横隔板外接油管,经节温器到风扇总成内的离心式精滤器,再到液力耦合器,作为液力传动介质驱动风扇。

传动机构齿轮的润滑是通过进入传动箱的回油实现飞溅润滑的。

润滑完毕的各路机油都流回到油底壳。

7. 冷却系

柴油机是将热能转为机械能的一种装置,其热量来源于柴油的燃烧。但柴油机工作时,燃料燃烧产生的热量,一般只有 1/3 左右转变为机械能、输出功率,还有 1/3 左右随废气排至大气中,其余 1/3 则使柴油机中直接与燃气接触的零件受热,零件过热和受热不均,将使材料机械性能下降,破坏了机件间的正常间隙,并使润滑油高温分解或烧掉,失去润滑能力,引起零件加速磨损、卡死甚至损坏等严重事故。冷却系统的功用就是将燃料燃烧传给受热零件的那一

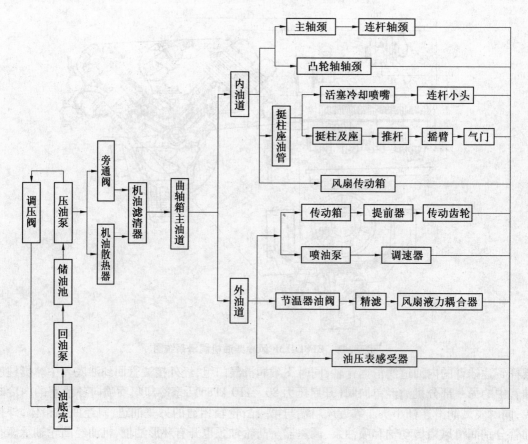

图 8.42　润滑系工作框图

部分热量导出,使柴油机在正常温度范围内工作。

F12L413F 柴油机直接用空气作为冷却介质。整个冷却系统由风扇、挡风板、缸体及缸盖上的散热片、机油散热器、中冷器、液压油散热器、油冷活塞装置、节温器等部件组成(见图 8.43)。

(1)风扇

该机采用前置静叶轴流风扇压风冷却。风扇水平布置在柴油机前端 V 形夹角之中。

风扇总成包括风扇静叶轮和风扇动叶轮两部分,如图 8.44、图 8.45 所示。风扇静叶轮由静叶轮外圈和静叶轮压配而成。静叶轮是铝合金压铸件。轮毂内镶钢质衬套,用来安装轴承和挡圈作为液力耦合器和动叶轮驱动轴的安装支承。风扇静叶轮叶型为机翼型,如图 8.44(b)所示。风扇动叶轮也为铝合金压铸体,叶型也为翼型,其叶尖稍薄,叶根稍厚。动叶轮结构如图 8.44(a)所示。

风扇的最高效率为 0.7。柴油机在标定工况下,相当于风扇在 5 250 r/min 工作时,风扇的

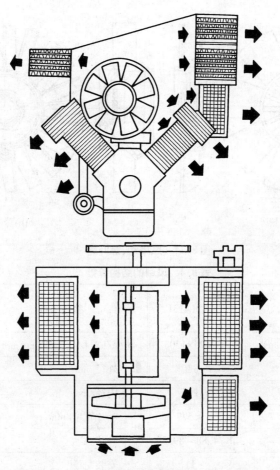

图 8.43　冷却系

总风量为 15 105 m^3/h，即单位功率的风量为 34.7 m^3/kW，风扇的风压大于 1.7 kPa。

风扇动叶轮具有很高的强度储备，超速 10% 时风扇动叶轮上各尺寸无变化。其破坏转速可达 16 860 r/min，即为最大工作转速的 300%。

风扇结构参数见表 8.4。

(2)风扇传动

柴油机在变工况运转时，由于风扇的转动惯量很大，会造成风扇传动系统的断轴打齿。为此，风扇的传动一般采用挠性方式。F12L413F 机型的风扇采用了液力耦合器、胶辊联轴节、钢片、带法兰盘的弹性连接轴等挠性元件来驱动风扇(见图 8.46)。采用这种传动有如下好处：

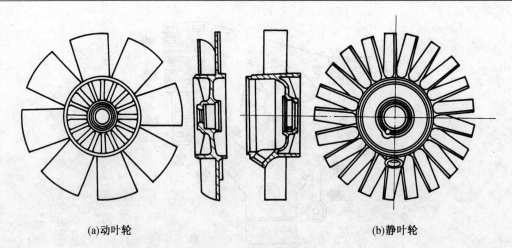

(a)动叶轮　　　　　　　　　　　　　　(b)静叶轮

图 8.44　风扇动、静叶轮

表 8.4　风扇的结构参数

参数名称		F12L413F	参数名称		F12L413F
缸径×冲程/(mm×mm)		125×130	[功率/kW]/[转速/(r·min^{-1})]		261/2 500
动叶轮	外径/mm	386	静叶轮	外径/mm	388.45
	内径/mm	215		内径/mm	215
	轮毂比	0.577		叶片宽度/mm	64.41~74.3
	叶片宽度/mm	74.88~89.39		叶片数	18
	叶片数	11		安装角	—
	安装角/(°)	27.81~37.94		与外壳过盈量/mm	0.16~0.40
	与风扇外壳间隙/mm	0.83~1.18		速比	1.86∶1
风压室压力/kPa		>1.73	风扇转速/(r·min^{-1})		4 650
总风量/(m^3·h^{-1})		13 595	比耗风量/[m^3/(kW·h)]		52

①在各种情况下,特别是当风扇转速急剧变化、转动惯量发生很大变化时,均能保证传动系统正常、可靠地工作(风扇在高转速转动时,突然将它放入水中,传动系统仍不致损坏)。

②不采用花键等连接方式,对中要求不高,安装、拆卸容易,转动时噪声较小。

③由于采用了能自动调节冷却风量的液力耦合器和排气节温油阀,可以根据风冷柴油机热状态的情况,自动调节风冷柴油机的冷却强度,使风冷柴油机保持在最好的、正常的热状态,避免柴油机过冷或过热;除此之外,还可减小在部分负荷时驱动冷却风扇所消耗的功率,从而提高了柴油机的机械效率与经济性。

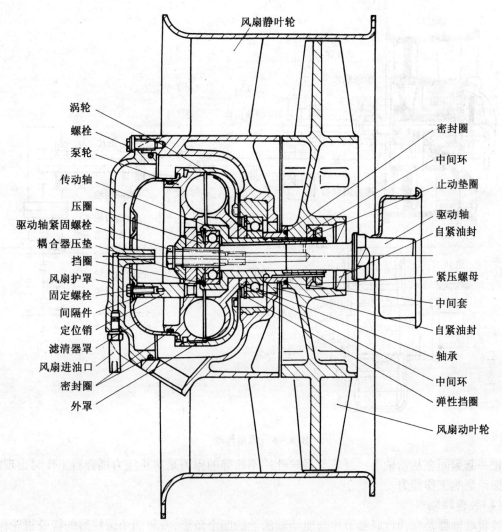

风扇静叶轮

涡轮
螺栓
泵轮
传动轴
压圈
驱动轴紧固螺栓
耦合器压垫
挡圈
风扇护罩
固定螺栓
间隔件
定位销
滤清器罩
风扇进油口
密封圈
外罩

密封圈
中间环
止动垫圈
驱动轴
自紧油封
紧压螺母
中间套
自紧油封
轴承
中间环
弹性挡圈
风扇动叶轮

图 8.45 风扇总成

由风扇传动路线可见,风扇的传动通过柴油机功率输出端曲轴齿轮、凸轮轴齿轮、高压泵齿轮、风扇传动主、被动齿轮、三片 0.5 mm 厚的薄钢片法兰连接器,到传动箱主、被动齿轮(实际是改变传动轴的空间位置并减小传动轴的跨距),再到胶辊联轴节,最后到液力耦合器的泵轮、涡轮到风扇。

(3)液力耦合器

液力耦合器主要由泵轮、涡轮、外罩、传动轴、轴承等组成(见图 8.47)。泵轮是铝合金压铸件,其圆周上均匀分布着 40 个叶片。外圆安装外罩,中部有 6 个进油孔和 3 个用来安装精滤器罩的螺纹孔。涡轮也是铝合金压铸件,39 个叶片均布在圆周上,用一螺母将风扇动叶轮

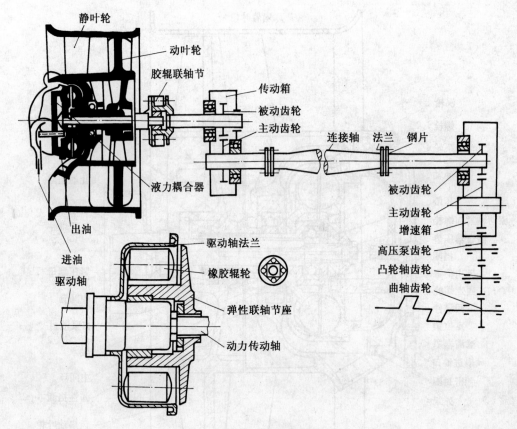

图 8.46　风扇传动

和涡轮一起紧固在从动轴上。泵轮与涡轮叶片不相等的原因是防止液力耦合器工作时出现液力共振而影响工作能力。

(4)胶辊联轴器

胶辊联轴器是在弹性联轴节座与驱动轴法兰的四个角上,安放四个圆柱形的橡胶辊轮,如图 8.46 所示。联轴器能保证在低扭矩时也有一个适当的扭转角,保证柴油机在低速运转时能驱动风扇,并能超速运转;在转速和负荷突然改变时,又可吸收一部分冲击负荷,保持传动系统不受损伤。

从胶辊联轴器驱动轴来的动力,通过固紧在该轴上的反扣压紧螺栓带动泵轮旋转,而涡轮与风扇动叶轮压紧在从动轴上。在泵轮与涡轮之间,充注着机油,该机油是从润滑主油道,经排气节温器、离心式精滤器,从泵轮的 6 个油孔进入泵轮、涡轮之间的空腔。离心式精滤器装在泵轮上并随同泵轮一起旋转。当泵轮旋转时,充注在泵轮里的机油得到泵轮传给它的能量,机油在泵轮内腔做旋转运动,机油将从泵轮得到的能量传给涡轮,带动涡轮转动。泵轮传给涡轮的能量正比于机油流量。机油流量越大,液力耦合器传递的力矩越大,涡轮与泵轮的转速差

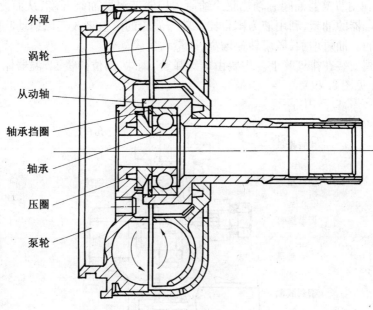

外罩

涡轮

从动轴

轴承挡圈

轴承

压圈

泵轮

图 8.47　液力耦合器

越小。

（5）节温器

柴油机的冷却系统总是按照其最严重的热工况设计,当柴油机在部分工况工作时,如不加以调节,风扇供风量将超过需要量,使柴油机受到过分冷却。

风冷柴油机采用废气节温器来控制通往风扇液力耦合器的机油流量,以改变风扇转速,从而达到调节冷却风量的目的。目前使用的一种冷却强度自动调节系(见图 8.48)由机油泵节温器油阀、液力耦合器、电磁阀等组成。

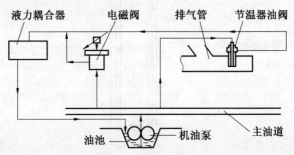

液力耦合器　　电磁阀　　排气管　　节温器油阀

油池　　机油泵　　主油道

图 8.48　自动调节系组成

机油泵将油底壳油池内的机油泵入主油道,通过外接管引入节温器油阀进口,再经节温器油阀出口导入液力耦合器,节温器油阀位于排气管上,它直接感受柴油机排气温度(即负荷的大小)的高低,利用节温器油阀芯轴热胀冷缩原理控制节温器油阀开度,从而改变主油道内机油进入液力耦合器的油量,利用液力耦合器泵轮与涡轮的滑差来改变风扇动叶轮的转速,达到调节风量的目的。油量增加,风扇转速增高,风量增大。

　　节温器油阀安装在排气管上。主要由球阀弹簧、钢球、回位弹簧、节温器体、节温器芯阀及节温器套组成(见图 8.49)。

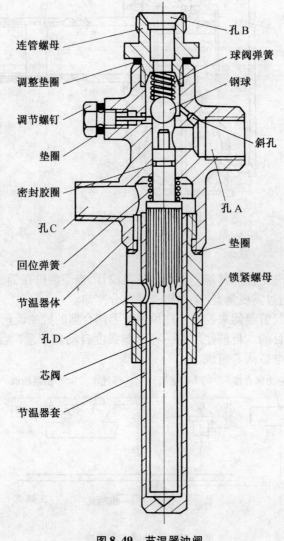

连管螺母
调整垫圈
调节螺钉
垫圈
密封胶圈
孔C
回位弹簧
节温器体
孔D
芯阀
节温器套

孔B
球阀弹簧
钢球
斜孔
孔A
垫圈
锁紧螺母

图 8.49　节温器油阀

　　在工作中,热膨胀系数较大的节温器芯阀(材料为铬锆青铜),随排气温度和环境温度变化而有不同程度的伸长（温度每变化 1 ℃，伸长量变化约为 $\frac{1}{1\,000}$ mm），从而在不同的排温条件下将钢球顶到不同的位置，也即是改变了单向阀的开度，从而改变由孔 B 通过球阀进入孔 A 的机油流量。来自主油道的油由孔 B 流入，经单向阀再从孔 A 流出，进入液力耦合器。排温越高，节温器芯阀伸长越大，进入液力耦合器的油越多，冷却风量也就越大，反之亦然。节温器上孔 C 和孔 D 是冷却空气的进出孔，进孔用管子与风压室连通，在芯阀上开有轴向槽，冷却空气由此通过，冷却节温器芯阀，以保证其灵活可靠，为保证排气温度较低不足以打开单向球阀之前，也有少量机油进入液力耦合器维持风扇润滑及转动，在孔 B 与孔 A 之间有一个 ϕ0.55 mm 的斜孔。

当柴油机长期在稳定工况下工作，不需要自动调节时，可改变调节螺钉上的调整垫圈的厚度，使球阀开度保持某个不变位置或最大位置，使风扇冷却风量固定在柴油机的最佳热状态。

（6）工作过程

柴油机工作时，冷却空气从发动机自由端进入由汽缸排、机油散热器、液压油散热器及挡风板组成的风压室内，形成一定的风压，并从散热器和汽缸两侧散热片缝隙中排出，将受热件的热量带出排向大气（见图 8.43）。冷却风扇的进风量可由缸温控制的液力耦合器实现自动无级调控，大大改善了低温条件下内燃机的工况。冷却空气流通路线是：

（7）活塞油冷装置

活塞顶内部铸有环形冷却油腔，下部开有一锥形进油口，其锥形大端、小端、有两个出油口；喷嘴安装在挺柱座上，其出口对准活塞的冷却进油口。

冷却喷嘴与挺柱座管相通，机油通过喷嘴喷出，形成油束，当活塞运行到下止点时，油束喷入内部的环形冷却油腔，冷却型式为振荡冷却，即冷却油不但在喷射压力下做圆周运动，且借助于活塞往复运动沿油腔内壁振荡，借以加强冷却。

喷嘴内部有一单向阀，其开启压力为 80～110 kPa，因此，在柴油机启动时，活塞还不需要冷却，油路并未打开，保证了柴油机主油道迅速建立油压，使各运动件和轴承得到可靠的润滑。当柴油机启动后，油道压力超过单向阀开启压力时，活塞便得到机油冷却。

8. 寒区低温启动系

启动系统的功用是能够在各种使用环境中（包括严寒等条件恶劣的环境中）可靠地把柴油机从静止状态拖到独立运动状态。

柴油机在寒冷情况下工作时，需进行一系列的准备工作。除选用合适的柴油、机油外，为保证可靠的冷启动,还必须采用高容量的冷启动蓄电池或对蓄电池进行保温,使用各种启动预热装置以及用乙醚等启动液。根据柴油机在寒冷条件下工作的具体情况,可分别采用其中的一种或几种措施。

为了保证车辆低温启动性能,4~25 mm 自行高炮底盘上装有三套低温启动装置,其应用及组合使用方法,应根据外界气温和车辆冷冻情况而定。在正常使用中,气温在-25 ℃以上,用发动机自身的火焰加热器启动,气温在-25 ℃以下,用空气加温器预热后启动,也可用 FJ-60 型启动液加注器启动,以缩短启动时间。

(1)火焰加热器

火焰加热器能提高柴油机在较低温度时的启动性能,防止启动后出现冒烟和后燃现象。

火焰加热器安装在进气管上(两个),它由电热管、电磁阀、火焰网罩等组成,如图 8.50 所示。

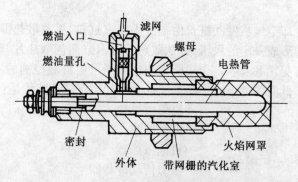

图 8.50　火焰加热器

加热电阻丝的作用是根据低温程度不同,显示出电热塞不同的预热时间。加热电阻丝内有一双金属片活动触点,在加热电阻丝通电加热一段时间后,活动触点与固定触点接触,加热指示灯发亮,指示可以启动发动机。燃油量孔用来限制燃油量。电磁阀用于关闭或开通油路。

(2)工作

启动发动机之前,加热启动开关由 0 扳在 I 挡位置(预热)时,电磁阀和加热电阻丝通电,加热 30~40 s(一般不超过 1 min)后,预热电阻丝内双金属片活动触点与固定触点闭合,预热指示灯发亮(这时火焰加热器电热管也达到 900 ℃以上),指示可启动发动机。这时将加热启动开关扳在 II 挡位置(启动)时,加热电阻丝和启动电机通电,电磁阀开启,启动电机带动发动机曲轴旋转,加热电阻丝继续保持红热,从柴油细滤清器来的柴油经火焰加热器进油口、电磁阀从喷孔内喷入灼热的加热电阻丝附近的空间中,燃油雾化、蒸发并与空气混合后迅速燃烧并经滤网与喷孔喷出。高温燃气再与进入汽缸内外界的冷空气混合,使汽缸内带有小部分燃气的空气温度升高,有利于柴油机的冷启动。这套装置可保证风冷柴油机在外界环境温度为-21~25 ℃范围内可靠启动。发动机着火后松开加热启动开关,使之自动退回到 0 挡位置,使电磁阀、加热电阻丝和启动电机断电。一次启动不成功(一次启动时间不得超过 15 s)也必须退回到 0 挡位置,待 2 min 后才允许再次启动。

火焰加热器和电磁阀的技术参数见表8.5和表8.6。

表8.5　火焰加热器技术参数

电压/V	电流/A	用于电源的电压/V
19	11.5	24
9.5	22	12

表8.6　电磁阀技术参数

电压/V	燃油最大静压/Pa	压力为 0.5×10^5 Pa 时燃油的体积流量/$(L \cdot h^{-1})$
24	10×10^5	4~7
12	10×10^5	4~7

（3）空气加温器

在 -25 ℃以下的严寒地区启动时，还需要采用空气加温器，其目的是将曲轴箱内部预热，使内部机件温度升高，机油温度升高，黏度下降，发动机容易启动。

空气加温器安装在车体右前方浮箱内，通过管道与安在附件托架左侧平面的热风进口体相连。空气加温由电机、助燃风扇、预热塞、点火控制、喷油器、油管等组成。

空气加温器（FJ10/2-2）是冷启动的一种辅助装置，其控制开关"冷风电火"、"冷风电机"和"冷风油路"开关安装在仪表板面板上，并有相应的指示灯指示。

加温器开动后，喷油器将柴油喷入内腔，由预热塞点燃，助燃空气由管口吸入，经助燃风扇推到燃烧室燃烧，废气由排气口排出。

风扇将冷空气由外腔吸入，在加温器内流动而被加热。暖气由加温器暖气口流出，由热风进口体进入曲轴箱，预热曲轴箱内部。预热后，热风从热风出口体流出。

（4）FJ-0 型启动液加注器

①一般用于空气加温器预热后，喷射乙醚低温启动液加速发动机的启动。

②禁止启动液助燃启动与火燃加热器同时并用。

③向储液器内加注启动液量的多少，应根据气温和车辆冷冻情况确定，详见表8.7。

表8.7　启动液加注量参考表

气温/℃	$-25 \sim -30$	$-30 \sim -35$
启动液加注量/mL	50~70	100~130

9. 压缩空气系

压缩空气系包括供气（气源）部分和用气控制部分（见图8.51）。

压缩空气系能按要求供给用气部位稳定气压，保证各部位正常工作。

压缩空气系的功用、组成、工作原理及工作过程与12150L柴油机压缩空气系相同或相似。不同之处在用气部分，推进部分主要用于车辆制动的气电阀、主离合器分离的减压阀和气电阀；火力部分主要用于炮塔气密胶带、观察镜气电阀，首发开闩装置的电磁阀、减压阀、单向阀，装填复进机等。

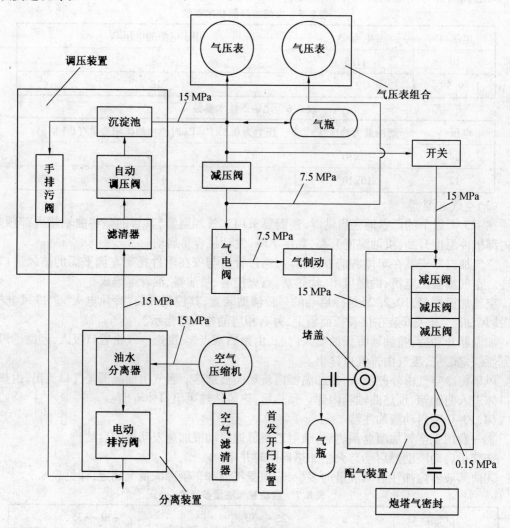

图 8.51　压缩空气系框图

(1)向高压气瓶充气

发动机工作时通过分动箱带动空压机,空压机从发动机进气管吸入干净空气,经三级压缩,气压达 15 MPa 以上,送入油水分离器,油、水等物被分离出来,排入电控排污阀;干净的空气经气滤、自动调压器,进入沉淀池,再次将压缩空气的油水沉淀,沉淀的油、水排入手控的排污阀;更纯净的压缩空气经单向阀进入高压气瓶,并经减压阀"70"I 向用气部位供气。高压气瓶充气到 15 MPa 时为止;气压表指示出气瓶气压值。

当高压气瓶充至 15 MPa 时,自动调压器即切断压缩机与气瓶的通路,同时降低压缩机的出口压力至 1.5 MPa，使压缩机处于低压的工作状态。

（2）工作用气

空压机输出的压缩空气共分三路：一路进入储气瓶供气制动使用；一路向车体后方通过位于车长左侧甲板上的手动开关后分为两路：一路为 14.7 MPa 气压直接向炮塔气瓶充气；另一路通过三个减压阀和气动滑阀后向座圈气密带充气，满足三防时的密封要求。

自动调压器能保证系统在规定的压力范围内正常工作，当系统处于规定的低压状态时，能自动接通气路，使空压机压缩出来的高压空气进入气瓶；当系统处于规定的高压状态时，能自动截断气路，使系统处于规定的高压状态，并给空压机泄荷。

在油水分离器中的油水混合物以及在沉淀池内的积污，可以用电动排污阀和手动排污阀，通过发动机排气系统的排气管排出车外。

用气部分为车辆气制动和炮塔部分密封及火炮开闩。

车辆气制动：从气瓶出来的高压空气经过火力系统部分的减压阀到达气电阀。然后，根据行车驾驶的需要，高压空气可随时到达制动工作缸。

另一路高压空气经过"开关"来控制，当火炮开闩气瓶需要充气时或炮塔座圈需要气密封时，打开配气装置上的堵盖或开关，即可以得到高压空气和经过三级减压的低压空气。

8.2　增压发动机

内燃机增压源于内燃机的出现，但直至 20 世纪 30 年代至 60 年代才见于汽车和小轿车的内燃机上。由于增压技术的发展，高效、价廉的废气涡轮增压器的出现，对内燃机低油耗、高功率的需求以及日益严格的排放法规限制，20 世纪 80 年代以来内燃机广泛地采用了增压技术，成为内燃机的一个重要部件。

8.2.1　基本知识

提高车辆机动性的重要措施之一是增大发动机的功率 N_e。在发动机外部尺寸受到动力室空间严格限制的情况下，不能依靠增大气缸尺寸和数目的方法提高 N_e。最有效的方法是提高进气密度，由公式（6.38）知

$$p_e = 10^{-3} \frac{H_u \eta_i}{l_0 \alpha} \rho_k \eta_v \eta_m$$

上式中，对于非增压发动机 ρ_k 为 ρ_0。增大密度 ρ_k 可使 p_e 增大，从而增大了发动机的有效功率 N_e。

用专门的压气机压缩进入汽缸的新鲜空气，提高其密度 ρ_k 以增加平均有效压力 p_e（或 N_e）的方法称为增压。如果压缩后的空气经过中间冷却器（中冷器）加以冷却，可进一步提高 ρ_k，改善增压效果。这一措施称为中冷。中冷通常在较高增压时才采用。

1. 增压度 λ_Z

增压后内燃机功率提高程度以增压度 λ_Z 表示

$$\lambda_Z = \frac{N_{ek}}{N_e} = \frac{p_{ek}}{p_e}$$

式中,N_{ek} 及 p_{ek} 为增压后内燃机的功率及平均有效压力;N_e 及 p_e 为同一类型内燃机自然进气时的功率和平均有效压力。

2. 增压压比 π_k

增压后,进入气缸的空气压力 p_k 与大气状态的压力 p_0 之比称为增压压比 π_k

$$\pi_k = \frac{p_k}{p_0}$$

压比 π_k 在 1.7 以下为低增压;1.7 到 2.5 为中增压;2.5 到 3.5 为高增压;3.5 以上为超高增压。

当前,柴油机采用增压中冷提高其功率已得到广泛的应用。

对于汽油机,增压技术的发展较为缓慢。但自 20 世纪 70 年代以来,由于限制排放的要求,汽油机的增压又再度引起人们的重视,并取得一定的进展。

本节仅阐述车用柴油机增压技术的基本知识。

8.2.2 增压系统的分类

增压的类型有不同的分类方法。按实现增压所提供的能量可分机械增压、废气涡轮增压和气波增压三种基本类型:机械增压是利用内燃机的一部分机械功驱动压气机;废气涡轮增压是利用内燃机的一部分排气能量驱动增压器,它与内燃机只有流体联系;气波增压则是根据压力波的气动原理,利用废气能量直接压缩空气,由内燃机皮带驱动的增压器转子只是控制并维持气波增压过程,它与内燃机的传动比是不变的。

1. 机械增压

由发动机直接驱动压气机的增压系统称机械增压,其原理如图 8.52 所示。压气机可用离心式的或罗茨压气机。机械增压系统通常只应用在 p_k 不超过 0.16 ~ 0.17 MPa 的场合。因为 p_k 较高时,压气机消耗的驱动功率很大(超过 $10\% N_i$),使整机的机械效率下降,导致发动机的比油耗 g_e 增加。如 12150L 柴油机采用机械增压时,标定功率从 382.4 kW 增加到 515 ~ 550 kW 时,增压压力需 0.16 ~ 0.17 MPa,而压气消耗的功率达 74 ~ 88 kW,燃油消耗率增加 3% ~ 5%。为使内燃机机械效率不要过分下降,增压压力不能过高。

机械增压所用的压气机除离心式压气机外,在车用内燃机上还常用罗茨式、螺杆式和转子活塞式等多种容积式压气机。

罗茨式压气机(见图 8.53(a))的主要工作部件是装在两根平行轴上的两个转子,它们彼此不接触,与外体也有间隙(0.25~0.50 mm)。两个转子由一对齿轮同步转动。工作时,转子凹面与外体间的空气由进气口移向出气口。转子有两叶和三叶的,其中又分直线型和螺旋型。两叶转子每旋转一周产生四次供气,三叶转子则为六次供气。

罗茨式压气机结构简单,工作可靠,寿命长,在小气量时增压空气压力不下降,没有不稳定工作区,供气量与转速成线性关系,压力增加比(压比)可达到 1.8。

螺杆式压气机(见图 8.53(b))和罗茨式压气

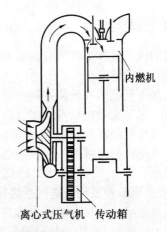

图 8.52　机械增压简图

机相似,效率高,噪声低,压比可达 3.0~5.0,但转子制造复杂。

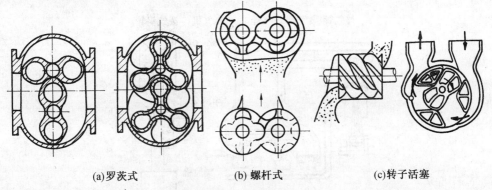

(a)罗茨式　　　　　(b) 螺杆式　　　　　(c)转子活塞

图 8.53　容积式压气机

转子活塞式压气机(见图 8.53(c))由带内轴的转子活塞和圆柱形外转子及外体组成。内、外转子以及它们和外体均不接触,并偏心地安装在外体内。两转子由一对圆柱齿轮驱动,保证它们同步转动。内、外转子的速比为 3∶2。内、外转子间用气隙密封,两端用活塞环密封。工作时,依靠内、外转子偏心,使 3 个空气腔内的容积从大到小变化,将吸入的空气压缩。

转子活塞式压气机体积小、流量大、密封简单,不需用内燃机内机油润滑,增压空气压比约为 1∶8。

上述几种容积式压气机增压空气压比随体积流量的增大而很少下降,即特性线平缓;特性线在整个工作范围内是稳定的;体积流量与转速成正比,而与空气压比没多大关系;空气压比只取决于压气机的结构强度,与转速无关;在低转速也可得到高的压比。

机械增压结构紧凑,和内燃机容易匹配,内燃机的加速性好,但传动复杂,燃油消耗率高。

2. 废气涡轮增压

以发动机汽缸排出的废气能量带动涡轮,再由涡轮驱动压气机的增压方式称为废气涡轮增压。简称涡轮增压。

涡轮和压气机的叶轮装在同一轴上(见图8.54(a)),构成一个单独的发动机附件——涡轮增压器。它与发动机只有气体管路连接,其中涡轮与发动机排气系连接,而压气机则与进气系连接。压气机消耗的功率 N_k 完全由涡轮供给。因此,压气机不消耗发动机本身的功率,从而提高了发动机的经济性。一般当功率提高30%~40%时,比油耗 g_e 可降低5%左右。

在增压压比 π_k 较高时,为了降低增压后空气的温度以增大其密度和降低发动机的热负荷,在压气机出口和发动机进气系之间装有中冷器(图8.54(b))。

废气涡轮增压取自内燃机的排气能量。排气的一部分经蜗壳后,在涡轮中膨胀做功(废气从涡轮出口排出)并传给与涡轮同轴的压气机。空气从压气机进口吸入,高速旋转的压气机叶轮把空气甩向叶轮外缘,使空气压力和速度增加,并进而在集气器内膨胀、扩压,压力继续增高。增压的空气经进气管进入汽缸。

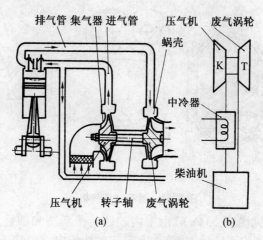

图 8.54 废气涡轮增压

废气涡轮增压内燃机由于经济性比机械增压内燃机好,比非增压自然吸气式内燃机的燃油消耗率可低5%~10%,质量功率和体积功率比非增压内燃机明显减小等突出优点而得到广泛应用。

单级废气涡轮增压的空气最大压比约为4。如要进一步提高压比,则压气的绝热效率变坏,为此可采用低压级和高压级两串联增压方式。空气先进入低压级的压气机压缩,经中冷后进入高压级的压气机中再压缩,再经中冷后进入汽缸。废气则先在高压级的涡轮膨胀做功后再进入低压级的涡轮膨胀做功,最后排入大气。两级串联增压只适用于柴油机,其平均有效压力可达 $p_e = 2$ MPa,两级增压中热焓的最佳分配比例大致是:低压级60%,高压级40%。两级增压柴油机在部分负荷和加速性能方面比单级涡轮增压更差。

　　废气涡轮增压在车用柴油机上得到了广泛的应用。将普通自然进气柴油机,经过简单的改装,即可提高功率 30% ~ 50%。专门设计的高增压柴油机,在增压压力 p_k 达到 0. 18 ~ 0. 2 MPa时, p_e 可达 1 ~ 1. 2 MPa;当 p_k 接近 0. 3 MPa 时, p_e 可达 2 MPa;在实验室的单缸试验机上,通过增压 p_e 甚至可达 4 MPa,为一般非增压的六倍。

3. 复合增压

　　机械增压与废气涡轮增压的适当结合可以构成串联复合增压、并联复合增压等多种方式。

　　串联复合增压系统是两级增压,第一级是废气涡轮增压,第二级是机械增压。空气经第一级压缩后通过中冷器,再进行第二级的机械增压(常为罗茨压气机)。这种方式用于高增压柴油机上,并可改善低速转矩特性和加速性,如图 8.55(a)所示。

　　并联复合增压系统是将涡轮增压器和机械增压器提供的压缩空气并行地供给发动机,它可获得较大的空气流量。特别是机械增压可弥补低转速时涡轮增压供气量不足的缺点,提高发动机低转速的进气量。从而可增大低速时的扭矩,如图 8.55(b)所示。

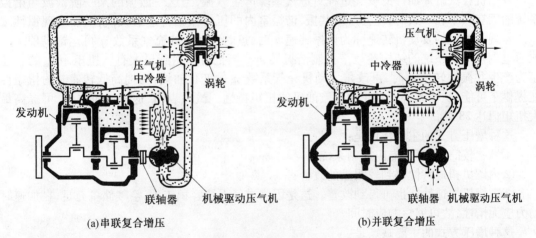

(a)串联复合增压　　　　　　　　　　　　(b)并联复合增压

图 8. 55　复合增压简图

　　复合增压器结构复杂,只在二冲程柴油机和特殊场合使用。因为二冲程汽缸扫气完全依靠新鲜气来驱除废气,这就要求内燃机在任何工况下增压空气压力必须大于废气压力,加上二冲程内燃机的排气温度较低,所以废气涡轮增压较困难,较好的办法是采用脉冲增压。

　　涡轮增压和谐振系统组成的复合增压。

　　该增压系统如图 8.56 所示。空气先在涡轮增压器中压缩,经连接管进入稳压箱。然后进入谐振系统(由谐振管和谐振室组成),进一步压缩后流入发动机进气管。

　　稳压箱的作用是使谐振系统的压力波动不致影响压气机的工作。为了更好地利用谐振系统的功能,应将进气相位不重叠的气缸与一个谐振系统相连接,因此六缸发动机可分为两个独立的谐振系统(见图 8.56)。谐振系统的固有频率取决于该系统的结构参数(谐振管的长度 L、直径 D 和谐振室的容积 V)和空气压力波的传播速度 a(音速)。

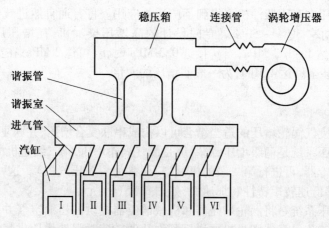

图 8.56　复合增压(涡轮增压加谐振系统)

发动机各汽缸周期性的吸气过程对进气系统产生激振,当这一激振的某一阶谐波与谐振系统的固有频率相一致时,便会产生共振,谐振室内的压力振幅将达最大值,从而实现惯性增压。实现共振时的发动机转速称为谐振转速 n_s 时,这时发动机的充气系数 η_v 可达最高值。一般通过调整谐振系统的结构参数来控制谐振转速。当把希望得到最大有效扭矩 M_{emax} 的转速定为产生共振的转速 n_s 时,可改善发动机充气系数 η_v 的变化曲线,为提高低转速时的扭矩性能提供了可能,从而改善了涡轮增压柴油机的扭矩特性。试验表明,这种增压方式,可提高最大扭矩值达 28%。

这种增压方式的主要优点是:

①结构较简单,不需专门控制系统;

②内燃机扭矩特性得到较明显的改善;

③内燃机加速性能也可得到改善。这是因为进气系统容积较大,空气储备充足,在加速时动力应无惰性,故可缩短响应时间。

这种增压方式的主要缺点是:

①进气系统尺寸较大,布置有一定困难;

②两个汽缸一个谐振系统时效果较差,而三缸一个谐振系统时效果明显,因此这种增压方式较适用于三、六缸发动机。

4. 气波增压

气波增压不同于废气涡轮增压,更不同于机械增压。它是通过气波增压器利用气体质点和压力波以及压力波的反射特性,使排气和进气之间进行直接的能量交换,以增大进气的密度。

气波增压器(见图 8.57)由转子、外体和前、后端盖等组成。在转子上装有纵向叶片,两个叶片间形成梯形截面通道。转子两端有空气室和排气室,并通过端盖形成专门的定时窗口。

气波增压器转子是悬臂安装,轴承在空气侧。它由曲轴通过三角皮带驱动,只需克服转子轴承的摩擦及转子的鼓风阻力,功率消耗很小。

转子旋转时,内燃机汽缸排出的废气经排气室及专门的定时窗口,轴向流入转子通道内,压缩封闭在通道内的空气。当通道转到与高压空气窗口接通时,通道中受压缩的高压空气沿管路进入汽缸。而通道中的废气在能量转换及膨胀后,压力下降。这时,正好转子转到与排气口接通,低压的废气排出。膨胀波立即波及转子通道,形成一定负压,并吸入新鲜空气。如此不断循环,完成进、排气的能量交换。

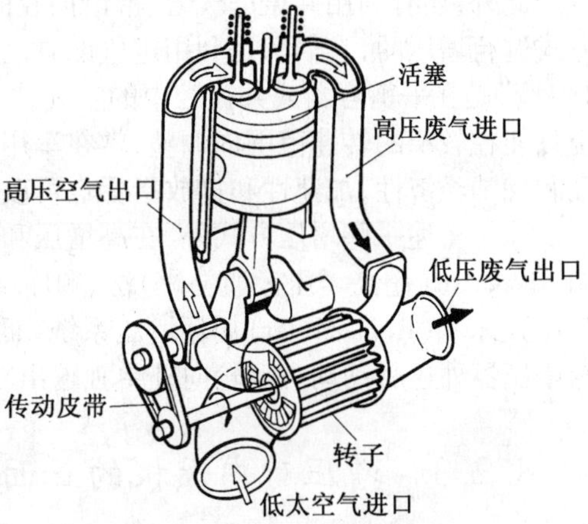

在转子通道内,废气与空气直接接触,压力波以音速的速度传播,它是废气温度的函数,所以它比空气流动速度快得多,空气被压缩。

图 8.58 表示气体在展开的转子通道内的流动情况。转子沿圆周方向 U 转动,各横格代表转子的各个通道。设先从通道底部开始,这时在通道内充满来自大气的低压空气,且处于静止状态(横格中的垂直线表示空气处于静止状态)。转子转动后,通道与高压废气进口相通,排气压力波以音速进入通道并压缩空气。压缩后的高压空气(长箭头)经高压空气出口、空气室进入汽缸。而废气(短箭头)在通道内,占据了原来空气占据的大部空间而膨胀,压力减小。通道转过高压废气室时,废气约占通道长度的 2/3,中间是废气和空气的混合气,在最前面的是残留的高压空气。

当通道左端与低压废气出口相通时,排气压力波在通道内向左传递,废气经低压废气出口排入大气。这时,通道右端与低压空气进口相通,新鲜空气进入转子通道并使通道中原有的废气加速向低压废气出口排出。当废气和相混的部分空气从通道流出后,又开始新一轮的循环。

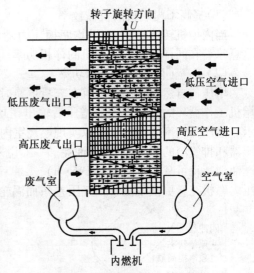

图 8.57　气波增压器

图 8.58　气波增压器内气体的流动

由于转子转动,使通道内气体(废气与空气)的压力波波峰的连线是倾斜线。

气波增压器转子内气体的能量交换是以压力波(音速)的形式进行的,它对内燃机工况反应迅速,使气波增内燃机的加速性好,且低速时空气的压缩程度高,所以转矩特性也好,能满足车辆的动力性要求。通道内交替通过废气和新鲜空气,工作温度不太高,不需采用耐热材料,不需冷却。但体积大、噪声大(如通道做成不等距的可减小),安装位置受到一定限制。

此外,还有利用共振进气管、带谐振腔的进气管,以及谐振腔与废气涡轮增压的复合式等方式进行增压的,它们都是利用进气的脉动能量。整个系统可看成是弹簧-质量的等效系统。"弹簧"是在平衡容器或共振腔中的空气,"质量"是在共振管中的空气质量。由于这些增压系统只能在较窄的转速范围内调整,常在车用柴油机上使用。该系统能保证良好的低速转矩特性和燃油经济性,加速性和排放指标也可改善。

除了上述一些增压方式外,在高增压和超高增压领域还常使用其他的一些特殊增压方式,如:Hyperbar(超高增压旁通补燃)法、顺序增压(多台废气涡轮增压器按负荷增大而顺序投入工作)、米勒(R. H. Miller)循环增压系统(低温高增压)、涡轮复合增压(废气除驱动常规的涡轮增压器外还驱动动力涡轮向外单独输出功或耦合到内燃机曲轴上)等。

8.2.3　增压对内燃机的正面与负面影响

1. 改善了内燃机性能

(1)提高了内燃机的机械效率

当内燃机转速一定,其平均摩擦压力随增压压力的增加要比平均有效压力的增加缓慢。这意味着在同样功率下内燃机的体积功率、质量功率增大,经济性变好。

(2)提高了内燃机的指示功率

增压使自然吸气的内燃机在充量更换时消耗的负功变为向外输出的正功,从而改善了内燃机工作循环的指示效率。增压后输出正功的大小主要取决于增压器的效率,如图 8.59 所示。增压器效率的增加还可以实现燃烧室内的良好扫气,改善燃烧室内的余气品质。减轻增压器和排气门的热负荷,降低油耗。一般说来,当增压器效率增加 10% 时,四冲程增压内燃机燃油消耗率可减小 3~4 g/(kW·h),二冲程增压内燃机可减小约 10 g/(kW·h)(二冲程增压内燃机充量更换取决于扫气压差);而涡轮前废气温度约可下降 80 K。

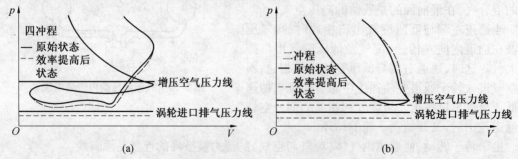

图 8.59　增压器效率对充量更换功的影响

(3)改善了燃烧过程

增压使柴油机空燃比增大,有利于及时、完全燃烧,使柴油机的指示热效率增大,而热负荷减轻。

2. 增压扩大了内燃机高原使用的适应性

非增压的自然吸气内燃机,其平均有效压力 p_e(或功率)的变化是与周围空气密度 ρ_0 成正比的,即

$$p_e \sim \rho_0 = \frac{p_0}{T_0} \tag{8.1}$$

由于周围空气在内燃机进气通道中的加热程度随周围空气温度 T_0 的增加而减小,所以平均有效压力 p_e 与空气密度 ρ_0 存在下面关系

$$p_e \sim \frac{\rho_0}{T_0^{0.7}} \tag{8.2}$$

设内燃机在原使用高度 $h_1 = 0$ m,$T_1 = 288$ K 或 $t_1 = 15$ ℃,$p_1 = 0.1$ MPa,而当内燃机在新的高度 $h_1 = 3$ km 使用时,其功率还剩多少? 为此先要求出空气在 3 km 高度时的温度 T_2 和压力 p_2。

按推荐数据,高度每升高 100 m,空气温度下降 0.5 K,现高度增加 3 km,则空气温度下降 15 K,所以 $T_2 = 272$ K 或 $t_2 = 0$ ℃。

按空气气象高度与温度的公式

$$h_2 - h_1 = (18.4 + 0.067 t_m) \lg\left(\frac{p_1}{p_2}\right) \tag{8.3}$$

式中,t_m 为两高度间的空气平均温度,即 $t_m = (t_1 + t_2)/2 = 7.5$ ℃;高度 h 的单位为 km。由此算出 3 km 高度时的大气压力 $p_2 = 0.069\,4$ MPa。空气密度的变化公式(8.1)为

$$\frac{\rho_2}{\rho_1} = \frac{p_2}{p_1}\left(\frac{T_1}{T_2}\right)^{0.7} = 0.712$$

即功率下降约 30%。

增压内燃机只要不受以下条件和因素的制约,可在一定程度上补偿内燃机在高原使用时由于当地空气密度的下降而出现的功率减小。这些限制因素是:

①燃烧的空气过量系数不致过分降低而超过冒烟极限或燃烧室的热负荷达到危险程度(一般说来不超过冒烟极限是不成问题的,因为非增压自然吸气内燃机的空气过量系数都处于中间偏上范围);

②压气机的转速不应过高;

③内燃机中的气体最大爆发压力不可过高;

④涡轮前的废气温度不能太高,否则会使增压器与废气门的热负荷过高,当使用重油工作时,热腐蚀会更厉害。

内燃机实际工作过程的仿真计算是预测变环境条件下内燃机性能的最好工具。在进行了系统地、大量试验研究的基础上,1971 年 CIMAC 在带中冷或不带中冷的四冲程柴油机在外界空气温度与压力相对基准状态变化时提出了功率与燃油消耗率的换算公式,即 CIMAC 公式。在 1979 年 CIMAC 对汽油机和二冲程内燃机推荐了实际工作过程仿真计算的换算曲线,但不

是换算公式。因为汽油机或气体内燃机爆震不但取决于燃料,而且还取决于燃烧室的形式与点火提前角。而在二冲程的汽油机或柴油机上与换气方式有关。

3. 增压加重了内燃机的机械和热负荷

(1)加重了内燃机的机械负荷

为了提高内燃机的平均有效压力,就需要比较高的增压压力,这样就导致燃烧室内的气体压力和最大爆发压力增加,使内燃机特别是活塞、连杆、曲轴、轴承上的机械负荷增加。为了要提高平均有效压力而不增大或过分增大气体最大爆发压力,必须把内燃机的压缩比降下来。过分降低压缩比将使内燃机的有效热效率降低,燃油消耗率增加,启动性能变坏,甚至由于压缩终了的气体温度太低而达不到柴油机燃油燃烧的自燃温度。

另一方面,如果增压内燃机的燃油消耗率保持不变,当增压器的效率提高 10% ,则气体最大爆发压力约可以降低 1 MPa;如果增压内燃机的气体最大爆发压力保持不变,当增压器的效率提高 10% ,则燃油消耗率约可降低 4 g/(kW·h) 。

目前单级增压柴油机当气体最大爆发压力为 14 MPa 时,平均有效压力可达 2 MPa。气体最大爆发压力与平均有效压力的比值在 6.5 ~ 7.0 范围内。这时燃油消耗率不大于 190 g/(kW·h) 。

(2)加重了内燃机的热负荷

增压加重了内燃机活塞、汽缸盖、汽缸套、气门(特别是排气门)等受热件的热负荷。内燃机工作时通过这些零件的散热量要占总的燃料热值的 10% ~18% 。通过实际工作过程的仿真计算可以确定通过每一零件热量的具体数值。若再与零件的有限元计算结合起来,可以分别得到这些零件的温度场与应力场。内燃机的热负荷常以活塞顶部中间或某处热点的特征点温度作为热负荷的尺度。如某一汽缸直径为 180 mm 的四冲程增压柴油机,当平均有效压力 p_e 从 0.785 MPa 增加到 1.300 MPa 时,即 p_e 提高 74% ,则活塞顶部中间的温度增加了 39 K,相当于该柴油机从 1 200 r/min 提高到 1 600 r/min、功率增加 30% 时的活塞温度增加值。

高增压柴油机受热件由于采用了耐热性好的材质、合理的结构和冷却措施、增大过量空气系数和采用高效率的增压器,可使增压内燃机的热负荷控制在一定限度内。

4. 增压有利于降低有害气体的排放

无论是柴油机还是汽油机,增大燃烧过量空气系数能较多地降低 NO_x 和 CO(HC 则先减小而后又增大)的排放。增压柴油机由于增压,其增加的功率能较多地补偿为了减少有害气,增大燃烧过量空气系数而使可燃混合气热值减小,热效率下降的不利因素。增压汽油机能否增大燃烧过量空气系数和增大多少则受下列因素限制:

(1)当使用三效催化转换器时,为保证 NO_x ,CO,HC 等有害气体之间的完全的氧化和还原反应,需要保证可燃混合气是理论混合气,即燃烧空气系数为 1;

(2)当采用稀薄燃烧或分层燃烧时,要保证所用燃料的贫油点火边界(天然气的点火边界要比汽油宽)。

　　柴油机微粒排放比汽油机严重。柴油机中的燃烧呈扩散火焰。首先燃烧的是燃料中的
H,C 原子,然后再燃烧呈黄色火焰的 C 晶核。当燃烧过程受到干扰,如火焰碰到冷却的燃烧
室壁,或者是混合气的形成受到干扰,或者是燃烧室局部空间缺少空气,或者是燃烧太晚等,会
使 C 晶核不能完全燃烧掉而析出微粒。增压柴油机的过量空气系数较大,有利于降低微粒的
排放。

　　增压与非增压柴油机在全负荷和部分负荷工作时析出的微粒或排出的炭烟程度是不一样
的。非增压柴油一般是标定工况限制在冒烟极限,这时过量空气系数达最小值,而在部分负荷
时过量空气系数变大(可燃混合气按质调节),排烟减轻,直到小负荷时出现很差的混合气才
使烟度再度增加。大功率增压柴油机的设计点先在全负荷工况,且过量空气定得足够大,这对
减小烟度是有利的,但在部分负荷时由于空气量的减少,混合气恶化,烟度增加。车用柴油机
上常装有烟度限制器,以限制全负荷低速时喷油泵的供油量。烟度限制器的作用与转矩校正
器相反,因此也叫负校正器。

　　船用大功率增压柴油机的烟度值要比车用增压柴油机低得多。如大功率(每缸
1 000 kW)中速增压柴油机在全负荷时的烟度值为 0.1 RB,而增压载重汽车柴油机的烟度值
为 1.0 ~ 2.0 RB。

8.3　汽　油　机

　　汽油机与柴油机工作过程中的不同之处在于可燃混合气的形成和点火方法。由此造成汽
油机在系统组成上与柴油机有较大的区别:汽油机有单独的点火系,供给系也有较大的差别。

　　汽油机所用燃料是汽油。汽油需先雾化和蒸发,并按一定比例与空气混合形成均匀和混
合气。这种按一定比例混合的汽油-空气混合物称为可燃混合气。可燃混合气中汽油含量的
多少称为可燃混合气浓度。

8.3.1　供　给　系

1. 供给系的组成与功用

　　汽油机供给系的功用是:根据发动机各种不同工况的要求,配制出一定数量和浓度的可燃
混合气,并供入汽缸,以便临近压缩终了时点火燃烧,而后膨胀做功,最后将燃烧产物(废气)
排入大气中。

　　一般汽油机供给系是由燃料供给装置、空气供给装置、可燃混合气形成装置和可燃混合气
供给与废气排除装置等组成(见图 8.60)。

　　燃料供给装置包括汽油箱、汽油泵、汽油滤清器和油管,用以完成汽油的储存、输送和
滤清。

　　空气供给装置,主要是空气滤清器,在小客车上有时还装有进气消音器。

可燃混合气形成装置,即汽化器。

可燃混合气供给和废气排除装置,包括进气管、排气管和排气消音器。

发动机工作时,汽油自汽油箱经汽油滤清器,滤去杂质后被汽油泵送入汽化器。而空气则经空气滤清器滤去所含尘土后也流入汽化器。汽油在汽化器中雾化蒸发,并与空气混合形成发动机工作所需要的可燃混合气,经进气管被分配到各个汽缸。废气由排气管和排气消音器排入大气。

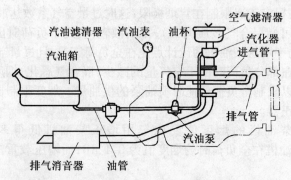

图 8.60　解放 CA10B 型汽车发动机供给系示意图

2. 简单汽化器与可燃混合气的形成

发动机工作的过程中,可燃混合气形成的时间只有百分之几秒。要在这么短的时间内形成均匀的可燃混合气,关键在于汽油能否迅速蒸发。在汽油机上装设汽化器和采取进气管加温,有利于汽油的雾化和蒸发,为迅速形成可燃混合气创造了有利条件。

简单汽化器由带浮子、带针阀的浮子室、量孔、喷管、节气门和喉管等组成。喉管上部叫进气室,下部叫混合室(见图 8.61)。

汽油由进油管流入浮子室,浮子随着油面的升高带着针阀一起上升。当油面升到一定高度时,针阀关闭进油孔,使汽油停止流入。发动机工作时,浮子室内的汽油从喷管喷出,使浮子室内油面下降,浮子与针阀也随着降低,打开进油口,以补充消耗了的汽油,通过浮子与针阀的控制,使浮子室内的油面保持一定高度。浮子室内通过气孔与大气相通,故作用在油面上的压力为大气压力。

浮子室底部装有量孔,流过量孔的油量主要决定于量孔两端的压力差,压力差大时,流过量孔的汽油就多。喷管的一端接量孔,另一端位于喉管的喉部。为了防止汽油从喷管自动流出,喷管出口一般比浮子室内油面高 $2 \sim 5$ mm。

喉管是一段截面积沿轴向变化的管道。截面积最小处为喉部。空气流经喉管时,由于截面积的变化,它在不同截面处的流速与压力各不相同。截面积小时气体流速加快,压力降低。故在喉部空气流速最大,压力最小。

在进气过程中,活塞由上止点移动,空气经空气滤清器、汽化器和进气管流入汽缸。空气流经汽化器喉部时,流速加快,压力下降。其压力 p_h 小于大气压力 p_0,作用在喷管两端的压力

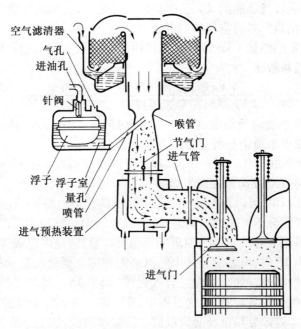

图 8.61　简单汽化器

差即为 $\Delta p_h = p_0 - p_h$。喷管内的汽油在压力差 Δp_h 的作用下由喷管喷出。喉部空气压力越低，压力差(即喉部的真空度)就越大，由喷管喷出的汽油就越多。

由喷管喷出的汽油，在喉部高速气流的冲击下成为不同直径的油粒，使汽油与空气的接触面积增大，加速了汽油的蒸发。

油雾中直径很小的油滴在随空气流动的过程中很快蒸发并与空气混合，直径较大的油滴来不及完全蒸发的部分，随着可燃混合气进入汽缸。这些油滴在进气与压缩的过程中继续蒸发并与空气混合形成可燃混合气。也有一些直径大些的油滴在随空气流动时沉附在进气管壁上，形成油膜。它在气流的作用下，沿进气管缓慢向汽缸流动，并不断地蒸发与空气混合。可燃混合气就是这样形成的。

由此可见，汽油机可燃混合气的形成过程是在汽化器中开始的，直至压缩行程接近终了并开始点火时才基本结束。在这一过程中，汽油蒸发的完善程度，对最终形成的可燃混合气品质影响较大；而汽油在汽化器中被粉碎的程度，对汽油的蒸发又起着关键的作用。

位于汽化器混合室内的节气门绕轴转动时，可以改变混合气的流通截面，从而可以改变流入汽缸的可燃混合气数量。因此，通过改变节气门开度，可以控制汽油机输出的功率。

3. 可燃混合气浓度与车辆发动机对可燃混合气浓度的要求

供入发动机的可燃混合气浓度，应能使可燃混合气在汽缸内迅速而完全地燃烧。可燃混合气燃烧迅速能使发动机发出更大的功率；而可燃混合气燃烧完全对降低比油耗、提高发动机的经济性有利。可燃混合气迅速而又完全燃烧的条件之一是:汽油与空气以一定的比例混合;汽油在空气中完全雾化蒸发并与空气均匀混合。

可燃混合气浓度常用燃烧 1 kg 燃料实际供给的空气量与完全燃烧时所需理论空气量之比来表示,叫过量空气系数 a

$$a = \frac{1 \text{ kg 燃料燃烧实际供给的空气量}}{1 \text{ kg 燃料完全燃烧理论上所需的空气量}}$$

理论上,1 kg 汽油完全燃烧时所需要的空气量约为 15 kg。而实际上随同 1 kg 汽油进入汽缸的空气量,可以大于或小于理论上所需要的空气量。

当 $a = 1$ 时称为标准混合气。当 $a < 1$ 时,称为浓混合气。当 $a > 1$ 时,称为稀混合气。

(1)可燃混合气浓度对发动机性能的影响

从理论上讲,在 $a = 1$ 的可燃混合气中,空气中的氧分子恰好可以使汽油分子完全燃烧。但实际上,汽油与空气混合不可能绝对均匀,可燃混合气中的汽油不可能都完全燃烧,只有多供一些空气,才能使可燃混合气中的汽油都完全燃烧。显然,这时已成为 $a > 1$ 的稀混合气了。试验证明,$a = 1.05 \sim 1.15$ 时,可燃混合气中的汽油能够完全燃烧。发动机使用这样的可燃混合气能够获得良好的经济性。如果可燃混合气过稀($a > 1.15$),汽油虽然能够完全燃烧,但由于过稀的可燃混合气燃烧速度较慢,燃烧过程中,有一部分可燃混合气的热量是在燃烧容积变大的情况下放出来的。这部分热量转变为机械功的效率较低,加上过稀的可燃混合气燃烧时,单位体积的可燃混合气所能放出的热量也较少,使发动机输出功率下降。除此之外,可燃混合气燃烧速度低,燃烧时间拖长,热损失增加,发动机的经济性变坏。在可燃混合气很稀时,燃烧会拖得很长,在下一循环的进气过程开始时,残存在气缸内的火焰通过开启的进气门,会把进气管中的可燃混合气点燃,造成进气管回火。故发动机工作时不能供给过稀的可燃混合气。

当可燃混合气稀到 $a = 1.4$ 左右时,不能点火燃烧。这时过量空气系数 a 的值,称为可燃混合气着火浓度下限。等于或大于这一 a 值的可燃混合气均不能燃烧。

在过量空气系数 $a = 0.8 \sim 0.9$ 的可燃混合气中,汽油分子相对较多,可燃混合气燃烧速度较快,热损失小。在其他条件相同时,采用这样浓度可燃混合气的发动机,可以发出较大的功率,动力性好。但部分汽油分子因缺少空气而不能完全燃烧,故发动机的经济性稍差。

在过量空气系数 $a < 0.8 \sim 0.9$ 的浓可燃混合气燃烧时,燃烧速度也会减慢,单位体积的可燃混合气燃烧后放出的热量减小,使发动机输出的功率下降,比油耗增加。使用过浓的可燃混合气时,由于燃烧不完全,会产生大量的一氧化碳和游离的碳粒,既污染了空气又会造成与燃烧气体接触的零件大量积碳,严重时会使发动机不能正常工作。

当过量空气系数 $a < 0.4$ 时,可燃混合气就不能着火燃烧。这时过量空气系数 a 的值,称为可燃混合气着火浓度上限。等于或小于此值的可燃混合气均不能着火燃烧。由此可见,在其他条件不变时,可燃混合气的浓度对发动机的动力性和经济性有着很大的影响,对每台发动机,无法在同一时刻供给浓度既是最大功率又是最低比油耗的可燃混合气;且最低比油耗和最大功率时可燃混合气的过量空气系数 a 的值也不是一个常数,它们是随着发动机的转速和节气门开度的变化而变化。试验证明,节气门开度越小(负荷越小),相应于最大功率的过量空

气系数 a 值也越小。

（2）车辆发动机各种工况对可燃混合气浓度的要求

汽车的工作情况十分复杂，由于汽车载重量的大小、道路的坡度、路面的好坏和路上车辆行人的多少等因素的影响，使得汽车在行驶时的速度和牵引力经常需要作大幅度的变化。因此，作为汽车动力的发动机，其负荷与转速应经常在很大范围内变化。有时变化甚至十分急剧，要求在很短时间内从空转增至全负荷，从怠速升至最高转速。故应根据发动机工况的变化，供给适当浓度的可燃混合气。

汽车发动机的工况，可以概括为以下几个方面：

①启动

冷发动机启动时，汽油蒸发条件极差。同时，发动机曲轴由外力带动旋转，转速很低（50 ~ 100 r/min）。故被吸入汽化器的空气流速也很低，不能使汽油很好雾化，多数汽油呈较大油粒附着在进气管壁上，不能及时随空气流入汽缸，使缸内的可燃混合气过稀，以至无法着火燃烧。为此，要求汽化器在启动时供给极浓的可燃混合气（$a = 0.2 \sim 0.6$）。但因只有少部分汽油蒸发进入汽缸，所以，实际上进入汽缸的可燃混合气的 a 值是远远大于 0.2 ~ 0.6 的。

②怠速

所谓怠速，是指发动机在空负荷下以最低稳定转速运转。节气门开度应尽可能小，可燃混合气在汽缸内着火燃烧所做的功只克服发动机的内部阻力和带动附件，对外没有功率输出，发动机在最低空转转速下稳定运转。这个转速为 300 ~ 500 r/min。由于转速低，空气在汽化器喉部流速较低，汽油雾化不好，与空气混合也不均匀。另外，由于进入汽缸内的可燃混合气数量少，缸内废气所占的比例较高，对燃烧很不利，甚至不能着火燃烧。故要求怠速时供给较浓的可燃混合气（$a = 0.6 \sim 0.8$）。

应该指出的是，发动机在启动和怠速时，所要求的可燃混合气虽然很浓，但由于进入汽缸内的可燃混合气数量很少，而且该工况所占的时间比例很小，故对车用发动机整个工作过程的经济性影响不大。

③小负荷

节气门开度较小，进入汽缸内的可燃混合气数量较小，而上一循环中残留在气缸内的废气所占的比例较大，不利于燃烧。必须供给较浓的可燃混合气（$a = 0.7 \sim 0.9$）。

④中等负荷

车用发动机大部分工作时间处于中等负荷状态，这时经济性要求是主要的，故应供给接近于比油耗最小的 a 值的可燃混合气（$a = 0.9 \sim 1.1$），主要是 $a > 1$ 的稀可燃混合气。这样，功率损失不多，可以获得较好的经济性。

⑤大负荷和全负荷

此时要求发动机能够输出足够的功率或扭矩，以克服车辆行驶时加大了的外界阻力。这时节气门全开，发动机在全负荷下工作（载重上坡、高速行驶等），要求尽量发挥其动力性，而经济性要求不得不退居于次要地位。汽化器应供给最大的功率时 a 值的可燃混合气（$a = 0.8 \sim 0.9$）。

⑥加速

在汽车行驶过程中,有时要求在短时间内将发动机输出功率很快提高。这时,节气门开度迅速由小到大,流经汽化器喉管的空气量迅速增加,喉部的真空度很快升高,由喷管喷出的汽油也相应增多。但是,由于汽油的密度比空气的密度大得多(约为空气的600倍),汽油比空气的惯性也大得多,在节气门急剧开大时,空气流量比汽油流量增加得快,使得可燃混合气浓度一时变得很稀。此外,加速时还因大量冷空气进入进气管,使进气管内温度下降,压力升高形成了不利于汽油蒸发的条件,有时甚至会使已经蒸发了的汽油又重新凝结在进气管壁上,这又使得进入气缸的可燃混合气进一步变稀。显然,这种变稀了的可燃混合气是不能满足加速时的要求,有时甚至会使发动机熄火。为了保证进入汽缸的可燃混合气有足够的浓度,要求汽化器应能额外多供一些汽油。

为了适应发动机各种工况对可燃混合气浓度的要求,在简单汽化器的基础上,在汽化器上增加了各供油装置,如主供油装置、辅助供油装置。辅助供油装置包括怠速装置、启动装置、加浓装置、加速装置。本节不详述。

8.3.2　点　火　系

在汽油机中产生电火花的装置,称点火系。它的功用是按照各缸点火顺序,定时供给火花塞以足够能量的高压电,使火花塞产生足够强的电火花,点燃被压缩了的可燃混合气,使发动机做功。

保证火花塞两极间产生火花需要的电压,称为穿透电压。它与两电极间的距离、汽缸内的压力和温度有关。电极间的距离越大,汽缸内的压力越高、温度越低,则穿透电压应越高。当火花塞两极间的距离为 $0.5\sim1$ mm,汽缸内压缩终了压力为 $0.6\sim0.9$ MPa,启动冷发动机时的穿透电压应为 $7\,000\sim8\,000$ V。为了使工作可靠,实际上火花塞两极间的穿透电压高达 $10\,000\sim15\,000$ V。

由蓄电池或发电机供给低压电流,借点火线圈和断电器将低压电流转变为高压电流,再由配电器分配到各缸火花塞,使其两极间产生电火花。目前,这种点火系在车辆发动机上得到广泛应用。

1. 蓄电池点火系的组成与工作原理

(1)组成

蓄电池点火系由低压电路和高压电路两部分组成(见图8.62)。低压电路部分由蓄电池或发电机(图中未标出)、电流表、点火开关、点火线圈的初级线圈、附加电阻、断电器和电容器等组成。高压电路部分由点火线圈的次级线圈、配电器、高压导线、火花塞等组成。

汽车发动机点火系多采用单线制,即电源的一个电极用导线与各用电设备连接,另一个电极与车体金属物体相连(叫做搭铁)而构成回路。早期国产汽车用正极搭铁,近期生产的均采用负极搭铁。

点火线圈实际上是一个变压器。它的初级线圈匝数少,导线较粗,而次级线圈匝数较多,导线较细。两者绕在同一铁芯上。

断电器是一个由凸棱控制的开关。当断电器的触点闭合时,低压电路部分导通,初级线圈内有电流通过,当凸轮使断电器的触点分开时,初级线圈中的电流消失,铁芯中磁通减少,此时,在次级线圈中感应出高达一万伏左右的电压。该电压经配电器加在火花塞上,使火花塞的电极被击穿,产生火花。初级线圈中的电流消失的变化率越大,铁芯中磁通的变化率也越大,则感生的电压也越高,火花塞产生的火花强度也越大。

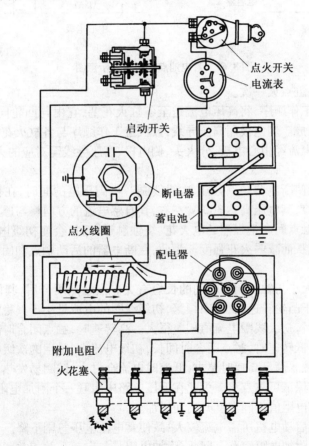

图 8.62 蓄电池点火系的组成与线路

(2)工作原理

如图 8.63 所示,初级线圈的一端经点火开关与蓄电池相连,另一端接在断电器的活动触点臂上。固定触点通过断电器体搭铁。当凸轮的任一凸棱接触活动触点臂时,触点将分开,而在凸棱转过活动触点臂后,在弹簧作用下触点将闭合。

对四冲程发动机,曲轴每转两转,断电器凸轮转一转。凸轮上凸轮的个数与汽缸数相等。

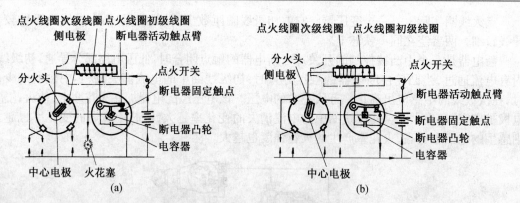

图 8.63　蓄电池点火系工作示意图

因此每个工作循环,各缸点火一次。

配电器将按汽缸工作顺序,将高压电流送至各缸火花塞,它由与凸轮同步转动的分火头、中心电极、侧电极等组成。侧电极用高压导线,按汽缸工作顺序与各缸火花塞相连。点火线圈次级线圈产生的高压电流经中心电极、分火头、侧电极、高压导线至对应的火花塞,以点燃被压缩了的混合气。

低压电路中,凸轮使断电器触点分开、次级线圈产生高压电的同时,在初级线圈内也会因自感而产生自感电动势,其电压高达 300 V 左右,其自感电流的方向将与原来初级电流方向相一致。该电压不仅使触点间产生强烈的电火花、烧蚀触点,而且会使初级电流的变化率减小,降低次级线圈的电压,从而减弱火花强度。为此,在断电器的活动触点和固定触点间并联了一个电容器。

初级线圈电流的大小与触点闭合时间的长短有关。当触点闭合后,其值由零开始逐渐增大至一稳定值。但由于凸轮转速高,开闭频繁,初级线圈的电流是小于其稳定值的。这样在发动机高转速和低转速时,初级线圈电流值相差很大。高转速时,触点闭合时间短,初级电流小,感生的次级电压就低;低转速时,触点闭合时间长,初级电流大,感生的次级电压就高。这样点火线圈的设计就很困难。满足高速时要求,低速时电流会过大,线圈易发热;满足低速时要求,高速时电流过小,不能保证可靠点火。为此在低压电路中串联一个附加电阻(见图 8.64)。该电阻为一热敏电阻,其电阻值将随温度升高而增加。

在发动机启动时,启动电机所需电流较大,致使蓄电池电压急剧下降。为保证低压电路中必要的电流强度,应将附加电阻短路。因此,附加电阻是与启动开关相并联的。

2. 蓄电池点火系的主要机件

(1)断电-配电器

断电-配电器由断电器、配电器和点火提前调节装置等组成(见图 8.65)。

①断电器

断电器的功用是周期地接通和切断初级电路,使初级电流发生变化,以便在次级线圈中感

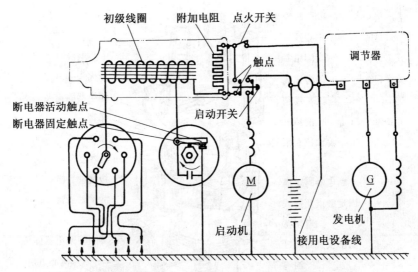

初级线圈　　附加电阻　点火开关

触点

调节器

断电器活动触点
断电器固定触点

启动开关

M
启动机

接用电设备线

G
发电机

图 8.64　具有附加电阻的点火线圈示意图

应出次级电压。其构造是一对钨质触点(俗称白金)(见图 8.66)。固定触点通过支架固定在固定盘上。活动触点固定在触点臂的一端,臂的另一端有孔,套在销钉上。它的中部固定有夹布胶木顶块。片簧力图使触点保持接触,并将胶木顶块压向凸轮。凸轮是六棱的(因解放 CA10B 汽车发动机是六个汽缸),其轴由配气凸轮上的齿轮驱动,转速为曲轴转速的一半。活动触点经臂、片簧分别用导线与点火线圈的初级线圈和电容器连接。固定触点依次通过支架、固定盘、断电-配电器体与发动机体连接而搭铁。断电器凸轮按图中所示方向旋转。

触点分开时的最大间隙为 0.35~0.45 mm。间隙过小,触点间易出现火花使初级电路断电不良。间隙过大,触点闭合时间太短,初级电流过小。故应调整间隙。调整螺钉的头部是偏心的,调整时应先松开固定螺钉,转动偏心螺钉,整个支架将绕销钉转动,固定触点相对活动触点移动,从而改变了间隙。调好后应将固定螺钉拧紧。

②配电器(图 8.65)

配电器的功用是将点火线圈中的次级线圈产生的高压电,按发动机各缸工作顺序,分配到各个汽缸的火花塞上。配电器装在断电-配电器体的上部,用胶木制成。它的中央有中心插孔,周围有与汽缸数相等的旁插孔,孔内均嵌有铜套。由次级线圈引出的高压导线插入中心插孔。由旁插孔引出的高压线按发动机工作顺序分别与各缸火花塞连接。分火头套在凸轮顶端的延伸部,借弹簧力与中心插孔内用炭精制成的触头接触,因分火头与凸轮同步运转,分火头外端的铜片周而复始地轮流与侧电极相对,将高压电分配到各相应的火花塞上。

③点火提前调节装置

发动机汽缸内从出现火花到可燃混合气大部分燃烧完毕,使压力升高到最大值,需要一定时间。这段时间虽然很短,只有千分之几秒,但因发动机转速很高,在这短时间内曲轴转过的角度却相当大。若当活塞达到上止点时点火,则可燃混合气一面燃烧,活塞一面下移使汽缸容

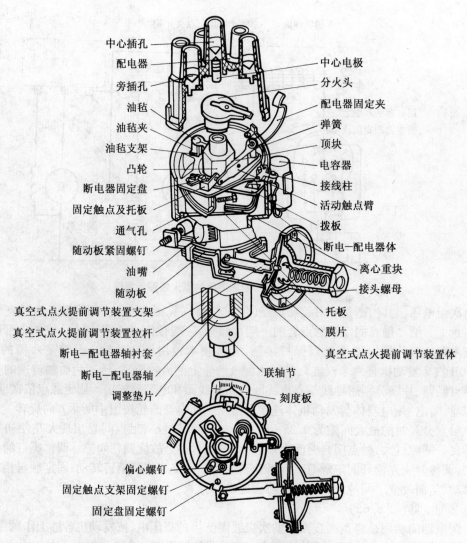

中心插孔
配电器
旁插孔
油毡
油毡夹
油毡支架
凸轮
断电器固定盘
固定触点及托板
通气孔
随动板紧固螺钉
油嘴
随动板
真空式点火提前调节装置支架
真空式点火提前调节装置拉杆
断电—配电器轴衬套
断电—配电器轴
调整垫片

中心电极
分火头
配电器固定夹
弹簧
顶块
电容器
接线柱
活动触点臂
拨板
断电—配电器体
离心重块
接头螺母
托板
膜片
真空式点火提前调节装置体

联轴节
刻度板

偏心螺钉
固定触点支架固定螺钉
固定盘固定螺钉

图 8.65　解放 CA10B 型汽车的 FD25 型断电—配电器

积增大,这就导致燃烧压力降低,发动机功率减小。汽油机一般应在上止点后 10°~15° CA 时缸内压力达到最大值,故点火时刻应适当提前。从火花塞点火到活塞达到上止点曲轴转过的角度称为点火角。它的大小与发动机的转速、负荷及汽油的抗爆性能有关。适宜的点火提前角,可以使发动机获得良好的机动性和经济性。

　　a. 离心式点火提前调节装置(见图 8.67)

　　离心式点火提前调节装置的功用是随着发动机转速的升高,自动增大点火提前角,以保证缸内最大压力发生在上止点后 10°~15° CA 处。它以改变凸轮与轴相对位置的方法实现点火

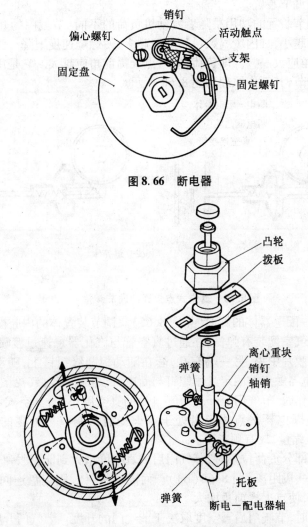

图8.66　断电器

图8.67　离心式点火提前调节装置

提前角的调节。轴上固定着托板。托板上有两个轴销,其上分别套有离心重块,重块小端用弹簧与托板连接。凸轮套装在轴上,它下端固定在带孔的拨板上,拨板长孔分别套在离心重块的销钉上。轴通过托板、离心重块和拨板带动凸轮。轴与凸轮既能一道运转,又能相对运动。

　　发动机不工作或转速低于 400 r/min 时,弹簧将离心重块的小端拉回到图 8.67 中虚线所示的位置。当转速大于 400 r/min 时,重块在离心力作用下克服弹簧的拉力向外甩出。此时两离心重块上的销钉推动拨板连同凸轮一道相对于轴超前一个角度,使点火提前角加大。曲轴转速升高到 1 500 r/min 时,销钉靠在拨板长孔的外缘上,离心重块不能继续外甩,点火提前角也就不能继续增大。

　　b. 真空式点火提前调节装置

　　真空式点火提前调节装置的功用是随着发动机负荷的不同（节气门的开度不同），而自动调节点火提前角。负荷越小，缸内废气数量相对地越多，使燃烧速度下降。为使最高压力不致因此而后移，点火提前角应大一些。即负荷越小，点火提前角应越大。它是用改变触点与凸轮相位关系的方法进行调节，其工作原理如图 8.68 所示。

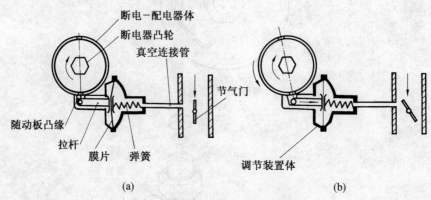

图 8.68　真空式点火提前调节装置

　　调节装置位于断电-配电器体的侧面（见图 8.65）。调节装置体的内腔被膜片分隔成两个气室；左气室通大气；右气室配装有弹簧，并通过真空管与汽化器怠速过渡喷嘴邻近的通气口连通。拉杆一端固定在膜片中央，另一端有孔，套在随动板凸缘销钉上，随动板固定在断电-配电器体上，而安装断电器触点的固定盘用螺钉与断电-配电器体连接（见图 8.65）。

　　发动机在全负荷工作时，节气门全开。通气口处的真空度不大，真空式调节装置不工作。弹簧通过膜片与拉杆使断电器触点固定盘处于点火提前角调节量为零的位置（见图 8.68（a））。弹簧有一定的压缩量，故有预紧力。

　　节气门开度减小到部分负荷位置时，节气门后的真空度增大到能克服弹簧的预紧力，将膜片中心和拉杆向右吸过一段距离（图 8.68（b））。而随动板、体、固定盘连同触点一起逆凸轮旋转方向转过一个角度，使点火提前角增大。

　　在发动机转速一定时，节气门后真空度取决于节气门的开度。节气门开度越小，节气门后通气口处的真空度越高，点火提前角就越大。

　　当发动机负荷为零，即怠速工作时，节气门接近全关。通气口处已转移到节气门前方，该处的真空度几乎为零。真空式调节装置弹簧立即将触点固定盘推回到点火提前角调节量为零的位置。因怠速时转速很低，不需要真空提前。

　　c. 辛烷值校正器

　　当发动机换用不同辛烷值的汽油时，用此装置改变初始点火时刻（前述两种自动调节装置均是在此基础上进行工作）。它也是用改变触点与凸轮相对位置的方法调节点火提前角的。

　　辛烷值校正器由带指示箭头的真空点火提前调节装置支架（见图 8.65）和带刻度的固定

板组成,二者套装在断电-配电器体下部的轴头上。如把支架上的长孔和固定板上的圆孔用螺钉拧紧,则支架和固定板就紧压在机体上,断电-配电器总成在发动机上的位置就固定了。当发动机所用汽油的标号变更,需要改变点火提前角时,只要将上述螺钉松开,把支架(通过真空提前调节装置带动断电-配电器体一同转动)转动一定角度即可,调好后应把螺钉拧紧。

由上述得知,离心式点火提前调节装置、真空式点火提前调节装置和辛烷值校正器的工作无任何运动干涉,各自都能独立起作用,实际的点火提前角是三者作用效果的综合。

(2)点火线圈

点火线圈是将低压电转变成点火所需要的高压电基本元件。其构造(见图 8.69)是中心有一个用若干层涂有绝缘的硅钢片叠成的铁芯。次级线圈与初级线圈套装在铁芯上。次级线圈用直径为 0.08～0.09 mm 的漆包线在绝缘纸管上绕 19 000～26 000 匝而成;初级线圈用0.57～0.80 mm 的漆包线在绝缘纸管上绕 210～370 匝而成。因初级线圈中通过的电流大,发热多,故置于次级线圈之外,以利于散热。两个线圈外部包有绝缘纸层。在初级线圈外,还套装一个导磁钢套,以减少磁阻,并使初级线圈的热量易于传出。次级线圈的一端与初级线圈焊接在一起,接点在线圈内部;另一端接在配电器中心轴的高压接线头上。初级线圈的两端分别和低压接线柱 7 与 10 连接;附加电阻接在低压接线柱 10 与 11 之间,并与启动开关并联。接线柱 11 还与电源连接。有的点火线圈不带附加电阻,故没有接线柱 11,而用接线柱 10 接电源。两个线圈连同铁芯浸渍石蜡和松香混合物后装入壳体内,并支于瓷质绝缘座上。壳体内充填防潮绝缘胶状物或变压器油后,用胶木盖盖好,加以密封。

(3)火花塞

火花塞的功用是将点火线圈送来的高压电,转变为火花,用以点燃混合气。其构造如图8.70 所示。

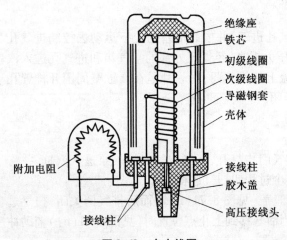

图 8.69　点火线圈

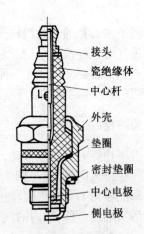

图 8.70　火花塞

中心电极通过瓷绝缘体插入外壳,侧电极焊在外壳底端,两电极一般都用镍锰丝制成。中心电极与侧电极之间有 0.5～0.9 mm 的间隙。瓷绝缘体装入外壳后,将外壳顶部的延伸部分向内压卷,将瓷绝缘体固定在外壳上。这样结构的火花塞,装配后不能拆卸。垫圈使绝缘体与外壳间获得良好的密封。

火花塞绝缘体的裙部(垫圈以下的绝缘体锥部)与燃烧气体直接接触而吸热,吸入的热量大部分经垫圈传给外壳,散入大气。试验证明,要使发动机正常工作,火花塞裙部温度要保持在 500~600 ℃ 以上,若低于此值,落在绝缘体裙部的油粒不能立即烧掉,会形成积碳引起漏电,甚至不能产生火花。但绝缘体裙部温度也不能高于 800~900 ℃,若温度过高,可燃混合气与高温绝缘体接触时,可能会在火花塞产生火花之前自行着火(炽热点火),从而引起早燃。温度太高时可燃混合气甚至会在进气行程中着火燃烧,使汽化器回火。

因各种发动机的热状况是不同的,例如具有高压缩比的发动机,因燃烧过程缸内气体温度高,火花塞散热时间较短,要使用裙部较短的火花塞,叫冷型火花塞。反之,用于低压缩比的低速发动机的火花塞,裙部就应长些,使裙部吸热较多而传热较缓,这种火花塞叫热型。裙部长度介于二者之间的叫中型火花塞。因火花塞的热特性划分并无严格界限。一般说来,国产火花塞中,绝缘体裙部长为 8 mm 的是冷型;11 mm 和 14 mm 的为中型;16 mm 和 20 mm 的为热型。

8.4　二冲程发动机

二冲程发动机的工作循环也由进气、压缩、燃烧、膨胀、排气五个工作过程组成,因它是在两个冲程内完成,故与四冲程发动机在结构和工作原理方面有较大的差别。

8.4.1　二冲程柴油机工作原理

二冲程柴油机是通过沿汽缸周围开的进气孔进气,并依靠活塞的上下运动去控制进气孔的开闭。进气时先经换气泵(扫气泵)把空气压力提高,经气孔外部的空气箱和进气孔进入汽缸。排气机构常见的有两种:一种是在汽缸盖上装排气门;另一种是在汽缸壁周围开排气孔(比进气孔稍高),靠活塞的上下运动去控制开闭。

1. 辅助冲程

活塞由下止点向上止点移动,进气孔与排气门均打开,新鲜空气经换气泵进入汽缸,并将缸内的废气经排气门排出(见图 8.71(a)),这个过程叫扫气过程。

当活塞上移约 1/3 行程时,进气孔被活塞遮盖(见图 8.71(b)),而后排气门关闭,扫气过程结束。活塞继续上移,缸内的气体被压缩,当活塞移到上止点位置时(见图 8.71(c))辅助冲程结束。

2. 膨胀冲程

在活塞接近上止点时,柴油喷入汽缸,在高温气体的作用下,柴油着火燃烧使缸内气体的压力、温度急剧升高。在高温、高压气体的作用下,活塞由上止点被推到下止点。

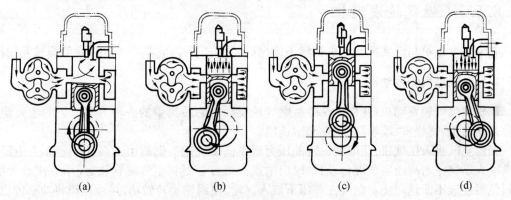

(a)   (b)   (c)   (d)

图 8.71 单缸二冲程柴油机工作示意图

当活塞下移约 2/3 冲程时,排气门首先开启(见图 8.71(d)),废气先以自身能量自行排出,使缸内压力下降,活塞继续下移,进气孔被打开,换气泵开始将压力较高的空气压入汽缸,进行扫气(换气)。

曲轴每转一转,活塞上下各一次,完成一个工作循环。而后,周而复始,循环往复。

8.4.2 二冲程发动机与四冲程发动机比较

二冲程发动机与四冲程发动机相比较,有以下特点:

(1)二冲程发动机缩短了辅助冲程所占的时间,曲轴每转一转做一次功,在排量、转速、压缩比相同时,理论上二冲程发动机比四冲程发动机的功率大 1 倍。但因二冲程发动机废气排得不够干净,冲淡了可燃混合气,使燃烧效率降低;同时,由于汽缸壁上气孔的存在,使活塞的有效冲程缩短;二冲程柴油机还必须借助于换气泵换气,消耗了部分功率。因此实际上功率只增加 50% ~ 80%。

(2)在转速相同的情况下,二冲程发动机因做功次数多,做功频率高,故运转的平稳性较好,飞轮尺寸可以缩小,结构比较紧凑、轻巧。

(3)二冲程柴油机换气时没有燃料损失,只有带动换气泵的功率损失。但因做功频率较高,使活塞、汽缸、汽缸盖的温度较高,热应力较大,工作的可靠性较差。目前,只有船用中、低速柴油机中采用二冲程的较多,在装甲车辆发动机中采用二冲程的较少。

8.5　新型动力装置

8.5.1　燃气轮发动机

燃气轮发动机与活塞式发动机都属于内燃机一类。不过,它是一种叶片式的旋转发动机。

1. 单轴式燃气轮发动机

单轴式燃气轮发动机(见图8.72)是燃气轮发动机的最简单的一种方案。它的主要组成部件是压气机、燃烧室、喷嘴环、涡轮和减速箱。

新鲜空气吸入压气机,压缩到一定的压力后供向燃烧室。燃料由油泵在一定压力下经过喷嘴喷入燃烧室与高压空气混合,启动时由电点火塞点着燃料空气混合物,经第一次点火后,燃料便可连续不断地燃烧。燃气在等压下流入涡轮,使涡轮旋转做功,经减速箱将功率传出。

压气机出口压力一般为 $0.3 \sim 0.8$ MPa。喷气式发动机的压气机出口压力可达 $1 \sim 1.6$ MPa。

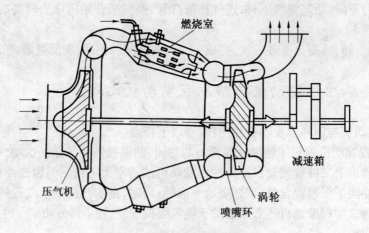

图 8.72　单轴式燃气轮发动机

燃气涡轮前的气体温度为 $750 \sim 1\,000$ ℃,这个温度低于活塞式发动机的最高温度。涡轮工作的最高温度受叶片材料的限制。超过叶片允许的温度会使其烧毁。燃气温度由燃油和空气的混合比控制。

涡轮功率大部分消耗于驱动压气机,剩下部分为有效功率,经减速箱传给车辆驱动装置。压气机功率为有效功率的 $1.5 \sim 2$ 倍。

车辆用燃气轮发动机转速约为 $2\,000 \sim 3\,000$ r/min。涡轮叶片的圆周速度高达 $250 \sim 400$ m/s。单轴式燃气轮发动机只适用于驱动工况稳定的辅助装置,而不能用于车辆。因为涡轮和压气机呈刚性连接,当车辆运动阻力增加时,发动机转速下降,压气机转速也随着下降,并引起空气流量下降,如果此时不减少喷油量,则涡轮前的燃气温度将超过叶片材料的允许温度,使叶片烧毁。为保持燃气不超温,必须减少供油量。燃气温度一定时,流量减少则燃气能量随之减小,从而使发动机扭矩下降。但车辆发动机要求转速降低时,扭矩上升。

2. 双轴式燃气轮发动机

双轴式燃气轮发动机(见图8.73)的功率由单独的涡轮——牵引涡轮输出,它和压气机涡轮无机械连接。因此,车辆的运动速度不直接影响压气机的工作,发动机在任何工况下,压气机的转速和流量基本保持一定。牵引涡轮转速降低时,作用在叶片上的气流压力升高,所以发动机扭矩增加(见图8.74)。

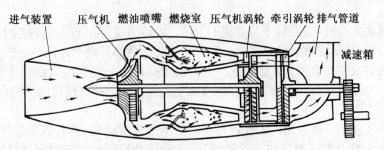

图 8.73　双轴式燃气轮发动机

双轴式燃气轮发动机的牵引性能适合于运输用车辆。

双轴式燃气轮发动机的优点是:

①单位体积功率较大,结构简单,质量轻。目前装于汽车和坦克上的燃气轮发动机的比重量约为1.36 kg/kW。

②适应性系数高,可达2.0～2.5(活塞式为1.1～1.3)。这可显著减少变速机构的排挡数,使传动机构及其操纵简化。

③启动性好。在低温时不需预热就能容易地启动,启动后不要长时间加热,即经3～4 min后就可在任何负荷下工作,这对战斗车辆是有重大意义的。

④发动机工作平稳,振动小。因为它没有曲柄连杆机构。

⑤排气无烟,不容易被红外线探测器发现。

⑥能用多种燃料。

尽管有上述优点,目前燃气轮发动机还不如柴油机,因为存在以下缺点:

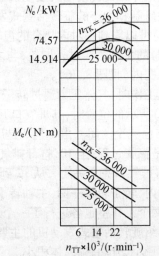

图 8.74　双轴式燃气轮发动机特性

①最大的缺点是经济性差,即燃油消耗率高。例如,不装回热器时,行驶 100 km 所消耗的燃油,将比装柴油机的车辆多 1.5~2 倍。

②空气消耗量大。相同功率时,比活塞式发动机的空气消耗量大 2~3 倍。因而带来空气除尘及在水下行驶时发动机空气供给的困难。

③负荷改变时,加速性比活塞式发动机差。

④没有特殊装置不能用发动机制动车辆,使驾驶复杂化。

⑤进、排气噪声大。压气机进口及涡轮出口处,空气高速流动产生高频率的噪声,这对乘员健康和装甲车辆隐蔽是不利的。

8.5.2　旋转活塞式发动机

旋转活塞式发动机(又称转子发动机),是对"旋转活塞"而言的,它区别于往复活塞式发动机的基本特点是:承受汽缸压力使输出轴产生扭矩的活塞只做单方向的旋转运动,而工作过程则与往复活塞式发动机相似。因此它一方面由于摆脱了往复惯性力而利于高速化,另一方面又能在一定程度上保持往复活塞式发动机的经济性。故它的出现是内燃机在结构上的重大技术变革。

旋转活塞式发动机所采用的工作循环和往复活塞式发动机相同,即由进气、压缩、膨胀和排气四个过程组成。要不断地进行这种循环,发动机的容积必须有规则地时而扩大,时而缩小,这在旋转活塞式发动机中是靠活塞旋转来达到的。

下面简单介绍旋转活塞式发动机的工作原理。

目前在研制和生产的旋转活塞式发动机是公转活塞式的。从这种发动机工作原理示意图(见图 8.75)可以看到一对内啮合的齿轮,外齿轮固定在汽缸端盖上,发动机主轴(图上用一个黑圆点代表)的主轴颈穿过外齿轮,与之同心;内齿轮固定在转子上,主轴上的偏心轴颈穿在转子的轴承孔内(见图 8.76)。

发动机工作时,气体压力通过转子传到偏心轴颈上,从而推动主轴旋转。当转子处在 12(见图 8.75)所示的位置时,其进气口开;由 1 到 4 是进气过程。到 4,活塞的开始关闭进气口;至 5,进气口已完全关闭。由 5 至 7 是压缩过程。到 7,火花塞点火,气体爆发燃烧,开始膨胀。由 8 至 10 是膨胀过程;至 10,打开排气口,开始排气。由 11 至 12 是排气过程,排气一直继续到 3,这时将排气口完全关闭。从 12 到 3 进气和排气有一段时间是重叠的。由 1 到 12 到 1,在这个期间内,转子转了一圈,主轴转了三圈。我们这里只介绍了一个工作室的情况,在这期间内,其他两个工作室也各进行了一个工作循环。发动机的动力由主轴输出。

下面介绍旋转活塞式发动机的主要优缺点:

①比重量小,升功率高,体积小。

②由于无往复运动件及气门机构,所以结构简单,零件少。与同功率的往复式相比,总零件数可减少 40%~60%,运动件减少 60% 以上,摩擦损失相应减少。

③由于工作冲程长(占主轴转角 270°),每缸有三个工作腔,因此作用在主轴上的扭矩均

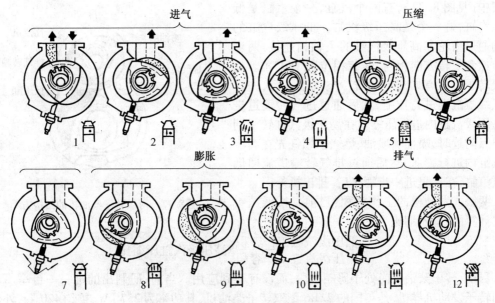

图 8.75 旋转活塞式发动机的工作原理图

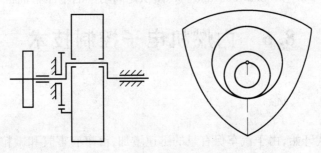

图 8.76 转子发动机结构简图

匀性比往复式好,运动平稳。

④启动性能好。由于无往复运动件,惯性较小,启动迅速可靠。

⑤拆装方便,维修简易。

以上这些优点都具有实用价值。但它也存在一些不可忽视的缺点:

①低速性能差。即在低速时,扭矩偏低,油耗偏高。这给转子发动机的使用带来一定的局限性。尤其对于要求经常以低速、大扭矩工作的装甲车辆动力,目前还有相当距离。

②寿命较往复式的差。寿命差的主要原因是密封件的润滑问题不易解决。

目前汽油转子发动机已在民用汽车上获得较广泛的应用,作为装甲车辆动力的柴油转子发动机,由于燃烧室形状的限制,难以获得较高的压缩比,而且由于柴油机循环压力较高,使转子顶尖之间容积的密封较难保证。

为了提高柴油转子发动机的压缩比,目前研究试制二级圆外旋轮线汽缸的方案。在这种方案中(见图 8.77),有两个汽缸,一个汽缸是低压级汽缸,另一个是高压级汽缸。低压级汽缸的主轴通过齿轮和高压级汽缸的主轴相连接,两者的转速和旋转方向相同,安装相位差 180°角。低压级转子上没有燃烧室凹坑。空气吸入后,先在低压级汽缸内进行压缩,然后通过进气转输道进入高压级汽缸内进行压缩。在高压级汽缸转子到上止点附近时,喷油嘴喷油、燃烧。燃气先在高压级汽缸内进行膨胀,然后通过排气转输道流回低压级汽缸,在这里进一步膨胀后,排出机外。

图 8.77　两级转子柴油机的结构方案

　　两级式发动机的工作容积,目前是按低压级汽缸计算的,总压缩比为

$$\varepsilon = \frac{低压级汽缸工作容积}{高压级汽缸工作容积} \times 高压级汽缸压缩比$$

　　目前,转子柴油机尚处于研制阶段,而没有得到应用。当前,研制出的唯一一台军用车辆柴油转子发动机样机,是英国的 2/R6 型双转子柴油机,其功率为 257 kW,重约 420 kg,外形尺寸:长×宽×高 = 718 mm×726 mm×853 mm。其体积比同功率的增压柴油机小 50% 以上。

8.6　内燃机电子控制技术

8.6.1　概　　况

　　20 世纪 60 年代开始,由于汽车保有量的迅速增加,汽车有害气和微粒的排放已超过工业污染物的排放量而成为一大公害。各发达国家相继制定了日益严格的汽车排放法规。1973 年的石油危机,使人们认识到自然资源的有限性与合理利用的必要性。所以排气净化和节省能源是限制和推动汽车发展的两大课题。

　　传统的机械化油器式汽油机受到了挑战,纷纷寻找解决的技术途径。其中主要解决精确控制混合气的空燃比,电控化油器和电子燃油喷射也就应运而生。各种形式的汽油机电控系统不断发展和完善。单片机、存储器的发展,使内燃机电子控制的主要任务也从单目标——以改善汽油机排放为主并可提高功率和降低油耗,而走向多目标控制——即汽油机的综合管理,以实现:电子燃油喷射控制,从单点喷射到多点喷射;电子点火提前控制;怠速控制;自诊断;故障诊断;安全保险功能;废气再循环控制;汽缸关闭系统控制;燃油蒸气泄漏控制;增压器压力控制;可变气门控制;可变压缩比控制;废气涡轮增压器可调喷嘴环控制;空调机控制;内燃机冷却风扇自动控制;喷油泵喷油量与喷射时刻控制;内燃机各工况(启动、怠速、全负荷、加速等)控制等。

　　电控系统的发展与现代控制理论和方法,大规模集成电路和传感器的发展紧密联系在一起。电控内燃机一改内燃机是典型的机械产品为机电一体化产品。

　　二十多年来,特别是近十多年,电控汽油机替代了传统的化油器式汽油机的地位。其主要原因在于电控汽油机能有效地改善和大幅度降低有害气的排放,与三效催化转换器、废气再循环配合,可使有害气排放降低 90% 以上;它具有最佳的经济性(油耗降低 5% ~ 15%)和优良的动力性(功率可提高 5% ~ 10%);在各种工况下能获得精确空燃比的混合气,且混合与分配均匀;易于冷启动;急速稳定,不需经常调整;良好的加速性等。

　　目前,主要轿车国生产用的汽油机已全部实现了电子控制。

　　柴油机的电子控制晚于汽油机的电子控制。因为柴油机通过改进燃烧系统和增压中冷等技术措施来改善排放、降低油耗、提高功率等方面潜力较大,且柴油车的保有量比装有汽油机的小轿车保有量少得多;另一方面是研制快速、大功率、高性能的电控执行器技术要求高,难度大。而柴油车还存在着 NO_x 排放高、碳烟多,柴油机与车辆的匹配性、驾驶性、舒适性差等固有的缺陷。日趋严厉的排放法规,激烈的市场竞争和日益紧缺的资源(特别是能源),向柴油机提出了低污染、低油耗、高比功率等更高要求。20 世纪 80 年代以来微电子技术的迅速发展及其汽油机电控方面的成功应用推动和加速了柴油机电控的发展。

8.6.2　汽油机电子控制系统

　　汽油机电子控制系统(见图 8.78)(简称电控系统)是集电控汽油喷射和电子点火于一体的数字式汽油机控制系统,它可对汽油机的各种工况进行控制。

　　汽油机的电控系统,就其控制功能来说是多种多样(还在不断发展)的,且各汽油机的控制系统和内容又有所不同,但其基本的控制功能,如电子燃油喷射(EFI)控制,电子点火提前(ESA)控制,急速控制(ISC)等,又是共同的。考虑到各控制功能所用的基本元器件的相关性、同一性以及叙述方便,本节从电控系统的控制角度,从电控系统的三大部分,即传感器、控制模块或控制单元和执行机构,重点叙述电子燃油喷射控制、电子点火提前控制和急速控制等功能。

1. 传感器

　　传感器用来测取表征汽油机工作状态的各个参量,并以一定的方式输入到控制单元中。传感器可按其在电控汽油机中的功能分为汽油喷射系统用的传感器,如空气流量传感器、进气压力传感器和转速传感器、冷却液温度传感器、进气温度传感器、节气门开度传感器、氧传感器等;点火提前系统用的传感器,如霍尔传感器,转角、基准位置传感器等;控制燃烧用的传感器,如爆震传感器、发火时期传感器(用于柴油机上)等;用于控制排放的传感器,如氧传感器、NO_x 传感器等,以及实现内燃机其他管理功能用的传感器。

　　对车用传感器的要求,除对一般传感器的要求外,特别要求能抗强电磁干扰,对各种大气环境(温度、湿度等)的适应性和耐用性,能大量生产,价格低廉。

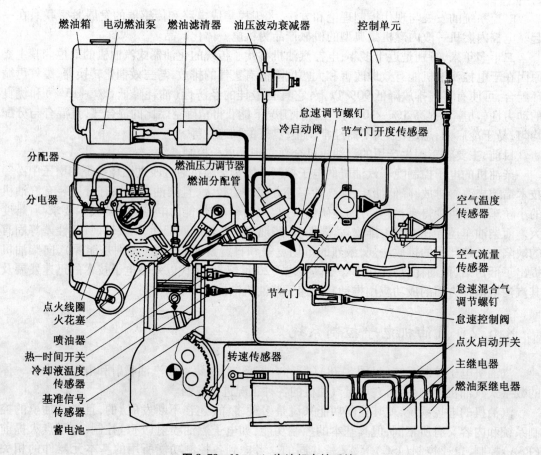

图 8.78　Motronic 汽油机电控系统

　　目前汽油机电控中常用传感器有:空气流量传感器、空气压力传感器、温度传感器、节气门开度传感器、转速和基准信号传感器、氧传感器、爆震传感器等。

2. 控制单元(ECU)或控制模块(ECM)

　　ECU 主要由输入信号处理电路、微处理机、输出处理电路、电源回路以及控制程序等几部分组成(见图 8.79)。

　　(1)输入信号处理电路

　　输入信号处理电路有模拟信号的输入处理和数字信号的输入处理,它根据从传感器来的信号不同而加以处理。当输入信号为模拟量时,如空气流量计信号、温度传感器信号、节气门开度传感器信号、压力传感器信号等的模拟信号,先要对它们进行 A/D 转换,变成微处理机能处理的数字信号。A/D 转换器有多种系列,可根据需要选用。如 8 位、10 位等,有的单片机上就设置了 A/D 板。如输入的模拟信号弱时,还需经过放大。模拟信号处理的走向为:

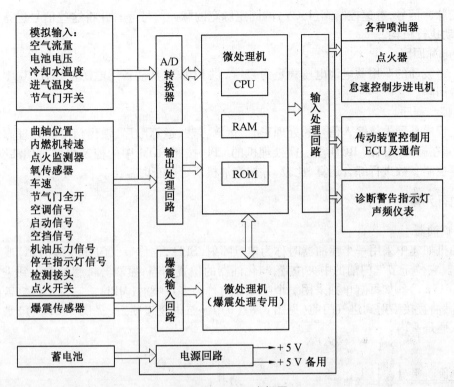

图 8.79　ECU 方框图

$$模拟信号 \rightarrow 放大器 \xrightarrow{0 \sim 5\,V} A/D\ 转换器 \xrightarrow{数字量} CPU$$

当输入信号为数字量或开关量时,如转速、转角、启动开关、怠速、全负荷触头等,则需进行放大、整形,然后输入微处理机的 CPU,图 8.80 为数字信号的输入处理。

(2)微处理机

微处理机包括控制处理器 CPU,只读存储器 ROM,随机存储器 RAM,输入/输出(I/O)接口等。CPU、ROM、RAM 等集成在同一芯片上。按控制功能及精度,常采用 8 位、16 位、32 位处理机。

(3)输出处理回路

输出处理回路就是将微处理机 CPU 发出的微弱信号按照不同的执行机构,将信号变为不同的驱动信号。如指示灯的开关信号,喷油器的可

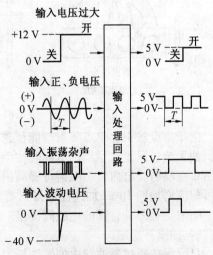

图 8.80　数字信号的输入处理

变脉宽的脉冲信号,怠速控制阀(ISCV)的固定脉宽的脉冲信号等。并将这些信号进行能量放大,以驱动执行机构。

(4)电源回路

为了将波动的车用蓄电池电压稳定为+5 V,供 ECU 及其他备用电源使用,ECU 中单独设置了电源回路。

(5)控制程序

控制程序是预先将输入信号的处理正时、运算方法、运算顺序、输出信号的处理方法等编排好,存储在微处理机的 ROM 里。微处理机的 CPU 按照 ROM 中的控制程序对燃油喷射、点火正时等控制参数进行综合运算、比较,并按汽油机所定的正时输出。

3. 执行元件

(1)喷油器

汽油机如集中采用一个喷油器时称为单点喷射(SPI),也称节气门体喷射(TBI)或集中喷射(CFI)。它位于节气门前的中央位置,与化油器的位置相当,喷油器将燃油喷射到进气管内(见图 8.81(a))。如每缸单独采用一个喷油器时称为多点喷射(MPI)。它位于汽缸盖的进气道内,将燃油直接喷射到进气门前(见图 8.81(b))。缸内直接喷射(见图 8.81(c))是将燃油直接喷入燃烧室内。

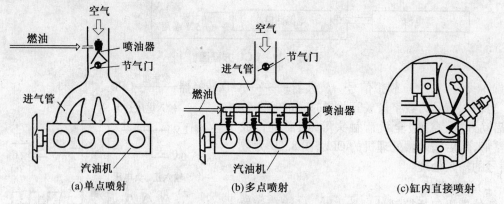

(a)单点喷射　　　　　(b)多点喷射　　　　　(c)缸内直接喷射

图 8.81　单点、多点与直接喷射

由于多点喷射比单点喷射性能优越,性能价格比好,在现代车用汽油机上广泛采用多点喷射供油系统。只是在早期的电控燃油喷射汽油机及小排量(约 1.0~1.2 L 以下)汽油机上还采用单点喷射。缸内直接喷射可提高内燃机压缩比,如从 10.5 提高到 12.0,内燃机功率和转矩可相应增加约 10%,加速性也得到明显改善。

喷油器是一种特殊的电磁阀(见图 8.82(a)),它由电磁线圈、铁芯、针阀、壳体、回位弹簧、滤清器、插座等组成。

只要保持通过喷油器内的燃油压力不变,针阀升程不变,则喷油器的喷油量只取决于针阀的开启时间。针阀开启时刻及开启时间是由 ECU 发出的可变脉冲宽度信号通过喷油器上的电磁线圈控制的。如脉冲宽度宽,电磁线圈通电时间长,针阀开启时间就长,因而喷油量就多;反之则喷油量少。

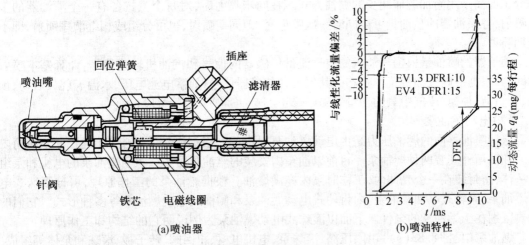

(a)喷油器　　　　　　　　　　　　　(b)喷油特性

图 8.82　喷油器及其特性

图 8.82(b)是喷油器的动态喷油特性。它表示在某一通电时间内每一行程所喷出的油量。当喷油器电磁线圈接到 ECU 发出的脉冲信号后,针阀由于惯性而不能马上打开,要延迟一些时间,所以特性线上的开始喷油点不在坐标原点。针阀达到最大升程后它与升程限制块相撞而产生振动直至稳定又需要一些时间。这两段时间就是喷油器从接收到信号到开始工作所需的最小通电时间,一般为 1.2 ~ 1.8 ms。这表明 ECU 送出的脉冲信号最小宽度必须大于喷油器的最小通电时间,其对应的喷油量为最小喷油量。同样,当针阀关闭时也需要有一个稳定时间使针阀恢复到静止状态,这段时间一般约为 0.6 ms。这要求 ECU 送出的相邻两脉冲信号必须大于稳定时间。脉冲周期减去针阀落座时的稳定时间即为最大通电时间,其对应的喷油量为最大喷油量。脉冲周期在 10 ms 内在最大喷油量与最小喷油量间的喷油量与线性化的喷油量之间的最大偏差为 5%,即喷油器的动态流量范围(DFR),它是喷油器的性能指标。

蓄电池电压变化对喷油器工作特性有很大影响,为此需对蓄电池电压进行修正。

喷油器的驱动方法有两种:电压控制和电流控制。电压控制的驱动电路适用于串接螺管型电阻的低阻喷油器和高阻喷油器。电流控制的驱动电路只适用于低阻喷油器。

从 ECU 内驱动喷油器的晶体管导通,喷油器电磁线圈开始通电到喷针打开喷出燃油所需时间,以电流控制型的低阻喷油器最短,带螺管型电阻次之,高阻喷油器的电压控制时间最长。

喷油器的基本参数:

①针阀升程:0.05 ~ 0.10 mm;

②针阀开启时间:2 ~ 10 ms;

③电磁线圈直流电阻:2 ~ 12 Ω(低阻),13 ~ 16 Ω(高阻);

④通过喷油器的燃油压力:196 ~ 294 kPa;

⑤动态流量范围(DFR),如1∶10,1∶15等。

喷油器的喷油方式基本采用汽油机曲轴转一转喷一次油的同步喷射方式;为改善启动、加速等工况而采用附加的非同步的喷油方式。在同步喷射时,对每个汽缸各有一个喷油器的多点喷射,各喷油器的喷油量可以同时一次喷射完,即同期喷射;也可分组或相继顺序喷射,即不同期喷射。

喷油器的喷油量根据汽油机的空气流量传感器的信号和汽油机转速信号,计算基本喷射时间,并根据反映汽油机工作状态的其他各种传感器信号,如蓄电池电压、水温、气温、启动、预热、全负荷、加速、废气中氧的含量等加以修正。

(2)电动燃油泵

保持喷油器内的燃油压力是由电动燃油泵提供的。根据燃油泵的安装位置,可分油箱内安装和油箱外安装两种燃油泵。目前以油箱内安装的燃油泵居多。驱动燃油泵的电机和泵组成一体,密封装在一个壳体内,工作时泵内充满燃油。根据燃油泵的工作原理,可分滚珠式电动燃油泵、涡轮式电动燃油泵、内齿轮式电动燃油泵和侧槽式电动燃油泵等多种形式。它们的主要区别在于燃油泵的泵件。下面以滚珠式电动燃油泵为例说明它的结构和工作原理。

燃油泵(见图8.83(a))由限压阀、滚珠泵、电机电枢、止回阀、转子板、滚珠和泵体等组成。电机转动时(见图8.83(b)),通过与泵室偏心的转子板带动安放在它外槽内的滚珠一起旋转。在离心力的作用下,滚珠紧贴着泵室内壁运转,使转子板端面、泵室内壁面和两滚珠之间所围成的空间容积发生周期性的大小变化,而将油泵出。

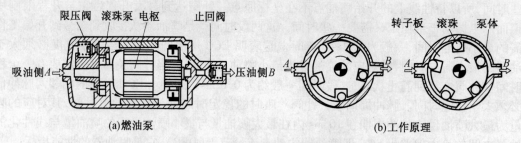

(a)燃油泵　　　　　　　　　　(b)工作原理

图8.83　滚珠电动燃油泵工作原理

电动燃油泵只有在汽油机运转时才工作。另外,电动燃油泵的转速可以根据汽油机所需供油量的大小而自动控制。

为保持燃油系统压力的恒定和抑制波动,在燃油系统内装有燃油压力调节器和油压波动衰减器。

燃油压力调节器可保持燃油系统的压力与进气管内的压力差为恒值,即保持喷油器前后的燃油压力差为定值。这样,喷油器的喷油量只取决于喷油器针阀的开启时间。燃油压力调节器(见图8.84)为薄膜控制式溢流阀。它由进油口、回油管接头、阀门、阀架、薄膜、弹簧、进气管接头和壳体组成。壳体被波纹薄膜隔成2个小室。一为燃油室,一为弹簧室。弹簧室内的弹簧弹力通过固定在薄膜上的阀架将阀压在阀座(即与阀紧靠的管端面)上。如进油口内的油压超过弹簧的弹力(规定的预紧力),薄膜下移将装在阀架上的阀顶开,使燃油室中一部分燃油流回燃油箱,进油道上油量减小,油压回降。进气管接头通过软管与节气门后面的进气管相连,使弹簧室内的气体压力能直接感受汽油机在不同工况下的进气管内的压力,从而保证安装在进气管上的喷油器油压差的恒定,而不受节气门在不同开度的影响。

燃油压力调节器装在燃油总管的末端,压力调节范围约为 250 ~ 300 kPa。

油压波动衰减器为一缓冲器(见图 8.85),它由燃油接头、固定螺纹、薄膜、弹簧、壳体和调节螺钉组成。

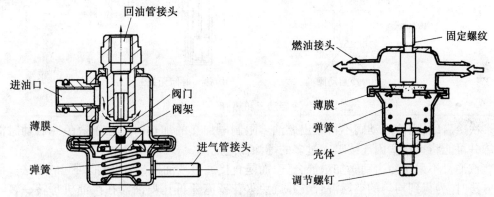

图 8.84 燃油压力调节器　　　图 8.85 油压波动衰减器

油压波动衰减器装在燃油压力调节器和燃油箱之间的回油管路上,利用缓冲原理减小回油管中的压力波动,抑制由于喷油器针阀开-关或燃油压力调节器工作时油压变化而产生的脉动噪声。

(3)冷启动阀和热-时间开关

为保证电控汽油机冷启动性能,像使用化油器的汽油机一样,必须多喷入一些燃油,即供入浓的混合气,并调整点火时间。由于启动时汽油机转速波动很大,进气的脉动效应会使空气流量传感器产生不精确的空气流量信号。

所以在启动时,ECU 实际上给出一个经温度修正而加权的相当于固定负荷的喷油量信号。启动时要求额外多喷的燃油可以通过单独的冷启动阀(见图 8.86(a))实现。

冷启动阀由插座、衔铁、电磁线圈、螺旋喷嘴和燃油进口等组成。在不工作状态,冷启动阀内弹簧压缩,将作为阀的可动衔铁压在阀座上,阀门关闭。电磁线圈通电后,在电磁力的作用下,衔铁离开阀座,阀门打开。燃油通过阀门切向旋转喷出,形成良好的雾状。

冷启动阀位于进气总管上,可使各汽缸得到良好的空气-燃油混合气的分配。

为了限制冷启动阀的工作时间,冷启动时还设有热-时间开关(见图 8.86(b)),它由插头、壳体、双金属片、加热线圈和触头组成。热-时间开关固定在汽油机热状态有代表性的冷却水套上。热-时间开关利用双金属片受热到一定程度后产生的变形力,足以脱离触头而使冷启动阀停止工作。

热-时间开关靠电或冷却液对它进行加热。在 253 K 冷启动时,电加热时间约 7.5 s。对热汽油机,热-时间开关一直处于断开的位置,可防止冷启动阀工作。在冷启动时只使用一

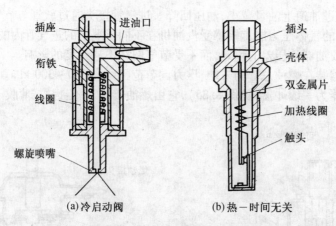

图 8.86　冷启动阀和热-时间开关

次。如多次冷启动,则冷启动阀不再喷出燃油。限制电加热的加热时间在于避免冷启动时混合气太浓并可能将火花塞因连续喷入过多的燃油而淹死。

有些汽油机不采用冷启动阀加浓混合气,而是直接通过喷油器,增加喷油时间的方法。使用这一方法时,为得到均匀的空燃混合气并避免火花塞淹死可让喷油器在汽油机每转一转时喷射几次。当启动转速达到一定值(如 200~300 r/min)后再进一步减少初始时的大量燃油喷入。

在冷启动时,如同时调整点火正时,也将有利于改善汽油机的冷启动性能。最佳点火正时取决于汽油机转速和热状态。理想的点火正时应靠近上止点。如点火太早(大于等于上止点前 10°曲轴转角),在低启动转速时可能会出现损伤启动机的反转力矩,使启动困难甚至失败。如高的启动转速,则需提早点火正时。热的汽油机在小的点火提前时比冷汽油机更易出现反转。为此,启动时汽油机温度越高,ECU 应更多地减小早期点火正时。

在低温启动后,在短时间内供入浓混合气,以补偿壁面的冷凝,并可改善启动后到怠速的节气门响应;与此同时,短时间内的点火提前也可改善汽油机的运转性能。然后应同时减小启动后的混合气加浓和启动时点火正时提前量,直至减为 0。

(4)怠速控制阀(ISCV)

汽油机的热效率和怠速转速决定了燃油的经济性。据国外统计,车用汽油机在交通高峰时,30%的燃油消耗在怠速运转中。为此,希望怠速尽可能低,以节省燃油。但又由于怠速时燃油的雾化、蒸发差,过低的怠速会使怠速不稳定。另外,在正常情况下,通过怠速螺钉调整好的怠速,又会因气、地理条件的改变而出现怠速不稳或不能维持汽油机的怠速运转。随着现代汽车电器负载的不断增大,空调、自动变速器、动力转向泵和其他自动控制机构要求相应地提高怠速转速,以抵消汽油机内部的功率消耗。所以,使汽油机怠速尽可能低,在各种条件下不会出现不稳定并能改善怠速时的排放,是汽油机电控的一个重要方面。

图 8.87 是控制怠速的一种怠速控制阀。怠速控制阀由插座、壳体、永久磁铁、电枢、节气门旁通管和旋转式滑阀组成。滑阀可在 90°范围内旋转。怠速控制阀旁通管安装在进气空气

流量传感器后、节气门前后的进气管上。ECU 根据实测的瞬时怠速转速与预设的怠速转速的偏差、冷却液温度、节气门位置传感器上的怠速触头等参数,控制怠速控制阀使或多或少的空气进入旁通道。进气空气流量传感器测出进入汽缸的额外空气量,再输入到 ECU,以修正喷油器的喷油量。

（5）点火正时控制

点火正时直接影响汽油机动力性、经济性和排放。传统的真空提前器和机械离心提前器不能满足汽油机在各种工况（不同负荷和不同转速）下精确控制点火正时的要求,更不能满足在特殊工况下（如启动、怠速等）改变点火正时的要求。

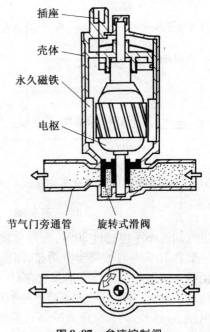

插座

壳体

永久磁铁

电枢

节气门旁通管　　旋转式滑阀

图 8.87　怠速控制阀

电控点火正时一般由三部分组成:

①初始设置好的初始点火正时,如启动点火正时设置在上止点前 10°曲轴转角;

②ECU 根据进气管压力（或进气量）和汽油机转速,从预先存储在 ROM 中的点火正时三维数组中找到相应的基本点火正时（不在给定值上的点用插入法得到）;

③根据有关传感器,如水温或节气门开度传感器、怠速触头等信号加以修正得到的修正点火正时。由初始点火正时、基本点火正时和修正点火正时三部分得到实际的点火正时。这实际的点火正时通常都控制在对汽油机动力性、经济性最佳的微爆震状态。

点火正时信号可由设置在汽油机飞轮端或分电器内的转速与转角基准传感器发出的信号,经 ECU,再触发点火线圈中的初级回路内的功率放大管,使初级线圈内的电流截止,从而在火花塞的次级回路内产生高压使火花塞点火。图 8.88 所示是理想的点火正时。

（6）废气再循环 EGR

废气再循环就是将排出的废气的一部分,经进气管再进入燃烧室,与新鲜的可燃混合气混合。由于掺入的废气中含有大量热容量高的 CO_2 和水蒸气,这些气体在燃烧时不起作用,但能大量吸热,因而在相同的燃料放热条件下,可降低燃烧室中燃气的最高温度;另一方面,由于一部分废气的引入,也降低了燃烧室中 O_2 的浓度,降低了燃烧速度,使燃气的最高温度下降。这种方法对抑制 NO_x 的生成极为有效,是目前内燃机中净化 NO_x 的一个主要措施。

废气回流量常用废气回流率来表示,它是废气回流量与进气空气量和废气回流量之和的比值,即

$$废气回流率 = \frac{废气回流量}{进气空气量 + 废气回流量} \times 100\%$$

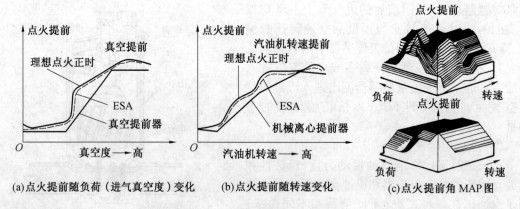

(a)点火提前随负荷（进气真空度）变化　(b)点火提前随转速变化　(c)点火提前角 MAP 图

图 8.88　传统与理想的点火正时

废气回流率不应超过 20%,否则会使燃烧不稳定,产生失火,动力性、经济性变坏,HC 增加。一般在 10% 左右效果十分明显,即能大幅度降低 NO_x,而内燃机的动力性、经济性只有很小的牺牲。较大的废气回流率只有在对 NO_x 限制更严的情况下使用。

汽油机 EGR 控制系统有真空式、排压式、负荷比例式和电控式多种,真空式 EGR 控制系统是根据节气门后的真空度及冷却液温度控制 EGR。

排压式 EGR 控制系统在真空式 EGR 控制基础上,再利用排气压力,修正节气门后的真空度信号,它可在内燃机更大工况范围内控制废气回流率。

负荷比例式 EGR 控制系统按汽油机负荷大小对废气回流率进行精确的控制,使 NO_x 排放量最低。

电控式 EGR 是采用电磁阀实现的。它根据汽油机转速、水温、进气空气流量和进气管压力参数,调节废气再循环率在 15% ~25% 范围内。汽油机在怠速时,由于缸内温度低,且为防止怠速的不稳定和易于失火,一般不用废气再循环。

典型的电控式 EGR 系统和 EGR 阀如图 8.89 所示。

在该系统中排气回流率是由 EGR 阀的开度决定的。它是根据汽油机工况由 ECU 发出指令驱动与 EGR 阀相连的步进电机。这种控制方式不受进气管真空度的影响,汽油机在真空度很低的大负荷区也能进行废气再循环。

4. 喷油量与断油控制实例

（1）喷油量控制

喷油量由基本喷油量和补充喷油量两部分组成（见图 8.90）。

①基本喷油量

基本喷油量由汽油机的转速和负荷决定。汽油机转速由分电器上的转速传感器得到。负荷状况由进气空气流量传感器得到。根据这两个测定参数再与预先存在 ECU 中的 MAP 图比较就可决定基本喷油量。

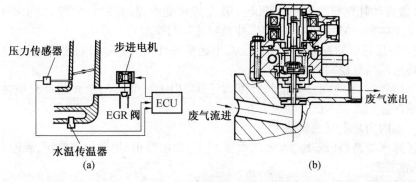

图 8.89 电控式 EGR

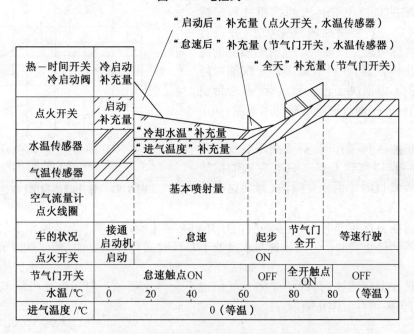

图 8.90 汽油机基本喷油量和补充喷油量

②补充喷油量

由于汽油机工况和环境条件各不相同，还需要对汽油机进行补充喷油。主要状况为：

a. 水温：如当水温低于 80 ℃时需补充喷油，其补充喷油量随水温增高而下降，至 80 ℃就不再补充喷油。

b. 空气温度：空气温度低于 40 ℃时需补充喷油。

c. 启动：只要点火开关在"启动"位置，不管当时冷却水温如何都要补充定量的燃油。

d. 冷启动：点火开关在"启动"位置，且热–时间开关接通，通过冷启动阀喷入补充油量。

e. 启动后：启动后"启动补充喷油"就没有了，但这时冷却水温仍很低。"启动后补充喷油"就是补偿启动补充喷油的突然终止。补充油量随水温增高而逐渐减少至零,此时汽油机处于怠速工作状态(热启动时的启动后补充喷油时间要短)。

f. 怠速后:怠速后的补充喷油是保证汽车起步时有一个平顺的加速性,它由节气门怠速触点和水温传感器信号控制。

g. 节气门全开:节气门全开指其开度大于34°以上。节气门全开的补充喷油可提高汽车驾驶的平顺性。

补充喷油约为基本喷油量的13%。

此外还有汽油高温(或用冷却水温度来判定)加浓修正、加速加浓修正、减速变稀修正。

（2）断油控制

汽油机减速时,特别是从高速减速时,节气门处于完全关闭的怠速位置且汽油机超过预定转速,ECU就判定为不需喷油的减速状态,并进行断油控制。这样可避免汽油机减速时未燃烧的混合气进入催化转换器,并可节省燃油。汽油机停止喷油的范围不但取决于转速和负荷(有否带空调、变速器挡位等),而且取决于冷却水温度,如图8.91所示。

当汽油机在A区工作时,只要关闭节气门则停止喷油并一直持续到B区。只有在汽油机转速与水温进入C区时才再恢复喷油(即使这时节气门仍关着)。

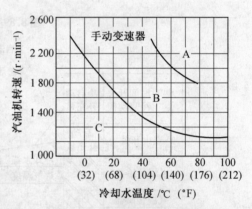

图8.91 停止喷油范围(特性)

当汽油机在B区工作时,只有在节气门从开到关时才会停止喷油。若原来节气门在关的怠速位置就不会停止喷油。但当转速与水温处于C区时又会再次喷油(即使这时节气门仍关着)。

当汽油机在C区减速时,即使关闭节气门也不会停止喷油。但当汽油机从C区进入A区,而节气门仍关闭也会停止喷油。

8.6.3 柴油机电子控制系统

柴油机电控系统与汽油机的电控系统有很多相同之处。下面仅就柴油机电控中的电控喷油系统的特殊问题进行讨论,其他部分可参考汽油机电控部分。

1. 对柴油机电控喷油系统要求

提高柴油机动力性,实现低污染、低油耗的中心任务就是改善柴油机的燃烧过程。也就是要保证组成燃烧过程的进气、喷油、燃烧三要素中的油、气良好混合和在不同工况下满足不同的燃烧和放热要求。其中喷油是最重要的因素。因此喷油系统的控制成为柴油机电控的核心。控制的具体要求如下。

（1）高喷射压力

高喷射压力可提高喷油速率，缩短喷油持续时间，促进油雾与空气的混合，从而可提高燃油经济性，显著降低碳烟和微粒的排放。目前柴油机上的喷油压力已达 120 ～180 MPa，个别的可达到 200 MPa 左右。

（2）喷油率图形可灵活、准确控制

喷油率图形包含喷油始点、喷油终点和单位曲轴转角的喷油量（即喷油规律）三个信息。喷油始点，也就是喷油定时，直接影响经济性、动力性、冷启动性、工作柔和性和排放。喷油定时要能准确控制，且随工况变化而能调整。喷油终点或喷油持续角要短一点，以缩短燃烧持续时间，减小后燃。喷油规律的控制希望初始喷油量不要太多，以减小 NO_x 的排放量、降低燃气最大爆发压力和噪声。

2. 喷油系统的控制方式

由于柴油机的不同要求，喷油系统种类繁多，归纳起来可分为脉动式喷油系统和共轨式喷油系统两大类。脉动式喷油系统如直列喷油泵、P 型喷油泵、V 型喷油泵（分配泵）等。这类泵的油量及供油规律控制靠柱塞螺旋槽（分配泵为油量控制套筒）、机械调速器和油泵凸轮。喷油定时靠机械式喷油提前器（分配泵为液压自动提前器）。它们的供油方式都是脉动的，从低压到高压，经喷油器喷入气缸。共轨式喷油系统不采用柱塞泵脉动供油原理，而是由公共油道（共轨）或蓄压室向各喷油器提供所需的高压燃油，通过随工况而变化的实时控制共轨上的高速电磁阀调节喷射压力和喷油规律。由于喷油泵的类型不同，控制方式也就不同，分为位置控制式和时间控制式两类。

（1）位置控制式

位置控制式保留了原直列喷油泵和分配泵的基本结构，在喷油泵上装有齿杆传感器和凸轮轴相对曲轴的转角位移（分配泵上采用半差动环形传感器检测油量控制套筒位置）传感器、线性和旋转电磁铁的执行器和微处理器组成的控制系统，分别对喷油量和喷油定时进行调节。喷油量的计量按位置控制方式，以柱塞的供油始点和供油终点间的物理长度，即有效行程（位置）确定。常用的执行器有线性电磁铁、电液控制阀和伺服电机三类。如日本 Zexel 公司研制的可变预行程式直列喷油泵（见图 8.92（a）），德国 Bosch 公司的电控直列泵（见图 8.93）和电控轴向柱塞分配泵和英国 Lucas 公司的电控径向柱塞分配泵等。

可变预行程是将原固定的柱塞套筒通过旋转电磁铁使套筒能在小范围内上下移动，从而就能选择喷油开始时间和喷油泵凸轮工作段的型线位置（见图 8.92（b））。在 A 区，喷油提前但油泵供油率低（低压喷油）。在 B 区，供油率上升。NO_x 和微粒的排放就可通过喷油期和喷油压力来调整。当柴油机在低负荷时，可选择凸轮型线的低速段，使喷油提前，减少微粒排放，并利用这时的低供油率减小预混燃烧，从而也可降低 NO_x。在高负荷时则选择高速段凸轮型线，既可减少 NO_x，又可减少微粒排放。此外，还可利用转速与负荷的关系选择同时降低 NO_x 和微粒的凸轮型线工作段。

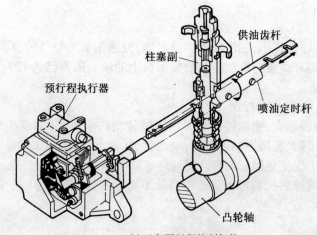

(a)可变预行程控制机构

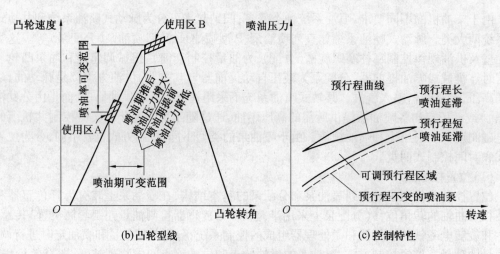

(b)凸轮型线　　　　　　　　　　(c)控制特性

图 8.92　可变预行程式直列喷油泵

上述电控喷油泵改动最小,商品化程度最高。其缺点是过程控制慢,精度低,喷射压力难以进一步提高,不能改变原喷油系统中的喷油规律(可变预行程有一定的调节作用)。另外控制直列泵喷油定时的执行机构必须承受喷油泵凸轮轴的驱动力矩。

(2)时间控制式

采用时间控制式的喷油系统的典型代表是美国 DDC 公司的 DDRC 电控泵喷嘴喷油系统(德国 Bosch 和英国 Lucas 公司也提供该类产品)和日本电装公司的高压共轨式喷油系统 ECD-U2、德国 Benz 公司 OM611 柴油机上的电控高压共轨喷油系统和美国 Caterpillar 公司的液力增压式喷油系统 HEUI。

①电控泵喷嘴喷油系统(见图 8.94)取消了高压喷油装置中的高压长管(或用短管),由

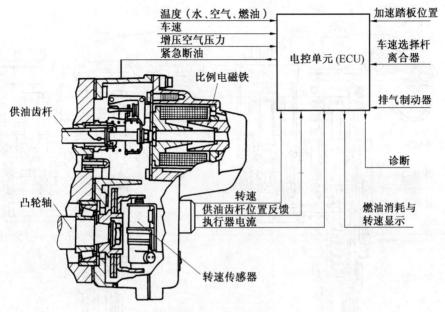

图 8.93 电控直列泵

凸轮直接驱动与喷油器连在一起的柱塞产生高压,并由设在泵喷嘴油道中的高速强力电磁阀控制喷油定时。由于泵喷嘴无高压油管(或仅有短管),喷射压力可达 100 MPa 以上,系统控制灵活,可通过电磁阀的两次动作实现可控预喷射。电控泵喷嘴供油规律仍采用凸轮控制,在速度和负荷变化大的情况下,喷油压力变化也大,且在各工况下喷油规律难以达到最佳匹配。只有当电磁阀能足够快地、精确地将预喷射量控制在全负荷喷油量的 3% 左右,再不断地喷油,才能利用预喷射来自由选定喷油规律,但这又受到电磁阀响应速度的限制。另外,为得到较高的喷射压力,需要较陡的凸轮上升型线,导致过大的凸轮轴和汽缸盖的机械应力。

②高压共轨式喷油系统用可调的高压油泵压力控制阀,调节共轨式内压力并由压力传感器检测。根据柴油机负荷和转速要求将共轨中油压控制在预定值,实现反馈控制。在喷油器上方有一个高速电磁开关阀,共轨中燃油经该阀进入喷油器。喷油量和喷油定时均由该电磁阀控制。利用电磁开关阀控制喷油器的背压变化可以改变喷油量和喷油定时。改变施加在电磁开关阀上的控制脉冲宽可以调节喷油量。改变脉冲时刻可以控制喷油定时。开关响应时间一般在 0.4 ms 以下,系统可实现不同的喷油规律,高压共轨式喷油系统可以实现高压、喷油量和喷油定时的全面控制,但整个系统处于高压环境下,控制比较困难。

图 8.95 是 Benz OM611 柴油机上用的电控共轨喷油系统。它由燃油箱、低压输油泵、齿轮式高压泵(三缸)、压力调节阀、共轨、喷油器、电控单元等组成。

在燃油箱中的低压输油泵以大约 0.2 MPa 的压力将燃油经加热器、燃油滤清器、燃油切断开关泵入由柴油机凸轮轴驱动的齿轮式高压泵的进口,在齿轮式高压泵加压至 13.5 MPa 的高压燃油进入共轨内。共轨上有一个压力调节阀和压力传感器。共轨内的高压燃油分别进入喷

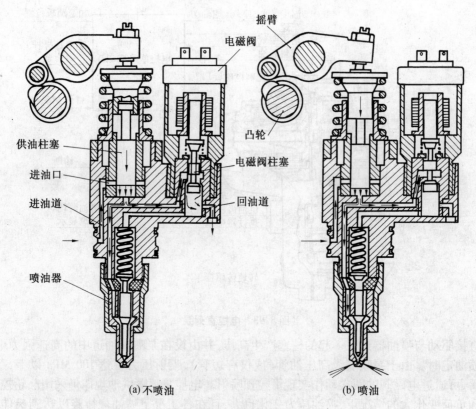

图 8.94　电控泵喷嘴

油器。喷油器中的多余油(也起冷却作用)及为冷却高压泵而从高压泵流出的部分低压油一起回流到燃油箱内。

共轨喷油系统中的喷油器与传统的喷油器不同,其结构如图 8.96 所示。

喷油器的工作原理:

共轨压力直接作用在喷油嘴针阀和控制活塞的受力面上。由于控制活塞受力面大于针阀受力面,其作用力的合力使针阀处于关闭状态。而控制活塞是通过小孔 Z 与轨道相通,它感受轨道压力。当电磁阀线圈通电闭合时,电磁阀克服压紧弹簧的作用力使控制活塞上方的球阀开启。这时控制活塞上方的燃油可以通过 A 孔流出,使作用在控制活塞上方的燃油压力低于共轨内的燃油压力,也即作用在喷油嘴针阀上的背压下降,作用力减小,针阀开启而喷油。反之,当电磁阀断电开启时,轨道中的燃油压力又全部作用在控制活塞上,喷油嘴针阀闭合。从功能说喷油嘴弹簧不同于传统喷油器上的调压弹簧,它与喷射压力大小无关,而只是在轨道中的燃油压力为 0 时防止缸内燃气窜入喷油器内。

为了能在高压下喷射很少的油量,如 $1.5~\mathrm{mm}^3$/行程的预喷射量,电磁阀开启时间极短,约 $200~\mu\mathrm{s}$,这就需要很高的阶跃电流。该喷油器的控制是靠一个附加电容放电实现的。启动电

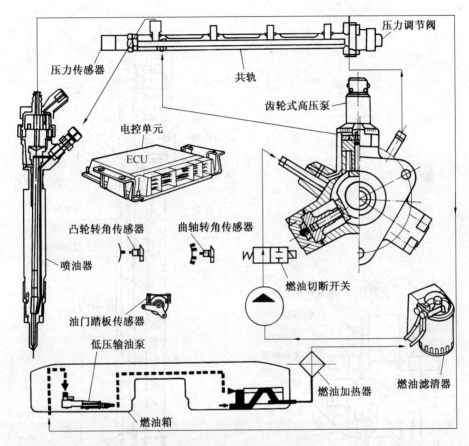

压力调节阀

压力传感器

共轨

齿轮式高压泵

电控单元

ECU

凸轮转角传感器

曲轴转角传感器

喷油器

燃油切断开关

油门踏板传感器

低压输油泵

燃油滤清器

燃油加热器

燃油箱

图 8.95　电控共轨喷油系统

流可在几微秒内达到。在主喷射时间内则采用一个开关控制器,使电流能尽快达到喷油器开启所需电流,继而再维持在保证喷油器开启的低电流水平上,图 8.97 为电控喷油器的喷射过程。

　　高燃油喷射压力对降低燃油消耗率和烟度有利,但会增加燃烧噪声和 NO_x,为此需对燃油喷射压力随柴油机负荷与转速进行相应的调整。图 8.98(a) 和图 8.98(b) 为 Benz OM611 轿车柴油机和 Volkswagen 轿车用柴油机上共轨喷油所用的典型的燃油喷射压力图谱。一般而言,柴油机在低速低负荷时所需喷油压力低,而在高速高负荷时所需要喷油压力高。

　　降低噪声和满足未来排放限值的关键在于预喷射(见图 8.99(a)),但在高速大负荷时为了防止着火压力过高,而在此工作范围内工作的柴油机噪声已不取决于有否预喷射,这时就不再需要预喷射,如图 8.99(b)所示。

　　同汽油机的共轨喷油一样,电控共轨喷油系统是当今柴油机的发展方向,其突出的优

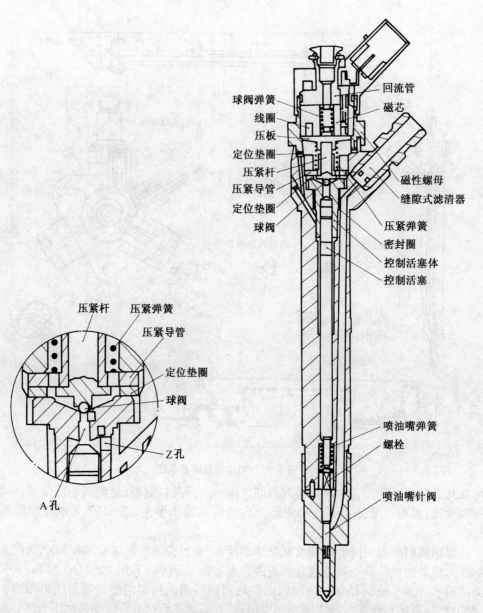

图8.96　喷油器

点是：

①高的喷油压力带来的高的放热率和热效率,且在柴油机的所有工况范围内喷油压力可自由选定和调节,因而可保证低速小负荷时也能获得最佳的混合气形成;

②没有传统的供油凸轮,喷油规律(喷油率)可灵活调整,喷油相位可自由选择;

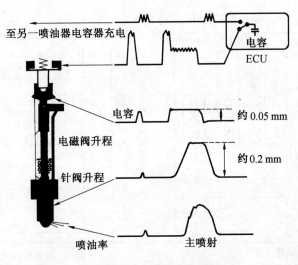

图 8.97 电控喷油器喷射过程

③易于实现预喷射,可降低柴油机噪声;

④柴油机变动很小;

⑤柴油机、汽油机共线生产(相同的箱体,相关的总成)成为可能。

其缺点是高的放热率引起 NO_x 增高,需推迟喷油定时;喷射结束时的滴漏会引起 HC 增高。

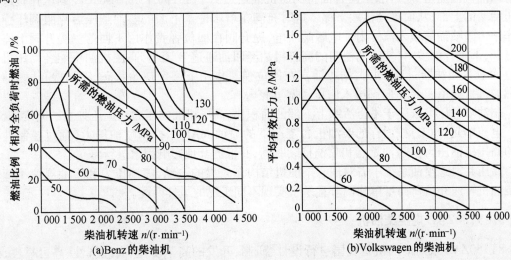

图 8.98 柴油机所需的燃油喷射压力图谱

(3)液力增压系统的高压共轨中不是充的燃油,而是充的压力在 4～23 MPa 的机油,该机油的压力是由高压泵提供并由压力控制阀调节的(见图 8.100(a))。低压燃油压力控制在

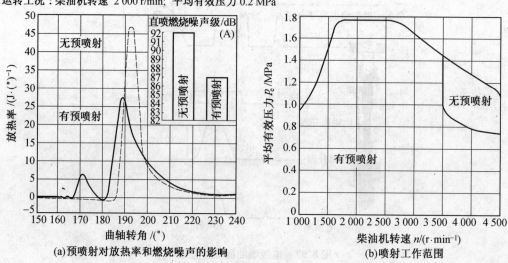

(a)预喷射对放热率和燃烧噪声的影响　　　　(b)喷射工作范围

图8.99　柴油机预喷射

0.2 MPa,低压机油压力控制在 0.3 MPa 范围。供液压单体喷油器的高压燃油是经共轨中的高压机油通过液压单体喷油器增压柱塞而产生的。液压单体喷油器(见图 8.100(b))由电磁控制阀、增压柱塞和套筒、喷油嘴等组成。电磁阀通电时使提升阀向上动作,提升阀的上座合面将回油机油通道 B 关闭,下座合面将高压机油通道 A 打开,高压机油从 A 经调压弹簧进入增压活塞的上部,从而推动活塞下移。这时充满在增压柱塞下腔的燃油加压后克服调压弹簧的作用力经喷油嘴喷入汽缸内。电磁阀断电,提升阀在回位弹簧作用下回落。提升阀上座合面打开,下座合面关闭,使喷油器内的高压机油经回油通道 B 流出,高压机油不能经高压机油通道 A 进入喷油器;与此同时,增压活塞在回位弹簧作用下回到初始状态,喷油停止,燃油又从燃油进口通道 C 经单向阀进入增压活塞下腔内。

燃油喷射压力取决于增压活塞上下部的面积比、高压机油的压力和调压弹簧的刚度。

电控单元(ECU)按内存的柴油机各工况下的喷油 MAP 图控制喷油压力(通过控制共轨中的高压机油压力)、喷油始点和喷油持续时间,并根据其他影响因素进行修正。

高压共轨式喷油系统不需对现有柴油机结构作较大的改动,喷油压力和喷油规律不依赖于柴油机转速和负荷而可单独调节且易于实现不同工况的最佳匹配。

3. 8V150ZAL 电控柴油机

8V150ZAL 系列柴油机是我国自行设计、研制、开发的高紧凑性、高经济性、高可靠性、低散热量的柴油机。

8V150ZAL 柴油机是四冲程、水冷、废气涡轮增压、中冷、电控柴油机,八个汽缸排列成 V 形 60°夹角,缸径 150 mm,行程 160 mm。配有 12 kW 启动电机、15 kW 无刷直流油冷发电机和空气压缩机。具有低温自动加温功能的电子调速器,具有故障诊断、安全保护,以及电、气启动

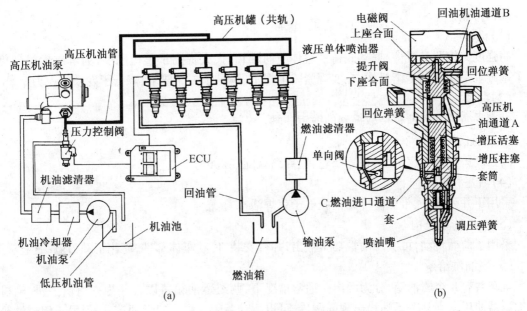

图8.100 蓄电式电控喷油系统

和拖车启动等功能,带有自动控制的火焰塞进气预热装置。发动机地脚采用弹性支承。其性能参数见表8.8。

表8.8 8V150ZAL柴油机性能参数

标定功率	588 kW
标定转速	2 200 r/min
标定燃油消耗率	225 g/(kW·h)
最大扭矩转速	1 500~1 600 r/min
扭矩储备系数	≥1.12
机油消耗率	2 g/(kW·h)
最大烟度	≤3.5 Bosch 单位
噪声	≤118 dB(A)
单缸容积	2.83 L
最高燃烧压力	12.75 MPa
平均有效压力	1.42 MPa
活塞平均速度	11.73 m/s
理论压缩比	13.25
增压压比	2.8~3

结构特点：

(1)机体

高强度铸铝联身机体、框架式铸铁整体下曲轴箱,大大提高了整机刚度,为可靠性提高奠定了基础。采用双轴平衡机构,在实现紧凑前提下,满足了减振要求,降低了发动机内力矩。

(2)曲轴

带有平衡重和盖斯林格减振器的锻钢曲轴。

(3)汽缸盖

高强度铸铝整体汽缸盖、顶置凸轮轴、导筒式配气机构。

(4)活塞和连杆

采用了并列连杆、带振荡冷却油腔电子束焊活塞。

(5)前后传动机构

采用了前后传动,可实现两端功率输出,并可安装、传动车体部件,简化了动力舱结构。

(6)燃油供给系

全车共有 8 个燃油箱,分为两组。通常情况下,两组燃油箱可以合并为一组供主机、辅机和加温器使用。当某个燃油箱出现问题后,可以手动关闭其中一组燃油箱,确保另一组燃油箱正常工作。

启动前,首先用手摇柴油泵或电动柴油泵向发动机、辅发动机及加温器泵油。发动机工作时,在低压柴油泵的作用下,经过粗/细滤清器后,送到高压柴油泵。高压柴油泵按着发动机汽缸的工作顺序向喷油器供油。少量柴油经溢油通路返回燃油箱内。

(7)空气供给系

空气供给系采用二级综合式,带有阻力报警功能。一级滤为轴向离心旋风式,二级滤为深度过滤丝网式。抽尘采用变速负压抽尘形式。阻力保养指示器采用压力报警形式。

发动机工作时,在吸力的作用下,空气首先进入一级滤,并在一级滤的作用下,将较大颗粒的尘土甩出落入集尘盒内,然后由抽尘泵将尘土抽出车外。从一级滤出来较清洁的空气通过二级滤时,将剩余的尘土基本滤掉,使清洁的空气进入发动机。

(8)润滑系

润滑系以压力润滑为主、飞溅润滑为辅的干式油底壳综合润滑方式。电动机油泵为单组齿轮泵。机油泵为三层串联齿轮泵。机油热交换器为管带式结构,它是利用水的循环来冷却的。机油滤清器为整体旋装式滤清器和离心式滤清器。

启动前,首先让电动机油泵工作,将机油箱内的部分机油以一定的压力输送到发动机各摩擦表面和主油道及增压器处。发动机工作时,带动机油泵工作,将机油箱内的机油泵到机油滤清器内,经过滤后的机油分别送至发动机增压器和各摩擦表面进行润滑,并指示润滑压力。同时,机油泵又将润滑后的热机油送入热交换器进行冷却,然后再流回机油箱中。

（9）冷却系

冷却系采用闭式强制水冷式。它是靠水的强制循环来散去多余的热量。水散热器为管带式结构，冷却风扇为混流形式，水泵为离心式水泵。

当发动机工作时，其产生的热量一部分被冷却液吸收，同时冷却液在水泵的作用下不断循环。另一方面，冷却风扇旋转，冷空气从进气窗吸入，流经散热器，使流经散热器的冷却液一部分热量被空气带走传给大气。如此不断地工作，确保发动机工作在允许的温度范围内。

（10）加温系

加温系采用强制循环加温形式，加温器为喷射式。

加温前，首先打开加温器电预热塞，同时让水泵工作，带动冷却液循环，以排出系统内空气。

当电预热塞达到一定温度后，启动加温器。此时燃烧产生的热量将加温器内的冷却液加热。在水泵的作用下，将经过加热的冷却液送至机油箱和发动机中，然后再把散发出去热量的冷却液再泵回到加温器内，如此循环往复，直至将冷却液及润滑油加温到规定的使用要求。

（11）空气启动系

用空气启动前，首先用空气压缩机向高压空气瓶内压缩空气。空气在进入空气瓶前，要经过油水分离器、空气滤和沉淀池对空气进行净化。当气压达到要求时，空气瓶被关闭并保持压力。启动时，高压空气经过空气分配器进入发动机，推动活塞下行，曲轴转动。

（12）排气系

排气系共有两根排气管，分别连接至发动机左右增压器上。为了减轻发动机振动对排气管的影响，排气管增加补偿器，为了防止高温排气管向动力室散发热量，在排气管外侧设置有隔热层。

发动机工作时，发动机产生的废气经过涡轮增压器后进入排气管，并通过排气管排出车外。

复　习　题

8-1　风冷柴油机与液冷柴油机比有哪些特点？

8-2　简述风冷柴油机燃料供给系的组成和工作。

8-3　简述 RQV 调速器的组成和工作。

8-4　简述风冷柴油机润滑系的组成和工作。

8-5　增压和非增压发动机在结构上和工作参数上有何不同？

8-6　采用废气涡轮增压提高发动机功率的实质是什么？

8-7　用废气涡轮增压提高发动机功率有何限制？

8-8　为什么要中冷，中冷后发动机的热效率是否降低了？

8-9　　增压型式有哪些？各有何特点？

8-10　　二冲程发动机与四冲程发动机工作有何不同？

8-11　　试说明串联复合增压与并联复合增压的特点？

8-12　　分析为什么启动时,汽油机需要供给极浓的混合气？

8-13　　分析为什么怠速时,汽油机需要供给较浓的混合气？

8-14　　新型动力装置主要有哪些,各有何特点？

8-15　　简述柴油机电子控制系统的组成。

第二篇　传操部分

传操装置是发动机和主动轮之间彼此有运动及动力联系的所有部件的总称。位于发动机前部,固定在底甲板支架上。用于传递和切断发动机至主动轮的动力;当发动机的扭矩、转速不变时,可增大主动轮的扭矩和转速的变化范围,以改变车辆运动时的牵引力和速度;实现前进、倒车、转向、制动与停车;带动风扇、空气压缩机、液压泵工作。由传动箱、主离合器及其操纵装置、变速箱及其操纵装置、行星转向器及其操纵装置和侧减速器组成。

第9章 传动装置概述

9.1 传动装置的定义、功用及分类

9.1.1 定义及功用

1. 定义

装甲车辆的传动装置是将发动机的动力输出至行动部分的所有部件的总和,是车辆推进系统的主要组成部分之一。

2. 功用

改变车辆的行驶速度、运动方向和主动轮上的扭矩,使车辆的动力装置具有最佳的功率输出特性,从而提高其机动性和燃油经济性。具体有以下几个方面。

(1)改变装甲车辆行动部分的扭矩和行驶速度

装甲车辆在行驶时,所遇地形复杂,行驶阻力的变化大。在平坦而坚实的道路上行驶时,行驶阻力不大;但在上陡坡(一般要求能爬30°的陡坡)或在松软路面上行驶时,阻力便大大增加,所遇阻力的变化范围一般在 10 倍以上,因此,要求主动轮上的扭矩也必须有较大的变化范围。除此以外,战术上还有不同的要求,例如,要求尽可能快的速度行军,而在通过障碍时,则要求以较低的速度行驶。

现在装甲车辆上采用较多的是活塞式内燃发动机,它适应外界阻力变化的能力较弱,其扭矩只能在一个不大的范围内变动。例如,柴油发动机的扭矩变化范围在 1.2 倍左右。另外,发动机的工作转速变化范围也不大,一般在三四倍左右。显然,活塞式内燃发动机的特性,不能满足车辆的行驶速度和行动部分扭矩变化范围的要求。这些必须依靠传动装置来实现。

(2)实现倒车行驶

装甲车辆在某些情况下,需要倒车行驶,但发动机曲轴只能向一个方向转动,不能倒转。故可利用传动装置中的变速机构,在发动机曲轴旋转方向不变的情况下,使车辆倒驶。

(3)实现空挡

传动装置可以在发动机不熄火时,实现动力不输出,即中断动力的传递。

9.1.2　分类和特点

传动装置的类型有多种,可以有几种不同的区分方法。

按能量传递形式传动装置可分为机械传动、液力传动、液压传动和电传动装置等。

机械传动装置具有效率较高、工作可靠、结构简单、技术成熟、生产制造比较方便等特点,在装甲车辆上一直被广泛地采用。其主要的不足是变速机构排挡较多,自适应性较差,驾驶员的工作强度较大,起步性能较差。

液力传动装置(也称动液传动)中采用液力元件(液力变矩器或综合液力变矩器,现代装甲车辆多为综合液力变矩器)。发动机发出的机械能通过液力元件变成液体的动能,然后再变成机械能传递给工作部分。由于液力传动装置在一定的外界阻力变化范围内具有自动适应性,可以简化变速机构,防止发动机熄火,同时采用液体作为传动介质的液力变矩器,可有效地降低传动装置的冲击载荷,提高发动机和传动装置寿命。因此,现代主战坦克越来越多地采用液力传动装置。与机械传动装置相比,液力传动装置的主要缺点是制造成本较高,传动效率较低。

电传动装置是将发动机发出的机械能通过发电机变为电能,再通过电动机变为机械能传递给工作部分。电传动装置具有自适应性好、可无级变速等优点。它的缺点是质量和体积都比较大、需消耗大量的有色金属、其电气控制设备复杂、效率较低。因此,电传动装置在装甲车辆上的应用发展缓慢。比利时"眼镜蛇"90装甲车上曾采用过电传动装置,但多数还处于实验阶段。图9.1为德国马克公司新研制的伦克EMT1100机电传动装置及转向时履带间的功率流。该图所示为一辆55T坦克快速转向时其传动装置的功率流,由此可以看出所需功率之大。如图所示,在内侧履带的总功率达1 100 kW,再加上发动机带动的发电机所产生的功率,故在内侧履带的总功率达1 900 kW,这是发动机最大功率的1.7倍,没有这么大的功率,坦克是不可能快速转向的。

传动装置按功率传递路线的不同,又可分为单功率流传动和双功率流传动装置。在单功率流传动装置中(见图9.2),它的功率从发动机传来先经变速机构,然后再经转向机构分配到两侧的侧传动,最后传至两侧主动轮。单功率流传动装置的特点是变速机构和转向机构是串联的,其直驶性能和转向性能互不相关,它的规定转向半径一般只有一个或两个,绝大部分转向都是采用非规定半径转向,转向时消耗的功率较大,转向性能较差,这是单功率流传动装置的一个突出缺点。根据变速箱的布置方式,单功率流传动装置还可分为单变速箱(如T-54坦克、履带式自行火炮)和双侧变速箱(T-72坦克,见图9.3)。

在双流传动装置中(见图9.4),发动机传来的功率分别通过两条路线同时传递到两侧的主动轮上:一路经变速分路(不经过转向分路),另一路经转向分路(不经过变速分路);这两路功率在两侧的汇流行星排汇合后,再经两侧的侧传动,最后传至两侧的主动轮。双功率流传动装置的变速分路和转向分路是并联的,其直驶性能和转向性能相互配合,每个挡都有一个或几个规定半径,使车辆具有较好的转向性能。

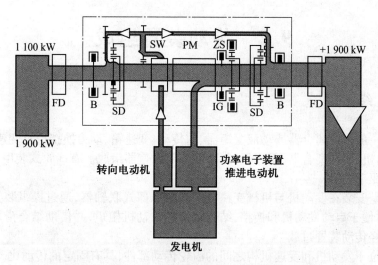

图 9.1　伦克 EMT1100 机电传动装置及转向时履带间的功率流

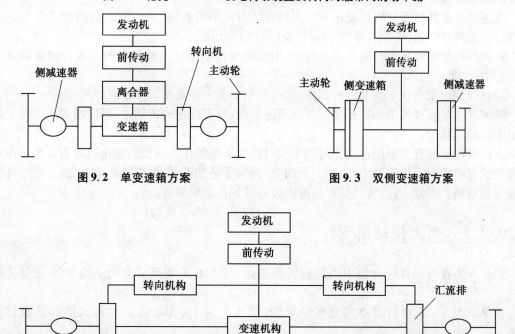

图 9.2　单变速箱方案　　　　　　　　图 9.3　双侧变速箱方案

图 9.4　双流传动原理简图

9.2　传动装置组成

9.2.1　组　　成

传动装置一般由主离合器或动液变矩器、前传动、变速箱、动力换挡行星变速箱、双流转向机构、行星转向机、转向离合器、差速器、制动器和侧减速器组成。有些轮式装甲车辆还有万向节传动装置和驱动桥。

主离合器是安装在发动机与机械变速箱之间的摩擦式联轴器,通过操纵装置控制其分离或结合,分离时便于启动发动机和换挡,结合时传递发动机扭矩,并借助结合滑摩使车辆平稳起步加速和减轻传动装置过载。

前传动是位于发动机和变速机构之间的齿轮传动部件,具有固定的传动比,用于实现传动装置的总体布置要求或调节动液变矩器的输入转速。

变速箱是变换传动装置传动比和输出轴旋转方向的齿轮箱,可在较大范围内改变车辆行动部分的扭矩和转速(换挡),实现倒退行驶(倒挡)和切断动力(空挡)。

转向机构是控制车辆行驶方向的部件,用以改变行动部分两侧履带的速度差和重新分配其牵引力。

制动器是用来吸收车辆动能的部件,通过控制制动力矩使车辆减速或停车。

侧减速器是直接与主动轮相连的末端减速机构,具有固定的传动比,用以增大主动轮上的扭矩和降低其转速。

万向节传动装置主要用在工作过程中相对位置不断变化的两根轴间传递动力。为了在两轴夹角变化的情况下传递动力,必须有万向节,而为了适应凸缘盘之间距离的变化,必须有可伸缩的传动轴。因此,万向传动装置一般由万向节和传动轴组成。

9.2.2　动力传动简图

图9.5为履带式自行火炮中型底盘传动简图;图9.6为履带式自行火炮轻型底盘传动简图。

图9.7为4-25自行高炮底盘传动简图;图9.8为300 mm轮式自行火箭炮底盘传动简图。

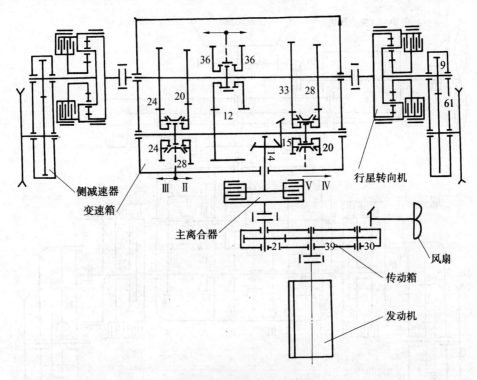

图 9.5 中型底盘传动简图

9.3 变换装置工作特性

主离合器和变速箱两个部件是改善内燃机动力输出特性的关键装置,可称为性能变换装置。主离合器为转速变换装置,变速箱为扭矩变换装置。

9.3.1 转速变换装置

基于改善内燃机的功率输出特性,转速变换装置的主要功能在于跨越或连接内燃机的转速间隙,以实现车辆的静态起步。性能变换方框图如图 9.9 所示。

变换装置的输入功率为 $N_e = M_e \cdot n_e$;输出功率为 $N_A = M_A \cdot n_A = M_e \cdot n_A$。经此变换装置传递功率的过程中,耗损功率为 $(1-\eta)N_e$,而

$$\eta = \frac{N_A}{N_e} = \frac{n_A}{n_e}$$

即有

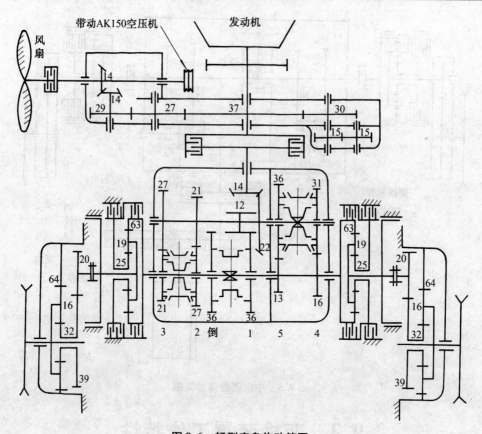

图9.6　轻型底盘传动简图

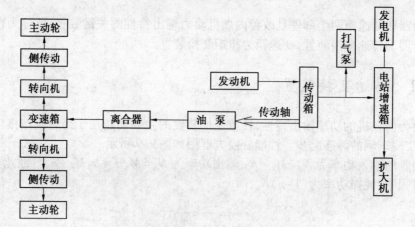

图9.7　4-25自行高炮底盘传动简图

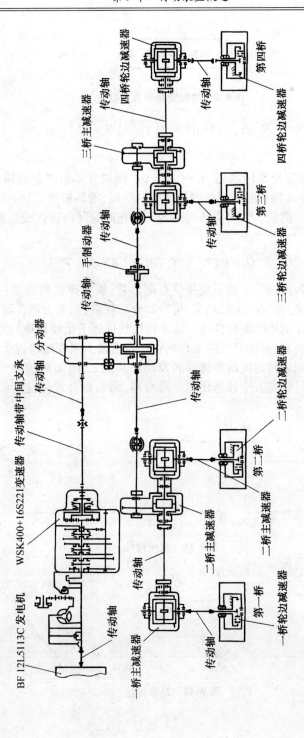

图9.8　300 mm 自行火箭炮传动简图

图 9.9　性能变换装置方框图

$$N_e - N_A = (1-\eta)N_e = \left(1 - \frac{n_A}{n_e}\right)N_e = \delta N_e$$

式中,δ 为滑转率。

可见,$n_A = 0$ 时,即为完全滑转状态,此时 $N_A = 0$。随着发动机能量的输入,输出转速逐渐增大。当 $n_A = n_e$ 时,即输入端和输出端达到同步时。所以,滑转解决了转速间隙的"跨越",同时也消耗了发动机的部分能量。如果滑转时间为 t,则在此时间内转化成热量消耗的发动机能量 Q 为

$$Q = \int_0^t (N_e - N_A)\,\mathrm{d}t = \int_0^t \delta N_e \,\mathrm{d}t \tag{9.1}$$

转速变换装置可分为两类。一类只能接受有限热量,如摩擦式离合器;另一类没有限制,即转速变换不受时间限制,而所产生的热量,可冷却介质耗散,如液力耦合器就属此类。

图 9.10 和图 9.11 分别从扭矩特性线和功率特性线描述了衔接转速间隙的过程。

发动机与扭矩变换装置,可使其共同工作的输出特性最大限度地趋近于理想的输出特性。比如采用一台具有五个固定转速比的变速器和发动机共同工作,实际的输出特性场就是由五个特性场组合而成的。只要这五个转速比划分得合理,那么此合成特性场就将最大限度地填充理想特性场。

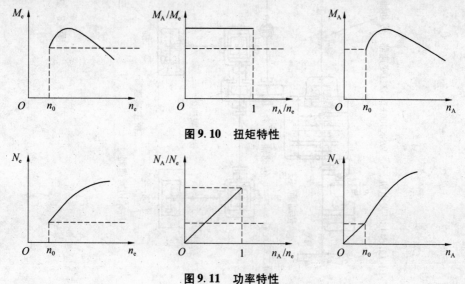

图 9.10　扭矩特性

图 9.11　功率特性

9.3.2　扭矩变换装置

扭矩变换装置,就改善内燃机动力输出特性而言,其主要功能在于扩大扭矩的变化范围,使发动机与变换器共同工作的输出特性趋于理想特性,并涂满需求特性场。

输入变换装置的功率为

$$N_e \propto M_e \cdot N_e$$

输出功率为

$$N_A \propto M_A \cdot N_A$$

所以变换装置的效率为

$$\eta = \frac{N_A}{N_e} = \frac{M_A}{M_e} \cdot \frac{n_A}{n_e}$$

故有

$$\frac{M_A}{M_e} = \frac{n_e}{n_A} \cdot \eta \tag{9.2}$$

图9.12给出了扭矩比与相应转速比的变化情况,显然,具有若干固定转速比的转速变换装置,就具有若干与之对应的扭矩比。合理划分变换装置的各级转速比,就可以期望得到适合需求的扭矩变化特性。

发动机与扭矩变换装置的最佳匹配,可使其共同工作的输出特性(见图9.13)最大限度地趋近于理想的输出特性。经过特性变换装置得到的组合特性场与理想特性场尚存在一定空隙,显然这些空隙越小越好。

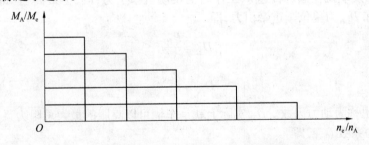

图9.12　扭矩比与相应转速比的变化情况

9.3.3　扭矩变换装置的排挡范围与排挡划分

1. 排挡范围 d

采用机械式传动系的履带车辆,其可能遇到的最大阻力和最小阻力,直接限定了传动系的

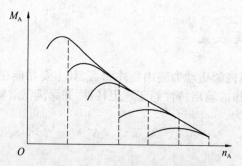

图 9.13 发电机匹配变速装置的共同输出特性

最大传动比和最小传动比。最大传动比 i_{max} 取决于战术技术性能指标,如规定车辆能在某种地面上通过的最大爬坡角等;而最小传动比,则取决于实现最高行驶速度的需要。车辆最高挡时的最大行驶速度 V_{max} 和最低挡时的最大行驶速度(与 n_N 相对应)V_{1max} 之比,称之为速度范围。即

$$d = \frac{i_{max}}{i_{min}} = \frac{V_{max}}{V_{1max}} \tag{9.3}$$

故也称为排挡范围。由于在最大油门条件下,同在额定转速下工作时,有

$$P_{1N} \cdot V_{1max} \cdot \eta = P_{mN} \cdot V_{max} \cdot \eta_m \tag{9.4}$$

故有

$$d = \frac{P_{1N}\eta_1}{P_{mN}\eta_m} = \frac{D_{1N}\eta_1}{D_{mN}\eta_m}$$

式中,P_{1N} 为 I 挡发动机在额定转速 n_N 工作时的发动机牵引力;P_{mN} 为最高挡(即 m 挡)的发动机牵引力;D_{1N} 和 D_{mN} 为单位车重牵引力,即

$$D_{1N} = \frac{P_{1N}}{W}$$

$$D_{mN} = \frac{P_{mN}}{W}$$

D_{1N} 和 D_{mN} 也称为动力因数。D_{1N} 实际上就是车辆可以克服的最大总阻力系数 f_{0max},而 D_{mN} 则为最小总阻力系数 f_{0min},即

$$f_{0max} = f\cos \alpha_{max} + \sin \alpha_{max}$$

f_{0max} 实际上即为最良好路面阻力系数,通常是实现最高车速的地面阻力系数。

由于越野车辆克服最大阻力的能力主要受地面附着性能的限制,即

$$D_{1N} = f\cos \alpha_{max} + \sin \alpha_{max} = \varphi\cos \alpha_{max}$$

若地面的附着系数中 $\varphi = 0.8$,$f = 0.08$,则可确定(地面条件允许)$\alpha_{max} = 36°$,则 I 挡 n_N 时的动力因数 $D_{1N} = 0.65$。如果地面的附着性能还有余力,则车辆实际可能克服的爬坡角还可以增大,因为 $D_{1M} = 1.2D_{1N}$(当 $K = 1.2$ 时)。D_{mN} 的取值和车辆的单位功率大小有关。如果 $N_{emax}W$ 较大,则要实现给定的最大速度 v_{max},就可以在较大行驶阻力的地面上实现;反之,就只能在极

良好的路面上才能实现。在 D_{1N} 限定的条件下,单位功率越大则 D_{mN} 就越大,因此 d 值就越小。

排挡范围 d 在满足性能指标要求的前提下,有较小值显然是很有意义的,因为 d 值大,就必须设置较多的排挡,才能使前述的组合特性场趋近理想特性场,这当然就会导致结构复杂、笨重等一系列问题。现代履带车辆(采用机械传动系),$d=8\sim11$。

2. 中间排挡的划分

d 值确定后,即最低挡和最高挡确定后,中间各排挡应怎样设置,是直接关系各挡构成的组合特性场与理想特性场达到最佳拟合的关键。可以证明,中间排挡按等比级数规律划分可以获得最佳的排挡设置,最充分地利用发动机功率,从而得到最大的平均行驶速度。

为了简化计算,仅以三个挡为例进行研究,并且假定各挡效率相同,且发动机适应性系数为 1。由此可见。要选择最佳的 v_2 或 D_2,就必须使图 9.14 所示的两块阴影面积最小,即使 F_1+F_2 最大。因为发动机的功率利用系数实际上就是 F_1+F_2 和理想特性线在 v_1 和 v_2 范围内与坐标横轴间围成的面积之比。

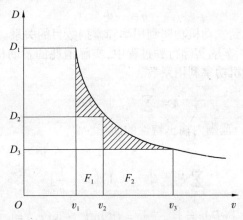

图 9.14　发电机的功率利用情况

由于

$$F = F_1 + F_2 = (v_2 - v_1)D_2 + (v_3 - v_2)D_3$$

而且,理想特性线各点都对应发动机最大功率工况,即

$$N_{eN} = \frac{D_2 v_2}{270\,\eta_T}W = \frac{D_3 v_3}{270\,\eta_T}W$$

于是有

$$D_2 v_2 = D_3 v_3 = \frac{270\,N_{eN}\eta_T}{W} = C$$

因此

$$F = C\left(2 - \frac{v_1}{v_2} - \frac{v_2}{v_3}\right)$$

求极值,令

$$\frac{\mathrm{d}F}{\mathrm{d}v_2} = 0$$

最后得出

$$v_2 = \sqrt{v_1 \cdot v_3}$$

当 v_2 满足上式取值时,F 取极大值。即得到发动机利用系数为最大。由 v_2 的表达式可知,v_2 为比值中项,故有

$$\frac{v_2}{v_1} = \frac{v_3}{v_2} = \sqrt{\frac{v_3}{v_1}} = \sqrt{d} \tag{9.5}$$

推而广之,对具有 m 个排挡者,则

$$\frac{v_2}{v_1} = \frac{v_3}{v_2} = \frac{v_4}{v_3} = \cdots = \frac{v_m}{v_{m-1}} = \sqrt[m-1]{d}$$

对于阶级式变速箱,为充分利用发动机功率,其排挡应按等比级数划分,其公比等于

$$q = \sqrt[m-1]{d} \tag{9.6}$$

基于上述分析,可以找到发动机功率利用率和排挡数目的关系。

发动机功率利用率是指车辆实际行驶过程中,实际消耗的发动机功率与发动机最大功率之比值的百分数,又称发动机功率利用系数 λ。

$$\lambda = \sum_{i=1}^{m-1} F_i \Big/ \int_{v_1}^{v_m} D_i \mathrm{d}v$$

式中,F_i 为第 i 挡在 v_{i-1} 到 v_i 范围内输出特性的面积。

由于 $D_i v_i = C$,故可得

$$\sum_{i=1}^{m} F_i = C(m-1)\left(1 - \frac{1}{q}\right)$$

$$\int_{v_1}^{v_m} D\mathrm{d}v = \int_{v_1}^{v_m} \frac{C}{v}\mathrm{d}v = C(\ln v_m - \ln v_1) =$$

$$C\ln \frac{v_m}{v_1} = C\ln d$$

故发动机的利用系数

$$\lambda = (m-1)\left(1 - \frac{1}{q}\right)\Big/\ln d \tag{9.7}$$

表 9.1 列出了排挡范围 $d = 10$ 时,排挡数 m 和 λ 的关系。

表9.1　排挡数与发动机功率利用系数的关系

m	3	4	5	6	7	8	9	10
λ	0.59	0.70	0.76	0.80	0.83	0.85	0.856	0.875

由此可见,在排挡数多于 5 后,随排挡数的增加,功率利用系数的增加越来越缓慢。所以阶级式传动装置超过 8 个排挡,便认为是不合理的。因为这样会使传动装置结构复杂,而所获

得的收益(λ 的增加)却微乎其微。

3. 工作排挡范围 d_g

在充分利用发动机功率原则和传动系结构限制的情况下,阶级式变速箱的排挡数目通常为 5~8 个,没有多少变动余地。因此要提高发动机功率的利用率就只有在充分考虑各排挡使用规律上寻找出路了。考虑到车辆行驶的各种阻力出现的可能性不同,克服最大坡度的机会很少出现,而使用经验表明总阻力系数在 0.05~0.30 范围内变化的行驶阻力却经常遇到,因此,现代陆用车辆都把最低挡作为特殊用途挡,而把二挡用来克服常见最大阻力。而且不少履带车辆的阶级式变速箱 v_2/v_1 的比值接近于 2。

由此可见,在常遇阻力变化范围内,相对密集地设置了 $m-1$ 个排挡,有效地提高了发动机功率的利用率。令

$$d_g = \frac{v_m}{v_2}$$

称 d_g 为工作排挡范围。若 $v_2/v_1 = 2$,则

$$d_g = \frac{v_m}{v_2} = \frac{v_m}{v_1} \cdot \frac{v_1}{v_2} = \frac{d}{2} = 4 \sim 5$$

在工作排挡范围内,中间排挡按等比级数划分,以保证充分利用发动机功率。但是考虑到高挡使用率高,因此为了保证具有较高的平均行驶速度,使最高挡与次高挡之间变换不至于出现过大的速度降低,应修正等比级数公比,使高挡靠近,即

$$\frac{v_3}{v_2} > \frac{v_4}{v_3} > \frac{v_5}{v_4} > \cdots > \frac{v_m}{v_{m-1}}$$

4. 相邻排挡遮度与最小排挡数

两相邻排挡动力特性线之间,在发动机工作转速范围内($n_M \sim n_N$)的重合度,称为排挡遮度,如图 9.15 所示。显然,当 i 挡的 v_M,即发动机转速为 n_M 时的车速和 $i-1$ 挡的 v_N 相等时,即和 $i-1$ 挡,发动机转速为 n_N 时的车速相等时,此相邻两挡动力特性线间遮度为零,通常称为零遮度。

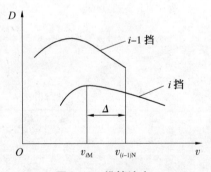

图 9.15　排挡遮度

如前所述,把最低挡作为特殊用途排挡使 v_2/v_1 有较大比值,通常接近 2。由此可见,Ⅰ挡、Ⅱ挡动力特性线在发动机工作转速范围内就不可能含重合度。即遮度小于零,称为负遮度。如果在工作排挡范围内使发动机功率利用系数提高,就必须设置较多的排挡,使各相邻排挡动力特性线间都有较大的正遮度。若此范围内各挡都有零遮度,则工作排挡数即为最小值。所以,在划分工作排挡范围内中间排挡时,若取公比

$$q = \frac{n_N}{n_M}$$

所确定的排挡数即为最小排挡数。

由于

$$q = \frac{n_N}{n_M} = \sqrt[m-2]{d_g}$$

取对数有

$$\lg q = \frac{1}{m-2} \lg d_g$$

所以最少排挡数为

$$m = \frac{\lg d_g}{\lg q} + 2 \tag{9.8}$$

当 $d = 4, n_N/n_M = 2$ 时，$m_{min} = 4$。

复 习 题

9-1　简述传动装置的定义和功用。

9-2　传动装置一般由哪几部分组成，各有何特点？

9-3　简述传动装置的分类和特点。

9-4　转速变换装置的功能是什么，如何分析？

9-5　扭矩变换装置的功能是什么，如何分析？

第10章 传 动 箱

为满足装甲车辆动力传动系统总体布置的要求,常需要在发动机和变速机构之间设置前传动,这个前传动一般为一个齿轮传动部件。如图 9.5 所示的传动装置是我军主战装备中应用最多的一种布置形式,该传动装置为将发动机的动力传递给变速箱,在发动机和变速箱之间设置了一个齿轮传动箱。另外,为减缓传动系统负载变化所引起的振动,延长发动机和传动装置各机件使用寿命,许多传动装置中还采用了弹性联轴器。

10.1 中型底盘传动箱

中型底盘在发动机和主离合器之间装有传动箱。

10.1.1 功用及组成

1. 功用

(1)将发动机的动力传给主离合器,并增高转速,以减小主离合器、变速箱和行星转向机所承受的扭矩。

(2)将发动机的动力传给发动机的冷却风扇、空气压缩机和液压泵。

(3)用启动电动机启动发动机时,增大启动力矩。

2. 组成

传动箱系统由传动箱、风扇联动装置组成。

10.1.2 传动箱构造

传动箱由箱体、主动轴总成、被动轴总成组成(见图 10.1)。

1. 箱体

箱体由铝合金铸造而成,其上有检查口盖、启动电动机座、固定耳、散热筋和油量检查口及螺塞,底部有放油口及螺塞。

检查口用来检查风扇联动装置主、被动圆锥齿轮的啮合情况,检查口盖上有通气器、加油口及螺塞。

箱体由两端的固定耳支承在车体的传动箱支架上,并用两个紧配合螺栓和两个普通螺栓固定。在两个固定耳与支架之间加有调整垫,用于调整发动机曲轴和传动箱主动轴轴线的同心度。在固定耳的加强筋上有两个孔,用来在起吊传动箱时挂吊钩。

2. 主动轴总成

由固定螺塞、连接齿轮、连接齿套、挡油盘、315 轴承及轴承座、2217 轴承及轴承座、主动轴与主动齿轮、卡环和密封环等组成(见图 10.1)。

主动齿轮(40 个齿)与主动轴制成一体,借两个轴承及轴承座支承在箱体上。315 轴承的外圈装在轴承座内,轴向用内卡环固定,内圈装在轴上;2217 轴承的内圈装在轴上,外圈装在轴承座内。轴承座装在箱体的座孔内,并用螺帽和弹性垫圈将其固定在箱体上。

连接齿轮以花键套在主动轴的花键上,并用固定螺塞固定,固定螺塞用止动弹簧圈防止松动。

连接齿套以内花键套在连接齿轮上,并用螺栓与叠片联轴器法兰盘固定在一起,叠片联轴器法兰盘以内花键与发动机输出轴齿轮连接。

为了防止漏油,在连接齿轮的毂上制有回油螺纹,并装有两道铸铁密封环;在连接齿轮与315 轴承之间装有挡油盘;在轴承固定套与箱体的结合面上装有纸垫。

3. 被动轴总成

被动轴总成的构造与主动轴总成基本相同(见图 10.1)。

两个 2211 轴承的内圈装在被动轴上,轴向用卡环固定,外圈装在轴承座内,用固定盘压紧,轴承座及固定盘用螺帽和弹性垫圈固定在箱体上。

液压系主泵的连接齿轮以平键装在被动轴上,其上套有滑接齿套。

液压系主泵装在固定盘上,在固定盘上装有拨叉,拨叉上的滑块卡在滑接齿套的凹槽内,拨叉轴上装有拉臂及固定拉杆。固定拉杆下端制有螺纹并旋在拉臂螺孔内,用于将滑接齿套固定在连接或断开位置。

10.1.3　风扇联动装置

风扇联动装置由风扇传动轴总成、被动圆锥齿轮总成、连接轴、风扇摩擦连接器组成。

1. 风扇传动轴总成

风扇传动轴总成由风扇传动轴、传动扭杆、风扇传动齿轮、主动圆锥齿轮、309 轴承、2309 轴承、轴承固定套、轴承盖、固定螺帽、调整环、套筒、调整垫圈及空气压缩机的减速器组成(见图 10.1)。

风扇传动轴是空心的,其一端制有内花键,并且轴上制有外花键。外花键上套有风扇传动齿轮、主动圆锥齿轮、调整垫和套筒,风扇传动齿轮与传动箱主动齿轮啮合。在风扇传动齿轮毂上装有 2309 轴承。套筒上装有 309 轴承。轴上的零件用固定螺帽压紧,螺帽用开口销锁紧。

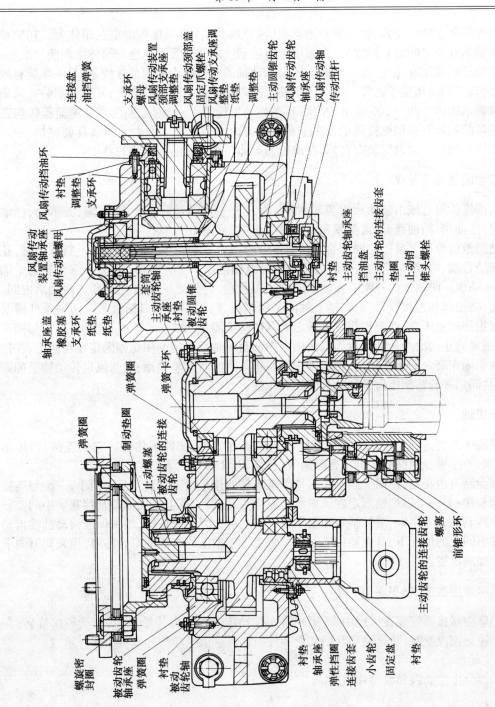

图10.1 传动箱

两轴承的外圈装在轴承座内,轴承座和轴承盖(减速器的箱体)用螺帽固定在箱体上。在轴承盖和309轴承外圈之间装有调整环,在轴承盖与轴承座之间以及轴承座与箱体之间装有纸垫。

传动扭杆两端制有花键,其一端插入风扇传动轴的花键孔内并顶住橡胶塞,另一端装有减速器主动齿轮,轴向用销子固定。两个205轴承的内圈装在主动齿轮毂上,外圈分别装在风扇传动轴和轴承盖内。两个205轴承的内圈装在被动齿轮毂上,外圈分别装在减速器箱体与盖内。减速器的箱体与盖用螺栓固定。在主动齿轮与内侧205轴承的内圈间装有调整垫,在减速器的箱体与风扇传动轴间装有油挡,在减速器箱体与盖之间装有石棉衬垫。

2. 被动圆锥齿轮总成

被动圆锥齿轮总成由被动圆锥齿轮、结合盘、309轴承、2309轴承、轴承座、支承套、挡油盖、胶皮自压油挡、挡油盘、调整垫圈和固定螺帽组成(见图10.1)。

被动圆锥齿轮与风扇传动轴上的主动圆锥齿轮啮合。被动圆锥齿轮的轴上制有花键,花键上套有结合盘。在结合盘的台肩和毂上分别装有挡油盘和309轴承。在轴上靠齿轮的一端装有2309轴承。两轴承的外圈装在轴承座内。轴承内、外圈之间均有支承套。两轴承内圈、内支撑套、挡油盘和连接盘,用拧在轴上的固定螺帽压紧,螺帽用开口销锁紧。两轴承外圈及外支承套用挡油盖压紧,在盖与309轴承之间有调整垫圈。挡油盖上装有自压油挡,它与挡油盘一起,用来防止润滑油从结合盘周围漏出。挡油盖与轴承固定套用螺帽固定在箱体上,在挡油盖与轴承固定套之间装有纸垫,轴承固定套与箱体之间有调整垫圈,它与风扇传动轴上的调整垫圈,共同用来调整圆锥齿轮的啮合间隙和印痕。

3. 连接轴

连接轴用来将传动箱传来的动力传给风扇摩擦连接器,使风扇旋转。它由连接盘、传动盘、中间架、十字轴、滚针轴承、轴承盖等组成(见图10.2)。

连接盘制有内花键,用螺栓固定在被动圆锥齿轮的连接盘上。传动盘有两个,一个与连接盘以键齿套接;另一个以螺栓固定在风扇摩擦连接主动鼓上,其上有加油口及螺塞。中间架分别与两个传动盘以十字轴、滚针轴承和轴承盖组成的两个万向节连接,用来保证被动圆锥齿轮和风扇在不同心的情况下,可靠地传递动力。每个十字轴上均有加油口及螺塞,用来向万向节滚针轴承加润滑脂。

4. 风扇摩擦联接器(见图10.2)

风扇摩擦联接器安装在风扇中央,用来将连接轴传来的动力传给风扇,带动风扇旋转;在发动机转速急剧改变时,防止风扇联动装置零件损坏。它由主动部分和被动部分组成。

(1)主动部分

主动部分由主动鼓和摩擦片组成。

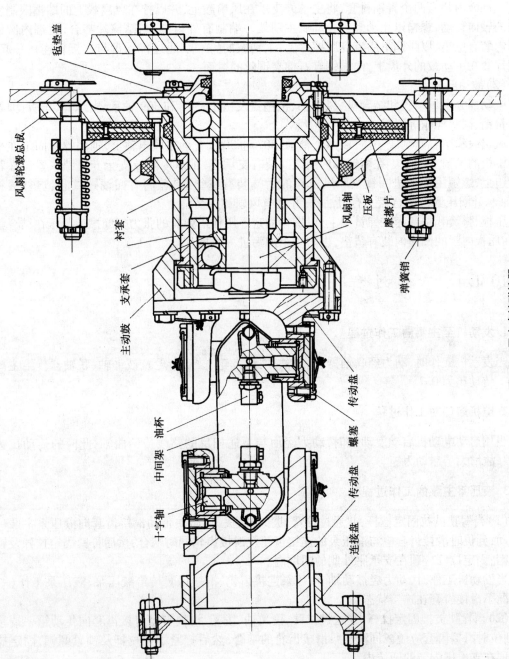

铝垫盖

风扇轮毂总成

衬套

支承套

主动毂

中间架 油杯

十字轴

连接盘 传动盘

风扇轴 压板 摩擦片

弹簧销

传动盘

螺塞

图10.2　风扇摩擦联接器

主动鼓内装有两个青铜衬套,将主动鼓支承在风扇毂上,并以拧在风扇毂上的螺帽限制主动鼓的轴向移动,螺帽以止动螺钉止动。主动鼓一端制有外齿圈,与摩擦片啮合,此端内圆的凹槽内装有毡垫,以防润滑脂流到摩擦片上;主动鼓的另一端通过传动盘与连接轴连在一起。摩擦片套在主动鼓的外齿上,两端铆有石棉夹铜丝的衬面。

(2)被动部分

被动部分由风扇毂和结合盘、风扇轴、毡垫盖及毡垫、307 和 309 轴承、支承套、压板、弹簧及弹簧销、固定螺帽等组成。

风扇毂和结合盘制成一体,以两个轴承(307 和 309)支承在风扇轴上,轴用螺栓固定在车体侧甲板的风扇支架上。在两轴承内圈之间装有支承套,轴承内圈及支承套用螺帽紧压在轴的凸边上,螺帽用锁紧垫圈锁紧。风扇毂的后端装有毡垫盖,盖内有回油螺纹和毡垫,盖将309 轴承外圈压紧。结合盘上有甩油孔,并装有风扇和弹簧销。

压板、弹簧和垫圈套在弹簧销上,以螺帽固定。压板借弹簧的张力把摩擦片紧压在结合盘上,在压板内圆的凹槽内装有毡垫,以防尘土油污进入摩擦片。

10.1.4　工作过程

1. 发动机至主离器工作过程

当发动机工作时,动力经联轴器、主动轴、主动齿轮、被动齿轮及被动轴、联轴器传给主离合器。传动比为 0.7。

2. 电机启动时工作过程

当用启动电动机启动发动机时,动力经由与上述相反的路线传给曲轴,此时的传动比为1.429,故增大了启动力矩。

3. 液压系主泵的工作过程

(1)当驾驶员拉固定拉杆,并通过拉臂、拨叉轴、拨叉、滑块带动滑接齿套向液压系主泵一端移动,到位时滑接齿套应与液压泵的连接齿轮及滑接齿轮同时啮合,然后拧紧固定拉杆及锁紧螺帽,固定拉杆应顶在支承座外侧的凹坑内。

当发动机工作时,动力经被动轴、液压泵连接齿轮、滑接齿套传给液压泵、液压泵工作(一般情况下滑接齿套在连接状态)。

(2)当驾驶员推固定拉杆,并通过拉臂、拨叉轴、拨叉、滑块带动滑接齿套向传动箱一端移动,到位时滑接齿套应脱离同液压泵滑接齿轮的啮合,然后拧紧固定拉杆及锁紧螺帽,固定拉杆应顶在支承座内侧的凹坑内。

当发动机工作时,动力经被动轴、液压泵连接齿轮传给滑接齿套,液压泵不工作。

4. 风扇联动装置的工作过程

发动机工作时,曲轴的动力经传动箱主动齿轮、风扇传动齿轮传给风扇传动轴后,动力分为两路:一路经主动圆锥齿轮、被动圆锥齿轮、结合盘、连接轴及主动鼓传给摩擦片,借摩擦作用带动风扇毂及风扇转动;另一路经传动扭杆、主动齿轮、被动齿轮传给空气压缩机,带动空气压缩机工作。

风扇摩擦连接器是借摩擦作用来传递动力的。当发动机转速急剧改变时,由于风扇的直径较大,转动惯量也较大,不能立即随发动机的转速的变化而变化,变化时产生惯性力矩,当惯性力矩超过风扇摩擦连接器的摩擦力矩(摩擦力矩为 250 ~400 N·m)时,摩擦片就在压板和风扇毂结合盘之间打滑,从而保证了风扇联动装置的安全。当风扇和风扇摩擦连接主动部分转速相等时,打滑终止,风扇摩擦连接器正常传递动力。

10.2　分　动　箱

10.2.1　功用及构造

1. 功用

轻型底盘没有设置传动箱,发动机与主离合器直接相连。

分动箱安装在主离合器壳体上,用来将发动机输出的动力,经分动箱带动风扇及空压机工作。

2. 构造

分动箱由箱体、主动齿轮、中间齿轮、齿轮、主动锥齿轮、被动锥齿轮、三角皮带轮、连接盘组成(见图 10.3)。

箱体固定在主离合器箱体上面。

主动齿轮用平键套装在主动鼓(内齿圈)的前端,由其带动中间齿轮和液压油泵驱动齿轮。

中间齿轮安装在主离合器箱体内前上部中间轴上,通过两排滚球轴承在轴上自由转动,与装在分动箱内的齿轮啮合。

齿轮安装在分动箱箱体内的前端,通过花键套装在主动锥齿轮轴上与中间齿轮啮合。

分动箱齿轮安装在主动锥齿轮花键轴上,轴通过轴承安装在分动箱中间。

被动锥齿轮与主动锥齿轮啮合,套装在被动轴中间花键上,被动轴由三个轴承支承,轴的右端通过键安装皮带轮,左端安装有连接盘。

三角皮带轮用键安装在被动轴的右端,用开槽螺母和开口销固定。皮带轮上装有两根三角皮带,皮带的另一端则套在空气压缩机的轮盘上。

连接盘安在分动箱的左侧,套装在被动轴花键上,用八个螺栓与风扇连接盘连接在一起,带动风扇旋转。

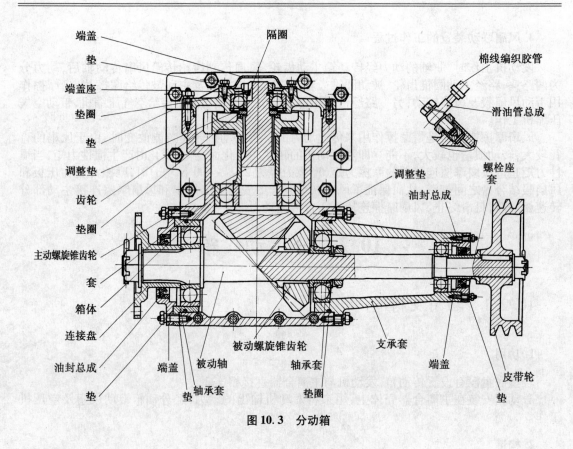

图 10.3　分动箱

10.2.2　工作过程

发动机工作时,动力经飞轮传给齿套、连接盘、主动鼓,主动鼓转动使分动箱主动齿轮带动中间齿轮,中间齿轮则带动齿轮及锥齿轮一起转动,主动锥齿轮又带动被动锥齿轮,被动锥齿轮及被动轴旋转时带动皮带轮,再由皮带轮带动空气压缩机工作,同时还带动连接盘,使冷却系的风扇旋转。

10.3　增速箱与传动箱

4-25 mm 自行高炮传动系统的主传动路线采用倒传动,传动箱和增速箱位于发动机输出端(车尾方向)。发动机动力向后输出,经传动箱、万向传动轴将动力向前并通过主离合器输入主变速器。

传动箱和增速箱都采用定轴式传动比(见图 10.4、图 10.5)。

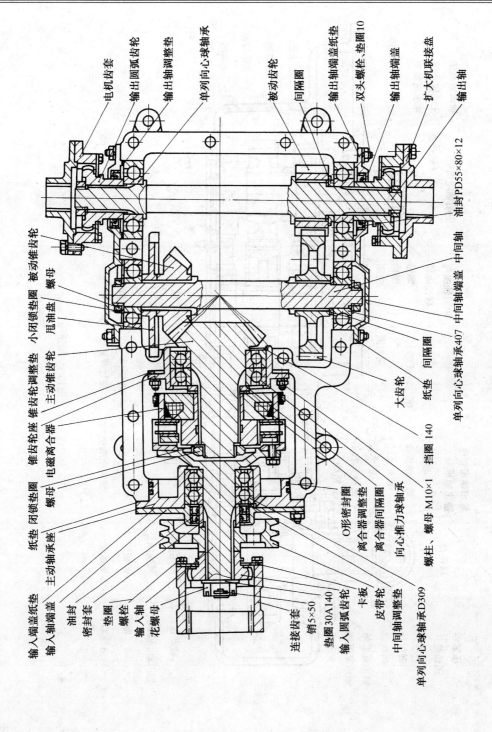

图10.4 传动箱

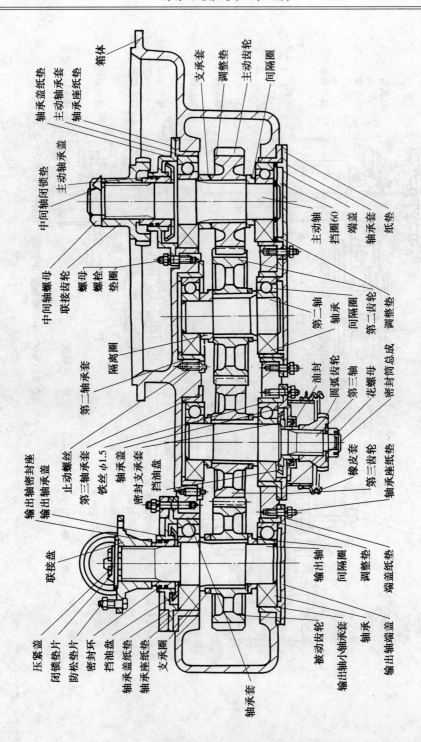

图10.5　增速箱

　　传动箱与发动机壳体扣联在一起(拆、装必须车外一同进行),将发动机输入的动力分成两路输出:一路通过连接盘向前传给万向传动轴将动力传给主传动路线;另一路通过齿套联轴器向后传给空气压缩机和增速箱,并经增速箱的电磁离合器带动初级供电系统的 ZFB-180 直流发电机和火炮随动系统的 ZKG600/1000 电机扩大机。

复 习 题

10-1　传动箱其输出端与哪些机件相连,各起什么作用?

10-2　简述风扇离合器的工作原理。

10-3　齿轮传动箱主动轴总成是怎样防止漏油的?

10-4　简述传动箱的功用。

10-5　传动箱动力是怎样输入的? 又输出到什么部件去?

10-6　动力是怎样通过风扇联动装置传给风扇的?

10-7　动力是怎样传给液压系统主泵的?

10-8　动力是怎样传给空气压缩机的?

10-9　简述轻型底盘分动箱的功用、构造和工作。

第11章 主离合器

11.1 主离合器的功用与类型

11.1.1 功 用

在装甲车辆的机械式传动系中,一般要在发动机与变速机构之间安装一个用来切断或传递发动机动力的主离合器,下面介绍其功用。

1. 便于启动发动机

车辆在起步行驶前,为便于启动发动机,应首先分离主离合器,使主离合器的被动部分以及和被动部分相联系的所有零件与发动机分开,从而减小启动发动机的惯性阻力,易于启动发动机。

2. 使车辆平稳地起步和加速

车辆在起步行驶前,传动系大部分零件是不旋转的。起步时,旋转的发动机曲轴与静止的传动系如果突然结合,车辆将猛然前冲,产生巨大的惯性力,使发动机熄火,甚至损坏机件。当有主离合器时,就可通过主离合器逐渐柔和地结合,使车辆平稳地起步。车辆在换挡后,也可利用主离合器的柔和结合使车辆平稳加速。平稳起步和加速对乘员的舒适、安全和延长机件的寿命也是很重要的。

3. 便于换挡

车辆在行驶过程中,为了获得不同的行驶速度,适应不断变化的行驶条件,变速箱经常要换用不同的排挡。对采用移动齿轮或齿套来换挡的定轴变速箱,换挡时,如果没有主离合器将发动机与变速箱暂时分离,那么原来啮合着的齿轮因载荷没有卸除,其啮合面间的压力很大,而难于分开。另一对待啮合的齿轮,因二者啮合部位的圆周速度不等,又将难于进入啮合,即使进入也会产生很大的齿端冲击,容易损坏机件。有了离合器,就可利用离合器把发动机和变速箱暂时分开,再进行换挡。因啮合齿面间的压力大大减小,可使摘挡轻便。而待啮合的另一对齿轮,由于主齿轮与发动机分开,转动惯量很小,只要采用合适的换挡动作,就能使待啮合齿轮的啮合部位的圆周速度相等或接近相等,从而避免或大大减轻轮齿间的冲击。

4. 保护传动系机件免受超负荷损坏

若车辆在行驶中突然碰到障碍或紧急制动时,车速猛烈降低,但发动机与传动系由于旋转的惯性,仍有保持原有转速的趋势,这将产生很大的惯性负荷而损坏机件。主离合器在传动系出现各种超负荷的情况时,通过其主动部分与被动部分之间的自动打滑,将负荷限制在一个允许的范围内,以避免机件的损坏。

11.1.2　类　　型

装甲车辆的主离合器通常为摩擦式离合器,且多为片式。片式离合器有多种类型,分类方法不一。

根据被动摩擦片数量的多少,可分为单片、双片和多片几种形式。单片式离合器能传递的力矩较小,在轻型载重汽车上使用较多,也曾用于个别的轻型履带式战斗车辆和轮式战斗车辆上。双片式离合器能传递的力矩较大,在重型载重汽车上使用较广泛,也用于较轻的装甲履带式步兵战车、输送车或轮式战斗车辆上。多片式离合器所能传递的力矩更大,在自行火炮和主战坦克上应用较多。

根据离合器摩擦副工作环境的不同,可分为湿式和干式两种。摩擦表面在油中工作的称为湿式离合器,否则称为干式离合器。

离合器的摩擦片有钢片的,也有带衬面的。摩擦片的衬面材料一般有铜丝石棉衬面和粉末冶金衬面两种。由于篇幅所限,本章将重点介绍单片、双片和多片干式摩擦离合器。

11.2　摩擦式主离合器的工作原理

11.2.1　组　　成

摩擦式主离合器一般由主动部分、被动部分和分离装置三部分组成(见图 11.1)。

主动部分主要有主动鼓和主动摩擦片(单片离合器的主动部分主要有飞轮、压盘和压紧弹簧等)。动力经主动鼓传给主离合器,主动鼓上装有主动摩擦片。

被动部分主要有被动鼓、被动摩擦片和压紧装置。被动鼓与变速箱主动轴连

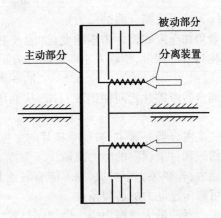

图 11.1　主离合器基本工作原理

接,其上装有被动摩擦片。主、被动摩擦片交替安装(多片式离合器),然后利用压紧装置将其压紧。

发动机带动主离合器主动部分工作后,主离合器靠摩擦片的摩擦作用,即可将动力传给变速箱的主动轴,进而传递动力,并且在起车和换挡后的动力传递过程中,利用主、被动摩擦片的逐渐结合和滑摩,使主、被动部分的转速逐渐地接近,将动力柔和地传给传动装置,保证起车和加速的平稳性。

分离装置主要用以控制压紧装置。当需要挂挡或启动发动机时,通过分离装置的工作,即可松开主、被动摩擦片,分离主离合器,切断发动机的动力传递路线。

11.2.2 工作原理

传动装置和发动机具有一定的强度极限,在正常工作状态下,一般不会超载损坏。但当负荷突然增加时,旋转的机件产生了较大的角加速度和惯性力矩(此惯性力矩的方向同发动机输入主离合器的力矩方向相同)。如果从主离合器以前的机件考虑,此惯性力矩为

$$M_{惯} = I \cdot \varepsilon$$

式中,I 为发动机和主动部分转动惯量;ε 为角加速度。

此惯性力矩附加在传动装置上,使各机件的负荷大大加剧。若这种惯性力矩增加到超过机件的强度极限时,就会破坏机件的正常工作状态,造成损坏。因此为了保护机件的安全,在传动装置中采用了具有一定摩擦力矩的主离合器兼做保险装置。

在正常情况下,主离合器的摩擦力矩 $M_{主max}$ 大于发动机输入主离合器的力矩 $M_{发}$,即 $M_{主max} > M_{发}$,所以能够保证可靠地传递发动机的动力。当旋转机件产生较大的角加速度和惯性力矩后,输入主离合器的力矩就变成了发动机输入力矩和惯性力矩之和。即

$$M_{主} = M_{发} + M_{惯}$$

式中,$M_{主}$ 为输入主离合器的总力矩。

随着角加速度和惯性力矩的变化,输入主离合器的力矩也不断变化(见图11.2)。当这种力矩变化到一定程度,使输入主离合器的力矩增加到大于主离合器的最大摩擦力矩时,即

$$M_{发} + M_{惯} > M_{主max}$$

主离合器摩擦片之间便出现打滑,从而限制了主离合器输出的力矩,消除了机件的附加负荷。

片式主离合器是靠主、被动摩擦片的摩擦来传递动力和打滑保险的。因此主离合器传递发动机扭矩和打滑保险的能力就取决于摩擦力矩的大小。若摩擦力矩过小,将不能保证可靠地传递动力;若摩擦力矩过大,则不能有效地起到保险作用。因此正确地选择摩擦力矩是使主离合器可靠传递动力的必要条件。

主离合器的最大摩擦力矩由摩擦副材料、摩擦面上的压紧力、摩擦力的作用半径及摩擦片的工作面数决定。在理论上可用下式计算:

$$M_{主max} = \mu P Z R_{p}$$

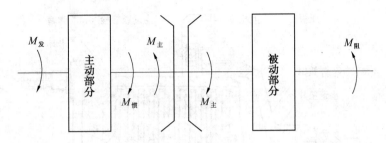

图 11.2　打滑原理

式中, $M_{主max}$ 为主离合器的最大摩擦力矩; μ 为摩擦系数, 其大小取决于摩擦表面的材料、表面的状态和工作温度等因素; P 为主离合器结合状态下弹簧的总压紧力; Z 为摩擦工作面数, 对单片离合器, $Z=2$, 对双片离合器, $Z=4$, 故 $Z=2n$(n 为被动摩擦片数); R_p 为平均摩擦半径, 如果已知摩擦片的外径 D 和内径 d, 则 R_p 可按下式计算:

$$R_p \approx \frac{1}{4}(D+d)$$

实际上, 主离合器的摩擦力矩很不稳定。温度、单位压力、滑摩速度等对摩擦系数 μ 的影响很大。特别是由于摩擦材料的性质不稳定, 长期使用以及高温的影响都会导致摩擦系数 μ 的下降; 总压紧力 P 也会因摩擦片的磨损变薄、加压弹簧的制造偏差使弹簧刚度偏小而减小。因此, 使用中主离合器的最大摩擦力矩 $M_{主max}$ 总是不断下降的。

鉴于上述情况, 为保证主离合器在任何情况下都能可靠地传递发动机的最大扭矩, 要求主离合器的最大摩擦力矩 $M_{主max} > M_{发max}$。它们之间的比值 $\dfrac{M_{主max}}{M_{发max}} = \beta$。$\beta$ 称为主离合器的储备系数, 一般 $\beta > 1$。β 值的大小要视主离合器的结构和使用情况而定。储备系数 β 保证了主离合器可靠地传递发动机的扭矩, 同时, 它有助于减少车辆起步时的滑摩时间, 提高主离合器的使用寿命。但是, 为了使主离合器尺寸不致过大和减少传动系的过载、使操纵轻便等, 储备系数 β 又不宜过大。

目前坦克装甲车辆的 β 值一般选在 $1.9 \sim 2.7$ 之间。

11.3　多片主离合器

图 11.3 是自行火炮中型底盘上使用的一种主离合器, 该主离合器装在变速箱主动轴上, 位于传动箱与变速箱之间, 用于传递或切断动力。其型式为机械多片干摩擦式。

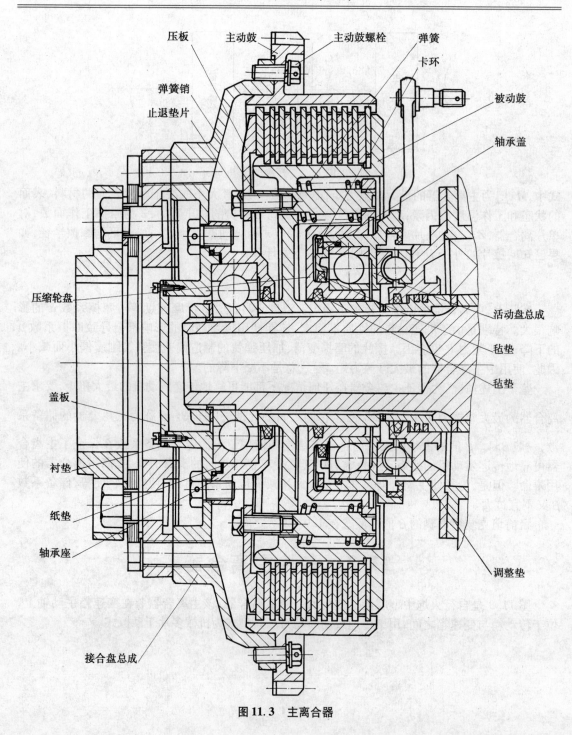

压板　主动鼓　主动鼓螺栓　弹簧

卡环

弹簧销

止退垫片

被动鼓

轴承盖

压缩轮盘

活动盘总成

毡垫

毡垫

盖板

衬垫

纸垫

轴承座

调整垫

接合盘总成

图 11.3　主离合器

11.3.1 功用及组成

1. 功用

(1)启动发动机和换挡时,依靠主离合器的分离,切断发动机至变速箱的动力,以减小发动机的启动阻力和换挡时的齿轮撞击。

(2)起车和换挡后,依靠主离合器的平稳结合,使负荷平稳地加载于发动机和传动装置各有关机件。

(3)车辆运动速度或负荷急剧变化时,依靠主离合器的打滑(滑摩),防止传动装置和发动机受到过大的负荷而损坏各机件。

2. 组成

主离合器由主动部分、被动部分、分离装置组成(见图11.3)。

11.3.2 构 造

1. 主动部分

主动部分由连接齿轮及接合盘、主动鼓、主动摩擦片、314轴承及轴承座组成。

(1)接合盘外端装有盖板。接合盘上有两个甩油孔,用于将进入接合盘内的润滑脂甩出。接合盘用螺栓与叠片联轴器法兰固定在一起,联轴器法兰盘通过内花键套在传动箱被动轴连接齿轮上。

(2)主动鼓用螺栓与接合盘相连。鼓内制有齿槽,外周制有启动齿圈,用于在启动发动机时,启动电动机的启动齿轮与其啮合,以带动主动鼓转动。

(3)主动摩擦片共11片,其中两片的厚度为5 mm,其余摩擦片的厚度为3.8 mm。主动摩擦片外圆有齿,用来与主动鼓内的齿槽啮合。

(4)314轴承装在变速箱主动轴上,轴承内圈一端顶住被动鼓,另一端用固定螺帽固定,螺帽用锁紧垫圈锁紧。

(5)轴承座套在314轴承的外圈上,并用螺栓固定在结合盘上。314轴承内圈装在变速箱主动轴上,从而把主动部分支承在变速箱主动轴上,并使主、被动部分很好地对中,当主离合器分离或打滑时,主动部分可在变速箱主动轴上空转。毡垫盖上装有毡垫,毡垫与被动鼓毂接触,以防止轴承内的润滑脂流到摩擦片上。

2. 被动部分

被动部分由被动鼓、被动摩擦片、压板、压缩轮盘、弹簧及弹簧销组成。

(1)被动鼓内制有花键,套在变速箱主动轴的花键上。在被动鼓与主动轴密封衬套之间装有调整垫圈,用以在安装主离合器时,调整弹子间隙。被动鼓外周制有齿槽及凸边、齿槽与被动摩擦片内齿啮合,凸边用以支承摩擦片,并兼起一摩擦面的作用。被动鼓中部制有 18 个圆孔,弹簧销从其中穿过。

(2)被动摩擦片共 10 片,其中两片的厚度为 5 mm,其余摩擦片的厚度为 3.8 mm。被动摩擦片的内圆有齿,与被动鼓的外齿槽啮合。主、被动摩擦片交替安装在被动鼓的凸边与压板之间,其中两片厚的主、被动摩擦片应分装于两侧。

(3)压板与弹簧销相连,用以压紧摩擦片。

(4)压缩轮盘以带毡垫的内缘套在被动鼓毂上,毡垫用来防止润滑脂流到摩擦片上。

(5)弹簧销(18 根)一端铆在压缩轮盘上,另一端穿过被动鼓与压板相连。

(6)弹簧(18 根)套在弹簧销上,一端顶住被动鼓,另一端顶住压缩轮盘。弹簧的张力通过压缩轮盘、弹簧销和压板将交替安装的主、被动摩擦片压紧。

3. 分离装置

分离装置由固定盘、活动盘、60722 轴承、分离弹子和顶压装置组成。

(1)固定盘与变速箱主动轴轴承座一起用螺帽固定在变速箱体上,并起轴承盖的作用。固定盘上铆有分离环,并焊有注油管。分离环上有三个带斜度的弹子槽和三个钻孔。注油管用以向主离合器分离装置及轴承内加注润滑脂,在固定盘内环形槽内,装有密封毡垫。

(2)活动盘装在压缩轮盘内。其上铆有分离环,环内也有三个带斜度的弹子槽,但倾斜方向与固定盘上的相反。活动盘的外端装有胶皮油挡,与固定盘配合防止分离装置的润滑油外流。60722 轴承装在活动盘内,轴向用轴承盖和卡环固定,轴承盖内圆的环形槽内装有毡垫,轴承盖和活动盘之间装有 O 形密封圈,用来防止 60722 轴承的润滑脂外流。活动盘的拉臂,借连接销与操纵装置相连。

(3)60722 轴承的外圈装在活动盘内,内圈套在压缩轮盘毂上。在分离主离合器时,将分离装置的推力传给压缩轮盘,并可保证活动盘不随压缩轮盘转动。

(4)分离弹子共三个,装在活动盘与固定盘的弹子槽内。主离合器结合时,分离弹子与弹子深槽保持一定间隙,此间隙叫弹子间隙。当活动盘逆时针转动时,弹子由深槽滚向浅槽,弹子间隙消失后,继续转动活动盘,弹子便推活动盘、压缩轮盘、弹簧销和压板做轴向移动,使主离合器分离。

(5)顶压装置共三个,每个均由弹簧和套筒组成,安装在固定盘分离环的圆孔内。套筒借弹簧的张力将活动盘顶离固定盘,有利于弹子槽和 60722 轴承减少或免受冲击负荷。

11.3.3　工作过程

当主离合器处于结合状态时,发动机的动力经传动箱传给主离合器的主动部分,因主、被动摩擦片在弹簧张力的作用下被压紧,主动部分与被动部分成一体旋转,动力经被动部分传给变速箱主动轴。

1. 分离

踏下主离合器踏板时,通过操纵装置带动活动盘拉臂向左转动,弹子由深槽滚向浅槽,先使弹子间隙消失(见图 11.4(b)),而后推动活动盘、60722 轴承、压缩轮盘、弹簧销轴向移动,弹簧被压缩,使压板轴向移动而松开摩擦片,主、被动摩擦片之间产生间隙,主离合器分离,动力被切断(见图 11.4(c))。

2. 结合

松开主离合器踏板时,主离合器弹簧伸张,推动压缩轮盘、60722 轴承,使活动盘回转,迫使弹子由浅槽滚向深槽。弹簧张力通过弹簧销带动压板,压紧主、被动摩擦片。踏板回到最后位置时,弹子间隙恢复,主离合器完全结合,发动机的动力经传动箱、主离合器传给变速箱(见图 11.4(a)、图 11.5)。

3. 打滑

当车辆运动速度或负荷急剧变化时,作用在主离合器的扭矩大于它的摩擦力矩时,主离合器便产生打滑,从而保证了传动装置和发动机装置各机件不致因过载而损坏。

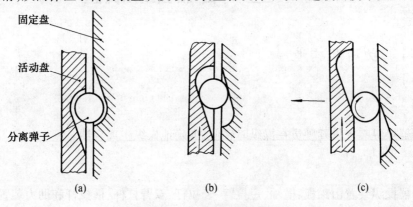

图 11.4　活动盘移动示意图

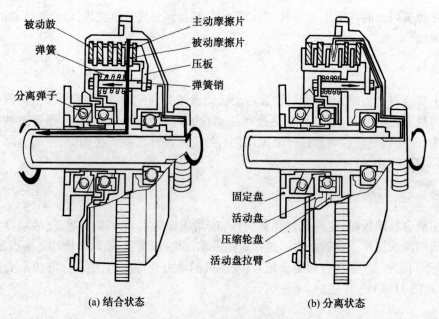

(a) 结合状态　　　　　　　　　　　(b) 分离状态

图 11.5　主离合器工作过程

11.4　主离合器操纵装置

11.4.1　功用及构造

1. 功用

主离合器操纵装置供驾驶员在操纵时轻便、准确地操纵主离合器。

2. 构造

主离合器操纵装置由踏板、横轴、短拉臂、竖拉杆、双臂杠杆、横拉杆和助力装置组成。

踏板以半圆键、系紧螺栓固定在横轴的一端(见图 11.6)。

横轴以两支架固定在车体的隔板上,其上焊有支臂、保险臂和限制板。限制板前端的上、下各有一个限制螺栓,用来调整和限制踏板的转角,以保证横拉杆的总行程。在踏下制动器踏板并固定时,保险臂被踏板固定器的齿条挡住,使主离合器踏板踏不下去,以防止自行火炮在制动的情况下起车。支臂与助力弹簧钩板相连。

短拉臂以半圆键、系紧螺栓固定在横轴的另一端。

竖拉杆上端与短拉臂相连、下端与双臂杠杆的短臂相连;竖拉杆中部有调整接头,可调整

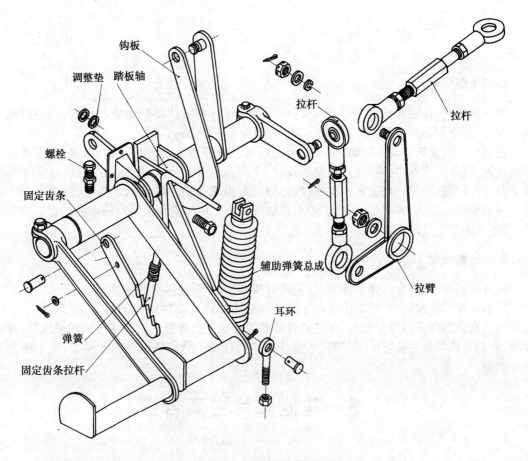

图 11.6　主离合器操纵装置

竖拉杆的长度。

双臂杠杆装在车体隔板的支架上,并可绕支架转动,其长臂、短臂分别与横拉杆、竖拉杆相连。

横拉杆一端与双臂杠杆的长臂连接,另一端与活动盘拉臂相连。其中部有调整接头,用来在使用中调整自由行程。

助力装置用来帮助驾驶员分离主离合器,当松开踏板时使踏板处于最后位置。它由钩板、助力弹簧、支架和调整螺栓组成。钩板挂在支臂的销子上。助力弹簧的一端与钩板相连,另一端通过调整螺栓和螺帽固定在支架上,调整螺栓用来调整弹簧的张力,以保证助力装置正常工作。

11.4.2　工作过程

1. 踏下踏板时

踏下踏板时,横轴转动,经短拉臂、竖拉杆、双臂杠杆及横拉杆带动活动盘拉臂向左转动。踏板踏到底(下限制螺栓顶住车体隔板时),主离合器完全分离。

在横轴上的支臂转动的同时,带动钩板上端向后做弧形运动,拉长助力弹簧,并使弹簧中心线逐渐后移,当弹簧中心线接近横轴轴线时,主离合器开始分离,当弹簧中心线与横轴轴线相交时,弹簧拉到最长。在上述过程中,助力弹簧起阻抗作用。继续踏下踏板,弹簧中心线就移向横轴轴线后方,弹簧收缩,其收缩力对横轴形成的力矩与踏踏板对横轴形成的力矩方向一致,故能帮助驾驶员踏踏板。

2. 松开踏板时

松开踏板时,主离合器弹簧伸张,使主离合器结合,同时使操纵装置回位。

操纵装置回位过程中,开始阶段由于助力弹簧中心线在横轴轴线的后方,弹簧被拉长,故能抵消主离合器弹簧的部分张力,使主离合器平稳结合。当弹簧中心线移过横轴轴线后,弹簧收缩,将踏板拉到最后位置(上限制螺栓顶住车体),保持了分离机构的弹子间隙,使主离合器完全结合。

11.5　其他多片主离合器

11.5.1　轻型底盘主离合器

图 11.7 是 122 mm 自行榴弹炮使用的主离合器,它与中型底盘主离合器的主要区别是分离机构不同,且增加了附件部分。

1. 主动部分

主动部分由连接盘、齿套、支承板、内齿圈、主动摩擦片、压板及分离杠杆等组成。

连接盘其渐开线花键轴穿在主动鼓的内花键孔中,外齿与发动机飞轮壳上齿圈啮合,是发动机传递动力的第一个零件。

齿圈以 12 个 M16×1.5 螺栓连接在飞轮壳上,其内齿与连接盘的外齿啮合。

支承板扣压在齿圈的台阶上,并有 12 个 M10 的螺栓与齿圈固定成一体,用它支承主动鼓尾端。

主动鼓(内齿圈)的轴颈用球轴承支承在箱体上,并由该轴承及箱体承受主离合器分离操

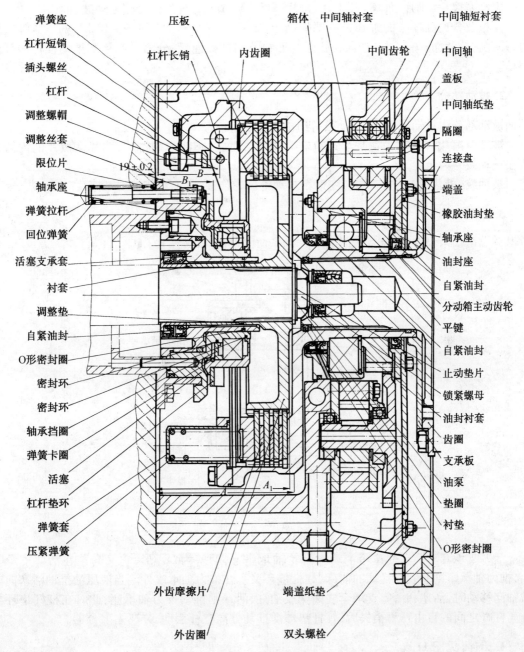

图 11.7　主离合器

纵时的轴向力,最大时为 18 kN。

主动摩擦片(钢片、外齿)共三片,每片厚度为 4.5 mm,其外齿套在主动鼓(内齿圈)中。

压板及分离杠杆压板为 18 mm 厚的钢板,支承 12 根总压力为 9.6～18 kN 的压紧弹簧张力,并在它的背面焊有 4 块支耳,用销子与四根分离杠杆连接,分离时靠活塞推动杠杆做轴向摆动。

2. 被动部分

被动部分由被动摩擦片、被动鼓等组成。

被动摩擦片(内齿)由铜基干式粉末冶金烧结而成,芯部为钢衬片,四片摩擦片的内齿套装在被动鼓外齿上。

被动鼓(外齿圈)的内花键与变速箱主动锥齿轮连接,其上套装被动摩擦片。

3. 分离机构

分离机构由衬套、活塞支承套、活塞、轴承座、杠杆垫环等组成(见图 11.8)。

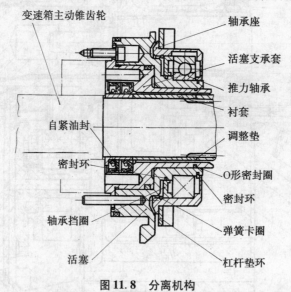

图 11.8 分离机构

活塞支承套套装在变速箱主动锥齿轮轴承座上,活塞为"Z"形,它又套装在活塞支承套上,推力轴承座则套装在活塞的前部,杠杆垫环又套在推力轴承座外。当液压油推动活塞向前做轴向移动时,活塞和活塞支承套之间构成油缸,活塞则推动推力轴承座,此时在杠杆垫环与分离杠杆之间的自由行程消失后,杠杆垫环即推动分离杠杆摆动,分离主离合器。

4. 附件(见图 11.9)

(1)在主离合器箱体的前部隔腔内,分动箱主动齿轮套装在主动鼓上,用平键使其连接成一体,分动箱则装在主离合器箱体上,经中间齿轮带动分动箱齿轮。在壳体前隔腔下部有液压

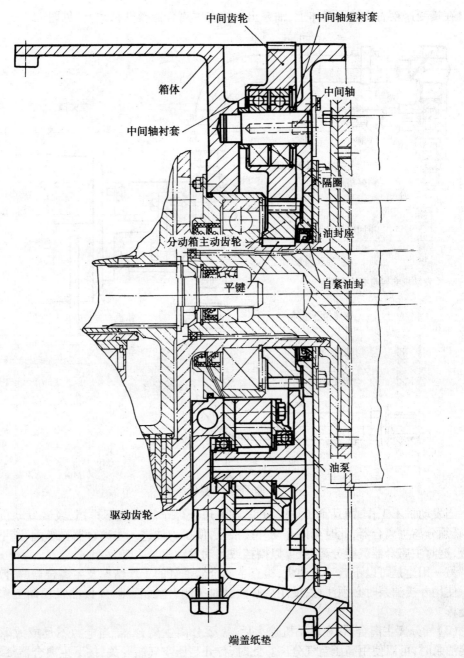

图 11.9　附件

操纵部分的液压油泵,工作时,分动箱主动齿轮带动驱动齿轮,使油泵工作。

(2)外接油泵(机油预润泵)安装在发动机和主离合器之间的车辆中心线底板右侧,油泵进口在接变速箱右边的下箱体上,油泵出口接在主离合器操纵阀体上(见图 11.10)。

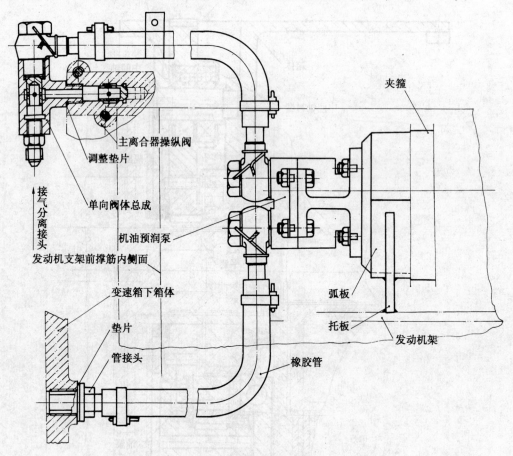

图 11.10　外接油泵

当发动机不工作,而且高压空气漏完,在坡道上停车需要摘下排挡,或者发动机需要启动时,必须分离主离合器,此时可以开动外接油泵,使压力油进入主离合器操纵阀,踏下主离合器踏板,这时主离合器就能分离,就可以摘挡或启动发动机。

另一用途是可以不启动发动机,检查主离合器油缸的工作情况及主离合器的分离情况。

使用外接油泵时必须注意,使用后必须随时关闭开关,否则,外接油泵长期工作易引起电机烧坏。

(3)气分离主离合器,在发动机熄火后,需要分离主离合器,当电源不足或故障不能使用外接油泵时,可以使用高压空气分离。此时,拧开高压空气瓶开关,按下主离合器气动按钮,经"15"减压阀的压缩空气即可通过分离气电阀,压缩空气即可经主离合器控制活门,使液压油推动活塞分离主离合器。

5. 操纵装置

　　主离合器操纵装置由踏板、横轴、拉臂、立拉杆、上横轴、横拉杆和主离合器液压操纵阀组成(见图 11.11)。

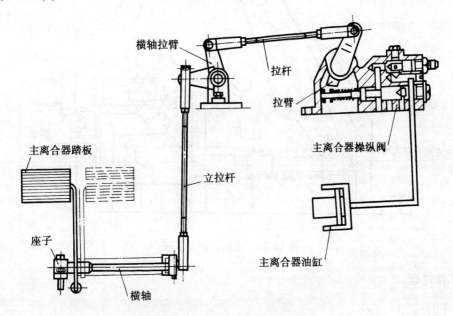

图 11.11　主离合器操纵装置

　　踏板:固定在踏板固定板上,焊在横轴上。

　　横轴:由横轴支座固定在车底甲板的支架上,横轴套在脚制动横轴的钢套内,并用钢套支承。踏板横轴下有圆孔,钩挂主离合器回位弹簧,使主离合器操纵机构回位,并用螺栓调节回位弹簧弹力的大小。

　　踏板横轴后边有一个限制行程的螺栓,它的支座焊在底甲板上,用来限制踏板的位置和拉杆的总行程。踏下主离合器踏板时,固定螺栓使主离合器踏板踏不下去,这就保护了操纵装置。

　　拉臂:用花键固定在横轴上,并与立拉杆相连。

　　立拉杆:下端与拉臂的球接头相连,上端与上横轴的长拉臂的球接头相连。立拉杆可根据需要调整安装长度。

　　上横轴:固定在变速箱箱体左侧,套在制动踏板的上横轴上,长拉臂连接立拉杆,短拉臂连接横拉杆。

　　主离合器操纵阀(见图 11.12):上横拉杆连接主离合器操纵阀的拉臂,拉臂拨动主离合器操纵阀的滑套,滑套压弹簧,在弹簧力的作用下,使操纵阀运动,并打开油路,压力油分二路,分别进入换挡操纵阀系统和主离合器油缸。在油压的作用下,使主离合器分离,这时可迅速换挡,达到了只有踏下主离合器踏板,使其分离后,才能实现二、三挡或四、五挡的液压换挡。这是本底盘的一个特点。

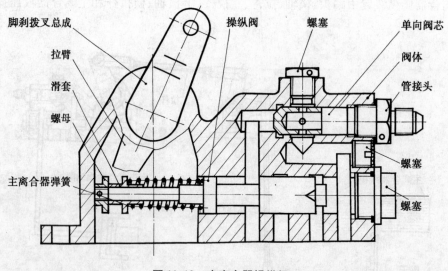

脚刹拨叉总成　操纵阀　螺塞　单向阀芯
拉臂　　　　　　　　　　　阀体
滑套　　　　　　　　　　　管接头
螺母
主离合器弹簧　　　　　　　螺塞
　　　　　　　　　　　　　螺塞

图 11.12　主离合器操纵阀

6. 工作过程

(1)平时

主离合器在不操纵时(不踏下主离合器踏板),处于结合状态,发动机的动力经过主离合器传给变速箱。当需要起步、换挡时,必须踏下主离合器踏板,分离主离合器,切断发动机传给变速箱的动力(见图 11.13)。

(2)分离

踏下踏板,横轴转动,拉臂向上推立拉杆,立拉杆使上横轴转动,短拉臂推横轴拉臂,横轴拉臂推动主离合器的操纵阀拉臂,拉臂拨动主离合器操纵阀杆,接通油路,压力油进入主离合器油缸和换挡系统,使油缸充油,油压推动活塞向发动机方向运动,使推力轴承带动杠杆垫环,杠杆垫环推动分离杠杆摆动,压缩弹簧,放松压板,此时,主、被动摩擦片即行分离,切断发动机传给变速箱的动力。

(3)结合

松开踏板,由于回位弹簧及主离合器压紧弹簧的伸张作用,将活塞推回原位,油压降为 0,主、被动摩擦片在弹簧压力的作用下结合。操纵部分由踏板下的回位弹簧回位。

(4)滑摩

当底盘运动速度或负荷急剧变化(如撞击、障碍等),作用在主离合器上的扭矩大于它的摩擦力矩时,主离合器便产生滑摩(即打滑),从而保证了传动部分和发动机各机件不致因过载而损坏。

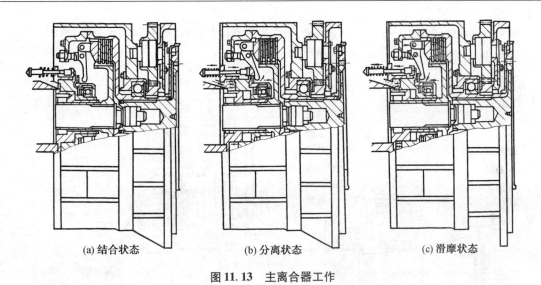

(a) 结合状态　　　　　(b) 分离状态　　　　　(c) 滑摩状态

图 11.13　主离合器工作

11.5.2　自行高炮底盘使用的主离合器及操纵装置

图 11.14 是 4-25 自行高炮底盘使用的主离合器,其构造特点是离合器的主、被动部分构造与轻型底盘相似,但摩擦片片数增加,外齿摩擦片为 10 片,内齿摩擦片为 9 片;分离机构与中型底盘相似。

11.6　摩擦片式离合器的计算

11.6.1　要　　求

要完成主离合器的各项功用,在设计计算时就必须满足各方面的要求。

1. 从接通与切断动力方面提出的要求

①结合时能传递足够的力矩。即在设计寿命期限内,应能可靠地传递最大的计算力矩;
②分离后不应发生摩擦;
③控制分离、结合所需的操纵力要小。

2. 从滑摩方面提出的要求

①结合过程中力矩应平稳地增加,避免突然传递大的力矩形成冲击;

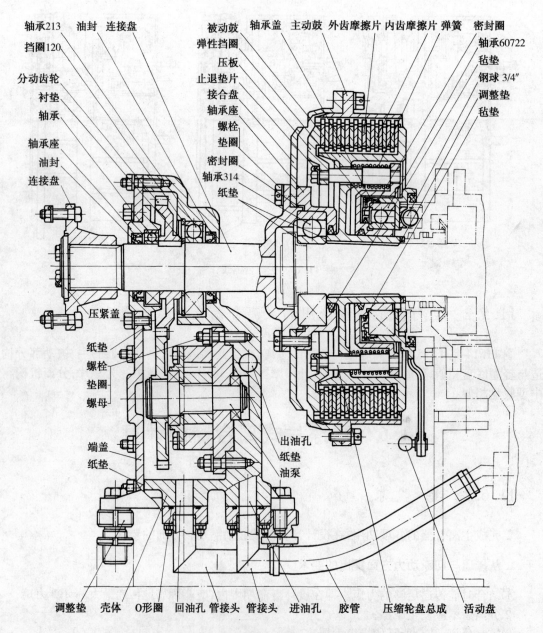

轴承213　油封　连接盘　　　　　　被动鼓　轴承盖　主动鼓　外齿摩擦片　内齿摩擦片　弹簧　密封圈
挡圈120　　　　　　　　　　　　弹性挡圈　　　　　　　　　　　　　　　　　　　　　　　　轴承60722
分动齿轮　　　　　　　　　　　　　压板　　　　　　　　　　　　　　　　　　　　　　　　　毡垫
衬垫　　　　　　　　　　　　　　止退垫片　　　　　　　　　　　　　　　　　　　　　　　　钢球 3/4″
轴承　　　　　　　　　　　　　　接合盘　　　　　　　　　　　　　　　　　　　　　　　　　调整垫
　　　　　　　　　　　　　　　　轴承座　　　　　　　　　　　　　　　　　　　　　　　　　毡垫
轴承座　　　　　　　　　　　　　螺栓
油封　　　　　　　　　　　　　　垫圈
连接盘　　　　　　　　　　　　　密封圈
　　　　　　　　　　　　　　　　轴承314
　　　　　　　　　　　　　　　　纸垫

压紧盖

纸垫
螺栓
垫圈
螺母

端盖　　　　　　　　　　　　出油孔
纸垫　　　　　　　　　　　　纸垫
　　　　　　　　　　　　　　油泵

调整垫　壳体　O形圈　　回油孔　管接头　管接头　进油孔　胶管　　压缩轮盘总成　　活动盘

图 11.14　4-25 自行高炮底盘主离合器

②分离结合过程中发热少,温度不致剧烈升高。

由于摩擦片式离合器在传动装置中应用部位不同,对离合器的要求也各有不同和侧重点。

11.6.2 摩 擦 副

离合器摩擦副(又称摩擦对偶)可分为两大类,第一类是金属型的,它与钢片对偶的摩擦衬面材料具有金属性质,如钢对钢、钢对粉末冶金等。第二类是非金属型的,它的摩擦衬面材料具有非金属性质,如石墨树脂等,它们的对偶可用钢和铸铁。

在金属材料中铜基粉末冶金获得广泛应用,它的主要优点是:

①有较高的摩擦系数,单位面积工作能力为 $0.22 \ kW/cm^2$;

②在较大温度变化范围内,摩擦系数变化不大;

③允许表面温度高,可达 350 ℃,非金属型在 250 ℃以下,所以在高温下耐磨性好,使用寿命长;

④机械强度高,有较高的比压,可高达 70 MPa;

⑤导热性好,加上表面开槽可获得良好冷却,允许较长时间打滑而不致烧蚀。

铁基粉末冶金,摩擦系数比铜基大,但磨损量大,结合离合器时刚性大,在湿式离合器中一般不用。由于它耐高温(900 ℃),有较大的允许比压和静摩系数(干式 0.4),所以特别适合做干式刹车片、制动器的摩擦材料。

非金属型摩擦材料具有高的摩擦系数,价廉,保证离合器结合平稳、无噪声。缺点是导热性差,最大热负荷强度为 $0.113 \sim 0.155 \ kJ/(s \cdot cm^2)$。

石墨-树脂摩擦材料的摩擦系数为 0.1,单位摩擦面积的工作能力为 $0.34 \ kW/cm^2$,其磨损值稍低于纸质摩擦材料,但大大高于粉末冶金材料,成本介于纸质和粉末冶金材料之间。石墨-树脂材料与粉末冶金材料相比还有如下优点:没有摩擦材料转移到钢片上去的现象;磨损不均匀(呈锥形)现象大大减少;不受润滑油中杂质的影响。这种杂质会使粉末冶金材料形成金属硫化物和乳化物而逐渐从金属表面掉落。石墨-树脂材料有希望将来取代粉末冶金材料。

摩擦副的比压 q 为单位面积上的压力,表示式为

$$q = \frac{P}{F}$$

摩擦副的摩擦系数 μ 为摩擦力与正压力之比,表示为

$$\mu = \frac{P_m}{P}$$

式中,P 为摩擦副上受的法向作用力;F 为摩擦副总面积;P_m 为摩擦力。

静摩擦系数 μ_j 是指摩擦副无相对滑摩时的摩擦系数。在摩擦副试验中,将开始打滑前的摩擦系数最大值作为静摩擦系数值。μ_j 对传递发动机扭矩和过载保护等方面有影响,常在静态计算中应用。

　　动摩擦系数 μ_d 是指在一定相对滑摩速度下的摩擦系数值。对常用摩擦副来讲,是指在使用滑摩速度下的平均值。μ_d 对于换挡离合器的动载、滑摩功、摩擦副热负荷等有很大影响,是动载计算过程的重要依据。

　　离合器的工作条件(比压、滑摩速度、温度)均对摩擦副的摩擦系数有很大的影响。

　　湿式粉末冶金摩擦衬面的开槽形式会影响摩擦系数值和离合器的接合过程。沟槽有两个作用:一是破坏油膜,提高滑摩时的摩擦系数;二是保证油流通过,冷却摩擦表面。图11.15(a)为粉末冶金衬面的开槽形式。图11.15(b)为试验所得摩擦系数值。由图可见,螺旋径向槽有最大的摩擦系数值。其中螺旋部分是为取得高的摩擦系数,径向槽为保证足够的冷却油通过,还有一种棱形网格槽(见图11.15(c))也有较高的摩擦系数并可保证足够的冷却油通过,因加工方便,故采用较多。

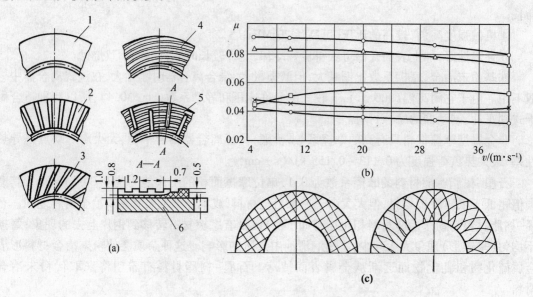

图 11.15　粉末冶金摩擦衬面的开槽形式

　　对湿式非金属型摩擦衬面,开槽并不能使摩擦系数增加,反而增加了磨损值,所以仅开冷却油槽。

　　在计算摩擦表面时,对各种摩擦副的摩擦系数和允许比压可按表 11.1 参考选取。

　　实际摩擦系数及比压值 q 应由材料试验确定。初步校验或设计时,如工作条件较好(负荷小、滑摩时间短、散热良好、使用不频繁等),可参考表 11.1 选取较大值。

表 11.1　各种摩擦副的摩擦系数和允许比压

摩擦副材料	μ_j	μ_d	q/MPa
纸质对钢	0.13～0.16	0.11	2
石墨–树脂对钢	～	0.10	3
铜基粉末对钢	0.1～0.12	0.06～0.08	4

材　料	工作条件	μ	q/MPa
钢对钢	干式	0.15～0.20	0.2～0.25
	湿式	0.03～0.07	1
钢对铜丝石棉	干式	0.25～0.35	0.1～0.2
	湿式	—	0.5～0.6
钢对粉末冶金	干式	0.4～0.5	0.4～0.6
	湿式	0.08～0.12	4

11.6.3　离合器摩擦力矩

离合器摩擦力矩应大于所传递的工作扭矩,才能可靠工作,即在滑摩过程中保证一定时间内结合,在结合以后的工作过程中不打滑;当做主离合器时还应起负荷保护作用,所以离合器摩擦力矩 M_m 应为

$$M_m = \beta M_{js} \tag{11.1}$$

式中 M_{js} 是由发动机传至离合器主动件的计算力矩,视具体布置和工况要求而定。例如主离合器、动液元件的闭锁离合器和定轴变速箱的换挡离合器 M_{js} 应以发动机最大扭矩 M_{emax} 为依据,即

$$M_{js} = M_{emax} i \eta$$

式中, i 和 η 分别为发动机至离合器的传动比与传动效率; β 为大于 1 的储备系数。因为下列因素会使 M_m 降低。

①干式摩擦片表面沾油、发热等因素会使摩擦系数降低。

②弹簧加压的离合器中,因弹簧制造的误差而引起刚度的偏小,其他零件的制造偏差(例如摩擦片总厚度偏薄)通过尺寸链影响弹簧工作长度伸长,使用中摩擦片的磨损更使工作长度进一步伸长,这都使压紧力降低。

③离合器接合过程中,压板及随它移动的各机件受导向零件(例如导向齿)给它的摩擦力,而将压紧力抵消了一部分。

特别对于主离合器而言, β 的作用除了上述的“储备”意义外,如果 β 较小,在起步或换挡过程中,将会因 M_m 过小而延长起步或换挡的滑摩时间,使滑摩加剧,引起过热。

但是 β 也不宜取得过大,否则会大大增加所设计离合器的尺寸和质量,并使机械操纵功增加。主离合器 β 过大时,在起步或换挡过程中还可能造成发动机熄火,并且不利于防止过载的作用。

对于干式、弹簧加压的离合器,推荐 β 参考数据如下:

主离合器:轻型装甲车辆 $\beta = 1.4 \sim 2.0$;

中型装甲车辆 $\beta = 1.6 \sim 2.3$;

重型装甲车辆 $\beta = 1.8 \sim 2.5$。

对于动液传动装置中的湿式、液压加压的离合器,上述不利因素均有所改善,选取的 β 可以较小,推荐 β 参考数据为

动液元件的闭锁离合器 $\beta = 1.3 \sim 1.5$;

换挡离合器与转向离合器 $\beta = 1.1 \sim 1.25$。

离合器摩擦元件所能传递的摩擦力矩可由下式表达

$$M_m = \mu Z P r_d \tag{11.2}$$

式中,μ 为摩擦系数;P 为摩擦片法向压紧力;Z 为摩擦副数(视具体结构而定);r_d 为等效半径。相当于由 P 产生的全部摩擦力集中作用于 r_d 半径上。

$$P = \psi \cdot F [q]$$

式中,F 为全部摩擦副的总面积,$F = \pi(R^2 - r^2)$;ψ 为接触系数。干式的,因摩擦表面上不开槽,$\psi = 1.0$;湿式的,$\psi < 1.0$,其值等于扣除表面油槽后的净面积与总面积 F 之比。例如,对有螺旋与径向槽的,ψ 可取 $0.5 \sim 0.6$。

金属型摩擦材料的等效半径 r_d(见图11.16)为

$$r_d = \frac{1}{2}(R + r)$$

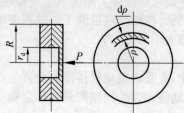

非金属型摩擦材料的 r_d 为

$$r_d = \frac{2(R^3 - r^3)}{3(R^2 - r^2)}$$

令摩擦片内、外径的比为 α_m

$$\alpha_m = \frac{r}{R}$$

图11.16 摩擦副等效半径 r_d

将上述 r_d,P,α_m 代入式(11.2)式,得

金属型摩擦衬面副的摩擦力矩为($q^\rho = $ 常数时)

$$M_m = \frac{1}{2}\pi\mu\psi(1 - \alpha_m^2)(1 + \alpha_m)[q]R^3 Z \tag{11.3}$$

非金属型摩擦衬面副的摩擦力矩为($q = $ 常数时)

$$M_m = \frac{2}{3}\pi\mu\psi(1 - \alpha_m^3)[q]R^3 Z \tag{11.4}$$

在各参数相同的条件下,按公式(11.4)计算所得的 M_m 较按公式(11.3)计算所得的 M_m 为大,其偏差值与 α_m 有关,当参数 $\alpha_m < 0.5$ 时,上两式不能混用。当 $\alpha_m > 0.6$ 以后,偏差值很小,

此时,非金属型摩擦材料的 r_d 可以用平均半径代替。

11.6.4 离合器的滑摩功和热负荷计算

1. 滑摩功计算

装甲车辆从原地起步及换挡过程中,离合器在传递扭矩的同时,产生滑摩,最后使主、被动系统转速相等。在滑摩过程中,离合器消耗的功称滑摩功。滑摩功是离合器热负荷计算的基础,滑摩功值取决于下列因素:摩擦片的压力、相对转速、换挡时间、发动机和变矩器的扭矩变化特性、主被动系统的转动惯量、主被动系统的阻力矩、摩擦副的摩擦系数和表面状态等。上述因素的影响是复杂的,最好通过实车或台架模拟试验求得离合器的滑摩时间和滑摩功。在没有试验数据条件下,可以用理论方法求得,但计算时作了某些假设,其结果是近似的,故只能作相对比较用或作定性观察分析。

起步、换挡过程的动力学(数学模型)简图如图 11.17 所示。

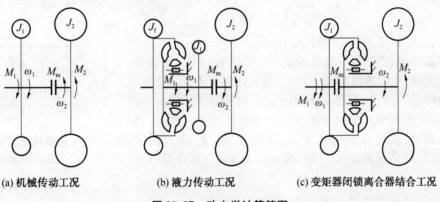

(a) 机械传动工况　　　(b) 液力传动工况　　　(c) 变矩器闭锁离合器结合工况

图 11.17　动力学计算简图

离合器结合过程中,主被动系统的转速变化与滑摩功的一般计算式,可由下述方程表示

$$J_1 \frac{\mathrm{d}\omega_1}{\mathrm{d}t} = M_1 - M_m \tag{11.5}$$

$$J_2 \frac{\mathrm{d}\omega_2}{\mathrm{d}t} = M_m - M_2 \tag{11.6}$$

$$W_m = \int_0^{\tau_m} M_m(\omega_1 - \omega_2)\,\mathrm{d}t \tag{11.7}$$

可利用图 11.17(a) 动力学简图进行分析,以机械传动起步工况为例,此时有关条件及参数给定如下:

J_1, J_2——分别为换算到离合器主、被动部分的转动惯量($N \cdot m \cdot s^2$),令 $J_1 = J_z$;$J_2 = J_b$;

ω_1, ω_2——分别为主动和被动部分的角速度(1/s),令 $\omega_1 = \omega_z$;$\omega_2 = \omega_b$;

M_1——换算到离合器主动部分的扭矩(N·m),令 $M_1 = M_f$

$$M_f = M_{emax} i_q \eta_q = 常数 \tag{a}$$

M_2——被动部分阻力矩(N·m),令 $M_2 = M_r$

$$M_r = \frac{G\psi r_k}{i_h \eta_h \eta_x} = 常数 \tag{b}$$

(a)(b)两式中:i_q 与 i_h 为曲轴至主离合器、由主离合器至主动轮的传动比;η_q 与 η_h 为相应的效率;η_x 为行动装置效率;ψ 为运动阻力系数,考虑道路坡度角 α_m 与滚动阻力系数 f_0 后,$\psi = f_0\cos\alpha + \sin\alpha$;$G$ 为自行火炮全重;r_k 为主动轮半径;M_m 为离合器摩擦力矩(N·m)。

$$M_m = \beta M_{js} = \beta M_f = \beta M_{emax} i_q \eta_q = 常数 \tag{c}$$

图 11.18 为离合器起步滑摩过程中,角速度 ω、力矩 M 与时间 τ 的关系。

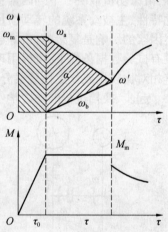

起步的前一阶段,时间为 τ_0,主离合器在此期间开始结合,传递的力矩逐渐增加,可以认为主动部分角速度尚无变化,初始角速度 $\omega_{z0} = \omega_m$,

$$\omega_m = \frac{2\pi n_M}{60\,i_q} \tag{d}$$

式中,n_M 为发动机最大扭矩时转速,r/min。

被动部分角速度因车辆尚未运动,所以 $\omega_b = 0$。实验证明,这一阶段产生的滑摩功很小,为了简化计算可不予考虑。

起步的后一阶段,经历时间为 τ_m,此时主离合器完全接合,传递力矩达到 M_m,车辆开始运动。主动部分角速度 ω_z 逐渐降低的同时,被动部分角速度 ω_b 逐渐增加。经过 τ_m 时间后,主被动部分角速度达到一致,即 $\omega_z = \omega_b = \omega'$,离合器滑摩终了。

图 11.18　起步滑摩过程角速度
与力矩的变化

由式(11.5),可求出 ω_z 随时间 τ 的变化规律

$$J_z \frac{d\omega_z}{dt} = M_f - M_m$$

$$\int_{\omega_m}^{\omega_z} d\omega_z = \int_0^\tau \left(\frac{M_f - M_m}{J_z} \right) dt$$

所以

$$\omega_z = \omega_m - \left(\frac{M_m - M_f}{J_z} \right) \cdot \tau \tag{e}$$

由式(11.6),可求出 ω_b 随 τ 的变化式

$$J_b \frac{d\omega_b}{dt} = M_m - M_r$$

$$\int_0^{\omega_b} d\omega_b = \int_0^\tau \left(\frac{M_m - M_r}{J_b} \right) dt$$

所以
$$\omega_{\mathrm{b}} = \left(\frac{M_{\mathrm{m}} - M_{\mathrm{r}}}{J_{\mathrm{b}}}\right) \cdot \tau \tag{f}$$

当滑摩终了时,即 $\tau = \tau_{\mathrm{m}}$ 时,主被动两部分角速度相等,由式(e)、式(f)可计算出滑摩时间 τ_{m},即

$$\omega_{\mathrm{m}} - \left(\frac{M_{\mathrm{m}} - M_{\mathrm{f}}}{J_{\mathrm{z}}}\right)\tau_{\mathrm{m}} = \left(\frac{M_{\mathrm{m}} - M_{\mathrm{r}}}{J_{\mathrm{b}}}\right)\tau_{\mathrm{m}}$$

所以
$$\tau_{\mathrm{m}} = \frac{\omega_{\mathrm{m}}}{\frac{1}{J_{\mathrm{z}}}(M_{\mathrm{m}} - M_{\mathrm{f}}) + \frac{1}{J_{\mathrm{b}}}(M_{\mathrm{m}} - M_{\mathrm{r}})} \tag{g}$$

由式(11.7)可计算 t_{m} 时间内的滑摩功

$$W_{\mathrm{m}} = \int_0^{\tau_{\mathrm{m}}} M_{\mathrm{m}}(\omega_{\mathrm{z}} - \omega_{\mathrm{b}})\,\mathrm{d}t = M_{\mathrm{m}}\int_0^{t_{\mathrm{m}}}(\omega_{\mathrm{z}} - \omega_{\mathrm{b}})\,\mathrm{d}t$$

观察图 11.17 可见,$\int_0^{\tau_{\mathrm{m}}}(\omega_{\mathrm{z}} - \omega_{\mathrm{b}})\,\mathrm{d}t$ 可由三角形面积来表示,即

$$\int_0^{\tau_{\mathrm{m}}}(\omega_{\mathrm{z}} - \omega_{\mathrm{b}})\,\mathrm{d}t = \frac{1}{2}\omega_{\mathrm{m}}\tau_{\mathrm{m}} \tag{h}$$

将式(g)、式(h)代入 W_{m} 表达式中,得

$$W_{\mathrm{m}} = M_{\mathrm{m}} \cdot \frac{1}{2}\omega_{\mathrm{m}}\tau_{\mathrm{m}} = \frac{\omega_{\mathrm{m}}^2}{2\left[\frac{1}{J_{\mathrm{z}}}\left(1 - \frac{M_{\mathrm{f}}}{M_{\mathrm{m}}}\right) + \frac{1}{J_{\mathrm{b}}}\left(1 - \frac{M_{\mathrm{r}}}{M_{\mathrm{m}}}\right)\right]}$$

再将式(a)、式(b)、式(c)、式(d)代入,有

$$W_{\mathrm{m}} = \frac{\left(\frac{2\pi n_{\mathrm{M}}^2}{60 i_{\mathrm{q}}}\right)}{2\left[\frac{1}{J_{\mathrm{z}}}\left(1 - \frac{M_{\mathrm{emax}} i_{\mathrm{q}}\eta_{\mathrm{q}}}{\beta M_{\mathrm{emax}} i_{\mathrm{q}}\eta_{\mathrm{q}}}\right) + \frac{1}{J_{\mathrm{b}}}\left(1 - \frac{G\psi r_{\mathrm{k}}}{\beta M_{\mathrm{emax}} i_{\mathrm{q}} i_{\mathrm{h}}\eta_{\mathrm{q}}\eta_{\mathrm{h}}\eta_{\mathrm{x}}}\right)\right]} = \frac{n_{\mathrm{M}}^2}{182.5 i_{\mathrm{q}}^2\left[\frac{1}{J_{\mathrm{z}}}\left(1 - \frac{1}{\beta}\right) + \frac{1}{J_{\mathrm{b}}}\left(1 - \frac{\psi}{\beta D_{\mathrm{max}}}\right)\right]} \tag{11.8}$$

式中,$182.5 = \frac{2 \times 60^2}{(2\pi)^2}$;$D_{\mathrm{max}}$ 为起步挡最大扭矩时的单位牵引力。

分析式(11.8)得知:

①滑摩功随 β 增大而减小,离合器的磨损也减轻。但分析表明,在 $\beta > 2$ 以后,滑摩功的减少渐趋不显著,甚至当 $\beta \to \infty$ 时,滑摩功也不趋于零;

②滑摩功与发动机转速 n_{M} 的平方成正比,若起步时发动机转速大于 n_{M},将使起步滑摩功显著增大;

③滑摩功随 J_{z} 的增加而增大。这说明随着装甲车辆全重的增加,将使离合器的磨损加剧。显然,对比较重的装甲车辆,离合器储备系数应适当大些;

④同一装甲车辆在高挡起步时,转动惯量 J_b 比较大,因 $J_b = \delta_0 \cdot \dfrac{G}{g} \cdot \dfrac{r_k^2}{i_h^2}$,高挡时 i_h 减小将使 J_b 增大,从而使 W_m 增加。因此,纵使高挡起步,发动机不熄火,也是不允许的。

2. 热负荷计算

离合器摩擦副的摩擦力矩、比压、储备系数等是表示离合器传递能力和机械负荷的指标。在起步、换挡时,离合器分离、结合所产生的滑摩功,不仅使摩擦材料磨损,而且还产生大量热,使摩擦副工作条件变坏。离合器的工作可靠性和耐用性,不仅决定于传递力矩的能力,在很大程度上还与热负荷有关。离合器摩擦片常因高温而烧坏、翘曲,甚至熔化、烧结,因此必须进行热负荷计算,并应在设计中考虑散热和冷却措施。

对离合器热负荷计算的评价指标有下列几项:
①单位滑摩功;
②单位滑摩功率;
③摩擦片平均温度。

单位滑摩功 W 为单位摩擦表面一次换挡(分离或结合)的滑摩功平均值,可由下式计算

$$W = \frac{W_m}{FZ} \quad (\text{N} \cdot \text{m/cm}^2) \tag{11.9}$$

式中, F 为摩擦片的表面积, cm^2 ; Z 为摩擦副数。

单位滑摩力 N_m 为单位摩擦表面滑摩功率的平均值,可用下式表示

$$N_m = \frac{W_m}{ZFt_m} \quad (\text{N} \cdot \text{m/cm}^2 \cdot \text{s}) \tag{11.10}$$

式中, t_m 为滑摩时间,s。

摩擦片平均温度 t_p 为一次换挡离合器摩擦副在结合终了时的平均温度。可认为主、被动摩擦片热容量和导热系数相同,所有滑摩功变成热,则

$$t_p = t_0 + \frac{W_m}{427ZmC} \tag{11.11}$$

式中, t_0 为结合或分离开始时摩擦片的初始平均温度,对液力传动变速箱可取 $80 \sim 100\ ℃$; m 为一个摩擦片的平均质量; C 为在一定温度间隔内,主被动片材料的比热容量,对钢可取 $C = 0.115\ \text{kJ/(kg} \cdot \text{K)}$; $\dfrac{W_m}{427ZmC}$ 为一次结合过程的温升,允许值为 $15 \sim 20\ ℃$ 。

为保证摩擦片有良好的耐用性,一般应根据 W 及 N_m 来选择摩擦材料。图 11.19 为阿里森公司采用的四种摩擦材料的耐用性设计曲线,曲线下部为耐用工作区,上部为材料破坏区。图中 a,b 区为该厂非公路车和公路车用离合器滑摩时间为 $0.5 \sim 1\ \text{s}$ 的热负荷值(单位滑摩功和最大单位滑摩功率), c 区为该厂军用车辆制动器和转向离合器滑摩时间 $8 \sim 12\ \text{s}$ 时的热负荷值, c,d 区为长期打滑离合器的热负荷值。应根据不同车辆传动工作时的热负荷值,选择合适的离合器尺寸、片数和摩擦材料。由图可见,最低的耐用曲线为纸质材料,在 a,b 区工作选

用石墨-树脂材料具有最高的耐用性。

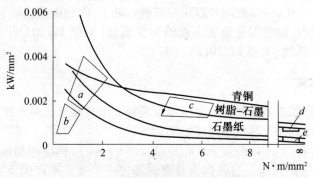

图 11.19　四种摩擦材料的耐用性

11.6.5　干式离合器结构与计算要点

1. 内外鼓布置

换挡离合器和行星转向机中的离合器内外鼓布置与整个行星机构的方案设计有关。主离合器取外鼓为主动鼓(见图 11.20(a)、(b)),因为主动鼓应起飞轮作用,并常与冷却风扇、启动齿圈相连接;内鼓为被动鼓,因为要求被动部分转动惯量小,用以减少换挡冲击。有的转向离合器与停车制动器布置在一起,可取外鼓做被动鼓(见图 11.20(c)、(d)),同时也是制动鼓。

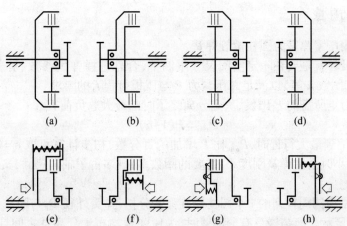

图 11.20　基本方案

离合器的内外鼓应有共同的旋转轴线,如两部分各有各的轴线而且不重合时,工作时会产生附加的滑摩。以主离合器为例,若总体方案决定主离合器安装在发动机上时,应以发动机曲轴为支承轴(见图11.20(a))。此时外鼓用花键装在轴上,内鼓则通过轴承支承在轴上。如离合器安装在变速箱上时,则应以变速箱主动轴为支承轴(见图11.20(b))。内鼓主动的离合器也可以有不同的支承轴(见图11.20(c)、(d))。

2. 加压机构的布置

按加压方式,离合器有弹簧加压与油压加压两种。干式离合器多为弹簧加压,常用圆柱螺旋弹簧或碟片弹簧;湿式离合器多用液压加压。

弹簧加压的离合器,如用内鼓支承(见图11.20(b)、(c))则应把加压分离机构布置在内鼓上,如图11.20(f)、(g)所示。这是因为分离时需要一个支点来产生反力,放在支承轴上比较方便。液压加压的离合器也是一样,因为油从支承轴处引入比较方便。压板可以布置在有支承轴的那一面(见图11.20(g))或相反的一面(见图11.20(f))。如用外鼓支承(见图11.20(a)、(d)),加压分离机构应布置在外鼓上(见图11.20(e)、(h))。

布置加压机构时,应注意一个问题,如前所述,如果压板布置在内鼓上,那么支承盘(支承最后一个摩擦片的圆盘称做支承盘)也应装在内鼓上。图11.21(a)为苏联ИC-2重型坦克主离合器,压板在外鼓上,支承盘也在外鼓上。结合时压板的压力由支承盘来承受。这个力在外鼓上与施压反力平衡了,而不会传给轴和轴承。

如果支承盘在内鼓上(见图11.21(b),是ИC-2重型坦克主离合器早期结构),结合时压板的力通过支承盘传给被动鼓,因而又传给轴承和轴。这对轴与轴承不利。在图11.21(a)上,每一内摩擦片两个衬面都承受摩擦力矩,故摩擦副为偶数。在图11.21(b)上,最后一个内齿片有一面不承受摩擦力矩,故摩擦副必为奇数,但这种结构布置是不合理的。

3. 压紧弹簧的计算

自行火炮现用压紧弹簧为圆柱螺旋弹簧。

加压弹簧的设计就是要在一定空间尺寸限制下,合理选择弹簧参数(弹簧个数 i、平均直径 D、钢丝直径 d、圈数 n 等)以满足总压紧力 P 与压板行程 f_1 的要求。

从保证传递力矩所需的 P 出发,决定分离终了时的最大总负荷 P_{max}

$$P_{max} = P(1+a) \tag{11.12}$$

式中,a 为弹簧压缩到最大行程时,P_{max} 比 P 增加的百分数,初步计算可取 $a = 0.15 \sim 0.25$。过大时操纵费力,过小时会使弹簧刚度小,需要的圈数多,既多占了轴向尺寸,又易使弹簧在压缩时失去稳定性。

总压力 P 通常由圆周排列的 i 个圆柱螺旋弹簧分担,弹簧外径 D_1 与圈数 n 可由安装空间决定,如图11.22所示。当结构具有分离臂时,为使弹簧均布于分离臂之间,因此,弹簧数目 i 应是分离臂数的整倍数。

对于每个弹簧应决定平均直径 D、钢丝直径 d、圈数 n、自由长度 l_0 等参数。外径 D_1 决定后,可按卷绕比 C 初步决定钢丝直径 d。

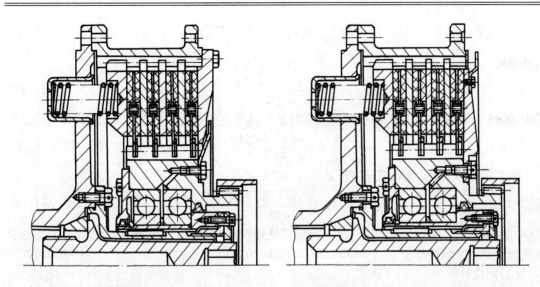

(a) 压板和支承盘都在外鼓上   (b) 压板在外鼓上,支承盘在内鼓上

图 11. 21 ИС-2 重型坦克主离合器

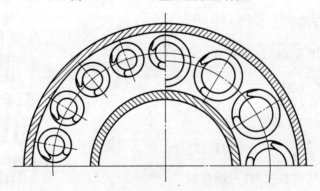

图 11. 22 弹簧外径与圈数的选择

$$C = \frac{D}{d} \tag{11.13}$$

但
$$D = D_1 - d \tag{11.14}$$

故
$$d = \frac{D_1}{C+1} \tag{11.15}$$

一般取离合器 $C = 5 \sim 3$,按式(11.15)计算出的 d 应圆整以符合弹簧钢丝的标准规格,同时 d 与 D 还应满足强度与刚度的要求。

(1)强度计算

一个弹簧在分离状态下的最大负荷

$$P_{1\max} = P_1(1+a) = \frac{P(1+a)}{i} \tag{11.16}$$

钢丝扭转应力

$$\tau = \frac{8P(1+a)CK}{0.85i\pi d^2} \tag{11.17}$$

式中,0.85 为考虑制造、装配等因素的不均匀系数;K 为曲度系数,是 C 的函数。

$$K = \frac{4C+1}{4C-4} + \frac{0.615}{C} \tag{11.18}$$

由式(11.17)也可计算钢丝直径 d

$$d = \sqrt{\frac{8(1+a)PCK}{0.85i\pi[\tau]}} \tag{11.19}$$

式中,$[\tau]$ 受材料、负荷特点、制造工艺(如强压处理)等因素影响,因此要根据具体情况查阅材料手册选定。一般推荐值为 $[\tau] = 70\,000 \sim 90\,000 \text{ N/cm}^2$。

(2)刚度计算

单个弹簧的负荷与行程关系如图 11.23所示。所需的刚度

$$k = \frac{P_1}{f} = \frac{aP_1}{f_1} \tag{11.20}$$

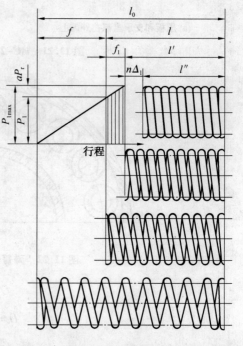

将 $f_1 = Z\Delta$ 及 $P_1 = \dfrac{P}{i}$ 代入式(11.20),有

$$k = \frac{aP_1}{Z\Delta} = \frac{aP}{Z\Delta i} \tag{11.21}$$

刚度 k 与弹簧参数间的关系为

$$k = \frac{Gd^4}{8nD^3} \tag{11.22}$$

式中,G 为材料的剪切弹性模数,一般弹簧钢为 $8 \times 10^6 \text{ N/cm}^2$。

由式(11.21)与(11.22)可计算弹簧工作圈数 n

$$n = \frac{Zi\Delta Gd^4}{8aPD} \tag{11.23}$$

总圈数 n_1 为工作圈数 n 加死圈数(常取 $1.5 \sim 2.5$ 圈)之和

图 11.23　弹簧特性

$$n_1 = n + (1.5 \sim 2.5)$$

最大负荷下的弹簧圈间间隙 Δ_1 取为 $\Delta_1 > 0.1d$ (一般为 $0.5 \sim 1.5 \text{ mm}$),此时弹簧长度 l' (参看图11.22)为

$$l' = (n_1 - 0.5)d + n\Delta_1 \tag{11.24}$$

工作长度 l 为

$$l = l' + f_1$$

自由长度 l_0 为

$$l_0 = l + f = l + \frac{f_1}{a}$$

钢丝展开长度 L 为

$$L \approx n_1 \pi D$$

（3）分离操纵功

在机械操纵分离过程中，离合器的操纵功不能太大。操纵功 A 可由圆柱螺旋弹簧压缩的平均力和行程计算

$$A = \frac{(P + P_{max})}{2} \cdot f_1 = \frac{(1+a)P\Delta Z}{2} \tag{11.25}$$

坦克主离合器操纵功参考值如下：

轻型坦克 $A = 10 \sim 20$ N·m；

中型坦克 $A = 24 \sim 45$ N·m；

重型坦克 $A = 45 \sim 70$ N·m。

要减小 A 值，可适当减小 a, Δ, P, Z，等值，但过分减小 a 会使加压弹簧过长；过分减小 Δ 会使分离不彻底。如要减小 P, Z 值，由式（11.2）可知需提高 μ 或 r_d。

操纵功过大会使驾驶员消耗很多体力，为满足操纵轻便性，还可采取碟片弹簧以及助力或液压操纵等。

4. 分离机构计算

弹簧加压的离合器多采用弹子盘式的分离机构。这种机构轴向尺寸紧凑，滚动摩擦损失小，通过圆周运动产生轴向移动，能实现较大的导动比。

（1）操纵力矩计算

活动盘上受有下列负荷：离合器的总压紧力 P，钢球与斜槽接触处的法向力 N 和摩擦力 F，拉臂末端（距弹子盘中心距离为 L）操纵力矩 M。若钢球直径为 d，滚动摩擦系数（摩擦力臂）为 k，由图 11.24（a），取钢球为自由体可求出（假定所有的力均由一个钢球承受）

$$F = N\frac{2k}{d} \tag{11.26}$$

又取分离盘为自由体，若斜槽角为 α，沿轴方向的力的平衡式（参看图 11.24（b））为

$$P = N\cos\alpha - F\sin\alpha = N\left(\cos\alpha - \frac{2k}{d}\sin\alpha\right) \tag{11.27}$$

若斜槽所在半径为 R，力矩的平衡式为

$$M = (N\sin\alpha + F\cos\alpha)R = NR\left(\sin\alpha + \frac{2k}{d}\cos\alpha\right) \tag{11.28}$$

解以上两式得操纵力矩

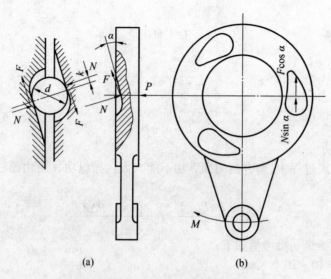

图 11. 24　分离盘受力分析

$$M=PR\left(\frac{\tan\alpha+\dfrac{2k}{d}}{1-\dfrac{2k}{d}\tan\alpha}\right) \tag{11.29}$$

设拉臂末端操纵力为 P_M,则有

$$M=P_M L \tag{11.30}$$

所以

$$P_M=P\left(\frac{R}{L}\right)\left(\frac{\tan\alpha+\dfrac{2k}{d}}{1-\dfrac{2k}{d}\tan\alpha}\right) \tag{11.31}$$

现有分离机构中 $\alpha=11°\sim19.5°$;钢对钢(钢球在斜槽中)的滚动摩擦系数:

未经淬火的表面　$k=0.008\sim0.010$

渗碳淬火的表面　$k=0.002\sim0.005$

式(11.29)、式(11.31)中的 P 为随压板行程而变的变数,故可得随行程而变的操纵力矩 M 或操纵力 P_M。

(2)行程计算

设计离合器时应计算出活动盘的自由行程和工作行程,以供操纵机构的设计和调整之用。以在半径 R 上转过的弧长表示自由行程 s_0 和工作行程 s,分别计算如下。

①自由行程 s_0

自由行程 s_0 可分为两部分:一是从对称位置(见图 11.25(b))到自由间隙消失(见图 11.25(c))的弧长 s_0';一是从对称位置反向旋转到自由间隙消失(见图 11.25(a))的弧长 s_0'',即

$$s_0 = s'_0 + s''_0 \qquad (11.32)$$

现先求 s'_0。

观察图 11.26 中 XOY 坐标系统的左半平面，设钢球上 A 点首先与斜边上 A' 点接触，则距离 $\overline{AA'} = \frac{1}{2} s'_0$（参考图 11.25(c)）。

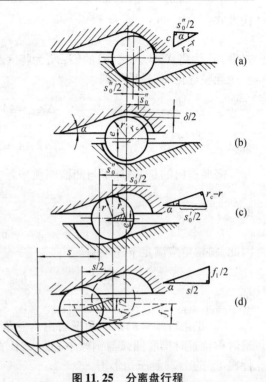

在 XOY 平面坐标系统中，钢球外圆以圆方程表示：

$$x^2 + y^2 = r^2 \qquad (a)$$

斜边以直线方程表示

$$y_s = mx + B \qquad (b)$$

上两式中：y_s 为 y 坐标轴上的变量，因在直线方程 (b) 上变化，为区别于圆方程 (a) 的 y 而加下标 s；m 为直线方程 (b) 的斜率

$$m = -\frac{1}{\tan \alpha}$$

B 为直线在横坐标轴上截距

$$B = Y_0 + \frac{X_0}{\tan \alpha}$$

$(X_0; Y_0)$ 为直线与凹槽圆弧的切点坐标

图 11.25 分离盘行程

$$X_0 = r_c \cos \alpha - e$$
$$Y_0 = r_c \sin \alpha$$

式中，r_c 为凹槽圆弧半径；e 为凹槽圆弧中心与钢球中心的距离

$$e = r_c - r - \frac{\delta}{2}$$

δ 为弹子安装间隙。

将 m, B 的表达式代入式 (b)，得

$$y_s = \left(\frac{-1}{\tan \alpha}\right) x + \left(r_c \sin \alpha + \frac{r_c \cos \alpha - e}{\tan \alpha}\right) \qquad (c)$$

设 Δy 为钢球与斜边的距离（间隙）

$$\Delta y = y_s - y \qquad (d)$$

式 (d) 中的 y 可由式 (a) 解出，$y = \sqrt{r^2 - x^2}$。

Δy 为 x 的函数，当 $x = X_A = X'_A$ 时，Δy 取最小值 Δy_{min}，并有

$$\Delta y_{min} = AA'$$

根据 $\dfrac{d(\Delta y)}{dx} = 0$，求得

$$X_A = X'_A = r \cos \alpha$$

代入式(d)中

$$\Delta Y_{\min} = y'_{sA} - y_{sA}$$

式中,y'_{sA}为将X'_A代入式(c)的值;y_{sA}为将X_A代入式(a)的值。

经整理化简,最后得到

$$\Delta y_{\min} = \overline{AA'} = \frac{(r_c - r)}{\sin \alpha} - \frac{e}{\tan \alpha} \tag{11.33}$$

所以

$$s'_0 = 2\overline{AA'} = 2\left[\frac{(r_c - r)}{\sin \alpha} - \frac{e}{\tan \alpha}\right] \tag{11.34}$$

需要指出的是,钢球不与凹槽圆弧接触,而与斜边接触的条件应为

$$X_A \leqslant X_0 \tag{11.35}$$

即

$$r\cos \alpha \leqslant r_c \cos \alpha - e$$

因此,斜槽角应满足下述限制

$$\alpha \leqslant \cos^{-1}\left(\frac{e}{r_c - r}\right) \tag{11.36}$$

再求s''_0。

s''_0可由11.25(a)的三角形解出。三角形斜边是槽底半径r_c与钢球半径之差,短直角边是对称位置时槽底圆弧与钢球中心距e,长直角边是钢球沿弧线的行程,也就是活动盘沿弧线行程s''_0的1/2,解三角形得

$$(r_c - r)^2 = e^2 + (s''_0/2)^2$$

$$s''_0 = 2\sqrt{(r_c - r)^2 - e^2} \tag{11.37}$$

总的自由行程s_0由式(11.32)并代入式(11.34)及式(11.37),最后得到

$$s_0 = 2\left[\frac{(r_c - r)}{\sin \alpha} - \frac{e}{\tan \alpha}\right] + 2\sqrt{(r_c - r)^2 - e^2} \tag{11.38}$$

s_0相当活动盘的转角θ_0为

$$\theta_0 = \frac{180°}{\pi} \cdot \frac{s_0}{R} \tag{11.39}$$

s_0换算活动盘拉臂末端(在L半径上)的自由行程s_{LO}为

$$s_{LO} = \left(\frac{L}{R}\right) s_0 \tag{11.40}$$

②工作行程s

工作行程s可由图11.25(d)中,画阴影线的三角形解出

$$\frac{s}{2} = \frac{\left(\dfrac{f_1}{2}\right)}{\tan \alpha}$$

所以

$$s = \frac{f_1}{\tan \alpha}$$

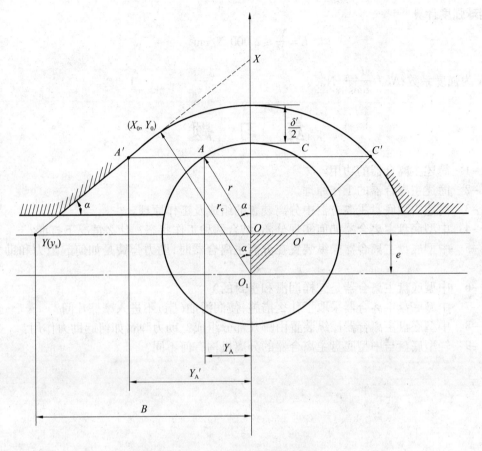

图 11.26　自由间隙坐标图

折算活动盘转角 θ_f 及拉臂末端处行程 s_{Lf}，可由下述表示

$$\theta_f = \frac{180°}{\pi} \cdot \frac{s}{R} \tag{11.42}$$

$$s_{Lf} = \left(\frac{L}{R}\right)s \tag{11.43}$$

（3）强度计算

弹子盘斜槽的强度按接触应力计算

$$\sigma_j = 5\,400\left(\frac{r_c - r}{f}\right)^{0.3} \cdot \sqrt[3]{\frac{P_{max}}{nr^2\cos\alpha}} \quad (\text{N/cm}^2) \tag{11.44}$$

式中，P_{max} 为分离终了时弹簧最大总压紧力，N；α 为斜槽角；n 为槽数；r_c 为凹槽圆弧半径，cm；r 为钢球半径，cm。

对于硬度 HRC60 的表面，σ_j 可达 300 000 N/cm²。

钢球强度计算

$$K = \frac{N'}{d^2} \leqslant 2\ 000 \ \text{N/cm}^2$$

式中,K 为强度系数;N' 为 $\dfrac{P_{max}}{n\cos\alpha}$ N。

复 习 题

11-1 简述主离合器的功用。

11-2 简述主离合器的工作原理。

11-3 简述中型底盘主离合器中分离装置的组成及工作原理。

11-4 中型底盘主离合器如何实现分离、结合两种工作状态?什么情况下打滑?

11-5 中型底盘主离合器操纵装置在分离主离合器时,助力弹簧是如何起阻力和助力作用的?

11-6 中型底盘主离合器是怎样润滑和密封的?

11-7 中型底盘主离合器采取了什么措施,使润滑油(脂)不进入摩擦片间?

11-8 中型底盘主离合器操纵装置由哪几部分组成?助力弹簧如何起助力作用?

11-9 轻型底盘与中型底盘主离合器的分离机构有何不同?

第 12 章　定轴式变速箱

变速箱通常安装在主离合器和转向机构之间,主要用来在不改变发动机转速的情况下,通过变速箱传动比的变化,提高装甲车辆的适应能力。

自行火炮上安装的变速箱一般为有级式。所谓有级式变速箱,是指在发动机曲轴转速一定时,具有有限的几个定值传动比的变速箱。发动机转速和扭矩能在一定范围内变化,动力经变速箱后,能在几个更大的范围内改变装甲车辆主动轮上的扭矩和转速。挡数越多,对发动机工作越有利,自行火炮的动力性和经济性也越好。但挡数越多,变速箱结构也越复杂。

12.1　变速箱的功用及类型

12.1.1　功用及类型

1. 功用

定轴式变速箱的功用是根据自行火炮在不同地面条件下提出的行驶要求,改变主动轮的转速与扭矩,其功用是:

①在较大范围内改变主动轮的转速和扭矩,使自行火炮具有不同的运动速度和牵引力;

②实现倒车行驶;

③变速箱中还设有空挡,以便在发动机不熄火、主离合器结合时,中断动力的传递。

2. 类型

自行火炮上使用的变速箱按齿轮轮系形式可分为定轴式和行星式。定轴式变速箱中所有齿轮都有固定的回转轴线;行星变速箱有的齿轮的轴线在空间旋转,有公转和自转两个运动。有空间旋转轴线的齿轮称为行星齿轮,因此把这类变速箱称为行星变速箱。本章主要介绍定轴式变速箱。

定轴式变速箱根据其布置方式不同又可分为横置式和纵置式。所谓横置式是指变速箱的输出轴与车体纵轴垂直布置的变速箱,反之称为纵置式。

12.1.2　定轴式变速箱的基本工作原理

定轴式变速箱一般由主动轴、中间轴、主轴、倒挡轴和换挡机构组成(见图 12.1)。主动轴为动力输入端,主轴为动力输出端。在中间轴和主轴上装有许多对主、被动齿轮,每对主、被动齿轮均为常啮合式,由此构成了一个齿轮副。由于各对齿轮副的齿数比不同,所以,每个齿轮副构成了一个传动比,组成了一个排挡,变速箱所需排挡的数目,一般要根据需要进行确定。主动轴与中间轴通过齿轮连接。当主离合器有动力输入主动轴时,动力就可以经主动轴、中间轴,传给齿轮啮合副。主、被动齿轮虽为常啮合式,但各对齿轮不可能同时传递动力。因此,为了保证变速箱传递动力的单一性和转换性,在每对齿轮副中,有一齿轮与轴采用了轴承支承的方式(有的变速箱是主动齿轮被采用,也有的是被动齿轮被采用)。在两对齿轮副轴承支承的齿轮之间,安装一个与轴为刚性连接的可滑动的换挡机构。在工作中,当换挡机构滑动到与一侧齿轮啮合时,就能接通齿轮与轴的联系,动力就可以经该齿轮副单一传递。当换挡机构滑动到与另一侧齿轮啮合时,又可以接通另一侧齿轮与轴的联系,保证了另一侧动力的单一传递。由于换挡机构可以接通不同的齿轮副与轴的联系,所以不但保证了单一的传递动力,而且也保证了动力的转换性,使变速箱以不同的传动比传递动力。当换挡机构处于两齿轮之间时,齿轮与轴之间的联系被中断,变速箱处于空挡状态,各齿轮副只能进行空转,而不输出动力。为了改变主轴的旋转方向,设有倒挡轴,在中间轴和主轴上设有一对主被动倒挡齿轮。倒挡主、被动齿轮与倒挡轴齿轮为常啮合式,但倒挡主、被动齿轮不直接啮合,倒挡主动齿轮的动力只能经过倒挡轴齿轮才能传给倒挡被动齿轮。由于倒挡主、被动齿轮之间附加了倒挡轴齿轮,所以经倒挡齿轮和换挡机构传递的动力,就可以带动主轴反转,实现车辆的倒车。

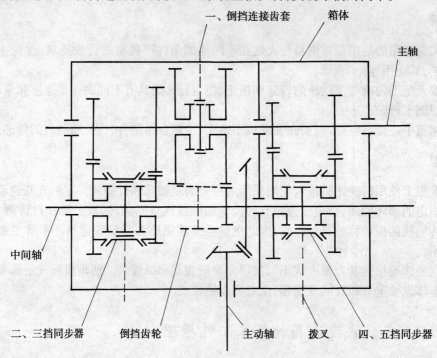

图 12.1　基本工作原理

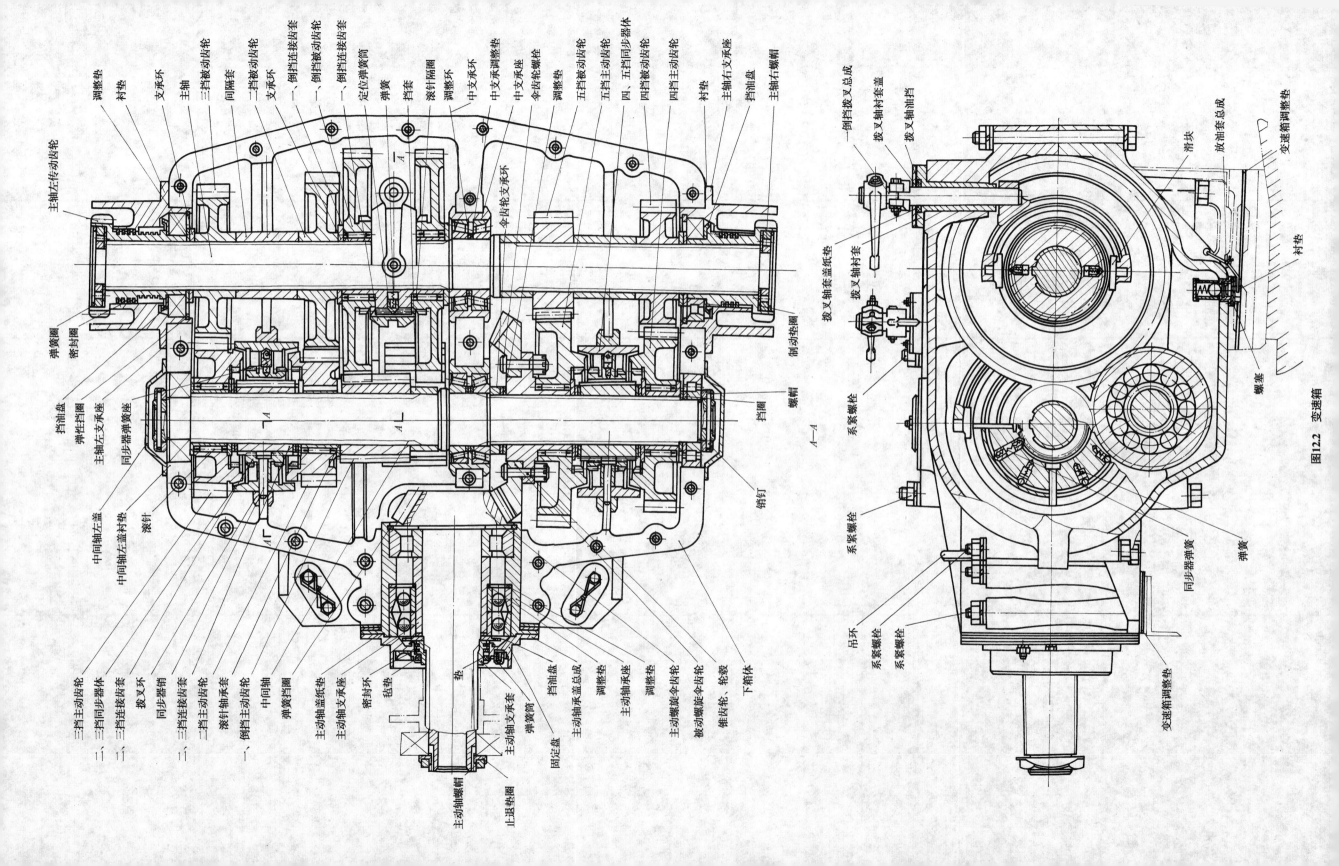

图12.2 变速箱

12.2　自行火炮中型底盘变速箱

变速箱位于传动部分中央,安在三个支架上,通过两个联轴器与左、右行星转向机连接,属于横置式变速箱。

12.2.1　变速箱构造

变速箱由箱体、主动轴总成、中间轴总成、主轴总成、倒挡轴总成和换挡机构组成(见图12.2)。

1. 箱体

箱体分为上、下箱体两部分。上箱体有拨叉轴安装孔、通气器、加油口及螺塞、挡位记号。下箱体有倒挡轴安装孔、放油口及螺塞(见图12.3)。

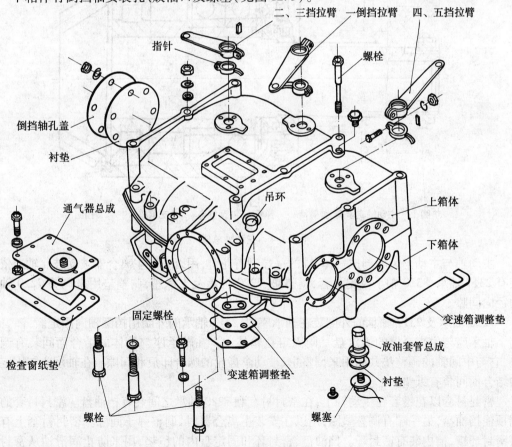

图 12.3　变速箱箱体

　　上、下箱体用螺栓固定在一起,固定螺栓中有四个紧配合螺栓,以保证箱体结合时正确定位。有三个螺栓上的螺帽带吊环,用来在起吊变速箱时挂吊具。箱体固定脚支承在后支架上,为调整变速箱与传动箱中心线,在固定脚与后支架之间装有调整垫。

2. 主动轴总成

　　主动轴总成用来将主离合器传来的扭矩传给中间轴。它由主动轴及主动伞齿轮、7220 轴承及支承座、8320 轴承及支承套、2317 轴承、轴承座、调整垫圈、挡油盘、密封衬套、密封环和挡圈组成(见图 12.4)。

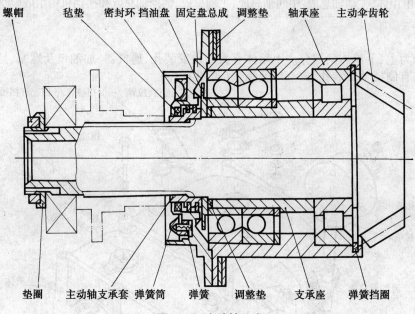

　　　螺帽　　　毡垫　　密封环 挡油盘 固定盘总成 调整垫　　轴承座　　主动伞齿轮

　　垫圈　　主动轴支承套 弹簧筒　　弹簧　　调整垫　　支承座　　弹簧挡圈

图 12.4　主动轴总成

　　主动轴与主动伞齿轮制成一体,轴的一端制有花键,用以安装主离合器被动鼓。轴上依次装有 2317 轴承、8320 轴承及支承套、调整垫、7220 轴承及支承座,调整垫用来调整 7220 轴承的径向间隙。

　　7220 轴承及 2317 轴承的外圈装在轴承座内,2317 轴承的外圈用挡圈轴向固定。

　　轴承座与主离合器的固定盘一同固定在箱体上。在轴承座与箱体的结合面间装有调整垫,它与中间轴的调整垫共同用来调整主、被动伞齿轮的啮合印痕和间隙。在轴承座与固定盘的结合面间装有纸垫。

　　密封衬套以花键套在主动轴上,在密封衬套和 7220 轴承之间装有挡油盘。密封衬套的一端顶住挡油盘,另一端有调整垫圈,用以在安装主离合器时,调整弹子间隙。密封衬套上有两道密封环槽,槽内装有密封环。挡油盘、密封环和固定盘内的毡垫,用来防止润滑油从密封衬套与固定盘之间漏出。

3. 中间轴总成

中间轴总成用来将主动轴传来的扭矩传给主轴上的齿轮和倒挡轴上的倒挡齿轮。它由中间轴,7216 轴承及中支承座,调整垫圈,间隔环,滚针,滚针架,滚针衬套,一、倒挡主动齿轮,二、三、四、五挡主动齿轮,被动伞齿轮及其调整垫和支承环、挡套、92312EU 轴承、挡圈和固定螺帽组成(见图 12.5)。

中间轴通过两端的 92312EU 轴承和中间的两个 7216 轴承及其中支承座支承在箱体上。在两个 7216 轴承的内圈之间,装有支承环及调整垫圈,用来调整 7216 轴承间隙。在两个 92312EU 轴承的内侧装有挡圈。

被动伞齿轮用螺栓固定在锥齿轮毂上,锥齿轮毂以花键套在中间轴上,在被动齿轮与 7216 轴承内圈之间装有垫圈和调整垫。

一、倒挡主动齿轮以花键套在中间轴上,在一、倒挡主动齿轮与中间轴的台肩处装有挡套。

五挡主动齿轮以滚针支承在锥齿轮轮毂上。二、三、四挡主动齿轮均以滚针支承在滚针轴承套上。滚针衬套套装在中间轴花键上。滚针衬套没有凸边的一侧均装有间隔环。

在二、三挡和四、五挡主动齿轮之间,均装有同步器,主动齿轮靠同步器一侧制有内齿圈和锥形面,以配合同步器挂挡。同步器连接齿轮两端装有调整垫,用来调整主动齿轮锥面与同步器体锥面之间的间隙。

固定螺帽拧在中间轴的两端,用来固定中间轴上的零件,并用锁紧垫圈锁紧。

为防止箱体内的机油外流,在轴两端的箱体上,固定有轴承盖,轴承盖与箱体的结合面之间装有纸垫。

4. 主轴总成

主轴用来将中间轴传来的扭矩传给两侧的行星转向机;并与中间轴上的齿轮配合,改变转速和扭矩的大小;与倒挡齿轮配合,改变主轴的旋转方向实现倒驶;带动里程速度表联动装置工作。它由主轴,7216 轴承及中支承座,滚针,滚针架,间隔环,倒挡被动齿轮,一、二、三、四、五挡被动齿轮,挡套,间隔套,支承环,调整垫,连接齿轮,密封环,挡油盘,2218H 轴承及其支承座、固定螺帽等组成(见图 12.6)。

主轴通过两端的 2218H 轴承及支承座和中间的两个 7216 轴承及中支承座支承在箱体上。两个 7216 轴承内圈之间装有支承环和调整垫,用来调整 7216 轴承的间隙。

一、倒挡被动齿轮之间装有换挡连接器。一、倒挡被动齿轮以滚针支承在换挡连接器的连接齿轮毂上,连接齿轮用花键套装在主轴上,两齿轮外侧装有垫环。一、倒挡被动齿轮靠换挡连接器一侧制有外齿圈,以配合换挡连接器挂挡。

二、三、四、五挡被动齿轮用花键套装在主轴上,在二、三挡被动齿轮之间及四、五挡被动齿轮之间装有间隔套,在五挡被动齿轮与主轴的台肩处装有挡套。

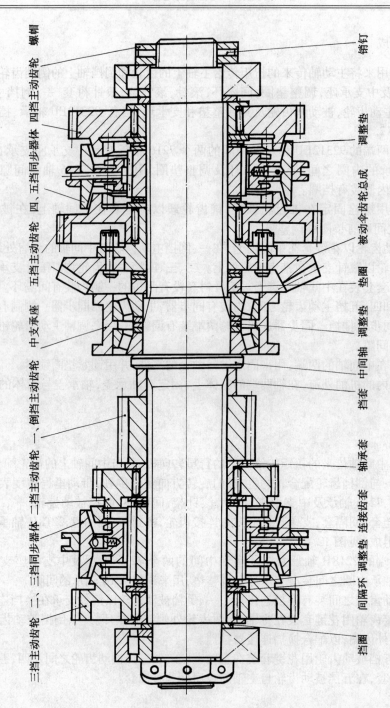

螺帽

四挡主动齿轮

四挡同步器体

五挡主动齿轮

四、五挡主动齿轮

中支承座

一、倒挡主动齿轮

二挡主动齿轮

二、三挡主动齿轮

二、三挡同步器体

三挡主动齿轮

销钉

调整垫

被动伞齿轮总成

垫圈

调整垫　中间轴

挡套

轴承套

连接齿套

调整垫　同隔环

挡圈

图12.5　中间轴总成

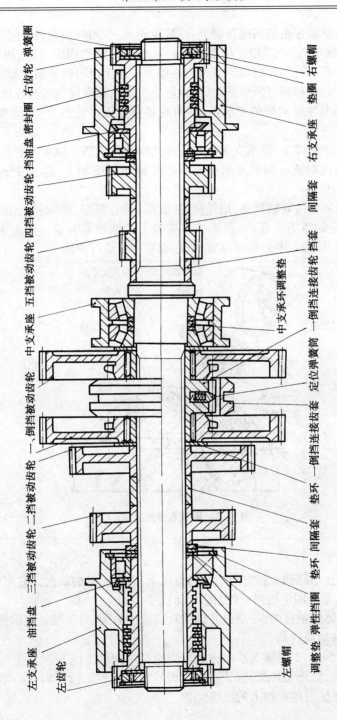

图 12.6 主轴总成

两个连接齿轮分别装在主轴两端花键上,连接齿轮与三、四挡被动齿轮间装有支承环及调整垫,以保证2218H轴承内、外圈相互位置正确。其外端用螺帽固定,螺帽用锁紧垫圈锁紧。连接齿轮通过连接齿套与行星转向机连接齿轮连接。左连接齿轮毂上制有螺旋圈。两个连接齿轮上均装有一个挡油盘和四道弧形密封环,以防止机油从轴承固定套与连接齿轮间漏出。

两个2218H轴承是主轴两侧的支承点,其内圈装在连接齿轮毂上,外圈装在轴承支承座内,并用卡环止动。

轴承支承座固定于箱体上,轴承支承座与箱体之间装有纸垫。轴承固定套上有回油孔,结合时与箱体上的回油孔对正。轴承支承座支承在变速箱侧支架上,作为变速箱的两个前支承点。

里程速度表联动装置由软轴接头、蜗轮轴、螺旋圈、空心螺塞、螺塞和止动螺钉组成(见图12.7)。蜗轮轴装在左轴承固定套内,由连接齿轮毂上的螺旋圈带动。里程速度表软轴接头插于蜗轮轴的凹槽中,外面用空心螺塞固定,空心螺塞用止动钉止动。

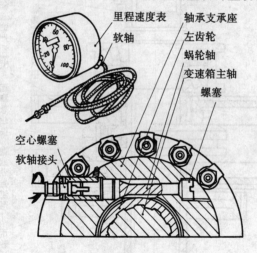

图12.7　里程表传动装置

5. 倒挡轴总成

倒挡轴总成用来在中间轴旋转方向不变的情况下,改变主轴的旋向。它由倒挡轴、倒挡齿轮、542412轴承、支承套及固定板组成(见图12.8)。

倒挡轴装在下箱体的轴孔内,一端以其轴的台肩顶住内圈,另一端通过固定板固定在箱体上,以防止其做轴向移动或转动。

倒挡齿轮以两个542412轴承支承在轴上。齿轮与中间轴上的一倒挡主动齿轮及主轴上的倒挡被动齿轮啮合。轴承无外圈,滚子直接与齿轮内圆接触。齿轮内有凸缘。两轴承内圈之间有支承套,用以保证齿轮在轴上的正确位置。

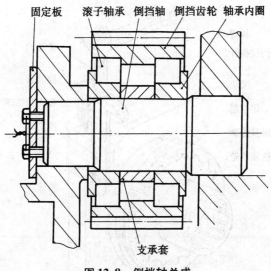

固定板　滚子轴承　倒挡轴　倒挡齿轮　轴承内圈

支承套

图 12.8　倒挡轴总成

6. 换挡机构

用于连接和切断主、被动齿轮与轴的动力联系。它由拨叉轴及拨叉,一、倒挡换挡连接器,二、三挡和四、五挡同步器组成。

(1)拨叉轴及拨叉

共三套,用来拨动换挡连接器和同步器。拨叉轴装在箱体上半部的衬套内,可在其中转动。轴的一端焊有拨叉,拨叉上装有滑块,滑块卡在一、倒挡换挡连接器的环槽内或同步器的拨叉环槽内。轴的另一端制有花键,拉臂以花键装在轴上,拉臂与操纵装置的横拉杆相连。挡位指标通过方键和系紧螺栓固定在轴的中间。为防止润滑油漏出,在拨叉轴衬套上端装有胶皮挡油环和挡油盖(见图 12.9)。

(2)一、倒挡换挡连接器

一、倒挡换挡连接器用来连接或切断一挡和倒挡被动齿轮与主轴的联系。它由连接齿轮、滑接齿套和定位器组成(见图 12.10)。

连接齿轮以花键装在主轴上,外圆有齿并有两个装定位器的孔,在齿轮毂的光滑面上以滚针支承着一挡和倒挡被动齿轮。

滑接齿套带内齿,套在连接齿轮上,内圈有定位槽,外圈有环形槽,滑块卡在此槽中。滑接齿套可在拨叉的带动下左、右移动,而与一挡或倒挡被动齿轮的外齿圈啮合,一挡或倒挡被动齿轮便可经滑接齿套、连接齿轮带动主轴旋转。当滑接齿套位于中间位置时,被动齿轮与主轴的动力联系就被切断。

定位器共两个,均由弹簧和弹簧筒组成,装在连接齿轮上的孔中。弹簧筒借弹簧的张力顶在滑接齿套的定位槽中,用以将滑接齿套定位在中间(空挡)位置。

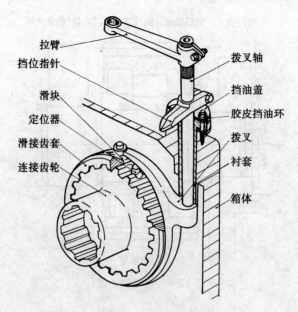

图 12.9　拨叉及轴

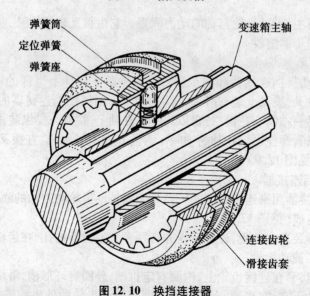

图 12.10　换挡连接器

　(3)同步器

　①功用。用来连接或切断二、三、四、五挡主动齿轮与中间轴的联系,并减小挂挡时的齿轮冲击,使挂挡轻便。

　②构造。同步器由连接齿轮、滑接齿套、定位器、同步器体、拨叉环及销子组成(见图12.11)。

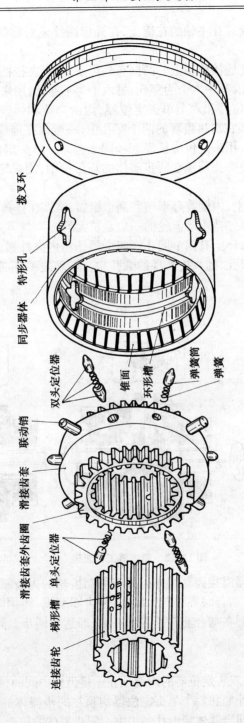

图12.11　同步器

拨叉环

特形孔

同步器体

双头定位器

锥面

环形槽

弹簧筒

弹簧

联动销

滑接齿套

滑接齿套外齿圈

单头定位器

梯形槽

连接齿轮

　　连接齿轮内制有花键,套装在主轴的花键上,在外齿圈接近对称的两个齿上,各制有三个梯形槽。

　　滑接齿套内有齿圈,套在连接齿轮上。两侧有外齿圈,用以在挂挡时与主动齿轮的内齿圈啮合。齿套上还制有 12 个孔,其中六个为穿孔,另六个为不穿孔,用来安装定位器和销子。

　　定位器包括两个双头定位器和六个单头定位器,均由弹簧和弹簧筒(双头定位器有两个弹簧筒)组成。双头定位器装在滑接齿套的两个穿孔中,一端顶在连接齿轮的梯形槽内,另一端顶在同步器体的环形槽中,用来定位滑接齿套和同步器体。单头定位器装在滑接齿套的六个不穿孔中。弹簧的弹力,使弹簧筒顶在同步器体的环形槽中,用来定位同步器体,和在换挡时启动同步器体移动。

　　同步器体套在滑接齿套上,内圆有环形槽和两个锥面,锥面在挂挡时与主动齿轮的锥面接触。体上制有四个特形孔,靠二挡主动齿轮的一边是扩大的。

　　拨叉环套在同步器体上,环上有四个圆孔。四个销子由内向外插入滑接齿套的四个穿孔中,并通过同步器体上的特形孔,插入拨叉环的圆孔中。转动拨叉环时,即可经销子带动滑接齿套移动。

　　③工作(见图 12.12)

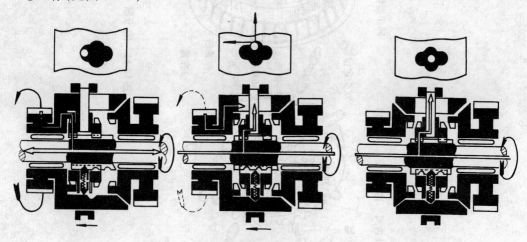

图 12.12　同步器工作原理

　　挂挡的过程就是使同步器滑接齿套的外齿圈与主动齿轮的内齿圈啮合的过程。挂挡时,由于两齿圈转速快慢有差异,啮合时势必产生撞击,使齿圈磨损,换挡慢而费力。为了消除或减少齿轮的撞击。须使两齿圈在啮合前转速趋于一致,即达到同步。同步器就是用来解决这一矛盾的。

　　空挡时:

　　滑接齿套位于中间位置,双头定位器的内端顶在连接齿轮中间的梯形槽内,将滑接齿套定在空挡位置。双头定位器的外端和六个单头定位器均顶在同步器体的环形槽内,将同步器体定位在中间位置。销子处在同步器体特形孔的中央。同步器体的锥面与主动齿轮锥面保持有一定的间隙。滑接齿套外齿圈与主动齿轮内齿圈保持有一定的端面距离。因此,主动齿轮与中间轴没有动力联系。

挂挡时可分为三个阶段:

a. 第一阶段(锥面接触阶段)。当驾驶员通过操纵装置转动拨叉轴时,拨叉和滑块即带动拨叉环、销子、滑接齿套,并通过定位器带动同步器体一起向挂挡方向移动。当同步器体与主动齿轮的锥面间隙消失后,同步器体即停止移动。此时,双头定位器的内端脱离了连接齿轮的中间梯形槽,弹簧被压缩。

b. 第二阶段(齿圈同步阶段)。低挡换高挡时,同步器转速高于主动齿轮转速,所以主动齿轮借锥面摩擦作用带动同步器体比销子慢转一个角度,特形孔的前壁压住销子,并将销子卡住,阻止销子和滑接齿套向挂挡方向移动,这样就避免了在齿圈转速不一致情况下强行挂挡,从而也避免了轮齿的撞击。在此同时,车辆则以很大的惯性,借主动齿轮锥面与同步器体锥面的摩擦,迫使同步器的转速下降。当同步器的转速下降到与主动齿轮转速一致时,滑摩终止,同步器体特形孔对销子的阻力也随之消失,允许销子和滑接齿套向挂挡方向移动。

高挡换低挡时,原理与上述相同,差别在于同步器的转速低于主动齿轮的转速,因此,特形孔是以后壁压住销子,借锥面的摩擦作用提高同步器的转速,以达到同步。

c. 第三阶段(齿圈啮合阶段)。同步后,销子在操纵力的作用下,带动滑接齿套继续向主动齿轮方向移动,由于转速一致,故挂挡时无轮齿撞击现象。在滑接齿套继续移动时,同步器体已不能移动了,8 个定位器的弹簧筒就从同步器体的环形槽中滑出而顶在平面上。齿圈完全啮合后,双头定位器的内端进入连接齿轮的另一个梯形槽中,将滑接齿套定在所挂挡的位置上。此时动力经主动轴、主动伞齿轮、被动伞齿轮、中间轴、连接齿轮、滑接齿套、主动齿轮、被动齿轮传给主轴。

退挡时,拨叉通过拨叉环及销子,将滑接齿套拨到中间位置,使滑接齿套与主动齿轮脱离啮合,动力被切断。此时,定位器弹簧筒滑到同步器体的环形槽中。双头定位器的另一端进入连接齿轮的中间梯形槽内,将滑接齿套定在空挡位置。

由上可知,同步器是借车辆的惯性,并借锥面间的摩擦作用,使同步器的转速降低或升高,而使两齿圈同步的,故称惯性同步器。

二挡常作起车用,此时主动齿轮不转,因而与同步器的转速差大,为提高起车速度,就不能使齿圈完全同步之后再挂挡,故同步器体上的特形孔制成扩大的,特形孔壁虽然也能压住销子,但不能卡住销子,当操纵力超过定位器弹簧的张力时,便可使销子继续移动而使齿圈啮合,故不能完全消除齿轮的撞击。由于二挡同步器未能利用车辆的惯性使两齿圈完全同步,故称简单同步器。

由于采用了同步器,使换挡时间缩短,操纵轻便,从而提高了车辆平均运动速度,并延长了变速箱的使用寿命。同步器的工作效果,还取决于驾驶员的操作,如挂挡时,操纵力越大,并持续用力,锥面的摩擦力就越大,则同步时间越短。

12.2.2　变速箱操纵装置构造

变速箱操纵装置由变速器、纵拉杆、垂直轴和横拉杆组成(见图12.13)。

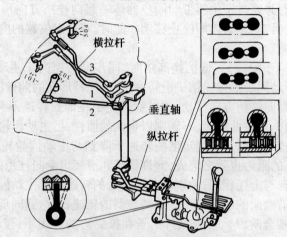

图中标注：横拉杆、垂直轴、纵拉杆、3、1、2

图 12.13　变速箱操纵装置

1. 变速器

变速器由变速器体、挡位板、变速杆、摇臂及卡板、轴、拨臂、传动杆、导杆总成、变速助力缸、闭锁器、限制器和定位器组成(见图12.14)。

变速器体用螺栓固定在底甲板上,用来安装变速器的零件,其上有加油口及螺塞。

挡位板固定在变速器体上。挡位板上有纵、横槽,变速杆可在槽中移动,槽旁有挡位记号。摇臂装在变速器体内,其上有环槽,卡板卡入槽中并固定在变速器体上。摇臂只能在变速器体中转动,而不能做轴向移动。

变速杆中部支承在摇臂上,其上端有球形握把和闭锁器握把,下端通过销轴与导杆总成及轴相连。变速杆挡位板沿横槽移动时,可使轴转动;沿纵槽移动时,可使导杆总成及轴做轴向移动。轴装在变速器体内,其上制有三道梯形环槽,轴一端与变速杆相连另一端与拨臂相连。导杆总成与换挡阀杆(滑阀)连接。

拨臂下端用销子固定在轴上,上端卡入传动杆的缺口内。

传动杆共三根,装在变速器体前端的孔内。右侧为四、五挡传动杆,左侧为二、三挡传动杆,中间为一、倒挡传动杆。左、右传动杆内侧各有一个限制弹子槽,中间传动杆两侧均有限制弹子槽,槽中有一穿孔,内装限制销。各传动杆后端有缺口,轴上的拨臂可插入缺口内;前端拧有纵拉杆的连接耳;上面有三个定位弹子的梯形槽。

变速助力机构的详细内容见第15章。

限制器用来在某一传动杆移动时,限制其余两根传动杆移动,以防止同时挂上两个挡。它由两个限制弹子和一个限制销组成(见图12.15)。限制销装在中间传动杆的穿孔中。限制弹子装在变速器体内两个隔墙的孔中,空挡时与传动杆上的限制弹子槽对正。当移动左或右传

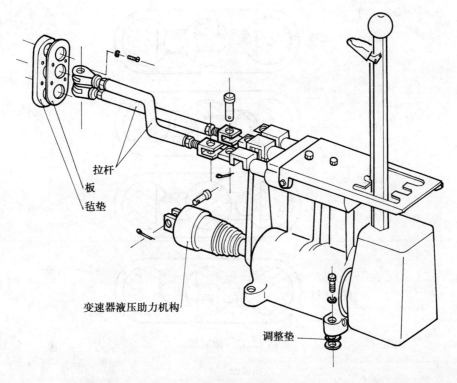

拉杆
板
毡垫

变速器液压助力机构

调整垫

图 12.14 变速器

动杆时,两个限制弹子和限制销被挤向一边,当移动中间传动杆时,限制销随传动杆移动,限制弹子被挤向两边。此时弹子便卡入其余两根传动杆的限制弹子槽中,限制了其余两根传动杆移动。

定位器共三组,每组均由定位弹子、定位弹簧及固定螺塞组成,装在变速器体顶部三个孔中。固定螺塞拧在变速器体顶部的孔中,用来压紧定位弹簧和定位弹子。空挡时定位弹子借弹簧的张力在传动杆上部的梯形槽内,用来定位传动杆。

闭锁用来闭锁传动杆,以防自动退挡。它由闭锁器握把、钢丝绳及外套、空心调整螺栓及锁紧螺帽、闭锁轴及回位弹簧、闭锁销、弹簧及弹子组成(见图 12.16)。

闭锁弹子和弹簧各一个,装在变速器体的垂直孔内,闭锁销借弹簧的张力将弹子紧压在横轴的梯形环槽内。

闭锁轴装在变速器体后部的孔中。轴的内端有弧形槽,拧在变速器体上的限制螺栓伸入槽中,防止轴做轴向移动和限制轴的转角。轴中部有一个闭锁销孔,在孔与闭锁销错开时,闭锁销就被顶住而不能上移,闭锁弹子将轴卡住,此时称为闭锁。轴的外端装有回位弹簧,弹簧使轴经常保持在闭锁位置。

钢丝绳的一端固定在闭锁轴上,另一端与闭锁器握把相连,中间用外套支承。握下握把时,通过钢丝绳转动闭锁轴,回位弹簧被拧紧,轴上的销孔与闭锁销对正,此时称为开锁。开锁时,若前后移动轴,梯形环槽的斜面迫使弹子、闭锁销向上,销的上端伸入闭锁轴的闭锁销孔中,弹簧被压缩,只有在开锁这种情况下,轴才可能前后移动。

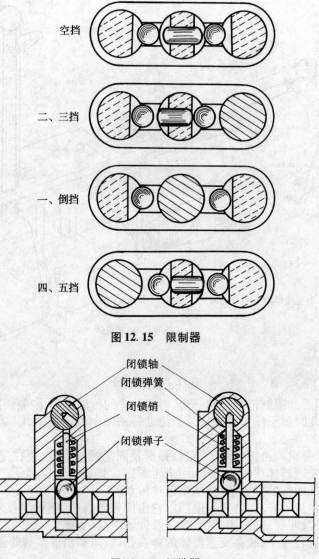

空挡

二、三挡

一、倒挡

四、五挡

图 12.15　限制器

闭锁轴
闭锁弹簧
闭锁销
闭锁弹子

图 12.16　闭锁器

空心调整螺栓位于变速器体的一侧,钢丝绳从其中穿过。空心调整螺栓作为钢丝绳外套的一个支座,拧入和拧出时,可改变钢丝绳外套的弯度。

2. 纵拉杆

纵拉杆共三根,前端与垂直轴下拉臂相连,后端用叉形接头与传动杆相连。

3. 垂直轴

　　垂直轴通过上、下支架装在车体的隔板上。由内垂直轴(四、五挡)、中垂直轴(一、倒挡)和外垂直轴(二、三挡)组成(见图 12.17)。三个轴套装在一起,可互不影响地各自转动。每根轴上、下各有一拉臂,中垂直轴和内垂直轴上拉臂用键和系紧螺栓固定在轴上,其余拉臂均焊在轴上。拉臂分别与各挡的纵拉杆和横拉杆相连。在内垂直轴的顶部有加油口及螺塞,用来加注润滑脂,以润滑外垂直轴和中垂直轴两端的衬套和下支柱。

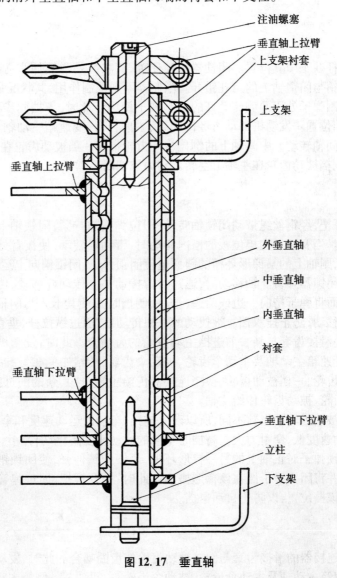

　　　　　　　　　　　　　　　　注油螺塞
　　　　　　　　　　　　　　　　垂直轴上拉臂
　　　　　　　　　　　　　　　　上支架衬套

　　　　　　　　　　　　　　　　上支架

垂直轴上拉臂

　　　　　　　　　　　　　　　　外垂直轴

　　　　　　　　　　　　　　　　中垂直轴

　　　　　　　　　　　　　　　　内垂直轴

　　　　　　　　　　　　　　　　衬套

垂直轴下拉臂

　　　　　　　　　　　　　　　　垂直轴下拉臂

　　　　　　　　　　　　　　　　立柱

　　　　　　　　　　　　　　　　下支架

图 12.17　垂直轴

4. 横拉杆

横拉杆共3根,每根分两节,用调整接头相连,并用螺帽锁紧。横拉杆一端与垂直轴上拉臂相连,另一端与拨叉轴拉臂相连,调整接头用来调整挡位。

12.2.3　工作过程

1. 空挡时

空挡时,变速杆处于中立位置。闭锁器闭锁住轴,其状况是弹簧伸张,弹子顶在轴的中间梯形环槽中,闭锁销与闭锁轴上的销孔错开。限制器不起限制作用,其状况是限制销在中间传动杆的穿孔中,限制弹子处于两侧传动杆的限制弹子槽中。此时,各挡同步器和一、倒挡换挡连接器均处于空挡位置。发动机的动力经传动箱、主离合器、变速箱主动轴及主动伞齿轮、被动伞齿轮,带动中间轴转动。中间轴上的倒挡主动齿轮带动一挡被动齿轮在主轴上空转,并通过倒挡齿轮带动倒挡被动齿轮在主轴上空转。动力被切断。

2. 挂前进挡时

握下闭锁器握把,经钢丝绳带动闭锁轴转动,回位弹簧被拧紧;闭锁轴上的销孔与闭锁销对正,闭锁器开锁。当变速杆在挡位板的槽内移动时,带动轴转动,使拨臂处于某一传动杆的缺口内,轴转动时,则轴上的某梯形环槽的斜面迫使闭锁弹子、闭锁销向上运动,闭锁销的上端伸入销孔中,压缩闭锁器弹簧。轴移动时,通过拨臂拨动某一传动杆移动,传动杆侧面的弹子槽离开限制弹子,而将弹子挤向一边或两边(挂一、倒挡时),使其卡入另两根传动杆的限制弹子槽中,限制它们移动,防止挂双挡。被拨动的一根传动杆,通过纵拉杆、垂直轴、横拉杆、拨叉轴拉臂、拨叉,便使滑接齿套与某一前进挡主动齿轮的齿啮合。此时,发动机的动力经齿轮传动箱、主离合器、变速箱主动轴及主动伞齿轮、被动伞齿轮,传给中间轴。挂一挡时,动力经中间轴、一倒挡主动齿轮、一挡被动齿轮、换挡连接器传给主轴;挂其余的前进挡时,动力经中间轴、同步器、主动齿轮、被动齿轮传给主轴。

由于各挡主、被动齿轮的齿数不同,所以改变排挡,车辆的运动速度和牵引力就随之改变。低挡时车辆的运动速度低,牵引力大。高挡时车辆的运动速度高,牵引力小。

挂上挡后,闭锁弹子对正轴上的另一梯形环槽,闭锁弹簧伸张,使闭锁销、弹子向下运动,闭锁销脱离销孔,并将闭锁弹子压在该梯形槽内。此时,松开握把,回位弹簧即将闭锁轴转回原位,使轴闭锁在该挡位置,以防止自动退挡。

3. 挂倒挡时

一、倒挡换挡连接器的滑接齿套与倒挡被动齿轮的齿圈啮合。此时,发动机的动力经传动箱、主离合器、变速箱主动轴及主动伞齿轮、被动伞齿轮、中间轴、一、倒挡主动齿轮、倒挡齿轮、倒挡被动齿轮和换挡连接器传给主轴。

由于在倒挡主、被动齿轮之间,设置了倒挡齿轮,故使主轴的旋转方向与前进挡相反,车辆倒驶。

4. 退挡时

握下闭锁器握把使闭锁器开锁后,将变速杆扳至空挡位置,此时,各零件按挂挡的相反方向返回空挡位置。

12.3　自行火炮轻型底盘变速箱

变速箱位于传动部分中央,后端和主离合器相连,左、右两侧与液压行星转向机连接。其功用及组成与中型底盘相同,具体结构区别较大(见图 12.18)。

12.3.1　变速箱构造

箱体分为上、下箱体两部分。上箱体安装有两个换挡阀、一个转向阀和一个主离合器操纵阀,一个换挡调压阀和二、三挡换挡的过渡拉臂。箱体内部安装有三个换挡轴和换挡油管,润滑油的精滤器也安装在上箱体内。

下箱体有倒挡轴安装孔、放油口及螺塞。上、下箱体用螺栓固定在一起,有四个螺栓带吊环,用来在起吊时挂吊具。

1. 主动轴总成

主动轴总成用来将主离合器传来的力矩传给中间轴。它由主动螺旋伞齿轮、轴承座、球面滚子轴承和短圆柱滚子轴承及间隔环等零件组成。

轴承座的上方铣有油槽和油孔,操纵主离合器的液压油就从这里流过。轴承座的下方铣有回油槽和孔,流过轴承的润滑油从这里流回箱体内。轴承座的位置和伞齿轮的间隙、印痕用调整垫调整。

2. 中间轴总成

中间轴总成用来将主动轴传来的扭矩传给主轴上的齿轮和倒挡轴上的倒挡齿轮。它由中间轴,一、倒挡主动齿轮,二、三、四、五挡主动齿轮,被动伞齿轮及其调整垫和支承环,挡套,92312EU 轴承,挡圈和固定螺帽组成(见图 12.18)。

中间轴通过两端的滚珠轴承和中间的球面轴承及座支承在箱体上。

中间轴两端是空心的。四、五挡一端有润滑油流动,甩向四、五挡滚针衬套及球面轴承。一、二、三、倒各挡主动齿轮和被动螺旋伞齿轮均以花键套在轴上,四、五挡主动齿轮内装有滚针和滚针衬套。

中间轴两端的螺塞用来固定中间轴上各零件,并用小螺栓和锁紧垫片锁住。

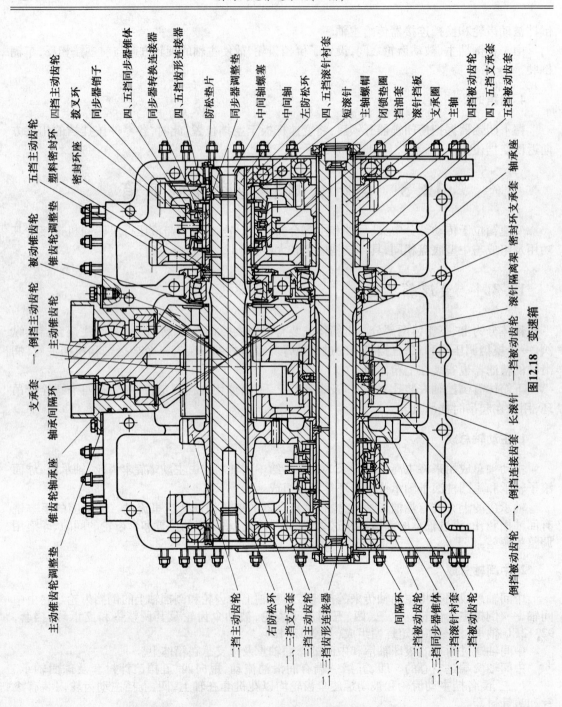

图12.18 变速箱

3. 主轴总成

主轴用来将中间轴传来的扭矩传给两侧的液压式行星转向机;并与中间轴上的齿轮配合,改变转速和扭矩的大小;与倒挡齿轮配合,改变主轴的旋转方向实现倒驶;带动里程速度表联动装置工作。它由主轴,一、倒挡被动齿轮,二、三、四、五挡被动齿轮,中间轴承座,两端滚珠轴承,滚针衬套,支承套等零件组成,两端有锁紧螺母(见图 12.18)。

二、三挡被动齿轮内有滚针衬套和滚针,一、倒挡被动齿轮以滚针支承在与主轴套合的换挡连接器的连接齿套上,可在主轴上空转。四、五挡被动齿轮以花键套在主轴上。二、三挡被动齿轮之间安装有同步器。

主轴通过中间支承的球面轴承和两端的滚珠轴承支承在箱体上,主轴是空心的,中间有润滑油流过,润滑油一部分流至二、三挡被动齿轮的滚针衬套和滚针及球面轴承上润滑,剩下的分两部分向两边流向转向机轴承。

4. 倒挡轴总成

倒挡轴总成用来在中间轴旋转方向不变的情况下,改变主轴的旋向,它由倒挡轴、倒挡齿轮、滚柱轴承、支承套及固定板组成(见图 12.18)。

倒挡轴装在下箱体的轴孔内,以其轴的台肩顶在轴承内圈上,并通过固定板固定在箱体上,以防止其做轴向移动或转动。

倒挡齿轮以两个滚柱轴承支承在轴上。齿轮与中间轴上的一、倒挡主动齿轮及主轴上的倒挡被动齿轮啮合。

5. 换挡机构

换挡机构用于连接和切断主、被动齿轮与轴的动力联系。它由拨叉及轴、换挡连接器和同步器等组成。

(1)拨叉及轴

拨叉及轴共三套,用来拨动换挡连接器和同步器。

一、倒挡为机械操纵,拨叉轴横置于箱体的轴套上,拨叉通过花键套在拨叉轴上,在箱外一端安装有拉臂和换挡指针,拉臂与操纵装置拉杆相连。

二、三和四、五挡为液压换挡,两根拨叉轴横置于箱体的孔内,每根上面装有两个拨叉,一个向上的油缸拨叉,一个向下的同步器拨叉,拨叉通过键套在轴上,它又通过拨叉上的夹紧螺栓固定在轴上。

(2)一、倒挡换挡连接器

一、倒挡换挡连接器与中型底盘相同。

(3)同步器

同步器的功用、构造及工作原理与中型底盘完全相同,只是安装部位不尽相同,四、五挡同步器安在中间轴上,而二、三挡同步器安在主轴上。

12.3.2 变速箱操纵装置构造

变速箱操纵装置由变速杆、摇臂座总成、变速盒总成、变速拉杆、拉臂、液压助力油缸等组成(见图 12.19)。

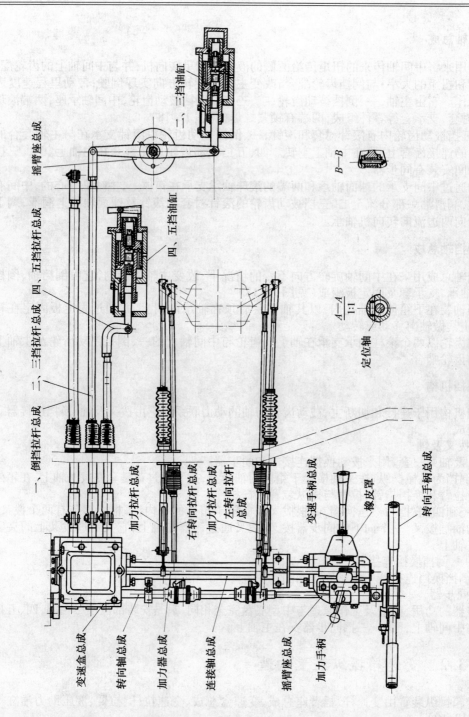

二、三挡油缸

B—B

四、五挡油缸

A—A
1:1

定位轴

图12.19　操纵装置

摇臂座总成

一、倒挡拉杆总成　二、三挡拉杆总成　四、五挡拉杆总成

加力拉杆总成

右转向拉杆总成

加力转向拉杆总成

左转向拉杆总成

变速手柄总成

橡皮罩

转向手柄总成

变速盒总成

转向轴总成

加力器总成

连接轴总成

摇臂座总成

加力手柄

1. 变速杆

变速杆是弯曲的,它装在摇臂上,用销子连接,变速杆的一端是叉形的,装配时叉在摇臂上。

2. 摇臂座总成

摇臂通过轴套支承在座上,摇臂通过轴套可以做转动和摇动,变速杆在摇臂上可以前后转动和垂直摇动,摇臂的摇动可以选择一、倒挡,二、三挡,四、五挡三根传动杆中的任意一根,变速杆的转动可以选择某一根传动杆上的两个挡位。

3. 变速盒总成(见图 12.20)

变速盒总成由变速盒座、导向板、变速盒盖、传动杆定位销子、弹簧、闭锁器及回位装置等组成。

三根传动杆支承在变速盒座的两端,最前的一根为一、倒挡,中间的为二、三挡,最后的为四、五挡,杆的下侧有挡位定位槽,三根传动杆中间的槽为空挡,二、三挡的一根上有一横向通孔,中间有一销子。

导向板:上面有三个长槽,使拨叉块的定位部分在换挡时沿槽纵向移动,不让其转动。

定位弹子、弹簧:三根传动杆上都有三个梯形槽,空挡位置时,三个弹子都顶在中间槽内,在换挡时弹子掉在所需挡位槽内,起定位作用。

闭锁器:用在某一传动杆移动时,限制其余两根传动杆移动,防止挂双挡。它由两个弹子和一个销子组成,当前后两根传动杆中挂上某一挡时,弹子掉入限制槽内,将销子推向一边,则其他两根传动杆被闭锁,当中间一根移动时,中间一根的外圆把弹子抵住,前后两根都不能移动。

4. 变速拉杆

由于传动杆的带动,变速拉杆也要跟着移动,当一、倒挡拉杆移动时,就会拉动一、倒挡拉臂,转动一、倒挡拨叉轴,带动一、倒挡拨叉,就可以挂一挡或倒挡。当二、三挡或四、五挡拉杆移动时,则就会带动换挡油缸,接通油路,液压换挡机构就可以进行换挡。

5. 换挡油缸(见图 12.21)

换挡油缸固定在变速箱体上。由阀体、活塞、换挡阀杆、换挡套、盖板、弹簧及座、固定盖、端盖、拉臂接头、密封件等组成。

换挡油缸共两个,用于二、三挡或四、五挡实现液压随动同步换挡,以减轻驾驶员的劳动强度和避免机件损坏。

挡圈　弹簧　弹簧座　一、倒挡拨块　二、三挡拨块　四、五挡拨块　导向板　变速盒盖

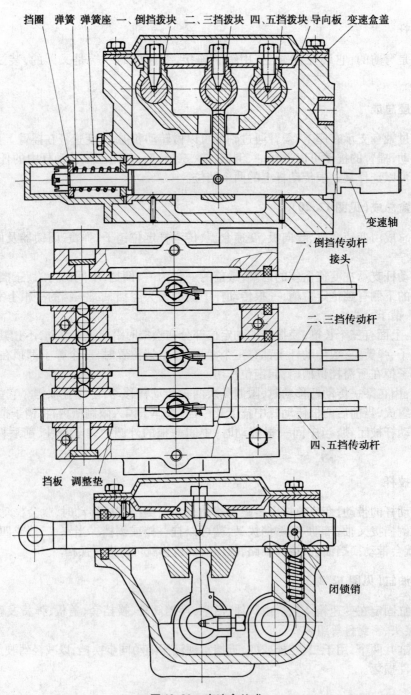

变速轴

一、倒挡传动杆
接头

二、三挡传动杆

四、五挡传动杆

挡板　调整垫

闭锁销

图 12.20　变速盒总成

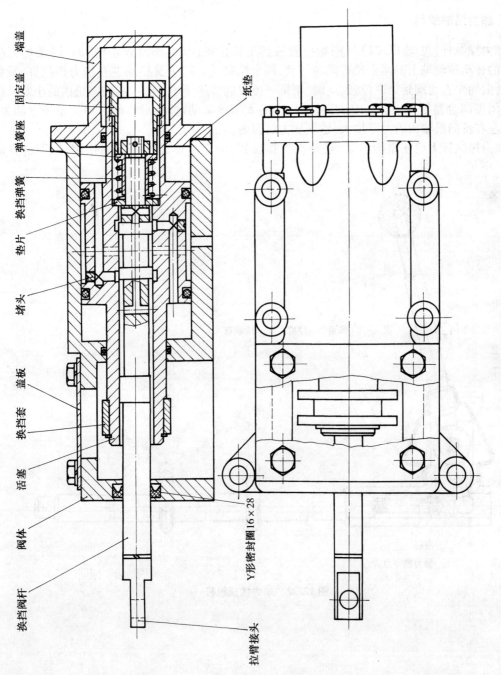

端盖

固定盖

弹簧座

换挡弹簧

垫片

堵头

盖板

换挡套

活塞

阀体

换挡阀杆

纸垫

Y形密封圈16×28

拉臂接头

图12.21　换挡油缸

6. 加力挡的使用

加力操纵杆(见图 12.22)从原始位置移到工作位置(从右槽滑到左槽)时,转动加力挡轴,轴的转动带动轴上的两个拉臂同时转动,两个拉臂通过销子又拉动左右加力挡拉杆,最后拉动转向阀左右滑阀到第一位置,此时,把第一位置的油路接通,使左、右转向机内的小制动器结合,闭锁离合器松开,此时,左、右转向机内的太阳轮制动,按行星排的力矩关系传递动力。此时,左右转向机输出的力矩加大,达到加力的目的。

加力操纵杆无论在原始位置,还是在工作位置,由于变速盒内弹簧的作用,都不会自动移位。

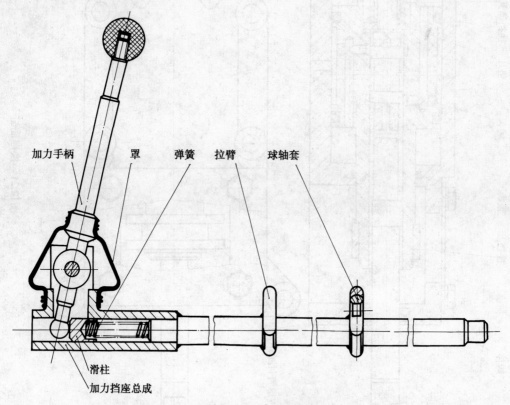

图 12.22　加力挡操纵杆

12.4 变速箱的结构计算

12.4.1 要 求

定轴变速器的功用是根据装甲车辆在不同地面条件下提出的行驶要求,改变发动机的转速与扭矩,使装甲车辆具有合适的牵引力和机动速度,并同时保持发动机在最有利工况下工作。为保证装甲车辆能够倒驶及使发动机和传动系能够分离,变速箱应具有倒挡和空挡。在有动力输出需要时,还应满足功率输出的要求。

在结构计算时对变速器的主要要求是:

①保证装甲车辆具有高的动力性和经济指标,挡数与传动比分配符合牵引计算的要求,配齿后误差在允许范围内。

②工作可靠,操纵轻便。变速箱不应有跳挡、乱挡及换挡冲击等现象。为减轻驾驶员劳动强度,改善换挡过程,应设有同步器或解决动力换挡与半自动或自动换挡操纵。

③重量轻、体积小。影响这个指标的主要参数是变速箱中心距。选用优质钢材,采用合理的热处理,设计合适的齿形,提高齿轮精度及选用圆锥滚子轴承,可减小中心距。

④传动效率高。为减少齿轮的啮合损失,应尽量采取直接传动,提高零件的制造和装配质量,采用合适的润滑油等。

⑤噪声小。可采用斜齿轮传动及选择合理的变位系数,提高制造精度与装配刚性等。

⑥有足够的强度、刚度和寿命。

12.4.2 配 齿 计 算

配齿计算主要是决定变速箱中各齿轮的齿数。一般的配齿步骤和要求如下。

1. 估计轴的直径和齿轮模数

可用类比法,即选一个成熟的变速箱为基型,其结构和使用条件与所设计的类似,根据二者所传递的扭矩,便可估算轴径 D 和模数 m,即

$$D = D'\sqrt[3]{\frac{M}{M'}} \tag{12.1}$$

$$m = m'\sqrt[3]{\frac{M}{M'}} \tag{12.2}$$

式中,M, M' 分别为所设计变速箱与基型变速箱传递的扭矩;D, D' 分别为所设计变速箱的轴径与基型变速箱的相应轴径;m, m' 分别为所设计变速箱与基型变速箱的相应模数。

所得轴径 D 可按矩形花键(GB 1144—87)或渐开线花键标准圆整;模数 m 按 JB 111—60

圆整。这样估算比较简便但偏于保守。

2. 估计最小齿数

一般主动齿轮和最高挡被动齿轮的齿数最少。最少齿轮齿数除受不根切和不尖顶等条件限制外，还受齿轮毂最小厚度 t 的限制(见图12.23)，一般 t 为 $1 \sim 1.8$ m。

3. 估计各挡齿数和

变速器两轴的中心距一般由总体设计给定布置方案和尺寸范围，或参考基型变速箱选定。各挡主动齿轮和被动齿轮齿数和 $\sum Z$ 与中心距 A 的关系为

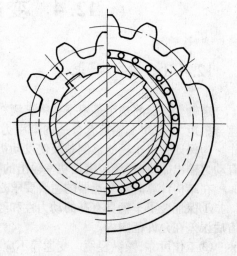

$$\sum Z \leqslant \frac{2A}{m} \tag{12.3}$$

图 12.23　齿轮的轮毂厚度

齿数和只能是整数，因常取模数相同，故各挡齿数和应相同，当采用角度变位时，可少一齿。如果采用螺旋角为 β 的斜齿轮时，则

$$\sum Z = \frac{2A\cos \beta}{m_n}$$

4. 决定齿数

要实现各挡传动比，主动齿轮齿数 Z 与被动齿轮齿数 Z' 必须满足该挡传动比的关系式

$$\frac{Z'}{Z} = i_b \tag{12.4}$$

由于齿数必须是整数，且齿数和也可允许差一齿，故可配出多种方案，同时实际配出的传动比 i_b 与原要求的传动比 i_b^* 是有差别的，其变率 δ(以百分数表示)为

$$\delta = \frac{i_b - i_b^*}{i_b^*} = \frac{i_b}{i_b^*} - 1 \tag{12.5}$$

由于传动比有了变化，使相邻排挡比也有了变化，例如一、二挡配齿后相邻排挡比为 q_{12}

$$q_{12} = \frac{i_{b1}}{i_{b2}} \tag{12.6}$$

其与原相邻排挡比 q_{12}^* 的变率 Δ_{12} 为(以百分率表示)

$$\Delta_{12} = \frac{q_{12} - q_{12}^*}{q_{12}^*} = \frac{q_{12}}{q_{12}^*} - 1 \tag{12.7}$$

要根据允许的 δ 和 Δ 范围来选定配齿方案。

排挡比变率与传动比变率间是有联系的，将式(12.6)代入式(12.7)中

$$\Delta_{12} = \frac{\left(\dfrac{i_{b1}}{i_{b2}}\right)}{\left(\dfrac{i_{b1}^*}{i_{b2}^*}\right)} - 1 = \left(\frac{i_{b1}}{i_{b1}^*}\right) \cdot \left(\frac{i_{b2}^*}{i_{b2}}\right) - 1$$

考虑到式(12.5)

$$\Delta_{12} = (1+\delta_1) \cdot \frac{1}{1+\delta_2} - 1 \approx 1 + \delta_1 - \delta_2 - 1$$

所以

$$\Delta_{12} \approx \delta_1 - \delta_2$$

其普遍式为

$$\Delta_{k(k+1)} \approx \delta_k - \delta_{k+1} \tag{12.8}$$

为简化齿轮结构和制造,常希望尽可能多取相同齿数,并采取以下措施:

①中间轴上的齿轮两边共用,可以省掉一个齿轮,节省轴向空间。

②中间轴主动齿轮,两挡共用。如:一、倒挡共同以一个齿轮(齿数12)为主动齿轮。

③齿数相同的齿轮尽可能统一结构或制造工艺,或制造与工艺都相同。如 122 mm 自行榴弹炮一、倒挡被动齿轮,五挡主动齿轮都为 36 齿,宽度与轮毂尺寸等都一样;二挡主动齿轮与四挡被动齿轮都是 21 齿。

12.4.3　齿 轮 计 算

1. 齿轮几何计算

(1)原始齿形要素

目前自行火炮变速箱用得较多的是压力角(齿形角)$\alpha_0 = 20°$,齿高系数 $f_0 = 0.8$ 的短齿形。与齿高系数 $f_0 = 1$ 的标准齿形相比,它允许的最少齿数较小,抗弯强度较好(因齿形系数 y 值较大),但重叠系数 ε 较小,因而按单齿啮合区计算的弯曲应力和接触应力都较大。为提高齿轮承载能力,也可采取 22.5°或 25°的压力角。如 T-62 坦克变速箱的常啮合齿轮与三挡、四挡齿轮采用了 $\alpha_0 = 26°$,$f_0 = 1$ 的齿轮,可使接触应力降低,重叠系数加大。但应考虑到随压力角增大,径向力等也相应增大的影响。若以减少齿轮噪声作为主要要求,高挡齿轮也可采用 15°,16°,16.5°等较小压力角。啮合套或同步器的接合齿压力角常选 20°,25°,30°,采用 30°压力角的较多。

(2)齿宽

齿宽 b 的大小直接影响齿轮的承载能力,b 加大,齿的承载能力增高。但试验表明,在齿宽增加到一定数值后,由于载荷分布不均匀,反而使承载能力降低。所以在保证齿的强度条件下,尽量选取较小的齿宽,以利于减轻变速箱的重量和缩短其轴向尺寸。

通常根据齿轮模数的大小来选定齿宽:

直齿　$b = (4.5 \sim 8.0)m$, mm;

斜齿　$b = (6.0 \sim 8.5)m$, mm。

或用齿宽系数表示,$\psi = \dfrac{b}{m}$。

常啮合齿轮或高挡齿轮可选宽些,使接触线长度增加,接触应力降低,以提高传动的平稳性和齿轮寿命。低挡齿轮宜选窄些,大齿轮的实际齿宽就取等于工作齿宽,小齿轮的实际齿宽略加大 $2 \sim 3$ mm。

在采用啮合套或同步器的换挡部件中,其接合齿的工作宽度初选时可取为 $2 \sim 4$ m。

(3)斜齿轮的螺旋角

如果为了传动平稳和降低噪声而采用斜齿圆柱齿轮时,分度圆螺角 β_f 的大小可按轴向重叠系数 $\varepsilon_a = 1$ 的条件选定,即

$$\varepsilon_a = \frac{b \sin \beta_f}{\pi m_n} = 1$$

所以

$$\sin \beta_f = \frac{\pi m_n}{b} = \frac{\psi}{b} \tag{12.9}$$

如果轴上还有圆锥齿轮或常啮合斜齿轮时,螺旋角的大小和螺旋方向可按轴向力彼此基本上抵消的条件而定。

(4)变位系数

近代装甲车辆变速箱多采用变位齿轮。一方面可避免小齿轮产生根切,在各挡齿轮齿数不一致(差一齿)时,可以统一中心距;更重要的一方面是提高齿的弯曲强度、接触强度、传动平稳性、耐磨损及抗胶合能力等,是提高齿轮寿命的有效方法。齿轮损坏的原因很多,因而对齿轮提出了各种传动质量指标。某一变位值,只能改善一种或几种传动质量指标,而对其他指标甚至有相反的效果,所以选择变位系数时,必须对齿轮破坏原因具体分析。

若实际中心距等于已定中心距,则可采用(等移距)高度变位;反之采用(正、负传动)角度变位。

目前,我国装甲车辆工业方面还没有通用的变位制,一般可按下列方法计算。

① 确定每一对齿轮的变位系数和($\sum \zeta$),应满足各对齿轮中心距相等的条件。若实际中心距 $A_0 = \dfrac{m \sum Z}{2}$ 不等于给定的中心距 A,可先求出啮合角 α

$$\cos \alpha = \frac{A_0}{A} \cos \alpha_0 = \frac{m \sum Z}{2A} \cos \alpha_0 \tag{12.10}$$

再由下式计算变位系数和

$$\sum \zeta = \frac{\sum Z(\mathrm{inv}\, \alpha - \mathrm{inv}\, \alpha_0)}{2 \tan \alpha_0} \tag{12.11}$$

也可用查表法计算,参看《机械设计手册》。

②把变位系数之和 $\sum\zeta$ 合理分配给主、被动齿轮

$$\sum\zeta = \zeta + \zeta' \tag{12.12}$$

同时,小齿轮的变位系数应符合不根切及不尖顶条件。

不根切条件为

$$\zeta_{min} \geqslant f_0 - \frac{Z \cdot \sin^2\alpha_0}{2} \tag{12.13}$$

不尖顶条件为

$$S_e \geqslant (0.25 \sim 0.40)m \tag{12.14}$$

(5)其他几何计算参看《机械原则》。

2. 齿轮强度计算

齿轮强度计算包括弯曲强度和接触强度,基本上按照《机械零件》中介绍的公式计算。

(1)计算力矩

齿轮的计算力矩按发动机最大净扭矩来折算

$$M = M_{max} i\eta K \tag{12.15}$$

式中,M_{max} 为发动机的外特性除去各辅助系统的消耗后所余的最大扭矩;i,η 为从曲轴到所计算齿轮的传动比和传动效率;K 为载荷系数,可取为 $1 \sim 1.4$。低挡时可取较小值,高挡时取较大值。

(2)材料与许用应力

目前变速箱齿轮常用材料有 12Cr2Ni4A、20Cr2Ni4A、18CrNiWA、18CrMnTi、30CrMnTi、16SiMn2MoWVA 等,齿的表面多经渗碳或氰化处理。

单面受力齿轮许用弯曲应力为

$$[\sigma_w] = \frac{\sigma_0}{k_0 k}\sqrt[9]{\frac{10^7}{N}} \tag{12.16}$$

双面受力的齿轮许用弯曲应力为

$$[\sigma_w] = \frac{\sigma_{-1}}{k_0 k}\sqrt[9]{\frac{10^7}{N}} \tag{12.17}$$

其中,齿根应力集中系数 k_0 对于渗碳或表面淬火齿轮为 1.2,安全系数 k 可取为 2,循环次数

$$N = 60 T n \alpha \tag{12.18}$$

式中,T 为使用寿命,取其等于大修期的小时数;n 为计算转速,按发动机最大扭矩时转速折算;α 为各挡工作时间率,常啮合齿轮 $\alpha = 1$,各挡的 α 值见表 12.1。

表 12.1　工作时间率　　　　　　　　　　　　　　　　　　　%

挡　别	四挡变速箱	五挡变速箱	六挡变速箱
一挡	10	5	5
二挡	15	10 ~ 15	10 ~ 15
三挡	40	15 ~ 20	15 ~ 20
四挡	30	35 ~ 30	25 ~ 30
五挡		25 ~ 20	30 ~ 20
六挡			15 ~ 10
倒挡	5	5	5

短期过载的许用弯曲应力为

$$[\sigma_{wmax}] = 0.87\sigma_b \tag{12.19}$$

许用接触应力为

$$[\sigma_j] = 300 \, HRC \sqrt[6]{\frac{10^7}{N}} \tag{12.20}$$

(3)弯曲强度

通常考虑单齿齿顶工作为最危险工况,即不考虑重叠系数的影响。常用公式为

$$\sigma_w = \frac{P}{\pi m b y} \tag{12.21}$$

式中,P 为与计算力矩 M 相应的圆周力,$P = \dfrac{M}{r_j}$;r_j 为节圆半径;b 为齿宽;y 为齿顶受力的齿形系数,无变位齿轮的齿形系数 y_0 可由表 12.2 查出;变位齿轮的齿形系数 y 可由下式计算

$$y = y_0(1 + \zeta\Omega)\frac{h_0}{h} \tag{12.22}$$

式中,h_0 为标准齿轮的齿全高,$h_0 = (2f_0 + c_0)m$;h 为变位后的齿全高,$h = (2f_0 + c_0 - \sigma)m$。

表 12.2　齿形系数 y_0

齿数 Z	10	11	12	13	14	15	16	17	18	20
$\alpha_0 = 20°$　$f_0 = 1$	0.064	0.072	0.078	0.083	0.088	0.092	0.094	0.096	0.098	0.102
$\alpha_0 = 20°$　$f_0 = 0.8$	0.083	0.092	0.099	0.103	0.108	0.111	0.115	0.117	0.120	0.125
Ω	1.44	1.30	1.13	1.06	0.97	0.87	0.75	0.68	0.62	0.53
齿数 Z	22	24	26	28	30	32	35	37	40	45
$\alpha_0 = 20°$　$f_0 = 1$	0.105	0.107	0.110	0.112	0.114	0.116	0.119	0.121	0.123	0.127
$\alpha_0 = 20°$　$f_0 = 0.8$	0.128	0.131	0.134	0.137	0.139	0.140	0.143	0.144	0.146	0.148
Ω	0.44	0.36	0.32	0.30	0.27	0.26	0.24	0.23	0.21	0.20

一般一对齿轮副的材料是相同的,齿宽基本上是一样的,但循环次数可能不同,所以有不同的许用弯曲应力。如使二齿轮弯曲强度为等强度,由式(12.21)可见,必须使二齿轮的齿形

系数 y 与许用弯曲应力 $[\sigma_w]$ 的乘积互等,即分配变位系数时应使

$$y[\sigma_w] = y'[\sigma_w]$$

由式(12.16)、(12.17)可见,许用弯曲应力与循环次数 N 的 9 次方根成反比,而一对齿轮的循环次数又与齿数成反比,故可使上式改写为

$$y\sqrt{Z} = y'\sqrt{Z'}$$

再把式(12.22)代入上式,则得

$$y_0(1+\zeta\Omega)\sqrt[9]{Z} = y_0'(1+\zeta'\Omega')\sqrt[9]{Z'}$$

此式与式 $\sum \zeta = \zeta + \zeta'$ 联解,即可求出等弯曲强度下的主、被动齿轮变位系统 ζ 与 ζ' 值

$$\zeta = \frac{y_0'\Omega'\sqrt[9]{Z'}\sum\zeta - y_0\sqrt[9]{Z} + y_0'\sqrt[9]{Z'}}{y_0\Omega\sqrt[9]{Z} + y_0'\Omega'\sqrt[9]{Z'}} \tag{12.23}$$

$$\zeta' = \sum\zeta - \zeta \tag{12.24}$$

（4）接触强度

常用公式为

$$\sigma_j = 0.418\sqrt{\frac{PE}{b\cos\alpha}\left(\frac{1}{\rho} + \frac{1}{\rho'}\right)} \tag{12.25}$$

或改写成：

标准齿形

$$\sigma_j = \frac{85.8}{A_0}\sqrt{\frac{M(i+1)^3}{bi\sin 2\alpha_0}} \tag{12.26}$$

角度变位齿形

$$\sigma_j = \frac{85.8}{A}\sqrt{\frac{M(i+1)^3}{bi\sin 2\alpha}} \tag{12.27}$$

式中, E 为材料的弹性模数,一般合金钢 $E = 2.1 \times 10^5$ N/mm^2; b 为工作齿宽; ρ, ρ' 为主动与被动齿轮节点处的渐开线曲率半径; i 为齿轮传动比, $i = \dfrac{\rho'}{\rho} = \dfrac{Z'}{Z}$。

用公式(12.26)、(12.27)计算时,长度单位一律取毫米。

12.4.4　轴与轴承计算

1. 轴的强度与刚度计算

对变速箱的轴主要进行强度和刚度计算,在变速箱处于不同排挡时,轴所受的扭矩与弯矩也不同,当轴受到的扭矩最大时,不一定受到的弯矩也最大。因此在轴的计算中,应从各个排挡的弯矩与扭矩组合中,选择最危险的工况进行计算。

（1）负荷

作用在轴上的负荷,除传递扭矩外,还有齿轮啮合产生的圆周力、径向力和轴向力等,还有装在轴上的离合器、制动器等工作时产生的径向力和轴向力,以及换挡操纵时加在轴上的力。

应分别计算出这些力的大小和方向。各种类型齿轮的啮合力计算公式见表12.3,其方向可参看图12.24。

表12.3　齿轮的啮合力

作用力	直齿轮	斜齿轮	直齿锥齿轮	螺旋锥齿轮
圆周力 P	$\dfrac{M}{r}$			
径向力 P_r	$P\tan\alpha$	$\dfrac{P\tan\alpha}{\cos\beta}$	$P\tan\alpha\cos\varphi$	$\dfrac{P}{\cos\beta}(\tan\alpha\cos\varphi\mp\sin\beta\sin\varphi)$
轴向力 P_a	0	$P\tan\alpha$	$P\tan\alpha\sin\varphi$	$\dfrac{P}{\cos\beta}(\tan\alpha\sin\varphi\mp\sin\beta\cos\varphi)$

注:①未考虑齿面摩擦力;
　②锥齿轮传动两轴垂直时,被动齿轮径向力和轴向力,分别等于主动齿轮的相应力,但方向相反;
　③螺旋锥齿轮公式中有双号,主动齿轮自大端至小端的螺旋线方向与旋转方向相反时用上面的符号,相同时用下面的符号。

（2）支点反力的计算

两支点轴各支点的径向反力可用静力学方法求出。一般的轴只有一个轴向固定支点,轴向力就由这个支点承受。

三支点轴须按静不定法计算。当整个轴的断面接近相等时,可用下列公式计算中支点的反力,然后再用静力学方法计算其他各支点反力。

当有集中力 P 时(见图12.25(a))

$$B=\frac{P_a(L^2-l'^2-a^2)}{2l^2l'}\tag{12.28}$$

当有集中力矩 M 时(见图12.25(b))

$$B=\frac{M(L^2-l'^2-3a^2)}{2l^2l'}\tag{12.29}$$

使用式(12.28)、(12.29)时,应注意 l 是有负荷的跨度, l' 是无负荷的跨度。如果轴上有几个力(或力矩),可按有关公式分别求出各力(或力矩)所引起的中支点反力,然后再将各反力向量相加,就得到合成的中支点反力。把它当做一个集中力,三支点轴就可转化为两支点轴计算。

（3）强度计算

变速箱轴的尺寸主要受刚度限制,强度往往是足够的。由已知的负荷和中支点的支反力,用静力学方程可求出两端支点的反作用力。由合成的支点反力,求出危险截面处的弯曲力矩 M_w 和力矩 M,按照第三强度理论,可用下式进行计算

$$\sigma=\frac{\sqrt{M_w^2+M^2}}{W}\tag{12.30}$$

式中,M 为轴的计算力矩;M_w 为计算断面上的弯矩;W 为计算断面的抗弯断面系数,实心圆轴

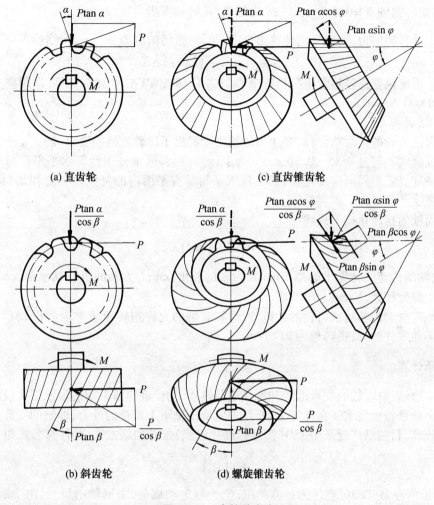

(a) 直齿轮　　　　　　　　　　(c) 直齿锥齿轮

(b) 斜齿轮　　　　　　　　　　(d) 螺旋锥齿轮

图 12.24　齿轮啮合力

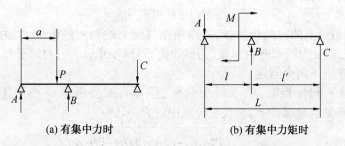

(a) 有集中力时　　　　　　　　(b) 有集中力矩时

图 12.25　三支点等断面轴支点反力计算简图

$W = 0.1d^3$，空心圆轴 $W = 0.1\dfrac{(d^4 - d_0^4)}{d}$；$d$ 为轴径，花键轴则指内径；d_0 为孔径。

如轴上受有轴向力，则应分别计算出弯曲、拉伸、扭转的应力 σ_w，σ_1，τ，然后再按下式计算

$$\sigma = \sqrt{(\sigma_w + \sigma_1)^2 + 4\tau^2} \tag{12.31}$$

目前装甲车辆变速箱轴常用材料有 20Cr2Ni4A，18CrNiWA 和 38CrSi 等，许用应力可取为 30 000 ~ 40 000 N/cm²。

(4) 刚度计算

为了保证齿轮的正常啮合，对变速箱轴的刚度提出了比较严格的要求，规定位于啮合齿轮处轴的合成挠度不超过 0.15 ~ 0.20 mm。为了计算方便，通常分别计算水平平面与垂直平面内产生的挠度。然后同向挠度叠加，最后将水平与垂直平面内的挠度以矢量相加(即合成)，求出合成挠度。

等截面轴的扭转角按下式确定

$$\theta = \frac{ML}{GI_p} \quad (\text{rad}) \tag{12.32}$$

式中，M 为轴所传递的计算扭矩，N·cm；L 为轴的长度，cm；I_p 为轴的极转动惯量，cm⁴；G 为材料的第二类弹性模数，N/cm²。

对支承有滑动齿轮组或齿轮的花键轴，计算时轴的允许扭转角通常取为 0.25(°)/m。变速器内有不动零件的轴，扭转角为 2(°)/m。

2. 轴承计算

根据变速箱结构，轴的支承形式和所受载荷性质，初步确定所采用的轴承型式以后应验算轴承的寿命是否符合要求。在计算之前，首先应确定轴承上所受的外力，即轴的支反力。

轴承计算，目前已广泛采用 ISO(国际标准化组织)推荐的新方法，其计算公式如下

$$L = \left(\frac{C_d}{P_d}\right)^{\varepsilon} \tag{12.33}$$

式中，L 为轴承寿命，以 10⁶ 转作为计算单位；C_d 为额定动载荷，根据轴承型号，由手册查得；P_d 为当量动载荷，按如下公式计算

$$P_d = XF_r + YF_a$$

式中，F_r 为作用在轴承上的径向载荷；F_a 为作用在轴承上的轴向载荷；X，Y 为折算的径向与轴向系数，由手册查取；ε 为轴承寿命指数，为试验值，对球轴承，$\varepsilon = 3$，对滚子轴承，$\varepsilon = 10/3$。

计算时应注意以下两个问题：

(1) 变速箱挂不同排挡时，轴承所受载荷也不同，需要根据各挡工作时间率(参考表 12.1)，以一个换算的当量载荷 P_m 来代替公式中的 P_d

$$P_m = \sqrt[\varepsilon]{\frac{1}{n_m}(P_1^{\varepsilon} n_1 \alpha_1 + P_2^{\varepsilon} n_2 \alpha_2 + \cdots + P_i^{\varepsilon} n_i \alpha_i)} \tag{12.34}$$

式中 P_1，P_2，$\cdots$，P_i；n_1，n_2，$\cdots$，n_i；α_1，α_2，$\cdots$，α_i 分别代表一挡、二挡……i 挡的轴承载荷、转速和

各挡工作时间率。各载荷和转速可采用相应发动机最大扭矩时的负荷与转速并按相应各挡传动比折算代入。

②n_m 为平均当量转速,可按下式计算

$$n_m = n_1\alpha_1 + n_2\alpha_2 + \cdots + n_i\alpha_i \tag{12.35}$$

在计算中通常按轴承寿命小时 L_h 来计算动载荷 C_d,寿命小时 L_h 最好与大修期小时数符合,或为它的整倍数

$$C_d = P_m \left(\frac{60 n_m L_h}{10^6} \right)^{\frac{1}{\varepsilon}} \tag{12.36}$$

也可用选定的轴承的额定动载荷 C_d,来验算轴承的工作寿命小时 L_h,可按下式计算

$$L_h = \frac{10^6}{60 n_m} \cdot \left(\frac{C_d}{P_m} \right)^{\varepsilon} \tag{12.37}$$

当采用滚针轴承时,容量可根据下式近似计算

$$C = 250 L d^{0.7}$$

式中,L 为滚针长度(不计针端圆弧),mm;d 为内圈滚动表面直径,mm。

有时为了减小径向尺寸,可采用无外圈、或无内外圈的向心短圆柱滚子轴承。如果滚道的尺寸、精度、光洁度、表面硬度等都符合要求,其计算与相当型号的滚子轴承一样。也可采用散装的(无保持架的)滚子。

12.4.5　换挡齿套及同步器的计算

1. 换挡齿套计算

换挡齿套齿形可按渐开线花键标准选用,或单独设计。单独设计时,模数和齿数常按结构来定。但齿数过小时齿顶圆将小于基圆;按此条件可推出内齿的最小齿数为

$$z_{nmin} = \frac{2h'}{m(1 - \cos \alpha_0)}$$

可以减小齿顶高 h' 或加大压力角 $\alpha = 20°$,$h' = 0.6m$,此时

$$z_{nmin} = \frac{2 \times 0.6}{1 - \cos 20°} = \frac{2 \times 0.6}{0.060\ 3} = 19.9$$

同步器齿套的计算力矩与齿轮同。一般只需要计算挤压应力。计算圆周力时,应考虑只有部分齿承受负荷,用不均匀系数 λ 表示。

$$P = \frac{4M}{(D+d) z\lambda}$$

式中,M 为计算力矩;D,d 为外齿、内齿的顶圆直径(参看图 12.26),常取 $\lambda = 0.75$。

齿的宽度 b 可参考同类型变速箱来定。

挤压应力

$$\sigma_j = \frac{2P}{(D-d)b} = \frac{8M}{(D+d)(D-d)bz\lambda} \qquad (12.38)$$

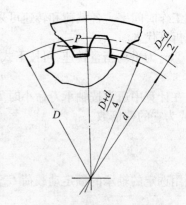

2. 同步器摩擦锥面与锁角计算

同步器摩擦锥面——其摩擦力矩与轴向推力的关系推导如下:

假设负荷在整个锥面均匀分布,为了简化成平面力系,把均匀分布的压力用对称的两个集中负荷 P' 来代替,作用在平均半径 R_p 处(参看图12.27)。两 P' 的合力就是轴向推力 P

$$P = 2P'\sin\gamma$$

图 12.26　换挡齿套计算简图

或

$$P' = \frac{P}{2\sin\gamma}$$

式中,γ 为锥顶半角。

滑转时,两个 P' 产生的摩擦力矩 M_m 为最大值。

$$M_m = 2\mu P' R_p$$

其中,μ 为摩擦锥副的摩擦系数。

将 P' 代入 M_m 可得

$$M_m = \frac{\mu P R_p}{\sin\gamma} \qquad (12.39)$$

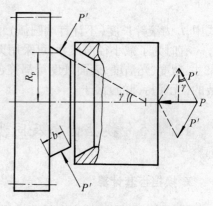

或

$$P = \frac{M_m \sin\gamma}{\mu R_p} \qquad (12.40)$$

由式(12.39)可见,摩擦力矩随 γ 角减小而增大,为增大同步器的容量,γ 应取小值;但是 γ 如太小,摩擦锥面将产生自锁(不能脱开),避免自锁的条件是

图 12.27　同步器锥面计算简图

$$\tan\alpha \geqslant \mu \qquad (12.41)$$

一般 $\gamma = 6° \sim 10°$,$\gamma = 6°$ 时摩擦力矩较大,但在锥面光洁度控制不严时,则有黏着和咬住现象,在 $\gamma = 7°$ 时就很少出现咬住现象。自行火炮 $\gamma = 7.5°$。

μ 一般为 $0.08 \sim 0.12$,计算时可取 $\mu = 0.1$。摩擦系数 μ 在同步器换挡过程中有重要作用,且是变化的。μ 大则换挡省力或可缩短同步时间,μ 小则反之,甚至会失去同步作用。此系数主要取决于摩擦材料、表面光洁度、润滑油种类和温度等因素。

摩擦锥面上通常制有破坏油膜的细牙螺纹槽和与之垂直的泄油槽(使油通过泄油槽将滑摩产生的热量带走)。在钢质锥面上喷镀一层钼(厚约 $0.6 \sim 0.8$ mm),可显著提高其强度和耐磨性。

摩擦锥面的平均半径 R_p 由结构布置确定,在结构允许条件下,尽可能取大值。锥面工作长度 b 可参考取 $\frac{R_p}{b} = 5 \sim 7$,中型坦克 $R_p = 96$ mm,b 为 18 mm,比值为 5.3。

同步器摩擦锥面的比压计算如下

$$p = \frac{P}{2\pi R_{\mathrm{p}} b \sin \gamma} \leqslant [P] \tag{12.42}$$

$$[p] = 100 \sim 200 \ \mathrm{N/cm^2}$$

同步器闭锁角的设计——主要应考虑两个条件:同步以前应挂不上挡(锁止);同步以后应能挂上挡(不自锁)。

(1)同步前锁止条件

以中型底盘同步器为例(见图12.28),拨叉环给同步器的轴向推力使它能挂上挡,而同步环特形孔的斜边给同步器销的摩擦力 F 阻止它挂上挡。力量的对比关系,随销与槽接触处的倾斜角(锁止角)β 而定。

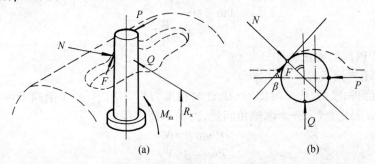

图 12.28　同步器锁止角计算简图

β 取多大值才能锁止呢?

取同步器销为自由体,其上所受的力和力矩有:

P——假设换挡的轴向推力全部通过销传递,而定位器所传递的轴向力略去不计;

N——同步环槽给销的法向反力;

F——同步环槽给销的摩擦力、其值为

$$F = N \cdot f$$

式中,f 为摩擦系数;M_{m} 为滑动齿套对销子的反力矩,其值就是同步器的摩擦力矩。

为了把空间力系简化成平面力系,用一个同步器销代表所有的销,并用在半径 R_{x} 处的圆周力 Q 来代替 M_{m},则根据式(12.39)得

$$Q = \frac{M_{\mathrm{m}}}{R_{\mathrm{x}}} = \frac{P\mu R_{\mathrm{p}}}{R_{\mathrm{x}} \sin \gamma}$$

假定认为 $R_{\mathrm{x}} \approx R_{\mathrm{p}}$,则

$$Q = \frac{P\mu}{\sin \gamma} \tag{a}$$

此销子共受有(在一个平面内)P, Q, N, F 四个力(见图12.28),将各力投影到 N 和 F 方向,可得

$$N = Q\cos \beta + P\sin \beta \tag{b}$$

$$F \geqslant P\cos\beta - Q\sin\beta$$

将 $F = Nf$ 代入,有

$$Nf \geqslant P\cos\beta - Q\sin\beta \tag{c}$$

把式(a)代入式(b)、式(c),消去 N,得

$$\tan\beta \geqslant \frac{1 - f\dfrac{\mu}{\sin\gamma}}{f + \dfrac{\mu}{\sin\gamma}}$$

略去分子的第二项,即 $f\dfrac{\mu}{\sin\gamma} \to 0$,则

$$\tan\beta \geqslant \frac{1}{f + \dfrac{\mu}{\sin\gamma}} \tag{12.43}$$

这就是同步以前的锁止条件。

(2)同步后不自锁条件

同步后,滑摩停止,故 $M_m = 0$,即 $Q = 0$,此时在推力 P' 作用下,销子沿同步环槽应能克服摩擦力 $N'f$ 而滑动,因此,成为一个摩擦角问题,力的平衡方程为

$$P'\sin\beta = N' \tag{d}$$
$$P'\cos\beta > N'f \tag{e}$$

解式(d)、(e)得

$$\tan\beta < \frac{1}{f} \tag{12.44}$$

这就是同步以后不自锁的条件。

β(锁止角)必须同时满足式(12.43)与式(12.44),所以最后表达式为

$$\frac{1}{f + \dfrac{\mu}{\sin\gamma}} \leqslant \tan\beta < \frac{1}{f}$$

或

$$\arctan\left(\frac{1}{f + \dfrac{\mu}{\sin\gamma}}\right) \leqslant \beta < \arctan\left(\frac{1}{f}\right) \tag{12.45}$$

若取 $f = 0.1$,$\mu = 0.1$,$\gamma = 7.5°$ 代入,则应有 $49°30' \leqslant \beta < 84°18'$。中型坦克同步器锁止角 β 取为 $51°45'$。

3. 同步过程分析

设具有惯性式同步器的变速机构如图 12.29 所示,图中只绘出新换上的第 k 挡齿轮副——传动比为 i_{bk},同步器置于 B 轴上。

设从主离合器被动部分到带同步器摩擦锥面的被动齿轮的一系列机件的转动惯量换算到

A 轴上为 J_a（见图12.29），再把 J_a 换算到换第 k 挡被动齿轮上，以 J_c 表示

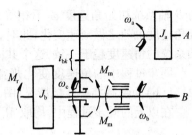

$$J_c = J_a i_{bk}^2 \qquad (a)$$

此时图 12.29 可转化为图 12.30 所示的简化系统。

换挡前 A 轴速度为 ω_a，置入新挡后的被动齿轮角速度为 ω_c

$$\omega_c = \frac{\omega_a}{i_{bk}} \qquad (b)$$

图 12.29　同步力矩计算简图（同步器装在 B 轴上）

B 轴角速度以 ω_b 表示，如换挡前为低挡（第 $k-1$ 挡——传动比为 $i_{b(k-1)}$），则

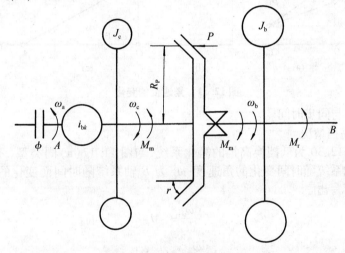

图 12.30　同步力矩计算简化系统

$$\omega_b = \frac{\omega_a}{i_{b(k-1)}} \qquad (c)$$

如换挡前为高挡（第 $k+1$）——传动比为 $i_{b(k+1)}$，则

$$\omega_b = \frac{\omega_a}{i_{b(k+1)}} \qquad (d)$$

以上式(b)，(c)，(d)均取的是数值，方向则如图 12.30 所示。

图中，J_b 为与 B 轴相连的旋转零件及装甲车辆质量换算到 B 轴上的转动惯量；M_r 为换算到 B 轴上的地面阻力矩，当不计效率时

$$M_r = \frac{f_0 G r_k}{i_h} \qquad (e)$$

式中，f_0 为总阻力系数；r_k 为主动轮半径；i_h 为后传动比；G 为战斗全重。

换挡过程中，动力切断（主离合器分离），由式(b)，(c)，(d)可知，A 轴系统初始角速度 ω_c

与 B 轴系统初始角速度 ω_b 不相等,即齿轮与轴不同步。车辆受地面阻力作用而减速,B 轴系统角速度也随之做减速变化;此时,A 轴系统角速度因同步器摩擦力矩 M_m 的作用而逐渐与 B 轴系统的角速度趋于一致,这个共同的角速度称为同步角速度 ω_t。

同步过程中的角速度变化规律如图 12.31 所示,图 12.31(a)为由低挡换高挡情况;图 12.31(b)为由高挡换低挡情况;图 12.31(c)为原地起步情况。

在以上的同步过程中,均取 $M_m=$ 常数,$M_r=$ 常数。下面分析同步过程。

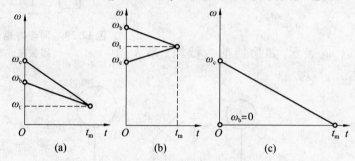

图 12.31　角速度的变化

(1)同步力矩与同步时间

①由低挡换高挡情况

观察可知,图 12.30 为低挡换高挡的简化系统,与图 11.17(a)同类型(不同点只是 $M_1=0$)。设 ω_1 为 A 轴系统随时间变化的角速度;ω_2 为 B 轴系统随时间而变化的角速度,参照式(11.5)、(11.6)可写出

$$J_c\frac{d\omega_1}{dt}=-M_m$$

$$J_b\frac{d\omega_2}{dt}=M_m-M_r$$

积分并代入 ω_1 的初始角速度 ω_c,ω_2 的初始角速度 ω_b,则有:

A 轴系统　　　　　　　　　$\omega_1=\omega_c-\dfrac{M_m}{J_c}t$ 　　　　　　　　　(12.46)

B 轴系统　　　　　　　　　$\omega_2=\omega_b+\left(\dfrac{M_m-M_r}{J_b}\right)t$ 　　　　　　(12.47)

设同步时间为 t_m,此时 $\omega_1=\omega_2=\omega_t$,由式(12.46)及式(12.47)得到

$$t_m=\frac{(\omega_c-\omega_b)J_cJ_b}{J_bM_m+J_c(M_m-M_r)} \tag{12.48}$$

由式(12.48),可求得同步摩擦力矩为

$$M_m=\frac{\dfrac{(\omega_c-\omega_b)}{t_m}+\dfrac{M_r}{J_b}}{\dfrac{1}{J_c}+\dfrac{1}{J_b}}$$

因 J_b 值很大，$\dfrac{1}{J_b} \to 0$，所以略去分母中的第二项，有

$$M_m = J_c \left(\frac{\omega_c - \omega_b}{t_m} + \frac{M_r}{J_b} \right)$$

将式（a），（b），（c），（e）代入得

$$M_m = J_a i_{bk}^2 \left[\frac{\omega_a}{t_m} \left(\frac{1}{i_{bk}} - \frac{1}{i_{b(k-1)}} \right) + \frac{f_0 G r_k}{J_b i_h} \right] \tag{12.49}$$

考虑到式（12.39）$M_m = \dfrac{\mu P R_p}{\sin \gamma}$，代入式（12.49），则得到轴向推力 P 与低挡换高挡时的同步时间 t_m 的关系

$$P = \left(\frac{\sin \gamma}{\mu R_p} \right) J_a i_{bk}^2 \left[\left(\frac{1}{i_{bk}} - \frac{1}{i_{b(k-1)}} \right) + \frac{f_0 G r_k}{J_b i_h} \right] \tag{12.50}$$

②高挡换低挡情况

此时因 $\omega_b > \omega_c$，所以同步过程中的摩擦力矩在图 12.30 中须反一个方向，由此可得下述二式

$$J_c \frac{d\omega_1}{dt} = M_m$$

$$J_b \frac{d\omega_2}{dt} = -M_m - M_r$$

据此，只需在式（12.48）、（12.49）、（12.50）中，将 M_m 反号并以式（d）求 ω_b 即可求出相应结果，整理后可得

$$t_m = \frac{(\omega_b - \omega_c) J_b J_c}{J_b M_m + J_c (M_m + M_r)} \tag{12.51}$$

$$M_m = J_a i_{bk}^2 \left[\frac{\omega_a}{t_m} \left(\frac{1}{i_{b(k+1)}} - \frac{1}{i_{bk}} \right) - \frac{f_0 G r_k}{J_b i_h} \right] \tag{12.52}$$

$$P = \left(\frac{\sin \gamma}{\mu R_p} \right) J_a i_{bk}^2 \left[\frac{\omega_a}{t_m} \left(\frac{1}{i_{b(k+1)}} - \frac{1}{i_{bk}} \right) - \frac{f_0 G r_k}{J_b i_h} \right] \tag{12.53}$$

分析式（12.50）与式（12.53）可知：

a. 轴向推力 P 的大小与同步时间 t_m 成反比关系，t_m 一般为 $0.5 \sim 2.0$ s，设计时可按 $t_m = 1$ s 计算 P 值。为换挡轻便，P 不能过大，操纵杆上的力 F 与 P 的关系是

$$F = \frac{P}{i_p \eta_p} \tag{12.54}$$

式中，i_p，η_p 为操纵杆至拨叉的传动比与传动效率。一般限制 $F \leqslant 300$ N。

b. 地面总阻力系数 f_0 的影响。在其他条件不变时，f_0 增大使低挡换高挡要费力些，而对高挡换低挡则省力些。

（2）同步过程滑摩功计算

式(11.7)，$W_m = \int_0^{t_m} M_m(\omega_1 - \omega_2)\mathrm{d}t$，可用来计算低挡换高挡情况。由图12.31(a) 可知 $\int_0^{t_m}(\omega_1 - \omega_2)\mathrm{d}t = \frac{1}{2}(\omega_c - \omega_b)\cdot t_m$，因此低挡换高挡的滑摩功计算式为

$$W_m = M_m \cdot \frac{1}{2}(\omega_c - \omega_b)t_m$$

或
$$W_m = \frac{M_m \omega_a}{2}\left(\frac{1}{i_{bk}} - \frac{1}{i_{b(k-1)}}\right)t_m \tag{12.55}$$

由高挡换低挡情况，$W_m = \int_0^{t_m} M_m(\omega_2 - \omega_1)\mathrm{d}t$，观察图12.31(b) 可知

$$\int_0^{t_m}(\omega_2 - \omega_1)\mathrm{d}t = \frac{1}{2}(\omega_b - \omega_c)t_m$$

据此得
$$W_m = M_m \cdot \frac{1}{2}(\omega_b - \omega_c)\cdot t_m$$

或
$$W_m = \frac{M_m \omega_a}{2}\left(\frac{1}{i_{b(1+k)}} - \frac{1}{i_{bk}}\right)t_m \tag{12.56}$$

计算时取 $t_m = 1$ s 并按式(12.49)或式(12.52)计算相应的 M_m 值代入求出不同情况下的滑摩功。

由滑摩功计算单位滑摩功与温升值，作为相对比较的指标。

（3）同步器位置的影响

如果同步器是装在 A 轴上(见图12.32)，主被动齿轮随 B 轴转动而转动，则与同步器装在 B 轴上相比(见图12.29)，参数情况有如下变动：

A 轴系统：在 J_a 中将减去这些齿轮的转动惯量，以 J_a' 表示，角速度为 ω_a；

B 轴系统：在 J_b 中将增加这些齿轮的转动惯量，但其值与 J_b 相比很小，可略去。

把 J_b 由 B 轴换算到主动齿轮上去，$J_b' = \dfrac{J_b}{i_{bk}^2}$；$\omega_b$ 换算到

主动齿轮后为 $\omega_b' = \omega_b i_{bk}$；$M_r$ 为 $M_r' = \dfrac{M_r}{i_{bk}}$。

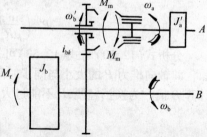

图12.32 相当于低挡换高挡情况，$\omega_b = \dfrac{\omega_a}{i_{b(k-1)}}$，故 $\omega_b' = \omega_b i_{bk} = \dfrac{i_{bk}}{i_{b(k-1)}}\omega_a < \omega_a$。此时 M_m' 的作用方向如图12.32 所示。

图12.32　同步力矩计算简图(同步器装在 A 轴上)

将图12.32 转化为简化系统图(见图12.33)，据此，换挡同步力矩 M_m' 的公式可推导如下。

由图12.33，可得下列二方程：

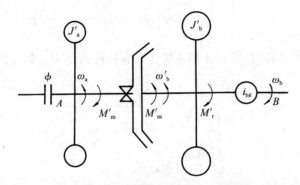

图 12.33　同步力矩计算简化系统图

$$\begin{cases} J'_a \dfrac{d\omega'_1}{dt} = -M'_m \\[2mm] J'_b \dfrac{d\omega'_2}{dt} = M'_m - M'_r \end{cases} \tag{f}$$

式中,ω'_1,ω'_2 分别为 A 轴与 B 轴随时间变化的角速度;

$$\frac{d\omega'_1}{dt} = \frac{\omega'_t - \omega_a}{t'_m}$$

$$\frac{d\omega'_2}{dt} = \frac{\omega'_t - \omega'_b}{t'_m} = \frac{\omega'_t - \omega_b i_{bk}}{t'_m}$$

其中,ω_a,ω'_b 分别为 A 轴与 B 轴的初始角速度;t'_m,ω'_t 分别表示 A,B 轴经 t'_m 时间后达到同步角速度 ω'_t。

解式(f),得低挡换高挡情况下的摩擦力矩为

$$M'_m = J'_a i_{bk}^2 \left[\frac{\omega_a}{t'_m} \left(\frac{1}{i_{bk}} - \frac{1}{i_{b(k-1)}} \right) + \frac{f_0 G r_k}{J_b i_h} \right] \tag{12.57}$$

高挡换低挡时,把式(f)中的 M'_m 变号并代入 $\omega_b = \dfrac{\omega_a}{i_{b(k+1)}}$,求得

$$M'_m = J'_a i_{bk}^2 \left[\frac{\omega_a}{t'_m} \left(\frac{1}{i_{b(k+1)}} - \frac{1}{i_{bk}} \right) - \frac{f_0 G r_k}{J_b i_h} \right] \tag{12.58}$$

将同步器装于 A 轴的公式与同步器装于 B 轴的相应公式相比(设 $t_m = t'_m$),例如式(12.49)与式(12.57)相比得到下述比式

$$\frac{M_m}{M'_m} = \frac{J_a}{J'_a} \cdot i_{bk} \tag{12.59}$$

观察可见,$J_a > J'_a$。一般各挡同步器都希望采取同一结构,据此,宜按低挡的同步力矩决定其尺寸,因这时 $i_{bk} > 1$,$M'_m < M_m$。所以从减小同步力矩出发,应把同步器都装在 A 轴上以使同步器尺寸较小。但实际上由于结构的限制,往往不易做到这点。

如果有些挡同步器装在 A 轴上,另一些挡装在 B 轴上,则应针对不同情况选择相应的计

算公式。

(4)粘连力矩的影响

当主离合器分离不彻底时,将对 A 轴系统作用有粘连力矩 M_{zl},其方向与 ω_a 同向。现分析 M_{zl} 对换挡过程的影响。

低挡换高挡时:

$$
\begin{cases}
J_c \dfrac{\mathrm{d}\omega_1}{\mathrm{d}t} = -M_m + M_{zl}i_{qb}i_{bk} \\
J_b \dfrac{\mathrm{d}\omega_2}{\mathrm{d}t} = M_m - M_r
\end{cases}
\tag{g}
$$

式中,i_{qb} 为变速器第一级传动比(图中没表示);i_{bk} 为换入新挡(第 k 挡)的传动比。

解式(g),求出低挡换高挡的同步时间为

$$
t_m = \frac{(\omega_c - \omega_b)J_c J_b}{J_b(M_m - M_{zl}i_{qb}i_{bk}) + J_c(M_m + M_r)}
\tag{12.60}
$$

高挡换低挡时,将式(12.60)中 M_m 变号并考虑 $\omega_b = \dfrac{\omega_a}{i_{b(k+1)}}$,则得同步时间如下

$$
t_m = \frac{(\omega_c - \omega_b)J_c J_b}{J_b(M_m + M_{zl}i_{qb}i_{bk}) + J_c(M_m + M_r)}
\tag{12.61}
$$

比较式(12.48)与式(12.60)可见,低挡换高挡时,粘连力矩将使同步时间延长;而高挡换低挡,则由式(12.51)与式(12.61)可看出,粘连力矩使同步时间缩短。显然,不论哪种换挡情况,粘连力矩均使主离合器在分离时有滑摩功存在,这是不希望发生的。

12.5　自动变速技术概述

驾驶装有自动变速器的车辆时,驾驶员可以不踩离合器就能实现自动换挡,而且发动机不会熄火,所以能有效地提高驾驶方便性,减轻驾驶员的劳动强度。20 世纪 80 年代以来随着电子技术的发展,变速器自动控制进一步完善,在各种使用工况下能实现发动机与传动系的最佳匹配,控制更加精确、有效,性能价格比大大提高,目前得到广泛采用。

12.5.1　自动变速的类型

按照变速控制的方式和变速器的型式,目前车辆上所使用的自动变速系统主要有三种:液力机械式自动变速系统(Automatic Transmission, AT)、电控机械式自动变速系统(Automatic Mechanical Transmission, AMT)、机械式无级变速系统(Continuously Variable Transmission, CVT)。

AT 是指液力变矩器与行星齿轮变速器组成的自动变速系统,这种变速系统诞生于 20 世纪 30 年代,经过 70 多年的发展,其技术已十分成熟,目前占据着市场的主导地位。AT 传动系

统简化了操纵,提高了舒适性、行驶安全性和车辆平均行驶速度,但是存在传动效率低、结构和制造工艺复杂、成本高、维护保养困难等缺点。

AMT 是在有级固定轴式机械变速器基础上增加自动变速操纵系统,除具有自动变速器的优点外,还具有传统手动齿轮变速器传动效率高、成本低、易于制造、工作可靠等优点。

CVT 驾驶简便,可提高舒适性和车辆燃料经济性。目前,CVT 主要存在传动带的强度和寿命低,以及传动带与带轮之间的滑摩损耗等问题,从而限制了 CVT 的传递功率,降低了传动效率。但因其理论上的潜在性能优势,被公认为是最具发展前途的自动变速装置。目前,CVT仅占市场的 1%。

12.5.2　液力机械式自动变速系统(AT)

液力机械式自动变速系统由变矩器、机械式变速器(一般多采用行星齿轮)和电子液压控制系统三部分组成。在液力机械式自动变速系统中,利用离合器、制动器取代了手动换挡变速器中的滑动齿套和同步器等;利用电液换挡控制机构,取代了手动换挡变速器中的手动连杆操作机构。在这类系统中,都采用具有闭锁离合器的液力变矩器,配以电子控制系统后,实现自动换挡以及液力变矩器的闭锁与解锁操作。

液力机械式自动变速系统工作原理如图 12.34 所示。利用微电子元件和微处理器的传递信号快、消耗功率小、便于模块化等特点,作为变速控制系统的信号检测、数据处理和传输控制;利用液压传动装置可传递能量大、便于控制、结构紧凑和工作可靠等特点,作为变速控制系统的执行机构。例如使用电磁阀带动换挡阀完成挡位选择,使用缓冲阀完成换挡过程中的品质控制等。系统的电子控制单元(简称 ECU)根据油门信号和车速信号,以及选挡控制器的位置,完成挡位选择及换挡控制。为适用于不同的使用条件,如对于不同的发动机、变速器或车型,以及不同的使用方式,所对应的控制程序均不相同,它们通常由台架试验或道路试验最后确定,并存于 ECU 的可擦写只读存储器中,可以重新进行编程。整个系统采用车载蓄电瓶供电,使用电压 12 V 或 24 V。

换挡控制 ECU 及输入与输出信号关系如图 12.35 所示。在图中,信号的输入端有:

(1)车速信号(转速信号):该信号由变速器输出轴上的转速传感器所产生,多用电磁型转速传感器。如果该传感器发生故障,则变速系统将保持在发生故障之前的挡位。

(2)涡轮转速信号:该信号反映液力变矩器涡轮转速的大小,也由电磁型转速传感器产生。

(3)挡位选择信号:该信号由选挡控制器产生,通过传感器将选择的位置以电信号的形式输入给 ECU,在发动机启动时只能选择在空挡位置。由前进挡转换到倒车挡,或由倒车挡转换到前进挡时,首先必须经过空挡选择位置。另外,若发动机转速高于怠速转速(如900 r/min),或者是油门踏板被踩下,或者是发动机点火开关处于"开"的位置时,变速器不能从空挡位置开始结合挡位。在 ECU 中具有这种防止选择挡位的联锁,因而油门踏板必须处于怠速位置且发动机转速低于设定的怠速转速时,才能开始选择挡位。

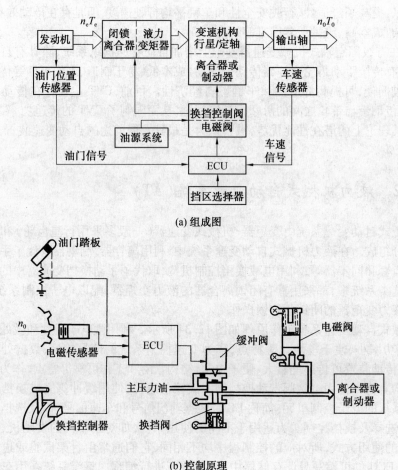

(a) 组成图

(b) 控制原理

图 12.34　液力机械式自动变速系统组成及控制原理

(4)油门位置信号:有时也称为加速踏板位置信号,由油门传感器产生,反映发动机供油油门开度的大小,该信号影响换挡点的位置。

(5)制动信号:由制动踏板产生,当有该信号输入时,不能进行升挡操作。

(6)模式选择开关信号:是供驾驶员选择按动力型还是按经济型换挡规律进行自动变速。

(7)Kick-down 信号:是只有两个位置的通/断开关所产生的信号,也称为超车开关信号。该开关放在发动机油门踏板的底下,当油门踏板踩到底时被触发,ECU 发送信号,变速器首先自动降挡后,再沿最大的发动机动力特性曲线进行升挡,从而产生尽可能大的功率进行加速。因此超车时猛踩油门踏板到底,压下该开关后即可达到加速超车的目的。

驾驶员可以通过选挡控制器将选择信号输入给 ECU,完成如前进挡、空挡、倒挡,以及限制前进挡中自动换挡挡区范围的选择。选挡控制器的结构有手柄式、台式(按键式)和拉杆

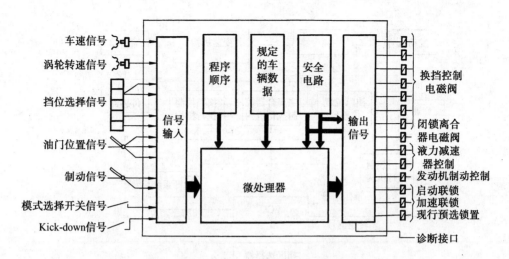

图 12.35　换挡控制 *ECU* 及输入／输出信号

式等。

　　在选挡控制器的标记中：P 表示驻车，R 表示倒挡，N 表示空挡，D 表示前进挡（在所有正常挡区内进行自动换挡）；3,2 等是按变速器挡位数的不同，表示在有限挡区内自动换挡（如在 1~3 挡或 1~2 挡内自动换挡）；1 表示低挡。

　　在 N/P 两个位置时，允许发动机进行启动，此时变速器挂空挡，没有动力传递。在驻车时，通过内部联锁控制机构，使变速器的输出轴与整车锁成一体。

12.5.3　电控机械式自动变速系统（AMT）

　　电控机械式自动变速系统是在原固定轴式有级齿轮变速器的基础上增加自动变速操纵系统构成的。AMT 的基本工作原理是：在以微处理器为核心的电子控制单元（ECU）的控制下，模拟驾驶员的操作动作，通过控制离合器执行机构、换挡执行机构和油门执行机构，自动完成离合器的分离与接合、选挡换挡操作以及发动机油门的调节，以实现起步和换挡的自动操纵。它的主要功能靠软件来实现，通过控制软件的优化，保证起步迅速而平稳、换挡快捷且换挡冲击小。AMT 既保留了原手动换挡变速器（MT）传动效率高、结构简单、工作可靠、制造和维护成本低的特点，同时又具有液力自动变速器的优点。

　　换挡控制系统的组成，可用图 12.36 所示的框图来描述。系统由换挡控制器、ECU、离合器控制、选挡与换挡控制机构及发动机油门控制机构以及传感器、油源系统组成。驾驶员通过选挡控制器和油门踏板向 ECU 表达意图，传感器监测车辆的运行状态，ECU 根据所设定的最佳换挡规律、离合器控制规律、发动机油门自适应调节规律，对油门开度、离合器结合以及换挡三者进行控制，实现动力传动系统的最佳匹配。

　　系统除具有自动换挡的功能外，一般还同时保留手动换挡的功能。图 12.37 所示为一种

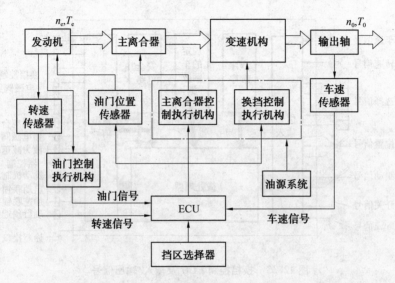

图 12.36　AMT 系统组成与控制原理

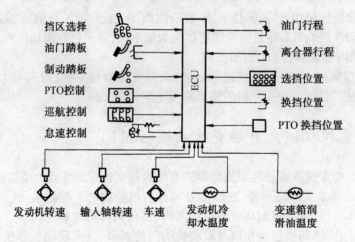

图 12.37　ECU 及输出信号

换挡系统的 ECU 和输入输出信号。作为系统的输入信号主要有挡位选择、油门信号、发动机转速、变速器输入轴转速、车速、制动踏板位置、润滑油温度、冷却水温度等;系统的输出则主要控制离合器的结合与分离、选挡与换挡、油门开度等,此外系统还具有巡航控制的功能。

12.5.4　机械式无级变速系统(CVT)

目前,在轻型车辆特别是轿车上应用得最多的是 V 形带传动的无级变速器。图 12.38 所示为 V 形带传动的无级变速原理图。变速部分由主动带轮(也称初级轮)、V 形带和被动带轮

（也称次级轮）组成。每个带轮都由两个带有斜面的半个带轮而组成一体，其中一个半轮是固定的，另一个半轮可以通过液压伺服油缸控制其移动。半轮间的轴向相对位置可以通过控制机构来改变。两个带轮轴之间的距离是固定的，传动带是固定不变的，所以形成的传动比为 $i=r_2/r_1=n_1/n_2$。当主动轮的半径 r_1 处于最小半径（两个半轮之间的距离最宽），被动轮的 r_2 处于最大半径时（两个半轮间的距离最窄），传动系统所形成的传动比最大，相当于车辆低挡行驶状态；当通过液压伺服缸控制改变 r_1 与 r_2 的半径值时，如使 r_1 逐渐增大，由于两个带轮轴之间的距离和传动带是固定的，为了保证正常传动而相应使 r_2 的值减小，则所形成的传动比也相应减小，直至 r_1 达到最大值而 r_2 达到最小值时，传动比达到最小，相当于车辆高挡行驶状态。由于 r_1 和 r_2 可以连续无级地变化，因而所形成的传动比也是连续无级变化的。

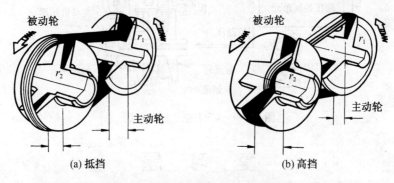

(a) 抵挡　　　　　　　　　　　　　　(b) 高挡

图 12.38　V 形带传动 CVT 工作原理

目前 CVT 的关键部件 V 形带主要是采用钢带（见图 12.39），由一层层带有 V 形斜面的金属片通过柔性的钢带组成，靠 V 形金属片传递动力，而柔性钢带则只起支承与保持作用。和普通的带传动不一样，在图 12.38 中，上边的带为紧边，下边的带为松边，相当于由主动轮通过钢带推着被动轮旋转来传递动力。一般钢带总长约 600 mm，由 300 块金属片组成，每片厚约 2 mm，宽 25 mm，高 12 mm。每条带包含柔性的钢带 2～11 条，每条厚约 0.18 mm。生产出能够传递高转速的 V 形钢带，是当前 CVT 主要研究问题之一。

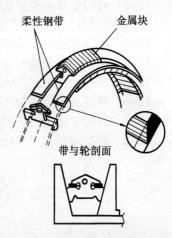

图 12.39　V 形带结构

图 12.40 所示为一种电液控制的 ECVT 控制系统。系统中包括电磁离合器的控制和 V 形带变速控制。变速比由发动机油门信号和主动带轮转速所决定，ECU 根据发动机的转速、车速、油门位置、换挡控制器（一般仅有 P，R，N，D 选择）信号，来控制电磁离合器，以及控制 V 形带轮上伺服油缸的压力实现无级变速。一般在最高传动比时（低挡）控制压力最大，约 2.2 MPa；在最低传动比（高挡）时的控制压力最小，约 0.8 MPa。由于传动比的改变仅受油门和主动带轮转速的控制，因而控制的灵活性相对受到了限制。

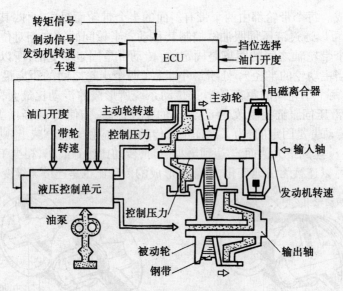

图 12.40 CVT 电子控制系统

复 习 题

12-1 对组装好的中型底盘变速器中的闭锁器有何要求? 若不正确,如何调整?

12-2 挂倒挡时,中型底盘变速箱内的动力如何传递?

12-3 简述惯性同步器的构造及工作原理。

12-4 简述中型底盘变速器闭锁器的工作原理。

12-5 简述变速箱在车体上的定位方式。

12-6 简述在换挡时如何防止挂双挡。

12-7 简述变速箱的功用及类型。

12-8 轻型底盘和中型底盘变速箱润滑方式有何不同?

第13章 转向机构与制动器

　　自行火炮要保持直线行驶,必须使左右两条履带卷绕运动的速度相等。在需要转向时,应使左右两条履带卷绕运动的速度产生差别,这样,自行火炮就将向履带卷绕速度较低的一侧转向。自行火炮转向时,总是绕着某一点 O 为中心向着低速履带一侧转向,O 点就是自行火炮的瞬时转向中心。从自行火炮的瞬时转向中心 O 到自行火炮纵向中心线的距离 R 是自行火炮的转向半径(见图13.1(a))。如果自行火炮高速侧履带与低速侧履带卷绕运动的速度始终保持一定的比例不变,自行火炮将绕着以 O 为圆心的一段圆弧转向。转向半径 R 的大小与两条履带卷绕运动的速度差有关。两条履带卷绕运动的速度差越大,转向半径越小,反之,转向半径愈大。若低速侧履带完全停止卷绕运动,而高速侧履带仍继续运动,便带动低速侧履带横向滑动(并略有向前的滑移),前半段履带向转向内侧滑动,后半段履带向转向外侧滑动,转向中心 O 在低速侧履带的中心线上,转向半径 R 为履带中心距 B 的一半,即 $R=B/2$(见图13.1(b)),这种转向叫做"制动转向"或"原地转向"。有的传动机构,在变速箱处于空挡时的特定条件下,能使两条履带卷绕运动的速度大小相等,而方向相反,一条履带向前运动,另一条履带向后运动,这时履带车辆围绕其中心旋转,转向半径 $R=0$,这种转向叫"中心转向"。

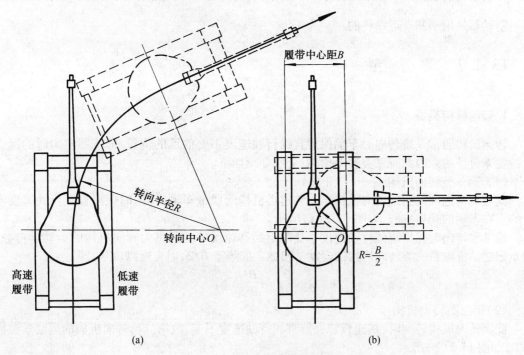

图13.1　自行火炮的转向运动

13.1 功用与类型

13.1.1 功 用

1. 转向机构的功用

自行火炮转向机构就是用来改变左右两条履带卷绕运动的速度,使它们产生差别,实现自行火炮以各种不同的半径转向。但是,自行火炮在直线行驶时,转向机构则应保证两条履带卷绕运动的速度相等,使自行火炮保持直线行驶的稳定性。

履带式车辆在转向时,履带不可避免地要产生对地面的横向滑动,这不仅会在履带与地面间产生摩擦,而且履带的履刺、筋条等对地面还会产生剪切和刮土作用,使转向时的阻力比直线行驶时的阻力要大很多。因此,履带车辆转向,要消耗较大的功率,这与轮式车辆不同。轮式车辆转向是通过转向车轮在路面上偏转一定的角度来实现的,车轮在路面做纯滚动,地面对车轮产生的附加阻力很小,转向时消耗的功率也比较小。

2. 制动器的功用

制动器是用来制动运动件的。

13.1.2 类 型

1. 转向机构类型

转向机构通常是按转向时车辆保持直线行驶速度不变的点的位置,即按照转向时的运动学特性来分类的。因此有三类转向机构,分别介绍如下。

（1）第一类转向机构

此类机构也叫差速式转向机构。安装这类机构的履带车辆,转向时保持直线行驶速度不变的点在车辆的几何中心,如图 13.2(a)所示。

通常称转向时保持直线行驶速度不变的点到高速履带的距离为转向机构的运动学参数,用 q 记之。所以第一类转向机构的运动学参数 q 应等于 $B/2$,但应冠以负号,即

$$q = -\frac{B}{2}$$

（2）第二类转向机构

此类转向机构转向时,高速履带保持直线行驶速度不变,故第二类转向机构的运动学参数 $q=0$,如图 13.2(b)所示。

第二类转向机构转向时,使高速履带保持直线行驶速度不变,只是改变内侧履带的速度实

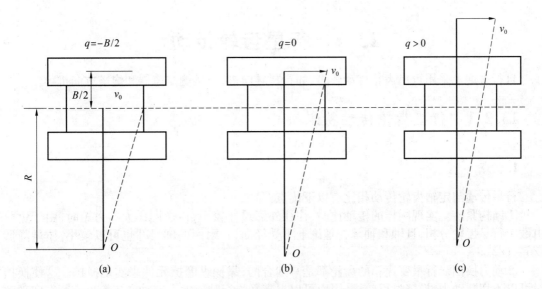

图 13.2 各类转向机构的运动学参数

现转向。因此,此类转向机构也称做独立式转向机构。

(3)第三类转向机构

此类转向机构也叫降速式转向机构。装有第三类转向机构的履带车辆转向时,保持直线行驶速度不变的点在高速履带的外侧,即 $q>0$,如图 13.2(c)所示。具有此类转向机构的车辆转向时,两侧履带都要降速,虽然可能易于实现转向,但转向之后,必然要伴以必要的加速过程,使转向灵活性以至车辆的机动性能受到制约。这一点,对现代战斗履带车辆而言,是极为重要的,故此类转向机构没有被现代履带车辆采用。

如果转向前,直线行驶的速度为 v_0,分别装有以上三类机构的履带车辆,在其他条件皆相同的情况下,以 R 半径均匀转向。不难看出,第一类机构的车辆将有最高的转向角速度,而第三类机构的车辆则有最低的转向角速度。即 $\omega_1=v_0/R$;$\omega_{11}=v_0/(R+B/2)$;$\omega_{111}=v_0/(R+B/2+q)$;因此有 $\omega_1>\omega_{11}>\omega_{111}$。

除上述分类方法外,尚有按规定转向半径数目进行分类的方法和按功率传递过程中有无分流进行分类的方法。

2. 制动器类型

按制动器在装甲车辆传动装置中的功用不同分为停车制动器、换挡制动器和转向制动器。

停车制动器是用来使装甲车辆减速、停车或保持停车状态,换挡制动器是行星变速箱中用来变换排挡的制动器,转向制动器是实现车辆转向所用的制动器,在许多车辆上,转向制动器也是停车制动器。

目前在装甲车辆上,应用较多的是摩擦式制动器。它又分为片式制动器、带式制动器、盘式制动器和鼓式车轮制动器。

13.2　行星齿轮传动

自行火炮上采用行星齿轮传动较多,如行星转向机、行星侧减速器和炮塔方向机等。

13.2.1　行星齿轮传动特点

1. 优点

行星传动与定轴齿轮传动相比有以下优点:

①结构紧凑。实现同样的传动比时,往往外廓尺寸较小;传递同样大的力矩时,由于负荷由数个行星齿轮分担,且轴和轴承在理论上不受径向力,因而外廓尺寸也可以较小,质量降低 $1/6 \sim 1/2$。

②动力换挡。行星变速箱的齿轮都是常啮合的,靠操纵摩擦元件来实现换挡。这使换挡时可以不切断动力,换挡过程较短,因而可以提高平均行驶速度。定轴变速箱也有可能实现动力换挡,但其换挡离合器须能传递全部力矩,而行星变速箱的摩擦元件有可能只传递较小的力矩。

③便于动力的综合与分解。具有两个自由度的行星机构可以将动力分解为两路,例如双差速器;也可以将两路动力综合为一路,例如双流传动的汇流行星排、炮塔方向机的行星排。

④行星传动可有较高的传动效率,原因在于可以通过相对运动与牵连运动来传递功率,在后一情况中没有啮合损失。

2. 缺点

行星传动也存在以下缺点:

①结构复杂。它的零件多,零件间连接复杂,有时候有多层套轴,这给零件的轴向定位、径向对中及旋转零件的润滑带来不少问题。

②加工和装配精度要求较高。

③由于经常遇到较高的转速,使轴承的工作困难,特别是行星齿轮轴承受离心力影响,更为不利。

④采用飞溅润滑时,由于大直径的旋转零件较多,搅油损失较大,使效率降低。

13.2.2　行星齿轮传动的基本形式

行星齿轮传动有的简单,有的复杂。但是不管多么复杂的行星传动也是由几种基本形式的行星机构组成的。近代装甲车辆上常用的基本行星机构的简图如图 13.3 所示。

1. 单排内外啮合行星机构——行星排(见图 13.3(a))

行星排是行星机构中结构最简单、轴向尺寸最紧凑的一种。它具有三个元件,即太阳齿轮、齿圈和行星架。行星架上装有若干个行星齿轮(2~6个,常为3个或4个),与齿圈内啮合,与太阳齿轮外啮合,因而把三元件联系在一起。自行火炮上的行星机构绝大多数是这一种。

太阳齿轮、齿圈、行星架和行星齿轮的各项参数分别标以 t,q,j,x。

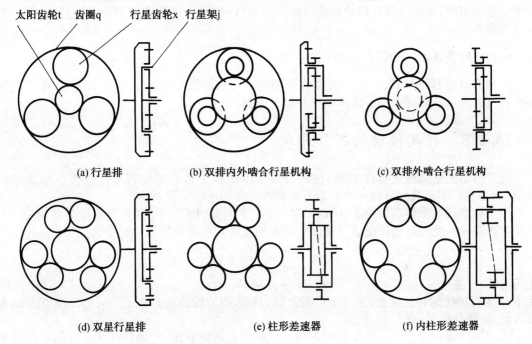

图 13.3　基本行星机构

2. 双排内外啮合行星机构(见图 13.3(b))

双排内外啮合行星机构的三元件与行星排相同,但行星齿轮是双联的,行星齿轮上的两圈齿分别与齿圈和太阳齿轮相啮合。如在德国豹 1 式坦克的传动装置中,采用它作为倒顺机构。

3. 双排外啮合行星机构(见图 13.3(c))

双排外啮合行星机构的行星齿轮也像图 13.3(b)那样是双联的,但用另一个外啮合的太阳齿轮代替了内啮合的齿圈。如美国 M113 水陆装甲履带输送车的双差速器,就有两个这种双排外啮合的行星机构作为其组成部分。

4. 单排双星内外啮合行星机构——双星行星排(见图 13.3(d))

单排双星内外啮合行星机构的三元件与行星排相同,但用两个相啮合的行星齿轮代替图 13.2(a)中的一个行星齿轮,外行星齿轮与齿圈啮合,内行星齿轮与太阳齿轮啮合。在汽车自动变速箱中,这种机构用得较多。瑞典 S 坦克的变速箱中采用它作为倒顺机构。

5. 柱形差速器(见图 13.3(e))

柱形差速器的三零件如图 13.3(c)所示,由两个太阳齿轮和行星架组成,但两太阳齿轮齿数是相同的。它有成对的宽行星齿轮,也如图 13.3(d)所示互相啮合。它的作用与常见的锥齿轮差速器相同,而全由圆柱齿轮组成。如美国 M113 输送车的双差速器中,就包括这样一个行星机构。

6. 内柱形差速器(见图 13.3(f))

内柱形差速器与图 13.3(e)的差别在于用内啮合的齿圈来代替外啮合的太阳齿轮。美国 M46 坦克的传动装置就采用了这样的内柱形差速器。

13.2.3　行星传动的工作原理

行星传动的结构形式有许多种,在履带式装甲车辆中最常用的行星传动基本形式是图 13.3(a)那种。下面我们分析一下简单行星排各元件的运动学关系。

由于简单行星排是动轴轮系,所以采用一个假想轮系,即设整个简单行星排全部减去一个行星架转速 n_j。此时行星排变成一个假想的定轴轮系。可得到公式:

$$\frac{n_t - n_j}{n_q - n_j} = \frac{z_q}{z_t} = -k$$

化简得
$$n_t + k n_q - (1 + k) n_j = 0 \qquad (13.1)$$

式中, k 为行星排的特性参数,它等于齿圈齿数 z_p 和太阳齿轮齿数 z_t 之比。 n_t, n_q, n_j 为相应的太阳齿轮、齿圈和框架(行星架)转速。

式(13.1)是简单行星排的运动学方程。从中我们可以看出,行星排三元件之间的运动关系是一个三元一次方程。每个行星排具有两个自由度,它的三个元件都可以作为主动件、被动件或控制件,我们可以根据需要选择不同方式得到不同的传动比。

13.3　中型底盘行星转向机

中型底盘行星转向机位于变速箱的两侧,安装在侧减速器主动轴上,通过联轴器和变速箱相连。

13.3.1　功用及组成

1. 功用

①使自行火炮转向、制动和停车。
②在不改变发动机扭矩和变速箱排挡的情况下,降低车辆的运动速度,增大牵引力。
③在难行地段上起车。

2. 组成

中型底盘行星转向机由行星传动器、闭锁离合器和制动器组成（见图 13.4）。

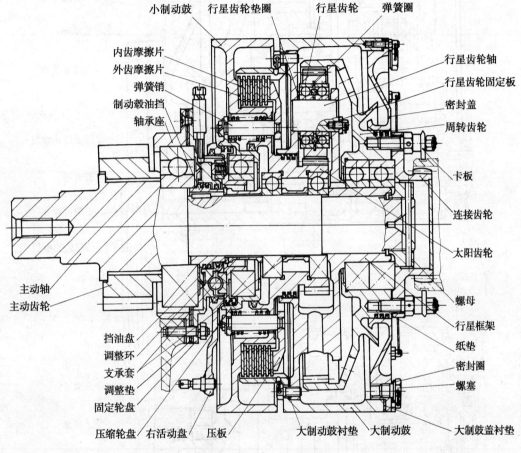

图 13.4　行星转向机

13.3.2　构　　造

1. 行星传动器

行星传动器主要由周转齿轮、行星齿轮、太阳齿轮、行星架、连接盘和密封盖等组成（见图 13.4、图 13.5）。

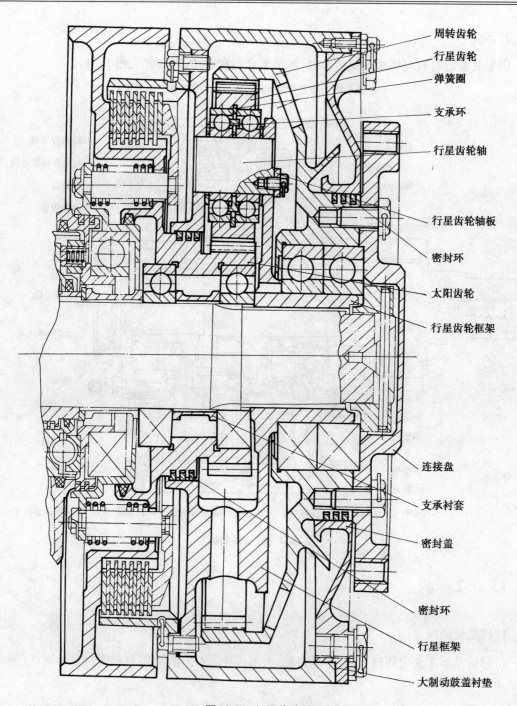

周转齿轮

行星齿轮

弹簧圈

支承环

行星齿轮轴

行星齿轮轴板

密封环

太阳齿轮

行星齿轮框架

连接盘

支承衬套

密封盖

密封环

行星框架

大制动鼓盖衬垫

图 13.5　行星传动器

　　周转齿轮有 76 个内齿,通过两个 218 轴承支承在行星架上。其上制有挡油盘、三道密封环槽和 6 个检查孔。检查孔用以检查齿轮的啮合情况,并便于润滑油流通。

　　行星传动轮共 4 个,每个齿轮均以两个 370208 轴承支承在行星轴上,位于周转齿轮和太阳齿轮之间,并与它们相啮合,行星齿轮轴压装在行星架上,用螺栓和止动板固定,以防止其移动和转动。370208 轴承采用直径不一的弹子相间安装,以小弹子起隔离圈的作用。在两个轴承的内圈之间,装有支承环,使轴承的弹子保持在正常滚道上,两个外圈之间装有卡环,卡环卡在行星齿轮的凹槽中。内圈与行星架之间装有间隔环,它和卡环共同防止齿轮的轴向移动。

　　行星架套在侧减速器主动轴的花键部分,并用螺栓和大制动鼓固定在一起。

　　太阳齿轮有 32 个齿,通过两个 215 轴承支承在侧减速器主动轴的光滑部分。在两个轴承内圈之间,以及内圈与侧减速器主动轴的密封衬套之间,均装有支承套。在主动轴内端用固定螺帽将它们连同行星架一起作轴向固定。

　　连接盘用螺栓固定在大制动轮毂上,并用联轴器与变速箱主轴相连。

　　密封盖用螺栓固定在大制动鼓上。盖上拧有四个加油口螺塞,并打有刻线和标号,以便检查和加添油量。

　　为防止润滑油进入闭锁离合器,在太阳齿轮和行星架之间,装三道弧形密封环;在行星架和大制动鼓结合面装有纸垫。为防止润滑油外流,在周转齿轮与传动器盖之间也装有三道弧形密封环;传动器盖与大制动鼓、连接齿轮与周转齿轮结合面上,均装有纸垫。

2. 闭锁离合器

　　闭锁离合器由内鼓、外鼓、内齿摩擦片、外齿摩擦片、压板、弹簧及弹簧销、压缩轮盘和分离装置组成(见图 13.6)。

　　内鼓与太阳齿轮制成一体。内鼓的外圆上制有齿槽和凸边。齿槽与内齿摩擦片啮合,凸边用来支承摩擦片,并起摩擦面作用。小制动鼓用螺栓固定在内鼓的凸边上。在内鼓盘上制有 18 个圆孔,用以穿弹簧销。

　　外鼓与大制动鼓制成一体,用螺栓固定在行星架上。外鼓上有甩油孔,用来甩出进入闭锁离合器的润滑脂。外鼓的内圆上制有齿槽与外齿摩擦片啮合。

　　外齿摩擦片(7 片)、内齿摩擦片(6 片)交替地套在内外鼓齿槽上(第一片为外齿)。压板用来压紧摩擦片,并起摩擦面的作用。

　　弹簧销(18 根)一端拧在压板上并铆紧,另一端与压缩轮盘相连。弹簧(18 根)分别套在弹簧销上,支承在内鼓和压缩轮盘之间,其张力使压板压紧摩擦片。

　　分离装置构造与主离合器分离装置基本相同,它由活动盘、固定盘、60722 轴承、分离弹子和顶压装置组成。

　　为了调整分离弹子的间隙,在支承套与侧减速器主动轴密封衬套之间装有调整环。

　　为了防止分离装置内的润滑脂外流,在活动盘上装有毡垫和两道弧形密封环,在内鼓与压缩轮盘的套合处也装有毡垫。

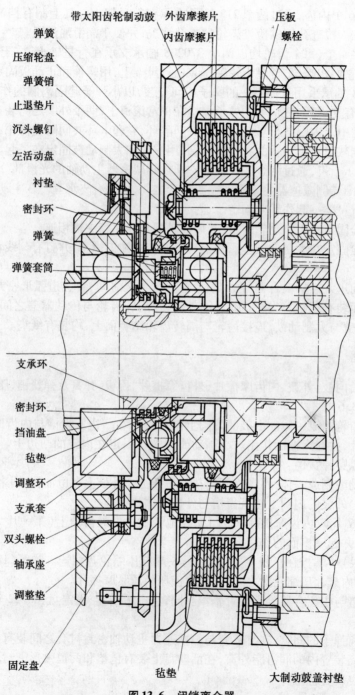

带太阳齿轮制动鼓　外齿摩擦片　压板
弹簧　　　　　　　　内齿摩擦片　螺栓
压缩轮盘
弹簧销
止退垫片
沉头螺钉
左活动盘
衬垫
密封环
弹簧
弹簧套筒

支承环

密封环
挡油盘
毡垫
调整环
支承套
双头螺栓
轴承座
调整垫

固定盘　　　　　毡垫　　　　　大制动鼓盖衬垫

图 13.6　闭锁离合器

闭锁离合器的工作与主离合器基本一样。

结合时,分离弹子在深槽,18 根弹簧的张力通过压缩轮盘、弹簧销和压板压紧摩擦片,借摩擦使内外鼓连成一体,也就是把太阳齿轮和行星架连成一体(闭锁),不准它们做相对运动,以保证行星传动器完成直接传动的工作。

分离时,转动活动盘,分离弹子从深槽滚至浅槽,推活动盘、60722 轴承、压缩轮盘、弹簧销,使压板离开摩擦片,摩擦片分离。这样,太阳齿轮和行星架未连成一体,可做相对运动,以保证行星传动器完成减速运动或不传动并制动的工作。

3. 制动器

分为大、小制动器,大制动器用来制动行星架,使自行火炮原地转向或停车。小制动器用来制动太阳齿轮,使行星传动器做减速传动,以增大扭矩或使自行火炮以规定半径做弧形转向。

大、小制动器的构造基本相同。均由制动带支架(共用)、制动带、制动鼓、双臂杠杆、连接销和调整装置组成。调整装置由调整螺栓、调整螺帽、支承铁、拉力弹簧、拉力弹簧支架、调整螺杆、调整螺套及锁紧螺帽组成(见图 13.7)。

制动带支架固定在车体侧装甲板上,其上制有弧形孔,用来安装连接销。为防止销窜出,孔外端装有销盖。在小制动带一边销盖上有固定检查片。

制动带套在制动鼓上,制动带内铆有铸铁摩擦板。制动带一端和双臂杠杆一起用连接销连在制动带支架上,另一端装有支承铁,调整螺栓从支承铁中穿过。调整螺栓上拧有调整螺帽,调整螺帽的凸齿卡在支承铁的切口内。调整螺帽的环形槽中卡有弹片,弹片以两个螺钉固定在支承铁上。

双臂杠杆一端与倾斜拉杆相连,另一端与调整螺栓一起用连接销与制动带支架上的后弧形孔相连,中部与制动带一起用连接销连接在制动带支架上的前弧形孔处。

调整螺套装在制动带外周,调整螺套中拧有调整螺杆,调整螺套上装有锁紧螺帽。拉力弹簧一端与调整螺杆相连,另一端拉在拉力弹簧支架上。用来调整制动带与制动鼓间隙的均匀度。为保证制动带下部的间隙,在车底装甲板上还有调整螺栓。

大、小制动带均为浮式安装。浮式制动器的特点就在于制动带两端都不固定,两根连接销可在制动带支架的弧形孔内运动,故名浮式。制动时,由制动鼓的旋转方向来决定制动带的固定点。因此,它具有双向助力作用,不论制动鼓向前、后旋转,均可借摩擦力帮助制动带箍紧制动鼓。

当操纵装置带动双臂杠杆向上旋转时,连接销带动制动带两端做相对运动,使带与鼓之间的间隙消失,并产生摩擦,在摩擦力的作用下,制动带随制动鼓略微转动,直至其中一根连接销顶住弧形孔壁为止。当双壁杠杆继续转动时,即以顶住弧形孔壁的销子这一端为支点,将制动带另一端拉紧。因为这时作用在制动带上的摩擦力与制动带拉紧方向一致,故帮助驾驶员拉紧制动带。当制动鼓转动方向相反时,则制动带以另一端销子顶住弧形孔壁作为支点,也起助力作用(见图 13.8)。

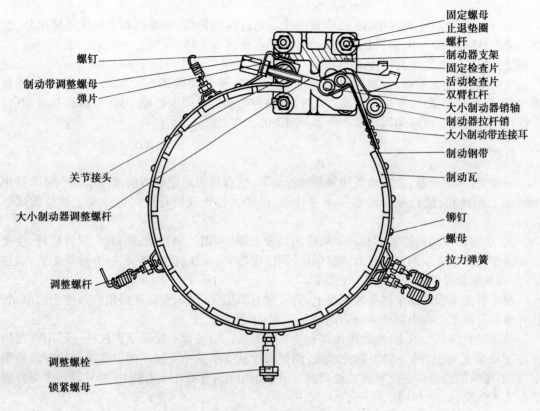

固定螺母
止退垫圈
螺杆
制动器支架
固定检查片
活动检查片
双臂杠杆
大小制动器销轴
制动器拉杆销
大小制动带连接耳
制动钢带
制动瓦
铆钉
螺母
拉力弹簧

螺钉
制动带调整螺母
弹片

关节接头
大小制动器调整螺杆
调整螺杆
调整螺栓
锁紧螺母

图 13.7　制动器

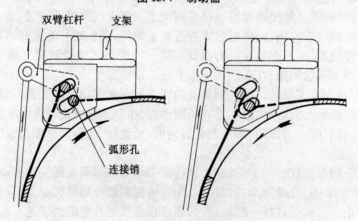

双臂杠杆　支架

弧形孔
连接销

图 13.8　制动器工作原理

13.3.3　工作过程

通过操纵装置对行星转向机的操纵,可改变两侧行星转向机的工作,从而使自行火炮直线行驶、转向或停车等(见图 13.9)。

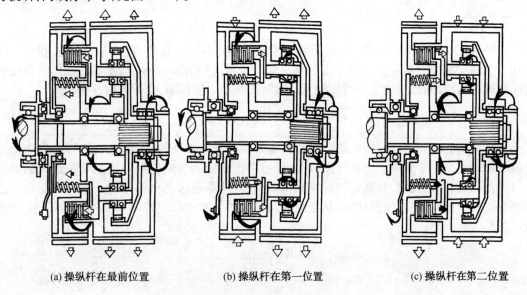

(a) 操纵杆在最前位置　　　　　　(b) 操纵杆在第一位置　　　　　　(c) 操纵杆在第二位置

图 13.9　制动器工作情况

1. 直线行驶

当两操纵杆均位于最前位置时,两侧大、小制动鼓均不制动,闭锁离合器结合,此时,由行星传动的转速关系式

$$n_t + k n_q - (1+k) n_j = 0$$

可知

$$n_t = n_q = n_j$$

即太阳齿轮和行星架被闭锁离合器连成一体。齿圈转动时,即带动行星转向机成一体转动,动力经行星架传给侧减速器,自行火炮做直线行驶。传动比为 $i = \dfrac{n_q}{n_j} = 1$。

当两操纵杆均拉至第一位置时,操纵装置带动活动盘向后转动,分离弹子由深槽滚向浅槽,两侧闭锁离合器分离;同时,操纵装置也带动小制动带的双臂杠杆向上转动,使两侧小制动鼓制动,即 $n_t = 0$。此时,太阳齿轮不能转动;但由于大制动鼓未被制动,行星架仍可以转动。行星齿轮在周转齿轮的拨动下在其轴上自转,同时绕太阳齿轮滚动,并经行星齿轮轴带动行星架按同一方向旋转,动力传给两侧侧减速器,由转速关系式可得

$$k n_q - (1+k) n_j = 0$$

即行星转向机的传动比

$$i_z = \frac{n_q}{n_j} = 1 + \frac{1}{k} = 1.42 \quad \left(k = \frac{z_q}{z_t} = \frac{76}{32} \right)$$

自行火炮做减速直线行驶,牵引力增大。但行驶距离不能超过 150 m,一般用在难行地段起车或通过小坡。

2. 停车

两操纵杆均拉至第二位置,两侧闭锁离合器分离,小制动带松开,大制动鼓被制动。即 $n_j = 0$。行星架和侧减速器主动轴不能转动。此时传动比 $i = n_q/n_j = \infty$,行星齿轮被周转齿轮带动在其轴上自转,同时拨动太阳齿轮做反向旋转。故动力被切断,自行火炮停车。

3. 转向

自行火炮的转向是通过转向机构使两条履带的运动速度不同而实现的,自行火炮向低速履带一侧转向。由于采用了行星转向机,故可有两个规定的转向半径。当制动一边大制动鼓时,自行火炮做原地转向,其规定转向半径为 $B/2$,即两条履带的中心距的一半。当制动一边小制动鼓时,自行火炮做弧形转向,其规定转向半径约为 $R > B/2$。转向半径可由图 13.10 中相似三角形关系求出:

$$\frac{R + \frac{B}{2}}{R - \frac{B}{2}} = \frac{v_1}{v_2}$$

化简得

$$R = \frac{v_1 + v_2}{v_1 - v_2} \cdot \frac{B}{2} \tag{13.2}$$

由于这种转向机构,左右两侧履带的卷绕速度 v_1 和 v_2 的比值,与行星转向机的行星排两种工作状态的传动比成反比。所以,自行火炮的另一规定转向半径为

$$R = \frac{i_{z1} + i_{z2}}{i_{z1} - i_{z2}} \tag{13.3}$$

(1)原地转向

当低速履带侧操纵杆位于第二位置时,该侧行星转向机切断动力,并制动履带,此时 $v_2 = 0$,由式(13.2)可知,高速履带侧的操纵杆不论在最前位置或第一位置,自行火炮均以 $R = B/2$ 规定转向半径做原地转向,当转向阻力较大时,高速履带侧的操纵杆应拉到第一位置。原地转向为该自行火炮的第一规定转向半径。

(2)弧形转向

当低速履带侧操纵杆位于第一位置时,该侧行星转向机的太阳齿轮被制动,$n_t = 0$,此时 $i_{z1} = 1.42$,该侧行星转向机做减速传动。高速履带侧操纵杆为最前位置,此侧行星转向机为直接传动,$i_{z1} = 1$。由式(13.3)可知,自行火炮以半径 $R = 2.88B$ 转向。这是该自行火炮的第二规定转向半径。

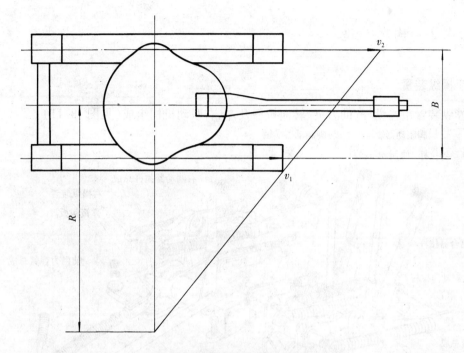

图 13.10　转向半径与履带速度的关系

（3）分离转向

当高速履带一侧的操纵杆位于最前位置时,低速履带侧的闭锁离合器做不彻底的分离,小制动带做部分制动,此时自行火炮可分离转向。其转向半径的大小取决于闭锁离合器、制动器打滑的程度和地面的性质,自行火炮转向半径不定。

13.4　行星转向机操纵装置

13.4.1　功用及组成

1. 功用

供驾驶员操纵行星转向机。

2. 组成

行星转向机操纵装置由手操纵装置和脚操纵装置组成。

13.4.2　构　　造

1.手操纵装置

手操纵装置由操纵杆、助力缸、转向拉杆及左、右联动机构组成(见图13.11)。

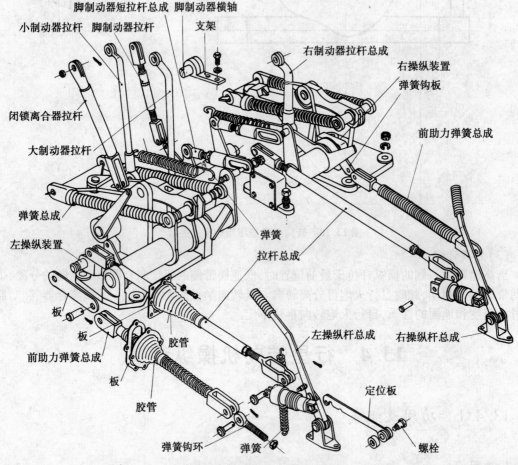

脚制动器短拉杆总成　脚制动器横轴

小制动器拉杆　脚制动器拉杆　　　支架

右制动器拉杆总成

右操纵装置

弹簧钩板

闭锁离合器拉杆

前助力弹簧总成

大制动器拉杆

弹簧总成

弹簧

左操纵装置

拉杆总成

板

左操纵杆总成

右操纵杆总成

板

胶管

前助力弹簧总成

板

定位板

胶管

弹簧钩环　　弹簧

螺栓

图 13.11　行星转向机操纵装置

操纵杆分为左、右操纵杆,其构造相同(见图13.12)。

操纵杆的支架用螺栓固定在底甲板上,操纵杆的下端与拉臂的下端用销轴连在支架上,并可绕支架转动。

操纵杆中部与拉臂有三个对应的孔,其上孔和转向拉杆相连,下孔和助力缸相连。操纵杆上装有滚轮,定位板压在滚轮上,其一端固定在车体支架上,另一端用回位弹簧拉紧,定位板前

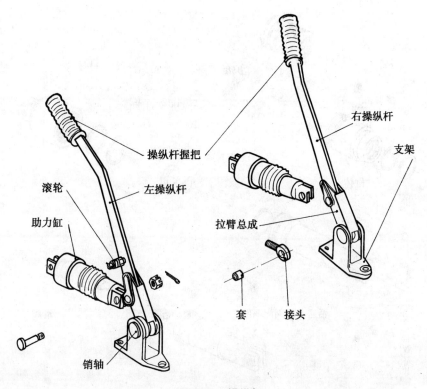

图 13.12　操纵杆

部和中部各有一凹坑,用来将操纵杆定位在最前位置和第一位置。

(1)助力缸

助力缸用来实现液压助力,帮助驾驶员拉操纵杆(见图 13.13)。

(2)转向拉杆

转向拉杆分为左、右两根,其两端分别连接左、右操纵杆和左、右联动机构。

(3)左联动机构

左联动机构由联动架、滑轮臂及分离轴、滑轮杠杆、小制动器拉力弹簧、连接管、左拉臂总成、大制动器回位弹簧、横轴和助力装置组成(见图 13.14)。

联动架用螺栓固定在车底装甲板上,用来安装联动机构各零件。联动架上有一个限制螺栓,车体隔板上有一限制螺栓,分别用来限制连接管拉臂的原始角度和最大转角。

滑轮臂借花键与分离轴连接,其上装有带滚针的滑轮,滑轮与调度板接触。

分离轴通过衬套支承在联动架上,分离轴的推臂通过分离拉杆与活动盘拉臂连接。分离拉杆上的调整接头,用以调整分离拉杆的自由行程。

滑轮杠杆以滚针与轴支承在联动架上,杠杆后端装有带滚针的滑轮,前端通过小制动器倾斜拉杆与小制动带的双臂杠杆连接。

拉力弹簧(两根)一端挂在滑轮杠杆后端的销子上,另一端挂在弹簧固定板上。弹簧的作

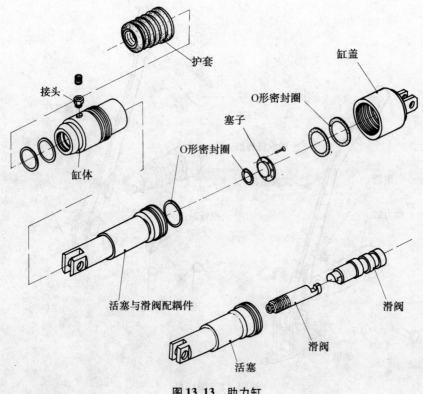

图 13.13 助力缸

用力使滑轮始终压向调度板。

横轴以两支座支承在联动架上,并用左支座上的螺钉轴向固定。

连接管以两个铸铁衬套套在横轴上,其上焊有双臂杠杆、调度板和推臂。双臂杠杆的拉臂与转向拉杆连接,弯臂以销子与助力装置相连。调度板为扇形,在扇形的弧面上有三个等半径和一个不等半径的工作曲面,用来控制闭锁离合器和大、小制动器。推臂用来在操纵杆由第一位置到第二位置的过程中,带动制动套管向后旋转,以使大制动器工作。

左拉臂总成以两个铸铁衬套套在横轴上,其上焊有双臂杠杆和拉臂。双臂杠杆的长臂通过倾斜拉杆与大制动带的双臂杠杆连接,短臂用来承受推臂的推力使左拉臂总成管旋转;拉臂以销子与脚操纵装置短拉杆相连,其上挂有回位弹簧。

助力装置用来帮助驾驶员拉操纵杆,并使操纵杆处于最前位置。它由助力弹簧、钩板、调整螺栓、螺帽及弹簧支架组成。助力弹簧一端与钩板相连,另一端通过调整螺栓连在弹簧支架上。调整螺栓和螺帽用来调整弹簧的张力,以保证助力装置正常工作。

(4)右联动机构

右联动机构由联动架、滑轮臂及分离轴、滑轮杠杆、小制动器拉力弹簧、右拉臂总成、右拉臂、大制动器回位弹簧、横轴、调度板、支架和助力装置组成(见图 13.15)。

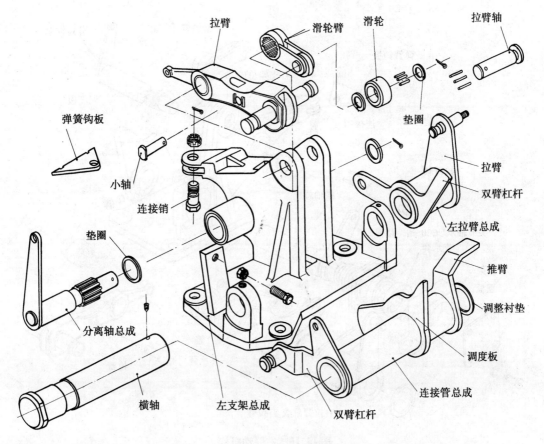

拉臂　　滑轮臂　　滑轮　　拉臂轴
弹簧钩板
小轴
连接销
垫圈
垫圈
拉臂
双臂杠杆
左拉臂总成
推臂
调整衬垫
调度板
分离轴总成
横轴　　左支架总成　　双臂杠杆　　连接管总成

图 13.14　左联动机构

横轴支承在联动架和支架上,其上焊有拉臂,用来和转向拉杆相连。右拉臂和调度板以半圆键和系紧螺栓固定在横轴的中部和右端,右拉臂上的拉臂用来和助力装置相连,推臂用来推动右拉臂总成。

其余零件与左联动机构基本相同,右联动机构的一个限制螺栓装在底甲板支架上,另一限制螺栓装在车体隔板上。

2. 脚操纵装置

脚操纵装置由踏板、脚制动器拉杆、横轴、短拉杆和踏板固定器组成(见图 13.11)。

踏板以两个铸铁衬套套在踏板轴上,其右端焊有短拉臂,短拉臂与脚制动器拉杆相连。脚制动器拉杆由两节组成,中间用调整接头连接。

横轴支承在固定在车底甲板上的两个支架上,其上焊有双臂杠杆与拉臂。双臂杠杆的横轴拉臂用来与脚制动器拉杆相连,另一拉臂与横轴上的拉臂与短拉杆相连。短拉杆分左、右两根,后端有滑槽,与制动套管拉臂上的销子连接。前端通过接头叉与横轴上的拉臂连接。接头

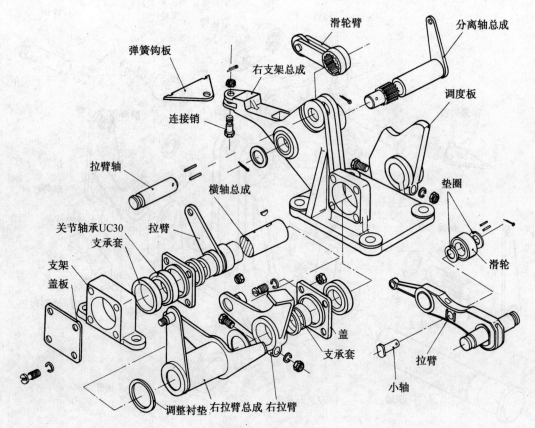

图 13.15　右联动机构

叉用来在连接时,调整其长度。

踏板固定器由手柄、固定齿条、固定齿(焊在踏板上)、弹簧及支架组成。它用来将踏板固定在踏下的位置。

13.4.3　工作过程

1. 手操纵装置的工作

行星转向机的工作与操纵装置的工作是紧密相关的,操纵杆处于不同位置时,行星转向机就对应于不同的工作状态。

(1)操纵杆在最前位置时(图 13.16)

此阶段闭锁离合器结合,大、小制动鼓未被制动。

操纵杆在最前位置时,各机件之间的关系和相对位置是:滑轮臂上的滑轮与调度板中部凹

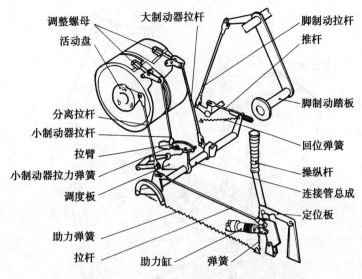

调整螺母
活动盘
大制动器拉杆
脚制动拉杆
推杆
脚制动踏板
分离拉杆
小制动器拉杆
拉臂
小制动器拉力弹簧
调度板
回位弹簧
操纵杆
连接管总成
定位板
助力弹簧
拉杆
助力缸
弹簧

图 13.16　行星转向机操纵(最前位置)

槽接触,活动盘位于最后位置,闭锁离合器结合;滑轮杠杆上的滑轮,被调度板第一恒定半径弧面顶住,小制动鼓未被制动;连接管的拉臂与右拉臂应靠住前限制螺栓,助力弹簧的中心线在横轴轴心线下方,弹簧的收缩力使操纵杆位于最前位置,操纵杆上的滚轮位于定位板的第一凹坑;制动套管上的双臂杠杆在回位弹簧的作用下,处于最前位置,与推臂间保持一定的间隙,相应夹角为 28° ~ 29°,大制动鼓未制动。

(2)操纵杆在第一位置时(见图 13.17)

此阶段闭锁离合器分离,小制动鼓制动,大制动鼓未被制动。

当拉操纵杆时,转向拉杆向后,经连接管或右横轴上的拉臂带动调度板向后转动。此时,调度板与滑轮臂滑轮接触处的弧面半径增大,滑轮被顶起,使分离轴的推臂向前转动。经分离拉杆推动活动盘向前转动,闭锁离合器逐渐分离。到第一位置时,滑轮臂滑轮进入调度板半径较大的弧面的定位槽中,闭锁离合器完全分离。

调度板向后转动的同时,调度板与滑轮杠杆滑轮接触处的弧面半径逐渐减小,在拉力弹簧作用下,使滑轮杠杆后端向下,杠杆前端经倾斜拉杆带动小制动带双臂杠杆向上,使小制动带逐渐箍紧小制动鼓。到第一位置时,小制动鼓制动,滑轮与调度板凹槽对正处有 4 ~ 5 mm 间隙,以保证制动可靠。

转向拉杆带动连接管或右拉臂转动时,助力弹簧中心线逐渐上移,开始一个阶段起阻力作用,当弹簧中心线超过横轴轴心线时,由阻力转化为助力,帮助驾驶员拉操纵杆。到第一位置时,操纵杆被定位,操纵杆上的滚轮位于定位板的第二凹坑,此时,连接管或右拉臂上的推臂刚与拉臂总成上的双臂杠杆接触,大制动鼓未被制动。

(3)操纵杆拉至第二位置时(见图 13.18)

此阶段闭锁离合器仍分离,小制动带松开小制动鼓,大制动鼓被制动。

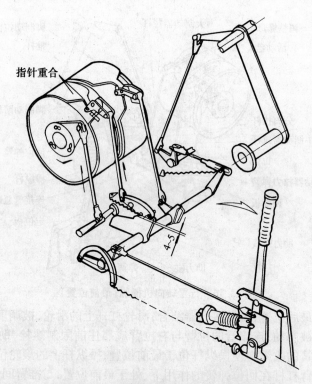

指针重合

图 13.17　行星转向机操纵(第一位置)

继续向后拉操纵杆时,调度板继续向后转动,此时,滑轮臂的滑轮在调度板等半径的工作面上滚动,闭锁离合器仍保持分离状态。

调度板继续转动的同时,滑轮杠杆上的滑轮在调度板半径逐渐增大弧面上滚动,将滑轮杠杆后端顶起,杠杆前端带动倾斜拉杆向下,使小制动带逐渐松开小制动鼓。

在调度板继续转动的同时,连接管或右拉臂上的推臂推动拉臂总成转动,使双臂杠杆前端向上通过倾斜拉杆和双臂杠杆使大制动带逐渐箍紧大制动鼓。在此过程中,助力弹簧始终起助力作用。

大制动鼓制动后,拉臂总成就再不能转动,操纵杆即被定于第二位置。

由于拉臂总成转动时,拉臂上的销子可在操纵装置短拉杆滑槽内移动,所以,手操纵装置工作时,不联动脚操纵装置。

2. 脚操纵装置的工作

踏下制动器踏板时,经脚制动器拉杆、横轴、短拉杆,使左、右制动套管向后转动,拉臂总成上的双臂杠杆通过倾斜拉杆,使两边大制动带同时箍紧大制动鼓。如需长时间制动,可用固定器将踏板固定。

由于踏踏板时,拉臂总成上双臂杠杆的短臂是向离开推臂的方向转动,所以不联动手操纵

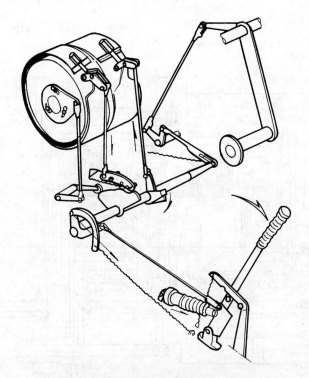

图 13.18   行星转向机操纵(第二位置)

装置。

松开踏板时,在回位弹簧的作用下,使各机件回位。

13.5   液压式行星转向机

122 mm 自行榴弹炮轻型底盘配置液压式行星转向机,它位于变速箱的两侧和二级行星侧减速器之间。

13.5.1   功用及组成

液压式行星转向机功用与中型底盘行星转向机相同。其组成则不完全相同,由行星传动器、闭锁离合器、制动离合器和制动器、制动油缸等组成(见图 13.19)。

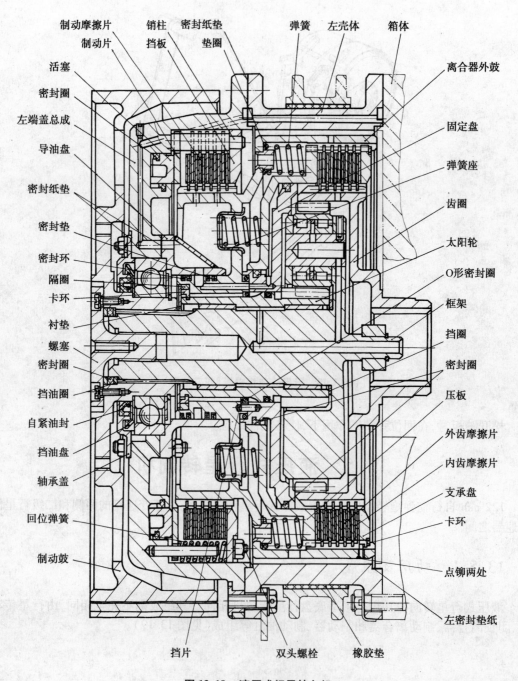

制动摩擦片　销柱　密封纸垫　弹簧　左壳体　箱体
制动片　挡板　垫圈
活塞
密封圈
左端盖总成
导油盘
密封纸垫
密封垫
密封环
隔圈
卡环
衬垫
螺塞
密封圈
挡油圈
自紧油封
挡油盘
轴承盖
回位弹簧
制动鼓

离合器外鼓
固定盘
弹簧座
齿圈
太阳轮
O形密封圈
框架
挡圈
密封圈
压板
外齿摩擦片
内齿摩擦片
支承盘
卡环
点铆两处
左密封垫纸

挡片　双头螺栓　橡胶垫

图 13.19　液压式行星转向机

13.5.2 构 造

1. 行星传动器

行星传动器主要起减速作用。当底盘行驶在较困难地段时,可以不用换挡,用两侧转向机同时减速(即挂加力挡),可提高输出力矩 1.4 倍。底盘转向实质就是降低一侧输出转速,使两侧履带产生速度差,达到转向的目的。

行星传动器由齿圈、行星齿轮、太阳齿轮、行星框架等组成(见图 13.20)。

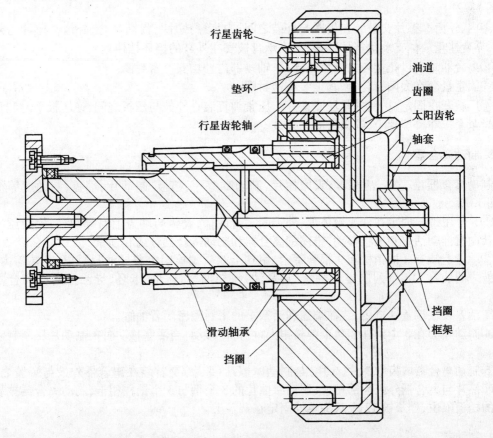

图 13.20 行星传动器

①四个行星齿轮沿框架圆周等距分布,每个齿轮均以两个 2206K 轴承支承在行星齿轮轴上,并与齿圈、太阳齿轮啮合,轴承由内油道强制润滑,在两个轴承的内圈之间装有垫环。

②太阳齿轮用滑动轴承套在行星框架轴上,齿部与行星齿轮啮合,花键部与离合器外鼓

啮合。

③齿圈颈部内花键与变速箱主轴花键部啮合,颈部插在变速箱218轴承内孔,齿套被变速箱主轴螺帽固定;内齿与行星齿轮啮合,外齿与内齿摩擦片配合相卡。

④行星框架通过轴套插在变速箱主轴内,花键部上套着大制动鼓。

2. 闭锁离合器

闭锁离合器在转向机直接传动时(底盘直线行驶),将太阳齿轮与行星框架锁为一体;在减速或转向时分离摩擦片,不起闭锁作用。

闭锁离合器由内、外(主、被动)摩擦片、离合器外鼓、齿圈、压紧弹簧、压板、固定盘等组成(见图13.21)。

①内、外齿摩擦片交替装在齿圈与外鼓之间,内齿摩擦片与齿圈啮合,外齿摩擦片与外鼓啮合,靠变速箱一侧支承盘挡住摩擦片,支承盘被安在外鼓的挡环挡住。

②离合器外鼓以花键与太阳齿轮连接,轴颈部内外均安有密封圈。

③固定盘套在太阳齿轮上,其上装有密封圈。

④压板套在固定盘上,并紧压摩擦片。压紧弹簧装在外鼓与压板之间,使压板平时和直线行驶时紧紧压在摩擦片上,锁紧齿圈与外鼓。

3. 制动离合器

制动离合器由壳体、活塞、内齿摩擦片、制动摩擦片、挡板、制动片、端盖、制动鼓等组成(见图13.22)。

①壳体用螺栓固定在变速箱体上,外端固定着端盖,壳体与端盖上有导油孔,使液压油能进入转向机推动活塞和压板移动,推闭锁离合器和制动离合器分离和锁紧。

②端盖上装有3根销柱和9根弹簧销,用6个双头螺栓固定着导油盘总成,在端盖内孔、制动鼓之间装着218单列向心球轴承、自紧油封、挡油盘、衬垫、卡环,导油盘套在离合器外鼓上。

③活塞装在端盖油缸内,装在端盖和活塞上的密封圈密闭着油缸。

④制动片套在3个销柱和9个弹簧销上,可自由移动,当活塞移动时推制动片压紧制动离合器。

⑤制动离合器内齿摩擦片(6片)与制动摩擦片(5片)交替装在离合器外鼓与端盖之间,内齿摩擦片与离合器外鼓齿部相卡,制动摩擦片的3个槽与3个销柱相卡,制动离合器被装在销柱的挡板限位,挡板被12个双头螺栓固定在端盖上。

4. 制动器

使自行火炮原地转向或停车。由制动鼓和制动带组成。

①制动鼓以花键与行星框架结合在一起,并被螺塞固定。通过螺栓与侧减速器连接。

②制动带由上、下制动带、制动带支架、支座、杠杆、弹簧、连接销、片簧组和调整装置组成。调整装置由螺栓、调整螺帽、定位螺栓、调整支架等组成(见图13.23)。

　　制动带套在制动鼓上,制动带内铆有 T22 粉末冶金摩擦板。制动带一端和杠杆一起用销轴连在支座上,支座通过螺栓固定在端盖与壳体上;制动带另一端通过衬套和销子与调整螺栓连在一起。调整螺栓被弹簧片固定。上制动带焊有两个吊耳限制架,被固定在端盖与壳体上的调整支架弹簧吊起并被定位螺栓定位。下制动带上焊有弹簧限制架,固定在壳体上的片簧组顶在弹簧限制架上,为下制动带定位。调整器的螺栓、调整螺帽、定位螺栓均固定在调整支架上。

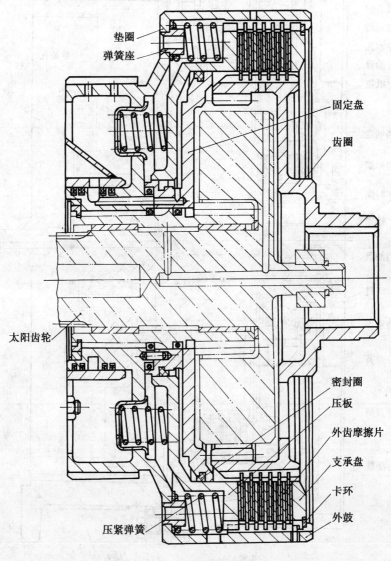

图 13.21　闭锁离合器

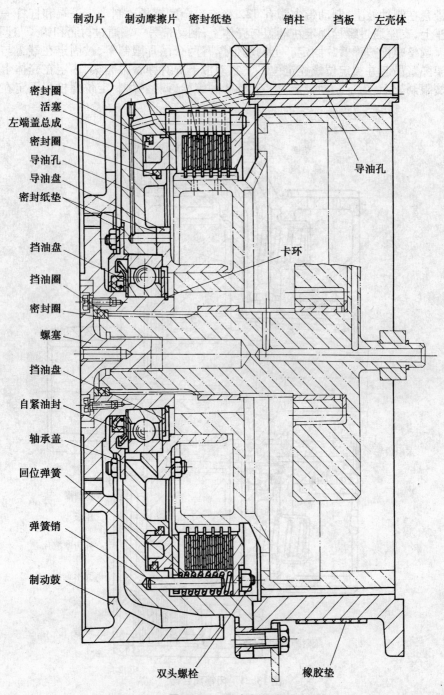

图 13.22　制动离合器

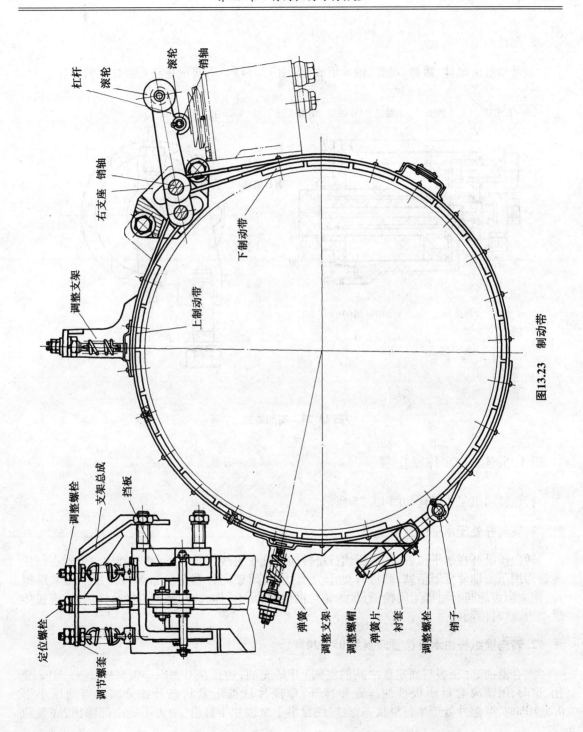

图13.23　制动带

5. 制动油缸

制动油缸由缸体、活塞、端盖、轴等组成(见图 13.24)。活塞顶在制动器杠杆的滑轮上。

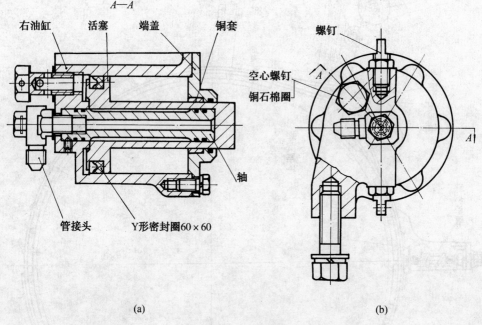

图 13.24　制动油缸

13.5.3　工作过程

行星转向机工作原理如图 13.25 所示。

1. 转向杆处于水平位置时

转向操纵杆在水平位置时,液压式行星转向机处于直线行驶状态,此时制动离合器在回位弹簧作用下制动片压下活塞,摩擦片处于分离状态;闭锁离合器在压紧弹簧作用下压紧摩擦片,使太阳齿轮与行星框架闭锁,行星齿轮与框架结合为一体,共同绕轴心做公转运动,直接传递动力,这时传动比为 1。

2. 转向操纵杆由水平位置倾斜约 0°~20°时

离合器油缸(压板与固定盘之间的空间)开始充油,油压从 0 MPa→0.5 MPa→1 MPa 变化,这时,闭锁离合器压板被油压逐步推开,摩擦片从被压紧状态开始分离。当油压小于 0.5 MPa 时,摩擦片处于半打滑状态,这时底盘由于摩擦片半打滑,动力不能全部输出,底盘随

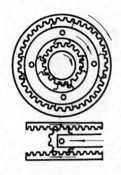  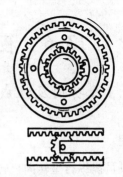

(a) 转向操纵杆在水平位置　　(b) 转向操纵杆倾斜20°~40°时　　(c) 转向操纵杆倾斜40°~60°时

图 13.25　行星转向机工作原理

地面阻力大小改变转向半径转向(半分离转向多数情况用在高速时修正方向),当油压大于 0.5 MPa 时,压板被推到最大位置,摩擦片完全分离,这时,底盘沿分离一侧,并随地面阻力状况做分离转向。

3. 转向操纵倾斜 20°~40°时

闭锁离合器仍处于分离状态。这时,制动离合器也同时充油,使制动离合器中的活塞往外运动,压紧制动器的摩擦片,使行星排离合器外鼓被制动,转速为零,太阳齿轮转速也为零,行星齿轮做自转运动,并与框架沿内齿圈公转,动力由框架花键轴输出,传动比为 1.379,这时底盘转向半径考虑滑移因素后,大约为 13~14 m(理论计算值为 9.93 m,即大半径转向)。

4. 转向操纵杆倾斜 40°~60°时

闭锁离合器仍处于分离状态,制动离合器油缸断油,活塞回到原位,制动摩擦片松开。与此同时,制动鼓制动油缸充油,制动带被拉紧,箍紧制动鼓,此时,行星排框架转速为零,输出动力被切断,行星齿轮在行星齿轮轴上做反方向空转,这时,做原地转向,转向半径为 2.28 m。

5. 正确使用方法

①原地转向,只能在三挡以下进行,不允许用四、五挡原地转向,因行星齿轮转速超过 8 000~12 000 r/min,高速原地转向使行星齿轮轴承易造成早期损坏。

②行驶中应根据任务、地形和车速情况,合理选择制动方法,避免过多地使用制动器,非紧急情况不要使用紧急制动。

③保持制动带与制动鼓之间的正常间隙,正常间隙为 0.8~2 mm。制动带的瓦片上防止油脂浸入,偶然落入少量的油脂,能够在使用中很快自动消除,但要防止由于机构故障引起的漏油浸入制动瓦上。

13.6　液压式行星转向机操纵装置

13.6.1　功用及组成

1. 功用

供驾驶员操纵行星转向机转向和停止。

2. 组成

液压式行星转向机操纵装置由液压转向操纵装置、制动器操纵和加力操纵装置组成。

13.6.2　构　　造

1. 液压转向操纵装置(见图13.26)

液压转向操纵装置供驾驶员操纵液压行星转向机,使火炮在行驶中改变行进方向。

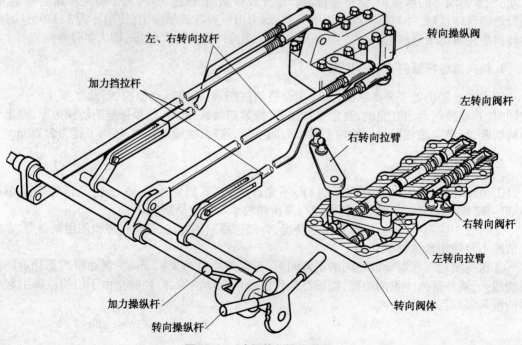

图13.26　液压转向操纵装置

　　转向机握把总成(见图 13.27)固定在转向轴上,转向轴上套着左、右拉臂,左拉臂朝上套着并靠近驾驶员,右拉臂朝下套着并靠前方。拉臂的轴套部开有 68°的缺口,缺口与轴上的销子配合可使拉臂随轴转动或轴相对拉臂转动。当转向操纵杆右侧向下转动时,右拉臂转动,左拉臂不转动(销子离开缺口边缘),火炮向右转向;当转向操纵杆左侧向下转动时,左拉臂转动,右拉臂不转动,火炮向左转向。左、右拉臂各连左、右转向拉杆,转向拉杆分别与转向阀的左、右拨叉内侧球头相连(外侧球头与加力挡拉杆相连)。

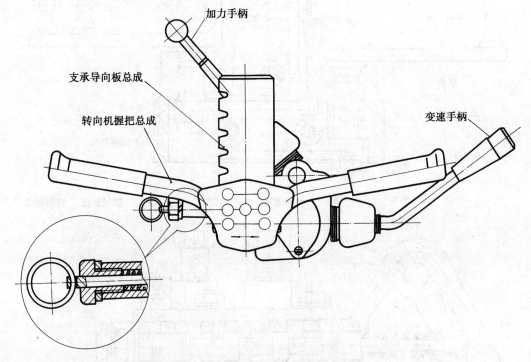

加力手柄

支承导向板总成

转向机握把总成

变速手柄

图 13.27　转向机握把总成

　　转向阀和脚制动阀阀体为一体,与换挡助力缸同固定在变速箱体上。阀体内装有左、右转向阀杆,上部装有脚制动阀杆;左、右转向阀杆与左、右转向拉臂相连,转向拉臂转动时阀杆随之移动。转向拉臂通过三角花键与拨叉轴固定在一起,并被螺母固定。左、右拨叉与左、右转向拉杆相连(见图 13.28)。

2. 制动器操纵装置(见图 13.29)

　　①脚制动阀杆通过螺母和滑套与脚刹拉臂相连并受其控制,脚刹拉臂通过三角花键与脚刹拨叉轴固定在一起,并被螺母固定。脚刹拨叉通过拉杆与脚制动双臂杠杆相连。

　　②手制动握把固定在定位杆上,定位杆前端与手制动拉臂连接,手制动拉臂与拉杆相连,拉杆通过杠杆、转轴、杠杆与制动器杠杆相连。

　　③脚制动踏板固定在横轴上,横轴通过拉杆与双臂杠杆相连。

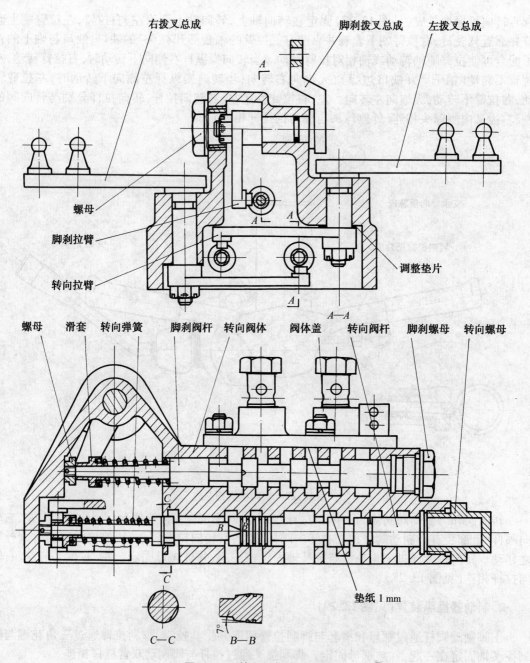

图 13.28 转向阀与脚制动阀

3. 加力操纵装置

加力操纵杆固定在加力轴上,加力轴通过其上的拉臂与加力拉杆连接,加力拉杆与拨叉外侧球头连接。

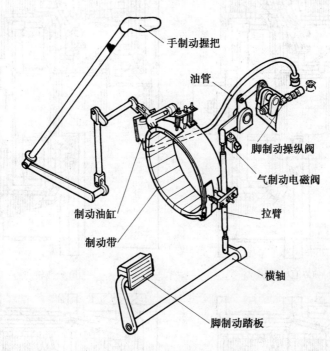

图 13.29 制动器操纵装置

13.6.3 工 作 过 程

液压式行星转向机的工作情况如图 13.30 所示。

1. 直线行驶时(见图 13.30(a))

转向操纵杆处于原始(水平)位置,车辆直线行驶。操纵阀杆和各油缸处于原始位置,内部没有动作。

当转向操纵杆左(或右)边向下压转时,车辆则向左(或右)转向,分别实现分离、大半径和原地转向。当驾驶员将转向操纵杆左边缓慢向下压转时,转向轴转动,左拉臂随之转动(右拉臂不动),左拉杆带左拨叉转动,使左转向拉臂通过滑套推左转向阀杆向阀体内移动。

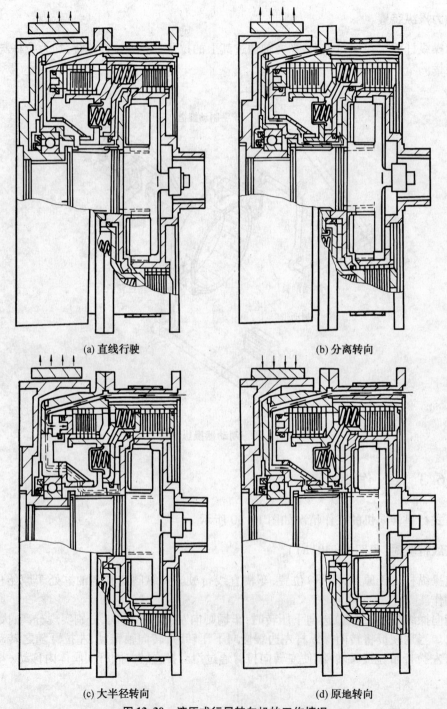

(a) 直线行驶　　　　　　　　　　　(b) 分离转向

(c) 大半径转向　　　　　　　　　　(d) 原地转向

图 13.30　液压式行星转向机的工作情况

2. 分离转向时(见图 13.30(b))

转向操纵杆向下转动,使转向阀杆向阀体内移动,阀杆上的两个 7°斜面(见图 13.28 的 B-B 剖面)随阀杆行程的增加,斜面开度也逐渐增大,油道进油量也随之增加;在阀杆一端(套弹簧端)铣出 0.5 mm 高的两个平面(见图 13.28 的 C-C 剖面),随着阀杆行程的增加,使回油口减小,回油阻力也随之增大。由此可知:阀杆行程越大,进入行星转向机闭锁离合器油缸(也称分离油缸)的流量越大,压力也随之增高,推闭锁离合器压板移动,使作用在闭锁离合器摩擦片的弹簧力,随阀杆行程的增加而减弱,实现半分离或完全分离转向。

3. 大半径分离转向时(见图 13.30(c))

转向操纵杆向下继续转动,使转向阀杆向阀体内继续移动,接通制动离合器油缸(也称大半径转向油缸),液压油进入制动离合器油缸;同时液压油通过阀杆上 $\phi 5$ mm 的孔进入阀杆端部与阀体之间,使阀杆受到向阀体外的压力,则弹簧所受到内、外压力平衡。转向操纵杆向下转角越大,进入制动离合器油缸液压油越多,压力随之增大,使制动离合器活塞压制动摩擦片移动,逐渐压紧摩擦片制动鼓,车辆从分离转向到大半径转向之间能实现任意转向半径,提高了转向性能;同时阀杆的滑套使弹簧压缩量越来越大,所受平衡力也越大。

4. 原地转向时(见图 13.30(d))

转向操纵杆继续向下转到底,这时闭锁离合器继续分离,转向阀杆上的滑套顶死阀杆,弹簧力不起作用,转向阀杆向阀体内移动,使制动离合器油缸液压油回送油箱,摩擦片在弹簧作用下松开,活塞回位;同时,液压油进入制动油缸,制动油缸活塞在液压油作用下伸出,顶制动带杠杆滑轮,直至抱死制动鼓,使车辆实现原地转向。

当转向操纵杆放回原始位置,车辆又恢复直线行驶。

5. 使用加力时

转向操纵杆前面有一加力挡操纵杆,在车辆上坡困难或泥泞路面履带打滑时,可挂加力挡。使转向操纵阀体中的两个操纵阀杆同时处于大半径转向状态,使主动轮降低转速,增加扭矩,顺利地通过上述地段。

6. 刹车时(见图 13.29)

手刹车时,拉动手制动握把时,通过定位杆、手制动拉臂、拉杆、杠杆、转轴等顶制动带杠杆,使制动带抱死制动鼓,实现刹车。

脚刹车时,踩脚制动踏板,通过横轴拉杆、双臂杠杆等拉脚制动阀杆,使液压油进入制动油缸,活塞伸出顶制动带杠杆,使制动带抱死制动鼓,实现刹车。

13.7 行星齿轮传动的分析与计算

13.7.1 行星排的速度关系式

行星排中,太阳齿轮、齿圈、行星架三元件通过行星齿轮联系在一起,因而三元件的角速度(转速)之间必存在着一定的关系。三元件角速度之间的关系是研究行星传动运动学的基础。《机械原理》中,通过转化轮系得出这三元件的角速度关系为

$$\frac{n_t - n_j}{n_q - n_j} = -\frac{z_q}{z_t} \tag{13.4}$$

现在令 $\frac{z_q}{z_t} = k$,k 称为行星排特性参数,是个大于1的正数。代入式(13.4)并展开得

$$n_t + kn_q - (1+k)n_j = 0 \tag{13.5}$$

式(13.5)即为行星排速度关系式。

对于一个具体的行星排,根据其 k 值(已知齿数时可按式(13.4)计算)可以写出一个如式(13.5)所示三元件转速的关系。例如 $z_q = 60$,$z_t = 20$ 时,$k = 3$,$n_t + 3n_q - 4n_j = 0$。

在 n_t,n_q,n_j 三者中间,已知两个可以求出第三个的值,已知一个时可求出另外两个转速的关系。

根据式(13.4),展开可得描述行星排三元件转速关系的运动学方程,见表13.1。

表 13.1 行星转动 k 值及运动学方程

行星排型式	外啮合次数(n)	k	运动学方程式
单星内外啮合	1	$\dfrac{z_q}{z_t}$	$n_t + kn_q - (1+k)n_j = 0$
复星内外啮合	1	$\dfrac{z_{x1}}{z_t} \cdot \dfrac{z_q}{z_{x2}}$	$n_t + kn_q - (1+k)n_j = 0$
双星内外啮合	2	$\dfrac{z_q}{z_t}$	$n_t - kn_q + (k-1)n_j = 0$

行星排特性参数 k 的值,理论上是个大于1的任何正数,但实际上由于外廓尺寸的限制,既不能接近于1,也不能过大。如图13.31所示,k 值接近于1时,行星齿轮将小于最小齿数或内部装不下轴承;k 值过大时,太阳齿轮将小于最小齿数或内部放不下轴承及套轴。装甲车辆传动装置中所用的行星排 k 值的一般范围是 $k = 1.5 \sim 4$。特殊情况下,只要有需要而条件又允许,也可以取较大的值。例如苏联 ИС-2 重坦克的行星侧减速器需要有较大的传动比,而太阳齿轮是联轴的,内部没有轴承和套轴,采用正变位系数可以降低最小齿数,所以采取了 $k = 5$。

以角速度表示的相应运动学方程为:

$$\omega_t + k\omega_q - (1+k)\omega_j = 0 \tag{13.6}$$

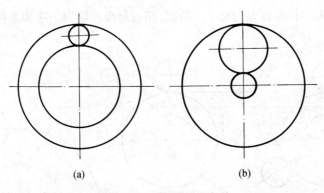

图 13.31　k 值的限制条件

式(13.6)也可表示为下述的一般形式

$$a_t\omega_t + a_q\omega_q + a_j\omega_j = 0$$

分析上述方程中的系数关系,可以导出下述结论:

各系数和必为零,即

$$1 + k - (1+k) = 0$$

或

$$a_t + a_q + a_j = 0$$

反之,三个角速度的线性方程,只要系数和为零,就可视为一个行星排。

观察可知,三系数的绝对值大小与三元件中每件都有相应关系——三系数中绝对值最小者定为太阳齿轮角速度的系数;居中者为齿圈角速度的系数;最大者为行星架角速度的系数。

13.7.2　行星排的力矩关系式

行星排中,太阳齿轮、齿圈、行星架三元件通过行星齿轮联系在一起,因而三元件上所受的力矩必存着一定的关系。所谓的三元件所受力矩,不是指这个元件轴上所受的外加力矩,而是指在行星排内部,行星齿轮给予它的力矩。三元件所受力矩之间的关系,是研究行星传动所受负荷的基础。

一般行星齿轮不止一个,例如图 13.32(a)所示有三个行星齿轮与太阳齿轮啮合。行星齿轮给予太阳齿轮的有径向力及圆周力,太阳齿轮所受力矩 M_t 由三个圆周力形成。为了研究方便,不管行星齿轮有几个,一律以一个行星齿轮代表全部行星齿轮,如图 13.32(b)所示。行星齿轮给予太阳齿轮的力矩之总和

$$M_t = P_t r_t \qquad\qquad (a)$$

式中,P_t 为各行星齿轮给予太阳齿轮的圆周力的总和;r_t 为太阳齿轮的节圆半径。

同理可以得出

$$M_q = P_q r_q \qquad\qquad (b)$$

$$M_j = P_j r_j \qquad\qquad (c)$$

取行星齿轮做自由体,如图 13.33 所示。三元件作用在其上的圆周力,分别与行星齿轮给

予三元件的圆周力大小相等而方向相反。所以,用行星齿轮圆周力平衡条件,可以推出三元件所受力矩的关系。

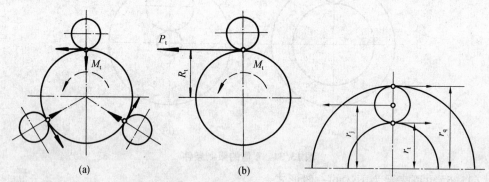

图 13.32   行星齿轮给予太阳齿轮的力矩   图 13.33   行星齿轮圆周力的平衡

为简化起见,先作两点假设:

①各机件做匀速旋转,即没有惯性力矩。

②略去摩擦力的影响。

为了便于推导公式,假设行星齿轮与太阳齿轮、齿圈的啮合都是标准传动或高变位传动,力的作用半径就是分度圆半径。

由行星齿轮的平衡条件可知三圆周力之比为

$$P_t : P_q : P_j = 1 : 1 : -2 \tag{d}$$

三个力的作用半径之比为

$$r_t : r_q : r_j = 1 : k : \frac{1+k}{2} \tag{e}$$

从(a),(b),(c)各式知道,(d),(e)两式左边各项相乘,可得三元件所受力矩之比

$$M_t : M_q : M_j = 1 : k : -(1+k) \tag{13.7}$$

式(13.7)为行星排力矩关系式。

对于一个具体的行星排,根据其 k 值可以写出一个如式(13.7)所示三元件所受力矩的关系。例如 $k=3$ 时,$M_t : M_q : M_j = 1 : 3 : -4$。如已知 M_q 时,可求出 $M_t = 0.33M_q$,$M_j = -1.33M_q$。

从式(13.7)可以看出,右端三项之和为零。因此可得出一重要推论

$$M_t + M_q + M_j = 0 \tag{13.8}$$

行星机构做加速运动的过程,我们暂不研究。摩擦力的影响以传动效率来表示。只要匀速运动和不计摩擦力的影响,式(13.6)永远适用,而不管三元件具有什么样的转速或是停止不动。

行星排采取角变位传动时(d),(e)两式不能成立,可以从能量的观点推导出式(13.7)。行星齿轮从三元件接收或传给三元件的能量应是平衡的,即

$$M_t n_t + M_q n_q + M_j n_j = 0 \tag{f}$$

将式(f)与式(13.5)比较,两个式子同是表示三元件转速之间的关系,两式应是等值的,即相应的系数应成比例

$$M_t : M_q : M_j = 1 : k : -(1+k)$$

13.7.3　六种单排行星传动

最简单的行星传动只由一个行星排组成。它的三元件分别和主动轴、被动轴、制动鼓相连接，组成了三构件，即主动件、被动件、制动件。主动件、被动件和制动件的各项参数，分别标以 0，b，z 来表示。

自行火炮上的行星转向机、行星侧减速器等组件中常用这种单排行星传动。行星转向机的行星排中，齿圈与主动轴相连接，组成主动件；行星架与被动轴相连接，组成被动件；太阳齿轮与制动鼓相连接，组成制动件。因此，速度关系式（13.6）可以写为

$$n_z + kn_0 - (1+k)n_b = 0 \qquad\qquad\qquad\text{（g）}$$

用闭锁离合器把太阳齿轮和行星架结合为一体时，$n_z = n_b$ 代入式（g）得

$$kn_0 - kn_b = 0$$

所以

$$i = \frac{n_0}{n_b} = 1$$

用转向制动器把太阳齿轮制动时，$n_z = 0$，代入式（g）得

$$kn_0 - (1+k)n_b = 0$$

$$i = \frac{1+k}{k}$$

这就是一种单排行星传动，除了 $i=1$ 的直接挡外，可得一个减速挡，其传动比 $i = \dfrac{1+k}{k}$。当 k 的实际值为 1.5～4 时，这种传动的传动比实际范围为 1.25～1.67。如已知在这段范围内的一个传动比，可以反过来计算其 k 值，$k = \dfrac{1}{i-1}$。

三元件与三构件采取不同的连接方式时，按排列组合理论可知，共有传动方案 $P_3 = 3! = 6$ 种。这六种传动方案的简图、k 和 i 的计算式、i 的范围列于表 13.2 中。

表 13.2 中还包括计算效率所用的相对功率系数 β。

从表 13.2 中可以看出，由于结构的限制，单排行星传动所能得到的传动比值限制在六段不相连续的范围之内。六段以外的传动比，一般不能仅用一个行星排（单排内外啮合行星机构）来实现。六段以内的任意一个传动比，都能由一种单排行星传动实现，也仅能选择一种。

表 13.2　六种单排行星传动

类别	1	2	3	4	5	6
简图						
主动件 0 被动件 b 制动件 z	t j q	q j t	j q t	j t q	q t j	t q j
$k=f(i)$	$i-1$	$\dfrac{1}{i-1}$	$\dfrac{i}{i-1}$	$\dfrac{1-i}{i}$	$-\dfrac{1}{i}$	$-i$
$i=f(k)$	$1+k$	$\dfrac{1+k}{k}$	$\dfrac{k}{1+k}$	$\dfrac{1}{1+k}$	$-\dfrac{1}{k}$	$-k$
i 的实际范围	$5\sim2.5$	$1.67\sim1.25$	$0.8\sim0.6$	$0.4\sim0.2$	$0.25\sim0.67$	$-1.5\sim-4$
传动性质	正向减速		正向增速		反向增速	反向减速
相对功率系数 $\beta=f(i)$	$\dfrac{i-1}{i}$		$i-1$		1	
相对功率系数 $\beta=f(k)$	$\dfrac{k}{1+k}$		$\dfrac{1}{1+k}$	$\dfrac{k}{1+k}$		

13.7.4　行星排的配齿计算

行星排几何计算的主要任务是在已知参数 k 时,合理地选择行星齿轮个数,各齿轮齿数、模数及其他齿形参数。这里主要研究如何选择各齿轮的齿数和行星齿轮数,称为配齿计算。几何计算的其他任务按《机械原理》的方法进行。

配齿时应先粗估模数,再按结构允许的最大径向尺寸计算出允许的齿圈最大齿数,按估计的轴或轴承尺寸计算出允许的太阳齿轮最小齿数。在上述范围内选择齿圈和太阳齿轮齿数,使其比值等于 k。

由于齿数必须是整数,实际特性参数 k 与原要求的特性参数 k^* 是有差别的。其变率 δ_k 为

$$\delta_k = \frac{k-k^*}{k^*} = \frac{k}{k^*} - 1 \tag{13.9}$$

以百分率表示。配齿时 δ_k 不能超出指定范围。

例如:要求设计一行星排 $k=4.77$,配齿时允许变率 δ_k 的范围为 $\pm2\%$。粗估模数 $m=6$。齿圈尺寸限制 $\phi560$。估计齿圈分度圆直径约为 $\phi530$,则

$$z_q \leqslant \frac{530}{6} \approx 88$$

轴的尺寸限制 $\phi75$,估计太阳齿轮分度圆直径约为 $\phi95$,则

$$z_t \leqslant \frac{95}{6} \approx 16$$

将符合以上两条件,而且 k 值符合 δ_k 的范围的齿数全部找出,列于表 13.3 中。

表 13.3 中所列的九组齿数是否都能适用呢? 不一定。还需要检查它是否符合行星机构的三个配齿条件。现结合本例分述如下。

表 13.3　k 值符合 δ_k 的范围的齿数

序号	$\dfrac{z_q}{z_t}$	k	$\delta_k/\%$	z_x^*	q	t
1	$\dfrac{75}{16}$	4.68	−1.7	29.5	−	−
2	$\dfrac{76}{16}$	4.75	−0.5	30	4	0.92
3	$\dfrac{77}{16}$	4.81	+0.9	30.5	3	足够
4	$\dfrac{80}{17}$	4.71	−1.3	31.5	−	−
5	$\dfrac{81}{17}$	4.765	−0.1	32	2×2	0.49
6	$\dfrac{82}{17}$	4.82	+1.1	32.5	3	足够
7	$\dfrac{85}{18}$	4.72	−1.0	33.5	−	−
8	$\dfrac{86}{18}$	4.78	+0.1	34	4	1.17
9	$\dfrac{87}{18}$	4.83	+1.2	34.5	3	足够
					5	<0

1. 同心条件

为了使太阳齿轮与齿圈的旋转中心重合,太阳齿轮与行星齿轮的中心距 A_{tx} 和齿圈与行星齿轮的中心距 A_{qx} 应相等,如图 13.34 所示。

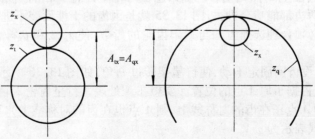

图 13.34　同心条件

$$A_{tx} = A_{qx} \tag{13.10}$$

式(13.10)为同心条件。

如果采用标准传动或高变位传动,则各齿轮的节圆与分度圆重合,上式可以写为

$$\frac{m}{2}(z_t + z_x) = \frac{m}{2}(z_q - z_x)$$

式中,m 为模数;z_x 为行星齿轮齿数。

整理上式后可得

$$z_q - z_t = 2z_x \tag{13.11}$$

式(13.11)右端肯定是个偶数,所以凡齿圈与太阳齿轮齿数同为奇数或同为偶数时,必符合此式。表13.3第2,5,8组符合这一条件。先定 z_q,z_t 后,行星齿轮齿数可由式(13.11)计算出。

行星齿轮不属于三元件,它的齿数不影响传动比。为了改善行星齿轮传动的强度和其他啮合指标,可以减小行星齿轮齿数,同时采用角变位传动。此时行星齿轮齿数 z_x 不得大于按式(13.11)求出的 z_x^*

$$z_x^* = \frac{z_q - z_t}{2}$$

$$z_q \leqslant z_x^* = \frac{z_q - z_t}{2} \tag{13.12}$$

例如第2组 $z^* = \dfrac{76-16}{2} = 30$。各组值 z_x^* 值列于表13.3内。

如采用角变位传动,改变中心距,应使中心距满足式(13.10)。

2. 装配条件

为了使各元件上所受径向力平衡,应使各行星齿轮均匀分布。设共有 q 个行星齿轮,则行星架上两行星齿轮间隔角为

$$\theta_f = \frac{360°}{q} \tag{h}$$

如图13.35所示,行星齿轮1已经装入,此时太阳齿轮上 A 点与行星齿轮上 B 点相啮合,行星齿轮上 C 点与齿圈上 D 点相啮合。如果想在与行星齿轮1相隔 θ_f 角处装入行星齿轮2,很难使得行星齿轮两边都能啮合进去,图13.35就是因齿的干涉而装不进去的例子,要想能把行星齿轮2装进去必须合理选择齿圈与太阳齿轮的齿数,使 z_q,z_t 和 θ_f 符合某种关系,现证明如下。

为了证明方便,设齿圈固定不动,使行星架转过 θ_f 角,如图13.36所示。太阳齿轮上 A 点已转过 θ_t 角,而 A' 点占据了原 A 点的位置。要想在 A' 处装入行星齿轮2,除非 A' 与 A 两处形状完全相同(例如图中 A 点正在齿的对称线上,则 A' 点也在齿的对称线上),即 AA' 弧所包括的齿数应为整数。用公式表示为

$$\theta_t = N \frac{360°}{z_t} \tag{i}$$

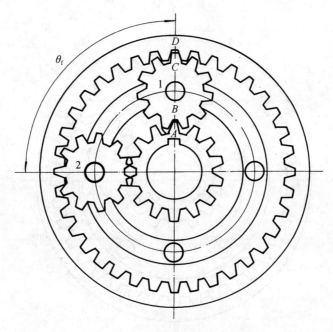

图 13.35 未满足装配条件的例子

式中, N 为整数。

将速度关系式(13.6)对时间积分,得

$$\theta_t + k\theta_q - (1+k)\theta_f = 0 \qquad (j)$$

已假设 $\theta_q = 0$,并将式(i)代入式(j),整理得

$$z_q + z_t = \frac{360°}{\theta_f} \times N \qquad (13.13)$$

式(13.13)为装配条件。

当行星齿轮均匀分布时,再将式(h)代入式(13.13)

$$z_q + z_t = qN \qquad (13.14)$$

因为 q, N 都是整数,所以可以 z_q 与 z_t 之和分解因数,取其一个适当的因数为 q 。本例中,第 1 组 $z_q + z_t = 91 = 7 \times 13$,两个因数都太大,不能充当 q 值。第 2 组 $z_q + z_t = 92 = 2^2 \times 23$,可取 $q = 4$ 。第 3 组可取 $q = 3$ 。第 4 组 $z_q + z_t = 97$ 是个质数,无论如何也不能把几个行星齿轮装到适当的位置而使径向力平衡。第 5 组 $z_q + z_t = 98 = 2 \times 7^2$,因数 7 太大,取 $q = 2$ 时,又没有充分发挥行星传动多点啮合传力的优越性。

为了发挥这种优越性,可以在有因数 2 时装 $2 \times 2 = 4$ 个行星齿轮。如图 13.37(a)所示,行星齿轮 A_1A_2 为一副,符合装配条件。行星齿轮 B_1B_2 又是一副,也符合装配条件。两副之间错开的角度 θ_f 必须符合式(13.13)。有因数 3 时可装 $2 \times 3 = 6$ 个行星齿轮,如图 13.37(b)所示。 $A_1A_2A_3$ 为一副, $B_1B_2B_3$ 为另一副。

各组可能的 q 值列入表 13.3 内。

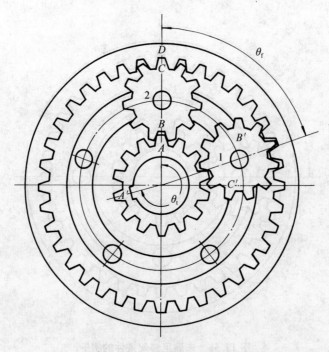

图13.36　装配条件的证明

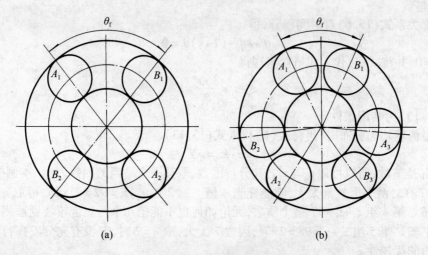

图13.37　行星齿轮布置

3. 相邻条件

满足上述两条件之外,还要使两相邻行星齿轮的齿顶不致干涉。如图13.38所示,两齿顶之间的间隙 $T=tm$。现有结构中 t 至少为 $1 \sim 2$。

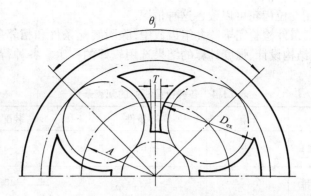

图 13.38　相邻条件的证明

当行星齿轮 $q=3$ 时,一般间隙都足够;$q=4$,且 $k<4.5$ 时,一般 $t<1$。除此以外应作图或用下述方法验正 t 值。

由图 13.38 可知

$$2A\sin\frac{\theta_\text{f}}{2}=D_\text{ex}+tm \tag{13.15}$$

式中,A 为行星齿轮与太阳齿轮的中心距;D_ex 为行星齿轮顶圆直径。当角变位时,A 增大、D_ex 减小,有利于避免干涉,所以只需要检验标准齿轮的情况。

$$2\cdot\frac{m}{2}(z_\text{t}+z_\text{x})\sin\frac{\theta_\text{f}}{2}=m(z_\text{x}+2f_0)+tm$$

$$t=\left(\sin\frac{\theta_f}{2}\right)z_\text{t}-\left(1-\sin\frac{\theta_f}{2}\right)z_\text{x}-2f_0 \tag{13.16}$$

当 $q=4$ 时,$\theta_\text{f}=90°$,则

$$t=0.707z-0.293z_\text{x}-2f_0 \tag{13.17}$$

当 $q=5$ 时,$\theta_\text{f}=72°$,则

$$t=0.588z-0.412z_\text{x}-2f_0 \tag{13.18}$$

需要检验相邻条件的各组 t 值列于表 13.3 中。

当采用两副行星齿轮时,需要先按相邻条件找出最小间隔角,然后再按装配条件决定间隔角。本例第 5 组,设 $t=0$ 时,由式(13.16)得

$$\sin\frac{\theta_\text{fmin}}{2}=\frac{z_\text{x}+2f_0}{z_\text{t}+z_\text{x}}=\frac{32+2\times0.8}{17+32}=\frac{33.6}{49}$$

$$\theta_\text{fmin}=86°35'$$

由式(13.13),当 $N=24$ 时,得略大于 θ_fmin 的 θ_f,即

$$\theta_\text{f}=\frac{360°\times N}{z_\text{q}+z_\text{t}}=\frac{360°\times24}{81+17}=88°10'$$

再由式(13.16)求出实际的 $t=0.49$。此时 $T=tm=0.49\times6=2.94$ mm,是比较小的,一般应控

制 T 为 $5 \sim 8$ mm,采用变位齿轮可以改善这种情况。

　　至此,已按配齿三条件检验完毕。九组齿数中,除因装配条件和相邻条件淘汰的之外,还剩下六组。需要按照结构设计、强度计算的结果选用较好的一组。各种行星机构配齿条件见表 13.4。

表 13.4　各种行星机构的配齿条件

种　　类	k 值	同心条件	装配条件
单星内外啮合行星排	$\dfrac{z_q}{z_t}$	$z_q - z_t = 2z_x$	$z_q + z_t = N_q$
复星外啮合行星排	$\dfrac{z_{t2} \cdot z_{x1}}{z_{t1} \cdot z_{x2}}$	$z_{t1} - z_{x1} = z_{t2} + z_{x2}$	$\dfrac{z_{t1} \cdot z_{x2} - z_{t2} \cdot z_{x1}}{C} = N_q$
复星内外啮合行星排	$\dfrac{z_q \cdot z_{x1}}{z_t \cdot z_{x2}}$	$z_q - z_{x2} = z_t + z_{x1}$	$\dfrac{z_t \cdot z_{x1} - z_q z_{x2}}{C} = N_q$
双星内外啮合行星排	$\dfrac{z_q}{z_t}$	——	$z_q - z_t = N_q$
外啮合柱形差速器	$\dfrac{z_{q1}}{z_{q2}}$	——	$2z_q = N_q$
内啮合柱形差速器	$\dfrac{z_{t1}}{z_{t2}}$	——	$2z_t = N_q$

注:表中 C 为复星行星排的双联齿轮两齿数 z_{x1} 和 z_{x2} 的最大公因数。

13.7.5　齿轮几何计算

　　初步确定方案以后,可以进行计算。齿轮的计算可参考《机械零件》。与定轴式齿轮传动比较,行星传动的几何计算有一些特点。

　　行星传动中,变位系数的选择需要考虑下列问题。

1. 避免根切

　　当太阳齿轮或行星齿轮齿数过少时,应采用正变位齿轮 $\xi_1 + \xi_2 > 0, \alpha > \alpha_0, \lambda > 0$ 以避免根切,但要检验不尖顶条件。

2. 满足同心条件

　　当选择齿数不满足式(13.11),因而采取变位齿轮时,或虽然满足式(13.11),但为了提高强度而采取变位齿轮时,应合理选择变位系数,以满足同心条件式(13.10)

$$A_{tx} = A_{qx}$$

$$\frac{m}{2}(z_t + z_x) + \lambda_{tx} m = \frac{m}{2}(z_q - z_x) + \lambda_{qx} m$$

$$\lambda_{tx}-\lambda_{qx}=\frac{z_q-z_t}{2}-z_x$$

由式（13.12）得

$$\lambda_{tx}-\lambda_{qx}=z_x^*-z_x \tag{13.19}$$

即外啮合的分离系数与内啮合分离系数之差，应等于行星齿轮齿数比计算齿数减小量。例如某坦克炮塔方向机减速器的行星排，$z_q=61$，$z_t=11$，计算出 $z_x^*=25$，但取 $z_x=24$ 所以应取

$$\lambda_{tx}-\lambda_{qx}=25-24=1$$

3. 提高外啮合的接触强度

内啮合的接触强度比外啮合要好得多。为了合理地利用金属材料，减小尺寸和质量，应提高外啮合的接触强度，使它接近内啮合的强度。为此应对外啮合（太阳齿轮和行星齿轮）进行正角变位，但因内外啮合的分离系数存在如式（13.19）的关系，选取参数时应注意不要使内啮合的强度损失太多。

如前例，选取 $\lambda_{tx}=0.923\ 3$，$\lambda_{qx}=-0.076\ 7$，

$$0.923\ 3+0.076\ 7=1$$

这时，外啮合的啮合角 $\alpha_{tx}=26.80°$，大大提高了接触强度；内啮合的啮合角 $\alpha_{qx}=19.33°$，也没有过分降低。

4. 提高小齿轮的弯曲强度

与定轴齿轮传动一样，需要合理分配一对齿轮的变位系数，使小齿轮（太阳齿轮或行星齿轮）的弯曲强度接近于大齿轮的强度。

如前例，由 λ_{tx} 计算出 $\sum \xi_{tx}=1.08$。分配结果取 $\xi_t=0.59$，$\xi_x=0.49$。

行星传动中，因为有内啮合齿轮，比较容易发生齿形的干涉。为了避免干涉，常将齿圈的齿顶圆 D_{epg} 扩大，应不小于由下式决定的值（参看图 13.39）

$$D_{eqmin}=\sqrt[2]{\left(\frac{mz_q\cos\ \alpha_0}{2}\right)^2+\left(A\sin\ \alpha_{qx}+\rho_{min}\right)^2} \tag{13.20}$$

式中，α_{qx} 为内啮合的啮合角；ρ_{min} 为行星齿轮齿形渐开线开始点的曲率半径，视加工方法而定。用齿条型刀具切削时（参看图 13.40）

$$\rho_{min}=\left(\frac{z\sin\ \alpha_0}{2}-\frac{f_0-\xi}{\sin\ \alpha_0}\right)m \tag{13.21}$$

齿顶降低后，必须检验重叠系数，不能过小。

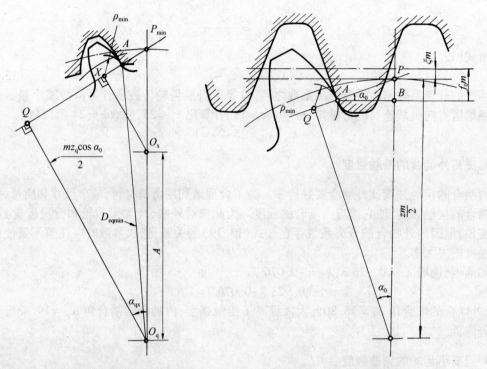

图 13.39　内齿轮最小齿顶圆计算简图　　　　图 13.40　ρ_{min} 计算简图

13.7.6　其他计算特点

齿轮强度计算可参照定轴式齿轮传动进行。

采用若干个行星齿轮时,虽然理论上各轮平均分配负荷,但实际上由于行星架与各齿轮的制造偏差,以及一副行星齿轮之间的尺寸差别,每一行星齿轮的负荷是不一样的。太阳齿轮(或齿圈)上每一啮合点的计算力矩可以如下计算。

$$M_{t1} = \frac{\Omega M_t}{q} \quad \text{或} \quad M_{q1} = \frac{\Omega M_q}{q} \tag{13.22}$$

行星齿轮所受力矩

$$M_x = M_{t1}\frac{z_x}{z_t} \quad \text{或} \quad M_x = M_{q1}\frac{z_x}{z_q} \tag{13.23}$$

式中,Ω 为不均匀系数,与行星齿轮数目、各机件加工精度、刚度等因素有关。有的资料推荐 $q=3$ 时,$\Omega=1.33$;$q=4$ 时,$\Omega=1.25$;$q=5$ 时,$\Omega=1.10$。

许用应力的计算中,行星齿轮按对称循环,太阳齿轮按脉动循环。循环次数 $N=60tan\alpha$。其中 a 为每一转啮合次数,对太阳齿轮和齿圈,$a=q$,对行星齿轮 $a=1$;n 为相对转速,α 为各挡工作时间率。

轴承计算中,应取内环与外环的相对转速为计算转速并考虑离心力的影响。这是因为行星架旋转时,行星齿轮的质量 G_x 也包括轴承的一部分质量引起的离心力,也作用在行星齿轮的轴承上,故计算时应取轴承传递的圆周力与离心力的合力为工作负荷(参看图 13.41),并按下式计算

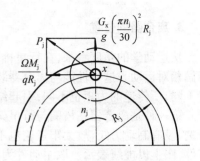

图 13.41　行星齿轮轴承计算简图

$$P_j = \sqrt{\left(\frac{\Omega M_j}{qR_j}\right)^2 + \left(m_x\omega_j^2 R_j\right)^2} = \sqrt{\left(\frac{\Omega M_j}{qR_j}\right)^2 + \left(\frac{G_x n_j^2 R_j}{90g}\right)^2}$$

$$(13.24)$$

13.7.7　方案设计

1. 选定传动方案

由《坦克理论》可知,高速侧的转向机构传动比 $i_{(2)}$、低速侧的转向机构传动比 $i_{(1)}$、相对转向半径 ρ 之间有以下关系

$$\frac{i_{(1)}}{i_{(2)}} = \frac{\rho + 0.5}{\rho - 0.5} \qquad (13.25)$$

对于行星转向机 $i_{(2)} = 1$。当选定转向半径时可代入上式求出 $i_{(1)}$。例如 $\rho = 3$ 时,$i_{(1)} = 1.4$。查表 13.2,属于第二种传动方案。齿圈是主动件,行星架是被动件,太阳齿轮是制动件。方案选定后可按表 13.2 的公式计算 k 和效率。

2. 整个转向机的支承

行星转向机一般不单独支承在车体上。总布置方案决定行星转向机安装在侧减速器轴上时,应以被动轴为整个转向机的支承轴,例如图 13.42(a)。如安装在变速箱轴上时,则应以主动轴为支承轴,如图 13.42(b),(c)所示。

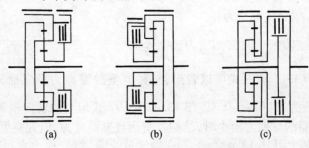

(a)　　　　　　　　(b)　　　　　　　　(c)

图 13.42　几种行星转向机的方案简图

3. 离合器的位置

从运动学的角度看来,在行星排中,任意把两个元件结合为一体,行星排只能整体转动,不能做相对运动。这一性能与离合器装在哪两个元件之间无关。但从受力分析来看,离合器位置不同,所传递的力矩也不同,引起结构和操纵力的大小都有不同。

第一种是离合器在齿圈与行星架之间,如图 13.43(a)所示。离合器结合时,制动器是松开的,没有制动力矩,故太阳齿轮也不受力,$M_t = 0$。因此,整个行星排是不工作的。不受力的零件,图上以虚线表示。取主动件为自由体,摩擦力矩与主动力矩相平衡

$$M_m + M_0 = 0 \tag{13.26}$$

第二种是离合器在太阳齿轮和行星架之间,如图 13.43(b)所示。齿圈力矩与主动力矩相等而方向相反,$M_q = -M_0$。由力矩关系式推知 $M_t = \dfrac{1}{k}M_q = -\dfrac{1}{k}M_0$。取制动件为自由体,得

$$M_m = -M_t = \frac{1}{k}M_0 \tag{13.27}$$

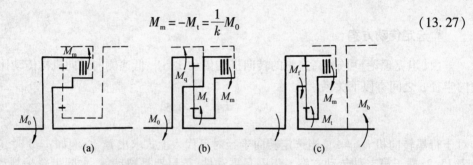

图 13.43　行星转向机的三种方案

第三种是离合器在太阳齿轮与齿圈之间,如图 13.43(c)所示。由被动件的力矩平衡可知,$M_f = -M_b$。由力矩关系式推知 $M_t = -\dfrac{1}{1+k} = \dfrac{1}{1+k}M_b$。取制动件为自由体,如图 13.43(c)所示,得摩擦力矩

$$M_m = -M_t = -\frac{1}{1+k}M_b \tag{13.28}$$

一体回转时 $M_b = -M_0$,故上式可写为

$$M_m = \frac{1}{1+k}M_0 \tag{13.29}$$

从(13.26),(13.27),(13.29)三式可以看出,三种方案的摩擦力矩之比为 $1 : \dfrac{1}{k} : \dfrac{1}{1+k}$。当 $k \approx 2.5$ 时,这个比值约为 $1 : 0.4 : 0.3$。图 13.42 中,97 式坦克的转向机属于第一种,其余两个属于第二种。离合器的摩擦力矩小时,结构紧凑而且操纵省力,但究竟要用哪种方案还要从整个转向机的性能来看。从图 13.42(b)、(c)的比较来看,第三种方案虽然离合器的尺寸可能小些,但整个转向机的轴向尺寸大些,径向结构复杂些,权衡利弊,应取整个外廓尺寸较小的方案。所以,没有采用第三种方案的实例。

4. 绘方案简图

至此,可以作出行星转向机的方案简图。主动轴、被动轴应分别与齿圈、行星架相连,太阳轮应引出与制动鼓相连。带式制动器制动鼓内部的空间要合理地利用。

5. 确定轴承的位置和型式

从支承可靠性来考虑,三元件中,除与支承轴相连的元件(例如图 13.42(a)中的行星架)用花键与轴固定连接外,其余两元件要各用两个轴承支承在轴上。两支点的距离要尽量远些。

6. 确定润滑密封的方式

确定齿轮、轴承等需要润滑的机件采用飞溅润滑或压力润滑。支承轴伸出处和其他有相对运动的地方应有适当的密封措施,应防止油甩到干式的离合器、制动器上去。

7. 绘结构简图

为了加工、装配或修理方便起见,将主动、被动、制动三构件再划分为若干零件。绘成较详细的结构简图,作为绘制工作图和进行计算的基础。例如图 13.44 是图 13.42(a)的结构简图。其中被动构件(图中粗线绘出)就划分为轴、行星架、离合器外鼓、大制动鼓和盖等部分。轴与侧传动主动轴、主动齿轮制成一体。行星架不再分为更小的零件,可以得到较大的刚性;它与轴用花键固定连接。外鼓与大制动鼓制成一体,与行星架用螺钉相连。盖是为了形成储油空间,与大制动鼓用螺钉联接。

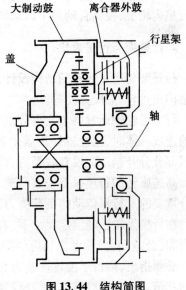

图 13.44 结构简图

13.7.8 结 构 设 计

结构设计与方案(评比)设计很难明确划分,方案的优劣最后还是以结构上是否容易实现来评价。

1. 构件的支承与浮动构件

行星传动中包括很多的同心旋转机件,为使这些旋转件中心对准,传统的方法是使每一旋转件都有可靠的支承。由于有的机件不可能直接支承在箱体上,不可避免地出现互相重叠的支承,或称套轴支承。显然,套轴层数多时会使整个机构径向尺寸加大和外层的滚动轴承尺寸加大,而从寿命上来说,并不需要这样大的轴承。由于径向尺寸的累积误差很大,也会给机构带来附加载荷。为此在方案设计中要尽量避免多层套轴的传动简图。尽可能采用滚针轴承和滑动轴承,以减小径向尺寸,但应有相应的润滑措施。

构件上受有径向力时,每个旋转件应有两个支点才算可靠。若采用带式换挡制动器,工作时有很大的径向力,所以制动鼓应有良好的支承,最好是直接支承在箱体上,而且支点位置尽量靠近制动鼓。

对不受径向力的旋转构件,可令其浮动以消除不平衡径向力影响。如齿圈可浮动地支承在行星齿轮上,使其自动对中以求均载。同理,这种浮动支承也适用于太阳齿轮。

2. 行星架与行星齿轮

行星架与行星齿轮的结构设计,应尽量满足行星齿轮负荷小、轴承寿命高、工艺简单、行星架结构质量轻、装配方便等。

行星齿轮轴通过两个支点分别支承在行星架的左右两部分上。这两部分是一个整体或紧固地连成一体时,刚性较好。承受负荷时,轴的变形较小,齿轮沿其宽度上的负荷比较均匀。这两部分分开制造而没有联系时,行星齿轮轴相当于一个悬臂梁,齿轮的负荷不均匀。

高速旋转的行星排有较大的离心力,并往往有较大的相对转速,所以选择行星齿轮轴承是十分重要的。行星传动的负荷能力,常常不是受强度限制,而是受此轴承的承载能力限制。

在行星齿轮已经给定尺寸下,若选不到合适的滚动轴承,就采用滑动轴承。但应仔细地选择间隙(公差配合)并考虑相应的润滑方式。

必须指出,当行星齿轮转速为 5 000 r/min 时,由于离心力而引起的力矩要超出静力学负荷的几倍。必须采取措施,减轻行星齿轮质量(如钻孔、开槽等),并尽力降低行星齿轮转速。

3. 润滑要求

行星变速器中全部齿轮、轴承以及离合器和制动器的摩擦片,均应采用压力润滑与冷却,其中以行星齿轮轴承的润滑更为重要。因为该轴承承受齿上的负荷及离心力较大,且转速又很高,一般的飞溅润滑难以取得良好效果。行星齿轮轴承的压力润滑系统示例如图 13.45 所示。在行星轮心轴上加工有轴向和径向孔,压力油经行星架上油道,引入行星齿轮心轴,润滑滚针轴承后,再从两端排出。为了减小回油阻力,在行星齿轮两侧端面与垫圈之间,应保持0.1 mm的间隙,同时在垫圈上开有润滑油槽。

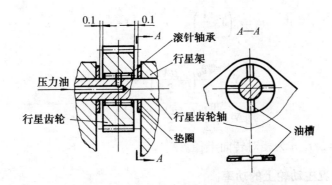

图 13.45 行星齿轮轴承润滑结构图

13.8 车辆转向功率平衡

忽略转向滑转和滑移,即在简化动力学情况下用图 13.46 所示的计算模型,可得

$$\begin{cases} P_2 = \dfrac{fW}{2} + \dfrac{\mu W \lambda}{4} \\[2mm] P_1 = \dfrac{fW}{2} - \dfrac{\mu W \lambda}{4} \end{cases} \qquad (13.30)$$

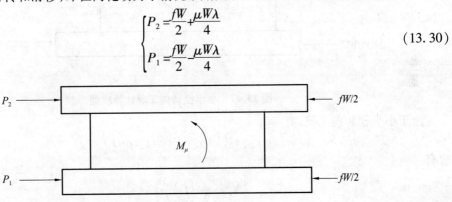

图 13.46 车辆转向计算图

13.8.1 均匀转向主动轮上的功率

履带车辆均匀转向时,主动轮上的功率分别为 N_2 和 N_1,即

$$N_2 = P_2 v_2, \qquad N_1 = P_1 v_1$$

所以在不同的转向工况下,主动轮上的功率是不同的。

1. 大半径转向工况主动轮上的功率

由于大半径转向工况,有

$$v_2 = v_0\left(1 + \frac{1}{\rho}\right), \quad v_1 = v_0\left(1 - \frac{1}{\rho}\right)$$

故有

$$\begin{cases} N_2 = \dfrac{Wv_0}{2}\left(f + \dfrac{\mu\lambda}{2}\right)\left(1 + \dfrac{1}{\rho}\right) \\ N_1 = \dfrac{Wv_0}{2}\left(f - \dfrac{\mu\lambda}{2}\right)\left(1 - \dfrac{1}{\rho}\right) \end{cases} \tag{13.31}$$

式中，λ 为转向比，$\lambda = L/B$；ρ 为相对转向半径。

2. 小半径转向工况主动轮上的功率

图 13.47 给出了小半径转向工况计算模型。

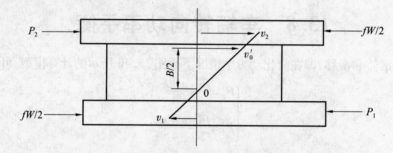

图 13.47 小半径转向工况计算模型

由于小半径转向工况，有

$$v_2 = v_0'(1 + \rho), \quad v_1 = v_0'(\rho - 1)$$

故有

$$\begin{cases} N_2 = \dfrac{Wv_0'}{2}\left(f + \dfrac{\mu\lambda}{2}\right)(1 + \rho) \\ N_1 = \dfrac{Wv_0'}{2}\left(f + \dfrac{\mu\lambda}{2}\right)(1 - \rho) \end{cases} \tag{13.32}$$

式中，λ 为转向比；ρ 为相对转向半径。

3. 主动轮上相对功率关系

将转向行驶时所需的功率以直线行驶所需功率的多少倍的方式表示出来（见图 13.48），因而主动轮功率与滚动阻力总功率相关联。

大半径转向工况主动轮上的功率与直线行驶时主动轮上的功率之比为

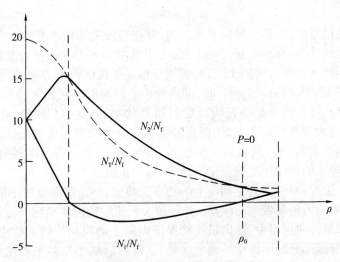

图 13.48　主动轮上的相对功率

$$\begin{cases} \dfrac{N_2}{\frac{1}{2}fWv_0} = \left(1+\dfrac{\mu\lambda}{2f}\right)\left(1+\dfrac{1}{\rho}\right) \\[4mm] \dfrac{N_1}{\frac{1}{2}fWv_0} = \left(1-\dfrac{\mu\lambda}{2f}\right)\left(1-\dfrac{1}{\rho}\right) \end{cases} \qquad (13.33)$$

小半径转向工况主动轮上的功率与直线行驶时主动轮上的功率之比为

$$\begin{cases} \dfrac{N_2}{\frac{1}{2}fWv_0'} = \left(1+\dfrac{\mu\lambda}{2f}\right)(1+\rho) \\[4mm] \dfrac{N_1}{\frac{1}{2}fWv_0'} = \left(1+\dfrac{\mu\lambda}{2f}\right)(1-\rho) \end{cases} \qquad (13.34)$$

图 13.48 中, $\rho>1$ 部分为大半径转向工况, 主动轮上相对功率随相对转向半径 ρ 的变化关系。 $\rho<1$ 部分为小半径转向工况, 主动轮上相对功率随相对转向半径 ρ 的变化关系。图中的虚线则为主动轮上相对总功率随相对转向半径的变化曲线。

大半径转向工况, 主动轮上的总功率 N_T 为

$$N_T = N_1 + N_2 = Wv_0\left(f+\dfrac{\mu\lambda}{2\rho}\right) \qquad (13.35)$$

小半径转向工况, 主动轮上的总功率 N_T 为

$$N_T = N_2 + N_1 = Wv_0'\left(f+\dfrac{\mu\lambda}{2}\right) \qquad (13.36)$$

直线行驶时主动轮上的总功率 N_f 为

$$N_f = fWv_0 \tag{13.37}$$

由图 13.48 可以看出,在整个转向半径区内,外侧履带主动轮功率为正值,即为牵引功率。至于内侧履带主动轮功率,在小半径转向工况,由于其主动轮力和速度有相同方向均为负值,其功率为正值。因而在小半径转向工况,两侧履带都需要提供牵引功率,使得发动机负荷远大于直线行驶。由图 13.48 可见,当 $\rho = 0$ 时,即实现中心转向时,内、外侧履带所需牵引功率 N_2 和 N_1 相同,主动轮上的总功率竟是直线行驶时所需功率的 20 倍(图 13.48 的计算条件:$f = 0.05$,$\lambda = 1.57$)。在大半径转向工况,内侧履带主动轮上的功率为负值,这说明此功率是从地面通过履带回传给主动轮的。只有当 ρ 值极大时,如 $\rho > \rho_0$ 时,ρ_0 为分离转向时的相对转向半径,内侧履带主动轮上的功率才呈现为牵引功率,即为正值。

在大半径转向工况,只要内侧主动轮上的功率为负值,那么这部分功率都是外侧主动轮功率的一部分,用以推动内侧履带向前滚动。外侧履带回流给内侧主动轮的这部分功率,通常被称为回流功率。如果转向过程中,转向机构能保证内侧主动轮和外侧主动轮之间存在动力联系,回流功率将全部或部分地回传至外侧主动轮,这样可以减小外侧主动轮所需功率,这部分回传给外侧主动轮的回流功率,称为循环功率或再生功率。

13.8.2 履带车辆转向时的功率平衡

1. 精确转向与规定转向半径

(1)转向传动比

众所周知,履带车辆的转向运动是由两侧履带产生不同的转速而实现的,即一侧履带速度为 v_2,另一侧履带速度为 v_1,$v_1 \neq v_2$,车辆则进行转向运动。称 $\rho = (v_2 + v_1)/(v_2 - v_1)$ 为转向传动比。

显然,不同的转向传动比就对应着不同的转向半径。因此可以说,履带车辆转向行驶的半径,可通过控制转向传动比得到。而转向传动比可以通过改变转向机构所设定的传动比或通过制动器或离合器的滑摩而得到。转向机构的传动比 i_z 可写成

$$i_z = i_{zq} i_{zm}$$

式中,i_{zq} 为转向机构设定的传动比,是由结构确定的;i_{zm} 为由转向机构中可控制件(制动器或离合器)的滑摩而产生的传动比,显然其值不能精确控制。

这里姑且称 i_{zm} 为"摩擦传动比"。当操纵件完全分开(如制动器)或完全结合时(如离合器),则滑摩传动比 $i_{zm} = 1$;相反,即存在相对滑摩时,如制动带和制动鼓之间,或离合器的输入件与输出件之间产生相对滑摩时,$i_{zm} > 1$。

$i_{zm} > 1$ 时,经滑摩所传递的功率将变成热而耗散,即存在功率损失。而且由于滑摩传动比受发动机工况以及地面阻力的制约,是不确定的传动比,即由于发动机工况的改变或地面阻力的变化,i_{zm} 也将随之而改变,而且滑摩程度也是不能精确控制的,所以由 i_{zm} 所形成的转向半径是不确定的。

（2）精确转向与规定转向半径

所谓精确转向，即其转向半径是确定的，是不因发动机工况的变化或地面阻力的变化而变化的。精确转向的半径，通常称为规定转向半径。因此，规定转向半径是转向机构为单自由度工况下，履带车辆转向运动的半径，即是在 $i_z = i_{zq}$ 时的转向半径。如果车辆所采用的转向机构只有一个确定的传动比，那么只有在此传动比的操纵工况下，车辆实现规定转向半径的转向，此时无功率损耗。若实现其他半径的转向，就只有靠滑摩传动比 i_{zm} 来实现了。就是说，要实现其他半径的转向，都必须通过可操纵件的滑摩来产生（分离转向除外），因此要耗损大量发动机功率，而且机件也极易损坏。显然，履带车辆的转向机构应该具有较多的确定传动比，即具有较多的规定转向半径，这是提高履带车辆转向动力性能所要求的。

具有转向离合器式转向机构车辆，只有一个规定转向半径，在此半径下的转向是精确转向（即 $R = B/2$）。

2. 转向过程中的功率损耗

发动机传入传动装置的功率仅有一部分用来克服车辆的行驶阻力，其余用来克服：传动损失，包括转向机构中的损失；行动装置的阻力；履带与地面的滑移和滑转。

应当注意到，转向过程中的功率损耗是指转向行驶时由发动机到履带主动轮的功率损耗。也就是指传动系统的功率损耗。

如果履带车辆的传动系是由液力变矩器、提供确定传动比的传动部件以及转向机构组成，如图 13.49 所示。那么，车辆转向过程中的功率损耗由以下三部分组成，即变矩器功率损失、传动部件功率损失、转向机构功率损失。

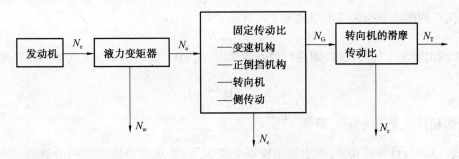

图 13.49　履带车辆功率流的说明

（1）变矩器的功率损失 N_w

变矩器的功率损失由变矩器的结构和工作点，即转速差或者变矩比来确定。三元件综合液力变矩器的效率特性如图 13.50 所示。

（2）传动部件的功率损失 N_c

传动部件的功率损失与所有的固定传动比和轴承有关，它包含轴承摩擦、轮齿滑摩以及搅油等功率损失。该损失的大小与传动的结构有关，特别是与啮合齿轮数、负荷、转速和工作温度有关。对于行星传动，其损失还要附加上两个中心轮（太阳齿轮、齿圈）的转速比的影响以

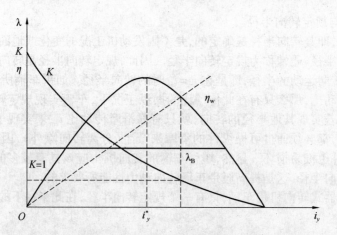

图 13.50　三元件液力变矩器特性曲线

及功率流的方向,还有相对转速比的影响。假定传动装置的损失恒定不变,在计算中也仅能给出一个近似准确的结果。

(3)转向机构的功率损失 N_z

转向机构的功率损失是指转向制动器和转向离合器的滑摩功转变为热量,而被耗散的那部分功率。

在大半径转向工况,主动轮上需要的总功率为

$$N_T = Wv_0\left(f + \frac{\mu\lambda}{2\rho}\right) \tag{13.38}$$

因此,转向机构的功率损失可近似地按下式计算,即

$$N_z = N_G - N_T \tag{13.39}$$

当按规定转向半径转向时,即进行精确转向时,$N_z = 0$。此时主动轮上需要的总功率即为

$$N_{Tg} = Wv_0\left(f + \frac{\mu_g\lambda}{2\rho_q}\right) \tag{13.40}$$

式中,ρ_q 为相对规定转向半径,即 $R_q = \frac{\rho_q B}{2}$。

按式(13.40)计算的功率,由于是该操纵 2 工况下,实现最小转向半径所需的功率,所以是该操纵工况下的最大功率。如果在同一操纵工况下,要增大转向半径,就必然出现功率损耗,即

$$N_z = Wv_0\left(f + \frac{\mu_g\lambda}{2\rho_q}\right) - Wv_0\left(f + \frac{\mu\lambda}{2\rho}\right) =$$

$$Wv_0\frac{\lambda}{2}\left(\frac{\mu_g}{\rho_q} - \frac{\mu}{\rho}\right) \tag{13.41}$$

可见,由于转向机构中可操纵元件的滑摩造成的转向功率损耗,只与 ρ_q 和 ρ 有关。显然,转向机构若能提供的规定转向半径越多,则转向过程的功率损耗就越小。如果是无级转向,即

有无穷多个规定转向半径,则可避免转向过程中由于可操纵件的滑摩所损耗的功率。

3. 转向效率

经过对转向过程功率损失的探讨可知,功率损失与发动机功率值大小有关。通常用效率值来描述。

(1)变矩器效率 η_w

$$\eta_w = \frac{N_a}{N_e}$$

三元件变矩器的效率如图 13.50 所示。

(2)传动效率 η_c

$$\eta_c = \frac{N_a - N_c}{N_a} \tag{13.42}$$

如无变矩器,则

$$N_a = N_e \tag{13.43}$$

(3)转向机构效率 η_z

$$\eta_z = \frac{N_T}{N_G} = \frac{N_T}{N_{Tg}} = \frac{f + \dfrac{\mu\lambda}{2\rho}}{f + \dfrac{\mu_g\lambda}{2\rho_g}} \tag{13.44}$$

(4)转向传动总效率 η

$$\eta = \frac{N_T}{N_e} = \eta_w \eta_c \eta_z \tag{13.45}$$

在后面讨论转向传动的总效率时,为了简单明了,假设变矩器的效率为 l,即 $N_a = N_e$。

4. 以相对转向半径表达的功率平衡

由式(13.44)可知,相对规定转向半径 ρ_q 直接影响了转向传动的效率和功率损失。当相对规定转向半径 $\rho_q = 1$ 和 $\rho_{q2} = 3$ 时,功率平衡关系如图 13.51 所示。

图中, $\rho = \rho_k = 500$ 的行驶状况,就相当于直线行驶, ρ_k 为履带自由转向的相对转向半径。在考虑到无滑移时,主动轮的功率为

$$N_T = N_\mu + N_f \tag{13.46}$$

式中, N_μ 为消耗于克服转向阻力的功率; N_f 为消耗于克服直线行驶阻力的功率。

由图 13.51 可以看出,较大的转向传动功率损失,基本上出现在 $\rho = 10 \sim 100$ 这样宽的转向范围内。因此,在经常行驶的转向范围里,总的效率是最低值。虽然在 $\rho > 50$ 范围里,转向阻力很小,但是特别是在 $\rho_q = 1$ 的情况下,转向功率损失却很大。所以,即使在良好道路上行驶,很小的方向修正时,同样要产生很大的转向功率损失。

图 13.52 是由图 13.51 导引出来的,由两图可以得出如下结论:

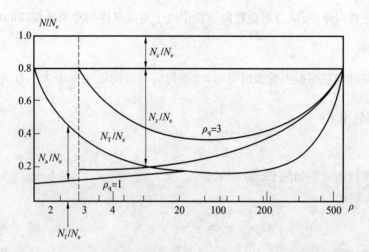

图 13.51 功率平衡图

①在给定的转向半径条件下，履带车辆转向效率随转向机构的规定转向半径的增大而增大。

②规定转向半径是确定操纵工况下，可实现的转向半径中的最小值，其大小由转向机构设定的传动比决定。

③具有多挡规定转向半径转向机构的履带车辆，其转向机动性就好，而且规定转向半径越多，转向机动性越好（转向功率损失越小）。因为这种车辆可以做到，从直线行驶到实现原地转向的宽广转向范围内，总可以选择最合适的（即最接近需要的）规定转向半径实现各种要求的转向行驶，从而使转向效率曲线呈图 13.52 所示的锯齿形。

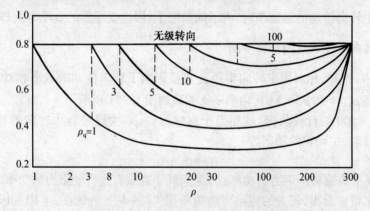

图 13.52 转向总效率随 ρ 的变化情况

④如果有无穷多个"锯齿"，则为无级转向。无级转向的任何转向半径都是规定转向半径，所以不存在转向机构的功率损失，转向机构的效率 η_z 为 1（图中为 0.8）。

13.8.3 独立式转向机构的转向功率分析

1. 离合器-制动器转向机构

离合器-制动器转向机构是履带车辆应用多年的老式的转向机构,它不能实现小于履带中心距之半的转向半径的转向。

此种转向机构实现转向的方式是:

在外侧履带保持直驶状态的前提下:

①分离内侧转向离合器,完全制动内侧制动器,实现 $R=B/2$ 的原地转向。

②分离内侧转向离合器但内侧制动器部分制动,实现大于 $B/2$ 的转向。

③内侧转向离合器分离,制动器也未制动,实现分离转向。此种转向方式,显然并无转向机构的功率损失,但转向半径随发动机工况不同以及地面阻力的不同而变化,故其不属精确转向。

④内侧离合器部分分离,制动器未制动,即内侧履带也产生牵引力,实现大于上述分离转向半径的转向。

由此可见,第一种转向方式是规定转向半径转向,即精确转向;第三种转向方式为分离转向,虽非精确转向,但无转向机构功率损失。其他的转向工况,都要伴随着转向机构功率损失,即转向离合器的滑摩或制动器的滑摩功率损失。

由于分离转向时,内侧动力输出被切断,没有动力输出,故 $P_1=0$。即

$$P_1 = \frac{Wf}{2} - \frac{\mu W\lambda}{4} = 0$$

则得

$$f = \frac{\mu\lambda}{2}$$

当 $f > \mu\lambda/2$ 时,$P_1 > 0$,内侧履带输出功率,P_1 为牵引力,即内侧转向离合器处于滑摩状态。当 $f < \mu\lambda/2$ 时,$P_1 < 0$,内侧履带被制动,P_1 为制动力,即内侧制动器处于滑摩状态。

因此,对此类结构的功率分析,可按上述两种状态分别进行。

① $f > \mu\lambda/2$,$P_1 > 0$

由于内侧转向离合器滑摩而造成转向机构的功率损失,可按下式计算,即

$$N_z = P_1(v_2 - v_1) \tag{13.47}$$

而

$$P_1 = \frac{W}{2}\left(f - \frac{\mu\lambda}{2}\right) = 0, \quad v_2 - v_1 = 2v_0/\rho$$

故有

$$N_z = \frac{Wv_0}{\rho}\left(f - \frac{\mu\lambda}{2}\right) \tag{13.48}$$

因此,为实现要求的转向,在锥齿轮输入端要求的功率为

$$N_G = N_T + N_z = Wv_0\left(f + \frac{\mu\lambda}{2\rho}\right) + \frac{Wv_0}{\rho}\left(f - \frac{\mu\lambda}{2}\right) = Wv_0f\left(1 + \frac{1}{\rho}\right) \tag{13.49}$$

若给定车辆,$\lambda = 1.5$,传动部件的效率 $\eta_c = 0.9$,$f = 0.05$,$\mu = 1.2$,$\rho_k = 500$,实现 $\rho = 450$ 的转向时,其功率分配情况如图 13.53 所示。

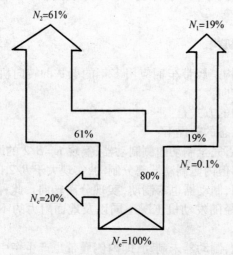

$N_2 = 61\%$　$N_1 = 19\%$

61%　19%

$N_z = 0.1\%$

80%

$N_c = 20\%$

$N_e = 100\%$

图 13.53　转向离合器滑摩时的功率流图

由图 13.53 可知,$N_2 \approx 61\% \times N_e$,$N_1 \approx 19\% \times N_e$,而 $N_z \approx 0.1\% \times N_e$。可见在此种转向状态下,修正方向的转向,转向机构功率损失是很小的。整个功率损失几乎全由前面定义的传动部件的功率损失来决定。

② $f \leqslant \mu\lambda/2$,$P_1 \leqslant 0$

此种转向工况是内侧转向制动器滑摩,在整个转向范围内,都是在内侧动力切断,即转向离合器分离情况下,发动机功率只能从外侧履带输出。

当内侧的转向制动器未制动时,即分离转向时,显然有,$N_1 = 0$,$N_z = 0$。

当内侧制动器完全制动时,转向机构的功率损失 $N_z = 0$。在锥齿轮输入端要求的功率即为外侧履带的功率,即

$$N_G = N_2 = \frac{Wv_0}{2}\left(f + \frac{\mu\lambda}{2}\right)\left(1 + \frac{1}{\rho}\right) \tag{13.50}$$

此时,即实现了 $\rho = 1$ 的精确转向。

若要实现 $\rho > 1$ 转向,则必须要靠内侧转向制动器部分制动来实现。如果要实现 $\rho = 30$ 的转向,其功率分配情况如图 13.54 所示。

由图 13.54 可见,此类转向机构,要实现 $\rho > 1$ 的转向,消耗于制动器滑摩的功率 N_z 是相当可观的。

由于离合器-制动器转向机构,在很大的转向范围上,转向机构的功率损失 N_z 都很大,总效率都低于 50%,所以对现代高速履带车辆,特别对战斗车辆来说,此种机构的使用受到很大限制。但其有一个很大的优点,就是结构简单。所以,至今仍作为一种选择的方案,尤其对大功率的车辆,且对转向机动性要求不很高时,可以采用。

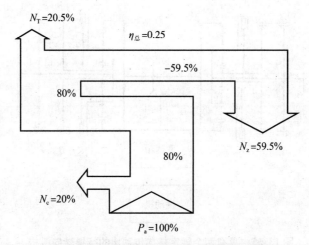

图 13.54 转向制动器滑摩时的功率流图

此种转向机构的另一个优点就是直线行驶的稳定性较好。

2. 行星转向机构

离合器-制动器转向机构在原理上,有其不足之处,其所有转向机构(包括行驶方向的调整转向)都使用相对规定转向半径 $\rho_g = 1$ 的操纵工况,因此几乎所有转向范围内的转向功率损失都较大。这就是只有一个规定转向半径的一级转向机构的缺陷。要改善转向机构的转向性能,减少转向过程中的功率损失,就要增加规定转向半径的数目。

行星转向机构可以实现两个规定转向半径,属二级转向机构,其性能比离合器-制动器转向机构有较大改善。

(1)行星转向机构运动学分析

行星转向机构的结构简图如图 13.55 所示。

图 13.55 中 K_1 为低速侧闭锁离合器;K_2 为高速侧闭锁离合器;B_{12} 为低速侧小制动器;B_{22} 为高速侧小制动器;B_{11} 为低速侧大制动器;B_{21} 为高速侧大制动器。可见,每侧转向机均有三个操纵元件,即大制动器、小制动器和闭锁离合器。图 13.55 所示为行星转向机构的基本模式,即从齿圈输入功率,从行星框架输出功率。

为研究行星转向机构的行驶力学特性,首先应知道行星排的基本原理。简单行星排有三个基本构件,即行星框架 j、太阳齿轮 t 和齿圈 q。三者之间的运动学关系如下

$$n_t + k n_q - (1+k) n_j = 0 \tag{13.51}$$

式中,n_t 为太阳齿轮的转速;n_q 为齿圈的转速;n_j 为框架的转速;k 为行星排参数,$k = Z_q / Z_t$。

式(13.51)称为行星排运动学基本方程式。

行星排三构件之间的力矩关系为

$$M_t : M_q : M_j = 1 : k : -(1+k) \tag{13.52}$$

式中,M_t 为太阳齿轮的扭矩;M_q 为齿圈的扭矩;M_j 为行星框架的扭矩。

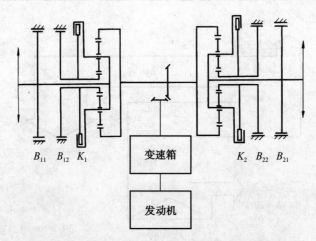

B_{11} B_{12} K_1 变速箱 K_2 B_{22} B_{21}

发动机

图 13.55 具有两个规定转向传动比的行星转向机构

由行星排运动学基本方程式可知,对图 13.55 所示转向机构当转向离合器 K 将框架与太阳齿轮闭锁时,机构即成整体旋转;当小制动器制动时,$n_t = 0$,主动轮将减速行驶;当大制动器制动时,该侧主动轮将被制动。

(2)行星转向机构可实现的转向方式

①K_2 结合,B_{22} 和 B_{21} 未制动;K_1 分离,B_{12} 未制动,B_{11} 制动。实现 $\rho_{q1} = 1$ 的规定转向半径的转向,ρ_{q1} 称为第一相对规定转向半径。为高速侧保持直线行驶速度的原地转向。

②K_2 结合,B_{22} 和 B_{21} 未制动;K_1 分离,B_{12} 制动,B_{11} 未制动。实现 $\rho_{q2} > 1$ 的规定转向半径的转向,ρ_{q2} 称为第二相对规定转向半径。高速侧仍保持直线行驶速度。ρ_{q2} 的大小取决于转向机构的结构。

③K_2 结合,B_{22},B_{21},K_1,B_{12},B_{11} 均分离。实现 $\rho = \rho_0$ 的分离转向。ρ_0 的大小取决于发动机工况和地面性质。高速侧保持直驶速度。

④高速侧控制状态不变,K_1 分离,B_{12} 部分制动,B_{11} 分离。实现 $\rho > \rho_{q2}$ 的过渡转向,$v_2 = v_0$。

⑤高速侧控制状态不变,K_1 分离,B_{12} 未制动,B_{11} 部分制动。实现 $\rho > \rho_{q2} = 1$ 的过渡转向,$v_2 = v_0$。

⑥K_2 分离,B_{22} 制动,B_{21} 未制动;K_1 分离,B_{12} 未制动,B_{11} 制动。实现 $\rho = \rho_{q1} = 1$ 的规定转向半径的转向。高速侧降速的原地转向,也叫加力原地转向。用于地面条件不良的情况下转向,$v_2 < v_0$。

⑦K_2 分离,B_{22} 制动,B_{21} 未制动;K_1 分离,B_{12},B_{11} 均未制动。实现 $\rho = \rho_0$ 的分离转向。ρ_0 的大小取决于发动机工况和地面性质,$v_2 < v_0$。

(3)行星转向机构的行驶力学特性

通过对行星转向机构转向方式分析可知,除 $\rho \geqslant \rho_{q2}$ 两种转向方式外,其余转向方式与离合器–制动器转向机构的转向方式基本相同,因而离合器–制动器转向机构的分析方法完全适用于这些转向方式。下面只对 $\rho \geqslant \rho_{q2}$ 这一转向范围进行探讨。

当 K_2 结合，B_{22} 和 B_{21} 未制动，而内侧 K_1 分离，B_{11} 未制动，B_{12} 完全制动时，车辆实现 $\rho=\rho_{q2}$ 的规定转向半径。因为此时转向机处于单自由度工况，$N_z=0$。

此种工况有

$$\rho=\rho_{q2}=\frac{v_2+v_1}{v_2-v_1}=\frac{n_2+n_1}{n_2-n_1}$$

而 $n_2=n_e/i_z$，$n_1=n_e/i_1$，所以

$$\rho=\rho_{q2}=\frac{1/i_2+1/i_1}{1/i_2-1/i_1}$$

式中，i_2 为外侧行星传动的传动比，当外侧闭锁离合器结合时，$i_2=1$；i_1 为内侧行星传动的传动比，当 B_{12} 完全制动时，$i_1=(1+k)/k$；k 为行星排参数。

所以，此转向范围的最小相对转向半径，即相对规定转向半径为

$$\rho=\rho_{q2}=1+2k \tag{13.53}$$

即 $R_{q2}=(1+2k)B/2$，通常称 R_{q2} 为第二规定转向半径。

通过内侧小制动器 B_{12} 的滑摩，即 B_{12} 实施部分制动，可以实现 $\rho>\rho_{q2}$ 的转向，此时转向机构的功率损失为

$$N_z=P_1(v_2/i_1-v_1) \tag{13.54}$$

式中，v_2/i_1 是 $\rho=\rho_{q2}$ 时的 v_1 值；但 $\rho>\rho_{q2}$ 时的 v_1 值增大，故在小制动器中产生速度差，即 v_2/i_1-v_1。只有 $\rho=\rho_{q2}$ 时，此速度差为零。将 P_1，v_2，v_1 的表达式代入式（13.54），并整理可得

$$N_z=\frac{Wv_0}{2\rho}\left(f-\frac{\mu\lambda}{2}\right)\left(\frac{\rho+1}{i_1}-\rho+1\right)=$$
$$\frac{Wv_0}{\rho}\left(f-\frac{\mu\lambda}{2}\right)\cdot H \tag{13.55}$$

式中

$$H=\frac{1}{2}\left(\frac{\rho+1}{i_1}-\rho+1\right)$$

当 $\rho=\rho_{q2}=1+2K$ 时，即按第二规定转向半径转向时，$K=0$，即 $N_z=0$。

由此可以确定给定转向工况锥齿轮输入端应提供的输入功率 N_G，即

$$N_G=N_T+N_z=Wv_0\left(f+\frac{\mu\lambda}{2\rho}\right)+\frac{H}{\rho}\left(f-\frac{\mu\lambda}{2}\right) \tag{13.56}$$

分析式（13.55），可以得出

$$N_z=\frac{Wv_0}{2}\left(f-\frac{\mu\lambda}{2}\right)\left(1-\frac{1}{\rho}\right)\left[\frac{\rho+1}{i_1(\rho-1)}-1\right]=N_1\left[\frac{\rho+1}{i_1(\rho-1)}-1\right] \tag{13.57}$$

当 $\rho>\rho_{q2}$ 时，式（13.57）中的方括号其绝对值小于 1。可见，小制动器滑摩消耗的转向功率是低速履带回流功率 N_1 的一部分，而另一部分则作为循环功率又回传给高速履带了，即

$$N_s=N_1\left(\frac{\rho+1}{\rho-1}-1\right)=N_1\cdot\frac{\rho+1}{\rho-1}\cdot\frac{\rho_{q2}-1}{\rho_{q2}+1} \tag{13.58}$$

$\rho>\rho_{q2}$ 工况的功率流图如图 13.56 所示。

综上所述，关于行星转向机构的转向行驶力学特性可以概括为以下结论，即：

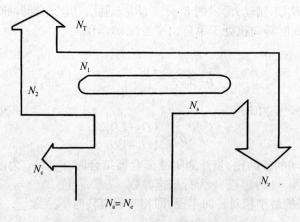

图 13.56 $\rho>\rho_{q2}$工况的功率流图

①具有两个规定转向半径,与离合器-制动器转向机构相比,提高了转向灵活性和发动机的功率利用水平;

②在 $R>R_{q2}$ 的转向范围,高速侧和低速侧转向机构之间有循环功率产生。它当然也是发动机输出功率的一部分,但当其形成循环功率后,却可反过来帮助发动机承担部分功率需求;

③循环功率 N_s 的大小,除转向条件外,还取决于行星转向机构的结构参数;

④在其他条件相同的情况下,由于第二规定转向半径是在大制动器 B_{11} 由滑摩而变成分开,同时小制动器 B_{12} 完全制动条件下实现的,因此 R_{q2} 的数值选择具有实际使用意义。由于 $R_{q2}=(1+2k)\cdot B/2$,实际上就是 k 值选择,必须充分权衡各种考虑,使实现 R_{q2} 时,能得到较大的 N_s,而且在 $R>R_{q2}$ 时 N_z 又较小;

⑤行星转向机构具有良好的直线行驶稳定性,因为在两侧履带之间没有差速元件,所以当两侧履带受到不同行驶阻力作用时,也不会出现速度调整。而且只要动力输出不中断,则这种直线行驶的稳定性就不会改变;

⑥如果设法使行星转向机构中的太阳齿轮和发动机建立启动力联系,形成一路功率输出的分支,就可以构成双功率流的转向机构。所以行星转向机是双流转向机构的基础;

⑦行星转向机构太阳齿轮制动是一级减速机构,所以两侧转向机构同时制动太阳齿轮就构成车辆的一级加力挡。前苏联坦克首先利用了行星转向机构的这一性能。

另外,与固定轴线式传动相比,行星转向机构结构紧凑也是一个较突出的优点。同时行星传动的动力传递是通过若干个啮合点完成的,因此传动效率较高。

3. 双侧变速箱转向机构

在现代行星传动和液压操纵技术基础上,国外某主战坦克采用了双侧变速箱的传动系统。这种传动系统把主离合器的功能以及变速、转向和制动的功能全由侧变速箱来实现,因此收到了总体布置和外形尺寸等性能上的好处。

（1）双侧变速箱转向机构简图

转向机构简图如图 13.57 所示。

侧变速箱为三自由度行星机构，采用手动液压操纵变速，而转向则是一侧保持直线行驶状况不变，使另一侧降一挡来实现。

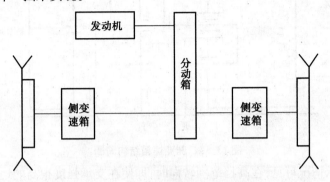

图 13.57 双侧变速箱转向机构简图

每个侧变速箱有七个前进挡，一个倒挡。直线行驶时，双侧变速箱保持相同的挡次。当车辆以 Ⅱ—Ⅶ挡行驶时，可通过一侧变速箱降低一挡实现转向。当车辆以Ⅰ挡或倒挡行驶时，可通过制动一侧履带实现原地转向。

表 13.5 中 i_b 为各挡传动比，v 为各挡时速，R 为各挡转向半径。表中的数据引自《世界装甲战斗车辆大全》。关于各挡转向半径的数据，显然是测试值，比由转向传动比所确定的半径值要大一些。

表 13.5 双侧变速箱运动参数

	Ⅰ	Ⅱ	Ⅲ	Ⅳ	Ⅴ	Ⅵ	Ⅶ	倒
i_b	8.173	4.4	3.485	2.787	2.027	1.467	1	14.35
v	7.32	13.59	18.16	21.47	29.51	40.81	60	4.18
R	2.97	6.04	13.42	13.93	10.23	10.1	8.76	2.79

（2）侧变速箱传动系统转向特性

由于履带车辆是通过两侧履带的速度差实现转向的，而且转向半径的大小是由两侧履带的速度比所决定的。但是变速箱的传动比是依据充分利用发动机功率的原则，通常是用等比级数法划分的。所以，采用双侧变速箱以降一挡方式实施转向，就不可能满足高挡转向半径大的要求。由于高挡所确定的规定转向半径很小，为了避免转向时出现倾覆或不稳定状况，只有采取滑摩转向。侧变速箱结构图如图 13.58 所示。

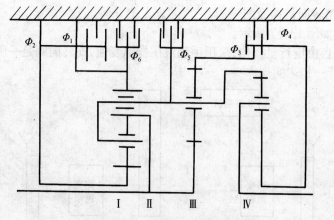

图13.58　侧变速箱结构简图

由表13.6所示情况可见,在高挡范围转向时,即使在支承强度很高的地面上,也必然产生严重的侧滑,甚至产生倾翻。

表13.6　双侧变速箱转向运动学参数

排挡配伍		v_i+1/v_i	$v_0=\dfrac{v_i+1+v_i}{2}$	ρ_q	R_q 取 $B=3m$	$v=\sqrt{\mu g R}$ $\mu=1.0$	最小安全半径/m $R_a=\dfrac{v_c^2}{\mu g}$
高侧	低侧						
Ⅶ	Ⅵ	1.47	50.14	5.25	7.88	8.78	259
Ⅵ	Ⅴ	1.38	35.16	6.22	9.33	9.57	126
Ⅳ	Ⅲ	1.25	19.31	8.96	13.44	11.48	38
Ⅲ	Ⅱ	1.26	15.37	8.61	12.91	11.26	24.1
Ⅱ	Ⅰ	1.86	10.45	3.34	5.01	7.01	11.13

表13.7中 v 为以各挡规定半径转向时,不发生侧滑的临界车速,而 v_0 为各排挡配伍时的车辆重心处的速度。R_a 为转向时不发生侧滑的最小转向半径,即安全的临界半径,R_q 为各转向工况的规定转向半径。

因此可以说,该车辆在给定的转向条件下,是不能实现正常规定半径转向的,即使在低挡范围,转向也将产生很大的侧滑。

表13.7　车辆发生侧滑的临界参数

	Ⅶ—Ⅵ	Ⅵ—Ⅴ	Ⅴ—Ⅳ	Ⅳ—Ⅲ	Ⅲ—Ⅱ	Ⅱ—Ⅰ
v/v_0	17%	27%	38%	59%	73%	67%
$R_a=R_q$	33	13.5	20.89	2.83	1.86	2.22

（3）转向功率分析

双侧变速箱传动系统转向时,拉动一侧操纵杆,通过液压分配机构使原挡离合器分离。如果操纵杆停止不动即实现分离转向,继续拉操纵杆,直至拉到底,则相邻低挡离合器结合,于是可实现规定半径转向。由此可见,有几种不同的转向操纵工况,相应地有几种不同大小的转向半径。转向操纵工况见表 13.8。

表 13.8 双侧变速箱的操纵工况

Φ_i	Φ_{i+1}	R	N_2
半分	分	$>R_\text{分}$	>0
分	分	$R_\text{分}$	$=0$
分	半合	$<R_\text{分}$	>0
分	合	R_q	$=0$

所以,双侧变速箱降一挡转向,在一般情况下,尤其在高挡范围很难实现精确转向,只有采用分离转向或通过离合器滑摩的过渡转向来调整行驶方向。而高频率地使用过渡转向(通过离合器的滑摩),势必造成较大的转向功率损失。

13.8.4 差速式转向机构转向功率分析

1. 单差速器转向机构

单差速器转向机构属于老式转向机构,其传动简图如图 13.59 所示。转向时,在履带上产生不同的转速,其中转向内侧的履带被制动。

按照差速原理,相对于输入传动框架的转速差值,以相反的方向加到另一侧履带上。

这种转向机构的结构简单,但其在行驶力学方面的缺点,使其不能作为履带车辆的转向机构。显而易见,这样简单的结构方案,在机动性方面不能满足要求。

直线行驶时,两侧履带出现不同的行驶阻力,在两侧输出半轴之间总是自动地出现转速差。这也可以由于不同行动装置阻力而产生,例如,由于不同的履带张紧力而引起。当两支履带在不同的地面上行驶时,这种转速差就更明显了。结果是难于保持车辆直线行驶的稳定性,或者说,总是向阻力大的一侧偏驶,车辆只有用反向操纵才能稳定住。

当用转向杆平行地拉动制动器使车辆制动时,这种偏驶特

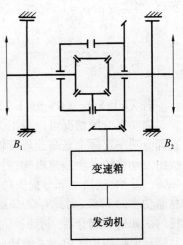

图 13.59 单差速器转向机构的传动简图

性尤其严重。

当然,从原理上讲,单差速机构能用做转向机构,即在两侧输出半轴之间安装一个能自动起作用的差速元件。

当车辆直线行驶时,两侧输出半轴和差速器壳体具有相同转速,即呈整体转动,即

$$n_1 = n_2 = n_0$$

当车辆转向时,即通过控制一侧的制动器,使该侧输出半轴降速,则另一侧输出半轴就增速,且增速值与减速值相等,即

$$n_2 = n_0 + \Delta n$$
$$n_1 = n_0 - \Delta n$$

故有

$$n_1 + n_2 = 2n_0$$

当一侧输出半轴完全制动时,$n_1 = 0$,$n_2 = 2n_0$。此时实现单差速器转向机构的最小转向半径,即为规定转向半径,$\rho_g = 1$。而 $\rho > 1$ 的转向都是伴随转向功率损失,即由制动器的滑摩来实现的。转向机构的功率损失 N_z 为

$$N_z = N_G - N_T$$

N_T 为转向条件所要求的总功率,即

$$N_T = Wv_0 \left(f + \frac{\mu\lambda}{2\rho} \right)$$

当 $\rho = \rho_g = 1$ 时,由于 $N_z = 0$,故有

$$N_G = N_{Tg} = Wv_0 \left(f + \frac{\mu_g\lambda}{2\rho_g} \right)$$

所以,当实现 $\rho > \rho_g = 1$ 转向时,转向机构的功率损失 N_z 为

$$N_z = N_G - N_T = Wv_0 \left(f + \frac{\mu_g\lambda}{2\rho_g} \right) - Wv_0 \left(f + \frac{\mu\lambda}{2\rho} \right) =$$

$$Wv_0 \cdot \frac{\lambda}{2} \left(\frac{\mu_g}{\rho_g} - \frac{\mu}{\rho} \right)$$

若 $\lambda = 1.5$,$f = 0.05$,$\mu = 1.2$,$\rho = 30$ 转向时,其功率分配情况如图13.60所示。

由功率分配情况可以看出,转向功率损失由两部分组成,其一是由低速履带回传的功率,这部分功率实际上是高速履带输出功率的一部分,大约占总输出功率的31%,另一部分是直接由发动机传递至差速机构,并由制动器滑摩而变成热耗散了的功率,大约是总输出功率的46%。显然,这后一部分损失功率是离合器-制动器机构所不可能有的。转向功率损失竟占总输功率的77%,而只有20%的输出功率是用于克服车辆运动阻力,转向效率之低是不容忽视的。如果和离合器-制动器机构相比,转向功率损失大约占18%。因此可以说,离合器-制动器转向机构较之单差速器转向机构具有明显的优越性。

2. 双重差速器转向机构

双重差速器转向机构是为消除单差速器的致命弱点,在1916年由美国人 White 发明的。

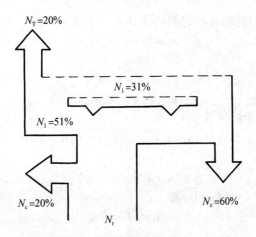

图 13.60　$\rho > \rho_q = 1$ 制动器滑摩时的功率流

如图 13.61 所示。这种转向机构称为"Cletrac"机构。其通过控制一侧机构的制动器 B_{11} 或 B_{12}，得以实现两个规定转向传动比，即得到两个规定转向半径。

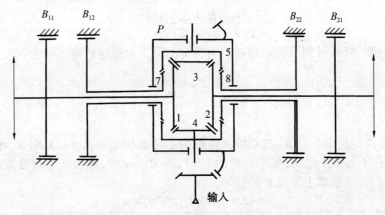

图 13.61　双重差速器转向机构(锥齿轮)

当两侧制动器全部松开时，双重差速机构整体旋转，即无差速作用，车辆实现直线行驶。当 B_{11} 完全制动时，车辆即可实现 $\rho = \rho_g = 1$ 的规定转向半径的转向。当 B_{11} 制动时，则由于

$$\frac{n_1 - n_0}{n_3 - n_0} = \frac{r_3}{r_1} \cdot \frac{r_7}{r_5}$$

式中，n_1 为低速半轴齿轮(节圆半径为 r_1)的转速；n_0 为差速器壳体的转速；n_3 为制动齿轮(节圆半径为 r_7)的转速；r_3 和 r_5 为两个周转锥齿轮的节圆半径。

若令

$$i_0 = \frac{r_3}{r_1} \cdot \frac{r_7}{r_5}$$

则 i_0 即为低速半轴齿轮与制动齿轮之间的传动比。于是可导出

$$n_1 = (1-i_0)n_0 + i_0 n_3$$

而由差速机构的性质有

$$n_1 + n_2 = 2n_0$$

所以

$$n_2 = (1+i_0)n_0 - i_0 n_3$$

式中, n_2 为高速侧半轴齿轮的转速。

显然

$$n_1 - n_2 + i_0(n_1 + n_2) = 2i_0 n_3$$

制动鼓的转速 n_3 为

$$n_3 = [n_1 - n_2 + i_0(n_1 + n_2)]/2i_0$$

当制动器 B_{12} 完全制动时, $n_3 = 0$,则

$$n_1 = (1-i_0)n_0$$
$$n_2 = (1+i_0)n_0$$

所以,有

$$\frac{v_2}{v_1} = \frac{n_2}{n_1} = \frac{1+i_0}{1-i_0}$$

由转向速度平面图的几何关系

$$\frac{v_2}{v_1} = \frac{R+B/2}{R-B/2} = \frac{\rho+1}{\rho-1}$$

所以当 B_{12} 完全制动时,得到双重差速器转向机构的第二个规定转向半径为

$$\rho = \rho_{q2} = \frac{1}{i_0}$$

即

$$R_{q2} = \frac{B}{2i_0}$$

可见,第二规定转向半径 R_{q2} 与双重差速机构的传动比 i_0 有关。i_0 大则 R_{q2} 小,见表 13.9。通常 i_0 的大小在 1 和 1/4 之间,如果机构的 $i_0 = 1$,则 $R_{q2} = B/2$,那么这个双重差速器与简单差速器等同。它们在运动学上是没有差别的。

表 13.9 i_0 与 R_{q2} 之间的关系

i_0	1	1/4	1/3	1/2	1/5
R_{q2}	$B/2$	$2B$	$1.5B$	B	$2.5B$

如果机构的结构确定了,则 i_0 值就是确定的,因此第二规定转向半径也就被确定了。

美军的 M113 装甲运兵车的转向机构就是这种双重差速机构,其 $i_0 = 0.28$。由此可见,M113 的规定转向半径 $R_{q2} = 1.786$, $B = 4m$。其相对规定转向半径 $\rho_{q2} = 3.57$。

此种转向机构, $\rho > \rho_g$ 的转向是靠制动器 B_{12} 滑摩实现的。因此存在转向机构功率损失即

$$N_z = M_T \cdot \omega T$$

分析 $\rho_{q2} < \rho < \rho_0$ 范围转向时机构的受力情况,如图 13.62 所示。可见,有

$$M_K = M_2 - M_1 + M_T$$
$$T \cdot r_5 = (T_2 + T_1)r_3$$

式中,M_K 为差速器壳体传递的扭矩;M_2,M_1 为来自高速履带的阻力矩和来自低速履带的输入力矩;M_T 为制动器 B_{12} 的制动力矩。

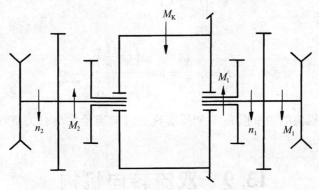

图 13.62 $\rho_{q2} < \rho < \rho_0$ 转向时的受力情况

$$T = \frac{M_T}{r_7}, \quad T_2 = \frac{M_2}{r_1}, \quad T_1 = \frac{M_1}{r_1}$$

将上式代入,有

$$M_T = (M_1 + M_2) \frac{r_3 r_7}{r_1 r_5} (M_1 + M_2) \cdot i_0 = (P_2 + P_1) \frac{r_z}{i_c} \cdot i_0$$

式中,r_z 为主动轮半径;i_c 为差速器至主动轮的传动比,即侧传动的传动比。

于是此种转向工况,双重差速转向机构的功率损失为

$$N_z = M_T \cdot \omega_3 = (M_2 + M_1) i_0 \cdot \left[\omega_1 - \omega_2 + i_0 (\omega_1 + \omega_2) \right] \cdot \frac{1}{2i_0}$$

由于

$$\omega_1 - \omega_2 = \omega_0 \left[1 - \frac{1}{\rho} - \omega_0 \left(1 + \frac{1}{\rho} \right) \right] = -\frac{2\omega_0}{\rho}$$

$$\omega_1 + \omega_2 = 2\omega_0$$

此转向范围,P_1 为制动力,即 $P_1 < 0$,所以有

$$P_1 = \frac{W}{2} \left(-f + \frac{\mu\lambda}{2} \right)$$

故有

$$N_z = \frac{(P_1 + P_2) \frac{r_z}{i_c} \cdot \left(-\frac{2\omega_0}{\rho} + 2i_0\omega_0 \right)}{2i_0} \cdot i_0 =$$

$$\frac{\frac{\mu W \lambda}{2} \cdot \frac{r_z}{i_c} \left(-\frac{2\omega_0}{\rho} + 2i_0\omega_0 \right)}{2} =$$

$$W v_0 \cdot \frac{\mu\lambda}{2} \left(i_0 - \frac{1}{\rho} \right)$$

由以上各式可确定转向所需输入功率,即

$$N_G = M_K \cdot \omega_0 = (M_2 - M_1 + M_T)\omega_0 =$$

$$Wv_0\left(f + \frac{\mu\lambda}{2}i_0\right)$$

转向机构的效率为

$$\eta_z = 1 - \frac{N_z}{N_G} = 1 - \frac{\mu i\left(i_0 - \dfrac{1}{\rho}\right)}{2\left(f + \dfrac{\mu\lambda i_0}{2}\right)}$$

可以看出,转向机构的功率损失 N_z 和所实现的转向半径大小有关,转向半径越小则转向机构的功率损失越大。

13.9　双流转向机构

13.9.1　双流转向机构的工作原理

1. 双流转向机构的功率传递特性

双流转向机构由于其转向性能的优越性,被现代履带车辆广泛采用。前面介绍的几种典型转向机构,其功率流状况基本相同(见图 13.63)。

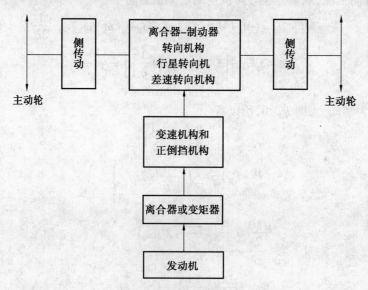

图 13.63　单流传动转向简图

由于履带车辆的转向是通过两侧履带的速度差实现的,而且两侧履带速度的比值决定了车辆转向半径的大小,由图 13.62 可见,前面介绍的几种典型转向机构,由于变速机构和转向机构在发动机的功率传递路线中是串联的,即为单流传动,规定转向半径与变速机构的排挡无关,只有一个或两个规定转向半径,绝大部分转向运动都是用非规定转向半径转向。因此转向时,由于转向机构的滑摩消耗功率较大,这是采用单功率流转向机构履带车辆的一个突出缺点。

特别是由于履带式战斗车辆车重的不断增加,单流传动机构就更不能满足转向灵活性的要求了。

为了适应履带式战斗车辆发展的需要,人们在二级行星转向机构的基础上,开创了一种新型的转向机构——双流转向机构,其功率流如图 13.64 所示。发动机功率在传递过程中分为两路:一路为转向分路,一路为变速分路。

转向分路的功率由 A 路或 B 路流入转向机构,而后功率由转向机构再通过两条路线 C 和 D,导入汇流排。变速分路的功率也流入汇流排,然后,两侧汇流排分别将转向分路和变速分路的功率汇流后输出给侧传动。

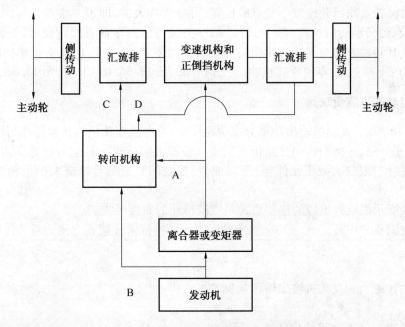

图 13.64 双流传动转向功率流简图

2. 双流转向机构的发展

双流转向机构的出现,可追溯到法国 1939—1940 年的 Somua 和 B_2,德国 1942—1943 年的豹式坦克和 1942 年的虎型坦克。

　　该机构是二级行星转向机构演变而成的双流转向机构。在双流转向机构中,离合器 K_1 和 K_2 的功能不再是行星排的闭锁器,而成为从发动机获得一路辅助输入传动的结合器。

　　转向时,一侧转向机构保持直线行驶状态不变,而另一侧的离合器 K_1 结合,B_{11} 和 B_{12} 松开。此时,发动机的功率分两路传出,一路经变速机构传至该侧行星排的齿圈,另一路经零轴传到行星排的太阳齿轮,并造成太阳齿轮和周转齿轮有相反的旋转方向,形成两侧履带的转速差,实现车辆转向行驶。

　　可见,两个行星排是双流转向机构的重要组成部件,通常称为汇流行星排。作为转向机构中的汇流行星排,选择不同的输入输出件,可以有很多种组合的传动形式。但是,这种汇流行星排的传动形式是现代双流传动所采用的基本形式,或称为基本模式。直线行驶时,汇流行星排的周转齿轮是功率输入件,太阳齿轮为制动件(即 B_{11} 和 B_{22} 制动),而行星框架则是功率输出件。转向时,太阳齿轮(低速侧)则变成功率的附加输入件(K_1 结合、B_{12} 放松),即低速侧太阳齿轮变为转向分路功率输入件。

3. 双流传动的运动学分类

　　按转向时保持直线行驶速度不变点的位置,可分为两大类,即第一类双流转向机构(差速式)和第二类双流传动转向机构(独立式)。每一类又可依据车辆直线行驶时,汇流行星排太阳齿轮制动或其转动方向与周转齿轮相同、相反,分为零差速(零独立)、正差速(正独立)、负差速(负独立)、正独立式、零独立式机构(见图 13.65、图 13.66、图 13.67、图 13.68、图13.69)。

4. 双流传动的双流传动比

　　如图 13.70 所示,发动机输出功率分成两路传出,一路经变速机构传至汇流行星排的周转齿轮,此即变速分路,一路经转向分路传至汇流行星排太阳齿轮。转向分路通常由齿轮、零轴以及可控元件(变挡机构,液压元件等)等组成,可控制两侧汇流行星排太阳齿轮的转速和转动方向。

　　图 13.70 所示汇流行星排的连接形式是双流传动的典型形式。

　　若定义发动机输出转速 n_e 与功率输出件汇流行星排框架转速 n_j 之比为双流传动比 i_{sh},即

$$i_{sh} = \frac{n_e}{n_j}$$

由于太阳齿轮转速 n_t 和发动机输出转速 n_e 间有

$$n_t = i_z^{-1} n_e$$

而周转齿轮转速 n_q 和发动机输出转速 n_e 间有

$$n_q = i_b^{-1} n_e$$

$$n_j = \frac{i_b + i_z}{(1+k) i_b i_z} n_e$$

式中,i_b 为变速分路的传动比;i_z 为转向分路的传动比。

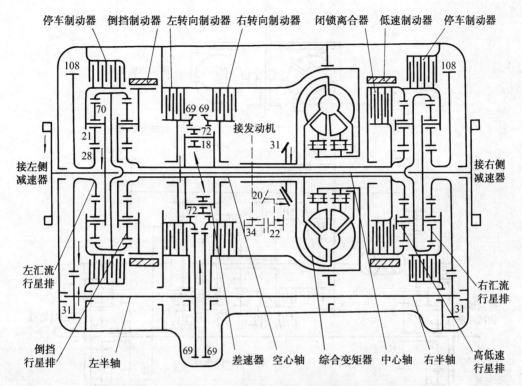

停车制动器　倒挡制动器　左转向制动器　右转向制动器　闭锁离合器　低速制动器　停车制动器

108　　　　　　　　　　　　　　　　　　　　　　　　　　　108

70

21　69 69

28　72

18　接发动机

接左侧减速器　　　　　　　　　　31　　　　接右侧减速器

72　20

34　22

左汇流行星排　　　　　　　　　　　　　　　　右汇流行星排

31　　　　　　　　　　　　　　　　　　　　　31

倒挡行星排　　左半轴　69　69　差速器　空心轴　综合变矩器　中心轴　右半轴　高低速行星排

图 13.65　M46 坦克 CD850-4 双流传动装置(正差速式)

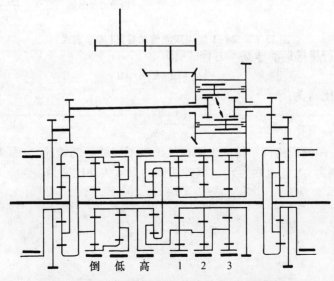

倒　低　高　　1　2　3

图 13.66　奇伏坦克双流传动装置(负差速式)

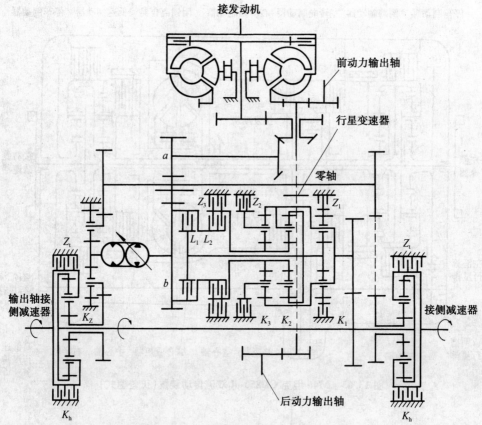

接发动机

前动力输出轴

行星变速器

a

零轴

Z_3　　Z_2　　Z_1

Z_t

L_1　L_2

Z_t

输出轴接
侧减速器

b

接侧减速器

K_z

K_3　K_2　　K_1

K_h

后动力输出轴

K_h

图 13.67　M-1 坦克双流传动装置(零差速式)

将其代入汇流行星排运动学基本方程式,即

$$n_t + k n_q - (1+k) n_j = 0$$

则可导出双流传动比 i_{sh} 为

$$i_{sh} = \frac{(1+k) i_z i_b}{i_b + k i_z}$$

当车辆转向时,两侧汇流行星排的太阳齿轮出现不同的运动状况,也即两侧有不同的转向分路传动比,高速侧为 i_{z2},低速侧为 i_{z1}。因此两侧的双流传动比变为

$$i_{sh2} = \frac{(1+k) i_{z2} i_b}{i_b + k i_{z2}}$$

$$i_{sh1} = \frac{(1+k) i_{z1} i_b}{i_b + k i_{z1}}$$

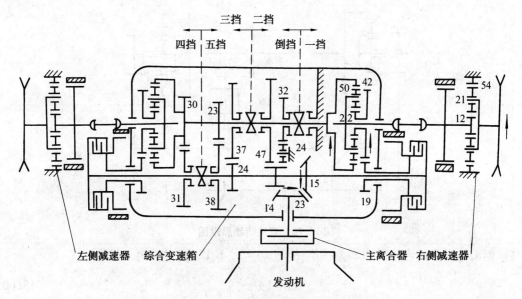

图 13.68 ATЛ–牵引车双流装置(正独立式)

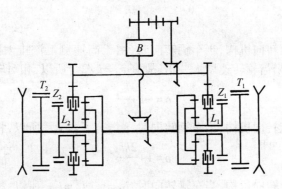

图 13.69 T–V 坦克双流传动装置(零独立式)

5. 双流传动的转向半径

由相对转向半径与两侧履带速度 v_2 和 v_1 间的关系,可以很容易地导出相对转向半径与两侧双流传动比间的关系。

$$\rho = \frac{v_2+v_1}{v_2-v_1} = \frac{n_{j2}+n_{j1}}{n_{j2}-n_{j1}} = \frac{i_{sh2}+i_{sh1}}{i_{sh1}-i_{sh2}} =$$

$$\frac{i_{z1}+i_{z2}}{i_{z1}-i_{z2}} + \frac{2ki_{z1}i_{z2}}{i_b(i_{z1}-i_{z2})} \tag{13.59}$$

对于正差速式双流转向机构,当车辆转向时,由于低速侧汇流排太阳齿轮制动,故 $i_{z1}=\infty$;

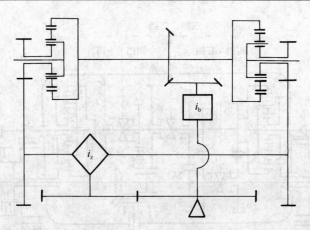

图 13.70 双流传动原理图

而高速侧汇流排太阳齿轮转速增大一倍,故 $i_{z1}=i_z/2$。所以,相对转向半径为

$$\rho=1+\frac{ki_z}{i_b} \tag{13.60}$$

对于零差速式双流转向机构,当车辆转向时,有 $i_{z1}=-i_{z2}=i_z$。所以,相对转向半径为

$$\rho=\frac{ki_z}{i_b} \tag{13.61}$$

对于负差速式双流转向机构,当车辆转向时,由于高速侧汇流排太阳齿轮制动,故有 $i_{z2}=\infty$;而低速侧汇流排太阳齿轮转速增大一倍,故有 $i_{z1}=i_z/2$。所以,相对转向半径为

$$\rho=-1+\frac{ki_z}{i_b} \tag{13.62}$$

对于正独立式双流转向机构,当车辆转向时,$i_{z1}=\infty$,$i_{z2}=i_z$。所以,相对转向半径为

$$\rho=1+\frac{2ki_z}{i_b} \tag{13.63}$$

对于零独立式双流转向机构,当车辆转向时,$i_{z2}=\infty$,$i_{z1}=i_z$。所以,相对转向半径为

$$\rho=-1+\frac{2ki_z}{i_b} \tag{13.64}$$

6. 中心转向

中心转向也称原位转向,即在车辆转向过程中,一条履带向前运动,而另一条履带向后运动,实现相对转向半径 $\rho=0$ 的转向。中心转向是现有双流转向机构当变速机构处于空挡状态时,所能得到的转向性能。而一般单流转向系统不能实现中心转向。从而可以看出,实现中心转向的两个必要条件是:一是转向机构为双流传动;二是变速分路必须挂空挡。

对于差速式双流转向机构,当两侧汇流行星排的周转齿轮不转时,只有转向分路传递动力,并使两侧太阳齿轮以大小相同、方向相反的转速转动,实现中心转向。

对于独立式双流转向机构,当变速机构处于空挡状态,并制动一侧的太阳齿轮。另一侧太阳轮则得到转向分路的功率输入,使该侧行星框架向前转动,并且使该侧的周转齿轮向后转动,被联动的另一侧(太阳齿轮制动一侧)向后转动的周转齿轮使行星架向后转动。从而实现了两条履带以大小相等而方向相反的速度运动,得到了 $\rho = 0$ 的中心转向。

13.9.2 双流转向机构的精确转向

双流转向机构又可依据拥有规定转向半径的数目,分为单半径、双半径、三半径以至无穷多个规定转向半径的双流传动。如果转向分路只有一个固定传动比,则此双流转向机构即为单半径双流转向机构。由式(13.59)可知,相对转向半径 ρ 与 i_{z1},i_{z2} 和 i_b 有关,如果 i_{z1} 和 i_{z2} 为固定传动比,则变速分路各挡的传动比将影响 ρ 的大小。经分析,不难得出这样的结论:各类双流转向机构可以获得的规定转向半径的总数目,可以由变速分路的挡位数目和转向分路固定传动比的数目之乘积来确定。

即
$$n_{\mathrm{G}} = m_{\mathrm{b}} K_z \qquad\qquad (13.65)$$

式中,n_{G} 为双流转向机构可实现的规定转向半径的总数目;m_{b} 为变速分路的挡位数目(各挡 i_{b} 不同);K_z 为转向分路固定传动比的数目。

如 $K_z = 1$,即单半径双流转向机构,若 $m_{\mathrm{b}} = 5$,则规定转向半径数目 n_{G} 为 5。若为双半径双流转向机构,$K_z = 2$,若 $m_{\mathrm{b}} = 5$,则规定转向半径数目 n_{G} 为 10。若 K_z 为无穷多个,则此双流转向机构,每个排挡都对应有无穷多个规定转向半径,即为无级转向,显然,无级双流转向机构是最理想的转向机构。

1. 单半径双流转向机构

单半径双流转向机构最早应用于法国,到了 1942 年,德国的豹式坦克也采用了此种转向机构。第二次世界大战以后,美国的 M46 坦克也采用了单半径双流转向机构。如图 13.71 所示为单半径双流转向机构简图。

图 13.71 中,在不变的驱动转速下,借助结合离合器 K_1 或 K_2,在汇流排的太阳齿轮上产生一个由各中间齿轮的传动比确定的转速。因此,在变速机构的每个挡位,都对应一个规定转向半径。通过离合器的打滑,使两侧的速差可以逐渐降低到零,而使转向半径逐渐增大,直到车辆直线行驶。

在直线行驶时,汇流排中的太阳齿轮经转向零轴和中间齿轮 Z_1 互相锁住。当然,两侧履带行驶阻力不同的条件下,在主动轮上可以产生一个独立的转速平衡,从而产生转向运动。只有另外再操纵辅助制动器 B_0,使汇流行星排的太阳齿轮固定住,才能获得直线行驶的稳定性。

2. 双半径双流转向机构

该转向机构如图 13.72 所示。多半径双流转向机构中,规定转向半径的数目与转向分路固定传动比的数目成正比。当然,规定转向半径越多,转向的机动性越好。而且在规定转向半

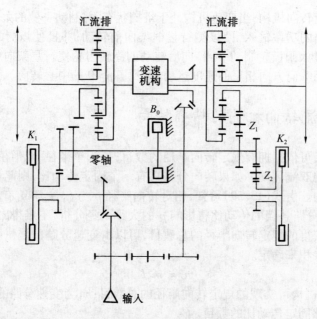

图 13.71　单半径双流转向机构

径下转向,转向机构的功率损失为零。因此,多半径双流转向机构比单半径双流转向机构的转向性能要好。但是,由于多半径双流转向机构制造费用的原因,实际中应用最广的是双半径双流转向机构,三半径转向机构到目前为止应用尚少。

　　图 13.72 所示的双半径双流转向机构,直线行驶时,K_{01} 和 K_{02} 两个离合器分离,另两个离合器 K_1 和 K_2 结合,则由于中间齿轮 Z_2 和 Z_1 的关系使转向零轴与两侧汇流行星排的太阳齿轮都被锁住,特别是由于离合器 K_1 和 K_2 的作用,可以确保车辆直线行驶的稳定性。

　　当车辆转向时,使离合器 K_{01} 和 K_{02} 结合,致使两侧汇流行星排太阳齿轮产生反向差速作用,实现了车辆的转向。由于离合器 K_{01} 和 K_{02} 使转向分路构成了两个固定传动比,因此变速分路的每个排挡对应两个规定转向传动比,即对应两个规定转向半径。

　　当结合 K_{02} 和 K_2 时,转向分路传动比为 i_{z2},而变速分路传动比为 i_b,则外侧汇流行星排框架的转动角速度为

$$\omega_{j2} = \frac{\omega_e}{1+K}\left(\frac{k}{i_b} + \frac{k}{i_{z2}}\right)$$

而内侧汇流行星排框架角速度为

$$\omega_{j1} = \frac{\omega_e}{1+k}\left(\frac{k}{i_b} - \frac{k}{i_{z2}}\right)$$

所以,相对转向半径为

$$\rho = \frac{ki_{z2}}{i_b} \tag{13.66}$$

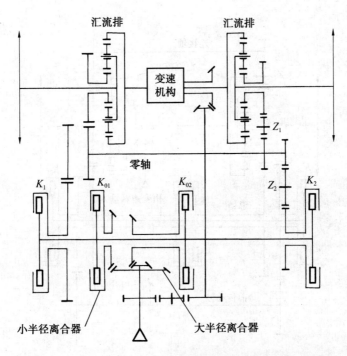

图 13.72 双半径双流转向机构

当结合 K_{01} 和 K_1 时,可有

$$\rho = \frac{k i_{z1}}{i_b} \tag{13.67}$$

当车辆需要规定转向半径以外的其他转向半径时,即可通过离合器 K_1 和 K_2 的打滑,也可通过离合器 K_{01} 或 K_{02} 的打滑来实现。只是这种过渡转向将使转向机构产生功率损失 K_z。

1942 年德国设计的虎型坦克上,采用了双半径双流转向机构,如图 13.73 所示,显示了履带车辆转向性能的一个重大进步。在与 8 挡马伊巴赫-奥尔瓦(Maygach–louar)半自动预选变速箱连用时,就可以实现 16 个规定转向半径。

在车辆直线行驶时,K_1 和 K_2 结合。因此,直线行驶稳定性,是经中间齿轮 Z、零轴和两侧汇流行星排的太阳齿轮而获得的。在转向行驶时,分离转向内侧的离合器 K_1 或 K_2 之后,产生一个转速差。其大小是由与控制离合器 K_{01} 和 K_{02} 连在一起的直齿轮对的不同传动比来确定的。转向内侧汇流排上的反向差速作用,是通过中间齿轮 Z 和零轴实现的。

3. 无级双流转向机构

(1)无级双流转向机构的工作原理

多半径双流转向机构较之单功率流转向机构,无论在转向性能还是功率利用上都是一个很大的跃进,但是也并非是十分理想的。首先这类转向机构所能提供的规定转向半径的数目

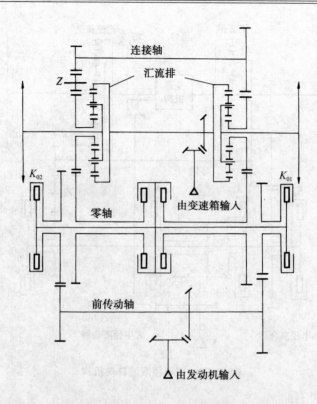

图 13.73　虎型坦克的双半径双流转向机构

是很有限的,规定转向半径之外的转向范围,不能实现精确转向,还必须依靠控制元件的滑摩来实现转向,还是不能避免功率损耗和元件磨损。

图 13.74 中的光滑曲线是由地面转向阻力决定的转向功率随转向半径变化而变化的关系曲线。它表明以规定半径转向(均匀转向)时所需要的功率。所以当以非规定下半径转向时,就必须增大发动机的输出功率,以支付转向机构功率损耗 N_z。而且这种多半径双流转向机构的功率利用达到最佳也是不容易的,因为这要使转向分路的固定传动比和变速分路排挡有最佳的匹配,显然这也是不易做到的。

如果双流转向机构中,转向分路的传动比是无级变化的,那么,这种双流转向机构的转向性能是最佳的,而该无级变化的转向分路传动比不是靠离合器或制动器的滑摩来实现的。如果为了避免在汇流行星排上汇流时,以及在已形成转向半径时发生突变,能使主动轮输出转速无级变化,则性能更佳。图 13.75 所示即为无级双流转向机构的原理图。

由于在很大的转向半径范围内,经转向分路传递的功率都比经变速分路传递的功率小得多,但在小半径转向和中心转向时,经转向分路传递的功率又很大,所以,转向分路中无级传动的选择就极为重要。现代装甲履带车辆的无级双流转向机构,多采用液压或液力元件作为无级传动机构。

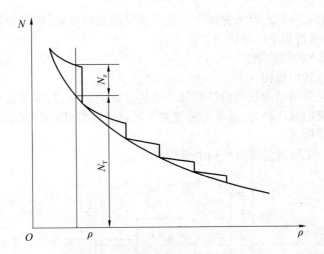

图 13.74 转向所需功率与 ρ 之间的关系

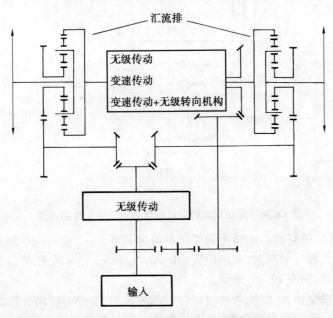

图 13.75 无级双流转向机构的原理图

无级双流转向机构的任何操纵工况都对应着车辆的精确转向,总保持无级转向机构的功率损失。如果把车辆的相对转向半径 ρ 定义为下列形式,即

$$\rho = \rho_q i_{zm} \tag{13.68}$$

式中,ρ_q 为相对规定转向半径;i_{zm} 为转向机构中操纵元件的滑摩传动比。

当以非规定转向半径转向时,其转向控制就是通过控制 i_{zm} 的大小来实现,有 $i_{zm} > 1$。而无级双流转向机构则有 $i_{zm}=1$，ρ_q 有无穷多个。当变速分路为最低挡,转向分路中无级传动机构提供最小传动比时,可得最小规定转向半径。

（2）无级转向输入的结构型式

①无级双流液压转向机构

液压转向机构可采用轴向或径向柱塞泵和马达组成的系统,两者均按置换原理工作。液流从机械驱动的泵流向液压马达,脉动的液流被不断地送到作机械旋转运动的马达上。因此,可把液流看成是连接件。

图 13.76 所示为无级双流转向机构中液压传动元件的布置。

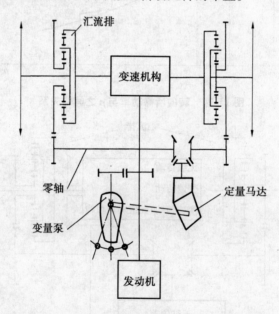

图 13.76 无级双流转向机构中液压传动元件的布置

图 13.76 中,转向分路的差速转速的变化是通过调节泵–定量马达系统来实现的。

德国自行火炮火箭发射车上,采用伦克(Renk Augsfurg)公司的 HSWL123 传动装置,其转向是纯液压驱动方案,如图 13.77 所示。

在这种液力机械变速、正倒挡和转向综合传动装置中,变速与转向分路的分流是在闭锁式变矩器之前。变速分路中液力变矩器、正倒挡机构及行星变速机构以串联方式连接。因此,在车辆前进和倒退时,可供选择的速度范围基本相同。应用行星传动有可能做到动力换挡。

如果在运动中改变行驶方向,当然必须考虑在载荷下突然改变旋转方向时传动件承受的载荷。

转向分路功率是由以轴流柱塞式变量泵和定量马达组成的液压元件总成传递的。泵和马达分别布置在输入或输出件附近,并用高压油管连接。泵的调节是通过方向盘上的传感器——油缸,用液压来实现的。两路功率在汇流排上汇流。

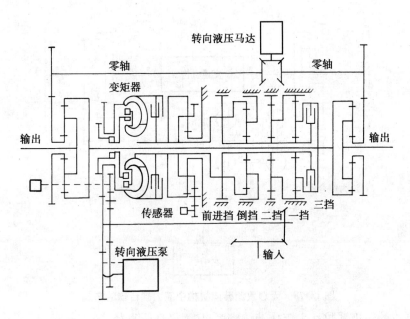

图 13.77 HSWL123 液压双流转向机构

直线行驶时,液压元件的封闭液体产生了汇流排中太阳齿轮的"刚性支承",于是得到可靠的直驶稳定性。转向行驶时,只要变速分路中的变矩器不闭锁,就不可能做精确转向。由于变矩器可以滑转,使转向的稳定性变坏。这个缺点,在结构中是这样解决的,就是在突然的转向和转向行驶速度低于 42 km/h 时,会自动地从三挡换到二挡,因此,变矩器输出速度升高,汇流排太阳齿轮转速相对于齿圈转速也提高了。

②无级双流液力转向机构

如在所有液力传动中那样,在动力传递时,所供给的机械能先转换为液能,然后再转换为机械能。为了能量转换,液力耦合器的两个叶轮,一个作为泵轮,而另一个作为涡轮工作。图 13.78 所示为无级双流液力转向机构示意图。通过图中两个耦合器之一充油来实现转向分路的功率传递。

由于液体循环圆中液体力矩的平衡关系,在不计损失力矩的条件下,则有

$$M_B = M_T \tag{13.69}$$

式中,M_B 为泵轮的转矩;M_T 为涡轮的转矩。

鉴于力矩平衡,则效率

$$\eta = \frac{N_T}{N_B} = \frac{\omega_T}{\omega_B} = \frac{n_T}{n_B} = i_y \tag{13.70}$$

式中,i_y 为液力耦合器的传动比。

液力耦合器泵轮的转矩为

$$M_B = \lambda_B r n_B^2 D^5 \tag{13.71}$$

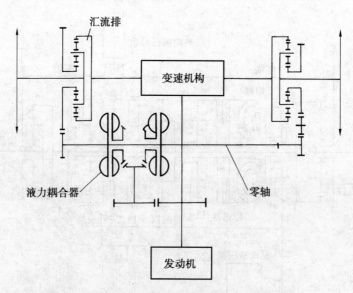

图 13.78　无级双流转向机构中液力耦合器的布置

式中,λ_B 为泵轮的转矩系数;r 为工作液体密度;D 为循环圆直径。

由式 13.71 可见,液力耦合器传递的转矩与结构尺寸 D 的五次方成正比,因而小而紧凑的结构元件能满足大的功率要求。另一方面,转矩与泵轮转速 n_B 的平方成正比,于是,只有在发动机高转速下,才能克服大的阻力矩。此外,耦合器传递的转矩随其传动比 i_y 的变化,不符合转向行驶的要求:可传递的转矩在涡轮和泵轮同步时趋于零;而在最小半径转向时,期望得到的转矩却必须最大。转向半径越小,要求转向零轴的转速越高,即要求涡轮的转速越高。因此,随转向半径的变大,耦合器内充油量必须根据阻力矩和泵转速进行调节,显然在直线行驶时耦合器内的油将全部排空。

在直线行驶状态下,液力耦合器不充油,不能对零轴起作用。因此,在两个主动轮之间可能有转速差,结果是直驶稳定性就不能保证。

在转向行驶时,充油程度和转向半径之间没有明确的关系,因为零轴转矩既取决于地面条件,也取决于输入侧发动机的转速。因此,即使采用了图 13.64 分路 A 的方案,也实现不了精确转向。

总之,可以确定,用无级双流转向机构中的液力转向元件来覆盖整个转向范围,是不恰当的。其缺点主要是装备传递很大功率的元件,但在很宽的转速范围,它却产生了低效率的结果。此外,其直驶稳定性差,且不能精确转向。其优点是可用较小的尺寸获得所要求的较大的转向力矩。

基于液力转向元件的优点,使其与其他的转向元件组合后,能提高转向工作能力。

③无级双流液压-液力转向机构

无级双流转向机构中的纯液压转向机构,要求大型号的液压元件以传递大的转向功率。如果转向机构中,用液力元件来增大传递功率的话,则液压元件的型号和成本可减小。

液压元件在这里作为改变零轴转速用的,对转向半径有影响。当需要大的转向力矩时,用调节式液力耦合器充油来得到。液力元件可通过工作油压力来调节转矩,且液力元件必须满足,在规定的最小滑转情况下,能传递中心转向时要求得到的最大转向力矩。

在大半转向时,转向分路的功率全由液压元件来传递。这种组合下转向功率损失很小。在转向的第一阶段通过液压元件驱动。因此,可以保证直驶稳定性、灵活性和精确转向。

13.9.3 典型双流转向机构的功率传递分析

前面已经介绍了双流转向机构的各种型式及其特性,这里选前苏联 AT—Л 火炮牵引车作为独立式双流转向机构的代表,选德国豹 2 坦克作为差速式双流转向机构的代表,对两种典型的双流转向机构的功率传递进行分析。

1. AT—Л 双流转向机构

(1)AT—Л 双流转向机构的转向工作状态

AT—Л 牵引车双流转向机构如图 13.79 所示。其变速分路是由锥齿轮前传动 Q、定轴五速变速机构 B 组成的。它的转向分路是由转向离合器(L_1,L_2)、转向制动器(Z_1,Z_2)、传动齿轮对(d,e)、汇流行星排(H_1,H_2)以及停车制动器(T_1,T_2)组成的,它有六个摩擦元件,每边三个。此外,还有主离合器 L 和侧传动 C。

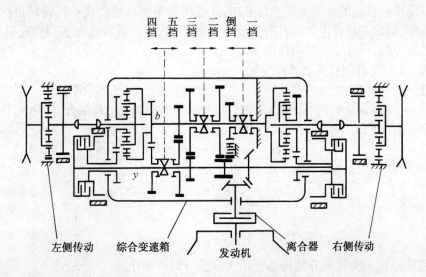

四挡 五挡 三挡 二挡 倒挡 一挡

左侧传动　综合变速箱　发动机　离合器　右侧传动

图 13.79 AT—Л 牵引车双流转向机构

直线行驶时,两侧汇流行星排运动状态相同,L_1、L_2 结合,Z_1、Z_2、T_1、T_2 分离。发动机功率由中间轴 y 开始分为两路:一路经转向离合器→传动齿轮对→行星排太阳齿轮;另一路经变速机构传动齿轮→变速机构主轴 b→行星排齿圈。两路由行星架汇合后经侧传动,最后传给两侧主动轮。太阳齿轮和齿圈都是主动件,两路功率都参加工作。

转向行驶时,该机构有七种工作状态。

①T_1完全制动转向

内侧T_1完全制动,L_1和Z_1分离。外侧L_2结合,Z_2和T_2分离,保持直驶状态。实现第一规定转向半径的精确转向。此时,$\rho=\rho_{q1}=1$。

②T_1部分制动转向

内侧T_1部分制动,L_1和Z_1分离。外侧保持直驶状态。实现$\rho>\rho_{q1}$的过渡转向。

③分离转向

内侧L_1分离,T_1和Z_1分离。外侧保持直驶状态。实现$\rho=\rho_{q0}$的分离转向。

④L_1部分结合转向

内侧L_1部分结合,Z_1和T_1分离。外侧保持直驶状态。实现$\rho>\rho_{q2}$的过渡转向。

⑤Z_1完全制动转向

外侧保持直驶状态,内侧Z_1制动,T_1和L_1分离,实现第二规定半径的精确转向,$\rho=\rho_{q2}$。

⑥Z_1部分制动$\rho>\rho_{q2}$。

⑦空挡转向

变速机构挂空挡。内侧Z_1完全制动,L_1和T_1分离。外侧L_2结合,Z_2和T_2分离,保持直驶状态。此时车辆两侧履带正反旋转,转向半径称为空挡转向半径R_c。R_c在$0\sim0.5B$之间变化。只有转向分路参加工作。

由该双流转向机构的转向工作状态可知,该机构属单半径独立式双流转向机构。上述七种转向状态中,后面三种转向情况具有双流传动的特点,应加以重点分析。首先研究制动Z_1时的转向性能,然后研究空挡转向性能。

(2)AT—Л双流转向机构的转向性能

①Z_1完全制动转向

车辆以$\rho=\rho_{q2}$转向。转向行驶时,外侧行星排保持直驶状态。L_2结合,Z_2和T_2分离。由行星排运动学基本方程式有

$$\omega_{t2}+k\omega_{q2}-(1+k)\,\omega_{j2}=0 \tag{a}$$

且ω_{t2},ω_{q2}与发动机角速度ω_c有如下关系

$$\omega_{t2}=\frac{\omega_e}{i_q i_z} \tag{b}$$

$$\omega_{q2}=\frac{\omega_e}{i_q i_b} \tag{c}$$

式中,i_q为前传动比;i_z为转向分路传动比;i_b为变速分路传动比。

故得

$$\omega_{j2}=\frac{(i_b+ki_z)\,\omega_e}{i_q i_b i_z(1+k)} \tag{d}$$

由式(d)可知,ω_{j2}不仅和k,i_q,i_z有关,而且还随ω_e和i_b的变化而变化。说明了外侧履带速

度和排挡有关。

由于内侧 Z_1 完全制动,所以将太阳齿轮完全制动。即有

$$\omega_{t1} = 0 \tag{e}$$

由于两侧的齿圈是刚性相连,故有

$$\omega_{t2} = \omega_{q2} = \frac{\omega_e}{i_q i_b} \tag{f}$$

由行星排运动学方程式,得

$$\omega_{j1} = \frac{k\omega_e}{i_q i_b(1+k)} \tag{g}$$

由式(g)可知,ω_{j1} 不仅和 k 及 i_q 有关,而且还随 ω_e 和 i_b 的变化而变化。说明了内侧履带也和排挡有关。

由此可以得到车辆第二规定相对转向半径 ρ_{q2} 为

$$\rho_{q2} = \frac{\omega_{j2} + \omega_{j1}}{\omega_{j2} - \omega_{j1}} = 1 + \frac{2ki_z}{i_b}$$

②Z_1 部分制动转向

车辆实现 $\rho > \rho_{q2}$ 的转向。Z_1 部分制动,太阳齿轮也即部分制动,$\omega_{t1} = \omega_m > 0$。且有

$$\omega_{q1} = \omega_{q2} = \frac{\omega_e}{i_q i_b}$$

由行星排运动学方程式有

$$\omega_{j1} = \frac{\omega_{t1} + k\omega_{q1}}{1+k} = \frac{i_q i_b \omega_{t1} + k\omega_e}{(1+k) i_q i_b} \tag{h}$$

而外侧行星排保持直驶,有

$$\omega_{j2} = \frac{i_b i_z \omega_e}{i_q i_b(1+k)}$$

由式(h)可知,此种转向内侧 $\omega_{j1}(v_1)$ 随 ω_{t1} 变化而变化(当其他参数一定时),即内侧履带速度在 ω_e,i_b 一定的情况下,随对 Z_1 的制动程度而变化。当 Z_1 完全制动时,$\omega_{t1} = 0$,变为 $\rho = \rho_{q2}$ 的转向。

③空挡转向(小半径转向工况)

空挡转向时,内侧太阳齿轮完全制动 $\omega_{t1} = 0$,外侧太阳齿轮通过 L_2 和发动机相连,所以其与发动机角速度有确定的比例关系。由于挂空挡,两齿圈的角速度受两侧太阳齿轮和两侧行星架角速度的影响,而两侧行星架的角速度不易确定,它们受地面阻力和车速的影响,所以行星架角速度和发动机角速度之间没有确定的传动比。转向机构处于二自由度状态,所以车辆的空挡转向半径 R_k 也是不稳定的。$R_c = (0 \sim 0.5)B$,所以空挡转向属非精确转向。但是,R_k 的变化范围不大,在一般情况下,最大的 R_c 值等于 $0.5B$,一般不超过原地转向半径 R_{q1},有些双流转向机构的车辆用它来代替 $R_{q1} = 0.5B$。因此,空挡转向有一定的实用价值。

车辆空挡转向的速度平面图如图 13.80 所示。

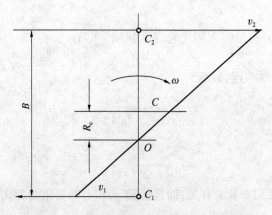

图 13.80　以 R_c 转向时车辆平面转向速度图

空挡转向时,履带一侧向前运动,另一侧向后运动,车体绕着转向中心 O 转动。由小半径转向工况转向传动比与履带速度之间的关系有

$$\rho_c = \frac{\omega_{j2} + \omega_{j1}}{\omega_{j2} - \omega_{j1}}$$

由行星排运动学方程式,有

$$\omega_{j1} = \frac{k\omega_{q1}}{1+k}$$

因为

$$\omega_{q1} = \omega_{q2}$$

所以,有

$$\rho_c = 1 + \frac{2k\omega_{q2}}{\omega_{b2}} \tag{i}$$

由式(i)可知,ρ_c 是 ω_{q2} 和 ω_{t2} 的函数,ρ_c 随 ω_{q2} 和 ω_{t2} 的变化而变化,是不稳定的;但是,当 ω_{q2}/ω_{t2} 为某一特定值时,ρ_c 就变为单值函数,ρ_c 值便可确定。

空挡转向时,变速机构不参加工作,所以变速机构主轴 b 上各被动齿轮都自由旋转,不受力矩;只有两齿圈上作用着 M_{q1} 和 M_{q2},对两齿圈元件取自由体(见图 13.81),可得 $M_{q1} = M_{q2}$,这两力矩大小相等、方向相反。由行星排力矩关系式可知,两行星架的力矩也必然是大小相等、方向相反,$M_{j1} = M_{j2}$。因此作用在两履带上的牵引力也必然是大小相等、方向相反($M_{j1} = P_1 r_z/i_c$,$M_{j2} = P_2 r_z/i_c$),$P_1 = P_2$。以不同半径转向时,P_1,P_2 随地面条件(f,μ)而变化,而 μ 又随半径的增加而变小。目前对空挡转向研究还不深入,缺乏以 ρ_c 转向时的转向阻力系数 μ_c,初步分析可以看出 μ_c 值接近以 $\rho_{g1} = 1$ 时转向时的 μ_{max},在近似计算中假设

$$\mu_c = \mu_{max}$$

由此可得结论:对 AT—Ⅱ 来讲,当取 $\mu_c = \mu_{max}$ 时,P_1,P_2 只取决于地面条件(f),而与转向半径无关。

a. 地面制动转向

当 $\omega_{q2} = 0$ 时,由式(13.63)可知,$\rho_c = 1$,这时 $v_1 = 0$。称此种转向为地面制动转向。

空挡转向时两侧履带上的牵引力大小相等、方向相反,$P_1 = P_2$。如果两侧地面阻力不等,

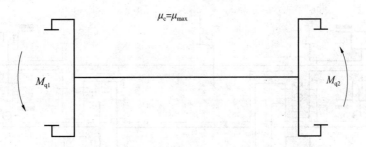

图 13.81　两齿圈受力情况

$R_1 \gg R_2$，当 $P_2 > R_2$，$P_1 < R_1$ 时，车辆由静止状态开始匀加速运动，外侧履带加速向前运动，其速度为 v_2，内侧履带被地面阻力制动，其速度 $v_1 = 0$。外侧输出功率为 $N_2 = P_2 v_2/360$，内侧 $N_1 = 0$。功率流示意图如图 13.82 所示。图中"+"，"−"表示零件转速 n 的正、反方向；"⊕"、"⊖"表示零件力矩的正、负方向。当 n 和 M 的正负号相同时，则功率输入该零件；当 n 和 M 的正负号相反时，则功率由该零件输出。

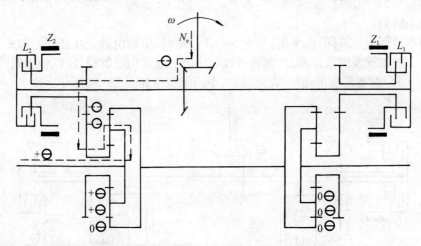

图 13.82　以 $\rho_c = 1$ 转向时功率流示意图

b. 不稳定中心转向

当 $\dfrac{\omega_{q2}}{\omega_{t2}} = -\dfrac{1}{2k}$ 时，由式（13.63）可知 $\rho_c = 0$，且有 $|v_2| = |v_1|$，二者大小相同，方向相反。称此种转向为不稳定中心转向。

如果两侧地面阻力相同 $R_1 = R_2$。当 $P_1 > R_1$，$P_2 > R_2$ 时，车辆由静止状态开始匀加速运动，两侧履带加速度是相同的，由于初速为零，所以两履带的速度大小相等方向相反，$v_2 = v_1$。两侧都输出功率 $N_1 = N_2$。由于内侧 L_1 分离，发动机功率不可能由中间轴 y 传过来，而由外侧行星排齿圈传给内侧齿圈。功率流示意图如图 13.83 所示。

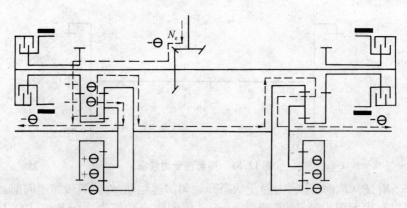

图 13.83 以 $\rho_c = 0$ 转向时功率流示意图

c.不稳定偏心转向

当 $0 > \dfrac{\omega_{q2}}{\omega_{t2}} = -\dfrac{1}{2k}$ 时,由式(13.63)可知,$1 > \rho > 0$,且有 $|v_2| > |v_1|$,二者方向相反。称此种转向为不稳定偏心转向。

如果两侧地面阻力不同,$R_1 \gg R_2$,当 $P_2 > R_2$,$P_1 > R_1$ 时,车辆由静止状态开始匀加速运动,外侧履带以较大的加速度向前运动,内侧履带以较小的加速度向后倒退,所以两侧履带速度大小不等,$|v_2| > |v_1|$。两侧都输出功率 $N_2 > N_1$。功率流示意图如图 13.84 所示。

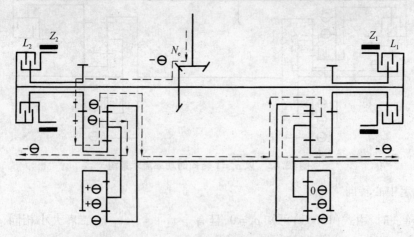

图 13.84 以 $1 > \rho_c > 0$ 转向时功率流示意图

由空挡转向的功率流示意图可知,空挡转向时,由发动机传来的转向分路功率经一侧履带或两侧履带输出,内侧履带不吸收功率,所以没有再生功率和循环功率。

对 AT—Л 牵引车双流转向机构的评价:

该牵引车除一挡外,每挡都有一个第二规定转向半径,车辆以 $R \geqslant R_{g2}$ 转向时,有再生功率

（本书未作分析），所以转向时功率消耗比二级行星转向机等单流转向机构都小得多。由于每挡都能以第二规定转向半径转向不必换入低挡转向，所以车辆平均速度较高，行驶稳定，其转向性能比二级行星转向机要好。

该机构的缺点是：

（a）产生反转向：

（b）以非规定转；向半径转向时平稳性较差。

2. 豹 2 坦克双流转向机构

（1）豹 2 坦克双流转向机构的工作状态

豹 2 坦克 HSWL—354 型双流转向机构由三部分组成，如图 13.85 所示。

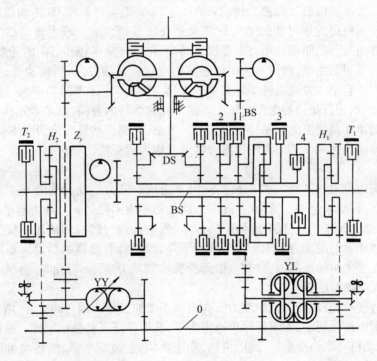

图 13.85　豹 2 坦克双流转向机构

①变速分路

变速分路由液力变矩器 YB、倒顺机构 DS、变速机构 BS 组成。液力变矩器带有闭锁离合器二级涡轮，变矩系数为 2.6。倒顺机构由三个锥齿轮和两个行星排组成。主动锥齿轮和变矩器涡轮轴相连，两个被动锥齿轮分别和前进挡、倒退行星排的行星架相连，制动左边行星排的齿圈接通变速机构的前进挡；制动右边行星排的齿圈接通变速机构的倒挡。变速机构由三个行星排（即一、二、三挡）和一个片式闭锁离合器 L（即四挡）组成，共四个前进挡。每个行星排有一个片式换挡制动器,结合哪一排制动器即结合了哪一排挡。倒挡也有四个,其传动比和前进挡相同,实际上常用两低速倒挡。各挡传动比列入表 13. 10 中。

表 13. 10 变速机构传动比

	1	2	3	4
前进挡	4. 47	2. 19	1.51	1. 00
倒 挡	4. 47	2. 19		

当传动系统以液力工况工作时,由发动机传来的功率,通过变矩器、倒顺机构和变速机构,传到两侧行星排齿圈上。这一路称为变速分路,以 B 表示。

②转向分路

转向分路由液压转向机 YY、液力转向机 YL、零轴 0、汇流行星排 H、传动齿轮以及差速齿轮组成。液压转向机由无级可调的轴向柱塞泵和液压马达组成。液力转向机为一液力耦合器。两转向机都由发动机驱动。用方向盘操纵转向,根据转向半径和方向的需要,将方向盘向需要的方向旋转适当的角度,以调节轴向柱塞泵的流量和供油方向;当供油量达到定值时,液压马达开始工作。它把由发动机经变矩器泵轮壳体、传动齿轮传来的功率,经过零轴、传动齿轮、差速齿轮传到两侧行星排的太阳齿轮上。这一路称为转向分路,以 Z 表示。

两分路的功率在两侧汇流行星排行星架上汇合后,经侧传动最后传到两主动轮上。

当变矩器传动比达到 0. 71 时,闭锁离合器结合成为机械传动。

③制动器

脚制动器是由液力制动器 Z_y 和机械制动器 T 组成。液力制动器安装在变速机构和汇流行星排之间,以保证动液制动器工作时,转向分路的功率流不被切断。液力制动器可以持续制动,没有磨损发热的问题。机械制动器用于停车。驾驶员通过踏板和液压系统来控制这两个制动器。液力制动器的制动力矩随车速下降而下降,而机械制动器的制动力矩则随车速下降而上升。因此在整个制动距离内,驾驶员给脚踏板的制动力矩是不变的。而制动力矩的大小取决于驾驶员踩下踏板的程度。

坦克直线行驶时,液压转向机和液力转向机都不参加工作。耦合器空转,液压马达将两侧回流行星排的太阳齿轮制动,太阳齿轮角速度为零,从而保证了直驶稳定性。这时只有变速分路传递功率,发动机功率经变矩器、倒顺机构、变速机构、汇流行星排、侧传动最后传到主动轮上。直驶时汇流行星排相当于一个减速器。

坦克转向行驶时,该机构有两种专项工作状态:

a. 以 $R_q > 0.5B$ 转向时

坦克以 $R_q > 0.5B$ 转向时,转向分路和变速分路都参加工作。发动机的功率一路经过转向分路传到两侧汇流行星排的太阳齿轮上。由于差速齿轮的作用,所以两侧太阳齿轮的角速度大小相等、方向相反,外侧正转内侧反转。发动机功率的另一路,经过变速分路传到两侧汇流行星排齿圈上,使两侧齿圈正转。由此可以知道,外侧齿圈正转、太阳齿轮正转,所以行星架也正转;内侧齿圈正转、太阳齿轮反转、行星架正转,所以两侧行星架差速旋转,使外侧履带速度增加、内侧履带速度降低,使坦克向内侧转向。由于液压转向机构的转向不是通过操纵摩擦元件,而是通过方向盘调节轴向泵的流量和方向,所以转向过程中没有制动功率损失,其转向半径都是规定转向半径,以 R_q 表示。

随着转向机构负荷增加,当液压转向功率不够时,根据车辆不同的旋转方向,液力转向机的一个相应耦合器自动充油参加工作。耦合器输出功率通过零轴与液压马达的功率汇合。由于耦合器和液压马达对零轴的作用力矩方向相同,因而增加了转向机构的转向能力。液力转向机起了加力的作用。

由于豹 2 坦克采用了液压-液力双流转向机构,所以在很大的半径范围内实现了可控制的无级转向。该机构没有 $R_q = 0.5B$ 的规定转向半径。

b. 以 R_c 转向

变速机构挂空挡,旋转方向盘,坦克仍能转向。这时变速机构不参加工作,只有转向分路参加工作,传递发动机功率,液压马达(和耦合器)输出的功率仍使两侧太阳齿轮等速反转。两侧太阳齿轮和发动机角速度间有确定的比例关系。由于齿圈不能固定,它受太阳齿轮和行星架角速度的影响,而行星架既受发动机角速度的影响,又受地面阻力、车速的影响。所以齿圈、行星架角速度和发动机角速度间没有确定的比例关系。因此转向机构处于二自由度,转向不稳定,这种转向称为空挡转向,转向半径以 R_c 表示,R_c 在 $0 \sim 0.5B$ 之间变化。和 AT—Л 牵引车双流转向机构的空挡转向相似。

由于豹 2 坦克以 $R_q > 0.5B$ 转向和以 R_c 转向有不同的特点,所以要分别研究,首先研究 $R_q > 0.5B$ 的转向,而后研究空挡转向。

(2)豹 2 双流转向机构的转向性能

① $R_q > 0.5B$ 的转向

车辆以 $R_q > 0.5B$ 转向时,外侧行星排和直驶时不一样,太阳齿轮和齿圈一样都做正向旋转。

$$\omega_{t2} = \frac{\omega_e}{i_{z2}}$$

$$\omega_{q2} = \frac{\omega_e}{i_b}$$

由行星排运动学基本方程式可得

$$\omega_{j2} = \frac{\omega_{t2} + k\omega_{q2}}{1 + k} = \frac{(i_b + k i_{z2}) \omega_e}{(1 + k) i_b i_{z2}} \qquad (13.72)$$

式中,i_b 为变速分路传动比;i_{z2} 为外侧转向分路传动比。

由该式可知,外侧行星架角速度不仅和 ω_e,k,i_{z2} 有关,而且还和 i_b 有关。

车辆以 $R_q > 0.5B$ 转向时,内侧行星排的齿圈正转,太阳齿轮反转,行星架正转。

$$\omega_{t1} = \frac{\omega_e}{i_{z1}}$$

$$\omega_{q1} = \frac{\omega_e}{i_b}$$

由行星排运动学基本方程可得

$$\omega_{j1} = \frac{\omega_{t1} + k\omega_{q1}}{1+k} = \frac{(i_b + k\omega_{z1})\omega_e}{(1+k)i_b i_{z1}} \tag{13.73}$$

式中,i_{z1} 为内侧转向分路传动比,且 $i_{z1} < 0$。相对规定转向半径为

$$\rho_q = \frac{\omega_{j2} + \omega_{j1}}{\omega_{j2} - \omega_{j1}} = \frac{2ki_{z2}i_{z1} + i_b(i_{z2} + i_{z1})}{i_b(i_{z1} - i_{z2})}$$

由于零差速双流转向机构,在转向时两侧太阳齿轮的角速度大小相等、方向相反,因此两侧转向分路传动比大小相等、符号相反,即有

$$i_{z1} = -i_{z2}$$

故得相对规定转向半径 ρ_q 为

$$\rho_q = \frac{ki_z}{i_b} \tag{13.74}$$

即规定转向半径

$$R_q = \frac{ki_z}{i_b}B \tag{13.75}$$

由此式可知,车辆规定转向半径和行星排特性参数、转向分路传动比以及变速分路传动比有关。这说明各挡都有规定转向半径。

图 13.86 所示为车辆以 $\rho_q > 0.5B$ 转向时功率流示意图。由于内侧履带只能吸收变速分路中内侧的功率,而不能吸收转向分路中内侧的功率。且内侧履带吸收的变速分路的功率,全部传给了外侧履带变为再生功率。所以,再生功率和变速分路功率有关,和转向分路功率无关,且不同排挡有不同的再生功率。

②空挡转向(小半径转向工况)

图 13.87 所示为空挡转向时车辆平面转向速度图。车辆以 R_c 转向时,两侧履带正反旋转,外侧履带向前转动,内侧履带向后转动。

空挡转向时,在一般情况下,车辆的转向中心位于车辆平面之内,$0 < R_c < B/2$,属小半转向工况。其相对转向半径为

$$\rho_c = \frac{v_2 + v_1}{v_2 - v_1}$$

式中,$v_1 < 0$。

由行星排运动学基本方程式,有

$$\omega_{j1} = \frac{\omega_{t1} + k\omega_{q1}}{1+k} \tag{13.76}$$

$$\omega_{j2} = \frac{\omega_{t2} + k\omega_{q2}}{1+k} \tag{13.77}$$

又因零差速式双流转向机构空挡转向时,有

$$\omega_{t2} = -\omega_{t1} = \omega_t$$

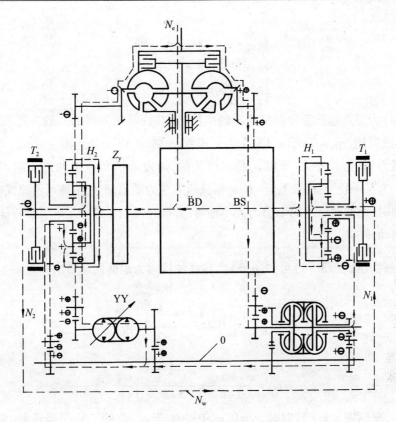

图 13.86 以 ρ_g 转向时功率流示意图

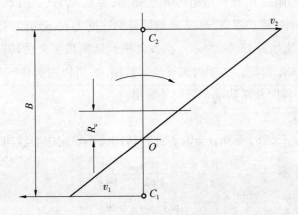

图 13.87 以 R_c 转向时车辆平面转向速度图

$$\omega_{q2} = -\omega_{q1} = \omega_q$$

所以

$$\begin{cases} \rho_{c} = \dfrac{v_2 + v_1}{v_2 - v_1} = \dfrac{\omega_{j2} + \omega_{j1}}{\omega_{j2} - \omega_{j1}} = \dfrac{k\omega_q}{\omega_t} \\[2mm] R_{c} = \dfrac{k\omega_q}{2\omega_t} B \end{cases} \tag{13.78}$$

式(13.78)为零差速双流转向机构车辆空挡转向时,转向半径的一般方程式。其与 k, ω_q 成正比,和 ω_t 成反比。$\rho_{c} = f(\omega_q, \omega_t)$ 是个二元函数,ρ_{c} 随 ω_q 和 ω_t 变化而变化,ω_q 又随发动机角速度和地面阻力、车速而变化;所以 ρ_{c} 是不可控的,随发动机角速度和地面阻力而变化。但是,当 ω_q 和 ω_t 为某一特定比值时,$\rho_{c} = f(\omega_q, \omega_t)$ 函数变为单值函数,ρ_{c} 便可由该式确定。

空挡转向时,两侧履带上的牵引力大小相等、方向相反,和 AT—Л 牵引车一样,$P_1 = P_2$。

a. 地面制动转向

当 $\omega_q = \dfrac{\omega_t}{k}$ 时,由式(13.78)可知,$\rho_{c} = 1$。称此种转向为地面制动转向。

$$\omega_{j1} = \frac{\omega_{t1} + k\omega_{q1}}{1+k} = \frac{-\omega_t + k \dfrac{\omega_t}{k}}{1+k} = 0$$

$$\omega_{j2} = \frac{\omega_{t2} + k\omega_{q2}}{1+k} = \frac{\omega_t + k \dfrac{\omega_t}{k}}{1+k} = \frac{2\omega_t}{1+k}$$

由此可知,车辆以 $\rho_{c} = 1$ 转向时,$v_1 = 0$,$v_2 > 0$;相对于 $\omega_q = 0$ 的工况,外侧履带加倍向前运动。

这时内侧地面变形阻力 R_1 比外侧阻力 R_2 大得多,并且 $R_1 > P_1$,足以制动住内侧履带,R_1 为制动力,$v_1 = 0$,所以内侧履带功率 $N_1 = 0$。外侧履带的速度为 v_2,牵引力 $P_2 \geqslant R_2$,所以外侧履带输出功率 N_2。其功率流如图13.88所示。由发动机经转向机传来的转向分路功率 N_e 通过零轴分路分别传给两侧太阳齿轮。由于内侧行星架被制动,所以内侧转向分路功率通过齿圈给了外侧行星架,和外侧转向分路功率一起向外输出。

b. 不稳定中心转向

当 $\omega_q = 0$ 时,由式(13.78)可知 $\rho_{c} = 0$,称此种转向为不稳定中心转向。

$$\omega_{j1} = \frac{\omega_{t1} + k\omega_{q1}}{1+k} = \frac{-\omega_t}{1+k}$$

$$\omega_{j2} = \frac{\omega_{t2} + k\omega_{q2}}{1+k} = \frac{\omega_t}{1+k}$$

由此可知,车辆以 $\rho_{c} = 0$ 转向时,两侧履带速度大小相等、方向相反。车辆若要实现稳定的中心转向,必须安装固定齿圈的专门机构,使 $\omega_q = 0$。

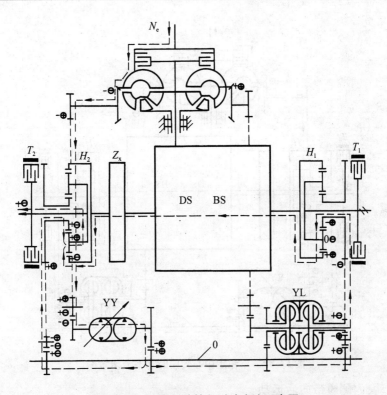

图 13.88　地面制动转向时功率流示意图

车辆不稳定中心转向时两侧履带上作用的牵引力大小相等、方向相反，$P_1 = P_2$，两侧地面变形阻力大小相等 $R_1 = R_2$，两侧履带速度大小相等、方向相反，$|v_1| = |v_2|$，两侧履带都输出功率 $N_1 = N_2$。其功率流示意图如图 13.89 所示。由发动机通过转向机传来的转向分路功率，通过零轴分两路传给两侧太阳齿轮，分别由两侧行星架向外输出，互不影响。

c. 不稳定偏心转向

当 $0 < \omega_q < \omega_t/k$ 时，由式（13.78）可知，$1 > \rho_c > 0$，称此种转向为不稳定偏心转向。

内侧行星排 $\omega_{q1} = \omega_q$ 方向为正，大小未定；$\omega_{t1} = -\omega_t$ 方向为负，大小可定。故有

$$\omega_{j1} = \frac{\omega_{t1} + k\omega_{q1}}{1+k} = \frac{-\omega_t}{1+k} + \frac{k\omega_{q1}}{1+k}$$

当 $0 < \omega_q < \omega_t/k$ 时，$\omega_{j1} > \omega_t/(1+k)$。

外侧行星排 $\omega_{q2} = \omega_q$ 方向为正，大小未定；$\omega_{t2} = \omega_t$ 方向为正，大小可定。故有

$$\omega_{j2} = \frac{\omega_{t2} + k\omega_{q2}}{1+k} = \frac{\omega_t + k\omega_2}{1+k}$$

比较 ω_{j2} 和 ω_{j1} 可知，当车辆以 $1 > \rho_c > 0$ 转向时，$\omega_{j2} > \omega_{j1}$ 即 $|v_1| < |v_2|$，二者运动方向相反，外

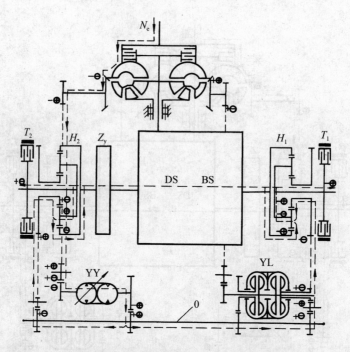

图 13.89　　不稳定中心转向时功率流示意图

侧履带向前运动,内侧履带向后运动。

　　车辆不稳定偏心转向时,两履带上作用的牵引力大小相等、方向相反,两侧地面变形阻力大小不等,$R_1 > R_2$,两侧履带速度大小不等、方向相反,$|v_1| < |v_2|$。两侧履带都发出功率大小不等,$N_1 < N_2$。其功率流示意图如图 13.90 所示。由发动机传来的转向分路功率,通过零轴分两路传给两侧太阳齿轮。内侧转向分路功率的一部分由内侧行星架输出,另一部分通过齿圈传给了外侧行星排,它和外侧转向分路功率一起向外输出。

　　对豹 2 坦克双流转向机构的评价

　　坦克以 $R_q > 0.5B$ 转向时,能实现可控的无级的规定转向半径转向,转向性能比较理想。转向分路中没有摩擦元件,所以没有制动功率损失;变速分路的内侧履带功率全部变为再生功率。转向所需发动机功率都用于克服地面转向阻力,转向功率较小。在转向分路中增加了液力耦合器,作为加力转向机,它承担最大转向功率的 70%,液压转向机只承担最大转向功率的30%。这样可使液压元件性能好、体积小、质量轻,便于通用化和系列化。

　　该机构的缺点:

　　(a)结构比较复杂,成本比较高;

　　(b)液力工况下传动效率比较低。

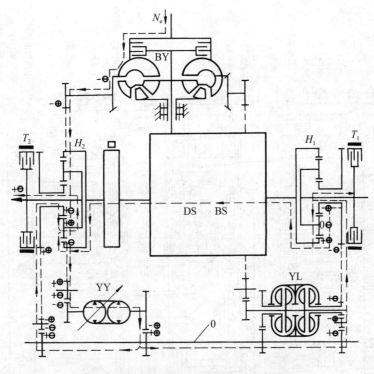

图 13.90 不稳定偏心转向时功率流示意图

13.9.4 双流传动实例

155 mm 履带式自行火炮采用双流传动装置,也称综合传动装置,它由前传动、变速、转向等部分组成。

前传动由主传动机构、风扇传动机构和液压泵传动机构组成。前传动将发动机动力以恒定传动比传递给变速和转向部分;同时按不同转速驱动风扇和液压操纵系油泵。

变速部分为固定轴形式,同步器换挡,有六个前进挡和一个倒挡,如图 13.91 所示。

转向部分为正独立式机械双流,与变速部分同轴固定,如图 13.92 所示。

综合传动装置的特点是,发动机功率由前传动部分一路传给变速部分并进入转向部分汇流排;另一路传给转向部分,两路在汇流排汇合后输出。

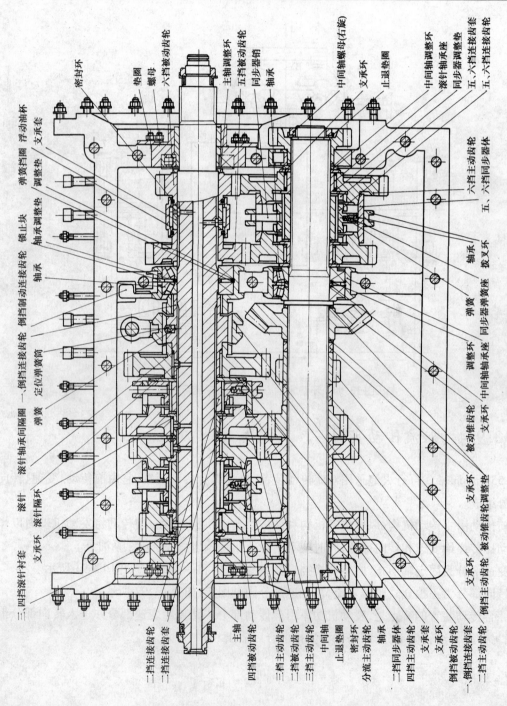

图13.91　变速总成

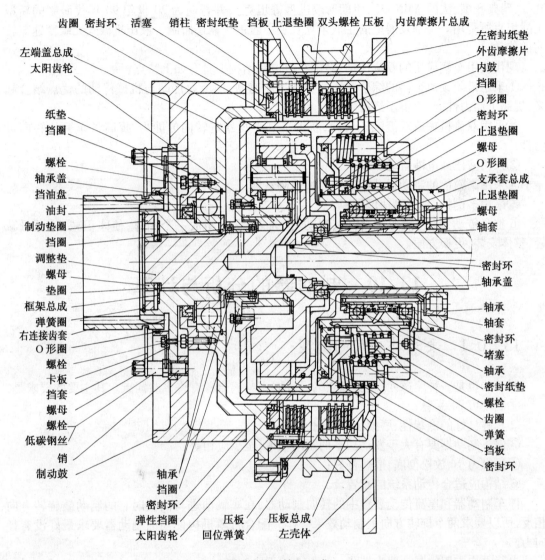

齿圈　密封环　活塞　销柱　密封纸垫　挡板　止退垫圈　双头螺栓　压板　内齿摩擦片总成

左端盖总成
太阳齿轮

纸垫
挡圈

螺栓
轴承盖
挡油盘
油封
制动垫圈
挡圈
调整垫
螺母
垫圈
框架总成
弹簧圈
右连接齿套
O 形圈
螺栓
卡板
挡套
螺母
螺栓
低碳钢丝
销
制动鼓

左密封纸垫
外齿摩擦片
内鼓
挡圈
O 形圈
密封环
止退垫圈
螺母
O 形圈
支承套总成
止退垫圈
螺母
轴套

密封环
轴承盖

轴承
轴套
密封环
堵塞
轴承
密封纸垫
螺栓
齿圈
弹簧
挡板
密封环

轴承
挡圈
密封环
弹性挡圈
太阳齿轮
回位弹簧

压板
压板总成
左壳体

图 13.92　转向总成

13.9.5　发 展 趋 势

随着对主战坦克战术机动性要求的提高以及工业技术水平的发展,各国主战坦克差不多均已放弃单流传动。而且 20 世纪 70 年代以来,还逐渐由机械双流转向(如美国 M-60、英国奇伏坦、德国豹 1、法国 AMX-30、日本 74 式等坦克)改进为液压无级双流传动转向(如豹 2、

M-1、瑞典 S 型、法国 AMX-32、伊朗狮改进型等坦克),并普遍为 20 世纪 90 年代研制的新型主战坦克所采用。个别发展型的主战坦克及装甲履带车辆还研制了液压机械式无级变速兼转向的传动。

现代装甲车辆应用的双流传动装置,在改进和结构上具有如下特点:

①采用带闭锁离合器的综合变矩器和行星变速器;把液力传动与机械传动的优点结合起来,提高了动力性能,改善了经济性;

②采用双流机械或双流液压转向,获得了多半径稳定转向的能力,提高了车辆的转向灵活性;

③采用液压或电液自动操纵;

④采用高效能的制动器及辅助液力减速制动器;

⑤采用多倒挡,具有高速倒挡;

⑥整个传动系(包括变速、转向、制动、操纵装置等)组成一个箱体,使体积减小,质量减轻,整体安装,更换方便。

13.10　制动器的分析与计算

13.10.1　要求及应用的类型

制动器也是一种摩擦元件,所以它的设计要求与离合器有许多共同点。其主要的要求是:

①制动可靠、平稳;

②具有良好的冷却性、磨损小、寿命长;

③停车制动器要有大于发动功率的制动功率,至少应相等;

④操纵力小、放松彻底、散热良好;

⑤结构应适合传动系统的布置。

停车制动器和单流传动装置中的转向制动器,在车辆前进与倒驶时它的制动鼓旋转方向相反,所以要求两个旋转方向上制动效果一样。配合行星机构使用的制动器要求最好没有径向力。

自行火炮应用的制动器为带式(见图 13.6、图 13.22)。

带式制动器按其结构可分为单带式和双带式,单带式按其操纵方式又分为单端操纵式、浮式和双端操纵式。

单端操纵的制动带(见图 13.93(a))有一端是固定端,另一端是操纵端。这种制动器两个旋转方向上的制动效果不一样,常用于换挡制动器。

浮式制动器的制动带(见图 13.93(b))两端都不固定,但在制动器开始工作时,一端靠在支架上成为固定端,另一端是操纵端。它的性质与单端操纵式一样,只是制动力矩方向相反时,固定端与操纵端互换,因此两个旋转方向上的制动效果一样。常用于停车制动器和转向制

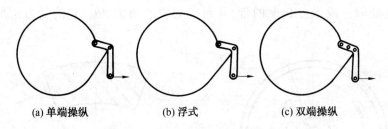

(a) 单端操纵　　　　　　(b) 浮式　　　　　　(c) 双端操纵

图 13.93　单带制动器的三种操纵方式

动器。

双端操纵式的制动带两端都与一个杠杆相铰接(如图13.93(c)),转动杠杆可以同时操纵带的两端。如设计杠杆的尺寸使两端拉力对杠杆轴的力臂一样大时,两个方向上的制动效果就会一样。

13.10.2　力矩的计算与储备系数

1. 计算力矩

停车制动器的计算力矩应按最困难的条件来决定。最大的制动力矩受附着力限制,所以应按完全刹紧、履带与地面完全滑移时计算。假设装甲车辆在水平地段上,每侧的制动器的计算力矩为

$$M_{js} = \frac{0.5\varphi G R_z}{i_c} \qquad (13.79)$$

式中,φ 为附着系数;G 为战斗全重;R_z 为主动轮半径;i_c 为侧传动比。

因为是完全刹紧,故式中不计算效率的影响。

2. 储备系数

储备系数 β 的意义与离合器的相同。制动力矩 M_z 应比计算力矩增大 β 倍,即

$$M_z = \beta M_{js} \qquad (13.80)$$

如果是机械操纵直接作用的制动器,全靠乘员的体力来刹车,用力的大小就决定了停车的急缓,磨损后无非是操纵行程加长些,因此这种情况下储备系数的意义不大。

换挡制动器、转向制动器的储备系数可参考换挡离合器、转向离合器的数据。

13.10.3　拉力分布规律

制动带两端都受拉力。当制动带与制动鼓摩擦时,两端的拉力是不同的。图 13.94 所示是带式制动器的简图。操纵端的拉力是 S_1,固定端的拉力是 S_2,旋转方向如图所示。距操纵

端任意角度 θ 处取一段微分长度的带,其对应的中心角为 $\mathrm{d}\theta$。它的受力情况如图 13.95 所示。

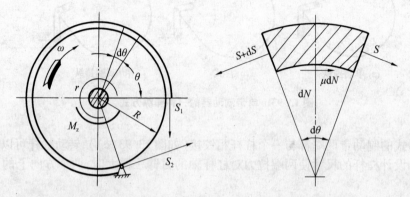

图 13.94 带式制动器计算简图   图 13.95 力的分析

假设制动带是完全挠性的,其上任一断面只受拉力,而没有弯矩和剪力(实验证明,弯矩和剪力的影响是可以略去不计的)。两端的拉力为 S 和 $S+\mathrm{d}S$,带与鼓之间有法向力 $\mathrm{d}N$ 和摩擦力 $\mu\mathrm{d}N$,μ 为摩擦系数。

把力投影到两个互相垂直的方向上,列出其平衡式

$$\begin{cases} (S+\mathrm{d}S)\cos\dfrac{\mathrm{d}\theta}{2}-S\cos\dfrac{\mathrm{d}\theta}{2}=\mu\mathrm{d}N & \text{(a)} \\[2mm] (S+\mathrm{d}S)\sin\dfrac{\mathrm{d}\theta}{2}-S\sin\dfrac{\mathrm{d}\theta}{2}=\mathrm{d}N & \text{(b)} \end{cases}$$

因 $\mathrm{d}\theta$ 为无穷小,故 $\cos\dfrac{\mathrm{d}\theta}{2}\approx1$,$\sin\dfrac{\mathrm{d}\theta}{2}\approx\dfrac{\mathrm{d}\theta}{2}$,$\mathrm{d}S\mathrm{d}\theta\approx0$ 则(a)(b)两式简化为

$$\begin{cases} \mathrm{d}S=\mu\mathrm{d}N & \text{(c)} \\ S\mathrm{d}\theta=\mathrm{d}N & \text{(d)} \end{cases}$$

解得

$$\frac{\mathrm{d}S}{S}=\mu\mathrm{d}\theta \tag{e}$$

积分式(e)得

$$\ln S=\mu\mathrm{d}\theta \tag{f}$$

当 $\theta=0$ 时,$S=S_1$,故积分常数 $C=\ln S_1$,代入式(f)得

$$\ln S=\mu\theta+\ln S_1$$

$$\ln S=\ln S_1+\ln \mathrm{e}^{\mu\theta}$$

$$S=S_1\, \mathrm{e}^{\mu\theta} \tag{13.81}$$

式(13.81)为任意一点的拉力 S 的变化规律。

由此式可以看出:

①$\theta=0$ 时,S 是最小值,$S=S_1$,所以旋转方向如图 13.94 所示时,S_1 是松端;

②任意一点拉力与松端拉力成正比;

③任意一点拉力对于距松端的角度 θ 成指数函数变化,如图 13.96(a)所示,常表示成图

13.96(b);

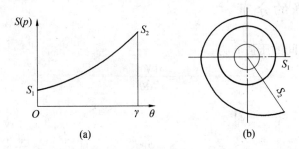

图 13.96 拉力、压强分布曲线

④$\theta=\gamma$ 时(γ 为包角),拉力最大,$S=S_2$,S_2 是紧端;

$$S_2 = S_1 e^{\mu\gamma} \tag{13.82}$$

这是紧端与松端拉力的关系式。其中 γ 以弧度计。

⑤旋转方向与图 13.94 相反时,摩擦力 $\mu\mathrm{d}N$ 的方向改变,式(f)改写为下式

$$\ln S = -\mu\theta + C$$

$$S = S_1 e^{-\mu\theta} \tag{13.83}$$

当 $\theta=\gamma$ 时

$$S_2 = \frac{S_1}{e^{\mu\gamma}} \quad \text{或} \quad S_1 = S_2 e^{\mu\gamma} \tag{13.84}$$

S_1 变为紧端,S_2 变为松端。

例如:$\mu=0.25$,$\gamma=300°$时,化为弧度 $\gamma=5.24$,$e^{\mu\gamma}=e^{0.25\times5.24}=e^{1.31}=3.76$。即紧端与松端的拉力相差三倍多。浮式制动器保证永远操纵松端。

13.10.4 制动力矩与拉力的关系

取制动带和制动鼓一起为自由体,如图 13.94 所示,其力矩的平衡式为

$$M_z = (S_2 - S_1)R \tag{13.85}$$

式中,R 为制动鼓半径。

将式(13.82)代入式(13.85)得

$$M_z = S_1(e^{\mu\gamma}-1)R \tag{13.86}$$

由此可见,欲达到一定的制动效果(一定的 M_z)时,鼓的半径 R 越大、摩擦系数 μ 越大、包角 γ 越大时越省力(S_1 越小)。

制动鼓反转时

$$M'_z = (S_1 - S_2)R = \left(S_1 - \frac{S_1}{e^{\mu\gamma}}\right)R = S_1\frac{e^{\mu\gamma}-1}{e^{\mu\gamma}}R \tag{13.87}$$

所以,欲达到与原旋转方向同样的制动效果时,应费力 $e^{\mu\gamma}$ 倍。

13. 10. 5　压强的分布

制动带与制动鼓之间的压强 p 为

$$p = \frac{\mathrm{d}N}{bR\mathrm{d}\theta}$$

式中,b 为工作宽度。

以式(d)代入,得

$$p = \frac{S}{bR} = \frac{S_1\mathrm{e}^{\mu\theta}}{bR} \tag{13.88}$$

可见任意一点的压强对 θ 的变化规律也与 S 的规律相同,仍可用图 13. 96 表示。最大压强在紧端,即

$$p_{\max} = \frac{S_2}{bR} = \frac{S_1\mathrm{e}^{\mu\gamma}}{bR} \tag{13.89}$$

因此,制动带的磨损是不均匀的,紧端磨损多。对于正反转的制动器,两个端部先磨损。这样使制动器的寿命降低。多片式制动器磨损基本上是均匀的,寿命比带式的长。

13. 10. 6　径向力的计算

带式制动器常有较大的径向力,其大小和方向可以按图 13. 97 作出,也可以用三角方法解出。

$$F = \sqrt{S_1^2 + S_2^2 - 2S_1 S_2 \cos(360° - \gamma)} \tag{13.90}$$

$$\cos\alpha = \frac{S_2\sin(360° - \gamma)}{F} \tag{13.91}$$

径向力的大小和方向用于计算轴和轴承。

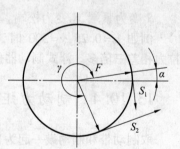

13. 10. 7　带式制动器设计计算步骤

(1)根据允许的外廓尺寸,确定制动鼓半径。

(2)确定制动带结构和包角 γ。γ 应尽量接近 360°,例如图 13. 94 的带式制动器 $\gamma = 305°$。

(3)选择摩擦材料和摩擦系数。

常用的摩擦衬面有铸铁、铜丝石棉和粉末冶金。各种材料

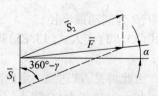

图 13. 97　径向力

的摩擦系数 μ 和许用的压强 $[p]$ 见表 13. 11。对于转向制动器或换挡制动器,因不像停车制动器那样工作繁重,其许用压强可以提高 1. 5 倍。

表 13.11 材料的摩擦系数和许用压强

材料	工作条件	摩擦系数 μ	许用压强 $[p]$/MPa
钢对铜丝石棉	干 式	0.25 ~ 0.35	0.6 ~ 1.5
	湿 式	0.10 ~ 0.12	5.0 ~ 8.0
钢对铸铁	干 式	0.25 ~ 0.40	1.0 ~ 1.5
钢对粉末冶金	干 式	0.40 ~ 0.50	0.4
	湿 式	0.08 ~ 0.12	4.0

(4)计算操纵端拉力 S_1

决定了 R, γ 和材料之后,可以根据式(13.86)计算 S_1

$$S_1 = \frac{M_z}{(e^{\mu\gamma}-1)R} = \frac{\beta M_{js}}{(e^{\mu\gamma}-1)R} \tag{13.92}$$

机构操纵直接作用(靠乘员体力拉紧)的制动器,应按 S_1 力来计算操纵机构;用弹簧或油压拉紧的,应按 S_1 力计算加压弹簧或油缸。

(5)计算制动带行程

制动带与制动鼓的平均间隙为 δ 时,单端操纵式或浮式的制动行程可以计算如下。图 13.98(a),(b)为松离时与制动时的简图。两种情况下制动带的总长度应是不变的,故制动行程 f 为

$$f = (R+\delta)\gamma - R\gamma = \delta\gamma \tag{13.93}$$

f 用来计算操纵机构。其中 γ 应以弧度计。

(6)确定制动带宽度

制动器的工作宽度 b 可先根据外廓尺寸限制选定,再按式(13.89)验算 p_{max} 不大于许用压强 $[p]$,或直接根据 $[p]$ 计算最小的工作宽度

$$b \geq \frac{S_1 e^{\mu\gamma}}{[p]R} = \frac{\beta M_{js} e^{\mu\gamma}}{[p]R^2(e^{\mu\gamma}-1)} \tag{13.94}$$

制动带的抗拉强度计算公式(参看图 13.99)为

$$\sigma = \frac{S}{(B-\gamma d)t} \tag{13.95}$$

式中,B, t 为带的宽度和厚度;n, d 为危险断面上铆钉孔的个数和直径;S 为危险断面的拉力,可由式(13.81)计算。通常以离紧端较近的铆钉处为危险断面。

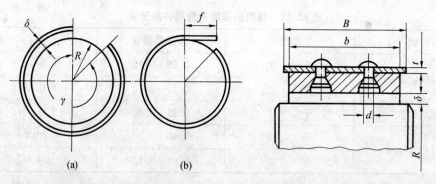

图 13.98　制动行程计算简图　　　　图 13.99　钢带抗拉强度计算简图

13.10.8　热　计　算

制动器是一种摩擦元件,它的热计算很重要。

滑摩功对于制动器也像对于离合器一样是一个评比的指标。停车制动器的滑摩功按车辆制动前的动能全部消耗在制动器而不消耗在履带与地面滑移的条件计算。每侧各有一个停车制动器,每个制动器的滑摩力为

$$W = \frac{\frac{1}{2}mv^2}{2}\eta_c\eta_x = \frac{\delta G v^2}{4g}\eta_c\eta_x \tag{13.96}$$

式中,G 为战斗全重;δ 为主离合器被动部分以后的质量增加系数;g 为重力加速度;η_c,η_x 为侧减速器、行动装置的效率;v 为车速,m/s。

由于带式制动器的压强分布很不均匀,所以带上各处温升不同。现在用一次结合不考虑散热的平均温升来衡量。热量传给鼓和带的比例为 $k_1 : k_2$,对于铸铁瓦 $k_1 = 0.48$,$k_2 = 0.52$,对于石棉衬面 $k_1 = 0.93 \sim 0.95$。制动鼓的平均温升

$$t_1 = \frac{k_1 W}{427 G_1 c_1} \tag{13.97}$$

式中,G_1 为鼓的吸热部分重量;c_1 为铸钢比热 $c_1 = 0.5$ kJ·(kg·K)$^{-1}$(千焦耳·(千克·开尔文)$^{-1}$)。

制动带的平均温升

$$t_2 = \frac{k_2 W}{427 G_2 c_2} \tag{13.98}$$

式中,G_2 为制动带重量;c_2 为铸铁比热 $c_2 = 0.42$ kJ·(kg·K)$^{-1}$(钢带比热与铸铁接近,故带的重量包括带与瓦在内)。

铜丝石棉衬面的制动器允许温升为 120 ℃,铸铁瓦的制动器允许温升为 250 ℃。如超过这一数值,应该考虑加厚鼓和瓦,或采用冷却措施。

多片式制动器温升计算与多片式离合器相同。

13.10.9 带式制动器设计

制动鼓常为铸钢件。宽度应比按式(13.94)计算的稍大些。厚度不能太小,因为要有足够的热容量和足够的刚度。设计时应充分利用鼓内的空间布置其他机件。图 13.100 为几种制动鼓的结构。图 13.100(e)的制动兼做转向离合器的外鼓,摩擦片直径较小而鼓的直径较大,把鼓做成工字形断面。这样可以减轻质量,但对铸造不利。

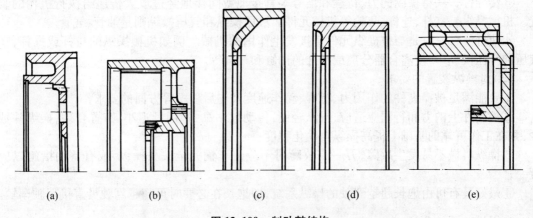

(a)   (b)   (c)   (d)   (e)

图 13.100 制动鼓结构

制动带的基体常用钢带,端部弯成圆形耳环或铆接连接耳(见图 13.7、图 13.23)。这种带易于变形,使间隙不均匀。间隙用拉力弹簧调整,变形严重时可以用校正法修复。带的厚度从松端到紧端逐渐增加。这种带的刚度较大,易于保持均匀的间隙,但加工工艺性较差。

湿式制动器的衬面应开油槽,以提高摩擦系数。

13.11 操纵装置的分析与设计评比

13.11.1 概　述

操纵装置是指驾驶员用来控制装甲车辆动力和传动装置等各机构动作(包括换挡半自动或自动化操纵)以实现对装甲车辆行驶时的各种战术技术性能要求的一套装置。它有利于充分发挥传动装置等的技术性能,提高机动性,减轻驾驶员的疲劳,并使驾驶员能集中注意力观察外界情况以提高战斗力。

1. 操纵装置的组成与要求

(1)操纵装置的组成

操纵装置的组成可分成四部分：

①能源——除由驾驶员体力操纵外,可由发动机或传动装置带动液压泵、压气机、发电机,将机械能转换为液压能、气压能、电能,以作为液压操纵、气压操纵、电力操纵等的能源。

②控制件——如驾驶员直接操纵的拉杆、踏板、按钮、阀门等。液压操纵中的控制阀控制液压、流速和方向。由于微型电子计算机的发展,也可将电子装置作为控制系统。

③传导件——将操纵的力、行程和信号等直接地或间接地经过放大传递给执行机构的装置。机械操纵是杠杆、连杆、凸轮等机械元件。液压操纵和气压操纵则是油管、气管。

④执行件——它是与被操纵元件直接发生作用的机械。例如机械操纵的拉杆或推杆;在液压和气压操纵中,使离合器分离或结合的油缸和气缸等。

(2)对操纵装置的要求

①要能满足被操纵件的作用力、行程、动作速度及先后程序等方面的要求;

②控制件上的力和行程应适应,操纵轻便,传动效率高,作用延迟小,布置合理,操纵件数少,并在工作可靠的基础上提高操纵自动化程度;

③操纵机械不易发生故障,万一有故障时不应使车辆完全失去操纵,或有备用措施以应万一;

④最好具有可由炮长超越驾驶的操纵系统,即炮长在必要时可超越驾驶员直接驾驶车辆。

2. 操纵装置的分类

(1)机械操纵装置

用机械元件组成的操纵装置。又可分为:

①直接作用式——操纵所需的能量全由驾驶员的体力承担;

②弹簧助力式——操纵所需的能量,部分可由助力弹簧预先储备的能量来供给,驾驶员只付出操纵所需的部分能量。

(2)液压操纵装置

利用液压能来完成操纵动作的装置。可分为:

①无随动作用式——执行件的行程或力的大小不能相应地随控制件的行程或力的大小而改变;

②随动作用式——执行件的行程或力的大小,能相应地随控制件的行程或力的大小而改变。

随动作用式可分为:

a.行程随动式——执行件的行程大小能相应地随控制件的行程而改变;

b.作用力随动式——执行件力的大小能相应地随控制件力的大小而改变。

③气压操纵装置——利用高压空气来完成操纵动作的操纵装置。

④电力操纵装置——利用电能及电磁元件等实现操纵动作的操纵装置。

⑤综合式操纵装置——上述各型操纵装置的某些组合如液压机械操纵,液、气操纵,液、气、电操纵等。

13.11.2 弹簧助力式机械操纵的分析

机械操纵采用直接作用式还是采用弹簧助力式,决定于被操纵元件的结构。因为助力弹簧本身不能产生能量,它只是利用弹簧变形来吸收和储藏被操纵元件放出的能量,在驾驶员下一次操纵时再将这部分能量释放出来协助减轻操纵力。如被操纵元件在操纵过程中没有弹性元件(一般为弹簧)储存和放出能量,那就不可能采用弹簧助力式操纵。例如定轴变速器是用同步器或移动齿套来换挡的,就不能采用弹簧助力式;而机械式主离合器操纵就可以采用弹簧助力式机械操纵。

弹簧助力式机械操纵优点是结构简单、工作可靠、保养维护方便。缺点是助力作用的效果有限。

弹簧助力式操纵装置的工作原理,以被操纵元件是弹簧加压的离合器为例加以说明,如图13.101 所示。

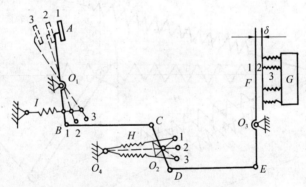

图 13.101　弹簧助力式操纵装置简图

由图 13.101 可见,控制端 A(踏板)是由驾驶员操纵的,执行端 F(离合器压板)与被操纵元件离合器 G 直接发生作用。中间传导部分是由固定支承点 O_1,O_2,O_3 和杠杆系统 AB,BC,CD,DE,EF 组成。H 为助力弹簧,I 为回位弹簧。

图示 F 位置 1 是离合器处于结合状态,执行端 F 与离合器 G 不接触。位置 2 为开始接触点,位置 1 与位置 2 有间隙 δ,它的作用是保证离合器摩擦片有少量磨损时也能完全结合。执行端 F 由位置 1 到位置 2 的距离,称为自由行程。由位置 2 到位置 3 是表示继续压缩离合器弹簧,实现离合器的分离工况。

设执行端到控制端导动系统杠杆比为常数,在操纵系统中没有助力弹簧 H 和回位弹簧 I。操纵踏板由位置 1 到位置 2,驾驶员需克服各传导件铰链点的摩擦力和机构的惯性力;到位置 2 以后再继续向位置 3 移动,必须克服离合器 G 中的弹簧反作用力,因此驾驶员在控制端(踏板)上必须施加相当的力。由于离合器弹簧力随压缩量增加而加大,因此在控制端(踏板)的

操纵力 P(或力矩 M)和行程 S(或转角 θ)的关系曲线如图 13.102 所示。P_2,P_3 分别表示相应 F 端在位置 2 和 3 时踏板的操纵力。图中阴影面积称操纵功,即驾驶员操作一次所需要花费的能量。

助力弹簧 H 的助力效果与安装位置、角度及弹簧的刚度有密切的关系。图 13.103 为助力弹簧作用简图。图中设与杠杆 CD 相连的曲臂在操纵过程中绕 O_2 轴心转动有位置 1,2,3。

位置 1——助力弹簧的初位置。相对 O_4O_2 横轴具有安装角为 φ_1,助力弹簧 H 作用力 P_{H_1} 对轴心 O_2 的力矩 M_{H_1} 需由踏板上的操纵力来克服,换言之,使曲臂转过 φ_1 角驾驶员须对助力弹簧做功。

位置 2——曲臂相对 $\overline{O_4O_2}$ 轴的角度 φ 为零,助力弹簧作用

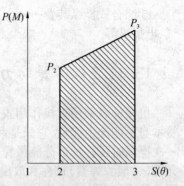

图 13.102 踏板操纵力 P 与行程 S 的关系

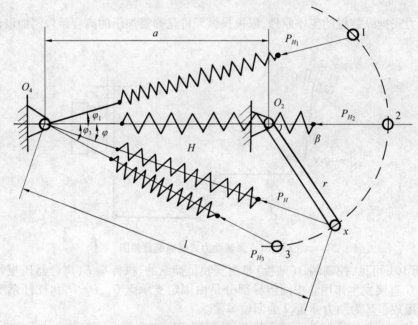

图 13.103 助力弹簧作用简图

力 P_{H_2} 对轴心 O_2 的力矩 $M_{H_2}=0$,这一特点称为助力弹簧工况的"死点"位置。

位置 3——曲臂绕 O_2 转动的终点位置,对应的转角 φ_3 位于 $\overline{O_4O_2}$ 横轴的下方。曲臂自位置 2(死点)至位置 3 过程中,助力弹簧的力对 O_2 轴所形成的力矩均为助力作用,减少驾驶员的操纵功。位置 3 的弹簧力 P_{H_3} 所形成的助力力矩为 M_{H_3}。

曲臂转动过程中,曲臂相对 $\overline{O_4O_2}$ 横轴转动一任意角 φ 在 x 处,助力弹簧作用力 P_H 为

$$P_H=k(l-l_0) \tag{13.99}$$

式中,k 为助力弹簧刚度;l_0 为助力弹簧自由状态长度;l 为助力弹簧被拉长于所在 φ 角位置时的长度。

可变长度 l 可由下式计算

$$l^2 = (a+r\cos\beta)^2 + (r\sin\beta)^2$$

所以
$$l = \sqrt{a^2+r^2+2ar\cos\beta} \qquad (a)$$

式中,a 为 O_4 与 O_2 的距离;r 为曲臂长度;β 为如图 13.103 所示曲臂在 x 处相对 $\overline{O_4O_2}$ 横轴的角度。

$$l\sin\varphi = r\sin\beta$$

所以
$$\sin\beta = \frac{l}{r}\sin\varphi \qquad (b)$$

由图 13.103 可见,在任意 φ 角时,弹簧 H 的作用力 P_H 相对轴心 O_2 的作用力矩 M_H 为

$$M_H = P_H \cdot a\sin\varphi$$

将式(13.99)及式(a),(b)代入上式中,整理后得到

$$M_H = ka\left[\left(\sqrt{a^2+r^2+2ar\sqrt{1-\left(\frac{l}{r}\sin\varphi\right)^2}} - l_0\right)\sin\varphi\right] = f(\varphi) \qquad (13.100)$$

根据实际计算 $M_H = f(\varphi)$ 近似为直线关系,即可视为 M_H 与 φ 成线性比例。

在式(13.100)中 φ 的正角、负角规定为:

$$\begin{cases} \varphi>0, \varphi \text{ 角在 } \overline{O_4O_2} \text{ 横轴上方为正角,如 } \varphi_1 \text{ 角} \\ \varphi<0, \varphi \text{ 角在 } \overline{O_4O_2} \text{ 横轴下方为负角,如 } \varphi_3 \text{ 角} \end{cases}$$

根据 φ 角的正负号,从而 M_H 的正负值意义如下:

$M_H>0$ 为阻力矩,驾驶员需对踏板施加操纵力以克服 M_H 并付出操纵功使曲臂转过 φ_1 角。

$M_H<\varphi$ 为助力作用,可减少驾驶员的操纵力与操纵功。

根据上述符号规定,可将 M_H 与 φ 关系表示在图 13.104 上,图中横坐标:1——曲臂在位置 1,$\varphi = \varphi_1$;2——曲臂在位置 2,$\varphi = 0$;3——曲臂在位置 3,$\varphi = -\varphi_3$。

由式(13.100)及图 13.104 可以看出:①M_H 与弹簧刚度 k 成比例;②$M_H = f(\varphi)$ 的死点(位置 2)与助力弹簧的安装角 φ_1 有关,φ_1 小,则图 13.104 上死点左移;φ_1 大,则死点右移。

为便于观察和分析,可将 $M_H = f(\varphi)$ 换算到踏板上去。相应 $M_{H_1}, M_{H_2}, M_{H_3}$ 有 P_1', P_2', P_3'。相应 $\varphi_1, \varphi_2, \varphi_3$ 在踏板行程 S(或转角 θ)横坐标轴上有 1,2,3 位置点。如图 13.105 所示。

图 13.105(a)表示若助力弹簧安装角 φ_1 不变(图上即死点位置不变),仅改变弹簧刚度并使 $k_3>k_2>k_1$,则得到过点 2(即死点)的直线束:刚度大者,斜率大;反之,斜率小。

图 13.105(b)表示若助力弹簧刚度不变(即直线斜率不变),但改变安装角:则安装角减小者,直线向左平移(死点变小);安装角增大者,则直线向右平移(死点加大)。如果仍从原来的点 2 处观察:则向左平移直线的 $P_2''<0$(助力作用);向右平移直线的 $P_2''>0$(阻力作用)。

由于助力弹簧安装角不同,死点位置可以左右移动;但 F 执行端克服自由行程到达位置 2 是确定的(不考虑离合器摩擦片的磨损影响),两者配合的关系如何,从理论上可有三种不同

类型的弹簧助力操纵方案,如图 13.106 所示。

(1)$\delta=0$ 时,$P_2''=0$,如图 13.106(a)所示。这种方案的优点是:

①P_2 保持不变,最大操纵力 P_3 下降到 P_3'';

②操纵功面积减小,如图中阴影部分所示。

缺点是在死点 2 处作用力为零,如不考虑惯性作用,当踏板回程时,达到该点即停止运动,需要驾驶员拉一下踏板才能继续回位。

实际上方案 1 是不存在,因为使用过程中自由间隙有变化,而零件尺寸也有误差,因此助力弹簧操纵方案定是第 2 类或第 3 类。

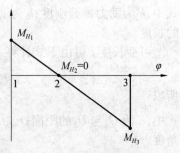

图 13.104　助力弹簧作用力矩 M_H 与曲臂转角 φ 的关系图

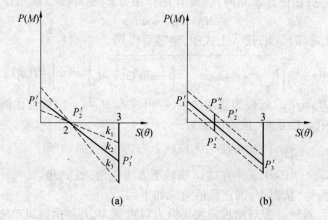

图 13.105　弹簧刚度、安装角度对 $P\text{-}S$ 曲线的影响

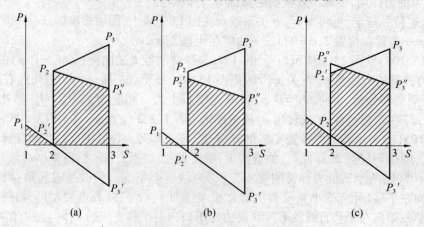

图 13.106　弹簧助力三种典型方案

（2）$\delta=0$ 时 $P_2'<0$，如图 13.106（b）所示。这时表示助力弹簧 H 已转过 φ_1 角，并发挥助力作用。方案 2 比方案 1 助力效果更大，最大操纵力和操纵功更小。但在踏板回程中间有一段需要驾驶员给以回位拉力才能使踏板通过死点回位。这对脚踏板来说，很不方便。

（3）$\delta=0$ 时 $P_2'>0$，如图 13.106（c）所示。即执行端 F 到达位置 2 开始工作时，助力弹簧 H 还没越过死点（φ_1 安装角较大情况），仍起阻力作用。显然，助力效果较小，位置 2 处的操纵力 $P_2''>P_2$，操纵功面积也相对较大。但优点却是克服了回程中踏板"死点"，驾驶员放松踏板后，操纵系统能够使踏板自动回位。若采用此方案，系统中可不加回位弹簧，但是省力效果较差。若采用第 2 种类型，则一般需要另加回位弹簧以保证踏板自动回位。图 13.107 为中型坦克主离合器操纵的 $F\text{-}\theta$ 曲线示例。

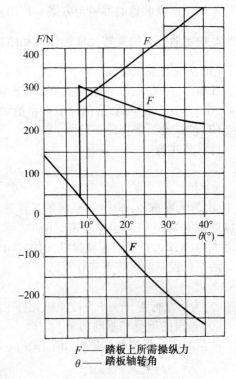

F——踏板上所需操纵力
θ——踏板轴转角

图 13.107　主离合器操纵 $F\text{-}\theta$ 曲线

助力弹簧安置在踏板轴的前左方，采用第 3 种类型的弹簧助力方案，所以不需加回位弹簧，踏板可自动回位，有关参数为：

① 从性能上应满足：

a. 主离合器被操纵件的力与行程的要求（压板行程 7.5 mm，分离时最大轴向力为 8 870 N；压板自由行程为 1.5 mm，相当活动盘自由行程转角 3°55′）；

b. 踏板最大操纵力不超过 300 N，踏板行程不大于 250 mm 等。

② 离合器弹簧刚性为 18.6 N/mm（有 18 个压缩弹簧）；

③ 助力弹簧刚性为 101.5 N/mm；

④ 离合器自由行程终了时踏板轴转角 8°30′；

⑤ 压板行程最大点时助力弹簧位置为踏板轴转角 38°18′（助力弹簧力矩值 7 700 N·cm）；

⑥ 踏板轴转角 0°时，助力弹簧力矩 4 220 N·cm。

13.11.3　液压操纵装置设计的基本内容与评比

液压操纵装置的组成、作用及构造、工作原理见本章第 13.5、13.6 节。

1. 确定方案

根据对车辆性能要求和传动装置结构、各被操纵元件的结构特点和对它们的要求,来确定采用的液压操纵装置的类型与方案。作出液压系统的方案设计,画出液压系统简图。

2. 确定液压系统某些元件的性能和结构参数

(1)系统的油压确定

油压高,可使油泵、油缸、阀、管、油滤等元件的尺寸小,结构紧凑。但油压高,要求加工精度高,密封困难,成本高,目前一般取系统油压为 1.0 ~ 1.6 MPa。

(2)油缸的活塞直径和行程

计算公式为

$$\frac{\pi d_h^2}{4} \times p \times \eta = \frac{F + F'}{i}$$

式中,d_h 为活塞直径,cm;p 为系统的工作油压,Pa;η 为油缸的机械效率,与缸壁及杠杆机构的机械摩擦损失有关,对于橡胶密封圈的,可取 $\eta = 0.8 \sim 0.85$;F 为最大负荷,N;F' 为回位弹簧的最大力,N;i 为自油缸到被操纵元件之间的杠杆比。

活塞行程一般可按下式计算

$$S_h = S \times \alpha \times i$$

式中,S_h 为活塞行程,cm;S 为被操纵元件工作行程;α 为行程储备系数,一般取 $\alpha = 1.1 \sim 1.2$。

(3)油泵的流量和驱动功率

油泵的流量根据油缸排量和工作速度要求进行计算。计算公式如下

$$Q = \frac{V_\Sigma \times 60}{t_{min} \times \eta_c}$$

式中,Q 为油泵实际需要的流量,cm³/min;η_c 为充注系数,考虑沿程有各种液体损失,一般取 0.6 ~ 0.9;t_{min} 为油缸完成工作的最短时间,s:一般对主离合器,取 0.5 ~ 1.0 s;对定轴变速器,取 0.5 ~ 1.0 s;对行星变速器取 0.5 s;对转向机,取 1 ~ 2 s;V_Σ 为同时工作的油缸总排量,cm³。

$$V_\Sigma = \frac{\pi}{4} \sum d_h^2 \times S_h$$

油泵的驱动功率(单位为 kW)为

$$N = \frac{Q \times p'}{330 \times \eta_b}$$

式中,p' 为计算油压,$p' = (1.1 \sim 1.2)p$,考虑液体传导中的沿程压力损失和局部压力损失,P_a;η_b 为油泵总效率,一般取 0.75 ~ 0.85。

(4)主要油道直径的确定

$$d_g = \sqrt{\frac{4Q}{\pi \times v_p}}$$

式中,d_g 为油道直径,cm;v_p 为油道中允许的平均速度,一般吸油管 $v_p = 100 \sim 180$ m/min;有压油管 $v_p = 200 \sim 300$ m/min。

(5)对操纵力的要求

液压系统正常工作时,一般应使操纵杆上的力不超过 $100 \sim 120$ N。液压系统出现故障用机械操纵时,操纵杆上的力不超过 $300 \sim 350$ N。

3. 系统中液压元件的选择或结构设计

油泵是根据流量 Q、压力 p 和转速 n(与油泵安放位置及导动油泵的传动比有关)来选用,一般情况下油泵都选用现成的。由于发动机转速或车辆速度变化范围较宽,因此,必须注意油泵转速要与之适应:即在发动机怠速或车辆低速行驶时油泵能正常工作,同时也应考虑发动机和车辆在高速时油泵转速不应过高,否则消耗功率大,影响工作寿命。一般车辆液压操纵中的换挡阀、转向阀和其他阀门,由于要求结构紧凑和布置合理,往往不能选用现有的元件。液压系统的元件设计以及工艺等问题可参考有关的书籍和手册。

4. 评比分析

对于液压操纵装置的控制端的布置,由于操纵轻便、行程小,故安排较为方便。

液压式操纵比机械式操纵能利用液压能帮助驾驶员减轻繁重的体力操作,只需用较小的力拨动与液压控制的阀门相连接的手柄或踏板就可以了。但在制造精度的要求上较机械式高,在运用液压技术缺乏经验的情况下,容易发生各种故障。但如果设计完善,使用又得当,液压操纵装置的工作也很可靠。

液压式与气压式比较,在结构简单、体积小、使用可靠方面具有一定优越性。

气压式操纵在系统上需有:压气机、储气瓶、油水分离器等。但气压式采用空气做工作介质,可以省去回路导管和容器,直接排放到大气中即可。随着压气机技术的提高,气压可达 15 MPa,使操纵装置的体积大大缩小。在装甲履带车辆上,如果利用高压空气启动为主(电启动为辅),车上有专用的高压空气能源,在这种条件下,采用气压操纵装置有可取之处。

液压或气压操纵经常采用电信号传递方式,它适合于远距离控制及信号的快速传递要求。

复 习 题

13-1 简述转向机构的功用与类型。

13-2 简述中型底盘行星转向器中制动器的工作原理。

13-3 液压式行星转向器与机械式行星转向器相比有何不同点?

13-4 简述中型底盘行星转向器在直线行驶、转向和制动时的工作。

13-5 简述浮式制动器是如何实现双向助力的。

13-6 简述自行火炮在直线行驶时,中型底盘左侧行星转向机及左联动机构的工作情况。

13-7 简述中型底盘脚操纵装置的工作。

13-8 中型底盘脚制动器踏板回位力源有几个？各是什么？

13-9 写出简单行星排的运动学方程以及齿圈做输入件、框架做输出件、太阳齿轮做控制件时的几种情况下的传动比。

13-10 中型底盘行星转向机操纵装置中,手操纵装置和脚操纵装置的操纵对象各是什么？

13-11 简述轻型底盘行星转向机的工作原理。

第14章 侧减速器

14.1 概 述

　　侧减速器是传动系的最后一级传动装置,因此又称最终传动。它安装在车体两侧的转向机构和主动轮之间,又被称为侧传动。侧减速器主要是用来降低前级传动传来的转速,增大主动轮上的扭矩。它具有固定的传动比,可以大大降低转向机构传来的转速,提高装甲车辆的通行能力。

　　现代装甲车辆常用的侧减速器有一级侧减速器和二级侧减速器两类。

　　一级侧减速器的种类很多,有外啮合式、内啮合式、同轴式和行星式(见图14.1)。它们各有特点,外啮合式侧减速器结构简单,传动比大。内啮合式侧减速器能充分利用空间,结构紧凑。行星式侧减速器多点啮合,径向力可以互相抵消。在使用中,我们可以根据需要选择合适的方案。

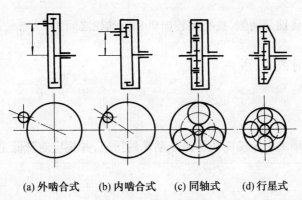

(a) 外啮合式　　(b) 内啮合式　　(c) 同轴式　　(d) 行星式

图14.1　一级侧减速器简图

　　二级侧减速器,它是由一级定轴外啮合式减速机构和一级行星式减速机构组合的二级侧减速器(见图14.2)。

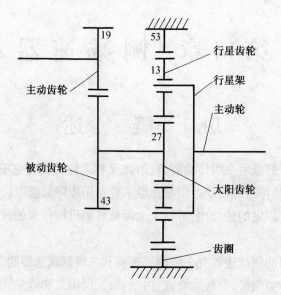

图 14.2　二级侧减速器简图

14.2　侧减速器的结构

侧减速器位于车体前部两侧,在行星转向机和主动轮之间。

14.2.1　功用及组成

1. 功用

以固定的传动比增大行星转向机传给主动轮的扭矩,并相应地降低主动轮的转速。

2. 组成

侧减速器由齿轮箱及盖、主动部分和被动部分组成(见图 14.3、图 14.4)。

14.2.2　构　　造

1. 齿轮箱及盖

齿轮箱体焊在车体上,箱体的上方接有油管,供加油用,箱体的下方靠车体内侧有螺塞,供检查油面用,箱体的最下方有一螺塞,供放油用。

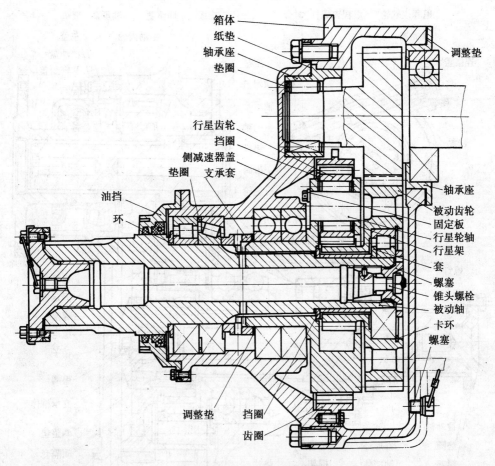

图 14.3　中型底盘侧减速器

　　箱盖用螺栓固定在箱体上。盖内的加强盘上制有油孔,便于润滑油流通。为防止漏油,在箱体与盖的结合面间装有涂铅油的纸垫。

2. 主动部分

　　主动部分由主动齿轮、主动轴、球面滚子轴承、长圆柱滚子轴承、连接盘及密封装置等组成。

　　连接盘及主动齿轮通过花键套在主动轴上。主动轴的一端支承在长圆柱轴承上,另一端支承在双排球面滚子轴承上,双排球面滚子轴承安装在轴承盒内,它有自动调整中心的作用;连接盘通过螺栓与制动鼓连接。密封装置由自紧油封及甩油盘组成,自紧油封装在轴承的压紧盖里,左侧的压紧盖(左盖)上安装有里程表蜗杆,以带动里程表。

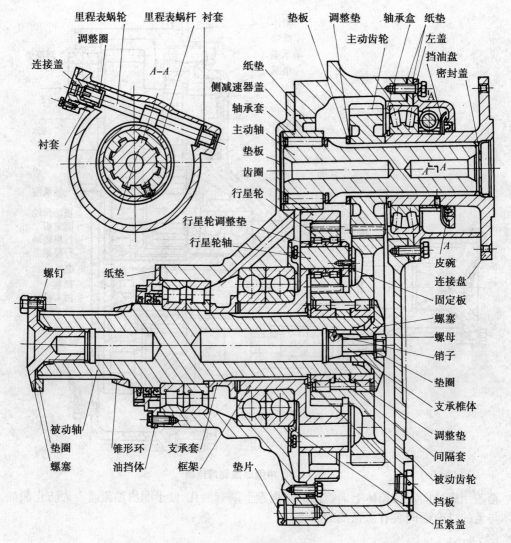

图14.4　轻型底盘侧减速器

3. 被动部分

被动部分由被动轴、固定螺塞及锥头螺杆、被动齿轮(太阳齿轮)、行星排框架、调整垫、滚珠轴承、滚子轴承等组成。

被动轴以两个滚子轴承和两个滚珠轴承支承在箱盖内。被动齿轮通过轴承安装在被动轴上,行星排框架通过花键套在被动轴上,行星排的齿圈通过螺栓固定在箱盖上。

14.2.3 工作过程

由行星转向机传来的动力,经连接盘、主动轴和主动齿轮,传至被动齿轮(太阳齿轮),被动齿轮及行星齿轮绕其轴转动,并在被固定的齿圈上滚动,同时行星齿轮通过其轴带固定框架转动,使被动轴转动,将动力传给主动轮。经过二级减速降低了转速,增大了扭矩。中型底盘传动比为5.96,轻型底盘传动比为5.85。

框架和行星齿轮的下部浸在润滑油中,转动时,发生飞溅,从而可润滑框架、轴承和齿面。

14.3 侧减速器的工作与计算特点

14.3.1 工作特点与要求

侧减速器又称侧传动,是传动装置中的最后一个组件。

侧减速器又是传动装置、行动装置、车体三者的结合点。被动轴伸出车外,用以安装主动轮,箱体通常是焊接到侧装甲板上,成为车体的一个组成部分。侧减速器体上安装孔的中心线是车体上发动机支架和传动装置支架的设计基准。

侧减速器的要求,还有如下特点:

(1)因传动比一般较大,主动轮齿数较少,弯曲强度、接触强度、抗磨强度都比较薄弱,设计时应予特别注意。

(2)主动轴中心线的位置随整个传动装置的主轴位置而定,被动轴中心线的位置与确定履带环中主动轮的位置有关。因此,侧减速器主动轴和被动轴的中心距不能任意确定,必须适应上述布置要求。

(3)应有良好的密封,一方面防止漏油,另一方面要防止外部灰土泥水等的侵入。

(4)应有良好的润滑并保证长期工作下温度正常。采用新型润滑油强制润滑的方法,可提高齿轮工作寿命并降低侧转动箱内的油温,如豹Ⅱ侧减速器油温由大于230 ℃降至150 ~ 160 ℃。

(5)结构紧凑,占用空间要小;同时主动轮的配装要合理,应注意减少侧传动被动轴的附加载荷并方便主动轮齿圈的更换。

14.3.2 计算特点

一般外啮合的小齿轮数多为9~12个齿,采用高度变位制提高小齿轮强度,但应符合不根切、不尖顶条件。例如中型坦克侧减速器小齿轮 $Z=9$,变位系数 $\xi=0.622$,验算齿顶宽度 $S_e=0.4$ m。大齿轮变位系数按 $\xi+\xi'=0$ 得 $\xi'=-0.622$。一般模数 m 为8~10。齿形多为直齿轮,美国有些坦克采用人字齿。主动齿轮多与轴制成一体。

侧减速器主动轴的最大计算力矩 M_{js}，根据在 $30°$ 侧倾坡上向上转向时高速侧履带与地面的最大附着牵引力确定。

$$M_{js} = 0.65\ \frac{\varphi G R_h}{i_e \eta_e \eta_x}$$

单流机械传动的转向机构也应根据此值并考虑适当的储备系数，计算相应的转向机构所需的闭锁力矩值。

在特殊情况下，当履带以凸起的花纹啮合于金属或水泥结构(如克服障碍)时，若装甲车辆的单位功率高时，侧减速器上的载荷有可能超过按附着条件的最大计算力矩。此时，若转向机构摩擦元件的计算力矩是按大于履带和地面的附着力矩来计算的，则侧减速器齿轮强度需按从发动机传来的力矩校核。许用力可按 $[\sigma_w] = 0.8\sigma b$ 估计。

侧减速器的轴承计算和变速箱轴承计算一样，根据装甲车辆直线行驶时的当量转速和当量载荷进行。

计算齿轮经常负荷时，计算力矩应取某个挡作为计算工况。在求许用应力时，还要考虑各挡负荷的当量循环次数。

弯曲强度的当量循环次数

$$N_w = \sum 60 T n_k \alpha_k a \left(\frac{M_k}{M_{js}}\right)^9$$

$$N_j = \sum 60 T n_k \alpha_k a \left(\frac{M_k}{M_{js}}\right)^3$$

式中，T 为总寿命时数；a 为齿轮每转啮合次数；M_{js} 为所取某挡计算工况的计算力矩；n_k，M_k，α_k 为各挡转速、力矩、工作时间率。

侧减速器主动轴上除承受齿轮的啮合负荷外，如果转向机安装在侧减速器上时，还受有转向制动器和停车制动器的径向力、转向离合器的分离轴向力等。侧减速器被动轴上除承受齿轮啮合的负荷外，如果主动轮不是支承在侧减速器箱盖上，还受有履带张力、牵引力等。要根据情况具体加以考虑。

轴的许用力可取为 $40\,000 \sim 50\,000\ \text{N/cm}^2$，轴上的花键许用挤压力、可取为 $40\,000\ \text{N/cm}^2$。

复　习　题

14-1　简述侧减速器的分类及特点。

14-2　侧减速器由哪几部分组成？采取了什么密封装置？

14-3　简述侧减速器动力传递路线。

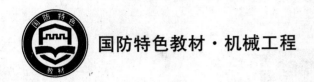

国防特色教材·机械工程

自行火炮推进系统

（下册）

张培林　何忠波　白鸿柏　等编著

哈尔滨工业大学出版社

北京航空航天大学出版社　北京理工大学出版社

哈尔滨工程大学出版社　西北工业大学出版社

内容简介

本书以我军自行火炮新装备为对象,系统地阐述了自行火炮推进系统的基本结构及工作原理,设计、制造、验收的基本要求与方法。全书包括绪论、动力部分、传操部分、液压传动、行动部分、轮式自行火炮底盘、行驶原理共6篇25章。本书特点是:结构与原理相融合,设计与制造相结合,使用与保障兼顾,体现了本书的理论价值与工程实践价值。

本书内容系统完整、针对性强,主要作为机械工程自动化(自行火炮方向)专业大学本科学员自行火炮推进系统课程的教学用书,也可供科研院所、部队、兵器试验、军代表等单位相关专业的科技人员参考。

图书在版编目(CIP)数据

自行火炮推进系统:全2册/张培林,何忠波,白鸿柏等编著. —哈尔滨:哈尔滨工业大学出版社,2012.4

ISBN 978-7-5603-3556-8

Ⅰ.①自…　Ⅱ.①张…　②何…　③白…　Ⅲ.①自行火炮-推进系统-高等学校-教材　Ⅳ.①TJ818

中国版本图书馆 CIP 数据核字(2012)第 056104 号

自行火炮推进系统

张培林　何忠波　白鸿柏　等编著
责任编辑　杨桦　范业婷　李长波

*

哈尔滨工业大学出版社出版发行
哈尔滨市南岗区复华四道街 10 号(150006)　发行部电话:0451-86418760　传真:0451-86414749
http://hitpress.hit.edu.cn
哈尔滨工业大学印刷厂印装　各地书店经销

*

开本:787×960　1/16　印张:67.75　插页:2　字数:1 360 千字
2012 年 4 月第 1 版　2012 年 4 月第 1 次印刷　印数:1 000 册
ISBN 978-7-5603-3556-8　定价:138.00 元

目　录

第四篇　行　动　部　分

第五篇　轮式自行火炮底盘

第六篇　行驶原理

第三篇　液压传动

第 15 章 自行火炮液压传动

　　液压传动技术是一门新的技术,发展迅速,尤其是第二次世界大战以后,被广泛地应用于国民经济各个部门,如航天、航空、航海、机械制造、工程机械、石油化工、矿山、冶金、轻工、农业、核能工业、海洋开发等技术领域中。大量的新技术、新工艺、新材料的应用促进了液压技术的发展。目前液压技术向高压、高速、大流量、大功率、高寿命、高效率、低噪声、长寿命集成化方向发展。

　　液压技术包括的内容很多,按工作特征可以分为液压传动和液压控制两大类。

1. 液压传动(静压传动)

　　液压传动是以液压油作为工作介质,以液体的压力能来传递动力。液压通过动力元件(液压泵),将原动机的机械功率转换成液压功率,再通过控制元件,然后借助执行元件(液压缸或液压马达)将液压功率转换为机械功率,驱动负载实现直线或回转运动。

2. 液压控制

　　液压控制和液压传动一样,系统中包括动力元件、控制元件和执行元件,也是通过液压油传递功率。与液压传动不同之处就是液压控制具有反馈装置,反馈装置的作用是把执行元件的输出量(位移、速度、力等机械量)与输入量进行比较,用比较后的偏差来控制系统,使执行元件跟随输入量而变化。液压控制系统是一个自动控制系统,也称液压随动系统或液压伺服系统。

　　本章将要介绍液压传动、液压控制的工作原理及其在车辆上的应用。

15.1　基　本　知　识

15.1.1　液压传动的工作原理

　　传动通常分为机械传动、电气传动和流体传动。

　　流体传动是以流体为工作介质进行能量的转换、传递和控制的传动。包括液体传动和气体传动。

　　液体传动是以液体为工作介质的流体传动。包括液压传动和液力传动。液压传动是只利用液体压力势能进行的传动;液力传动则主要利用液体的动能进行传动。因此,以液体作为工作介质,并以其压力势能进行能量传递的方式,即为液压传动。

　　现以液压千斤顶为例说明液压传动的工作原理。如图 15.1 所示,千斤顶由小油缸、大油缸、单向阀及管道组成。当手柄向上运动时,小活塞向上运动,使小油缸下腔的容积增大,形成局部真空,此时单向阀关闭,在大气压力作用下单向阀1打开,液体经吸油管道被吸入到小油缸下腔内;当手柄向下运动时,小活塞也向下运动,下腔的容积逐渐减小,腔内液体的压力由于受小活塞的挤压而升高,因而将单向阀1关闭,并将单向阀2顶开,液体经单向阀2排入大油缸的下腔,并推动大活塞向上运动,将重物顶起。这是一个既简单又完整的液压传动系统。

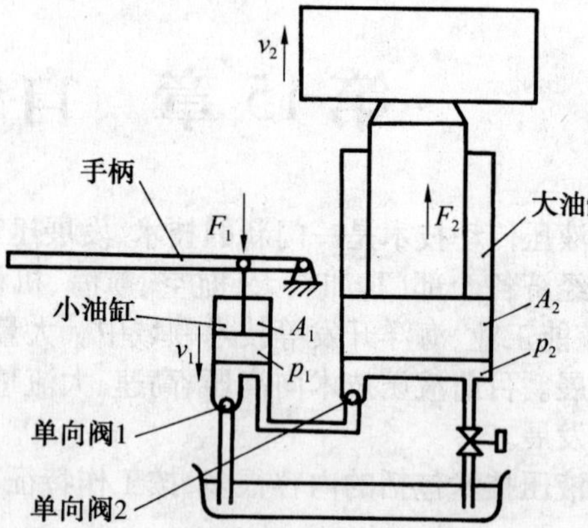

图 15.1　液压传动工作原理

1. 运动学关系

通过运动学关系的分析,给出流量的概念和关系式。

(1)两活塞的位移与两活塞的面积成反比

如图 15.1 所示,小油缸中被挤出的液体体积必然等于流进大油缸的液体的体积。那么,取小活塞下移的距离为 h_1,活塞上移的距离为 h_2,A_1,A_2 分别为两活塞的面积,则小油缸、大油缸内液体容积的变化为

$$V = A_1 h_1 = A_2 h_2 \tag{15.1}$$

由式(15.1)可得

$$A_1 / A_2 = h_2 / h_1 \tag{15.2}$$

(2)活塞的移动速度与活塞的面积成反比

设两活塞移动的时间为 t,那么,因两活塞的移动是在同一时间内进行的,若小活塞和大活塞的移动速度分别为 v_1 和 v_2,则

$$v_1 = h_1 / t, \quad v_2 = h_2 / t$$

将上式代入式(15.2),则得

$$A_1 / A_2 = v_2 / v_1 \tag{15.3}$$

(3)流量关系式

将公式 $h_1 = v_1 t, h_2 = v_2 t$ 代入式(15.1)中,则根据液体流动的连续性得出体积变化为

$$V = A_1 v_1 t = A_2 v_2 t$$

即

$$Q = \frac{V}{t} = A_1 v_1 = A_2 v_2 \tag{15.4}$$

Q 是单位时间内流过某截面液体的容积,称为流量,它是液压技术中的重要参数之一。

由式(15.4)可以看出流量与活塞面积和移动速度之间的关系:在流量一定的条件下,活塞的面积大则速度就小;反之亦然。这是一个极为重要的概念。

2. 动力学关系

通过动力学关系的分析,给出功率的概念和关系式。

在图 15.1 所示油压千斤顶原理图中的力 F_1,称为输入力(驱动力),而力 F_2 称为负载(阻力)。

(1) 两活塞所受的力与该活塞的面积的比值为常数

当忽略活塞在移动时的摩擦阻力和惯性力,由帕斯卡原理得知两油缸中的压力相等,即

$$p = F_1/A_1 = F_2/A_2 \tag{15.5}$$

或

$$F_1 = p \cdot A_1 = F_2 \cdot A_1/A_2$$

压力 p 也是液压技术中的重要参数之一。

(2) 两活塞所做的功

活塞上升克服负载 F_2 所做的功为

$$W = F_2 h_2$$

在理想的情况下,即忽略各种摩擦损失和油液的漏损,根据能量守恒定理,小活塞输入的功应等于活塞输出的功,即

$$W = F_1 h_1 = F_2 h_2 \tag{15.6}$$

但在实际情况下,总是有损失的(尽管损失很小),所以输入功总要大于输出功。

(3) 液压功率的导出

功率就是单位时间内所做的功。用 N 表示,单位为 W(瓦),则

$$N = W/t \tag{15.7}$$

式中,W 为所做的功,J;t 为做功所用的时间,s。

若把式(15.6)、公式 $v_1 = h_1/t$ 和 $v_2 = h_2/t$ 代入式(15.7)中,则得

$$N = F_1 v_1 = F_2 v_2 \tag{15.8}$$

由式(15.8)可以看出,功率就是力和速度的乘积。为了区别两种功率,把 $F_1 v_1$ 叫做输入功率,把 $F_2 v_2$ 叫做输出功率。实际上传递过程中是有损失的,输入功率总是大于输出功率。将 $F_1 = p_1 A_1$,$F_2 = p_2 A_2$ 代入式(15.8),得到液压传动中常用的功率公式

$$N = pQ \tag{15.9a}$$

由式(15.9a)可以看出,在液压传动中压力与流量的乘积就是功率。

若式(15.9a)中的压力 p 单位为 N/m^2,即 Pa;流量 Q 单位为 m^3/s;功率 N 单位为 kW;则得

$$N = \frac{pQ}{1\,000} \tag{15.9b}$$

15.1.2　液压传动的特点

通过上述分析可知,液压传动采用液压油作为工作介质,靠封闭在容腔中的液体压力来传递力或力矩。液压传动有以下两个基本特性。

1. 封闭容腔中的压力只取决于负载

由式(15.5)$p = F_1/A_1 = F_2/A_2$可看出,输入力F_1通过压力p传递;而负载F_2由输入力F_1承受。液体的压力由负载F_2建立,负载的大小决定了压力的大小,若没有负载就不可能建立起油压,即$F_2 = 0$时,$p = 0$。压力只随负载的变化而变化,与流量无关。

2. 负载运动速度只取决于输入流量

由式(15.4)$Q = A_1 v_1 = A_2 v_2$可看出,在两液压缸的面积A_1,A_2确定之后,负载运动速度只取决于流量Q的大小,而与压力p无关。

如果使流量Q连续变化,则v_2也连续变化,就可实现液压传动的无级调速。所以,在液压传动中用改变液体流量Q、压力p来满足工作机构各种运动中的两个最基本的参数。

液压传动还具有自锁性特点。从理论上讲,不管输出端的负载如何变化,当输入端停止运动(即停止供油)后,输出端就会立即停止运动。但实际上由于液压系统中存在着内漏,自锁性就不可能长时间地保持。

15.1.3　液压传动的组成

从图15.1可知,一个能完成能量传递的液压系统由五部分组成:
①液压动力元件:称液压泵,它是将机械能转换为液体的压力能。
②液压执行元件:包括液压缸和液压马达,它是将液体的压力能转换为机械能。
③液压控制元件:称液压阀,包括压力阀、流量阀和方向阀等,通过它们控制和调节液流的压力、流量和方向,从而改变执行元件的力或力矩、速度和方向。
④液压辅助元件:包括油箱、滤油器、油管和接头、密封件、冷却器与加热器、蓄能器、压力表等。
⑤工作介质:称液压油。

15.1.4　液压传动的优缺点

1. 液压传动的主要优点

(1)体积小、重量轻、能容量大

液压传动与电传动和机械传动相比,有重量轻、体积小的突出优点。如液压泵和液压马达单位功率的重量指标是发电机和电动机的1/10,液压泵和液压马达可小至2.5 mN/W,发电机和电动机则约为0.03 N/W。用于直线往复运动的电动加力缸,由于有传动机构,单位功率的重量比(0.35 N/W)是液压缸(4 mN/W)的87倍,电机由于受到磁饱和的限制,单位面积上的切向力不到1 MPa,而液压力可达35 MPa,所以液压泵(或马达)的能容大。

（2）调速范围大,可方便地实现无级调速

借助阀或变量泵、变量马达可以实现无级调速,这是一般机械传动(小功率的摩擦传动除外)无法实现的。如磨床工作台的往复运动速度使车辆具有自动适应地面阻力变化的能力。

液压传动的调速范围可达 1 000∶1;柱塞式液压马达的最低稳定转速为 1 r/min,这是电传动很难达到的。

（3）可方便灵活地布置传动机构

借助油管的连接可以方便灵活地布置传动机构,这是比机械传动优越的地方。执行元件可以布置得离原动机较远,方位也不受限制。例如已有人用螺杆马达(布置在紧靠钻头处)来驱动深孔地质钻机的钻头,还有人采用液压传动来驱动在井下抽取石油的泵,用以克服长驱动轴效率低的缺点。由于液压缸的推力很大,加之极易布置,因此在挖掘机等重型工程机械上已基本用它取代了老式的机械传动,不仅操纵方便,而且外形美观大方。

（4）与微电子技术结合,易于实现自动控制

液压传动借助于各种控制阀,可实现机器运行的自动化,特别是采用微电子技术电液联合控制以后,不但可实现更高程度的自动控制过程,而且可以实现远距离遥控。

（5）可实现过载保护

液压系统借助安全阀等可自动实现过载保护,同时以油作为介质时,相对运动表面间可自行润滑,从而延长使用寿命。

（6）液压元件大部分是系列化、标准化、通用化的,因此设计制造液压系统比较方便等。

2.液压传动的主要缺点

（1）由于油的黏度随温度而改变,因此油温变化时,往往调整好的速度会改变,因此液压系统不宜在高、低温变化较大的条件下工作。

（2）有漏油、压力及机械摩擦三项损失,传动效率较低。

（3）由于油的可压缩性和漏油存在,所以传动是挠性的,不宜用于定比传动(如齿轮机床的传动)。

（4）液压元件对污染敏感,污染的液压油会使液压元件磨损和堵塞,导致性能变坏,寿命缩短,甚至损坏。

（5）制造精度要求较高,价格较贵。

总之,液压传动的优点较多,因此在国民经济各部门得到广泛的应用。

15.1.5　液压传动应用实例

工作台往复运动液压系统原理图如图 15.2 所示,图 15.2(a)为结构符号图,图 15.2(b)为职能符号图。此液压系统由油箱、滤油器、液压泵、溢流阀、节流阀、压力表、换向阀、液压缸、工作台以及它们之间相互连接的管路所组成。其工作原理如下。

当电动机带动齿轮泵运转时,油箱中的油液经滤油器被吸入。齿轮泵输出的压力油经节流阀、换向阀的 P,A 阀口进入液压缸的右腔,推动活塞带动工作台向左移动,与此同时,油缸

左腔的油液经 B,O 阀口流回油箱。将换向阀的手柄顺时针转动,则滑阀向右移动,此时,P 与 B,A 与 O 阀口接通,齿轮泵输出的压力油便经 P,B 阀口进入缸左腔,使工作台向右移动,与此同时,液压缸右腔的油液经 A,O 阀口流回油箱。节流阀起控制工作台运动速度、改变进入液压缸油液流量的作用。溢流阀起稳压和溢流作用。

通过手控制的工作台往复运动的传动系统的介绍,液压传动的基本原理可概述如下:以有压力的油液作为传递动力的工作介质,电动机带动液压泵输出压力油,将电动机供给的机械能转换成油液的压力能,压力油经过管道及一些控制调节装置进入液压缸(形成封闭工作容积),推动工作台运动,又将油液的压力能转换成机械能。工作台运动时所能克服的阻力大小与油液的压力和活塞的有效面积有关。工作台速度决定于通过节流阀流入液压缸中油液容积的多少。

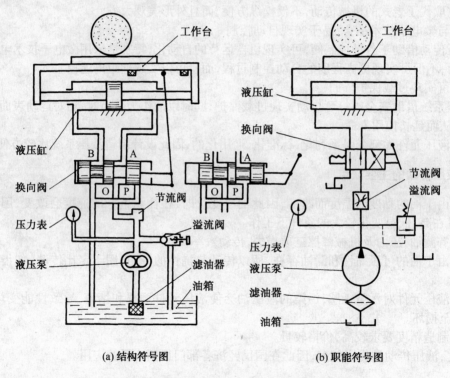

(a) 结构符号图　　　　　　　　(b) 职能符号图

图 15.2　手控制工作台往复运动液压系统原理图

15.1.6　液压系统的图形符号

液压系统都是由许多元件组成的,如果各元件都用结构图来表达,虽然直观性强,容易理解,但是绘图非常复杂,如图 15.2(a)所示结构符号图表示的液压系统原理图。为了简化液压系统图,各国对液压元件都规定了职能符号,我国 1976 年制定的液压元件图形符号

（GB 786—76）也是职能符号,图15.2（b）为用职能符号表示的液压系统原理图。用职能符号表示的液压系统原理图说明如下：

①液压元件的图形符号只表示元件的职能,不表示元件的具体结构和参数。

②液压元件的图形符号通常只表示静止或初始位置状态,不表示从一个工作状态转到另一工作状态的过渡过程。

③用液压元件的图形符号绘制的液压系统图只表示各元件的职能及连接关系,不表示元件的具体结构、参数、安装位置及布管位置,元件的名称、型号及参数（如压力、流量、功率、管径等）,一般在系统的元件目录表中说明,必要时可标注在元件符号旁边。

④标准中未规定的图形符号,可以根据标准化的原则和所列图例的规律性派生,当无法直接引用或派生时,或者有必要特别说明系统中某一重要元件的结构及动作原理时,均允许局部采用结构简图表示。

15.2　液压泵和液压马达

液压泵由原动机（通常为电动机）驱动旋转,如图15.3（a）所示,它是将原动机输出的机械能转换成液体压力能的一种能量转换装置。在液压系统中,液压泵作为提供一定流量、压力的液压源,是液压传动系统中必不可少的主要的组成部分。

液压马达也是一种能量转换装置。如图15.3（b）所示,但它的功用与液压泵相反,它是将液体压力能转换成机械能（扭矩和转速）,去驱动负载。

液压泵和液压马达,按结构形式分类,常用的有齿轮式、叶片式和柱塞式三大类,每类中还有多种形式:如齿轮泵有外啮合式和内啮合式之分;叶片泵有单作用式和双作用式之分;柱塞式有径向式和轴向式之分等。此外,还有一些其他形式,如螺杆式、钢球式等。按流量特点它们又有定量与变量之分。

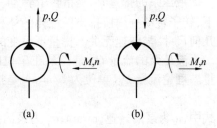

图15.3　液压泵和液压马达能量转换图

15.2.1　液压泵的主要性能参数

液压泵的主要性能参数有:压力 p、排量 q_B 和输入功率 N_B。

1. 液压泵的压力

液压泵的输出压力,即工作压力由负载决定。如果在工作过程中负载变化,泵的输出压力也随之变化,因此,为了防止泵和液压系统过载,系统必须设置安全阀。

一般在液压手册中对液压泵和液压马达的压力有两种规定,即额定压力和最高工作压力。

额定压力是在正常工作条件下,按试验标准连续运转的最大工作压力,并能达到较高的容积效率和使用寿命。

最高压力是按试验标准规定超过额定压力允许短暂运转的峰值压力,它取决于泵的工作容腔各间隙的密封能力和泵的结构强度,但是决不能长期在最高压力下运转,否则泵的寿命急剧下降。

工作压力 p 是泵实际使用的压力,通常为额定压力的 60% ~ 90%。

2. 吸入性能

液压泵能借助大气压力自行吸取工作液体而正常工作的现象称为自吸,一般的泵都有不同程度的自吸能力。

液压泵进口处的压力称为吸入压力,为了保证泵能够充分吸取工作液体,使泵的吸油腔充满,而不发生气穴,这样泵的吸入压力不得小于允许的最低值,该压力称为最低吸入压力,通常以最大安装高度 H_S(泵吸油口至油箱液面的最大高度)表示,如齿轮泵 $H_S \leqslant 500$ mm。

3. 排量 q_B、流量 Q_B 和容积效率 η_{vB}

液压泵的排量 q_B 是指转子转动一周密闭工作容腔变化的大小,或者说在无泄漏的情况下,转子转动一周所排出的液体的体积,用 q_B 表示。排量 q_B 的大小,只取决于密闭工作容腔的几何尺寸,与转速无关。排量不可变的称为定量泵,排量可变的称为变量泵。

液压泵的流量 Q_B 是指泵在单位时间内排出的液体的体积。可分为理论流量与实际流量。理论流量 Q_0(单位为 L/min)是指泵在无泄漏情况下的流量。

$$Q_0 = q_B n \times 10^{-3} \tag{15.10}$$

式中,n 为泵的转速,r/min;q_B 为泵的排量,mL/r。

实际上,泵有泄漏,令泄漏量为 ΔQ,则流量为

$$Q_B = Q_0 - \Delta Q$$

令

$$\eta_{vB} = \frac{Q_B}{Q_0} = 1 - \frac{\Delta Q}{Q_0}$$

则

$$Q_B = Q_0 \eta_{vB} \tag{15.11}$$

式中,η_{vB} 为泵的容积效率。

液压泵的泄漏与输出压力有关,随输出压力的增加而增加,泵的理论流量与输出压力无关。

4. 转速 n

液压泵的转速有额定转速和最高转速。

额定转速是指泵在正常工作情况下连续运转的最大转速,使泵具有一定的自吸能力,避免产生气穴现象。一般泵的使用转速不得超过额定转速。

最高转速是指泵可能达到短暂运转的峰值转速。泵的最高转速受运动件磨损和寿命的限制,同时也受气蚀条件的限制,使用时要避免在最高转速下运转。

5. 功率和效率

液压泵的输入功率

$$N_{B入} = M\omega = M \cdot 2\pi n$$

式中，M 为泵的输入扭矩；n 为泵的转速。

泵向系统输出压力为 p、流量为 Q 的工作液体，则向系统输出的功率为

$$N_{B出} = pQ$$

但在工作时有能量损失，它包括两个方面：① 由于泵的泄漏引起的液压能的损失，以容积效率 η_{vB} 表示；② 由于泵体内运动件之间的摩擦产生的机械能损失，以机械效率 η_{mB} 表示。所以泵的输入功率 $N_{B入}$ 大于输出功率 $N_{B出}$，其比值

$$\eta_B = \frac{N_B}{N_{B入}} \tag{15.12}$$

η_B 称为泵的总效率，它等于泵的容积效率 η_{vB} 与机械效率 η_{mB} 的乘积，即

$$\eta_B = \eta_{vB}\eta_{mB} \tag{15.13}$$

泵的实际输入功率（单位为 kW）为

$$N_{B入} = \frac{Mn}{10^3} = \frac{pQ}{10^3 \eta_B} \tag{15.14}$$

式中，M 为泵的输入扭矩，N·m；n 为泵的输入转速，r/s；p 为泵的工作压力，Pa；Q 为泵的流量，m³/s；η_B 为泵的总效率。各种泵的总效率不同，如齿轮泵 $\eta_B = 0.63 \sim 0.87$。

15.2.2　液压马达的主要性能参数

液压马达的主要性能参数是排量 q_m、输出扭矩 M_m 和输出转速 n_m 等。这些参数，有的与液压泵相同，有的则不同，说明如下。

当系统向液压马达供给压力为 p，流量为 $Q_{m实}$ 的压力油时，则系统向液压马达输入的实际功率为

$$N_{m入} = pQ_{m实}$$

由于液压马达内有泄漏，故实际能转换为转速的流量称为理论流量 $Q_{m理}$，必然小于实际输入流量 $Q_{m实}$，因此，液压马达的容积效率为

$$\eta_{vm} = \frac{Q_{m理}}{Q_{m实}} \tag{15.15}$$

液压马达在一定压力和流量的压力油作用下，以 ω_m 的角速度或 n_m 的转速旋转时，输出扭矩为 M_m，则输出功率为

$$N_{m出} = M_m\omega_m = M_m \cdot 2\pi n_m$$

液压马达的总效率为

$$\eta_m = \frac{N_{m出}}{N_{m入}} \tag{15.16}$$

在液压马达中除了泄漏损失(以容积效率 η_{vm} 表示)之外,还有机械损失 η_{mm},液压马达的总效率 η_m 等于容积效率 η_{vm} 与机械效率 η_{mm} 的乘积,即

$$\eta_m = \eta_{vm}\eta_{mm} \tag{15.17}$$

由式(15.16) $N_{m出} = N_{m入}\eta_m$,则有

$$2\pi n_m M_m = pQ_{m实}\eta_{vm}\eta_{mm} \tag{15.18}$$

因为实际流量与排量的关系如下

$$Q_{m实} = \frac{n_m q_m}{\eta_{vm}}$$

式中, $Q_{m实}$ 为液压马达的实际输入流量,m^3/s; q_m 为液压马达的排量,mL/r; n_m 为液压马达的输出转速,r/s。

由上式得 n_m(单位为 r/s) 为

$$n_m = \frac{Q_{m实}}{g_m} \cdot \eta_{vm} \times 10^6 \tag{15.19}$$

对液压马达通常规定最高转速和最低稳定转速。

将式(15.19) 代入式(15.18),则得液压马达的输出扭矩 M_m(单位为 $N \cdot m$),即

$$M_m = \frac{pq_m}{2\pi} \cdot \eta_{mm} \times 10^{-6} \tag{15.20}$$

式中, p 为液压马达进油腔压力,Pa(若回油腔压力不为零,则应以进、回油腔压力差 Δp 代替 p)。

由式(15.16) 可得液压马达的输出功率 $N_{m出}$(单位为 kW),即

$$N_{m出} = N_{m入}\eta_m = \frac{pQ_{m实}}{10^3} \cdot \eta_m \tag{15.21}$$

15.2.3　图形符号

液压泵和液压马达的图形符号如图 15.4 所示。

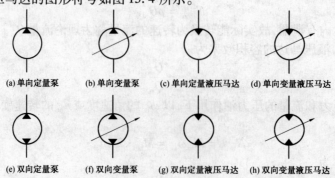

图 15.4　液压泵和液压马达的图形符号

15.3　外啮合齿轮泵和齿轮马达

齿轮泵由于结构简单、成本较低,在液压系统中得到了广泛应用。按啮合方式,分为内啮合齿轮泵和外啮合齿轮泵。下面以外啮合齿轮泵为例介绍其工作原理及结构特点。

15.3.1　外啮合齿轮泵

1. 工作原理

图 15.5 所示的齿轮泵主要由两个相互啮合的齿轮 Ⅰ 和齿轮 Ⅱ、容纳它们的壳体和两侧板组成。在壳体上的齿轮开始啮合和脱离啮合处开设有排油口和吸油口。

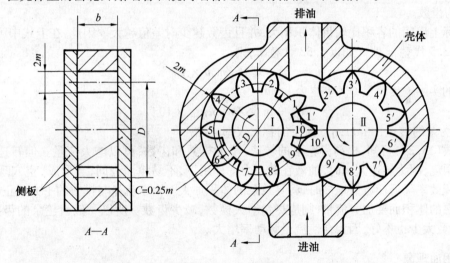

图 15.5　齿轮泵工作原理图

两个齿轮、壳体与两侧板之间在齿轮啮合点的两侧形成两个密封的工作腔。当主动齿轮 Ⅰ 和被动齿轮 Ⅱ 按箭头所示方向旋转时,由于轮齿 8 和 9' 的顶圆半径所扫过的容积大于轮齿 10 和 10' 的啮合半径所扫过的容积,致使吸油腔(由轮齿 8,9,10,9',10' 的表面以及壳体和侧板的内表面组成)的容积增大,产生真空,吸入液体。充满齿间的液体沿壳体内表面被带到排油腔(由轮齿 1,2,1',2' 的表面以及壳体和侧板的内表面组成)。在排油腔,由于轮齿 2 和 2' 的顶圆半径所扫过的容积大于轮齿 10 和 1' 的啮合点半径所扫过的容积,致使其容积减小,将液体排出。随着齿轮的旋转,轮齿依次进入啮合,吸油腔周期性地由小变大,排油腔周期性地由大变小,于是齿轮泵便能不断地吸入和排出液体。

在齿轮泵中,吸油腔的压力低于大气压力,各齿间的油液压力随齿间的位置变化而不同,越靠近吸油腔部分的齿间油液压力越低,越靠近压油腔部分的齿间油液压力越高,所以各齿间油液压力是从吸油腔到压油腔逐渐增加的,压油腔里油液的压力即为泵的输出压力或工作压力。

2. 流量

齿轮泵的流量 Q_B 等于泵的排量、转速和容积效率的乘积。

齿轮泵的排量是主动齿轮旋转一周后,两个齿轮的齿间容积变化的总和。

假设齿轮的齿间工作容积等于轮齿的体积,则齿轮泵的排量等于一个齿轮的齿间工作容积和轮齿的有效体积总和,也就是以高为 $2m$ 的齿轮工作表面所扫过的环形体积(见图15.5),则泵的排量 q_B(单位为 mL/r)的近似值为

$$q_B = \pi Dhb = 2\pi Zm^2 b \times 10^{-3} \tag{15.22}$$

式中,m 为齿轮模数,mm;D 为齿轮的节圆直径,mm,$D = mZ$;h 为齿高,mm,$h = 2m$;b 为齿宽,mm;Z 为齿数。

实际上齿间的容积比轮齿体积稍大,并且齿数越少时差值越大。因此,在上式中可用系数 3.33~3.5 代替 π 值。如以3.33代替 π,则

$$q_B = 6.66 Zm^2 b \times 10^{-3} \tag{15.23}$$

齿轮泵的实际输出流量 Q_B(单位为 L/min)为

$$Q_B = 6.66 Zm^2 bn\eta_{vB} \times 10^{-6} \tag{15.24}$$

式中,n 为泵的转速,r/min;η_{vB} 为泵的容积效率。

从式(15.24)可知,提高齿轮泵的转速,增大模数和齿数,可以增大流量。但转速的提高有一定限度,因为转速太高时,油液在离心力的作用下,不易填满齿间,会形成"空穴现象",并会使容积效率降低。齿数增多时,将导致泵的体积加大。由于流量与模数的平方成正比,若想不增大泵的体积而要加大流量,则应尽量增大模数,减少齿数。所以一般齿轮泵的齿数较少。当然,齿数太少也不好,因为会使流量脉动率增大。

3. 困油现象

为了保证齿轮泵的正常工作,两个齿轮必须始终啮合把吸油腔与压油腔隔开,这就要求齿轮的重叠系数 ε 大于1,也就是说要求在一对轮齿即将脱开前,后面的一对轮齿就要开始啮合,在这一小段时间内,同时啮合的就有两对轮齿。这时留在齿间的油液就困在两对轮齿形成的密封的腔中,如图15.6(a)所示。这个封闭腔的容积,开始时随着齿轮的转动而逐渐减小(图(a)到图(b)的过程中),以后又随着齿轮的转动而逐渐增大(图(b)到图(c)的过程中)。由于油液的可压缩性很小,所以封闭腔容积的减小会使被困的油液受挤压而产生很高的压力,从各处缝隙中挤出去,造成油液发热,并使机件(如轴承等)受到额外的负载;而封闭腔容积的增大,又会造成局部真空,使油液中溶解的气体分离出来,或使油液本身汽化,加剧流量的不均匀。无论是前者或后者,都会产生强烈的噪声,这就是齿轮泵的困油现象。

消除齿轮泵困油现象的方法,通常是在侧板上开卸荷沟槽,如图15.6中虚线所示在侧板

上开的卸荷槽。开卸荷槽的原则是:当封闭腔的容积缩小时,通过卸荷槽与压油腔相通(图(a));当容积增大时,通过卸荷槽与吸油腔相通(图(c));但在任何时候,卸荷槽都不要使吸油腔和压油腔相互串通。

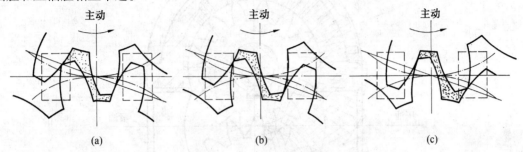

图 15.6　齿轮泵困油现象

4. 泄漏

外啮合齿轮泵的泄漏比较大,其高压腔的压力油通过三条通道流向低压腔:一是通过齿轮两端面与侧盖板之间的轴向间隙;二是通过齿轮顶圆和泵体内孔之间的径向间隙;三是通过齿轮啮合处,其中轴向间隙的泄漏是主要的,约占总泄漏量的 75% ~ 80%。因此,普通齿轮泵的容积效率比较低,输出压力也不容易提高。目前在高压齿轮泵中,为了提高容积效率,较多的是采用补偿轴向间隙的方法。实现轴向间隙补偿的原则是:

(1)齿轮端盖必须浮动,实现自动补偿轴向间隙,常用浮动侧板或浮动轴套;

(2)必须有压紧力,使齿轮端盖贴紧在齿轮端面上,通常采用压力油或弹簧压紧。

5. 径向液压力不平衡问题

作用在齿轮外圆上的液体压力是不相同的:吸油腔的压力最低,一般低于大气压力;压油腔压力最高,即工作压力。由于齿顶与泵体内表面间有径向间隙,所以作用在齿轮外圆上的液体的压力从压油腔到吸油腔是逐步分级降低的。压力分布状况如图 15.7 所示,它的合力作用在齿轮轴上,使轴承受到径向作用力。因油液压力所产生的径向力 F(单位为 N)可近似地用下式计算

$$F_{径} = (0.7 \sim 0.8)pbd \qquad (15.25)$$

式中,p 为泵的工作压力,Pa;b 为齿轮的宽度,m;d 为齿顶圆直径,m。

油液压力越高,这个不平衡合力也越大,其结果不仅加速了轴承的磨损,降低了轴承的寿命,甚至会使轴变形,造成齿顶与泵体内孔接触而增加机械摩擦损失。

为了解决径向液压力不平衡问题,有些齿轮泵在侧盖或座圈上开有压力平衡槽,使作用在齿轮外圆上的径向力互相平衡,其原理如图 15.8 所示。有些齿轮泵则采用缩小压油腔的办法来减少径向不平衡力。

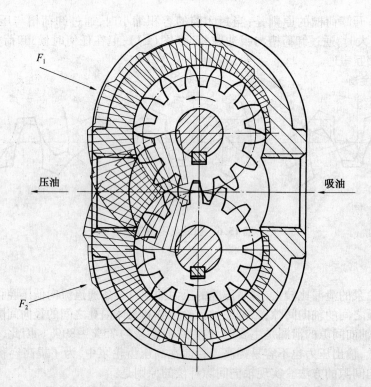

图 15.7　齿轮泵中的径向压力分布

6. 齿轮泵结构

（1）CB-B 型齿轮泵

CB-B 型齿轮泵的结构图如图 15.9 所示。它采用分离三片式结构,三片是前盖、后盖和泵体。两个齿数相同又相互啮合的齿轮装在泵体中,主动齿轮用键与轴相连,并由电机带动旋转。四个滚针轴承分别装在前、后盖板上,油液通过齿轮端面与前、后盖板之间的间隙润滑滚针轴承,然后经泄油孔、小孔及通道流回吸油腔。三片零件用两个圆柱销定位,用六个螺钉压紧,在泵体的两个端面上,各有一条卸荷槽,由侧面泄漏的油可以通过它流回吸油腔,这样可以降低泵体与端盖接合面间泄漏油的压力,以减少螺钉承受的拉力。

CB-B 型齿轮泵为固定轴向间隙齿轮泵,工作压力为 2.5 MPa,排量为 2.5 ~ 200 mL/r,型号"CB"由齿、泵二字汉语拼音的第一个字母所组成。

（2）CB-F 型齿轮泵

CB-F 型齿轮泵的结构图如图 15.10 所示。由于采用了液压补偿轴向间隙的方法,提高了工作压力,其额定压力为 14 MPa。它采用三片结构,主要零件有:前侧板、被动齿轮、后侧板、主动齿轮、前盖板、垫圈、后盖板、弓形密封圈、密封圈和泵体等。

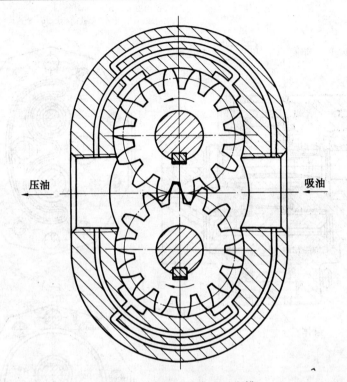

图 15.8　齿轮泵的压力平衡槽

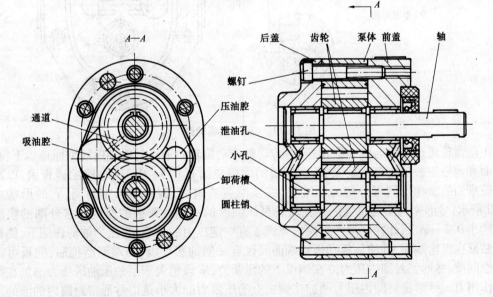

图 15.9　CB-B 型齿轮泵结构图

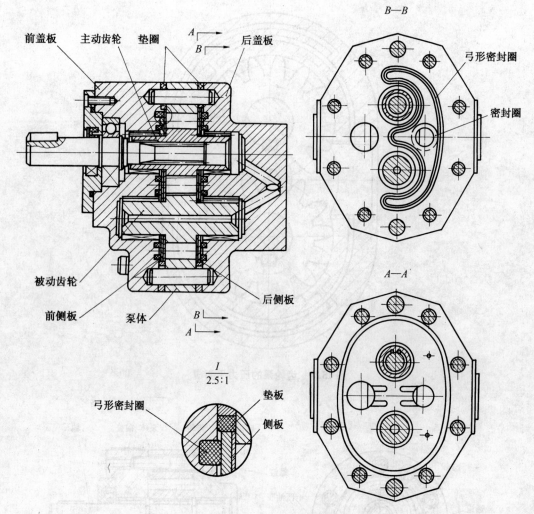

图 15.10　CB-F 型齿轮泵

　　主动齿轮通过花键与传动轴相连,由传动轴带动旋转。液压补偿轴向间隙原理如下:在齿轮端面和前后盖板间夹有前后侧板,在侧板的内侧烧结有 0.5～0.7 mm 厚的磷青铜,以减少与齿轮端面的摩擦。侧板外侧为泵端盖,在泵端盖的槽内,嵌有弓形密封圈,它的形状如图 15.10 所示,弓形密封圈的位置正好在齿轮泵压油区的一侧。侧板的厚度比它外圈的垫圈的厚度约小 0.2 mm,因此在弓形密封圈内充满了有一定压力的油液,在压力油的作用下,侧板变形而贴紧在齿轮端面上,使侧板和齿轮端面间仅有一层油膜厚度,当端面磨损后,侧板可以自动补偿间隙,弓形密封圈内压力油在侧板上的压紧力,应该稍大于泵的压油区压力油加在另一边的作用力。弓形密封圈内压力油加在侧板上的压紧力的大小是由弓形密封圈内油液的压力决定的。因为齿轮泵从压油区到吸油区的压力是逐步分级减小的,所以只要适当选取侧板上小孔 b 的位置,就可以使压紧力大小适合。这种液压补偿轴向间隙的结构比较简单,但由于侧板变形不均匀,所以齿轮与侧板端面间的磨损也不均匀。

7. 外啮合齿轮泵的优缺点

外啮合齿轮泵的优点是结构简单、体积小、重量轻、制造容易、价格便宜、对油液污染不敏感、工作可靠、自吸能力强、转速范围大、便于维护与修理等。因此,它得到广泛应用,特别是在中低压液压系统中应用更为广泛。

它的缺点是由于齿轮泵本身结构的局限,有些零件要承受不平衡径向力,磨损严重,泄漏大,因而工作压力提高受到限制;它的流量和压力脉动较大,噪声较高,并只能作定量泵使用等。因此,它的使用范围受到一定的限制。

8. 液压泵的选择

设计液压系统时,对液压泵主要是选用。各种类型液压泵的性能比较见表 15.1。选用液压泵时主要考虑的原则如下:

表 15.1　各种类型液压泵的技术性能

性　能	齿轮泵		双作用式叶片泵	柱塞泵		螺杆泵
	外啮合	内啮合		斜轴式	斜盘式	
额定压力/MPa	2.5~17.5	2.5~30	7.0~21	7.0~35	7.0~35	2~25
最高转速/(r·s⁻¹)(入口压力为大气压)	30~116	34~66	34~66	12~200	10~100	~100
容积效率/%	80~90	85~95	80~95	92~95	93~98	90~95
总效率/%	65~80	70~90	75~85	85~92	85~95	80~85
能否变量	不能		不能	能		不能
自吸能力	允许有较大真空度		真空度不能太大	真空度小,最好在油面以下工作,或压力供油		同左
连续运转容许油温/℃	65		65	65		65
短时工作容许油温/℃	100		90	80		80
对油中杂质的敏感性	不敏感		敏感	最敏感		不敏感

（1）液压泵的额定压力和流量

液压泵的工作压力和流量必须满足液压系统的要求,并要考虑系统对均匀性是否有特殊要求以及流量是否需要调节。

①泵的额定压力

泵的压力在产品目录中通常规定两个值:一个是额定压力,是指泵长期连续运行最高允许压力;一个是最大压力(峰值压力),即泵在短期内能承受的极限压力。泵的额定压力在泵的铭牌上注明。选择泵的类型时,要使泵具有一定的压力储备,通常泵的工作压力为额定压力的60% ~ 90%。

②泵的流量

各种泵、各种型号的排量可在液压手册上查出,一般在泵的铭牌上注明。原动机(电机)的转速确定以后,可按式(15.11)计算泵的流量。

(2)泵的转速、结构、寿命、价格

①选择泵的转速,必须根据主机的要求和泵的额定转速、寿命、可靠性等综合考虑。泵的使用转速必须低于泵的额定转速,由此确定原动机(电机)的转速。

②考虑结构尺寸,重量是否合适。

③使用寿命和使用性能。如泵的吸入性能,对油液过滤精度的要求,泵的噪声及抗冲击、振动等。

④价格及供货情况等。

在选择液压泵时上述要求不一定同时满足,应根据系统工作特点,从实际出发,因地制宜。

15.3.2　齿轮马达

1. 工作原理

齿轮泵和齿轮马达是互逆的。齿轮泵工作时,要输入一定的扭矩,以克服输出的压力油作用在齿轮的齿面上产生的阻力矩。反之,当齿轮泵的排油口,通以压力油,泵内的齿轮便会在油压的作用下转动,并通过泵轴向外输出旋转运动和扭矩,这样齿轮泵就成为齿轮马达。

齿轮马达的工作原理如图15.11所示,从图中可见,齿轮 I 上的齿面 a 与 b,同在油腔中,作用其上的液压力互相抵消。作用在齿面 c 上 y 段的液压力为 ΔpBy (Δp 为进

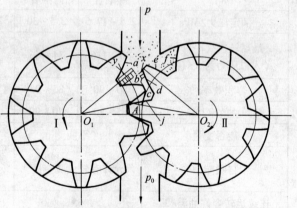

图 15.11　齿轮马达的工作原理

口压力差;B 为齿宽;y 为齿面 c 在啮合点 A 以上在径向方向投影高度),使齿轮 I 产生逆时针方向的扭矩而使它旋转。齿轮 II 上的面 e 与 f,作用于其上的液压力互相抵消,齿面 d 与 j 上的液压力不能抵消,因为啮合点 A 以上齿面在低压腔,所以在齿面 d 上 x 段的液压力为 ΔpBx (x 为齿面 j 在啮合点 A 以上在径向方向投影高度),使齿轮 II 产生顺时针方向的扭矩而旋转,同时将液压油带到低压腔排出,若齿轮 I 与输出轴相连,则油压对齿轮 II 产生的扭矩,将通过啮合点 A 传递到齿轮 I 上去。所以齿轮马达输出轴上的总扭矩,等于两个齿轮所受力矩之和。

2. 齿轮马达的结构特点

目前齿轮马达可分为两种类型：一种是以齿轮泵为基础的齿轮马达；另一种是专门设计的齿轮马达。前者在结构上和齿轮泵差不多，而后者由于考虑到马达的一些特殊要求：如马达往往带负载启动，外载荷的冲击、振动比较严重，而且还要能正反两个方向旋转等。所以齿轮马达和齿轮泵在实际结构方面是有差异的。齿轮马达的结构特点为：

①要求齿轮马达能正、反两个方向回转，因此齿轮马达的结构应是左右对称的。

②采用外泄油孔，因为马达回油有背压，另外，当马达正、反转时，其进、回油腔也相互变化，如果采用内部泄油，容易将轴端密封冲坏。

③轴向间隙自动补偿装置，必须适应正反转时都能工作的结构。同时，困油现象的卸荷槽必须是对称布置的结构。

④齿轮马达多数采用滚动轴承，主要是为了减少摩擦损失，改善启动性能。

15.3.3　液压泵和液压马达的使用要点

为了使泵和马达获得最佳的使用效果，单靠产品本身的高质量还是不能完全保证。在实际使用中，常有泵和马达往往由于安装、使用、维护以及油路设计不当引起故障，有的甚至先期损坏，因此，必须保证它的正常工作条件。

1. 使用条件限制在泵和马达性能范围之内

①工作压力、转速不能超过规定值。

②规定旋转方向的泵，通常不得反转。

③泵的自吸真空度应在规定范围内，否则吸油不足会引起气蚀、噪声和振动。有的泵入口规定供油压力时，则应充分予以保证。

④通常给低速马达的回油口一定的背压，一般为 0.3～1 MPa，转速越高背压应越高。

⑤正确选择液压油。一般油温不要超过 50 ℃，最高不超过 65 ℃，短时间最高油温不超 80 ℃。在低温时，启动时先轻载运行，待油温≥20 ℃时再进入正常运转，同时要注意不得将热油突然输入冷元件，以免因膨胀不一产生配合面咬死现象。

⑥保持油的清洁，防止污染。对齿轮泵应设有过滤精度为 25～40 μm 的过滤器，对柱塞泵应设有过滤精度为 10～20 μm 的过滤器。

⑦泄漏油管的位置应能保证泵和马达壳体内充满着油，并且停车时也不流走。壳体内的压力低于 0.03～0.05 MPa，决不要超过 0.1 MPa。泄漏油管必须单独回油箱。

2. 保证机件运转正常

①泵轴、马达轴与外界机械连接时要保证同心或采用挠性连接。

②不能承受径向力的泵和马达，不得将皮带轮、齿轮等传动件直接装在轴上。

③具有相位微调机构的马达,调整后不得任意拨动。采用浮动配油机构的马达,其进、回油口应以软管连接,以保证配油机构的浮动性。

④停机时间较长的泵和马达,不应满载启动,待空转一段时间后再正常使用。

15.4　液　压　缸

液压缸是液压系统中的执行元件,它是将液体的压力能转换成机械能的装置。液压缸结构简单,工作可靠。液压缸有活塞缸、柱塞缸和摆动缸。活塞缸和柱塞缸实现往复直线运动,输出推力和速度;摆动缸实现往复摆动,输出转矩和角速度。

15.4.1　液压缸的工作原理、分类及特点

1. 液压缸工作原理

(1) 直线运动型液压缸工作原理

直线运动型液压缸的工作原理如图 15.12 所示。它由缸体、活塞、活塞杆等主要件组成。

缸体与活塞形成了左、右两个密封腔,当缸体固定时,若左腔输入液压油,油的压力升高到足以克服外界负载时,活塞就开始向右运动。若连续不断地供给液压油,进入左腔的液体的流量为 Q,则活塞就以一定速度 v 连续运动,反之,若右腔输入液压油,则运动方向相反。这就完成了一次往复运动。

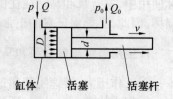

图 15.12　直线运动型液压缸工作原理图

由此可知,液压缸工作的物理本质在于:利用液体的压力来克服负载,利用液体的流量维持运动速度。输入液压缸的液体的压力 p 和流量 Q,即输入的压力能,是液压缸的输入参数。液压缸的输出力 F 和速度 v(或位移),即输出的机械能,是它的输出参数。因此,压力 p、流量 Q、力 F、速度 v 便是液压缸的主要性能参数。

(2) 摆动型液压缸工作原理

摆动型液压缸简称摆动缸,其工作原理如图 15.13 所示。它由缸体、叶片、轴、隔板等主要零件组成。叶片与轴连成一体,它又分为单叶片和双叶片两种形式。

单叶片摆动缸的工作原理如图 15.13(a) 所示。缸体与叶片、轴、隔板等件构成了左、右两个密封腔。若右腔输入压力油,叶片受油压作用对轴产生了驱动扭矩 M,当压力升高到一定值,产生驱动扭矩 M 足以克服负载扭矩时,使轴顺时针方向转动。若连续供油进入右腔,则轴就以一定的角速度 ω 连续转动,其最大转角,即最大摆幅可达300°。反之,若左腔输入压力油,则转动方向相反,这就完成了一次往复摆动。摆动缸的输出扭矩 M 和角速度 ω 为它的输出参数。

双叶片摆动缸的工作原理如图 15.13(b) 所示。它有四个密封腔,如图所示,两两相通。

它与单叶片式相比，摆动角度小，最大幅度为150°，但在同样大小结构尺寸下扭矩增大一倍，且具有径向力平衡的优点。

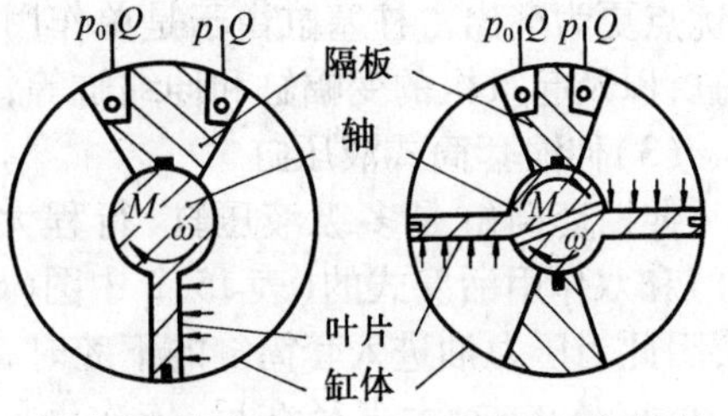

(a) 单叶片摆动液压缸　(b) 双叶片摆动液压缸

图 15.13　摆动型液压缸工作原理图

2. 液压缸的分类及特点

为了满足各种机械不同的要求，就产生了多种类型的液压缸。液压缸按不同分类原则，有多种分类方法，常见的分类方法有：

①按运动形式可分为直线运动型和摆动型；
②按结构形式可分为活塞缸、柱塞缸、伸缩套筒缸和摆动缸等；
③按液压油作用方向又分为单作用、双作用及差动式三类；
④活塞缸按活塞杆数又可分为单杆、双杆两种。

常用的液压缸的分类及工作特点见表 15.2。

（1）活塞式液压缸

活塞式液压缸有单作用式和双作用式两种。

单作用活塞缸（表 15.2 中图（a））为单向液压驱动。回程需借助自重、弹簧或其他外力来实现。这种缸连接管路少，结构较简单。工程机械常用其作为液压制动器和离合器的执行元件，但大的活塞缸则很少采用单作用的。

双作用活塞缸又有单活塞杆与双活塞杆之分。

双作用单杆活塞缸（表 15.2 中图（b））是工程机械中应用最广泛的一种液压缸，它是双向液压驱动。因此两个方向均可获得较大的牵引力。由于两腔作用面积不等，无杆腔进油时牵引力大而速度慢，有杆腔进油时牵引力小而速度快，这一特点与一般机械的作用要求基本相符，即工作行程要求力大速度慢，而回程则要求力小速度快。但从活塞杆的受力来看，无杆腔进油时活塞受压，对液压缸结构的稳定性不利，必要时须进行稳定性验算。

如果将活塞缸的油路通过换向阀（P 型滑阀机能）连成差动回路（表 15.2 中图（c）），使两腔同时接通压力油，由于两腔的作用面积差产生推力差。活塞将朝有杆腔一边移动，这时有杆腔排出的油液也流入无杆腔，加速活塞移动。由表中的速度公式可知，当活塞杆面积为整个活塞有效面积的一半时，可使差动缸的往返速度相等，但无杆腔进油时的推力在差动情况下将减小一半。

双作用双杆活塞缸（表 15.2 中图（d））的特点在于，无论是活塞固定缸体移动还是缸体固定活塞移动，其往返行程的速度和推力均相等，故可串联成同步机构或用于需要往返速度相同的工况。

（2）柱塞式液压缸

一般单作用的液压缸大多是柱塞式的（表 15.2 中图（e）），柱塞缸的结构特点是柱塞较粗受力较好，而且柱塞在缸体内并不接触缸壁，二者非配合面，对缸体内壁的表面光洁度无特殊要求（通常取表面粗糙度为 3.2 级），不需任何精加工，故制造工艺性好，尤其对长行程液压缸此优点更为突出。柱塞缸由于是单作用的,需借助工作机构的重力作用回位,常用做叉车的升举缸,以及起重机的变幅缸和伸缩缸等,后者必须在臂架处于最大仰角时才能自行缩回。

　　(3)伸缩套筒式液压缸

　　伸缩套筒缸是多级液压缸,行程大而体积紧凑,它具有单作用柱塞式的(表15.2中图(f))和双作用活塞式的(表15.2中图(g))两种结构形式。由于各级套筒的有效作用面积不等,因此当压力油进入套筒缸的下腔时,各级套筒按直径大小、先大后小依次伸出,回程时则相反,小直径在先,大直径在后,依次缩回,这种液压缸常用于自卸汽车和汽车式起重机的伸缩臂。

表 15.2　液压缸的分类及工作特点

类型		符号	速度/　　转速/ $(\text{m·min}^{-1})(\text{r·min}^{-1})$	牵引力/　　扭矩/ N　　　(N·m)	工作特点
活塞缸	单杆	单作用 (a) A_1	$v_1 = \dfrac{10Q}{A_1}$	$F_1 = 10pA_1$	单向液压驱动,回程靠自重、弹簧或其他外力
		双作用 (b) A_1 A_2	$v_1 = \dfrac{10Q}{A_1}$ $v_2 = \dfrac{10Q}{A_2}$	$F_1 = 10(pA_1 - p_0A_2)$ $F_2 = 10(pA_2 - p_0A_1)$	双向液压驱动, $v_1 < v_2, F_1 > F_2$
		差动 (c) A_3	$v_3 = \dfrac{10Q}{A_3}$	$F_3 = 10pA_3$	可加快无杆腔进油时的速度,但推力相应减小
	双杆	(d) A_1	$v_1 = \dfrac{10Q}{A_1}$ $v_2 = \dfrac{10Q}{A_2}$	$F_1 = 10(p - p_0)A_1$ $F_2 = 10(p - p_0)A_1$	可实现等速往复运动
柱塞缸		(e) A_1	$v_1 = \dfrac{10Q}{A_1}$	$F_1 = 10pA_1$	柱塞组受力较好,单向液压驱动

续表 15.2

类型		符号	速度/　　转速/ (m·min⁻¹)(r·min⁻¹)	牵引力/　　扭矩/ N　　(N·m)	工作特点
套筒伸缩缸	单作用	(f)	$v_1 = \dfrac{10Q}{A_1}$ $v_2 = \dfrac{10Q}{A_2}$	$F_1 = 10pA_1$ $F_2 = 10pA_2$	用液压由大到小逐节推出,然后靠自重由小到大逐节缩回
	双作用	(g)	$v_1 = \dfrac{10Q}{A_1},\ v_2 = \dfrac{10Q}{A_2}$ $v_3 = \dfrac{10Q}{A_3},\ v_4 = \dfrac{10Q}{A_4}$	$F_1 = 10(pA_1 - p_0A_4)$ $F_2 = 10(pA_2 - p_0A_5)$ $F_3 = 10(pA_5 - p_0A_2)$ $F_4 = 10(pA_4 - p_0A_1)$	双向液压驱动,伸缩程序同上
摆动缸	单叶片	(h)	$n_1 = \dfrac{1\,000Q}{\pi b(R^2 - r^2)}$	$M_1 = \dfrac{b(R^2 - r^2)\Delta p}{20}$	回转往复运动,最大摆角为300°
	双叶片		$n_2 = \dfrac{1}{2}n_1$	$M_2 = 2M_1$	最大摆角为150°

图中符号:Q—流量,L/min;p—进油压力,MPa;p_0—回油压力,MPa;A—有效面积,cm²;b—叶片宽度,cm;R—缸体内孔半径,cm;r—叶片轴半径,cm。

（4）摆动式液压缸

摆动液压缸（表 15.2 中图（h））是执行往复回转摆动的液动机,结构上可分为单叶片（见图 15.13（a））和双叶片（见图 15.13（b））两种形式。

15.4.2　液压缸的结构和基本计算

1. 典型液压缸结构

（1）双作用单杆液压缸

单杆活塞缸的活塞只有一端带活塞杆,其结构如图 15.14（a）所示,其图形符号如图 15.14（b）所示。缸筒部分由端盖和缸体组成,活塞部分由活塞和活塞杆组成,密封部分是为了防止油液内、外泄漏的,在缸筒与活塞之间、缸筒和两侧端盖之间、活塞杆与导向套之间分别装了密封圈。此外在前端与活塞杆之间装有导向套和防尘圈。由于是双向液压驱动,又称为双作用缸。

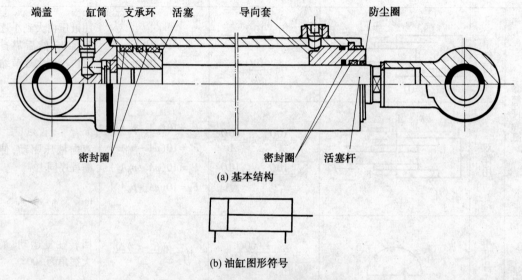

(a) 基本结构

(b) 油缸图形符号

图 15.14　双作用单杆活塞式液压缸

(2)双叶片摆动缸

双叶片摆动缸的结构如图 15.15(a)所示。它的主要组成有:缸体组件(包括左端盖、缸体、右端盖及隔板)和叶片组件(包括叶片和轴)。用定位销和螺钉把叶片与轴连成一体,定位销上钻有中心孔,作为进、出油道。轴上有进、出油孔,通过定位销中心孔分别与四个工作腔相通。工作腔之间的密封靠叶片和隔板外缘所嵌的框形密封件来保证,在缸筒端面和左、右端盖内孔处开有密封槽,装 O 形密封圈防止油外漏。两个铜套作为导向套用。此外,有些摆动缸还在叶片或隔板上做出一些能起缓冲作用的沟槽,防止叶片转到终端处与隔板发生撞击。

2. 液压缸主要组件结构

液压缸的结构可以分为缸体组件、活塞组件、缓冲装置及排气装置等部分,分述如下。

(1)缸体组件

缸体组件在设计时,主要应根据液压缸的工作压力、缸体材料和具体工作条件选用不同结构,结构上需考虑的主要问题是:缸筒与缸底、缸盖的连接与密封;缸筒对活塞的导向和密封;缸盖对活塞杆的导向和密封与防尘。

常见的缸底与缸筒的连接形式如图 15.16 所示。通常采用焊接,如图 15.16(a)所示。其特点是简单、牢靠、尺寸小,但不能拆卸而且容易产生焊接变形,焊后缸内孔不便再加工。此外,还有:

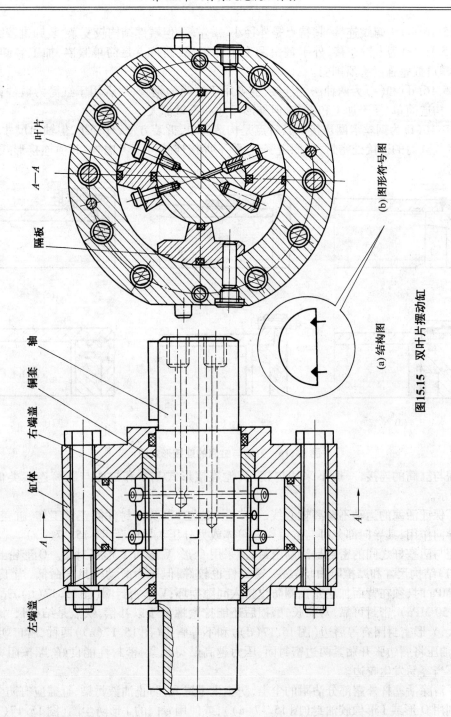

叶片

A—A

隔板

轴

铜套

右端盖

缸体

左端盖

(a) 结构图

(b) 图形符号图

图15.15 双叶片摆动缸

图 15.16(b)为螺纹连接,其特点是外径小、重量轻,但端部结构较复杂,装卸也较困难。

图 15.16(c)为卡键连接,外卡键由两个半环组成,其特点是简单紧凑,加工装卸都很方便,但键槽对缸壁强度有所削弱。

图 15.16(d)和(e)为两种法兰连接,前者用于缸筒为钢管,后者用于缸筒为锻件或铸件,其特点是构造简单,便于加工和拆装,但外形尺寸和重量都大。

图 15.16(f)为钢丝卡圈连接。其特点是构造简单,拆装方便,外径小,但轴向尺寸大。

缸底与缸筒的连接处密封,是固定密封,除了焊接连接可不考虑外,其他连接形式常采用 O 形密封圈。

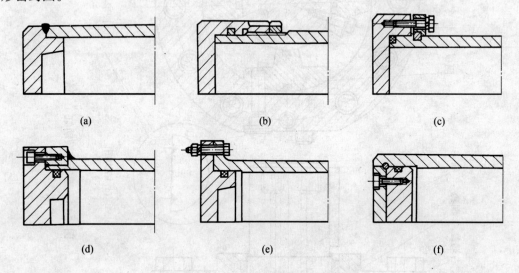

图 15.16　缸筒与缸底的连接形式图

缸盖与缸筒的连接,一般不采用焊接,其他连接形式基本和缸底与缸筒连接类似,如图 15.17 所示。

为了保证活塞的运动不偏离轴心线,不产生"拉缸"以及密封件能正常工作,缸盖对活塞杆应起导向作用,其导向部分可与缸盖作成整体或另外压入导向套(图 15.17(c))。

缸盖与活塞杆之间的密封是滑动密封,常采用 O 形、V 形和 Y 形密封圈。O 形密封圈(图 15.17(c))结构尺寸和摩擦阻力均较小,密封性也较好,但作为滑动密封寿命低,当工作压力超过 10 MPa 时,须在背面加尼龙挡圈防止挤入间隙损坏;V 形密封圈(图 15.17(b))适用于高压(可达 50 MPa),密封可靠,寿命长,磨损后还能拧紧螺母予以补偿,缺点是结构尺寸和摩擦阻力都大;Y 形密封圈有等唇边(图 15.17(d))和不等唇边(图 15.17(a))两种,唇口朝向高压一侧,靠油压将唇边张开贴紧两边密封面,压力越高贴得越紧,密封性能良好,摩擦阻力小,但如处理不当容易发生咬边。

为了清除活塞杆外露部分沾附的尘土,防止尘土进入,防止油液污染,缸盖应有防尘措施,一般可利用 O 形或 J 形橡胶油封(图 15.17(a)),或使用专门的 J 形防尘圈(图 15.17(b))、三

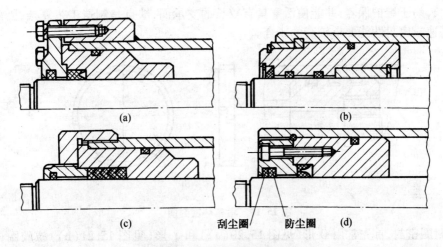

(a)　　　　　　　　　　　　(b)

(c)　　　刮尘圈　　防尘圈　(d)

图 15.17　缸盖与缸筒的连接形式图

角形防尘圈(图 15.17(c))和毛毡防尘圈等,防尘要求较高者可采用组合防尘圈(图 15.17
(d)),它由橡胶刮尘圈和毛毡防尘圈双层组成,效果较好。

(2)活塞组件

活塞组件在结构上需要考虑的主要问题是:活塞与缸体之间的滑动和密封,活塞与活塞杆
的连接和密封。活塞与缸体之间的磨损产生的间隙是内漏的主要原因,活塞杆与缸盖(或导
向体)之间的磨损是外漏的主要原因。

活塞与缸体之间的滑动和密封,常见的有如下几种。

第一种是靠活塞直接与缸体内壁接触滑动。它们之间的密封形式有:

①间隙密封(见图 15.18),它依靠相对
运动件间的微小配合间隙来防止泄漏。活
塞上常开几条深 0.3~0.5 mm 的环形槽,
其作用是防止活塞相对缸体的中心线发生
偏移,以提高间隙密封性。因为间隙密封
要求加工精度较高且磨损后也无法补偿,
所以这种形式的密封只适用于直径较小、
压力较低的液压缸中。

②活塞环密封(见图 15.19),它是通过
在活塞的环形槽中放置有切口的金属环
(图 15.19(b))来防止泄漏,金属环依靠其
弹性变形所产生的张力紧贴在缸体内壁
上,从而实现了密封。这种密封效果较好,
能适应较大的压力和速度变化,耐高温,使

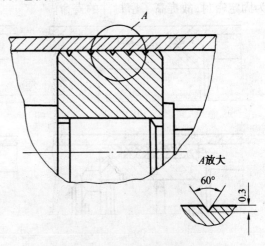

图 15.18　间隙密封图

用寿命较长,易于维护保养,并能使活塞具有较长的支承面,缺点是制造工艺复杂,因此,它适用高压、高速或密封性能要求较高的场合。

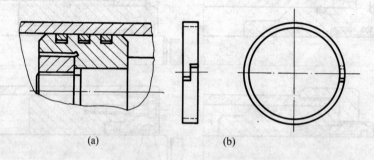

(a)　　　　　　　　　(b)

图15.19　活塞环密封圈

③密封圈密封,首先常用 O 形(见图15.20(a))和 Y 形(见图15.21(b))橡胶圈,这种密封结构简单,制造方便,磨损后能自动补偿,密封可靠。

第二种是采用 V 形橡胶圈组(见图15.20(b)),其特点是可以支承一定的径向力,并能通过螺母调整补偿,故可代替活塞的支承作用,使活塞脱离与缸壁的接触,从而降低配合表面的工艺要求。但活塞运动时磨损阻力大。

第三种是活塞上套一个用耐磨材料(尼龙或聚四氟乙烯)制成的支承环(见图15.20(c)),用以代替活塞与缸壁接触摩擦,可降低摩擦系数和提高液压缸寿命,它不起密封作用。密封靠一对 Y 形橡胶圈(见图15.21)。

第四种是较新的密封形式(见图15.20(d)),它除了两边有对称支承环外,同时在 O 形橡胶圈外面套一个与支承环同样材料的摩擦环,使 O 形密封圈脱离与缸壁的滑动摩擦,基本上成为固定密封,故提高了密封件的寿命。

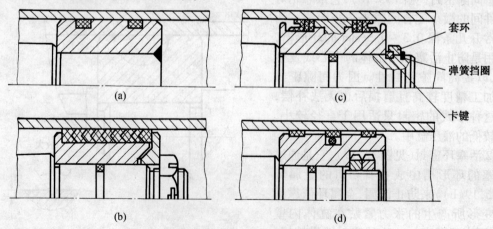

(a)

(c)

套环

弹簧挡圈

卡键

(b)

(d)

图15.20　活塞构造图

活塞与活塞杆之间也有多种连接形式,如图15.20所示。图15.20(a)为焊接,这种连接

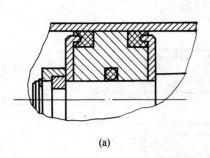
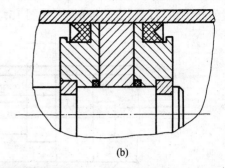

(a)　　　　　　　　　　　　　　　(b)

图 15.21　Y 形橡胶圈密封图

构造简单,容易加工,轴向尺寸紧凑,但不易拆换,而且活塞内外径以及活塞杆外径和端面配合面的同心度或垂直度要求较高。图 15.20(b)和(d)为螺纹连接,活塞可用各种锁紧螺母固紧在活塞杆的连接部位,其优点是连接稳固,活塞与活塞杆之间无轴向公差要求,缺点是螺纹加工和装配较麻烦。图 15.20(c)为卡键连接,活塞轴向用卡键(两个半环)定位,然后用套环防止卡键松开,再以弹簧挡圈挡住套环,这种形式构造和拆装均简单,活塞借径向间隙可有少量浮动不易卡滞,但是活塞与活塞杆的装配有轴向公差,这种轴向间隙会造成不必要的窜动。

活塞与活塞杆之间的密封也是固定密封,采用 O 形橡胶圈,密封槽通常开在轴上,以便加工,如图 15.20(b)、(c)、(d)所示。

液压缸缸体内径、外径、活塞杆直径和进、出油口连接尺寸、往复运动速比及液压缸额定压力等基本参数,在第一机械工业部标准 JB 1068—67、国标 GB 2348—80、GB 2878—81、GB 2346—80 中都有规定。

(3)缓冲装置

当液压缸所驱动的工作部件质量较大、移动速度较快时,由于具有的动量大,致使在行程终了时,活塞与端盖发生撞击,造成液压冲击和噪声,甚至严重影响工作精度和发生破坏性事故。因此在大型、高速或要求较高的液压缸中往往需设置缓冲装置。尽管液压缸中的缓冲装置结构形式很多,但它的工作原理都是相同的。当活塞接近端盖时增大液压缸回油阻力,使缓冲油腔内产生足够的缓冲压力,使活塞减速,从而防止活塞撞击端盖。

①缓冲装置的工作原理

缓冲装置的工作原理是:使运动部件的动能转化为前进方向一侧形成的背压腔中油液的压力能,然后,通过对油液的节流,把压力能转变为热能。常用的缓冲装置结构有环状间隙式、节流口可调式、节流口可变式等。

环状间隙式缓冲装置如图 15.22(a)所示。它由活塞上的圆柱形凸台和液压缸端盖上的凹腔组成。当活塞移近端盖时,凸台进入凹腔中,在活塞与端盖之间形成一个背压腔,腔中的油液从环状间隙 δ 中挤出去,这时封闭腔中油压升高,活塞受到一个很大的阻力,运动速度被减慢下来,这就是缓冲,这种缓冲装置结构简单。开始时缓冲效果大,背压腔中引起的冲击压力较高,但在整个作用过程中缓冲效果逐渐减弱,因而实现减速所需的行程较大,此外,缓冲性能还受油温影响,因此,这种形式只适用于移动件惯性不大、运动速度不高的场合。环状间隙缓冲装置的凸台也可以制成圆锥形的,如图 15.22(b)所示。

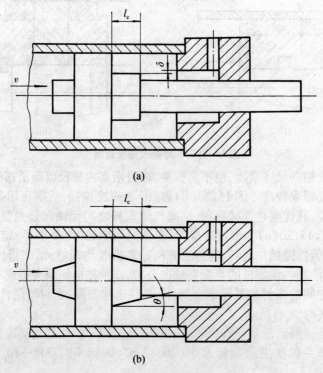

图 15.22　环状间隙式缓冲装置

节流口可调式缓冲装置如图 15.23 所示。它不但有凸台凹腔等结构,而且在液压缸端盖上还装有针形节流阀和单向阀。当活塞移近端盖、凸台进入凹腔后,活塞与端盖间的油液须经针形节流阀流出,因而使活塞受到制动作用。这种缓冲装置可以根据负载情况调整节流阀开口,改变吸收能量的大小,因此适用范围较广,但工作负载变化大时就无法使调整好的节流阀开口量与之适应。

节流口可变式缓冲装置如图 15.24 所示。它在活塞上开有轴向的三角形节流槽,当活塞移近液压缸端盖时,活塞与端盖间的油液须经轴向三角槽,因而使活塞受到制动作用。这种缓冲装置在实现缓冲的过程中能自动改变其节流口的大小,使缓冲作用均匀,冲击压力小,制动位置精度高。

②缓冲装置的计算

活塞从运动速度 v 缓冲到停止过程中的所产生的全部机械能 E_2(单位为 N·m) 为

$$E_2 = E_p + E_m - E_f \pm E_g \tag{15.26}$$

式中,E_p 为作用在活塞上的液压能,$E_p = pAl_c$,N·m;E_m 为活塞由于惯性力所产生的动能,$E_m = \dfrac{1}{2}mv^2 = \dfrac{1}{2}\dfrac{G}{g}vv^2$,N·m;$E_f$ 为作用在相反方向的摩擦能,$E_f = F_t l_c$,N·m;E_g 为由于重力所产生

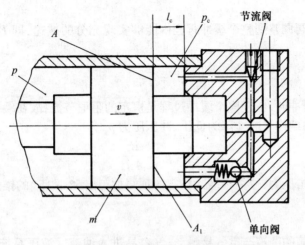

图 15.23　节流口可调式缓冲装置

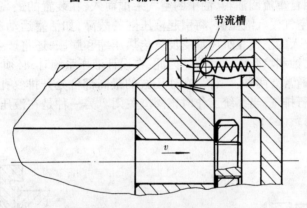

图 15.24　节流口可变缓冲装置

的正方向或反方向的能量，$E_g = F_g l_c$，N·m；p 为油缸工作压力，Pa；A 为进油腔的活塞面积，m^2；l_c 为缓冲柱塞长度（见图 15.22(a)、(b)），m；m 为运动部件质量，kg；G 为运动部件重量，N；g 为重力加速度，m/s^2；v 为活塞运动速度，m/s；F_f 为摩擦力，N；F_g 为由于重力产生的正方向或反方向的力（水平安装时 $F_g = 0$），N。

缓冲时在活塞的缓冲腔内产生的油液的压力能 E_1（单位为 N·m）为

$$E_1 = p_c A_1 l_c \tag{15.27}$$

式中，p_c 为缓冲行程中缓冲腔内的平均压力（即背压），Pa；A_1 为缓冲腔一侧的活塞的面积，m^2。

为了完全达到缓冲的目的，则应使 $E_1 \geqslant E_2$，如果 $E_1 < E_2$ 时，则仍有部分能量以冲击力的形式传到端盖上，这时可以加长缓冲柱塞的长度或在液压回路中装设减压阀或制动阀。

此外，在设计时还要注意缓冲腔内所产生的压力，不应超过油缸的容许压力，减速要符合设计要求。

假设将缓冲调节阀调整到整个缓冲行程内能够实现充分的减速,即 $E_1 = E_2$,则平均缓冲压力 p_c 为

$$p_c = \frac{E_2}{A_1 l_c} \tag{15.28}$$

实际上,在间隙缓冲时,由于整个缓冲过程是恒定的阻尼节流,故在缓冲周期刚开始时,会产生冲击压力,缓冲周期终了时才降为低压,冲压压力 p_s 为

$$p_s = p_c + \frac{E_m}{A_1 l_c} \tag{15.29}$$

通常为了缓和冲击压力,往往在缓冲柱塞的顶端加工出 $5° \sim 15°$ 的锥面,或者设置三角形沟槽。

(4) 排气装置

在液压系统中油箱的油液与空气接触,空气容易进入油液。液压系统在停止工作时液压元件、管路中的油液因自重流回油箱,油中的空气乘虚而入,在装置的最高部位或系统中的死角常常会聚积空气。空气侵入液压缸,将引起液压缸的故障,如活塞运动速度不稳定、爬行或冲击现象等。另外,侵入的空气在缸内承受反复绝热压缩和膨胀,还将产生局部高温,使油液氧化,生成的氧化物腐蚀和堵塞液压元件。因此,在设计液压系统时,必须考虑排气问题,设置排气装置。排气装置通常有两种:一种是在液压缸的最高部位处开排气孔(图 15.25(a)),并用管道连接排气阀进行排气,当系统工作时该阀应关闭。另一种是在液压缸的最高部位处装排气塞(见图 15.25(b)、(c))。

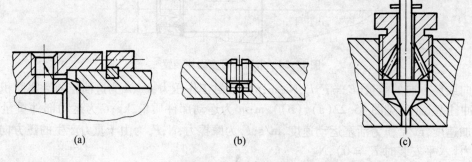

(a)　　　　　　　　　　(b)　　　　　　　　　　(c)

图 15.25　排气装置

排气时将螺钉拧松,空气即可通过螺钉上的中心孔排出,待无气泡的油液渗出时为止,再将螺钉拧紧。

3. 液压缸的基本计算

(1) 液压缸的基本计算公式

液压缸是将液压能转换为机械能的装置,故基本计算公式即为油液压力和流量与活塞的

推力(或拉力)和运动速度之间的计算关系。

① 双杆活塞液压缸

双杆活塞液压缸的计算简图如图 15.26 所示,由图可见,两腔活塞杆的直径和活塞面积相等。输入液压缸的流量 Q(单位为 m³/s),活塞的面积 A(单位为 m²)和活塞运动速度之间有如下关系

$$Q = Av \qquad (15.30)$$

$$A = \frac{\pi}{4}(D^2 - d^2) \qquad (15.31)$$

式中,v 为活塞的运动速度,m/s;D 为活塞外径(缸体内径),m;d 为活塞杆直径,m。

由式(15.30)、(15.31) 得

$$v = \frac{4Q}{\pi(D^2 - d^2)} \qquad (15.32)$$

活塞杆的推力(或拉力,单位为 N) 由下式计算

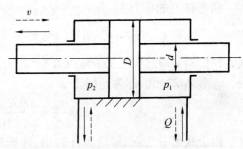

图 15.26　双杆活塞液压缸计算简图

$$F = \frac{\pi}{4}(D^2 - d^2)\ (p_1 - p_2) \qquad (15.33)$$

式中,p_1 为进油压力,Pa;p_2 为回油压力(背压),Pa。

② 单杆活塞液压缸

单杆活塞液压缸的计算简图如图 15.27 所示。单杆活塞液压缸由于缸的两腔的面积不等,当两腔分别进油时,油液的压力和流量与活塞杆的推力(或拉力)和运动速度也不相同。

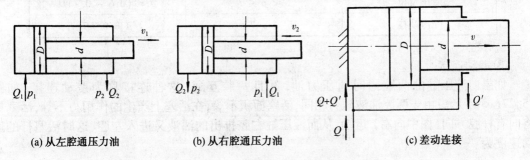

(a) 从左腔通压力油　　　　　(b) 从右腔通压力油　　　　　(c) 差动连接

图 15.27　单杆活塞液压缸计算简图

当压力油进入无杆腔时(见图 15.27(a))

$$Q_1 = \frac{\pi}{4}D^2 v_1 \qquad (15.34)$$

式中,v_1 为活塞杆向右运动速度,m/s。

活塞杆上的推力 F_1 为

$$F_1 = \frac{\pi}{4}D^2 p_1 - \frac{\pi}{4}(D^2 - d^2) p_2 = \frac{\pi}{4}D^2 (p_1 - p_2) + \frac{\pi}{4}d^2 p_2 \qquad (15.35)$$

式中,p_1,p_2 的含义和单位与式(15.33)相同。

当压力油进入有杆腔时(见图15.27(b))

$$Q_2 = \frac{\pi}{4}(D^2 - d^2) v_2 \qquad (15.36)$$

式中,v_2 为活塞杆向左运动速度,m/s。

活塞杆上的推力 F_2 为

$$F_2 = \frac{\pi}{4}(D^2 - d^2) p_1 - \frac{\pi}{4}D^2 p_2 = \frac{\pi}{4}D^2(p_1 - p_2) - \frac{\pi}{4}d^2 p_1 \qquad (15.37)$$

从式(15.34)与式(15.36)可以看出,若输入两腔的流量相等时,活塞杆往复运动的速度不相等。v_2 和 v_1 的比值称为速度比 φ 。

$$\varphi = \frac{v_2}{v_1} = \frac{4Q/[\pi(D^2 - d^2)]}{4Q/(\pi D^2)} = \frac{D^2}{D^2 - d^2} \qquad (15.38)$$

由上式可看出:如果活塞杆较细,速度比就接近1,两个方向的速度差就小,不过,较细的活塞杆在工作中难以承受推力;如活塞杆较粗,速度比 φ 越大,两个方向的速度差就大,较粗的活塞杆在工作中能承受较大的推力。通常在设计时根据速度比 φ 确定活塞杆直径和缸筒内径之间的关系。按表15.3标准中规定的数值,选出合适数值。

表15.3　活塞杆直径的选取

活塞杆受力情况	工作压力 p/MPa	活塞杆直径 d
受　拉	—	$d = (0.3 \sim 0.5)D$
受压及拉	$p \leqslant 5$	$d = (0.5 \sim 0.55)D$
受压及拉	$5 < p \leqslant 7$	$d = (0.6 \sim 0.7)D$
受压及拉	$p > 7$	$d = 0.7D$

③ 差动连接

如果向液压缸的两腔同时通压力油,并且两腔互通,这种连接称为差动连接,如图15.27(c)所示。由于两腔油液压力相同,活塞面积不等,在活塞上产生的作用力不等,活塞杆将向有杆腔方向(图中向右)运动,从而液压缸右腔排出的油液又进入左腔,这时活塞杆的运动速度为

$$v = \frac{Q + Q'}{\pi D^2/4} = \frac{Q + \frac{\pi}{4}(D^2 - d^2) v}{\pi D^2/4} = \frac{4Q}{\pi d^2} \qquad (15.39)$$

在一些设备上,常采用单杆液压缸差动连接,为保证活塞杆快速进退的速度相同,可使活塞杆的面积等于活塞面积的一半,即 $d = D/\sqrt{2}$ 。

(2)液压缸主要零件的强度校核

① 缸体壁厚的校核

在中、低压系统中的液压缸,经计算的缸体壁厚都很薄,缸体壁厚太薄,难以加工,这时缸

体壁厚往往由结构、工艺要求确定。在高压系统中,缸体壁厚 δ(单位为 cm) 按下式计算

$$\delta = \frac{pD}{2[\sigma]} \tag{15.40}$$

式中,D 为缸筒内径;p 为液压缸最大工作压力,当液压缸的额定压力 $p_n \leqslant 16$ MPa 时,$p = 1.5p_n$;当额定压力 $p_n > 16$ MPa 时,$p = 1.25p_n$;$[\sigma]$ 为缸体材料的许用拉伸应力,MPa,$[\sigma] = \sigma_b/n$,σ_b 为缸体材料抗拉强度,n 为全系数,一般取 $n = 5$。

上式适用于 $D/\delta \geqslant 10$ 的情况。当 $D/\delta < 10$ 时,缸体将视为厚壁圆筒,钢质缸体的 δ 值可按下式计算

$$\delta = \frac{D}{2}\left[\sqrt{\frac{[\sigma] + 0.4p}{[\sigma] - 1.3p}} - 1\right] \tag{15.41}$$

由此可得缸体外径为 $D_1 = D + 2\delta$,一般还要根据无缝钢管标准和有关标准规定的系列选取。

若已知缸体尺寸,而需对钢质缸体壁厚作强度校核时,可按下式验算

$$\sigma = \frac{1.3D_1^2 + 0.4D^2}{D_1^2 - D^2}p \leqslant [\sigma] \tag{15.42}$$

② 液压缸的稳定性和活塞杆的强度计算

活塞杆的直径除满足液压缸速度和速度比要求之外,还要满足强度和液压缸稳定性的要求。

a. 强度计算

$$d \geqslant \sqrt{\frac{4F}{10\pi[\sigma]}} \tag{15.43}$$

式中,d 为活塞杆直径,cm;F 为液压缸负载,N;$[\sigma]$ 为活塞材料的许用应力,MPa,$[\sigma] = \sigma_b/n$,σ_b 为材料抗拉强度,n 为全系数,一般取 $n = 1.4$。

b. 稳定性验算

单杆活塞液压缸由于活塞杆行程较长且受压缩载荷,易形成如图 15.28 所示意的受力和变形状态。当液压缸的最大安装长度 l 与活塞直径 d 之比大于或等于 10 ~ 15(即 $l/d \geqslant 10 \sim 15$) 时,液压缸易出现不稳定状态,并产生纵向弯曲,因此,必须进行液压缸的稳定性验算。

液压缸由缸体、活塞、活塞杆等零件组成,并且在活塞与缸体之间和活塞杆与缸盖之间还有间隙,缸体内还有压力油的作用等。在实际计算时,忽略一些因素,简化为一个等截面的受压杆,用欧拉公式进行计算。这种简化计算的结果偏于安全。

液压缸的稳定性条件中,应满足下列不等式

$$F \leqslant \frac{F_K}{n_K} \tag{15.44}$$

式中,F 为活塞杆最大推力,N;F_K 为液压缸稳定临界压缩力,N;n_K 为安全系数,一般取 $n_K = 2 \sim 4$。

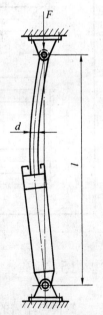

图 15.28　油缸受压缩载荷作用示意图

液压缸稳定临界压缩力 F_K 与活塞杆材料的性质、截面形状、直径和长度、液压缸的安装方式等因素有关。根据材料力学压杆稳定理论，F_K 可按下式计算

$$F_K = \frac{\pi^2 EJ}{(\varphi l)^2}$$ (15.45)

式中，E 为活塞杆材料弹性模数，对钢 $E = 20.6 \times 10^5$，Pa；J 为活塞杆横截面惯性矩，对圆截面实心杆，$J = \pi d^4/64$，m^4；φ 为长度折算系数，根据缸支点位置和支承方式按表 15.4 确定；l 为计算长度，根据液压缸支点位置按表 15.4 来确定。

表 15.4   油缸支承方式与 φ 值

支点位置和支承方式		支承方式	长度折算系数 φ	$1/\varphi^2$
		一端自由 一端固定	2	0.25
		两端铰接	1	1
		一端铰接 一端固定	0.7	2
		两端固定	0.5	4

15.4.3   螺栓强度的校核

缸筒与端盖的连接方法很多，其中以螺栓(钉)连接应用最广。当缸筒与缸盖采用法兰连接时，要验算连接螺栓的强度。验算工作按拉应力 σ 和剪切应力 τ 的合成应力 σ_Σ 来进行，即

$$\sigma = \frac{4KF}{\pi d_{s1}^2 Z}$$

$$\tau = \frac{KK_1 F d_{s0}}{0.2 d_{s1}^3 Z} \approx 0.47\sigma$$

$$\sigma_{\Sigma} = \sqrt{\sigma^2 + 3\tau^2} \approx 1.3\sigma$$

$$\sigma_{\Sigma} \leqslant \frac{\sigma_s}{n_s}$$

式中，F 为液压缸负载；K 为螺纹拧紧系数，$K = 1.12 \sim 1.5$；K_1 为螺纹内摩擦系数，一般取 $K_1 = 0.12$；d_{s0} 为螺纹直径；d_{s1} 为螺纹内径，对于标准紧固螺纹，取 $d_{s1} = d_{s0} - 1.224t$，t 为螺纹螺矩；Z 为螺栓个数；σ_s 为材料屈服极限，对 45 号钢，取 $\sigma_s = 3 \times 10^8 \text{ N/m}^2$；$n_s$ 为安全系数，一般取 $n_s = 1.2 \sim 2.5$。

15.5 液 压 阀

15.5.1 分类、参数与特点

1. 分类

在液压系统中，用于控制或调节系统液流的方向、压力和流量的元件，称为液压控制阀。借助于不同的液压阀，经过适当的组合，达到控制液压设备执行元件（液压缸和液压马达）的不同的输出力或力矩、速度或转速所需的要求。液压阀的品种规格繁多，除了不同品种、规格的通用阀外，还有许多专用阀和复合阀。就液压阀的基本类型来说，可按以下几种方式进行分类。

（1）按功能分类

①压力控制阀，用来控制液压系统中液流压力的阀。

②流量控制阀，用来控制液压系统中液流流量的阀。

③方向控制阀，用来控制液压系统中液流的流动方向的阀。

除了上述具有单一功能的通用阀以外，还有一些具有两种以上功能的专用阀和复合阀，例如能控制方向又能控制压力，或既能控制方向又能控制流量等。

（2）按控制方式分类

①定值或开关控制阀：这类液压阀是借助于通断型电磁铁或手调机构等将阀芯位置或阀芯上的弹簧设定在某一工作状态，从而使液流的压力、流量或流向保持某一定值。这种阀属于最常见的普通液压阀。

②比例控制阀：这类阀的输出量（流量、压力）可以按照输入信号的变化规律连续成比例地进行调节。通常是采用比例电磁铁将输入的电信号转换成力或阀的机械位移量进行控制。也可以采用其他形式的电气输入控制器件。

由于比例阀结构简单、工作可靠、价格较低，与普通的定值控制阀相比，性能有明显提高，并且可以通过电信号进行连续控制，因此在许多领域获得了广泛应用。

③伺服控制阀：这类阀的工作性能类似于比例控制阀。也是通过改变输入信号（电量或

机械量)来对输出的液流参数进行连续、成比例的控制。与比例控制阀相比,除了在结构上有差异外,主要在于伺服阀具有优异的动态和静态性能。不过,它的价格较贵,使用维护要求较高。

(3)按连接方式分类

①管式:管式阀通过阀体上的螺纹孔直接与管接头、管路相连(大型阀则用法兰连接)。由于这种阀不需要过渡的连接安装板,因此比较简单。但是各个阀只能分散布置,并且由于与管路直接相连而使装卸维护不够方便。

②板式:板式阀是一种基本的连接方式。采用板式阀时需要配专用的过渡连接板。管路与连接板相连,而阀用螺钉固定在连接板上。由于这种连接方式在装卸时不影响管路,并且有可能将阀集中布置,因此板式结构的阀已成为主要的结构型式。

③集成式:液压阀是液压系统中使用数量最多的元件,为了力求使结构布置紧凑,简化管路,就采用了各种不同的集成连接方式,将阀集中布置。

(4)按操纵方法分类

有手动式、机动式、电动式、液动式、电液动式等多种。

2. 液压阀的基本参数和特点

(1)参数

公称通径:液压阀进出口的名义尺寸,用以表示阀规格的大小;

公称压力:液压阀在额定工作状态下的名义压力;

公称流量:液压阀在额定工作状态下通过的名义流量。

(2)特点

尽管阀的类别和品种繁多,但它们都具有以下共同特点:

①从阀的结构来看,均由阀体、阀芯和控制动力三大部分组成;

②从阀的工作原理来看,都是利用阀芯和阀体的相对位移来改变阀口通流面积,从而控制压力、流向和流量;

③各种阀都可以看成是在油路中的一个液阻,只要有液体流过,都会产生压力降(有压力损失)和温度升高等现象。

由此可以看出,各类阀在本质上是相同的,仅仅是由于某个方面得到了特殊的发展,才演变出各种不同的阀。

我国液压阀已标准化,分为三种系列:

中低压系列——其额定压力为 6.3 MPa,主要用于机床液压系统。

中高压系列——其额定压力为 21 MPa,主要用于工程机械、矿山机械和农业机械等。

高压系列——其额定压力为 32 MPa,主要用于油压机、锻压机械及大型工程机械等。

对液压阀的基本要求是:动作灵敏,冲击和振动小,工作可靠;液压油经过液压阀时压力损失小,密封好,无漏损;结构紧凑,通用性好;安装、调整、维修方便;外形美观。

15.5.2　液压回路的方向控制

液压回路的方向控制可以用方向控制阀来实现。在液压系统中,工作机械的启动、停止或改变运动方向,是通过控制进入回路的油流的通断及改变其流向来实现的,这种控制回路称为方向控制回路。方向控制阀可以看做是流体的开关,它起到按需要使一些通道接通而使另一些通道关闭的作用,方向控制阀在液压系统中用得最多,它是任何液压系统都必不可少的控制元件。在液压系统中,方向控制阀主要有换向阀和单向阀两类。

1. 单向阀

(1)普通单向阀

①结构及工作原理

普通单向阀(简称单向阀)也称止回阀、逆止阀,其作用是使油流只能从一个方向通过它,反向则不通。

单向阀按其结构的不同,有钢球密封式直通单向阀(见图 15.29(a),由阀体、钢球、弹簧、挡圈组成)、锥阀芯密封式单向阀(见图 15.29(b),由阀体、锥阀芯、弹簧、挡圈组成)和直角式单向阀(见图 15.29(c),由阀体、阀芯、弹簧、阀座、顶盖、密封圈组成)三种形式。不管哪种形式,其工作原理都相同。

如图所示,当压力为 p_1 的油液从阀体的入口 P_1 流入时,压力油克服压在钢球或锥阀芯上的弹簧的作用力以及阀芯与阀体之间的摩擦力,顶开钢球或阀芯,压力降为 p_2,从阀体的出口 P_2 流出。而当油液从相反方向流入时,它和弹簧力一起使钢球或锥阀芯紧紧地压在阀体的阀座处,截断油路,使油液不能通过。单向阀的这种功能,就要求油液从 $P_1 \rightarrow P_2$ 正向流通时有较小的压力损失,工作时无异常的撞击和噪声;而当油液反向流入时,要求在所有工作压力范围内都能严格地截断油流,不许有渗漏。弹簧的刚度都较小,其开启压力一般在 0.03 ~ 0.05 MPa,以便降低油液正向流通时的压力损失。

钢球密封式直通单向阀一般用在流量较小的场合;对于高压大流量场合则应采用密封性较好的锥阀密封式单向阀。

②职能符号

图 15.29(d)上图为单向阀单独使用时的职能符号;图 15.29(d)下图为单向阀与其他阀(如节流阀、顺序阀、减压阀、调速阀等)组合使用时的职能符号。

(2)液控单向阀

①结构及工作原理

液控单向阀又称单向闭锁阀,它由一个普通单向阀和一个微型控制液压缸组成,其结构如图 15.30(a)所示(由阀体、阀芯、弹簧、上盖、阀座、控制活塞、下盖组成)。在液控单向阀的下部有一个控制油口 K,当控制油口不通压力油时,该阀的作用与普通单向阀相同,即油液只能从 $P_1 \rightarrow P_2$ 正向通过,反向 $P_2 \rightarrow P_1$ 不通;当控制油口 K 通入控制压力油时,将控制活塞顶起,并将阀芯强行顶开,使油口 P_1,P_2 相互接通。这时油液就可以在两个方向(实际应用常是从 $P_2 \rightarrow P_1$ 方向)上自由通流。在图示结构的液控单向阀中,通过控制活塞与阀体的配合间隙泄漏到

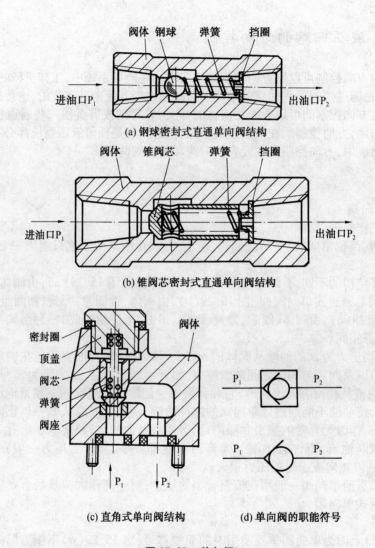

(a) 钢球密封式直通单向阀结构

(b) 锥阀芯密封式直通单向阀结构

(c) 直角式单向阀结构　　　　(d) 单向阀的职能符号

图 15.29　单向阀

反向出油腔的流量与反向油流一起流出液控单向阀。因此称图 15.30 所示的液控单向阀为内泄式。

对于上述结构,当反向出油腔压力 $p_1 = 0$ 时,使 $P_2 \rightarrow P_1$ 反向接通所需最小控制压力 $p_{Kmin} \geqslant 0.4p_2$。若 $p_1 \neq 0$ 且较高时,所需 p_{Kmin} 也提高,为节省功率,此时应采用外泄式结构的液控单向阀。

②职能符号

液控单向阀(内泄式)的职能符号如图 15.30(b)所示。

③应用举例

液控单向阀具有良好的单向密封性能,在液压系统中应用很广,常用于执行元件需要较长时间保压、锁紧等情况下,也用于防止立式液压缸停止时自动下滑及速度换接等回路中。图15.30(c)所示,为采用液控单向的锁紧回路。在垂直放置液压缸的下腔管路上安装液控单向阀,就可将液压缸(负载)较长时间保持(锁定)在任意位置上,并可防止由于换向阀的内部泄漏引起带有负载的活塞杆下落。

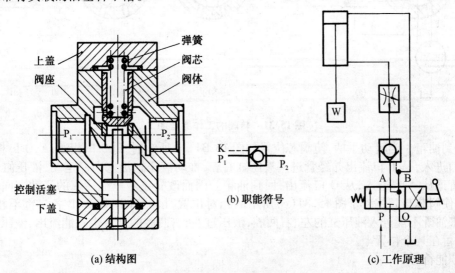

(a) 结构图　　　(b) 职能符号　　　(c) 工作原理

图 15.30　液控单向阀

2. 换向阀

换向阀的作用是利用阀芯和阀体的相对位置来变换液流的方向,以实现液压缸或液压马达启动、换向、停止等动作。换向阀的应用很广,种类很多。

根据阀芯运动方式的不同,换向阀可分为转阀式和滑阀式两种。滑阀式应用较广。

根据操作方式的不同,换向阀可分为手动换向阀、机动换向阀、电磁换向阀、液动换向阀、电液换向阀等。根据工作位数的不同,换向阀可分为两位、三位等。

根据控制的通道数不同,可分为二通、三通、四通、五通、六通等。

(1) 转阀

①工作原理

图 15.31 为一种手动转阀的工作原理简图,它由阀芯、阀体、操纵手柄等主要元件组成。阀体上有四个通油口:P,O,A,B。其中 P 口始终为进油口;O 口始终为回油口;A,B 交替为进、出油口,称为工作油口。阀体不动,阀芯可相对于阀体转动。图中(a)、(b)、(c)分别为阀芯相对阀体转动时得到的三个不同的相对位置。

当转动手柄,使阀芯相对阀体处于图 15.31(a)所示的位置时,P 口和 A 口相通,B 口和 O 口相通,来自液压泵的油液从 P 口进入,从 A 口流出后,经管道进入执行元件液压缸的左腔——A 腔,推动液压缸活塞向右运动,其右腔即 B 腔的回油经管道从阀体的 B 口进入,O 口

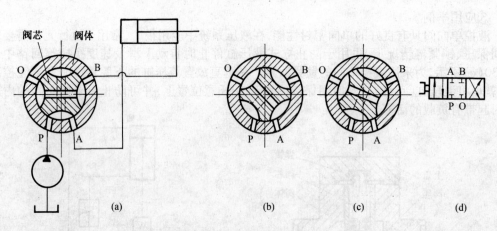

图 15.31　转阀的工作原理图

流出,回到油箱。当转动手柄,使阀芯位置如图 15.31(b)所示时,P,B 口相通,A,O 口相通,来油从 P 口进入,从 B 口流出并经管进入液压缸右腔,推动液压缸活塞向左运动,液压缸左腔的回油经管道从 A 口进入,从 O 口流出,回到油箱。因而改变了液压缸活塞的运动方向。当转动手柄,使阀芯与阀体处于图 15.31(c)所示的相对位置时,油口 P,O,A,B 各自都不相通,液压泵的来油既不能进入液压缸的左、右两腔,液压缸左、右两腔的油液也不能流出,液压缸停止运动,停留在某个位置上。

②职能符号

a. 换向阀的"位"和"通"

换向阀的"通"是指阀体上的通油口数目,即有几个通油口,就叫几通阀;换向阀的"位"是指改变阀芯与阀体的相对位置时,所能得到的通油口切断和相通形式的种类数,有几种就叫几位阀。例如上述转阀共有 P,O,A,B 四个通油口,并且无论怎样变化阀芯与阀体间的相对位置,油口 P,O,A,B 只有上述三种相通和切断的形式,称上述阀为三位四通转阀,因是手动的,所以全称为三位四通手动转阀。

b. 职能符号

换向阀职能符号的规定和含义如下:

(a)用方框表示换向阀的"位",有几个方框就是几位阀;

(b)方框内的箭头表示处在这一位上的油口接通情况,并基本表示油流的实际流向;

(c)方框内的符号"┬"或"┴"表示此油口被阀芯封闭;

(d)方框上与外部连接的接口即表示通油口,接口数即通油口数,也即阀的"通"数;

(e)通常阀与液压泵或供油路相连的油口用字母 P 表示;阀与系统的回油路(油箱)相连的回油口用字母 O 表示;阀与执行元件相连的油口,称为工作油口,用字母 A,B 表示。有时在职能符号上还标出泄漏油口,用字母 L 表示。

根据上述规定,三位四通手动转阀的职能符号如图 15.31(d)所示。

c. 性能特点及应用

转阀结构简单、紧凑,但阀芯上的径向力不平衡,转动比较费力,密封性差,因此工作压力一般较低,允许通过的流量也较小,且较少单独使用。一般在中低压系统中做先导阀或小流量换向阀。

(2)滑阀式换向阀

滑阀式换向阀(简称换向阀)是依靠具有若干个台肩的圆柱形阀芯,相对于开有若干个沉割槽的阀体做轴向运动,使相应的油路接通或断开。换向阀的功能主要由其工作位数和位机能——相应位上的油口沟通形式来决定的。常用换向阀的位和位机能以及与之相应的结构列于表 15.5 中。

表 15.5　常用换向阀的位、位机能及其结构

名称	结构原理图	职能符号	使用场合	
二位二通阀	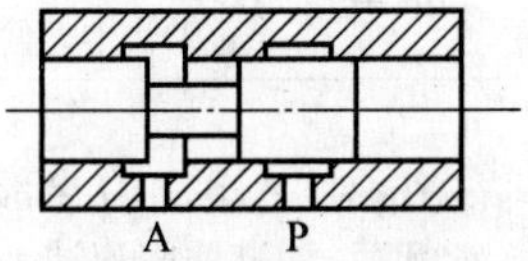	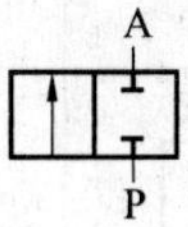	控制油路的接通与切断 (相当于一个开关)	
二位三通阀	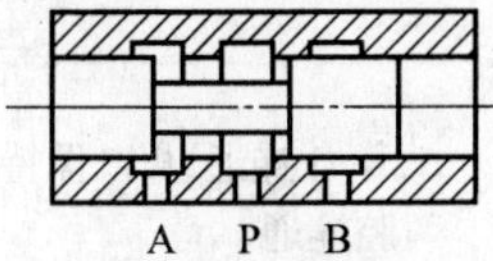	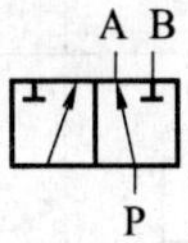	控制液流方向 (从一个方向变换成另一个方向)	
二位四通阀	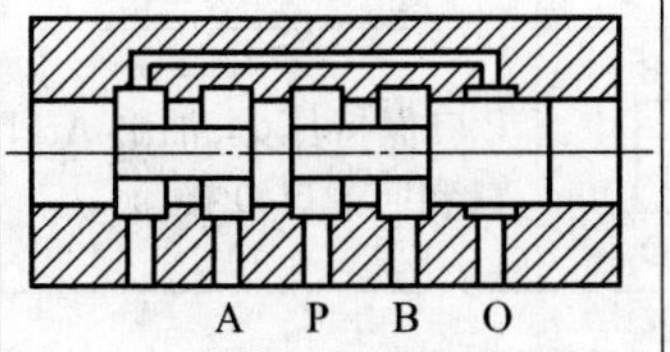	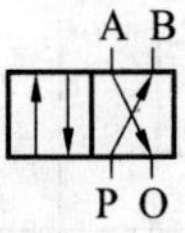	不能使执行元件在任一位置处停止运动	执行元件正反向运动时回油方式相同
三位四通阀	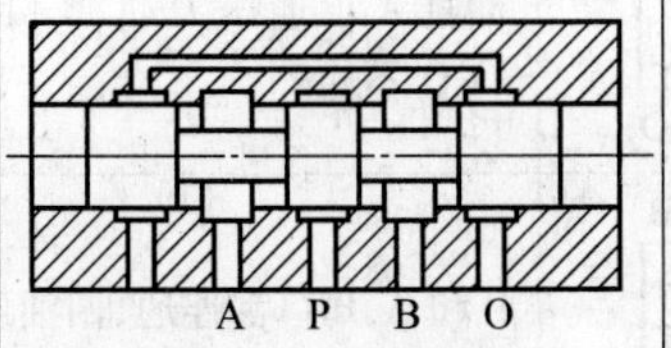	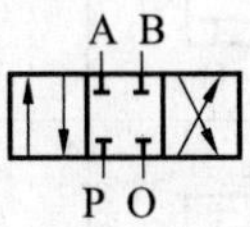 控制执行元件换向	能使执行元件在任一位置处停止运动	
二位五通阀	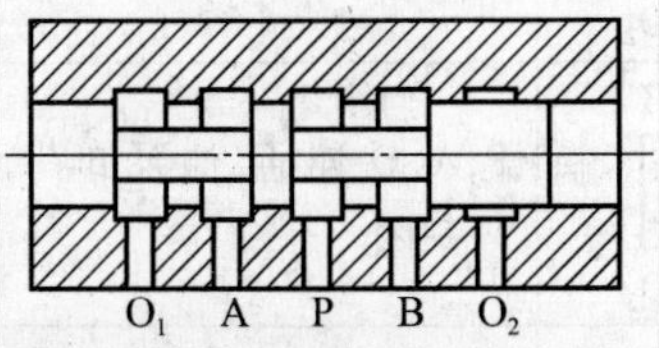		不能使执行元件在任一位置处停止运动	执行元件正反向运动时可以得到不同的回油方式
三位五通阀	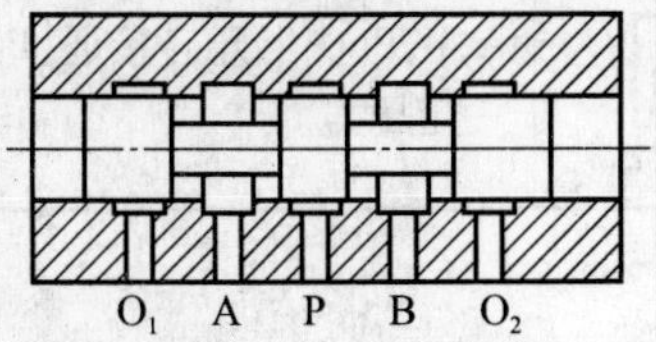		能使执行元件在任一位置处停止运动	

阀芯处在中位时各油口(P,O,A,B)之间有不同的连接方式,这种连接方式称为中位机能或滑阀机能。根据不同的使用要求,滑阀机能有多种。这些滑阀机能分别以 O,H,Y,J,C,P,K,X,M,U,N 等字母表示,三位换向阀常用的滑阀机能中位机能见表 15.6。

表 15.6　三位换向阀的滑阀机能

滑阀机能型式	中间位置时的滑阀状态	中间位置的符号		中间位置时的性能特点
		三位四通	三位五通	
O		A B / P O	A B / O_1 P O_2	各油口全部关闭,系统保持压力,油缸封闭
H		A B / P O	A B / O_1 P O_2	各油口 A,B,P,O 全部连通,油泵卸荷,油缸两腔连通
Y		A B / P O	A B / O_1 P O_2	A,B,O 连通,P 口保持压力,油缸两腔连通
J		A B / P O	A B / O_1 P O_2	P 口保持压力,油缸 A 口封闭,B 口和回油口 O 接通
C		A B / P O	A B / O_1 P O_2	油缸 A 口通压力油,B 口与回油口 O 不通
P		A B / P O	A B / O_1 P O_2	P 和 A,B 口都连通,回油口封闭
K		A B / P O	A B / O_1 P O_2	P,A,O 连通,油泵卸荷,油缸 B 口封闭
X		A B / P O	A B / O_1 P O_2	A,B,P,O 半开启接通,P 口保持一定压力

续表 15.6

滑阀机能型式	中间位置时的滑阀状态	中间位置的符号		中间位置时的性能特点
		三位四通	三位五通	
M	O (O₁)　A　P　B　O (O₂)	A B P O	A B O₁ P O₂	P,O 连通,油泵卸荷,油缸 A,B 两油口都封闭
U	O (O₁)　A　P　B　O (O₂)	A B P O	A B O₁ P O₂	A,B 接通,P,O 封闭,油缸两腔连通,P 口保持压力

①手动式

手动滑阀式换向阀(简称手动换向阀)一般有二位三通、二位四通和三位四通等多种形式。图 15.32 所示为三位四通自动复位式手动换向阀。该阀由手柄、阀芯、阀体、弹簧等主要元件组成。推动手柄向右,阀芯向左移动,直至两个定位套相碰为止(这时弹簧受压缩)。此时 P 口与 A 口相通、B 口经阀芯轴向孔与 O 相通,于是来自液压泵或某供油路的油液从 P 口进入,经 A 流出到液压缸左腔,如图 15.32(a)所示,使液压缸活塞向右运动,液压缸右腔的回油经油管从阀的 B 口进入,从 O 口流出到油箱;推动手柄向左,阀芯向右移至两个定位套相碰为止。此时 P 口与 B 口相通,A 口与 O 口相通,进入 P 口的油液从 B 口流出到液压缸右腔,使液压缸活塞向左运动,液压缸左腔的回油经油管从阀口 A 流入,从阀口 O 流出到油箱;松开手柄,阀芯在弹簧的作用下恢复原位(中位),这时油口 P,O,A,B 全部封闭(即图示位置)。

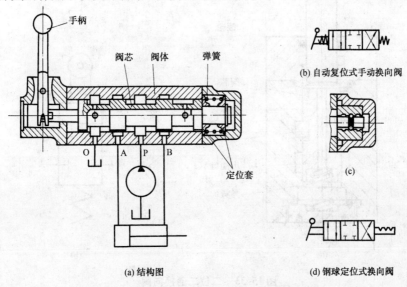

(a) 结构图

(b) 自动复位式手动换向阀

(c)

(d) 钢球定位式换向阀

图 15.32　三位四通手动换向阀

该阀的职能符号如图15.32(b)所示,应说明的是换向阀的油口一般只标注在换向阀的一个位上,且常标注在没有外力作用的那一位(自然位置)上,对三位阀则常是中位。

上述手动换向阀适用于动作频繁、工作持续时间短的场合,其操作比较安全,常应用于工程机械。

图15.32(c)是钢球定位式三位四通换向阀的定位原理图:当用手柄拨动阀芯时,阀芯可以借助弹簧和钢球保持在左、中、右任何一个位置上,这种结构应用于机床、液压机、船舶及工程机械等。图15.32(d)为其职能符号图。

②机动式

机动换向阀又称行程换向阀,它是依靠安装在执行元件上的行程挡块(或凸轮)推动阀芯实现换向的。

图15.33(a)是二位二通机动换向阀的结构图,它由阀体、阀芯、滚轮、弹簧等组成。在图示位置上,阀芯在弹簧的推力作用下,处在最上端位置,把进油口 P 与出油口 A 切断。当行程挡块将滚轮压下时,P,A 口接通;当行程挡块脱开滚轮时,阀芯在其底部弹簧的作用下又恢复初始位置。改变挡块斜面的角度 α(或凸轮外廓的形状),便可改变阀芯移动的速度,因而可以调节通、断过程的时间。图15.33(b)是该阀的职能符号。

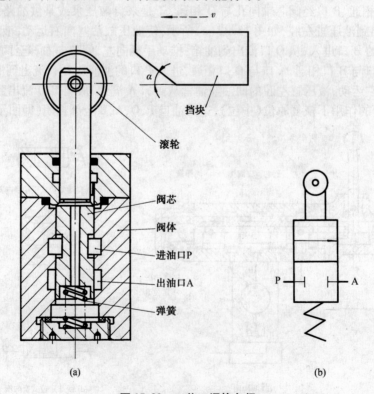

(a)　　　　　　　　　　(b)

图15.33　二位二通换向阀

机动换向阀要放在它的操纵件旁,因此这种换向阀常用于要求换向性能好、布置方便的场合。机动换向阀基本都是二位的,除上述二位二通的,还有二位三通、四通等型式。

③电动式

电动换向阀是指电磁换向阀,简称为电磁阀,它是借助电磁铁的吸力推动阀芯动作的。

图 15.34 是二位三通电磁阀的结构图和职能符号图。该阀由电磁铁(左半部分)和滑阀(右半部分)两部分组成。当电磁铁断电时,阀芯被弹簧推向左端,使油口 P 和油口 A 接通。当电磁铁通电时,铁芯通过推杆将阀芯推向右端,油口 P 和 A 的通道被关闭,而油口 P 和 B 接通。

电磁换向阀上的电磁铁有直流和交流两种。直流电磁铁在工作或过载情况下,其电流基本不变,因此不会因阀芯被卡住而烧毁电磁铁线圈,工作可靠,换向冲击、噪声小,换向频率较高(允许 120 次/min,最高可达 240 次/min 以上)。但需要直流电源,并且启动力小,反应速度较慢,换向时间长。交流电磁铁电源简单,启动力大,反应速度较快,换向时间短。但其启动电流大,在阀芯被卡住时会使电磁铁线圈烧毁,换向冲击大,换向频率不能太高(30 次/min 左右),工作可靠性差。

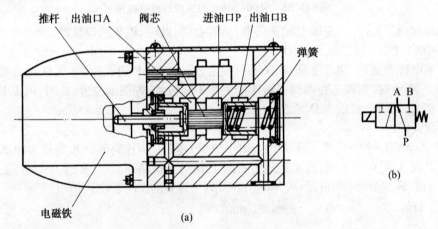

图 15.34　二位三通电磁换向阀

在中低压电磁换向阀的型号中,交流电磁铁用字母 D 表示,直流用 E。例如 23D-25B 表示流量为 25 L/min 的板式二位三通交流电磁换向阀;34E-25B 表示流量为 25 L/min 的板式三位四通直流电磁换向阀。

电磁换向阀由电气信号操纵,控制方便,布局灵活,在实现机械自动化方面得到了广泛的应用。但电磁换向阀由于受到磁铁吸力较小的限制,其流量一般在 63 L/min 以下。故对于要求流量较大、行程较长、移动阀芯阻力较大或要求换向时间能够调节的场合,宜采用液动或电液式换向阀。

三位四通电磁换向阀如图 15.35 所示。它有三个工作位置,板式连接。滑阀两端的油腔 O_1 和 O_2 为回油腔,如果回油管中有较大背压时,电磁铁推杆上的两个 O 形密封圈就会产生较大的摩擦力,使换向困难,所以,这类电磁阀的最大背压不得超过7 MPa。

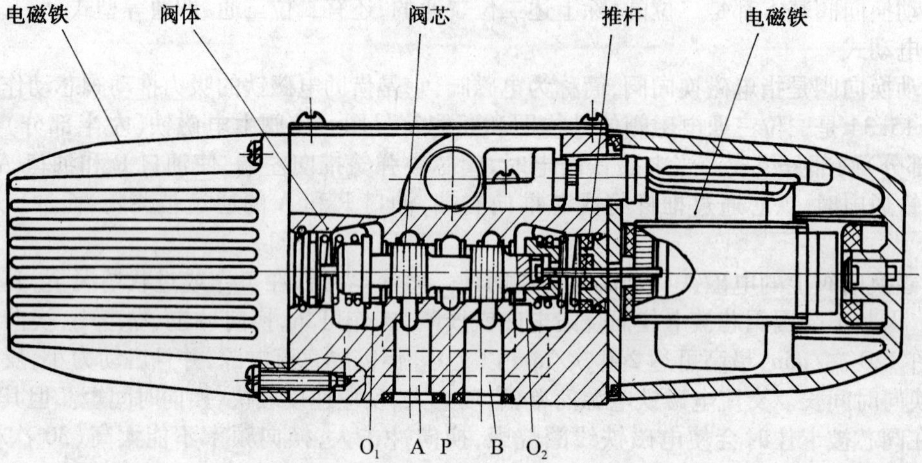

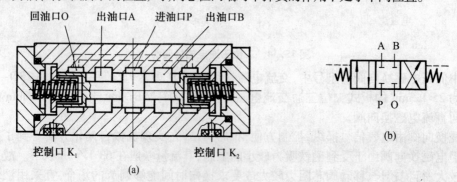

图15.35　34D0-B10H型三位四通电磁阀

电磁换向阀工作时,当左端电磁铁通电,阀芯右移,此时,P,B油口接通,压力油从P到B,同时,A,O_1油口接通,回油从A到O_1。

当右端电磁铁通电,阀芯左移,P,A油口接通,压力油从P到A,同时B,O_2油口接通,回油从B到O_2。断电时,则阀芯在两端弹簧作用下处中间位置,即图示位置,此时,P,A,B,O_1(O_2)油口互不相通,即滑阀机能为O形。

④液动式

图15.36(a)为一种三位四通液动换向阀的结构原理图。当控制油口K_1通压力油、K_2回油时,阀芯右移,P与A通,O与B通;当K_2通压力油,K_1回油时,阀芯左移,P与B通,O与A通;当K_1,K_2都不通压力油(即如图所示的位置)时,阀芯在两端对中弹簧的作用下处于中间位置。

图15.36　液动换向阀

图15.36(b)为这种液动换向阀的职能符号。

液压操纵可给予阀芯很大的推力,因此液动换向阀适用于压力高、流量大、阀芯移动行程长的场合。如果在液动换向阀的控制油路装上单向节流阀(称阻尼器),还能使阀芯移动速度得到调节,改善换向性能。

⑤电液式

电液操纵式换向阀,简称电液换向阀,由一个普通的电磁阀和液动换向阀组合而成。其中电磁换向阀为先导阀,是改变控制油液流向的;液动阀是主阀,它在控制油液的作用下,改变阀芯的位置,使油路换向。由于控制油液的流量不必很大,因而可实现以小容量的电磁阀来控制大通径的液动换向阀。

图 15.37(a)为电液换向阀的结构原理图。两电磁铁都不通电时,电磁阀阀芯处于中位,液动阀阀芯因其两端没接通控制油液(而接通油箱),在两中弹簧的作用下,也处于中位。电磁铁 1 通电时,阀芯移向右位,控制油经单向阀通入主阀的左端,推动主阀移向右端,主阀右端的油液则经节流阀、电磁阀流回油箱。主阀移动的速度由节流阀的开口大小决定。同样道理,若电磁铁 2 通电,主阀移向左端(使油路换向),其移动速度由节流阀的开口大小决定。

在电液换向阀中,由于主阀的移动速度可调,因而就调节了液压缸换向的停留时间,并可使换向平稳而无冲击,所以电液换向阀的换向性能较好,适用于高压大流量场合。

图 15.37(b),(c)分别为电液换向阀的职能符号和简化的职能符号。

15.5.3　压力控制阀

液压系统的压力能否建立起来及其大小是由外界负载决定的,而压力高低的控制则是由压力控制阀(简称压力阀)来完成的。

压力控制阀按其功用可分为溢流阀、减压阀、顺序阀和压力继电器等。它们的共同特点是利用作用于阀芯上的液压力和弹簧力相平衡的原理,达到控制油液压力的目的。

1. 溢流阀

(1)溢流阀的工作原理与结构

溢流阀可分为直动式和先导式两种。先导式溢流阀与小规格电磁换向阀组成的组合阀称为电磁溢流阀(又称电磁卸荷溢流阀)。

①直动式溢流阀

图 15.38 所示的直动式溢流阀为 P 型低压溢流阀。它的主要组成有螺帽、弹簧、阀体和阀芯等。阀芯为滑阀式,进油口 P 的压力油通过阀芯的径向孔和阻尼小孔 a 作用在阀芯的下端面上,进油口 P 油压较低时阀芯在弹簧的作用下处于图示位置,将进油口 P 和回油口 O 的通路隔断,阀不溢流,若进油口油压升高,当作用在阀芯下端的油压作用力超过弹簧作用力时,该作用力通过阀芯压缩弹簧上移,阀口打开溢流。溢出的油液经回油口 O 流回油箱。

使溢流阀阀口刚刚打开时的压力,称为开启压力,用 p_k 表示,则阀芯开启时,作用在阀芯上的力平衡方程为

$$p_k A = F_s + G + F_f$$

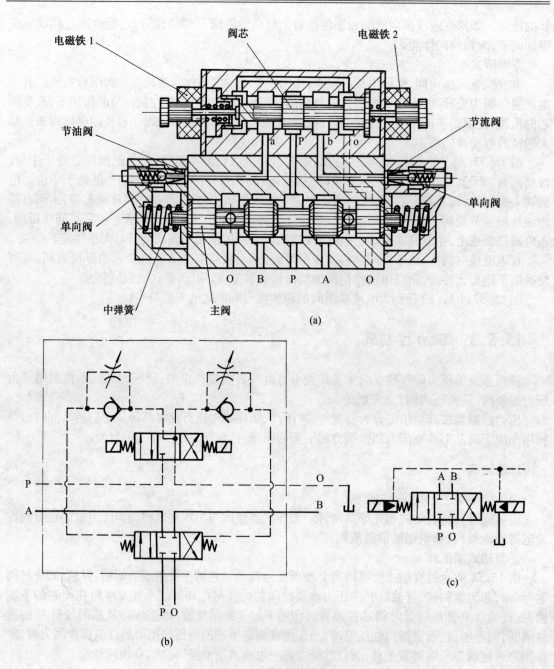

电磁铁1　　　　　　　　　　阀芯　　　　　　　电磁铁2

节油阀　　　　　　　　　　　　　　　　　　　　　　节流阀

单向阀　　　　　　　　　　　　　　　　　　　　　　单向阀

中弹簧　　　　主阀

(a)

(b)

(c)

图 15.37　电液换向阀

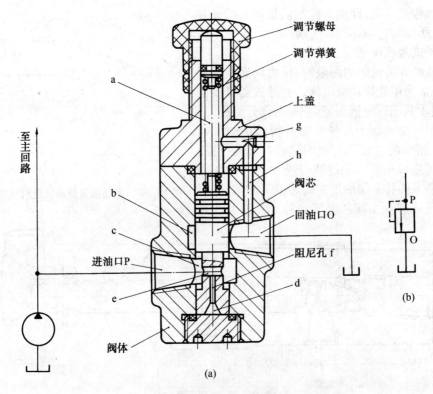

图15.38　直动式溢流阀

即

$$p_k = \frac{F_s + G + F_f}{A} \tag{15.46}$$

式中，A 为阀芯端面面积，即 $A = \pi d^2/4$，d 为阀芯的直径；F_s 为弹簧力，$F_s = K(x_0 + x)$，K 为弹簧刚度，x_0 为弹簧预压缩量，x 为阀芯关闭阀口的封油长度；G 为阀芯的自重（重力）；F_f 为阀芯与阀体之间的摩擦力。

　　G 和 F_f 可视为常量，则通过调整调节螺帽改变弹簧的预压缩量，以改变弹簧的作用力 F_s，即可调节溢流阀的开启压力 p_k。弹簧即溢流阀的调压弹簧。阻尼孔 a 除用以使油通到阀芯下端外，还起消除阀芯振动的作用。

　　直动式溢流阀的特点是结构简单，反应灵敏，缺点是工作时易产生振动和噪声，而且压力波动较大。由于直动式溢流阀的调压弹簧直接与被控油压相平衡，仅适用低压、小流量的场合，否则弹簧的刚度要增大，这不仅使阀的体积和质量增大，而且随阀口溢流量的变化，阀芯升降变化大，即弹簧压缩量变化大，系统压力也相应变化较大，阀芯上升的最高位置对应的压力，称为最大调定压力（额定压力）p_s。调压弹簧越硬，溢流流量越大，开启压力 p_k 与额定压力 p_s 之间的差值就越大，其关系如图15.39所示。通常 P 型溢流阀的工作压力 $p \le 2.5$ MPa。

　　直动式高压溢流阀如图15.40所示。它的工作压力为32 MPa，但流量小，仅为 2 L/min，它

一般作为远程调压用,即用来控制流量较大的先导
式溢流阀,所以称它为远程调压阀。

②先导式溢流阀

由于直动式溢流阀的局限性,压力较高及流量
较大时,通常采用先导式溢流阀。先导式溢流阀由
先导阀(直动式高压溢流阀)和主阀两部分组成。

Y型中压溢流阀为先导式溢流阀,如图15.41
(a)所示。图中的油腔 P 与阀的进油口相通,油腔
O 与阀的回油口相通。从进油口进入 P 腔的压力
油经主阀芯上的孔 e 作用于主阀芯的下端面,同时
又经阻尼孔 d 进入主阀芯上端油腔 c,c 腔的油经

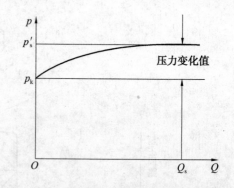

图 15.39　直动型溢流阀流量对压力的影响

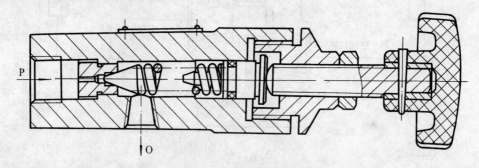

图 15.40　IY 型高压溢流阀

孔 b 进入先导阀,并经孔 a 作用于先导阀阀芯的端部,当阀的进口油压较低,阀芯关闭,孔 d 没
有油液流过,主阀芯上下两端的油压相等,主阀芯在弹簧的作用下处于图示位置,阀口封闭,
P、O 油腔不通,不溢流。

当阀的进口油压升高到能够打开先导阀阀芯时,油液经阻尼孔 d、c 腔、孔 b、a 先导阀阀
口、孔 g 流向油箱。由于油液通过阻尼孔 d 时要产生压力降,所以主阀芯上端 c 腔的油压小于
下端的油压,当两者的压差对主阀芯产生的向上作用力超过弹簧对主阀芯产生的向下作用力
时,主阀芯上移,阀口打开,P 腔的压力油在阀口降压以后经 O 腔流回油箱,主阀溢流。

设阀的开启压力为 p_k,则主阀芯刚开启时,主阀芯受力平衡方程式为

$$p_k A = F_s + p_1 A + G + F_f$$

即

$$p_k = \frac{F_s + p_1 A + G + F_f}{A} = p_1 + \frac{F_s + G + F_f}{A} \tag{15.47}$$

式中,A 为主阀芯端面的面积;F_s 为主阀芯复位弹簧的作用力;p_1 为主阀芯上端 c 腔油液的压
力;G 为主阀芯自重;F_f 为主阀芯与阀体之间的摩擦力。

因为主阀芯的复位弹簧很弱,作用力 F_s 很小,所以式中 $(F_s + G + F_f)/A$ 一项与 p_1 相比小
得多,可以不计,则可得 $p_k \approx p_1$,而 p_1 受先导阀的控制,即 $p_1 = F_{s1}/A_1$,这里 F_{s1} 为先导阀弹簧的
预压力,A_1 为先导阀阀座孔的面积,因此,式(15.47)可写成

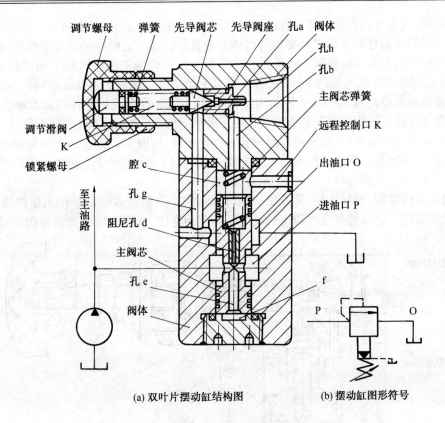

(a) 双叶片摆动缸结构图   (b) 摆动缸图形符号

图 15.41   先导式溢流阀

$$p_k \approx \frac{F_{s1}}{A_1} \qquad\qquad\qquad (15.48)$$

式(15.48)表明,先导式溢阀的开启压力是由先导阀的调压弹簧的预压力来调节,而先导阀及其弹簧尺寸不受主阀通过流量大小的影响,可以做得较小。主阀的过流面积较大,因此先导式溢流阀所控制的压力和流量都可以很大。

先导式溢流阀有遥控口 K(见图 15.41),使用 K 口时经管路与远程调压阀连接,远程调压阀安装在操作者方便之处。在先导式溢流阀的调定压力范围以内,压力可由远程调压阀来控制。

若把遥控口 K 与电磁换向阀连接,当电磁换向阀使遥控口 K 与油箱接通时,主阀芯上端(c 腔)的油压为零,这时,先导式溢流阀的进油口只有微小的压力便可使主阀芯克服复位弹簧的作用力上移,阀口打开,于是系统的油液便经打开的阀口和 O 腔流向油箱,系统的压力接近于零,先导式溢流阀的这种用途称为系统卸荷,如图 15.48(c)所示。

中压溢流阀的额定压力为 6.3 MPa。阀的各油口在平面内,这种阀为板式阀,采用板式连接。图 15.41(b)为先导溢流阀的图形符号。

三节同心式先导式高压溢流阀如图 15.42 所示,额定工作压力为 32 MPa。主阀芯上部的小圆柱、中部的大圆柱和下部锥面必须与阀体配合良好。这三处的同轴度要求很高,故称三节同心式,这是目前先导式溢流阀中广泛采用的结构。这种阀的工作原理与 Y 型中压溢流阀相同。主阀芯上阻尼孔 a(孔径约 1 mm),其作用与 Y 型中压溢流阀中的孔 d 相同。当进口 P 油压较低、先导阀未溢流时,b 腔和 c 腔的油压相等,但主阀芯在 b 腔中的作用面积略大于 c 腔,因此,主阀芯在液压作用力和复位弹簧力(此力很小)作用下关闭主阀口,阀不溢流。当进口油压升高,使先导阀溢流时,油液经过阻尼孔 a 产生压降,这时 b 腔油压小于 c 腔油压,当 c,b 两腔压力差在主阀芯上产生的作用力大于复位弹簧力时,主阀芯抬起,主阀口打开,进口压力油在阀口降压以后经回油口 O 流回油箱,主阀溢流。

主阀口采用锥阀,密封性好,无遮盖,开启迅速,动作灵敏。遥控口开在先导阀的左端,图中已用丝堵堵住。此口可与远程调压阀或电磁换向阀连接,其原理与 Y 型溢流阀相同。

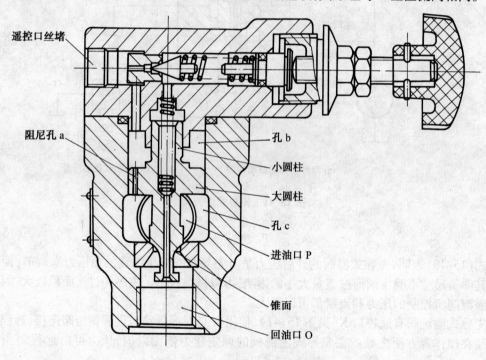

遥控口丝堵

阻尼孔 a

孔 b

小圆柱

大圆柱

孔 c

进油口 P

锥面

回油口 O

图 15.42　三级同心先导式溢流阀

(2)溢流阀的主要特性

溢流阀的主要性能有静态特性和动态特性两方面。

①静态特性

溢流阀做定压阀使用时,阀口是常开的。系统工作压力变化时,则阀口开度也相应变化,使阀芯上下浮动,自动适用溢流量的变化,对系统起溢流、稳压、安全作用。溢流阀的特性有两个重要参数:即通过主阀的流量和控制压力的调节范围,这两个参数之间的关系,正是压力-

流量特性,称为溢流阀的静特性。

a.压力-流量特性

直动式溢流阀的原理图如图 15.43 所示。当系统压力为开启压力 p_k 时,滑阀的受力平衡方程为

$$p_k A = K x_0 \qquad (15.49)$$

式中,A 为滑阀进油口面积,$A = \pi d^2/4$,d 为进油口直径;K 为弹簧刚度;x_0 为弹簧预压缩量。

当调定压力为 p_s 时,阀门的开口量为 x,则弹簧总压缩量为 $x_0 + x$,此时

$$p_s A = K(x_0 + x) \qquad (15.50)$$

由式(15.50) 与式(15.49) 相减得

$$x = \frac{\pi d^2}{4K}(p_s - p_k) \qquad (15.51)$$

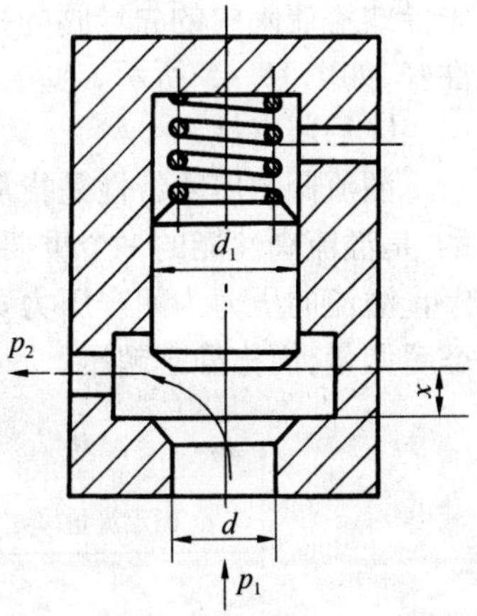

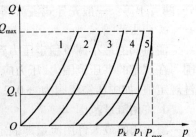

图 15.43　直动式溢流阀原理图

流过阀口的流量 Q 可按贝努利方程计算

$$Q = C_d A_1 \sqrt{\frac{2g}{\gamma} \Delta p} = C_d \pi dx \sqrt{\frac{2g}{\gamma} \Delta p} \qquad (15.52)$$

式中,C_d 为流量系数;A_1 为滑阀升起后形成的圆柱形过流面积,$A_1 = \pi dx$;Δp 为阀口节流口前后压力差;γ 为油液重度;g 为重力加速度。

将式(15.51) 代入式(15.52),可得

$$Q = C_d \frac{\pi^2}{4K} d^3 (p_s - p_k) \sqrt{\frac{2g}{\gamma} \Delta p} \qquad (15.53)$$

因为 $\Delta p = p_s - p_0$,p_0 为溢流阀的出口压力,一般认为表压力为零,所以,$\Delta p \approx p_s$,代入式(15.53),整理后得

$$Q = C_k (p_s^{3/2} - p_s^{1/2} p_k) \qquad (15.54)$$

式中,$C_k = \dfrac{C_d \pi^2 d^3}{4K} \sqrt{\dfrac{2g}{\gamma}}$。

由此可见,压力 - 流量的关系为抛物线形状,如图15.44 所示。不同的开启压力,对应着不同的曲线(改变弹簧的预压缩量 x_0,就可以调节开启压力的大小),当 $x_0 = 0$,即 $p_k = 0$,对应的曲线为 1,当 p_k 增加时,则曲线右移为 2,3,4。p_k 越大,曲线离原点越远,溢流阀所控制的压力值 p 越大。

当系统工作压力为 p_1 时,通过的溢流量为 Q_1,当溢流阀做定压阀使用时,希望所控制的压力保持常数,实际上往往是不可能的,因为系统中溢流量变化,造成阀口开度变化,溢流阀弹簧的压缩量变化,所以实际上系统压力总是变化的,如图 15.44 所示。

图 15.44　溢流阀的压力 - 流量特性曲线

压力变化不能消除,而只能减小。阀的弹簧刚度越大,一定的开口量所对应的压力变化量就越大;弹簧越软,相同的开口量所对应的压力变化量就小,这样压力 - 流量特性就好。由于先导式溢流阀中的先导阀的弹簧力较小,所以,先导式溢流阀比直动式溢流阀的压力 - 流量特性好,如图 15.45 所示。

b. 启闭特性

溢流阀的启闭特性是指从开启到闭合过程中,通过溢流阀的流量与其控制压力之间的关系,是溢流阀性能的一个重要标志。如图 15.46 所示,溢流阀开始溢流的压力为开启压力 p_k,停止溢流的压力为闭合压力 p_b。p_k,p_b 与调定压力 p_s 之差$(p_s - p_k)$,$(p_s - p_b)$ 称为溢流阀的静态超调量,简称静态超压。

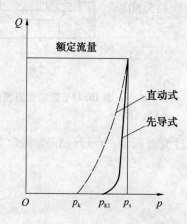

图 15.45　　溢流阀的静流特性曲线

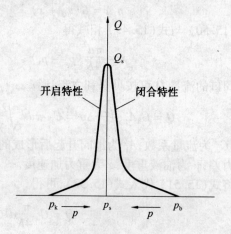

图 15.46　　溢流阀的启闭特性曲线

由于静态超压反映的是绝对数值,所以通常用静态超压率来表示。开启静态超压率为 $n = ((p_s - p_k)/p_s) \times 100\%$;闭合静态超压率 $n' = ((p_s - p_b)/p_s) \times 100\%$。它们反映了溢流阀在开启和闭合各阶段具有不同的溢流量时,阀所控制压力变化的不均匀程度,显然 n 和 n' 越小越好,两者不等。一般先导式溢流阀的静态超压率在 5% 以内,直动式约为 20%。

c. 调压范围

溢流阀的最小调节稳定压力到最大调节稳定压力(额定压力)之间的调节范围叫调压范围。在规定的高压范围内,压力应平稳而无噪声,当调节压力为额定值时,其压力波动不得超过规定值(如中压溢流阀为 ±0.2 MPa)。

d. 许用流量范围

溢流阀的最大许用流量即额定流量,最小许用流量一般为额定流量的 15%,在该流量范围内,阀的压力平稳、无噪声。

e. 卸荷压力

溢流阀做卸荷使用时,额定流量下的压力损失称为卸荷压力。一般卸荷压力为 0.15 ~

0.45 MPa,高压阀的卸荷压力高,低压阀的卸荷压力低。卸荷压力的大小主要与主阀芯阀口的结构形状和尺寸有关。

②动态性能

溢流阀在卸荷状态下突然关闭,阀的进口油压从卸荷压力迅速升至最大峰值压力,然后振荡衰减至调定压力,再使溢流阀在调定压力稳态溢流时又突然开启卸荷,这一全过程中测得的压力与时间关系的动态特性曲线如图 15.47 所示,其主要性能指标如下。

a. 动态超调量

最大峰值压力与调定压力的差值,称为动态超调量 Δp,其值越小越好,否则易引起元件损坏或管路破裂等事故。

b. 压力回升时间

溢流阀从卸荷压力升至稳定压力所需的时间 t_3,称为压力回升时间。它包括升压时间 t_1 和升压稳定时间 t_2 之和,其值越小,溢流阀的反应性越好。

c. 卸压时间

系统压力从额定压力开始卸压到卸荷压力稳定时的时间 t_4,称卸压时间。t_4 的值越小,性能越好。

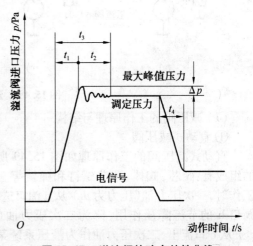

图 15.47　溢流阀的动态特性曲线

(3)溢流阀的应用

①作为安全阀用,防止液压系统过载,如图 15.48(a)所示。对于高压系统,其开启压力一般要调整到比系统的最高工作压力高 10% ～ 20%,故在系统正常工作时,它是不溢流的,只在系统出现过载时才打开。

②作为定压阀用,使系统维持恒定的压力,如图 15.48(b)所示。原理为:泵的供油流量大于节流阀的需要流量,多余油液经溢流阀溢流,以保持节流阀进口侧的系统压力为恒定值。由此看出,作为定压阀用的溢流阀在系统正常工作时是经常打开溢流的。

③用于系统卸荷,如图 15.48(c)所示,使二位二通电磁阀与先导型溢流阀的遥控口连接,则当电磁铁通电时便可使系统卸荷。

④远程调压,如图 15.48(d)所示,利用装在操纵台上的远程调压阀与先导型溢流阀的遥控口连接,便可在溢流阀的调定压力范围内实现远程调压。

2. 减压阀

减压阀是利用阀口节流产生压降,使其出口的稳定压力低于进口压力。常见的减压阀有定值减压阀、定差减压阀、定比减压阀。通常减压阀是指定值减压阀。减压阀的结构有两种,即直动式减压阀和先导式减压阀。先导式减压阀应用较广。

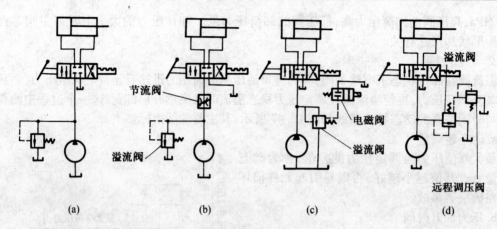

图 15.48　溢流阀的应用示例

（1）减压阀的工作原理与结构

① 直动式减压阀

直动式减压阀的工作原理如图 15.49 所示。它的组成有:阀芯、阀体、调节螺钉和弹簧等。减压阀工作时,一次压力油(压力为 p_1)从 a 油口进入,经过阀口 b 的节流降压作用,降为二次压力油(压力为 p_2)从 c 口流出,二次压力油作为液压系统某一支路压力油,可以驱动执行元件或做控制系统油源。c 口的二次压力油,经油孔 g 作用在阀芯的下端。若阀的最大开口量为 h,实际开口量为 x,弹簧预压缩量为 x_0,弹簧刚度为 K,忽略重力加摩擦力,则阀芯的受力平衡方程式为

$$p_2 A = K(x_0 + h - x)$$

即

$$p_2 = \frac{K(x_0 + h - x)}{A} \approx \frac{K(x_0 + h)}{A} \quad (15.55)$$

式中,A 为阀芯端面面积。

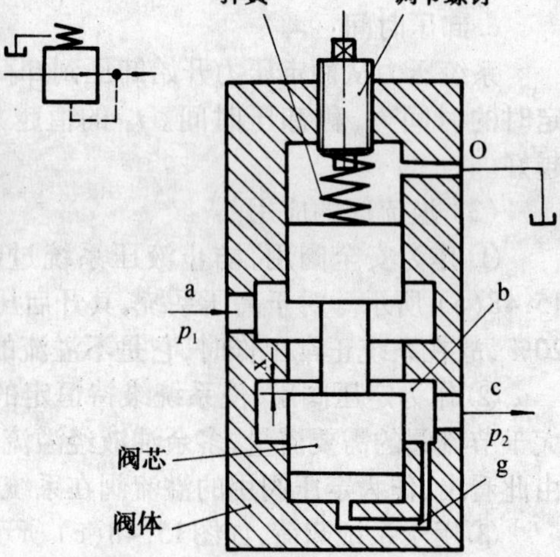

图 15.49　直动式减压阀的工作原理

通常阀芯开口量 x 变化较小,可以忽略不计,由式(15.55)可知,p_2 近似于常数,也就是说阀的出口油压低于进口油压且为定值。若某种原因一次压力 p_1 升高,在同一瞬间二次压力 p_2 也相应升高,在二次压力作用下阀芯上升,阀开口量 x 则减小,于是在阀口的压力损失增加,这就迫使二次压力油 p_2 降低到原有调定的稳定压力。反之亦然。

调整调节螺钉,即调整弹簧的预压缩量 x_0,可以调整减压阀的出口工作压力。另外,减压阀的进、出口均为压力油,为了使阀正常工作,阀的泄漏油口必须另接油箱。

由以上分析可见,直动式减压阀的使用压力不能太高,否则弹簧的刚度大,必然使阀的结

构尺寸庞大,因此,在高压系统中都采用先导式减压阀。

② 先导式减压阀

JF 型先导式减压阀如图 15.50 所示,图(a) 为阀的结构图,与先导式溢流阀相似,同样由先导阀(即直动式溢流阀) 和主阀两部分组成,图(b) 为阀的原理图,图(c) 为阀的职能符号。

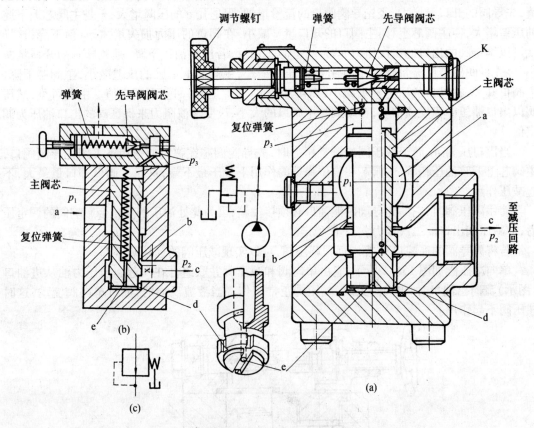

图 15.50　JF 型先导式减压阀

先导式减压阀的工作原理(见图 15.50(b)) 如下:一次压力油(压力为 p_1)从 a 油口进入,经阀口 b 的节流降压作用,降为二次压力油(压力为 p_2),从 c 口流出。c 口的二次压力油(压力为 p_2) 又经主阀芯下端的轴向沟槽 d 进入阀芯的下腔,再经阻尼孔 e 进入主阀芯上腔,继而进入先导阀的前腔,上腔油压 p_3 由先导阀调定。减压阀稳定工作时,若主阀芯的最大开口量为 h,实际开口量为 x,主阀芯上下的作用面积相等为 A,弹簧预压缩量为 x_0,刚度为 K,忽略重力、摩擦力和液动力,则主阀芯受力平衡方程为

$$p_2A = p_3A + K(x_0 + h - x)$$

即

$$p_2 = p_3 + \frac{K(x_0 + h - x)}{A} \tag{15.56}$$

　　由于弹簧刚度 K 较小，x_0 较大，x 较小而且变化不大，上式中 $K(x_0 + h - x)/A$ 基本上为一常数。此外，p_3 由先导阀确定，因此，先导阀调定以后，p_2 基本上保持定值。调整先导阀的调定压力，可以调节减压阀的工作范围。

　　减压阀在工作时能自动调整出口压力为定值。若因进口油压升高导致出口油压高于调定值，先导阀的开口量增大，经先导阀阀口的流量增加，阻尼孔 e 的压降增大，于是主阀芯上下腔的压差增大，使主阀芯上移，主阀口的开口量 x 减小，在阀口的压力损失增加，p_2 值下降，这样就可以维持阀的出口的二次压力 p_2 为调定值。相反，若出口油压下降，则先导阀的开口量减小，经先导阀阀口的流量减少，阻尼孔 e 的压降减小，主阀芯上下腔的压差减小，主阀芯下降，主阀口开大，在阀口的压力损失减小，出口油压 p_2 立即上升，回复到调定值。由此可见，减压阀以出口油压作为反馈信号，自动调整主阀口的大小，改变液流阻力来保证阀的出口油压为调定值。

　　当出口压力 p_2 低于减压阀的调整压力时，先导阀阀芯在弹簧的作用下关闭先导阀阀口，主阀芯上下腔油压相等，主阀芯在复位弹簧的作用下处于最下端，这时主阀口开口量最大，不起减压作用。

　　使用减压阀时，它的先导阀的泄油口必须接油箱，因为此处油压的变化会影响阀的调定压力，使减压阀出口的二次压力 p_2 不能稳定。

　　若将先导阀的遥控口 K 接入远程调压阀，可以实现减压阀的远程调压。

　　单向减压阀如图 15.51 所示，它由单向阀和减压阀并联组合在一起。当压力油从进油口(图示)流向出油口时，单向阀关闭，减压阀正常工作。当液流反向时，通过单向阀流动，这时减压阀不起作用。

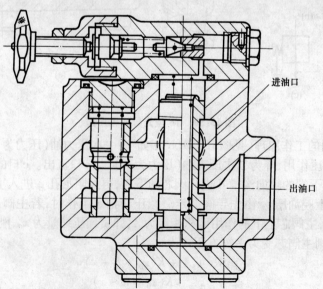

进油口

出油口

图 15.51　单向减压阀的结构

（2）减压阀的应用

从减压阀的工作原理可知,通过降低液压系统中的压力,使液压系统中某一支路获得比液压泵输出压力更低的稳定压力。

图 15.52(a)、(b)所示分别为减压阀和单向减压阀的应用。图中职能符号分别为液压泵、溢流阀、减压阀或单向减压阀、换向阀、液压缸等。

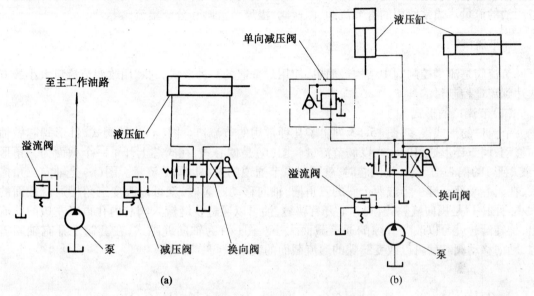

图 15.52　减压阀的应用

如图 15.52(a)所示,泵除了供给主工作油路外,还经减压阀、换向阀进入液压缸,且液压缸的工作压力基本稳定在所需的减压阀出口的调定值上,这样泵的出口的压力变化就不会影响这一支路的油压。

如图 15.52(b)所示,与上述相同,液压缸 1 活塞杆伸出时所需工作压力低于缸 2 的工作压力,为了能同时工作,所以在缸 1 的油路上安装单向减压阀。当缸 1 活塞杆收缩(上移)时,油液经单向阀回油箱。

（3）溢流阀与减压阀的区别

溢流阀、减压阀都是利用油液压力(溢流阀是进口油压、减压阀是出口油压)与弹簧力相平衡的原理来控制系统压力。二者的区别是:

①溢流阀起溢流限压作用,减压阀起减压稳压作用。溢流阀是保证进口压力恒定,减压阀是保证出口压力恒定,阀的进口压力高于出口压力的某一波动值。

②当压力低于调定值时,则溢流阀阀口是常闭的,而减压阀无论压力是高于还是低于调定值,阀口都是常开的。

③在油路中,溢流阀是并联连接,而减压阀是串联连接。

④溢流阀出口接油箱,减压阀的泄油口接油箱,而出油口接支路低压系统执行元件。

15.5.4　流量控制阀

液压系统中执行元件运动速度的大小是靠调节进入执行元件中液压油流量的多少来实现的。流量控制阀就是在一定的压差下靠改变通流截面的大小来改变液阻,从而控制所通过的液压油的流量。通常使用的有节流阀、调速阀、溢流节流阀和分流集流阀等。

1.节流阀

节流阀是流量控制阀中结构最简单、使用最普遍的一种形式,它利用改变节流口大小的方法达到流量控制目的。

(1)节流口的形式

节流口的形式很多,图 15.53 列出了几种常用的节流口。图(a)为针阀式,针形阀芯做轴向移动,调节环形通道的大小以调节流量。图(b)是偏心式,在阀芯上开了一个截面为三角形(或矩形)的偏心槽,当转动阀芯时,就可以调节通道的大小以调节流量。图(c)是轴向三角槽式,在阀芯端部开有一个或两个斜的三角槽,轴向移动阀芯时,就可以改变三角槽通流截面的大小。图(d)是周向缝隙式,阀芯上开有狭缝,油可以通过狭缝流入阀芯内孔再经左边的孔流出,旋转阀芯就可以改变缝隙的通流截面大小。图(e)为轴向缝隙式,在套筒上开有轴间缝隙,轴向移动阀芯就可以改变缝隙的通流截面的大小以调节流量。

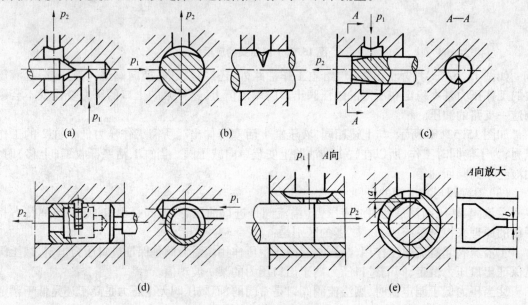

图 15.53　节流口形式

（2）节流阀的结构

①普通节流阀

普通节流阀如图 15.54 所示,节流口采用锥面的针阀式结构。节流阀工作时,压力油从 A 口进入,经节流口节流后从 B 口流出,阀芯在复位弹簧的作用下始终顶在调节螺杆上。转动手轮,阀芯可在阀体内做轴向移动,以改变节流口过流面积的大小,来调节通过节流阀的流量。节流阀阀芯的上下两端通过阀体上油孔 g 和阀芯上径向孔 f 分别和进油口 A 连通,这样可以防止调节阀芯时,一端形成局部高压,而另一端又形成局部真空,影响阀的调节性能,此外,它还可以提高节流阀调定以后的稳定性。

②单向节流阀

单向节流阀用于需要单方向控制流量的系统中,LA 型单向节流阀如图 15.55 所示,它是由单向阀和节流阀并联而成的组合阀。它的阀芯由上、下两部分组成。压力油从 A 口进入,

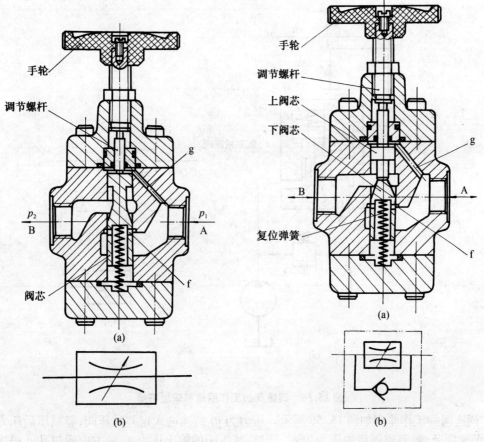

图 15.54 普通节流阀　　　　　图 15.55 单向节流阀

经通油孔 g 和 f 分别进入阀芯上、下腔,作用在上阀芯的上端面和下阀芯的下端面的油压力平衡,在复位弹簧的作用下,上、下阀芯紧靠在一起顶在调节螺杆上,此时,压力油必须经过下阀芯控制的节流口节流才能从 B 口流出,以达到正向节流的目的。转动调节手轮,改变阀芯相对阀体的轴向位置,就能改变节流口的大小,实现流量的调节。当压力油反向从 B 口进入时,进口油压作用在下阀芯的上端面上,克服弹簧力推动下阀芯向下移动,打开阀口,压力油便自由通过从 A 口流出。

2. 调速阀

（1）调速阀的工作原理与特性

调速阀是定差减压阀与节流阀串联而成的组合阀,如图 15.56 所示,其中定差减压阀的作用是使节流阀前后的压力差在负载变化时能自动保持恒定,克服了普通节流阀的压力差随负载而波动的缺点,从而提高了液压系统的速度稳定性。

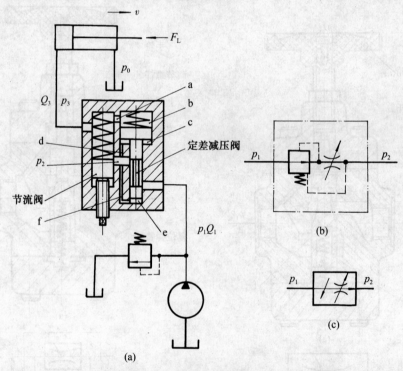

图 15.56　调速阀的工作原理和职能符号

调速阀的工作原理如图 15.56 所示。压力为 p_1 的油进入定差减压阀,经减压后压力为 p_2 进入节流阀节流,节流阀后的压力为 p_3。定差减压阀的输出压力 p_2 一方面通过孔 d 进入定差减压阀阀芯大端的环形腔中,另一方面经孔 f 进入定差减压阀阀芯小端的底部油腔中。节流

阀的出口压力 p_3 则经孔 a 进入定差减压阀阀芯大端的 b 腔中,在平衡位置时,定差减压阀阀芯上下两端所受的作用力应相等。如忽略阀芯质量、摩擦力以及液动力的影响,则作用在定差减压阀阀芯上力的平衡方程式为

$$p_2 A = p_3 A + F_s$$

即

$$p_2 - p_3 = \Delta p = \frac{F_s}{A}$$

式中,A 为减压阀阀芯的大端面面积;F_s 为弹簧力。

由于定差减压阀的弹簧刚度小,故阀芯移动时弹簧力 F_s 的数值变化很小,可以认为节流阀前后的压力差 Δp 基本上是一个定值,这表明,通过调速阀的流量只随节流阀开口的大小而改变,与负载变化无关。

调速阀中节流阀前后压力差基本保持不变的动态过程为:当进口压力 p_1 不变,出口压力 p_3 因负载变化而增大时,则 $p_2 A < p_3 A + F_s$,使定差减压阀阀芯下移,该阀的开口量增大,减压作用减弱,节流阀前压力 p_2 增加,定差减压阀阀芯又处于新的平衡位置,从而保持 $\Delta p = p_2 - p_3$ 为定值。反之,出口压力 p_3 因负载变化而减小时,定差减压阀阀芯上移,使 p_2 减小,仍保持 $\Delta p = p_2 - p_3$ 为定值。

当进口压力 p_1 变化时,根据上述理由,同样可证明定差减压阀阀芯处于新的平衡位置时仍能保持节流阀前后压力差为定值,从以上分析可知,当调速阀进出口压力 p_1 与 p_3 受负载影响而变化时,由于定差减压阀的压力补偿作用,使节流阀的前后压力差基本保持不变,所以通过调速阀的流量基本恒定,液压系统执行元件的运动速度也就能基本保持稳定。

调速阀和普通节流阀的性能比较如图 15.57 所示。从图中可知,通过普通节流阀的流量随阀的进出口压力差的变化较大,而调速阀在阀的进出口压力差大于一定值后,流量基本上是稳定的。只有当压力差很小时,定差减压阀阀芯被弹簧推至最下端,阀口全部打开,不起减压作用,此时性能和节流阀相同。所以调速阀正常工作时,一般应保证最小有 0.4 ~ 0.5 MPa 的进出口压力差。

应该指出,影响调速阀流量变动的因素还有:
①定差减压阀阀芯和阀体之间的泄漏以及节流阀的泄漏。
②定差减压阀阀芯开口量所引起的弹簧力的变化。
③定差减压阀阀芯所受液动力的影响。
④阀内通道的阻力等。

在小流量范围内,流量脉动主要是由内部泄漏引起的,这种泄漏与压力大致成正比。在大流量范围内。阀内通道阻力对最小压力差影响很大,也会造成流量的脉动。

另外,当油温发生变化时,黏度随之变化,也会影响到流量的稳定性。为此,可采用具有压力及温度补偿的调速阀,当油温变化时,这种阀可以自动改变节流口的过流断面面积,以抵消黏度变化的影响。通常使用热膨胀显著的材料,使节流口的过流断面面积随着油温的上升而

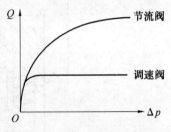

图 15.57 调速阀和普通节流阀性能比较

变小,以保持流量不变,这种调速阀通常用于精密机械的液压调速系统。

（2）溢流调速阀

为了使通过节流阀的流量不变,除用定差减压阀与节流阀串联组成调速阀外,还可采用压差式溢流阀与节流阀并联组成溢流调速阀。

溢流调速阀的工作原理如图 15.58 所示。它主要由安全阀、节流阀、溢流阀等组成。液压泵的压力油 p_1 从进油口 e 流入后分为两部分:一部分油通过节流阀 2,压力降为 p_2,经出油口 f 进入液压缸;另一部分油经溢流阀 3 的溢流口 d 流回油箱。溢流阀阀芯上端 a 腔,与节流阀的出口相通,压力为 p_2,阀芯下端的 b 腔和 c 腔与节流阀的进口相通,压力为泵的压力 p_1。在平衡位置时,溢流阀阀芯上下两端的作用力应相等,如忽略阀芯的质量、摩擦力及液动力的影响,则作用在阀芯上力的平衡方程式为

$$p_1 A = p_2 A + F_s$$

即

$$p_1 - p_2 = \frac{F_s}{A}$$

式中,A 为溢流阀阀芯的大端面积;F_s 为溢流阀阀芯所受的弹簧力。

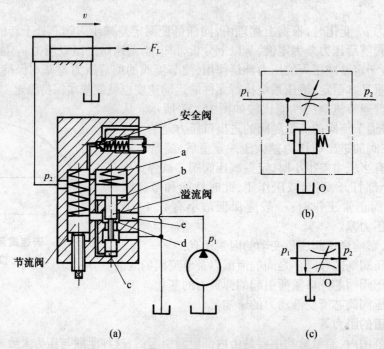

图 15.58　溢流节流阀的工作原理和职能符号

因为溢流阀阀芯的移动量较小,弹簧也较软,所以节流阀前后压力差 $(p_1 - p_2)$ 基本是一个定值,从而保持通过节流阀的流量稳定,当负载增加使出口压力 p_2 增大时,作用在溢流阀芯上端的力增大,使阀芯下移,关小溢流口 d,从而进口压力 p_1 增加,保持压力差 $(p_1 - p_2)$ 基本不

变。反之,当负载减小使出口压力 p_2 减小时,作用在溢流阀下端的力增大,使阀芯升起,开大溢流口 d,从而进口压力 p_1 减小,同样保持压力差 $(p_1 - p_2)$ 基本不变。由此可见,这种阀也能够实现使通过流量基本恒定。

这种溢流调速阀一般多附有一个安全阀,以防止系统过载。由于安全阀与节流阀的出口相通,所以安全阀控制的是出口油压,溢流量仅为油泵的部分流量,故可使用较小流量的安全阀。

与调速阀相比,用溢流调速阀调速时,由于液压泵不是在恒压下工作,即进油口压力 p_1 随负载变化,故功率消耗较为经济,液压系统的发热也较小,这些乃是溢流调速阀的优点。但是溢流调速阀中流过的流量比调速阀大,是液压泵的全部流量,加之阀芯运动时阻力较大,故溢流阀芯上端的弹簧一般比调速阀硬些,这样就使节流阀前后的压力差变化较大,一般约在 $0.3 \sim 0.5$ MPa(调速阀中节流阀前后的压力差一般约在 $0.1 \sim 0.3$ MPa)。因此溢流调速阀的稳定性不如调速阀好,仅适用于对速度稳定性要求不太高的功率较大的进口节流调速液压系统中。

(3)叠加阀

由叠加阀组成的液压系统其优点有:标准化、通用化、集成化程度高,设计、加工、装配周期短,结构紧凑、体积小、质量轻、占地面积小。当液压系统改变而需增减元件时,将其重新组装方便迅速。叠加阀可集中配置在液压站上,也可分散安装在设备上,配置形式灵活。是不用油管连接的结构,消除了因油管、管接头等引起的漏油、振动和噪声。叠加阀系统使用安全可靠,维修容易,外观整齐美观。其缺点是回路形式较少,通径较小,不能满足较复杂和大功率的液压系统的需要。

叠加阀是在板式阀集成化的基础上发展起来的新型液压元件。它是安装在板式换向阀和底板之间、由有关的压力、流量和单向控制阀组成的一个集成化控制回路。每个叠加阀除了具有液压阀功能外,还起油路管道的作用。所以,叠加阀就是换向阀和底板间的、有上下板安装面的特殊结构的液压阀。它可分为压力、流量、方向控制阀三大类,但方向阀中只有叠加式液控单向阀。叠加阀的工作原理与板式阀基本相同,但在结构和连接方式上有其特点,因而自成体系。例如,板式溢流阀只在阀的底面上有 P 和 O 两个进、出主油口,而叠加式溢流阀则除 P 和 O 油口外,还有 A,B 油口,而且这些油口又都是从阀的底面到阀的上平面相贯通的。因此,由叠加阀组成的液压系统,阀与阀之间不需要另外的连接体,而是以叠加阀体作为连接体,直接叠合再用螺栓连接而成。自行火炮的调压阀组就是叠加阀的一种。

15.6　液压辅件

液压系统中的辅助装置包括蓄能器、油箱、热交换器、滤油器、油管与管接头、密封装置等。这些元件的性能对系统工作的稳定性、工作寿命等有直接的影响,因此,在设计液压系统时,必须予以足够的重视,要进行合理的选择和安装,并进行定期检查,精心维护,使整个液压系统处于良好的工作状态。

15.6.1　蓄能器

1.蓄能器的功用

蓄能器是一种能量储存和释放压力能的装置。它的功用是在适当的时候将系统中的部分能量储存起来,在需要的时候又重新释放出去,使系统能量的利用更加合理。它的功用如下:

①吸收冲击力及消除脉动现象:在液压系统中,当阀迅速关闭或突然换向,液压缸的运动突然停止、液压泵突然停车时,系统就产生冲击。这种冲击会引起故障和降低使用寿命,严重时会损坏设备。在这种情况下,如采用安全阀,虽然可以避免产生冲击力,但由于安全阀的反应慢,压力增高还是难以避免。若采用蓄能器,因它能吸收瞬时的冲击,所以压力不会增高。另外,如液压泵(特别是柱塞泵)产生脉动时,蓄能器也会吸收,从而消除了系统的脉动现象。

②瞬时提供大量油液:即周期性的短时供油可超过液压泵的输油量。它在工作过程中,适时地积蓄大量的油液,而在某一时刻又把储存的油液放出去,这样就可不按短时所需的最大输油量来选择液压泵,而是按平均的需油量来选择,使液压泵的利用比较合理,功率的消耗比较少。如152 mm 自行加榴炮输弹机的半自动装填液压系统。

③补偿泄油,使系统的压力稳定:在定位夹紧机构的液压系统中,往往是液压缸在一定时间(如加工过程)不动,又需要保持系统的压力(即夹紧力)不变。这时如用液压泵保持压力,高压油溢回,不仅油液发热并且耗费功率。如用蓄能器与单向的闭锁联用,因它可缓慢地放出油液以补偿系统的泄漏,可在相当的时间内保持系统的压力,在这个过程中液压泵可以卸压或停止工作。

由此可见,合理地选用蓄能器,可以减少设备容量,降低功率损耗,特别是对避免油温过高和保证液压系统工作的稳定性都具有重要的意义。

2.蓄能器的种类与结构

蓄能器按其结构不同,分为重锤式、弹簧式、空气式等。

(1)重锤式蓄能器

重锤式蓄能器的结构原理如图 15.59 所示。它是利用重物位置的改变,把液压能转换为势能储存起来,需要时放出。重物通过柱塞作用在油腔的液压油上。这种蓄能器的结构简单,压力稳定、容量小,体积大而且较重,运动部分的惯性大,有摩擦损失,故反应不灵敏,容易泄漏,因此不宜做缓冲,只做蓄能用。这种结构已被取代,应用较少,目前仅在某些大型固定设备的液压系统中使用。

(2)弹簧式蓄能器

弹簧式蓄能器如图 15.60 所示。它由弹簧、活塞和壳体等组成。它是利用弹簧的可压缩性,把液压能转换为机械能储存起来。为了提高蓄能器的能力,常常安装双弹簧。弹簧式蓄能器结构简单,但只适用于小容量及低压(小于 1~1.2 MPa)系统。

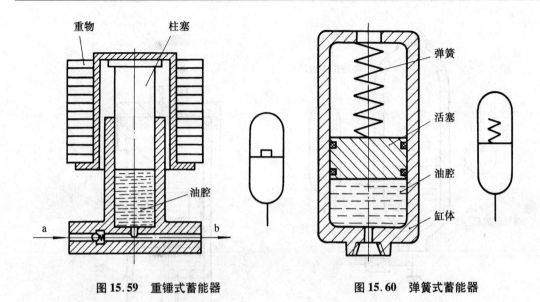

图 15.59　重锤式蓄能器　　　　　　图 15.60　弹簧式蓄能器

(3) 充气式蓄能器

充气式蓄能器的原理是利用气体的可压缩性,促使蓄能器工作。根据结构不同,又分为气液直接接触式、活塞式、气囊式等。

① 气液直接接触式(非隔离式)

非隔离式蓄能器如图 15.61 所示。这种蓄能器充入的气体(氮气)与液体直接接触。其优点是运动部分惯性小、动作灵敏,容量大,占位小,没有机械摩擦损失。缺点是气体容易渗入油中,气体随油液进入系统,影响系统的平稳性。为了防止气体渗入,不能利用其全部容量,要增加附属设备,如高低液位指示器等,它适用于低压大流量系统,但目前在液压系统中很少采用。

② 活塞式蓄能器

活塞式蓄能器如图 15.62 所示。活塞将气体与油液隔离,油中不易混入气体,结构简单,安装、维护方便;但仍存在活塞密封问题,气体可能漏入液体中,充气压力也受限制,由于活塞惯性及密封摩擦损失等影响,反应不灵敏。这种结构适用蓄能和吸收脉动之用。

③ 气囊式蓄能器

气囊式蓄能器的结构如图 15.63 所示。它主要由充气阀、壳体、皮囊和进油阀等组成。气体与液体由皮囊隔开,皮囊以丁腈橡胶为原料制成,它的使用温度为 -20 ~ 70 ℃ 之间。这种蓄能器的特点是:形状虽小但容积较大,皮囊的惯性小,反应灵敏,质量轻;皮囊的密封性好,一次充气后能长时间保存气体,充气方便,这种结构适用于储存能量和吸收冲击,在目前液压系统中广泛应用。目前我国生产的这种蓄能器工作压力为 3.5 ~ 35 MPa,容积范围为 0.16 ~ 80 L,温度范围为 -20 ~ 65 ℃,一般充氮气(或其他惰性气体)。

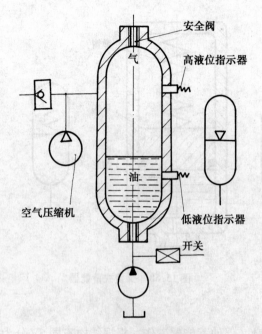

图 15.61 非隔离式蓄能器

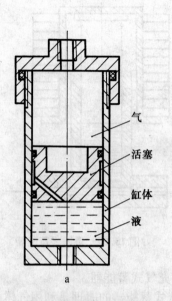

图 15.62 活塞式蓄能器

3. 充气式蓄能器的容量计算

在设计或选用蓄能器时,要依据液压系统的最高工作压力、最低工作压力和执行元件所需油量来确定。合理地选择蓄能器将会提高其容积利用系数。

充气式蓄能器的气体状态的变化规律是依据理想气体的状态方程,按等温或绝热关系变化,即 $pV^n =$ 常数,n 为指数,气体在等温条件下工作,取 $n=1$;在绝热条件下工作,取 $n=1.4$。

当蓄能器排出高压油的速度较慢,例如保持系统的压力时,蓄能器内气体变化状态可按等温变化情况考虑,即

$$p_0 V_0 = p_1 V_1 = p_2 V_2 \qquad (15.57)$$

式中,p_0 为充气压力,MPa;V_0 为蓄能器总容积(初始充气的气体容积),L;p_1 为最低工作压力,MPa;V_1 为压力为 p_1 时的气体容积,L;p_2 为最高工作压力,MPa;V_2 为压力为 p_2 时的气体容积,L。

从式(15.57)推导蓄能器当工作压力从 p_2 降到 p_1

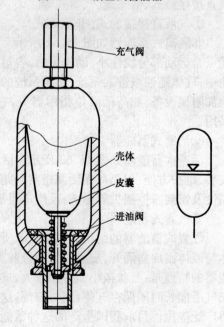

图 15.63 气囊式蓄能器

时排出的油量 ΔV（单位为 L）为

$$\Delta V = V_1 - V_2 = p_0 V_0 \left(\frac{1}{p_1} - \frac{1}{p_2} \right) \tag{15.58}$$

ΔV 为蓄能器排出的最大油量，蓄能器的总容积（单位为 L）为

$$V_0 = \frac{\Delta V p_1 p_2}{p_0 (p_2 - p_1)} \tag{15.59}$$

当蓄能器在短时间内排出高压油时，皮囊内气体状态的变化可按相对绝热变化情况考虑，即

$$p_0 V_0^{1.4} = p_1 V_1^{1.4} = p_2 V_2^{1.4} \tag{15.60}$$

从式（15.60）可推导出蓄能器当工作压力从 p_2 降到 p_1 时放出的油量 ΔV 为

$$\Delta V = p_0^{0.71} V_0 \left(\frac{1}{p_1^{0.71}} - \frac{1}{p_2^{0.71}} \right) \tag{15.61}$$

蓄能器的总容积为

$$V_0 = \frac{\Delta V (p_1 p_2)^{0.71}}{p_0^{0.71} (p_2^{0.71} - p_1^{0.71})} \tag{15.62}$$

对皮囊式蓄能器的充气压力 p_0，一般推荐值为：折合型取 $p_0 = (0.8 \sim 0.85) p_1$；波纹型取 $p_0 = (0.6 \sim 0.65) p_1$。

实际选用时，蓄能器的总容积 V_0 应比理论计算值大 1.05 倍为宜。

4. 蓄能器安装和使用

（1）蓄能器的安装要求

①检查连接口螺纹是否有破损、缺扣、滑扣等现象，若有异常不许使用。

②安装前先将瓶内气体放净，不准带气进行搬运或安装。

③蓄能器作为缓冲用时，应将蓄能器尽可能垂直安装并装于靠近产生冲击的装置，油口应向下。

④为便于蓄能器的检修和充气，必须在通油口的管路上安装截止阀。蓄能器与液压泵之间应安单向阀，以防液压泵停转时蓄能器内压力油倒流。

⑤安装于管路上的蓄能器，由于承受着一个相当于它的入口面积与油的压力乘积的作用力，因此，必须牢固支承、固定。

⑥蓄能器的安装位置应避开热源，而且不得用焊接方法固定，以防皮囊损坏。

（2）蓄能器的使用

①皮囊式蓄能器充气前，应从油口灌注少许液压油，以实现皮囊润滑。

②在使用过程中，必须定期对皮囊进行气密性检查。低于规定的充气压力时，应及时充气，以使蓄能器处于最佳状态，特别是对于用做应急动力源的蓄能器，必须经常检查与维护，使其处于良好状态，确保安全。

③当蓄能器不起作用时，应先检查气阀的气密性，若发现漏气，应予以补充；若气阀处泄

漏,应检查皮囊是否完好,否则将拆下更换皮囊和有关零件。

15.6.2　油　　箱

油箱的作用是储油、散热、沉淀油中的杂质,并使气体从油中分离逸出等。

油箱的结构如图15.64所示。图中有吸油管、回油管,中间有两个隔板,下隔板用做阻挡沉淀杂物进入吸油管,上隔板用做阻挡泡沫进入吸油管。脏物可以从放油口放出。加油滤油网设在回油管一侧的上部,盖有通气孔,滤油网兼起过滤空气的作用。当彻底清洗油箱时,可将上盖卸开。

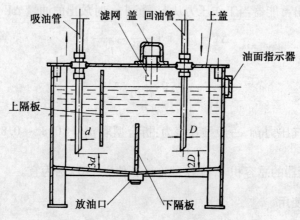

图15.64　油箱的结构图

在进行油箱设计时应注意以下几个问题。

①油箱的容积主要根据散热的需要来确定,同时也必须注意到当液压系统工作时油面仍能保持一定高度;另外还应使油中的杂质沉淀和使空气能够排出。通常油箱的有效容积可取为液压泵每分钟流量的3~7倍,低压系统取3~4倍,中压系统取5~7倍,另外,当应用定量泵时取大值,用变量泵时可取小值。如有必要,须进行液压系统发热温升的计算,根据散热要求来设计油箱的有效容积。

应当注意液压系统停止工作时,液压系统中的那部分油会因重力作用而流回油箱,为了防止油从油箱中溢出,油箱中的油面不能太高,一般不应超过油箱高度的80%。

②吸油管和回油管的距离应尽量远,吸油侧和回油侧要用隔板隔开,以增加油箱内油的循环距离,这样有利于油的冷却和放出油中的气泡,并使杂物多沉淀在回油管一侧。下隔板的高度约为最低油面高度的2/3。

吸油管离油箱底部的距离应不小于管径的2倍、油箱最低液面50~100 mm以下、距箱边应不小于管径的3倍,以便油流畅通。吸油管的入口处最好装有粗滤器,因为滤油器容易堵塞,它的流量应取为液压泵流量的2倍以上,通常采用100~150目的网式滤油器。回油管口距油箱的底面也应不小于管径的2倍,管端切成45°角,以增大排油口面积,排油口应面向箱壁。吸油管和回油管插入最低油面以下,防止吸油时卷吸空气或回油冲入油箱时搅动油面使油中混入气泡,泄油管不要插入油中,以免增大元件泄漏腔处的背压。

③为了防止油被污染,箱盖上各盖板、管口处都要妥善进行密封。加油器上应有滤油网。通气孔处最好设有空气滤清器。

④油箱侧面应有表示油面高度的油面指示器。为了便于测量油温,可在油箱上安装温度计或传感器。

⑤油箱一般用 2.5～4 mm 的普通钢板或不锈钢钢板焊成,尺寸高大的油箱上要加焊角板、筋条,以增加刚性。对普通钢板焊成的箱壁应作防锈处理。当油箱上固定电机、液压泵和其他液压元件时,钢板应适当加厚,使之具有一定的强度和刚度。液压泵和电机直立安装时的振动比横向安装时要小。

⑥为了便于排放污油,油箱箱底宜作成倾斜形,且与地面保持一定距离。并应有放油口或放油塞,其位置应在箱底最低处。油箱结构还应考虑能够方便地拆装滤油器和清洗内部。

15.6.3　热交换器

为了提高液压系统的工作稳定性,通常希望油液工作温度保持在 30～50 ℃ 范围内,最高不超过 60 ℃,最低不低于 15 ℃。油温过高将使油液变质,加速油的污染,引起液压元件中阻尼孔、节流孔的堵塞,使油液的黏性和润滑性下降,泄漏增加,并使系统中各元件产生热变形,运动件之间因材料的热膨胀系数不同而间隙改变,甚至产生"卡死"现象。油温过低(如寒冷地区)则液压泵启动时吸油困难,系统压力损失增大。

如果液压系统产生的热量与散发的热量达到相等,此时系统油温稳定在某值上(即处于热平衡状态),此时油温若超过允许值,必须安装冷却器,增加散热面积,以确保油温不超过允许值;反之,油温太低,液压泵无法正常启动,就必须安装加热器。冷却器和加热器统称热交换器。

1. 冷却器

冷却器按冷却介质可分为水冷、风冷和氨冷等形式,常用的是水冷和风冷。

(1)水冷式冷却器

最简单的冷却器是蛇形管式水冷却器(见图 15.65(a))。它直接装在油箱内,冷却水从蛇形管内部流过,带走热量。这种冷却器结构简单,但冷却效率低,耗水量大。

液压系统中采用较多的冷却器是强制对流式多管冷却器(见图 15.65(b))。冷却水从冷却器的右端入口进入,经铜管流到冷却器的左端,再经铜管流到冷却器右端,从出口流出。油液从左端进入,在铜管外面向右流动,在右端口流出。油液的流动路线因冷却器内设置的几块隔板而加长,因而增加了热交换效果,冷却效率高。隔板将进、出水隔开。但这种冷却器体积和质量较大。

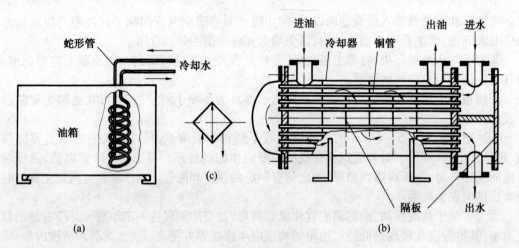

图 15.65 冷却器

(2)风冷式冷却器

风冷式冷却器适用于缺水或不便用水冷却的液压设备,如工程机械。冷却方式除采用风扇强制吹风冷却外,多采用自然通风冷却。自然通风冷却的冷却器有管式、板式、翅管式和翅片式等形式。一般管式和板式冷却器,因传热系数小、冷却效果较差而很少被采用。

图 15.66 为翅片式风冷却器,每两层通油板之间设有波浪形的翅片板,因此可以大大提高传热系数。如果加上强制通风,冷却效果将更好。翅片式风冷却器结构紧凑、体积小、强度高。但易堵塞、难清洗。

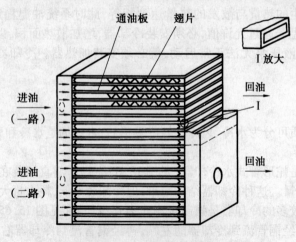

图 15.66 翅片式风冷却器

(3)冷却器的计算

冷却器的计算主要是根据热交换量确定需要的散热面积和冷却水量。

①需要的散热面积

因为冷却器的散热功率 H_2 应该等于系统的发热功率 H 与油箱散热功率 H_1 之差,即 $H_2 = H - H_1$。因此,冷却器必需的散热面积 A 为

$$A = \frac{H_2}{k\Delta t_m}$$

式中,Δt_m 为油和水之间的平均温差;k 为传热系数。

$$\Delta t_m = \frac{t_1 + t_2}{2} - \frac{t'_1 + t'_2}{2}$$

式中,t_1 为液压油的进口温度,根据系统发热情况确定;t_2 为液压油的出口温度,根据系统对油温的控制要求确定;t'_1 为冷却介质(水或风)的进口温度,一般为环境温度;t'_2 为冷却介质(水或风)的出口温度,与冷却水量有关;k 为冷却器的传热系数,初步计算时可按下列推荐值选取:多管式水冷 $k = 116$ W/$(m^2 \cdot K)$,平板式水冷 $k = 465$ W/$(m^2 \cdot K)$,强制风冷 $k = 35 \sim 350$ W/$(m^2 \cdot K)$;H_2 为冷却器散热功率,W。

在计算得到需要的散热面积 A 之后,即可根据不同的结构形式确定冷却水管的长度、数目或平板的大小、总片数。

② 需要的冷却水量

为了平衡油温,冷却器冷却水的吸热量应等于液压油放出的热量,即

$$c'Q'\rho'(t'_2 - t'_1) = H_2 = cQ\rho(t_2 - t_1)$$

因此需要的冷却水流量

$$Q' = \frac{c\rho(t_2 - t_1)}{c'\rho'(t'_2 - t'_1)}Q$$

式中,Q,Q' 分别为油及水的流量;c,c' 分别为油及水的比热容,$c = 1\,675 \sim 2\,093$ J/$(kg \cdot K)$,$c' = 4\,186.8$ J/$(kg \cdot K)$;ρ,ρ' 分别为油及水的密度,$\rho = 900$ kg/m^3,$\rho' = 1\,000$ kg/m^3。

按上式计算出的冷却水量,应保证水在冷却器内的流速不超过 1.2 m/s,否则需要增大冷却器的过流断面面积。通过冷却器的油液流量应适中,使油液通过冷却器时压力损失在 0.05 $\sim$ 0.08 MPa 范围内。

(4) 冷却器的安装

由于液压系统的工作情况不同,冷却器在系统中的安装位置可以有以下几种情况。

① 回油路冷却

冷却器装在回油路上,可以对已发热的主系统回油进行冷却,当油液不需冷却时,可将与冷却器并联的截止阀打开使冷却器短路,油液经截止阀直接回油箱,如图 15.67 所示。

② 独立式冷却

有些液压装置,为了避免回油总管中油液的压力脉动对冷却器(特别是板式冷却器)的破坏,或为了提高功率利用率、改善冷却性能,常采用独立式冷却油路,即单设一台供冷却油路用的液压泵将热油供给冷却器。为了提高冷却效果,应将此泵的吸油管口靠近主系统的回油管或溢流阀的回油管,使热油尽快得到冷却。

③ 自动调节油温冷却回路

在这种冷却回路中,利用测温头拾取温度信号并与规定温度相比较,当超过规定值时,发出电信号,接通冷却油路;反之,冷却油路不工作。

④ 闭式系统补油冷却油路

对于闭式回路,因油液循环使用,因此发热严重。此时设计一个补油泵,除将补偿系统泄漏外,还将冷油输人系统,对系统起强制冷却作用。

2. 加热器

如前所述,加热器的作用在于低温启动时将油液温度升高到适当的值(15 ℃)。加热方法主要采用电加热。加热器一般安装在油箱内,有时也采用管道加热,如图 15.68 所示。

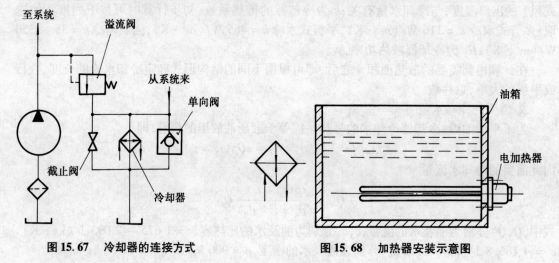

图 15.67　　冷却器的连接方式　　　　　　图 15.68　　加热器安装示意图

加热器的发热功率可按下式估算

$$H \geqslant \frac{c\rho V \Delta t}{T}$$

式中, V 为油箱的容积; Δt 为油液加热后的温升; T 为加热时间。

电加热器所需功率

$$H_\iota = \frac{H}{\eta_\iota}$$

式中, η_ι 为电加热器的热效率,一般取 $\eta_\iota = 0.6 \sim 0.8$。

电加热器多安装在油箱的侧面,加热部分应全部浸入油中,严防因油的蒸发、油面降低而使加热部分露出油面。

使用中应注意油是热的不良导体,因此单个加热器的容量不能太大,以免周围油温过高、油质发生变化,如有必要,宁可在一个油箱内多装几个加热器。

15.6.4　滤　油　器

保持液压系统中液压油的清洁是使系统正常工作的必要条件。但是系统中的液压油经常混有杂质,如铁末、砂粒、尘土、棉丝、橡胶碎片等。一定大小的颗粒杂质会引起相对运动零件的急剧磨损或卡死,堵塞液压元件中的小孔,产生各种故障,影响系统正常工作,甚至引起严重后果。据统计,普通液压系统70% ~ 80% 的故障、伺服系统90% 的故障都与液压油的污染有关。滤油器的作用是使混入油中的杂质从油中分离出来,使系统中的液压油经常保持清洁,以提高液压系统工作的可靠性和液压元件的使用寿命。

滤油器的过滤精度是指油液流经滤油器时滤芯能够滤除的最小杂质颗粒的大小,以颗粒直径 d 表示。滤除的颗粒尺寸越小,滤油器的过滤精度越高。一般将滤油器按过滤精度分为四级:粗滤油器(滤去杂质直径 $d \geqslant 100$ μm);普通滤油器(滤去杂质直径 $d = 10 \sim 100$ μm);精滤油器(滤去杂质直径 $d = 5 \sim 10$ μm);特精滤油器(滤去杂质直径 $d = 1 \sim 5$ μm)。

1. 滤油器的种类

根据滤芯材料的不同,滤油器可分为网式、线隙式、烧结式、纸芯式和磁性式等多种。近年来我国已研制了额定压力为 6.3 MPa、20 MPa、和 32 MPa,额定流量为 6 ~250 L/min,过滤精度为 10~180 μm 的网式、线隙式、片式和纸质滤油器新系列。其连接方式有管式、板式和法兰式等多种,并设计了带差压指示和发信装置的滤油器产品。下面介绍几种常用的滤油器。

（1）网式滤油器

网式滤油器的结构如图 15.69 所示,它主要由上端盖、圆筒、铜丝网、下端盖等组成。一般装于液压泵吸油管路上,用来保护泵。油液经网孔和圆筒上的圆孔进入泵吸油口。由于液压泵吸油口不允许有过大的真空度,要求吸油管道阻力要小,因而网式滤油器的过流面积要大,网孔也要大,一般仅做粗滤之用。

这种滤油器的特点是结构简单,通油能力大,清洗方便,但过滤精度低。

我国网式滤油器有下列三种精度等级:80 μm(200 目/英寸),100 μm(150 目/英寸),180 μm(100 目/寸)。

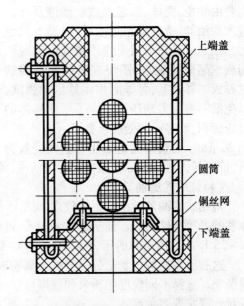

图 15.69　网式滤油器

（右侧标注自上而下：上端盖、圆筒、铜丝网、下端盖）

（2）线隙式滤油器

线隙式滤油器的结构如图15.70所示,它由端盖、壳体、开有孔眼的筒形芯架及铜线(或铝线)绕在芯架外部组成。线隙的形成是把圆形截面的铜线(或铝线)每隔一定距离压扁一段,这些铜线(或铝线)绕在芯架外就形成了一定的缝隙,这些缝隙就起过滤杂质的作用。

图15.70所示的线隙式滤油器是用于管道上的,液压油从孔a进入,通过缝隙进入滤芯的中部,再经孔b流出。这种滤油器在我国有两种精度等级:30 μm和50 μm。在额定流量下,其压力损失约为0.03～0.06 MPa。它的特点是结构简单,过滤精度较高,通油能力大,所以应用较普遍。但存在的缺点是滤芯材料的强度较低,不易清洗。

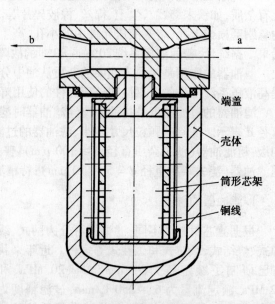

（3）纸质滤油器

纸质滤油器的结构如图15.71所示,主要由端盖、壳体、纸芯组成。油液从a口进入滤油器,通过纸芯过滤后,再经b口流出。纸芯一般是采用平纹或皱纹的酚醛树脂或木浆微孔滤纸,围绕在带孔的镀锡铁皮做成的骨架上,骨架的作用是增加强度,以免纸芯被压力油压破。为了增加滤芯的

图15.70　线隙式滤油器

过滤面积,纸芯一般做成折叠形。这种滤油器仅用于管道上,在我国有两种精度等级:10 μm和20 μm。在额定流量下压力损失一般为0.01～0.04 MPa。它的特点是过滤效果好,精度高,价格低,但强度不高,堵塞后无法清洗,须常换纸芯。一般在中低压系统中做精过滤用。

（4）烧结式滤油器

烧结式滤油器的结构形式较多。图15.72所示为SU型金属烧结式滤油器,它由端盖、壳体和滤芯等零件组成。油从进口a注入,过滤后经出口b流出,其过滤精度为100 μm,流量为5～25 L/min,流过时的压力损失为0.03～0.06 MPa。

这种滤油器的过滤部分一般由金属粉末压制后烧结而成,它利用金属颗粒之间的微孔过滤杂质。选择不同粒度的粉末和壁厚可获得不同的过滤精度。滤芯形状可以作成杯状、管状、板状和碟状等多种形式。

金属烧结式滤油器的优点是强度大,塑性高,性能稳定,承受热应力与冲击性能好,能在高温下工作,如烧结粉末的金属是青铜时,可在180 ℃下工作,低碳钢为400 ℃,镍铬为900 ℃;有良好的抗腐蚀性,制造简单,过滤精度高。缺点是如有颗粒脱落会影响过滤精度;堵塞后清洗比较困难。

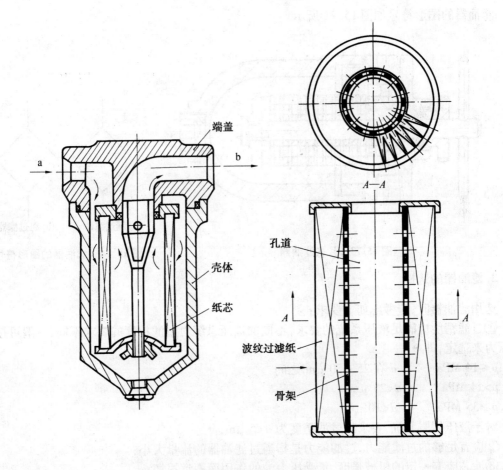

图 15.71　纸质滤油器

(5)片式滤油器

片式滤油器(见图 15.73)是由许多薄铜片叠装组成滤芯,利用片与片之间的间隙滤油。间隙在 0.08 ~ 0.2 mm 之间,因此过滤精度低。这种滤油器强度大,通油性好,清洗方便,但铜片价格贵,制造复杂,加上过滤效果差,现在已很少采用。

除以上几种滤油器外,还有磁性滤油器和陶瓷滤油器等。磁性滤油器可吸附油液中的铁屑和带磁性的磨料,适用于经常加工铸件的机床液压系统;陶瓷滤油器压力损失大,清洗不方便,很少采用。

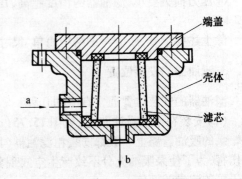

图 15.72　烧结式滤油器

滤油器的图形符号如图 15.74 所示。

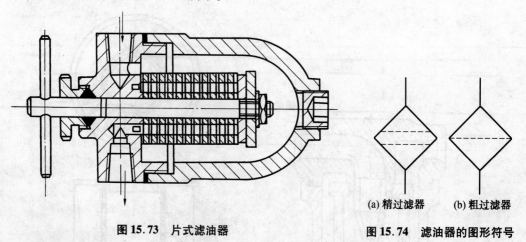

图 15.73   片式滤油器   (a) 精过滤器   (b) 粗过滤器

图 15.74   滤油器的图形符号

2. 滤油器的选择

选用滤油器时,应考虑如下要求:

① 过滤精度应满足液压系统的要求,不同的液压系统对过滤精度的要求不同,一般可按工作压力来选定,即

$p \leq 14$ MPa d 在 $25 \sim 50$ μm 之间

$p > 14$ MPa $d < 25$ μm

$p \geq 35$ MPa $d < 10$ μm

对于液压伺服系统,要求的过滤精度为 $d < 5$ μm;

② 应有足够的过滤能力,过滤能力是指通过滤油器的流量大小;

③ 滤芯应有一定的机械强度,承受压力油的作用而不致损坏;

④ 压力损失要小,滤油器的精度越高,压力损失越大。一般滤油器的压力损失为 $0.02 \sim 0.2$ MPa。

除上述要求外,还应考虑结构简单、尺寸紧凑、可靠、耐腐蚀以及维修方便等方面的要求。

3. 滤油器的安装位置

滤油器的安装位置通常有下列几种。

(1) 安装在泵的吸油路上(见图 15.75(a))

泵的吸油管路上一般都安装粗滤油器(网式或线隙式),以保护液压泵免遭较大颗粒杂质的伤害,为了使泵吸油充分不致产生空穴现象,这种滤油器压力损失应小于 0.02 MPa,流量应大于泵的流量的两倍。

(2) 安装在压力油路上(见图 15.75(b))

在压力油路上通常安装精滤器,用来保护除泵以外的其他液压元件,此处滤油器在高压下

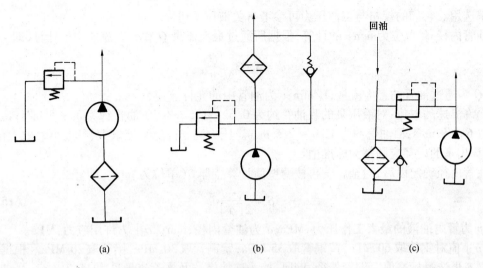

图 15.75 滤油器的安装位置

工作,要求滤油器有足够的强度,为了防止滤油器堵塞,可与滤油器并联旁通阀,或在滤油器上安装堵塞指示器装置,当滤油器压差达到一定值时,使旁通阀打开或指示器发出堵塞信号。

(3)安装在回油路上(见图 15.75(c))

在回油路上仍安装精滤油器,对回油箱的油液起过滤作用,由于回油压力低,可以采用强度较低的回油滤油器。一般都与滤油器并联一单向阀,起旁通作用,当滤油器堵塞达到一定压力损失时,单向阀打开。

(4)安装在支流管路上

对开式液压系统,当液压泵的流量较大时,如果仍然采用压油管路和回油管路过滤,则所选用的滤油器体积过于庞大,为了避免这种情况,可将滤油器安装在只有 20% ~30% 泵的流量的支路(如旁路调速的节流阀后面),这种安装只能间接地过滤。

(5)单独过滤系统

在一些大型液压系统中,采用单独由液压泵和滤油器组成的小型过滤回路,过滤油箱的油液,以保护主系统,这种过滤回路还可与加热器、冷却器、排气器等结合使用。

15.6.5 油管和管接头

油管和管接头可选用标准件,其选择原则是:应使管中流速不要太高(使之为层流);尽量使整个系统的油管缩短,以便减少压力损失,提高系统效率;管材的选择应根据压力的高低;与泵、阀(管式连接)等元件直接连接的管接头,其管径可根据所选泵、阀来确定。

1.油管

油管一般常用的有钢管、紫铜管、铝管、橡胶管、尼龙管等多种,主要根据工作压力和工作环境来选用。它们的规格与工作压力可参考有关液压手册。

油管内径 d(单位为 mm) 的计算,根据所通过最大流量 Q 和允许流速进行计算,即

$$d = 4.63 \sqrt{\frac{Q}{v}} \qquad (15.63)$$

式中,Q 为通过油管的最大流量,L/min;v 为油管中的允许流速,m/s。

允许流速的取值:对液压泵的吸油管约为 0.6 ~ 1.5 m/s;压油管约为 3 ~ 5 m/s;特殊情况可取 6 ~ 8 m/s;回油管约为 1.5 ~ 2.5 m/s。压力高、管路短、流量大、黏度小时取大值,注意,计算出来的内径应圆整为标准值。

油管内径确定以后,对金属管再按薄壁筒计算壁厚 δ(单位为 mm),即

$$\delta = \frac{p \cdot d}{2[\sigma]} \qquad (15.64)$$

式中,p 为管内油液的最大工作压力,MPa;d 为油管内径,mm;$[\sigma]$ 为许用应力,MPa。

$[\sigma]$ 值对钢管取 60 MPa,黄铜管取 35 MPa,紫铜管取 30 MPa,铝管取 20 MPa。根据计算的壁厚 δ 再选择标准值。钢管外径、壁厚、接头连接螺纹及推荐流量见表 15.7。

对橡胶软管根据计算的内径 d 和工作压力 p,按标准选择,胶管的工作压力、试验压力、爆破压力见表 15.8。

表 15.7　钢管外径、壁厚、接头连接螺纹及推荐流量(JB 827—66,JB/Z 95—67)

公称通径 D		管子外径/mm	接头连接螺纹/mm	管子壁厚/mm					推荐管路通过流量/(L·min⁻¹)
				公称压力/MPa					
mm	In(吋)			≤2.5	≤8.0	≤16	≤25	≤32	/(L·min⁻¹)
3		6		1	1	1	1	1.4	0.63
4		8		1	1	1	1.4	1.4	2.5
5,6	1/8	10	M10×1	1	1	1	1.6	1.6	6.3
8	1/4	14	M14×1.5	1	1	1.6	2	2	25
10,12	3/8	18	M18×1.5	1	1.6	1.6	2	2.5	40
15	1/2	22	M22×1.5	1.6	1.6	2	2.5	3	63
20	3/4	28	M27×2	1.6	2	2.5	3.5	4	100
25	1	34	M33×2	2	2	3	4.5	5	160
32	1 1/4	42	M42×2	2	2.5	4	5	6	250
40	1 1/2	50	M48×2	2.5	3	4.5	5.5	7	400
50	2	63	M60×2	3	3.5	5	6.5	8.5	630
65	2 1/2	75		3.5	4	6	8	10	1 000
80	3	90		4	5	7	10	12	1 250
100	4	120		5	6	8.5			2 500

表 15.8　胶管的工作压力、试验压力、爆破压力(HG4-406-66) MPa

公称内径 /mm	一层钢丝纺织胶管			二层钢丝纺织胶管			三层钢丝纺织胶管		
	工作压力	试验压力	爆破压力	工作压力	试验压力	爆破压力	工作压力	试验压力	爆破压力
4	20	25	60						
5	20	25	60						
6	18	22.5	54	28	35	84			
8	17	21	51	25	31	75			
10	15	19	45	23	29	69	28	35	84
(12)	14	17	42	22	27.5	66	25	31	75
13	14	17	42	22	27.5	66	25	31	75
16	11	13.5	33	17	21	51	21	26	63
19	10	12.5	30	15	19	45	18	22.5	54
(20)	9	11	27	15	19	45	18	22.5	54
22	8	10	24	13	16	39	16	20	48
25	6	7.5	18	11	13.5	33	14	17.5	42
32				9	11	27	11	13.5	33
38				8	10	24	10	12.5	30
45				8	10	24	9	11	27
51				6	7.5	18	8	10	24

注:1. 表中(12)、(20)为非标准系列,新设计的设备不宜采用。
　　2. 试验压力为工作压力的 1.25 倍;爆破压力为工作压力的 3 倍。
　　3. 胶管用于温度为-30~80 ℃范围内的液压油、润滑油或空气介质。

2. 管接头

　　管接头的种类很多,以其通路方向和数量可分为直通式与直角式,二通、三通、四通等。从油管和管接头的连接方式来分有管端焊接、卡套和扩口连接等几种。管接头与机体或阀体的连接常用 60°圆锥管螺纹和普通细牙螺纹两种。管接头的型式和质量,直接影响油路阻力。连接强度和密封性能是影响系统外泄漏的重要因素。因此,必须重视管接头的选择,几种常用的管接头介绍如下。

　　(1)焊接式管接头

　　焊接式管接头如图 15.76 所示。图(a)为带密封圈的焊接式管接头,图(b)为球面焊接式管接头,图(c)为加金属密封环的焊接式管接头。图(a)所示接管与被连接钢管一端焊接后,通过螺母与接头体螺纹连接在一起,接头体与接管之间用 O 形圈密封(或用其他密封件),接头体与机体(或阀体等)用螺纹连接,二者之间采用组合密封垫圈。

　　图(b)所示接管通过螺母与接头体连接在一起,接管与接头体之间靠球面压紧密封,接头体采用圆锥螺纹与机体连接,球面加工较困难,这种密封方式承压能力低。

　　图(c)所示接管通过螺母与接头体连接在一起,接管与接头体之间采用金属密封环密封,

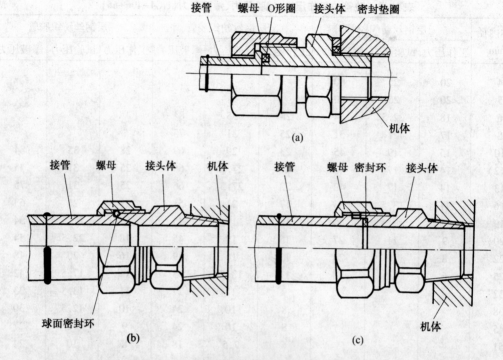

图 15.76 焊接式管接头

接头体采用圆锥螺纹与机体连接。这种采用金属密封环密封方式承压能力低。

焊接式管接头工作可靠,制造工艺简单,拆装方便,工作压力可达 32 MPa 以上,目前应用较普遍。缺点是对焊接质量要求较高,同时油管须采用厚壁管。

(2)卡套式管接头

卡套式管接头如图 15.77 所示,它的种类较多,但都是由接头体、螺母和卡套这三个基本零件组成。卡套是一个在内圆端部带有锋利刃口的金属环,当螺母和接头体拧紧时,内锥面使卡套两端受到一压紧力作用,卡套中间部分产生弹性变形而鼓起,并将刃口切入被连接的管壁而起连接和密封作用,如图 15.77(b)所示,卡套还能锁紧弹簧用以防止螺母松动。

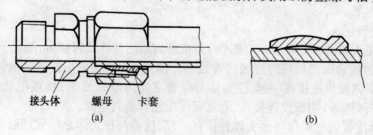

图 15.77 卡套式管接头

卡套式管接头使用压力可达 32 MPa,不需用密封件,其工作可靠,装卸方便,避免了麻烦的焊接工艺。但卡套的制作工艺要求高,而且对被连接油管的精度要求也较高。随着技术水平和专业化生产水平的提高,卡套式管接头的使用会十分广泛。

(3)扩口式管接头

扩口式管接头是由接头体、螺母和管套组成。如图 15.78 所示,装配时先将管扩成喇叭口(约 74°~90°)再用螺母把管套连同喇叭形管口压紧在接头体的锥面上,以保证密封。管套的作用是拧紧螺母时使管子不跟着转动。扩口式管接头适用于铜管或壁厚小于 2 mm 的薄壁钢管,也可用来连接尼龙管和塑料管,工作压力不大于 5 MPa。

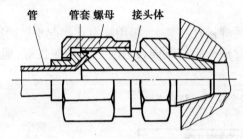

管 管套 螺母 接头体

图 15.78 扩口式管接头

(4)软管接头

软管接头一般用来与钢丝编织的高压橡胶软管配合使用,它分为可拆式和扣压式(不可拆)两种结构,图 15.79 所示为可拆式软管接头。它主要由接头芯子和接头外套组成。胶管夹在二者之间,拧紧后连接部分胶管被压缩,从而达到连接和密封的目的。

扣压式软管接头如图 15.80 所示,它由接头螺母、接头芯、接头套和胶管构成。装配前先剥去胶管上的一段外胶,然后把接头套套在剥去外胶的胶管上再插入接头芯,然后将接头套在压床上用压模进行挤压收缩,使接头套内锥面上的环形齿嵌入钢线层达到牢固的连接,也使接头芯外锥面与胶管内胶层压紧而达到密封的目的。

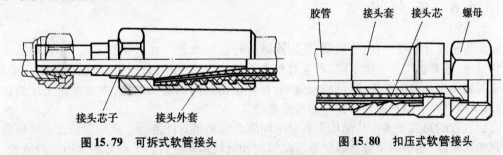

接头芯子   接头外套   胶管   接头套   接头芯   螺母

图 15.79 可拆式软管接头   **图 15.80 扣压式软管接头**

值得注意的是,软管接头的规格是以软管内径为依据。金属管接头则是以金属管外径为依据。

（5）快速管接头

快速管接头是一种既不需要使用工具，又能实现迅速装卸的接头。图15.81为快速管接头的结构示意图。图中各零件位置为油路接通时的位置，它有两个接头体，接头体两端分别与管道连接。外套把接头体上的三个或八个钢球压落在接头体上的V形槽中，使两接头体连接起来。锥阀芯互相挤紧顶开使油路接通。

当需要断开油路时，可用力将外套向左推移，同时拉出接头体，此时弹簧使外套回位。锥阀芯分别在各自弹簧的作用下外伸，顶在接头体的阀座上而关闭油路，并使两边管子内的油封闭在管中，不致流出。

（6）法兰式管接头

法兰式管接头是把钢管焊接在法兰上，再用螺钉连接起来。两法兰之间用O形密封圈密封，如图15.82所示，这种管接头结构紧固，工作可靠，防振性好，但外形尺寸较大，适用于高压、大流量管路。

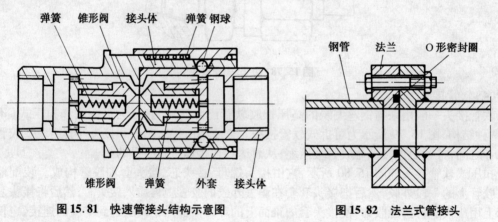

图15.81　快速管接头结构示意图　　　　图15.82　法兰式管接头

15.6.6　密封装置

如何防止液压系统的内、外泄漏，是困扰液压行业的难题。如果密封不良，将影响系统的性能和效率，使系统工作压力下降，严重时整个系统将无法工作；密封过紧，虽然能阻止泄漏，对动密封则会增加摩擦损失，降低机械效率，并且使密封圈的寿命缩短，增加维修工作量。总之，合理选择、使用、维护密封装置是非常重要的。

密封装置的形式很多。从结构上可分为间隙密封和密封件密封。从使用场合不同可分为静密封和动密封，动密封又分直线往复运动密封和旋转运动密封。下面介绍常用密封装置。

1. 间隙密封

间隙密封的结构如图15.83所示。它是通过精密加工减小配合面之间的间隙来保证密封。这样可使结构紧凑和减小密封处的摩擦力。但间隙密封不能完全避免泄漏，而且要求配

合精度较高,磨损以后无法补偿。这种密
封的应用如液压元件中的阀芯与阀体孔、
柱塞泵(马达)中的柱塞与柱塞孔之间的
密封等。在间隙密封的一个配合面上(如阀
芯、柱塞等),应开环形槽(又称平衡槽),槽
的尺寸一般为 0.5×0.5(单位为 mm),图中
K 处。这些槽的作用:一是消除因几何精
度误差而引起的径向力不平衡(即防止液
压卡死);二是增大液流在间隙流动的阻
力,起密封作用。

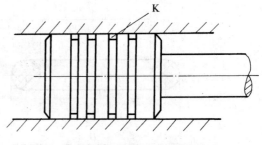

图 15.83　间隙密封的结构

2. 密封圈密封

　　密封圈密封是液压元件中应用最广的一种密封形式,它的优点在于:①结构简单,制造方便,是大量生产的标准模压件,所以成本低;②能自动补偿磨损;③油液的工作压力越高,密封圈在密封面上贴得越紧,其密封性能可随着压力的加大而提高,因而密封可靠;④被密封的部位,表面不直接接触,所以加工精度可以降低;⑤既可用于固定件,也可用于运动件。

　　密封圈的材料应具有较好的弹性,适当的机械强度,耐热、耐磨性能好,摩擦系数小,与金属接触不互相黏着和腐蚀,与液压油有很好的"相容性"。目前用得最多的是耐油橡胶,其次是尼龙和聚氨酯,也有的为了增加耐磨性,在密封圈表面喷涂上一层聚四氟乙烯。密封件的形状应使密封可靠、耐久,摩擦阻力小,容易制造和拆装,特别是应能随压力的升高而提高密封能力和利于自动补偿磨损。

　　常用密封圈按其断面形状可分为 O 形密封圈和唇形密封圈,而唇形密封圈中又可分为 Y形、V 形密封圈,现分述如下。

　　(1)O 形密封圈

　　O 形密封圈(简称 O 形圈)其断面呈圆形,如图 15.84(a)所示。O 形密封圈一般用耐油橡胶制成,具有较强的抗腐蚀性。

　　O 形密封圈装在沟槽里的情况如图 15.84(b)所示。图中 δ_1 和 δ_2 为 O 形密封圈装配后的预变形量,b 为槽宽,H 为槽深。由此可知,O 形密封圈的密封作用是依靠装配后产生的压缩变形实现的(见图 15.85(a))。当受到油压作用时,O 形密封圈被挤到槽的一侧(见图 15.85(b)),使配合面上的接触应力增加,因而也提高了 O 形密封圈的密封性。

　　当压力较高时,O 形密封圈可能被压力油挤进配合间隙,引起密封圈破坏。为了避免这种情况发生,在 O 形密封圈的一侧或两侧(决定于压力油作用于一侧或两侧)增加一个或两个挡圈(见图 15.85(c)、(d))。挡圈可用聚四氟乙烯、尼龙 6、尼龙 1010 等制成。对于固定密封,当压力为 32 MPa 时就要用挡圈。这样,密封压力最高可达 70 MPa。对于运动密封,当压力大于 10 MPa 时,也要用挡圈,此时密封压力最高可达 32 MPa。挡圈厚度一般为 1.5~2.5 mm。

　　为了保证密封性能,安置 O 形密封圈的沟槽尺寸(b,H)及表面粗糙度应符合要求(查阅

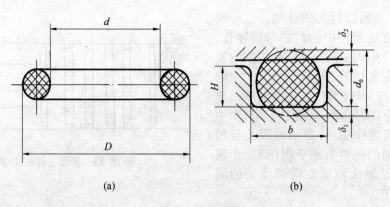

(a)　　　　　　　　　　　　　(b)

图 15.84　O 形密封圈

有关手册),其预压缩量 $K(=\delta_1+\delta_2 \approx d_0-H)$ 既不能太大,也不能过小。通常用在固定密封时,取 $K=(0.15\sim0.25)d_0$;在运动密封时取 $K=(0.1\sim0.2)d_0$。

　　O 形密封圈的结构简单、密封性能好、摩擦力小、沟槽尺寸小,容易制造。所以应用较广泛;但磨损后不能自动补偿,且寿命较短。

　　O 形密封圈既可以用于活塞、缸筒等有相对运动件之间的密封,又可以用于端盖、缸筒固定件之间的密封;既可以用 O 形密封圈的内径 d 或外径 D 密封,又可以用它的端面密封。O 形密封圈的密封如图 15.86 所示。

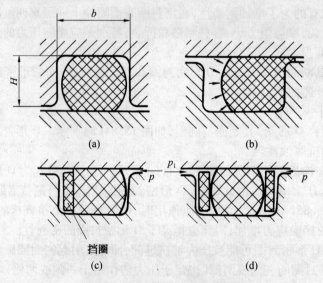

(a)　　　　　　　　　　　　　(b)

挡圈

(c)　　　　　　　　　　　　　(d)

图 15.85　O 形密封圈密封原理

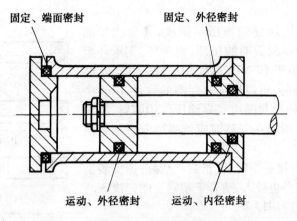

固定、端面密封　　　固定、外径密封

运动、外径密封　　　运动、内径密封

图 15.86　O 形圈的密封

（2）Y 形密封圈

Y 形密封圈如图 15.87 所示,一般也用耐油橡胶制成。它依靠略为张开的唇边贴于密封面而实现密封。在油压作用下,唇边作用在密封面上的压力也随之增加,并在磨损后有一定的自动补偿能力。故 Y 形密封圈有较好的密封性能,且能保持较长的使用寿命。在装配 Y 形密封圈时,一定要使其唇边面向高压区才能起密封作用。使用时可将它直接装入沟槽内(见图 15.87(b))。但在工作压力波动大、滑动速度较高的情况下,要采用支承环来定位(见图 15.87(c))。

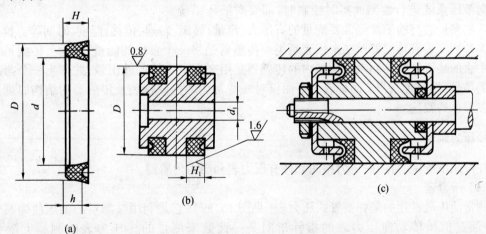

(a)　　　　　(b)　　　　　(c)

图 15.87　Y 形密封圈

Y 形密封圈密封可靠,寿命较长,摩擦力小,常用于速度较高的液压缸。适用工作油温为 -40～80 ℃,工作压力为 20 MPa。

（3）V 形密封圈

V 形密封圈由多层涂胶织物压制而成,其形状如图 15.88 所示。它由三种不同截面的压环、密封环、支承环组成一套使用。当压力小于 10 MPa 时使用三件一套已足够保证密封;当压力再高时,可以增加密封圈的数目,以多个（2~3）重叠使用。这种密封圈也是靠油压作用两唇、压紧配合面来实现密封的,所以在安装时应使唇边开口面朝向压力油作用方向。

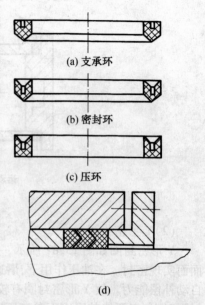

(a) 支承环

(b) 密封环

(c) 压环

(d)

图 15.88　V 形密封圈

V 形密封圈的密封接触面较长,密封性能好;但安装密封圈结构尺寸大,摩擦力也较大,适合于相对运动速度不高之处,如液压活塞杆处应用较多。

密封圈的摩擦力 F（单位为 N）可按下式近似计算

$$F = 10\pi f D b p \tag{15.65}$$

式中,D 为液压缸或活塞杆直径,cm;b 为密封圈的宽度,cm;p 为作用于密封圈上的油压力,MPa;f 为摩擦系数,L 形取 $f = 0.08$,Y,U 形取 $f = 0.1$,V 形取 $f = 0.1 \sim 0.13$。

15.6.7　传感器及检测元件

对液压系统进行监测或实时控制时,需要对液压系统中的一些参量进行检测。经常要测量的有压力、流量、转矩、转速、位移、温度、时间等。检测元件分为检测仪表和传感器及二次仪表两类。传感器是将一个系统的能量（信号）传到另一个系统中去的装置。在控制系统领域内的传感器是用来测量系统的输出量,并产生一个与之成比例的信号（即反馈信号）的装置。下面仅对一些常用的检测仪表及传感器的结构原理及应用加以简单的叙述。

1. 压力测量

在液压系统中,常用的压力检测元件有压力表和压力传感器。

（1）压力表

测量油压最常用的是弹簧管式压力表（见图 15.89）,它是利用被测量的油压使弹簧管变形,并通过机械传动使压力表的指针指向某一读数来测量的。压力表的测量上限分有 0.6 MPa,1 MPa,1.6 MPa,2.5 MPa,4 MPa,6 MPa,10 MPa,16 MPa,25 MPa,40 MPa 等。

压力表的精度等级表示该压力表的最大允许测量误差 Δ_{max} 和它的测量上限 p_{max} 的相对比值,用百分数 k 表示,即

$$k = \frac{\Delta_{max}}{p_{max}} \times 100\%$$

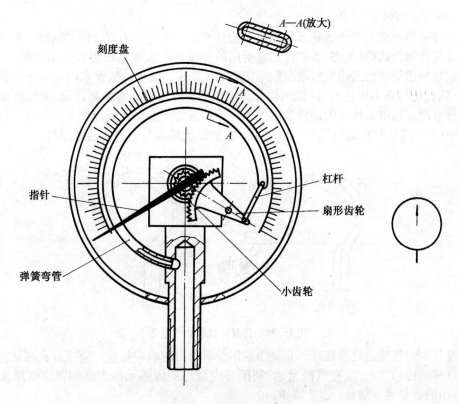

图 15.89 弹簧管式压力表

一般测量时可选用精度等级为 1.5 的压力表。

在选择压力表时,应注意在测量稳压时,测量的最高压力不应超过压力表测量上限的2/3,在测量波动压力时,不得超过压力表测量上限的1/2,测量的最低压力都不应低于压力表测量上限的1/3,如超过上述范围使用,将降低压力表的测量精度。因此,为了保证测量精度,往往需要根据测量范围的大小选用几个压力表。

压力表安装的位置应尽量靠近需要测量压力的地方,并应考虑避免振动。在液压系统中压力有冲击时,压力表往往容易损坏。如果在压力表前附加阻尼器,就可减少压力油对压力表的冲击,并且在液压系统中压力有脉动时,能使压力表指针稳定,便于读数。最简单的阻尼器是在压力表的接头中加工一直径为 0.5 mm 的小孔,当油液压力波动通过小孔时就产生阻尼作用,或用约 1 m 长、内径比较小的细铜管绕成螺旋形装在压力表接头处,也可作为附加阻尼装置。

压力表一般可用外径为 5 mm、内径为 1.5 ~ 2 mm 的油管与系统相连接。当需要用一个压力表测量不同点的油压时,可用多测点压力表开关。测量完毕应使压力表处于卸压状态。当被测油压达到某一数值后需要发出控制信号时,可采用带电接点的压力表。

（2）压力传感器

压力传感器是应用压力敏感元件测出压力并发出一个与压力成比例的信号。最简单的压力传感器是弹簧管式的（见图15.90）。它所用的弹簧管与大多数压力表中采用的是一样的，只不过它是利用管端的运动来触动DT的衔铁或电位器。这两种装置都产生一个与管端运动成比例（因此也与压力成比例）的输出信号。由于弹簧管传感器有机械运动，所以准确性和响应速度都有限。压电晶体式的传感器已作为高响应压力传感器得到应用。这种传感器的构造非常简单（见图15.91），而且没有机械运动。它的最大缺点是会发生温度漂移。

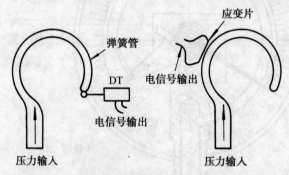

图15.90　弹簧管式压力传感器

应变片压力传感器效果较好。它坚固耐用并有较高的响应特性。应变片直接装在像膜片或管壁这样的传感件上，没有机械运动，利用装应变片的传感元件表面的弹性变形来产生信号，它输出的信号是电信号（见图15.92）。

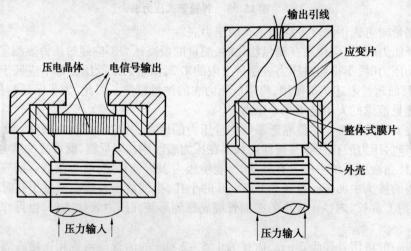

图15.91　压电晶体式压力传感器　　　　图15.92　膜片

可变磁阻压力传感器中采用与图15.92中相似的膜片。具有变压器初级和次级绕组的极板紧贴膜片的表面放置。作用在该表面上的压力使膜片变形，改变变压器磁路的磁阻，从而改变变压器的输出,这个电输出可看做是压力的模拟量。

2. 流量测量

测量流量的最简便和精确的方法是直接用测量油箱或质量法测量,测量油箱上带有容积的刻度。如在 $t(\min)$ 时间内测量得油液的容积为 $V(\mathrm{L})$,则流量(单位为 L/min) 为

$$Q = \frac{V}{t}$$

用质量法测量时,如果在 $t(\min)$ 时间内测得油液的质量为 $M(\mathrm{kg})$,则流量为

$$Q = \frac{M}{t\rho g}$$

这两种方法只适用于被测量的流量不太大的情况,同时也比较麻烦。如在系统中采用流量计测量流量就可以直接读出流量数值。常用的流量计有浮子式、涡轮式和椭圆齿轮式等。

3. 位置检测

(1)非电气位置传感器

图 15.93 所示为位置反馈装置,它最适合于有较小位移的场合。某机械输入信号使控制阀的阀套移动,油液使执行元件的活塞杆伸出。当活塞杆移动到预定距离时,机械反馈连杆使控制阀阀芯回到"零位"或"中间位置"。阀芯回到"零位"就使通向液压缸的油路断开,液压缸停止动作,直到另一输入再引起阀套移动为止。

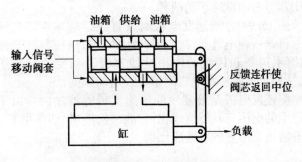

图 15.93　位置反馈装置

另外,利用气动继电器操纵控制装置时,也可以采用气动传感器。

(2)电气位置传感器

电气类的传感器是人们最熟悉的。但位置也可以用机械、气动、光学和放射等方法测出。电气装置由于其比较灵活、尺寸小、功率低,加之过去几十年对电气技术的普遍重视,所以应用比较普遍。

①模拟传感器

在模拟传感器中,输出信号是与被测变量(即位置)成比例的。

最简单的电气位置传感器是电位器式的。这种装置的基本工作原理是导体的电阻随其长度的变化而变化。例如对于一个基本的电位器式传感器:滑块沿一根导线移动,产生一个与滑块移动距离成比例的电压值,因此,如果把滑块固定在机床的工作台上,而把导线固定在床身上,我们就可通过测量电压值来确定机件的位置。

第二类模拟位置传感器是差动变压器,这种变压器主要由带有衔铁的线圈组成。利用衔铁推入线圈的距离来控制变压器初级线圈与次级线圈之间的耦合程度,其输出电压信号为衔

铁位置函数。在直线运动差动变压器(LVDT)中,衔铁在线圈内做往复直线运动。转动式的差动变压器(RVDT)可用来测量小于一转的旋转运动。LVDT 和 RVDT 也可以用来指示运动的方向。

②数字传感器

数字位置传感器能发出一组脉冲信号,计算脉冲数就可以求出位置。在某些型式的数字传感器中,每个位置都用数字进行编码,每个数码都代表一个位置。

常用的数字传感器有光电型、旋转型和脉冲信号型的数字传感器。

③同步器

在旋转位置控制装置中广泛采用一种叫同步器的电气装置,这种传感器比前面介绍的要复杂一些。从输入输出的观点来看,它可以看做是一种转动装置,其电气输出信号是输入轴转动量的函数。

(3)速度检测

速度传感器是测定一个装置的速度,并产生一个与测出速度成比例的信号的元件。测量直线运动速度要比测量角速度困难些,最常用的直线运动速度传感器是变压器型的和脉冲型的两种。

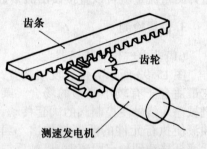

图 15.94 为测速发电机测量直线运动速度。测速发电机是一种电气元件,它所产生的直流电压与其转速成比例,齿条和齿轮的作用是使直线运动变为旋转运动,从而可用测速发电机测量直线运动速度。

图 15.94　测速发电机

测速发电机是最常用的角速度传感器之一。由于它产生的电压与其转速成比例,故结构简单、动作可靠。液压泵也可以作为转速传感器,因为泵的输出也与它的转速成比例。

复 习 题

15-1　液压传动系统主要由哪几部分组成?

15-2　何谓液压传动? 其基本工作原理是怎样的?

15-3　液压传动有哪两个基本特性?

15-4　液压传动有什么主要的优缺点?

15-5　常见的液压泵有哪几种类型,各有何特点?

15-6　什么是齿轮泵的困油现象? 如何解决?

15-7　液压缸由哪几部分组成?

15-8　液压缸都采用什么缓冲装置?

15-9　溢流阀的主要作用有哪些?

15-10　试叙述调速阀的基本原理。

15-11　蓄能器的主要功用是什么? 有哪几种类型?

15-12　滤油器的主要功用是什么? 有哪几种类型?

第16章 液压系统

16.1 液压基本回路

液压系统的构成是根据主机的动作循环和性能要求设计的,它们都是由若干基本回路和具有特殊功能的专用回路组成。

液压基本回路主要有压力控制回路、速度控制回路和方向控制回路等。

16.1.1 压力控制回路

压力控制回路是利用压力控制阀来控制系统压力的回路。它可以实现系统稳压、减压、增压、保压、卸压等各种控制,以满足主机各种动作和性能对系统工作压力的要求。

1. 调压回路

(1)压力调定回路(单级调压回路)

在液压系统中,用溢流阀来调定液压泵的工作压力,如图 16.1 所示,这是最常见、最简单的压力调定回路。溢流阀的调定压力等于或略大于液压缸的最大工作压力和管路上各种压力损失的总和。

在一些重要(特别是高压)的液压系统中,除了有溢流阀以外,还设有安全阀,如图 16.2 所示。安全阀的调定值一般为系统最大工作压力的 1.05 ~ 1.1 倍,调整好后用螺母固定,在工作过程中不再进行调整。它在正常工作时是关闭的,只有当溢流阀发生故障时才开启,起安全保护作用。而溢流阀仍按图 16.1 所示溢流阀的调定压力进行调整,在工作过程中系统压力达到调定压力时可自动开启溢流,限制了系统的最高压力。安全阀通常装于液压泵的出口油路上,以保证系统不会过载。

(2)远程调压回路

远程调压回路如图 16.3 所示。它是将远程调压阀(或小流量溢流阀)接在先导式溢流阀的遥控口 K 上,并将先导式溢流阀通常调至系统安全压力值。远程调压阀通常安装在便于操作的位置(可以远离液压站),用小直径油管与先导式溢流阀的遥控口连接,用远程调压阀来调节系统的压力。

(3)二级调压回路

当系统需要两种不同压力时,可采用二级调压回路。由两个溢流阀组成的二级调压回路如图 16.4 所示,溢流阀 1 的调定压力大于溢流阀 2 的调定压力。

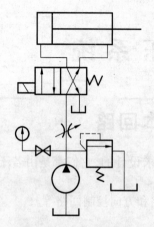

图 16.1　压力调定回路

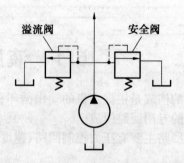

图 16.2　设有安全阀的安全、调压回路

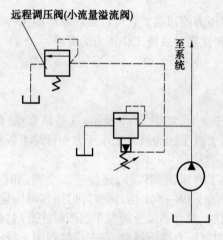

图 16.3　远程调压回路

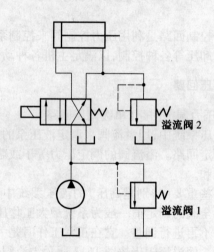

图 16.4　二级调压回路

　　当电磁换向阀处于左位时,液压缸活塞右行,液压系统压力由高压溢流阀 1 调定;当电磁换向阀处于图示位置时,液压缸活塞左行,液压系统的压力由低压溢流阀 2 调定。

　　(4) 多级调压回路

　　当系统需要多种不同压力时,可采用多级调压回路。

　　三级调压回路如图 16.5 所示,它由三个溢流阀和一个三位四通换向阀组成。先导式溢流阀 1 的遥控口通过换向阀分别与溢流阀 2,3 相接,溢流阀 1,2,3 分别为三种调定压力,其中先导式溢流阀 1 的调定压力最高。当换向阀处于图示位置时,液压系统压力由溢流阀 1 调定;当换向阀处于左位时,液压系统压力由溢流阀 2 调定;当换向阀处于右位时,液压系统压力由溢流阀 3 调定。

（5）比例调压回路（无级调压回路）

当系统需要无级调压时，可采用比例调压回路。

比例调压回路如图 16.6 所示。电液比例溢流阀装于液压泵的出口，根据液压执行元件要求，调节输入电液比例溢流阀的电流，就可以实现对系统的无级调压。

2. 减压回路

减压回路是使系统在某一支路压力低于主溢流阀的调定压力下工作。两级减压回路如图16.7 所示。

减压阀与先导式溢流阀一样，可在其遥控口连接远程调压阀，并在减压阀的调定压力范围内进行远程调压。图示位置，减压阀的出口压力由减压阀调定；当电磁换向阀使远程调压阀与油箱接通时，减压阀的出口压力取决于远程调压阀的调定压力。

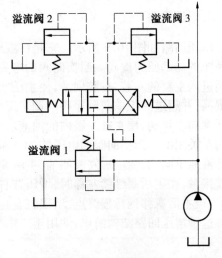

图 16.5　三级调压回路

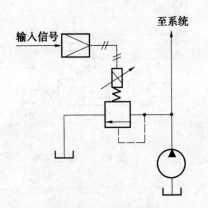

图 16.6　比例调压回路

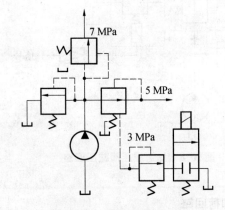

图 16.7　两级减压回路

从图中可以看出减压阀要能够工作，必须使减压阀的进口压力高于出口压力。为此，在主油路中串联一只直控顺序阀作为负载，避免减压阀进口压力随主油路的压力变化而过小。

减压阀在工作时有一定的外泄漏（约 1 L/min），在流量较小的情况下将影响减压阀支路液压执行元件的速度。

此外，也可以用比例压力先导阀来控制减压阀，在减压阀调定的压力范围内进行连续地减压，如图 16.8 所示。

3. 增压回路

增压回路如图 16.9 所示。它是在液压泵的工作压力低的条件下,采用增压缸或增压器,使系统的局部压力提高。当换向阀的电磁铁 1DT 通电时,换向阀处于左位,压力油经液控单向阀进入主缸的左腔,右腔回油,使主活塞右移,当它接近行程终端时,负载增加,系统压力随之提高,并超过液控单向顺序阀的调定压力时,顺序阀打开,压力油进入增压缸的右腔,推动增压活塞向左移动,使主缸左腔内的油液增压,同时使主活塞低速右移到行程终点,此时,液控单向阀是关闭的。当换向阀的电磁铁 2DT 通电、1DT 断电时,压力油进入主缸右腔,同时压力油打开液控单向阀,使主缸左腔回油,主活塞左移,当主活塞接近主缸左端时,增压活塞杆与主缸左端接触,在主活塞继续左移时,增压缸右腔被压缩,腔中的油液经单向顺序阀中的单向阀回油箱,当主活塞移到行程终点,增压缸右腔油液也正好排完,为下一次换向作好了准备。

这种增压回路结构简单,常用于工作行程末端要高压的场合。

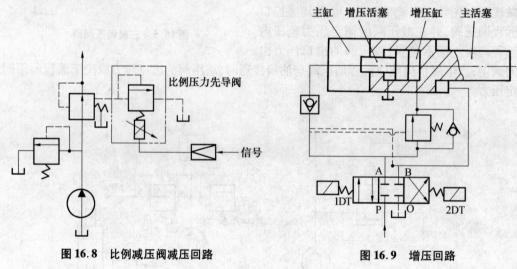

图 16.8　比例减压阀减压回路　　　　　　图 16.9　增压回路

4. 卸荷回路

卸荷回路就是使液压泵空载运转(输入功率很小)的回路。根据液压泵的输入功率计算式(15.14)可知,若液压泵的输出压力(或输出流量)为零或很小,可使液压泵的输入功率为零或很小,从而实现卸荷。

采用卸荷回路,可以减少功率消耗,减少系统发热,并可延长液压泵和电机寿命。因此,功率大于 3 kW 的工作部件在短时间停止工作时,一般都采用卸荷回路使液压泵卸荷,下面介绍几种常用的卸荷回路。

(1)采用 M 型换向阀的卸荷回路

采用 M 型换向阀的卸荷回路如图 16.10 所示。M 型换向阀的滑阀机能具有进油口与回油口连通的特点,当换向阀处于中位,则工作部件停止工作时,液压泵输出的油通过换向阀流回油箱,实现卸荷。H 和 K 型换向阀也具有同样的机能。

这种卸荷方法简单,但不适用于一台液压泵带动两个以上液压执行元件的系统。因为其中任一台液压缸停止工作,则整个系统卸荷,使其余执行元件不能继续工作。一般用于压力较低、流量较小的单个执行元件系统,对于压力较高($p > 3.5$ MPa),流量较大($Q > 40$ L/min)的回路容易产生冲击。

(2)采用旁路二位二通阀的卸荷回路

旁路二位二通阀的卸荷回路如图 16.11 所示。其中二位二通阀的容量应等于液压泵的流量。这种卸荷方法反应快,工作可靠。

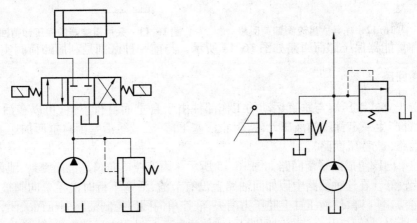

图 16.10　采用三位换向阀(M 型)的卸荷回路　　图 16.11　旁路二位二通阀卸荷回路

(3)采用先导式溢流阀的卸荷回路

先导式溢流阀卸荷回路如图 16.12 所示。溢流阀的遥控口用二位二通阀来控制卸荷,但控制管路不宜过长,否则会延长其升压时间,为了避免频繁地卸荷或升压时,控制管路与溢流阀可能产生冲击,为此在控制管路中串联阻尼器,这样会增加卸荷压力和延长卸荷时间。这种回路中二位二通电磁阀可用小流量规格。为了使用方便,把溢流阀和二位二通电磁阀组合成一体,构成电磁溢流阀。

5.保压卸荷回路

当在液压泵卸荷的同时,系统中仍要求保持高压情况下,可采用蓄能器的保压卸荷回路。

蓄能器保压卸荷回路如图 16.13 所示。液压泵输出的油经单向阀进入系统,同时也进入蓄能器。当工作部件停止运动时,系统压力升高,压力继电器发出电信号,使电磁阀通电,于是液压泵输出的油就在低压下经过溢流阀流回油箱,使液压泵卸荷。这时蓄电器使系统继续保持高压并使单向阀关闭,系统中的泄漏由蓄能器放出压力油进行补偿。当蓄能器中压力过低时,压力继电器可以发出电信号,电磁阀断电,使液压泵再向系统供油。

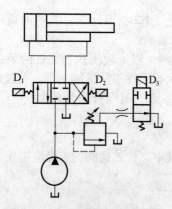 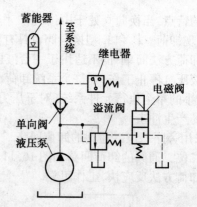

图 16.12　先导式溢流阀卸荷回路　　　图 16.13　采用蓄能器的保压卸荷回路

另一种蓄能器保压卸荷回路如图 16.14 所示。与前一种区别是利用卸荷阀实现卸荷。

6.平衡回路

为了防止立式液压缸与垂直运动的工作部件由于自重而自行下落,可以在活塞下行的回油路上,设置产生一定背压的液压元件,阻止活塞下落,或减缓活塞因自重而加速下落,这种回路称平衡回路(或背压回路)。

由液控单向阀组成的平衡回路如图 16.15 所示。因液控单向阀是锥面密封,泄漏量极小,故其闭锁性能较好。在这种回路中假如回油路上没有节流,活塞下行时液控单向阀被控制油路打开,活塞将会加速下降,使液压缸上腔压力消失,液控单向阀因控制油路失压而关闭,关闭后控制油路又建立压力,复又打开。该阀时闭时开,致使活塞下行过程中运动不平稳,产生激烈振动,故在回路中串入单向节流阀,用于防止活塞下行时的冲击,控制了流量,起到调速作用。

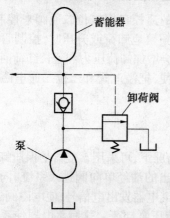 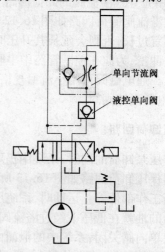

图 16.14　采用蓄能器和卸荷阀的保压卸荷回路

图 16.15　采用液控单向阀的平衡回路

16.1.2 速度控制回路

速度控制回路是通过对进、出执行元件(液压缸、液压马达)流量的控制,达到调节速度和速度变换的目的,以满足主机对执行元件的速度和转速的要求。速度控制回路的基本形式是节流调速和容积调速以及两者的组合。

1. 节流调速回路

按节流阀(或调速阀)在系统中的安装位置,节流调速有进口节流调速、出口节流调速和旁路节流调速三种形式。

(1)进口节流调速回路

在液压缸(或液压马达)的进油管路上安装节流阀,如图 16.16 所示。液压泵的工作压力 p 由溢流阀调定并基本保持不变,进入液压缸的液量 Q_1 由节流阀调节,多余的液量 Q_2 经溢流阀流回油箱。液压缸左腔的油压 p_1 由负载 F(包括外载荷和摩擦阻力)及活塞面积 A_1 决定,$p_1 < p$。液压缸右腔(有杆腔)油压 p_2 与油箱相通,p_2 接近于零。活塞匀速运动时,作用在活塞上的力平衡方程为

$$p_1 A_1 = F + p_2 A_2 \tag{16.1}$$

式中,A_2 为液压缸回油腔(有杆腔)活塞面积。

由上式得

$$p_1 = \frac{F}{A_1} \tag{16.2}$$

节流阀前后的压力差:$\Delta p = p - p_1 = p - F/A_1$。根据节流阀的流量特性方程 $Q = Ka(\Delta p)^m$,通过节流的流量 Q_1 为

$$Q_1 = Ka(\Delta p)^m = Ka(p - F/A_1)^m$$

式中,K 为与节流的形状和液体性质有关的系数;A_1,Δp 分别为节流口的过流面积和压力差;m 为由节流口形状决定的指数,一般在 $0.5 < m < 1$ 之间;a 为节流阀过流断面面积。

所以,液压缸活塞的运动速度 v 为

$$v = \frac{Q_1}{A_1} = \frac{Ka}{A_1}(p - F/A_1)^m \tag{16.3}$$

由式(16.3)可见,随着负载的增加,节流阀两端的压力差减小,活塞运动速度 v 也随之变小,当负载等于 pA_1 时,节流阀两端的压力差为零,活塞也就停止运动,液压泵输出的压力油全部溢流回油箱。

进口节流调速时 $v - F$ 关系的特性曲线如图 16.17 所示,它反映了负载变化时对液压缸的活塞运动速度的影响,从图中可见,若节流阀阀口的开度不变,活塞的运动速度还是随着负载的变化而变化。图中 a_1,a_2,a_3 为节流阀阀口的不同开口面积。

如果对速度平稳性要求较高时,可用调速阀代替节流阀,其特性曲线如图 16.17 中虚线

所示。

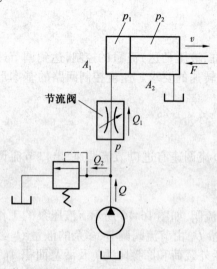

图 16.16　进口节流调速回路

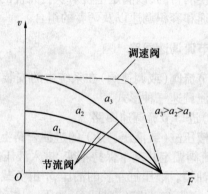

图 16.17　进口节流调速特性曲线

工作过程中,液压泵的流量和工作压力不变,因此带动液压泵的电机功率也不变。而液压泵的流量和工作压力是根据最高速度和最大负载来选择的。这样,当系统在低速、轻载下工作时,有相当大的一部分功率损耗变成热能使系统油温升高。另外由于液压缸回油腔没有背压,所以运动平稳性差。压力油通过节流阀再进入液压缸,油温较高,增加泄漏,也会影响运动速度。采用进口节流调速时为了提高液压缸活塞运动的平稳性,需在回油路上设置背压阀(压力为 $0.2 \sim 0.3$ MPa)。这种调速回路,调速范围大,但稳定性差,功率损失大。一般应用在功率较小、负载变化不大的装置中。

(2)出口节流调速回路

在液压缸(或液压马达)的出油管路上安装节流阀,如图 16.18 所示。

出口节流调速和进口节流调速的调速完全一样,进口节流调速的工作情况和负载速度特性,完全适用于出口节流调速。由于液压缸回油腔排出的油要经过节流阀才能回油箱,节流阀的阻力给回油腔形成一个背压。因此,外界负载变化时可起缓冲作用,运动比较平稳。经过节流阀后油液温度升高,直接回油箱冷却,减少了系统的发热和温升对流量(即对活塞运动速度)的影响。与进口节流调速一样,液压泵的流量和工作压力不变。带动液压泵的电机功率也不变,同样,当系统在低速、轻载状态工作时,效率较低。出口节流调速回路的调速范围大,运动较平稳,广泛应用于中小功率、负载变化较大或运动平稳性要求较高的液压系统。

(3)旁路节流调速回路

这种调速回路是将节流阀与液压缸(或液压马达)并联,如图 16.19 所示。液压泵输出的油,分成两路:一路进入液压缸,另一路经节流阀流回油箱,节流阀在这里起溢流作用,在正常情况下溢流阀不打开,只有当系统过载时,溢流阀才打开,起安全保护作用。液压泵的输出压

力 p 等于液压缸无杆腔压力 p_1（忽略管路损失）, p 不是定值, 它随负载变化而变化, 这和上述两种方法不同。一般用于功率较大、速度较高、速度稳定性要求不高、调速范围较小的场合。

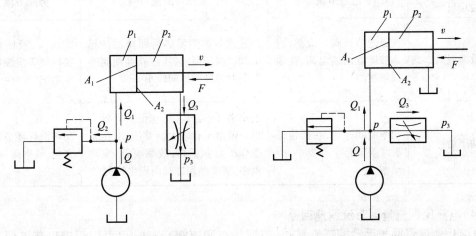

图16.18　出口节流调速回路　　　　图16.19　旁路节流调速回路

如果对速度平稳性要求较高时, 可用调速阀代替节流阀。

三种节流调速方法的比较见表16.1。

表16.1　三种基本节流调速方法的比较

节流方法 比较项目	进口节流	出口节流	旁路节流
回路的主要参数 （近似值）	$p=$ 常数 p_1 随 F（负载）增大而增高 $p_2=0$ N（功率）$=$ 常数	$p=p_1$ $p_1=$ 常数 p_2 随 F 增大而减低 $N=$ 常数	p 随 p_1 升高而升高 p_1 随 F 增大而升高 $p_2=0$ N 随 F 增大而增加
调节范围	较大, 可达 100 倍左右。当油进入液压缸的无杆腔时, 可获较低速度	较大, 可达 100 倍左右。当油进入液压缸的无杆腔时, 可获较低速度	由于机械特性软, 低速工作不稳定, 调节范围小
运动的平稳性	没有反压力, 运动不够平稳, 容易产生振动	反压力较大并随负载变化, 有较大的阻尼能力, 运动较平稳	运动速度受负载影响很大, 系统的刚性很低

续表 16.1

节流方法 比较项目	进口节流	出口节流	旁路节流
发热及泄漏的影响	油通过节流阀口发热,进入液压缸的油温高,使泄漏增加	油通过节流阀发热后即排回油箱冷却。液压泵、液压缸及换向阀等泄漏对速度的影响较小	液压泵、液压缸及换向阀等泄漏都影响系统的刚性
功率消耗	功率消耗一定,在低速低载时效率低	功率消耗一定,在低速低载时效率低。但由于有较大的背压,液压泵工作压力 p 更高,效率更低,发热就多,要求油箱冷却面积也较大	功率消耗随负载 F 变化,效率高

(4)电液比例流量阀节流调速回路

电液比例流量阀与手动控制流量阀(节流阀或调速阀)一样,也可用于进口节流调速、出口节流调速或旁路节流调速系统中。图 16.20 为液压缸要求快速、中速、慢速三种速度的调速回路,图(a)为采用普通节流阀的调速回路,三种速度分别采用三个节流阀 1,2,3 调节;图(b)为采用电液比例流量阀的调速回路。从二者比较可知,采用电液比例流量阀不仅减少了系统液压元件,使油路简化,还可实现远距离连续自动地进行无级调速,从而改善了系统的动态性能,但电气系统复杂,成本较高。

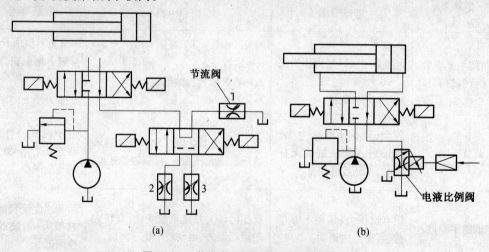

图 16.20　普通节流调速和比例调速回路

2. 容积调速回路

容积调速回路是靠改变液压泵或液压马达的排量进行调速的,按变量形式,容积调速回路又可分为变量泵-定量马达(或缸)、定量泵-变量马达和变量泵-变量马达调速回路三种形式。

(1)变量泵-定量马达(缸)容积调速回路

变量泵-定量马达容积调速回路如图 16.21 所示。改变变量泵的供油量就可直接调节定量马达的转速。在高压管路上装有安全阀,用以防止回路过载。在低压管路的支路上装有一台小流量的补油泵,向变量泵供油以补偿回路的泄漏,还可以改善变量泵的工作特性和散热。补油泵的工作压力由低压溢流阀调节。

按回路油液的循环形式,调速回路分为开式回路和闭式回路两种。在开式回路中,液压泵从油箱吸油并把压力油供给执行元件,执行元件排出的油则流回油箱,节流调速回路一般为开式回路。在闭式回路中,液压泵的压油管和执行元件的进油管相连,而执行元件的回油管则直接与液压泵的吸油管相接,形成环形油路。图 16.21 中的回路就是闭式回路。开式回路结构简单,散热性好,但油箱尺寸大,空气和脏物易侵入回路。闭式回路的油箱尺寸小,结构紧凑,空气和脏物不易侵入,但散热条件差,需增设补油等装置。

由于这个回路中液压泵的转速 n_B 和液压马达的排量 q_M 是恒定的,所以液压马达转速 n_M 与变量泵排量 q_B 成正比。当负载扭矩恒定时,液压马达进出口压差 Δp_M 不变,输出扭矩恒定,与液压泵的排量无关,故又称这种调速方式为恒扭矩调节。

这种回路的调速范围较大,一般可达 40 倍,也可以在正反向之间实现无级调速,效率高,发热小,适用于要求恒转矩(或恒推力)场合。

(2)定量泵 - 变量马达容积调速回路

定量泵 - 变量马达容积调速回路如图 16.22 所示。它由定量泵、变量马达、溢流阀、辅助泵和低压溢流阀等组成。系统通过辅助泵补油,低压溢流阀的压力调得较低(约 0.3 ~ 0.5 MPa),这样使主泵的吸油腔中保持一定压力,以改善主泵的吸入性能。溢流阀作为安全阀使用。

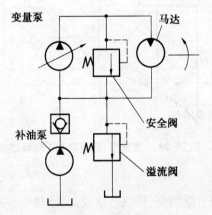

图 16.21 变量泵-定量马达容积调速回路

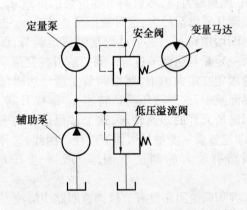

图 16.22 定量泵-变量马达容积调速回路

由于液压泵的流量 Q_B 不变,液压马达的排量 q_M 是可调的,所以液压马达输出转速 n_M 与排

量 q_M 成反比。在工作过程中,当回路的工作压力不变时,液压马达的输出扭矩 M_M 随排量 q_M 的增加而增加。由于输入液压马达的流量一定,工作压力不变,所以输出功率不变,因此这种调速方式又称为恒功率调节。

液压马达的最低转速相应于最大排量,最高转速相应于最小排量,排量 q_M 不能调得太小,否则输出扭矩 M_M 过小,以致不能带动负载,所以这种调速回路的调速范围较小,约为 4 倍,同时又不能实现反向运动,所以很少单独使用。

（3）变量泵-变量马达容积调速回路

双向变量泵-变量马达容积调速回路如图 16.23 所示,它的组成主要有双向变量泵、双向变量马达、安全阀、补油泵、低压溢流阀、单向阀等。回路中各元件是对称布置的。变量泵可以正反向供油,变量马达可以正反向旋转,调节变量泵的排量或变量马达的排量都可以改变液压马达的转速。若变量泵正向供油时,一管路是高压管路,另一管路是低压管路,压力油进入液压马达,使其正向旋转。安全阀防止系统过载。补油泵供给的低压油经单向阀向低压管路供油,由于管路处于高压、其相邻单向阀关闭,补油泵输出的低压油的压力油溢流阀调定。

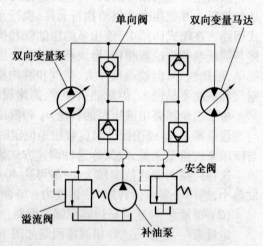

图 16.23　变量泵-变量马达容积调速回路

这种回路是前述两种调速回路的组合,其工作特性曲线如图 16.24 所示。液压马达转速从低速向高速调节时,在第一阶段先将变量马达的排量 q_M 调到最大值,然后调节变量泵的排量 q_B,使其逐渐从零增至最大,这时液压马达转速 n_M 也从零逐渐增加到 n'_M,这个过程是恒扭矩调节,即变量泵－定量马达调节过程。第二阶段将变量泵的排量固定在最大值上,然后调节变量马达排量使其逐渐减少,这时液压马达转速 n_M 继续升高,达到回路所允许的最高转速,这个过程是恒功率调节,即定量泵－变量马达调节过程。因此,这种调节回路有较大的调速范围,一般可达 100 倍左右。

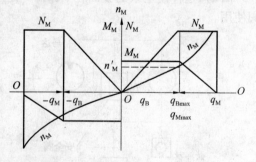

图 16.24　变量泵-变量马达工作特性曲线

容积调速回路没有节流调速回路中溢流损失和节流损失,所以效率较高,发热少。容积调速回路主要受液压泵等元件泄漏的影响,负载越大,回路压力越高,液压泵的泄漏也越大,液压马达转速下降得越严重。另外,变量泵或变量马达结构复杂,成本较高,因此容积调速回路适用于功率较大、速度稳定性要求不很高的场合。

3. 容积节流调速回路

容积节流调速回路是采用变量泵供油、节流阀或调速阀控制进入或流出液压缸（或液压马达）的流量，以实现工作速度的调节，并使泵的供油量与液压缸所需的流量相适用。

限压式变量泵和调速阀所组成的容积调速回路如图 16.25 所示，它的组成有限压式变量泵、调速阀、背压阀和液压缸等。回路由限压式变量泵供油，经调速阀进入液压缸的右腔，左腔回路经背压阀流回油箱。调节调速阀的过流面积，可控制进入液压缸的流量 Q_1。若泵的供油量为 $Q,Q >Q_1$，则多余的流量势必增高泵的工作压力 p，泵的供油量便自动减少，直至 Q 等于 Q_1 时为止。此时泵供油压力为 p'。

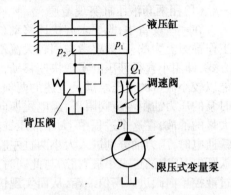

图 16.25　由限压式变量泵和调速阀组成的调速回路

此回路中采用了调速阀，所以液压缸的运动不受负载变化的影响，速度稳定性比单纯的容积调速回路好。没有溢流损耗，发热少，运动平衡性好。但变量泵的结构复杂，价格高。因此，该回路适用于负载变化不大的场合，目前已在组合机床液压系统中使用。

由压差式变量泵和节流阀组成的调速回路如图 16.26 所示。由变量泵输出的压力油经节流阀进入液压缸左腔，右腔回油经背压阀到油箱。压差式变量泵的供油量是由节流阀前后的压差通过泵上两个控制缸来控制的。左控制缸的柱塞面积等于右控制缸中活塞左端的小圆柱面积。

调大节流阀过流面积时，由于泵流量瞬间未变，使泵供油压力下降，因而破坏了泵定子的平衡条件，故定子向左移动，加大偏心距 e，增大了泵的流量；反之会减少泵的流量。固定节流孔用以防止泵的定子移动过快而产生振荡。因此调节节流阀过流面积可以实现速度调节。

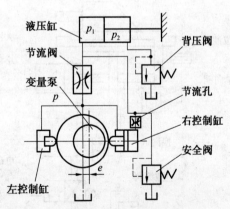

图 16.26　由压差式变量泵和节流阀组成的调速回路

这种变量泵工作时的流量基本上不受负载的影响，所以又称为稳流量变量泵，如果负载增加，则节流阀出口压力 p_1 增加，这时右控制缸的右腔压力也增加；同时由于节流阀过流面积没变化，且通过节流阀的流量也没变化（在这瞬间，变量泵的定子还未移动），所以节流阀进出口压差也不变，从而导致节流阀进口压力 p 的同步增加，即 $\Delta p =p - p_1$ 继续保持原来数值，变量泵定子的位置不动，因而泵的流量不变。

4. 快速回路

在主机的速度要求比较高的情况下,为了减小系统的结构尺寸及减少液压泵的输油量,往往采用快速回路,如采用两套液压缸、采用蓄能器或采用差动油路等,现分别介绍如下。

(1)用两套液压缸实现增速

在一些设备中,既要求有快速移动(此时所需推力较小),又要求在慢速进给时有较大的工作推力。为此,一般要考虑用较大流量的液压泵及较大直径的液压缸。如采用双缸安装的方式,即用小直径液压缸实现快速移动,而用大直径液压缸实现加力的慢速工作进给,这样便能以较小流量的液压泵满足上述的两项要求,如图 16.27 所示。当电磁换向阀的电磁铁通电时泵的压力油由溢流阀限压,经电磁换向阀进入小缸的左腔,此时大缸的左腔从高位油箱吸补大量的油液,在这个过程中,大小液压缸右腔的油液都流回油箱,当换向阀和电磁换向阀、电磁铁通电时,压力油分别进入大小两缸左腔,运动变成慢速,大缸实现加力。快退时,换向阀电磁铁断电,压力油进入小缸右腔,与此同时,压力油控制液控单向阀并使它打开,大缸左腔油液经过液控单向阀进入高位油箱,从而实现快退。

(2)用蓄能器实现增速

用蓄能器增速回路如图 16.28 所示。活塞杆的复位靠弹簧顶起,工作时要求活塞杆能快速下移,但只靠液压泵的流量不能满足要求,为此,可利用蓄能器储存的油液来实现。当换向阀电磁铁不带电时,来自液压泵的压力油打开液控单向阀进入蓄能器内储存起来,直至压力达到调定值后,打开卸荷阀,液压泵便自动卸荷。当要工作时,电磁铁通电,压力油进入液压缸的上腔,克服弹簧力开始下压。与此同时,压力油打开液控单向阀,使蓄能器的油液释放出来,与液压泵的压力油一起进入液压缸上腔,以满足快速压下的要求。溢流阀对系统起安全保护作用。

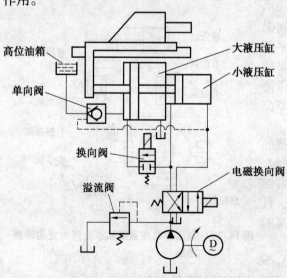

图 16.27　用两套液压缸实现增速

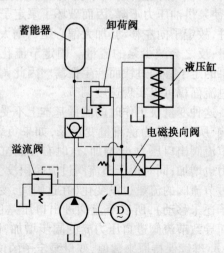

图 16.28　用蓄能器实现增速

（3）利用差动油路实现增速

利用两位三通和三位五通电磁阀构成的差动回路如图 16.29,16.30 所示。

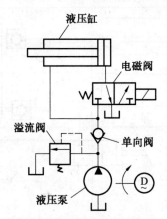

图 16.29　用二位三通阀实现差动增速

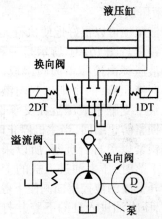

图 16.30　用三位五通阀实现差动增速

16.1.3　方向控制及多缸控制回路

方向控制回路利用各种方向控制阀来控制油液的接通、切断或改变流向,从而使执行元件完成预定的启动、停止或换向等动作。这种回路的主要故障是换向失灵。

多缸控制回路利用各种控制阀的组合,实现多缸同步或顺序控制等动作。这种回路的主要故障是同步精度低或顺序控制失灵等。

1. 换向回路

换向回路的作用主要是变换执行元件的运动方向。一般采用各种换向阀来实现,可以根据系统工作原理的需要选用换向阀,包括选择二位或三位;二通、三通、四通或五通;滑阀机能 O,H,K,M,…等型;控制方式为手动、机动、液动或电液式等,如图 16.32 中的电磁阀或手动换向阀。

2. 锁紧回路

执行机构往往需要在某个中间位置停留一段时间保持不动,例如起重机将重物举在半空中等待就位,这时必须将执行元件的进回油路闭锁,防止其漂移或沉降。现介绍两种常用的锁紧方案。

（1）换向阀锁紧

最简单的方法是 O 形或 M 形换向阀的机能将执行元件进出油路锁紧,这样的回路在前面已有很多应用,它的锁紧效果取决于油路中的泄漏程度,一般来说,液压缸或柱塞式马达泄漏较小,但换向阀的环缝泄漏则较大,难以保证长时间闭锁,故只适用于锁紧要求不高或短时停留的场合。

(2)液压锁锁紧

采用液压锁可以很好地使执行元件在任意位置停留并锁紧。图 16.31 所示是一种锁紧回路,回路中的液压锁由液控单向阀组成,一个液控单向阀称单向液压阀,两个则称双向液压锁。如汽车起重机液压支腿中液压缸在支承期间,必须将上腔油路锁紧防止缩回,当主机停止时,又必须将下腔油路锁紧以免自行沉落,所以采用的是双向液压锁。下落时,压力油进入缸的上腔并通过控制油路打开下腔的液控单向阀使下腔回油。同样在提升时,压力油进入缸的下腔并打开上腔的液控单向阀使上腔回油。当换向阀处于中位时,上下腔油路均被锁紧,缸不动。这种回路结构简单,

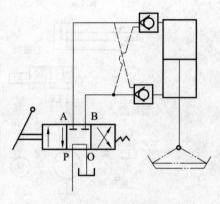

图 16.31　液压锁紧回路

而且一般都直接装在缸的进出油口处,使泄漏的影响局限于最小范围,故锁紧效果较好,常用于承载竖向负荷的液压缸。

16.2　自行火炮液压系统

16.2.1　功用及组成

图 16.32 ~ 16.35 为自行火炮液压系统回路,由于各回路的性能要求不一致,使各回路的组成、功用不同。其功用见表 16.2,组成见表 16.3。

16.2.2　122 mm 自行火箭炮液压系统

1.结构特点

(1)主泵(见图 16.36)

型号 CBF-E18 齿轮式,装在传动箱左侧后方,动力由发动机提供。主泵与传动箱之间有齿轮式离合器机构。

一般情况下,主泵是与传动箱连接的,发动机工作时,为液压系统提供压力油源。

该泵的最大许用转速为 3 000 r/min,最大许用压力为 20 MPa;当转速为 2 500 r/min 时,

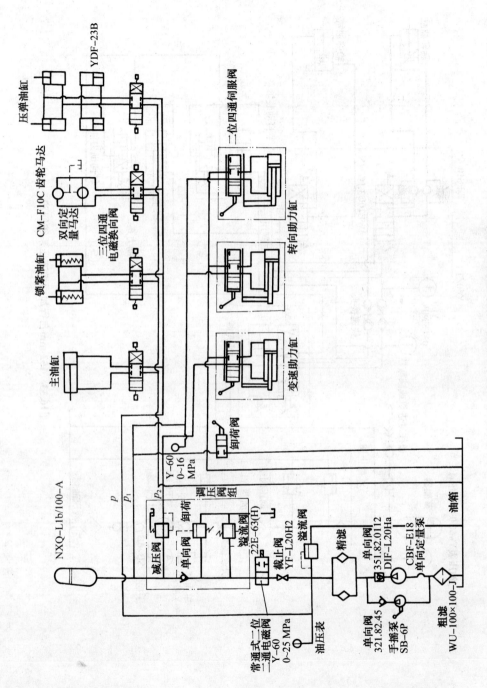

图 16.32 122 mm 自行火箭炮液压系统回路

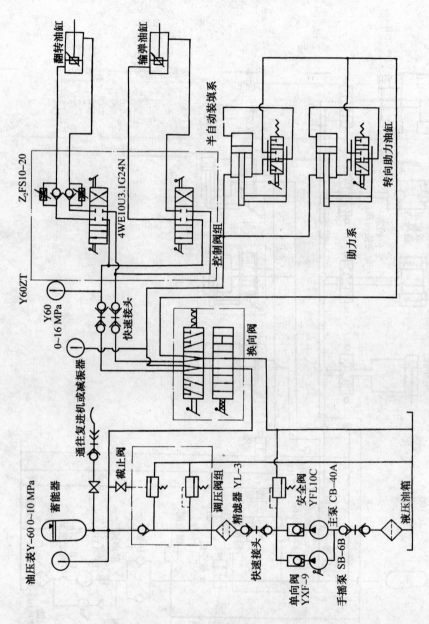

图16.33　152 mm自行加榴炮液压系统回路

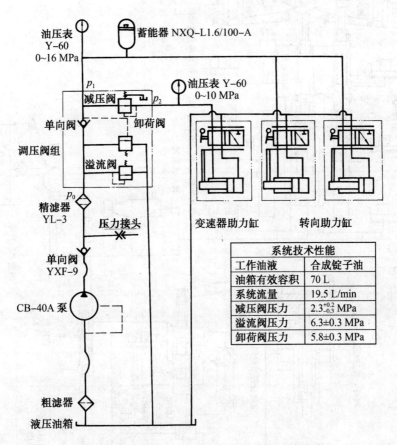

图 16.34　120 mm 自行反坦克炮液压系统回路

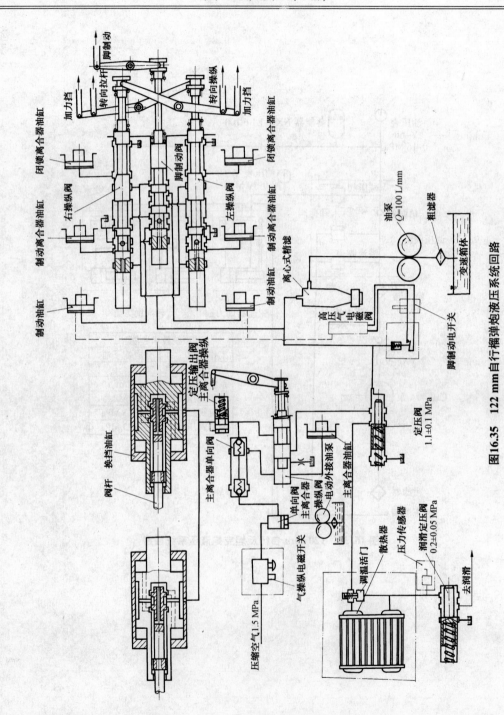

图16.35　122 mm自行榴弹炮液压系统回路

表16.2 自行火炮液压系统功用

炮种	功 用
122 mm 自行火箭炮	转向、变速液压助力 完成第二行程40发火箭弹推送,升、降输弹架;定位、锁紧回转臂;压紧固定压弹机内的火箭弹
152 mm 自行加榴炮	弹丸半自动装填 转向、变速的液压助力 人工检查火炮后坐的液压油源 为液压减振器补油、排气和充压(指1993年前以前生产的自行火炮)
120 mm 自行反坦克炮	自动输弹 转向、变速液压助力
122 mm 自行榴弹炮	液力换挡、转向、制动 主离合器液力操纵 传动装置压力润滑

表16.3 自行火炮液压系统组成

炮种	压力油源	控制机构	执行机构	辅助机构
122 mm 自行火箭炮	齿轮式主泵 CBF – E18 手摇泵 SB-6B	调压阀组、单向阀、溢流阀、截止阀、卸流阀、电磁换向阀	转向、变速助力油缸、主油缸、锁紧油缸、压弹油缸、齿轮马达	蓄能器、粗滤器、精滤器、液压油箱、压力表、管路等
152 mm 自行加榴炮	主泵 CB-40A 手摇泵 SB-6B 电动油泵	调压阀、安全阀;手动换向阀、单向阀、截止阀;单向节流阀、节流阀	翻转油缸、输弹油缸、转向助力油缸	蓄能器、油箱、快速接头、粗滤器、精滤器、压力表、管路等
120 mm 自行反坦克炮	齿轮式主泵 CB-40A	调压阀组、单向阀	转向及变速助力油缸	蓄能器、油箱、粗滤器、精滤器、压力表、管路
122 mm 自行榴弹炮	主离合内液压油泵、外接油泵	定压阀、单向阀、定压输出阀、转向操纵阀、主离合器操纵阀、脚制动操纵阀	制动离合器油缸、闭锁离合器油缸、主离合器油缸、换挡油缸、制动油缸	粗滤器、精滤器、压力报警器、压力传感器、压力表、散热器、通气器、管路
工作介质	13号合成锭子油 GB 442—64(122 榴除外)			

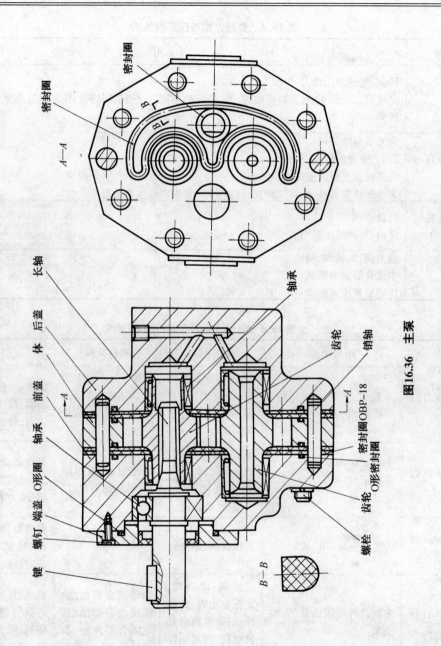

图16.36 主泵

工作压力为 16 MPa。

压油腔与高压油管相接,吸油腔与进油管相接。

(2)手摇泵

手摇泵为第二压力源(见图 16.37)。平时训练操作输弹机时使用此泵。

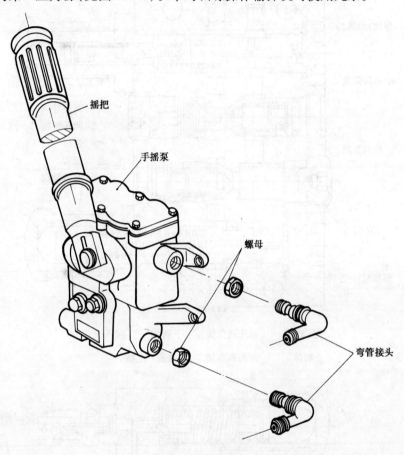

摇把

手摇泵

螺母

弯管接头

图 16.37 手摇泵

手摇泵主要由一对往复运动的活塞组成,当压力在 4.5 MPa 左右时,大活塞工作,压力高于 4.5 MPa 时,大活塞卸荷,小活塞工作,使手柄操纵力不至过大。

手摇泵型号为 SB-6B,其简要技术数据如下:

最大工作压力   15 MPa

超负荷压力   22.5 MPa

摇动速度   60 次/min

当摇动压力为 15 MPa 时   流量 $\not< 1$ L/min

(3)调压阀组(见图 16.38)

调压阀组结构如图 16.38 所示。

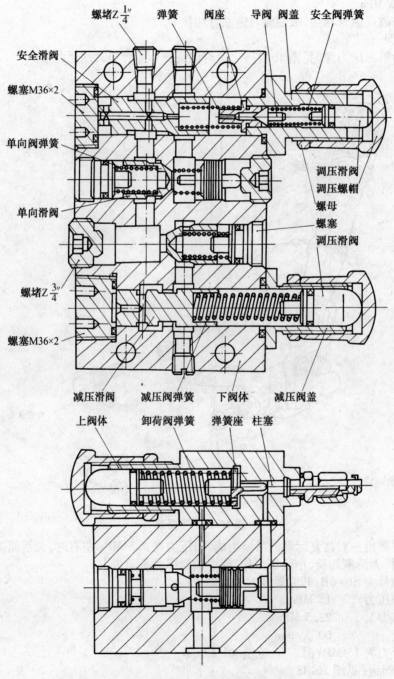

螺堵Z¼″ 弹簧 阀座 导阀 阀盖 安全阀弹簧

安全滑阀

螺塞M36×2

单向阀弹簧

单向滑阀

螺堵Z¾″

螺塞M36×2

调压滑阀
调压螺帽
螺母
螺塞
调压滑阀

减压滑阀 减压阀弹簧 下阀体 减压阀盖

上阀体 卸荷阀弹簧 弹簧座 柱塞

图16.38 调压阀组

　　调压阀组安装在油箱的顶部,主要由液控卸荷阀、减压阀、单向阀、溢流阀组成。

　　溢流阀调定的压力为 6 MPa;液控卸荷阀用于与蓄能器配合工作,使油泵间歇工作延长使用寿命,减压阀调定压力为2.3 MPa,用于向变速助力缸提供压力。

　　(4)手动卸荷阀

　　手动卸荷阀用于使系统快速卸荷。安装在油箱的右侧。

　　该卸荷阀为二位二通手动卸荷阀。结构详如图 16.39 所示。

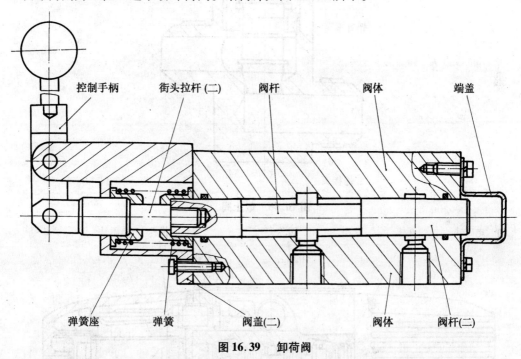

控制手柄　　　街头拉杆(二)　　　阀杆　　　　　　阀体　　　　　端盖

弹簧座　　　弹簧　　　阀盖(二)　　　阀体　　　阀杆(二)

图 16.39　卸荷阀

　　(5)电磁阀

　　用于输弹机工作时,自动关闭通向调压阀组的油路。

　　该电磁阀型号为 22E-63(H),是常通式二位二通单线圈电磁控制阀,当电磁阀不通电时,经过精滤后的液压油经截止阀、电磁阀进入调压阀组,再流向蓄能器和助力缸;当电磁阀通电时,切断上述油路,液压油全部经溢流阀使自动装填机构进行输弹。

　　(6)截止阀(见图 16.40)

　　用于输弹机工作时,手动关闭通向调压阀组的油路,它是电磁控制阀的备用阀,当电磁阀失去作用时,用该阀关闭调压阀组的油路。

　　(7)电磁换向阀组

　　电磁换向阀组为三位四通阀,型号为 YDF-23B 型(见图 16.41),用于控制自动装填机构的工作。安装在车体翼子板上的阀组箱内,共有四套,一套用于大架的起落、前移、后退;一套用于控制闭锁油缸;一套用于控制压弹油缸;一套用于控制齿轮油马达。

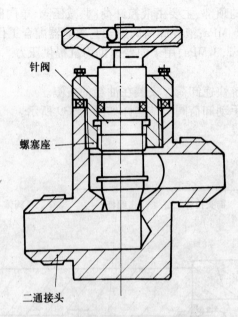

图 16.40　截止阀

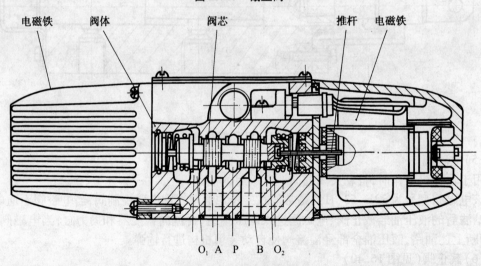

图 16.41　电磁换向阀

　　该阀有三个工作位置。阀芯两端装有弹簧,使阀芯可自动复位。阀体两端 O_1,O_2 为回油腔,接回油管;中间 P 腔为压力油入口,接进油管;A,B 分别接液压缸(油缸)(或油马达),两个电磁铁分别安装在阀的两端。

　　当电磁铁电源没接通时,阀芯在两端弹簧作用下处于中间位置(即图中位置),此时,P,A,B,O 油口互不相通。

当左端电磁铁通电,铁芯通过推杆将阀芯推向右端,此时,P,B 油路接通,A,O 油路接通,压力油从 P 口进入,经 B 口流出进入液压油缸,推活塞杆移动,完成所需动作,活塞另一端的油经油管流回 A、再经 O 回油路流回液压油油箱。断电时,铁芯回位,阀芯及推杆在右端弹簧作用下回位,关闭各油路使其互不相通。

同上所述,当右端电磁铁通电时,阀芯左移,P,A 油路接通,B,O 油路接通,压力油经 A 流入液压油缸,推活塞杆向相反方向移动,液压油经 B 和 O 流回油箱。断电时,铁芯回位,阀芯在左端弹簧作用下回位,关闭各油路。

(8)溢流阀

溢流阀为 YF-L20H2 型,用于提供 14 MPa 的稳定压力,以保证自动装填机构的正常工作。安装在油箱的顶部。结构如图 16.42 所示。

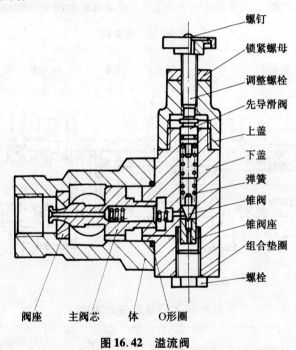

图 16.42　溢流阀

(9)主油缸

主油缸为 HSGL01-801/45-160 型,用于完成第二行程推弹,将 40 发火箭弹输送到位;并用于升降输弹架。安装在输弹架前下方 凵 型横梁上。

主油缸为双作用单活塞杆油缸,活塞杆工作行程为 800 mm。结构如图 16.43 所示。

(10)定位闭锁油缸

用于回转臂落下或升起时锁紧定位。共有两个,分别安装在左、右回转臂支座上。

定位锁紧油缸为双作用单活塞杆油缸,结构如图 16.44 所示。

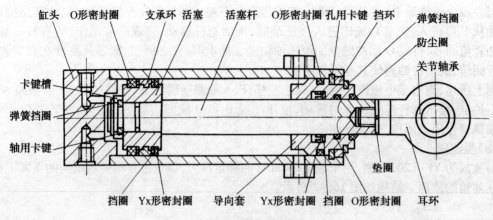

缸头　O形密封圈　支承环　活塞　活塞杆　O形密封圈　孔用卡键　挡环　弹簧挡圈　防尘圈　关节轴承

卡键槽　弹簧挡圈　轴用卡键

挡圈　Yx形密封圈　导向套　Yx形密封圈　挡圈　O形密封圈　耳环　垫圈

图 16.43　主油缸

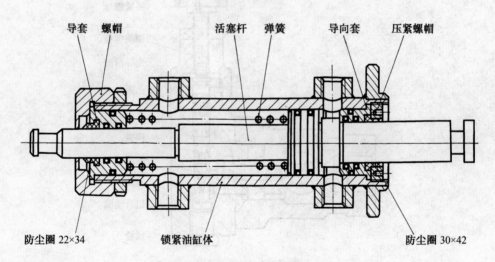

导套　螺帽　活塞杆　弹簧　导向套　压紧螺帽

防尘圈 22×34　锁紧油缸体　防尘圈 30×42

图 16.44　锁紧、定位油缸

(11)压弹油缸

压弹油缸用于使压弹机构压紧或解脱对火箭弹的固定。共四个,分别安装在输弹架左、右两侧的前、中部。

压弹油缸为双作用单活塞杆油缸,结构如图 16.45 所示。

(12)蓄能器

蓄能器是一种能量储存装置,其作用是将液压系统中的部分油压能量储存起来,与调压阀组的卸荷阀配合,使油泵间歇工作。

蓄能器为隔离气囊式蓄能器,主要由充气阀、壳体、皮囊和进油阀等组成,如图 16.46 所示。

气体与液体由皮囊隔开,皮囊用丁腈橡胶制成。其特点是体积小而容积较大、惯性小、反

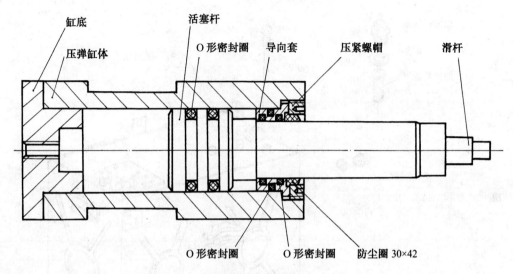

图 16.45 压弹油缸

应灵敏、质量轻、密封性好。

　　拆卸和安装前需放净气体。充气前应先从进油口注入少许液压油,以润滑皮囊,122 mm 自行火箭炮蓄能器充气压力为 4 MPa。

　　(13)液压油箱

　　液压油箱安装在战斗室左侧,紧靠动力室与战斗室隔板。油箱上部有加油口和量油尺安装孔,油箱下部有出油口,底部有放油口(见图 16.47)。油箱容量为 120 L。

　　(14)粗滤

　　粗滤由三层金属滤网组成(见图 16.48),其功用是对进入系统的液压油进行第一级过滤,滤掉油液中较大的金属杂质和污染物。安装在出油管处。

　　(15)精滤

　　精滤对液压油进行第二次过滤,滤掉油液中较小颗粒的杂质。精滤内有两层滤网,一层为金属网,另一层为纸芯,三级保养时更换纸滤芯。本炮的两个精滤并联在一起。

　　(16)压力表

　　液压系统里共有两块油压表,一块用于显示液压系统总压力;另一块用于显示助力系(转向、变速)压力(见图 16.49)。

　　(17)助力油缸

　　助力油缸的作用是为驾驶员转向和变速操纵助力、减轻驾

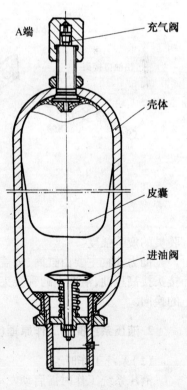

图 16.46 蓄能器

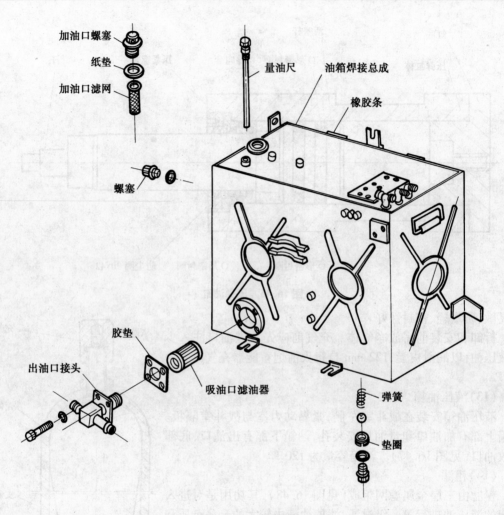

加油口螺塞
纸垫
加油口滤网
螺塞
量油尺
油箱焊接总成
橡胶条
胶垫
出油口接头
吸油口滤油器
弹簧
垫圈

图 16.47 液压油箱

驶员的疲劳强度。

助力油缸主要由缸筒、缸盖、活塞、堵头、滑阀、O形密封圈组成(见图 16.50)。缸筒的管接头接高压油,活塞上的管接头接回油管,依靠滑阀相对于活塞的前后移动实现前后油腔油路的换向。

2. 液压系统简要工作原理(见图 16.32)

(1)系统工作时

液压系统工作时需启动发动机,发动机通过传动箱带动主泵转动,油箱中的液压油粗滤后进入主泵,增高油压后的液压油经单向阀后进入精滤,清洁的液压油进入四通。经四通的液压

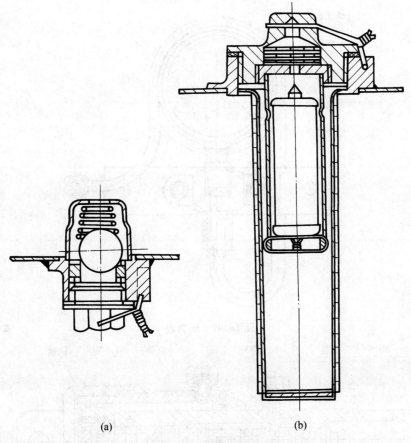

(a)   (b)

图16.48 粗滤和放油口

油分三路分别接溢流阀、截止阀(手动开关)、自动装填机和系统油压表。

溢流阀调定系统工作油压为14 MPa,油压表指示出系统压力。

当截止阀处开启状态,常通式二位二通电磁阀没通电时,由四通流向截止阀的液压油通过两阀进入调压阀组,由于调压阀内的溢流阀调定压力为6 MPa,减压阀调定压力为2.3 MPa,所以,调压阀组接蓄能器和转向助力油缸的输出压力为6 MPa,接变速助力缸的压力为2.3 MPa。

(2)自动装填简要工作原理

自动装填时,计算机输出控制信号,按计算机给定程序,首先使电磁阀接通电源,磁力将调压阀芯推开,关闭通往调压阀组的通路,使系统油压迅速达到14 MPa;按程序依次是:定位锁紧油缸电磁换向阀电磁铁2电源接通,电磁换向阀控制油路,液压油使锁紧油缸活塞杆缩回,解除对弹架的定位与锁紧,紧接着是主油缸电磁换向阀电磁铁1电源接通,电磁换向阀控制液压油使主油缸活塞杆向外伸出,推弹架后端升起至水平状态;接通定位锁紧油缸电磁换向阀电磁铁1,电磁换向阀使进、出油改变,使两个油缸的活塞杆伸出插入回转臂输弹状态定位孔,将

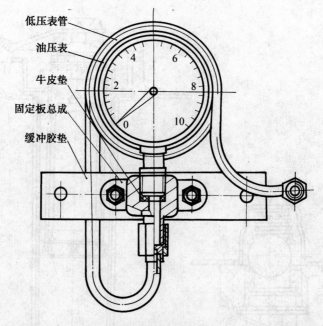

低压表管

油压表

牛皮垫

固定板总成

缓冲胶垫

图 16.49　压力表

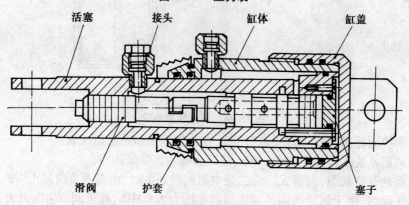

活塞　　接头　　缸体　　缸盖

滑阀　　护套　　塞子

图 16.50　助力油缸

弹架定向锁紧在输弹状态;与此同时,压弹油缸电磁换向阀电磁铁 2 接通电源,电磁换向阀控制油路,使四个压弹油缸活塞杆缩回,使压弹机构解除对火箭弹的固定;推弹小车电磁铁吸合,解脱对定位钩的固定;油马达电磁换向阀电磁铁 1 接通电源,油马达在液压油作用下旋转,通过链轮、链条带动推弹小车向后运动,推 40 发火箭弹进入定位器,当火箭弹距到位还差 600 mm时,推弹小车到位,电磁铁 1 断电,油马达停止转动,主油缸电路接通,由电磁换向阀电磁铁 2 接通,使主油缸油路改变,使活塞杆缩回,带大架向后推剩下的 600 mm 行程,使 40 发火箭弹到位;主油缸电磁换向阀电磁铁 1 在指令作用下吸合,使主油缸高压进油路和回油路改变,主油缸活塞杆伸出,带大架前进到位;推弹小车油马达电磁换向阀电磁铁2电路接通,控制油马达反转,使推弹小车前进到位。同理,此后是定位锁紧油缸解脱弹架输弹状态的固定;主油缸使弹架下降到位;定位锁紧油缸将弹架定位锁紧在行军状态;推弹小车电磁铁回位,将小车固定在行军状态。

(3)助力操纵简要工作原理

二位二通电磁阀断电后变为常通阀,液压油进入调压阀组,使系统压力为 6 MPa,调压阀组 6 MPa 出油口接转向助力油缸,2.3 MPa 出油口接变速助力油缸,使助力机构油路接通,以便进行助力操纵。

当驾驶员向后拉转向操纵杆时,由于操纵杆与拉杆间有约 3 mm 的自由行程,使助力油缸的滑阀接通助力油缸活塞前、后油腔,并关闭前油腔回油道,6 MPa 高压油同时作用在活塞前、后油腔,由于前油腔作用面积比后腔作用面积大,因此活塞向外伸出,帮助驾驶员操纵操纵杆向后。当操纵杆向前推时,滑阀先向前移动,关闭前、后油腔通道,并接通前油腔回油道,高压油作用在后油腔,使活塞收回完成向前拉操纵杆的助力作用。

变速助力油缸的工作原理与转向助力油缸的工作原理完全一样。只是油压为 2.3 MPa。

自行火炮行军时,截止阀应始终处于打开状态,电磁阀处于断电状态。主泵使液压系统压力达到 6 MPa,蓄能器储存了液压能,压力为 6 MPa。当压力超过 6 MPa 时,调压阀组的液控卸荷阀工作。其工作过程是:液压油进入液控卸荷的导阀,推开导阀,使液压油进入小活塞油腔,使小活塞推开单向滑阀,使进入调压阀组的液压油卸荷,此时,蓄能器的液压能依靠单向阀保持,并供给助力机构液压能,使助力机构正常工作;主泵虽在转动,但由于卸荷,主泵此时相当于空转,减少了能量消耗。当蓄能器压力下降至小于 4 MPa 时,导阀关闭,小活塞油腔的高压油卸荷,单向滑阀关闭,终止卸荷;主泵再向系统提供液压能,当压力上升超过 6 MPa 时,液控卸荷阀再打开卸荷,重复上述动作。

由于液控卸荷阀使主泵间歇工作,延长了液压泵的使用寿命,使液压油工作温度不至过高。

系统中的手摇泵与主泵并联,相互间用单向阀隔离,以保证各自独立工作。

16.2.3　152 mm 自行加榴炮液压系统

1.结构特点

主泵、手摇泵、调压阀、助力油缸、粗滤、精滤、压力表等与 122 mm 自行火箭炮相同,不再重述。不同之处见下述。

(1)电动油泵

电动油泵是向系统提供液压能的第三种压力元件。电动油泵安装在左侧翼子板上,它由电动机、减速箱、油泵、压力继电器组成。电动机的电力由蓄电瓶或外接电源提供。该泵用于在训练和战斗时向装填机构提供液压能。

电动油泵的构造如图 16.51 所示。

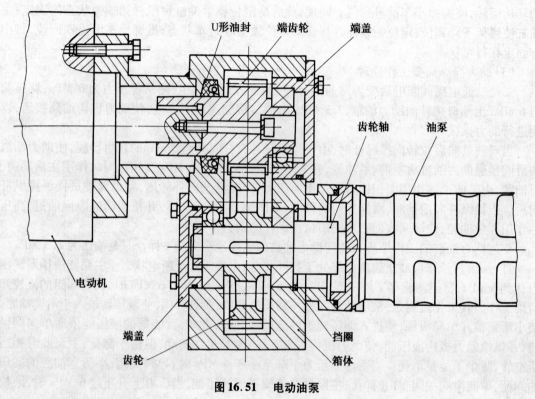

图 16.51　电动油泵

(2)换向阀组

换向阀组位于瞄准手座位底下,为两联装手动操纵阀。握把在正常工作时均处于中间位置。

换向阀的两个阀分别称为第一阀片和第二阀片(见图 16.52)。第一阀片为左面的一个阀片(面向炮口方向),它的主要功用是使系统迅速卸荷。该阀片是三位四通阀,弹簧对中自动回位,有三个工作位置。阀后有一握把,中间和向前位置为系统正常工作位置,向后拉握把为卸荷位置。第二阀片为三位六通阀,弹子定位,有三个工作位置。阀后有一握把,中间位置是装填系统和助力系统均处于正常工作状态。向前推握把到位,装填系统油路被打开而助力系统油路被关闭;向后拉握把到位,装填系统油路被关闭而助力系统油路被打开。

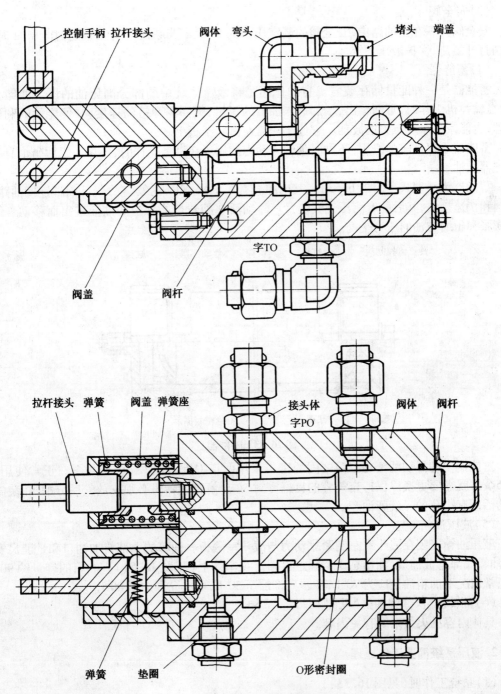

控制手柄 拉杆接头 阀体 弯头 堵头 端盖

字TO

阀盖 阀杆

拉杆接头 弹簧 阀盖 弹簧座 接头体 字PO 阀体 阀杆

弹簧 垫圈 O形密封圈

图 16.52 换向阀

（3）安全阀

安全阀并联在主油路中,安全阀的调定压力为 8 MPa,当系统压力过载超过 8 MPa 时,安全阀打开溢流,保护液压系统。

（4）蓄能器

蓄能器是一种能量储存装置。它的作用是将液压系统中的部分高压油的压力能储存起来,在输弹机工作时,重新输出,增加进入油缸的流量,提高输弹链的速度,并使能量的利用更合理,也能减少系统压力的波动。它位于底盘左侧叶子板上。

蓄能器不仅供输弹机用,还供底盘转向助力油用。在勤务操作时,还供人工后坐炮身和给减震器加油。

蓄能器为活塞式(见图 16.53)。其内腔充有 4.5 ~ 5 MPa 的氮(空)气。前端连接油路、截止阀和快速接头,其后腔有测压充气装置。浮动活塞随着蓄能器中的油液进出而移动。气体的膨胀和压缩与油的压力平衡。

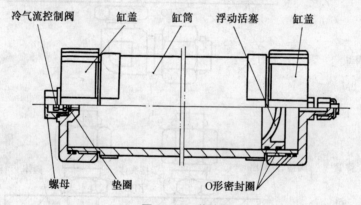

图 16.53　蓄能器

蓄能器中的浮动活塞与缸筒之间的密封采用两道 O 形密封圈,该密封圈在正常使用时,3 ~ 6 个月就需要更换以保持充气腔的良好密封,在分解蓄能器时必须先放气后分解,在装配时浮动活塞有小孔的一端朝油腔。

（5）液压油箱

液压油箱安装在战斗室左侧紧靠动力与战斗室隔板。油箱的上部有加油口和量油尺安装孔,油箱底部有放油口,油箱靠 3 个固定爪固定在车体上(见图 16.54)。油箱的容量约 90 L,在正常情况下油箱油量应为 70 L,冬季允许加至 50 L,夏季允许加至 80 L。

（6）翻转油缸、输弹油缸(见图 16.55,16.56)

具体内容见火力系统有关内容。

2. 液压系统简要工作原理

（1）系统工作时(见图 16.33)

液压系统工作时,启动发动机,发动机通过传动箱带动主泵向系统提供液压能。主泵使油箱内的液压油经过粗滤和精滤后,进入系统液路上的调压阀组和安全阀;当用截止阀关闭液控卸荷阀时,系统的调定压力(溢流阀工作)为 7 MPa,用以完成半自动装填机构的动作;当液控卸荷阀正常工作时,其调定压力为 5~7 MPa,用以完成自行火炮行驶时,操纵部分助力机构的动作。安全阀与调压阀组并联,当调压阀组有故障不能为系统提供正常压力,可关闭调压阀组,用安全阀为系统提供稳定(8 MPa)的压力。

经过调压阀调定的高压油,一路进入蓄能器压缩气体,储存了液压能;另一路进入换向阀。从换向阀输出的高压油又分为两路,一路进入半自动装填机构,另一路进入助力油缸。

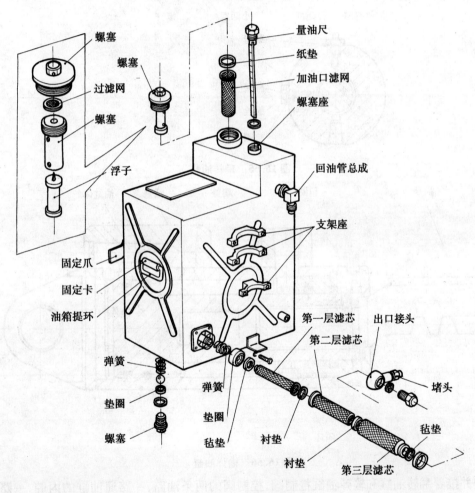

图 16.54　液压油箱

(2)半自动装填简要工作原理

由换向阀输出的高压油,两路通半自动装填机构的控制阀,两路通助力油缸。进入控制阀

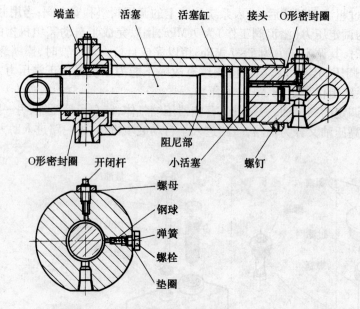

图 16.55 翻转油缸

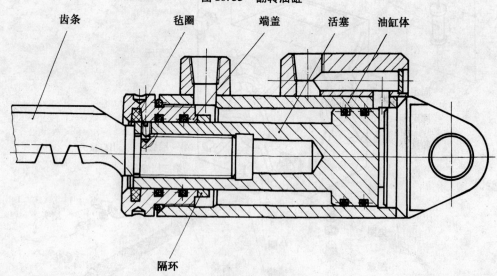

图 16.56 输弹油缸

的两路并接着翻转油缸和输弹油缸控制阀,控制阀的两条油路,一路通油缸的内腔,一路通油缸的外腔。

当换向阀第一阀片握把处于中间或前方位置,第二阀片握把推至前方位置(关闭助力油缸通路),半自动装填机构油路打开,高压油进入控制阀,通过装填手操纵控制阀使翻转油缸和输弹油缸工作,完成落盘、输弹、收链、翻盘四个动作。

当控制阀操纵手柄分别扳向"落"、"退"位置,此时压力油进入翻转油缸活塞内腔,推活塞杆伸出,迫使输弹机下落;当操纵手柄分别处于"落"、"输"位置,此时蓄能器的能量释放,加之系统正常工作液压能使压力油进入输弹油缸活塞内腔,推齿条伸出,使链条迅速伸出推送弹丸入膛;输弹完毕,将输弹手柄扳向"退"的位置,压力油通过另一油路进入输弹油缸活塞外腔,此时内腔压力消失,齿条缩回,收回链条;将操纵手柄分别扳向"起""退"位置,压力油通过另一油路进入翻转油缸活塞外腔,此时内腔压力消失,活塞返回,提拉输弹机回复原位。

(3)助力操纵简要工作原理

换向阀第一阀片握把处于中间或前方位置,第二阀片握把向后拉到位,装填机构油路被关闭,助力机构油路被打开。

当驾驶员向后拉操纵杆时,由于操纵杆与拉杆间有约 3 mm 的自由行程,使助力油缸的滑阀先向后移动、接通助力油缸活塞前后油腔,并关闭前油腔回油道,高压油同时作用在活塞前、后油腔,由于前油腔作用面积比后油腔作用面积大,因此活塞向外伸出,帮助驾驶员推操纵杆向后,当操纵杆向前推时,滑阀先向前移动,关闭前、后油腔通道,并接通前油腔回油道,高压油作用在后油腔,使活塞收回,完成向前的助力(变速助力缸的工作与转向助力油缸的工作原理完全一样)。

当自行火炮处于行军状态时,应打开截止阀。主泵使液压系统压力达到 7 MPa,蓄能器储存了液压能,压力为 7 MPa。当压力超过 7 MPa 时,液控卸荷阀工作。其工作过程是:液压油经截止阀进入卸荷阀的导阀,推开导阀,使液压油进入小活塞油腔,使小活塞推开单向滑阀,使进入调压阀组的液压油卸荷,此时蓄能器的液压能依靠单向阀保持,并供给助力机构液压能;主泵虽在转动,但由于卸荷,主泵此时相当于空转,减少了能量消耗。当蓄能器压力下降至小于 5 MPa 时,导阀关闭,小活塞油腔的高压油卸荷,单向滑阀关闭,终止卸荷;主泵再向系统提供液压能,当压力上升至 7 MPa 时,液控卸荷阀再打开,重复上述动作。

由于液控卸荷阀,使主泵间歇卸荷,延长了液压元件的使用寿命,使液压油工作温度不至过高。

系统中手摇泵、电机油泵与主泵并联,相互间用单向阀隔离,以保证各自独立工作。

16.2.4　120 mm 自行反坦克炮液压系统

1. 结构特点

(1)主泵、调压阀组、蓄能器、粗滤、精滤、压力表、助力油缸结构与 122 mm 自行火箭炮相同。不同的是主泵工作时消耗功率为 2.05 kW。

(2)液压油箱

液压油箱安装在战斗室左侧,紧靠动力室与战斗室隔板。油箱上部有加油口和量油尺安装孔,油箱下部有出油口,底部有放油口(见图 16.54)。油箱容量约为 90 L。

2. 液压系统简要工作原理

(1)系统工作时(见图 16.34)

液压系统工作时需启动发动机,发动机通过传动箱带动主泵转动,油箱中的液压油经粗滤后进入主泵,增高油压后的液压油经单向阀后进入精滤,清洁的液压油进入调压阀组,由于调压阀内的溢流阀调定压力为 6.3 MPa,减压阀调定压力为 2.3 MPa,所以,调压阀组接蓄能器和转向助力油缸的输出压力为 6.3 MPa,接变速助力油缸的压力为 2.3 MPa。

(2)助力操纵简要工作原理

液压油进入调压阀组,使系统压力为 6.3 MPa,调压阀组 6.3 MPa 出油口接转向助力油缸,2.3 MPa 出油口接变速助力油缸,使助力机构油路接通,以便进行助力操纵。

当驾驶员向后拉转向操纵杆时,各机构产生的动作与 122 mm 自行火箭炮液压助力操纵相同,不重述。

16.2.5　122 mm 自行榴弹炮液压系统

1. 结构特点

液压操纵系统液压泵、外接油泵、主离合器油缸、主离合器操纵阀、换挡油缸、闭锁离合器油缸、制动离合器油缸、制动油缸、转向操纵阀、脚制动阀参见有关章节。

①系统定压阀、润滑定压阀、主离合器单向阀与主离合器操纵阀为一体(见图 16.57),装在变速箱上。

系统定压阀调定压力为 1.1 MPa±0.1 MPa;润滑定压阀调定压力为 0.2 MPa±0.05 MPa。

②定压输出阀固定在变速箱上,与两个换挡油缸相通(见图 16.58),调定压力为 0.6 MPa)。

③粗滤清器固定在变速箱下箱体上,由骨架与滤网组成(见图 16.59)。

④离心式滤清器固定在变速箱上箱体左侧。由盖板、滤清器芯、滤清器座组成(见图 16.60)。来自机油泵的机油由箱体内油道沿着滤清器座圆柱表面切线方向的椭圆形进油口进入圆柱形油腔,使机油在滤清器腔内旋转。在离心力的作用下,机械杂质被分离出来,然后沉淀在滤清器体下部的沉淀油腔中。沉淀集油腔底部用放油螺栓封闭,并用铁丝锁紧,可通过放油螺栓放出机械杂质。

⑤通气器固定在左换挡油缸上,构造如图 16.61 所示。

⑥当油压低于 0.44 MPa 时,压力报警器报警。

⑦变速箱同时作为液压油的油箱。

2. 液压系统工作原理

当发动机工作时,主离合器通过分动箱主动齿轮带液压油泵工作,液压油经粗滤器,从下

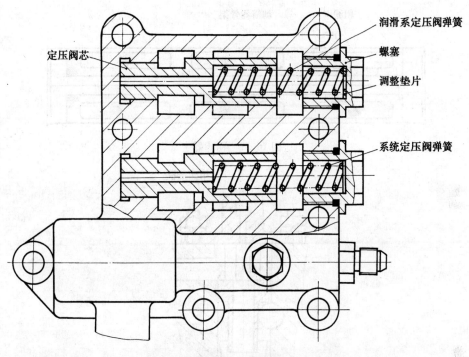

图 16.57　定压阀

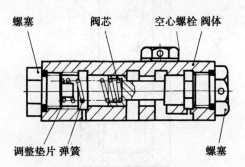

图 16.58　定压输出阀

箱体内油道进入油泵,油泵将液压油加压后,经下箱体和上箱体油道送至精滤器,经精滤后的液压油分为两个主油路,第一路进入系统定压阀;第二路通液压转向和脚制动操纵阀。分别进行液压操纵和润滑(见图 16.35)。

　　由精滤器流出的液压油第一路进入系统定压阀油腔后又分为两路,第一路通过定压阀内油道进入主离合器操纵阀,液压油经操纵阀又分成二路,一路经定压输出阀,流向变速操纵装置的液压油缸;另一路经主离合器单向阀及箱体油道,流向主离合器油缸。主离合器单向阀通过单向阀与高压空气管道相连。在没有踏下主离合器踏板之前,主离合器操纵阀处于原始位置,定压阀至主离合器操纵阀油路关断,各机构无动作。

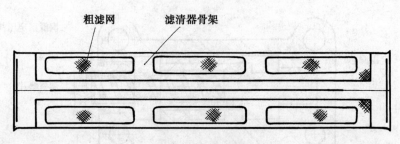

图 16.59 粗滤器

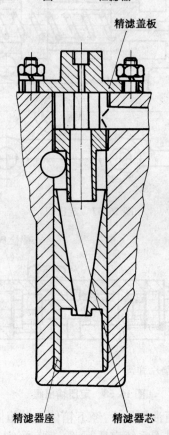

图 16.60 精滤器

进入系统定压阀油腔的液压油第二路,通向机油散热器和变速箱、行星转向机,当油压超过 1.1 MPa±0.1 MPa 时,定压输出阀开通,液压油进入机油散热器油路和机油散热器中,又从机油散热器经管道进入润滑定压阀(0.2 MPa±0.05 MPa),润滑定压阀输出的液压油,进入传动装置的变速箱和行星转向机。当压力超过 0.2 MPa 时,润滑定压开通回油通道,液压油流回变速箱。在散热器进出油口之间,并接一调温活门,当机油温度低、油过稠时,顶开调温活门,

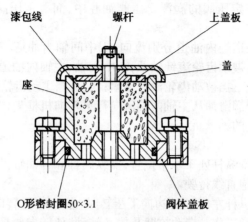

图 16.61 通气器

机油不通过机油散热器直接进入润滑油路。

由精滤器流出的液压油第二路通过变速箱体内油道直接流向转向操纵阀,到达转向操纵阀后分别流向制动滑阀油腔、左转向滑阀油腔、右转向滑阀油腔。制动滑阀油腔中的液压油通过制动滑阀的控制可同时流向左、右制动缸。左(右)转向阀油腔中的液压油通过左(右)转向阀的控制可流向三处:一是经转向操纵阀体上的油道、变速箱体内油道、左(右)行星转向器缸体及盖内油道,到达制动离合器油缸;二是经转向操纵阀体上的油道、变速箱体内油道、左(右)行星转向器缸体及盖内油道、导油盘内油道、外鼓筒内油道、固定筒内油道到达左(右)侧闭锁离合器油缸;三是经外接油管到达左(右)侧制动油缸。

(1)液压换挡

①主离合器分离:系统定压阀内的液压油一路通向主离合器操纵阀。换挡时,当踏下主离合器踏板,经各轴、拉杆及拉臂的传动,使主离合器操纵阀杆移动,打开油路。操纵阀内液压油一路顶开主离合器单向阀进入主离合器油缸,使主离合器摩擦片分离,切断发动机传给变速箱的动力。

②液压换挡:操纵阀内液压油另一路经定压输出阀,进入换挡油缸,空挡时阀杆关闭活塞上的左、右流液孔,活塞两端压力相同,活塞不移动;当操纵变速杆使 2,3 挡或 4,5 挡拉杆移动时带动换挡油缸阀杆移动,阀杆关闭一流液孔,开放另一流液孔,液压油流入活塞的一端,活塞两端形成压力差,使活塞移动,活塞移动带变速拨叉及轴转动进行换挡,换挡后传动杆被弹子定位。

③主离合器结合:换挡完毕,松开主离合器脚踏板,回位弹簧使各轴、拉杆、拉臂等回位,同时主离合器操纵阀在弹簧作用下回位,关闭油路;主离合器压紧弹簧伸张将活塞推回原位,油压降为零,被动摩擦片在弹簧作用下与主动摩擦片结合,将发动机动力传给变速箱,自行火炮在新的速度下行驶。

(2)润滑

系统定压阀内的液压油通向主离合器操纵阀的同时,另一路通向调温活门,再经散热器的出油口经管道进入系统定压阀的润滑定压阀油腔中,润滑定压阀油腔与变速箱主润滑油道(箱体内油道)相通。

润滑油从主润滑油道经内油道分别流向:①中间轴内油道,四、五挡主动齿轮滚针轴承;②主轴内油道,二、三挡被动齿轮滚针轴承;③中间轴、主轴内油道分别到达中间轴、主轴中间轴承座。分别润滑:二、三挡被动齿轮滚针轴承;四、五挡主动齿轮滚针轴承;中间轴、主轴中间轴承座轴承。④一部分润滑油从主轴两端流向行星转向机框架内道中,润滑支承太阳齿轮的铜衬套和行星齿轮轴上的轴承。

(3)液压转向

①直线行驶:转向操纵杆处于水平位置,操纵阀杆和各油缸处于原始位置,液压转向系统内部没有动作,自行火炮直线行驶。

②转向:当转向操纵杆左(或右)边向下压转时,左(或右)转向轴转动[右(或左)转向轴不动,这一侧机构仍正常工作]带动拉臂及拨叉转动,使转向阀杆向阀内移动,随阀杆移动量的增大,进入行星转向机闭锁离合器的液压油越多,压力越高,使闭锁离合器的摩擦片分离越快,实现分离转向;随转向操纵杆继续向下转动,转向阀阀杆打开制动离合器油路,液压油进入制动离合器油缸,使制动离合器活塞逐渐压紧制动摩擦片及制动鼓,实现车辆大半径转向;当转向操纵杆转到最下方时,闭锁离合器完全分离,制动离合器油缸内液压油流回油箱,活塞回位,摩擦片分离,同时液压油进入制动油缸,制动油缸活塞顶制动带杠杆,直至抱死制动鼓,使车辆实现原地转向。

当转向操纵杆放回水平位置时,操纵阀杆在弹簧作用下恢复原位,液压转向系内部没有动作,车辆恢复直线行驶。

(4)其他

①脚刹车:踩下脚制动踏板,通过各传动零件使脚制动阀阀杆向内移动,打开脚制动阀油路,使主油道的液压油经脚制动阀进入两个制动油缸,活塞伸出,顶两个制动带杠杆,拉紧制动带,实现刹车。

②加力时:移动加力操纵杆时,使转向操纵阀体中的两个阀杆同时处于大半径转向状态,使车速降低,增加扭矩,实现加力。

③外接油泵分离主离合器:当发动机不工作,且高压空气压力不足,又需摘下排挡或启动发动机时,必须分离主离合器。此时可开动外接油泵,经粗滤的液压油进入外接油泵,输出的液压油顶开单向阀,注入主离合器操纵阀,当踩下主离合器踏板时,液压油进入主离合器油缸,使主离合器分离,即可启动发动机或摘挡。

(5)液压油流向图

液压油流向图如图16.62所示。

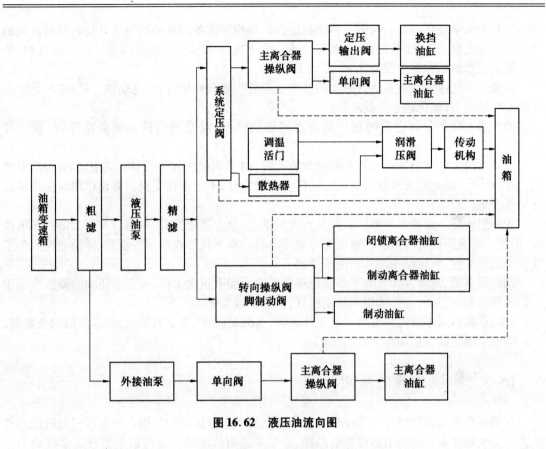

图 16.62　液压油流向图

16.3　液压传动的工作介质

16.3.1　液压油的使用要求

液压油是液压传动系统的重要组成部分,是用来传递能量的工作介质。除此之外它还起着润滑运动部件和保护金属不被锈蚀的作用。液压油的质量及其各种性能将直接影响液压系统的工作,对液压系统使用的油液有以下几点要求。

①适宜的黏度和良好的黏温性能。一般液压系统所用的液压油其黏度范围为

$$\nu = 11.5 \times 10^{-6} \sim 35.3 \times 10^{-6} \mathrm{m^2/s}(2° \sim 5°E_{50})$$

②润滑性能好。在液压传动的机械设备中,除液压元件外,其他一些有相对滑动的零件也要用液压油来润滑,因此,液压油应具有良好的润滑性能。通常用加入添加剂的方法提高其润滑性能。

③稳定性要好。即对热、氧化、水解和剪切都有良好的稳定性,使用寿命长。油液抵抗其

受热时发生化学变化的能力叫做它的热稳定性。热稳定性差的油液在温度升高时容易使油的分子裂化或聚合,产生脂状沥青、焦油等物质。由于这种化学反应是随温度升高而加快的,所以一般液压油的工作温度限制在 65 ℃以下。

油液与空气中的氧或其他含氧物质发生反应后生成酸性化合物,能腐蚀金属,这种化学反应的速度越慢,其氧化稳定性就越好。

油液遇水发生分解变质的程度称为水解稳定性,水解变质后的油液黏度降低,腐蚀性增强。

油液在很大的压力下流过很小的缝隙或孔时,由于机械剪切作用使油的化学结构发生变化,黏度减小。因此要求油液具有较好的抗剪切稳定性,不至于在受机械剪切作用时使油液黏度显著变化。

④消泡性好。油液中的泡沫一旦进入液压系统,就会造成振动、噪声以及增大油的压缩性等,因此需要液压油具有能够迅速而充分地放出气体而不致形成泡沫的性质,即消泡性。为了改善油的消泡性,可在油中加入消泡添加剂。

⑤凝固点低,流动性好。为了保证能够在寒冷气候下正常工作,需要液压油的凝固点低于工作环境的最低温度,保证低温下流动性好,能够正常工作。

⑥闪点高。对于高温或有明火的工作场合,为满足防火、安全的要求,要求油的闪点要高。

⑦要求油液的质地纯净,杂质含量少。

16.3.2　液压油的选用

正确而合理地选用液压油是保证液压设备高效率正常运转的前提。通常可根据液压元件生产厂提供的样本和说明书所推荐的品种、号数来选用液压油。也可以根据液压系统的工作压力、工作温度、液压元件的种类及经济性等因素全面考虑。一般是先确定适用的黏度范围,再选择合适的液压油品种。同时还要考虑液压系统工作条件的特殊要求,如在寒冷地区工作的系统则要求油的黏度指数高、低温流动性好、凝固点低;伺服系统则要求油质纯、压缩性小;高压系统则要求油液抗磨性好。

在选用液压油时,黏度是一个重要的参数。黏度的高低将影响运动部件的润滑、缝隙的泄漏、流动时的压力损失、系统的发热温升等。所以,在环境温度较高、工作压力高或运动速度较低时,为减少泄漏,应选用黏度较高的液压油,否则相反。

在选用油的品种时,一般要求不高的液压系统可选用机械油、汽轮机油或普通液压油。对于要求较高或专用液压传动设备可选用各种专用液压油,如抗磨液压油、稠化液压油、低温液压油、航空液压油等,这些油都根据不同的需要加入了各种改善性能的添加剂而使其某方面的性能比较好。

总的来说,应尽量选用较好的液压油,这样做虽然初始成本要高些,但由于优质油使用寿命长,对元件损害小,所以从整体经济性来看要比选用劣质油好些。

16.3.3　液压油的污染与控制

液压油是否清洁,不仅影响液压系统的工作性能和液压元件的使用寿命,而且直接关系到液压系统能否正常工作。

液压系统的故障75%以上是由于液压油污染造成的,因此液压油的污染控制十分重要。液压油中的污染物,金属颗粒约占75%,尘埃约占15%,其他杂质如氧化物、纤维、树脂等约占10%。油液中的污染物越多(污染物的浓度越大),系统中元件的工作性能下降越快。为了使系统和元件保持一定的寿命,必须将液压油中污染物的颗粒尺寸及浓度控制在一定的数值之下。

1. 液压油污染的原因

液压油被污染的原因主要有以下几方面:

①系统使用前冲洗时未将液压系统管道及液压元件内的型砂、切屑、磨料、焊渣、锈片、灰尘等污垢冲洗干净,在液压系统工作时,这些污垢就进入到液压油中。

②在液压系统工作过程中,外界的灰尘、砂粒等通过往复伸缩的活塞杆和流回油箱的漏油等进入液压油里。另外在检修时,稍不注意也会使灰尘、棉绒等进入液压油中。

③液压系统本身不断产生的污垢也直接进入到液压油中(如金属和密封材料的磨损颗粒,过滤材料脱落的颗粒或纤维及油液因油温升高氧化变质而生成的胶状物等)。

液压油污染严重时,直接影响液压系统的工作性能,使液压系统经常发生故障,导致液压元件寿命缩短,造成这些危害的原因主要是污垢中的固体颗粒。这些固体颗粒进入到元件里,会使元件的滑动部分磨损加剧,并可能堵塞液压元件里的阻尼孔,或使阀芯卡死,从而造成液压系统的事故。进入液压油中的水分会腐蚀金属,使液压油变质、乳化等。

2. 液压油污染的控制

对液压系统和液压元件危害最大的是颗粒性污染。为了控制和减轻这种颗粒性污染,采取过滤的方法是净化液压油行之有效的方法之一。目前液压系统中主要是采用滤油器来滤掉液压油中的颗粒污染。

从对液压油的使用要求来说,是希望液压油中的污染颗粒越少越好,虽然用过滤的方法可以做到这一点,但是由于液压油不断地被污染,而且污染的速度又较快,所以滤油器的寿命也就很短,需要频繁更换滤芯,其成本和代价是昂贵的。为此用过滤的方法来控制液压油的颗粒污染时,并不要求液压油达到最纯净的程度,一般应采取以下措施。

①液压油中允许存在的固体颗粒的大小与液压装置中元件相对滑动表面间的间隙大小有关,滑动表面相对速度较小时,允许颗粒的大小应不大于间隙的 1/3,滑动表面相对速度较大时,则应不大于间隙的 2/3。如:柱塞泵与柱塞马达 20 μm;叶片泵与叶片马达、液压控制阀 30 μm;齿轮泵与齿轮马达、液压缸 50 μm。

②根据系统对液压油污染控制的要求,液压装置中应在适当的部位安置具有一定过滤精度和过滤能力的滤油器。工作中要经常检查这些滤油器,及时清洗或更换滤芯,使滤油器随时都处于正常工作状态。

③装配液压系统时,油箱、管道、接头等处要仔细清洗。一般管道在试装后,须全部拆开彻底清洗并去除毛刺一次,再正式拼装。管子要经过酸洗、中和和防锈处理。

④系统装好后,要对各支路进行循环冲洗,在回油管出口处临时安装一个过滤精度高、去污量大的滤油器,将排出的污物滤掉,清洗工作一直进行到滤油器不再堵塞时为止。

⑤液压装置中须加设防尘器,防止污物侵入。油箱的通气孔上要安装空气过滤器,注油口、放油口和盖板之间必须密封。

⑥加入到油箱的油液必须按照规定的要求进行过滤。

⑦系统中漏出的油液未经过滤不得返回油箱。

⑧发现油液污染严重时应查明原因,及时消除。

3. 污染度的测定和污染等级

液压油污染的程度可以通过测定它的污染度来判断。测定污染度的方法有:目测法、比色法、淤积指数法、称重法和颗粒计数法等。

目测法是用眼直接观察油液的污染程度。由于人的视力只能观察到 40 μm 大小的颗粒,因此这种方法判断的精度较低。

比色法是将一定体积的污垢油液试样用滤纸滤出来,再根据滤纸的颜色来判断油液的污染程度,用这种方法需要预先制定出比较的标准。

淤积指数法是根据油液中的污垢堵塞滤油器的程度来判断油液污染程度的方法。这种方法是使一定体积的油液试样在定压下通过一个细孔型的滤油器,随着滤油器逐渐被堵塞,油液的流速逐渐减慢,因此后面一部分试样通过滤油器的时间将增长,用前后两部分油液试样通过滤油器的时间的差值来表示油液的污染程度。

称重法是取一定质量的油液试样通过滤油器,用阻留在滤油器上的污垢的质量来表示油液污染的程度。

以上几种方法都比较简单,但是只能判断油液中的污垢数量的多少,而不能判断污垢颗粒的大小。因此用这些方法所测定的结果来表示液压油的污染程度是不完全和不十分确切的,因为在相同体积的油液中,当污垢的数量相同,但颗粒的尺寸不同时,对液压元件的影响是不同的。

颗粒计数法是通过测定油液中颗粒的大小和数目确定油液污染等级的方法。常用的颗粒计数法有显微镜法和自动计数法两种。显微镜法是用孔径为 4.5 μm 的微孔过滤薄膜从 100 mL 的油液试样中滤出污垢颗粒,然后放在显微镜下进行观察计数。这种方法能测出大于 5 μm 的颗粒,并可判断颗粒的种类,然后放在显微镜下进行观察计数。但操作费时,而且计数误差较大。自动计数法是用自动颗粒计数器测定油液中污垢颗粒的数目和尺寸。自动颗粒计数器有光电式、电气式、超声波式等多种型式。光电式自动颗粒计数器的工作原理是让油液在其流动过程中穿过一柱光束,颗粒掠过光束时使光敏元件发出电脉冲信号,信号的大小与颗粒尺寸成比例,脉冲次数等于掠过光束的颗粒数,把脉冲信号记录下来进行数据处理,就可以得出每毫升油液试样中各种尺寸的颗粒的含量。

在实际使用中,油液的污染程度可以用污染等级来定量地说明。

16.4 液压系统的设计与计算

液压系统的设计是整机设计的一部分,通常设计液压系统的步骤和内容大致如下:

(1)明确设计依据,进行工况分析;

(2)确定液压系统的主要性能参数;

(3)拟订液压系统图;

(4)计算和选择液压件;

(5)估算液压系统的性能,绘制工作图,编写技术文件。

16.4.1 液压系统设计步骤

1.明确设计依据,进行工况分析

(1)设计依据

设计开始时,首先根据液压系统要完成的任务进行调查研究,明确下列主要问题:

①机器总体布局和加工的工艺要求。明确机器哪些运动采用液压传动,用哪种液压执行元件及空间尺寸的限制。

②机器的工作循环(复杂的机器要给出动作周期表),液压执行元件的运动方式,运动速度,调速范围,工作行程等。

③液压执行元件的负载性质和变化范围以及精度、平稳性要求。

④机器各部件(电气、机械、液压)的动作顺序、转换和互锁要求等。

⑤其他要求,如工作环境、占地面积和经济性等。

(2)工况分析

经调查研究之后,就可以对液压执行元件进行工况分析,即动力分析(负载循环图)和运动分析(速度循环图)。有些简单的液压系统,可以不绘制上述两种图,但必须找出最大负载点、最大速度点和最大功率点。通过负载循环图和速度循环图可以清楚地看出液压执行元件的负载、速度和功率随时间变化的规律,它们是确定系统方案,选择泵、阀和电机功率的依据,同时便于在设计过程中检查、改进和完善液压系统。

2.初步确定液压系统参数

压力与流量是液压系统最主要的两个参数。当液压回路尚未确定时,其系统压力损失和泄漏都无法估算。这里所讲的确定系统主要参数,实际上是确定液压元件的主要参数。

3. 拟定液压系统图

拟定液压系统图是整个设计的重要步骤,它将以简图的形式全面、具体地体现设计任务中提出的动作要求和性能。这一步骤涉及的面很广,需要综合运用前面的知识,即要拟定一个比较完善的液压系统,必须对各种基本回路、典型液压系统有全面深入的了解。

4. 计算、选择或设计液压元件

对泵和阀类元件主要是通过计算来确定它们的两个主要参数(压力和流量)。这两个参数是选择泵、电机、阀及辅助元件的依据。选择元件时应尽量选用标准元件,在有特殊要求时才设计专用元件。

5. 液压系统的性能验算、绘制工作图和编写技术文件

性能验算包括系统压力损失验算和液压系统的发热与温升验算。

正式工作图一般包括正式的液压系统工作原理图、系统管路装配图和各种非标准液压元件的装配图和零件图。

正式的液压系统原理图就是对初步拟定的系统图经过反复修改完善,选定了液压元件之后所绘制的液压系统图。图中应列出明细、规格和调整值。对复杂系统应按各执行元件的动作程序绘制工作循环图和电气控制程序状态表。一般按停车状态画液压系统原理图。然后绘制系统的管路装配图(或管路布置示意图)。在管路装配图上应表示出各液压部件和元件在机器或工作地的位置和固定方式,油管的规格和分布位置,各种管接头的形式和规格等。

对于自行设计的非标准液压件(如液压缸、泵站等),必须画出部件装配图和专用零件图。

当绘制装配图时,应考虑安装、使用、调整和维修方便,管道应尽量短,其中弯头和接头应尽量少。

需要编写的技术文件一般应包括:设计任务书、计算书和使用维修说明书;零、部件目录表,标准件、通用件和外购件总表等。

应该指出,在实际设计过程中,根据所设计机器的用途和掌握的资料情况,上述有的可以省略,有的可以合并。同时,各设计步骤是相互联系、相互影响的。设计中往往是互相穿插、交叉进行的,有时还要经过多次反复才能完成。

16.4.2　液压系统设计与计算举例

(1)课题工况

一台卧式钻、镗组合机床的动力滑台,其工况要求如下:

①工作性能和动作循环。动力滑台用来加工材料为铸铁的箱形零件的孔系,要求孔的加工精度为二级,表面粗糙度为$\sqrt[16]{}$(精镗)或$\sqrt[32]{}$(粗镗)。工作循环为:"快进→工进→快退→原

位→停止"。

②动力参数和运动参数。轴向最大切削力为 12 kN,动力滑台自重为 20 kN,工作进给速度要求在 $0.33×10^{-3} \sim 20×10^{-3}$ m/s 范围内无级调节,快进和快退速度为 $v_1 = 0.1$ m/s。导轨形式为平导轨,静、动摩擦系数为 $f_s = 0.2, f_d = 0.1$。往返运动的加速、减速时间均为 0.2 s,快进行程 $L_1 = 0.1$ m,工进行程 $L_2 = 0.1$ m。

③自动化程度要求为采用液压与电气配合,实现工作自动循环。

根据上述工况要求和动力滑台的结构安排,应采用液压缸为执行元件,由液压缸筒与滑台固结完成工作循环,活塞杆固定在床身上。由于要求快进与快退的速度相等,为减少液压泵的供油量,决定采用差动型液压缸,取液压缸前、后腔的有效工作面积比为 2∶1,活塞杆较粗,结构上可允许油管通过。进、出油管穿过活塞杆,直接使用硬管与液压装置或液压泵连接。这样就避免了由于较长软管的弹性变形引启动力滑台在转换中产生"前冲"、"后坐"现象。使液压缸无杆腔为高压工作腔,能得到较大的输出动力和较低的稳定工作速度,以满足精加工的要求。

(2)设计要求

①确定执行元件(液压缸)的主要结构尺寸 D, d;

②绘制正式液压系统图;

③选择各类元件及辅件的形式和规格;

④确定系统的主要参数;

⑤进行必要的性能估算(系统发热计算和效率计算)。

1.确定液压缸的结构尺寸及工况图

(1)计算外负载

动力滑台受力情况如图 16.63 所示。当机床上的液压缸做直线往复运动时,液压缸必须克服的外负载 F 为

$$F = F_t + F_f + F_m + F_g + F_b \qquad (16.4)$$

式中,F_t 为工作负载;F_f 为摩擦负载;F_m 为惯性负载;F_g 为重力负载;F_b 为背压阻力。

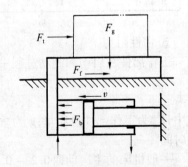

图16.63 动力滑台受力分析简图

① 工作负载

工作负载与机床的工作性质有关,它可能是定值,也可能是变值。一般工作负载是时间的函数,即 $F_t = f(t)$,需根据具体情况分析决定。如机床进给系统,其工作负载就是沿进给方向的切削分力,若负载方向与进给方向相反,如钻、镗、扩、攻丝时沿进给方向的切削力(也称切削阻力)称正值负载。负载方向与进给方向相同,如顺铣的切削阻力称负值负载。切削阻力值的大小由实验测出或按切削力公式估算。

本例切削阻力为已知,即

$$F_t/kN = 12$$

② 摩擦阻力

液压缸驱动工作部件工作时要克服机床导轨处的摩擦阻力,它与导轨形状、安放位置及工作台的运动状态有关。

图 16.64 所示为机床上常见的两种导轨形式,其摩擦阻力的估算公式如下:

平导轨 　　　　$F_f = f(F_g + F_n)$ 　　　　　　(16.5)

V 形导轨 　　　$F_f = f\dfrac{F_g + F_n}{\sin\left(\dfrac{\alpha}{2}\right)}$ 　　　　　(16.6)

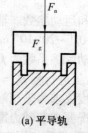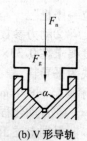

(a) 平导轨　　　　　(b) V 形导轨

图 16.64　导轨形式

式中,F_g 为移动部件的重力;F_n 为切削力垂直于导轨上的正压力;α 为 V 形导轨的夹角;f 为导轨摩擦系数。

启动时按静摩擦系数 f_s 计算,其余按动摩擦系数 f_d 计算,参见表 16.4。

静摩擦阻力 　　　　$F_{fs}/N = f_s F_g = 0.2 \times 20\ 000 = 4\ 000$

动摩擦阻力 　　　　$F_{fd}/N = f_d F_g = 0.1 \times 20\ 000 = 2\ 000$

表 16.4　导轨摩擦系数

导轨种类	导轨材料	工作状态	摩擦系数
滑动导轨	铸铁对铸铁	启动时 低速($v < 0.16$ m/s) 时 高速($v > 0.16$ m/s) 时 润滑良好时	$f_s = 0.15 \sim 0.20$ $f_d = 0.10 \sim 0.12$ $f_d = 0.05 \sim 0.08$
滚动导轨	铸铁导轨对滚柱(珠)	启动或运动时	$f_s = f_d = 0.02 \sim 0.05$
静压导轨	铸铁对铸铁	启动或运动时	$f_s = f_d = 0.005$

③ 惯性阻力

工作部件在启动和制动过程中产生的惯性力可按牛顿第二定律求出,即

$$F_m = ma = \frac{F_g \Delta v}{g \Delta t}$$

式中,F_g 为工作部件总质量;g 为重力加速度;Δv 为加(减)速时速度的变化量;Δt 为启动或制动时间。

一般机床的主运动取 0.2 ~ 0.5 s、进给运动取 0.1 ~ 0.5 s、磨床取 0.01 ~ 0.05 s,工作部件较轻或运动速度较低时取小值。

本例惯性阻力包括以下两部分:

a. 动力滑台快速运动时的惯性阻力 F_m。动力滑台启动加速、反向启动加速和快退减速制动的加速度相等,$\Delta v = 0.1$ m/s,$\Delta t = 0.2$ s,故惯性阻力为

$$F_m/N = \frac{F_g}{g}\frac{\Delta v}{\Delta t} = \frac{20\ 000}{9.8} \times \frac{0.1}{0.2} \approx 1\ 020$$

b. 动力滑台工进时的惯性阻力 F_m。动力滑台由工进转换到制动是减速,取 $\Delta v = 20 \times 10^{-3} \text{m/s}, \Delta t = 0.2 \text{ s}$,故惯性阻力为

$$F'_m/\text{N} = \frac{F_g}{g} \frac{\Delta v}{\Delta t} = \frac{20\ 000}{9.8} \times \frac{20 \times 10^{-3}}{0.2} \approx 204$$

④ 重力阻力

当工作部件垂直运动或倾斜放置时,它的自重也是一种负载,向上运动时为正负载,向下运动时为负负载。当工作部件水平放置时,$F_g = 0$。本例由于动力滑台为卧式放置,所以负载中不考虑重力。

⑤ 密封阻力

以上为液压缸所克服的外负载。实际上,液压缸工作时还必须克服其内部密封装置产生的摩擦阻力 F_s,它包括活塞及活塞杆处的摩擦力,其值与密封装置的类型、液压缸的制造质量和油液工作压力有关。计算比较烦琐,详细计算查液压传动手册中的有关部分,一般将它计入液压缸的机械效率中,取液压缸机械效率 $\eta_m = 0.9$。

⑥ 背压阻力

液压缸还必须克服回油路上的阻力,称为背压阻力 F_b,其值为

$$F_b = p_b A \tag{16.7}$$

式中,A 为回油腔有效工作面积;p_b 为液压缸背压。

在系统方案、结构尚未确定之前,一般按经验数据估算一个数值,如进油节流调速时取 $p_b = 0.2 \sim 0.5$ MPa,回油路上有背压阀或调速阀时取 $p_b = 0.5 \sim 1.5$ MPa,对于闭式回路取 $p_b = 0.8 \sim 1.5$ MPa。

根据以上分析,各工况负载的计算公式及结果列于表 16.5,对于闭式回路本机床动力滑台所受负载也为液压缸所受负载。

表 16.5　液压缸在各动作阶段的负载计算

工况	计算公式	液压缸负载 F/N	液压缸推力($F/\eta_m = F/0.9$)/N
启动	$F = f_s F_g$	4 000	4 444
加速	$F = f_d F_g + F_m$	3 020	3 356
快进	$F = f_d F_g$	2 000	2 222
工进	$F = f_t + F_d F_g$	14 000	15 556
制动	$F = f_d F_g - F'_m$	1 796	1 996
快退	$F = f_d F_g$	2 000	2 222
制动	$F = f_d F_g - F_m$	980	1 089

注:取液压机械效率 $\eta_m = 0.9$。

(2)绘制负载图和速度图

根据已给的快进、快退、工进的行程和速度,结合表 16.5 中相应负载的数值,可绘制液压缸的 $F - l$ 与 $v - l$ 图,或近似计算快进、工进、快退的时间如下:

快进时间 t_1 为

$$t_1/\text{s} = \frac{l_1}{v_1} = \frac{100 \times 10^{-3}}{0.1} = 1$$

工进所需的最长时间 $t_{2\max}$ 为

$$t_{2\max}/\text{s} = \frac{l_2}{v_{2\min}} = \frac{100 \times 10^{-3}}{0.33 \times 10^{-3}} = 303$$

工进所需的最短时间 $t_{2\min}$ 为

$$t_{2\min}/\text{s} = \frac{l_2}{v_{2\max}} = \frac{100 \times 10^{-3}}{20 \times 10^{-3}} = 5$$

快退时间 t_3 为

$$t_3/\text{s} = \frac{l_3}{v_3} = \frac{200 \times 10^{-3}}{0.1} = 2$$

结合表 16.5 中相应负载的数值,可绘制 $F-t$ 和 $v-t$ 图,如图 16.65 所示。此图清楚地表明了液压缸在动作循环内负载的变化规律。图中最大负载值是初选液压缸工作压力和确定液压缸结构尺寸的依据。

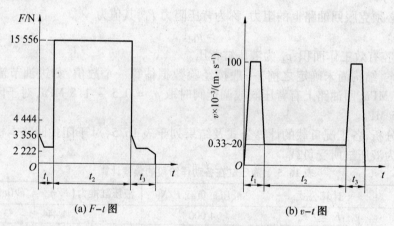

(a) $F-t$ 图　　　　　　　　　　(b) $v-t$ 图

图 16.65　液压缸负载图和速度图

(3) 确定液压缸尺寸

① 初选液压缸的工作压力

液压缸工作压力选择是否合理,直接影响到整个系统设计的合理性,确定时不能只考虑满足负载要求,应全面考虑液压装置的性能要求和经济性。如果液压缸的工作压力选得较高,则泵、缸、阀和管道尺寸可选得小些,这样结构较为紧凑、轻巧,加速时惯性负载也小,易于实现高速运动的要求。但工作压力太高,对系统的密封性能要求也相应提高了,制造较困难,同时缩短了液压装置的使用寿命。此外,高压会使构件弹性变形的影响增大,运动部件容易产生振动。

对于各类机床的液压系统,由于各自的特点和使用场合不同,其液压缸的工作压力也不相同,一般常用类比法,参考表 16.6 或 16.7 来选择。

表 16.6　按负载选择液压缸的工作压力

负载 F/kN	< 5	5 ~ 10	10 ~ 20	20 ~ 30	30 ~ 50	> 50
液压缸工作压力 p/MPa	< 0.8 ~ 1.0	1.5 ~ 2.0	2.5 ~ 3.0	3.0 ~ 4.0	4.0 ~ 5.0	≥ 5.0 ~ 7.0

表 16.7　按机床类型选择工作压力

机床类型	磨床	车、镗、铣床	珩磨机	组合机床	齿轮加工机床	拉床、龙门刨床
工作压力 p/MPa	≤ 2.0	2.0 ~ 4.0	2.0 ~ 5.0	3.0 ~ 5.0	< 6.3	> 10.0

由于液压技术的发展,当前国内外许多人认为,根据目前的材质情况和生产水平,取液压系统压力为 35 MPa 左右为最经济,并有资料论证低压系统的价格比高压系统的价格高 0.5 ~ 2 倍。关于组合机床液压系统的工作压力,一般为 3.0 ~ 5.0 MPa(参照表 16.7)。本例初选液压缸工作压力 $p_1 = 4.4$ MPa。

② 计算液压缸尺寸

a. 按最大负载初定液压缸的结构尺寸

因要求 $v_1 = v_3$,故选用单杆式液压缸,使 $A_1 = 2A_2 (d = 0.707D)$,且快进时液压缸差动连接。

因为是钻(镗)孔加工,为防止钻(镗)通孔时工作部件突然前冲,回油路中应有背压。取背压为 $p_\text{b} = p_2 = 0.6$ MPa。

快进时,液压缸差动连接,由于管路中有压力损失,所以这时液压缸有杆腔中的压力 p_2 必大于无杆腔中的压力 p_1。若估取这部分损失为 $\Delta p = 0.5$ MPa,则 $p_2 = p_1 + \Delta p + 0.5$ MPa。

快退时,油液从液压缸无杆腔流出是有阻力的,故也有背压。此时背压也按 0.5 MPa 估取。

b. 按液压缸最低运动速度验算其有效工作面积

有效工作面积取决于负载和速度两个因素。用负载和初选压力计算出来的有效工作面积还须按下式进行检验

$$A \geqslant \frac{Q_\text{min}}{v_\text{min}} \tag{16.8}$$

式中,v_min 为液压缸的最低工进速度;A 为液压缸的有效工进面积;Q_min 为液压缸的最小稳定流量。在节流阀调速系统中,Q_min 取决于调速阀或节流阀的最小稳定流量,其值可在产品样本性能表中查到。在容积调速系统中,液压缸的最小稳定流量取决于变量泵的最小稳定流量。

如果有效工作面积 A 不能满足式(16.8),则应适当加大液压缸直径。将确定的液压缸直径和活塞杆直径圆整化为规定的标准值(见表 16.8 和 16.9),以便采用标准的密封件和标准的工艺装备。

表 16.8　液压缸内径系列(GB 2348—80)　　　　　mm

8	10	12	16	20	25	32
40	50	63	80	(90)	100	(110)
125	(140)	160	(180)	200	(220)	250
320	400	500	630			

表 16.9　活塞杆外径系列(GB 2348—80)　　　　　mm

4	5	6	8	10	12	14	16
18	20	22	25	28	32	36	40
45	50	56	63	70	80	90	100
110	125	140	160	180	200	220	250
280	320	360	400				

本例由于取液压缸前、后腔有效面积之比为 2：1,因此液压缸无杆腔有效工作面积 A_1 为

$$A_1/\mathrm{m}^2 = \frac{F_0}{\left(p_1 - \dfrac{1}{2}p_2\right)} = \frac{15\,556}{\left(4.4 - \dfrac{0.6}{2}\right) \times 10^6} = 37.94 \times 10^{-4}$$

取

$$A_1/\mathrm{m}^2 \approx 38 \times 10^{-4}$$

故液压缸内径 D 为

$$D/\mathrm{m} = \sqrt{\frac{4A_1}{\pi}} = \sqrt{\frac{4 \times 38 \times 10^{-4}}{\pi}} \approx 6.95 \times 10^{-2}$$

按表 16.8 取标准值为

$$D/\mathrm{m} = 8 \times 10^{-2}(标准直径)$$

活塞杆直径 d

$$d/\mathrm{m} = 0.5D = 4 \times 10^{-2}(标准直径)$$

液压缸尺寸取标准值后的有效工作面积为

无杆腔　　$$A_1/\mathrm{m}^2 = \frac{\pi D^2}{4} = \frac{3.14 \times (7 \times 10^{-2})^2}{4} \approx 38.5 \times 10^{-4}$$

有杆腔　$$A_2/\mathrm{m}^2 = \frac{\pi}{4}(D^2 - d^2) = \frac{3.14}{4}(7^2 - 5^2) \times 10^{-4} \approx 18.8 \times 10^{-4}$$

活塞杆　　　　$$A_3/\mathrm{m}^2 = A_1 - A_2 = 19.7 \times 10^{-4}$$

③计算液压缸在工作循环中各阶段所需的压力、流量和功率可由表 16.10 查得。

表 16.10 各工况所需的压力、流量和功率

工 况		计算公式	F_0/kN	液压缸			
				回油腔压力 p_2/MPa	进油腔压力 p_1/MPa	输入流量 Q/(L·min^{-1})	输入功率 /kW
快进	启动	$p_1 = \dfrac{F_0}{A_3} + \Delta p_2$	4.444	$\Delta p_2 = 0$	2.26	0	0.326
	加速	$Q = A_3 v_1$	3.356	$\Delta p_2 = 0.5$	2.2	0	
	恒速	$N = p_1 Q$	2.222	$\Delta p_2 = 0.5$	1.63	12	
工 进		$p_1 = \dfrac{F_0}{A_1} + \dfrac{p_2}{2}$ $Q = A_1 v_2$ $N = p_1 Q$	15.556	0.6	4.34	4.62	0.334
快退	启动	$p_1 = \dfrac{F_0}{A_2} + 2p_2$	4.444	$p_2 = 0$	2.36	0	0.410
	加速		3.356		2.78	0	
	恒速	$Q = A_2 v_1$	2.222		2.18	11.4	
	制动	$N = p_1 Q$	1.089	0.5	1.58		

注：① 工进时取最大速度 $v_2 = 20 \times 10^{-3}$ m/s；

② F_0 为液压缸的推力(见表 15.12)。

④ 绘制液压缸的工况图

根据表 16.10 即可绘制液压缸的流量图、压力图和功率图,如图 16.66 所示。工况图的作用有以下几点。

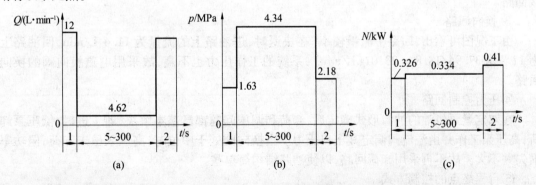

图 16.66 液压缸工况图

a. 通过工况图找出最大压力点、最大流量点和最大功率点,分析各工作阶段中压力、流量变化的规律,作为选择液压泵和控制阀的依据。

b. 验算各工作阶段所确定的参数的合理性。例如,当功率图上各阶段的功率相差太大时,可在工艺情况允许的条件下,调整有关阶段的速度,以减小系统需用的功率。当系统有多个液压缸工作时应把各液压缸的功率图按循环要求叠加后进行分析,若最大功率点互相重合,功率分布很不均衡,则同样应在工艺条件允许的情况下,适当调整参数,避开或削减功率峰值,增加功率利用的合理性,以提高系统的效率。

c.通过对工况图的分析,可以合理地选择系统的主要回路、油源形式和油路循环形式等。如果在一个循环内流量变化很大,则不适宜采用单定量泵,也不宜采用蓄能器,而适宜采用"大小泵"的双泵供油回路或限压式变量泵的供油回路。

以上分析、计算和调整,有利于拟定出较为合理、完善的液压系统方案。

2. 拟订液压回路

(1) 选择液压回路

① 调速回路及油源形式

由工况图 16.66 知,该机床液压系统功率小(小于 1 kW),速度较低;钻镗加工为连续切削,切削力变化小。故采用节流调速回路(开式回路)。为增加运动的平稳性,防止工件钻通时工件部件突然前冲,采用调速阀的出口节流调速回路。

由工况图还可看出,该系统由低压大流量和高压小流量两个阶段组成,其最大流量与最小流量之比为 $Q_{max}/Q_{min} = 12/4.62 = 2.9$;而相应的时间之比为 $t_{工}/t_{快} = (5 \sim 300)/3 = 1.7 \sim 100$,若按平均值考虑,上述比值仍很大。故为了节约能源,采用双定量泵供油。

② 快速回路及速度换接回路

因系统要求快进快退速度相等,故快进时采用液压缸差动连接的方式,以保证快进快退时的速度基本相等。

由于快进、工进之间的速度差较大,为减少速度换接时的液压冲击,采用行程阀控制的换接回路。

③ 换向回路

由工况图可看出,回路中流量较小(在快退时,进油路上的流量为 11.4 L/min,回油路上为 $11.4 \times 37.94/18.8 = 23.01(L/min)$),系统的工作压力也不高,故采用电磁换向阀的换向回路。

④ 压力控制回路

在双定量泵供油的油源形式确定后,卸荷和调压问题都已基本解决,即工进时,低压泵卸荷,高压泵工作并由溢流阀调定其出口压力。当换向阀处于中位时,高压泵虽未卸荷,但功率损失并不大。故不再采用卸荷回路,以使油路结构简单些。

⑤ 行程终点的控制方式

这台机床用于钻孔(通孔与不通孔)和镗孔加工,因此要求位置定位精度较高。另外,对于镗孔加工,为保证"清根"(使刀具在工进结束、但尚未退回之前,有个暂短停留——原地回转),在行程终点采用死挡铁停留的控制方式(即滑台碰上死挡铁后,系统压力升高,由压力继电器发出信号,操纵电磁铁动作,使电磁换向阀切换)。

上述选择的液压回路如图 16.67 所示。

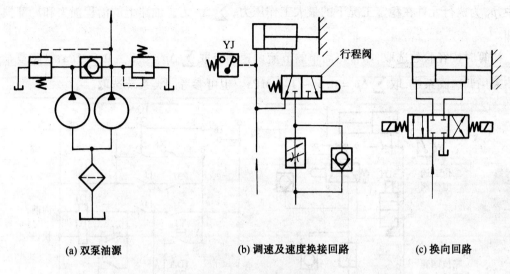

(a) 双泵油源   (b) 调速及速度换接回路   (c) 换向回路

图 16.67 液压回路图

（2）组成液压系统图

由图 16.67 所示的液压回路图组成液压系统图,如图 16.68(a)所示。和图 16.67 相比,系统图中增添了单向阀、二位二通电磁阀。这是因为若没有这两个阀,液压缸便不能自动退回原位,即在快退过程中,当液压缸移至快进与工进的换接处时,行程阀 8 将恢复常位(左位),这时液压泵的来油将阀的左位截止(当无单向阀时)或经单向阀、行程阀左位、三位四通电磁阀右位直接流回油箱(当有单向阀但在通道 a,b 上无二位二通电磁阀时)。

图 16.68(b)为液压系统的控制电路图。滑台在原位时,行程开关 1XK 被挡铁压动,其动合触点闭合,动断触点断开;当将旋钮开关 1K 放在"2"位置时,按动按钮 1QA,滑台可点动向前调整;若滑台不在原位,按动 1DA,滑台可点动后退,直至原位。图 16.68(c)为电磁铁动作顺序表。图 16.68(d)为液压系统的动作循环。

3. 计算和选择液压元件

（1）确定液压泵的规格和电机功率

① 液压泵工作压力的计算

a. 确定小流量泵的工作压力 p_{p1}

液压泵的最大工作压力与执行元件的工作性质有关。若执行元件在工作行程终点运动停止时才需要最大压力,如液压机的压制、成形、校准,机床的定位夹紧等,液压泵的最大工作压力等于执行元件的最大工作压力。

执行元件运动过程中需要的最大压力(如铣床和组合机床等液压缸的工作压力) 为

$$p_p = p_1 + \sum \Delta p \qquad (16.9)$$

式中,p_1 为执行元件在稳定工况下的最大工作压力;$\sum \Delta p$ 为进油路上的沿程损失和局部损失之和。

初算时按经验数选取,如管路简单的节流调速系统取 $\sum \Delta p = 0.2 \sim 0.5$ MPa;管路复杂进油路采用调速阀系统,取 $\sum \Delta p = 0.5 \sim 1.5$ MPa。也可参考同类系统选取。

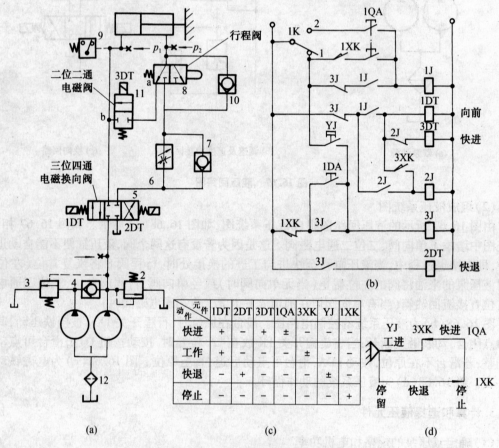

图16.68　　液压系统及其控制电路图

由图 16.66 和表 16.10 可知,液压缸在整个工作循环中最大工作压力为 4.34 MPa。本系统采用调速阀进油节流调速,选取进油管路压力损失为 0.8 MPa。由于采用了压力继电器,溢流阀的调整压力一般比系统最大压力大 0.5 MPa,故泵最大工作压力为

$$p_{p1}/\text{MPa} = 4.34 + 0.8 + 0.5 = 5.64$$

这是小流量泵的最大工作压力(稳态)即溢流阀的调整工作压力。

b. 确定大流量泵工作压力 p_{p2}

前面计算的液压泵压力 p_{p1} 是系统的稳态压力。系统工作时还存在动态超调压力,其值总

是超过稳态压力。所以选择液压泵规格时,其公称压力应比计算的最大压力高25% ~ 60%,液压泵的公称工作压力 p_n 为

$$p_n/\text{MPa} = 1.25p_{p1} = 1.25 \times 5.64 \approx 7$$

大流量泵只在快速时向液压缸输油,由图16.66(b)可知,液压缸快退时的工作压力比快进时大,这时压力油不通过调速阀,进油路比较简单,但流经管道和阀的油量较大,取进油路压力损失为0.5 MPa,故快退时,泵的最大工作压力为

$$p_{p2}/\text{MPa} = 2.18 + 0.5 = 2.68$$

这是大流量泵的最大工作压力。

② 确定液压泵的流量

单液压泵为多个同时工作的执行元件提供流量时,泵的流量 Q_p 要大于执行元件所需最大流量的总和,并考虑系统泄漏和液压泵磨损后容积效率下降等因素,即

$$Q_p \geq K(\sum Q)_{\max} \tag{16.10}$$

式中,K 为考虑系统泄漏的修正系数,一般取 $K = 1.1 \sim 1.3$,大流量取小值,小流量取大值;$(\sum Q)_{\max}$ 为多个执行元件同时工作时系统所需最大流量。

对于工作过程中采用节流调速的系统,确定液压泵的流量时,还需要加溢流阀稳定工作所需的最小溢流量 $Q_{\min}$,即

$$Q_p \geq K(\sum Q)_{\max} + Q_{\min} \tag{16.11}$$

采用差动连接液压缸时,液压泵流量为

$$Q_p \geq K(A_1 - A_2)v_{\max} \tag{16.12}$$

式中,A_1,A_2 分别为液压缸无杆腔和有杆腔的有效工作面积;$v_{\max}$ 为活塞或液压缸的最大移动速度。

当系统采用蓄能器储存压力油时,液压泵的流量按系统在一个周期中的平均流量选择

$$Q_p \geq K\sum_{i=1}^{n} \frac{V_i}{T} \tag{16.13}$$

式中,T 为主机工作周期;V_i 为各执行元件在工作周期内总的耗油量;n 为执行元件的个数。

泵的公称流量与系统计算的 Q_p 相当。

由图16.66(a)可知,最大流量在快进时,其值为12 L/min。按式(16.10)计算液压泵的最大流量,取 $K = 1.15$,得

$$Q_p/(\text{L} \cdot \text{min}^{-1}) = 1.15 \times 12 = 13.8$$

工进时的流量最小,其值为4.62 L/min,为保证工进时系统压力较稳定,应考虑溢流阀有一定的最小溢流量,取值为1 L/min,故小流量泵应取5.62 L/min。

根据以上计算数值,选用公称流量分别为9 L/min和6 L/min、公称压力为7 MPa的双联叶片泵。

③ 确定电动机功率

在工作循环中,当泵的压力和功率比较恒定时,驱动泵的电机功率 N_p 为

$$N_p = \frac{p_p Q_p}{\eta_p} \qquad (16.14)$$

式中，p_p 为液压泵的最大工作压力；Q_p 为液压泵的流量；η_p 为液压泵的总效率。

各种泵在公称压力下的总效率可参考表 16.11。液压泵规格大时取大值，小时取小值。

表 16.11   各种泵在公称压力下的总效率

液压泵名称	齿轮泵	螺杆泵	叶片泵	径向柱塞泵	轴向柱塞泵
总效率 η_p	0.65 ~ 0.8	0.7 ~ 0.85	0.75 ~ 0.9	0.8 ~ 0.92	0.85 ~ 0.95

由图 16.66(c) 可知，最大功率出现在快退阶段，按式(16.14) $N_p = \dfrac{p_{p2} \times Q_p}{\eta_p}$ 计算出电机所需功率。前已算出 $p_{p2} = 2.68$ MPa，$Q_p = 15$ L/min，取 $\eta_p = 0.75$。

$$N_p/\mathrm{kW} = \frac{2.68 \times 15}{60 \times 0.75} = 0.893$$

根据快退阶段所需的功率 0.893 kW 及双联叶片泵要求的转速，选用功率为 1.1 kW 的标准型号电机。

(2) 元件、辅件的选择

① 阀的选择依据

主要根据系统要求该阀的最大工作压力和通过该阀的实际流量来选择，其他还需考虑阀的动作方式、安装固定方式、压力损失数值、工作性能参数和工作寿命等条件来选择标准阀类的规格。

② 选择控制阀应注意以下几个问题

a. 应尽量选择标准定型产品，要求非标准元件尽量少，不得已时，才自行设计制造专用阀或其他液压元件。

b. 选择溢流阀时，按泵的最大流量选取，使泵的全部流量能回油箱。选择节流阀和调速阀时，要考虑其最小稳定流量能满足机床执行机构低速性能的要求。

c. 一般选择控制阀的公称流量比管路系统实际通过的流量大一些。必要时允许通过阀的流量超过公称流量的 20%。

d. 应注意差动液压缸由于面积差形成的不同回油量对控制阀的影响。

关于滤油器、蓄能器等辅助元件的选择可参见有关手册的辅助元件部分。

图 16.68 液压元件的选择及数据规格见表 16.12。

表 16.12 液压元件一览表

序号	液压件名称	通过的最大实际流量/(L·min⁻¹)	型　号	规　格	接口尺寸	数量
1	双联叶片泵		YB – 10/12	(10/12) L/min 6.3 MPa		
2	溢流阀	10	Y – 25B	25 L/min 6.3 MPa	φ12	1
3	顺序阀	12	XY – 25B	25 L/min 6.3 MPa	φ12	1
4	单向阀	12	1 – 25B	25 L/min 6.3 MPa	φ12	1
5	三位四通电磁换向阀	22	34D – 63B	63 L/min 6.3 MPa	φ18	1
6	调速阀	3.4	Q – 25B	25 L/min 6.3 MPa	φ12	1
7、10	单向阀	22	1 – 25B	25 L/min 6.3 MPa	φ12	2
8	二位三通机动换向阀（行程阀）	22	23C – 25B	25 L/min 6.3 MPa	φ12	1
9	压力继电器	/	DP₁ – 63B	调压范围 1 ~ 6.3 MPa	φ11	1
11	二位二通电磁阀	22	22D – 25B	25 L/min 6.3 MPa	φ12	1
12	滤油器	22	XU – 40 × 100	40 L/min 100 μm		1
13	压力表开关	/	K – 6B	6.3 MPa	φ4	1

选择液压件时,在满足要求的条件下,应尽量选得使各元件的接口尺寸相一致,以使管道的选择和安装方便。

（3）确定管道尺寸

油管尺寸一般可根据选定元件的接口尺寸来确定。如需要计算,则先按通过管路的最大流量和管内允许的流速选择油管内径,然后按工作压力确定油管的壁厚或外径。

当通过管路的油液流量 Q 一定时,油管内径 d 取决于管中油流的平均流速 v,即

$$d = \sqrt{\frac{4Q}{\pi v}} \qquad (16.15)$$

式中,Q 为通过油管的最大流量;v 为管内允许流速,其值按表 16.13 选取。

由于本系统的液压缸差动连接时,油管内通油量较大,其实际流量 $Q \approx 0.5 \times 10^{-3} \text{m/s}$,取允许流速 $v = 5 \text{ m/s}$,因此主压力油管 d 用式(16.15) 计算,即

$$d/\text{m} = \sqrt{\frac{4Q}{\pi v}} = 1.13\sqrt{\frac{Q}{v}} = 1.13\sqrt{\frac{0.5 \times 10^{-3}}{5}} = 11.3 \times 10^{-3}$$

圆整后取 $d = 12$ mm。

表 16.13　允许流速推荐值

油液流经的管路	允许流速/(m·s⁻¹)	油液流经的管路	允许流速/(m·s⁻¹)
装有过滤器的吸油管	0.5 ~ 1.5	5 MPa	4
无过滤器的吸油管	1.5 ~ 3	10 MPa	5
回油管	2 ~ 3	> 15 MPa	7
压油管	2.5 ~ 5	短管及局部收缩处	4.5 ~ 10
2.5 MPa	3		

油管壁厚 δ 一般不需计算,根据选用的管材和管内径查《液压传动手册》的有关表格得到。

本例选用 14 mm × 12 mm,无缝钢管。

(4) 确定油箱容积 V

中压系统油箱的容积一般取液压泵公称流量 Q_n 的 5 ~ 7 倍,故本例取

$$V/\text{L} = 7Q_n = 7 \times 15 = 105$$

4. 液压系统主要性能的估算

(1) 液压缸的速度

在液压系统各个组成元件确定后,液压缸在实际快进、工进和快退时的输入、排出流量和移动速度,已与题目原来所要求的数值不尽相同,故需重新估算。估算结果列入表 16.14 中。

表 16.14　液压缸输入流量和移动速度的重新估算值

工序	输入流量/(L·min⁻¹)	排出流量/(L·min⁻¹)	移动速度/(m·min⁻¹)
快进(差动)	$Q_1 = Q_p + Q_2 =$ $Q_p + \dfrac{Q_p}{A_1 - A_2} \cdot A_2 =$ $15 + \dfrac{15 \times 18.8}{38.5 - 18.8} =$ 29.315	$Q_2 = Q_1 - Q_p =$ $29.315 - 15 =$ 14.315	$v_1 = \dfrac{Q_p}{A_1 - A_2} =$ $\dfrac{15 \times 10^{-3}}{(38.5 - 18.8) \times 10^{-4}} =$ 7.6
工进	$Q_1 = 4.62$	$Q_2 = \dfrac{A_2}{A_1} Q_1 =$ $\dfrac{18.8}{38.5} \times 4.62 =$ 2.256	$v_2 = \dfrac{Q_1}{A_1} = 0.586$
快退	$Q_1 = Q_p = 15$	$Q_2 = \dfrac{A_1}{A_2} Q_1 =$ $\dfrac{38.8}{18.8} \times 15 =$ 30.72	$v_3 = \dfrac{Q_1}{A_2} =$ $\dfrac{15 \times 10^{-3}}{18.8 \times 10^{-4}} =$ 7.979

注:已知:$Q_p = 15$ L/min;$A_1 = 38.5 \times 10^{-4}$ m²;$A_2 = 18.8 \times 10^{-4}$ m²。

（2）液压回路中的压力损失

液压回路中总的压力损失 $\sum \Delta p$ 包括管道内总的沿程损失 $\sum \Delta p_t$、局部损失 $\sum \Delta p_\xi$ 以及所有阀类元件的局部损失 $\sum \Delta p_V$ 三项。即

$$\sum \Delta p = \sum \Delta p_t + \sum \Delta p_\xi + \sum \Delta p_V \tag{16.16}$$

① 沿程压力损失 Δp_t

一般只对长管道按下式对 Δp_t 值进行计算

$$\Delta p_t \approx 4.3 \times 10^{12} \frac{\nu l Q}{d^4} \tag{16.17}$$

式中,Δp_t 为油管的沿程压力损失,Pa;ν 为油的运动黏度,cm²/s;Q 为通过流量,m³/s;l 为油管长度,m;d 为油管内径,mm。

已知:进油管、回油管长均为 $l = 1.5$ m,油管内径 $d = 12 \times 10^{-3}$ m。通过流量 $Q = 0.077 \times 10^{-3}$ m³/s,考虑最低工作温度为 15 ℃,$\nu = 1.5$ cm²/s。

根据流体力学有关公式,经单位换算为

$$R_e = \frac{v d}{\nu} \times 10^4 = \frac{1.273 \, 2Q}{d\nu} \times 10^4$$

式中,v 为平均流速,m/s;d 为油管内径,m;ν 为油的运动黏度,cm²/s;Q 为通过流量,m³/s。

$$R_e = \frac{1.273 \times 0.2 \times 10^{-3}}{12 \times 10^{-3} \times 1.5} \times 10^{-4} \approx 141.4 < 2320$$

快进时进油管中的流态为层流,工进及快退的流量都小于快进流量,故均为层流。

按式(16.17)分别算出工况时进、回油压力损失,然后相加得到总沿程压力损失。

a. 进油回路上压力损失

$$\Delta p_{t1}/\text{MPa} = 4.3 \times 10^{12} \times \frac{\nu l Q}{d^4} = 4.3 \times 10^{12} \times \frac{1.5 \times 1.5 \times 0.077 \times 10^{-3}}{12^4} \approx 0.04$$

b. 在回油路上(其流量 $Q = 0.0385 \times 10^{-3} \text{m}^3/\text{s}$,差动液压缸 $A_1 \approx 2A_2$)压力损失

$$\Delta p_{t2}/\text{MPa} = 4.3 \times 10^{12} \times \frac{\nu l Q}{d^4} = 4.3 \times 10^{12} \times \frac{1.5 \times 1.5 \times 0.0385 \times 10^{-3}}{12^4} \approx 0.02$$

由于是差动液压缸,$A_1 \approx 2A_2$,故回油路的压力损失只有一半折合到进油腔。所以工进时总的沿程压力损失为

$$\sum \Delta p_t/\text{MPa} = 0.04 + 0.5 \times 0.02 = 0.05$$

② 局部压力损失 ΔP_ξ

进油管局部损失 Δp_ξ 值,可按下式估算

$$\Delta p_\xi = (0.05 \sim 0.15)\Delta p_t \qquad (16.18)$$
$$\Delta p_{\xi 1}/\text{MPa} = 0.1\Delta p_{t1} = 0.005$$

③ 阀类元件局部压力损失

当通过阀类元件的实际流量 Q_V 不是其额定流量 Q_{Vn} 时,它的实际压力损失 Δp_V 与其额定压力损失 Δp_{Vn} 之间有如下换算关系

$$\Delta p_V = \Delta p_{Vn}(Q_V/Q_{Vn})^2 \qquad (16.19)$$

系统中有关元件的额定压力损失见表16.15。

表16.15　液压件在额定流量下的额定压力损失

压力损失　＼　元件	34D－63B	22D－25B	23C－25B	1－25B	Q－25B	XY－25B
$\Delta p_{Vn}/\text{MPa}$	0.4	0.2	0.15	0.2	0.5	0.3

进油路上,油液只经过一个三位四通电磁换向阀,由式(16.19)参照表16.13,16.10,该阀上的局部损失为

$$\Delta p_V/\text{MPa} = \Delta p_{Vn}\left(\frac{Q_V}{Q_{Vn}}\right)^2 = 4 \times 10^5 \times \left(\frac{22}{63}\right)^2 = 0.05$$

回油路上,回油经过二位三通行程阀和调速阀,局部压力损失为

$$\sum \Delta P_V/\text{MPa} = \Delta P_{V8} + \Delta P_{V6} = \frac{0.15}{2} \times \left(\frac{22}{25}\right)^2 + \frac{0.5}{2}\left(\frac{3.4}{25}\right)^2 = 0.064$$

工进时阀类局部压力损失为

$$\sum \Delta p_V/\text{MPa} = 0.05 + 0.064 = 0.114$$

所以工进时压力损失为

$$\sum \Delta p/\text{MPa} = 0.05 + 0.005 + 0.114 = 0.169$$

这个数值加上液压缸的工作压力(由外负载决定的压力)和压力继电器要求系统调高的压力(取其值为 0.5 MPa),可作为溢流阀调整压力的参考数据。其压力调整值 p 为

$$p = \sum \Delta p + p_1 + 0.5 \text{ MPa}$$

式中,p_1 为液压缸工进时克服外负载所需的压力

$$p_1/\text{MPa} = F_0/A_1 = \frac{15\,556}{38.5 \times 10^{-4}} = 4.04$$

所以

$$p/\text{MPa} = 4.04 + 0.169 + 0.5 = 4.709$$

这个值比估算的溢流阀调整压力值 5.64 MPa 小。因此,主油路上的元件和油管直径均可不变。

用同样的方法,参照表 16.10,16.13,按公式(16.17),(16.15),(16.16)算出快进及快退的进、回油路的压力损失。

应该指出,本系统液压缸快退时,由于流量大和液压缸前后腔压力折算的影响,此时管路系统总的压力损失比工进时要大。若工进时外负载较小,则其溢流阀的调整压力就可能要按快退时所需压力调定。

(3)液压系统发热与温升的验算

由绘制图 16.66(液压缸负载和速度图)知快进、工进、快退所占用的时间分别为 1 s,5 ~ 303 s,2 s。故温升应按工进工况验算。

① 液压泵的输入功率

工进时小流量泵的压力 $p_{p1} = 5.64$ MPa,流量 $Q_{p1} = 0.1 \times 10^{-3} \text{m}^3/\text{s}$,小流量泵功率为

$$N_1/\text{W} = \frac{p_{p1}Q_{p1}}{\eta_p} = \frac{5.64 \times 10^6 \times 0.1 \times 10^{-3}}{0.75} = 752$$

式中,η_p 为液压泵的总效率。

工进时大流量泵卸荷,顺序阀的压力损失 $p = 0.15$ MPa,即大流量泵的工作压力 $p_{p2} = 0.15$ MPa,流量 $Q_{p2} = 0.15 \times 10^{-3} \text{m}^3/\text{s}$,大流量泵功率 N_2 为

$$N_2/\text{W} = \frac{p_{p2}Q_{p2}}{\eta_p} = \frac{1.5 \times 0.15 \times 10^2}{0.75} = 30$$

故双联泵的合计输入功率 N_i 为

$$N_i/\text{W} = N_1 + N_2 = 752 + 30 = 782$$

② 有效功率

工进时,液压缸的负载 $F = 14\,000$ N(见表 16.5),取工进速度 $v = 1.67 \times 10^{-3} \text{m/s}$,输出功率 N_0 为

$$N_0/\text{W} = Fv = 14\,000 \times 0.00\,167 \approx 23.4$$

③ 系统总发热功率 N_η 为

$$N_\eta/\text{W} = N_i - N_0 \approx 759$$

④ 散热面积

油箱容积 V 为　　　　　　　　$V/\mathrm{m}^3 = 105\ \mathrm{L} = 105 \times 10^{-3}$

油箱近似散热面积 A 为

$$A/\mathrm{m}^2 = 6.66\sqrt[3]{V^2} = 0.067\sqrt[3]{105^2} = 1.49$$

⑤ 油液温升 ΔT

假定采用风冷，取油箱的散热系数 $C_r = 23\ \mathrm{W \cdot m^{-2} \cdot {}^{\circ}C^{-1}}$，可得油液温升为

$$\Delta T/{}^{\circ}\mathrm{C} = \frac{N_h}{\sum C_r A} = \frac{759}{23 \times 1.49} \approx 22.1$$

5. 绘制工作图，编写技术文件

（1）绘制工作图

工作图包括以下几种：

① 液压系统图

液压系统经验算后，对系统方案进行修改，绘制出正式的液压系统图。图上应注明各种元件的规格、型号以及压力的调整值，画出执行元件完成的工作循环图，列出相应电磁铁和压力继电器的动作顺序表，供系统调试用。

② 元件的配置图

液压控制阀通常采用连接板或块（集成块）将它们组合在一起，分别称为液压元件的板式配置和集成块式配置（见图16.69）。集成块的形状为正方形或长方形的六面体，其上下二面为块与块之间的连接面，四周除一面安装管接头通向执行元件外，其余三面都供连接、固定标准元件之用。在集成块内钻有与液压系统图相对应的孔道，将固定在集成块上的相应元件连通起来（见图16.69）。液压件厂生产能完成各种功能的集成块，设计者只需选用并绘制集成块组合装配图。如没有合适的集成块可供选用，则需专门设计。

③ 泵站装配图

泵及拖动电动机、油箱等组合在一起，构成独立液压源，称为泵站，泵站有标准化产品供选用，但大、中型泵站常需个别设计，需绘出其装配图和零件图。有时集成块也安装在泵站上。

④ 液压缸和其他专用件的装配图和零件图

⑤ 管路装配图

管路装配图可为示意图，也可为实际结构图。一般只绘制示意图说明管道走向，但要注明管道尺寸（内、外径和长度）、管接头规格和装配技术要求等。对非集成块式装配液压件的系统，还应

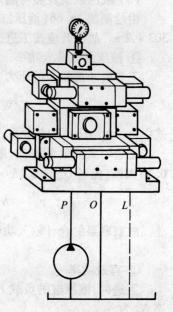

图 16.69　液压元件的集成块式配置

注明各元件的型号规格、数量、连接方式等。在设计管路装配图时,应考虑到安装、使用、调整和检修方便。管路装配图供连接管路用。

⑥电气线路图

(2)编写技术文件

编写的技术文件包括设计计算书、系统的工作原理和操作使用说明书等。设计计算书中还应对系统的某些性能进行必要的验算。

复 习 题

16-1 简述进油路节流调速回路与回油路节流调速回路的不同之处。

16-2 平衡回路的作用是什么?

16-3 容积节流调速回路的优点是什么? 试与节流调速回路、容积调速回路比较说明。

16-4 液压系统中,当工件部件停止运动后,使泵卸荷有什么好处? 试画出一种典型卸荷回路。

16-5 液压系统中,当执行元件停止运动后,使泵卸荷有什么好处? 试画出一种卸荷回路。

16-6 实现回路快速运动的主要方法有哪些?

16-7 122 mm 自行火箭炮液压系统的功能是什么?

16-8 152 mm 自行加榴炮液压系统的控制机构是什么?

16-9 122 mm 自行榴弹炮液压系统的功能是什么?

第四篇 行动部分

装甲车辆的行动部分由推进装置和悬挂装置及车体组成。

第 17 章 履带推进装置

17.1 概 述

履带式装甲车辆的推进装置一般由车体、主动轮、履带、诱导轮、托带轮、负重轮和履带调整器等组成。

17.1.1 功用与要求

1. 功用

推进装置的功用是安装全部机件并承受全炮的重量;将发动机经传动装置输出的扭矩变成推动车辆运动的牵引力;传递地面传来的制动力以制动车辆,并保证车辆具有良好的通过性。

2. 要求

①较长的履带接地长度和适当的履带宽度,以得到对地面较低的单位压力,以便通过水田、沼泽和积雪等松软地面。轻型车辆的单位压力最好不超过 0.06 MPa,而重型车辆也不应超过 0.08 MPa。

②负重轮的大小、数量及布置适当,应能满足平均最大压力小、运动阻力小、行程大和质量小等多方面的要求,其位置应使车体能弹性悬挂平衡。

③具有适当的悬挂系统,包括避震、减震、限制等装置,使车辆能高速平稳地行驶。

④平衡肘的布置应保证能完成战术技术要求的车底距地高和较大的负重轮行程,同时能妥善地连接减振器等连杆系统,保证受力情况良好。

⑤主动轮和诱导轮位置适当,以构成较大的跨越宽度和攀登高度,同时避免高速行驶中的障碍物或地面的刚性冲击。

⑥上下摆动的负重轮、可调的诱导轮、行驶中会跳动的履带等,都不能互相干涉,也不能撞击叶子板等。

⑦在各种恶劣工作条件下应有足够的强度、耐磨性和防护性,能保持较高的可靠性。

⑧质量、体积尽可能小。

⑨成本和维修费用低,特别是每几千千米便需更换履带的费用不能太高。

17.1.2　履带推进装置的布置类型

现代装甲车辆履带推进装置的布置主要有两种类型:一种为无托带轮式(克里斯基型),主要特点是采用大负重轮、短平衡肘、动力行程较小,见122 mm自行榴弹炮行动部分图;另一种为托带轮式(维克斯型),主要特点是采用小负重轮、长平衡肘、动力行程大,见152 mm自行加榴炮行动部分图。

随着现代主战坦克等单位功率及平均速度的大幅度提高,有托带轮型式逐渐取代无托带轮型式,例如苏联近年发展的БМП步兵战车及黑鹰主战坦克等均采用有托带轮型式的履带推进装置。

有托带轮型式的履带推进装置有下述优点:

①在履带接地长度相同条件下可布置较多负重轮。这样可以:

a.改善履带对地面的压力分布,使其更均匀降低行驶阻力,提高通行性能;

b.降低每个负重轮的负荷以提高其使用寿命;

c.增加弹性元件个数,提高缓冲性能。

②在同样车底距地高情况下,可采用较长的平衡肘和较大的负重轮动力行程以改善悬挂性能;

③有了托带轮,上支履带扰动损失功率较小,提高了行动部分效率;

④由于负重轮直径减小及托带轮位置较高,使减振器(如筒式减振器)布置较为有利。

17.2　主动轮与履带

17.2.1　主动轮与履带的啮合

履带推进装置的主要任务是推动车辆运动,由主动轮齿圈与履带相互啮合构成啮合副,将传动装置传来的扭矩转变为履带与地面相互作用推动车辆运动的牵引力,或在制动时传递由地面传来的制动力以制动车辆。齿圈和履带的相互啮合、履带与地面的相互啮合作用对履带推进装置性能影响很大。

对履带啮合副的基本要求是:啮合性能良好,工作可靠,即车辆在各种不同行驶条件下啮合应平稳,进入和退出啮合要顺利,不发生冲击、滞迟、干涉或使履带脱落;啮合效率高,功率损失少。其次,要求有较高的耐磨性,便于更换磨损元件(如齿圈、橡胶衬垫)并有较高的工作寿命。

选定良好的履带啮合副结构型式,确定啮合部位合理的外廓形状,正确地选择啮合副的材料和加工工艺,对满足履带啮合副的基本要求有密切关系。

履带啮合副可分为单销啮合副和双销啮合副两种。凡相邻两块履带板由一根履带销连接起来的,称为单销啮合副,如 T-72、59 式中坦克、M113 和装甲履带输送车、自行火炮等(见图 17.1)。

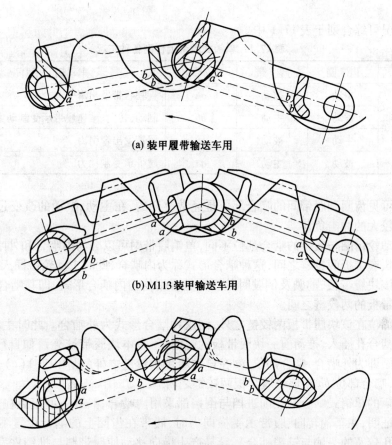

(a) 装甲履带输送车用

(b) M113 装甲输送车用

(c) 中型坦克、自行火炮用

图 17.1 主动轮齿圈与履带的啮合——单销式啮合副

凡相邻的两块履带板由两根履带销并用连接套连接起来的啮合副,称为双销啮合副,如 M4A3、M48、M-1、豹Ⅰ、豹Ⅱ坦克、4-25 自行高炮等(见图 17.2)。

目前发展趋势是主战坦克采用双销啮合副的越来越多。

1.单销式履带啮合副啮合工况

单销式履带啮合副其主动轮齿圈与履带的啮合型式与链轮和链条的相互啮合类似。

车辆前驶时,齿圈插入履带板的啮合孔内拨动履带,齿圈与履带啮合孔处链销在 aa 处相啮合;车辆倒驶时,齿圈反方向拨动履带,齿圈与履带板啮合孔处链销在 bb 处相啮合。以上两种情况——齿圈是主动件、履带为被动件。

当车辆转向时,低速侧的齿圈为被动件,履带与被动齿圈在 bb 处相啮合,此时履带为主动件。当切断动力,使车辆减速行驶或制动时,情况与上述相同,即履带为主动件,齿圈为被动件。

以上情况可综合列于表 17.1 中。

表 17.1　单销式履带啮合副各种工况

挡　别	齿　圈	履　带	啮合部位	车　辆　工　况
前进挡	主动	被动	aa	直驶履带发出牵引力
	被动	主动	bb	制动、转向、减速履带承受制动力
倒　挡	主动	被动	bb	履带发出牵引力
	被动	主动	aa	履带承受制动力

由表中可见齿圈和履带间的啮合部位是经常改变的,在主动、被动的改变过程中,啮合部位将会受到较大的冲击负荷。

根据主动轮齿圈与履带的啮合部位不同,单销履带副可以分为内啮合和外啮合两种:当啮合部位在该块履带板两铰链之间,这种啮合形式称为内啮合,此时主动轮齿插入该块履带板啮合孔内拨动该块履带板,前驶及倒驶时其履带啮合副均为内啮合形式,即其啮合部位 aa 与 bb 均在该块履带板的两铰链之间。

当啮合部位在该块履带板两铰链之外,则这种啮合形式为外啮合。此时主动轮齿从后一块履带板的啮合孔插入,推动前一块履带板的链销(不是本块履带铰链),如自行火炮前进时,其履带啮合副即为外啮合,啮合部位 aa 在该块履带板铰链之外(见图 17.1(c));而在倒车时则为内啮合,啮合部位 bb 在该块履带板两铰链之内。

多数车辆的单销式啮合副在前进挡与倒挡都采用内啮合,只有中型坦克在前进挡采用外啮合。实践证明,在车辆转向、履带承受横向力时,履带在齿圈上的啮合位置不稳定(因此时齿圈在啮合孔较宽的一侧与链销啮合),容易产生横向移动使履带销与推销铁发生摩擦,履带销头部很快磨损。如果将履带板反向安装,即使前进挡改为内啮合,倒挡改为外啮合,进行对比试验,作出全面分析评价是很必要的。

2. 双销啮合副啮合工况及性能特点

双销啮合副的啮合工况如图 17.2 所示。当车辆前驶时,齿圈主动,拨动链销(即连接套的啮合圆弧面)两者在 aa 处相啮合;当车辆倒驶时,齿圈向反方向拨动履带并与链销在 bb 处相啮合。以上两种工况,齿圈是主动件,履带是被动件。当车辆减速、制动或转向时(在低速侧),履带是主动件,齿圈是被动件。啮合副各工况同表 17.1。

双销啮合副有如下性能特点:

①在前进挡及倒挡时每块履带板的两个链销均能同时与齿圈的两个凹面相接触,如图 17.2 所示,即同时在 aa 和 bb 处相接触(但仅有一个链销是传力的)。可以缓和及减少啮合副

在主、被动工况转换过程中发生冲击和动载。

②同样总长、同样块数的履带，双销式履带板的活动关节比单销式多一倍，履带节距近似缩小一倍，这就提高了履带的挠性，对减少冲击和噪声较为有利。

③啮合可靠稳定，容易实现多齿啮合。双销式啮合副其连接套在齿面上的啮合是两边托住的，啮合位置较为确定，不易产生滑移；同时由于连接套和齿圈工作表面经过机械加工，几何形状较精确，这样对保证多齿啮合、降低单齿负荷、提高工作平稳性和寿命有利。

④啮合副接触处挤压力较小，链销不仅与齿的凹圆弧面相啮合（有些单销式啮合副也如此），且铰链与齿的啮合曲率半径可近似相等（如图 17.3 的 $R \approx r$），再加齿面经热处理，硬度较高（一般在 HRC55 以上），故耐磨性较好。

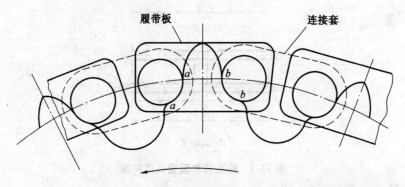

图 17.2　双销啮合副工作简图

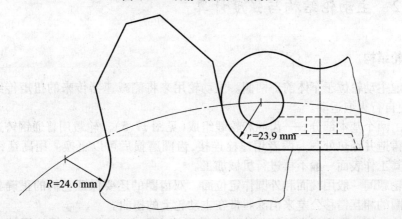

图 17.3　双销啮合副

⑤为减小销耳橡胶衬套所承受的剪应力和挤压应力，应尽可能增大压入销耳孔的橡胶衬套的长度。当履带板宽度 B 相同时，双销式在结构上可配置较长的胶套。

由图 17.4 可见，双销式 $\sum l = 2l_4 \approx 0.9B$；而单销式 $\sum l = 2l_1 + l_2 \approx 0.5B$。

⑥双销式履带板在进入啮合和退出啮合过程中，因活动关节比单销式多，故铰链（橡胶衬

套)处相对转角(扭转变形)较单销式小,从而减少橡胶套的弹性滞后损失。

双销式啮合副的缺点是履带质量较大,成本高。

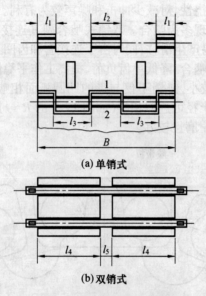

(a) 单销式

(b) 双销式

图17.4　橡胶衬套配置长度简图

17.2.2　主动轮结构与强度计算

1. 主动轮结构

自行火炮主动轮位于车体前部两侧。主动轮用来将侧减速器传来的扭矩传给履带,带动履带绕动,使自行火炮运动。

主动轮由两个基本部分——齿圈和轮毂组成(见图17.5)。轮毂用普通钢铸造,齿圈用优质钢锻造或铸造并经热处理。两者用螺栓连接,齿圈磨损后可以更换。用高锰钢(ZGMn13)铸造的齿圈其工作表面一般不再进行机械加工。

齿圈和轮毂间一般用端面和外圆作定位面。双齿圈的还要保证它们的正确相对位置,并应规定两齿圈的相互错移公差来消除履带在主动轮上的扭曲。

连接螺栓与螺栓孔之间在条件允许时应采用精密配合(其中几个螺栓用精密配合,其他用一般配合),当齿圈用高锰钢 ZGMn13 铸造时,螺栓孔不能精铰,只能用一般配合,这时应保证连接可靠。

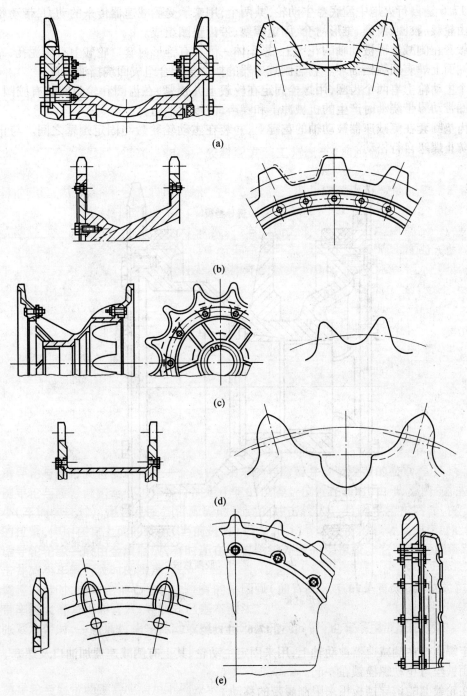

(a)

(b)

(c)

(d)

(e)

图 17.5　主动轮及齿形

　　图 17.6 是自行火炮中型底盘主动轮,共两个,用来承受侧减速器传来的动力,带动履带绕动。它由轮毂、胶圈、齿圈、锥形衬套、固定螺塞、带齿垫圈组成。

　　轮毂套在侧减速器被动轴的花键上,靠车体一侧装有锥形衬套。轮毂上有排泥孔,靠车体一侧的端面上焊有回绕挡油环。它与侧减速器的挡油盖配合组成回绕挡油装置。

　　每个主动轮上有两个齿圈,用螺栓固定在轮毂上并锁紧,在齿圈和轮毂间装有胶圈,用来减轻齿圈带动履带绕动时产生的机械冲击和噪声,使传动平稳。

　　带齿垫圈套在侧减速器被动轴的花键上,并装在主动轮轮毂与固定螺塞之间。与止动螺栓一起防止螺塞自行松动。

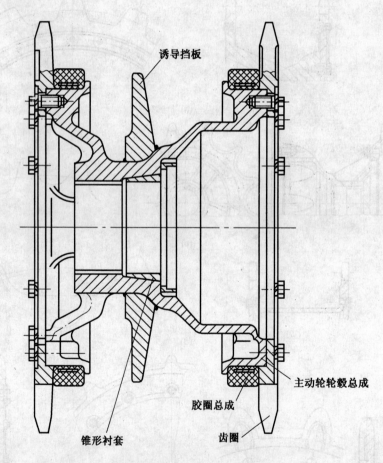

图 17.6　主动轮

　　固定螺塞拧在侧减速器被动轴上,用来固定主动轮,其上有侧减速器加油口及螺塞。加油口螺塞用铁丝与止动螺栓锁在一起。

　　焊在轮毂上的诱导挡板用来限制履带的移动。

图 17.7 是 122 mm 自行榴弹炮的主动轮,共两个,它由轮毂、齿圈、固定螺塞组成。

轮毂:内锥面与侧减速器被动轴上的外锥形环相配,用以定位。轮毂套于被动轴花键上。再套上带齿垫圈,紧固固定螺塞,用止动螺栓将固定螺塞固定在带齿垫圈上。

齿圈:每个主动轮有两个齿圈,用螺栓固定在轮毂上,用以拨动履带,两个齿圈的齿应相互对应。

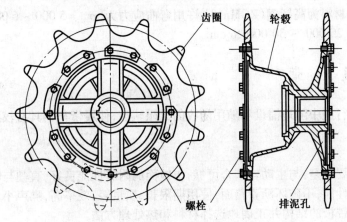

图 17.7　主动轮

2. 强度计算

主动轮的轮齿要作抗弯强度计算和表面挤压计算。取 30° 侧倾坡之下侧履带的附着力为计算力,圆周力 $P = 0.65\varphi G$,φ 为附着系数,G 为战斗全重。主动轮若为单排齿圈,则计算力取为 P,如图 17.8 所示。目前,主动轮一般均为双排齿圈,计算力可认为均匀分布在两个齿圈上。对每个齿圈,作用在齿顶上的力为 $P/2$,图 17.8 为主动轮齿的计算简图。当计算力取 $P/2$ 时,弯矩

$$M = \frac{Ph_1}{2}$$

式中,$P = 0.65\varphi G$;h_1 为齿全高。

断面 1 – 1 上的弯曲应力为

$$\sigma_1 = \frac{M}{W} = \frac{Ph_1}{2} \div \frac{ba_1^2}{6} = \frac{3Ph_1}{ba_1^2}$$

断面 2 – 2 上的弯曲应力为

$$\sigma_2 = \frac{3Ph_2}{ba_2^2}$$

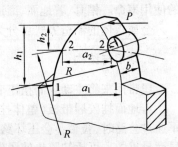

图 17.8　主动轮齿计算简图

式中,h_2 为齿顶高;a_1,a_2 为断面 1 – 1 与 2 – 2 上的齿厚;W 为抗弯截面模量。

齿面与链销接触处的最大接触应力由下式确定

$$\sigma_{\mathrm{j}} = 0.42 \sqrt{\frac{N}{b} \times E\left(\frac{1}{r_1} \pm \frac{1}{R}\right)}$$

式中，N 为正压力；r_1 为链销的曲率半径，cm；R 为接触点齿形曲率半径，cm；E 为材料的弹性模量，N/cm²；± 号为对凸形齿形与链销啮合取正号，对凹形齿形与链销啮合取负号；b 为齿圈宽度，cm。

当主动轮齿圈材料为高锰钢（ZGMn13）许用弯曲应力为 $[\sigma] = 5\,000 \sim 6\,000$ N/cm²，许用接触应力为 $[\sigma_{\mathrm{j}}] = 25\,000 \sim 30\,000$ N/cm²。

17.2.3　履　　带

履带是一种在行进中随地铺设和随用随收的无限轨道，使履带车辆具有较高的通行性能。

1. 要求与类型

对履带的基本要求是：与主动轮啮合可靠，与地面的附着性能良好，直驶与转向阻力小，保证车辆高度的通行性能，不破坏沥青路面，使用期限长，质量轻，效率高，噪声小，排泥性好。为此应合理地拟定履带板的结构并正确地选择材料和热处理方法。

按结构形式，履带板可分为单销式和双销式两种。

按铰链结构，履带板可分为金属铰链和橡胶铰链。金属铰链的履带结构简单，缺点是铰链磨损较快，与齿圈啮合质量差，平均寿命较低。橡胶铰链履带与齿圈啮合质量好，使用寿命长，行驶噪声小，具有较高效率，传给传动装置的动负荷也较小。这种履带板也称为销耳挂胶履带板。

按板体结构，履带板可分为金属的和挂胶的两种。金属履带板结构简单，质量较轻。挂胶的有着地面挂胶、滚道面挂胶或两者都挂胶。前者为避免破坏公路路面且可减小履带与地面接触时的撞击噪声；后者能减缓冲击、改善负重轮与悬挂装置的工作条件，特别能延长负重轮的使用寿命。销耳、着地面、滚道面，只要有一处挂胶的，即称为挂胶履带板。

金属板体的制造方式可分为铸造和模锻的，一般采用铸造。

2. 功用与结构

履带用来将主动轮的扭矩变为牵引力，并增大着地面积和附着力，以提高通行能力。

着地面挂胶履带板（整体挂胶或装有可拆卸胶垫）使履带车辆在和平时期军事训练及行军通过公路时，履带不会压坏路面，在沥青公路日益发展的今天，着地面挂胶履带的必要性是显而易见的。可拆卸胶垫使履带板有更长的使用寿命。

滚道面挂胶履带板可增强对负重轮和车体的缓冲并提高负重轮橡胶轮缘的寿命，但同时增加了行驶阻力。美国坦克履带板几乎都采用滚道面挂胶。豹Ⅱ坦克样车履带板也采用过，但定型车的履带板却取消了滚道面挂胶。

销耳挂胶可提高履带板的使用寿命和效率，减少噪声，改善啮合副的啮合质量，是现代军用履带车辆不可缺少的技术措施。例如,БМП 步兵战车和 T-72 主战坦克,履带着地面及滚道面虽都未挂胶但却采取了销耳挂胶。

自行火炮采用着地面和滚道挂胶,销耳未挂胶的履带板,履带板两端制有孔与主动轮齿圈啮合。履带共两条,中型底盘每条履带均由 102 块履带板和 102 根履带销组成;轻型底盘每条履带由 106 块履带板和 106 根履带销组成。中型底盘履带板中部有凸齿(见图 17.9),轻型底盘履带板两端有凸齿(见图 17.10),凸齿用来规正履带,并防止在转向或侧倾坡行驶时履带脱落。履带销一端是圆头,连接履带时,应将圆头的一端朝向车体。履带销的另一端制有环槽,装有垫圈和卡环,以限制履带销窜动。

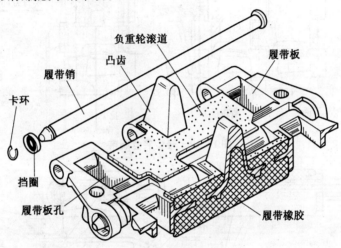

图 17.9　中型底盘履带板

3. 挂胶履带板结构设计

美国在二次大战前后就发展了用于坦克和军用履带车辆的多种形式的挂胶履带板。其中,有的着地面挂胶,有的滚道面挂胶,有的两面都挂胶。但所有履带板均毫无例外地在销耳中装有橡胶衬套。

(1)双销式挂胶履带板结构

双销式挂胶履带板分单诱导齿及双诱导齿的,前者用于双负重轮,后者用于单负重轮。

双诱导齿的双销式履带板结构可参看美国 M4A2 坦克的履带板(见图 17.11)。

相邻两履带板的两根履带销由连接套、两侧带斜面的螺栓和螺母连接起来。每根履带销的两端都加工制出一个平面,带斜面的螺栓与此履带销端部的平面配合。两块履带板组装后如图 17.12 所示,在自由状态下有一个预装配角。诱导齿兼做连接套,主动轮齿圈则与连接套外弧面相啮合,履带板体为带两个内孔的钢构件,两面敷有橡胶,着地面一侧的橡胶垫为平面,附着性能稍差。

双销式挂胶履带板,其销子和连接套之间无相对运动,依靠橡胶衬套的扭转变形保证履带

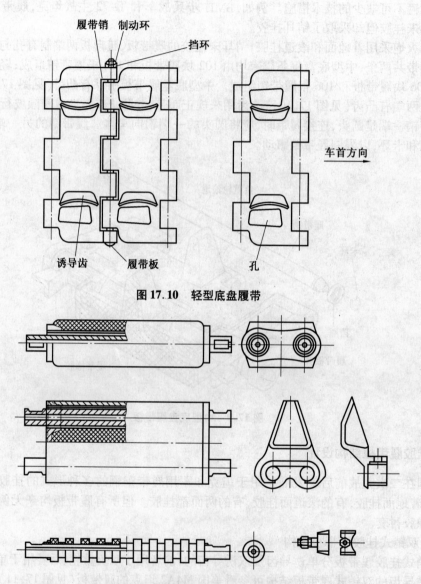

图 17.10 轻型底盘履带

图 17.11 M4A2 履带板(双销式、双诱导轮)

的相对转动。连接套既是相邻两履带销的连接件,又是与主动轮齿圈相互啮合的元件(链销)。

(2)单销式挂胶履带板结构

美国 M4A2 坦克履带早期采用双诱导齿,以后改进发展的轻型军用履带车辆大都改用双负重轮,履带板也相应改为单诱导齿的。单诱导齿、单销挂胶的车辆,如 M113 履带。

　　图 17.13 为 M113 装甲输送车的履带
板,其内侧负重轮滚道及外侧着地面均敷有
橡胶。着地面橡胶垫是用带螺栓可更换的衬
垫用螺母固定在体板上(橡胶衬垫硫化在一
块冲压薄钢板上)。在所有的销耳内压入带
有橡胶衬套的钢销耳套,销耳套内的八角形
内孔与八角形断面的履带销配合,履带卷绕
时,履带销与销耳套之间无相对转动,而是橡
胶衬套发生弹性变形,避免了履带销和销耳
内孔间的机械磨损,减少冲击和噪声,延长了

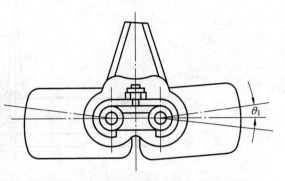

图 17.12　M4A2 相邻履带板组装后的预装配角

履带的使用寿命。履带销的两端用螺母固定防止履带销脱落。

　　单诱导齿和板体一起铸出,为敷设滚道面橡胶的需要,诱导齿设在板体的一侧。

　　(3) 4–25mm 自行高炮履带

　　4–25mm 自行高炮履带属单诱导齿双销挂胶履带(负重轮滚道、着地面、销耳、销都挂胶),
如图 17.14 所示。

4. 橡胶衬套的强度计算

　　由橡胶衬套组成的弹性铰链,当履带卷绕时,橡胶衬套不仅受扭而且还承受履带的拉力,
同时由于胶套是以一定的过盈量压入销耳内孔的,因此还承受初始的装配压应力。总之,橡胶
衬套是在复杂应力状态下工作的。

　　(1)扭转剪应力计算

　　胶套由于扭转引起剪应力,为简化计算,现作下列假设:

　　①胶套看做由许多同心环组成,当胶套受扭后,其同心层仍保持圆柱形;

　　②各同心层的距离不变。

　　设胶套内层固定,外层作用一扭矩 M,显然在胶套任何层内扭矩均等于 M。

　　取半径为 ρ 的某一同心层(见图 17.15),在此层内产生剪应力为 τ。设合成的切向力为 T,
则

$$T = 2\pi\rho l\tau$$
$$M = T\rho = 2\pi\rho^2 l\tau$$
$$\tau = \frac{M}{2\pi\rho^2 l} \tag{17.1}$$

式中,l 为胶套有效长度。

　　由式(17.1)可见,胶套内的剪应力 τ 与半径 ρ 的平方成反比变化:

外层剪应力($\rho = r_2$)　　　$\tau_2 = \dfrac{M}{2\pi r_2^2 l}$

内层剪应力($\rho = r_1$)　　　$\tau_1 = \dfrac{M}{2\pi r_1^2 l}$

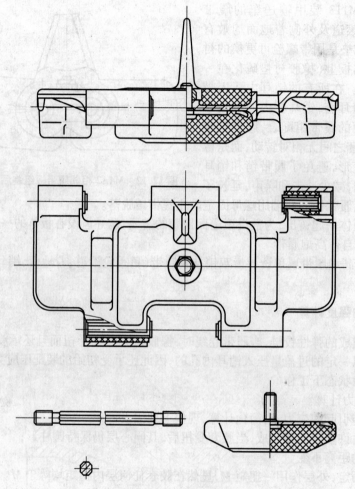

图17.13　M113履带板

式中,r_1,r_2为胶套的内、外径。

现在进一步确定M与扭角θ的关系(见图17.16)。设胶套内圈固定,如e点(作为基准);外圈作用扭矩M,此时外圈上一点由c移到d;ce相应变为de。胶套于ρ处取两同心层,两层相距为$d\rho$,当胶套扭转时,一层相对另一层的移动量为

$$d\delta = d\rho\gamma$$

$$\gamma = \frac{\tau}{G} \tag{17.2}$$

式中,τ为该层的剪应力;γ为剪变形角;G为橡胶的抗剪弹性模量。

剪变形角γ可用对应的中心角$d\theta$来表示,由

$$d\delta = \gamma d\rho = (\rho + d\rho)d\theta$$

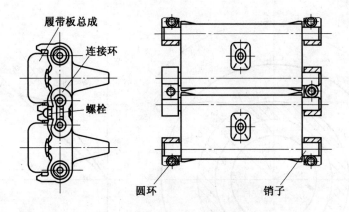

履带板总成

连接环

螺栓

圆环　　　　　销子

图 17.14　4–25 mm 自行高炮履带

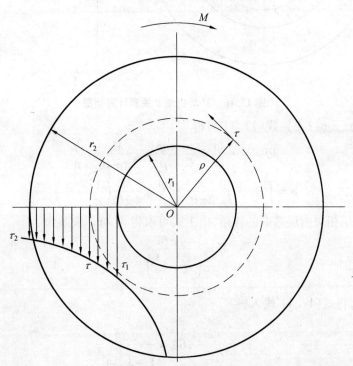

图 17.15　橡胶衬套扭转剪应力计算简图

$$\gamma = \frac{(\rho + \mathrm{d}\rho)\,\mathrm{d}\theta}{\mathrm{d}\rho}$$

略去高次微量得

$$\gamma = \rho \cdot \frac{\mathrm{d}\theta}{\mathrm{d}\rho} \tag{17.3}$$

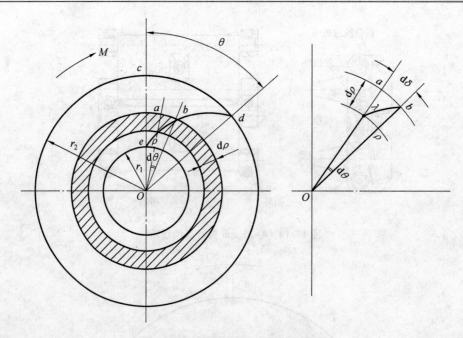

图 17.16　M 与扭角 θ 关系计算简图

由式(17.1)、式(17.2)、式(17.3) 可得

$$d\theta = \gamma \cdot \frac{d\rho}{\rho} = \frac{\tau}{G} \cdot \frac{d\rho}{\rho} = \frac{M}{2\pi\rho^2 lG} \cdot \frac{d\rho}{\rho}$$

$$\theta = \int_0^\theta d\theta = \int_{r_1}^{r_2} \frac{M}{2\pi lG} \cdot \frac{d\rho}{\rho^3} = \frac{M}{4\pi Gl}\left(\frac{1}{r_1^2} - \frac{1}{r_2^2}\right)$$

θ 为胶套外层相对内层基准的转角,由上式可求得 M 与 θ 关系为

$$M = \frac{4\pi Gl}{\left(\dfrac{1}{r_1^2} - \dfrac{1}{r_2^2}\right)} \cdot \theta \tag{17.4}$$

由于 $\tau_1 = \dfrac{M}{2\pi r_1^2 l}$,将式(17.4) 代入得

$$\tau_1 = \frac{2r_2^2}{r_2^2 - r_1^2}G\theta = \frac{2G\theta}{1 - \left(\dfrac{r_1}{r_2}\right)^2}$$

设胶套在压缩状态下的壁厚为 h,$h = r_2 - r_1$,则

$$\tau_1 = \frac{2r_2^2 G\theta}{h(r_2 + r_1)} \tag{17.5}$$

有关资料介绍,一定型号的橡胶,根据台架试验的初步结果,为保证胶套的正常工作,最大剪应力不应超过 $50 \sim 60 \text{ N/cm}^2$。

（2）压应力计算

胶套压入销耳内孔后，各点在圆周上沿径向的压缩变形量均等于 δ_0，径向压缩应力为 p_0，如图 17.17(a) 所示。

当履带承受拉力时（图 17.17(b)），将产生附加压应力 p_1。设仅胶套发生变形，履带销（或钢套管）无变形；受 P 力作用后，履带销圆心离开履带板耳孔中心 O 而移到 O_1。此时，胶套沿 P 力作用方向（即 OO_1 方向）产生变形量 δ，压缩应力与 δ 成正比（见图 17.17(c)）。

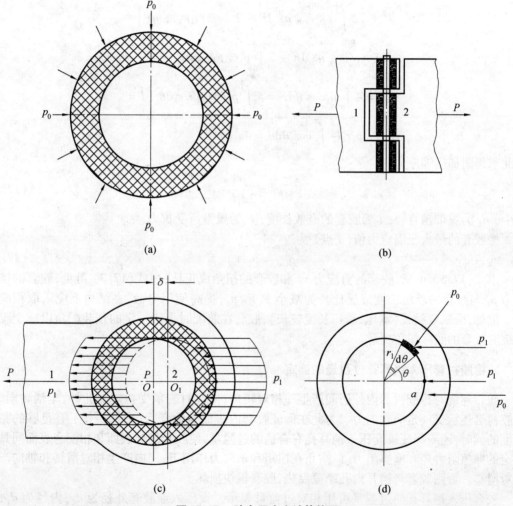

图 17.17　胶套压应力计算简图

取履带销作自由体观察（见图 17.17(c)），除有履带拉力 P 作用外，右半侧有胶套压缩变形的反力水平投影为

$$2 \int_0^{\frac{\pi}{2}} (p_0 \cos \theta) \, \mathrm{d}F + 2 \int_0^{\frac{\pi}{2}} p_1 (\mathrm{d}F \cos \theta)$$

左半例胶套变形反力水平投影为

$$2 \int_0^{\frac{\pi}{2}} (p_0 \cos \theta) \, \mathrm{d}F - 2 \int_0^{\frac{\pi}{2}} p_1 (\mathrm{d}F \cos \theta)$$

式中,$\mathrm{d}F = r_1 \cdot \mathrm{d}\theta \cdot l$(见图 17.17(d)),代入并取力的平衡式

$$P + \left[2 \int_0^{\frac{\pi}{2}} (p_0 \cos \theta) \, \mathrm{d}F - 2 \int_0^{\frac{\pi}{2}} p_1 (\mathrm{d}F \cos \theta) \right] =$$

$$2 \int_0^{\frac{\pi}{2}} (p_0 \cos \theta) \, \mathrm{d}F + 2 \int_0^{\frac{\pi}{2}} p_1 (\mathrm{d}F \cos \theta)$$

$$P = 4 \int_0^{\frac{\pi}{2}} p_1 \cos \theta \mathrm{d}F = 4 \int_0^{\frac{\pi}{2}} p_1 \cos \theta \cdot r_1 \mathrm{d}\theta \cdot l =$$

$$p_1 r_1 l 4 \int_0^{\frac{\pi}{2}} \cos \theta \mathrm{d}\theta = 4 p_1 r_1 l$$

由此求得附加压缩应力为

$$p_1 = \frac{P}{2d_1 l} \tag{17.6}$$

式中,d_1 为履带销直径;l 为胶套的有效长度;P 为履带所受拉力。

橡胶套的最大压缩应力值(a 点)为

$$p_{\max} = p_0 + p_1 \tag{17.7}$$

由式(17.5)可见,胶套的剪应力 τ_1 和胶套的扭角成正比;由式(17.7)可见,胶套的挤压应力 p_1 与胶套的承压长度成反比。为减小 τ_1 和 p_1,提高使用寿命,在结构上应采取相应措施。例如,采取双销式(承压、承扭长度较长);胶套在装配时采用一定的预装配角以减少履带卷绕时胶套的实际扭角变形。

5. 橡胶衬套压入销耳孔过盈量的确定

履带卷绕时橡胶衬套内外层间产生一相对转角;橡胶衬套承受扭矩。此外,车辆转向时,橡胶衬套还承受一定的轴向力。为此在保证胶套内表面与钢套管(或履带销)有足够的黏结强度的同时,还应保证胶套压入销耳孔有合适的过盈量,使胶套的外表面和相配合表面间具有一定的摩擦阻力矩和摩擦阻力,以防止在扭矩和轴向力作用下,周向产生相对滑转和轴向产生相对滑移。否则胶套与销耳内孔摩擦发热,胶套很快损坏。

胶套压入销耳孔的过盈量可用相对过盈量表示。设压入前胶套外径为 d_2,内径为 d_1,销耳孔径为 d,则胶套壁厚为 $(d_1 - d_2)/2$,径向绝对过盈量为 $\delta_j = (d_2 - d)/2$,相对过盈量 δ_x 即径向绝对过盈量与压缩前胶套壁厚的比值

$$\delta_x = \left(\frac{d_2 - d}{2} \right) \Big/ \left(\frac{d_2 - d_1}{2} \right) = \frac{d_2 - d}{d_2 - d_1}$$

当 δ_x 较小时,胶套压入较容易,但工作时,胶套外表面与销耳内孔间可能产生滑转、滑移,则胶套很快损坏。若 δ_x 太大,胶套压入困难,所需压力也很大,甚至在压入过程中即压坏。

相对过盈量大小决定了胶套预压缩应力 p_0 的大小。为降低预压缩应力以提高使用寿命,δ_x 值在保证上述要求(工作时不滑转、滑移)条件下,应取下限值。

过盈量不仅和结构尺寸参数有关,而且和胶料的物理机械性能有关。因此合适的过盈量应通过计算,特别应通过试验来确定。经验算 M113、M4A3、豹 Ⅱ 坦克的 δ_x 值分别为 24%、27.5%,33%(其中 M113、M4A3 坦克因胶套已用旧,压出后有局部变形),可供参考。

6. 橡胶衬套预扭角的确定

两块履带板装配后在自由状态下按工作时的卷绕方向给予一定角度,这个角度即为预装配角(参看图 17.12 之 θ_1)——θ_y。其作用是减少履带板卷绕时胶套的实际转角和剪应力,减少循环疲劳负荷以延长胶套寿命,同时还可以减少胶套变形时消耗的能量从而提高行动装置的效率。

但预扭角会使坦克停放时,履带着地区段产生静置扭角(θ_y)。由于静置时没有牵引力,因此主要应考虑减少履带卷绕时的剪应力。若预装配角等于胶套工作时转角的一半,则胶套的实际扭角绝对值为最小。

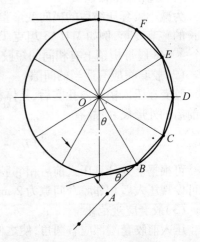

图 17.18　链销转角

现在分析单销式履带板在主动轮上卷绕时胶套相对于销耳的转角。先假设相邻履带板安装时没有预装配角且忽略履带的悬垂量。当齿圈转过一个齿间角 θ 时(见图 17.18),链铰 B 处胶套的相对转角等于齿间角 $\theta(\theta = 2\pi/z)$。一般单销式其相邻履带板连接销耳处都有胶套,当两履带板胶套刚性相同时,每侧胶套相对销耳孔的转角为 $\theta/2 = \pi/z$,预扭角应取为可能转角的一半,即应取

$$\theta_y = \frac{1}{2}\left(\frac{\theta}{2}\right) = \frac{\pi}{2z}$$

例如,齿数 $z = 13$,齿间角 $\theta = \dfrac{2\pi}{z} = 27.7°$,则预扭角

$$\theta_y = \frac{\theta}{4} \approx 7°$$

对双销式分析结果,基本与单销式相同,即其预扭角 θ_y 同样可取为 $\theta/4$。表 17.2 列出几种履带板预扭角的验算数据和实际扭角。

表 17.2　几种履带板装配预扭角及胶套实际转角数据

履带板型号	车辆	类型	主动轮齿数 z	齿间角 $\frac{2\pi}{z}$	无预扭时胶套转角	装配预扭角	胶套实际扭角
T97E2	M48A3	双销式	11	32.7°	16.35°	7°	+9.35° -7°
T84E1	M46	双销式	13	27.7°	13.85°	8°	+5.85° -8°
T91E2	M41A2	单销式	12	30°	15°	7.5°	±7.5°
T84E1	M4A3E8	双销式	13	27.7°	13.85°	8°	+5.85° -8°
—	M113	单销式	10	36°	18°	8°~9°	+(9°~10°) -(8°~9°)

7. 橡胶衬套结构设计中的几个问题

（1）采用多节短胶套

为减小胶套压缩后的横向变形量以提高胶套的疲劳寿命,一般采用多节的短胶套而不用较长的整节胶套,例如 M41A3 坦克 T91E3 履带板,每个长钢套管(内八方)上有相同的短胶套 4 个。M48 履带板销上有相同的短胶套 14 个。

（2）胶套间应有适当的间隙

胶套在压入销耳内孔前后,其体积近似不变,图 17.19 中实线和虚线分别表示胶套压入耳孔前后的外形尺寸,故有

$$\frac{\pi}{4}(D^2 - d^2)\,l = \frac{\pi}{4}\big[(D')^2 - d^2\big] \cdot l'$$

可根据上式计算压入前后相邻胶套的间隙。测绘分解 M48E3 坦克的履带板,由履带销印痕可发现压入后相邻胶套间隙为 2 mm。

（3）胶套应规范化

压入前胶套端部应有圆角,使之便于压入而不致损坏胶套。胶套应系列化、通用化,如美国坦克履带橡胶衬套的壁厚全部采用 4.75 mm(0.187″),胶套内径为 25.4 mm(1″) 或 32 mm(1.26″)。

（4）橡胶衬套胶料的选择

橡胶衬套在工作过程中承受剪切、挤压、拉伸等复杂应力,因此对胶料提出较高的要求:机械强度高、弹性好、抗老化性能好、弹性滞后损失要小。试验结果表明,一般的合成橡胶使用寿命较低,不能满足要求。从统计资料可见各种车辆销耳胶料无一例外地均采用天然胶。天然胶硬度(邵氏硬度)约为 60°~85°,较软和较硬的胶料,经试验发现其抗疲劳寿命都不够满意,因此需作多配方的台架试验并通过实车试验予以选定。

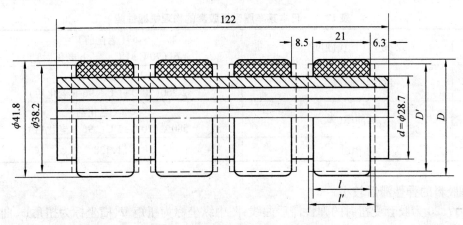

图 17.19　胶套压入销耳孔的变形

对销耳胶一般要求如下：

①机械强度高、弹性好

表 17.3、表 17.4 列出了美国和日本履带车辆橡胶衬套胶料的物理机械性能，可供选料参考。

表 17.3　美国坦克履带板胶套胶料的物理机械性能

1	硬度（邵氏硬度）	65 ~ 80	50 ~ 70
2	抗拉强度（最小值　N/cm²） 　老化前 　空气罐中老化后 　氧气瓶中老化后	2 106 1 579.5 1 158.3	2 460.7 2 109.2 (158 ℉ 70 h)
3	延伸率(%) 　老化前(% 最小值) 　空气罐中老化后 　氧气瓶中老化后	435% 325% 260%	500% 425% (158 ℉ 70 h)
4	抗拉应力（N/cm²） 老化前延伸率为 400% 时最小值	1 404	1 265.5
5	比重（最大）		

表 17.4　日本某车履带板胶套的物理机械性能

1	硬度(邵氏硬度)	59(老化前) 61(70℃±1℃　96 h 老化后)
2	抗拉强度(N/cm²)	2 310(老化前) 2 260(70℃±1℃　96 h 老化后)
3	延伸率(%)	660%(老化前) 580%(70℃±1℃　96 h 老化后)
4	比重	1.138

②胶料的弹性滞后较小

图 17.20 为胶套受扭时的弹性滞后曲线,图中纵坐标为扭矩 M、横坐标为扭角 φ,曲线 1 为加荷曲线,曲线 2 为卸荷曲线,两曲线并不重合,所围面积表示一个循环中因橡胶扭转变形引起分子内摩擦而消耗于弹性滞后的能量。由图 17.20 可见,曲线的斜率即为胶套的扭转刚性 K

$$K = \frac{\mathrm{d}M}{\mathrm{d}\varphi}$$

平均扭转刚性 K_{cp} 可通过试验确定

$$K_{\mathrm{cp}} = \tan\theta = \frac{AB}{OB}$$

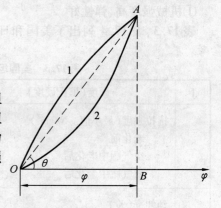

在弹性铰链中,胶套同时受压、受扭,胶套受挤压但位能变化甚小,而扭转变形较大且是周期进行的。故扭转引起的能量滞后损耗是主要的。通常这一损耗约为橡胶变形位能的 15% ~ 25%。因此胶套应选择滞后损耗小的胶料。

③有稳定的低温性能

温度变化时扭转刚性应变化小。某牌号销耳胶在高温工作时胶套扭转刚性下降,而在低温工作则扭转刚性急剧增加,胶料变硬变脆,失去应有的弹性,使车辆行驶阻力增加。

图 17.20　胶套受扭弹性滞后曲线

美国挂胶履带板规定在 -40 ℉试验时,橡胶不得出现龟裂、裂纹和针孔。

④有较好的抗老化性能

在长期保存中,由于胶料老化使胶套的扭转刚性增加,苏联 A-6 胶在储存六年后其扭转刚性增加 80%。

为保证胶套可靠工作,胶套的初始扭转刚性不应很大,且应有良好的抗老化性能。

(5)销耳橡胶衬套的台架试验

为了考核销耳胶套胶料的性能以及硫化、黏结、压入工艺的质量和压缩量(过盈配合)是否合适,带销耳胶套的履带板应在台架上进行试验之后再进行装车试验。

销耳胶套试验台可由电动机、变速器、扭转激振器等组成,模拟试验在一定的径向拉力作用下,使销耳胶套以一定扭角进行反复扭转条件下的疲劳寿命。

扭转激振频率可通过变速器控制,扭角也可以在一定范围调整,其大小应与履带在主动轮上卷绕时正、负向扭角相仿(也要考虑履带在诱导轮、负重轮上卷绕时的扭角)。负荷的改变可通过调整加载弹簧的大小来解决,其大小相当于某一排挡时的履带拉力。胶套扭转的循环次数可由计数器自动记录,由此可估算出履带环的转数及相当履带板的行驶里程。

上述试验台的履带板销耳胶套只承受扭转和挤压,不承受横向推力(对胶套是轴向作用力),不能完全模拟实车使用的负荷状况。经常有这样的情况:在台架试验时胶套疲劳寿命很高,但实际装车行驶胶套却发生轴向滑移而损坏。因此上述台架试验不能代替实车试验。但在相同条件下作对比试验以选择和确定胶料配方和工艺规范(如胶套的预压缩量等)仍是很有必要的。

目前我国履带板销耳胶套尚没有标准的试验规范,现介绍美国某履带板胶套的试验规范如下:

试样必须经过每分钟循环次数为 64 次、径向载荷为 1 800 磅/英寸^2 和每分钟循环次数为 256 次、扭转摆角为 ±15° 的试验,胶套的疲劳寿命循环次数最小为 150 000 次。失效(径向变形等于 0.144 英寸)的最小容许动疲劳寿命循环次数为 110 000 次。胶套试验前必须在室温下时效 48 h 以上。

17.3　诱导轮与履带调整器

17.3.1　类型与要求

1. 类型

诱导轮与履带调整器通常是一个组件,用来诱导履带并调节履带的松紧程度。

诱导轮与履带调整器的工作条件决定于它的位置。位置在前时,由于履带的某些松弛,负荷较小(车辆前进时),但当克服各种障碍时受到的冲击较大。当诱导轮在后时,由于上下支履带的拉紧,作用在它上面的载荷(当前进时)很大,但诱导轮受冲击载荷及损伤可能性较小。

诱导轮轮缘一般由金属制成,有时还在金属轮缘外敷一层橡胶。它可减轻履带对诱导轮的撞击并减小车辆行驶时的噪声。

调整履带时,诱导轮轴心移动轨迹有的是圆弧(曲臂式),有的是直线(导轨式)。现代军用履带车辆大都采用曲臂式,导轨式已基本淘汰。

张紧履带时,一般通过蜗轮传动或螺杆传动来转动曲臂,也有采用液压缸筒的。

2. 要求

诱导轮与履带调整器应满足下列要求:
① 一个乘员能迅速地调整履带。

②有较高的调整精度,诱导轮各固定位置的间隔较小,最好能无级调整,即任何位置均能固定。

③有足够的调整范围。对于一般车底距地高(静置时)不变的车辆,其履带调整量较小,一般等于一块履带板的节距(t_l——对单销式)或履带板及连接套的节距($t_{l1} + t_{l2}$——对双销式)。它只需考虑不同道路条件下使用时履带张紧力的不同要求及履带销和销耳孔磨损后的补偿。对于可调式油气悬挂,为配合不同的车底距地高,须相应地改变诱导轮位置以保证履带有合适的张紧程度,因此要求诱导轮有较大的调整量。

调整量的大小与诱导轮曲臂的偏心距 r_1 大小有关,一般 r_1 越大,调整量 l 就越大,这可以通过作图法来检验。

① 当车底距地高为不可调式

如图 17.21 所示,当诱导轮可绕曲臂轴中心转动一圈时(如蜗轮传动),设 O 为曲臂轴中心,OO_1 为曲臂的偏心距,O_2 为诱导轮初始位置,O_1 为诱导轮调整终了位置,则 O_1 与 O_2 两个位置履带环部分的差值即为其调整量。

当诱导轮只能绕曲臂轴中心转动一定角度 δ（如螺旋传动及液压缸传动）,履带调整量也可通过作图法确定。

② 当车底距地高为可调式

车体距地高为最大时,诱导轮应在最后;车体距地高最小时,诱导轮应在最前。车体距地高调节幅度越大,诱导轮位置的变动范围也就越大。所需诱导轮位置的变动量可通过作图法并配合计算确定。

为增加曲臂轴的刚度,减小诱导轮曲臂轴的负荷及调整力矩,曲臂的偏心距应小些;为增大履带环的调整量,其曲臂偏心距应大一些,这两者是

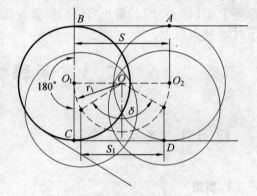

图 17.21　履带调整简图

矛盾的。选定曲臂偏心距的大小要考虑曲臂轴传动装置及履带铰链的类型:如传动装置是螺旋传动,其曲臂轴的转角较小,在同样条件下为保证履带环的调整量,曲臂偏心距就应大些;如传动装置是蜗轮传动,其曲臂的转角较大,则曲臂偏心距就可小些。对于金属铰链的履带,因履带销及耳孔较易磨损,其所需的履带环调整量较大,曲臂偏心距就应大些;采用橡胶铰链的履带,因节距变化不显著,履带环所需的调整量较小,曲臂偏心距就可小些。此外,也与每条履带环的履带块数有关,块数较多,则其调整量要稍大些。

17.3.2　典型结构

诱导轮与履带调整器一般由四部分组成,即诱导轮、曲臂、传动机构和固定装置。

1.诱导轮

诱导轮共两个,用来诱导和支承履带,并与履带调整器一起调整履带的松紧程度。

图 17.22 是自行火炮中型底盘诱导轮及履带调节器。诱导轮以 418 轴承和 2321 轴承支承在诱导轮轴上。两轴承的外圈装在诱导轮轮毂内,内圈装在诱导轮轴上,两轴承内圈之间装有支承套。两轴承和支承套借拧在诱导轮轴上的固定螺帽固定,固定螺帽用插销锁紧。

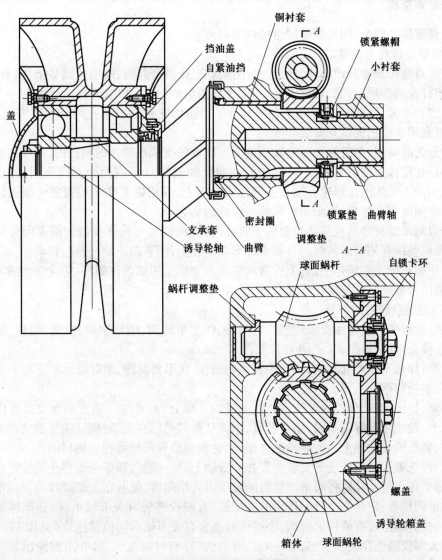

图 17.22　诱导轮及履带调整器

回绕挡油盖固定在轮毂内端面上。盖上制有环形槽,与焊在诱导轮轴上的回绕挡油环组成回绕挡油装置,并与套在轴上的隔圈(平面朝外)及两个自压油挡(碗口朝车体)的共同作用,防止润滑脂外漏和泥水进入轴承。

轮轴盖用螺栓固定在轮毂外端面上,其中有两个螺栓孔与内腔相通,用来加添润滑脂。盖与轮毂之间装有涂铅油的纸垫。

2. 履带调整器

履带调整器共两个,用来调整履带的松紧程度。

(1)中型底盘履带调整器

中型底盘履带调整器由箱体、曲臂、大小铜衬套、O形密封圈、蜗轮及调整垫、锁紧垫圈、锁紧螺母、蜗杆及调整垫、衬套、自锁卡环、箱盖及螺盖组成(见图17.22)。

箱体焊在车体后部两侧,外端焊有密封环。在箱体曲臂的安装孔内分别装有大、小铜衬套,大铜衬套用定位销固定在安装孔内。

曲臂分为曲臂轴、曲臂和诱导轮轴三部分。曲臂轴支承在箱体的轴孔内,焊在曲臂轴上的密封环与焊在箱体上的密封环配合,并与套在曲臂轴上的O形密封圈共同作用,防止润滑脂外漏和灰尘进入箱体内。蜗轮套装在曲臂轴的花键上,并用锁紧螺母和锁紧垫圈固定。在蜗轮与箱体之间装有调整垫,用来调整蜗轮与蜗杆的啮合。

蜗杆以两端的衬套装在箱体及盖的安装孔内,在两衬套与箱体及盖的端面间分别装有调整垫,用来调整蜗杆的轴向间隙。自锁卡环套在蜗杆上,用来防止蜗杆自行转动。

箱盖用螺栓固定在箱体上,其上拧有两螺盖。上螺盖用来盖住蜗杆,防止尘土进入蜗轮箱内;下螺盖用来检查蜗轮与蜗杆的啮合情况。

(2)轻型底盘履带调整器

轻型底盘履带调整器由支架、曲臂、密封环、O形密封圈、滚针轴承、拉臂、螺帽、履带调整器缸筒、管接头、油管等组成(见图17.23、图17.24)。

①支架:焊在车体尾部两侧,内孔中装有密封环、O形密封圈、滚针轴承。支架中部开有缺口,用以限制拉臂摆动范围。

②曲臂:整体锻成,分诱导轮轴、曲臂、曲臂轴三部分,曲臂轴一端支承在支架孔内的两个滚针轴承上,轴端用圆螺帽紧固,垫片锁紧,用调整垫调整轴向间隙,保证曲臂轴转动灵活。曲臂摆动时,装于诱导轮轴上的诱导轮随之摆动,达到调整履带松紧程度的目的。

③拉臂:花键孔一端按规定安装角套在曲臂轴上,另一端与履带调整器小端铰链座用销轴连接,并用卡环定位。拉臂将履带调整器的液压力传给曲臂,使其在支架缺口范围内摆动。

④履带调整器:它是一个双向作用的液压缸,大端铰链装有关节轴承,挂在车体侧甲板上的支座上,铰链座上装有液控单向阀,小端铰链也装有关节轴承同拉臂连接(见图17.25)。缸筒一端同大端铰链座焊接在一起,另一端装有带内、外密封的支承套,并用螺圈压紧。内缸筒一端同大端铰链座焊接在一起,另一端装有定位环、密封环、密封圈、挡环的活塞,并用压板定位。缸筒与内缸筒组合后,形成两个被活塞隔断的储油空间。单向阀下面一个管接头为充油,

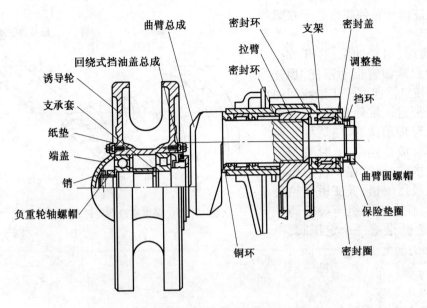

图 17.23　诱导轮与曲臂总成

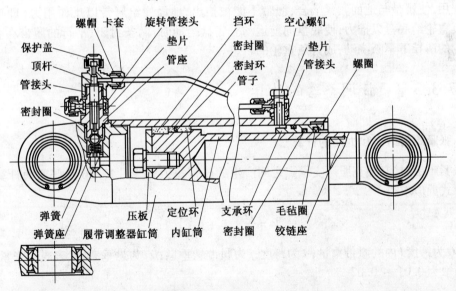

图 17.24　履带调节器

上面一个管接头为放油,并通过管子连通至履带调整器另一端。

　　张紧履带时,启动油泵,打开张紧开关,高压油经充油管冲开单向阀钢球,进入缸筒前腔,后腔液压油经放油管流回油箱,从而推动内缸筒伸出,拉臂带动曲臂,使诱导轮向底盘后方摆动,张紧履带,此时关闭张紧开关,停止供油,单向阀钢球在弹簧力和液压力作用下复位,实现液压闭锁,保证诱导轮使履带处于张紧位置。

　　放松履带时,启动油泵,打开放松开关,高压油经放油管推动顶杆,顶开单向阀钢球,使缸筒前腔液压油流回油箱,同时高压油进入缸筒后腔,推动内缸筒回缩,拉臂带动曲臂,使诱导轮向底盘前方摆动,放松履带,此时关闭放松开关,停止供油,钢球在弹簧力作用下复位,实现液压闭锁,保证诱导轮处于放松位置。在电磁阀组至履带调整器之间的管道上,装有一个定压阀,用来调整履带张力的大小。

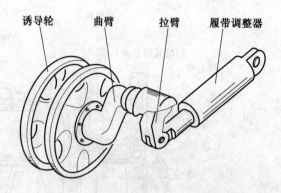

诱导轮　　曲臂　　拉臂　　履带调整器

图 17.25　轻型底盘诱导轮及履带调节器

3. 工作

　　主动轮转动时,负重轮上面履带被拉紧,经诱导轮要拉出负重轮下面的履带,但由于底盘重力作用,使履带与地面紧紧啮合,履带不能被拉出,地面便给履带以反作用力(即牵引力),通过负重轮给底盘以推力,使底盘向前运动。底盘运动时,两条封闭、平行的履带在主动轮和诱导轮的诱导下不断绕动,成为负重轮的轨道。

17.3.3　履带调整器的计算

1. 张紧履带时力和力矩的计算

　　张紧履带时,必须克服两支承点之间产生的履带拉力 P。图 17.26 是张紧力计算简图,P 可按下式近似求得

$$P = \frac{Q}{2}\sqrt{1 + \left(\frac{l}{4f}\right)^2} \qquad (17.8)$$

式中,Q 为跨度 l 内的履带重量;l 为跨度;f 为履带悬垂量;f/l 为悬垂率,代表履带张紧程度,计算中可取为 0.01 ~ 0.02。

$$R = 2P\cos\frac{\gamma}{2} \qquad (17.9)$$

式中,γ 为履带接近角。

　　图 17.27 中,O 为曲臂轴的轴心,R 对 O 的力矩为 $M = R \times aO_2$,

$$aO_2 = OO_2\cos\left(\beta - \frac{\gamma}{2}\right) = r_1\cos\left(\beta - \frac{\gamma}{2}\right)$$

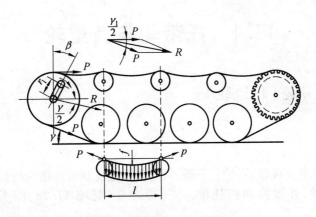

图 17.26　调节器计算简图

即

$$M = Rr_1\cos\left(\beta - \frac{\gamma}{2}\right)$$

$$M_{\max} = Rr_1 \tag{17.10}$$

按照一个人力能迅速地张紧履带的要求,确定传动装置的传动比 i,即

$$i = \frac{M_{\max}}{FS\eta} \tag{17.11}$$

式中,F 为调整时的作用力(一般为 150～200 N);S 为作用力 F 的力臂,约为 0.5～1 m;η 为传动装置的效率。

r_1 的大小决定于所需要的最大调整行程和结构上所允许的曲臂转动角度。

2. 曲臂强度的计算

首先要分析诱导轮及曲臂的受力情况,当诱导轮在前,上支履带及前下部履带在前进挡时松弛,所受负荷较小;在倒挡和制动时诱导轮则承受最大张力。此张力按地面附着力计算($P = 0.5\varphi G$)。诱导轮在后,转向时高速侧履带被最大力拉紧,此力也按地面附着力计算。克服障碍时,诱导轮还承受很大冲击负荷。

当确定支点反力时,应根据结构特点具体分析。当曲臂无固定齿盘时,情况比较简单。可用静力学平衡方程求出支点反力。

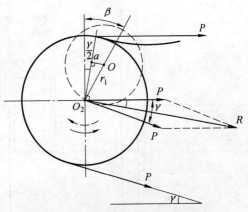

图 17.27　调整器计算局部示意图

当曲臂外侧有固定齿盘(如中型坦克)时,情况比较复杂,要用解静不定问题的方法去求支点反力。求出各支点反力后,曲臂的强度计算方法与扭杆悬挂系统的平衡肘相同。

17.4 托带轮与负重轮

17.4.1 托带轮(托边轮)

1.功用及种类

托带轮用来支承上支履带,不使它下垂,同时限制上支履带的横向滑移。

托带轮有内缓冲、外缓冲和内托带、外托带之分(见图17.28、图17.29、图17.30、图17.31)。

内、外托带轮的区别仅在于内外支座的长短不同,内支座短,外支座长,轮部结构都是一样的。

托带轮的形式为单轮式,按减振方式分为内缓冲托带轮和外缓冲托带轮两种。

内缓冲托带轮和外缓冲托带轮缘、轮毂的形式不同,内缓冲托带轮橡胶圈套压在钢质轮缘与轮毂之间,外缓冲托带轮橡胶硫化在轮毂的外表面。支承和密封都是相同的,因此可以实现互换。

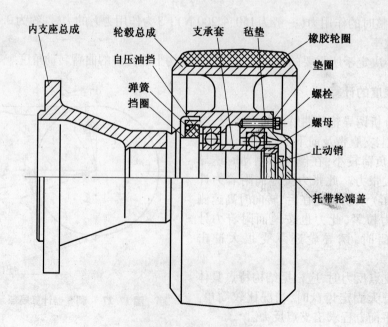

图17.28 外缓冲内托带轮

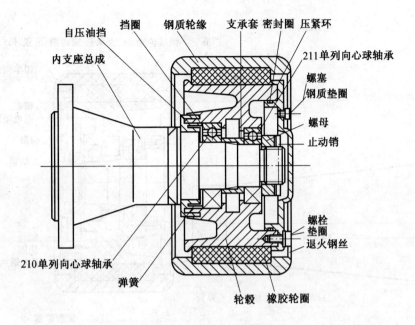

图 17.29　内缓冲内托带轮

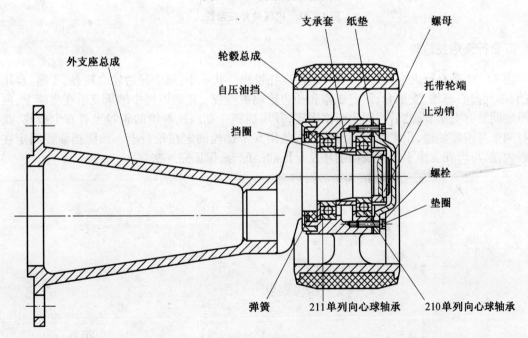

图 17.30　外缓冲外托带轮

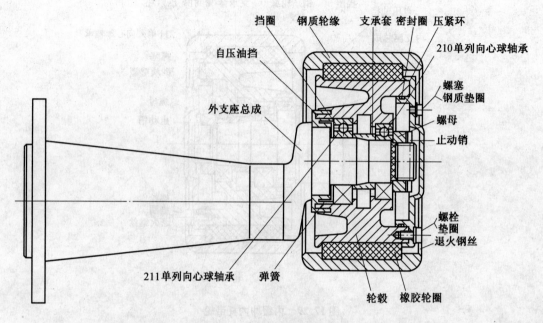

图 17.31　内缓冲外托带轮

2. 自行火炮托边轮

图 17.32 是自行火炮托边轮,属外缓冲内托带轮。共 6 个,每个托边轮由轮毂、支座、自压油挡、单列向心球轴、支承套、固定螺帽和托边轮端盖组成。轮毂以两个轴承支承在支座上,两轴承之间装有支承套,然后用固定螺帽固定,并用插销止动。托带轮的轮毂上有 6 个螺孔,其中有两个与内腔相通,用来加注润滑脂。端盖用 6 个螺栓固定在轮毂上。回绕挡油盖固定在轮毂内端,与焊在支座上的回绕挡油环及自压油挡配合,保证完好密封。

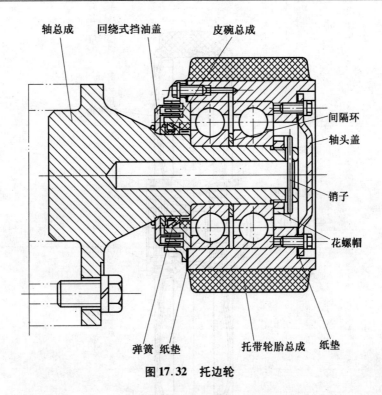

轴总成　回绕式挡油盖　皮碗总成

间隔环

轴头盖

销子

花螺帽

弹簧　纸垫　托带轮胎总成　纸垫

图 17.32　托边轮

17.4.2　负　重　轮

1. 功用、种类及要求

负重轮用来承受自行火炮的重量和规正履带。

负重轮分单轮缘和双轮缘两种,见图 17.33、图 17.34。一般中、重型履带车辆多用双轮缘,轻型车辆多用单轮缘,但现在轻型车辆也逐渐采用双轮缘负重轮,例如 M113、4-25 mm 自行高炮。

对负重轮的基本要求是:工作可靠而耐久、质量轻、滚动阻力小、有一定的缓冲能力。

2. 负重轮结构设计

负重轮的结构设计主要内容包括橡胶与基体的连接(即挂胶方式)、轮毂、轮辐、轮圈的结构、轴承结构和密封形式等。

(1)橡胶与基体的连接(挂胶方式)

橡胶轮缘和轮圈之间最常见的连接方法有花纹挂胶与平板挂胶两种。沿用已久的花纹挂胶是将轧制的花纹扁钢制成钢圈,在钢圈挂胶表面涂一层胶浆,挂上一层硬质胶,再于其上连

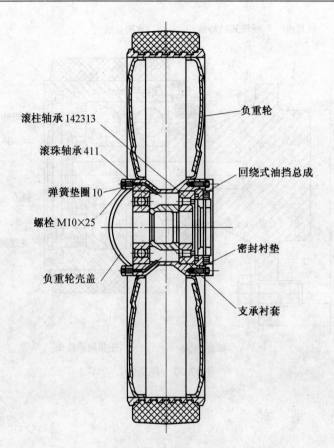

图 17.33　单轮缘负重轮

续挂上多层软质橡胶至一定尺寸后置入金属模中,放于硫化罐中硫化。硬质胶是钢圈和软质胶的连接体,其厚度约为 6 mm。此硬质胶不易太厚,否则使用中易被冲碎。为使橡胶与金属结合牢固,轮圈花纹槽中还有小沟以增大结合强度,如图 17.33 所示。

　　这种花纹挂胶的主要缺点是硬质胶的耐热、耐冲击(变形吸收能量的性能)和热传导性能较差;硬质胶和胎面胶(软质胶)之间结合强度较差。使用中先是硬质胶和胎面胶之间产生裂纹,以后是剥落掉块,最后是胎面胶整圈脱落而报废,因此负重轮使用寿命较低。如中型坦克负重轮有的行驶不到 1 000 km 胶圈就脱落,一般使用寿命仅为 3 000 km 左右。

　　花纹挂胶使用的花纹钢板是由轧钢厂专门轧制供应的,因花纹凹槽较深,轧制只能采用含碳量较少的 10 号钢或 15 号钢,其塑性较好,但使用中很易变形而使胎面损坏。

　　平板挂胶是一种较先进的工艺(见图 17.34)。其工序是将条扁钢或钢板(无花纹)制成钢圈,钢圈经清理后在其挂胶表面刷一层黏结剂,再挂软质橡胶然后硫化。

　　采用平板挂胶的突出优点是胎面胶与金属钢圈结合牢固,在试车中可看出胎面胶只掉块而不会整圈脱落,因而大大提高了负重轮的使用寿命。中型坦克试车一般寿命均在 6 000 km

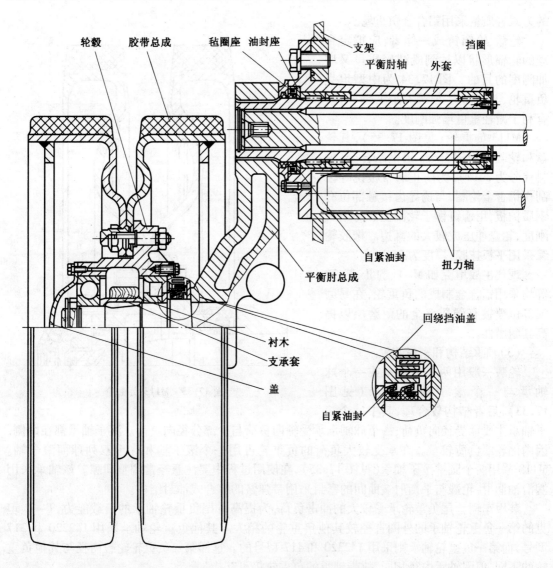

图 17.34　双轮缘负重轮及悬挂装置

以上,有少数负重轮甚至行驶 11 809 km 还可继续使用。

实践表明,光滑的黄铜表面与橡胶的黏结比之钢表面与橡胶的黏结具有更高的黏结强度,但增加了镀铜工序并使成本加大。

(2)轮毂、轮辐、轮圈结构

轮辐有的与轮毂铸成一体,有的是以钢板冲压制成辐板形式。轮毂与辐板焊接或用螺钉连接。冲压的轮辐沿径向压出数条凸筋,以减轻质量增强刚度。有的水陆两用车辆为增加水上浮力、轮毂、轮辐和轮圈做成中空的或在其间填有泡沫塑料,弹片击伤后,使水不易渗入。有的为减轻质量采用铝合金负重轮。

轮毂、轮辐铸成一体者,应拟定合理的轮辐形状以达到既减轻质量又增加刚度的目的。图 17.34 为中型坦克负重轮,其轮辐为花瓣形结构,壁较薄,有利于减轻重量增强刚度。

M113 负重轮(见图 17.35),其轮盘和轮毂采用铝合金(铝钢系合金,材料代号为 2014),为防止履带板诱导齿刮伤铝合金轮圈,与诱导齿接触部位有钢质护板,用铆钉铆于轮圈上。为增大刚度,轮盘冲压成较大的翻边。橡胶轮缘采用平板挂胶,厚度为 25 mm。

现代主战坦克如 M-1、豹Ⅱ、T-72等均采用铝合金制成的负重轮,在易磨损部位喷镀有硬质合金的耐磨层以提高其耐磨性。

(3)轴承结构和密封装置

轮毂一般用两个球轴承或一个球轴承与一个滚子轴承支承(见图 17.33),后者结构较合理,其中一个滚

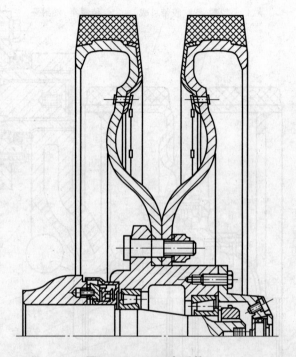

图 17.35　M113 负重轮

子轴承主要承受径向负荷,一个球轴承承受轴向负荷与少部分径向负荷。滚子轴承都在内侧,因内侧轮圈负荷较重。在承受较大负荷的负重轮可用一个滚子轴和一个双列球面滚子轴。M113 采用两个圆锥滚子轴承(见图 17.35),在使用过程中要注意经常调整间隙。该轴承采用润滑油润滑,轮毂与平衡肘端面间的密封采用带弹簧的综合式油封结构。

装甲车辆首尾负重轮承受较大的冲击负荷,为提高首尾负重轮轴承的负载能力,T-62 坦克的第一负重轮轴承的外圈直径较其他负重轮的稍大。其他负重轮轴承采用 142220 和 317 型号,而第一负重轮轴承则采用 142320 和 417 型号的。这样第一负重轮轮毂内径与其他负重轮的不同,但因轴承内径相同,故带轴承的负重轮仍可互换。

负重轮所用的密封装置形式很多,如图 17.36 所示。其中较可靠的是综合式密封(见图 17.34),即自紧油封加迷宫密封。双重的自紧油封也较可靠。中型底盘负重轮即为综合式密封,它有两道自紧油封加迷宫密封。

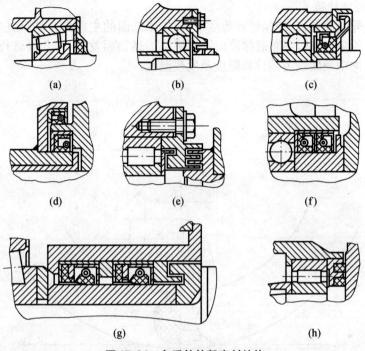

图 17.36　负重轮轮毂密封结构

3. 负重轮轮缘的工作条件及发热强度计算

（1）轮缘的工作条件

当履带车辆沿弧形断面道路的中部行驶时，双轮缘的负重轮其内侧轮缘承受的负荷增大，外侧轮缘承受的负荷减小。

即使在水平断面的路面行驶，由于平衡肘、负重轮和扭杆的变形，负重轮轴承和扭杆支架中的间隙，均会使内侧轮缘的载荷增加。

同一负重轮其内外轮缘直径尺寸有偏差时，大直径的轮缘将承受较大负荷。只有轮缘外径尺寸制造得很精确才可以排除轮缘的过载。

轮缘橡胶的刚性不同时，刚性较大的轮缘承受载荷较大。在改善了轮缘的制造工艺后，这种情况易于消除。

由于上述原因，一般情况下内侧轮缘的载荷较外侧轮缘的载荷增大 20%，并据此计算内侧轮缘。

当车辆在侧倾坡行驶时，较低一侧轮缘负荷较大。当转向时，各轮缘间载荷分布规律是不同的，而且轮缘还承受较大的横向力。当石块落入轮缘和履带之间或雪在轮缘滚道表面冻结时，均会发生轮缘的偶然过载和损伤。

（2）轮缘的强度计算

作用在负重轮上的负荷,使轮缘产生变形,使轮缘断面的主应力 δ_y、剪切应力 τ 及压力按图 17.37 分布。轮缘变形时要克服橡胶内部摩擦阻力做功而发热,因此要进行发热及强度计算。现以自行火炮中型底盘为例计算强度及发热温度。

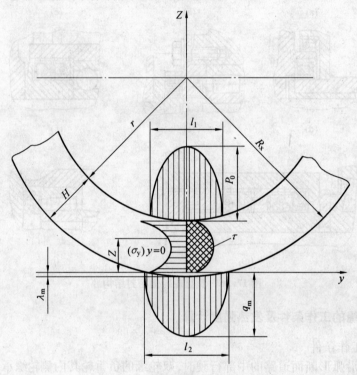

图 17.37　作用于轮缘断面中的应力

已知:

自行火炮战斗全重	30 t
最大速度	56 km/h
负重轮直径 D_k	64 cm
轮缘厚度 H	3.3 cm
负重轮个数 $2n=12$	
负重轮形式	双轮缘
负重轮轮缘宽度	$b=14$ cm

计算:

轮缘上载荷

$$P/N = \frac{300\,000}{2 \times 12} = 12\,500$$

考虑双轮缘载荷分配不均匀,内轮缘可能过载 15% ~ 20%,取计算力 $P = 15\,000$ N。

① 轮缘与履带接触处的印痕长度 l_2

印痕长度 l_2 按公式 $l_2 = 1.96C \sqrt{\dfrac{PR_k}{bE_p}} \cdot \sqrt[3]{\dfrac{H}{R_k}}$ 求取。

式中，P 为轮缘上的负荷，N；b 为轮缘宽度，cm；E_p 为橡胶第一类弹性模数，约为 500 ～ 800 N/cm²；R_k 为负重轮半径，cm；r 为轮圈的半径，cm；H 为轮缘厚度，cm；C 为系数 = 1.1 ～ 1.3。

取 $E_p = 500$ N/cm²，$C = 1.3$，则算得 $l_2 = 8.2$ cm。

② 轮缘最大变形 λ_m

$$\lambda_m / \text{cm} = \frac{l_2^2}{8R_k} = \frac{8.2^2}{8 \times 32} = 0.26$$

③ 在稳定的热过程中轮缘的发热温度 T_s

$$T_s = T - t = 1.31 \times \frac{C\psi v P}{\alpha F R_k} \sqrt{\frac{PR_k}{bE_p}} \cdot \sqrt{\frac{H}{R_k}}$$

式中，T 为轮缘断面平均温度；t 为周围介质（空气）的温度；ψ 为橡胶内摩擦耗功系数；v 为自行火炮行驶速度，m/s；α 为热交换系数，kcal/(m²·h·℃)；F 为轮缘外表面积，m²；

$$F = F_1 + F_2 + F_3$$

式中，F_1 为轮缘两侧表面积，$F_1 = 2\left[2\pi\left(R_k - \dfrac{H}{2}\right) \cdot H\right]$；$F_2$ 为轮缘外圆表面积，$F_2 = 2\pi R_k b$；F_3 为轮缘内圆表面积，$F_3 = 2\pi(R_k - H) \cdot b$。

$$F / \text{m}^2 = 2\pi(2R_k - H)(b + H) = 0.6598$$

取 $\psi = 3$，$\alpha = 15$ kcal/(m²·h·℃)，$v = 15.5$ m/s(56 km/h)

$$T_s / ℃ = 1.31 \times \frac{1.3 \times 0.3 \times 15.5 \times 1\,500}{15 \times 0.6598 \times 32} \cdot \sqrt{\frac{1\,500 \times 32}{14 \times 50}} \cdot \sqrt[3]{\frac{3.3}{32}} = 111.2$$

当自行火炮行军速度为 20 km/h 时，$T_s = 39.9$ ℃。

④ 轮缘与履带接触处最大单位压力 q_m

$$q_m / (\text{N/cm}^2) = \frac{1.27P}{bl_2} = \frac{1.27 \times 15\,000}{14 \times 8.2} = 165.94$$

如果取过载系数 ε（估计动态影响）为 3 ～ 10，则

$$\varepsilon = 7 \qquad q_m = 1\,162 \text{ N/cm}^2$$
$$\varepsilon = 10 \qquad q_m = 1\,659 \text{ N/cm}^2$$

⑤ 轮缘与轮圈接触处承载弧的弦长 l_1

$$l_1 = 1.96 \sqrt{\frac{Pr}{bE_p}} \cdot \sqrt[3]{\frac{H}{r}}$$

式中，r 为轮圈半径

$$r / \text{cm} = R_k - H = 32 - 3.3 = 28.7$$

$$l_1 / \text{cm} = 1.96 \sqrt{\frac{15\,000 \times 28.7}{14 \times 500}} \cdot \sqrt[3]{\frac{3.3}{28.7}} = 7.5$$

⑥ 轮缘与轮圈接触处最大单位压力 P_0

$$P_0/(\text{N/cm}^2) = \frac{1.27 \times P}{bl_1} = \frac{1.27 \times 15\,000}{14 \times 7.5} = 181$$

当 $\varepsilon = 7$　　　　$P_0 = 1\,267\ \text{N/cm}^2$

当 $\varepsilon = 10$　　　　$P_0 = 1\,810\ \text{N/cm}^2$

⑦ 最大主应力 σ_y 应按下式求取($y = 0$ 处)

$$\sigma_y = 4\left[\frac{q_m}{l_2}Z + \frac{P_0}{l_1}(H-Z)\right] - \left[\frac{q_m}{l_2} \cdot \frac{l_2^2 + 8Z^2}{\sqrt{l_2^2 + 4Z^2}} + \frac{P_0}{l_1} \cdot \frac{l_1^2 + 8(H-Z)^2}{\sqrt{l_1^2 + 4(H-Z)^2}}\right]$$

取 $Z = H$ 处考虑(轮缘与轮圈交界处),则有

$$\sigma_y = 4\left(\frac{q_m}{l_2}H\right) - \left(\frac{q_m}{l_2} \cdot \frac{l_2^2 + 8H^2}{\sqrt{l_2^2 + 4H^2}} + P_0\right)$$

代入数据:

当 $\varepsilon = 7$ 时

$$\sigma_y/(\text{N/cm}^2) = 4\left(\frac{1\,162}{8.2} \times 3.3\right) - \left(\frac{1\,162}{8.2} \cdot \frac{8.2^2 + 8 \times 3.3^2}{\sqrt{8.2^2 + 4 \times 3.3^2}} + 1\,267\right) = -1\,475$$

当 $\varepsilon = 10$ 时

$$\sigma_y = -2\,018\ \text{N/cm}^2$$

⑧ 最大剪切应力 τ

最大剪切应力 τ 应按下式求取

$$\tau = 2\left\{\frac{q_m}{l_2}Z + \frac{P_0}{l_1}(H-Z) - 2\left[\frac{q_m Z^2}{l_2\sqrt{l_2^2 + 4Z^2}} + \frac{P_0(H-Z)^2}{l_1\sqrt{l_1^2 + 4(H-Z)^2}}\right]\right\}$$

取 $Z = H/2$(最大剪切应力处,见图 17.37)处,则

当 $\varepsilon = 7$ 时　　　　$\tau = 626\ \text{N/cm}^2$

当 $\varepsilon = 10$ 时　　　$\tau = 653\ \text{N/cm}^2$

查橡胶的有关资料,使 σ_y, τ, T_s 能满足要求,即可选用。

复 习 题

17-1　履带调整器是如何工作的?

17-2　履带推进装置由哪些零部件组成?

17-3　履带推进装置的功用是什么?

17-4　履带推进装置布置类型有哪两种? 各有何特点?

17-5　中型底盘和轻型底盘履带板在结构上有何不同?

17-6　简述诱导轮的类型和使用要求。

17-7　简述托带轮的功用及种类。

17-8　简述负重轮的功用及种类。

第18章 悬挂装置

18.1 功用、组成及要求

悬挂装置是指将车体和负重轮弹性连接起来的零部件的总称。

18.1.1 功用及组成

减缓自行火炮行进间所受的撞击、振动,以提高自行火炮行驶的平稳性和工作的可靠性。车辆悬挂装置主要由弹性元件、阻尼元件及其连接机构组成。

1.弹性元件

弹性元件有金属弹簧和气体弹簧两种。金属弹簧又可分为扭杆弹簧、螺旋弹簧和碟片弹簧,如图18.1所示。

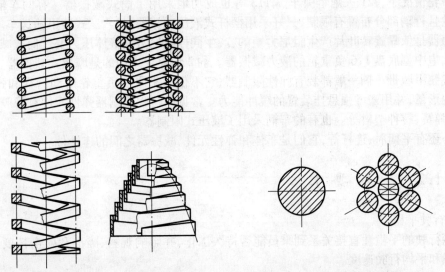

图18.1 金属弹簧

　　螺旋弹簧在老式履带车辆上应用较多,因其在车内所占空间较大,单位质量储存的变形能小,以及需要导向杆、导向套等,所以在现代坦克上已基本淘汰。较典型的车辆是前苏联的 T-34 及英国的奇伏坦。

碟片弹簧仅在瑞士 PZ61 坦克上使用,性能并不理想。

扭杆弹簧在现代装甲车辆上应用最广,优点是结构简单、工作可靠、车内体积小、质量轻,且维修方便、工艺性好。采用最广泛的为实心圆断面的扭杆。德国 T-V 坦克曾采用过双扭杆悬挂,提高了平稳性,但结构较为复杂。苏联重型坦克 T-10M 采用束状扭杆。其断面如图 18.1 所示,但这种结构占车内体积较大。我国现装备的自行火炮均采用扭杆弹簧。

气体弹簧是采用密闭容器中的高压气体(一般采用氮气)受压缩时吸收能量起缓冲作用的原理作为悬挂装置的弹性元件。它有良好的非线性,改善了悬挂性能。采用气体弹簧的坦克有瑞典的 S 坦克、日本的 74 式坦克等。122 mm 自行榴弹炮第一和第六负重轮减振器是液力式,又称为油气悬挂。

2. 阻尼元件

阻尼元件为减振器,履带车辆的减振器按布置形式可分为同轴式和异轴式。同轴式是指减振器的回转中心与平衡肘同心,例如豹 Ⅱ 的同轴式摩擦减振器和美国 M1 坦克的同轴式回转液压减振器。

若按减振器的工作原理可分为液压式及摩擦式减振器。

减振器按其结构可分为筒式、摆杆式和叶片式三种。

筒式液压减振器性能较好,应用广泛,例如在有托带轮情况下,M46、M48、M60、豹 1 坦克;在无托带轮情况下,421 火炮牵引车、M113 等也成功地采用了筒式减振器。有的车辆因采用大负重轮且行动部分布置有限制,只好采用摆杆式液压减振器,如六三式装甲输送车。叶片式液压减振器是依靠旋转叶片产生阻尼力矩的,产生同样阻尼力其液体压力要比筒式减振器高,如自行火炮中型底盘 1、6 负重轮的液力减振器。豹 2 坦克上采用的是摩擦式减振器。

现代装甲履带车辆一般都装有弹性限制器,它不仅用来限制负重轮的动行程和弹性元件的最大变形量,并用来增强悬挂装置的缓冲能力。常见的行程限制器弹性元件有橡胶、涡卷弹簧、碟片弹簧、特种塑料等。也有的车辆采用了液压式限制器。

此外还有平衡肘、连杆等,它们是车体和弹性元件、减振器之间的连接件。

18.1.2　基本要求

(1)行驶平稳

车辆行驶的平稳性直接关系到乘员能否持久工作,并影响观察、瞄准和射击精度、机构的惯性过载和平均行驶速度。

衡量平稳性的指标一般用车辆振动频率、振幅、振动速度和加速度的大小来评价。为使平稳性能好,要求悬挂的刚性系数适当小些,纵向角振动周期和垂直振动周期适当地大些。

(2)可靠耐久

表征可靠耐久性能的指标是,指各受到刚性冲击零件强度储备及弹性元件的疲劳强度储备;行动部分的弹性元件位能储备。

（3）质量轻、体积小

悬挂装置的全部质量约为装甲车辆全重的 3.7% ~ 7.0%。

（4）便于维护修理

18.2 弹性元件的计算

18.2.1 扭杆悬挂的计算

扭杆悬挂广泛用于履带车辆上。由扭力轴、缓冲器、平衡肘、减振器及连接机构组成,如图 18.32 ~ 18.34 所示。

扭力轴是悬挂装置中的弹性元件,是用特殊钢制成的实心圆杆。杆的两端分别制有长、短花键,短花键的一端插入另一侧平衡肘支架带花键的小孔中(支架焊在车体上),作为扭力轴固定点;长花键的一端与平衡肘轴的花键啮合。平衡肘轴通过轴承装在外套内,外套用螺栓固定在支架内,平衡肘轴外面的花键套着带负重轮轴的平衡肘总成。当负重轮碰到障碍时,平衡肘摆动使扭力轴扭转,利用其扭转变形起到弹性悬挂的作用。

扭杆悬挂计算的目的是确定扭杆悬挂各零件尺寸参数(扭杆直径 d、扭杆工作长度 L,平衡肘总成臂的长度 a,扭杆静置位置扭转角 θ_j,最大扭转角 θ_{max},平衡肘静置位置安装角 α_j,自由安装角 α_0 等),如图 18.2 所示。

1. 性能参数

确定尺寸参数的依据是满足性能参数(静置悬挂刚性系数 m_{xj}、纵向角振动周期 T_φ、最大角振幅 φ_{max}、最大线振幅 Z_{max}、全行程比位能 λ_q 和动行程比位能 λ_d)要求,还要满足强度(静应力 τ_j 和最大应力 τ_{max})及布置的要求。

（1）静置悬挂刚性系数 m_{xj}

静置时
$$m_{xj} = \frac{\pi d^4 G}{32 L a^2} \cdot \frac{1 - (\alpha_0 - \alpha_j) \tan \alpha_j}{\cos^2 \alpha_j} \quad (18.1)$$

式中,d 为扭杆直径;G 为扭杆材料的切变弹性系数(对钢,$G = 8.1 \times 10^6 \text{ N/cm}^2$);$L$ 为扭杆工作长度;a 为平衡肘总成臂的长度;α_0 为自由状态下平衡肘与水平线的夹角;α_j 为静置状态下平衡肘与水平线的夹角。

图 18.2 中,h 为扭杆中心距车底高;H 为车底距地高;f_d 为平衡肘总成的动行程。

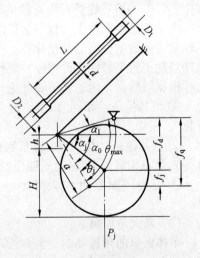

图 18.2 扭杆悬挂各尺寸参数

（2）振动周期

① 纵向角振动周期 T_φ 为

$$T_\varphi = 2\pi \sqrt{\frac{I_y}{2\sum_{i=1}^{n} m_{xi} l_i^2}} \tag{18.2}$$

式中，m_{xi} 为第 i 个负重轮的悬挂刚性系数，N/m；l_i 为第 i 个负重轮到振心的距离（近似计算也用重心代替），m；I_y 为悬置质量对通过重心横轴的转动惯量，N·m/s²。可由经验公式近似确定

$$I_y = 0.12\beta^2 \frac{G_x}{g}(L_0^2 + H_0^2)$$

式中，G_x 为悬置质量，kg；L_0 为车体长度，m；H_0 为车体高度，m；β 为质量分配系数，$\beta = 1.05 \sim 1.15$（对长炮管取上限）。

② 垂直线振动周期 T_1 为

$$T_1 = 2\pi \sqrt{\frac{G_x}{2g\sum_{i=1}^{n} m_{xi}}} \tag{18.3}$$

当各负重轮悬挂刚性相等时，上式可写为

$$T_1 = 2\pi \sqrt{\frac{G_x}{2ngm_x}} = 2\pi \sqrt{\frac{P_j}{gm_x}} = 2\pi \sqrt{\frac{f_j}{g}} \tag{18.4}$$

式中，f_j，P_j 为负重轮静行程与静负荷。

由于负重轮在整个行程中悬挂刚性系数并非常数，且地面形状复杂，因此多轮振动的履带车辆常需做数学模型的简化计算。一般取车辆在静平衡位置附近振动状况作为分析依据，把振动周期定为平稳性评价指标。现代履带车辆 $T_\varphi = 0.8 \sim 1.55$ s；$T_1 = 0.5 \sim 1.0$ s。

根据对履带车辆的试验和理论分析，可以得出如下结论：

① 当其他条件相同时，车辆的质量和转动惯量越大，振动周期便越大；

② 当其他条件相同时（如车辆质量、悬挂刚性等），负重轮数越多，振动周期便越小；

③ 安装减振器可大大降低车辆的振动强度。

（3）最大角振幅 φ_{max}

车体做纵向角振动时，当首尾负重轮的平衡

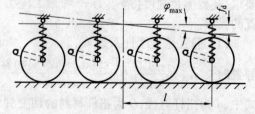

图18.3　车体纵倾角简图

肘碰到限制器时，车体最大角振幅 φ_{max} 不应大于 10°，否则车体颠簸过于强烈。φ_{max} 可由图 18.3 近似求得，即

$$\varphi_{max} = \frac{f_d}{l} \tag{18.5}$$

式中,动行程 f_d 可按近代车辆数据 $f_d = (0.4 \sim 0.75)H$ 结合实车布置选定。M – 1 坦克 f_a/H 达 0.793。H 为车底距地高,l 为履带接地长度之半。

(4) 负重轮行程

由图 18.2 可知:

全行程　$f_q = a(\sin \alpha_0 - \sin \alpha_1)$　　　　　　　　　　　(18.6)

静行程　$f_j = a(\sin \alpha_0 - \sin \alpha_j)$　　　　　　　　　　　(18.7)

动行程　$f_d = f_q - f_j = a(\sin \alpha_j - \sin \alpha_1)$　　　　　　(18.8)

(5) 全行程比位能和动行程比位能

全行程比位能 λ_q 为(假定悬挂特性是线性的)

$$\lambda_q = \frac{2n}{G_x} \cdot \frac{M_{max}\theta_{max}}{2}$$

式中,θ_{max} 为扭杆最大扭角;M_{max} 为扭杆最大转矩。

$$M_{max} = \frac{GJ_p\theta_{max}}{L} = \frac{GJ_p(\alpha_0 - \alpha)}{L}$$

代入上式,则全程比位能

$$\lambda_q = \frac{n}{G_x} \frac{GJ_p}{L}(\alpha_0 - \alpha_1)^2 \qquad (18.9)$$

因静行程比位能为

$$\lambda_j = \frac{nGJ}{G_xL}(\alpha_0 - \alpha_j)^2$$

$$\lambda_d = \lambda_q - \lambda_j$$

故动比位能为

$$\lambda_d = \frac{nGJ_p}{G_xL}[(\alpha_0 - \alpha_1)^2 - (\alpha_0 - \alpha_j)^2] \qquad (18.10)$$

(6) 扭杆静应力 τ_j 和最大应力 τ_{max}

$$\tau_j = \frac{M_j}{W_p} = \frac{P_j a\cos \alpha_j}{0.2d^3} \qquad (18.11)$$

$$\tau_{max} = \frac{M_{max}}{W_p} = \frac{P_{max} a\cos \alpha_1}{0.2d^3} \qquad (18.12)$$

式中,W_p 为扭杆的抗扭截面模量,$W_p = \dfrac{\pi d^3}{16} \approx 0.2d^3$;$P_f$ 为负重轮上的静负荷,$P_j = \dfrac{G_x}{2n}$。

如扭杆材料采用 45CrNiMoVA 并经滚压强化,允许应力值可取为 $[\tau_j] = 28\,000 \sim 35\,000$ N/cm²,$[\tau_{max}] = 80\,000 \sim 90\,000$ N/cm²。

分析结构参数 n,d,a,L 与强度参数 τ_j,τ_{max} 和主要性能参数 m_x,T_{lj},λ_q 之间的关系,作为确定扭杆悬挂主要尺寸的依据。

$$m_x = \frac{\pi d^4 G}{32La^2} \cdot \frac{1 - (\alpha_0 - \alpha)\tan \alpha}{\cos^2\alpha}$$

$$T_{lj} = \frac{8a}{d^2} \sqrt{\frac{\pi L G_x}{ngG}}$$

$$\lambda_q = \frac{n}{G_x} \cdot \tau_{max}^2 \cdot \frac{\pi d^2 L}{8G} = \frac{n}{G_x} \cdot \theta_{max}^2 \cdot \frac{G\pi d^4}{32L}$$

$$\tau = \frac{Pa\cos\alpha}{0.2d^3}$$

由以上各式可见:

①增长扭杆工作长度 L,对提高 T_{lj} 及 λ_q(要相应提高 θ_{max})均有利。

②增长平衡肘长度 a,能提高 T_{lj}、降低 m_x(使刚性软化),但与 λ_q 无关(布置上要注意负重行程要相应增大)。此时 τ 要大些。

③增加 d 使 T_{lj} 减小但使 λ_q 增大,反映了平稳性与可靠性间的矛盾。由于履带车辆经常在起伏不平地面行驶,减少刚性撞击是主要的,但要照顾勿使 T_{lj} 降低过多,必要时可用加长平衡肘长度 a 来调整。一般 T_{lj} 在 0.65 ~ 0.7 s 还是可以的。

④增加 n,使 T_{lj} 降低,λ_q 增加。若保持 τ_j 不变时,则有 $d \propto \dfrac{1}{\sqrt[3]{n}}$ 的关系,因此

$$T_{lj} \propto \sqrt[6]{n}$$

$$\lambda_q \propto \sqrt[3]{n}$$

可见若保持 τ_j 不变条件下增加 n,则对 T_{lj} 及 λ_q 均有所改善(但 θ_{max} 应按 $\theta_{max} \propto \sqrt[3]{n}$ 调整加大)。

2. 扭杆悬挂主要尺寸的确定

(1)D,H,a,L,h 的确定及 α_i 的计算

由图 18.4 得

$$\alpha = \sin^{-1} \frac{h + H - C - \dfrac{D}{2} + \delta}{a} \tag{18.13}$$

式中,h 为扭杆中心距车底高,按结构布置选定;H 为车底距地高,按战术要求确定;C 为履带板厚度;D 为负重轮直径;δ 为负重轮橡胶轮缘变形量;a 为平衡肘长度。

负重轮直径 D 的选取应考虑系列化、通用化,在橡胶轮缘发热及强度允许条件下尽可能取较小值,以获得较大的动行程 f_d。

车底距地高 H 发展趋向是不断增大,如 20 世纪 60 年代约为 450 mm,70 ~ 80 年代则达到 500 mm。如 M - 1 主战坦克 H 为 480 mm,"伊朗狮"为 500 mm,豹 2 前部达 540 mm。

平衡肘长度 a 与行动部分总布置是采用大直径负重轮还是采用小直径负重轮有关。应全面考虑后确定。

扭杆的工作长度 L 等于其全长减去两端键齿部分和过渡部分长度的 $\dfrac{1}{2}$ ~ $\dfrac{1}{3}$,如图 18.5 所

示。

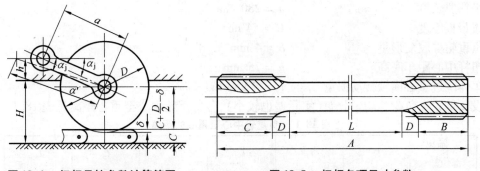

图 18.4　扭杆悬挂参数计算简图　　　　　图 18.5　扭杆各项尺寸参数

为减小扭杆悬挂的刚性系数 m_x，应尽可能加长 L，对单扭杆一般都横贯车体，L 值可按布置和结构确定。即

$$L = A - (B + C) - \left(\frac{1}{2} \sim \frac{1}{3}\right) \times 2D$$

（2）计算确定扭杆直径 d

计算前应选定扭杆的材料和热处理方法。扭杆的直径 d 应在最后确定，因它在结构、布置上所受的限制很小，而对各项性能影响很大。扭杆直径 d 一经确定，悬挂装置的各项性能指标就基本确定，因此要全面考虑并作多方案计算再对比选定。以下提出两种计算方法作为参考。

① 先定扭杆静置时的剪切应力 τ_j 值，按式 $d = \sqrt[3]{\dfrac{P_j a \cos \alpha_j}{0.2\tau_j}}$ 计算确定扭杆直径 d。如扭杆材料采用 45CrNiMoVA，并经滚压强化，其剪切应力值可取为 $\tau_j = 28\,000 \sim 35\,000 \ \text{N/cm}^2$。参照 $\tau_{max} = 80\,000 \sim 90\,000 \ \text{N/cm}^2$，确定动行程 f_d 和最大扭角 θ_{max}，再验算 T_φ，T_1 等性能指标。

② 先按性能要求定 T_φ 值，按式（18.2）计算确定悬挂刚性 m_x 和扭杆直径 d，再验算 τ_j 和 τ_{max} 等指标。

第一种计算方法是在充分利用扭杆材料强度潜力的条件下，尽可能提高其性能。因此这种计算方法比较合理。第二种计算方法考虑了性能要求，当要求较高时（如周期 T_φ 很大）算出的扭杆工作直径 d 较小就不能满足强度要求，往往还需要重新计算。

（3）扭杆悬挂计算例题

现以某轻型底盘自行火炮为例进行计算。

已知下列数据：

战斗全重　　　　　　　　　　$G_T = 20\,400 \ \text{kg}$

悬置质量　　　　　　　　　　$G_x = 18\,360 \ \text{kg}$

每侧负重轮个数　　　　　　　$n = 6$

车底距地高　　　　　　　　　$H = 420 \ \text{mm}$

负重轮直径	$D = 760$ mm
平衡肘长度	$a = 280$ mm
履带板厚度	$C = 54$ mm
负重轮橡胶变形量	$\delta = 4$ mm
扭杆中心距车底高	$h = 75$ mm
车体绕过重心横轴转动惯量	$I_y = 9\ 960\ \text{kgf} \cdot \text{m} \cdot \text{s}^2$

设负重轮上负荷为均匀分布(实际差也较小),各负重轮中心至重心距离见表18.1。

表 18.1　负重轮中心至重心的距离

距离 部位	l_1	l_2	l_3	l_4	l_5	l_6
左侧	2 179	1 248	438	382	1 212	1 061
右侧	2 179	1 350	540	280	1 110	2 061

计算时 l_j 在中心以后取负值,如图 18.6 所示。

悬挂装置的计算简图如图 18.7 所示。

扭杆的工作长度 L 可先参照车宽及布置确定其全长,再除去两端键齿部分等, $L = 1\ 988$ mm。

负重轮负荷均匀分布,故其静置负荷为

$$P_j/\text{kg} = \frac{G_x}{2n} = \frac{18\ 360}{12} = 1\ 530$$

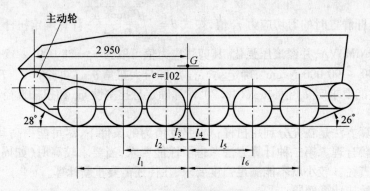

图 18.6　行动部分轮系布置图

① 平衡肘的静倾角 α_j 按图 18.7 和式(18.13)计算,即

$$\alpha_j = \sin^{-1} \frac{h + H - C - \dfrac{D}{2} + \delta}{a} = \sin^{-1} \frac{75 + 420 - 54 - 380 + 4}{280}$$

$$\alpha_j/\text{rad} = 13°25' \approx 0.234\ 223\ 2$$

② 确定扭杆直径 d

扭杆材料采用 45CrNiMoVA，按公式 $d =$

$\sqrt[3]{\dfrac{P_j \times a \times \cos \alpha_j}{0.2 \times [\tau_j]}}$（由式（18.11）导出）

取 $[\tau_j] = 35\,000$ N/cm^2

$$d/\text{cm} = \sqrt[3]{\dfrac{15\,300 \times 28 \times \cos 13.42°}{0.2 \times 35\,000}} \approx 3.9$$

如取 $[\tau_j] = 30\,000$ N/cm^2

$$d/\text{cm} = \sqrt[3]{\dfrac{15\,300 \times 28 \times \cos 13.42°}{0.2 \times 30\,000}} \approx 4.11$$

取 $d = 40$ mm，则静置时扭杆应力 $\tau_j = 32\,555$ N/cm^2。

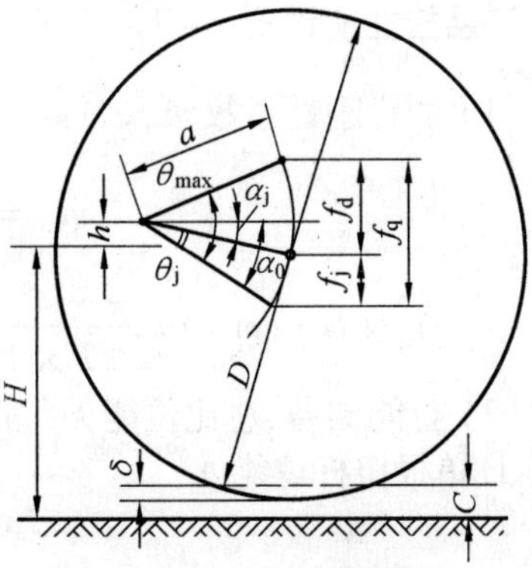

③ 扭杆的静扭角 θ_j

图 18.7 悬挂装置计算简图

$$\theta_j = \dfrac{M_j \times L}{G \times J_p} = \dfrac{P_j \times a \times L\cos \alpha_j}{G \times 0.1 \times d^4}$$

$$\theta_j/\text{rad} = \dfrac{15\,300 \times 28 \times 198.8 \times \cos 13.42°}{8.1 \times 10^6 \times 0.1 \times 4^4} \approx 0.399\,5$$

$$\theta_j = 22.89°$$

$$\alpha_0/\text{rad} = \alpha_j + \theta_j = 13.42° + 22.89° = 36.31° \approx 0.633\,723$$

④ 扭杆的最大扭角 θ_{max}

$$\theta_{max} = \theta_j \cdot \dfrac{\tau_{max}}{\tau_j}$$

取 $\tau_{max} = 85\,000$ N/cm^2

$$\theta_{max} = 22.89° \times \dfrac{85\,000}{32\,555} \approx 59.77°$$

⑤ 负重轮行程

a. 负重轮静行程 f_j

$$f_j = a(\sin \alpha_0 - \sin \alpha_j)$$

$$f_j/\text{mm} = 280(\sin 36.31° - \sin 13.42°) \approx 100.8$$

b. 负重轮动行程 f_d

负重轮全行程

$$f_q/\text{mm} = a(\sin \alpha_0 + \sin \alpha_1) =$$
$$280[\sin 36.31° + \sin(59.77° - 36.31°)] \approx 277.27$$

$$f_d/\text{mm} = f_q - f_j = 277.27 - 100.8 = 176.47$$

3. 悬挂性能评价

(1) 静置刚性系数 m_{xj}

$$m_{xj} = \frac{\pi d^4 G}{32 L a^2} \cdot \frac{1 - (\alpha_0 - \alpha_j) \tan \alpha_j}{\cos^2 \alpha_j}$$

$$m_{xj}/(\text{N} \cdot \text{cm}^{-1}) = \frac{\pi \times 4^4 \times 8.1 \times 10^6}{32 \times 198.8 \times 28^2} \times \frac{1 - 0.399\,5 \times \tan 13.42°}{\cos^2 13.42°} \approx 1\,249$$

(2) 位能储备、总比位能 λ_q 及动比位能 λ_d

① 单根扭杆位能 A

$$A = \frac{GJ_p \theta_{max}^2}{2L}$$

式中，G 为扭杆切变弹性模数；J_p 为扭杆断面惯性矩，$J_p = 0.1 d^4 = 25.6 \text{ cm}$。

$$A/(\text{N} \cdot \text{cm}) = \frac{8.1 \times 10^6 \times 25.6 \times \left(59.77° \times \dfrac{\pi}{180} \right)^2}{2 \times 198.8} \approx 567\,544.4$$

② 比位能

由公式(18.9)、(18.10)可知：

静比位能 λ_j 为

$$\lambda_j = \sum_{i=1}^{2n} \frac{M_j \theta_j}{2 G_x} = \frac{2n \cdot \dfrac{GJ_p}{L} \cdot \theta_j^2}{2 G_x}$$

总比位能 λ_q 为

$$\lambda_q = \sum_{i=1}^{2n} \frac{M_{max} \cdot \theta_{max}}{2 G_x} = \frac{2n GJ_p \theta_{max}}{G_x 2L}$$

动比位能 λ_d 为

$$\lambda_d = \lambda_q - \lambda_j$$

$$\lambda_j/\text{cm} = \frac{8 \times 8.1 \times 10^6 \times 25.6 \times (0.399\,5)^2}{2 \times 198.8 \times 183\,600} \approx 3.63$$

$$\lambda_q/\text{cm} = \frac{8 \times 8.1 \times 10^6 \times 25.6 \times (1.043\,2)^2}{2 \times 198.8 \times 183\,600} \approx 24.73$$

$$\lambda_d/\text{cm} = 24.73 - 3.63 = 21.10$$

4. 车辆平稳性

(1) 角振动周期 T_φ

$$T_\varphi = 2\pi \sqrt{\frac{I_y}{2 m_{xj}^2 \sum_{i=1}^{n} l_i^2}}$$

其中
$$\sum_{i=1}^{n} l_i^2 = l_1^2 + l_2^2 + l_3^2 + l_4^2 + l_5^2 + l_6^2$$

将表 18.1 中数据代入

$$\sum_{i=1}^{n} l_i^2/\text{m}^2 = 2.179^2 + 1.248^2 + 0.438^2 + 0.382^2 + 1.212^2 + 1.061^2 \approx 9.24$$

$$I_y = 0.12\beta \frac{G_x}{g}(L_0^2 + H_0^2)$$

式中，车体长 $L_0 = 6.36$ m；车体高 $H_0 = 1.22$ m；悬置质量 $G_x = 18\,360$ kg；质量分配系数 $\beta = 1.1$。

$$I_y/(\text{kgf} \cdot \text{m} \cdot \text{s}^2) = 0.12 \times 1.1 \times \frac{18\,360}{9.8}(6.36^2 + 1.22^2) = 10\,371.2$$

$$T_\varphi/\text{s} = 2\pi\sqrt{\frac{10\,371.2}{2 \times 124.9 \times 9.26 \times 100}} = 1.33$$

（2）线振动周期 T_1

$$T_1/\text{s} = 2\pi\sqrt{\frac{G_x}{2ngm_{xj}}} = 2\pi\sqrt{\frac{18\,360}{12 \times 980 \times 124.9}} = 0.70$$

5. 扭杆悬挂特性计算

应用的有关公式为

$$\begin{cases} f = a(\sin \alpha_0 - \sin \alpha) \\ P = \dfrac{(\alpha_0 - \alpha)\,GJ_p}{La\cos\alpha} \\ m_x = \dfrac{GJ_p}{La^2} \cdot \dfrac{1 - (\alpha_0 - \alpha)\tan\alpha}{\cos^2\alpha} \end{cases}$$

将已知数据代入可简化成

$$\begin{cases} f = 280 \times (0.592 - \sin\alpha) \\ P = 3\,725 \times \dfrac{0.634 - \alpha}{\cos\alpha} \\ m_x = 1\,330 \times \dfrac{1 - (0.634 - \alpha)}{\cos^2\alpha} \end{cases}$$

由上式可见 f, P, m_x 均为 α 的函数，列出不同的 α，由上简化式可求得悬挂特性见表 18.2。

表 18.2　扭杆悬挂特性计算表

α	36.31°	32°	23°	13.42°	9°	0°	−9°	−18°	−26.5°
f/mm	0	17.39	56.28	100.8	122	165.76	209.56	252.28	290.7
P/N	0	3 316	9 413	15 311	17 986	23 617	29 836	37 138	45 640
m_x/(N·cm^{-1})	1 650	1 494	1 426.6	1 236.9	1 244.9	1 330	1 515	1 829	2 299

根据表18.2的数据,可绘制扭杆悬挂特性曲线图 $P = f(\alpha)$ 和 $m_x = \varphi(\alpha)$,如图18.8所示。

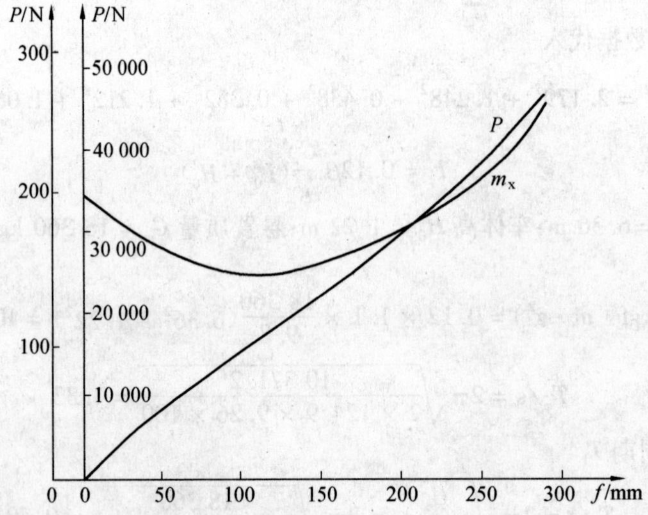

图18.8　扭杆悬挂特性曲线

18.2.2　油气悬挂

1. 油气悬挂的优缺点

(1)优点

①油气悬挂具有非线性可变刚性,即刚性系数是可变的,能实现平坦路面刚性系数较小,在起伏路面刚性系数变大,能吸收较多冲击能量避免刚性撞击,能较好地满足车辆行驶中平稳性和工作可靠性的要求,可有效地提高车辆行驶平均速度。

例如装油气悬挂与装扭杆悬挂的 M60 坦克,在阿伯丁试验场第 Ⅲ 号越野跑道作对比试验,前者平均速度为 38.6 km/h,后者仅 14.5 km/h。

②油气悬挂车辆振动周期较大,振动频率较低,振动加速度较小,有利于改善乘员舒适性,可避免或减少机件的损坏。

例如用试验车(装油气悬挂)与同型车(扭杆加减振器)作对比试验结果表明,以同一速度(三挡)行驶时,试验车某部位的振动加速度为 2.5 ~ 5g,对比的同型车则为 4.6 ~ 6.3g(g 为重力加速度)。试验表明:由于减小刚性撞击,试验车的行驶平稳性和乘员舒适性均有所改善,也可避免或减少机件的损坏,并提高起伏地的平均速度。

③油气悬挂可实现悬挂闭锁及车体调平。液压闭锁后变弹性悬挂为刚性悬挂,可提高射击的稳定性。

④可调式油气悬挂车体可以上下升降,前后俯仰并可左右倾斜,因之可提高车辆通过性,

并扩大火炮射角范围,有利于隐蔽。

⑤油气悬挂和减振器做成一体,可减小悬挂装置的质量。在车外安装油气悬挂不占用车内空间位置。改变工作腔气体压力可适应不同负载的变化上。

（2）缺点

①由于工作压力较高,工作时发热较多,温升高,因此对密封装置的技术要求高,以确保可靠持久地工作。

②结构复杂,加工精度要求高,成本也较高,维修较困难,气温对油气悬挂影响较大,需经常充气、放气、补油等,增加了保养的工作量。其使用寿命不如扭杆悬挂装置。

2. 筒式油气悬挂的基本工作原理

油气悬挂是利用密闭容器内的高压气体作为弹性元件的一种悬挂。近年来在个别装甲车辆上已经采用。

油气悬挂装置按油缸形式可分为筒式和叶片式。按油缸与气室的关系可分为整体式和分置式,前者的油缸和气室做成整体的,后者的油缸和气室则做成分开的。按缸筒固定与否可分为固定缸筒式和摆动缸筒式,前者缸筒与车体固定,后者缸筒可相对于车体摆动。按对车体高度能否调节又可分为可调式与不可调式。

按工作原理可分为:简单筒式油气悬挂;双气室油气悬挂;具有反压力室油气悬挂。

（1）简单筒式油气悬挂工作原理

简单筒式油气悬挂的结构特点是只有一个气室。

图 18.9 为与车体、平衡肘、负重轮相联系的简单筒式油气悬挂。蓄压器(气室)中的浮动活塞右端通过充气阀充入高压氮气,其左端是油腔与动力缸(油缸)的油腔相通,浮动活塞用来隔离油液与氮气,防止油气混合使气体溶于油中形成乳化。动力缸和蓄压器是油气悬挂装置的主要部件。

油气悬挂中一般采用氮气(压力在 15 MPa 以上),氮气为惰性气体,可防止腐蚀和油液的氧化,工作性能较稳定。

当车辆前进时,负重轮驶上凸台,主活塞随着平衡肘向上运动,油液受压经高压软管压向浮动活塞,气室中氮气被压缩,体积缩小,压力增大,氮气吸收能量起缓冲作用。当负重轮驶过凸台后,氮气体积

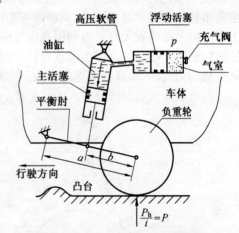

图 18.9　油气悬挂工作原理图

膨胀,放出能量,将油液压回油缸,推动主活塞向下运动,如此往复工作,气室中的密闭气体压缩时吸能,膨胀时放能,其作用相当一个刚性可变的弹性元件。油液只起传递压力、辅助密封及润滑零件的作用。

为了避免油气混合,有些蓄压器在油气间装有橡皮隔膜以代替浮动活塞。

如果在油液往返的通道上（动力缸或蓄压器内）设置一个阻尼阀座，其上有常通孔和限压阀（图18.10为带阻尼阀的蓄压器），油液往返运动通过阻尼阀阀座产生阻力，其作用与液压减振器相同。带阻尼阀的油气悬挂装置起到了气体弹簧和减振器的双重作用，无须另设单独减振器。又由于气体可压缩，气室可起补偿作用，故可省去通常减振器中的补偿室、吸入阀与排出阀，故可简化结构。有阻尼阀的

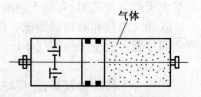

图18.10　带阻尼阀的筒式蓄压器

油气悬挂装于首尾负重轮处，中间负重轮的油气悬挂一般可不装阻尼阀。

整体式筒式油气悬挂如图18.11所示，气室在下，油室在上；也可制成气室在上，油室在下的形式。其共同特点是只有一个气室。

简单筒式油气悬挂的缺点是：当气室初始容积不大时，随着负重轮行程的加大，气体压力急剧上升，使密封困难，能容量也较小；而当增大气室初始容积以弥补上述缺陷时，有时又显得初始刚性过小，静行程偏大。此外，当承载量有变化时，空载和满载的车身高度变化较大。

（2）双气室油气悬挂

为了克服上述简单筒式油气悬挂的缺点采用了双气室油气悬挂（也称二级压力腔式油气悬挂）。

图18.12为分置式双气室油气悬挂，它有两个气室：一个为低压气室（在蓄压器上），其初始充气压力为 p_{01}；另一个为高压气室（在动力缸主活塞的内腔），其初始充气压力为 p_{02}，$p_{02} > p_{01}$。当负重轮行程不大时，动力缸顶部油腔油压不大，即低压阶段，此时仅由低压气室工作。当负重轮行程增大时，动力缸顶部油腔油压增大，即高压阶段，此时低压气室和高压气室共同工作。故当载荷较大时可以利用高压气室的弹性，而当载荷较小时只利用低压气室弹性，因此压缩行程大大减小。这样当承载有较大的变化范围时，其静挠度可控制在较小范围内，从而车辆空载与满载时，车身高度变化不大。同时位能储备也较大。

双气室式也可制成整体式油气悬挂。

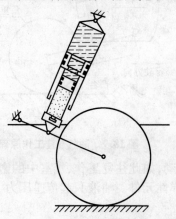

图18.11　整体式筒式油气悬挂

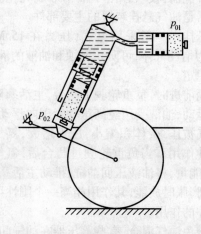

图18.12　分置式双气室油气悬挂

（3）可调式油气悬挂

如采用一个高压油泵,通过控制阀可将油液注入油缸或自油缸排出油液回油箱(见图18.13),当充油时车体被抬起,当放油时车体下降。如果将装甲车辆所有的负重轮分成前、后、左、右四组,每组分别有一个控制阀,当控制阀以不同组合工作时,还可以实现车体的上下升降、前后俯仰、左右倾斜,这种悬挂称为可调式油气悬挂。

如在图18.9所示油缸、气室间油液往返的通道上设置另一个控制阀(未画出),当该阀切断油液的往返通道,则油缸实现液压闭锁而变成刚性悬挂,它可消除悬挂弹性变形对武器发射精度的影响。

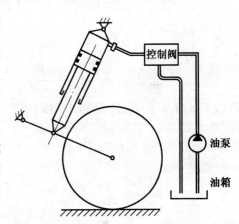

图 18.13 可调式油气悬挂原理图

3. 单气室油气悬挂主要参数计算

（1）悬挂特性计算

如图18.9所示,设油缸主活塞与气室浮动活塞直径相等,活塞与缸筒间的摩擦力略去不计。运动过程中,杠杆比 i 为常数,即

$$i = \frac{a}{b}$$

当气室的气体压力为 p 时,作用于主活塞上的力 P_h 为

$$P_h = p \times F_h$$

式中, F_h 为主活塞的面积。

设气室内气体初始充气压力为 p_0 ,体积为 V_0 , l_i 为静置时气柱长度。图18.14表示气室的浮动活塞在各种行程位置 l 时,气体压力和行程的相应关系。

当活塞速度很大,缸壁与外界的热交换可以忽略时,筒内气体压力和体积的变化接近绝热过程($m = 1.4$)。当活塞速度很小时,筒内气体压力和体积的变化接近于等温过程($m = 1$)。实际上气体工作应介于两过程之间,故有

$$p_0 V_0^m = p_i V_j^m = p V^m = C$$

$$p = p_0 \left(\frac{V_0}{V} \right)^m = \varepsilon^m \times p_0$$

$$p = P_j \left(\frac{V_j}{V} \right)^m = \left[\frac{F_h l_j}{F_h (l_j - S)} \right]^m \cdot P_j = \left(\frac{l_j}{l_j - S} \right)^m \cdot P_j$$

式中, C 为常数; m 为气体的多变指数,其值可取为 $m = 1.2 \sim 1.3$ 。根据试验,有浮动活塞的筒式油气弹簧多变指数 m 约为1.25; ε 为压缩比。

由上式可见,随着 S 的增大,($l_j - S$)的减小,气体压力 p 就增大。活塞上的力 P_h 为

$$P_{\mathrm{h}} = pF_{\mathrm{h}} = P_{\mathrm{j}}F_{\mathrm{h}}\left(\frac{l_{\mathrm{j}}}{l_{\mathrm{j}}-S}\right)^{m} \qquad (18.14)$$

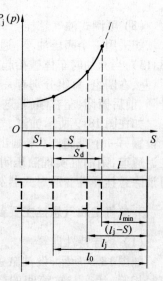

（2）刚度计算

气体弹簧的刚性系数(m_{g})可由式(18.14)求得。

气室的刚性系数（即油缸的刚性系数）为

$$m_{\mathrm{g}} = \frac{\mathrm{d}P_{\mathrm{h}}}{\mathrm{d}S} = P_{\mathrm{j}}F_{\mathrm{h}}m\left(\frac{l_{\mathrm{j}}}{l_{\mathrm{j}}-S}\right)^{m}\times\frac{1}{l_{\mathrm{j}}-S}$$

将 $P_{\mathrm{j}} = \left(\dfrac{l_{\mathrm{i}}-S}{l_{\mathrm{i}}}\right)^{m}\cdot p$ 代入得

$$m_{\mathrm{g}} = \frac{mpF_{\mathrm{h}}}{l_{\mathrm{j}}-S} \qquad (18.15)$$

再以 $V = (l_{\mathrm{j}}-S)F_{\mathrm{h}}$ 代入式(18.15)得

$$m_{\mathrm{g}} = \frac{mpF_{\mathrm{h}}^{2}}{V} \qquad (\mathrm{a})$$

图 18.14　油气悬挂特性曲线

悬挂刚性系数

$$m_{\mathrm{x}} = \frac{P}{f} = \frac{\dfrac{P_{\mathrm{h}}}{i}}{if_{\mathrm{h}}} = \frac{P_{\mathrm{h}}}{f_{\mathrm{h}}}\times\frac{1}{i^{2}} = \frac{m_{\mathrm{g}}}{i^{2}} \qquad (\mathrm{b})$$

将式(a)代入式(b)

$$m_{\mathrm{x}} = \frac{mpF_{\mathrm{h}}^{2}}{i^{2}V} \qquad (18.16)$$

由(18.14)、(18.15)两式可知，随着气体弹簧压缩量 S 的增加，气体压力 p 逐渐增高，体积逐渐缩小，因而刚性系数 m_{g}(及 m_{x})将随之显著增大。从 $P_{\mathrm{h}}-S$ 特性曲线越来越陡的形状就可明显看出。如将 $P_{\mathrm{h}}-S$ 特性曲线换算到负重轮上，即可得悬挂的特性曲线 $P-f$，曲线的斜率即为悬挂刚性系数。

以上计算中假定油缸主活塞的直径与气室的浮动活塞的直径相等，如果两者不等时，则主活塞、浮动活塞上的作用力和行程必须作相应的换算。

（3）计算实例

图 18.15 是自行火炮轻型底盘油气悬挂安装计算简图，基本数据选定为：

平衡肘臂长 $a = 250$ mm

拉臂长 $b = 150$ mm

杠杆比 $i = a/b = 1.667$

负重轮静行程 $f_{\mathrm{j}} = 85$ mm

负重轮动行程 $f_{\mathrm{d}} = 190$ mm

活塞对应静行程 $S_{\mathrm{j}} = \dfrac{f_{\mathrm{j}}}{i} = 51$ mm

活塞对应动行程 $S_d = \dfrac{f_d}{i} = 114$ mm

活塞全行程 $S_q = S_j + S_d = 165$ mm

蓄压器气室计算最大长度 $l_0 = 220$ mm

活塞直径 $d = 75$ mm

活塞面积 $F_h = \pi d^2/4 = 44.1$ cm^2

负重轮静负荷 $P_j = 15\,300$ N

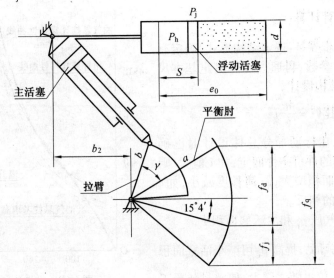

图 18.15 油气悬挂安装计算简图

静平衡位置气室压力 p 为

$$p/\text{MPa} = \frac{P_j i}{F_h} = \frac{15\,300 \times 1.667}{44.1} = 578 \ \text{N/cm}^2 = 5.78$$

初始压力 p_0 为

$$m = 1.25$$

$$p_0/\text{MPa} = p\left(1 - \frac{S_i}{l_0}\right)^m = 4.2$$

负重轮上的力 P_k 为

$$P_k = \frac{p_0 F_n}{i}\left(1 - \frac{S}{l_0}\right)^{-m} \tag{18.17}$$

负重轮行程 f 为

$$f = iS \tag{18.18}$$

根据式(18.15)、(18.16)计算出油气悬挂特性(见表18.3)。

表 18.3　　油气悬挂特性计算表

S/mm	0	20	40	51	60	80	100	120	140	150	165
f/mm	0	33.34	66.68	85.02	100.02	133.36	166.67	200.04	233.38	250.05	275.06
P_k/N	11 111	12 484	14 282	15 450	16 544	19 549	23 703	29 770	39 384	46 495	62 853

　　根据表 18.3 计算数据,绘制出如图 18.16 所示的油气悬挂特性曲线。

4. 油气悬挂设计计算

　　设计计算一般步骤是:选定结构形式,确定有关总体布置的尺寸参数,再通过计算决定基本尺寸参数,然后进行结构设计。

　　(1) 安装杠杆比($i = \dfrac{a}{b}$)

　　平衡肘长度 a 在行动部分总体设计时已确定,b 根据结构布置的许可条件而定,如 i 值大,则在同样压力下活塞面积增大,缸筒长度减小,如 i 值小则情况与上述的相反。

　　(2) 决定静置气压 p_j 和主活塞面积 F_h

　　由 $P_j = \dfrac{p_j F_h}{i}$ 式可见,提高 p_j 可减小活塞面积 F_h,但最大压力 p_{max} 值也随之增大,使密封装置工作条件变坏,易于泄漏且磨损加快。如已选定 p_j,即可计算确定主活塞的面积。

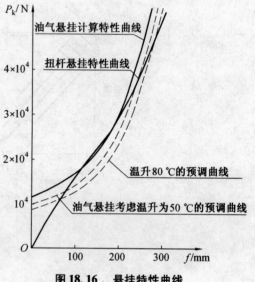

图 18.16　悬挂特性曲线

　　(3) 选定线振动周期 T_1,求得静置悬挂刚性系数 m_{xj}

　　参考平稳性的要求,即线振动周期 $T_1 = 1.1 \sim 1.3$ s,按式 $T_1 = 2\pi\sqrt{\dfrac{G_x}{2ngm_{xj}}}$ 即可求得 m_{xj}。

　　(4) 近似算得负重轮静行程 f_j 和活塞的静行程 S_j

　　在静置位置近似按线性关系,由 $f_j = \dfrac{P_j}{m_{xj}}$ 求得 f_j。按 $\dfrac{f_j}{i} = S_j$ 求得活塞的静行程 S_j。

　　(5) 初步选定负重轮的动行程 f_d,求得活塞的动行程 S_d

　　参考 $f_d = (1.5 \sim 2.5)f_j$,初步选定 f_d,按 $S_d = \dfrac{f_d}{i}$ 求得 S_d。

　　(6) 限定最大油压 p_{max},求得静置时气柱长度 l_j,计算公式为

$$l_j = \frac{S_d \sqrt[m]{p_{max}}}{\sqrt[m]{p_{max}} - \sqrt[m]{p_j}}$$

$$(18.19)$$

式中，l_j 为静置时气柱长度，cm；p_j 为静置时气体压力，MPa；p_{max} 为最大气压，由密封装置及散热条件而定，曾采用过的最大压力为 30 ~ 40 MPa。

（7）决定初始充气压力 p_0

由
$$p_i \times l_j^m = p_0 \times l_0^m \quad 及 \quad l_0 = l_j + S_j$$

得
$$p_0 = \left(\frac{l_j}{l_0} \right)^m \times p_j$$

（8）杠杆比 i 的修上

考虑负重轮运动过程中杠杆比 i 的变化后，再进行精确计算，并适当调整各项参数。杠杆比 i 值的变化可通过作图法配合计算逐点予以确定。

（9）油气悬挂特性计算

从负重轮在原始位置（相当于气室的气压为初始充气压力 p_0）到负重轮极限位置（相当于气室为最大压力 p_{max}），逐点求出负重轮的负荷 P 和行程 f 值，并绘出特性曲线。对于单气室的油气悬挂，其特性曲线如图 18.17 中 a,c,b 所示；对于双气室的油气悬挂，其特性曲线如图 18.17 中 a,c,d 所示。c 点为高压气室开始工作点，cd 为低压及高压气室的共同工作特性。

采用双气室（即二级压力腔）的结构，可改善油气悬挂的特性，并可使特性的最后阶段压力不致急剧上升。

（10）求位能储备系数 λ_q
$$\lambda_q = \frac{A}{\dfrac{G_x}{2n}} = \frac{2n}{G_x} A$$

式中，A 为位能。

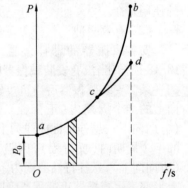

图 18.17　油气悬挂特性曲线

特性曲线以下的面积即弹性元件所吸收的功。对油气悬挂即为气室所吸收的功。
$$A = \int P \mathrm{d}S = \int p F_h \mathrm{d}S$$

式中，P 为作用于浮动活塞上的力；F_h 为气室浮动活塞的面积；p 为气体的压力。

因
$$p = p_0 \times \left(\frac{l_0}{l_0 - S} \right)^m$$

p_0 为初始压力，代入上式积分得
$$A = \int p_0 F_h \left(\frac{l_0}{l_0 - S} \right)^m \mathrm{d}S = \frac{p_0 V_0}{m - 1} \left[\left(\frac{V_0}{V} \right)^{m-1} - 1 \right]$$

由上式可见，位能与体积的压缩比 $\left[\dfrac{V_0}{V} \right]$ 成正比。位能储备系数 λ_q 为
$$\lambda_q = \frac{2n}{G_x} \cdot \frac{p_0 V_0}{m - 1} \cdot \left[\left(\frac{V_0}{V} \right)^{m-1} - 1 \right] \tag{18.20}$$

18.3 减振器的设计计算

18.3.1 要求及步骤

1. 要求

减振器设计应满足下列性能要求：

（1）迅速熄振

装甲车辆通过不平路面或障碍时，弹性元件的附加变形所储存的能量是暂时的，随后将释放能量造成装甲车辆的振动，减振器应具有足够的阻力使振动能量变成热能散失掉，使车体的振动能够迅速衰减，以提高装甲车辆的行驶平稳性。

由于减振器能减小振动的振幅和次数，防止弹性元件早期疲劳损坏从而延长了弹性元件的使用寿命。

（2）有效缓冲

安装减振器的悬挂装置，其悬挂特性曲线如图 18.18 所示，当没有安装减振器时，悬挂特性曲线是中间的一条。安装减振器后当负重轮以某一频率振动时，在向上的半个周期内（正行程）因阻力与弹簧反力叠加（方向向下），悬挂特性曲线为上面的一条。负重轮向下的半个周期内（反行程），因阻力把部分弹簧反力抵消（方向向上），悬挂特性曲线为下面的一条。影线面积的上半部表示减振器正行程所吸收的功或缓冲的能力。

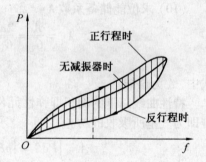

图 18.18 装减振器悬挂装置的悬挂特性

（3）阻尼大小适当

阻尼力大小适当是指减振器阻尼系数 μ 不应过小也不应过大：过小不利于衰减；过大则减振器发热严重导致迅速损坏。从迅速熄振观点来看，吸收系数（或称非周期系数）ψ 取 $0.15 \sim 0.30$ 较为合适。

对车体来说，减振器阻力的方向总是与车体运动方向相反，正行程时车体下降，阻力阻止车体下降；反行程时车体上升，阻力阻止其上升。

正反行程的阻力大小如何选择呢？增大阻力虽有利于熄振，但对正行程如阻力过大，如遇到冲击，就相当于刚性很大的刚性悬挂，对平稳性不利。对反行程如阻力稍大，有利于衰减车体振动，但阻力也不宜过大，否则个别负重轮受冲击后将发生悬空现象（不能及时下落），如此时又来一次冲击，则会使弹性元件失去缓冲能力。一般希望正行程阻力较小，反行程阻力较大，正行程阻力约为反行程阻力的 $0.3 \sim 0.6$ 倍。

减振器的阻力与它的相对运动速度（活塞对缸筒）成正比，装甲车辆高速超越障碍阻力较大,有利于缓和冲击提高可靠性,低速行驶时阻力较小有利于提高平稳性。

(4)工作稳定可靠

减振器阻力稳定(有时希望阻力大小能调节),工作液体不易过热变质,密封可靠。

(5)散热良好

随着车重的增加和在越野路面上车速的提高,车辆附加的振动能量也显著增加,发热也越严重。影响减振器持久可靠工作的重要因素是橡胶密封件的耐高温性能。当减振器温度超过 150 ~ 120 ℃ 时橡胶密封件迅速损坏,工作油液也迅速过热变质,从而破坏了减振器的正常工作。因此必须有良好的散热,使温升不致过高,才能保证减振器可靠耐久地工作。

2. 步骤

设计减振器的一般步骤如下:

(1)按悬挂装置的总布置,确定减振器的形式,初步估计外廓尺寸,安装位置及杠杆比;

(2)按车体振动衰减强弱的要求和许可工作压力等条件,确定减振器的主要尺寸;

(3)确定各部分的结构与尺寸(其中最主要的是各种阀门),选择密封装置及工作液体;

(4)进行零件强度计算,选择材料,绘制总成图和零件图;

(5)试制完毕后进行试验及修改,由于减振器计算具有很大的近似性,故必须通过试验来校核设计结果。

18.3.2 筒式液压减振器

1. 工作原理简述

图 18.19 为筒式减振器的工作原理图,减振器是由内、外缸筒、活塞、活塞杆、补偿阀座、密封部分和两端连接部分等组成。它的关键部位是一室、两孔、四阀。一室即内、外缸筒间的补偿室;两孔即起节流作用的两个常通孔(活塞上的常通孔 f_1 和补偿阀座的排出常通孔 f_2);四阀即四个单向阀(活塞上的压缩限压阀 f_4、拉伸限压阀、补偿阀座上的排出限压阀 f_5、吸入阀 f_3)。

当减振器活塞以不大的速度相对于缸体做往复运动时,缸筒中的油液经过活塞上常通孔 f_1 往复流动产生节流降压形成减振器的阻力。

当活塞相对于缸筒的运动速度较大时,阻力和油压随之增大,为保持减振器正、反阻力不超过允许值,拉伸限压阀、压缩限压阀、排出限压阀适时正确开启与关闭,配合常通孔及吸入阀工作,使减振器阻力稳定,工作可靠。

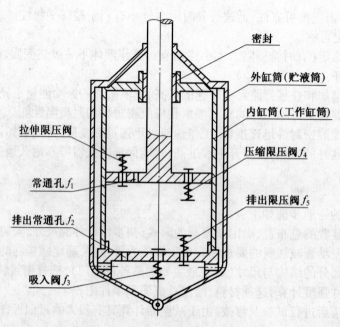

密封

外缸筒(贮液筒)

内缸筒(工作缸筒)

拉伸限压阀

压缩限压阀 f_4

常通孔 f_1

排出限压阀 f_5

排出常通孔 f_2

吸入阀 f_3

图 18.19　筒式减振器结构原理简图

2. 筒式减振器计算例题

(1) 已知下列数据：

战斗全重　　　　　　　　　　$G = 10\ 000$ kg

悬置质量　　　　　　　　　　$G_x = 9\ 000$ kg

每侧负重轮个数　　　　　　　$n = 5$

每侧减振器个数　　　　　　　$r = 2$

车体等绕过重心横轴的转动惯量　$I = 3\ 800$ kg·m·s²

负重轮动行程　　　　　　　　$f_d = 210$ mm

负重轮全行程　　　　　　　　$f_q = 300$ mm

各负重轮悬挂刚性系数　　　　$m_{xj} = 105$ kg/cm

各负重轮中心至车体重心距离为

　　　$l_1 = 1\ 332$ mm, $l_2 = 666$ mm, $l_3 = 0$, $l_4 = -666$ mm, $l_5 = -1\ 332$ mm

减振器安装杠杆比 $i = 1.2$。

减振器的结构形式如图 18.20 所示。

(2) 计算

悬挂装置和减振器的实际简图及换算的计算简图如图 18.21 所示。换算的目的是为便于计算。

一侧减振器的数目(r)、安装杠杆比($i = \dfrac{a}{b}$)已确定。以下则要根据车体角振动衰减强度的要求来计算确定减振器的基本尺寸——活塞直径、行程及常通孔面积等参数。

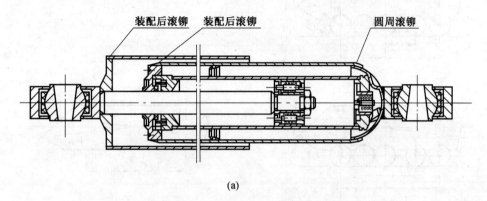

(a)

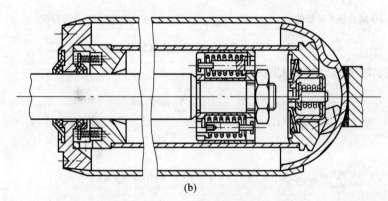

(b)

图 18.20　M113 减振器

① 车体振动圆频率 k

$$k = \sqrt{\dfrac{2m_{xj} \times \sum\limits_{i=1}^{n} l_i^2}{I}}$$

$$\sum_{i=1}^{n} l_i^2 / \text{cm}^2 = (133.2)^2 + (66.6)^2 + (-66.6)^2 + (-133.2)^2 \approx 44\,320$$

$$k/\text{s} = \sqrt{\dfrac{2 \times 105 \times 44\,355.6}{380\,000}} \approx 4.95$$

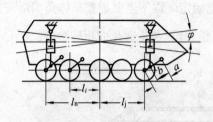

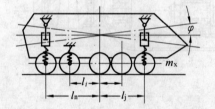

(a) 减振器实际简图   (b) 减振器计算简图

图 18.21   减振器实际简图及换算计算简图

② 非周期运动时活塞处的最大阻力 R_j

$$R_j = 0.735if_d \cdot \frac{\sum_1^n m_{xj}l_i^2}{\sum_1^r l_i^2}$$

$$\sum_{i=1}^r l_i^2 /\text{cm}^2 = (133.2)^2 + (133.2)^2 \approx 35\ 484.5$$

$$R_j/\text{N} = 0.735 \times 1.2 \times 21 \times \frac{105 \times 44\ 355.6}{35\ 484.5} \times 10 \approx 24\ 310$$

取非周期系数 $\psi = 0.2$,查表 18.4,得

表 18.4 ψ 与 $f(\psi)$ 和 kt 间的关系

ψ	0	0.1	0.2	0.3	0.4	0.5	0.6	0.7	0.8	0.9	1.0
$f(\psi)$	0	0.234 5	0.410 8	0.549	0.655	0.745	0.814	0.874	0.926	0.966	1.0
kt	$\frac{\pi}{2}$	1.48	1.40	1.325	1.265	1.205	1.16	1.112	1.070	1.033	1.0

$$f(\psi) = 0.410\ 8$$
$$R_{hmax}/\text{N} = R_j \times f(\psi) = 2\ 426 \times 0.410\ 8 \approx 9\ 966$$

③ 反行程活塞最大阻力 R_{hjmax}

活塞正反行程最大阻力比值 c 的选取,考虑不过分增大正行程的悬挂刚性,取 $c = 0.3$,由

下式

$$R_{hjmax} = \frac{2R_{hmax}}{1 + c}$$

$$R_{hjmax}/N = \frac{2 \times 997 \times 10}{1 + 0.3} \approx 15\ 338$$

④ 活塞直径

$$D_h = \sqrt{\frac{4R_{hjmax}}{\pi(1 - \alpha^2)p_{max}}}$$

$$\alpha = \frac{d}{D_h}, \quad d \text{ 为活塞杆的直径}$$

参考现有筒式减振器的有关数据,取 $\alpha = 0.45, 1 - \alpha^2 = 1 - (0.45)^2 = 0.797 \approx 0.8$,

$$D_h = \sqrt{\frac{4 \times 1\ 538}{\pi \times 0.8 \times p_{max}}} = \sqrt{\frac{2\ 441}{p_{max}}}$$

当 $p_{max} = 130\ \text{kg} \times 10\ \text{kg/N}, D_h/\text{mm} = \sqrt{\frac{2\ 441}{130}} \approx 4.33$

$$p_{max} = 120\ \text{kg} \times 10\ \text{kg/N}, D_h/\text{mm} = \sqrt{\frac{2\ 441}{120}} \approx 4.5$$

$$p_{max} = 100\ \text{kg} \times 10\ \text{kg/N}, D_h/\text{mm} = \sqrt{\frac{2\ 441}{100}} \approx 4.93$$

$$p_{max} = 80\ \text{kg} \times 10\ \text{kg/N}, D_h/\text{mm} = \sqrt{\frac{2\ 441}{80}} \approx 5.53$$

考虑散热、密封等条件,参考现有减振器的结构参数,取活塞直径 $D_h = 5\ \text{cm}$,此时最大压力 $p_{max}/\text{MPa} = \sqrt{\frac{2\ 443}{25}} = 97.7 \approx 9.8$。活塞杆直径 $d/\text{cm} = 0.45 \times 5 = 2.25$。

⑤ 活塞行程

活塞行程 $l_h = \frac{f_q + \Delta}{i}$　取 $\Delta = 10\ \text{mm}$,已知 $i = 1.2$,则

$$l_h/\text{mm} = \frac{300 + 10}{1.2} \approx 258.3$$

此数可供参考,应作图校核确定。

⑥ 常通孔面积

因结构形式与 M113 相同,正、反行程常通孔面积相等,常通孔由两部分组成,即限压阀阀门上的小圆孔和活塞与缸筒间的环形间隙。

反行程活塞运动时,油的流量 Q 等于通过小圆孔的流量 Q_1 和通过环形间隙的流量 Q_2。即

$$Q = Q_1 + Q_2$$

通过环形间隙的流量 Q_2(单位为 cm^3/s)如下式所示

$$Q_2 = 2\ 620K \frac{D_{\mathrm{h}}p}{l\mu} \cdot S^3$$

式中, D_{h} 为活塞直径, $D_{\mathrm{h}} = 50\ \mathrm{mm}$; p 为活塞两端压力差, $p = 9.8\ \mathrm{MPa}$; l 为活塞的有效长度(去掉两端倒角), $l = 3\ \mathrm{cm}$; μ 为工作液的动力黏性系数, $\mu = 20 \times 10^{-4}\ \mathrm{kg \cdot s/m^2}$; K 为经验系数, 主要考虑活塞与缸筒的偏心对流量的影响, $K = 1.5 \sim 2$, 取 $K = 1.75$; S 为活塞与缸筒在半径方向的间隙, 取 $S = 0.002\ \mathrm{cm}$。

将有关数据代入得

$$Q_2/(\mathrm{cm^3 \cdot s^{-1}}) = 2\ 620 \times 1.75 \times \frac{50 \times 98}{3 \times 20 \times 10^{-4}} \times (0.002)^3 \approx 30$$

反行程活塞的有效面积

$$F_{\mathrm{hj}}/\mathrm{cm^2} = \frac{\pi}{4}(D_{\mathrm{h}}^2 - d^2) = \frac{\pi}{4} \times (5^2 - 2.2^2) \approx 15.83$$

开阀时活塞速度 $V_{\mathrm{hA}} = \left(\frac{1}{2} \sim \frac{1}{3}\right) V_{\mathrm{hmax}}$

$$V_{\mathrm{hmax}} = \frac{V_{\max}}{i} = \frac{f_{\mathrm{d}}k\mathrm{e}^{-\psi kt}}{i}$$

当 $\psi = 0.2$ 时, $kt = 1.4$, $i = 1.2$

$$V_{\mathrm{hmax}}/(\mathrm{cm \cdot s^{-1}}) = \frac{21 \times 4.95 \times \mathrm{e}^{0.28}}{1.2} \approx 65.4$$

取 $V_{\mathrm{hA}} = \frac{1}{3}V_{\mathrm{hmax}} = \frac{1}{3} \times 65.4\ \mathrm{cm/s} \approx 21.8\ \mathrm{cm/s}$

$$Q/(\mathrm{cm^3 \cdot s^{-1}}) = F_{\mathrm{hj}}V_{\mathrm{hmax}} = 15.83 \times 21.8 \approx 346$$

$$Q_1/(\mathrm{cm^3 \cdot s^{-1}}) = Q - Q_2 = 346 - 30 = 316$$

$$V_1 = \varepsilon_1 \times \sqrt{\frac{20g \times p}{\gamma}}$$

取 $\varepsilon_1 = 0.85$, $V_1 = 0.85 \times \sqrt{\dfrac{20 \times 9.81 \times 98}{0.9}}\ \mathrm{m/s} \approx 124\ \mathrm{m/s} = 12\ 400\ \mathrm{cm/s}$

$$f_1 = \frac{Q_1}{V_1} = \frac{316}{12\ 400}\ \mathrm{cm^2} = 0.025\ 5\ \mathrm{cm^2} = 2.55\ \mathrm{mm^2}$$

如采用 1 个小圆孔, 则每个小圆孔的直径为

$$d_1/\mathrm{mm} = \sqrt{\frac{4f_1}{\pi}} = \sqrt{\frac{4 \times 2.55}{\pi}} \approx 1.8$$

如采用 2 个小圆孔, 则每个小圆孔的面积为

$$f_2/\mathrm{mm^2} = \frac{f_1}{2} = \frac{2.55}{2} = 1.275$$

每个小圆孔的直径 d_2 为

$$d_2/mm = \sqrt{\frac{4f_2}{\pi}} = \sqrt{\frac{4 \times 1.275}{\pi}} \approx 1.27$$

18.3.3　叶片式液力减振器工作原理简述

图 18.22 为叶片式液力减振器工作原理图,叶片与隔板将减振器体内腔分成四个容积基本相同的工作室(Ⅰ、Ⅰ、Ⅱ、Ⅱ)。车辆在平路上行驶时,连接臂基本位于水平状态,此时活门关闭;当车辆行驶在凸凹不平的路上时,平衡肘经拉臂带连接臂摆动,内腔的液体通过叶片与体的间隙及活门流动,产生液压阻力,起到减振作用。

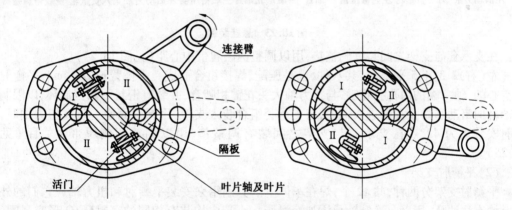

图 18.22　液力减振器的工作

18.4　悬挂装置构造

18.4.1　自行火炮轻型底盘悬挂装置

1. 构造

底盘的悬挂装置为左(右)1、6 负重轮油气悬挂,左(右)2、3、4、5 负重轮扭杆混合式悬挂(见图 18.23)。悬挂装置由平衡肘、平衡肘支架、动力缸、蓄压器、扭力轴、限制器、动力油箱、电磁阀等组成。

(1)平衡肘

平衡肘分两种,共 12 件,用来连接负重轮与动力缸或扭力轴。

左(右)1、6 平衡肘:共 4 件,由平衡肘轴、平衡臂、负重轮轴经压配、焊接组成。平衡肘轴上有花键,与支承套组合装入支架,用螺栓固定。

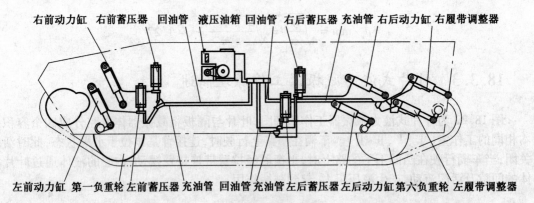

右前动力缸　右前蓄压器　回油管　液压油箱　回油管　右后蓄压器　充油管　右后动力缸　右履带调整器

左前动力缸　第一负重轮　左前蓄压器　充油管　回油管　充油管 左后蓄压器 左后动力缸 第六负重轮　左履带调整器

图 18.23　悬挂装置

在支承套与支架之间装有调整垫,用以调整两侧履带中心距(见图 18.24)。

左(右)2、3、4、5 平衡肘:共八件,也是压配、焊接组合而成。平衡臂长 280 mm,平衡肘轴是空心的,轴一端的内孔有花键,与扭力轴大头花键相啮合,并装有密封圈和挡油环,以限制扭力轴轴向窜动和防止泥水进入轴内,与支承套组合装入支架,用螺栓固定。装入扭力轴时,平衡肘安装角为 42°。在支承套与支架之间装有调整垫,用以调整两侧履带中心距(见图 18.25)。

(2)平衡肘支架

平衡肘支架分两种,共 12 个,焊在车体上。分别用来安装平衡肘和扭力轴。它们的外端面上均有注油孔,用以向滚针轴承添加润滑脂。小端内均装有相同的密封环、O 形密封圈、滚针轴承,并用卡环轴向定位。

油气悬挂的 1、6 支架中部开有缺口,用以限制拉臂的转动范围。

扭力轴的 2、3、4、5 支架小端外表面并列焊有扭力轴小端支架。

(3)支承套

两种平衡肘均装同一种支承套,它的内腔中依次装有 O 形密封圈、不带内圈的滚针轴承、耐磨垫圈及 O 形圈与聚四氟乙烯组成的同轴密封装置,套入平衡肘后用圆螺帽紧固并调整轴向间隙,用带齿垫圈锁紧。套上还有注油通道及螺孔。

(4)动力缸(见图 18.26)

动力缸是单作用油缸,用来承受底盘重力和传递冲击负荷,共 4 件。两端铰链座均装有关节轴承,大端挂在车体侧甲板的支座上,小端与拉臂相连,内缸筒一端装有粉末冶金制成的定位环与挡环,中间有同轴密封圈,缸筒一端有粉末冶金制成的导向套,用螺圈固定,并设有毡圈防尘。大端管接头通过油管与蓄压器相连,形成高压油通道,前动力缸(见图 18.27)仅因管接头朝向不同而与后动力缸(见图 18.28)有区别。

(5)蓄压器(见图 18.29)

蓄压器即蓄能器,共 4 件,装在冷却固定座内,固定于车体侧甲板支座上,冷却套内装水或防冻液,与焊在侧甲板外的散热器连通,缸筒内腔被浮动活塞分隔为高压油室与高压气室,高

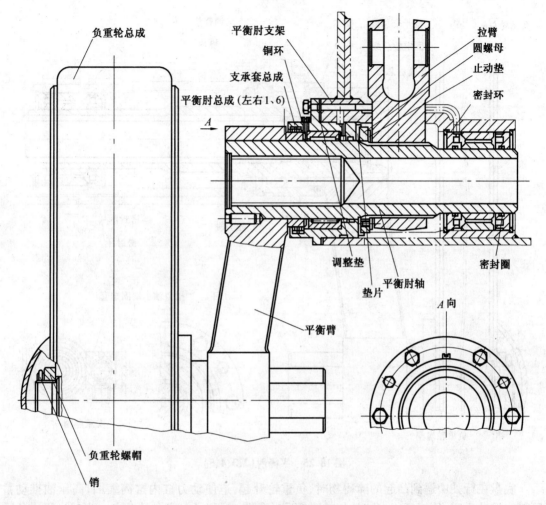

图 18.24 平衡肘(1、6)

压油室一端与动力缸相通,一端经液控单向阀与控制油路相通。高压气室一端装有充气阀及密封圈、保护盖,经充气阀向高压气室充入高压氮气,形成气体弹簧。浮动活塞两端装有聚四氟乙烯制成的支承环,中间装有两个密封圈,内腔装有特种润滑脂,通过小孔改善密封圈的润滑。

　　充油时,高压油经充油管路冲开液控单向阀的钢球,流向蓄压油室,推动浮动活塞压缩氮气,同时也流向动力缸,推动内缸筒伸出,拉臂带动平衡肘转动,升起车体。当升至规定车底距地高后,停止充油,钢球在弹簧力和液压力作用下复位,形成液压闭锁,此时,油压与气压处于平衡状态。放油时,高压油经放油管路推动顶杆,顶开钢球,支承车体升起的高压油经充油管路回油箱,氮气膨胀,在重力作用下车体下落,停止放油后,钢球复位,又形成液压闭锁。

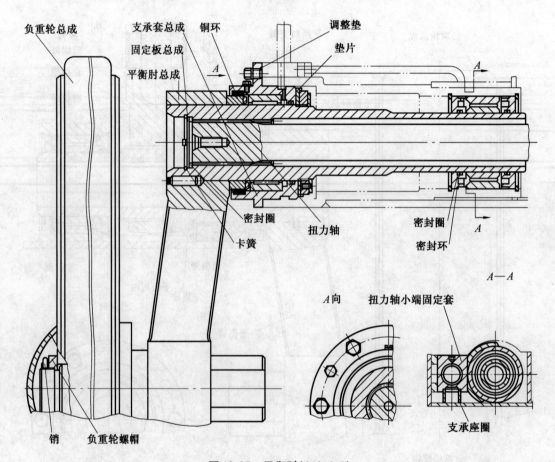

图 18.25 平衡肘(2、3、4、5)

底盘在行驶中遇到凸起的障碍物时,负重轮升起,迫使动力缸内缸筒缩回,高压油推动蓄压器内浮动活塞,压缩氮气,此时,气体弹簧吸收能量,缓和了对底盘的冲击。当越过障碍负重轮下落时,氮气膨胀,放出能量,推动浮动活塞,高压油迫使动力缸内筒伸出,使下落负重轮压向履带,保持履带与地面的良好附着。在此过程中,氮气的压缩、膨胀起了弹簧作用,高压油在动力缸、蓄压器之间往复高速流动,管路、管接头等产生阻尼,吸收能量,也起到了减震作用,使底盘震动很快衰减。

(6)拉臂

拉臂是动力缸与平衡肘之间的连接件,带内花键的一端与平衡肘轴相连,另一端与动力缸相连。

(7)电磁阀(见图 18.30)

电磁阀为三位四通阀,履带调整器及前、后组动力缸各由一个电磁阀控制充、放油,但三个电磁阀串连组合成一体,便于安装维修。电磁阀用于控制油气悬挂供油系统的工作状态。它

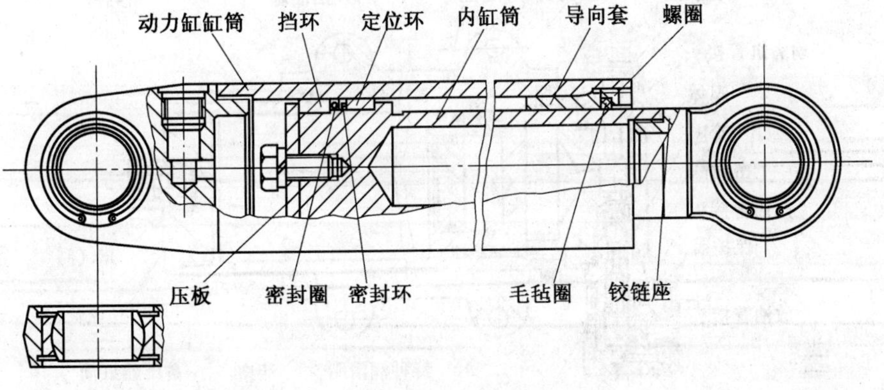
动力缸缸筒
挡环
定位环
内缸筒
导向套
螺圈
压板
密封圈
密封环
毛毡圈
铰链座

图 18.26　动力缸

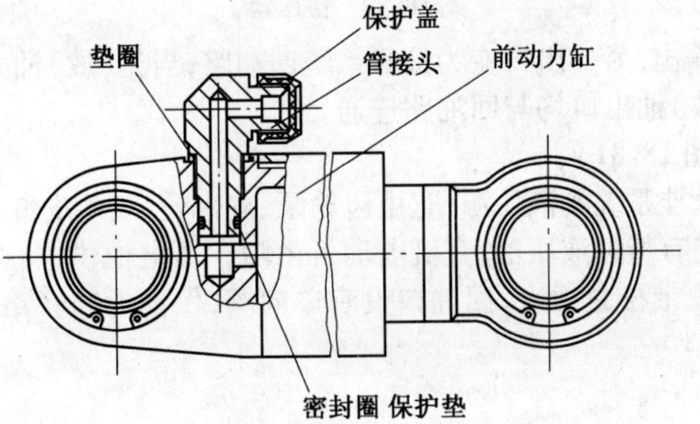
保护盖
垫圈
管接头
前动力缸
密封圈 保护垫

图 18.27　前动力缸

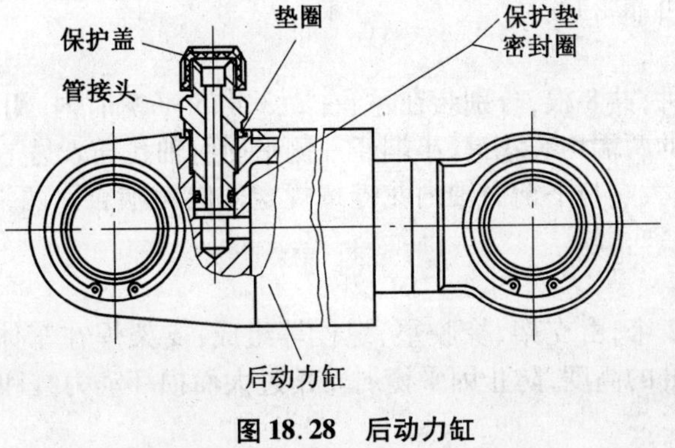
垫圈
保护垫
密封圈
保护盖
管接头
后动力缸

图 18.28　后动力缸

的侧面有两个管接头,带 M14×1 螺纹的为进油管接头,带 M12×1 螺纹的为回油管接头。它的正面也有两个管接头,带 M14×1 螺纹的为充油管出口,带 M12×1 螺纹的为放油管出口。它的正面有电缆插座,与电气控制系统接通。当打开充(放)油开关时,对应电磁铁工作,高压油即

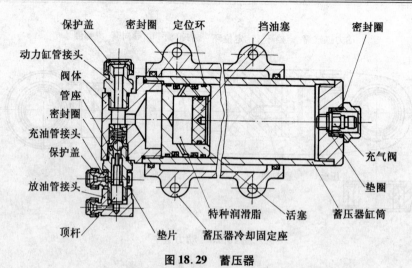

图 18.29 蓄压器

从对应充(放)油出口输出,另一出口变为液压系统回油路;当充(放)油开关处于中间位置时,高压油不能输出,充(放)油出口均与回油路连通。

(8)液压油箱(见图 18.31)

液压油箱是油气悬挂系统的液压源,它由齿轮泵、皮带轮、三角皮带、直流电动机、定压阀、箱体等组成。油箱内装有特种液压油,直流电动机由随车蓄电池供电。定压阀限制最大输出压力。张紧轮可调整皮带松紧程度,回油口设有单向阀,保证拆卸管路时箱内油液不会自行流出。

(9)油管

油气悬挂系统的油管均使用不锈钢管,特别是动力缸与蓄压器之间的固定油管均为卡套式连接,装配时卡套套入管端,插入管接头,经螺帽压紧后,卡套两端即收缩抱紧管壁,不能再拆卸,并依靠锥面形成可靠密封。

(10)扭力轴

扭力轴分左、右两种,共 8 根,分别装在左、右 2、3、4、5 平衡肘内,用来减轻底盘在运动时地面对车体的冲击,轴的两端均有花键,小端经一侧平衡肘轴孔插入另一侧平衡肘支架带花键套的孔中,作为固定点;大端与平衡肘轴内花键按规定安装角啮合。两端花键齿数不同,用以调整安装角。

(11)平衡肘限制器

平衡肘限制器共 12 个,由支架、橡胶垫、螺栓等组成,支架焊在车体上,由螺栓固定橡胶垫,用来限制平衡肘上升的高度,防止因平衡肘转角过大而损坏动力缸和扭力轴。

2. 工作

(1)缓冲

底盘在行驶中,遇到障碍使负重轮受到冲击时,负重轮相对车体上升,平衡肘转动,动力缸

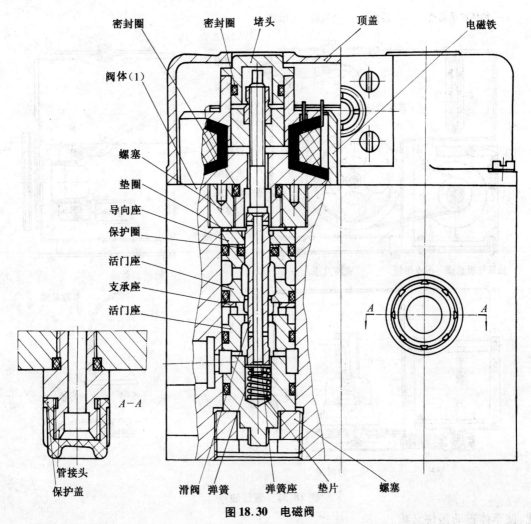

图18.30 电磁阀

高压油流入蓄压器内推动浮动活塞,压缩氮气,吸收冲击能量;同时扭力轴扭转,也吸收冲击能量,因而缓和了对底盘的冲击。

当平衡肘转到与限制器接触时,就不能再转动而直接推动车体,以保证动力缸不超过工作行程和扭力轴不因扭转角度过大而损坏。

油气悬挂特性是非线性的,随着负重轮行程增大,悬挂刚性增大。扭力轴悬挂特性是线性的,悬挂刚性是定值,不随负重轮行程的变化而变化。

(2)减震

在负重轮通过障碍后,被压缩的氮气膨胀,放出所吸收的能量,动力缸内缸筒伸出,使平衡肘向下摆动,负重轮下落压向履带,保持履带与地面的良好附着,氮气在压缩-膨胀过程中,高压油在动力缸与蓄压器之间高速流动,经过油管、管接头等处产生阻尼,吸收了部分能量,因

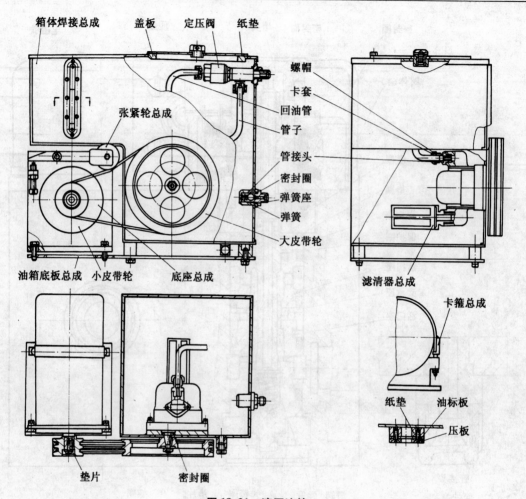

图18.31　液压油箱

此,使车体震动很快衰减。

　　油气悬挂兼有缓冲与减震两种功能,完全能够满足自行火炮行驶要求。

18.4.2　自行火炮中型底盘悬挂装置

1. 构造

　　自行火炮中型底盘悬挂装置由支架、外套、扭力轴、平衡肘、限制器、减振器组成(见图18.32)。

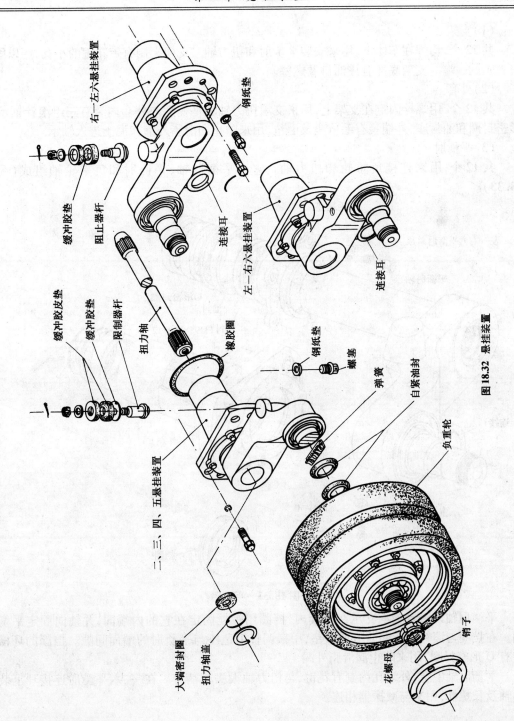

图 18.32 悬挂装置

（1）支架

共 12 个,均焊在车体上,用来安装平衡肘和扭力轴。支架上制有带花键的小孔,用以固定扭力轴的一端。支架底部有注油口及螺塞。

（2）外套

共 12 个,用螺栓固定在支架上,用来支承扭力轴和平衡肘。外套内装有三组滚针轴承、O形密封圈和油封座,外端装有毛毡座及毛毡,用来防止润滑脂外漏和泥土进入轴承。

（3）平衡肘

共 12 个,用来连接负重轮和扭力轴。它由平衡肘轴、平衡肘和负重轮轴组成（见图 18.33）。

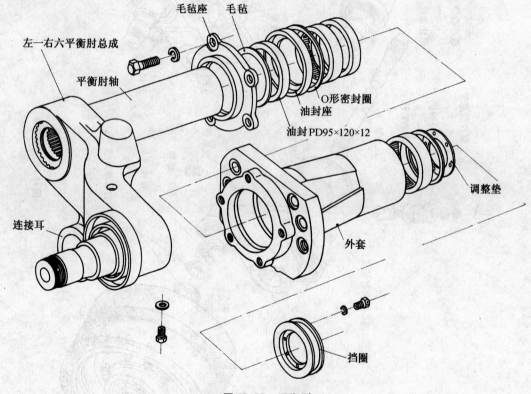

图 18.33 平衡肘

平衡肘轴以滚针轴承支承在外套内,挡圈用螺栓固定在它的内端面,并轴向固定平衡肘轴。在挡圈与滚针轴承间装有调整垫,用来调整毛毡座与平衡肘的端面间隙。挡圈的环槽内装有 O 形密封圈,用来防止润滑脂外漏。

平衡肘轴中空,外端孔内制有花键,与扭力轴大头相啮合。在一、六平衡肘连接耳上装有小轴及长螺栓,用来与减振器相连。

　　(4)扭力轴

　　扭力轴是悬挂装置中的弹性元件,共 12 根,是特殊钢制成的实心圆杆。杆的两端分别制有长、短花键,短花键一端插入平衡肘支架带花键的小孔中,作为扭力轴的固定点;长花键一端与平衡肘轴的花键啮合。在平衡肘轴的一端装有缓冲胶垫、扭力轴盖及卡环,可限制扭力轴轴向窜动。当负重轮遇到障碍时,平衡肘摆动使扭力轴扭转,利用其扭转变形起到弹性悬挂的作用。

　　由于扭力轴左、右是彼此平行并列布置的,所以两侧负重轮是不同心的。

　　各扭力轴的尺寸、结构均相同,但有左、右之分。左 1 至 5 及右 6 的扭力轴端面上标有记号"左"字,右 1 至 5 及左 6 的扭力轴端面上标有记号"右"字,左、右不能互换。这是因为扭力轴进行了预扭,必须使预扭方向与实际工作方向一致。

　　为了便于扭力轴安装角度的调整,扭力轴两端的键齿数是不等的,大头端键齿为 52 个,另一端为 48 个。

　　(5)限制器

　　限制器共 12 个,由限制器杆、缓冲胶垫和固定螺帽组成,装在焊在车体侧装甲板的限制器支架上。用来限制平衡肘上升的高度,防止因扭力轴回转角度过大而损坏。

　　(6)液力减振器

　　液力减振器共 4 个,位于车体两侧装甲板的前、后下方,用来吸收、衰减车体的振动,它分别与两侧的第一和第六平衡肘的连接耳相连。

　　液力减振器为旋转叶片式液力减振器。旋转叶片式减振器性能稳定,维护保养方便。

　　旋转叶片减振器由壳体、隔板、减压阀、叶片、叶片轴、叶片密封条、盖、连接臂、拉臂等组成(见图 18.34)。

　　减振器壳体固定在侧甲板的减振器支座内。内部是个圆形腔,内装隔板总成与叶片总成,上方有加油孔及螺塞。

　　隔板总成由隔板、减压阀、本体组成。本体是个圆盘,通过螺栓固定在壳体上。隔板装在减振器体内,隔板上的隔墙与叶片配合,将体的内腔分成 4 个工作油室。隔板上的弧形槽和垂直油道与盖的凹槽构成预备油室。每个隔墙上均装有两个弹子单向活门,用来控制预备油室至各工作油室的通路。隔板中间的孔与叶片轴配合,该处制有两道环形集油槽,用来储存自工作油室经缝隙流出的液体。集油槽上有孔通预备油室,用来使被环形集油槽上的自压油挡挡回的油能流回预备油室。隔板外周制有弧形油槽、纵向气槽和环形槽。油槽和气槽分别与减振器体上的加油孔和放气导孔相通。环形槽内装有胶皮密封环。在减振器体和隔板的结合面上装有调整纸垫。纸垫与胶皮密封环一起用来防止减振器体内的液体外漏。

　　叶片总成在壳体内是个运动件,两个叶片上均装有工作活门。工作活门由活门体、弹簧和螺帽组成。轴支承在减振器体和隔板的孔内,可以自由转动,轴的外端制有花键。

　　隔板总成与叶片总成装入圆形腔内,外侧用盖以螺栓固定,盖内与隔板间形成补偿腔,盖上有一排气孔。补偿腔经阀与高压腔相通。在盖与隔板之间、隔板与减振器体之间,均装有调整纸垫,用来调整自压油挡的变形量。

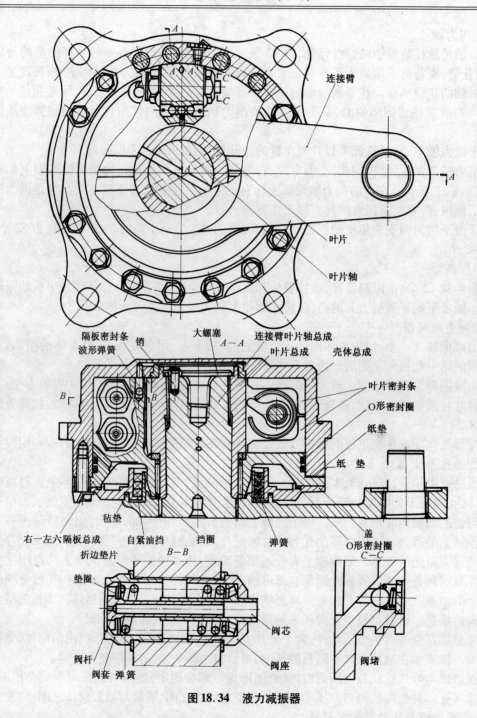

图 18.34 液力减振器

连接臂一端与叶片轴焊成一体,叶片轴与叶片总成连成一体,另一端用销通过拉臂与平衡肘上的连接耳相连接。在连接臂与盖之间的槽内装有毡垫。

拉臂两端孔内装有衬套,衬套内圆上有两道环形槽,环形槽内装有胶皮密封环。

2. 液力减振器的工作(见图 18.35)

自行火炮在平路上运动时,连接臂基本位于水平状态,叶片与隔板将减振器体内腔分成 4 个容积基本相同的工作油室(1、1、2、2),此时活门关闭。

自行火炮在行驶中遇到凸起障碍使负重轮升起时,平衡肘经拉臂带动连接臂向上转动(正行程),使轴及叶片转动,1 工作油室(两个)容积减小,压力增大,液体便顶开工作活门流到 2 工作油室(两个)。此时,由于液力减振器内液体流动的阻力较小,因此扭力轴能充分扭转而吸收能量,缓和了地面对车体的冲击。当越过障碍物负重轮下降时,平衡肘经拉杆带动连接臂向下转动(反行程),使轴及叶片回转,2 工作油室容积减小,压力增大,因工作活门关闭,液体便从叶片与减振器体之间的缝隙流到 1 工作油室,此时,液体流动所产生的阻力较大,消耗了扭力轴放出的能量,使车体振动很快衰减。

随着工作油室中液量的减少,液体从预备油室顶开弹子活门流入工作油室,自行补充。

由于叶片上的工作活门是有方向性的,并且负重轮相对静平衡位置正反行程的大小也是不对称的,故安装减振器时,只能是左 1 与右 6 或右 1 与左 6 互换。

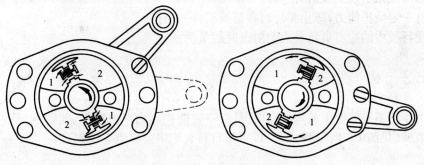

图 18.35 液力减振器工作原理

复 习 题

18-1 悬挂装置的功用是什么?

18-2 悬挂装置一般由哪些零部件组成? 各起什么作用?

18-3 扭力轴为什么有左、右之分? 左、右装错的危害是什么?

18-4 中型底盘悬挂装置扭力轴、平衡肘是如何支承和轴向定位的?

18-5 液力减振器的构造是怎样的? 是如何起减振作用的?

18-6 悬挂装置有哪些基本要求?

18-7 简述液气悬挂的工作。

第 19 章 防护系统

防护系统是自行火炮壳体和其它防护装置、器材的总称，包括车体、炮塔、三防装置、灭火以及伪装器材等，用以保护自行火炮内部乘员、机件、弹药等。

炮塔、三防及灭火等装置已在武器系统中叙述过，这里不再重述。

19.1 车 体

自行火炮车体是用装甲材料制造，构成自行火炮底盘的刚性壳体（见图 19.1、图 19.2）。

19.1.1 功 用

车体的功用主要有：

①用来搭载乘员及安装所有机件。

②具有一定防护能力，防止弹片对乘员及机件的损伤。

③承受行驶中的冲击负荷及火炮射击时的负荷。

19.1.2 构 造

车体由厚度不同的薄甲板焊接而成，具有一定防护能力。由前部、侧部、后部、顶部、底部及隔板等组成（见图 19.1、图 19.2）。以下按自行火炮中型底盘车体叙述。

1. 前部

前部装甲由前上、前下两甲板组成。前上甲板上有两个牵引钩和锁扣，防浪板（涉水时安装）支座，传动部分检查窗盖，百叶窗，驾驶员用潜望镜。前下甲板上固定着推土铲。

2. 侧部

侧部由左、右侧甲板及翼子板组成。左、右侧甲板上均焊有侧减速器齿轮箱支座，两个减振器上支座，六个平衡肘限制铁，三个托边轮支座，诱导轮支座。右侧甲板上还有发动机废气排气孔。左、右侧翼子板的前后均有挡泥板，检查诱导轮或除泥时均可向上翻起。翼子板的外缘向下卷起，可疏导冲击波。两翼子板均有两个前大灯，前后侧灯，钢丝绳固定架。左侧翼子板上有蓄电池箱，放四块蓄电池。后部有油箱及加油口。右侧翼子板上有车用大、小工具箱，火炮工具箱。

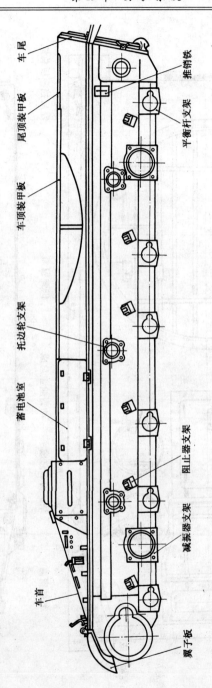

图 19.1 中型底盘车体

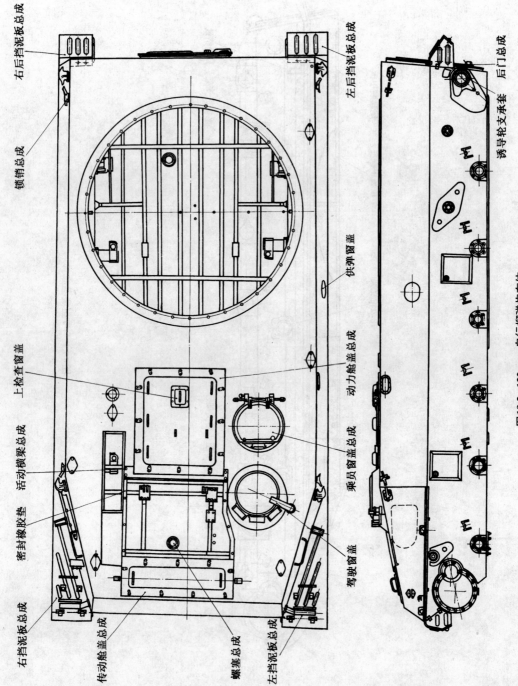

右后挡泥板总成

左后挡泥板总成

后门总成

锁销总成

诱导轮支承套

供弹窗盖

上检查窗盖

动力舱盖总成

活动横梁总成

乘员窗盖总成

密封橡胶垫

驾驶窗盖

右挡泥板总成

传动舱盖总成

螺塞总成

左挡泥板总成

图19.2　122 mm 自行榴弹炮车体

3. 后部

后部甲板是垂直的。中央有一门,是乘员出入的通道之一,也是抛药筒的通道(见图19.3)。两侧有履带松紧调整器装置,还有牵引钩。

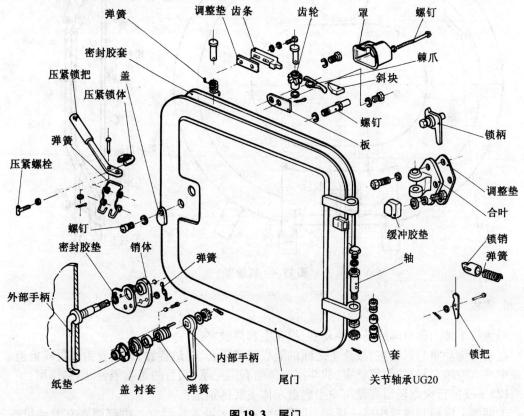

弹簧 调整垫 齿条 齿轮 罩 螺钉

密封胶套 棘爪

压紧锁把 盖 斜块

压紧锁体 螺钉

弹簧 板

压紧螺栓 锁柄

调整垫

螺钉 合叶

密封胶垫 销体 弹簧 缓冲胶垫

轴 锁销

弹簧

外部手柄

锁把

内部手柄

纸垫 盖 衬套 弹簧 尾门 套 关节轴承UG20

图 19.3　尾门

4. 顶部

顶甲板前部有驾驶室窗(见图19.4)。发动机检查窗盖,风扇出气窗、窗上有铁丝网罩,空气滤清器拆装窗盖及进气窗,液压油和柴油加油口盖。后部装齿圈,承受战斗部分的质量并使炮塔在其上回转。

5. 底部

底甲板两侧各焊有六个平衡肘支架。还有检查窗、放油口、放水口、平衡肘注油孔、加温器废气排出口等。前端装有推土铲(见图19.5)。

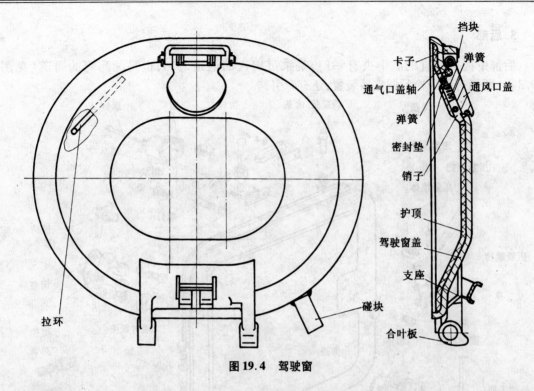

图 19.4　驾驶窗

图中标注：挡块、弹簧、卡子、通气口盖轴、通风口盖、弹簧、密封垫、销子、护顶、驾驶窗盖、支座、合叶板、拉环、碰块

6. 隔板

隔板将车体内部分隔成动力传动室、战斗室和驾驶室。

在动力传动室与驾驶室、战斗室之间的隔板带有隔音、隔热装置,该装置为多层隔板组成,隔板中夹有泡沫塑料,并在驾驶室、战斗室一侧喷有阻尼浆,其目的是起隔音、隔热作用。

122 mm 自行火炮轻型底盘与中型底盘车体主要区别是:

①两侧上甲板和翼板构成一浮箱,浮箱内装有许多设备和器材。中部两侧有发动机排气管,并开有圆形输弹孔,右侧前部开有油气悬挂检查门窗。

②后部门两侧开有圆形输弹孔,左右下侧各固定有两块备用履带板,左侧固定十字镐,右侧固定工兵锹。

③顶部增设副驾驶室窗、盖。

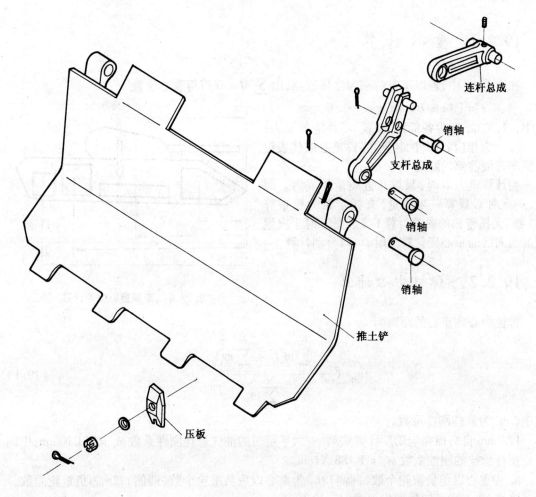

连杆总成

销轴

支杆总成

销轴

销轴

推土铲

压板

图 19.5　推土铲

19.2　车体平衡

布置车内各部分和布置履带环后,车体被弹性悬置在各负重轮上,在平地是否能得到接近水平的平衡位置,需要进行计算检验和调整。计算内容包括重心计算、弹心计算和倾角计算等。

19.2.1　重 心 计 算

在图 19.6 中,若以车首前端为坐标原点,由 $\sum M = 0$ 可得重心位置

$$x = (Aa + Bb + Cc + \cdots)/G$$

式中,$A,B,C,\cdots$ 为各部件、装置、零件等的重力;$a,b,c,\cdots$ 为相应各部件、装置、零件重心或代表位置到车首最前部的距离。

当计算重力 G 时,只算悬置质量的重力。因此,平衡肘常只算一半质量,有托带轮的履带算 3/4 圈,无托带轮的履带可算 1/2 质量。对于火炮向前与向后的重心变化较大时,可以分别计算。

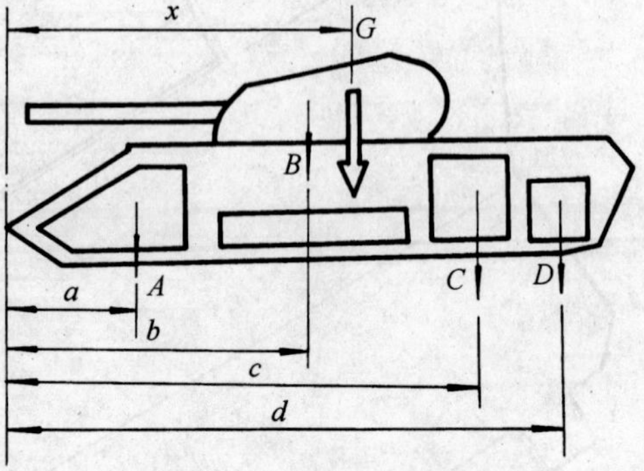

图 19.6　车辆重心位置计算

19.2.2　弹 性 中 心 计 算

弹性中心到重心的距离为

$$X_c = \frac{\sum_{i=1}^{n_1} m_x l_i - \sum_{i=1}^{n_2} m_x l_i}{\sum_{i=1}^{2n} m_x} \tag{19.1}$$

式中,m_x 为悬挂刚性系数。

122 mm 自行榴弹炮工厂计算取第一、六平衡肘的油气悬挂刚性系数 $m_x = 751$ N/cm,中间各轮扭杆悬挂的刚性系数 $m_x = 1\ 188$ N/cm。

n_1 为重心以前负重轮个数(两侧);n_2 为重心以后负重轮个数(两侧);$2n$ 为负重轮总数。

将表 18.1 和已知数据代入式(19.1) 可得

$$X_c/\text{cm} = \frac{\begin{array}{c}(751 \times 217.9) \times 2 + 1\ 188 \times 124.8 + 1\ 188 \times 43.8 + 1\ 188 \times 135 + 1\ 188 \times 54 \\ - (751 \times 206.1) \times 2 - 1\ 188 \times 38.2 - 1\ 188 \times 121.2 - 1\ 188 \times 28 - 1\ 188 \times 111\end{array}}{751 \times 4 + 1\ 188 \times 8} =$$

$$\frac{752\ 114.6 - 664\ 061.4}{12\ 510} = \frac{88\ 053.2}{12\ 510} \approx 7.04$$

弹性中心距重心 7.04 cm。

19.2.3　倾 角 计 算

由于重心与弹性中心不重合,车辆静止时车体绕横轴 y 要转动一个角度 φ,弹力才能与重力平衡。转角 φ 应按下式计算

$$\varphi = G_{\mathrm{x}} \cdot g \frac{X_{\mathrm{c}}}{\sum_{i=1}^{2n} m_{\mathrm{x}} l_i^2 - X_{\mathrm{c}} \sum_{i=1}^{2n} m_{\mathrm{x}} l_i} \tag{19.2}$$

式中，l_i 在重心以后取负值。

将已知数据代入式（19.2）得

$$\varphi = 5.86 \times 10^{-3}\ \mathrm{rad} = 0.336°$$

所得 φ 为正时，表示车体后倾；φ 为负时，表示车体前倾。良好的方案 $\varphi = 0° \sim 5°$，有利于车辆通行。

第一、六轮处车体垂直位移为

$$\Delta h_1 / \mathrm{mm} = l_1 \varphi = 2\,179 \times 5.86 \times 10^{-3} = 12.8$$

$$\Delta h_6 / \mathrm{mm} = l_6 \varphi = 2\,061 \times 5.86 \times 10^{-3} = 12$$

可见，车体前高后低，相差约 25 mm，为了平衡应对车体进行调整。

19.2.4　调整车体平衡的方法

由于弹性中心与重心不重合，产生的不平衡力矩

$$M / (\mathrm{kN \cdot m}) = G_{\mathrm{x}} g X_{\mathrm{c}} = 18.36 \times 9.81 \times 0.0704 = 12.68$$

要保持车体平衡或前端稍高 $3 \times 10^{-3}\mathrm{rad}(0.172°)$，就要求采取平衡的方法。

平衡的方法可用改变负重轮的前后位置，改变扭力轴悬挂的前、后和高低位置达到平衡，但这种方法受到轮距、行程、车内外部件的干涉、限制，不易实现。

用负重轮不均匀负荷来保持车体水平的措施，也可以不移动扭杆位置高度而改变扭角来达到。即在车体距地高度较小的一端的平衡肘采用较大的静扭角。但静负荷增大对扭力轴工作不利。特别是第一负重轮工作中的动负荷大而静负荷也大时，不得已只好采用特殊的扭杆，带来不能互换的问题。

油气悬挂比较优越，只需调整充气压力即可得到平衡。但发生不均匀的泄漏而未及时补充时，就会不平衡。压力缓慢降低是一个经常的过程，不绝对平衡也是常态，对实际使用的影响不大。

122 mm 自行榴弹炮扭力轴取相同的安装角（各负重轮中心连线与平衡肘曲臂中心线夹角为 42°），调整后允许车体绕 y 轴的倾角为 $\varphi = 3 \times 10^{-3}\mathrm{rad}$，此时车体前后距高相差为

$$\Delta h / \mathrm{mm} = 3 \times (2.179 + 2.061) \approx 12.7$$

扭力轴的不平衡力矩：$M_1 = \varphi M_{\mathrm{x}} \sum l_i^2$

其中

$$\sum l_i^2 = 6.79\ \mathrm{m}^2$$

$$M_1 / (\mathrm{kN \cdot m}) = 3 \times 10^{-3} \times 1.188 \times 10^2 \times 6.79 \approx 2.42$$

倾角由 $5.86 \times 10^{-3}\mathrm{rad}$ 变为 $3 \times 10^{-3}\mathrm{rad}$，重心前负重轮负荷减小，重心后负重轮负荷增大，但负荷变化不大，对扭力轴负荷变化可忽略不计。不足的平衡力矩由前、后轮的油气悬挂不同的充油量来保证（充油压力差应为 0.46 MPa）。

复 习 题

19-1 简述防护系统的功用。

19-2 简述车体的功用及构造。

19-3 简述轻型底盘和中型底盘车体的主要区别。

第五篇　轮式自行火炮底盘

第 20 章　车体、发动机

我军轮式自行火炮的研制始于 20 世纪 50 年代初,当时试制的车型有"523"、"521"、"522"轮式装甲车,均因各种情况而未能生产,轮式装甲车研制的真正起步是 80 年代,现基本形成了两个系列,一个是"523"系列,车载武器为高平两用 12.7 mm 机枪,桥荷为 5 t 级,变形车有防暴车;另一系列为"551"系列,基型车是轮式装甲车,车载武器为 25 mm 双向供弹机关炮,桥荷为 7 t 级。551 系列变形车有以下几种:多型轮式装甲车,重型反坦克导弹车,突击炮炮车等。

我军轮式自行火炮正处于飞速发展之中,其发展趋势为:通过整体优化、采用新技术、新材料、新工艺研制多用途基型车,增强车载武器的威力;增强装甲防护能力;功率大、油耗低、体积小的内燃机为动力;广泛采用电子控制技术、提高系统工作的经济性、可靠性、进一步缩小现代传动装置的体积,使整车向"小、轻、快"的方向发展,突出水、陆、空运的高机动性能,向强战场生存能力方向发展。

20.1　车体与炮塔

20.1.1　功　　用

车体与炮塔均由均质装甲钢板焊接而成,构成全封闭的坚固壳体。其主要功用是:
①作为承载式车体有其足够的强度与刚度,以承装各总成及部件;
②有一定防护能力的密闭式装甲,为乘员和各种仪器、装备提供了安全保障,如图 20.1 所示;
③承受行驶中和火炮射击时的冲击负荷。

20.1.2　构　　造

1. 车体

车体是固定全部机件的承力件,由前部、顶部、侧部、后部、底部及轮仓装甲板、车内隔板等组成。

（1）前部装甲板
前部装甲板由车首上、下及前窗装甲板等组成。前大灯、防雾灯、转向灯和牵引钩装在前装甲板上。有的车型还装有防浪板。

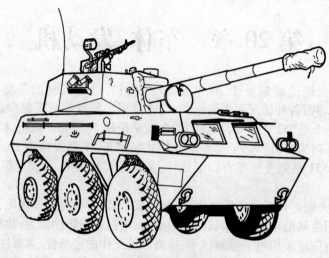

图20.1　轮式装甲车辆

(2)顶部装甲板

顶部装甲板前方装有观察镜、潜望镜、红外夜视仪,驾驶员顶窗盖、天线固定座、警灯、警笛;中部有发动机顶窗、进气口和排气管、炮塔座圈;后部有顶窗门、通信换扇孔、加油口、挂钩等。

(3)侧部装甲板

侧部装甲板由左、右侧装甲板构成。前部有扶手,后部有射击孔球形枪座。牵引绳、排气消声器、水上撑杆、撬杆、龙锯等都固定在装甲板上。

(4)后部装甲板

后部装甲板上装有后门,安装有牵引钩、工兵锹、十字镐、尾灯、刹车灯等。后门上有射击孔球形座及观察镜。

(5)底部装甲板

底部装甲板上有纵、横加强筋,其上开有防油、防水排污用孔及其盖。

(6)轮仓装甲板

轮仓垂直部位装甲板上焊有车桥固定座、悬架支座、转向拉杆支座和制动管路辖接孔座等。

(7)隔板

隔板将车体内隔成驾驶室、动力仓、战斗室,起隔声、隔热等作用。

2.炮(枪)塔

(1)炮(枪)塔体

炮(枪)塔体由均质装甲板焊接而成,有一定的防护能力。炮(枪)通过托架安在炮塔上,在两侧安装有烟幕弹发射筒、强光灯等。

（2）炮（枪）塔座座圈

炮塔通过座圈与车体连接成一体。座圈构造与履带式自行火炮相同。

20.2　发　动　机

20.2.1　轮式车辆发动机选用

现装备的轮式车辆发动机，多数选用风冷式发动机。选用较多的有：BF8L413FC 发动机、BF6L913C-Q 发动机、F8L413F 发动机和 BF12L413FC 发动机。

20.2.2　主要技术性能

技术性能见表 20.1。

风冷发动机还有 B/FL513 和 FL912 系列。

B/FL413 系列有直列 5、6 缸，V 形 6、8、10、12 缸非增压、增压中冷和低污染机型。功率范围为 64～386 kW。标定转速有 1 500 r/min，1 800 r/min，2 000 r/min，2 150 r/min，2 300 r/min，2 500 r/min。可满足 6～70 t 的各种车辆、工程机械、发电设备、船舶等使用要求。适应高温、严寒、干旱缺水的环境，有高的可靠性。

B/FL513 系列机型是 B/FL413 型系列机型改进型，既有继承又有发展。513 系列机型在标定功率不变的情况下，通过增大汽缸直径（增压机型未增大），进而增大工作容积，缩短活塞环距活塞顶距离，以减小燃烧室有害容积；降低转速（由于转速降低使车辆传动处于最佳匹配范围。从而提高了发动机寿命，提高了功率和扭矩，降低了油耗，降低了噪声（1 dB）和有害气体的排放。

FL912/913 系列机型属直列形式。912 机型缸数为 2～6 缸，缸径为 100 mm，活塞行程为 120 mm，车用功率为 28～88 kW。913 机型缸径为 102 mm，活塞行程为 125 mm，车用功率可达 118 kW。

表 20.1　B/FL413BF913 机型技术参数

机　型	F8L413F	BF8LA13F	BF6L913
气缸数	8V,90°	8V,90°	6
缸径×行程/(mm×mm)	125/130	125/130	102×125
工作容积	12.763	12.763	6.128(活塞总排量/L)　15.5
压缩比	18:1	16.5:1	
转速/(r·min⁻¹)	1 500　1 800　2 000　2 150　2 300　2 500　2 650	1 500　1 800　2 000　2 150　2 300　2 500　2 650	1 500　1 800　2 000　2 150　2 300　2 500　2 650　2 800
活塞平均速度/(m·s⁻¹)	0.65　0.78　0.867　0.932　0.996　1.083　1.148	0.65　0.78　0.867　0.932　0.996　1.083　1.148	6.25　7.5　8.3　8.95　9.6　10.4　11.05　11.7
持续功率①/kW	103　123　134　142　150	129　160　175　183　190	70　82　90　96　99
平均有效压力/MPa	0.646　0.643　0.630　0.621　0.613	0.809　0.836　0.823　0.800　0.777	0.914　0.892　0.881　0.875　0.843
持续功率②/kW	109　129　140　149　157　165	136　169　184　193　201　210	74　88　96　100　104　109
持续功率③/kW	114　134　147　157　165　174　180	143　178　194　204　212　222　222	77　92　101　106　111　118　118　118
平均有效压力/MPa	0.715　0.700　0.691　0.687　0.675　0.654　0.639	0.896　0.930　0.912　0.892　0.867　0.835　0.788	1.006　1.001　0.979　0.966　0.945　0.925　0.872　0.826
汽车用功率④/kW	—　173　188　188	—　222　235　235	—　111　118　118　118
平均有效压力/MPa	—　0.707　0.707　0.667	—　0.908　0.884　0.834	—　0.945　0.925　0.872　0.826
最大扭矩(车用)/(N·m)	817	980	490
转速/(r·min⁻¹)	1 500	1 750~1 850	1 650
最低工作转速/(r·min⁻¹)	1 500	1 500	1 500
最低怠速/(r·min⁻¹)	600	600	650±50
燃油消耗率⑩/[g(kW·h)⁻¹]	216	220	215
机油消耗率占燃油消耗率的百分数	1	1	1
启动方式	EL	EL	EL,FK
与标准油底壳倾斜度/(°):　风扇端	15/15	15/15	14
飞轮端			12
左侧或右侧	15/15	15/15	45
货运体积/m³	2.22	2.22	1.3

注:① 按DIN6270标准"A"功率(在12 h内可超载10% 1 h)。　② 按DIN6270标准"B"功率(不可超载,重载荷)。　③ 按DIN6270标准"B"功率(不可超载,轻载荷)。　④ 按DIN70020标准。　⑤ 手启动。　⑥ 电启动。　⑦ 火焰启动。

复 习 题

20-1　简述轮式车辆的发展趋势。

20-2　简述车体和炮塔的功用。

20-3　简述车体和炮塔的构造。

20-4　轮式车辆发动机选用有何要求？

20-5　轮式车辆发动机主要技术性能有哪些？

第 21 章　传操部分

21.1　传动部分

各种车辆传动系组成不同,传动的路径也不同。100 mm 突击炮传动系传动如图 21.1、图 21.2 所示。

其发动机动力经离合器传至后传动箱,经中间传动轴传至前传动箱、变速箱,再经和变速箱一体的分动箱分别经前传动轴传至前桥和中、后传动轴传至中桥、后桥,再传给轮边减速器、车轮。

旋风式火箭炮传动系传动如图 21.3 所示。

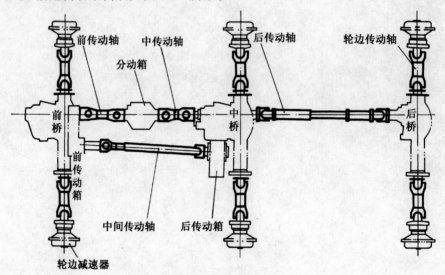

图 21.1　传动轴简图

其发动机动力经液力变扭器传至变速箱,再经前、后二级分动箱传给一、二桥主减速器和三、四桥主减速器,主减速器再传给轮边减速器、车轮。

某型步兵战车传动系传动如图 21.4 所示。

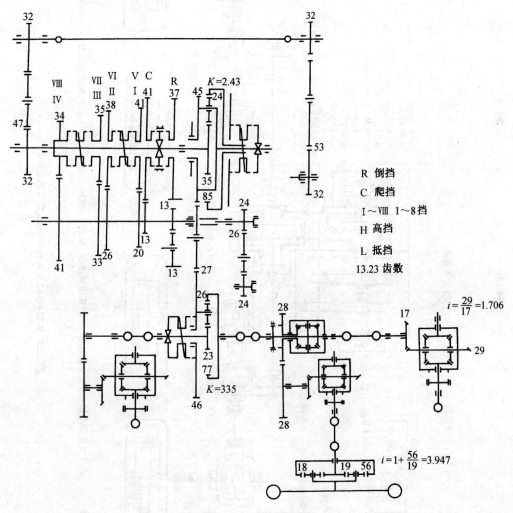

图21.2 传动系统图

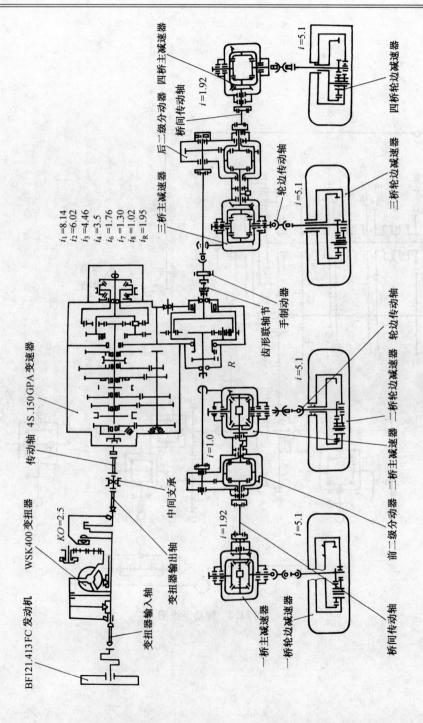

图 2.13　WS2400A2 及 WS2400A3 底盘传动原理图

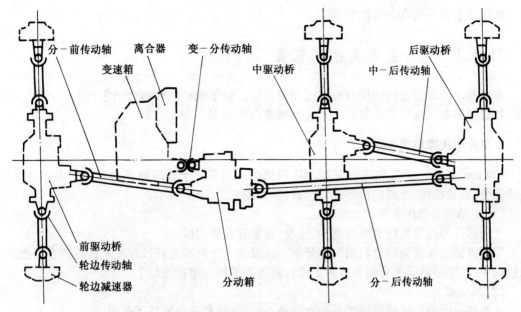

图 21.4   ZFB91 型步兵战车传动装置布置图

发动机动力经离合器传到变速箱,经传动轴传至分动箱,分动箱经前、后传动轴传至前、后驱动桥,经后驱动桥再传至中驱动桥,驱动桥再传至轮边减速器、车轮。

某型传动系传动如图 21.5 所示。

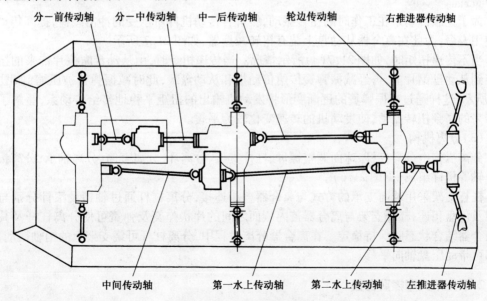

图 21.5   传动轴分布简图

此传动系多一套水上传动装置。

21.1.1 离合器及其操纵装置

离合器及操纵装置的功用与履带式功用相同。位于发动机和传动箱之间。

轮式装甲车辆选用单片和双片干式摩擦离合器为多。

1. 单片干式摩擦离合器

100 mm 突击炮、ZSL 轮式装甲车、901 防暴车选用单片干式摩擦离合器。它由主动部分、从动部分、压紧机构、分离机构四部分组成,其构造如图 21.6 所示。

(1)主动部分和压紧机构

主动部分和压紧机构由离合器盖、压盘、压紧弹簧等组成。

压紧弹簧沿压盘周围分六组对称分布。压盘的六个分离杠杆铰接支座嵌入离合器盖的内侧缺口中,以保持随同离合器盖旋转。离合器盖用螺栓固定在飞轮上。

(2)从动部分

从动部分由带扭转减振器的从动盘总成、离合器轴和离合器外壳等组成。

从动盘总成由从动盘钢片、摩擦衬片、从动盘毂、扇形波纹弹簧片、减振弹簧、减振摩擦片、传动板和弹簧片等组成。

为了增加从动盘的轴向弹性,使车辆起步平稳,在从动钢片与后摩擦衬片之间装有扇形波纹弹簧片。

为了克服传动系在工作时的扭转振动,缓解各传动机件所承受的冲击载荷,提高传动机件的使用寿命,为此在离合器从动盘上装有扭转减振器,如图 21.7 所示。

当不传递扭矩时,如图 21.7(a)所示情况。当传递扭矩时,由从动盘摩擦片传来的扭矩首先传到从动盘钢片上,再经减振弹簧传给传动板和从动盘毂,此时减振弹簧被压缩,如图 21.7(b)所示,这样通过减振弹簧的逐渐变形将发动机输出的扭矩平稳地传给传动系,缓解了发动机传来的高频扭转振动,使发动机的转速变化较为平缓。

(3)分离机构

分离机构由分离杠杆、球面调整螺母、杠杆支架、分离环、分离套筒、分离轴承、分离拨叉及拨叉轴等机件组成(见图 21.6)。

杠杆支架采用球面支承的方式与离合器盖相连接,分离杠杆通过轴销及滚针分别与杠杆支架及压盘相连,杠杆支架与离合器盖内侧面之间的片状弹簧及弹簧可使分离杠杆及其支架在离合器结合状态时保持稳定。在离合器分离过程中,分离杠杆可绕支架上的销轴摆动,杠杆外端可带动压盘轴向平移。

2. 双片干式摩擦离合器

离合器由主动部分、从动部分和操纵机构组成。

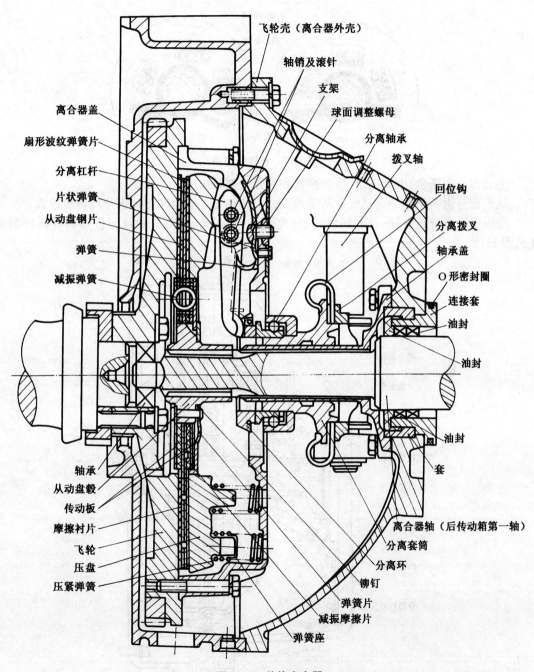

飞轮壳（离合器外壳）
轴销及滚针
支架
球面调整螺母
分离轴承
拨叉轴
回位钩
分离拨叉
轴承盖
O 形密封圈
连接套
油封
油封
油封
套
离合器轴（后传动箱第一轴）
分离套筒
分离环
铆钉
弹簧片
减振摩擦片
弹簧座

离合器盖
扇形波纹弹簧片
分离杠杆
片状弹簧
从动盘钢片
弹簧
减振弹簧

轴承
从动盘毂
传动板
摩擦衬片
飞轮
压盘
压紧弹簧

图 21.6　单片离合器

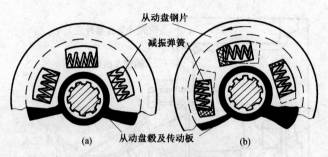

图21.7　扭转减振器

　　主动部分由压盘、中间压盘、压盘弹簧和弹簧支架等组成。

　　从动部分由两个从动盘总成及从动轴组成。从动盘总成由摩擦片钢片和盘毂组成。

　　操纵机构由分离杠杆、分离轴承座、分离轴承、分离叉、分离叉轴及回位弹簧等机件组成（见图21.8）。

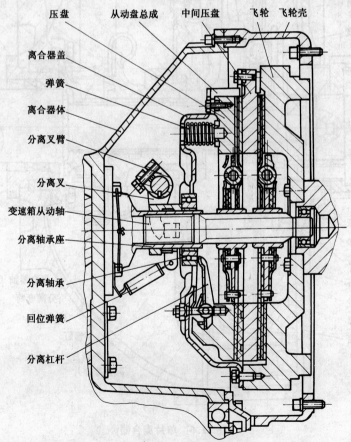

图21.8　双片干式摩擦离合器

图 21.8 为 902 防暴车采用的双片干式摩擦离合器,弹簧周置。

双片干式摩擦离合器还有中央弹簧离合器(见图 21.9)、膜片弹簧离合器(见图 21.10)等。

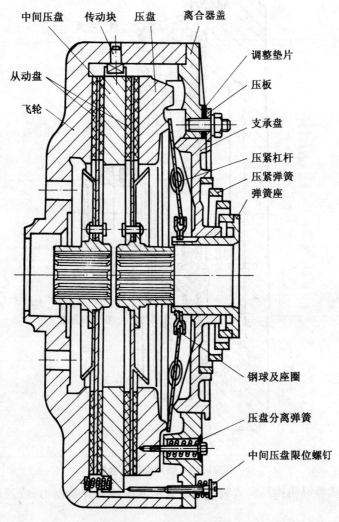

图 21.9 中央弹簧离合器

用一个张力较强的压紧弹簧布置在离合器中央的离合器称为中央弹簧离合器。

用膜片弹簧兼起压紧弹簧和分离杠杆的离合器称为膜片弹簧离合器。

3. 离合器操纵机构

离合器操纵机构广泛采用机械式或液压式。在一些重型车辆上则采用以这两种为基础的

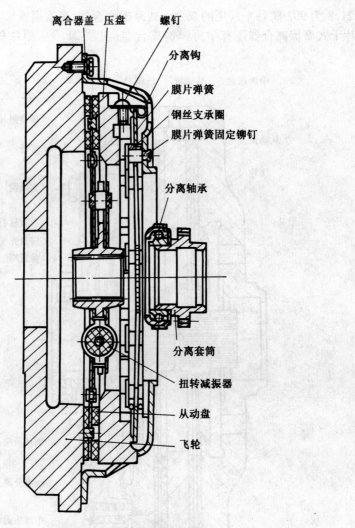

离合器盖 压盘 螺钉

分离钩

膜片弹簧

钢丝支承圈

膜片弹簧固定铆钉

分离轴承

分离套筒

扭转减振器

从动盘

飞轮

图 21.10 膜片弹簧离合器

气压或弹簧助力式操纵机构。轮式装甲车辆采用液压传动弹簧助力,或液压操纵气压助力形式的操纵机构。

(1)液压传动弹簧与气压助力操纵机构

100 mm 自行突击炮、某型防暴车离合器操纵采用此种形式机构。主要由离合器踏板、助力弹簧、主缸、离合器助力缸等组成(见图 21.11)。

(2)液压传动弹簧助力操纵机构

某型防暴车、轮式装甲车离合器采用此种机构。由主缸、工作缸、踏板、助力弹簧等组成(见图 21.12)。

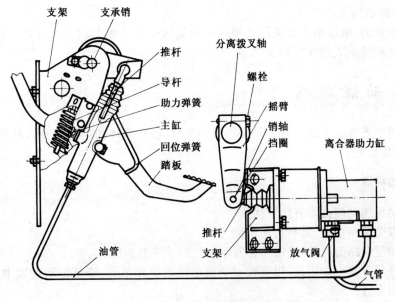

图 21.11 100 mm 突击炮离合器操纵机构

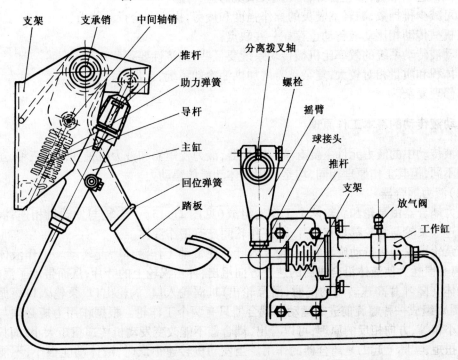

图 21.12 离合器操纵机构

（3）其他操纵机构

机械式弹簧助力、液压助力及液压式操纵机构见履带式装甲车辆有关内容。其他还有气压助力机械传动和绳索式操纵机构。

21.1.2　动液传动

在传动装置中若有一个以上环节是采用液力元件，依靠液体的动能传递动力，则称其为液力传动（或动液传动）。

1. 液力传动特点

与机械传动相比动液传动有如下优点：

①实现无级变速和变矩，具有自适应能力；

②在困难和复杂路面行驶时，可防止发动机过载或突然熄火；

③液力元件具有减振作用，可以衰减发动机曲轴的扭转振动，降低传动装置中的动负荷，延长发动机使用寿命；

④车辆起步平稳，加速性好，冲击小，乘员舒适；

⑤可减少排挡数，减轻驾驶员的操作强度和疲劳，提高安全行驶能力。

与机械传动相比动液传动也存在一些缺点：

①动液传动系统的效率比机械传动系统要低些，经济性要差些；

②体积和质量相对较大，复杂。需增加供油冷却系统，造价高；

③修理复杂。

2. 动液传动的基本工作原理

动液传动中的液力元件主要有液力耦合器、液力变矩器和液力机械变矩器三种，虽然其具体结构不同，但其工作原理相同，均是利用液体动能传递动力。

（1）液力耦合器

液力耦合器由泵轮和涡轮两个工作轮组成（见图 21.13）。泵轮与发动机相连，涡轮与变速箱相连。泵轮与涡轮都具有叶片，两工作轮间充有工作液体。

当泵轮被发动机带动旋转时，泵轮上的叶片便带动工作液体一起转动。工作液体高速转动时，离心惯性力使液体沿合成后的速度方向甩出，冲击涡轮上的叶片，从而带动了涡轮转动。工作液体在随叶片高速转动的同时，沿泵轮出口、涡轮入口、涡轮出口、泵轮入口而循环流动（循环圆），组成一种螺旋前进的运动。耦合器只有两个工作轮。根据作用力矩必须与反作用力矩大小相等、方向相反的原理，可以看出，耦合器不能改变发动机传递扭矩大小，而只能传递发动机扭矩，实际上起的是离合器的作用。当发动机转速很低时，液体动能很小，不能克服车辆阻力而带动涡轮，这相当于主离合器的分离状态。当发动机转速增加时，液体动能增加，从而带动涡轮使车辆平稳起步。

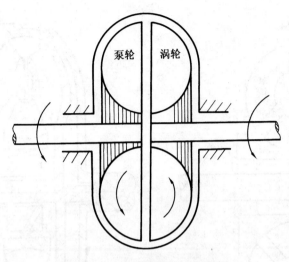

图 21.13　液力耦合器工作原理

应当指出,在泵轮转速一定时,耦合器在涡轮转速较小时可以传递的扭矩较大:涡轮转速增加时,传递的扭矩减小;当涡轮转速相同时,不能传递扭矩,此时工作液体只随工作叶轮旋转,而没有循环流动。

耦合器传动的效率随耦合器两工作轮的滑转程度(即泵轮与涡轮的转速差)而变,泵轮转速一定,涡轮转速较低时,传动效率低,当涡轮转速增加以逐渐接近泵轮转速时,传动效率也逐渐增加。

具体结构与工作状况见履带车辆相关内容。

(2)液力变矩器

旋风自行火箭炮车将液力变矩器作为发动机的第一级传动。

液力变矩器的结构形式多种多样,在此仅介绍几种车辆上常用的典型结构。

液力变矩器(见图 21.14)与耦合器相比多了一个与外壳固定在一起的工作轮,叫反应器,也称"导轮"。这样,工作液体在三个工作轮叶片之间循环流动时,不但能传递发动机动力,而且可以自动改变发动机传递到传动系扭矩的大小。

为了大致说明变矩器的工作原理,我们假定循环圆中有不变的流量,由于导轮固定不动,导轮出口必供给泵轮入口以方向、大小不变的液流。假定泵轮转速不变,这样可以把泵轮出口即涡轮入口处工作液体的速度大小与方向也近似看做不变。由于泵轮出口与入口处的工作液体速度都近似认为不变,因而泵轮的扭矩 M_B(即发动机传来的扭矩)也可以认为不变。涡轮的转速 n_T 随车辆行驶速度而变化,涡轮出口必供给导轮入口以方向大小均变化的液流,涡轮上的扭矩 M_T 和导轮上的扭矩 M_P 也将随着 n_T 的改变而改变。

若 $n_T = 0$ 时,即相当于车辆原地起步,涡轮出口处的工作液体以与涡轮叶片出口角相同方向冲击导轮叶片。因泵轮是主动的,其上所受液流给予的反力矩方向必与旋转方向相反,即 M_B;因为涡轮和导轮叶片的弯曲角度所决定,它们所受到液流给予的力矩即 M_T,M_D。这时导

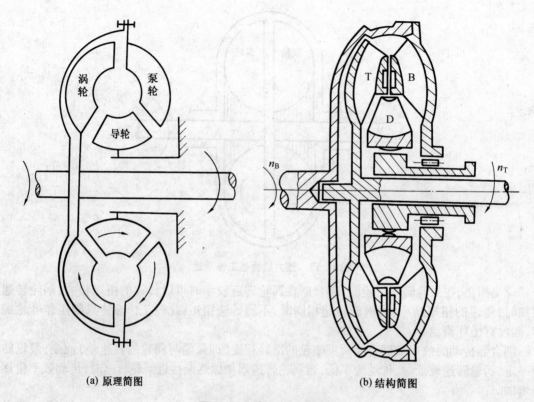

(a) 原理简图　　　　　　　　　　　(b) 结构简图

图 21.14　液力变矩器简图

轮力矩 M_D 方向与泵轮力矩 M_B 相同,而与涡轮力矩 M_T 方向相反,因而 $M_B + M_D = M_T$。目前,变矩器涡轮的扭矩 M_T 在起步时可以达到泵轮扭矩 M_B 的 2 ~ 2.5 倍。

车辆起步后,涡轮转速不再是零。在涡轮叶片带动下,涡轮出口处工作液体速度的方向与大小均将改变。当涡轮转速较低时,由于冲击导轮入口的液流方向改变,所以 M_B 虽然不变,而 M_T 减小了,M_D 也减小了,但仍然具有 $M_B + M_D = M_T$ 的关系。M_T 随 n_T 增大而逐渐减小,这就是变矩器的自动变矩作用。当地面阻力较小而车速增加时,由于 n_T 增加,涡轮扭矩 M_T 将自动减小,这相当于变速箱换上了高速挡。当地面阻力增大时,车速将要降低,由于 n_T 减小,涡轮扭矩 M_T 将自动增加,相当于变速箱换上了低速挡。这种变速是自动而连续地改变的,也叫无级变速。

当由于车辆速度增加而使涡轮转速 n_T 增加到某一值时,M_T 减小到 $M_T = M_B$,$M_D = 0$,这时导轮不起作用,变矩器与耦合器工作情况相同。

当车辆速度增加很大时,涡轮转速很大,甚至能使 M_D 方向改变,这时,$M_B - M_D = M_T$,因而 $M_B > M_T$。

由实验可知,变矩器的效率随涡轮转速增大而增加,涡轮转速达到某一转速时,变矩器效率达到最大值,当涡轮转速继续增大时,变矩器效率将要下降。在高效率的范围内(即效率在

75%以上），由于目前的变矩器改变扭矩的范围还不够大（约为2~2.5倍），因而在采用变矩器后，传动系还应有一个挡数较少的（如2、3个挡）有级式变速机构。

按变矩器的工作轮数目、工作轮排列次序、工作轮的结构等特点，变矩器还可分为多种类型。

（3）带闭锁离合器的液力变矩器

带闭锁离合器的液力变矩器就是在泵轮和涡轮之间增加了一个闭锁离合器。其目的是可以使变矩器的涡轮和泵轮转速接近时，闭锁离合器结合，而成为高效率的机械直接传动。这样可以在起步、变速时，发挥液力传动工况的优点，而在经常的匀速行驶时，则发挥机械传动工况的优势。

采用闭锁离合器的变矩器通常有两种方案：（见图21.15（a）（b））

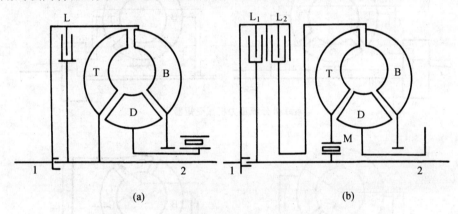

图21.15 带闭锁离合器的液力变矩器结构简图

第一种方案（见图21.15（a）），泵轮与发动机相连，涡轮与输出轴相连，导轮通过单向联轴器支承在壳体上。低速比时，单向联轴器楔紧，导轮不动。当闭锁离合器结合时，单向联轴器分开，导轮自由旋转以减小液力损失。此时虽然是直接传动，但由于还存在风损（鼓风）和机械损失，所以其效率不等于1，仅接近1。

第二种方案（见图21.15（b）），离合器 L_2 结合，L_1 分开时为液力传动。发动机的功率经离合器 L_2 传至泵轮，涡轮传至输出轴的功率要通过单向联轴器。

当 L_1 结合、L_2 分离时，则液力变矩器便可脱开，进入直接的机械传动。此时，发动机的功率直接传至输出轴，液力变矩器的所有工作轮均停止不转（泵轮由离合器 L_2 脱开，涡轮由单向联轴器脱开）。因而排除了全部的风损和液力损失，传动效率等于1。但是结构较前一种复杂，多一个离合器。

此种变矩器在车辆上使用时，一般仅在好路面、高挡行驶时才闭锁变矩器。除此之外，用拖车方法启动发动机和下长坡时利用发动机制动时，也可采用这种办法。

（4）液力机械变矩器

液力机械变矩器是指液力变矩器与机械传动件以不同方式组合起来后，所得到的一种新的液力传动的总称。

液力机械变矩器和液力变矩器一样具有无级变速和变矩以及自动适应性等特点,但其性能指标却与原来的液力变矩器不同。

液力机械变矩器中的机械传动件最典型和常用的是简单行星排。由于液力变矩器和机械传动件可有多种方式的连接和组合,所以液力机械变矩器的形式和种类也是多种多样的。

根据液力机械变矩器内实现功率分流的方法不同,液力机械变矩器有外分流和内分流两种。前者功率的分流是在液力变矩器的外部,后者功率的分流是在液力变矩器的内部(见图21.16)。此外,也有兼有内分流和外分流两种分流形式的,叫做复合分流的液力机械变矩器。

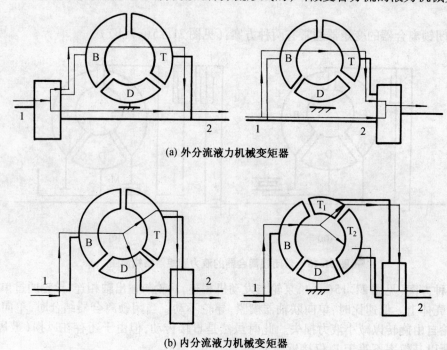

(a) 外分流液力机械变矩器

(b) 内分流液力机械变矩器

图 21.16　外分流和内分流液力机械变矩器

此种变矩器将直驶动力分为液力和机械两路传递后,只有部分功率有液力损失,但又保留了液力传动的优点,其效率和性能介于液力和机械传动之间。

液力机械变矩器是在液力变矩器的基础上发展起来的。利用机械传动件和功率分流原理可以改变和改善液力变矩器的性能,扩大现有液力变矩器的应用范围,实现产品系列化,以满足对不同发动机的匹配要求。

旋风自行火箭炮变矩器属带闭锁离合器、换挡离合器、下坡制动器的外分流液力机械变矩器。

21.1.3 传动箱(以 100 mm 突击炮为例)

1. 后传动箱

后传动箱位于发动机尾部,通过螺栓固定在离合器外壳上。它是以齿轮传动形式,将离合器输出的动力传给前传动箱。

后传动箱由箱体、主动轴总成、中间轴总成、从动轴总成组成(见图 21.17)。

主动轴长端花键与离合器从动盘花键槽配合,传递发动机动力。从动轴连接盘通过传动轴将动力传给前传动箱。

2. 前传动箱

前传动箱固定在变速器箱体上。前传动箱与后传动箱用万向传动轴连接。将后传动箱输出的动力传给变速器。

前传动箱由箱体、主动轴总成、中间轴总成、从动轴总成组成(见图 21.18)。

从动轴(也称变速器第一轴)一端制有齿轮(也是变速器的四挡主动齿轮),将动力传给变速器。

3. 小传动箱及油泵

小传动箱的功用主要是向齿轮油泵输入动力。

小传动箱固定在副变速器壳体上,动力是由主变速器中间轴后端输入的。经箱内三个常啮合圆柱直齿轮,带动齿轮泵工作,以保证变速器及前、后传动箱的润滑。

小传动箱由箱体、主动轴总成、中间轴总成、从动轴总成等组成(见图 21.19)。

主动轴通过花键套与主变速器中间轴花键啮合,将动力传给小传动箱及油泵。

油泵固定在传动箱体上,流量为 32 L/2 000 r/min。

某型轮式装甲车、防暴车传动箱与此相似。不同点为后传动箱下部增加一水上传动轴总成(见图 21.20)。

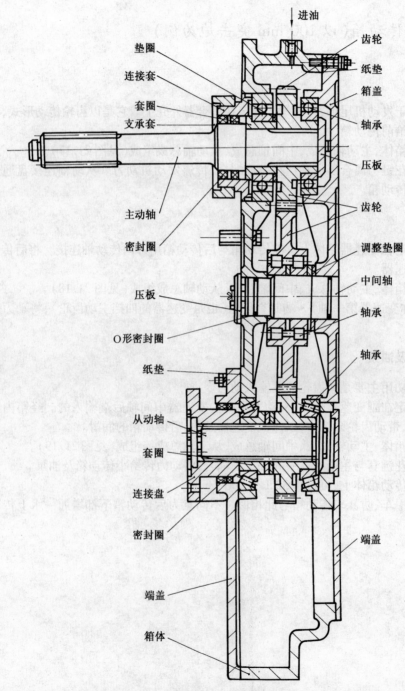

进油

垫圈
连接套
套圈
支承套

齿轮
纸垫
箱盖
轴承

压板

主动轴
密封圈

齿轮

调整垫圈
中间轴

压板

O形密封圈

轴承

纸垫

轴承

从动轴
套圈

连接盘

密封圈

端盖

端盖

箱体

图 21.17　后传动箱

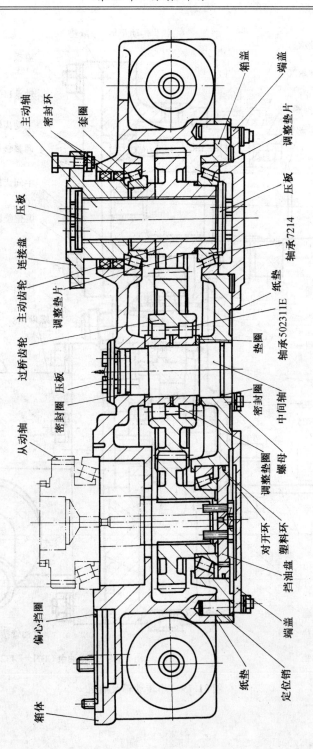

图 21.18 前传动箱

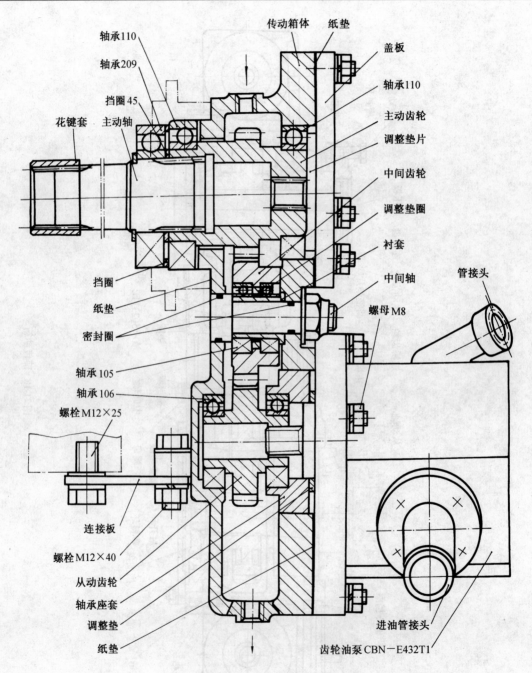

图 21.19　小传动箱及油泵

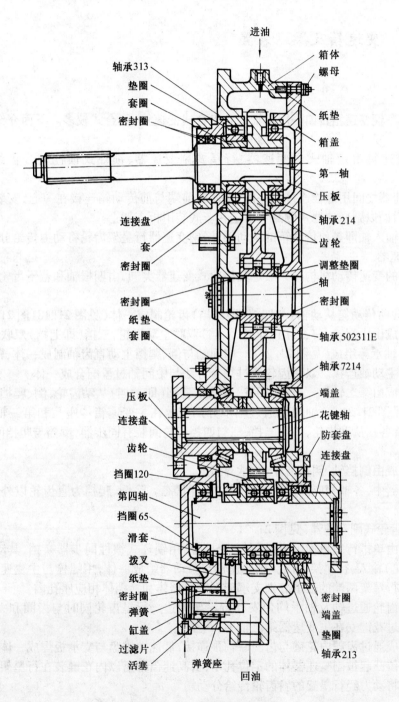

进油

箱体
螺母
纸垫
箱盖
第一轴
压板
轴承 214
齿轮
调整垫圈
轴
密封圈
轴承 502311E
轴承 7214
端盖
花键轴
防套盘
连接盘
挡圈 120
第四轴
挡圈 65
滑套
拨叉
纸垫
密封圈
弹簧
缸盖
过滤片
活塞
弹簧座
回油
密封圈
端盖
垫圈
轴承 213

轴承 313
垫圈
套圈
密封圈
连接盘
套
密封圈
密封圈
纸垫
套圈
压板
连接盘
齿轮

图 21.20　防暴车后传动箱

21.1.4　变速箱及操纵装置

1. 变速箱

轮式装甲车辆变速箱目前采用定轴式和组合式变速箱,组合式较多。下面介绍组合式变速箱。

组合式变速箱由定轴式主变速器、行星式副变速器、锁环式惯性同步器组成(见图21.21)。

主、副变速器之间用螺栓连接成一体,箱体的前端与前传动箱连接在一起,安装在车底装甲板支架上,后面以副变速器两侧凸台固定在车底装甲板支架上。

主变速器输入轴即是前传动箱的从动轴,经副变速器行星架齿轮将动力传给分动器。

(1)主变速器

主变速器的变速传动机构与一般定轴齿轮式变速器类同,由四根轴和若干齿轮、轴承等机件组成。

第一轴(即前传动箱从动轴)与四挡(即八挡)齿轮制成一体(见图21.18、图21.21)。

中间轴总成由中间轴,一、二挡(即五、六挡)双联主动齿轮,三挡(即七挡)双联齿轮(常啮合从动齿轮),轴承等组成(见图21.21)。中间轴与倒、爬挡主动直齿轴制成一体,轴的尾端花键与小传动箱主动轴连接。双联齿轮通过热套方法与中间轴过盈配合成一体。

第二轴总成由第二轴,一、二挡(即五、六挡),三挡(即七挡)从动齿轮,倒、爬挡从动齿轮,轴承等组成(见图21.21)。轴两端通过轴承分别支承在主变速箱体座孔和第一轴齿轮座孔内,其上套装着各挡从动齿轮,一与二挡,三与四挡齿轮间装有同步器,倒挡与爬挡间装有滑动接合套。

倒挡轴总成由倒挡轴、倒挡齿轮、轴承等组成。

在主变速器中,各轴相应挡齿轮均处于常啮合状态。除倒、爬挡为直齿轮以外,其余齿轮均为斜齿轮。

(2)行星齿轮式副变速器(见图21.21)

副变速器由单排行星机构组成,具有两个挡位,用锁环式惯性同步器换挡,其动力由太阳齿轮(即中心轮)输入,行星架输出。副变速器与分动器组成一体,用螺栓与主变速器体连接。整个行星排经行星架两端的轴承分别支承于副变速器体和换挡体相应座孔内。

五个行星齿轮通过轴及轴承均匀安在行星架周边。行星齿轮同时与齿圈和太阳齿轮啮合。太阳轮通过花键安在主变速器第二轴上。

同步器总成通过齿毂内花键与齿圈后轴颈连接,低速挡锥盘与支承板焊成一体,支承板以其圆周上的定位凸起被副变速器体的定位孔定位;高速挡锥盘以内花键装在行星架轴上。

副变速器将动力经行星架的斜齿轮传给分动箱。

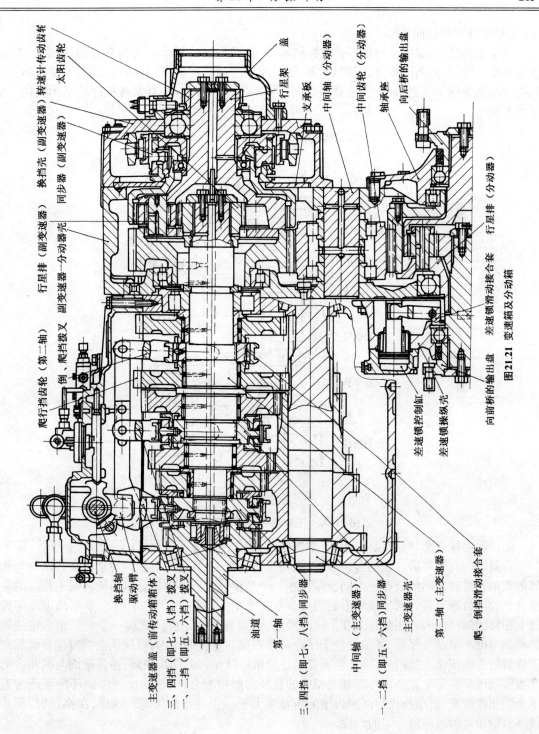

图21.21　变速箱及分动箱

（3）锁环式惯性同步器

　　该车主、副变速器均采用锁环式惯性同步器,各同步器的具体结构稍有区别,图21.22所示为主变速器三、四挡同步器,而图21.23所示为副变速器的换挡同步器。现以主变速器三、四挡同步器为例予以说明（主变速器内各同步器的同步锁环相同,其余各机件的结构类同,而尺寸不同）。

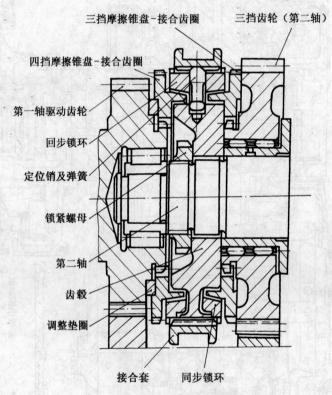

图21.22　主变速器三、四挡同步器

　　同步器由接合套、同步锁环、齿毂、摩擦锥盘、定位销及弹簧等组成。

　　齿毂以内花键与第二轴配合,其外齿圈与接合套配合,且可相对轴向滑动。齿毂两侧与相邻的常啮合齿轮之间均装有一个同步锁环和一个摩擦锥盘。摩擦锥盘以内键齿毂上相应的常啮合齿轮的齿圈套合。同步锁环沿圆周均布有三个窄凸齿和三个宽凸齿;三个窄凸齿轮与齿毂上相应的深径向凹槽相配合。在上述凹槽内,均插有两个定位弹簧和一个定位销。定位销的两侧与锁环窄凸齿邻接,其顶端位于接合套内表面的定位凹槽内,以保证空挡时接合套相对于齿毂的正确定位。换挡时,接合套即带动定位销推挤相邻的同步锁环,使其锥面与其相应的摩擦锥盘压紧。三个宽凸齿与齿毂上相应的浅径向凹槽配合,凹槽约比同步锁环的宽凸齿宽半个锁止齿齿宽,而窄凸齿与深凹齿槽的齿宽差大于一个锁止齿齿宽。这样,在换挡时,同步锁环只能相对齿毂转过一定的角度。

同步锁环圆周上制有锁止齿圈,其齿形及尺寸均与齿毂、摩擦锥盘上的接合齿相同;其齿端倒角与接合套齿圈齿端相同,两齿端的倒角斜面互相接触可形成一对锁止面。同步前,此锁止面可阻止接合套前移,以免接合套与其摩擦锥盘接合齿圈发生撞击。

为限制换挡时接合套的行程、沿接合套内圆周表面均布三个止动凸齿。另外,接合套以及摩擦锥盘的接合齿圈均制成倒梯形齿,以防传动时自动脱挡。

副变速器的换挡同步器的结构与上述同步器类同,其主要不同点是沿齿毂圆周有六个对称布置的定位销和弹簧(每个定位销内放置两个弹簧,见图 21.21 或图 21.23),而在每一个换挡方向上仍只有三套定位销起作用。定位销的顶端与接合套内表面的止动凸齿斜面构成定位作用,六个止动凸齿以三个为一组,位于接合套横向对称剖面两侧(形状可见图 21.21)。

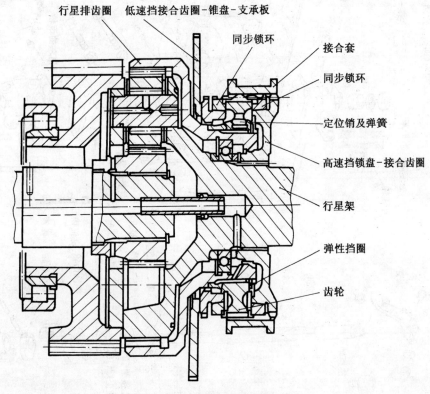

行星排齿圈　低速挡接合齿圈-锥盘-支承板
同步锁环
接合套
同步锁环
定位销及弹簧
高速挡锁盘-接合齿圈
行星架
弹性挡圈
齿轮

图 21.23　副变速器换挡同步器

2. 变速器的操纵机构

变速器操纵机构由操纵传动和换挡装置两部分组成,供驾驶员在操纵位置换挡。

(1)换挡装置

该变速器的换挡装置包括主变速器换挡装置和副变速器换挡装置两部分。

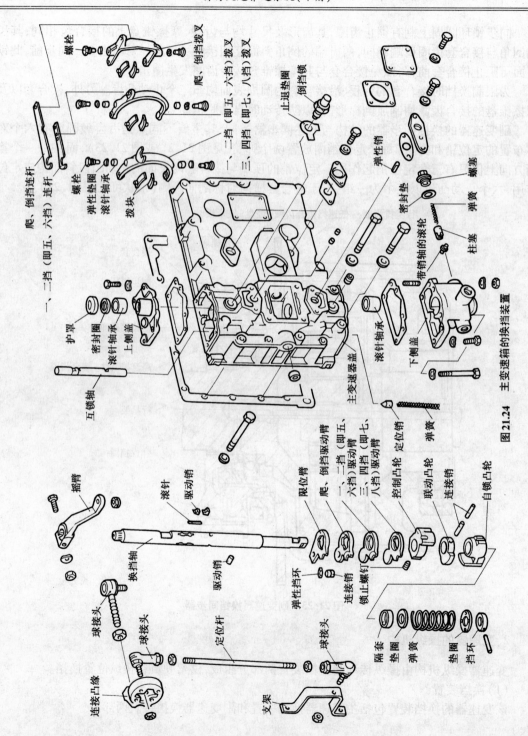

图21.24 主变速箱的换挡装置

①主变速器换挡装置

主变速器的换挡装置主要由换挡轴、驱动臂、连杆、拨叉、拨块以及定位锁止装置等组成（见图21.24）。

换挡轴的上端花键与摇臂连接，轴上的轴向槽与销孔分别嵌入滚针和驱动销，限位臂及各挡驱动臂滑套在轴上，限位臂与爬、倒挡驱动臂用连接销连成一体。换挡轴上驱动销可带动驱动臂随轴转动。

驱动臂的圆形臂与拨叉及连杆相连，连杆的另一端与拨叉相连。换挡轴可轴向移动进行选挡，也能绕轴线转向进行挂（退）挡。空挡、挂挡都有定位装置保证动作的可靠性。

②副变速器的换挡装置

副变速器的换挡装置主要由拨叉轴、拨叉、导动滚轮以及锁位螺塞等组成（见图21.25）。

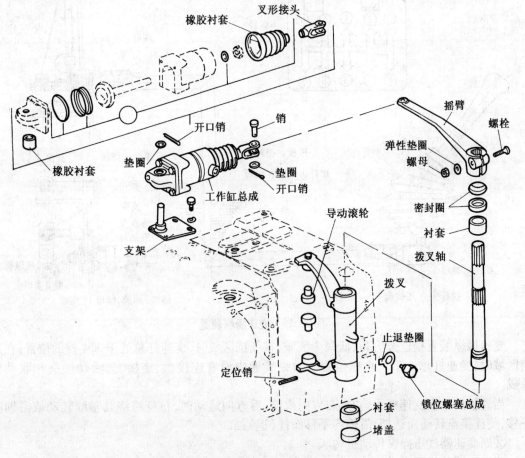

图21.25 副变速器的换挡装置及工作缸

拨叉轴以花键与拨叉及摇臂连接，摇臂另一端与工作缸连接。拨叉上止动凸齿与锁位螺塞配合,将副变速器锁定在高挡或低挡两个挡位(无空挡)。

(2)操纵传动机构

变速器的操纵传动机构由两部分组成,其中主变速器为机械传动,而副变速器为气压传动。

①主变速器操纵传动机构

主变速器的机械操纵传动机构主要由变速杆、握把总成、罩座总成、连接盘总成、密封罩总成、环形头总成、密封圈、衬套、轴套、轴、缓冲垫、压板、上连接盘、橡胶垫、密封罩、握把盖、固定套等组成(见图21.26)。

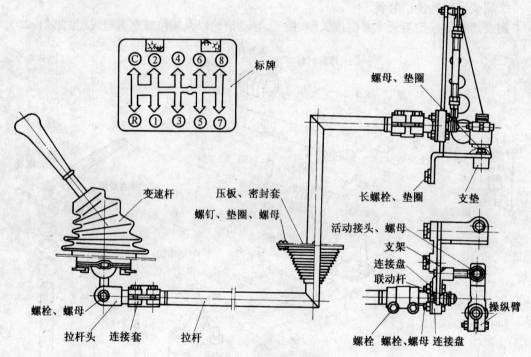

图 21.26　变速操纵装置

变速操纵装置挡位分为高、低两个区域,在低挡区域时,变速杆总处于3、4挡的位置;在高挡区域时,变速杆总处于5、6挡位置。操纵装置中设有连接盘、连接套、活动接头和联动杆总成。

当驾驶员操纵变速杆手柄左、右方向或前、后方向运动时,拉杆将绕其轴线转动或沿轴向平移,使连接盘转动而选挡,沿轴向平移而挂(退)挡。

②副变速器气压操纵传动机构

副变速器的气压操纵传动机构主要由区间变换阀、工作缸、摇臂及气管、接头等组成(见图21.27)。

工作缸为一般的双向作用活塞式气缸,其结构如图21.25所示。工作缸一端固定在主变

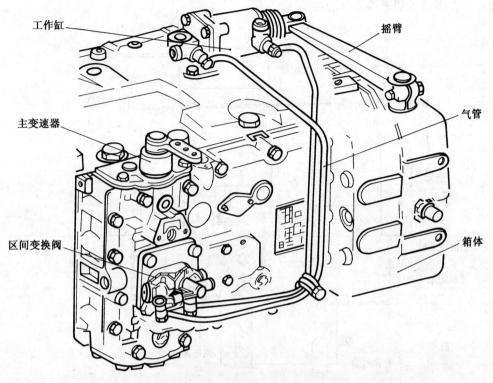

图 21.27 副变速器气压操纵传动机构

速器支架上,活塞推杆与换挡装置摇臂相连。活塞推杆移动使副变速器换挡。

区间变换阀固定在主变速器盖上,其工作由主变速器换挡轴上的控制凸轮操纵,通过管路与工作缸连通,当主变速器处于空挡位置时,通过控制凸轮,让其连通工作缸的两管路一个接通,另一个则断路,使副变速器工作缸两腔中总是一腔充有压缩空气,另一腔与大气沟通,保证了副变速器处在高挡位或低挡位。

3. 变速器及传动箱润滑

变速器和前后传动箱采用压力-激溅复合式润滑。整个压力润滑系统主要由油箱、外啮合油泵、散热器、吸入管、喷射管、滤网以及位于壳体及各轴上的油道组成,如示意图 21.28 所示。压力-激溅复合式润滑系统的油路有三路。润滑油由小传动箱带动的齿轮泵从油箱中抽出,流入传动油散热器,油经冷却后分三路流入各传动箱及变速器润滑。其中,一路润滑油进入后传动箱,通过激溅方式润滑箱内齿轮和轴承等零件;一路润滑油进入前传动箱和变速器、副变速器、分动器内的齿轮、轴承和换挡机构;再一路润滑油进入前传动箱的外油管路上分一支流入小传动箱,润滑箱内的轴承和齿轮。

进入前传动箱内油道的润滑油,经节流阀分配,一部分润滑油润滑前传动箱内的齿轮的轴承,另一部分则进入变速器各润滑点。

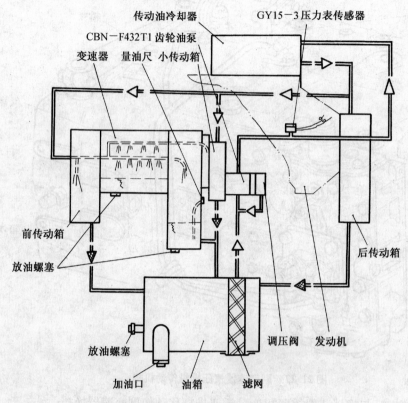

图21.28　变速器及传动箱润滑系示意图

主副变速器的润滑油路主要包括下列三条:

第一条润滑油路主要保证变速器的第二轴各常啮合齿轮的支承轴承和副变速器行星排各齿轮与轴承的润滑。

润滑油经前传动箱端盖和挡油板之间构成的油道进入第一轴中心油道,继而沿第一轴中心油道以及第二轴及行星架轴的中心油道和径向油道到达各润滑部位。

第二条润滑油路主要保证第二轴及中间轴有关齿轮以及倒挡轴、取力器等轴承及有关机件的润滑。油路主要由位于主变速器上的喷射管和倒挡轴上的中心、径向油道以及位于副变速器上的油管等组成。

喷射管前端插于主变速器体前壁孔内,并与前传动箱上相应油槽与出油口相通,其后端插入倒挡轴中心油道内。该喷射管上有若干小喷射孔,对着相应需要润滑的齿轮等机件。油管前端插入固定在副变速器前壁相应孔内,并经前壁端面上油槽与倒挡轴中心油道相通,该油管后端插入副变速器操纵壳后壁通孔内。润滑油进入喷射管,并经上述油路润滑各机件,除一部分润滑油经油管上的喷孔润滑换挡壳内的有关机件外,大部分润滑油沿油管最后到转速计传动齿轮壳内。当该润滑油超过一定油面高度后即经相应的回油孔道流回到副变速箱——分动器壳底部油池,最后回到油箱中。

第三条润滑油路主要保证第一轴上的轴承及中间轴前轴承等机件的润滑。

润滑油经节流孔进入第一轴上的油路,以润滑第一轴上轴承,然后经前箱体上的回油槽及中间轴前轴承流回主变速器体的油池。变速器和前、后传动箱都有回油管与油箱相连接,小传动箱的回油管接在变速器回油管道上。

在油泵出口接管上装有压力表传感器,驾驶员可通过仪表板上传动箱油压表了解油泵工作是否正常,在正常情况下油压表指示应在 0.05~0.5 MPa。为保证润滑系统安全工作,齿轮油泵装有调压阀,当油路压达到 0.8 MPa+0.02 MPa 时,减压阀自动开启,形成短路循环,润滑油不经散热器而直接回到齿轮油泵的进油管路中。

加油量:油箱为 16 L,变速器为 18 L,由各自加油口注入。

21.1.5 分 动 箱

分动箱的功用是将变速箱输出的扭矩按比例分配给各驱动桥。如 92 轮式车,将 23% 扭矩传给前桥,将 77% 扭矩传给中、后桥。

分动箱由带轴间差速器的齿轮传动机构和差速锁机构两部分组成。

1. 带轴间差速器的齿轮传动机构

带轴间差速器的齿轮传动机构由中间轴总成及圆柱行星齿轮式差速器两部分组成(见图21.29)。

(1)中间轴总成

中间轴总成由中间轴、中间轴斜齿轮、轴承等组成。中间轴斜齿轮与副变速器行星架斜齿轮、轴间差速器行星架斜齿轮啮合,接收和传递扭矩。

(2)圆柱行星齿轮式轴间差速器

差速器由单排行星机构组成。动力经行星架斜齿轮输入,由太阳齿轮输出轴(简称前输出轴)及行星排齿圈输出轴(简称后输出轴)输出。

五个行星齿轮轴周向均布于行星架上,分别与行星排齿圈内齿及太阳齿轮啮合,太阳齿轮制在前输出轴尾部。前、后输出轴传动盘,将动力传给前桥和中、后桥轴间差速器。

2. 差速锁机构

差速锁机构由气压操纵机构与接合套式闭锁器组成(见图21.30)。

(1)接合套式闭锁器(见图21.29)

行星架斜齿轮前支承颈的端部以及前输出轴的中部均制有接合齿圈。接合套的内齿可与上述接合齿圈套合,并能沿轴向滑动,以使前、后输出轴闭锁或彼此分离。在差速器未闭锁时,该接合套仅与行星架上的接合齿圈套合(见图21.28)。

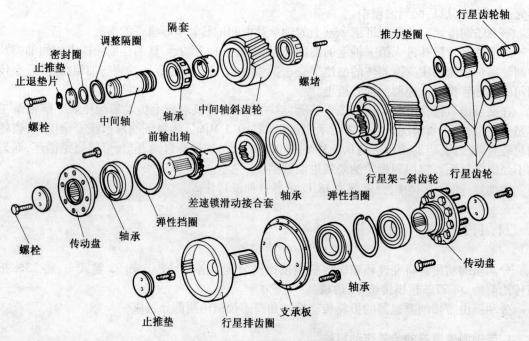

图 21.29　分动箱齿轮传动机构

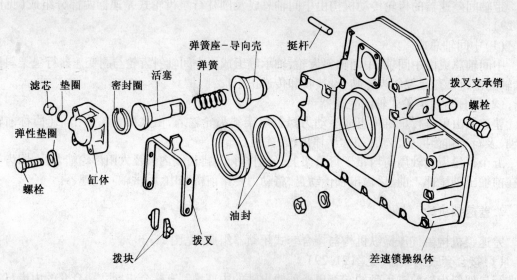

图 21.30　差速锁操纵机构

(2)气压操纵机构(见图 21.21)

气压操纵机构由工作缸及拨叉、拨块等机件组成,如图 21.30 所示。

工作缸为一般的单向作用活塞式气缸。缸体用螺栓固定在操纵体前端面,活塞杆尾端凹槽卡住拨叉上的凸起。回位弹簧使活塞保持在前方位置。缸体前端进气口经气管与差速锁开关相连。工作缸由四管路保护阀的第四管路提供的压缩空气控制,当工作缸活塞轴向移动时,通过活塞杆尾端的凹槽操纵拨叉,使其摆动,通过拨块拨动接合套,使其与前输出轴上的接合套齿圈套合或分离,从而使差速器闭锁或解除闭锁。

3. 工作

（1）差速器未闭锁时

差速器未闭锁时,差速锁工作缸的工作腔经气管及旋钮开关与大气沟通,活塞在回位弹簧作用下,保持在最前位置。闭锁器接合套仅与行星架斜齿轮前支承颈上的接合齿圈相套合,而前输出轴与行星架之间可相对转动。此时,动力由副变速器的行星架斜齿轮经中间轴齿轮传给差速器行星架斜齿轮,并由差速器行星架经行星齿轮分别传给太阳齿轮及行星排齿圈。最后由前、后输出轴输出。

（2）差速器闭锁时

当欲使轴间差速器闭锁时,可转动驾驶室内的差速锁旋钮开关,以接通压缩空气管路。当压缩空气管路接通时,由四管路保护阀第四管路来的压缩空气即可进入工作缸左室并推动活塞向右移动,活塞杆即带动拨叉顺时针摆动,使接合套前移与前输出轴的齿圈套合,前、后输出轴即成为一刚性连接的轴。

通过活塞杆向右移动时对挺杆的推挤作用,使差速锁指示灯开关接通,驾驶室仪表板上的指示灯即发亮,以表示差速器已闭锁。

根据轴间差速器及其闭锁机构的作用,这里必须着重指出:当车辆通过困难路段后或作大角度转向(即急转弯)行驶时,应严禁使用差速锁机构。当需解除差速锁时,可将旋钮开关回复到原始位置,截断压缩空气控制气路。此时,工作缸内的压缩空气即由连接气管经旋钮开关排入大气。工作缸活塞即在回位弹簧作用下回复至原始位置,并通过活塞杆、拨叉等传动使接合套后移,前、后输出轴彼此分离,差速器解除闭锁。差速器指示灯断路。

21.1.6 驱 动 桥

100 mm 突击自行炮、某型轮式装甲车驱动桥包括前、中、后三个桥。均由主减速器、差速器及其闭锁装置、半轴、桥壳和轮边减速器等组成。

1. 功用

驱动桥的功用如下:
①实现降速,增大作用在驱动车轮上的扭矩;
②实现差速,保证车轮的纯滚动;
③将发动机传来的扭矩方向加以改变,以适合车辆行驶的方向。

2. 中、后桥

(1)传动箱

①构造

轮式装甲车中桥传动箱可将分动器传来的动力分别传给中、后桥主减速器,还能使中、后桥车轮在行驶过程中保持运动协调。为此,与该车分动器相似,在传动箱的动力分流处插入了中、后桥轴间差速器。该传动箱通过螺栓固定在中桥主减速器壳体上。主要由直齿圆锥行星齿轮式轴间差速器及其闭锁机构以及主动轴、后桥驱动轴和齿轮、轴承等组成。其具体结构如图21.31所示。

主动轴前端固定着传动盘,用以接受分动器传来的动力。

主动轴上安装了轴间差速器。该轴间差速器由十字轴、行星齿轮、差速轮及壳体等组成。轴间差速器十字轴的轴颈外端为差速器两半壳体所夹紧,而两半壳体由螺栓连接成一体,该十字轴以花键安在主动轴上,用以将动力传入轴间差速器,四个行星齿轮活动支承于十字轴各轴颈上,与前、后差速齿轮相啮合。位于差速器壳体外部的前差速齿轮与中桥驱动齿轮制成一体,且使中桥驱动齿轮与中桥传动齿轮常啮合。中桥传动齿轮以花键固定在中桥主传动器的主动齿轮轴上,将动力传给中桥主传动器,由中桥驱动齿轮与传动齿轮组成的齿轮副其传动比为1。后差速齿轮以其花键固定在后驱动轴上,后桥驱动轴尾端的盘用螺栓与后桥传动轴盘相连接,以便将动力传给后桥主传动器。

在轴间差速器前方的差速锁机构主要由牙嵌式闭锁器以及气压操纵机构两部分组成。

牙嵌式滑动接合套以花键孔与主动轴的中段轴颈相配合,并可沿轴向滑动,以便使其端面齿能与前齿轮的前端面齿互相结合或分离,而使差速器闭锁或解除闭锁。

气压操纵机构由气压工作缸、拨叉及拨叉轴等组成。

缸体及缸盖用螺栓固定在传动箱盖上。带密封圈的活塞与缸体滑动配合。在差速器解除闭锁时,弹簧的张力使活塞、拨叉轴、拨叉以及接合套等机件都位于最前方(即图示的左方)。在缸盖上固定有压缩空气气管接头及差速锁指示灯开关。气管接头经气管等与驾驶室内差速锁旋钮开关相连,该管路的压缩空气由四管路保护阀的第四管路提供。

传动箱内各机件靠激溅的方法进行润滑。

②工作情况

传动箱工作时,其动力传递路线为:

传动盘→主动轴→十字轴→行星齿轮

└ 后差速齿轮→后桥驱动轴

└ 前差速齿轮→中桥驱动齿轮→中桥传动齿轮→中桥主传动器主动齿轮轴

(2)主减速器与轮间差速器

中桥主减速器由主动锥齿轮、从动锥齿轮和轴承等组成,如图21.32所示。

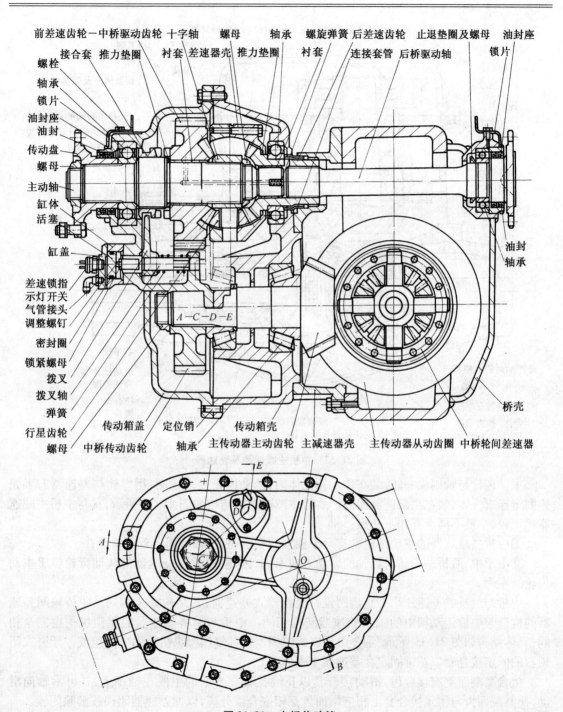

前差速齿轮-中桥驱动齿轮 十字轴 螺母 轴承 螺旋弹簧 后差速齿轮 止退垫圈及螺母 油封座
接合套 推力垫圈 衬套 差速器壳 推力垫圈 衬套 连接套管 后桥驱动轴 锁片
螺栓
轴承
锁片
油封座
油封
传动盘
螺母
主动轴
缸体
活塞
缸盖
差速锁指
示灯开关
气管接头
调整螺钉 A-C-D-E
密封圈
锁紧螺母
拨叉
拨叉轴
弹簧
行星齿轮
螺母

油封
轴承

桥壳

传动箱盖 定位销 传动箱壳 主传动器主动齿轮 主减速器壳 主传动器从动齿圈 中桥轮间差速器
中桥传动齿轮 轴承

图 21.31 中桥传动箱

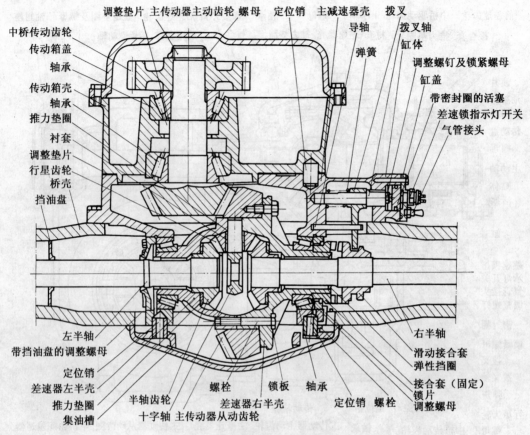

图 21.32　中桥主减速器及差速器

主动齿轮与轴制成一体,装在传动箱壳体内,从动齿轮为一齿圈,用螺栓与差速器右半壳体固定连成一体,装在主减速器体内。后桥主减速器的结构如图 21.33 所示,其与中桥主减速器相比较,主要不同点有如下几点:

①后桥主减速器的主动齿轮轴支承于独立的轴承座上,轴端固定着传动盘;

②由于中、后桥的主动齿轮轴的转动方向不同,因此,后桥主减速器的从动齿轮位于主动齿轮的左侧。

中桥与后桥的差速器均为直齿圆锥行星齿轮式差速器,其结构完全相同。中桥轮间差速器的构造与中桥传动箱中的轴间差速器结构相同。中桥与后桥差速器的闭锁机构也完全相同,具体结构如图 21.33 所示,主要由牙嵌式闭锁器及其气压操纵机构两部分组成。牙嵌式闭锁器的固定接合套以花键固定在差速器半壳体上。

接合套端面制有接合齿,滑动接合套以花键孔套在半轴的中段花轴颈上,并可沿轴向滑动,使其端面齿与固定接合套上相应端面齿互相嵌合或分离,以便差速器闭锁或解除闭锁。

该气压操纵机构与传动箱内的轴间差速锁操纵机构相类似,也由气压工作缸、拨叉、拨叉轴等组成。该操纵机构也由驾驶室内的差速锁旋钮开关进行控制。

主减速器及差速器装在主减速器壳内,然后用螺栓固定在桥壳上。主减速器及差速器各机件靠激溅进行润滑。

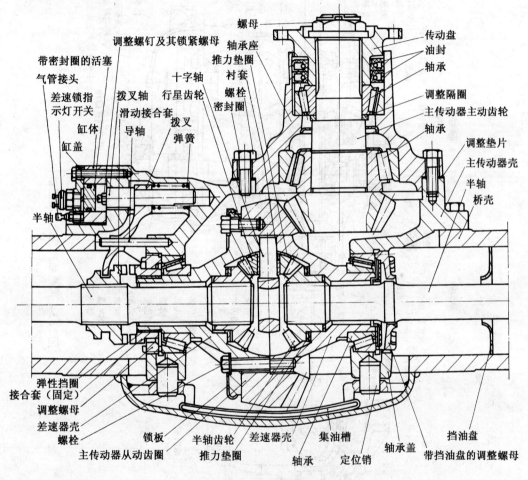

图 21.33 后桥主减速器及差速器

（3）轮边减速器

采用轮边减速器可使驱动桥中间部分的主传动器尺寸减小,保证车桥有足够的离地距离;并可得到比较大的驱动桥总减速比;由于半轴在轮边减速器之前,其所承受的扭矩大为减小,因而半轴和差速器等零件尺寸也可相应减小。但是采取轮边减速器构造比较复杂,制造成本也比较高。

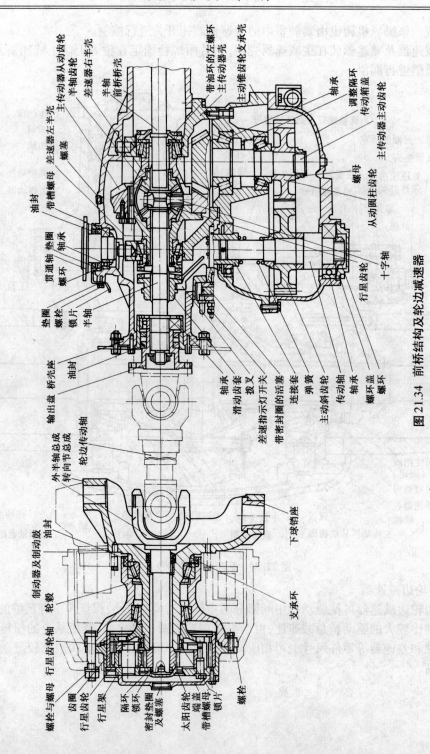

图 21.34　前桥结构及轮边减速器

前、中、后桥轮边减速器的结构完全相同,均采用单行星轮单排行星机构,如图 21.34 所示。该行星机构动力由太阳轮输入、行星架输出,行星排齿圈为固定元件,故该减速器的传动比 $i=1+k$,即

$$i=1+\frac{Z_{齿圈}}{Z_{太阳}}=1+\frac{56}{19}\approx3.947$$

行星齿圈固定在半轴套管花键部,以内齿圈与齿毂的相应外齿圈套合,在行星排工作过程中,行星排齿圈成为固定零件。太阳齿轮固定在半轴的花键部,用以接受差速器传来的动力。行星架与减速器罩用螺栓连接成一体,并与轮毂固定成一体,将动力传给轮毂。五个行星齿轮周向均布于行星架上,与行星排齿圈、太阳齿轮相啮合。

3. 转向−驱动桥(前桥)

100 mm 突击自行炮、ZSL 装甲车的前桥即转向−驱动桥构造如图 21.34 所示。

(1)驱动部分的特点

前桥驱动部分由前桥传动箱、主减速器、差速器及其闭锁机构,轮边减速器以及半轴、桥壳等组成。

①前桥传动箱

前桥传动箱主要由箱体、箱盖、传动轴、传动齿轮、连接盘等组成。箱体与主减速器的轴承座制成一体,固定在主减速器壳体上。传动轴总成由传动轴、传动齿轮、连接盘、轴承、密封圈等组成。传动轴通过轴承支承于箱体与箱盖上,轴上装有传动齿轮。传动齿轮与主减速器主动锥齿轮总成的圆柱齿轮相啮合。轴的一端与连接盘连接,连接盘与前传动轴盘连接。

②主减速器及差速器

主减速器、差速器及其闭锁机构的结构与后桥基本相同。主减速器锥齿轮轴上装有圆柱齿轮,锥齿轮副相对于桥壳的旋转方向改变了。

(2)转向部分

上主销与转向节臂——上盖的(右侧无转向节臂)轴孔过盈配合,并由固定在上盖环槽内的弹性挡圈加以限位。下主销与叉形支座下轴孔过盈配合。

转向节壳上端部用螺栓固定着转臂——上臂,下部端面固定着下盖,且通过固定在上盖内的主销及叉形支座的上主销座孔衬套滑动配合,而通过下盖座内的衬套与固定在叉形支座上的下主销轴颈滑动配合,车辆转向时,使转向节绕主销转动。

转向纵拉杆、横拉杆通过锥形销分别与固定在转向节壳上的转向节臂、横拉杆杆臂连接。

21.2　行　驶　部　分

行驶部分主要由悬挂装置和车轮等组成。

21.2.1　悬挂装置

连接车体与车轮的零部件总成为悬挂装置。它用于减缓车辆行驶时受到的冲击,提高车辆的平顺性和零部件工作的可靠性。

悬挂装置由上臂总成、减震器、下臂总成、转向节、上下支座、弹簧、上臂支座总成、限止器等组成(见图 21.35)。

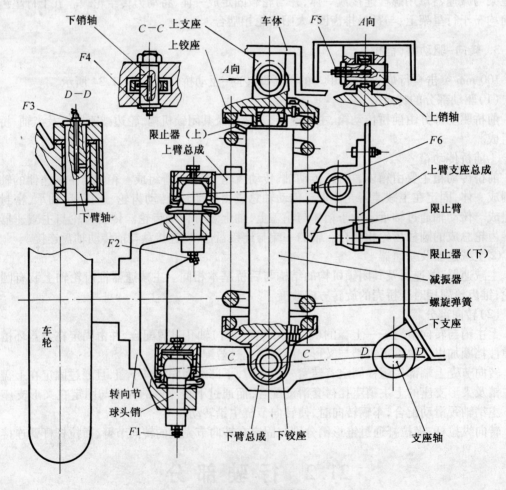

图 21.35　悬挂装置

悬挂装置为双臂独立悬挂系统。双臂是指上臂总成和下臂总成;独立是指每个车轮有一套独立的悬挂系统。六套悬挂装置分为左右两种形式,图 21.35 是右独立悬挂装置。另一种左独立悬挂装置与右悬挂相比,只是方向不同。

1. 悬架

上臂总成通过上臂支座总成与车体相连接。下臂总成用下臂轴与下支座相连接。转向节是球销式转向节,由两个球头销分别与上臂总成、下臂总成相连。上铰座、下铰座、减震器、弹簧组成一个总成,这个总成上端用上销轴与上铰座连接;总成的下端用下臂轴与下铰总成相连。车辆行进时,车轮相对车体做上下运动,带动上臂总成和下臂总成绕上下支座轴转动。

为了保证机构的正常工作,各摩擦部位 8 个油杯均注入钙基脂 ZG-ZGB491-65 润滑脂,并且每当车辆行驶 1 000 km 左右应加注钙基脂。

2. 液压减震器

(1)功用

液压减震器用于迅速减缓车体的震动,使车辆行驶更加平稳。

液压减震器由密封圈、防尘罩盖、导向器、挡圈、减磨套、防尘罩、活塞杆、活塞缸、阀座、活塞、压缩阀弹簧、压缩阀盖、压缩阀调节片、压缩阀节流片、下连接座、压缩阀体、压缩阀导向罩、压缩座阀、活塞环节流片、调节片、活塞弹簧、活塞导向罩、轴套、储液筒、油封弹簧、密封垫圈等组成(见图 21.36)。

(2)液压减震器工作

①压缩行程活塞下移使其下方腔室容积减小,油压升高。这时,油压经过节流片进入活塞上方腔室。由于活塞杆占去上方腔室一部分容积,故上腔室增加的容积小于下腔室减小的容积,致使下腔室油液不能全部流入上腔室,而多余的油液则通过压缩调节片和油道进入储液筒。

由于节流片和压缩调节片的结构特殊,能使油液流动的阻尼力不致过大。所以在压缩行程时能使弹簧充分发挥缓冲作用。

②伸张行程活塞上移,使其上方腔室容积减小,油压升高。这时,上腔室油液经过调节片流入下腔室(节流片早已关闭)。同样由于活塞杆的存在致使下腔室形成一定的

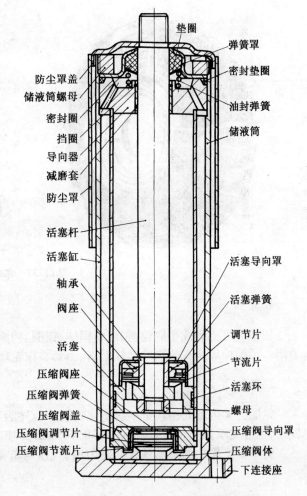

图 21.36 S65-190A 型减震器

真空度,这时储油缸筒内的油液在真空度作用下经过压缩节流片补偿到下腔室。

由于调节片的结构特殊、调节片刚度大,且伸张行程时油液通道截面也比压缩行程小,所以减震器在伸张行程内产生的最大阻尼力远远超过了压缩行程内的最大阻尼力。减震器这时充分发挥减震作用,保护弹簧不被损坏。

21.2.2　车　　轮

车轮主要由轮辋和轮胎组成(见图21.37)。

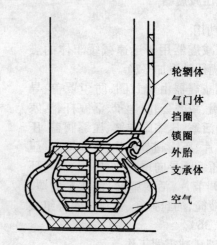

轮辋体
气门体
挡圈
锁圈
外胎
支承体
空气

图 21.37　车轮

1.轮辋

轮辋为可拆卸式平底轮辋,由轮辋体、锁圈、挡圈组成。用以支承弹性轮胎,传递各种力和力矩。用螺栓固定在轮辋的螺柱上,轮胎套装在轮辋上,用挡圈和锁圈压紧(见图21.37)。

2.轮胎

轮胎为无内胎式钢丝子午线防弹轮胎。由外胎和支承体、气门嘴组成。当轮胎被击穿漏气后,依靠支承体支承车重,仍可以 30～40 km/h 速度连续行驶 100 km。

防弹安全轮胎的基本参数见表21.1,气压与负荷见表21.2。

表 21.1 防弹安全轮胎的基本参数

规 格	基本参数				新胎冲气后主要尺寸		最大负荷与气压	
	结构	花纹形式	层级	标准轮辋	断面宽度/mm	外直径/mm	最大负荷/kg	相应气压/kPa
14.00R20	无内胎	越野	14	10.0	375±3%	1 255±1%	3 505	490

表 21.2 气压与负荷

气 压/kPa	420	460	490	530	560	600
负荷/kg	3 115	3 315	3 505(14 层级)	3 690	3 865	4 040(16 层级)

3.轮胎充气装置

（1）系统性能

系统质量　　　　　　　　不大于 50 kg

轮胎充气时间（六轮）　　0.15 ~0.55 MPa 不大于 25 min

轮胎放气时间（六轮）　　0.55 ~0.15 MPa 不大于 6 min

轮胎气密性　　　　　　　不大于 $1×10^{-4}$ MPa/h

（2）组成

100 mm 轮式自行突击炮武器系统底盘（WZ551C）轮胎中央充、放气系统是由控制盒、阀箱、组合式油气封、轮胎阀等四个主要部件组成。

①控制盒（见图 21.38）

控制盒固定在驾驶员左前方的车体上。有总电源开关、轮胎压力监测仪表、工作状态（零位、充气、放气、测压）旋钮、复位按钮、轮胎选择等开关，以及相应各种状态的工作指示灯。驾驶员通过操作控制盒上的开关及旋钮，即可完成各轮胎的充气、放气和测压。控制盒通过电缆与阀箱相连接。

②阀箱（见图 21.39）

阀箱由溢流阀、调压阀、电磁阀、测压传感器、基座板、管接头、箱体等部件

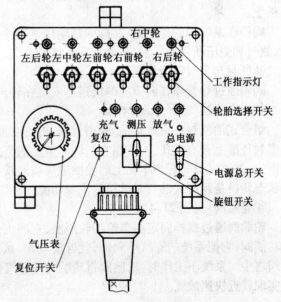

图 21.38　控制盒

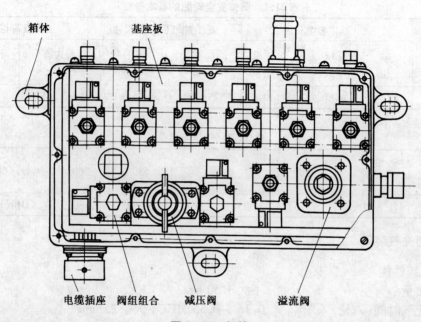

图 21.39　阀箱

组成。所有阀件均固定在基座板上,基座板与箱体固定连接,箱体通过螺栓固定在车后部的底甲板上。

　　阀箱在系统中的作用是:在确保制动用气安全的前提下,执行控制盒的指令,供给轮胎充气、放气和测压所需的气源,从而实现系统的充气、放气及测压功能。当系统不工作时确保组合式油气封与大气环境相同。

　　阀箱通过导管和转向节上的气道与安装在转向节与轮毂之间的组合油封相同。

　　③组合式油气封(见图 21.40)

　　组合式油气封由钢质骨架、外密封圈、内密封圈、内密封气环和油封等组成。在钢质骨架的密封环槽上开有气孔,一方面它与转向节上的气道孔相通,另一方面,它还与轮毂上的导气嘴衔接,并通过导气管与车轮上的轮胎进气嘴连接,从而实现气路的静、动状态转换。气路静、动状态转换是组合式油气封承担的主要功能。

　　④轮胎阀(见图 21.41)

　　轮胎阀通过螺栓固定在车轮的轮辋上,它的出气嘴接入轮胎的进气管上。轮胎阀是一个多功能阀,它把系统的充气单向阀、就近放气阀、状态阀、截止阀、轮胎气门嘴等各种功能融入一阀之中。系统不工作时,轮胎阀将轮胎内高压气体与外界相隔离。当对轮胎放气时,轮胎阀可实现就近快速放气。

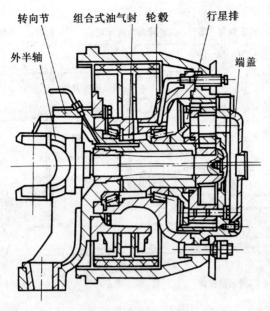

转向节　组合式油气封　轮毂　行星排

外半轴　　　　　　　　　　　　端盖

图 21.40　组合式油气封

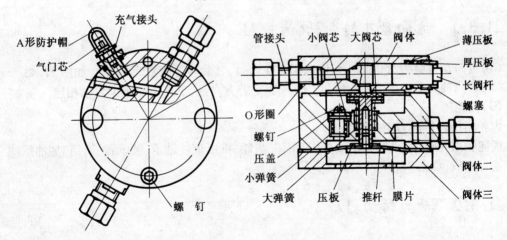

充气接头

A 形防护帽

气门芯

管接头　小阀芯　大阀芯　阀体　　薄压板

厚压板

长阀杆

螺塞

O 形圈

螺钉

压盖

小弹簧

大弹簧　压板　推杆　膜片

阀体二

阀体三

螺　钉

图 21.41　轮胎阀

21.3　转向装置

转向装置用以控制车辆行驶方向。

某型轮式装甲车转向装置采用整体式动力转向器。转向装置组成布置如图 21.42 所示。
它主要由方向盘、万向传动轴、动力转向器(其中包括控制阀、动力缸及转向器)、齿轮箱、转向油罐、转向油泵和转向杆等组成。

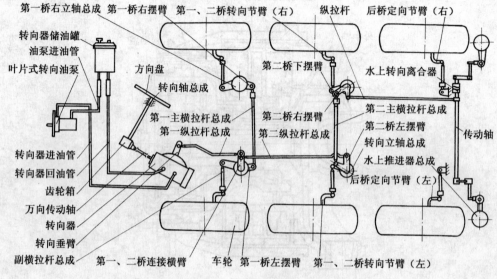

图 21.42　转向装置

21.3.1　方向盘及转向轴、齿轮箱

（1）方向盘直径为 550 mm（允许选用 500 mm），其旋转总圈数为 5.45。如图 21.43 所示。

（2）转向轴构造如图 21.44 所示。上端固定着方向盘，下与齿轮箱齿轮轴相连。

（3）齿轮箱

齿轮箱用来传递力矩并改变方向。

齿轮箱由花键轴总成、齿轮轴总成、箱体、齿轮、锥形滚柱轴承、轴承盖、套筒、加油螺塞、放油螺塞等组成，如图 21.45 所示。

21.3.2　动力转向器

转向器将齿轮箱传来的方向盘转动，变换成连接臂的摆动，带动转向机构操纵转向车轮。

1. 构造（WZ551C 轮式装甲车）

动力转向器由转向器、动力缸、分配阀、液压转向限制阀等组成。

（1）循环球式转向器

循环球式转向器，它由壳体、螺杆–钢球–螺母传动副、齿条–齿扇传动副、转向垂臂轴及转向轴等组成（见图 21.46）。该转向器的角传动比为 21.78。

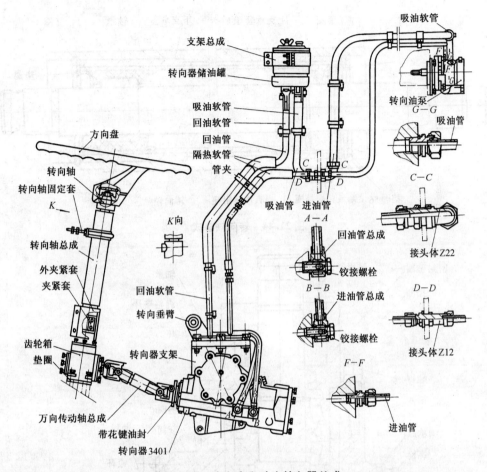

图 21.43 方向盘和动力转向器总成

螺杆与万向传动轴总成相连,螺杆装在活塞与齿条中间,其螺旋槽与在其上的转向螺母螺旋槽构成螺旋形通道,通道内放置 29 颗 9 mm 的钢球,并由外导管将螺旋槽首、尾端沟通。转向螺母插入动力缸活塞中段的方形孔内,转向螺母上制有轴向的控制导板,用来操纵液压助力装置的分配阀。

等厚齿条与动力缸活塞制成一体,变齿厚齿扇与转向垂臂轴制成一体,转向垂臂轴通过其端部三角形键齿与转向垂臂连接。

为了适应驾驶室布置的需要,在齿轮箱至转向螺杆轴之间采用了双万向传动装置。转向器壳体既是转向器各传动副零件的支承壳体,又是动力转向系统的动力缸筒。

(2)动力缸

WZ551C 轮式装甲车整体式动力转向系统,其动力缸与转向器制成一体。其具体结构如图 21.46 所示。

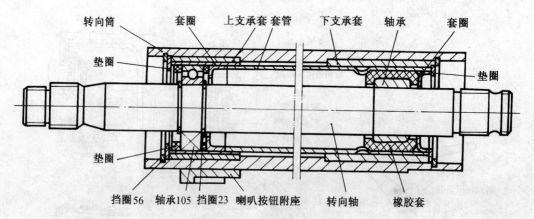

图 21.44　转向轴总成

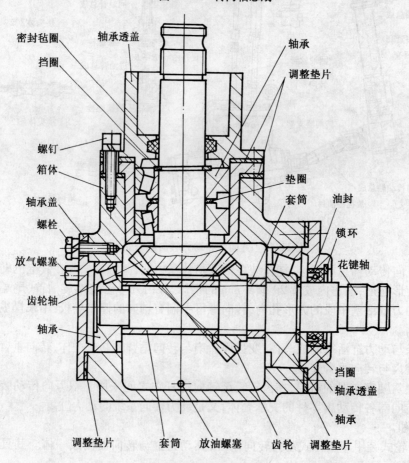

图 21.45　齿轮箱

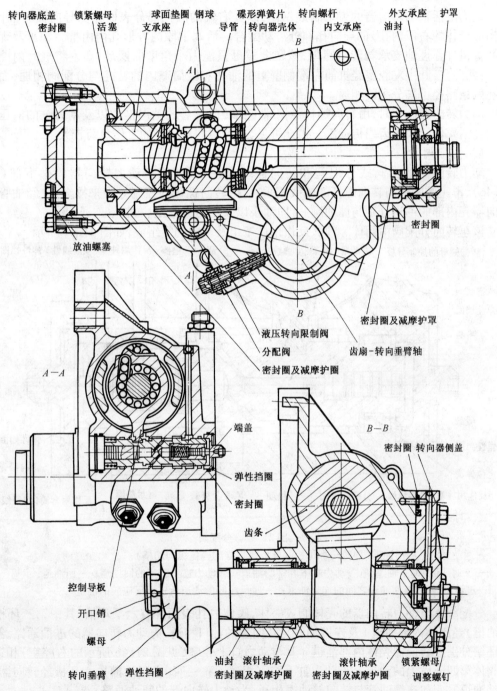

转向器底盖　锁紧螺母　球面垫圈　钢球　碟形弹簧片　转向螺杆　外支承座　护罩
密封圈　活塞　支承座　导管　转向器壳体　内支承座　油封

放油螺塞

密封圈

$A-A$

液压转向限制阀
分配阀
密封圈及减摩护圈

密封圈及减摩护罩
齿扇-转向垂臂轴

端盖
弹性挡圈
密封圈

$B-B$

密封圈　转向器侧盖

齿条

控制导板
开口销
螺母
转向垂臂　弹性挡圈　油封　滚针轴承　滚针轴承　锁紧螺母
密封圈及减摩护圈　密封圈及减摩护圈　调整螺钉

图 21.46　动力转向器

动力缸活塞与转向器的齿条制成一体,以其右端的圆柱部分表面作为导向面与缸筒(即转向器壳体的右段内孔)的导向孔部分滑动配合。活塞中段的方形孔内由推力轴承及碟形弹簧片等机件弹性地支承着转向螺母,该转向螺母只能做小角度的摆动,活塞将缸筒内腔分成左、右两腔室,其中左腔室经缸筒左端侧壁上的油孔和缸筒壁内的钻孔与分配阀相通;而右腔室有两条路径可与分配阀相通。

动力转向器工作时,由转向螺杆经钢球传给转向螺母的轴向推力以及动力缸的液压作用都须经活塞传给齿条齿扇传动副。由此可见,这种转向器所受的工作负荷较大。

(3)分配阀

动力转向器的滑阀式分配阀和转向器组合在一起,位于动力转向器的中下部(见图21.46),滑阀的轴线与转向螺杆的轴线相垂直,由转向螺母的控制导板来操纵;它经油管以及转向器壳内部的油道分别与储油罐、转向油泵以及动力缸的左、右腔室连通。

该车转向分配阀由阀体、滑阀、反作用柱塞组及单向阀等组成,如图21.47所示。

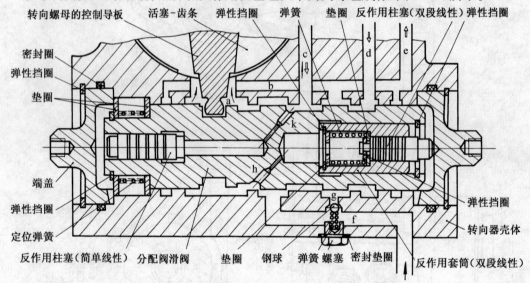

图21.47　分配阀

a—通动力缸上腔的油道(即转向螺母控制导板所贯穿的壳体纵向切槽);
b—连通油道(即主轴道);c—动力缸下腔室的油道;d—动力缸上腔室的回油道;e—回油道;
f—进油道;g—进、回油道之间的连通油道;h—通反应腔的油道;k—通反应腔的油道

分配阀体与动力转向器的壳体制成一体,阀体内孔表面开有六条环槽,其中第三环槽(即进油槽)经阀体内部油道f及连接油管与转向泵的油口相通,为动力转向器的进油通路;第二,五环槽分别经转向器壳体内部油道a,b与动力缸上腔室(见图21.46所示的右腔室)相通;位于阀体第四环肩上的油道c与动力缸下腔室相通;第一、四(主回油槽)、六环槽经转向器壳体内部油道b,e和连接油管与转向储油罐相通,为动力转向器的回油通路。

转向螺母的控制板与滑阀的拨动环槽相配合,操纵滑阀总成轴向移动。

在滑阀的外圆柱表面上还切有三条环槽,形成两条控制环肩。这两条控制环肩分别与阀体上的进油槽和主回油环槽相对,其间形成四条油液的环形通道。

定位弹簧的作用,一是在车辆直线行驶时,使滑阀保持在中间位置,保证转向轮定位功能正常发挥;二是车辆转向后,使滑阀回复至中间位置。

滑阀的两端有两个互不相通的轴向阶梯孔,孔内各插有一反作用柱塞组,反作用柱塞的背腔经斜径节流孔 h、k 分别与滑阀的第三或第二环槽相通,形成反映"路感"大小的反映腔。WZ551C 轮式装甲车所装的 LS7F 型动力转向器,其反作用柱塞组有如图 21.47 的左侧和右侧部分所示的两种结构(为便于比较,这两种结构表示在同一图上)。反向柱塞的作用是反映转向轮转向阻力的变化情况,使驾驶员感受到明显转向。转向阻力小时,右侧结构使驾驶员感觉更精确。

WZ551C 轮式装甲车转向分配阀的单向阀,其具体结构如图 21.47 所示,由钢球、弹簧及螺塞等组成。动力转向系统正常工作时,钢球在弹簧作用下,将分配阀阀体上的进、回油环槽之间的通道截断,而在转向泵失效的情况下转向时,单向阀钢球及弹簧在进、回油环槽之间的压差作用下被推离阀座,经油道 g、f 使进、回油槽沟通。

(4)液压转向限制阀

液压转向限制阀的作用是当转向轮转至极限位置时,将动力缸两腔室沟通,使动力转向器、转向传动机构及转向油泵卸载,保护整个转向装置。

液压转向限制阀共两个,分别控制左、右两个转向极限位置时动力转向系统的卸载。两阀位于动力转向器的中下部(见图 21.46),其轴线与垂臂轴轴线垂直,由转向垂臂轴轴颈上相应的两段凸轮弧面来操纵。为了使两阀能单独受控制,它们的柱塞与控制凸轮的接触点没有处于凸轮面的同一径向位置上。

液压转向限制器阀的结构如图 21.48 所示,主要由柱塞、套筒、弹簧、螺套及密封圈等组成。

套筒以其两定位环肩与转向器壳体上的相应阀孔滑动配合,使套筒与阀孔之间的环形空间分成上、下两腔(即图示的右、左两腔)。上腔与动力缸上腔室(即图示齿扇所处的右腔)直接相通;下腔经油道和分配滑阀上的相应环槽与动力缸下腔(即图示的右腔)相通。两阀孔的环形空间由转向器壳体的连通油道互相沟通。

具有宽环槽的柱塞与套筒内孔滑动配合,置于套筒内孔的弹簧使柱塞的球形端压紧在转向垂臂轴颈的凸轮弧面上。

当液压转向限制阀不工作时(即柱塞的端部位于控制凸轮的圆弧面上),柱塞的圆柱面将套筒的上径孔封闭。使套筒与孔之间的环形空间,上、下腔互相隔开。当该阀工作时(即柱塞的端部于控制凸轮的弧面高度下降区段时),柱塞上移,使套筒上的上径向通孔逐渐开放,从而使套筒与阀孔之间的环形空间上、下腔经套筒上的上径向孔、柱塞环槽及套筒上的下径向孔互相沟通。通道截面的大小决定了油压卸载的程度,而该截面大小由柱塞相对于套筒的上移量来决定,相对上移量又与套筒在阀孔内的轴向位置和转向的角度有关。

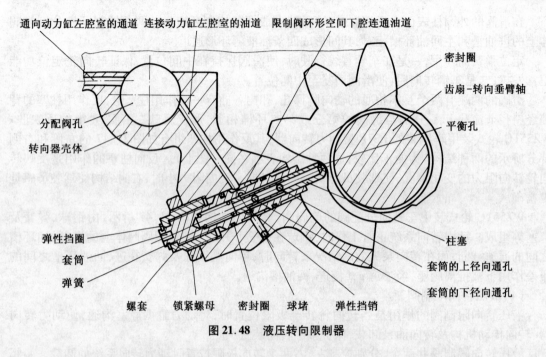

通向动力缸左腔室的通道　连接动力缸左腔室的油道　限制阀环形空间下腔连通油道

密封圈

齿扇-转向垂臂轴

平衡孔

分配阀孔

转向器壳体

柱塞

套筒的上径向通孔

套筒的下径向通孔

弹性挡圈

套筒

弹簧

螺套　锁紧螺母　密封圈　球堵　弹性挡销

图 21.48　液压转向限制器

2. 工作

图 21.49 为整体式动力转向系统的工作原理示意图。

(1)直线行驶时

车辆直线行驶时滑阀靠定位弹簧保持在中间位置。阀体上的进、回油环槽与滑阀的两控制环肩之间保持对称位置,其间的各环形通道截面保持相等。转向油泵输送来的油也自进油口进入阀体的进油环槽(即第三环槽),经滑阀的第三环槽进入阀体的主回油环槽(即第四环槽),然后经转向器壳体臂内的主回油道,由出油口流回转向油罐。此时,动力缸的两腔室以及阀体的进、回油环槽之间都互相串通,油泵负荷很小,动力缸活塞也无液压力输出。

在直线行驶过程中,地面作用于转向轮的冲击,通过转向传动机构传至转向器的齿条齿扇传动副,并经转向螺母与活塞之间的碟形弹簧得到缓和,通过动力缸内油液的阻尼作用振动速度衰减。经过缓和后的冲击力最后由转向螺母传至转向螺杆及滑阀,当该作用力尚不足以克服滑阀定位弹簧的预紧张力时,滑阀仍保持中间位置,而仅能使转向螺杆发生相应的旋转。此时,液压助力装置不参加工作,而转向轮则依靠转向轮定位角的作用自动回正,保持车辆直线行驶的稳定性。

(2)转向行驶时

①正常转向行驶

a.向右转动方向盘

向右转动方向盘时(见图 21.50),驾驶员通过方向盘对转向螺杆作用一个逆时针方向(自

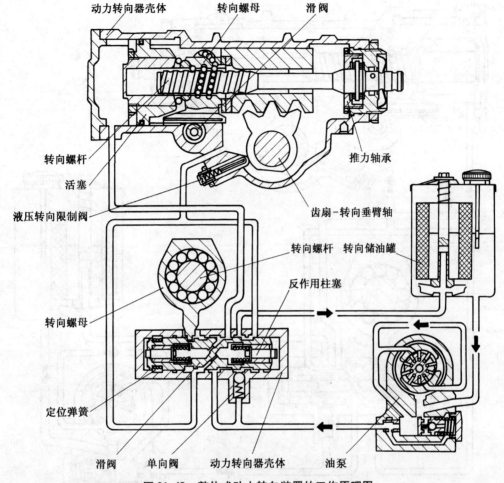

动力转向器壳体　　转向螺母　　滑阀

转向螺杆

活塞

液压转向限制阀

转向螺母

定位弹簧

滑阀　　单向阀　　动力转向器壳体　　油泵

推力轴承

齿扇-转向垂臂轴

转向螺杆　转向储油罐

反作用柱塞

图 21.49　整体式动力转向装置的工作原理图

动力转向器的下端,即图示的左端进行观察)的操纵力矩,经螺杆-钢球-螺母传动副作用于转向螺母。起始,由于分配阀的滑阀处于中间位置,液压助力装置不起作用,仅有转向螺母的轴向推力经齿条齿扇传至转向传动机构,这远不足以克服转向轮的转向阻力,活塞将保持不动;相比之下,滑阀定位弹簧的预紧张力并不大,只要在转向螺杆上施加适量的操纵力矩后,就能使转向螺母克服弹簧的预紧张力,随同螺杆向逆时针方向转动(自动力转向器的下端进行观察,以下类同),使滑阀向右轴向移动。

当滑阀向右的轴向移动量等于其控制环肩与阀体进、回油环槽之间的间隙时,阀体的进油环槽与滑阀第三环槽、阀体主回油环槽与第四环槽之间的环形通道被封闭;而阀体进油环槽与第二环槽、阀体主回油槽与滑阀第三环槽之间的环形通道截面积相应增大。自转向油泵输送来的油液即按图示通路进入动力转向器的右腔室。油压升高;动力转向器的左腔室按图示通路与转向储油罐相通,油压降低,动力转向器活塞即在左、右腔油压压差作用下,经齿条施力于

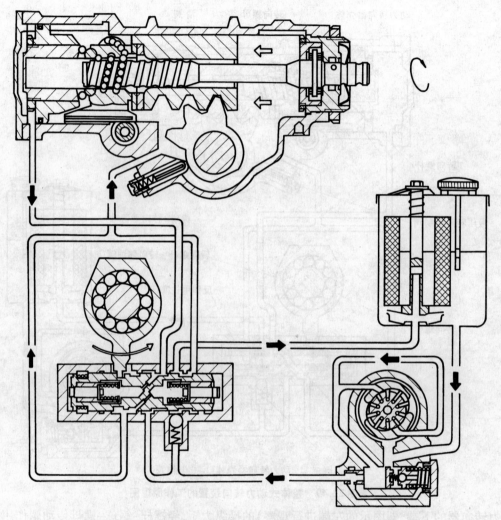

图 21.50　向右转向时整体式动力转向装置的工作情况图

齿扇,力图使转向垂臂轴逆时针方向转动。当活塞上所受的液压力以及转向螺母施加的轴向推力经齿条齿扇传动副传至转向传动机构,足以克服转向轮的转向阻力时,齿扇及转向垂臂轴即向逆时针方向转动,转向轮相应向右偏转。此时,动力转向器左腔容积减少,排出的油液按图示通路流回转向储油罐。

　　若驾驶员对方向盘始终作用操纵力矩,使方向盘和转向螺杆逆时针方向连续转动,则液压助力装置一直参与工作,而转向螺母在保持一定偏转角度的同时,随同活塞一起在转向螺杆轴上向左移动。

　　在向右转向过程中,分配阀的右侧反应腔经斜径向节流孔与阀体进油环槽相通,腔内充满着与动力转向器右腔室油液压力相同的压力油,该油压与转向轮的转向阻力成正比;而左侧反应腔与阀体的主回油环槽相通,腔内充满着压力相当于大气压的油液。在右反应腔内,压力油的油压一方面作用于反作用柱塞,使其向右抵靠在端盖上;另一方面于滑阀上形成一个向左的作用力,在左、右两反应腔油压压差作用下,滑阀力图向左回复中间位置。为了使转向轮连续地右偏转,液压助力装置保持与转向阻力相应的助力作用,转向螺母的控制导板必须克服滑阀定位弹簧的预紧张力及反应腔的油压力的作用。此力由驾驶员在方向盘上施加相应的力矩,经螺杆–钢球–螺母传动副的传递来提供,并予以平衡。由此可见,驾驶员通过方向盘就可以感觉到转向阻力的变化情况,即"路感"。

当转向轮将达到所需偏转角度,驾驶员停止转动方向盘时,起始,由于滑阀与阀体之间的相对位置尚未立即改变,活塞仍受油压力及螺杆–钢球–螺母传动副提供的轴向推力的共同作用而继续向左轴向移动。与此同时,在滑阀定位弹簧的张力和反应腔的液压力共同作用下,转向螺母一方面向顺时针方向转动,一方面随同活塞沿转向螺杆向左移动,直到滑阀回复至中间位置时为止。至此,动力转向的进、回油道之间又重新直接串通。动力转向器的助力作用随即停止,转向轮便不再继续偏转。

如欲继续向右转转向轮,则必须继续向右转动方向盘,以重复上述全部过程。在这过程中,转向臂轴轴颈上的控制凸轮圆弧面部分,将相对于液压转向限制阀的柱塞端部作逆时针方向滑动,该限制阀的柱塞一直保持在最下位置,将动力转向器两腔之间的连通油道截断,如图21.51所示。动力转向器右腔室内的油压与转向轮的转向阻力保持正比关系。当转向轮偏转至右极限位置附近时,控制凸轮的弧面高度下降区段开始接触限制阀柱塞的端部。此后,随着转向垂臂轴继续逆时针方向转动,柱塞即随同控制凸轮弧面高度不断下降而上移,将动力转向器、右左腔室互相沟通,右腔室内的压力油的油压即经限制阀部分卸压,而保持一定的卸载油压。此时,方向盘上的手力将明显增大。一经出现这种情况,表示转向轮已偏转至极限位置,驾驶员应立即停止转动方向盘。

b. 向左转动方向盘

向左转动方向盘时,如图21.52所示,工作情况类同于"向右转动方向盘",区别仅在于起始,转向螺母控制导板向顺时针方向摆动,滑阀向左轴向移动,动力转向器油液通路与前述相反,其助力方向也相反。

②液压助力装置失效时的转向

在液压转向助力装置失效的情况下,仍可通过加大在方向盘上的操纵力矩来操纵机械转向系统,使其进行转向行驶。为减少已失效的液压助力装置对转向操纵所带来的阻尼作用,在分配阀的进、回油道之间也安装单向阀(见图21.49)。其工作情况以向右转向行驶为例加以说明。

在转向油泵损坏后向右转向行驶时,驾驶员操纵方向盘,转向螺母随同转向螺杆逆时针方向转动,直到其控制导板抵靠动力转向器壳体内的纵向切槽边缘时,螺母即停止转动,随后通过转向器各传动副及转向传动机构使转向轮向右偏转。当活塞组件轴向移动时,由于动力转向器右腔室得不到油液补充,活塞组件移动阻力相应增大,使转向操纵困难。与此同时,由于进、回油道(即动力转向器左、右腔)之间出现压差,单向阀被迫开启,使进、回油道互相沟通。

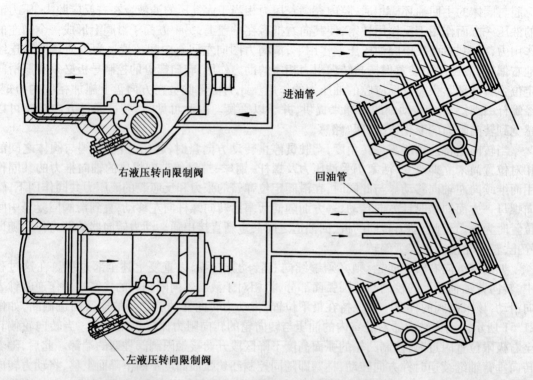

右液压转向限制阀　进油管　回油管　左液压转向限制阀

图21.51　液压转向限制阀工作时液压装置的油路

油液即可从转向储油罐或动力转向器的左腔室循回油道经单向阀进入进油道,以补充不断增大的动力转向器右腔室,使活塞组件移动阻力相应减少。

（3）液压助力装置反向接通时的工作情况

WZ551C轮式装甲车整体式动力转向系统在转向轮遭受路面传来的巨大冲击或轮胎突爆时,可以使分配阀"反向接通",提高车辆直线行驶的稳定性和安全性。

若当转向轮因受路面传来的巨大冲击而出现右偏时,转向轮所受的冲击将经转向传动机构及齿条齿扇传动副传给活塞,通过碟形弹簧的缓和后,对转向螺母右侧端面施加一向左的轴向推力。在该轴向推力作用下,转向螺母在向左转向移动的同时,还绕自身轴线向顺时针方向旋转,使控制导板克服滑阀定位弹簧的预紧张力,将滑阀推向左侧(可与图21.50相比较),分配阀被反向接通,动力转向器的左腔冲入压力油,阻止转向轮继续向右偏转。滑阀轴向移动使分配阀反向接通,所对应的转向轮偏转角很小,车辆仍保持原始行驶方向。

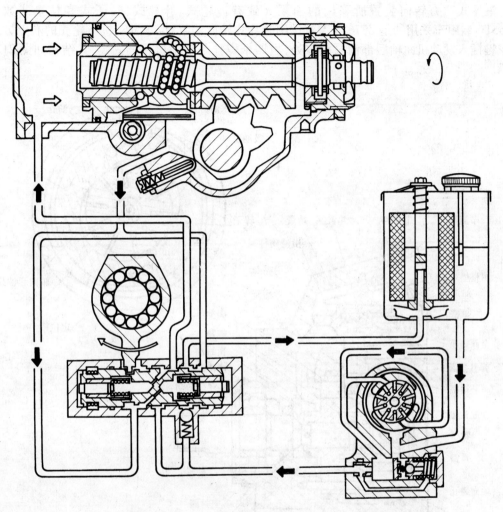

图 21.52 向左转向时整体动力转向装置的工作情况图

21.3.3 转向油泵

转向油泵为动力转向系统的动力源,用来提供具有一定压力和流量的油液。某些车为了提高动力转向系统的工作可靠性,除了有发动机带动的常用转向油泵外,还装有由传动系的变速器或驱动桥带动的应急转向油泵。常用转向油泵正常工作时,应急转向油泵无负荷,输出油液经应急阀及回油管直接流回转向储油罐。当正常转向油泵因故失效,停止供油时,从应急转向油泵输出的油液即由应急阀控制而改变流向,向动力转向系统进油管供油,确保动力转向系统仍能正常工作。

　　液压式动力转向装置所采用的油泵大致有齿轮式、叶片式、转子式和柱塞式数种。WZ551C 装甲车采用的是 ZF7673 型双作用叶片式转向油泵,位于发动机飞轮壳的右上方,油泵花键插入发动机曲轴后部油泵接口处,由四个螺栓与发动机相连固定,其结构如图 21.53 所示。

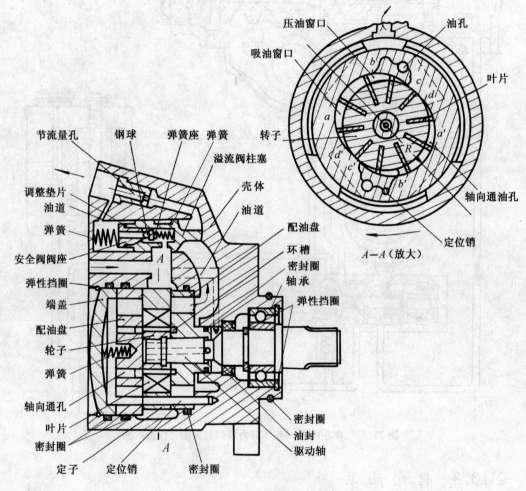

图 21.53　叶片式转向油泵

该油泵的主要技术性能见表 21.2。

表 21.2　油泵主要技术性能

发动机转速/(r · min⁻¹)	600	1 200
流　量/(L · min⁻¹)	8	16
最高工作压力/MPa	10±0.5	

1. 油泵

转子位于定子内孔和两配油盘之间,并以花键固定在驱动轴上,沿圆周有匀称布置的十条切槽,槽内装有叶片。驱动轴转动时带转子、叶片转动,与定子油腔配合从油箱吸油和压油至转向分配阀。

2. 溢流阀和安全阀

同齿轮油泵一样,叶片泵也属于容积式油泵,其输出油量随转子的转速升高而增大,而输出油液的压力取决于动力转向系统的负荷。为了限制动力转向系统内的最高油压以及发动机转速升高时油泵的输出油量,在该油泵内装有差压式溢流阀和安全阀,该溢流阀、安全阀的具体结构如图 21.53 所示。

溢流阀柱塞(见图 21.53)位于泵体的溢流-安全阀座孔内,中部开有径向溢流孔,并经泵体的横向油道与油泵吸油腔相通,后端经斜油道与油泵出油口相通。溢流阀柱塞被弹簧压紧于孔底部,将油泵压油腔经该阀至油泵吸油泵的通道封闭。节流量孔位于油泵压油腔与出油口之间。溢流阀的作用是限制油泵输出油液的流量,故也可称为流量限制阀。

当油泵转速较低时,压油腔自量孔输出的油液流量较小,量孔对油液的节流作用较弱,其前后油压差也比较小,尚不足以克服溢流阀弹簧的张力,柱塞被压紧于座孔底部,溢流阀关闭,压油腔油液即经量孔、油泵出油口全部输往动力转向系统,以保证有足够的流量。随着油泵转速的提高,压油腔经量孔输出的油液流量增大,量孔前后油压差相应增大。若此压差对柱塞的作用力超过其弹簧的预紧张力时,弹簧即压缩,柱塞相应后移,当柱塞后移至其前端密封环带将阀套溢流孔露出时,压油腔压出的油液的一部分即经溢流孔和泵体横向油道直接返回油泵吸油腔。这种"溢流"作用,减少了油液经量孔及油泵出油口的输出流量。若油泵转速继续升高,压油腔压出油液的流量将进一步增大。但由于溢流孔开度增大,油液溢流量相应增大,油泵自出油口的实际输出的流量增加并不多。可见,由于溢流阀及量孔的共同作用,即可在转向油泵的整个工作转速范围内,使转向油泵自其出油口的实际输出流量的变化限制在一定的范围之内(8～16.0 L/min)以保证动力转向系统的正常工作。

安全阀阀座用螺纹固定于溢流阀柱塞(见图 21.53)的尾端。安全阀弹簧及钢球均位于溢流阀柱塞的内腔。该腔室经径向孔、溢流阀柱塞的外环槽与油泵吸油腔相通,弹簧经其座将钢球压紧于阀座,从而将油泵的出油口经该阀至油泵吸油腔的通道封闭。安全阀的作用是限制动力系统内油液的最高压力,故也可称为定压阀。

21.3.4 转向储油罐

转向储油罐具有储存、滤清动力转向系统的油液,冷却油温的作用。

转向油罐的结构如图 21.54 所示。它用钢板冲压而成,油罐内装有滤清器(JD708)油罐上盖装有标尺(油尺)。油罐位于驾驶室左侧,经支架用螺栓固定在驾驶室隔板前的斜甲板上,其底部有两个接头,分别与转向油泵吸油口和动力转向器的回油口相连接。

　　WZ551C 轮式车动力转向装置采用回油滤清方式,自动力转向器返回的油液经导油管接头进入滤芯的内腔,经滤清后,由图左侧的油管接头吸入转向油泵的吸油腔,当滤芯堵塞时,来自动力转向器的油液压力将升高,它将顶开泄流阀弹簧片,直接流入罐内以备油泵吸取。

　　动力转向装置加注油量为 3.8 L。

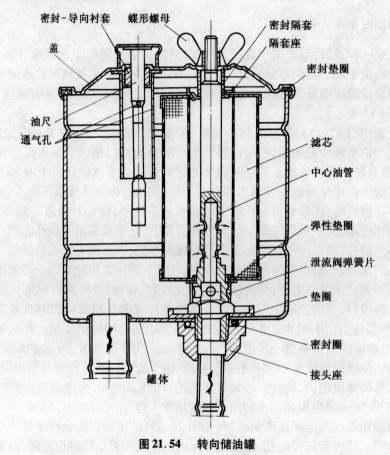

图 21.54　转向储油罐

21.3.5　转向传动机构

1. 功用

　　转向传动机构的功用是把转向器所传出的力传给转向车轮,使它偏转而保证车辆的转向。

2. 构造

转向传动机构一般由转向垂臂、立轴总成、转向梯形机构组成(见图 21.42)。

转向立轴总成(见图 21.55)包括立轴、端盖、立轴壳体、油封支架、密封圈、调整垫片、轴承等。第一桥右立轴总成(见图 21.56)包括第一桥右转向立轴、端盖、立轴壳体、油封支架、端盖、轴承、密封圈等。副横拉杆总成包括横拉杆、卡箍、转向活动接头总成、防尘罩组合总成、螺母和销等。第一纵拉杆总成包括第一纵拉杆、卡箍、转向活动接头、防尘罩组合总成、螺母和螺栓等。第二纵拉杆总成包括拉杆接头、第二纵拉杆、卡箍、转向活动接头总成、防尘罩组合总成等。第二主横拉杆总成包括第二主横拉杆、卡箍、转向活动接头总成、防尘罩组合总成等。副横拉杆总成由转向活动接头总成、副横拉杆和防尘罩组合总成等组成。转向活动接头总成(见图 21.57)由球形拉头、弹簧压盖、球销、弹簧、衬环等组成。

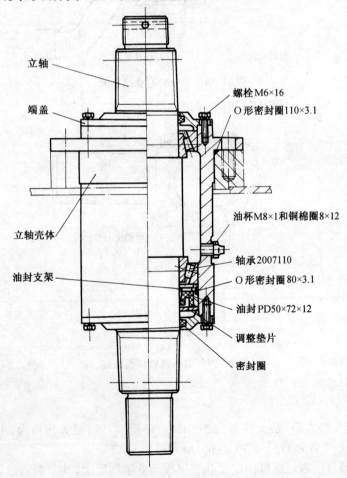

立轴

端盖

立轴壳体

油封支架

螺栓 M6×16

O 形密封圈 110×3.1

油杯 M8×1 和铜棉圈 8×12

轴承 2007110

O 形密封圈 80×3.1

油封 PD50×72×12

调整垫片

密封圈

图 21.55　转向立轴总成

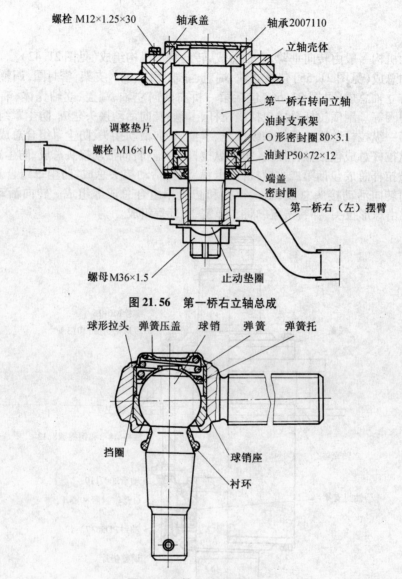

图 21.56　第一桥右立轴总成

图 21.57　转向活动接头总成

3. 工作

前桥内轮(第一桥左轮)最大转角为 31°±1°。外轮(右轮)最大转角为 24°±1°。中桥内轮 (第二桥左轮)最大转角为 17°,外轮(右轮)最大转角为 13°。

四个转向立轴总成通过螺母固定于底装甲板的立轴附座上,其上端通过联臂与主横拉杆、 纵拉杆连接,其下端通过摆臂与副横拉杆和转向节臂相连,从而构成轮式装甲车的前、中桥转向梯形机构。

为了适应轮式装甲车转向时,车轮的跳动和摆动适应横拉杆做空间运动的特点,副横拉杆与摆臂、转向节臂之间的连接都采用了球关节连接。

21.4　制　动　装　置

制动装置的功用是:行驶时使车辆安全、平稳、迅速地减速、停车;驻车时防止车辆自行移位;下坡时防止车速过高。制动装置可分为行车制动、驻车制动、辅助制动。

一般车辆制动装置至少装有两套各自独立的制动机构:一套是行车制动装置,主要用于车辆行驶时减速和停车,另一套是驻车制动装置,主要用于停车后防止车辆滑动。有的车辆还有紧急制动装置和安全制动或辅助制动装置。紧急制动是用独立的管路控制车轮制动器作为备用;安全制动是制动装置气压不足时起制动作用;辅助制动是基本装置的辅助部分。较完善的制动装置还具有制动力调节装置、报警装置、压力保护装置等附加装置。

行车制动装置按制动力源分为:

①液力式。靠驾驶员施加于制动踏板的力作为制动力源,如液力制动装置和驻车制动装置。

②动力式。利用发动机的动力作为制动力源,如气压制动装置。其中又有气压式、真空液压式和空气液压式。

按传动机构的布置形式分为:

①单回路制动装置。其特点是采用单一的传动回路,当回路中有一处损坏而漏气(油)时,整个制动装置失效。

②双回路制动装置。其特点是行车制动器的两回路分属两个彼此独立的回路,当一个回路失效,还能利用另一个回路获得一定的制动力,从而提高了车辆的制动可靠性和安全性。

每套制动装置都由产生制动作用的制动器和操纵制动器的传动机构组成。制动器多利用摩擦式,即利用其中的固定元件对旋转元件的摩擦,使后者的旋转角速度降低。

21.4.1　制　动　器

1. 鼓式车轮制动器

根据车轮制动器中旋转元件的不同,车轮制动器可分为鼓式和盘式两大类,其中鼓式制动器应用较广,而盘式制动器多应用在一些小汽车上。鼓式车轮制动器多为内张双蹄式。但是由于制动蹄张开装置的形式、张开力作用点和制动蹄支承点的布置方式等的不同,使得制动器的工作性能也有所不同,按制动时两制动蹄对制动鼓径向力的平衡情况可分为非平衡式、平衡式(单向助势、双向助势)和自动增力三种。

(1)非平衡式制动器

该制动器按张开装置不同,可分为液力轮缸张开式和气压凸轮张开式(见图21.58、图21.59)。该制动器的基本结构,由旋转部分、固定部分、定位调整机构组成。

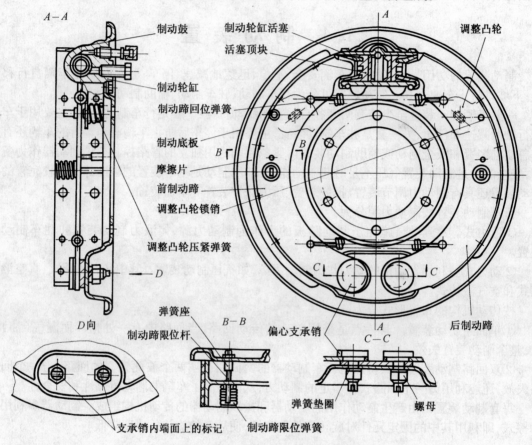

图21.58　液压轮缸张开式车轮制动器

(2)平衡式车轮制动器

由于车轮制动器的助势蹄能提高制动效能,从而出现了前后制动蹄均为助势蹄的平衡式车轮制动器。若只在前进制动时两蹄为助势蹄,倒车制动时两蹄均为减势蹄的称为单向助势平衡式车轮制动器(见图21.60)。无论在前进和倒车制动时两蹄都为助势蹄的称为双向助势平衡式车轮制动器。

无论在前进和倒车制动时两蹄都为助势蹄的称为双向助势平衡轮制动器,如图21.60所示。

①单向助势平衡式制动器

该制动器的两制动蹄各用一个单活塞的制动轮缸,而且两套制动蹄、制动轮缸、偏心支承

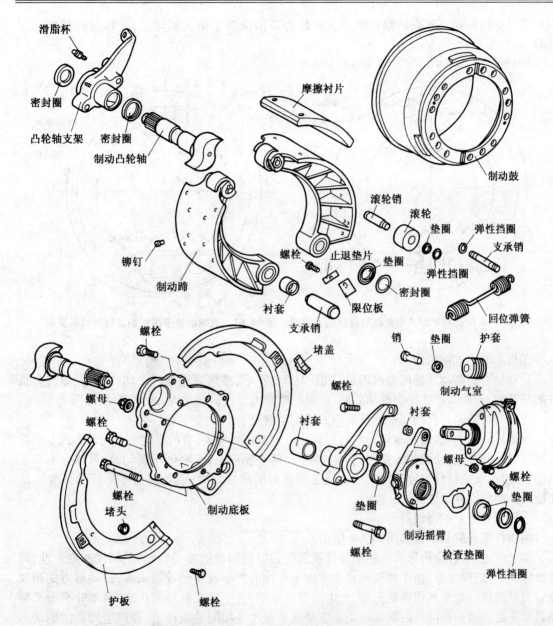

图21.59　气压凸轮张开式车轮制动器

销和调整凸轮等在制动板上对称布置,如图21.60所示。

　　②双向助势平衡式制动器

　　如图21.61所示,若将对称的两个轮缸内装入两个双向活塞,两制动蹄的两端既是支承点,也是张开力的作用点、支点,力点随制动鼓旋转方向的不同能相互转换,即可使车辆前进或倒车均可得到相同且较高的制动效能。此即为双向助势平衡式制动器,又称对称平衡式制动器。

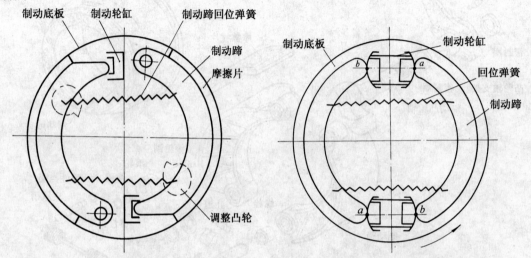

图 21.60　单向助势平衡式车轮制动器结构示意图　图 21.61　双向助势平衡式制动器结构示意图

③自动增力式制动器

自动增力式制动器的增力原理是,如图 21.62 所示,将两蹄用推杆浮动铰接,利用传力机件的张开力,使两蹄产生助势推动后蹄,使总的摩擦力矩进一步增大,此即为"增力"。

④具有蹄鼓间隙自调装置的自动增力式制动器

摩擦片一经磨损,制动踏板的空行程就相应地成倍数增大,有的车辆的自动增力式制动器装有蹄、鼓间隙的自动调整装置(见图 21.63)。调整原理是:车辆倒车制动时,后蹄会离开支承销,通过拉索或杠杆等连接件自动改变连接两蹄的推杆长度(或轮缸活塞推杆的长度),从而使蹄鼓间隙得到调整。

⑤用楔杆张开的制动器

用楔杆张开的制动器如图 21.64 所示。

综上所述,各种结构形式的制动器都是围绕着提高制动效能、制动的平顺性和稳定性,两蹄摩擦均匀,简单可靠,便于调整等几个方面来考虑的。单就制动效能来看,自动增力式制动器对自动助势的效果利用得最充分,产生的制动矩最大,平衡式制动器次之,简单非平衡式制动器又次之。因而在同样的制动传动装置及制动器尺寸相同的条件下,要产生同样的制动力矩,所需加于踏板上的力较小。但是,自动增力式制动器的结构复杂,蹄对鼓的法向力和摩擦力是不等的。由于它是靠摩擦增力,对摩擦系数依赖性很大,一旦制动器沾水、沾油后制动性能下降太多,即对摩擦系数的变化比较敏感,制动性能不稳定,故多用于需要制动效能高且又不另设强大的驱动源的车轴上。

简单非平衡式和平衡式制动器在其他性能方面优于自动增力式制动器。性能介于两者之

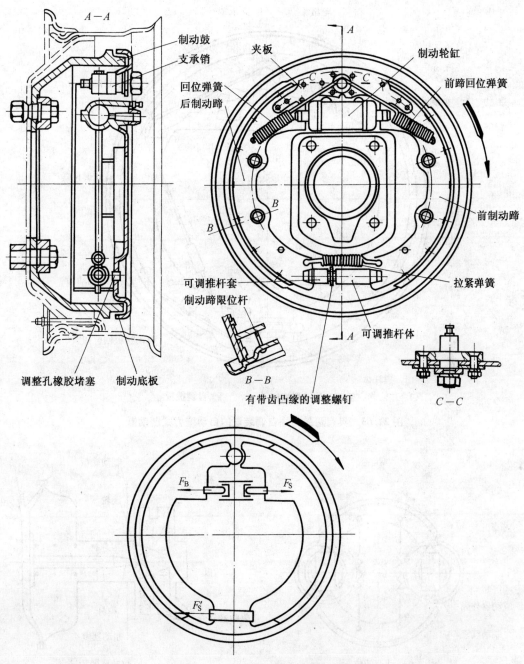

制动鼓
支承销
夹板
制动轮缸
回位弹簧
后制动蹄
前蹄回位弹簧
前制动蹄
可调推杆套
制动蹄限位杆
拉紧弹簧
可调推杆体
调整孔橡胶堵塞
制动底板
$A-A$
A
$B-B$
$C-C$
B
B
C
C
A
有带齿凸缘的调整螺钉
F_B
F_S
F_S'

图 21.62 双向自动增力式制动器

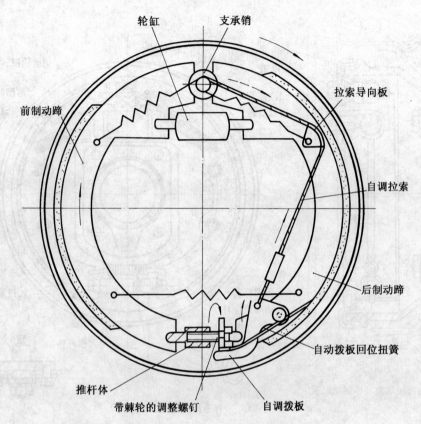

图 21.63　具有蹄鼓间隙自调装置的自动增力式制动器

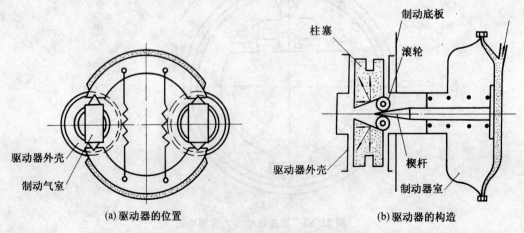

(a)驱动器的位置　　　　　　　(b)驱动器的构造

图 21.64　用楔杆张开的制动器示意图

间的平衡式制动器,还可以采用"一器双管路"布置。所以使用较广泛。制动效能的提高可用更强大的力源来驱动制动蹄张开(如真空加力或气压加力等)。

自动增力式制动器有一个制动特点:即主要张开力是从一部位作用到全部制动蹄上,且蹄与支承点有相对关系,能较方便地附装停车制动器,同时还能较方便地加装制动器间隙自动调整装置。

2.盘式车轮制动器

盘式制动器种类较多,如,钳体内活塞的数目不同;钳体固定在支架上的形式不同;制动盘有整体式和通风式之分。以制动钳固定在支架上的结构形式来分,可分为固定式制动钳和浮动式制动钳两类。

盘式车轮制动器的基本结构:

固定在车轮上的旋转元件是以端面为工作表面的合金铸铁圆盘,称为制动盘,其固定的摩擦元件是面积不大的制动块总成,一般有两块或四块,这些块及其支承压紧装置(如支承销和制动轮缸等),都装在跨于制动盘两侧的夹钳形支架上(铝合金或可锻铸铁制成),总称制动钳。制动钳通过螺栓与转向节或桥壳上的支架固装,并用调整垫片来控制制动钳与制动盘之间的相对位置。另外还有防尘护罩等(见图21.65)。

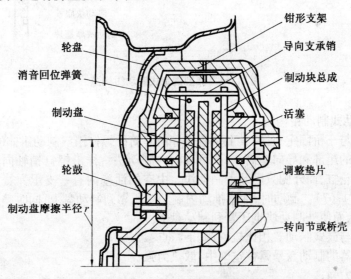

图21.65 盘式制动器基本结构图

(1)典型固定式制动钳的构造

制动钳的壳体由内外两半组成,并用四个螺钉连接。制动盘伸入制动钳内的两个制动块之间。制动块由摩擦片和钢质底板黏结而成,制动块通过两根固定在壳体内的导向销悬装在壳体上,并可沿导向销轴向移动。消音软弹簧使两制动块分开,靠着活塞的消音压圈。内外两侧壳体各为一个液压轮缸缸体,其中各有一个活塞。轮缸壁上有梯形截面的环槽,其中嵌有矩形截面的橡胶密封圈。内轮缸油道上方装有放气螺塞(见图 21.66)。

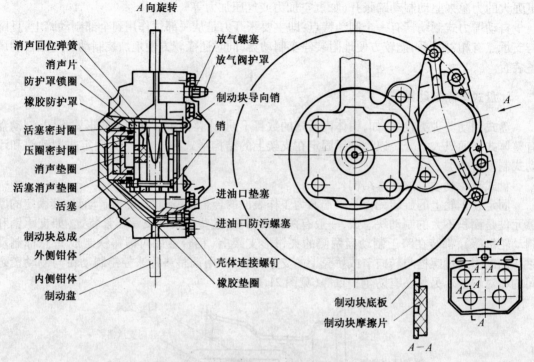

图 21.66　典型固定式制动钳构造

(2)典型浮动式制动钳构造

制动钳支架与车桥固定连接,其上装有带导向套筒的螺钉销。制动钳体的内、外侧凸缘分别滑支于螺钉销的尾部和导向套筒上,故可以同内制动块一样沿螺钉销轴向浮动。只在制动钳的内侧有制动轮缸,而外侧只固装着制动块。中空的活塞内有一支承弹簧支承着制动块的底部边缘(见图 21.67)。制动时,活塞推动内制动块压靠到制动盘上,同时整个制动钳沿螺钉销向内侧移动,从而使外制动块也压紧到制动盘上。

盘式制动器与鼓式制动器相比较,有如下特点:

①盘式制动器的制动盘暴露在空气中,散热力强;

②抗衰退能力强;

③制动时的平顺性好;

④结构简单、摩擦片拆装更容易,维修方便;

⑤制动盘升温后沿厚度方向的热膨胀量比鼓式的径向热变形量小得多,由此引起的制动板踩空的行程较小;

⑥因制动时无助势作用,故要求管路液压比鼓式的高。防污能力差,制动块摩擦面积小,磨损较快。

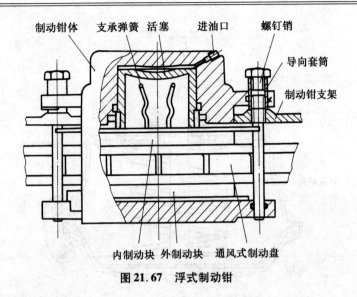

制动钳体　支承弹簧　活塞　进油口　螺钉销

导向套筒

制动钳支架

内制动块　外制动块　通风式制动盘

图 21.67　浮式制动钳

3. 单端拉紧式带式制动器

单端拉紧式带式制动器,结构简单,便于修复和调整。多用于履带式车辆(详见第 13 章)。

4. 制动气室

制动气室是将输入的控制空气压力转变为制动凸轮转动的机械力。

(1)膜片式制动气室

膜片制动气室如图 21.68 所示,工作腔与制动控制阀接通,推杆与车轮制动器摇臂连接。

(2)带弹簧制动缸的制动气室

膜片制动气室与弹簧制动缸通过公用盖串联成一体,右侧的膜片制动气室,其结构与一般的膜片式制动气室类同,如图 21.69 所示。其特点是:膜片制动气室的推杆与支承盘为两个零件,推杆与挺杆连接,支承盘与挺杆滑动配合。

弹簧制动缸的推杆是中空的,与盖滑动配合。弹簧的两端分别支承在缸筒及活塞的端面上。机械应急解除装置的螺栓拧在缸筒底部的螺纹孔内。

图示位置为主制动和停车制动都处于解除的状态。此时,弹簧制动缸活塞右侧的腔内充满压缩空气,活塞及推杆处于左极限位置,弹簧保持压缩(即储能)状态。膜片制动气室的膜片、支承盘及推杆等机件在回位弹簧的作用下处于左极限位置。

当使用主制动时,压缩空气由膜片制动气室的螺纹孔进入膜片左侧腔室,并经膜片、支承盘使推杆向右移动,以驱动车轮制动器工作。此时,弹簧制动缸活塞右侧腔室仍充满压缩空气,弹簧制动缸保持图示制动解除位置,不参与工作。

在主动制解除的情况下,欲使用应急制动或使车辆保持驻车状态时,可通过操纵应急-驻

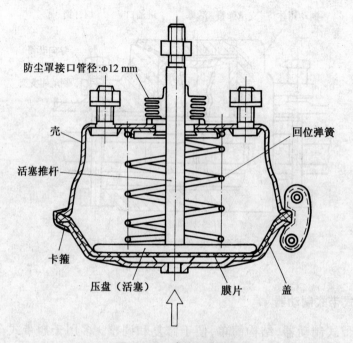

防尘罩接口管径:φ12 mm

壳

活塞推杆

卡箍

压盘（活塞）

回位弹簧

膜片

盖

图 21.68　膜片制动气室

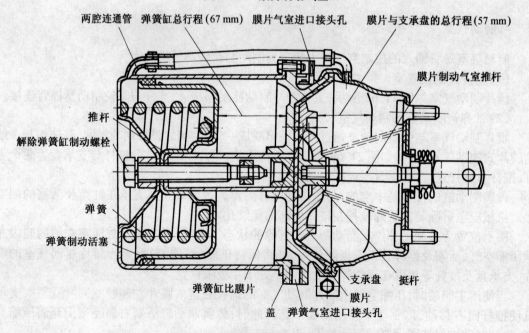

两腔连通管　弹簧缸总行程(67 mm)　膜片气室进口接头孔　膜片与支承盘的总行程(57 mm)

膜片制动气室推杆

推杆

解除弹簧缸制动螺栓

弹簧

弹簧制动活塞

弹簧缸比膜片

盖　弹簧气室进口接头孔

膜片

支承盘　挺杆

图 21.69　带弹簧制动缸的制动气室

车控制阀,使弹簧制动缸活塞右腔室内的压缩空气经继动阀排入大气,弹簧的作用力便迫使活塞及推杆向右移动,通过膜片制动气室内的膜片、支承盘及推杆等机件的传动,使车轮制动器制动。弹簧输出的作用力将随活塞右腔室内压缩空气排出量增大而增大。但在驻车制动时,活塞右腔内的压缩空气将全部排入大气。该压缩空气排出量由应急-驻车控制阀进行控制。此时,膜片制动气室无气压作用力输出。

上述两种制动工况时,制动气室与弹簧制动缸的工作彼此保持独立。但有时弹簧制动缸可以用来协助膜片制动气室工作,以改善车轮制动器的制动效果。例如,在使用行车制动时,由于车轮制动器的蹄片间隙没有得到及时调整,当膜片行程达到其可能的最大行程时,还不足使车轮制动器可靠制动;在这种情况时,可及时操纵应急-驻车制动控制阀,使弹簧制动缸参与工作。由于弹簧制动缸活塞总行程较膜片-支承盘总行程大 10 mm 的游隙,而推杆与支承盘的轴向间也有 10 mm 的游隙,所以,在弹簧制动缸参与工作后,推杆可继续向右移 10 mm,即所谓的"继行程",以使车轮制动器可靠工作。

欲解除驻车制动时,通常可操纵应急-驻车制动控制阀,使驻车制动储气筒内压缩空气冲入弹簧缸右腔室,并迫使活塞及其推杆向左移动,压缩弹簧,弹簧制动缸随即回复至如图21.69所示的制动解除位置。膜片、支承盘及推杆即在回位弹簧作用下回复至极左位置,当车辆的气源或气路发生故障,不能向弹簧制动缸右腔室充气时,可将机械应急解除装置的螺栓旋出至极限位置,通过螺栓端部挡环的传动也能使弹簧制动缸保持在制动解除位置。一旦压缩空气恢复供给,应立即将螺栓全部旋入,否则,弹簧制动缸将不能起作用。

21.4.2　制 动 操 纵

轮式装甲车制动操纵分三种形式,分别为脚(主)制动、手(驻车)制动和发动机排气制动。三种制动形式可分别使用,也可联合使用,以提高制动效果,满足一般和特殊道路的行驶需要,从而提高车辆的适应性与适用性。现以 WZ551C 轮式装甲车为例叙述。

1. 脚(主)制动

脚制动为双管路液压传动,双管路气压作用式,它是全车的主要制动装置,分别作用于前轮、中轮和后轮膜片制动气室。

2. 手(驻车)制动

手制动为降压控制式,作用于中轮和后轮弹簧制动气室。主要应用于坡道停车和联合制动。

3. 发动机排气制动

发动机排气制动为气压式,制动时一方面使发动机排气管路中的碟阀关闭,另一方面使高压泵处于停止供油位置。主要应用于下长坡时使用。

21.4.3　气路其他机件

1. 空气压缩机

空气压缩机是用气部件的气源。

2. 气压调节组合阀

气压调节组合阀用来调节供气系统压缩空气的压力使其保持在规定的压力范围。

气压调节组合阀由调压阀、油水分离器及轮胎充气阀等组成(见图21.70)。

图21.70左图活塞以上为调压阀,活塞以下为油水分离器,图21.70右图为轮胎充气阀。

在充气状态时压缩空气流经调压阀的路径如图中箭头所示,其接通压力为 0.7 ~ 0.75 MPa,卸载压力为 0.81 MPa。

如图21.70所示,在冲气状态下,压缩空气由进气道进入。由于气道外大内小,故气流加速,首先冲向与气流流向垂直的阀体壁面上,以凝聚油水。随后,气流下行,再经环形通道,利用其离心作用而进一步分离油水污物。被分离下来的油水等杂质则沉集于清除阀座、活塞杆和清除阀之间的环形凹槽内。滤清后的压缩空气经滤网、顶开单向阀,再经出气道进入各个储气筒。同时,压缩空气还向上,经专用气道进入膜片和进气阀的下腔室。若调压阀膜片下腔室压缩空气的压力低于调压弹簧的张力,膜片组被压向下方。此时,进气阀关闭,膜片下腔室与活塞上腔室之间的道路被封闭。活塞上腔室经开启的排气阀等与大气相通,活塞就在弹簧及活塞下腔室压缩空气的共同作用下上移,将清除阀关闭,以保证空气压缩机对各个储气筒的正常供气。

随着出气道即调压膜片下腔空气压力的增高,调压弹簧逐渐被压缩,膜片组相应地下移,这将使得排气阀与其阀座(膜片座上端面)之间的间隙逐渐减小。当膜片组上移至该间隙完全消除时,进、排气阀均处于关闭状态,活塞上腔室经排气阀至大气的通路被封闭,而使该腔室与外界隔绝。

若气压继续增大,膜片组则继续上移,排气阀则在关闭的情况下上移,同时也带动阀杆上移,这一方面减轻以至消除了弹簧对进气阀的压紧力;另一方面也将进气阀逐渐打开。这时,压缩空气即进入进气阀的上腔,进入后压缩空气又经气道向下迅速地进入活塞的上腔室。由于进气阀的开启增大了压缩空气对膜片组的有效作用面积,使膜片组的上移行程及进气阀开度相应增大;同时,活塞则在其上、下端面压差的作用下,克服弹簧的张力下降,即开启压缩清除阀。自空气压缩机送来的压缩空气即经开启的清除阀直接排入大气。从而停止对储气筒的正常供气。此时,供气系统维持一定的气压。旋动调节螺钉,通过改变调压弹簧的预紧张力,即可调整该气压的大小。

清除阀开启时,首次排出的压缩空气将所沉集的油水污物清除阀外,即所谓"自动清除作用"。

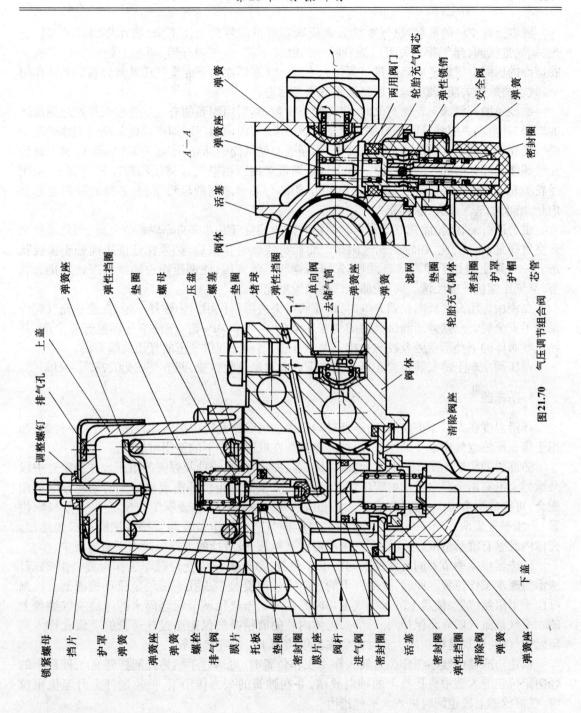

图21.70 气压调节组合阀

随着压缩空气的消耗,供气系统及调压阀膜片下腔室的气压下降,膜片将相应下移。首先,关闭进气阀(排气阀仍关闭);随着膜片的继续下移,排气阀开启,活塞上腔室和进气阀上腔室内的压缩空气即经开启的排气阀排入大气。活塞即在其下腔室气压及其弹簧的共同作用下回位,清除阀关闭,调压阀即回复到正常供气状态。

欲经轮胎充气阀向轮胎充气时,应先卸下护帽,然后用配套的充气软管接头拧在轮胎阀体的端部,并借以克服弹簧的张力使芯管及阀组件上升,两用阀门随即离开轮胎充气阀体的端面而压紧在调压阀供气道的通道口端面上,切断通向储气筒的通路,接通了调压阀供气道至轮胎充气阀体上环形空腔之间的通路。自空气压缩机来的压缩空气经调压阀前段供气道后,依次经轮胎充气阀体上环形空腔、阀芯的径向孔、阀芯与芯管之间的环形空腔、芯管的径向至芯管内孔,继而经气管接头、软管充入轮胎内腔。

由上述可见,经轮胎充气阀充入轮胎内腔的压缩空气并非来自车辆的储气筒,而是直接来自空气压缩机。为此,在轮胎充气阀接上轮胎充气软管接头后,必须保证调压阀处于接通状态。一旦调压阀处于卸载状态,则应先降低储气筒的气压,使调压阀由卸载状态转入接通状态,空气压缩机才能经调压阀、轮胎充气阀向轮胎充气。

在使用轮胎充气阀向轮胎充气时,调压阀已失去限压作用。为弥补不足,在轮胎充气阀内设置了安全阀。一旦调压阀供气道的气压升至 0.9 ~ 1.0 MPa 时,压缩空气即推开安全阀,并经充气阀体的下环形空腔及径向孔排入大气,以限制调压阀供气道的气压继续升高。

调压阀在车上的安装位置在通道地板下。有自动清除装置,调节气压为 $0.78_0^{+0.03}$ MPa。

3. 防冻器

环境温度在 5 ℃以下使用,防冻器是向压缩空气管路系统内掺入某种添加剂的一种装置,用于降低压缩空气中水分的冰点,以提高该系统在低温条件下的使用可靠性。

防冻器的构造如图 21.71 所示,由壳体、盖、控制杆、吸液捻及弹簧等组成。在控制杆中段凸缘的上沿有两个径向凸出的定位销,与盖中央孔下沿的定位环槽或侧壁上的轴向导向槽相配合,可构成两个工作位置(即寒季工作位置—— 上极限位置;暖季工作位置—— 下极限位置)。水平气道两端经接头和气管分别与气压调节组合阀出口及四管路保护阀进口相连接。壳体内腔盛有酒精溶液,液面高度可用液面尺来检查,吸液捻的大部分渗入酒精溶液中。

防冻器根据季节不同有两种不同的工作位置:寒季工作位置与暖季工作位置。图 21.71 所示为暖季工作位置。此时,控制杆上的径向定位销受盖中央孔下沿的定位环槽限制。控制杆位于下限制位置,使盖上的水平气道与内腔隔绝。自气压调节组合阀来的压缩空气经盖上的水平气道流入四管路保护阀。此时,壳体内腔的酒精蒸气仅能通过连通管的节流孔掺入到压缩空气中,其量是极少的。此时的防冻器仅相当于一段连接气管。

欲使防冻器由暖季工作位置转入寒季工作位置时,可通过手柄将控制杆转 90°,使杆上的径向定位销进入盖中央孔壁上的轴向导槽,并在弹簧的张力作用下,使控制杆上升至极限位置,吸液捻的上段也同时进入水平气道内。

在寒季工作位置时,自调压阀来的压缩空气,在流经盖上的水平气道进入四管保护阀的过程中,自壳体内酒精溶液表面以及吸液捻表面蒸发的酒精蒸气将不断地渗入到经吸液捻周围的压缩空气中。当该压缩空气冷却时,凝聚的水分中便溶解一定量的酒精分子,该溶液的冰点将低于水的冰点。从而使气压制动传动机构能在较低的温度下可靠工作。

4.四管路保护阀

在多管路充气系统内,当某一管路损坏时,保护其他完好的管路,使其继续保持额定气压,且能连续地进行正常工作。

该保护阀的七个连接气管接头的螺纹孔中有三个为进气孔(见图 21.72 中的 O,C,D),分别与防冻器、前轮制动储气筒和中(后)轮制动储气筒的出气口相连通,而该阀其余四个为出气孔(A,B,E,F),分别与前轮制动储气筒、中(后)轮制动储气筒及应急-驻车-挂车制动储气筒的进气口以及附属用气设备管路总接头等相连通。这四个出气管路简称为Ⅰ,Ⅱ,Ⅲ,Ⅳ管路,其中Ⅲ,Ⅳ管路内的压缩空气是分别由Ⅰ,Ⅱ管路经前轮制动

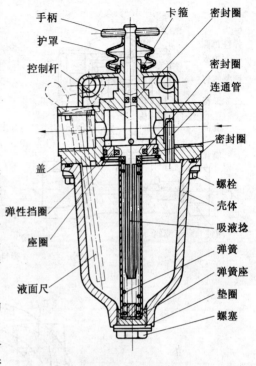

图 21.71 防冻器

储气筒提供的。这样可以使进入Ⅲ,Ⅳ管路的压缩气得到进一步的清洁,从而保证经由设有专用储气筒的第Ⅳ管路和储气筒容量较小的第Ⅲ管路提供的压缩空气同样都是较为清洁的。

四管路保护阀(Bosch)由四个单阀组成,这些单阀分别位于公共阀体的四个轴线相互平衡的空腔内,其间由孔道互相串、并联。第Ⅰ,Ⅱ管路的单向阀构造如图 21.72M—M 剖面所示,而第Ⅲ,Ⅳ管路的单阀构造如图 21.72H—H 剖面所示。各单阀的构造基本类同,由带节流阀的阀盘、套筒、弹簧、垫板、调整螺钉、弹性挡圈及密封圈等组成。

在弹簧的作用下,阀盘紧贴在阀体空腔底面的环形阀座上,将阀体空腔分为上、下两腔室。节流阀所处的下腔室经孔道及单向阀与进气道 D(或 C)相通(在第Ⅰ,Ⅱ路内,下腔室则经孔道直接与进气道 D 相通);而成环形的上腔经下方的轴向孔及气道与出气道 F(或 A,B,E)相通。

节流阀位于阀座孔内,其带轴向切槽的柱塞与孔壁之间形成狭窄的轴向缝隙。其作用是,在阀盘开启过程中,缓和气流冲击,使阀盘工作较为平稳;而在管路突然爆破时,限制进气道的压力急剧下降,以避免对其他完好管路产生过大的影响。

在Ⅲ,Ⅳ管路的进气道上各安装了一个单向阀,其作用是第Ⅰ或第Ⅱ管路损坏(如漏气)时,用以保护完好的管路(如第Ⅱ或第Ⅰ管路)能继续向第Ⅲ,Ⅳ管路供给压缩空气。

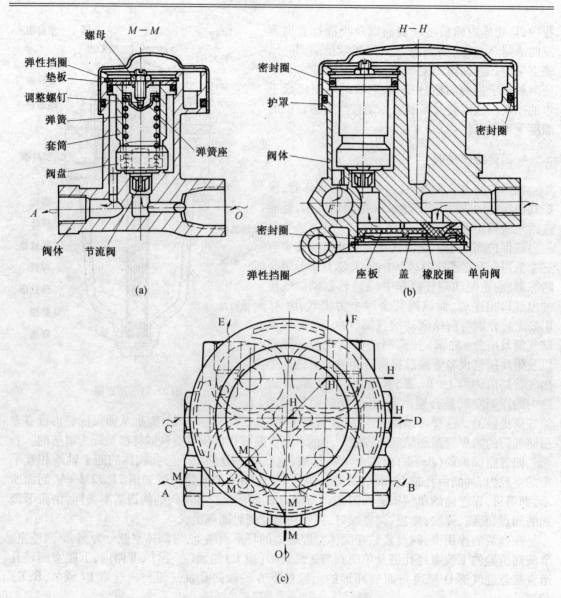

图 21.72　四管路保护阀(BOSCH 型)

5. 主制动控制阀

图 21.73 是液压驱动串列式双控气动阀。用来控制由储气筒进入制动器室或继动阀控制腔的压缩空气压力。

串列双腔制动控制阀由两个互相独立的阀组串联在一起组成,其中一个阀组用来控制前轮制动,另一阀组控制中(后)轮制动,该制动控制阀的构造如图 21.73 所示,由阀壳、随动活塞、继动活塞、阀门组及平衡弹性块等组成。

左、右两壳体与随动活塞和继动活塞分隔成两腔室,各有一个进气道(V_2 或 V_1)和控制气道(Z_2 或 Z_1),公用一个排气道 E_1 与大气相通。V_1 与前轮储气筒相连,V_2 与中(后)储气筒相连;Z_1,Z_2 各分为二气道,构成四条控制气道,各分别与前轮管路中增递阀后(中)轮管中继动阀连接。右阀壳内为前轮制动阀,左阀壳内为中(后)轮制动阀。

若未踏行军制动踏板,液压传动工作缸活塞及两制动阀组的随动活塞,在弹簧作用下处于图 21.73 所示的极限位置,两用阀关闭了进气阀,两阀组的排气阀开启,V_1,V_2 来的压缩空气被封闭。控制气道 Z_1,Z_2(Z_1 经孔 A)排气口(随动活塞与继动活塞间)、两用阀内孔及 E_1 与大气相通,各车轮制动器处于解除制动状态。

在踏下主制动踏板时,液压传动工作缸活塞左移随动活塞组件关闭排气阀,使前轮制动阀组达到平衡状态,接着开启进气阀,将 V_1 腔室与 Z_1 腔室沟通。压缩空气自前轮制动储气筒经气道 V_1、进气阀、控制气道 Z_1 到达递增阀,再经递增阀限压后充入前轮制动气室,使前轮制动器开始制动。

在进行上述过程的同时,控制气道 Z_1 内的压缩空气还经节流孔 A 充入继动活塞的右腔室,并迫使继动活塞和左腔随动活塞向左移动,压缩空气自中(后)轮制动储气筒经气道 V_2、进气阀、控制气道 Z_2 到达继动阀控制腔,并使继动阀立即将中(后)轮制动储气筒直接经继动阀通向中(后)轮制动气室的另一条气路接通,中(后)轮制动器开始制动。

由于继动活塞有较大的气压有效作用面积,故其随动作用是较灵敏的。就是说,只要控制气道 Z_1 内建立很小的气压时,就足以使继动活塞开始动作,并使两用阀门具有较大的初始开度。因此,在控制气道 Z_2 内建立气压的迟滞时间很短。在进气过程终了时,随动活塞又回复至平衡位置,平衡弹性块进一步被压缩,控制气道 Z_1 内将保持与踏板行程相应的一定气压。

放松行车踏踏板时,液压工作缸活塞右移,右腔随动活塞右移,开启排气阀,解除前轮制动。由于控制气道 Z_1 内的气压下降,中(后)轮制动阀组的继动活塞将在左侧腔室内的气压作用下向右移动,而随动活塞也随同继动活塞向右移动,排气阀开启,控制气道 Z_2 腔内的压缩空气排入大气,解除中(后)轮制动。

综上所述,中(后)轮制动阀组控制气道 Z_2 内的气压由前轮制动阀组控制气道 Z_1 内的气压来控制,换句话说,是间接地受控于制动踏板。与控制气道 Z_1 相比较,气道 Z_2 内气压变化的起始时刻要稍滞后,而其大小在开始阶段略小于气道 Z_1 内的气压。

在中(后)轮制动阀组失效的情况下,踏下行车制动踏板时,由于在控制气道 Z_1 内建立不起所需的气压,继动活塞也将无法动作,中(后)轮制动阀组只能借助于推杆的操纵而进行工作。

当液压传动工作缸活塞推动随动活塞向左移动,克服至推杆端部之间的间隙后,推杆及随动活塞将跟随随动活塞一起左移,使中(后)轮制动阀组进入工作状态,接着进行的过程将与完好的前轮制动阀组的工作情况类同。

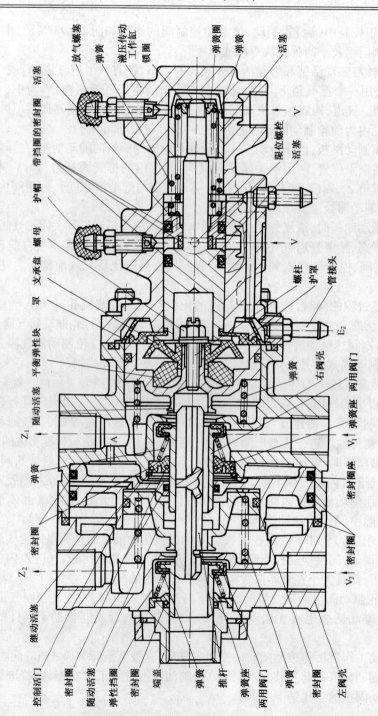

放气螺塞　弹簧　液压传动工作缸　锁圈　弹簧圈　弹簧　活塞

带挡圈的密封圈

活塞

护帽

螺母

罩　支承盘

平衡弹性块

限位螺栓　活塞

螺柱　护罩　管接头　E_2

随动活塞　弹簧　右阀壳　两用阀门

弹簧座　V_1

Z_1　A

弹簧

密封圈

Z_2

随动活塞

两用阀门座　密封圈　V_2

控制活塞　密封圈　随动活塞　弹性挡圈　密封圈　端盖　弹簧　推杆　弹簧座　两用阀门座　弹簧　密封圈　左阀壳

图21.73　串列双腔控阀(WABCO型)

6. 继动阀

继动阀的作用是使制动气室或压缩空气管路内的气压能跟随制动控制阀迅速地建立或撤除。

继动阀的构造如图 21.74 所示,主要由阀壳、活塞、阀门组等组成。

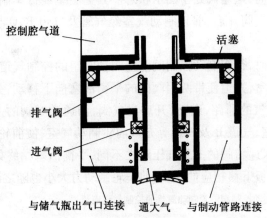

控制腔气道

活塞

排气阀

进气阀

与储气瓶出气口连接   通大气   与制动管路连接

图 21.74 继动阀

顶部的控制腔气道 S 与主制动控制阀的 Z_2(或手控应急–驻车挂车制动储气筒)的出气口连接;气道 Z 与(后)轮制动气室(或弹簧制动缸气室及挂车制动控制阀的充气管路)连接;下方的气道 E 为排气孔道,与大气相通。

排气阀开启,进气阀在阀门弹簧作用下关闭。中(后)轮制动气室经继动阀的气道、阀芯管内孔及排气孔 E 与大气相通,中(后)轮制动气室保持制动解除状态。

若踏下行车制动踏板,行车制动控制阀第二管路来的压缩空气经气道 S 进入继动阀控制腔,气压大于 0.03 MPa±0.01 MPa 时,活塞就开始向下移动,首先将排气阀关闭,打开进气阀,自储气筒来的压缩空气经气道 V、进气阀、气道 Z 及气管等进入中(后)轮制动气室,使车轮制动器迅速制动。

若完全放松行车制动踏板,控制腔内的压缩空气将全部经行车制动控制阀的排气口排入大气。活塞在下腔气压作用下迅速向上移动至极限位置,排气阀开启。制动气室内的压缩空气将全部经继动阀排气口排入大气,制动迅速解除。

7. 递增阀

对前轮气压进行比例调节,以提高车辆制动效果及操纵稳定性。

递增阀构造如图 21.75 所示,由阀体、阀盖、平衡活塞、活塞、阀门组及弹簧等组成。

平衡活塞将递增阀内腔分成上、下两腔室,其中上腔室经气道 A 及气管等与行车制动控制阀前轮制动阀组的控制气道连通,又经气道 C 可与大气接通。

两用阀门在弹簧作用下,使上端的进气阀靠紧于平衡活塞中央孔口,封闭递增阀上、下腔之间的通路。

未踏下行车制动踏板时,递增阀处于图示状态。其上腔室经行车制动控制阀的排气口与大气相通;进气阀关闭,排气阀开启,前轮制动气室经气管及气道 B,C 与大气相通,前轮制动器处于解除状态。

当踏下行车制动踏板时,行车制动控制阀前轮制动阀组的控制气道来的压缩空气经气管及气道进入递增阀的上腔室,并迫使带两用阀门的平衡活塞向下移动,关闭排气阀,截断自前轮制动气室经气道 B 至大气的通路,继而,开启进气阀,沟通递增阀的上、下腔室。压缩空气自上腔室经进气阀、下腔室、气道 B 及气管等充入前轮制动气室,使前轮制动器开始制动。踏制动踏板的程度不同,进入递增阀的上腔气压随之不同,平衡活塞始终处于动平衡状态,使前轮制动气室气压保持与踏板下移相应的气压,前车轮制动力大小也随之改变。

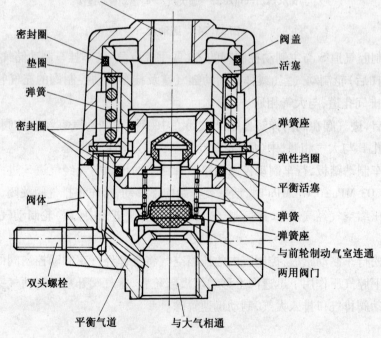

图 21.75 递增阀

综上所述,由于递增阀使前轮制动气室与中(后)轮制动气室的气压比随制动强度增加而得到增大,使车辆制动性能得到改善。

若放松行车制动踏板至某一行程，递增阀上腔室内的部分压缩空气将经行车制动控制阀进入大气，而平衡活塞将在下腔室内的气压作用下带着两用阀门向上移动，而活塞则在弹簧的张力作用下同时向上移动，气阀开启，前轮制动气室内的部分压缩空气将迅速地经气道 B,C 排入大气。随着排气过程的进行，下腔内的气压逐渐下降，平衡活塞又下移，直至将排气阀关闭为止，递增阀又回复至平衡状态。阀下腔室及前轮制动气室将保持与控制气压相应的较低气压，前轮制动器的制动强度随着迅速地减弱。

若完全放松行车制动踏板，阀上腔室内的压缩空气将经行车制动控制阀全部排入大气，平衡活塞及活塞迅速向上移动至如图所示的极限位置，前轮制动气室内的压缩空气经递增阀迅速地全部排入大气，前轮制动完全解除。

由上述可见，递增阀在制动解除过程中还起了快放阀的作用。

8. 排气制动器

在发动机的排气管内装一片状阀门，在车辆下长坡或冰雪地上行驶，欲使用发动机制动时，即将该阀门关闭以加大发动机排气阻力。这种制动装置就称排气制动装置。由于这种型式制动器其制动效能随车辆发动机转速降低而减小，所以，只能作为辅助制动器。排气制动器在结构上较其他各种辅助制动器都简单，制动效能良好，制动功率可达发动机功率的 60% 左右。

排气制动器的功用是：关闭排气管路中的排气制动碟阀并切断燃油供给。

排气制动装置主要由位于两侧排气歧管尾端的排气制动器及其操纵机构和切断燃油供给的操纵机构、排气制动控制阀等组成。

主要部件：排气制动控制阀的构造如图 21.76 所示。使用排气制动一般在车辆下长坡或冰雪路滑的情况下。其特点是：可以减轻车轮制动器的负担，延长其使用寿命；可提高发动机汽缸的使用寿命；节省压缩空气，节省燃料；在冰雪路滑时使用可防车辆侧滑、甩头等现象出现，可使车速缓慢降低、制动平稳，这对轮式装甲尤为重要。

使用时要控制踏阀杆的时间，踏下后应立即松开，而不使发动机熄火。在冰雪地或路面较滑时，应尽量用排气制动来代替脚制动，以避免因刹车间隙调整不当，制动时发生偏滑、甩头等现象。

排气制动还可以用于发动机熄火，如欲使用排气制动熄火，只需踏下排气制动阀杆，约停留 3~5 s，发动机便可断油熄火。

使用排气制动时，驾驶员用脚踏下排气制动控制阀，控制三个气动工作缸（其中一个在发动机风压室内），关闭排气管路中的排气制动碟阀，并切断燃油供给。刹车灯亮。

排气制动控制阀装在驾驶员座椅左前地板下的附座上，其阀杆露出地板。

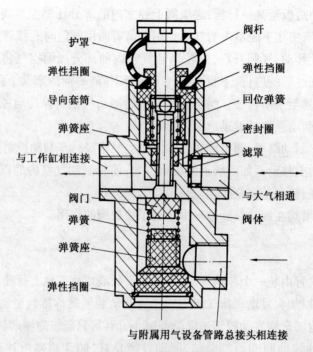

图 21.76　排气制动控制阀

9. 手控应急–驻车制动控制阀

手控应急–驻车制动控制阀用来控制进入应急–驻车制动气室(或车轮制动气室)内的压缩空气压力,它仅在主制动失效或脚制动操纵失效及坡道起步时使用。

该制动控制阀的构造如图 21.77 所示,主要由阀体、阀盖、平衡活塞、平衡弹簧、阀门组及控制凸轮等组成。

阀体内有三个腔室,其中中央孔腔室经孔 D 或孔 E 分别与另两腔室沟通。

平衡活塞将阀体中央孔分成上、下两腔,其中上腔经孔 E 和气道 C 与继动阀控制腔接通;下腔经孔 D 和气道 A 与应急–驻车制动储气筒的单向阀连通。位于平衡活塞内腔的两用阀门内孔经导向座孔与阀体上的气道 B 连通。阀杆下端部与两用阀门贴紧,且使该阀门与平衡活塞的中央孔口下环形凸台间保持一定的间隙;而阀杆的上端经锁销和推力垫圈迫使控制凸轮与固定大阀体上的下凸轮贴紧,如图 21.77 所示。下凸轮通过锁销固定在阀体上部,该凸轮上端部制有可与控制凸轮相配合的凸轮曲面,侧面制有导向环槽。

阀盖通过两个导向螺钉和滚轮与阀体上的下凸轮连接。滚轮位于下凸轮的导向环槽内,当阀盖绕阀体轴线转动时,导向滚轮在导向环槽内自由滚动。阀盖内侧的两驱动凸齿嵌入控

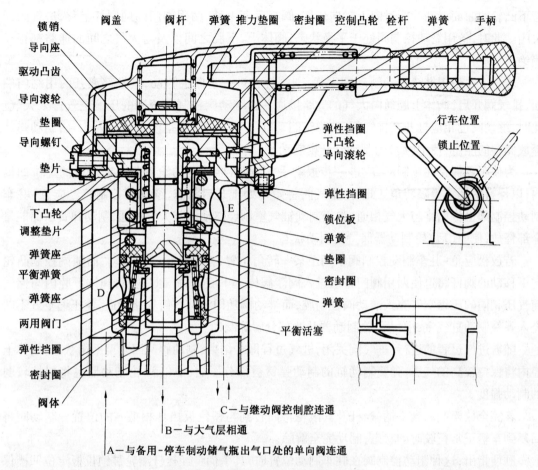

锁销
导向座
驱动凸齿
导向滚轮
垫圈
导向螺钉
垫片
下凸轮
调整垫片
弹簧座
平衡弹簧
弹簧座
两用阀门
弹性挡圈
密封圈
阀体

阀盖　阀杆　弹簧　推力垫圈　密封圈　控制凸轮　栓杆　弹簧　手柄

弹性挡圈
下凸轮
导向滚轮
弹性挡圈
锁位板
弹簧
垫圈
密封圈
弹簧

行车位置
锁止位置

平衡活塞

C—与继动阀控制腔连通

B—与大气层相通

A—与备用-停车制动储气瓶出气口处的单向阀连通

图 21.77　手控应急-驻车制动控制阀

制凸轮的相应缺口内,以使控制凸轮能随同阀盖旋转。

车辆正常行驶时,应急-驻车制动控制阀的手柄停于锁位板的挡耳处,阀内各机件处于如图所示状态,即平衡活塞、阀杆、控制凸轮、两用阀门均处于下极限位置。阀杆端面贴紧两用阀门的端面(即排气阀关闭),将阀体内腔经两用阀门内孔用气道 B 通大气的通路封闭。两用端面至平衡活塞中央孔口下环形凸台间保持一定间隙(即进气阀开启),将阀体的上、下腔沟通。自应急-驻车制动储气筒来的压缩空气依次经气道 A、孔 D、阀体下腔、平衡活塞径向孔、进气阀、阀体上腔、孔 E、气道 C 及气管进入继动阀控制腔。此时,自应急-驻车制动储气筒经继动阀至弹簧制动缸气室的另一条直通气路被接通。压缩空气便迅速充入弹簧制动缸气室,使其处于制动解除状态。

若扳动应急-驻车制动控制阀的手柄,通过阀盖上的两驱动凸齿带动控制凸轮,使其在沿着下凸轮的曲面滑动的同时向上轴向位移,阀杆逐渐上移,两用阀门随同阀杆上移,进气阀即关闭。此时,备用制动控制阀处于平衡状态,阀体上、下腔之间以及与大气之间的通路都相互隔绝。

若自上述位置继续扳动制动阀手柄,则阀杆将进一步向上移动,其端部离开两用阀门端面,排气阀开启,阀体上腔通向大气的气路接通。自继动阀控制腔流回的压缩空气排入大气。此时,继动阀也相应打开其排气阀,使弹簧制动缸气室内的压缩空气迅速排入大气,制动弹簧释放储存的能量,使中(后)轮制动器开始制动。

为使车辆保持驻车制动,应进一步扳动手柄,使其栓杆上的滚轮落入锁位板的定位凹槽内,以保持手柄的极限转角。此时,排气阀将始终处于开启状态,继动阀控制腔经应急-驻车制动控制阀也将始终与大气相通,弹簧制动缸气室则经继动阀与大气相通,制动弹簧所储能量全部释放,使中(后)轮制动器保持全制动状态。

若放松应急-驻车制动控制阀手柄至某一转角位置,控制凸轮向下移动,而随同控制凸轮向下移动的阀杆将迫使两用阀门开启进入阀。阀体上下腔经进气阀沟通,阀体下腔内与储气筒气压相同的压缩空气充入继动阀控制腔,而继动阀随即将储气筒气路接通,使压缩空气不断充入弹簧制动缸气室,中(后)轮制动器开始部分解除制动。

随着进气过程的进行,进气阀关闭,进气过程即告结束,制动阀又回复至平衡状态,阀体上腔内将保持较高的气压,弹簧制动缸的制动弹簧被部分压缩,中(后)轮制动器也将保持较弱的制动强度。

若完全放松制动阀手柄,栓杆及其滚轮将回转到与锁位板挡耳相抵靠的位置。制动阀将回复到车辆正常行驶时的状态,制动完全解除。

顺便指出,这种制动控制阀在驻车制动位置时,其手柄将经栓杆滚轮被锁位板定位凹槽保持在极限转角位置,而在其他转角位置时,一经释放,手柄即能自动回复至锁位板的挡耳处,制动自行解除。

21.4.4　制　动　系

液压控制双管路气制动系统如图21.78所示。

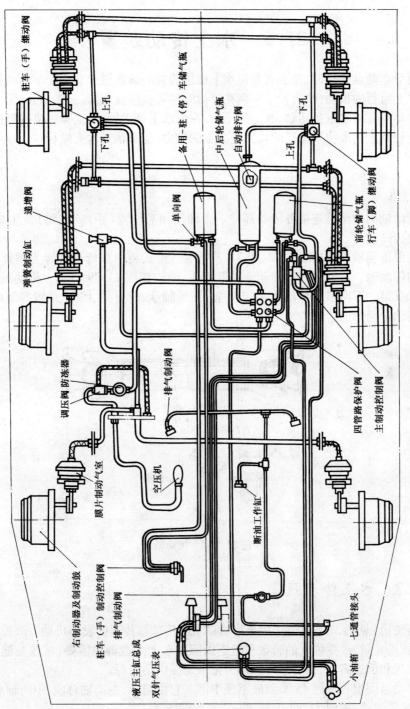

驻车（手）继动阀

备用-驻（停）车储气瓶

中后轮储气瓶

自动排污阀

前轮储气瓶

行车（脚）继动阀

上孔

下孔

上孔

下孔

逆增阀

单向阀

弹簧制动缸

调压阀 防冻器

排气制动阀

四管路保护阀

主制动控制阀

膜片制动气室

空压机

断油工作缸

右制动器及制动放

驻车（手）制动控制阀

排气制动阀

液压主缸总成

双针气压表

小油箱

七通管接头

图 21.78 液压控制双管路气制动系统

21.5　水上传动装置

　　轮式装甲车能自身浮渡,并装有专用水上推进装置。该装置主要用于车辆克服水障碍时,提高车辆水上航行的机动性,改善了车辆在浮渡时的可操纵性能。

　　水上传动装置由水上传动轴,水上传动箱、左右水上推进器、水上操纵机构组成。

　　水上传动装置用来将发动机的动力变为水的推力,使车辆在水上航行。

21.5.1　传　动　轴

　　万向传动轴的功用是连接各传动部件。当轴间相对位置(距离、夹角)发生变化时,也能保证可靠地传递动力。

　　轮式装甲传动轴布置如图21.2、图21.3所示。轮式装甲车传动轴皆为钢管式普通十字轴式的万向传动轴。由万向节和传动轴轴管组成,结构如图21.79所示。传动轴的长度由轴管的长度来获得。万向节由传动凸缘、十字轴、滚针轴承、密封圈、挡圈、油嘴等组成。

　　水上传动轴与万向传动轴结构相同。

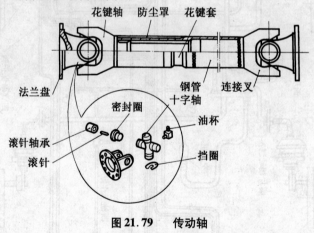

图 21.79　　传动轴

21.5.2　水上传动箱

　　水上传动箱(见图21.80)的功用是将第二水上传动轴传递的发动机动力改变方向并传给左、右水上推进装置,改变输入的转数和扭矩以满足水上推进器的需要,可改变输出轴旋转方向以满足前进和倒退需要,设有水泵接口为排水泵提供动力源。

　　水上传动箱固定在车尾45 ℃斜底甲板中部。它由箱体、主动轴总成、中间轴总成、从动轴总成、换向装置组成,如图21.80中的 *B—B* 剖面图所示。

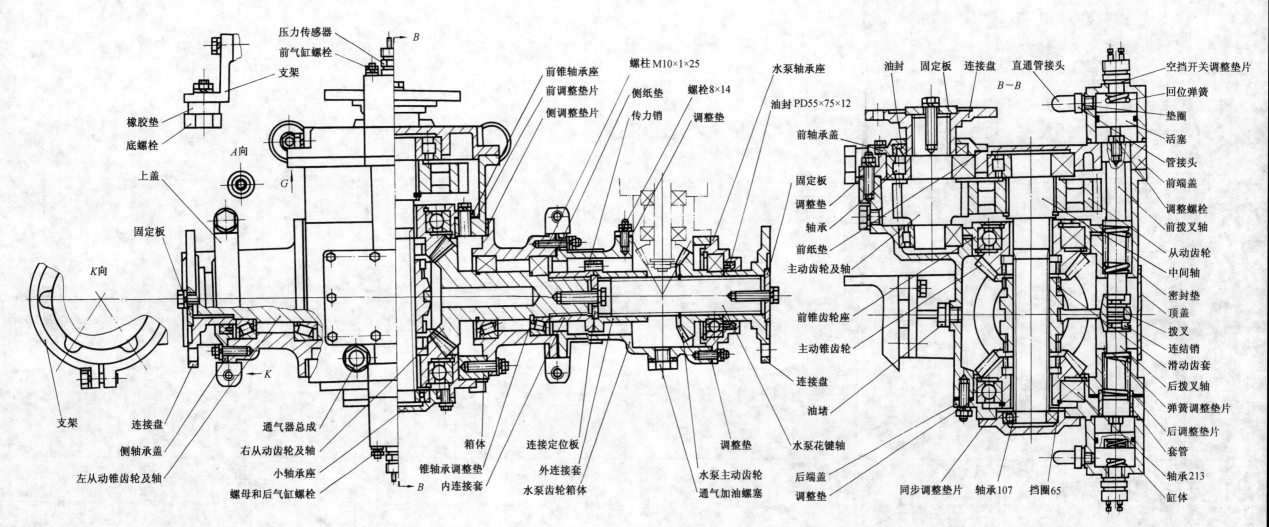

压力传感器
前气缸螺栓
支架
橡胶垫
底螺栓
上盖
固定板
K向
支架
侧轴承盖
连接盘
左从动锥齿轮及轴
螺母和后气缸螺栓
通气器总成
右从动齿轮及轴
小轴承座
锥轴承调整垫
内连接套
外连接套
连接定位板
箱体
A向
G
K

前锥轴承座
前调整垫片
侧调整垫片
螺柱 M10×1×25
侧纸垫
传力销
螺栓8×14
调整垫
水泵轴承座
油封 PD55×75×12

油封 固定板 连接盘 直通管接头
B—B

空挡开关调整垫片
回位弹簧
垫圈
活塞
管接头
前端盖
调整螺栓
前拨叉轴
从动齿轮
中间轴
密封垫
顶盖
拨叉
连结销
滑动齿套
后拨叉轴
弹簧调整垫片
后调整垫片
套管
轴承213
缸体

前轴承盖
固定板
调整垫
轴承
前纸垫
主动齿轮及轴
前锥齿轮座
主动锥齿轮
连接盘
油堵
调整垫
水泵主动齿轮
通气加油螺塞

水泵花键轴
后端盖
调整垫

同步调整垫片 轴承107 挡圈65

图 21.80 水上传动箱

1. 箱体

箱体为整体式,箱体的上平面上有换挡装置检查窗和通气器总成。箱体下底面上制有放油口。

2. 主动轴总成

主动轴总成由主动轴及主动齿轮、连接盘、密封圈及密封盖、42507 轴承、42309 轴承及轴承座等组成。主动轴与主动齿轮制成一体,长端花键固定着连接盘,用以接受传来的动力。

3. 中间轴总成

中间轴总成由中间轴、从动齿轮、主动锥齿轮、滑接齿套、轴承及轴承座等组成。

从动齿轮通过花键固定在中间轴上,中间轴上还套装着两主动锥齿轮,在两个主动锥齿轮中间装有滑接齿套。

4. 从动轴总成

从动轴总成由从动齿轮及轴,连接盘,内、外连接套,水泵齿轮箱体,水泵花键轴,水泵主动锥齿轮,轴承及轴承固定座等组成。

左侧从动锥齿轮及轴为一体,以轴承支承在轴承座内,左端通过花键固定着连接盘。

右侧从动锥齿轮及轴与左侧相同,轴上的花键上装着内连接套;外连接套固定在水泵花键轴上,内、外连接套通过传力锁和螺栓连成一体。水泵花键轴上还固定着水泵主动锥齿轮和连接盘。

5. 换向装置

换向装置由缸体,活塞,前、后拨叉轴,拨叉,回位弹簧等组成。

前、后拨叉轴的大端面上固定有调整螺栓。装有回位弹簧的前、后拨叉轴从安装孔两侧装入,并插入拨叉孔内,通过连动销将前、后拨叉轴与拨叉连接在一起。

装有 O 形密封圈和回位弹簧的活塞装入缸体内,将缸体分别安装在箱体和前端盖上。在缸体上装有高压空气管接头和指示灯开关。

21.5.3　水上推进装置

水上推进装置分左、右水上推进装置,都由横轴总成、纵轴总成、推进器组成,左水上推进装置如图 21.81 所示。

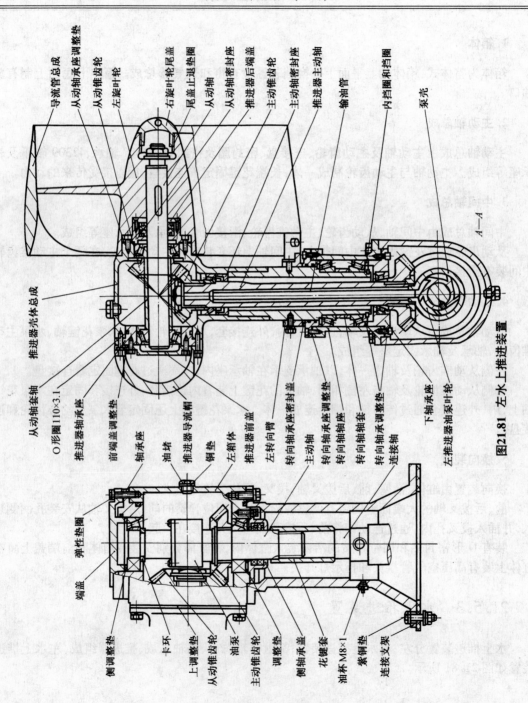

图21.81　左水上推进装置

1. 横轴总成

横轴总成由连接支架、箱体、主动轴、主动锥齿轮、连接轴、花键套、7509 轴承及轴承座、端盖、侧轴承盖等组成,如图 21.81 所示。

箱体通过支架固定在装甲板上,箱体上有放油口。

主动轴通过连接套和连接轴与水上传动箱连接盘连接,主动轴上装有主动锥齿轮和油泵。

2. 纵轴总成

纵轴总成由转向轴承座、转向轴轴套、下轴承座、推进器主动轴、输油管、转向臂、密封座、被动锥齿轮、推进器主动锥齿轮、200708 轴承和 2007114 轴承等零件组成。

推进器主动轴为空心轴,里面装有两端制有螺纹的油管,分别通过螺母将被动锥齿轮和推进器主动锥齿轮固定在推进器主动轴上。轴套上固定着转向臂。

3. 推进器

推进器由推进器壳、从动轴、从动锥齿轮、从动轴轴套、前端盖、导流帽、螺旋叶轮、导流管、尾盖、7507 轴承及轴承座、后端盖、密封座等零件组成。

从动轴一端制有螺纹,螺旋叶轮与从动轴通过键连接,用螺母将叶轮轴向定位。叶轮上装有尾盖。导流管套在右螺旋叶轮上,导流管支承在推进器壳体上。

左右推进装置的不同点是:叶轮的旋向不同,左推进器装置为右旋,右推进装置为左旋。

21.5.4　水上操纵装置

水上操纵装置用于车辆水上航驶、转向。由纵拉杆、水上转向离合器、连接杆、输出轴、传动轴、支架、连杆总成、摇臂、调整垫等组成,如图 21.82 所示。

水上转向离合器由操纵传力机件和操纵控制机件两部分构成(见图 21.83)。

操纵传力机件由连接盘、活动盘、固定盘、支座、花键轴、小摇臂、凸缘等组成。活动盘拉臂上的锥孔与纵拉杆的接头连接。活动盘和固定盘分别安装在支座的支承孔内。固定盘与其座孔之间由键连接。

在活动盘与固定盘之间安装凸缘。凸缘的内花键与花键轴配合。花键轴的左端与连接盘内孔花键配合,花键轴的右端圆柱部分通过键与小摇臂连接,并用螺钉定位将小摇臂固定在花键轴上。

操纵控制机件由汽缸、活塞、拨叉、拨叉轴、回位弹簧等组成。

拨叉套在拨叉轴上。拨叉的拨爪位于凸缘环槽内。回位弹簧套在拨叉轴上。

活塞上装有 O 形密封圈,活塞装在气缸内。气缸和缸盖通过螺栓固定在支架上。在缸盖上拧有压缩空气管接头。

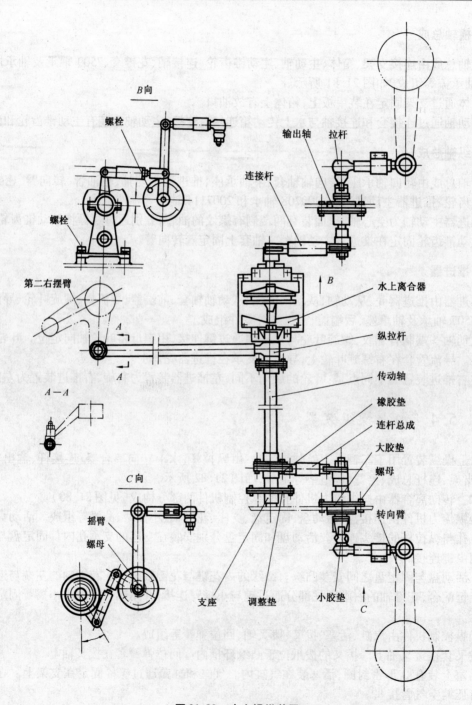

图 21.82　水上操纵装置

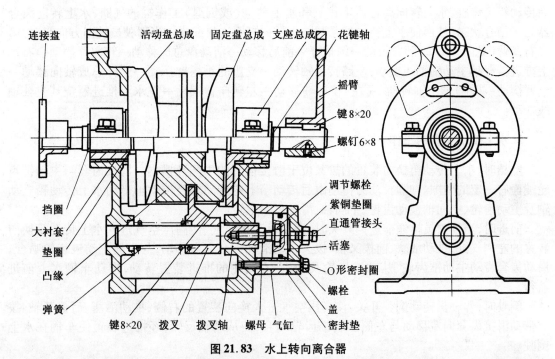

图 21.83 水上转向离合器

拨叉轴的右端面上拧有调整螺栓。调整螺栓头位于活塞的凹槽内。通过改变调整螺栓的长度来调整离合器。

调整方法:使凸缘处于分离位置,拨叉在回位弹簧的作用下靠在拨叉轴的台肩端面上。改变调整螺栓长度使活塞端面距支架下右端面距离为 21 mm。当压缩空气通过缸盖上的管接头进入气缸内时,推动活塞并带动调整螺栓左移,与调整螺栓连接在一起的拨叉轴依靠其台肩推动拨叉左移,回位弹簧被压缩;拨叉又带动凸缘左移并使其与活动盘啮合在一起(即离合器结合),实现水上转向操纵系与陆上转向杆系结合。当驾驶员转动方向盘时,通过陆上转向装置的第二右摆臂带动水上操纵杆系的总拉杆前、后移动,使活动盘带动花键轴转动,从而实现水上操纵转向。当切断压缩空气、停止操纵时,拨叉在回位弹簧的伸张力作用下,带动拨叉轴、活塞右移,使之回到原位。凸缘在拨叉带动下也向右移动,并随之脱离活动盘,使离合器分离。即水上操纵杆系与陆上转向操纵杆系脱离。当驾驶员转动方向盘时,水上操纵杆系的纵拉杆前、后移动,使活动盘不能带动花键轴转动,所以停止了水上操纵转向。

21.5.5 工作概况

1. 水上操纵机构的工作

当车辆在水上前进(或倒退)开关接通后,其控制气路的压缩空气经双通单向阀自动接通后传动箱工作缸、水上转向离合器工作缸和水上前进(或倒退)工作缸的气路,水上转向离合器处于结合状态,从而使水上转向杆系与陆上转向杆系连接起来。当驾驶员转向方向盘时,第二右摆臂(见图 21.82)随着摆动→纵拉杆→前后移动→活动盘总成移动→转向臂摆动→右水上推进器绕其主动轴轴线摆动;左路转动轴转动→支座的小摇臂摆动→连杆总成轴向移动→摇臂摆动→(左)输出轴转动→(左)拉杆轴移动→左转向臂摆动→左水上推进器绕其主轴轴线摆动。

2.水上传动装置的工作

空挡时,水上传动箱换向装置的拨叉位于滑接齿套的中间环槽内。滑接齿套与主动锥齿轮端面有一定的间隙。此时,动力传递由后传动箱上的传动轴经传动轴带动水上传动箱主动轴及主动齿轮、中间轴被动齿轮、中间轴、滑动齿套空转。

前进时,当驾驶员接通前进挡开关时,即接通高压空气、使高压空气进入水上传动箱换向装置的左侧气缸,推动活塞、前拨叉轴、拨叉带动滑动齿套向右移动,与右侧主动锥齿轮啮合,滑动齿套带动主动锥齿轮、从动锥齿轮及轴、左右两侧的推进装置转动,推动车辆水上前进航行。

倒驶时,驾驶员转动倒驶开关,使高压空气进入换向装置的右侧,推动活塞、后拨叉轴、拨叉带动滑接齿套向左移动与左侧主动锥齿轮啮合,使从动轴反转,经推进装置使车辆在水上倒驶。

转向时,驾驶员使水上转向杆系与陆上转向操纵杆系结合,驾驶员只需要操纵方向盘即可使水上推进器随其相应转向,从而实现水上转向航行。

复 习 题

21-1　简述 100 mm 突击炮传动系统的动力传递路线。

21-2　简述离合器的功用及组成。

21-3　简述 100 mm 突击炮传动箱组成。

21-4　简述变速箱的功用及组成。

21-5　简述悬挂装置的功用及组成。

21-6　简述转向装置的功用及组成。

21-7　行车制动装置按制动力源分为哪几种?

21-8　简述水上推进装置的功用及组成。

第六篇　行驶原理

第22章　履带车辆直线行驶

目前的装甲车辆多采用履带推进装置。履带车辆运动是指履带车辆车体的运动。而履带车辆的运动,又由行驶装置推进。履带车辆运动学主要研究履带车辆车体和履带的运动规律。

22.1　履带车辆直线行驶运动学

22.1.1　履带的运动学

直线运动时,履带车辆两条履带的运动规律是相同的,因此只讨论一条履带的运动规律。为叙述方便,将整个履带环分为 8 个部分,其名称为:上支履带、下支履带、前支履带、后支履带、前上轮履带、前下轮履带、后上轮履带、后下轮履带(见图 22.1)。其中上支履带、下支履带、前支履带、后支履带为直线形履带,其余部分为弧形履带。

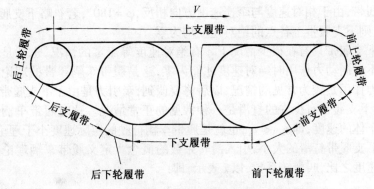

图 22.1　履带各部名称

1.履带任意点的速度

履带车辆直线行驶时,车体做直线平面运动,而履带除随车体做牵连运动外,还有相对于车体的绕动。因此履带上某点的绝对速度是车体速度与履带对车体的相对速度的合成速度。由于履带环上各点的相对速度不尽一致,因此,履带环上不同的点就可能有不同的速度,如弧形履带上各点的速度方向即不相同。履带上某点的绝对速度等于该点的牵连速度与相对速度的向量和,如图 22.2 所示。

设牵连速度与相对速度二向量间的夹角为 φ,则绝对速度的大小为

$$v_j = \sqrt{v_x^2 + v_q^2 + 2v_x v_q \cos \varphi} \tag{22.1}$$

式中,v_j 为绝对速度值,m/s;v_x 为相对速度值,m/s;v_q 为牵连速度值,m/s;φ 为相对速度与牵连速度间夹角,rad。

若近似认为上支履带是水平的,则 v_x 与 v_q 方向一致,$\varphi = 0$,这时

$$v_j = v_x + v_q$$

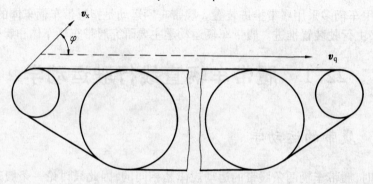

图 22.2　履带车辆履带速度

在下支履带相对于地面无打滑和滑摩时,则牵连速度 v_q 等于相对速度 v_x,这时上支履带上各点的速度均为车体运动速度的 2 倍。

对于下支履带,由于相对速度与牵连速度方向相反,$\varphi = 180°$,若忽略下支履带相对于地面的打滑或滑摩,则下支履带上各点的绝对速度均为零。

履带车辆下支履带只有在很少情况下才有绝对速度等于零的情况,也就是下支履带上既不受牵引力也不受制动力作用时绝对速度才能为零,这是履带车辆履带的理论运动情况。履带车辆有牵引力作用是较为常见的情况,以后将要谈到,牵引力是由于下支履带向后压缩地面而产生的,因此下支履带有少许的打滑是一种常见的正常情况。这时履带车辆运动的速度低于履带相对于车体的速度,即 $v_q < v_x$,也就是履带车辆行驶的实际速度小于理论速度。

为了说明下支履带打滑的大小,引入滑转系数的概念。定义履带车辆理论速度与实际速度之差与理论速度之比,叫滑转系数,以 i 表示,即

$$i = \frac{v_x - v}{v_x} \tag{22.2}$$

式中, i 为滑转系数;v_x 为履带相对速度(理论速度),m/s;v 为履带车辆速度(实际速度),m/s。

由式(22.2)可得履带车辆在有一定滑转量时其速度为

$$v = v_x(1 - i)$$

下支履带带相对于地面的滑转可能有以下几种情况:

(1)$0 < i < 1$

此时下支履带有部分滑转,履带车辆仍可行驶,但较理论速度低,i 越大,低得越多。在一般良好土路上 i 很小,但在附着条件不良的地面上,阻力又比较大时,i 就较大,如在泥泞土路上行驶时,i 就较大。$0 < i < 1$ 是履带车辆行驶的常遇情况。

（2）$i = 0$

此时 $v = v_x$，下支履带绝对速度为零，相对于地面无滑转或滑摩，这是履带车辆的理论运动情况，履带车辆速度等于理论速度。

（3）$i = 1$

这时履带原地滑转，履带车辆速度为零。履带车辆发生淤陷而履带仍然原地转动即属此种情况，这时应进行履带车辆自救。

当履带车辆制动时，则作用到下支履带上有与履带车辆运动方向相反的制动力。这个力是下支履带向前挤压土壤时，地面给下支履带一个与运动方向相反的反作用力。由于地面发生了向前方的变形，因此履带有滑摩，履带车辆的实际运动速度 v 大于理论速度 v_x。为说明履带车辆下支履带的滑摩情况，我们定义履带车辆实际速度与理论速度之差与履带车辆实际速度之比为滑摩系数，并以符号 i' 表示。

$$i' = \frac{v - v_x}{v} \tag{22.3}$$

式中，i' 为滑摩系数；v 为履带车辆速度，m/s；v_x 为履带相对速度，m/s。

由式（22.3）得履带车辆有滑摩时其速度为

$$v = \frac{v_x}{1 - i'}$$

履带车辆下支履带出现滑摩，只有在履带车辆受到制动或靠惯性运动时才可能发生，比履带车辆出现打滑的时机要少些。履带车辆滑摩也有三种情况：

（1）$0 < i' < 1$

此时履带车辆受到制动，但履带仍在转动，实际速度大于理论速度。

（2）$i' = 0$

此时履带车辆没有滑摩，其速度等于理论速度。

（3）$i' = 1$

此时履带停止转动。$v_x = 0$，履带车辆靠惯性向前滑摩。如紧急制动时便可能出现这种情况，尤其在冰冻地等滑溜地段上更易出现这种情况。在非紧急情况下制动，应尽量避免此种情况发生。因制动住履带后，若两侧履带所处地面附着条件不完全相同，则履带车辆会发生转向而造成横滑不易控制。尤其在滑溜地段上此种现象更为严重，易出现危险，因此制动应尽可能平稳。

2. 履带任意点的加速度

履带上任意点的加速度也是牵连加速度（即履带车辆加速度）与履带相对车体的相对加速度的合成加速度。履带上各点的牵连加速度是相同的，而相对加速度各点不尽相同。

履带车辆履带加速度不但影响履带车辆的运动状态，而且也影响履带车辆机件的受力情况。如履带上各点由于所处区段的曲率半径不同，向心加速度也不同，因而离心力也不同。

由于履带车辆本身的加速度值通常都不很大，为讨论问题简单，我们只研究履带车辆匀速运动时履带上某点的加速度,这时履带上某点的加速度就等于相对加速度。这时只有弧形履带才有加速度,它与履带相对速度及该点履带的曲率半径有关,实际上它就是履带相对于车体的向心加速度。

$$a = \frac{v_x^2}{\rho} \tag{22.4}$$

式中,a 为履带上某点的相对加速度,m/s^2;ρ 为履带上某点处的曲率半径,m;v_x 为履带相对速度,m/s。

由此可见,非弧形履带由于 $\rho = 0$,因此 $a = 0$。但实际上履带车辆履带各个区段由于本身重力作用,除下支履带在水平地段上外,都不可能保持绝对的直线形状,所以也都有一定的加速度,只是其值小些罢了,如图 22.3 所示。

从图 22.3 看出,履带上各点的加速度并不是连续均匀变化的,在加速度突变的地方,履带就可能产生冲击,高速行驶时更为严重,影响履带的效率。

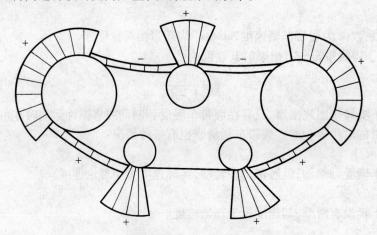

图 22.3 履带车辆匀速运动时履带上的加速度

22.1.2 履带车辆的平均运动速度

履带车辆履带是有一定节距的链条,并不是柔性的,所以包络在主动轮上的履带也不是圆弧形,而是一个边长等于履带节距的多边形的一部分。这样即便是主动轮以匀速转动,实际上由于发动机转速不可能绝对均匀,主动轮转速也不可能绝对均匀,履带车辆的运动速度也不是均匀的。通常说的履带车辆运动速度是指平均速度。这里说的平均速度与平时说的履带车辆平均运动速度不同,后者指履带车辆在某一距离内包括不同排挡行驶、停车等时间在内的平均速度,而前者的平均速度是由于传动不均匀造成速度脉动时的平均速度,以 v_p 表示,则

$$v_p = 0.006 z l n_z \tag{22.5}$$

式中,z 为主动轮齿数;l 为履带节距,m;n_z 为主动轮转速,r/min;0.006 为单位换算常数(将 m/s

换算成 km/h);v_p 为平均速度,km/h。

如果以发动机转速 n 及主动轮半径 r_z 表示,由于

$$n_z = \frac{n}{i_\omega}$$

$$l = 2\pi r_z$$

代入上式得

$$v_p = 0.377 \frac{r_z n}{i_\omega} \tag{22.6}$$

式中,r_z 为主动轮半径;n 为发动机转速,r/min;i_ω 为总传动比;v_p 为平均速度,km/h。

22.2　车辆直线行驶动力学

22.2.1　车辆直线行驶时的受力分析

1. 履带推进装置的内阻力

由于履带推进装置中的摩擦和相关位置的变化(如履带环的形状变化)以及某些部件的变形,形成了车辆行驶过程中的内阻力,并且消耗发动机功率。而且这种阻力随着车辆运动状况的变化,可能有很大变化。

(1)履带预加张力

履带预加张力又可分为预加静张力和预加动张力。预张力是产生推进装置阻力的重要因素。

① 预加静张力 T_0(见图 22.4)

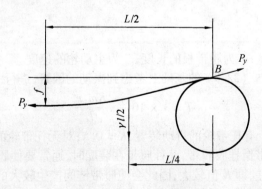

图 22.4　履带预加静张力

一般地说,为防止履带板产生横向滑脱,履带在装配时应施加静张力,而且此张力还对履

带的振动、噪声以及磨损产生影响。实际上,履带预加静张力主要是由履带的自身重量形成的。显然,此静张力越小,履带板滑脱的可能性就越大。反过来,此静张力若越大,则履带环绕动时,各关节的磨损也越大。因此必须通过履带调整装置控制此静张力有一个适宜的大小。此预加静张力可以用履带环某支段上的履带下垂度大小来表征。对于两个托带轮之间的一段履带,如图22.4所示。

其预加静张力可依力学教程中有关悬链线的关系导出,即

$$T_0 = \frac{\gamma l_0^2}{8f} \tag{22.7}$$

$$f = \frac{1}{8} \cdot \frac{l_0^2}{\alpha} \tag{22.8}$$

式中,f 为履带自由区段下垂度,m;α 为悬链线参数;γ 为单位长度履带的重量,N/m;l_0 为两托带轮中心距离,m。

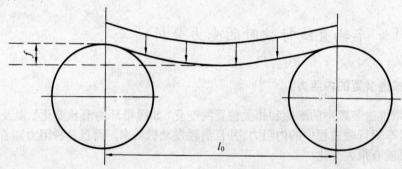

图 22.5　履带下垂度

② 履带预加动张力 T

上述预加静张力是车辆静止状态下的张力。只要车辆一运动,由于履带环的离心力作用,就出现动张力,即

$$T = \frac{m_L v_z^2}{l_L} \tag{22.9}$$

式中,m_L 为履带板的质量;l_L 为履带板的长度;v_z 为主动轮的速度。

据文献介绍,有人在式(22.9)的基础上考虑到振动的因素,进行了修正,即

$$T = 3 \times 10^{-2} \cdot \frac{K m_L v_z^2}{l_L} \tag{22.10}$$

式中,K 为减振系数;对于有托带轮的行动装置,$K = 0.5$;对无托带轮的行动装置,$K = 2$。

现代车辆多采用履带销挂胶履带,此种履带在装配时,通常要使履带承受预加扭矩。这种预扭履带的减振能力较差,即 K 值较大,因此会使履带链间产生较大的张力。

履带链间的摩擦力、履带和行动装置各部件间以及和地面之间的摩擦都将影响履带的动张力分布,行动装置各部件的弹性支承也会产生影响。履带的总预加张力

$$T_\Sigma = T_0 + T \tag{22.11}$$

有时可能是相加,也有可能在局部位置是相减。实际上履带上各点的预加张力究竟为多少应靠试验来测定。因为除前所述外,影响履带静张力的因素还很多,如履带的驱动形式(前驱动还是后驱动)以及履带张紧器的形式等,这些都不是式(22.8)或式(22.10)所能概括的。

（2）主动轮啮合阻力

图22.6给出了主动轮与履带销间相互啮合过程的力学关系式。

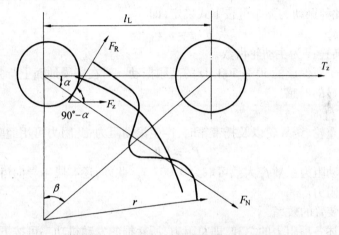

图 22.6 主动轮齿与履带销间的啮合情况

主动轮齿进入啮合时,受到履带销法向反作用力 F_N 作用,F_N 的水平分力即为履带环的工作张力 T,即

$$F_N = \frac{T}{\cos \alpha} \tag{22.12}$$

式中,α 为主动轮的齿侧角。

由此可知轮齿和销间的摩擦力 F_R 为

$$F_R = \mu F_N = \frac{\mu T}{\cos \alpha} \tag{22.13}$$

μ 为摩擦系数,钢对钢可取 $\mu = 0.16$。据文献资料介绍,履带销在主动轮齿槽底部运动时,只有1/4部分进入摩擦,于是可取主动轮齿分度角 $\beta = 360(°)/z$,z 为主动轮齿数。

由此可得出主动轮啮合摩擦力 F_z 为

$$F_z = \mu \left(\tan \frac{90°}{z} \right) T \tag{22.14}$$

可见,主动轮啮合摩擦阻力 F_z 主要取决履带环的含履带的预加张力(T)以及主动轮的齿数。如果履带的预加张力越大,轮齿数越少,则主动轮啮合阻力就越大。122 mm 自行榴弹炮 $z = 13$。则这种啮合摩擦阻力近似等于履带工作张力的1/5。

(3) 履带撞击阻力 F

履带环通过负重轮、诱导轮以及托带轮时,产生撞击阻力。此阻力的大小可由以下经验公式近似确定,即

$$F = CWv \tag{22.15}$$

式中,C 为撞击系数,对于不挂胶履带,行驶在坚硬地面上的车辆,此系数可取为 1.9×10^{-6};W 为车重;v 为行驶速度。

实际上,由于履带和主动轮啮合的"多边形效应"所引起的振动冲击是上式所没有涉及的。据文献资料,此种振动的频率可按下式确定,即

$$f = n_z z \tag{22.16}$$

式中,n_z 为主动轮转速;z 为主动轮齿数。

这两个振动因子所促成的 $50 \sim 500\ \text{Hz}$ 的高频振动。对在坚硬地面上行驶的车辆,从车体到炮塔顶盖部有明显的振感。

(4) 滚动阻力 F_g

履带板通过负重轮、诱导轮以及托带轮时,产生滚动阻力,此阻力可用经验公式确定,即

$$F_g = f_g W \tag{22.17}$$

行动装置内滚动阻力系数 f_g 大致可取为 $0.007\,5$。此外,还有履带导向齿摩擦阻力和履带销与销孔间的摩擦阻力。

(5) 履带推进装置的效率

推进装置的上述各项阻力的总和,即总阻力,所耗损的发动机功率可按下式确定,即

$$N_L = (1 - \eta_x)N_e \tag{22.18}$$

式中,η_x 为履带推进装置机械效率;N_e 为发动机传出的功率。

如果推进装置的总阻力为 F_0,则有

$$\eta_x = \frac{N_e - F_0 v}{N_e} = 1 - \frac{F_0}{P_f} = (1 - b) - \frac{W}{P_f}(a + cv^2)$$

通过试验,可确定上式中的各系数 a,b 和 c,最后可得出

$$\eta_x = 0.95 - \frac{1}{D_f}(0.025 + 0.000\,003 v^2) \tag{22.19}$$

式中,D_f 为单位车重的发动机牵引力。

有关发动机牵引力的概念,将在以后研究。苏联学者还曾提出一种更简便的经验公式,即

$$\eta_x = 0.95 - 0.003 v \tag{22.20}$$

考虑到车辆行驶速度 v 对行动装置功率耗损的影响特点,在试验统计的基础上又进行了修正,

当 $v < 38\ \text{km/h}$ 时,

$$\eta_x = 0.975 - 0.000\,075 v^2 \tag{22.21}$$

当 $v > 38\ \text{km/h}$ 时,

$$\eta_x = 1.07 - 0.005\,7 v \tag{22.22}$$

大量试验表明,履带推进系统损耗功率的 63% ~ 75% 是由履带的自身摩擦造成的,而且履带的预加张力和行驶速度影响最大。

2. 直线行驶时作用于车辆的外力

在车辆工程领域,人们总是通过驱动力和行驶总阻力的平衡关系建立起车辆行驶方程式,来分析和研究车辆行驶的力学规律,即

$$P = \sum R$$

式中,P 为即所谓驱动力,即牵引力;$\sum R$ 为车辆行驶的总阻力,其中除包括土壤压实阻力,还包含空气阻力、加速阻力及坡道阻力等。

(1) 行驶牵引力 P

此牵引力是由车辆的动力装置输出的扭矩经传动系传至主动轮并通过履带与地面的相互作用,借地面的支承作用传给车体,推动车辆运动的。

$$P = \frac{M_e i_T \eta}{r_z} \tag{22.23}$$

式中,M_e 为动力装置输出的扭矩;i_T 为传动系的总传动比;η 为动力传递过程的总效率;r_z 为履带车辆主动轮半径。

总效率 η 应该等于

$$\eta = \eta_e \eta_{ch} \eta_x$$

式中,η_e 为动力装置效率;η_{ch} 为传动系统的效率;η_x 为行动装置的效率。

对机械式传动系统来说,其传动效率主要取决于齿轮间和轴承中的摩擦阻力及搅油阻力的大小。各种部件的传动效率一般为

离合器:　　　0.99

每对传动齿轮:0.95 ~ 0.97

轴承和联轴节:0.93 ~ 0.99

内啮合齿轮对:0.99

作为估算,一般手操纵的机械式传动系,η_{ch} 可取为 0.85,如果传动比过大的传动系则可取为 0.75 ~ 0.80。

如果装甲车辆在水平地面上匀速直线行驶,则此牵引力即地面所提供的切向反作用力,就是履带车辆得以行驶的推力。如果车辆做加速行驶,那么由式(22.23)所确定的 P,要有一部分消耗于克服与主动轮有动力联系的旋转件的惯性阻力。所以,在这种条件下,主动轮传出的与地面支承反力相平衡的用于克服车辆行驶外阻力的牵引力,只是式(22.23)所确定的牵引力的一部分。因此通常把式(22.23)所确定的牵引力称为发动机牵引力,记做 P_f。而用于克服车辆阻力的牵引力(即地面提供的切向反作用力)称为车辆行驶牵引力,记做 P。

(2) 空气动力阻力 R_k

由于装甲车辆的日益高速化,因此研究和确定空气动力阻力就显得很必要了。在确定此项阻力时,可借用汽车空气动力学的研究成果,即

$$R_k = \frac{\rho}{2}C_k Av^3 \qquad (22.24)$$

式中,ρ 为空气密度;C_k 为空气动力阻力系数;A 为车辆在行驶方向上的投影面积,m^2;v 为车辆与空气流的相对速度,km/h。

汽车空气动力学表明,空气动力阻力主要来自以下三个方面:

① 流线阻力,即由车尾的空气涡流引起的阻力,主要取决于车辆的外形,尤其尾部的形状,是空气动力阻力的主要部分;

② 摩擦阻力;

③ 冷却散热装置阻力。

由式(22.24)可知,消耗于克服空气动力阻力的功率将与相对速度呈立方关系(见表22.1)。若车辆的行驶速度增大1倍,则消耗功率就将增加8倍。在使用式(22.24)时,应该注意,空气密度 ρ 值应取标准大气状态下的值。空气动力阻力系数可以用实车试验确定(采用滑行实验法)。根据各类汽车的试验资料,公共汽车的阻力系数大约为 0.6 ~ 0.7;而大卡车则为 0.8 ~ 0.9;敞篷轿车为 0.4 ~ 0.65;而小轿车则为 0.3 ~ 0.6;赛车最小,只有 0.25 ~ 0.3。作为估算,对装甲车辆可取其大卡车的空气动力阻力系数的上限值。举例:

如果车速增加为 70 km/h,则主战坦克的空气动力阻力 R_k = 212 400 N,可见车速增加45%,而阻力却增大150%。

表 22.1　空气阻力系数对比

类型	C_k	A/m^2	$v/(km \cdot h^{-1})$	N_k/W	R_k/N
$W = 50$ t 某主战坦克	1.17	6.5	48	11 200	84 000
$W = 10$ t 某履带车辆	1.17	3.7	56	10 500	69 000

(3) 坡道阻力 R

当车辆在坡道上行驶时,由于车辆重力平行地面的分力作用,形成上坡阻力,如图22.7所示。

$$R = W\sin \alpha \qquad (22.25)$$

式中,α 为行驶道路的坡角;W 为车重。

重力另一分力 $W\cos \alpha$,即为车辆作用于地面的法向负荷。

(4) 地面法向反作用力 N

地面法向反作用力 N 是由地面作用到履带接地面上所有法向反作用力的合力。装甲车辆在一般行驶状态下,N 的数值是由垂直于地面的力的投影方程式来确定(图22.7)。即

$$N = W\cos \alpha \pm R_t \sin \gamma \qquad (22.26)$$

式中,R_t 为车辆的拖钩阻力;γ 为力 R_t 与坡面的夹角。

如果无拖钩阻力,则 $N = W\cos \alpha$。

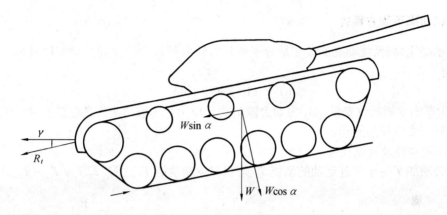

图 22.7　车辆直驶时所受外力

地面法向反作用力 N 的作用点,也称为压力中心,是通过作用于车辆上的外力与外力矩的平衡方程式来确定的。如果忽略空气动力阻力,而且无拖钩阻力,则依图 22.7 有

$$x = h_c \tan \alpha \tag{22.27}$$

式中,h_c 为车辆重心距地高。

可见装甲车辆爬坡的制约条件,不仅仅是发动机的动力条件和地面条件,而且还有一个稳定条件。当坡角 α 超过某个极限值时,就可能出现 $x > L/2$。这就可能出现车辆纵向倾覆。通常地面条件首先限定了车辆的爬坡能力,因此在一般行驶情况下,不可能出现稳定性问题。

22.2.2　车辆直线行驶运动方程式

车辆在一般情况下直线行驶时,即不带拖钩负荷,不计空气动力阻力,在坡道上加速行驶时的运动规律,建立行驶方程式。

1. 车辆外力平衡方程式

由牛顿第二定律

$$P - fW\cos \alpha - W\sin \alpha = \frac{W}{g} \cdot \ddot{x} \tag{22.28}$$

式中,$\ddot{x}$ 为车辆运动加速度。

可把式中的两项阻力合并为总行驶阻力,即

$$R_0 = W(f\cos \alpha + \sin \alpha) \tag{22.29}$$

式中,$f\cos \alpha + \sin \alpha = f_0$,称为总行驶阻力系数。

车辆行驶力学问题,就是要求解牵引力 P 和行使状态 —— 加速度,然而此二未知数皆包含在式(22.28)中。因此为解决行驶力学问题,为揭示车辆行驶的力学规律,还必须建立一个方程式。

2. 车辆功率平衡方程式

根据动能定理,系统动能的改变量等于所有内外力所做功的总和。对车辆这样一个运动系统,则有

$$dT = dA_1 + dA_2 + dA_3$$

式中,dT 为车辆动能的改变量;dA_1 为动力输出的元功;dA_2 为坡道阻力消耗的元功;dA_3 为车辆行驶中内外阻力消耗的元功。

（1）车辆动能及其改变量

车辆的动能 T 等于牵连运动的动能 T_1 与相对运动动能 T_2 之和,即 $T = T_1 + T_2$。

$$T_1 = \frac{W}{2g}v^2$$

而与车辆主动轮有动力联系的,即参与相对运动的所有旋转零件的动能 —— 相对运动动能

$$T_2 = \frac{m_L v^2}{2} + \sum \frac{I_i \omega_i^2}{2}$$

式中,m_L 为履带环质量;I_i 为第 i 个旋转件的转动惯量;ω_i 为其旋转角速度;
而且

$$\omega_i = \frac{v}{r_z} i_i$$

式中,i_i 为第 i 个零件与主动轮间的传动比。

对行动装置中各旋转件,如负重轮、拖带轮、诱导轮等,与主动轮间的传动比为

$$i_i = \frac{r_z}{r_i}$$

式中,r_z 为主动轮半径;r_i 为某轮的半径。

因此车辆的动能为

$$T = \frac{W}{2g}v^2 + \frac{v^2}{2}\left(m_L + \frac{1}{r_z^2}\sum I_i i_i^2\right) = \frac{W}{2g}v^2\left(1 + \frac{m_L g}{W} + \frac{g}{W r_z^2}\sum I_i i_i^2\right)$$

令上式中括号内的值为 δ,并称 δ 为车辆的质量增加系数,即

$$\delta = \frac{T}{T_1} = 1 + \frac{m_L g}{W} + \frac{g}{W r_z^2}\sum I_i i_i^2 \tag{22.30}$$

即 δ 值为车辆总动能与车辆牵连运动动能的比值,该值一般由实验测定。

对于安装简单机械传动装置的车辆,δ 值可用经验公式估算,即

$$\delta = 1.2 + 0.002 i_T^2 \tag{22.31}$$

式中,i_T^2 为车辆按某挡行驶时,传动装置的总传动比。

式（22.31）中第一项是常数,和排挡无关,它表明变速箱主轴至主动轮之间各旋转件以及行动装置各旋转件相对运动动能的修正值。式（22.31）右端的第二项则是考虑发动机曲轴、齿轮以及曲轴和变速箱主轴间传动装置旋转件相对运动动能的修正值,这部分修正值的大小

和变速箱排挡有关,显然排挡越低,即 i_T 越大,δ 值就越大。

当主离合器分离,或者变速箱挂空挡时,质量增加系数 δ 可取下值。即

$$\delta = \delta_0 = 1.2$$

不同的结构,δ_0 也不相同,59 式坦克 $\delta_0 = 1.24$。

由此,车辆动能的表达式可写成

$$T = \delta \frac{W}{2g}v^2$$

因此,车辆动能的改变量为

$$\mathrm{d}T = \delta \frac{W}{g}v\mathrm{d}v$$

(2) 动力输出元功 $\mathrm{d}A_1$

$$\mathrm{d}A_1 = 75N_e\eta_e\mathrm{d}t$$

式中,N_e 为发动机的输出功率,单位为 W;η_e 为动力装置效率,它的大小取决于冷却风扇、空气滤清器以及消声器等装置所消耗功率的大小。

显然,这些装置所耗功率越多,则 η_e 就越小。就多数现代装甲车辆的动力装置而言,在最大输出功率时,其动力装置效率在下列范围内,即

$$\eta_e = 0.80 \sim 0.90$$

(3) 坡道阻力耗损元功

坡道阻力 $W\sin\alpha$ 所耗元功为

$$\mathrm{d}A_2 = -WS\sin\alpha\mathrm{d}x$$

式中,$\mathrm{d}x$ 为车辆在 $\mathrm{d}t$ 时间内所行驶的距离。

(4) 车辆行驶时内外阻力所耗元功

车辆行驶时,克服内阻力消耗的元功可由车辆总效率来确定,即

$$\mathrm{d}A'_3 = -75N_e\eta_e(1-\eta_{ch}\eta_x)\mathrm{d}t$$

式中,η_{ch},η_x 分别为传动装置效率和行动装置效率。

车辆行驶克服外阻力消耗的元功为 $\mathrm{d}A''_3$,则

$$\mathrm{d}A''_3 = -fW\cos\alpha\cdot\mathrm{d}x$$

应当注意,在试验测定行驶阻力系数 f 时,其中包含了一部分行动装置的内阻力,因此应适当提高车辆的总效率值。

(5) 车辆行驶的功率平衡方程式

将上述各项元功代入车辆动能变化关系式,即可得

$$\delta \frac{W}{g}v\mathrm{d}v = 75N_e\eta_d\mathrm{d}t - 75(1-\eta_0)\mathrm{d}t - f_0W\mathrm{d}x$$

式中,η_0 为车辆总效率,为

$$\eta_0 = \eta_e\eta_{ch}\eta_x$$

将上式两端同除以 $\mathrm{d}t$,得

$$\delta \frac{W}{g} v\ddot{x} = 75 N_e \eta_0 - f_0 W \dot{v}$$

整理得

$$\ddot{x} = \frac{g}{\delta W}\left(\frac{75 N_e \eta_0}{v} - f_0 W\right) \tag{22.32a}$$

如果车辆行驶速度以 km/h 计,则

$$\ddot{x} = \frac{g}{\delta W}\left(\frac{270 N_e \eta_0}{v} - f_0 W\right) \tag{22.32b}$$

式(22.32b) 即车辆行驶的功率平衡方程式,是对车辆进行动力学分析的基本方程,十分重要。如果车辆带有拖车时,则应为

$$\ddot{x} = \frac{g}{\delta W}\left(\frac{270 N_e \eta_0}{v} - f_0 \cdot W - R_t \cos \gamma\right) \tag{22.33}$$

式中,γ 为牵引绳与行驶地面间的夹角。

对式(22.32b) 消去 W,为

$$\ddot{x} = \frac{g}{\delta}\left(\frac{270 N_e \eta_0}{v W} - f_0\right) \tag{22.32c}$$

式中,g 为重力加速度。

3. 车辆直线行驶条件(必要条件)

分析式(22.32),括号中的第一项即为前述的发动机牵引力 P_f,此牵引力除去克服总行驶阻力,剩余牵引力即用以使车辆产生加速度。式(22.28) 中的 P,即为前述的车辆行驶牵引力,P 显然取决于行驶阻力,但是又受制于行驶地面的抗剪能力。所以,车辆直线行驶必须具备两个条件,即动力条件和地面附着条件。

(1) 车辆行驶的动力条件(必要条件)

由于车辆行驶牵引力 P 是依总行驶阻力和车辆的行驶状态所决定的,显然它必须得到发动机提供的牵引力的保证,依式(22.28) 和式(22.32b) 可得

$$P = P_f - (\delta - 1)\frac{W}{g}\ddot{x} \tag{22.34}$$

式中,$P_f = \dfrac{270 N_e \eta_0}{v}$。

分析式(22.34),式中右端第二项为与主动轮有动力联系的所有旋转件的惯性阻力,因此车辆行驶牵引力 P 就是发动机牵引力 P_f 中用以克服行驶总阻力的部分。如果车辆在给定地面上能加速行驶,则必须实现的行驶牵引力 P,从动力传递的意义上说,取决于发动机工况(油门、转速) 和传动系的排挡,且必须满足

$$P \leqslant P_f \tag{22.35}$$

上述不等式,即为车辆直线行驶的动力条件。

（2）地面附着条件（充分条件）

如上所述,车辆行驶牵引力 P 还受制于行驶地面的支承能力,即

$$P \leqslant P_\varphi$$

P_φ 即该行驶地面的附着牵引力,是地面能提供的最大切向反作用力。显然,如果车辆行驶所需要的牵引力 P 超过了地面的抗剪能力,即 $P > P_\varphi$,则车辆将不能正常行驶,或根本不能行驶。

22.2.3　质量增加系数的试验测定

在车辆设计和研究工作中,常常需要求出 δ 的数值,要从理论上计算 δ 值是比较困难的。因此,采用试验方法测定 δ 值是适宜的。下面介绍两种试验方法。

1. 重物悬垂法

这种试验方法的原理是利用重物下落驱动主动轮,与主动轮有运动学联系的旋转零件得到加速,从而确定发动机和传动装置的旋转零件换算到主动轮上的总转动惯量为

$$\sum I_i i_i^2$$

将车辆两侧履带卸掉,在主动轮上固定一个缠有钢丝绳的鼓轮。钢丝绳的一端固定在鼓轮上,另一端通过滑轮与载有重物的吊篮固定在一起(见图 22.8)。试验时,可利用车辆本身的传动装置将吊篮升到高度 H 处。然后用支柱顶在主动轮轮齿下边,使吊篮恰好停在预计的位置上。当把支柱抽掉后,由于重物的作用,它本身做下落运动,同时与主动轮有联系的旋转零件做加速转动。在主离合器接合与分离的情况下,对于不同的排挡分别进行试验,即可求出各种情况下换算到主动轮上的总转动惯量。

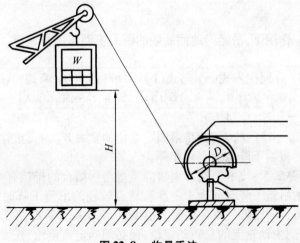

图 22.8　物悬垂法

为了消除摩擦的影响,对每一排挡可取两个重量为 W_1 和 W_2 的不同重物进行两次实验。由系统动能变化原理,可列出如下方程式

$$W_1 H = M_m \varphi + \frac{I_z \omega_L^2}{2} + \frac{W_1 \left(\dfrac{D}{2} \omega_1 \right)^2}{2g} \qquad (\text{a})$$

$$W_2 H = M_m \varphi + \frac{I_z \omega_L^2}{2} + \frac{W_2 \left(\dfrac{D}{2} \omega_2 \right)^2}{2g} \qquad (\text{b})$$

式中,M_m 为车辆传动装置和试验装置中的摩擦力矩换算到主动轮上的数值,N·m;φ 为在重物下降时间间隔内主动轮的转角,rad;W_1 和 W_2 为两个重物各自的重力,N;H 为试验时重物距地面的高度,m;D 为鼓轮直径,m;w_1 为在重物 W_1 作用下,吊篮与地面接触的瞬间主动轮角速度,rad/s;w_2 为在重物 W_2 作用下,吊篮与地面接触的瞬间主动轮角速度,rad/s。

因为

$$H = \frac{1}{2} \ddot{x} t_1^2$$

$$\ddot{x} = \frac{2H}{t_1^2}$$

又

$$\omega_1 = \varepsilon_1 \cdot t_1 = \frac{2\ddot{x}_1}{D} t_1 = \frac{4H t_1}{t_1^2 D} = \frac{4H}{t_1 D} \qquad (\text{c})$$

式中,$\ddot{x}_1$ 为在重物 W_1 作用下,吊篮与地面接触瞬间鼓轮的切线加速度,m/s^2;ε_1 为在重物 W_1 作用下,吊篮与地面接触瞬间鼓轮的角加速度,rad/s^2;t_1 为重物 W_1 下降所需的时间,s。

同理可得

$$\omega_2 = \frac{4H}{t_2 D} \qquad (\text{d})$$

式中,ω_2 为在重物 W_2 作用下,吊篮与地面接触的瞬间主动轮的角速度,rad/s;t_2 为重物 W_2 下降所需的时间,s。

将式(c)与式(d)分别代入式(a)与式(b),并解(a)、(b)两式的联立方程经化简得

$$I_z = \frac{5(W_1 - W_2) D^2 t_1^2 t_2^2}{4H(t_2^2 - t_1^2)} - \frac{5(W_1 t_2^2 - W_2 t_1^2) D^2}{2g(t_2^2 - t_1^2)} \qquad (22.36)$$

由式(22.36)求每一排挡的 I_z 时,必须测定重物的重力 W_1,W_2,重物下降的高度和时间。必须指出,两次试验的重物下降高度必须相等。

测量的高度范围是 2.5 ~ 3 m。选择重物的重量与所结合的排挡有关,即应使其满足这样的条件:使载有较重的吊篮下降时间为 4 ~ 5 s,载有较轻的吊篮下降时间为 8 ~ 10 s。由式(22.36)可以看出,第二项比第一项在数值上小很多,在实际计算时第二项可以忽略。为了求出所有旋转零件换算到主动轮上的总转动惯量,还必须确定负重轮、托带轮及诱导轮的转动惯量,并利用公式

$$i_i = \frac{r_z}{r_i}$$

式中, r_i 为负重轮、托带轮、诱导轮的半径; r_z 为主动轮半径。

换算到主动轮上,然后再加上由试验测定的 I_z ,即得式(22.30)中的项 $\sum I_i i_i^2$ 。

2. 试验台测定法

为测定 δ 系数,安装在试验台上的车辆装有包括履带在内的全部行驶装置(见图22.9),车辆的底甲板安装在能垂直升降的台架上,将车辆一侧的主动轮经过联轴器与试验台的减速器相连,减速器又与电动机相连。

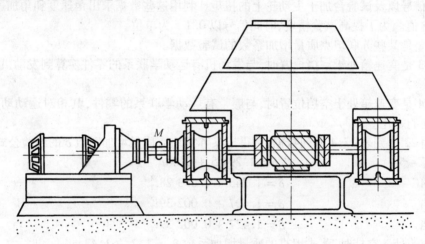

图 22.9　试验台测定法

试验时,将主离合器、变速箱与实验台的电动机接合。此时与车辆主动轮有联系的所有旋转零件获得加速运动,切断电源后,被分离的系统获得减速运动,同时记录仪记录下换算至主动轮的总转动惯量所需的参数。

对于这里所研究的情况,利用不等速运动的达伦贝尔原理,可列出如下两个方程式

加速时

$$I_z \varepsilon_a = M_a - M_m \tag{e}$$

减速时

$$I_z \varepsilon_d = M_d - M'_m \tag{f}$$

式中, ε_a , ε_d 为车辆的旋转零件加速、减速时,主动轮的角加速度; M_a , M_d 为加速、减速时,由试验台外加于主动轮上的力矩; M_m , M'_m 为加速、减速时,履带车辆机械和联动机组的摩擦阻力矩, I_z 为总转动惯量。

在车辆加速和减速过程中,如果主动轮的角速度相等,则可认为

$$M_m = M'_m$$

将式(e) 代入式(f),即可联立解出

$$I_z = \frac{M_a - M_d}{\varepsilon_a - \varepsilon_d}$$ (22.37)

求出 I_z 后,代入式(22.30) 即可求出 δ 系数为

$$\delta = 1 + \frac{I_z}{M r_z^2}$$ (22.38)

式中,M 为车辆质量。

由于试验过程中情况在不断地变化,为了利用试验结果计算 I_z 值,应使应变传感器及示波器将所需的全部参数连续地记录在胶卷上。这些参数包括在整个加速和减速过程中的主动轮转数、时间信号以及试验台加于主动轮上的扭矩。利用这些数据求出角速度和角加速度,最后算出 I_z 及 δ 值。为了提高试验精度,时间信号以 0.1 s 为单位。

表 22.2 是某些苏联坦克质量增加系数的试验数据。

表 22.3 是变速箱处于空挡位置时,与发动机有运动学联系的零件换算到发动机的转动惯量数据。

表 22.4 是变速箱处于空挡位置时,与履带有运动学联系的零件,其相对运动动能与车辆牵连运动动能之比。

根据表 22.2 到表 22.4 所列数据,可得出某苏式坦克质量增加系数 δ 的经验公式

对于 T – 54　　　　　　　$\delta = 1.2945 + 0.06 i_T^2$

对于 ИС – 3　　　　　　　$\delta = 1.243 + 0.00328 i_T^2$

高速挡　　　　　　　　　$\delta = 1.427 + 0.00239 i_T^2$

低速挡　　　　　　　　　$\delta = 1.427 + 0.00239 i_T^2$

当变速箱处于空挡时,苏式坦克的质量增加系数 $\delta_k = 1.2 \sim 1.43$。

表 22.2　某些苏联坦克质量增加系数 δ 的试验值

坦克型号		T–54	Π_{T-76}	T–34	KB	BT–7	T–26	ИС-3 低	ИС-3 高
主离合器结合时不同排挡的 δ 值	I	3.903	7.035	2.96	2.52	2.14	3.38	10.627	2.219
	II	1.823	2.544	1.54	1.78	1.30	1.98	5.837	1.806
	III	1.539	1.9325	1.20	1.53	1.21	1.52	3.607	1.613
	IV	1.394	1.568	1.14	1.39	—	1.33	2.562	1.524
	V	1.304	1.403	—	—	—	—	—	—
变速箱空挡位置		1.243	1.2945	1.09	1.33	1.17	1.22	1.4266	1.4266

续表 22.2

坦克型号		T-54	ΠТ-76	T-34	KB	BT-7	T-26	ИС-3 低	ИС-3 高
主离合器分离时不同排挡的 δ 值	I	1.648 5	1.781 46	1.16	1.43	1.27	1.23	2.246 6	1.542 1
	II	1.331 4	1.400 46	1.04	1.39	1.18	1.22	1.820 1	1.482
	III	1.288 2	1.348 64	1.10	1.36	1.17	1.22	1.621 0	1.453 8
	IV	1.266	1.317 86	1.09	1.34	—	1.22	1.527 8	1.440 9
	V	1.252 3	1.303 64	—	—	—	—	—	—

表 22.3　空挡时与发动机相连的构件换算至发动机的转动惯量

变速箱空挡时与发动机相连的构件	转动惯量(kg · m²)		
	ΠТ-76	T-54	ИС-3
发动机	3.58	0.99	0.99
传动箱		0.177 3	
风 扇		4.22	7.66
主离合器主动部分	1.814	2.697	4.67
主离合器被动部分	0.392	0.96	1.10
变速箱零件	0.108	0.50	1.18(高)　0.205(低)
换算到发动机的总转动惯量	5.894	9.544 3	15.6(高)　14.625(低)

表 22.4　空挡时与履带相连的构件的相对运动动能与牵连运动动能之比

变速箱空挡时与发动机的构件（比值）	$\sum I i_z^2 / M r_z^2$(比值)		
	ΠТ-76	T-54	ИС-3
与变速箱主轴相连的零件	0.017	0.003 09	0.015 37
转向机构	0.169 7	0.117	0.278 85
侧传动装置	0.003 49	0.005 27	0.004 78
主动轮	0.005 21	0.002 68	0.006 52
诱导轮	0.002 76	0.003 05	0.003 99
负重轮	0.002 63	0.030 7	0.023 9
托带轮	—	—	0.007 66
履带	0.07	0.072 2	0.085 5
总计	0.294 46	0.243	0.426 57

22.3　车辆直线行驶特性

22.3.1　履带车辆的牵引性能

履带车辆牵引性能是指各挡时各种速度下具有的牵引力的大小。它是评定履带车辆机动性能的一个重要的指标。履带车辆牵引性能是由发动机牵引力、各个排挡的速度以及履带车辆的重量等决定的。用牵引特性线和动力特性线可以较直观地看出履带车辆的牵引性能,而且对实车驾驶也有一定的指导意义。

1. 牵引特性线

(1)什么是牵引特性线

表示发动机完全供油时,履带车辆在各个排挡、各个转速下发动机牵引力与履带车辆运动速度 v 的关系曲线,叫牵引特性线。

(2)牵引特性线的绘制

① 根据已知数据计算出各挡各转速下的履带车辆的速度 v 为

$$v = 0.377 \frac{r_z n}{i_{zo}}$$

式中,v 为履带车辆速度;r_z 为主动轮半径;n 为发动机转速;i_{zo} 为总传动比。

以上参数对现有履带车辆来说是已确定的数据,对设计履带车辆来说,是在设计履带车辆中综合考虑后确定下来的数据。

② 根据已知数据计算出各挡各转速下的发动机牵引力 P_f 为

$$P_f = \frac{M_e i_{zo} \eta_{zo}}{r_z}$$

式中,P_f 为发动机牵引力,N;i_{zo} 为总传动比;η_{zo} 为总效率;r_z 为主动轮半径,m;M_e 为发动机扭矩,N·m。

以上各参数对现有履带车辆均为已知数据,或可通过试验测得数据,如 η_{zo} 便可通过试验测出。

③ 绘制牵引特性线

以 59 式坦克为例说明牵引特性线的绘制方法。将数据画在直角坐标上,以横轴表示坦克速度,以纵轴表示发动机牵引力,然后以平滑曲线连接各点,即得牵引特性线,如图 22.10 所示。

(3)牵引特性线特点

① 高挡速度范围大,牵引力范围小;低挡速度范围小,牵引力范围大。

从图 22.10 看出,高挡特性线长度大而弯度小;低挡特性线长度小而弯度大。这说明高挡速度范围大牵引力范围小,而低挡速度范围小牵引力范围大。另外,还可以看出,各条曲线都是中间高而两端低,其形状和发动机扭矩随转速变化曲线相似。在图中每条特性线上取三个特殊点:a 点表示发动机最低挡稳定转速时所对应的 P_f 和 v;b 点表示最大扭矩转速所对应的 P_f 和 v;c 点表示最大功率转速所对应的 P_f 和 v。a 点至 c 点所对应的速度变化范围,为该挡的速度范围。b 至 c 点所对应的速度变化范围为稳定速度范围。履带车辆在此速度范围内运动,外阻力增大时速度下降,牵引力相应增大,可保证履带车辆继续行驶。因此,在地面阻力变化范围不大时可以减少换挡次数。a 至 b 点为不稳定速度范围,当外阻力增加时速度下降,牵引力也下降,如不及时换挡,发动机就会熄火。驾驶时应使发动机经常沿外特性工作,并在稳定速度范围,最好在使用转速工作。

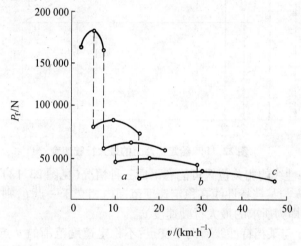

图 22.10　59 式坦克牵引特性线

② 相邻高挡间重叠速度范围大,相邻低挡间重叠速度范围小。图 22.10 中两竖线间表示相邻两挡的重叠速度。从图上可以看出,相邻高挡间的重叠速度范围大,换挡时允许换挡时间就长,不易停车或熄火;相邻低挡间重叠速度范围小,换挡就容易停车或熄火。59 式坦克一挡换二挡比较困难,这就是原因之一。低挡换高挡,若冲车速度低,或换挡时速度损失过多,当换上高挡后其速度低于发动机最低稳定转速所对应的速度,松离合器踏板快了就会造成发动机熄火;高挡换低挡时,应先减速,使换挡后的车速在重叠速度范围内。车速过高,接合主离合器时就会造成发动机制动,使坦克急剧减速而造成坦克俯动。

（4）牵引特性线的应用

① 确定牵引车或履带车辆的拖钩力

若已知某路面的性质和坡角的大小,便可根据公式

$$R_\omega = (f\cos\alpha + \sin\alpha)W$$

算出履带车辆或牵引力车的总运动阻力。若路面附着条件良好,则拖钩力 $P_t = P_f \times R_{zo}$。其中 P_f 可根据所用排挡从图上查出。在纵坐标轴上 P_f 及 R_{zo} 对应值之差即为拖钩力。确定拖钩力对战时牵引后送履带车辆或拖救履带车辆都是非常有用的。

② 确定履带车辆在已知道路上的最大行驶速度,为估计行军、追击、转移速度提供依据。在附着条件良好的路面上,$P_t = R_{zo}$ 时,履带车辆即可做匀速直线运动。因此在牵引特性线的纵轴上取 $P_t = R_{zo}$ 的点,并经此点引横轴平行线,根据这条线与某挡特性线的相关位置即可确定最大行驶速度。如图 22.11 为给定道路上的最大行驶速度。

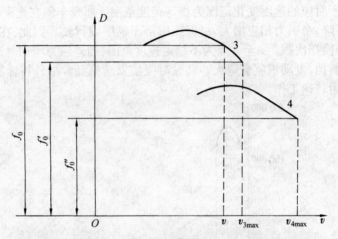

图 22.11　给定道路上的最大行驶速度

平行线与各挡特性线的相关位置可能有下面三种情况(见图 22.12):

a. 横轴平行线 ab 与某挡特性线在稳定速度范围内相交于一点 b,则 b 点在横轴上的投影点 b' 所对应的速度,即为所求的最大行驶速度 v_{max}。

b. 横轴平行线 ce 与某挡特性线有两个交点:不稳定速度范围的 d 点和稳定速度范围的 e 点。因 d 点工作不稳定,所以最大行驶速度由 c 点决定。即 e 点在横轴上的投影点 e' 所对应的速度,即为最大行驶速度 v_{max}。

c. 横轴平行线 m 与特性线不相交,或与某一挡特性线相切于最高点,则均以平行线上边的低挡的最大速度为履带车辆最大行驶速度 v_{max}。因为线 mn 通过两牵引特性线之间,说明用线 mn 下面的高挡行驶,发动机牵引力不足以克服外阻力;而用线 mn 上面的低挡行驶,发动机有剩余牵引力。因此,只能以线 mn 上面的低挡行驶。虽有剩余牵引力,但随发动机转速不断上升,由于调速器的作用,使转速上升至其扭矩与外阻力矩平衡时,则履带车辆即以此速度匀速行驶。

当线 mn 与某挡牵引特性线相切于最高点时,说明如果用这个排挡行驶,发动机只有在最大扭矩转速工作才能克服外阻力,其他转速都不能克服外阻力。如果路面阻力稍增加,发动机就会趋于熄火,因此,这一点也是不稳定的。所以,仍然以低一挡的最大行驶速度为履带车辆的最大行驶速度 v_{max}。

③ 确定履带车辆某挡某一速度时能克服的外界阻力。

在横轴上对应某一速度的那一点作纵轴平行线,与确定挡的特性线相交,过此点再作横轴平行线,与纵轴交点所对应的 P_f 值,即为该挡该速度下能克服的外阻力。如图 22.12 中五挡 h'

对应的速度所能克服的外界阻力为纵轴上 g 点所对应的 P_f 值。

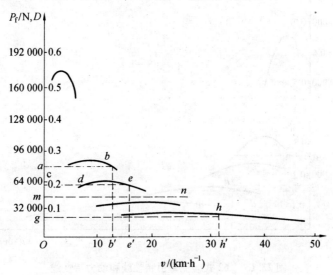

图 22.12　特 – 34 坦克牵引特性线和动力特性线

2. 动力特性线

（1）什么是动力特性线

发动机沿外特性工作时,表示履带车辆各个排挡、各个转速时的单位牵引力 D 与履带车辆运动速度 v 的关系的曲线,称为动力特性线。

发动机牵引力与履带车辆重量 G 的比值 D,称为单位牵引力,即

$$D = \frac{P_f}{G}$$

（2）动力特性线的绘制

动力特性线与牵引特性线的形状是一样的,只是把牵引特性线的纵坐标 P_f 代之以单位牵引力 D,就成了动力特性线。因此,绘制动力特性线,可将牵引特性线纵坐标轴所对应的发动机牵引力 P_f,分别除以履带车辆重量 G,将所得值对应地标在纵轴上,则原牵引特性线就成了动力特性线(见图 22.13)。

（3）动力特性线的应用

① 用以评比不同类型履带车辆的牵引性能

履带车辆的牵引性能,不仅与发动机牵引力 P_f 大小有关,还与履带车辆本身重量大小有关。如 59 式坦克各挡、各转速下的 P_f,均比 62 式坦克各相应的 P_f 值要大,但我们从驾驶中都感到 62 式坦克牵引性能要比 59 式坦克好。这是因为 62 式坦克比 59 式坦克单位牵引力大的缘故。由此可见,用牵引特性线不能评比不同类型的履带车辆的牵引性能,只有用动力特性线才能评比不同类型履带车辆牵引性能。单位牵引力大,则牵引性能好。

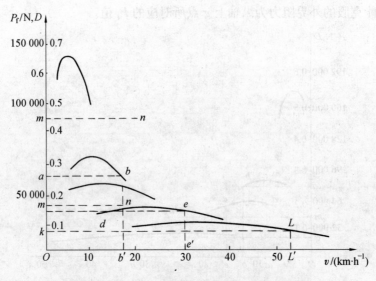

图 22.13　62 式坦克牵引特性线和动力特性线

② 能更方便地确定履带车辆在已知道路上的最大行驶速度

在用牵引特性线确定履带车辆在已知道路上的最大行驶速度时,需先计算出履带车辆运动总阻力。而在动力特性线上确定最大行驶速度 v_{max},只要知道某路面的运动阻力系数 f,在纵轴上找 $D = f$ 的那点,从该点作横轴平行线,然后根据该直线与动力特性线的相关位置,按用牵引特性线决定最大速度同样的方法,便可确定出履带车辆在已知道路上的最大速度。

3. 改善履带车辆牵引性能的途径

（1）采用大功率发动机,提高高挡的单位牵引力 D

大功率的发动机是提高高挡单位牵引力的前提。单位牵引力大,就能克服较大的运动阻力,提高高挡的单位牵引力就可以保证履带车辆在较大阻力的路面上以高速行驶,可大大提高履带车辆的机动性。如 59 式坦克一挡的最大单位牵引力 $D = 0.5$,二挡的最大单位牵引力 $D = 0.25$。在运动阻力系数为 0.25 的沼泽地上就只能以一挡行驶。如果 59 式坦克能达到四挡的单位牵引力 $D = 0.3$,就可以用四挡在沼泽地或水稻田中行驶,速度可达 30 km/h 以上,可提高速度 4 倍左右。增大发动机功率必然带来其他问题,如体积大、耗油多等,另外功率也不能太大,不能使高挡单位牵引力 D 超过一般路面的附着系数,否则会出现履带打滑,发动机功率得不到发挥。

（2）选择外特性接近双曲线的动力装置

从履带车辆牵引特性线和动力特性线上可以看出发动机功率利用情况。从某一挡最高转速的牵引力到相邻高挡最大发动机牵引力之间的距离越大,发动机功率利用越差。因为当履带车辆阻力刚好在此之间,如图 22.13 中 mn 线所示,这时履带车辆用高挡行驶牵引力不够,只能用低挡行驶,而用低挡行驶发动机只能在部分特性下工作,这对充分利用发动机功率很不利,因而也影响了履带车辆运动速度。我们希望发动机在任何行驶条件下都能在最大功率的工况下工作。在此条件下履带车辆牵引特性线或动力特性线可由下式决定

$$P_f v = N_{\text{emax}} \eta_{\text{zo}} = C$$

$$Dv = \frac{N_{\text{emax}} \eta_{\text{zo}}}{G} = C'$$

式中,C 和 C' 均为常数。

由此二式可以看出,理想的牵引(动力)特性线应该是一条双曲线,如图 22.14 所示。有的动力装置本身的外特性曲线就接近于双曲线,如差速式燃气轮机的外特性。这种动力装置的主要特点是适应性系数 K 高,外特性变化形状接近于双曲线。

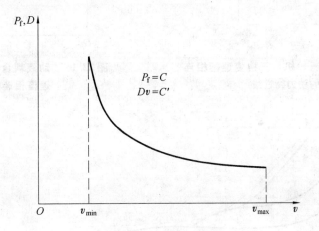

图 22.14　　理想特性曲线

双轴式燃气轮发动机 $K = 2 \sim 3$;差速式燃气轮发动机 $K = 3 \sim 5$。

如果将一燃气轮发动机与三挡机械式变速箱相连,则其动力特性如图 22.15 所示,它就比较接近理想的动力特性。

(3)采用液力传动或电力传动

采用由动液耦合器与机械变速箱组成的传动系统时,其特性如图 22.16 所示。其各挡的动力特性线的高转速部分连接起来也近似双曲线。

当采用动液变矩器与机械式变速箱组成的传动系统时,其特性如图 22.17 所示。其动力特性线的包络线也近似于双曲线。从图 22.16 还可以看出,应用液力元件不仅改善了履带车辆的动力性能,而且扩大了每挡动力特性曲线的范围。由于液力元件后的传动装置与发动机间是通过液力元件连接而不是刚性的机械连接,因此消除了换挡起步与负荷过重时发动机熄火的可能性,因此即使液力元件输出轴停止转动时发动机仍然可以工作而不会熄火。这是纯机械传动所不具备的优点。

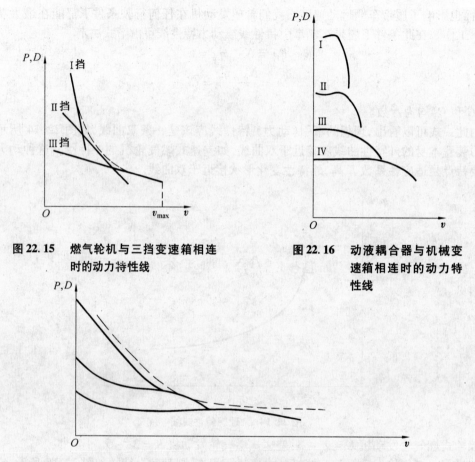

图 22.15　燃气轮机与三挡变速箱相连时的动力特性线

图 22.16　动液耦合器与机械变速箱相连时的动力特性线

图 22.17　动液变矩器与机械变速箱组合传动的动力特性线

　　另外还可看出,采用液力元件也扩大了每挡动力特性曲线的速度范围。对纯机械传动,发动机降到最低稳定转速后即不能工作,而液力元件输出转速可以降至零,即扩大了速度范围。对于装有不可透穿特性的(即液力元件输出轴上负荷变化时,能保持液力元件输入轴上负荷不变或基本不变的液力元件即为不透穿液力元件)液力元件的履带车辆能使发动机的工况保持不变。

　　采用电力传动可以无级变速,选用特性较好的电机,可以达到接近或比较接近理想特性线。

　　(4) 选用高适应性发动机和增多排挡

　　对于机械传动的履带车辆可选用高适应性系数的发动机,并适当增多排挡,可改善其动力特性线,图 22.18 表示采用不同的发动机适应性系数的履带车辆牵引特性,细实线为 K 值大的履带车辆牵引特性线;粗线表示发动机 K 值低的履带车辆牵引特性线。从图中可以看出,K 值高者,其牵引特性线较 K 值低者更接近理想牵引特性线。增多排挡可以改善牵引特性。图

22.19 为三个排挡与五个排挡的动力特性线。从图上可以看出,挡越多越接近理想特性线。若挡数无穷多即变为理想动力特性线。无穷多个挡即是所谓无级变速,这对机械传动是很难实现的,因为挡多,必然机构复杂庞大。

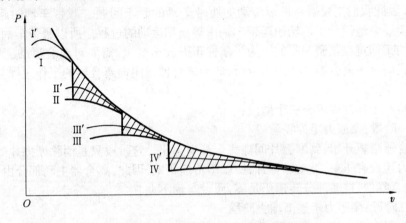

图 22.18　提高 K 值对牵引特性线的影响

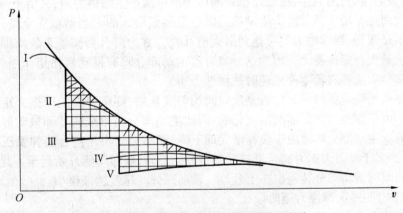

图 22.19　增多排挡对动力特性线的影响

22.3.2　履带车辆起车

　　履带车辆起车是履带车辆由静到动的过程,它是提高履带车辆运动速度的重要环节之一。

　　履带车辆起车时,要求迅速、平稳。迅速可以缩短起车时间,提高履带车辆的平均运动速度,不贻误战机;平稳可以防止传动部件加速磨损或由于撞击而损坏,并减少对目标的观察、瞄准、射击的影响。

1. 履带车辆起车时主离合器的工作过程

我国目前装备的履带车辆多为机械传动,传动系统中均有主离合器和转向离合器(或闭锁离合器)。因此我们主要研究机械传动的履带车辆的起车问题。履带车辆的起车过程,是离合器把扭矩逐渐地传给主动轮使履带车辆由静止到运动的过程。所以履带车辆的起车过程是与离合器的工作过程紧密关联的。为了掌握正确起车要领,需要对离合器的工作过程加以分析。下面我们以主离合器为例进行分析,转向离合器或闭锁离合器的工作过程与此相似,不另作分析。

主离合器的工作过程可分三个阶段:

（1）第一阶段:摩擦力矩为零阶段

从松离合器踏板开始,到摩擦片间隙完全消失为止。这阶段只是消除摩擦片的间隙,离合器弹簧的压力还没有压主、被动摩擦片,所以不传递扭矩,因此,离合器主动部分由于没有承受负荷,转速没有降低,被动部分转速仍是零,履带车辆不动。

（2）第二阶段:摩擦力矩逐渐增大阶段

从摩擦片间隙消失到离合器踏板完全松开为止。这阶段内,由于主、被动摩擦片转速不等,又受到弹簧的压力,因而主、被动摩擦片间由于滑摩而产生摩擦力矩,又由于弹簧压力随踏板行程的增大而逐渐增大,因此,产生摩擦力矩也是逐渐增大的。当踏板完全松开时,如果松踏板的速度不是很慢,则摩擦力矩可达到最大值 βM_{emax}（β 为离合器储备系数）,即这时的摩擦力矩比发动机最大扭矩还要大。因为这时离合器主动部分除有发动机扭矩作用外,还作用一个由于主动部分以前各旋转零件减速时的惯性力矩。

假定驾驶员松离合器踏板其行程是随时间均匀变化的,则离合器的摩擦力矩随时间也是均匀上升的。由于摩擦力矩是随时间变化的,因此主动部分的角减速度和被动部分的角加速度也是变化的。主动部分转速由于负荷增大而下降,摩擦力矩由于离合器弹簧压力的增大而增大,当增大到大于外阻力矩时离合器被动部分开始旋转,履带车辆开始起车。此后在主动部分转速下降的同时被动部分转速也在上升,主、被动部分转速差越来越小。

（3）第三阶段:最大摩擦力矩阶段

从离合器踏板完全松开,到主、被动摩擦片打滑完毕止。这阶段主、被动摩擦片在弹簧最大压力下滑摩,因此,摩擦力矩保持最大值不变。此时主动部分转速继续下降,被动部分的转速继续上升,直到主、被动部分转速相等为止。到此离合器打滑过程完毕。由于打滑终止,主动部分转速不再下降,惯性力矩也就消失。这时离合器传递的摩擦力矩就是发动机的扭矩。以后是履带车辆冲车加速,这时主、被动部分转速一起上升,直至摩擦力矩等于外阻力矩时冲车完毕。

2. 履带车辆起车加速时间和加速距离

（1）履带车辆起车时离合器角加速度

前边分析主离合器的工作过程是假定油门不变且踏板行程随时间均匀变化的假想情况。

实际的起车过程是很复杂的,随许多条件变化。就是同一种履带车辆,驾驶员不同和地面阻力不同其工作过程也不相同。准确地计算起车过程中主被动部分的角速度、角加速度是很困难的。因此,目前的一些计算材料都是作了许多假设条件并忽略一些次要因素进行计算的。但这些计算仍然是必要的,它虽作为定量的分析问题还欠精确,但对定性的分析问题,可以帮助我们找出一些重要的影响因素,以指导我们正确选择设计参数和正确地驾驶履带车辆。

主离合器工作过程的第一阶段,由于摩擦片间隙还未消失,故不传递扭矩,因此对主、被动部分转速没有影响。第二阶段的摩擦力矩是逐渐增加的,它对主、被动部分转速有影响。但这阶段的实际情况极为复杂,与驾驶员操作有关,很难找到一个统一的计算标准,故一般都假定驾驶员松主离合器踏板是瞬时完成的。因此前两阶段对履带车辆加速性影响不大,故计算时主要计算第三阶段的履带车辆加速性。在这样假定条件下,离合器主、被动部分转速及摩擦力矩随时间变化规律如图 22.20、图 22.21 所示。

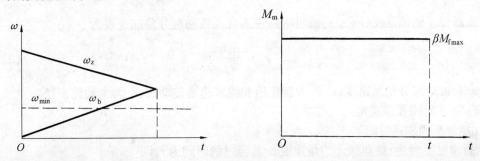

图 22.20　离合器在最大摩擦力矩时主动部分转矩图 22.21　离合器在最大摩擦力矩时被动部分转矩

① 主动部分的角加速度计算

图 22.22 为带传动箱的履带车辆加速时主离合器受力图。作用在主动部分的力矩有发动机输入的力矩和被动部分的摩擦阻力矩。列出力矩平衡方程式得

$$M_e i_{cd} \eta_{cd} + I_z \ddot{\varphi}_z = \beta M_{emax} i_{cd} \eta_{cd}$$

$$\ddot{\varphi}_z = \frac{(\beta M_{emax} - M_e) i_{cd} \eta_{cd}}{I_z} \qquad (22.39)$$

式中, $\ddot{\varphi}_z$ 为主动部分角加速度; i_{cd} 为传动箱传动比; η_{cd} 为传动箱效率; I_z 为换算至主动部分的转动惯量; M_e 为发动机转矩; M_{emax} 为发动机最大转矩; β 为离合器储备系数。

主离合器打滑过程中,由于发动机转速下降,因此 M_e 也变化。考虑到履带车辆工作在发动机的稳定工作范围,因此发动机最大功率转速扭矩与最大转矩的平均值作为计算扭矩 M_e。

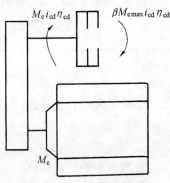

图 22.22　主离合器受力图

$$M_e = \frac{M_{emax} + M_{eN}}{2}$$

令
$$K = \frac{M_{emax}}{M_{eN}}$$

代入上式得

$$\ddot{\varphi}_z = \frac{(2\beta K - K - 1)M_{eN}i_{cd}\eta_{cd}}{2I_z} \qquad (22.40)$$

② 被动部分角加速度计算

由公式

$$P_f - R = \delta m\ddot{x}$$

得

$$\ddot{x} = \frac{P_f - R}{\delta \cdot m} = \frac{1}{\delta \cdot m}\left(\frac{\beta M_{emax}i_{zo}\eta_{zo}}{r_z} - fG\right) = \frac{G}{\delta m}(\beta D_{max} - f)$$

$\ddot{x}$ 为履带车辆加速度(m/s^2),故可求得主离合器被动部分角加速度为

$$\ddot{\varphi}_b = \frac{\ddot{x}i_b i_c}{r_z} \qquad (22.41)$$

式中,$\ddot{\varphi}_b$ 为被动部分角加速度;i_b, i_c 为变速箱和侧减速器传动比;r_z 为主动轮半径。

(2)加速时间及加速距离

① 履带车辆加速时间

设打滑终了时主、被动部分的角速度 ω 其经过的时间为 t,则

主动部分
$$\omega = \frac{\omega'_z}{i_{cd}} - \ddot{\varphi}_z t$$

被动部分
$$\omega = \omega'_b - \ddot{\varphi}_b t$$

式中,ω'_z 为发动机初角速度;t 为主离合器打滑时间,即加速时间;ω'_b 为被动部分初角速度。

履带车辆起车时,$\omega'_b = 0$,只有在履带车辆变速后结合主离合器时 ω'_b 才不为零。

$$\frac{\omega'_z}{i_{cd}} - \ddot{\varphi}_z t = \omega'_b + \ddot{\varphi}_b T$$

$$t = \frac{\omega'_z - \omega'_b i_{cd}}{(\ddot{\varphi}_b + \ddot{\varphi}_z)i_{cd}} \qquad (22.42)$$

履带车辆起车时 $\omega'_b = 0$,这时履带车辆加速时间

$$t = \frac{\omega'_z}{(\ddot{\varphi}_b + \ddot{\varphi}_z)i_{cd}}$$

② 履带车辆加速距离

主离合器打滑终了时履带车辆速度为

$$v = v_0 + \ddot{x}t$$

v_0 为接合离合器前履带车辆初速度,履带车辆起车时 $v_0 = 0$。

加速距离

$$s = v_0 t + \frac{1}{2}\ddot{x}t^2 \qquad (22.43)$$

履带车辆起车时 $v_0 = 0$，则

$$s = \frac{1}{2}\ddot{x}t^2$$

3. 掌握正确的起车要领

我们以现有装备履带车辆为例来说明起车要领，将来履带车辆的结构改变，其起车方法也会有所不同。

（1）正确地选择起车转速

起车转速高，离合器打滑时间长，尤其是在最大摩擦力矩时打滑时间长易烧离合器。但高转速起车，由于最大摩擦力矩作用的时间长，因此加速快。另外，离合器主、被动摩擦片打滑终了时的转速高，发动机不易熄火。因此，为保护离合器，也为起车平稳，所以起车转速不宜过高。起车转速低，加速慢，还容易熄火，因此也不宜过低。一般原则是地面阻力大，起车转速要高些，地面阻力小，起车转速要低些。

（2）正确选择排挡

低挡加速快，高挡加速慢。起车时除克服地面阻力外，还要克服惯性力，使之加速。因此不能用高挡起车，因高挡牵引力小，加速慢。但一般也不用一挡起车，因为用一挡虽然加速快，但很快便达到发动机最高转速，便不能加速了，必须换入下一排挡，对现有装备履带车辆来说一挡换二挡都比较困难，不但驾驶员费力，换挡中速度损失也很大，其平均速度并不高，因此，在一般阻力不大的路面上均用二挡起车。

（3）正确操作

松主离合器踏板应先迅速后平稳，并同时加油，这样就使起车既迅速又平稳。具体来说，松踏板前 2/3 行程要迅速。这段行程是消除摩擦片间隙的阶段，对起车是否平稳没影响，因此松踏板要迅速。后 1/3 行程要平稳，因为这段行程是摩擦片逐步接合阶段，松踏板过快则履带车辆起车不平稳，而且容易熄火。

在地面阻力小时用主离合器起车，在地面阻力大时用操纵杆起车。

22.3.3　履带车辆最高行驶速度和加速特性

现代装甲车辆的最高行驶速度大多突破了 60 km/h，有的已经超过 70 km/h。尤其重要的是由于大功率发动机的采用，普遍地提高了单位功率，使最高行驶速度可以在较大的地面阻力条件下实现。这就保证了 v_{max} 有较高的实现机会。不然，如果 v_{max} 设计值很高，但却是在极良好的路面上实现的，那么对越野战斗车辆而言，可能就没有多少实现的机会，因此这个最高挡，也就等于虚设了。

　　第二次世界大战后各国装甲车辆的最大速度有了较大提高(见图22.23),20世纪50年代大致为50～56 km/h;60到70年代则为60～65 km/h;而80年代则为65～70 km/h。v_{max}主要取决于车辆的单位功率值,同时也和传动系统的性能有关,尤其是对越野车辆而言,悬挂装置的性能以及操纵系统的性能都在很大程度上制约着最高行驶速度的实现。

　　作为战斗车辆,其加速特性是直接关系到作战能力和生存能力的重要性能。越野车辆的加速能力,通常以其从起步至加速到32 km/h所需要的时间来评价。在60年代,0～32 km/h的加速时间大致为15～20 s;而80年代,加速性能优异的履带车辆,此加速时间只有6 s左右。

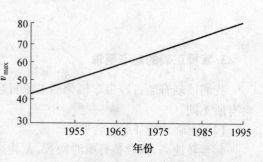

图22.23　最大车速随年代的发展情况

　　在现代战争条件下,车辆的加速性能是愈益受到重视,成为战技术性能指标中最重要的指标之一。履带车辆的加速性能标志着改变本身行驶速度的能力。

　　下面讨论具有主离合器的阶级式机械传动装置车辆的加速性能。所研究的理论和方法对具有行星变速箱的传动装置也是适用的。在这种传动装置中,换挡时行星变速箱的相应操纵件(离合器和制动器)替代了主离合器的功能。

1. 车辆的加速过程

（1）起步加速过程

　　在发动机工作并挂上依行驶条件选择的排挡,开始平稳地松开离合器踏板,使主离合器结合,主离合器传递的摩擦力矩M_m随踏板的松开而逐渐增加,当增加到与车辆启动的阻力矩相平衡时,车辆便开始起步。摩擦力矩的继续增加,将使车辆获得加速度,直到离合器踏板完全松开,摩擦力矩达到最大值M_{max}。

　　虽然在离合器完全结合时,离合器的M_{max}远大于加在其被动部分上的阻力矩,但离合器的主动与被动部分仍不可能立即同步,还将继续滑摩。这是因为作用在主离合器被动部分的力矩除刚力矩外,还有离合器与履带之间全部旋转件的惯性力矩以及车辆加速运动的惯性力矩。只有当离合器被动部分继续在M_{max}作用下加速到和主动部分同步,主离合器一体旋转,滑摩才终止,此时所传递的力矩即为发动机的输出力矩M_e。如果此力矩大于行驶阻力矩(作用于被动鼓上),则车辆继续加速行驶,直至实现该挡的最大速度。摩擦式主离合器的这种滑摩的力学过程,就是它作为转速变换装置的基本原理。

　　图22.24描述了上述起步加速过程。坐标横轴为时间轴,纵轴则为角速度轴和传递力矩轴。主离合器主动部分的角速度即发动机曲轴的角速度,用ω_e表示,主离合器被动部分的角速度用ω_b表示。

（2）加速过程分析

　　为评比车辆加速性能,应排除加速过程中的人为因素,通常作如下基本假设,即

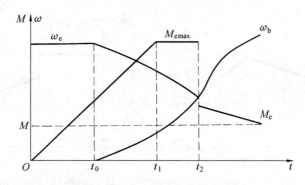

图 22.24　车辆的起步加速过程

① 主离合器的结合是瞬时完成的；

② 离合器结合瞬间曲轴转速为 n_N；

③ 离合器完全结合后的滑摩过程中，传递的摩擦力矩为常值，即

$$M_{mmax} = \beta M_{jmax} = 常数$$

式中，β 为离合器的力矩储备系数。

④ 离合器滑摩过程中，发动机曲轴输出扭矩不变。

基于上述假设，车辆在给定排挡的起步和加速可分为三个阶段：

加速第一阶段：从车辆开始起步至主离合器主被动部分同步；

加速第二阶段：从滑摩终止至所在排挡达最大速度；

加速第三阶段：分离离合器至更换排挡。

实际上，第三阶段是减速过程，此时车辆是靠惯性克服行驶阻力运动的。更换新排挡，继续加速的过程即重复上述各过程，所不同的只是第一阶段离合器被动部分结合瞬时已具有某一角速度，其数值相应于上一排挡中的第三阶段结束时车辆的行驶速度。

① 加速的第一阶段

依据上述几点基本假设，车辆加速过程可由图 22.25 描述。

分析车辆加速的第一阶段，就是要确定在此阶段中，车辆的加速度和离合器的滑摩时间 t_1。为此，先分析离合器主被动部分的受力情况。如图 22.26 所示，图中，I_z 为离合器主动部分的转动惯量；I_b, φ_b 为被动部分的转动惯量和角加速度；M_b 为阻力矩。根据达朗贝尔原理，可以写出离合器主动部分的运动方程式。$\ddot{\varphi}_z$ 为主动部分的角减速度，即

$$M_e + I_z \ddot{\varphi}_z = M_{mmax}$$

由前假设 M_e 为常值，可取

$$M_e = \frac{1}{2}(M_{emax} + M_N)$$

则有

$$\ddot{\varphi}_z = \frac{\beta M_{emax} - 0.5(M_{emax} + M_N)}{I_z}$$

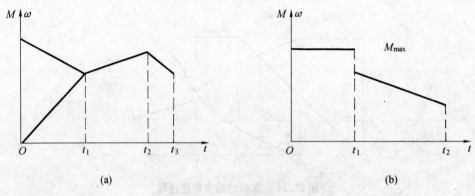

(a)　　　　　　　　　　　　　　　　　　　(b)

图 22.25　简化后车辆加速过程

$$\frac{(2\beta k - k - 1)M_N}{2I_z} = 常数$$

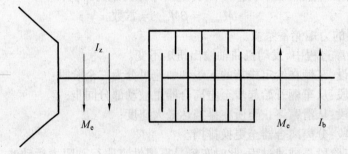

图 22.26　加速第一阶段主离合器主被动部分受力图

在离合器滑摩过程中,离合器主动部分做匀减速运动。以主离合器被动部分为受力对象,则有

$$M_b + I_b \ddot{\varphi}_b = M_{mmax}$$

$$M_b = \frac{f_0 W r_z}{i_{Ti} \eta}$$

式中,f_0 为行驶总阻力系数;r_z 为主动轮半径;i_{Ti} 为车辆所在排挡(第 i 挡) 离合器被动部分至主动轮的总传动比。

因此,可求得被动部分的角加速度为

$$\ddot{\varphi}_b = \frac{(\beta M_{emax} - M_b)}{I_b} = \left(\beta M_{emax} - \frac{f_0 W r_z}{i_{Ti} \eta}\right)\frac{1}{I_b}$$

车辆所获得的加速度即为

$$\ddot{x}_1 = \ddot{\varphi}_b r_z i_{Ti} = \frac{r_z}{I_b \eta}(\beta D_{imax} - f_0) \tag{22.44}$$

当然,由直线行驶功率平衡方程,也可直接确定 $\ddot{x}_1$,即

$$\ddot{x}_1 = \frac{g}{\delta_0}(\beta D_{imax} - f_0)$$

式中,δ_0 为离合器滑摩时车辆的质量增加系数,粗略估算,可取 $\delta_0 = 1.2$。加速第一阶段,车辆做匀加速运动,车辆速度应为

$$v_1 = 3.6\ddot{x}_1 t_1$$

式中,t_1 为加速第一阶段的加速时间。

由于滑摩终了时,有

$$\omega_z = \omega_b$$

又因

$$\omega_z = \omega_e - \ddot{\varphi}_z t_1, \quad \omega_b = \ddot{\varphi}_b t_1$$

所以

$$t_1 = \frac{\omega_e}{\ddot{\varphi}_z + \ddot{\varphi}_b} \tag{22.45}$$

式中,ω_e 为离合器结合瞬间曲轴即主离合器主动部分的角速度。

可见,加速第一阶段的时间和结合瞬间发动机转速以及主离合器的结构参数、地面阻力等因素有关。t_1 如果过大,不仅加速性变坏,而且也会导致离合器过热,以致烧结。

② 加速的第二阶段

此阶段,在发动机输出力矩作用下,车辆继续加速,因此

$$\ddot{x}_2 = \frac{g}{\delta_i}(D_i - f_0)$$

式中,δ_i 为所在第 i 挡的质量增加系数;D_i 为该挡的动力因数,显然,随着车速的变化,其值是变化的。

在确定 $\ddot{x}_2$ 时,通常取 D_i 的平均值即将该挡的速度范围分为若干段,每段速度间隔为 Δv,并取各 Δv 的对应 D 值确定相应的加速度(见图 22.27)。即

$$\ddot{x}_{2i} = \frac{g}{\delta_i}(D_i - f_0) \tag{22.46}$$

再由

$$\Delta v_i = 3.6\ddot{x}_{2i} t_{2i}$$

确定 t_{2i},最后便可确定出此阶段的加速时间 t_2 为

$$t_2 = \sum_{i=1} t_{2i}$$

加速第二阶段的加速时间主要取决于排挡和车辆的动力特性。

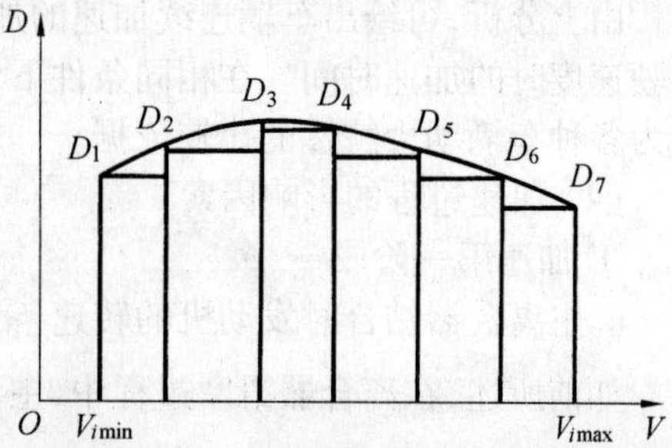

图 22.27　车辆加速第二阶段的加速过程

③ 加速的第三阶段

此阶段是更换排挡继续加速的过渡阶段。对于换挡机构而言是动力中断车辆滑行的过程。因此,此阶段的"加速"时间,主要取决于换挡机构和换挡技术。因为

$$\ddot{x}_3 = -\frac{g}{\delta_0}f_0 \tag{22.47}$$

$$v_3 = v_{imax} - 3.6\ddot{x}_3 t_3$$

而 t_3 为换挡时间,不同的换挡机构其值不同,见表 22.5。

表 22.5　各种换挡机构的换挡时间

机构	滑接齿套	同步器	行星变速箱	自动变速器
t_3/s	2 ~ 3	1 ~ 1.5	0.5 ~ 1	0.2 ~ 0.5

（3）连续加速过程

起步后各挡的加速过程与上述过程相似,不同之处仅在于主离合器被动部分已经以一定的角速度旋转,此角速度与前一排挡加速第三阶段末的车速相对应。因此新排挡加速第一阶段的行驶速度为

$$v_{(i+1)_1} = v_{i3} + 3.6\ddot{x}_{(i+1)_1}t_1$$

而此阶段的车辆加速度为

$$\ddot{x}_{(i+1)_1} = \frac{g}{\delta_0}(\beta D_{(i+1)\,max} - f_0)$$

其加速时间 t_1 为

$$t_1 = \frac{\omega_e - \omega_{i3}}{\ddot{\varphi}_z + \ddot{\varphi}_b}$$

式中

$$\omega_{i3} = \frac{v_{i3}i_{Ti}}{r_z}$$

新排挡,即第 $i+1$ 挡加速的第二阶段,与前述同。在选取该挡动力因数时,要按其动力特性线分段进行。加速的第三阶段和排挡无关。

由上分析,可绘出车辆连续加速的加速曲线,如图 22.28 所示。依此可以确定出达到任一行驶速度时的加速时间。在相同条件下,各种车辆的加速曲线可以评价车辆的加速性能,可以作为各种车辆动力特性的比较依据。

（4）加速过程的影响因素

① 加速第一阶段

a. 主离合器结合时发动机的转速

如前所述,在离合器滑摩过程中,主动部分以匀减速度 $\ddot{\varphi}_z$ 做减速运动。即

$$\omega_z = \omega_e - \ddot{\varphi}_z \cdot t_1$$

可见,若取 $\omega'_e < \omega_e$ 时,其他条件不变,则第一阶段加速时间 t_1 可以减少;同时主被动部分达到同步的角速度也减小。同步时的角速度若低于发动机的最小稳定转速,将发生熄火。因此,如何最佳地选择离合器结合时的曲轴转速,具有重要意义,因为它是直接关系到离合器的使用寿命和车辆的加速能力的重要因素之一。发动机最初转速的影响,如图 22.29(a) 所示。

b. 主离合器的力矩储备系数 β

由前分析可知,储备系数 β 增大,$\ddot{\varphi}_z$ 及 $\ddot{x}_1$ 也随之增大,则第一阶段的加速时间可以减小,但同时也使滑摩终了时的曲轴转速降低,熄火的可能性增加。如图22.29(b)所示,当取 β 为1或为接近1的某值时,恰使 $\ddot{\varphi}_z$ 也为零,这时发动机熄火的危险已不存在了,但是滑摩时间过长,离合器很易烧毁。β 值是由结构参数确定的。但是,如果由于使用原因,使离合器不能完全结合,其结果也相当于 β 值变小了,因而影响加速性能,甚至使离合器滑摩加剧而损坏。

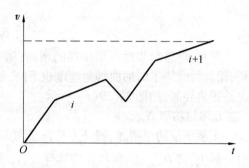

图22.28　车辆连续加速的速度曲线

c. 发动机飞轮和离合器主动部分的转动惯量 I_z

很显然,转动惯量 I_z 大,则离合器滑摩过程中,主动部分就不易减速,$\ddot{\varphi}_z$ 也较小,致使第一阶段 ω_z 下降的斜率变小,滑摩时间增长。若 I_z 较小,则 ω_z 下降斜率变大,t_1 变小,但是却随之带来了滑摩终了时曲轴角速度下降,熄火的可能性增加了。I_z 的影响如图22.29(c)所示。

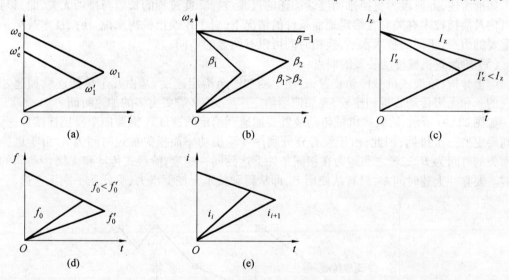

图22.29　加速过程的影响因素

d. 行驶总阻力系数 f_0

在其他条件相同时,由于行驶总阻力系数 f_0 的增加,车辆在第一阶段的加速度 $\ddot{x}_1$ 将减小,使滑摩终了时的曲轴角速度减小,滑摩时间加长。如图22.29(d)所示,由于 $f'_0 > f_0$,致使 $t'_1 > t_1$,滑摩加剧,离合器的故障率增加,同时,熄火的可能性增加。

e. 起步加速时的排挡选择

由于

$$\ddot{x}_1 = \frac{g}{\delta_0}(\beta D_{i\max} - f_0)$$

可见,随着起步时所用排挡的增高,第一阶段的加速性能将变坏,即 $\ddot{x}_1$ 变小,加速时间加长,而且滑摩终了时的曲轴角速度也下降,使熄火的可能性增加。因此,合理地选择起步排挡也是很重要的,如图22.29(e)所示。

f. 单位功率 $N_{e\max}/W$

车辆单位功率增加,则动力特性将向上平移。即在其他条件相同的情况下,各挡的输出牵引力较大,即 $D_{i\max}$ 大,所以加速特性好, $\ddot{x}_1$ 大, t_1 小。

② 加速的第二阶段

影响第二阶段加速性的因素主要是车辆的动力特性。比如若有较高的单位功率,则此阶段即可迅速加速至所在排挡的最高速度。否则就需要较长的加速时间。对不同排挡而言,低挡虽有较大的质量增加系数(有关旋转件的相对运动能量较大),但是由于动力因数大,故较之高挡加速性好。

③ 加速的第三阶段

如前所述,此阶段为更换排挡继续加速的过渡过程。此过程的长短与排挡无关,而只与换挡机构及换挡技术有关。在给定地面条件的情况下,对手控换挡机构来说,换挡技术甚至是唯一重要的因素,不同的技术水平,换挡时间可以有明显的不同。

(5)阶级式机械传动装置的弱点

综上分析,阶级式机械传动装置,若使车辆加速至给定速度,是由几个排挡连续加速才能实现的。和无级传动装置相比较,要加速至给定速度,势必需要更多的加速时间。

如图22.30所示,阶级式机械传动装置要加速到给定的速度 v_0 需要四个排挡连续加速,这中间要更换三次排挡,因此,由于没有充分利用发动机功率而损失加速时间为 A,由于更换排挡损失的时间为 B,二者之和即为在相同条件下达到同一速度,阶级式传动和无级传动间的时间差。要弥补上述时间差,只有从使用上,即从驾驶技术上挖掘潜力,除此几乎别无它途。

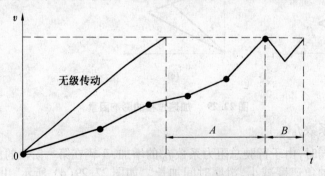

图22.30　阶级式机械传动装置与无级传动装置的加速时间

22.3.4　提高阶级式机械传动车辆的加速性能

基于上述各项分析,灵活运用各项结论,在车辆实际使用中可使加速性能得以提高。

1. 正确选择起步排挡

理论分析和实际使用表明,加速第一阶段无论怎样都是比较短暂的,因此对车辆总的加速时间影响不大,影响较大的是加速的第二和第三阶段,因此必须特别注意这两个阶段。

为了充分地利用车辆潜在的动力性能,车辆起步时的排挡选择十分重要。

图22.31表明各挡加速第二阶段,车辆的加速度 $\ddot{x}_2$ 和行驶速度间的关系。由图可见,如果用 Ⅰ 挡起步,由于第二阶段终了时的车速很低,所以在换挡过程中很可能出现发动机熄火。比如,若第二阶段终了车速为 $v_2 = 7$ km/h,而 $f_0 = 0.09$,$\delta_0 = 1.2$,则保证不熄火的换挡时间 t_3 必须小于 2.64 s。因为

$$v_3 = v_2 - 3.6\ddot{x}_3 t_3$$

若 $v_3 = 0$,则 $t = 2.64$ s。

实际上一挡和二挡多采用滑接齿套式换挡机构,换挡时间通常为 2 ~ 3 s。显然换上二挡不熄火的机会是不多的。即使不熄火,由于完成换挡后,车辆车速极低也是不利于加速性能提高的。所以,为了缩短车辆的加速时间,即使可能付出一点加速第一阶段滑摩加剧的代价(只要不致使主离合器过热损坏),也要采用较高排挡起步,而不使用一挡。

2. 换挡时机的选择

由图22.31可知,在连续加速过程中,最适宜的换挡时机,显然应是 a,b,c 各点。因为如果忽略换挡时间损失,则在这些点处换挡,可以充分发挥各挡动力优势,因而可以得到最短的加速时间完成加速目的。

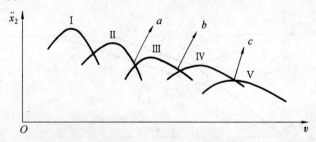

图 22.31　各挡加速第二阶段加速度与车速的关系

但是,阶级式传动装置,换挡时的时间损失是不可以忽略的,因此必须在充分考虑到换挡引起速度下降的条件下,选择合适的换挡时机,即选择换挡时的曲轴转速。

通过试验和使用经验,在由低挡换高挡时,为了缩短加速时间,通常选择发动机转速稍大

于上述各交点所对应的转速,作为更换排挡的时机。"稍大"的具体数值,可因地面阻力以及行驶车速不同而不同。一般是阻力大、挡次高,则选择较高的曲轴转速,以备在较大的速度损失之后,能在与交点相应的车速下换上新的排挡,继续加速。

因驾驶技术不同,换挡时机差异很大。初级驾驶员,通常过早换挡,而不能充分发挥车辆的动力潜力,使加速性能变坏。苏联学者曾作过比较试验,如图 22.32 所示,技术熟练的驾驶员驾驶车辆的速度,平均为初级驾驶员能得到车速的 1.25 ~ 1.3 倍。

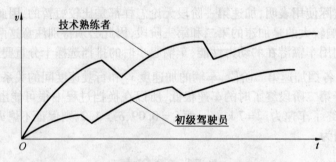

图 22.32　不同驾驶水平驾驶员所获得的加速性能

3. 主离合器

主离合器结合时,发动机转速的选择在加速时,在较高的发动机转速下结合主离合器,对提高车辆的加速性能具有积极意义。但是,由于担心会加剧主离合器滑摩,往往过分降低结合离合器时的发动机转速,致使车辆的加速性变坏。正确的办法应该是从实际使用中,寻找在确保主离合器工作可靠性的前提下,尽量提高发动机转速,而不是无根据地降低转速结合主离合器。

由图 22.33 可见,由于降低了结合主离合器时的发动机转速,使第二阶段加速开始时的初速下降,从而延长了第二阶段的加速时间。

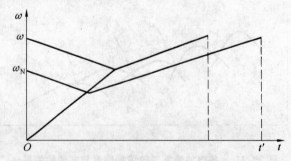

图 22.33　结合主离合器时,发动机转速的选择

4. 提高换挡技术

对于阶级式机械传动装置,加速过程中消耗于更换排挡的时间,在总加速时间中,占很大比重。因此,提高驾驶员的换挡技术,是改善和提高车辆加速特性的重要途径之一。

22.3.5　履带车辆制动

履带车辆在运动中,会遇到各种复杂情况,如通过障碍物,限制路,上、下陡坡,急转弯,换挡,短停车,或其他突然情况,都需缓慢地或急剧地降低履带车辆运动速度。凡通过操纵履带车辆本身机件而借助外力达到降低履带车辆运动速度的方法,即为履带车辆制动。制动效果一般以制动距离 s 来衡量。制动距离越短,制动效果就越好。从履带车辆开始制动到完全停车所通过的距离,称为制动距离。制动方法不同,制动效果也不同。现有履带车辆的制动方法可分四种,下面将分别研究。

1. 运动阻力制动

（1）实现方法

减油的同时,踏下主离合器踏板,或将变速杆摘到空挡,切断发动机与履带的动力联系,以运动阻力降低履带车辆的运动速度。

（2）制动距离的确定

运动阻力制动,履带车辆的动能消耗在履带车辆克服运动阻力在制动距离内做功上。考虑到与主动轮相联系的各运动部件的动能在内,则以速度 v 运动着的履带车辆的动能为 $\frac{1}{2}\delta mv^2$,履带车辆在制动距离内克服运动阻力做的功为 RS_y,则可列成等式

$$\frac{1}{2}\delta mv^2 = RS_y$$

$$S_y = \frac{\delta mv^2}{2R}$$

将

$$m = \frac{G}{g}$$

$$R = fG$$

代入上式得

$$S_y = \frac{\delta v^2}{2gf}$$

制动距离 S_y 的单位为 m,重力加速度 g 取为 9.8 m/s²,履带车辆运动速度 v 若取 km/h,必须将其化为 m/s,即应除以 3.6,将这些数值代入上式得

$$S_y = \frac{\delta \left(\frac{1}{3.6} v \right)^2}{2 \times 9.8 f}$$

化简得

$$S_y = \frac{\delta \cdot v^2}{254 f} \qquad (22.48)$$

式中,S_y 为运动阻力制动的制动距离;v 为履带车辆速度;δ 为分离主离合器或摘空挡时的质量修正系数;f 为运动阻力系数。

(3) 影响制动距离的因素

① 履带车辆运动速度越大,则制动距离越大。因为履带车辆运动速度大,履带车辆动能就大,在阻力一定的地面上运动,必须经过较长的距离才将动能消耗掉。从式(22.48) 看出,制动距离与速度的平方成正比,因此,速度是影响制动的主要因素。

② 运动阻力大,则制动距离小。因为对于速度一定的履带车辆来说,运动阻力大,速度降低就快,可以在较短的距离内把履带车辆动能消耗掉,所以制动距离小。

③ 质量修正系数 δ 大则 S_y 也大。因 δ 大,说明传、行动部分旋转机件的动能大,需要较大的制动距离才能把这部分动能消耗掉。

(4) 运动阻力制动时最大匀速下坡角 α_x 的确定

在我们讨论履带车辆下坡直线运动时曾提到,当履带车辆下滑力等于地面运动阻力时,地面不给履带车辆提供牵引力也能维持履带车辆匀速运动。我们把下滑力等于运动阻力时的下坡角,叫运动阻力制动时的最大匀速下坡角。因为这时履带车辆就只摘到空挡,履带车辆也能匀速下坡。当然在这样的坡上,原来静止的履带车辆,就是不挂制动器挂钩也能维持其静止状态而不会下滑。由力的平衡关系,可以确定出 α_x 的大小:

由 $Gx = R$ 得

$$G\sin \alpha_x = fG\cos \alpha_x$$

两边同除 $G\cos \alpha_x$,得

$$\tan \alpha_x = f \qquad (22.49)$$

如果知道某路面的 f,便可从三角函数表上查出履带车辆在该路面上的 α_x 的大小。如果没有三角函数表,因 f 值小,可近似认为

$$\tan \alpha_x \approx \frac{\alpha_x}{60}$$

便可由下式算出 α_x 的大小

$$\alpha_x = 60f \qquad (22.50)$$

(5) 使用时机

由于运动阻力制动比较平稳,没有制动带与制动鼓间的磨损,制动距离大,多在停车地点不限,或预定停车前等情况下使用。

2. 发动机制动

（1）实现方法

在不切断动力的情况下,减油或停止供油以运动阻力和发动机制动力来降低履带车辆运动速度。这里解释一下我们所说的制动力是什么意思。制动力,是指履带车辆制动时,下支履带要向前产生一定量的滑摩,在滑摩过程中,地面给下支履带的与履带车辆运动力方向相反的作用力。这个力是阻止履带车辆运动的。所以我们说的制动力并不是指制动带与制动鼓的摩擦力或发动机的各种内阻力。当然这种力是使地面提供制动力的先决条件,发动机制动和制动器制动是达到产生制动力的一种手段。没有地面提供的外力,履带车辆是不会减速的。

（2）制动距离的确定

发动机制动通过发动机制动履带使地面提供制动力。这个力的大小与发动机的制动作用大小有关。发动机制动作用大,制动力就大,反之就小,但在整个制动过程中发动机制动力是变化的,在刚开始制动时最大;制动结束时,制动力最小;制动到停车时,制动力等于零。取各挡最大发动机制动力的一半为平均制动力来确定制动距离。

发动机制动时,履带车辆的动能 $\frac{1}{2}\delta mv^2$ 消耗于发动机制动力(T_f)和运动阻力在制动距离内做功上了。所以

$$\frac{1}{2}\delta mv^2 = (\frac{1}{2}T_{fmax} + fG)S_f$$

即

$$S_f = \frac{\delta mv^2}{2(\frac{1}{2}T_{fmax} + fG)}$$

同样把速度 v 的单位 km/h 换算成 m/s,$g = 9.8$ m/s^2,整理则得

$$S_f = \frac{\delta mv^2}{254(\frac{T_{fmax}}{2G} + f)} \tag{22.51}$$

式中,T_{fmax} 为某挡的最大发动机制动力,N。

用此公式计算出制动距离,需要知道发动机最大制动力 T_{fmax}。T_{fmax} 一般都用试验方法测出。可用牵引车拖一试验履带车辆,中间连一测力计,将试验履带车辆发动机完全断油,分别挂不同排挡,用牵引车将其拖至发动机达到最高转速,此时记下测力计读数。将此读数减去试验履带车辆在该路面的运动阻力,即得该挡的 T_{fmax} 值。有实际应用价值的是一挡的 T_{fmax},它是履带车辆的最大发动机制动力,也是决定履带车辆最大匀速下坡角的依据。

（3）影响制动距离的因素

影响发动机制动距离的因素,除了包括影响运动阻力制动的制动距离的因素外,还有:

① 履带车辆重量大,制动距离就大。因为重量大,在相同速度的情况下动能就大,但发动机制动力不能增大,所以制动距离就大。

② 减油量大,制动距离就小。因为减油量大,发动机制动力就大,制动距离就小。当停止

供油时,发动机制动力最大,因此制动距离也最小。

③排挡越低,制动距离越小。因为当发动机的制动力矩一定时,排挡低传动比大,传到主动轮上制动力矩也大,因而制动力就大,制动距离就小。

④发动机使用小时数少,制动距离就小。 发动机使用小时数少,各个部件的间隙小,尤其未经很好磨合的发动机,内阻力大,所以制动距离就小。反之,发动机使用小时多,制动距离就大。

⑤质量修正系数 δ 大,制动距离大。

(4)发动机制动时各挡最大匀速下坡角 α_x 的确定

履带车辆以某一排挡行驶,用发动机制动下坡,能维持履带车辆匀速下坡的最大的坡角,即为该挡用发动机制动时的最大匀速下坡角 α_x。

①发动机制动时各挡最大匀速下坡角 α_x 的确定

履带车辆用发动机制动维持匀速下坡时,必须该挡的最大发动机制动力和运动阻力与履带车辆下滑力平衡,即

$$T_{fmax} + fG\cos \alpha_x = G\sin \alpha_x$$

近似认为 $\cos \alpha_x = 1$,$\sin \alpha_x = \alpha_x/60$,则可求得

$$\alpha_x = 60\left(\frac{T_{fmax}}{G} + f\right) \tag{22.52}$$

②影响最大匀速下坡角的因素

a.运动阻力系数 f 越大,最大匀速下坡角越大。

b.发动机制动力相同时,履带车辆越轻,则单位重量的制动力越大,最大匀速下坡角越大。

c.排挡低且给油量小,则发动机制动力大,最大匀速下坡角也越大。因此,下坡时,都用低挡。根据经验,用什么挡上这个坡,也就可以用这个挡下这个坡。

(5)使用时机

用发动机制动,操作简单,制动平稳,两条履带制动力均匀,不易偏驶。制动时,不切断动力,可根据情况及时加速,是驾驶中广泛应用的一种制动方法,多用于下列情况:

①纵队行军中,需要暂时增大车间距离时;

②通过起伏地或超越障碍时;

③高挡换低挡时;

④通过 5° ~ 25° 的下坡时;

⑤预定停车前。

3. 制动器制动

(1)实现方法

制动器制动是在切断动力联系后,用制动带抱制动鼓使地面提供制动力,以达到履带车辆减速或停车的制动方法。其具体方法有三:一是分离主离合器的同时踏下制动器踏板;另一是

将两边操纵杆同时拉到制动位置;再一是拉两边操纵杆的同时踏下制动器踏板。制动时,若制动鼓被完全抱死,叫完全制动;未完全抱死,叫局部制动。

（2）制动距离的确定

用制动器制动时,履带车辆的动能$\frac{1}{2}\delta mv^2$消耗在制动力在制动距离内做功了。制动力的大小,决定于制动带抱死制动鼓的松紧程度。当完全抱死时,制动力的最大值等于地面的附着力

$$P_\varphi = \varphi G$$

我们确定完全制动时的制动距离,可从下面等式导出

$$\frac{1}{2}\delta mv^2 = \varphi G S_z$$

移项得

$$S_z = \frac{\delta mv^2}{2\varphi G}$$

取 $g = 9.8\ \text{m/s}^2$,再把速度 v 的 km/h 的单位换算成 m/s,则得

$$S_z = \frac{\delta v^2}{254\varphi} \tag{22.53}$$

式中,S_z 为制动器制动距离;δ 为切断动力后的质量修正系数;v 为制动前履带车辆运动速度;φ 为附着系数。

这是一个理论公式,与实际出入较大,实际用制动器制动时,从开始踏制动器踏板（或拉纵杆）到制动带完全抱死制动鼓总有一个过程,在这个过程中,下支履带并未完全滑摩,因此动力没达到最大值 φG,所以,实际制动距离都比理论制动距离大。动作越迅速、踏制动器踏板或拉操纵杆的力越大,实际制动距离就越短。根据经验,在土路上实际制动距离一般比理论制动距离大 0.5 ~ 1.5 倍。

（3）影响制动距离的因素

① 履带车辆运动速度大,则制动距离大。

② 附着系数大,则制动距离小。因为 φ 大,则附着力大,履带车辆完全制动时其制动力就大,所以制动距离小。

③ 抱制动鼓抱得越快、越紧,制动距离就越小。

④ 实现制动的方法不同,制动距离也不同。脚制动时制动距离大。操纵杆制动时,由于操纵杆力臂长,制动制动鼓的力大些,所以制动距离稍小。紧急制动时（即脚制动和操纵杆制动同时使用）,因为制动带抱制动鼓的力最大,所以制动距离最小。

⑤ 局部制动时,还受地面运动阻力影响,地面运动阻力大,制动距离就小。驾驶中,非必要时一般不用紧急制动,因为紧急制动时各机件冲击负荷较大,容易损坏机件,也容易碰伤乘员。

（4）使用时机

这种制动方法,制动力大,制动距离小,一般多用于紧急停车或预定停车时。

4. 联合制动

（1）实现方法

联合制动是指发动机制动与制动器制动联合使用的一种制动方法。即在不切断动力的情况下减油或停止供油，使发动机制动，同时踏下制动器踏板。它是靠发动机制动力、制动器制动力和运动阻力来降低车速的。

（2）制动距离的确定

联合制动的制动距离，一般多从实践中测得，很难用一个公式进行准确的计算。根据经验，它的制动距离一般与脚制动的制动距离相差不多，而比紧急制动的制动距离要大。

联合制动是在发动机制动力、制动器制动力和运动阻力制动的几重作用下制动的，其制动距离似乎应该最短，但实际并非如此。这是因为制动开始一段时间发动机起制动作用，而到快要停车的一段时间内发动机不但不制动，还要向外释放能量，结果使其制动距离增大。联合制动的制动距离虽不是最短的，但在履带车辆下陡坡时，这种制动方法是各种制动方法中制动力最大的一种，因为这时发动机始终是处于制动状态而没有向外释放能量的过程。

（3）影响制动距离的因素

① 履带车辆速度高，制动距离大。

② 履带车辆越重，动能越大，制动距离大。

③ 排挡低，发动机制动力大，制动距离就短。

④ 运动阻力大，制动距离就短。

⑤ 制动越快、制动带抱得越紧，制动距离就越短。

⑥ 附着力越大，制动距离越短。

（4）联合制动时，最大匀速下坡角 α_x 的确定

当履带车辆在下陡坡时，用发动机制动其转速已达到最大功率的转速，仍不能匀速运动，则必须用联合制动。

① 匀速下坡角 α_x 的确定

联合制动地面产生的阻力，是在制动带未完全刹死制动鼓的情况下，地面所产生的制动力和运动阻力之和。而此时制动力最大值接近附着力。因此，联合制动匀速下坡时，最大制动力是附着力和运动阻力之和，它与履带车辆下滑力平衡，即

$$G\varphi\cos\alpha_x + fG\cos\alpha_x = G\sin\alpha_x$$

同除 $G\cos\alpha_x$，则得

$$\tan\alpha_x = \varphi + f \tag{22.54}$$

② 影响联合制动匀速下坡角 α_x 的因素

从上式可以看出，影响 α_x 的因素是地面性质，若地面附着系数 φ 和运动阻力系数 f 越大，则最大匀速下坡角 α_x 越大；反之则越小。

（5）使用时机

① 履带车辆匀速下坡，发动机制动力不够时；

②在起伏地高速行驶或通过某些障碍防止履带车辆颠震和撞击时；

③接近障碍前高挡换低挡时；

④要急剧减速时。

根据不同的情况和条件，采取正确的制动方法，既可保证履带车辆行驶平稳，又可保证履带车辆行驶安全。制动虽然降低了履带车辆的运动速度，但它为提高履带车辆平均运动速度创造了条件。从这个意义上说，正确制动也是提高履带车辆平均运动速度的一个重要环节。

复 习 题

22-1　履带推进装置的内阻力有哪些？

22-2　试推导车辆直线行驶运动方程式。

22-3　简述重物悬垂试验测定方法的原理。

22-4　简述牵引特性线的定义。

22-5　简述动力特性线的定义。

22-6　提高 K 值对牵引特性线有何影响？

22-7　试分析主离合器工作过程的三个阶段。

22-8　阶级式机械传动装置有哪些弱点？

22-9　影响制动距离的因素有哪些？

第 23 章 转向行驶

地面车辆系统的转向性能是车辆机动性的一个重要组成部分,是衡量车辆机动性的一项重要性能指标。应当认识到,虽然车辆的转向是依靠车辆转向系统来控制和执行的,但是车辆实际转向是通过车辆行动部分与地面相互作用来实现的。因此在探讨具体转向系统之前,首先提示产生于地面与车辆之间的转向的物理基础,而不涉及具体车辆和转向机构是何种类型。

23.1 轮式车辆的转向特性

轮式车辆的转向特性指的是车辆对转向信号的呼应状况。转向特性是车辆操纵特性的一个方面。作为轮式车辆的操纵特性还要研究:在有道路外部干扰的情况下,车辆能否保持其行驶方向。

如图 23.1 所示,车辆作为一个刚体具有六个自由度。通常沿 y 轴的侧滑、绕 z 轴的横摆、以及绕 x 轴的侧倾都属于车辆的侧向运动。车辆在这些运动状态下的状况,在很大程度上决定着车辆的转向特性。图 23.1 是一种不考虑弹性悬架的简化了的线性车辆模型。用这样的模型可阐明轮胎性能、车辆重心位置和行驶速度等对转向性能的影响,并可得到具有实际意义的结论。

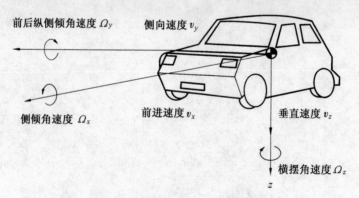

图 23.1　车辆运动的六个自由度

23.1.1　轮式车辆转向几何

为讨论方便,这里只探讨低速行驶(不考虑转向时离心力的影响)车辆的转向运动状况。通常轮式车辆的转向通过转向系统改变前轮的导向方法实现。低速转向时,车辆运动方向和方向盘转角间的关系比较简单,转向状况主要取决于转向杆件的几何关系。转向系统几何设计的基本依据是使车辆转向时轮胎的滑摩最小,即转向时所有轮胎为纯滚动而无侧向滑移。为了满足这一要求,图23.2所示的全部车轮应绕共同的圆心沿半径不同的圆弧道行驶,从而确定了内前轮转角 δ_i 和外前轮转角 δ_o 之间的关系。从图23.2可以看出, δ_i 和 δ_o 应满足下面关系式

$$\cot \delta_o - \cot \delta_i = \frac{B}{L} \tag{23.1}$$

式中, B 和 L 为车辆的轮距和轴距。

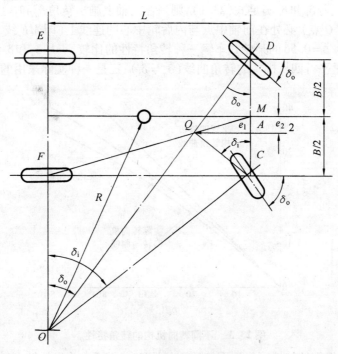

图 23.2　转向几何关系

满足式(23.1)的转向几何关系通常称为 Ackerman 转向几何条件,其中 δ_i 和 δ_o 之间的关系可以用图解法表示。根据图23.2,首先作前轴中点 M 与内后轮中心 F 的连线 MF,然后在前轴上画出外前轮转角 δ_o,连接 DO 交 MF 于 Q,再作 Q 与内前轮中心 C 的连线 QC,于是 $\angle QCM$ 就是满足式(23.1)的内前轮转角 δ_i。这可以从图23.2所示的几何关系得到证明。

$$\cot \delta_o = \frac{B/2 + e_2}{e_1}$$

$$\cot \delta_i = \frac{B/2 + e_2}{e_1}$$

两式相减得

$$\cot \delta_{\mathrm{o}} - \cot \delta_{\mathrm{i}} = \frac{2e_2}{e_1} \qquad\qquad (23.2)$$

由于 $\triangle MAQ$ 与 $\triangle MCF$ 相似,所以

$$\frac{e_2}{e_1} = \frac{B/2}{L}$$

因而式(23.2)为

$$\cot \delta_{\mathrm{o}} - \cot \delta_{\mathrm{i}} = \frac{B}{L}$$

　　以上分析表明,若 δ_{i} 和 δ_{o} 满足式(23.1),则当在前轴上画出转角 δ_{o} 和 δ_{i} 时,其非公共边的交点(图23.2上的 Q 点)必处在前轴中点与内后轮中心的连线上(即 MF 线上)。

　　图23.3表示 $B/L = 0.56$ 的某轮式车辆三种转角特性的比较,一是 δ_{o} 和 δ_{i} 满足式(23.1)的理论转角曲线;二是平行四杆机构的转角曲线($\delta_{\mathrm{o}} = \delta_{\mathrm{i}}$);三是一种实际采用的转向机构的转角曲线。

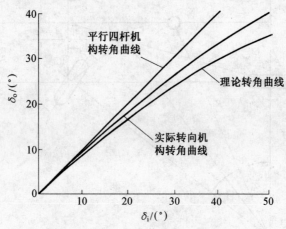

图23.3　不同转向机构的转角特性

　　评价某一转向机构的特性可采用图解法。如图23.4所示,首先从转向臂 CH 的原始位置开始给内前轮画出几个大小适当的转角增量 δ_{i} ,然后以内转向臂销轴中心 H 为圆心、以横拉杆 HI 的长度为半径画一圆弧,该圆弧与外转向臂 DI 所画圆弧相交,其交点也就确定了外前轮转角 δ_{o} 的大小。若将内前轮的每个转角 δ_{i} 和相应的外前轮转角 δ_{o} 画在前轴上,则它们的非公共边将分别在 O_1 , O_2 , O_3 点相交(见图23.4)。如前所述,如果转向机构的几何关系满足式(23.1),则 δ_{i} 和 δ_{o} 的非公共边交点应位于 MF 直线上。因此,曲线 O_1 , O_2 , O_3 偏离直线 MF 的大小就是该转向机构的几何关系与理论标准(Ackerman)之间的误差大小。图23.4上所示的这种严重偏离 MF 直线的转向机构,将使轮胎在转向时出现明显的滑摩,从而使轮胎严重磨损、操纵力增大。

　　应当指出,上述图解法只适用于如图23.4所示的平面转向机构,这种转向机构通常用在前轴为刚性梁的车辆上。对于具有前独立悬架的车辆,其转向机构比较复杂。根据独立悬架

的不同形式,前轮转向可用三节式横拉杆或带有外横拉杆的齿条齿轮来实现。绘制这种转向机构的误差曲线的方法与上述方法相类似,但过程比较复杂。

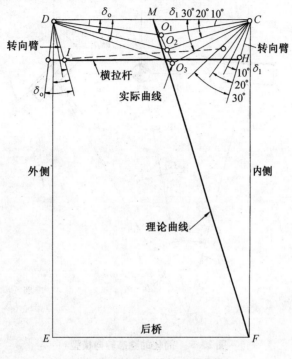

图 23.4　转向机构的误差曲线

23.1.2　稳态转向特性

稳态转向特性是指转向运动状况不随时间而变的情况下车辆的行驶状况。以不变的前进速度在半径不变的圆弧道上行驶的车辆就是稳态转向的一个例子。在分析稳态转向特性时,可不考虑车辆的惯性。

当车辆以中速或高速转向时,作用在车辆重心的离心力就不可忽略了。为了平衡离心力,轮胎上必须产生相应的侧偏力。轮胎上作用的侧偏力将引起轮胎侧偏角。因此,当车辆以中速或高速转向时,四个轮胎将分别产生相应的侧偏角。如图 23.5 所示,为了简化分析,前后轮轴上的每对轮胎分别用具有其两倍刚度的单个轮胎来表示。车辆的转向性能在很大程度上取决于前后轮胎侧偏角 α_f 和 α_r 的大小及其差别。

与低速行驶车辆相比,中高速行驶车辆的稳态转向响应与转向输入信号间的关系更为复杂。根据图 23.5 所示的几何关系,前轮转角 δ_f、转向半径 R、轴距 L 和前后轮胎侧偏角 α_f 和 α_r 之间有如下关系

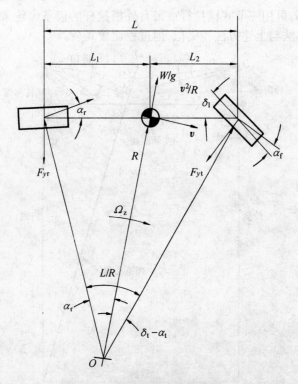

图 23.5　简化的稳态转向模型

$$\delta_f = \frac{L}{R} + \alpha_f - \alpha_r \tag{23.3}$$

这表明：车辆通过一定圆弧道所需的转角 δ_f 不仅与 R 和 L 有关,而且随 α_f 和 α_r 而变。侧偏角 α_f 和 α_r 的大小取决于前后轮胎上作用的侧偏力和轮胎本身的刚度。前后轮胎的侧偏力 F_{yf} 和 F_{yr} 可根据车辆横向力平衡条件来确定。当转角不大时,前后轮胎上的侧偏力可用以下关系式计算

$$F_{yf} = \frac{Wv^2 l_2}{gRL} \tag{23.4}$$

$$F_{yr} = \frac{W}{g}\frac{v^2}{R}\frac{l_1}{L} \tag{23.5}$$

式中,W 为车辆总重;g 为重力加速度;v 为车辆前进速度。其他参数取自图 23.5。

在车辆静止状态下,每个前轮和每个后轮上的垂直载荷 W_f 和 W_r 分别为

$$W_f = \frac{Wl_2}{2L}$$

$$W_r = \frac{Wl_1}{2L}$$

式(23.4)和式(23.5)可重写如下

$$F_{yf} = 2W_f \frac{v^2}{gR} \tag{23.6}$$

$$F_{yr} = 2W_r \frac{v^2}{gR} \tag{23.7}$$

因此,侧偏角 α_f 和 α_r 可用下式表示

$$\alpha_f = \frac{F_{yf}}{2C_{af}} = \frac{W_f}{C_{af}} \frac{v^2}{gR} \tag{23.8}$$

$$\alpha_r = \frac{F_{yr}}{2C_{ar}} = \frac{W_r}{C_{ar}} \frac{v^2}{gR} \tag{23.9}$$

式中,C_{af} 和 C_{ar} 为每个前、后轮胎的刚度。

将式(23.8)和式(23.9)代入式(23.3),则车辆行驶在一定圆弧道上所需转角 δ_f 可表示为

$$\delta_f = \frac{L}{R} + \left(\frac{W_f}{C_{af}} - \frac{W_r}{C_{ar}} \right) \frac{v^2}{gR} = \frac{L}{R} + K_{us} \frac{v^2}{gR} \tag{23.10}$$

式中,K_{us} 通常称为不足转向系数,并用弧度表示。

式(23.10)是判定轮式车辆稳态转向特性的基本公式。它表明了车辆通过圆弧道所需的导向轮转角取决于车辆的轴距、重量分配、行驶速度和轮胎的刚度。

根据 K_{us} 的大小或前后轮胎侧偏角的差别,稳态转向特性可分为三类:准确转向、不足转向和过度转向。

1. 准确转向

当不足转向系数 $K_{us} = 0$,即前后轮的侧偏角相等时($\alpha_f = \alpha_r, W_f/C_{af} = W_r/C_{ar}$),以一定转向半径转向所需的导向转角 δ_f 与前进速度无关,即

$$\delta_f = \frac{L}{R} \tag{23.11}$$

车辆的这种转向特性称为准确转向。在图23.6所示的导向轮转角 – 速度特性曲线上,转向半径不变的准确转向特性曲线是一条水平线。

对于能准确转向的车辆,当在转向半径不变的情况下加速时,驾驶员应保持方向盘的位置不变。

2. 不足转向

当不足转向系数 $K_{us} > 0$,即前轮的侧偏角 α_f 大于后轮侧偏角 α_r 时,以一定转向半径转向所需的导向轮转角 δ_f,随车辆前进速度平方值的增大而增大。具有这种转向特性的车辆称为不足转向,在图23.6上,转向半径不变的不足转向特性曲线是一条抛物线。

对于不足转向的车辆,当以不变的转向半径使之加速时,驾驶员必须增大导向轮的转角。

不足转向车辆有特性速度,车辆以这个速度转向时,导向轮转角等于$2L/R$,由式(23.10)可得

$$v_{\text{char}} = \sqrt{\frac{gL}{K_{\text{us}}}} \tag{23.12}$$

3. 过度转向

当不足转向系数 $K_{\text{us}} < 0$,即 $\alpha_{\text{f}} < \alpha_{\text{r}}$ 和 $W_{\text{f}}/C_{\text{af}} < W_{\text{r}}/C_{\text{ar}}$ 时,车辆以一定转向半径转向,所需的导向轮转角 δ_{f} 随车速的增加而减小。具有这种转向特性的车辆称为过度转向,图 23.6 上同样表示了转向半径不变时,这种车辆的导向轮转角与车速的关系曲线。

当过度转向车辆在转向半径不变的情况下加速时,驾驶员必须减小导向轮转角。

从图 23.6 可知,过度转向转速有个临界速度,该车辆以临界速度转向时,任意转向半径所需的导向轮转角都等于零。由式(23.10)可得

$$v_{\text{crit}} = \sqrt{\frac{gL}{-K_{\text{us}}}} \tag{23.13}$$

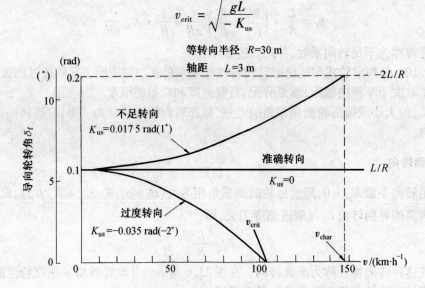

图 23.6　三种转向特性车辆的导向轮转角与速度之间的关系曲线

注意,式中 K_{us} 前有一负号。实际上临界速度就是过度转向车辆出现行驶方向不稳定的速度界限。

应当指出,影响不足转向系数从而影响车辆转向性能的设计和使用参数是很多的。对于实际使用的车辆,其不足转向系数随使用条件而变化。图 23.7 表示四种汽车的不足转向系数(用度数表示)随侧向加速度的增加而急剧增加。曲线 2 表示一种西欧的前置发动机前轮驱动汽车的特性,其变化情况与曲线 1 相似。曲线 3 表示一种西欧的后置发动机后轮驱动汽车的特性,曲线表明,在侧身加速度小于 $0.5g$ 的范围内这种车辆是不足转向,超过 $0.5g$ 则变成过度转向。曲线 4 是一种美国的后置发动机驱动小汽车的特性,由曲线 4 可知,这种汽车在全部

使用范围内都是过度转向。

　　根据车辆行驶方向稳定性的要求,三种转向性能中的过度转向是人们所不希望出现的。最理想的情况是,车辆在侧向加速度小于0.4 g的一定范围内具有不大的不足转向系数增大。这样就在大多数转向条件下,都能得到不大的不足转向系数的响应,而侧向加速度较大时所增大的不足转向系数,又可为急转弯提供必要的稳定性。

　　轮式车辆的转向理论是一门复杂的理论,这里只对其转向的基本问题进行了介绍,不再进行更深入的探讨。

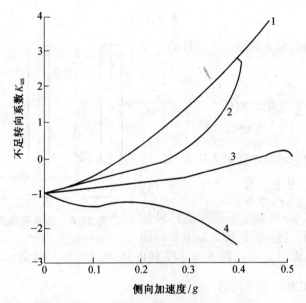

图 23.7　几种汽车的不足转向系数与侧向加速度之间的变化情况

23.2　　履带车辆转向运动学

23.2.1　履带车辆的转向问题

　　和轮式车辆相比,履带车辆是比较年轻的,至今也只有近百年的历史,其原因是转向困难。早期,人们曾探讨类似轮式车辆的转向方式,使诱导轮和前部履带做侧向摆动,但是由于履带推进与悬挂装置结构的极端复杂而告失败。转盘转向机也显示了类似的缺点。这种转向采用多轴挂轮,如第一次世界大战中"戴姆勒圣母Ⅰ型"坦克所显示的那种结构,每个轮子装有小的履带行动装置。由于结构复杂,也未逃脱夭折的命运。

　　人们经过上述各种探索之后,得出了通过降低内侧履带的纵向净推力,如果可能的话,增加外侧履带的纵向推力,控制两支履带产生不同速度,实现转向的满意结论,这就是现代履带车辆通用的转向方式。

　　如图 23.8 所示,由于两侧履带有不同的运动速度,车辆则实现绕 O 点的转向运动。称外侧履带的速度 v_2 为高速侧履带速度;而内侧履带速度 v_1 为低速侧履带速度;O 为转向中心,车辆纵向对称线至转向中心的距离为理论转向半径,通常以 R 记之。理论转向半径 R 与履带中心距 B 之半的比值称为相对转向半径,也叫转向传动比,通常以 ρ 记之,即

$$\rho = \frac{R}{B/2}$$

$$R = \rho \frac{B}{2}$$

　　转向角速度 ω 是衡量车辆转向灵活性的一个指标。

$$\omega = \frac{v_2}{R + \dfrac{B}{2}} = \frac{v_1}{R - \dfrac{B}{2}} = \frac{v_2 - v_1}{B} = \frac{v_0}{R}$$

$$(23.14)$$

　　由上式可得到理论转向半径的表达式,即

$$R = \frac{B}{2} \frac{v_2 + v_1}{v_2 - v_1} \qquad (23.15)$$

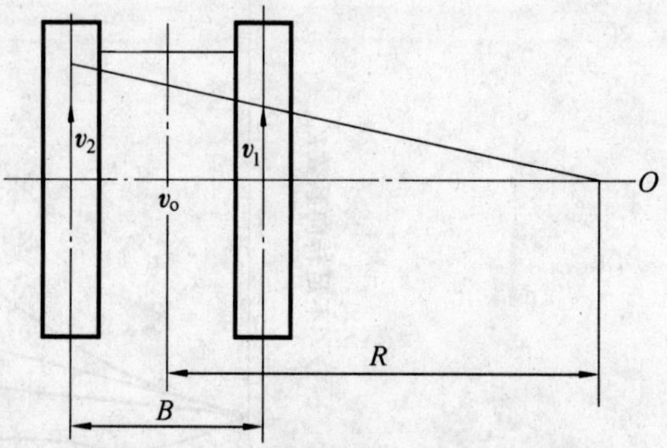

　　用相对转向半径 ρ,可确定车辆所能行驶的不同的转向半径范围。当 $\rho \geqslant 1$,即 $R \geqslant B/2$ 转向时,称为大半径转向;而当 $\rho < 1$,即 $R < B/2$ 转向时,称为小半径转向。

图 23.8　大半径转向工况速度平面图

1. 大半径转向工况($\rho \geqslant 1$)

　　若取车辆几何中心处的运动速度为 v_0,则

$$v_0 = \frac{v_1 + v_2}{2} \qquad (23.16)$$

依图 23.8 的相似三角形关系,可得

$$v_2 = v_0 \left(1 + \frac{1}{\rho} \right) \qquad (23.17)$$

$$v_1 = v_0 \left(1 - \frac{1}{\rho} \right) \qquad (23.18)$$

式(23.17)与式(23.18)相减,可得

$$\rho = \frac{2v_0}{v_2 - v_1} \qquad (23.19)$$

将式(23.16)代入式(23.19),则得

$$\rho = \frac{v_2 + v_1}{v_2 - v_1} = \frac{R}{B/2} \qquad (23.20)$$

因主动轮转速与履带速度成正比,故也可用主动轮转速表示,即

$$\rho = \frac{n_2 + n_1}{n_2 - n_1} \tag{23.21}$$

式中,n_2 为高速侧主动轮转速;n_1 为低速侧主动轮转速。

当车辆原地转向时,即 $R = B/2$ 时,$\rho = 1$,于是有

$$v_2 = 2v_0, \quad v_1 = 0$$

应当明确指出,两支履带的运动速度或相对转向半径,是由转向机构的相应工况保证的,不同的控制工况,就对应有不同的 ρ, v_1 和 v_2。

2. 小半径转向工况($\rho < 1$)

小半径转向工况是通过两支履带产生反向运动实现的,即 v_1 和 v_2 方向相反,如图23.9所示。若 $v_2 = -v_1$,则转向半径等于零,称此种转向为中心转向。为讨论方便,对小半径转向工况定义一个平均履带速度 v_0',即

$$v_0' = \frac{1}{2}(v_2 - v_1) \tag{23.22}$$

(其中 v_1 为负值,v_0' 恒为正值)则由相似三角形关系,有

$$\frac{v_2}{R + \dfrac{B}{2}} = \frac{v_0'}{B/2}$$

及

$$\frac{v_1}{R - \dfrac{B}{2}} = -\frac{v_0'}{B/2}$$

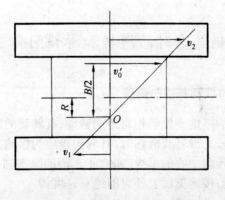

图23.9 小半径转向工况速度平面图

故得

$$v_2 = v_0'(1 + \rho) \tag{23.23}$$

$$v_1 = v_0'(-1 + \rho) \tag{23.24}$$

由式(23.24)也可看出,由于 $\rho < 1$,故 v_1 为负值。

由式(23.23)及式(23.24)可再次得到转向传动比 ρ

$$\rho = \frac{v_2 + v_1}{v_2 - v_1} = \frac{n_2 + n_1}{n_2 - n_1} \tag{23.25}$$

可见,式(23.25)与大半径转向工况得到的公式相同。

当车辆原地转向,即 $R = B/2, \rho = 1$ 时,有

$$v_2 = 2v'_0, \quad v_1 = 0$$

当车辆中心转向,即 $R = 0$ 时,有

$$v_2 = v'_0, v_1 = -v'_0 \quad (也可表示为 v_2 = |v_1| = v'_0)$$

车辆能否实现小半径转向工况,关键在于所采用的转向机构,是否能使两侧主动轮实现反向转动。即一侧正转,另一侧反转,使两侧履带产生方向相反的牵引力。现代主战坦克和一些重要的装甲车辆采用双流传动系统,可以实现小半径转向工况,提高了车辆的转向灵活性。

由于 v_0 或 v_0' 可看成履带的平均速度,所以图23.9描述了不同转向工况,两支履带速度相对履带平均速度的变化规律。在大半径转向工况,即 $\rho > 1$ 工况,v_1 和 v_2 均为正值,即两支履带有相同的运动方向,而且 ρ 越大,二者越接近。由图23.10可见,当 $\rho = 1$ 时,是由大半径转向工况向小半径转向工况的过渡点,低速侧履带转动方向发生改变,是不稳定状况。

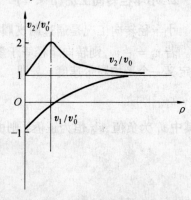

图 23.10　内、外侧履带相对速度

23.2.2　履带车辆转向时的滑转和滑移问题

1. 履带接地支段的转向极及其横向偏移

车辆转向时,每支履带的接地支段都相对地面转动,其转动的瞬时中心即称为转向极。如果不计履带宽度,当接地支段无滑转或滑移时,其转向极应为接地支段的几何中心。若存在滑转或滑移时,转向极将沿过转向中心的垂线(垂直于车辆的纵向轴线)产生横向偏移。

由于高速履带存在滑转,接地支段上各点的绝对速度为

$$\vec{v}_{j2} = \vec{v}_{q2} + \vec{v}_{x2}$$

式中,$\vec{v}_{q2}$ 为该点随车体的转向线速度;$\vec{v}_{x2}$ 为该点相对车体的运动速度。

而由履带的不可拉伸性,必然有两支履带接地支段纵向对称线上各点绝对速度沿履带纵向的分量相同,分别用 v_{j2}^* 和 v_{j1}^* 表示。而且必然有 $v_{j2}^* = \bar{\omega} y_2$,$y_2$ 为高速履带接地支段转向极横

向偏移的距离。同样也有 $v_{j1}^{*} = \omega y_1$，y_1 为低速履带接地支段转向极横向偏移的距离，ω 为车辆的转向角速度。

$$\omega = \frac{v_{j2}^{*}}{y_2} = \frac{v_{j1}^{*}}{y_1}$$

因此，两支履带接地支段转向极的横向偏移值 y_2 和 y_1 也可以由转向角速度描述，即

$$y_2 = \frac{v_{j2}^{*}}{\omega}, \qquad y_1 = \frac{v_{j1}^{*}}{\omega}$$

转向极的横向偏移值 y_2 和 y_1 可通过试验测得。由于存在滑转和滑移，所以，高速侧履带速度将减小 Δv_2，而低速侧履带速度将增大 Δv_1，而且

$$\Delta v_2 = v_{j2}^{*} = y_2 \omega$$

$$\Delta v_1 = v_{j1}^{*} = y_1 \omega$$

显然，滑转和滑移致使转向半径较之无滑转滑移时为大。如图 23.11 所示。

因为有滑转和滑移时，两支履带的实际速度分别为

$$v'_2 = r_z \omega_2 - y_2 \omega$$

$$v'_1 = r_z \omega_1 + y_2 \omega$$

式中，r_z 为主动轮半径；ω_1 为低速侧主动轮的旋转角速度；ω_2 为高速侧主动轮的旋转角速度。

$$\omega = \frac{v'_2}{R' + \dfrac{B}{2}} = \frac{v'_1}{R' - \dfrac{B}{2}}$$

因此有

$$v'_2 = r_z \omega_2 - y_2 \frac{v'_2}{R' + \dfrac{B}{2}}$$

得

$$v'_2 = \frac{r_z \omega_2}{1 + \dfrac{y_2}{R' + \dfrac{B}{2}}}$$

以及

$$v'_1 = \frac{r_z \omega_1}{1 - \dfrac{y_1}{R' - \dfrac{B}{2}}}$$

再由转向速度平面图(见图 23.12)的三角关系，可导出存在滑转的转向半径表达式，即

$$R' = \frac{\dfrac{B}{2}\left(1 + \dfrac{\omega_1}{\omega_2}\right) + y_1 + y_2 \dfrac{\omega_1}{\omega_2}}{1 - \dfrac{\omega_1}{\omega_2}} \tag{23.26}$$

当 $y_1 = 0$，$y_2 = 0$ 时，即无滑转滑移时，则有

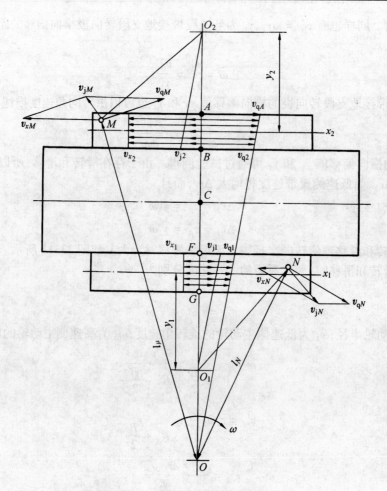

图 23.11　　履带车辆地面复合速度图

$$R = R' = \frac{\dfrac{B}{2}\left(1 + \dfrac{\omega_1}{\omega_2}\right)}{1 - \dfrac{\omega_1}{\omega_2}}$$

如果以 v_1 和 v_2 表示,则为

$$R_{th} = \frac{B}{2}\frac{v_2 + v_1}{v_2 - v_1}$$

　　由式(23.26)可知,由于存在高速履带滑转和低速履带滑移,使转向半径变大了,其增值为

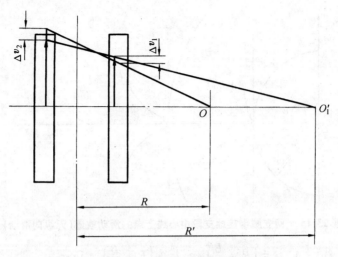

图 23.12　转向速度平面图

$$\Delta R = \frac{y_1 + y_2 \dfrac{\omega_1}{\omega_2}}{1 - \dfrac{\omega_1}{\omega_2}} \tag{23.27}$$

对于小半径转向工况,可导出

$$R' = \frac{\dfrac{B}{2}\left(1 - \dfrac{\omega_1}{\omega_2}\right) + y_1 - y_2 \dfrac{\omega_1}{\omega_2}}{1 + \dfrac{\omega_1}{\omega_2}} \tag{23.28}$$

当 $\omega_1 = \omega_2$ 时,(注意,两主动轮角速度大小相同,而方向相反)由于两支履带接地支段与地面的相互作用条件相同,可知 $y_1 = y_2$;则 $R = 0$。两支履带同步速度损失,实现中心转向。

2. 均匀转向时,履带接地支段上任一点的轨迹

履带车辆转向时,若履带接地支段相对于地面只有横向滑动而无纵向滑动时,则两支履带接地支段中心线上任一点的滑动轨迹均为渐开线,如图 23.13 所示。其内侧履带滑动轨迹的渐开线方程为

$$x_1 = \left(R - \frac{B}{2}\right) \cos\varphi + \left(R - \frac{B}{2}\right) \varphi \sin\varphi$$

$$y_1 = \left(R - \frac{B}{2}\right) \sin\varphi - \left(R - \frac{B}{2}\right) \varphi \cos\varphi$$

而外侧履带滑动轨迹的渐开线方程为

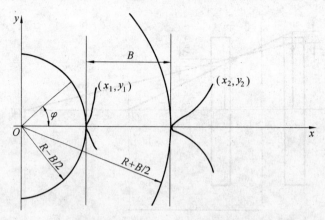

图 23.13　两支履带接地支段中心线上点的滑动轨迹(无纵向滑动)

$$x_2 = \left(R + \frac{B}{2}\right) \cos \varphi + \left(R + \frac{B}{2}\right) \varphi \sin \varphi$$

$$y_2 = \left(R + \frac{B}{2}\right) \sin \varphi - \left(R + \frac{B}{2}\right) \varphi \cos \varphi$$

如前所述,履带车辆转向时,必然产生沿地面的纵向滑动,而且高速履带为滑转,低速履带为滑移(通常情况);它们的转向极产生横向偏移,高速侧向远离转向中心方向偏移,低速侧则向转向中心偏移(如果此侧也产生滑转,则转向极也向远离转向中心方向偏移)。在考虑了滑转滑移的情况下,两支履带接地支段纵向中心线上任一点的轨迹,低速履带为一缩短渐开线,而高速履带为一延长渐开线,如图 23.14 所示。

缩短渐开线的方程为

$$\left.\begin{aligned}x &= \left(R - \frac{B}{2}\right) \cos \varphi + \left(R - \frac{B}{2} - y_1\right) \varphi \sin \varphi \\ y &= \left(R - \frac{B}{2}\right) \sin \varphi - \left(R - \frac{B}{2} - y_1\right) \varphi \cos \varphi\end{aligned}\right\} \quad (23.29)$$

式中,y_1 为低速履带接地支段转向极横向偏移距离。

延长渐开线的方程为

$$\left.\begin{aligned}x &= \left(R + \frac{B}{2}\right) \cos \varphi + \left(R + \frac{B}{2} + y_2\right) \varphi \sin \varphi \\ y &= \left(R + \frac{B}{2}\right) \sin \varphi - \left(R + \frac{B}{2} + y_2\right) \varphi \cos \varphi\end{aligned}\right\} \quad (23.30)$$

式中,y_2 为高速履带接地支段转向极横向偏移距离。

图 23.14 所示的滑动轨迹,内侧履带的缩短渐开线,其 x 轴下方部分为履带接地支段前段上的点形成的轨迹,x 轴上方部分则为后段所形成的轨迹;外侧履带的延长渐开线封闭部分,在 x 轴上方的曲线为接地支段前段上点形成的轨迹,下方部分则为后段上点形成的轨迹。

上述两支履带接地支段所形成的转向轨迹可以通过试验测得。装甲兵工程学院装甲车辆

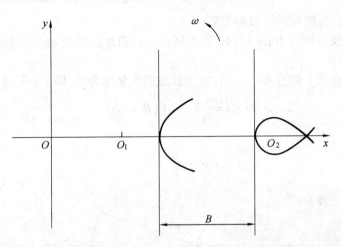

图 23.14　两支履带接地支段中心线上点的滑动轨迹（有纵向滑动）

教研室采用在履带上安装画锥的方法，成功地测绘了上述两种渐开线轨迹。通过对实测轨迹曲线一些参数的测量，可以准确地获得两支履带接地支段转向极的横向偏移值以及转向中心的纵向偏移值。

3.转向特征值及其与滑动轨迹的关系

（1）转向特征值

转向极横向偏移值与履带接地长之半的比值称为转向特征值，如图 23.15 所示。即

$$\alpha_2 = \frac{2y_2}{L}, \quad \alpha_1 = \frac{2y_1}{L} \tag{23.31}$$

式中，α_1 为第一转向特征值；α_2 为第二转向特征值。

如果履带车辆转向的研究不是在法向负荷均匀分布这一基本假设的条件下进行，或者在转向过程中，车辆重心处于纵向力或者横向作用力时，车辆转向中心将出现纵向偏移 y_3。转向中心纵向偏移值与履带接地长之半的比值称为第三转向特征值，即

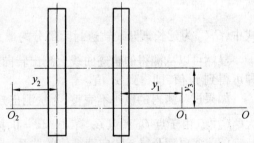

$$\alpha_3 = \frac{2y_3}{L}$$

图 23.15　转向特征值

综上所述，履带车辆转向时，转向极的三个偏移值 y_1，y_2 和 y_3，或者经过无因次转化后的三个转向特征值 α_1，α_2 和 α_3，构成了车辆结构、地面条件和使用状况等对车辆转向影响的综合体现，是对履带车辆转向性能具有决定性意义的基本参数。

（2）延长渐开线与转向特征值的关系

高速履带接地支段纵向中心线上点,在车辆转向时沿地面的滑动轨迹为一延长渐开线。如图 23.16 所示。

对于滑动轨迹曲线上的点 $C_2(x_2,0)$,由于此点的纵坐标为零,即 $y=0$,可导出

$$y_2 = \left(\frac{\tan\varphi}{\varphi_2} - 1\right)\left(R + \frac{B}{2}\right) \tag{23.32}$$

又从图 23.16 可知

$$x_2 = R + \frac{B}{2} + \overline{C_1C_2} \tag{23.33}$$

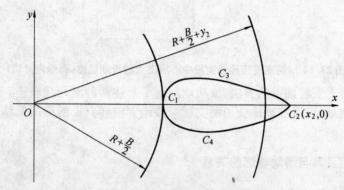

图 23.16　延长渐开线与转向特征值的关系

将式(23.32)和式(23.33)代入式(23.30),可得

$$\varphi_2 = \arccos\frac{R + \dfrac{B}{2}}{R + \dfrac{B}{2} + \overline{C_1C_2}}$$

式中,$\overline{C_1C_2}$ 为延长渐开线轨迹封闭部分的最大长度。

显然可以从测得的轨迹曲线上测出转向半径和 $\overline{C_1C_2}$ 的长度。求出 φ_2 值代入式(23.32),即可得到 y_2 值,即得到 α_2 值。

如果试验测得的轨迹不完整,无法测出封闭曲线的最大长度。可通过测量轨迹的纵向最大 $\overline{C_3C_4}$ 值,由于点 C_3 和点 C_4 有 $\mathrm{d}y/\mathrm{d}x = 0$,同样可以得到 y_2 和 α_2。

（3）缩短渐开线与转向特征值的关系

低速履带接地支段纵向中心线上点,在车辆转向时沿地面的滑动轨迹为一缩短渐开线,如图 23.17 所示。

取得渐开线的点 C_7,则有

$$x_7 = \left(R - \frac{B}{2} \right) \cos \varphi_7 + \left(R - \frac{B}{2} - y_1 \right) \varphi_7 \sin \varphi_7$$

$$y_7 = \left(R - \frac{B}{2} \right) \sin \varphi_7 - \left(R - \frac{B}{2} - y_1 \right) \varphi_7 \cos \varphi_7$$

联立消去 y_1 得

$$x_7 \cos \varphi_7 + y_7 \sin \varphi_7 = R - \frac{B}{2} \qquad (23.34)$$

由实测轨迹可找出

$$x_7 = R - \frac{B}{2} + \overline{mn}, \quad y_7 = nC_7$$

于是连同测得的转向半径 R 即可由式(23.34)得到 φ_7，
最后可确定第一转向特征值 α_1 或 y_1。

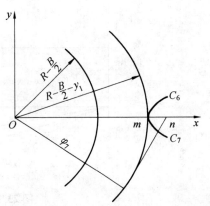

图 23.17 缩短渐开线与转向特征值的关系

4. 转向半径的试验测定方法

如前所述，利用滑动轨迹曲线确定转向特征值时，
必须已知车辆的转向半径值。现代履带车辆转向理论研究和使用经验表明，由于车辆转向时
履带沿地面的纵向滑动，两支履带接地支段转向极发生横向偏移，致使车辆转向半径较之按两
支履带绕动速度计算的转向半径为大，同时由于履带转向极的纵向偏移，转向中心偏离车辆横
向轴线。因此，需要建立一种车辆试验方法，以便能够确定车辆转向半径大小和转向中心位
置。

由于车辆上任意两点转向时的轨迹是两个圆，由此二圆的半径便可确定车辆的转向半径
和转向中心。由于考虑到保证不同的转向方向具有相同的试验状态，而且选定的两点在地面
上形成的轨迹不致被履带滑动抹掉。所以选择在车体尾部与纵向轴线对称的两点作为确定
点。为使其在转向时能形成轨迹，在其上安装了特设的喷液装置，如图 23.18 所示。图中，r_1
和 r_2 分别为两确定点 1 和 2 绕转向中心形成圆轨迹的半径；d 为两点至车辆横向轴线的距离。
由图可知

$$r_1^2 = (R - C)^2 + (d - y_3)^2$$

$$r_2^2 = (R + C)^2 + (d - y_3)^2$$

由此解出

$$R = \frac{r_2^2 - r_1^2}{4C} \qquad (23.35)$$

$$y_3 = d - \sqrt{r_2^2 - \frac{(r_2^2 - r_1^2 + 4C^2)}{16C^2}} \qquad (23.36)$$

因此，实测出 r_1 和 r_2，d 和 C 为已知参数，代入式(23.35)和式(23.36)，即可确定转向半径
和转向中心位置(即第三转向特征值)。

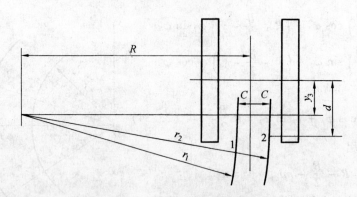

图 23.18　　转向半径的试验测定

23.3　　履带车辆转向动力学

现代履带式军用车辆都应用横向刚性的履带。在转向时,两支履带接地支段都相对地面产生横向和纵向滑动,因此克服接地面剪切阻力,消耗了很多发动机功率。

研究履带车辆转向动力学的目的,就在于要找出为实现某种条件的转向运动,在两支履带上所必需的牵引力或制动力,并建立它们和地面条件、车辆结构参数以及运动要求之间的规律性联系。为此,作以下基本假设:

① 转向是在坚硬的水平地面上进行的;
② 车辆的法向负荷在两支履带接地支段上是均匀分布的;
③ 低速均匀转向;
④ 转向时,履带与地面间的相互作用力符合库伦固体摩擦定律;
⑤ 不计履带宽度的影响。

23.3.1　　转向时的横向阻力和转向阻力矩

由于滑转和滑移的存在,车辆转向作用于履带上的横向阻力,可通过积分确定。图 23.19表明车辆转向时的受力情况。假定地面的摩擦性是各向相同的,并取 φ 为摩擦系数,则有

$$ds = \frac{\varphi W y_2}{2L}dx$$

式中,W 为车重;L 为履带着地长。

$$ds_{x2} = ds_2\cos\theta_2 = \frac{\varphi W y_2}{2L}\frac{dx}{\sqrt{y_2^2 + x^2}}$$

$$ds_{y2} = ds_2\sin\theta_2 = \frac{\varphi W x}{2L}\frac{dx}{\sqrt{y_2^2 + x^2}}$$

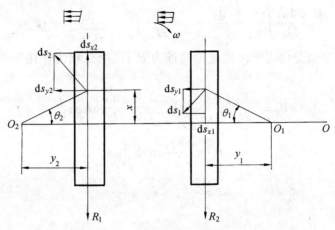

图 23.19   车辆转向时的受力情况

其中
$$\cos \theta_2 = \frac{y_2}{\sqrt{y_2^2 + x^2}}, \quad \sin \theta_2 = \frac{x}{\sqrt{y_2^2 + x^2}}$$

横向阻力分量 $\mathrm{d}s_y$ 在 O_2O_1 轴线上为零,即 $\theta = 0$ 时,$\mathrm{d}s_y = 0$。横向阻力的分布如图 23.20 所示。

因为低速均匀转向,所以假定转向极纵向偏移为零,即 $y_3 = 0$。于是可以写出对于车辆纵向轴线力的平衡方程式,即

$$\int_{-L/2}^{L/2} \mathrm{d}s_{x2} - \int_{-L/2}^{L/2} \mathrm{d}s_{x1} - R_1 - R_2 = 0$$

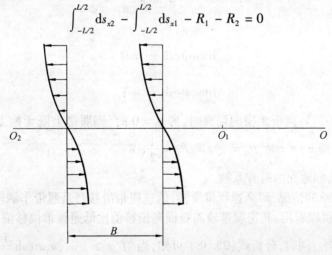

图 23.20   转向时的横向阻力分布

按图 23.19 所示的 O_1 位置,故上式第二项取负号。取两支履带行驶阻力 $R_2 = R_1 = \frac{1}{2} fW$。

于是有
$$\frac{\varphi W y_2}{2L} \int_{-L/2}^{L/2} \frac{\mathrm{d}x}{\sqrt{y_2^2 + x^2}} - \frac{\varphi W y_1}{2L} \int_{-L/2}^{L/2} \frac{\mathrm{d}x}{\sqrt{y_1^2 + x^2}} = fW$$

上式左端第一项就是作用于外侧履带的推力 P_2；而第二项为作用于内侧履带的制动力 P_1；即

$$P_2 = \frac{\varphi W y_2}{2L} \int_{-L/2}^{L/2} \frac{\mathrm{d}x}{\sqrt{y_2^2 + x^2}} = \frac{\varphi W y_2}{L} \mathrm{arcsh} \frac{L}{2y_2}$$

$$P_1 = \frac{\varphi W y_1}{L} \mathrm{arcsh} \frac{L}{2y_1}$$

又因
$$a_2 = \frac{2y_2}{L}, \qquad a_1 = \frac{2y_1}{L}$$

则有
$$\begin{cases} P_2 = \dfrac{W}{2} \varphi a_2 \, \mathrm{arcsh} \dfrac{1}{a_2} \\ P_1 = \dfrac{W}{2} \varphi a_1 \, \mathrm{arcsh} \dfrac{1}{a_1} \end{cases} \tag{23.37}$$

根据车辆纵向力的平衡方程式,有

$$P_2 - P_1 = fW$$

即
$$a_2 \, \mathrm{arcsh} \frac{1}{a_2} - a_1 \, \mathrm{arcsh} \frac{1}{a_1} = \frac{2f}{\varphi} \tag{23.38}$$

由于
$$\lim_{a \to 0} a\, \mathrm{arcsh} \frac{1}{a} = 0$$

$$\lim_{a \to \infty} a\, \mathrm{arcsh} \frac{1}{a} = 1 \tag{23.39}$$

故可得出结论:当转向极无横向偏移时,即 $a = 0$ 时,则履带上既无推力,也无制动力;同样,当完全滑转时,即 $a \to \infty$ 时,$P_2 = \frac{1}{2}\varphi W$, $P_1 = \frac{1}{2}\varphi W$。

可见式中的 φ,即地面的附着系数。

按图 23.19 所示的情况,即高速履带滑转,低速履带滑移乃是履带车辆转向的通常情况。而且从式(23.38)可以看出,高速履带转向极横向偏移值比低速履带偏移值大;只有当 $f/\varphi = 0$ 时,它们的值才相同。同时,分析式(23.38)可知,当 $2f/\varphi \geqslant 1$ 时,$a_1 \mathrm{arcsh} \frac{1}{a_1} \leqslant 0$,此时低速履带转向作向远离转向中心方向偏移,即低速履带接地支段产生滑转,其产生牵引力。然而,在水平地面均匀转向时,f/φ 通常极小。因此通常情况,低速履带总是产生滑移,即低速履带总是受制动力作用。

为了便于应用,可简化反双曲线函数,可取

$$a \, \mathrm{arcsh} \, \frac{1}{a} = \frac{a}{a + 0.22}$$

经研究,这种简化误差很小,即使 a 值很大时,误差也不超过 $6\% \sim 8\%$。因此,得简化的转向动力学方程式为

$$P_2 = \frac{\varphi W}{2} \frac{a_2}{a_2 + 0.22}$$

$$P_1 = \frac{\varphi W}{2} \frac{a_1}{a_1 + 0.22}$$

如果对车辆的几何对称中心取矩,则有

$$\left[\int_{-L/2}^{L/2} \mathrm{d}s_{x2} + \int_{-L/2}^{L/2} \mathrm{d}s_{x1} + R_1 - R_2 \right] \frac{B}{2} = \int_{-L/2}^{L/2} x \mathrm{d}s_{y2} + \int_{-L/2}^{L/2} x \mathrm{d}s_{y1}$$

积分整理得

$$\frac{\varphi W B}{4} \left(a_2 \mathrm{arcsh} \frac{1}{a_2} + a_1 \mathrm{arcsh} \frac{1}{a_1} \right) = \frac{\varphi W L}{8} \left(\sqrt{1 + a_2^2} + \sqrt{1 + a_1^2} - a_2^2 \mathrm{arcsh} \frac{1}{a_2} - a_1^2 \mathrm{arcsh} \frac{1}{a_1} \right) \quad (23.40)$$

等式左端为转向力矩,即

$$M_d = (P_2 + P_1) \frac{B}{2}$$

而等式右端即为转向力矩 M_c。由式(23.38)可知

$$a_1 \mathrm{arcsh} \frac{1}{a_1} = a_2 \mathrm{arcsh} \frac{1}{a_2} - \frac{2f}{\varphi}$$

故有

$$M_d = M_c = \frac{\varphi W B}{2} \left(a_2 \mathrm{arcsh} \frac{1}{a_2} - \frac{f}{\varphi} \right) = \frac{\varphi W B}{2} \left(\frac{a_2}{a_2 + 0.22} - \frac{f}{\varphi} \right) \quad (23.41)$$

整理式(23.40),可得转向比 λ

$$\lambda = L/B = \frac{2 \left(a_2 \mathrm{arcsh} \frac{1}{a_2} + a_1 \mathrm{arcsh} \frac{1}{a_1} \right)}{\sqrt{1 + a_2^2} + \sqrt{1 + a_1^2} - a_2^2 \mathrm{arcsh} \frac{1}{a_2} - a_1^2 \mathrm{arcsh} \frac{1}{a_1}} \quad (23.42)$$

正如前面所述,第一、第二转向特征值 a_1 和 a_2 是履带车辆转向性能的基本参数。它们决定转向时履带的推力、制动力乃至地面的转向阻力矩,并且体现了转向运动学和动力学之间的不可分割的联系。

转向特征值 a_1 和 a_2 不仅与车辆的几何参数 λ 有关,而且和地面性质 f 和 φ 有关,同时 a_1 和 a_2 之间也相互有关。把式(23.38)和式(23.42)联立,可以作出,在给定 λ 和 f 与 φ 时,单值确定 a_1 和 a_2 值的曲线,如图 23.21 所示。

例如,当 $\lambda = 1.4$,$f/\varphi = 0.2$ 时,可由图 23.21 查出 $a_1 = 0.13$、$a_2 = 0.6$。

由图 23.21 可以看出,转向特征值随 λ 的增加而迅速增加,f/φ 增加则只使 a_2 增加,而 a_1 却反而下降。图中最左边曲线,相当于 $P_1 = 0$,即没有滑移,转向极不产生横向偏移的情况。左

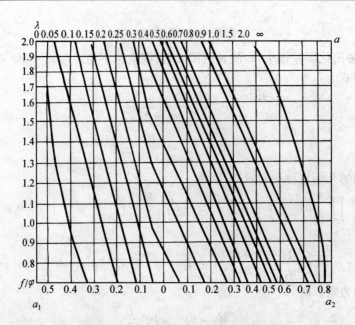

图 23.21 λ、f、φ 与 a_1、a_2 的关系曲线

于此曲线,即是 a_2 为负值的情况,而右于此曲线,则 a_1 为正值,而且越往右,a_1 值越大。图中最右端的一条曲线相当于 a_2 为无穷大,即决定车辆转向的极限情况,因为 $a_2 \to \infty$,则 $P_2 \to \frac{1}{2}\varphi W$。

由图 23.21 可知,λ 值增加,车辆转向的极限能力则下降;但 f/φ 减小,则车辆的转向能力却越趋近于其极限。

【例】 已知车辆的质量为 $m = 30$ t,履带接地长 $L = 4$ m,履带中心距 $B = 2.5$ m,$f = 0.05$,$\varphi = 0.4$。试确定转向时的牵引力 P_2 与制动力 P_1。

解 由于
$$\lambda = L/B = 1.6, \quad f/\varphi = 0.125$$
查图 23.21 图线,得到
$$a_2 = 0.61, \quad a_1 = 0.23$$
于是可得 P_2 和 P_1,即
$$P_2/\mathrm{kN} = \frac{\varphi W}{2} \frac{a_2}{a_2 + 0.22} = 44$$
$$P_1/\mathrm{kN} = \frac{\varphi W}{2} \frac{a_1}{a_1 + 0.22} = 30.7$$
如果采用精确公式,则
$$P_2/\mathrm{kN} = \frac{W}{2} \varphi a_2 \mathrm{arcsh}\left(\frac{1}{a_2}\right) = 46.3$$

$$P_1/\text{kN} = \frac{W}{2}\varphi a_1 \text{arcsh}\left(\frac{1}{a_1}\right) = 30.1$$

可见,简化公式具有较高精度。

23.3.2　不计滑转与滑移车辆的转向动力学

当不计滑转与滑移时,车辆转向受力情况如图 23.22 所示,转向阻力矩 M_c 等于

$$M_c = 4\int_0^{L/2} x\mu p b \text{d}x = \frac{\mu WL}{4} \tag{23.43}$$

式中,μ 为转向阻力系数;b 为履带宽;p 为单位压力。

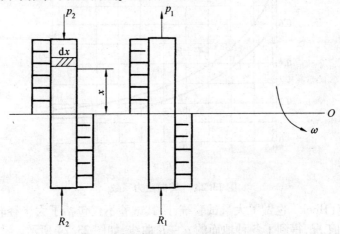

图 23.22　车辆转向受力情况(不考虑滑转、滑移)

$$p = W/(2bL)$$

分别对 O_2 和 O_1 点取矩,并整理得

$$P_2 = \frac{fW}{2} + \frac{\mu WL}{4B}$$

$$P_1 = -\frac{fW}{2} + \frac{\mu WL}{4B} \tag{23.44}$$

转向阻力系数 μ 不仅考虑了由于地面摩擦引起的转向阻力,同时也计入了履带和地面间啮合阻力、土壤堆积阻力等形成的转向阻力。由式(23.41) 和式(23.43) 相比,可有

$$\mu = \frac{2\varphi}{\lambda}\left(a_2 \text{arcsh}\frac{1}{a_2} - \frac{f}{\varphi}\right) \tag{23.45}$$

由此可见,μ 是车辆几何参数 λ、地面性质 f/φ 以及转向特征值 a_2 的函数。

转向阻力系数 μ 可以试验测定。在不同行驶地面进行试验测定,可得出各种地面的 $\mu - R$ 曲线,如图 23.23 所示。

经过大量试验的统计分析,原苏联学者尼基金教授提出一种确定转向阻力系数的经验公

式即

$$\mu = \frac{\mu_{max}}{0.85 + 0.3 \dfrac{R}{B}}$$
(23.46)

式中，μ_{max} 为原地转向，即 $R = B/2$ 时的转向阻力系数。

如图 23.23 中，干土路的 $\mu_{max} = 0.6$，而草地的 $\mu_{max} = 0.9$。可见式(23.46)，只适用于大半径转向工况。

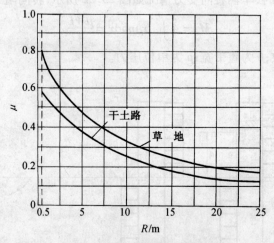

图 23.23　转向阻力系数

西方学者霍克(Hock)也做了大量试验统计，其试验不仅包括了大半径转向工况，而且也包括了小半径转向工况，得到了各种地面的 $\mu - R$ 曲线，如图 23.24 所示。

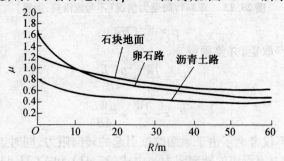

图 23.24　转向阻力系数

其拟合的经验公式为

$$\mu = \frac{\mu_0 \left(1 - \dfrac{\rho}{\rho_k}\right)}{(1 + \rho)^n}$$
(23.47)

式中，μ_0 为中心转向时，即 $R = 0$ 时的转向阻力系数；ρ 为相对转向半径；ρ_k 为履带自由转向时的相对转向半径(也称履带自有转向传动比),通常取 $\rho_k = 500$;n 为履带张力指数,$n = 0.25 \sim 0.5$。

综上所述,在忽略转向时履带相对地面的滑转和滑移所得到的动力学方程式,由于其比较简单,而且可以得到比较接近实际的结果,故得到了广大车辆工程科技人员的肯定,且经常使用。但是,在详细地分析研究了实际转向过程和力学机理后,这种简化的动力学方程的不完善性很明显,而且在偏差方面也可作一比较:

若车辆 $W = 30$ t,$L = 4$ m,$\lambda = 2$,$f = 0.15$,$\varphi = 0.4$ 的地面上转向,且转向阻力矩 $M_c = 9.4$ (t·m),则有 $\mu = 0.31$,代入方程得

$$P_2 / \mathrm{kN} = \frac{fW}{2} + \frac{\mu WL}{4B} = 69$$

若根据 $f / \varphi = 0.375$,$\lambda = 2$,查图 23.21 可得 $a_2 = 22$,于是有

$$P_2 / \mathrm{kN} = \frac{\varphi W}{2} \cdot \frac{a_2}{a_2 + 0.22} = 59.4$$

可见,不考虑滑转滑移的简化动力学公式所确定的牵引力值偏大,一般偏差20%左右。

23.3.3　履带车辆转向条件

履带车辆转向行驶和直线行驶相比要困难得多。因为在同一地面上,匀速直线行驶时,发动机对两支履带上提供的总牵引力为

$$P = fW$$

而车辆转向时,在高速侧履带提供的牵引力为

$$P_2 = \frac{fW}{2} + \frac{\mu WL}{4B}$$

二者的比值

$$\frac{P_2}{p} = \frac{1}{2} + \frac{\mu L}{4fB}$$

可见,这个比值与地面条件(μ / f)以及车辆几何参数(L/B)等有关,并且和行驶条件有关。如果地面 $f = 0.07$,$\mu = 0.7$,且 $L/B = 1.4$,可得 $P_2 = 0.28W$,而直线行驶时的总牵引力 $P = 0.07W$,即 $P_2 / P = 4$。这说明,在一般条件下,车辆转向所需的牵引力是直线行驶时牵引力的几倍。所以履带车辆转向条件要比直线行驶条件要求更高,当然也必须满足动力条件和地面条件,这一点与直线行驶条件是一致的。

动力条件当然是:$P_2 \leqslant p_f$

地面附着条件则为:$P_2 \leqslant \frac{1}{2} \varphi W$

即

$$\lambda = \frac{L}{B} \leqslant \frac{2(\varphi - f)}{\mu} \tag{23.48}$$

式(23.48)实际上是履带车辆转向灵活性的一个判据。因为在给定的地面条件下,若要实现要求的转向运动,只有满足此不等式才有可能。否则,车辆将不能实现所要求的转向运动。

举例:若$\varphi = 0.65$,$\mu_{\max} = 0.85$,$f = 0.15$,试比较上述各种车辆实现$\mu = 0.63$($R = 7.7$ m)的转向运动的可能性。

计算不等式:

$$\lambda = \frac{L}{B} \leqslant \frac{2(\varphi - f)}{\mu} = 1.587$$

与表 23.1 比较,除 M1 和豹 Ⅱ 两个主战坦克不能实现外,其他车辆皆可实现要求的转向运动。实际上,当履带车辆在松软地段上行驶时,由于沉陷,L/B 值将有所增大,如图 23.25 所示,因此转向趋于困难。当沉陷量 h 为一定值时,δ 越小 L' 越大,因而车辆的转向灵活性将随之下降。各种车辆转向灵活性见表 23.1。

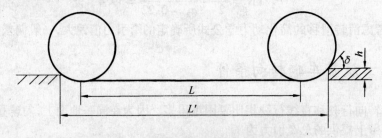

图 23.25　车辆由于地面沉陷的履带接地长

表 23.1　各种车辆的转向灵活性

车辆	短车体车辆	M113	59 式	M60A1	豹 Ⅰ	豹 Ⅱ	M1
L/B	1.19	1.24	1.45	1.45	1.57	1.775	1.63
转向灵活性水平	甚佳	佳	满意	满意	满意	尚可	尚可

23.3.4　履带车辆法向负荷分布对转向性能的影响

履带车辆的转向性能,在很大程度上取决于履带接地面积上的法向负荷分布。因为不同的法向分布,决定了转向时履带接地支段的横向阻力分布,因此就将有不同的转向阻力矩。

作为履带接地支段法向负荷呈矩形分布的情况,即均匀分布情况,其转向阻力矩为

$$M_c = \frac{\mu W L}{4}$$

如果车辆在坚硬地面上转向,履带接地支段呈集中的离散分布,即每个负重轮下集中地传

给地面一个载荷,而且各负重轮的载荷相同,如图 23.26 所示。

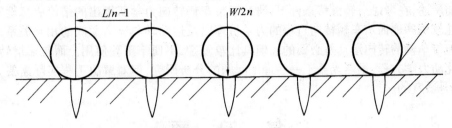

图 23.26   履带接地支段受集中的离散分布法向负荷

由此可以得出车辆在坚硬行驶地面上的转向阻力矩。

若 $n = 7$,则有 $M_c = \dfrac{2}{7}\mu WL$;若 $n = 5$,则有 $M_c = \dfrac{3}{10}\mu WL$;若 $n = 4$,则有 $M_c = \dfrac{1}{3}\mu WL$。n 为车辆每侧的负重轮数。

由此可见,均布集中载荷的转向阻力矩要大于均布载荷的阻力矩,而且随着负重轮数的减少,转向阻力矩将增大(在其他条件相同的条件下)。说明了履带车辆在坚硬地面上转向要较难于比较松软地面上的转向(当然,坚硬地面的行驶阻力相对较小);而且在相同车重情况下,负重轮数目越少,这种现象就更明显。概括言之,由于负重轮载荷引起履带接地面上负荷分布不均匀,要实现要求的转向,就需发动机提供更大的功率。

履带接地面上的法向负荷呈三角形分布,中间负荷大,两端负荷小,如图 23.27 所示,车辆在这种负荷条件下转向时,转向阻力将是最小的。由于履带接地支段中心处的负荷最大,可设其最大单位压力为负荷均匀分布时单位压力的 2 倍,即

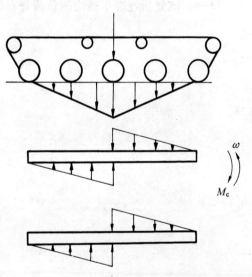

图 23.27   履带接地支段受三角形分布的法向负荷

$$p_{\max} = \frac{W}{bL}$$

而距中心为 x 处的单位压力为

$$p = \frac{(L - 2x)}{L}p_{\max} = \frac{(L - 2x)\,W}{bL^2}$$

故有

$$M_c = 4\int_0^{L/2} \mu pbx\,\mathrm{d}x = \frac{1}{6}\mu WL \tag{23.49}$$

所以,有经验的驾驶员,通常当车辆在土岭上或凸起地表处,即在前后负重轮悬空或负荷

较小时,操纵车辆转向,因为这时转向阻力矩较小。

如前所述,在考虑滑转滑移条件下,研究履带车辆转向力学所得出的结论更接近实际,而且可以比较明确地揭示车辆转向过程的力学机理以及运动学与动力学间的相互关系,对认识和理解履带车辆的转向运动是必要的。但其比较复杂,不便于工程使用。而忽略滑转滑移得出的简化动力学方程,虽然无益于一些理论问题的分析研究,但对解决工程实际需要,作近似估算,还是适宜的。

复 习 题

23-1 简述轮式车辆的稳态转向特性。

23-2 履带车辆与轮式车辆转向方式有何不同?

23-3 简述履带车辆转向动力学的两个基本假设。

23-4 试分析履带车辆法向负荷分布对转向性能的影响。

第24章 履带车辆在横向力、纵向力作用下的转向

24.1 履带车辆在横向力作用下的均匀转向

横向力指沿车辆横向对称轴线 OY 方向的作用力。比如,车辆在侧倾坡上行驶时,重力的横向分力 $W\sin\beta$ 即为此种横向力。实际上,不均匀转向中,离心力是必然存在的,所以横向力作用下的转向是比较普遍的。

24.1.1 履带车辆在侧倾坡上转向(考虑滑转滑移情况)

横向力 Y 的作用,将引起两支履带法向负荷分配的改变。设高速履带的法向负荷为 Q_2,而低速履带的法向负荷为 Q_1,相应的地面法向力分别为 N_2 和 N_1。

对高速履带取矩,则有

$$Q_2 = N_2 = Q_0\left(\frac{1}{2} - \frac{Yh_c}{BQ_0}\right)$$

而对低速履带取矩,有

$$Q_1 = N_1 = Q_0\left(\frac{1}{2} + \frac{Yh_c}{BQ_0}\right)$$

式中,h_c 为车辆重心距地高;Q_0 为车辆的附着重量,$Q_0 = Q\cos\beta$,若在水平地面上,则 $Q_0 = W_0$。

若令

$$\frac{1}{2} + \frac{Yh_c}{BQ_0} = m_1, \qquad \frac{1}{2} - \frac{Yh_c}{BQ_0} = m_2$$

则有

$$Q_2 = m_2Q_0, \qquad Q_1 = m_1Q_0$$

称 m_2 和 m_1 为负荷重新分配系数,显然 $m_1 + m_2 = 1$。

由于横向力 Y 的作用,车辆转向时,转向极必然产生纵向偏移,设偏移值为 y_3,由履带接地支段的力的平衡关系,可有

$$\sum Y = Y - S_2 - S_1 = 0$$

即

$$Y - \int_{-(L/2-y_3)}^{(L/2+y_3)} \mathrm{d}S_2 - \int_{-(L/2-y_3)}^{(L/2+y_3)} \mathrm{d}S_1 = 0$$

以 $\mathrm{d}S_2 = \dfrac{m_2Q_0\varphi}{L} \cdot \dfrac{x\mathrm{d}x}{\sqrt{x^2+y_2^2}}$ 和 $\mathrm{d}S_1 = \dfrac{m_1Q_0\varphi}{L} \cdot \dfrac{x\mathrm{d}x}{\sqrt{x^2+y_1^2}}$ 代入上式,即得

$$Y = \frac{m_2 Q_0 \varphi}{L} \int_{-(L/2 - y_3)}^{(L/2 + y_3)} \mathrm{d}S_2 + \frac{m_1 Q_0 \varphi}{L} \int_{-(L/2 - y_3)}^{(L/2 + y_3)} \mathrm{d}S_1$$

积分得

$$Y = \frac{m_2 Q_0 \varphi}{L} \left[\sqrt{\left(\frac{L}{2} + y_3\right)^2 + y_2^2} - \sqrt{\left(\frac{L}{2} - y_3\right)^2 + y_2^2} \right] +$$

$$\frac{m_1 Q_0 \varphi}{L} \left[\sqrt{\left(\frac{L}{2} + y_3\right)^2 + y_1^2} - \sqrt{\left(\frac{L}{2} - y_3\right)^2 + y_1^2} \right]$$

若令 $a_3 = \dfrac{y_3}{L/2}$, $a_2 = \dfrac{y_2}{L/2}$, $a_1 = \dfrac{y_1}{L/2}$ 则有

$$m_2 \left[\sqrt{(1 + a_3)^2 + a_2^2} - \sqrt{(1 - a_3)^2 + a_1^2} \right] +$$

$$m_1 \left[\sqrt{(1 + a_3)^2 + a_1^2} - \sqrt{(1 - a_3)^2 + a_1^2} \right] = \frac{2Y}{Q_0 \varphi}$$

若令

$$U_1 = \sqrt{(1 + a_3)^2 + a_1^2} - \sqrt{(1 - a_3)^2 + a_1^2}$$

$$U_2 = \sqrt{(1 + a_3)^2 + a_2^2} - \sqrt{(1 - a_3)^2 + a_2^2}$$

则有

$$m_2 U_2 + m_1 U_1 = \frac{2Y}{Q_0 \varphi} \tag{24.1}$$

由于 U_1 和 U_2 是 a_3 和 a_j 的函数,可以把函数 U 看成是

$$U_j = 2a_3 - f(a_3, a_j)$$

式中, $a_j = 1.2$;而且可以认为上式的第二项较之第一项数值较小,在足够的精度上,可以认为

$$U_1 = U_2 = 2a_3$$

由式(24.1)可知

$$(m_2 + m_1) a_3 = \frac{Y}{Q_0 \varphi} \tag{24.2}$$

当 $a_3 = 1$ 时,即 $y_3 = L/2$ 时, $Y = Y_{\max} = Q_0 \varphi$。

履带车辆在横向力 Y 作用下转向时,当 Y 朝向低速履带时(设此时 Y 为正),转向极产生向车尾方向的纵向偏移(此偏移 y_3 为正);而当 Y 朝向高速履带时(Y 为负),则转向极向车首方向产生纵向偏移(此偏移 y_3 为负),如图 24.1 所示。

由于横向力 Y 的作用,使两支履带的负荷重新分配。结果法向负荷大的履带,要实现给定转向,而产生必要的纵向作用力,可能只需要很小的滑转或滑移即可,即转向极的横向偏移可以很小;然而法向负荷小的一侧履带却正好相反,要达到必要的纵向力,就必然有较大的滑转或滑移,即转向极必须产生较大的横向偏移。同时也可以看出,由于横向力的作用,抵消了一部分地面的横向阻力,因而使转向阻力矩变小。在 $a_3 = 1$ 的极限情况,阻力矩就等于零。

最终可以导出 P_2 和 P_1 为

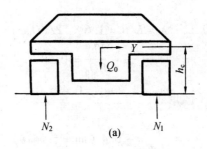

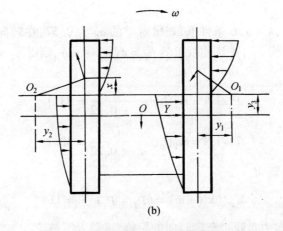

图 24.1　横向力作用下车辆的转向

$$P_2 = m_2 Q_0 \varphi a_2 \operatorname{arcsh}\left(\frac{1}{a_2}\right)$$

$$P_1 = m_1 Q_0 \varphi a_1 \operatorname{arcsh}\left(\frac{1}{a_1}\right)$$

$$(24.3)$$

分析式(24.3)可知,横向力 Y 的影响是通过 m 和 a 体现的。

同样可以导出转向阻力矩 M_c 为

$$M_c = (P_2 + P_1)\frac{B}{2} = \frac{1}{2}Q_0\varphi B\left(m_2 a_2 \operatorname{arcsh}\left(\frac{1}{a_2}\right)\right) + \frac{1}{2}Q_0\varphi B\left(m_1 a_1 \operatorname{arcsh}\left(\frac{1}{a_1}\right)\right) \quad (24.4)$$

为了便于运用,可以简化 P_2 和 P_1 的表达式为

$$P_2 = m_2 Q_0 \varphi \frac{a_2}{a_2 + 0.22}$$

$$P_1 = m_1 Q_0 \varphi \frac{a_1}{a_1 + 0.22}$$

【例1】　已知车辆重为 30 t, $L = 4$ m, $B = 2.5$ m, $h_c = 1$ m, $f = 0.05$, $\varphi = 0.5$, 横向力 Y 朝向高速履带,且 $Y = 6$ t,试确定 P_2, P_1 和 M_c。

解　(1)计算各系数

$$f/\varphi = 0.1, \quad \lambda = L/B = 1.6, \quad Y/(Q_0\varphi) = -0.4$$

$$m_2 = \frac{1}{2} - \frac{Yh_c}{BQ_0} = 0.58$$

$$m_1 = 1 - m_2 = 0.42$$

(2)求 a_3

$$a_3 = \frac{Y}{Q_0\varphi} = -0.4 \text{（向车首偏移）}$$

(3)求 a_2

在给定 $f/\varphi = 0.1, \lambda = 1.6$ 条件下,查出对应的 a_2 为0.57,在转向极纵向偏移为零时绘出,因此可取查得的 a_2 为 a_2^*,并且使欲求的 $a_2 = a_2^*(1 + a_3)$,则得 $a_2 = 0.342$。

(4)求 P_2 和 P_1

$$P_2/\text{kN} = m_2 Q_0\varphi \frac{a_2}{a_2 + 0.22} = 53.1$$

$$P_1/\text{kN} = m_1 Q_0\varphi \frac{a_1}{a_1 + 0.22} = 38.1$$

(5)确定转向阻力矩 M_c

$$M_c/(\text{kN} \cdot \text{m}) = (P_2 + P_1)\frac{B}{2} = 114$$

综上所述,有关横向力对履带车辆转向的影响,可得以下结论:

(1)由于横向力的作用,使两支履带的法向负荷发生重新分配。

(2)使履带车辆的转向极发生纵向偏移,其偏移的极限值为 $L/2$。当 $y_3 = L/2$ 时,即当第三转向特征值 $a_3 = 1$ 时,车辆将发生横滑而失控。

(3)当横向力 Y 增大时,转向极纵向偏移增大,转向极的横向偏移减小,而且随着由此而引起的作用在履带上的法向负荷的增大,转向极横向偏移(几乎呈线性的)减小。

(4)两支履带的牵引力或制动力随横向力的增大而减小,并且当横向力达到其极限值时,即 $Y = \varphi Q_0 = Y_{max}$ 时,牵引力和转向阻力矩将降为零。概言之,横向力的作用,使车辆转向变得容易。

履带车辆在侧倾坡上行驶时,其重心上就作用有横向力 $W\sin\beta$(重力的横向分力)。因此,车辆在侧倾坡上转向,就是在横向力作用下的转向。

24.1.2　简化条件下的侧倾坡转向

1. 履带车辆在侧倾坡上向坡下转向

车辆的受力情况如图 24.2 所示。

可见,横向力 $W\sin\beta$ 引起了两支履带法向负荷的重新分配,即

$$\begin{cases} N_2 = \dfrac{W\cos\beta}{2} - \dfrac{W\sin\beta \cdot h_c}{B} \\[3mm] N_1 = \dfrac{W\cos\beta}{2} + \dfrac{W\sin\beta \cdot h_c}{B} \end{cases} \tag{24.5}$$

于是,两支履带的行驶阻力为

$$R_2 = fN_2, \quad R_1 = fN_1$$

车辆转向时,由力的平衡关系,可知

$$\frac{\mu W\cos\beta}{L}(2y_3) = W\sin\beta$$

故转向极的纵向偏移为

$$y_3 = \frac{L}{2\mu}\tan\beta \tag{24.6}$$

可见,侧倾坡角 β 必须小于 $\beta_{max} = \arctan\mu$,即 $y_3 < L/2$,否则车辆将不能完成给定的转向,并发生横滑失控。称 β_{max} 为侧滑角。

由转向时的横向阻力分布,可以列出转向阻力矩表达式为

$$M_c = \frac{\mu WL\cos\beta}{4}\Big[1 + \Big(\frac{2y_3}{L}\Big)^2\Big] \tag{24.7}$$

由上式可知,当 β 增大时,由于附着重量下降,M_c 相应下降,但是 β 的增大又引转向极纵向偏移 y_3 增大,而 y_3 对 M_c 的影响大于附着重量的影响,故侧倾角 β 的增大,总的趋势是使转向阻力矩 M_c 随之增大。当 $\beta = \beta_{max}$ 时,M_c 达到最大值,即

$$M_{cmax} = \frac{\mu WL\cos\beta_{max}}{2} \tag{24.8}$$

虽然随着侧倾坡角的增大,即随着横向力的增大,转向阻力矩是增加的,但是侧倾坡上向坡下转向仍然是随着坡角增大而更容易,这是因为横向力是帮助转向的。

$$M_d = M_c - M_y$$

式中,M_y 为横向力形成的转向力矩,其表达式为

$$M_y = Yy_3 = W\sin\beta \frac{L\tan\beta}{2\mu}$$

故车辆的转向动力矩 M_d 为

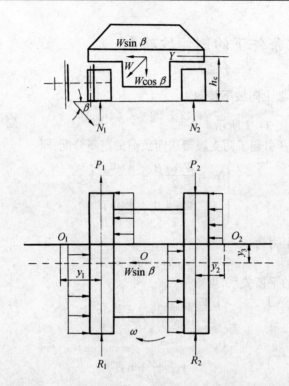

图 24.2　　车辆在侧倾坡上向下转向(不考虑滑转、滑移)

$$M_d = \frac{\mu W L \cos \beta}{4} \left[1 - \left(\frac{\tan \beta}{\mu} \right)^2 \right] \tag{24.9}$$

可见,随着侧倾坡角 β 的增大,转向动力矩 M_d 是减小的。

图 24.3 表明侧倾坡向坡下转向时,随横向力 Y 的增大,转向阻力矩 M_c 和转向动力矩 M_d 的变化情况,同时也示出了转向极纵向偏移 y_3 与横向力 Y 之间的变化关系。

由图 24.3 可以求出高速侧所需牵引力 P_2 和低速侧所需制动力 P_1。对 O_1 点取矩,可得转向时的力矩平衡方程式为

$$(P_2 - R_2) B = M_c - M_y$$

得
$$P_2 = W \cos \beta \left(\frac{1}{2} - \frac{h_c}{B} \tan \beta \right) \cdot f + \frac{\mu W L \cos \beta}{4B} \left[1 - \left(\frac{\tan \beta}{\mu} \right)^2 \right] \tag{24.10}$$

同样对 O_2 点取矩,可得转向时的力矩平衡方程式为

$$(P_1 + R_1) B = M_c - M_y$$

得
$$P_1 = - W f \cos \beta \left(\frac{1}{2} + \frac{h_c}{B} \tan \beta \right) + \frac{\mu W L \cos \beta}{4B} \left[1 - \left(\frac{\tan \beta}{\mu} \right)^2 \right] \tag{24.11}$$

由图 24.4 可见,随着侧倾角 β 的增大,P_2 和 P_1 都将减小,而且 P_1 减小得更显著。当 $\beta = 27°$ 时,P_2 接近于零,而 P_1 在 $\beta = 22°$ 左右已接近于零。总之,由此图可以看出在其他条件相同

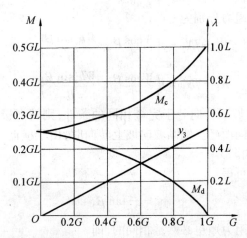

图 24.3　侧倾坡向下转向时,横向力 Y 与 M_c,M_d,y_3 的关系

的情况下,履带车辆在侧倾坡上向坡下转向比平地转向要容易,即所需的牵引力和制动力相应减小。

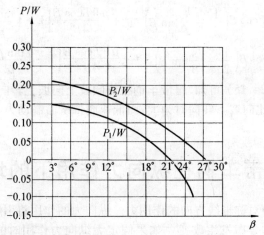

图 24.4　坡度角 β 对 P_1,P_2 的影响

2. 履带车辆在侧倾坡上向坡上转向

在侧倾坡上向坡上转向和向坡下转向所不同的是高速履带和低速履带调换了位置,法向负荷的分配也恰与向坡下转向情况相反。因此

$$N_2 = \frac{W\cos\beta}{2} + \frac{W\sin\beta \cdot h_c}{B}$$

$$N_1 = \frac{W\cos\beta}{2} - \frac{W\sin\beta \cdot h_c}{B}$$

于是,两支履带受到的行驶阻力分别为

$$R_2 = fN_2 = f\left(\frac{W\cos\beta}{2} + \frac{Wh_\mathrm{c}\sin\beta}{B}\right)$$

$$R_1 = fN_1 = f\left(\frac{W\cos\beta}{2} - \frac{Wh_\mathrm{c}\sin\beta}{B}\right)$$

(24.12)

而且不难看出,若与向坡下转向处于完全相同的条件,则转向极的纵向偏移数值应该相同,只是纵向偏移的方向不同而已。侧倾坡向坡上转向时,由于横向力指向高速履带,故转向极的纵向偏移为向车首方向。

由横向力的平衡关系,可得

$$y_3 = \frac{L}{2\mu}\tan\beta$$

(24.13)

同时由分析可知,转向阻力矩也必然是相同的,即

$$M_\mu = \frac{\mu WL\cos\beta}{4B}\left[1 + \left(\frac{2y_3}{L}\right)^2\right]$$

(24.14)

由此可以得到高速履带牵引力 P_2 和低速履带制动力 P_1 的表达式,即

$$\begin{cases} P_1 = -W\cos\beta\left(\dfrac{1}{2} - \dfrac{h_\mathrm{c}}{B}\tan\beta\right) \cdot f + \dfrac{\mu WL\cos\beta}{4B}\left[1 - \left(\dfrac{\tan\beta}{\mu}\right)^2\right] \\ P_2 = W\cos\beta\left(\dfrac{1}{2} + \dfrac{h_\mathrm{c}}{B}\tan\beta\right) \cdot f + \dfrac{\mu WL\cos\beta}{4B}\left[1 - \left(\dfrac{\tan\beta}{\mu}\right)^2\right] \end{cases}$$

(24.15)

分析动力学方程式(24.15)可知,履带车辆在侧倾坡上向坡上转向时,由于 R_2 增大,使得高速履带所需牵引力 P_2 比向坡下转向时为大,而低速履带所需制动力 P_1 ,也因 R_1 的减小而比向坡下转向时为大。

24.2　履带车辆在纵向力作用下的均匀转向

纵向力指沿车辆纵向对称轴线方向的作用力。纵向力的作用将引起两支履带接地支段法向负荷沿其纵向长度上的分布发生改变。如果假定无纵向力作用时的法向负荷是均匀分布的,即呈矩形分布。当有纵向力作用时,法向负荷分布将变成梯形,甚至变成三角形。

24.2.1　纵向力作用下的均匀转向(考虑滑转滑移情况)

图24.5中,(a)为由于纵向力 X 作用,法向负荷分布由矩形变为梯形,(b)为接地支段上地面的横向阻力的分布情况。

由图24.5可知,接地支段上某点处,单位长度的法向负荷 q_x 为

$$q_x = q_\mathrm{p} - \Delta$$

式中, q_p 为法向负荷的平均值,即

$$q_p = \frac{Q}{L} = \frac{mQ_0}{L}$$

式中，Q 为一侧履带的法向负荷；Q_0 为车辆总的法向负荷；m 为负荷分配系数；

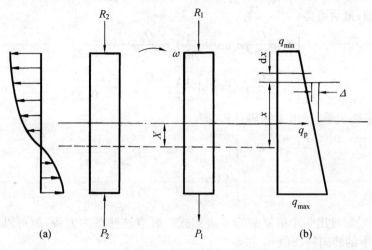

图 24.5　纵向力作用下车辆的转向

而 Δ 可由三角形关系导出，即

$$\frac{x - y_3}{\Delta} = \frac{L/2}{q_p - q_{min}}$$

令 $q_p - q_{min} = Kq_p$，得

$$\Delta = \frac{2Kq_p}{L}(x - y_3)$$

故有

$$q_x = \frac{mQ_0}{L}\left(1 - \frac{2K}{L}x + \frac{2K}{L}y_3\right)$$

则依横向力的平衡关系，有

$$\varphi \int_{-(L/2-y_3)}^{(L/2+y_3)} q_{x2} \frac{x\,dx}{\sqrt{x^2 + y_2^2}} + \varphi \int_{-(L/2-y_3)}^{(L/2+y_3)} q_{x1} \frac{x\,dx}{\sqrt{x^2 + y_1^2}} = 0$$

积分并整理可得出关于 a_3, a_2, a_1（或 y_3, y_2, y_1）与法向负荷改变系数 K 和负荷分配系数 m_1, m_2 之间的关系，若在水平地段上，则 $m_2 = m_1 = 0.5$。由此可近似地导出

$$a_3 = \frac{-1 + \sqrt{1 + K^2}}{K} \tag{24.16}$$

　　因此可以认为，在纵向力作用下，转向极纵向偏移的大小仅与纵向力的大小或法向负荷改变程度，即 K 值大小有关。而负荷改变系数 K 的极限值为 1。$K = 1$ 时，法向负荷呈三角形分布，所以 a_3 永远小于 1。当 $K = 1$ 时，由式(24.16)可解出 $a_3 = 0.4$。

根据纵向力平衡关系,有

$$\varphi y_2 \int_{-(L/2-y_3)}^{(L/2+y_3)} q_{x2} \frac{x\mathrm{d}x}{\sqrt{x^2+y_2^2}} + \varphi y_1 \int_{-(L/2-y_3)}^{(L/2+y_3)} q_{x1} \frac{x\mathrm{d}x}{\sqrt{x^2+y_1^2}} = fQ_0 + X$$

积分并简化整理,最后可得

$$\begin{cases} P_2 = \dfrac{Q_0}{2}\varphi a_2 \mathrm{arcsh}\left(\dfrac{1}{a_2}\right) \approx \dfrac{Q_0}{2}\varphi \dfrac{a_2}{a_2+0.22} \\[2mm] P_1 = \dfrac{Q_0}{2}\varphi a_1 \mathrm{arcsh}\left(\dfrac{1}{a_1}\right) \approx \dfrac{Q_0}{2}\varphi \dfrac{a_1}{a_1+0.22} \end{cases} \quad (24.17)$$

可以通过力矩平衡关系,导出 λ 的表达式,即

$$\frac{P_2+P_1}{2}B = \int_{-(L/2-y_3)}^{(L/2+y_3)} q_{x2}(x-y_3)\frac{x\mathrm{d}x}{\sqrt{x^2+y_2^2}} +$$
$$\int_{-(L/2-y_3)}^{(L/2+y_3)} q_{x1}(x-y_3)\frac{x\mathrm{d}x}{\sqrt{x^2+y_1^2}}$$

经积分并整理,最后导出一个很复杂的 λ 表达式。联立这些基本方程,就可以求出在 X, K 和 f_0/φ 给定条件下的转向特征值 a_2 和 a_1。

由图 24.6 分析可知作用在履带车辆上的纵向力对车辆转向的影响。首先是使法向负荷沿接地支段全长进行重新分配,由此使转向极产生纵向偏移。随着纵向偏移的增大(当 f_0/φ 不变时),转向极的横向偏移,即转向第一和第二特征值 a_1, a_2 以及牵引力与转向阻力矩都减小。

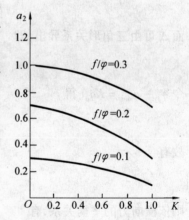

图 24.6 a_2 与 K 之间的关系

【例 2】 已知车辆重为 30 t, $L = 4$ m, $B = 2.5$ m, $h_c = 1$ m, $f = 0.05$, $\varphi = 0.5$,当纵向力 $X = 45$ kN 时,求转向特征值、牵引力和地面转向阻力矩。所研究的车辆每侧有 6 个负重轮,即 $n = 6$。

解 由于 $f_0 = \dfrac{X}{Q_0} + f = 0.2$

故

$$\frac{f_0}{\varphi} = \frac{0.2}{0.5} = 0.4$$

由于纵向力作用,使法向负荷分布改变,压力中心向车尾偏移 $\dfrac{1}{2}x_0 L$,即

$$x_0 \frac{L}{2} Q_0 = X h_c$$

所以,有

$$x_0 = 0.075$$

取 $q_{\max} = \dfrac{Q_0}{L}(1+K)$, $q_{\min} = \dfrac{Q_0}{L}(1-K)$,由图 24.7 可求出

$$N_1 = \frac{Q_0}{L}(1 - K)L = Q_0(1 - K)$$

$$N_2 = \frac{Q_0}{L}(1 + K - (1 - K))L \times \frac{1}{2} = Q_0 K$$

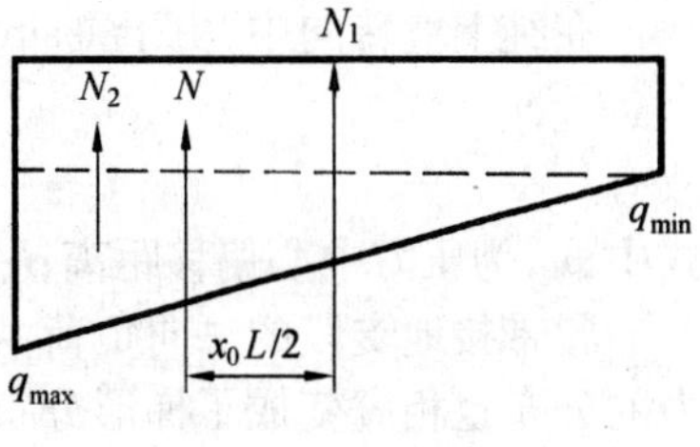

对压力中心取矩,有

$$N_2\left(1 - \frac{L}{2} - \frac{L}{3} - x_0\frac{L}{2}\right) = N_1 x_0\frac{L}{2}$$

故可导出

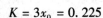

图 24.7　法向受力图

$$K = 3x_0 = 0.225$$

由此求得第三转向特征值为

$$a_3 = \frac{-1 + \sqrt{1 + K^2}}{2} = 0.111$$

由 $\lambda = 1.6, f_0/\varphi = 0.4$ 等已知条件,得到 $a_2^* = 2, a_1^* = 0.4$;其中 a_2^* 和 a_1^* 为无转向极纵向偏移时的特征值,而实际特征值,据分析可采用下式确定,即

$$a_2 = a_2^*\left(1 - \frac{5}{2}a_3^2\right) = 1.94$$

$$a_1 = a_1^*\left(1 - \frac{5}{2}a_3^2\right) = 0.39$$

代入求 P_2, P_1 公式,则得

$$P_2/\text{kN} = \frac{Q_0\varphi}{2}\frac{a_2}{a_2 + 0.22} = 67.4$$

$$P_1/\text{kN} = \frac{Q_0\varphi}{2}\frac{a_1}{a_1 + 0.22} = 48$$

若由力平衡关系求 P_1,则有

$$P_1/\text{kN} = X + P_2 - f_0 Q_1 = 52.4$$

由比较可知,按公式计算 P_1 与按力平衡关系确定 P_1,误差仅为 8.4%。

24.2.2　纵向力作用下的均匀转向(简化条件下分析)

履带车辆纯上坡转向、纯下坡转向以及下坡反转向都属于在纵向力作用下的转向。下面,采用简化动力学方程来分析这几种转向情况。

1. 履带车辆纯上坡转向

履带车辆上坡转向,是指纵向力 $X = W\sin\alpha$ 的方向与履带车辆纵向对称轴重合时的转向,通常称之为纯上坡转向(或纯下坡转向)。如果 $W\sin\alpha$ 方向与车辆纵向对称轴不重合,则称为车辆在斜坡上转向。

在纯上坡转向中,由于 $W\sin\alpha$ 的作用,履带接地支段压力中心将产生偏移,则有

$$W\cos\alpha \cdot x_0 = W\sin\alpha \cdot h_c$$

故有
$$x_0 = h_c\tan\alpha \tag{24.18}$$

式中,x_0 为压力中心偏移距离;h_c 为车辆重心高;α 为上坡角。

履带接地支段的法向负荷由矩形分布变成了梯形分布,与法向负荷成正比的地面转向阻力的分布也相应变成了梯形分布。在法向负荷同为 $W\cos\alpha$ 的条件下,显然转向阻力呈梯形分布所形成的转向阻力矩要小于呈矩形分布所形成的转向阻力矩,又由于纯上坡转向的法向负荷小于平地转向的法向负荷,所以纯上坡转向的转向阻力矩小于平地转向的转向阻力矩。

假定 q_1,q_2 为履带接地支段前后端单位长度上的法向负荷,q_0 为履带接地支段中点单位长度上的法向负荷(即法向负荷平均值),则有

$$q_0 = \frac{1}{2}(q_1 + q_2) = \frac{W\cos\alpha}{L}$$

由图 24.8 可知,有

$$q_2 = q_0 + q', \quad q_1 = q_0 - q'$$

对履带接地支段中点 D 取矩。从图 24.8 可以看出,梯形 $DEKF$ 等于梯形 $DEIH$,因此这两部分法向负荷对 D 点形成的力矩互相平衡。剩下的反时针方向的力矩 $W\sin\alpha \cdot h_c$ 应与 $\triangle EIJ$ 的法向负荷形成的顺时针力矩平衡。即

$$W\sin\alpha \cdot h_c = \frac{1}{2}2q'\frac{L}{2} \cdot \frac{2}{3} \cdot \frac{L}{2}$$

故有
$$q' = \frac{6x_0}{L^2}W\cos\alpha = \frac{6x_0}{L^2}q_0$$

于是有
$$q_2 = q_0 + q' = \frac{W\cos\alpha}{L}\left(1 + \frac{6x_0}{L}\right) \tag{24.19}$$

$$q_1 = q_0 - q' = \frac{W\cos\alpha}{L}\left(1 - \frac{6x_0}{L}\right) \tag{24.20}$$

只要车辆上坡角确定,则压力中心偏移距离 x_0 以及法向负荷分布图形便确定了。由图24.8 可以看出,由于前半段履带单位长度上的转向阻力小,而后半段履带单位长度上转向阻力大,要保持横向力平衡,车辆的转向极也必然相对于压力中心产生向车尾方向的偏移。

转向极纵向偏移量 y_3 与压力中心偏移距离 x_0 有关,为了导出这种关系式和使图形清晰,将两条履带受力图合为一条履带,则受力如图 24.9 所示。设转向极处单位长度的法向负荷为 q_b,由横向力平衡,有

$$\frac{1}{2}\mu(q_1 + q_b)\left(\frac{L}{2} + y_3\right) = \mu(q_2 + q_b)\left(\frac{L}{2} - y_3\right) \cdot \frac{1}{2}$$

式中,q_b 与 y_3 的大小有关,由图24.8 的相似三角形可得

$$\frac{q_b - q_0}{q_2 - q_0} = \frac{2y_3}{L}$$

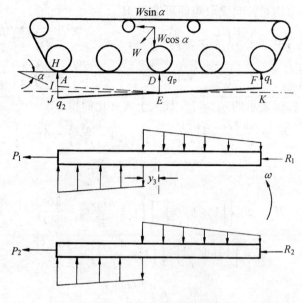

图 24.8　纯上坡转向受力图

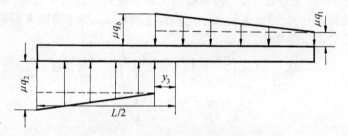

图 24.9　纯上坡转向履带横向力图

即

$$q_b = \frac{2y_3}{L}(q_2 - q_0) + q_0$$

又因

$$q_2 = q_0\left(1 + \frac{6x_0}{L}\right)$$

所以

$$q_b = q_0\left(1 + \frac{12x_0y_3}{L^2}\right) \tag{24.21}$$

再将 q_b, q_2, q_1 代入横向力平衡方程式中化简整理得

$$y_3^2 + \frac{L^2}{6x_0}y_3 - \frac{L^2}{4} = 0 \tag{24.22}$$

此式建立了 y_3 与 x_0 的直接关系,知道 y_3 可求出 x_0,反之已知 x_0 也可求出 y_3。在确定了履带接地支段的法向负荷分布图形及转向极纵向偏移量 y_3 后,便可根据图 24.9 的受力关系求出车辆的转向阻力矩 M_c。将图中两个梯形均化为一个矩形和一个三角形(如图中虚线所示)。

然后将所有的转向阻力均对转向极取矩便可求得 M_c。

$$M_c = \mu \left[q_b \left(\frac{L}{2} - y_3 \right) \frac{1}{2} \left(\frac{L}{2} - y_3 \right) + \frac{1}{2} (q_2 - q_b) \left(\frac{L}{2} - y_3 \right) \frac{2}{3} \left(\frac{L}{2} - y_3 \right) \right] +$$

$$\mu \left[q_1 \left(\frac{L}{2} + y_3 \right) \frac{1}{2} \left(\frac{L}{2} + y_3 \right) + \frac{1}{2} (q_b - q_1) \left(\frac{L}{2} + y_3 \right) \frac{1}{3} \left(\frac{L}{2} + y_3 \right) \right]$$

将前边求得的用 y_3, x_0, q_0 表示的 q_b, q_2, q_1 代入上式并化简得

$$M_c = \frac{\mu W L \cos \alpha}{4} \left[\left(\frac{L^2}{4} + y_3^2 \right) \left(1 + \frac{4x_0 y_3}{L^2} \right) - 4x_0 y_3 \right]$$

令 $q_0 = \dfrac{W \cos \alpha}{L}$ 代入上式并化简得

$$M_c = \mu q_0 \left\{ \left[1 + \left(\frac{2y_3}{L} \right)^2 \right] \left(1 + \frac{4x_0 y_3}{L^2} \right) - \frac{16 x_0 y_3}{L^2} \right\}$$

令

$$K = \left[1 + \left(\frac{2y_3}{L} \right)^2 \right] \left(1 + \frac{4x_0 y_3}{L^2} \right) - \frac{16 x_0 y_3}{L^2}$$

则得

$$M_c = K \frac{\mu W L \cos \alpha}{4} \tag{24.23}$$

式中，K 为转向阻力矩修正系数。K 与转向极纵向偏移量 y_3 及压力中心偏移距离 x_0 有关,但由于 y_3 和 x_0 均与坡角 α 有关,因此 K 值大小也决定于坡角 α。为了研究 K 值对转向阻力矩的影响,再将求 K 值的公式作些变化。

$$K = \left[1 + \left(\frac{2y_3}{L} \right)^2 \right] \left(1 + \frac{4x_0 y_3}{L^2} \right) - \frac{16 x_0 y_3}{L^2} =$$

$$1 - \frac{12 x_0 y_3 - 4 y_3^2}{L^2} + \frac{16 x_0 y_3^2}{L^2} =$$

$$1 - \frac{6x_0}{L^2} \frac{2y_3}{L} + \left(\frac{2y_3}{L} \right)^2 \left(1 + \frac{4x_0 y_3}{L^2} \right)$$

可见 K 值与 $x_0/L, y_3/L$ 都有关系,而且 K 值是小于 1 的。因为 x_0/L 和 y_3/L 一般都比 1 小得多,所以表达式中第三项比第二项小,第二项比第一项小。当坡角为零时,则 x_0 和 y_3 均为零,这时 $K = 1$。K 值与坡角 $\alpha, x_0/L, y_3/L$ 变化关系列于表 24.1 中供参考。

表 24.1　纯上坡转向 K 值与 $x_0/L, y_3/L, \alpha$ 的变化关系

x_0/L	y_3/L	K	α
0.04	0.054 5	0.99	8°
0.08	0.113 5	0.95	15°40′
0.12	0.158 3	0.88	22°45′
0.16	0.201 5	0.80	29°15′
0.167	0.207 6	0.78	30°

如果车辆爬坡度有可能出现法向负荷呈三角分布,显然这是一种极限情况,下面就来研究一下法向负荷呈三角形分布的纯上坡转向 K 值的大小。

法向负荷呈三角形分布,显然有 $q_1 = 0$,由式(24.20)得 $x_0 = L/6$,由式(24.19)知

$$q_2 = 2q_0 = \frac{2W\cos \alpha}{L}$$

将 $x_0 = L/6$ 代入式(24.22),得

$$y_3{}^2 + Ly_3 - \frac{L^2}{4} = 0$$

解得
$$y_3 = \frac{\sqrt{2} - 1}{2}L = 0.207L$$

将 x_0, y_3 值代入求 K 值表达式,得 $K = 0.78$。

可见,当法向负荷呈三角形分布这一极限情况下,求出的 K 值为其纯上坡转向的最小值。通过 K 值随 α 的变化关系可以看出坡角 α 对转向阻力矩 M_c 的影响。由表 24.1 可以看出,当坡角 α 在 15° 以内时, K 值接近于 1。而在车辆的实际使用中,在大于 15° 的坡道上应尽量少转向,因为在陡坡上转向动力条件和地面的附着条件都难于满足。因此,为简化计算,在应用中计算转向阻力矩时都取 $K = 1$,即忽略压力中心和转向极的纵向偏移,把法向负荷分布及横向阻力分布仍然按矩形分布考虑。于是有

$$M_c = \frac{\mu WL\cos \alpha}{4} \tag{24.24}$$

在已知转向阻力矩 M_c 后,可由受力平衡关系,建立车辆纯上坡转向的动力学方程式为

$$\left.\begin{array}{l} P_1 = \left(-\dfrac{fW}{2} + \dfrac{\mu WL}{4B}\right) \cos \alpha - \dfrac{W\sin \alpha}{2} \\[3mm] P_2 = \left(\dfrac{fW}{2} + \dfrac{\mu WL}{4B}\right) \cos \alpha + \dfrac{W\sin \alpha}{2} \end{array}\right\} \tag{24.25}$$

综合分析上述各项动力学关系式,可以看出:

① 在以相同的转向半径转向时,随着上坡角 α 的增大,牵引力 P_2 也增大。虽然 α 增大,车辆的附着重量 $W\cos \alpha$ 下降,由此形成的高速履带的行驶阻力 R_2 及转向阻力矩 M_c 下降,但此项影响不及纵向力的影响。因此,车辆纯上坡转向时,要求履带车辆具有较高的牵引性能。

② 在以相同的转向半径转向时,随着上坡角 α 的增大,制动力 P_1 将减小。所以纯上坡转向时,转向机构制动器的工作条件比较轻便。当上坡角 α 增大到某值时,制动力 P_1 将为零。如果 α 继续增大,低速履带也将提供牵引力。

③ 由于考虑到履带车辆可能实现转向的上坡角的限定,即坡角较小(通常小于 15°),故取转向阻力矩修正系数 $K = 1$。在此情况下,转向阻力矩 M_c 随坡角 α 增大,即随车辆附着重量 $W\cos \alpha$ 的下降而线性下降。

④ 当上坡角 α 增大为某值,即制动力 $P_1 = 0$ 时,转向力矩

$$M_d = P_2 \frac{B}{2}$$

如果 α 继续增大,则 P_1 转为牵引力,则转向力矩变为

$$M_d = (P_2 - P_1) \frac{B}{2}$$

下面再以实例对平地转向和纯上坡转向进行比较分析。

如果给出 $\alpha = 15°$,地面行驶阻力系数 $f = 0.1$,转向阻力系数 $\mu = 0.3$,$L/B = 1.5$,$W = 300\ kN$。经计算,实现此要求转向,需要高速履带提供的牵引力 $P_2 = 45.54\ kN$ 若其他条件不变,在水平地面实现这一专项要求,则要求高速履带提供牵引力 $P_2 = 33.75\ kN$。

分析此例,在相同的条件下,在 $\alpha = 15°$ 的纯上坡转向与在水平地面转向相比,由于车辆附着重量 $W\cos\alpha$ 的下降,使牵引力下降了 3.41%,而由于纵向力 $W\sin\alpha$ 的影响却比牵引力增加了 38.3%。所以纯上坡转向比平地转向困难得多。

2. 履带车辆纯下坡转向

履带车辆纯下坡转向时,纵向力 $W\cos\alpha$ 的方向与车辆行驶的方向相同。与纯上坡转向的不同点在于转向极、压力中心产生向车首方向的偏移,其产生的原因即计算方法均与纯上坡转向的分析相同,而且在坡角 α 一定时,在数值上也完全相等,此处不再赘述。

因此得纯下坡的转向阻力矩为

$$M_\mu = \frac{1}{4}\mu W\cos\alpha \cdot K$$

因坡角 α 一般较小,故取 $K = 1$。

车辆纯下坡转向的动力学方程式为

$$\begin{cases} P_1 = \left(-\dfrac{fW}{2} + \dfrac{\mu WL}{4B} \right)\cos\alpha + \dfrac{W\sin\alpha}{2} \\ P_2 = \left(\dfrac{fW}{2} + \dfrac{\mu WL}{4B} \right)\cos\alpha - \dfrac{W\sin\alpha}{2} \end{cases} \tag{24.26}$$

分析式(24.26)可知,在以同样转向半径转向时,随着下坡角 α 的增大,牵引力 P_2 减小,而制动力 P_1 增大。可见纯下坡转向比较容易,但是转向机构的制动器工作繁重,如图 24.10 所示。

3. 履带车辆下坡反转向

所谓反转向就是拉一侧操纵杆,车辆却向另一侧转向的现象。

(1)下坡反转向的形成

下坡反转向的两个必要条件:一是发动机制动(或联合制动);另一是必须用分离转向。二者缺一都不会形成反转向。由于车辆下坡时容易具备这两个条件,车辆使用中又常在下坡时使用反转向,故常称之为"下坡反转向"。实际上,在平地行驶的车辆,如果操作不当也会出现反转向。如车辆高速行驶中遇到险情突然减油再拉分离转向,就会形成反转向。这种行驶

工况使用中应尽量避免。

车辆下陡坡都要采用发动机制动或联合制动，因此容易满足反转向的条件。现以发动机制动说明反转向形成的原因。

图 24.11（a）是匀速下坡直线行驶采用发动机制动时，纵向力作用的情况。这时发动机制动力 T_f 平均作用在两条履带上，各为 $T_f/2$。此外还受下滑力（纵向力）$1/2 W\sin\alpha$ 和行驶阻力 R_1，R_2 的作用。（b）图是下坡转向时的受力情况。当拉右侧操纵杆至分离位置时，右侧履带不受发动机制动了，其在下滑力作用下将变为高速履带；而这时左侧履带却承受了全部发动机制动力而将减速，左侧履带变为低速履带，这样就形成了两条履带的速度差而使车辆转向。显然，由于拉操纵杆一侧履带是高速履带，而未拉操纵杆一侧履带是低速履带，这与正常的转向刚好相反，即形成了反转向。

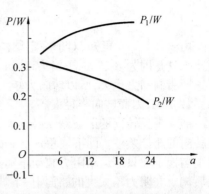

图 24.10　坡角 α 对纯下坡转向的影响

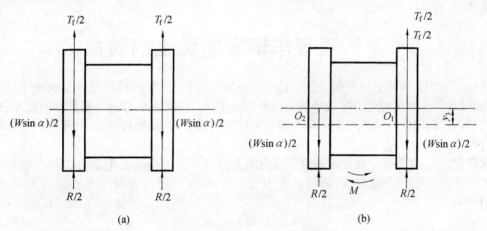

（a）　　　　　　　　　　　　　　（b）

图 24.11　下坡反转向受力图

（2）影响反转向转向半径大小的因素

转向半径大小与转向阻力系数 μ 有关。从公式 $\mu = \dfrac{\mu_{max}}{0.85 + 0.3\dfrac{R}{B}}$ 中可以看出，R 大则 μ 小，R 小则 μ 大。因此只要能求出反转向时的 μ 值，便可知影响转向半径 R 大小的因素。

图 24.11（b）图中各力对 O_1 取矩，则有力矩平衡方程式

$$M_c = \frac{WB}{2}(\sin\alpha - f\cos\alpha)$$

又因 $M_c = \dfrac{K\mu WL\cos\alpha}{4}$，并令 $K = 1$，代入上式则得

$$\mu = 2(\tan \alpha - f)\frac{B}{L} \tag{24.27}$$

由式(24.27)可知,对于一定结构的车辆来说,下坡角 α 越大,则 α 值越大,转向半径 R 就越小。这是因为 α 越大,下滑力 $W\sin \alpha$ 越大,为保证匀速下坡,发动机制动力也越大,因此对低速履带制动力也大,所以转向力矩大,转向半径小。另外,地面运动阻力系数 f 大,则转向阻力系数 μ 小,因而转向半径大。

能实现反转向的下坡角 α 必须大于运动阻力制动时的匀速下坡角。这是车辆能实现下坡反转向的充分条件。即下坡角 $\alpha > \arctan f$ 时,才有可能实现下坡反转向。因为车辆在这样坡道上匀速下坡只靠运动阻力制动不能实现匀速行驶,只有利用发动机制动,才有可能实现下坡反转向。在阻力不太大的路面上,下坡角大于 $5° \sim 7°$ 即可产生反转向,但一般都在 $15° \sim 20°$ 的坡道上使用反转向,因为这时转向比较灵活。使用这种转向方法的优点是不需要用很大力气去制动制动器,操作比较省力。但这种方法转向半径较大,只能用于修正车辆行驶方向。

车辆平地行驶,如果处于发动机制动状态,再用分离转向也会形成反转向,这种情况应当避免,容易造成事故。因此使用中采用分离转向时要平稳加油,否则不但转向不灵,甚至可能产生反转向。

24.3　履带车辆在斜坡上的转向

上面讨论的车辆纯上坡转向、纯下坡转向、下坡反转向、侧倾坡转向都是车辆处于特殊情况下的转向,即车辆重力分力都是单纯的横向力或单纯的纵向力的情况。车辆在斜坡上,即车辆在同时具有纵向倾角又具有横向倾角的二向坡道上的转向,此种转向工况,车辆同时作用有横向力和纵向力。

设坡角为 α,则平行于坡面指向坡下方向的重力分力为 $W\sin \alpha$。假设分力与车辆过重心的纵向对称轴线间的夹角为 φ,则可将重力分力 $W\sin \alpha$ 分解为纵向力 X 和横向力 Y,如图24.12 所示。

$$Y = W\sin \alpha\sin \varphi \tag{24.28}$$
$$X = W\sin \alpha\cos \varphi \tag{24.29}$$

纵向力 X 对车辆转向的影响与车辆上、下坡转向相似;横向力 Y 对车辆转向的影响与车辆侧倾坡转向相似。在前面已讨论了上、下坡和侧倾坡转向的基础上,可用类似的分析方法求出斜坡转向所需的牵引力和所需的制动力。

为简化计算,可忽略由于纵向力 X 作用而引起的履带法向负荷分布图形的变化,即 $K = 1$。由于横向力 Y 的作用,使转向极纵向偏移一个 y_3 的距离,由横向力平衡式得

$$\mu \frac{W\cos \alpha}{L}\left(\frac{L}{2} + y_3\right) - \mu \frac{W\cos \alpha}{L}\left(\frac{L}{2} - y_3\right) = Y$$

将 $Y = W\sin \alpha\sin \varphi$ 代入上式,得

$$y_3 = \frac{\tan \alpha\sin \varphi \cdot L}{2\mu}$$

由车辆在侧倾坡转向公式可以推出在斜坡转向时转向阻力矩及运动阻力为

$$M_c = \frac{\mu W L \cos \alpha}{4} \left[1 + \left(\frac{2y_3}{L} \right)^2 \right]$$

$$R_2 = f \left(\frac{W \cos \alpha}{2} + W \sin \alpha \sin \varphi \cdot \frac{h_c}{B} \right)$$

$$R_1 = f \left(\frac{W \cos \alpha}{2} - W \sin \alpha \sin \varphi \cdot \frac{h_c}{B} \right)$$

将各力对 O_1 取矩,并列出对点 O_1 的力矩平衡式,得

$$P_2 B + Y y_3 = M_c + R_2 B + X \frac{B}{2}$$

故有

$$P_2 = \frac{M_c}{B} + R_2 + \frac{X}{2} - \frac{Y y_3}{B} \qquad (24.30)$$

将各力对 O_2 取矩,并列出对点 O_2 的力矩平衡方程式,得

$$P_1 B + R_1 B + X \frac{B}{2} + Y y_3 = M_c$$

故有

$$P_1 = \frac{M_c}{B} - R_1 - \frac{Y y_3}{B} - \frac{X}{2} \qquad (24.31)$$

若将 M_c, R_1, R_2, X, Y, y_3 等与 α, φ 的关系式代入式(24.30)、式(24.31),即可求出 P_1, P_2 的具体数值。

当车辆在一定坡角的坡上作360°整周转向时,纵向力 X 和横向力 Y 均随转角 φ 的变化而相应变化,因而 P_2 和 P_1 也与之作相应变化。前苏联科技工作者 E. U. 伊凡诺夫对斯大林 Ⅲ 号重型坦克,在 $\alpha = 5.5°$ 的斜坡上作过转向试验,找出了 φ 由0°到360°,以固定半径进行转向,P_2, P_1 随 φ 变化的情况。图24.13中,虚线为用仪器测得的变化曲线,实线为按公式计算所得的理论曲线。

由图24.13可以看出,试验测得曲线与理论计算曲线很吻合,其变化规律是一致的。说明采用简化的计算方法是足够精确的。

如果使车辆在一定坡角的坡道上以一定半径进行360°转向,P_2, P_1 的变化规律如图24.14所示。纯上坡转向时 P_2 最大而 P_1 最小;纯下坡转向时 P_2 最小而 P_1 最大;侧倾坡向上转向时,P_2 和 P_1 较大;侧倾坡向下转向时,P_2 和 P_1 较小;斜坡转向介于它们之间,P_2 和 P_1 随 φ 变化而变化。由此可知,纯上坡转向是最困难的转向工况。在相同的转向条件下,需要高速履带提供的牵引力 P_2 最大。因此在转向机构设计或对转向机构进行验算时,应以纯上坡转向作为计算条件。而纯下坡转向时,所需制动力 P_1 最大,因此转向机构中的制动元件设计与校核,应以纯下坡转向为计算条件。

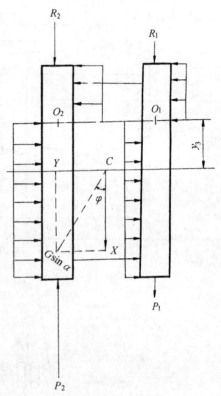

图24.12 车辆在斜坡上转向受力图

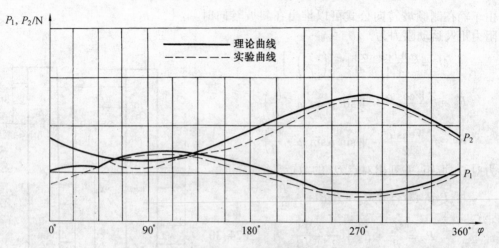

图 24.13　车辆在坡上做 360° 整周转向时的 P_2, P_1

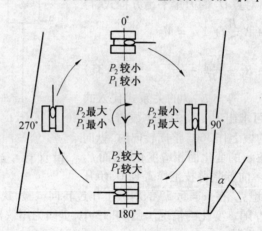

图 24.14　车辆在做 360° 转向时各位置 P_2, P_1 的比较

24.4　履带车辆高速转向

车辆转向时,由于车辆重心做曲线运动,必然产生离心力。前面对车辆转向的讨论中都未考虑离心力的影响。但在车辆高速转向时,离心力的作用就不可忽视了。因此在讨论车辆高速转向时,主要讨论离心力对车辆转向的影响。

履带车辆转向时,离心力的影响,也是横向力 Y 和纵向力 X 同时作用的影响。显然,离心力的横向分力 Y 指向高速履带,所以在离心力作用下,车辆的转向极将产生向车首方向的纵向偏移 y_3。

由横向力平衡方程,有 $y_3 = \dfrac{Lv_{\mathrm{L}}}{2\mu g R_{\mathrm{L}}}$。

车辆转向时的离心力为 $P_{\mathrm{L}} = \dfrac{W}{g}R_{\mathrm{c}}\omega^2$,其中,$R_{\mathrm{c}}$ 为转向中心至车辆重心的距离;ω 为车辆的转向角速度。

离心力 P_{L} 的横向分力 P_{LY} 为

$$P_{\mathrm{LY}} = \frac{W}{g}\omega^2 R_{\mathrm{c}}\cos\varphi = \frac{W}{g}\omega^2 R$$

又因

$$\omega = \frac{v_{\mathrm{c}}}{R}$$

故有

$$P_{\mathrm{LY}} = \frac{W}{g}\frac{v_{\mathrm{c}}^2}{R} \tag{24.32}$$

式中,v_{c} 为车辆重心处的速度。

离心力 P_{L} 的纵向分力 P_{LX} 为

$$P_{\mathrm{LX}} = P_{\mathrm{LY}}\tan\alpha = P_{\mathrm{LY}}\frac{y_3}{R}$$

$$P_{\mathrm{LX}} = \frac{P_{\mathrm{LY}}^2 L}{2\mu W R} \tag{24.33}$$

采用与斜坡转向相同的方法,即忽略纵向分力 X 对法向负荷的影响,则各项动力学表达式为

$$M_{\mathrm{c}} = \frac{\mu W L}{4}\left[1 + \left(\frac{2y_3}{L}\right)^2\right] \tag{24.34}$$

$$P_2 = R_2 + \frac{M_{\mathrm{c}}}{B} + \frac{P_{\mathrm{LX}}}{2} - \frac{P_{\mathrm{LY}}y_3}{B} \tag{24.35}$$

$$P_1 = -R_1 + \frac{M_{\mathrm{c}}}{B} - \frac{P_{\mathrm{LX}}}{2} - \frac{P_{\mathrm{LY}}y_3}{B} \tag{24.36}$$

$$R_2 = f\!\left(\frac{W}{2} + \frac{P_{\mathrm{LY}}h_{\mathrm{c}}}{B}\right) \tag{24.37}$$

$$R_1 = f\!\left(\frac{W}{2} - \frac{P_{\mathrm{LY}}h_{\mathrm{c}}}{B}\right) \tag{24.38}$$

分析动力学关系式,可以得出以下结论:

① 车辆以不变半径转向时,随车辆速度的增大,转向阻力矩 M_{c} 增大;

② 由于离心力纵向分力 P_{LX} 的增大以及由于横向分力 P_{LY} 增大而引起高速履带行驶阻力 R_2 的增大,使高速履带牵引力 P_2 增大;

③ 由于离心力的增大,横向分力 P_{LY} 增大,由之所形成的转向力矩增大,这是起主要作用的因素,使牵引力 P_2 值减小;

④ 同样,虽然离心力的增大,使转向阻力矩增大,并使 R_1 减小,但 P_1 随车速的增大而

减小;

⑤ 当 $y_3 = L/2$ 时,$P_{LY} = \mu W$,车辆发生侧滑。由于 $P_{LY} = \dfrac{W}{g} \cdot \dfrac{v_c^2}{R}$,所以发生侧滑的临界速度

$$v_1 = \sqrt{\mu g R} \tag{24.39}$$

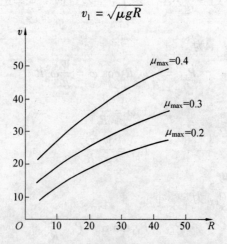

图 24.15　转向半径与最大车速之间的关系

由于侧滑时,地面作用于履带的切向反作用力达到最大值,故式(24.39)中应取 $\mu = \mu_{max}$。由图 24.15 可以看出,车辆侧滑的危险性显著地限制了车辆的行驶速度。特别是在支承能力薄弱的地面上,这种限制更甚。显然,地面支承能力越高,则在实现给定半径的转向时,允许的车速也越高。而在同一地面上,转向半径越大,则允许车速也越高。所以,实际使用中,高速下实施小半径转向是危险的。

复　习　题

24-1　横向力对履带车辆转向有哪些影响?

24-2　纵向力对履带车辆转向有哪些影响?

24-3　通过分析履带车辆纯上坡转向动力学关系式可以得出哪些结论?

24-4　简述履带车辆下坡反转向的两个必要条件。

24-5　影响履带车辆下坡反转向转向半径大小的因素有哪些?

第 25 章　陆用车辆水上行驶概论

25.1　水陆两用车辆的一般问题

25.1.1　车辆构型的基本模式

第二次世界大战中,由于军事对抗的需要,水陆两用车辆有了很大发展,出现了不少著名的两栖车辆。战后,开发两栖车辆的竞赛,虽然经历了漫长的沧桑变化,但是,一直没有中止,而且越来越明确地强化了军用车辆具有两栖作战能力的重要性和必要性,美军地面车辆科技发展十年规划(1995—2005)提出的七项关键技术中,就有一项是两栖登陆车辆技术,并明确规定到 2005 年时,要将这种车辆的水上推进速度提高三倍。可见,未来的军事对抗,水陆两用作战车辆将扮演的角色与将具有的地位和作用都将是前所未有的。

但是,水陆两用车辆不是船,而是具有水上航驶性的陆用车辆。因此它的水上性能肯定不如舰船。而且一般地说,它的地面行驶性能由于它必须兼有水上性能而尚有一些险阻和暗礁未被克服的领域。妥善地解决作为车辆构型模式与水上性能要求的矛盾,是这一领域首要的课题。

25.1.2　作战需求与费汝德数

如前所述,水陆两用车辆是具有水上航驶性能的陆用车辆,其水上航驶性能取决于战术技术要求。而作为陆用车辆则必须满足车辆构型的基本要求,由此就决定了水陆两用车辆将具有较高的费汝德数,即

$$F_r = \sqrt{\frac{v^2}{gL}} = \frac{v}{\sqrt{gL}} \tag{25.1}$$

式中,v 为航速,m/s;g 为重力加速度,m/s^2;L 为车体水线长,m。

由船舶理论可知,船舶航行快速性的最大阻力是兴波阻力,而兴波阻力则是 F_r 和流体物理性质的函数,F_r 值高,船体将受到与航速的六次方成比例的兴波阻力的遏制。所以,对水陆两用车辆而言,就有一个如何在较高 F_r 值下,协调航速与水线长度的关系问题。

对现有车辆来说,正如 M·G 贝克所指出的采用多单元水陆两用车辆即铰接车辆将是提高水上航速的基本途径。

当然,对现有车辆提高水上航行性能还存在一个如何尽量改善其与流体之间的动力学关

系的问题。在这方面,国内外的车辆工程界都有比较成功的经验,为了说明问题,我们仅以美国人曾经作过的一次采用车轮遮罩的拖模试验结果作为例证(依靠车轮划水使车辆航驶)。

　　由图25.1的比例模型试验结果可见,有花纹比无花纹轮胎使车辆航速提高28.5%,而有花纹且有良好遮罩的轮胎比有花纹但无遮罩轮胎可使车辆航速提高近50%。可见,为了提高水上机动性能,一要改进推力,二要改变形状以减小阻力。

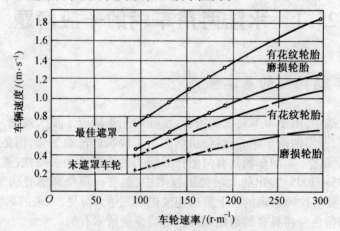

图25.1　轮胎花纹与遮罩对航速的影响

25.2　车辆航驶的水流阻力

25.2.1　摩擦阻力 R_f

　　车辆在水中航驶时,由于水的黏性,使车体湿表面上的水质点黏附其上,随车运动。同样原因,附于湿表面上的质点又带动与其相邻的一层水质点向前运动。然而由于流体的可流动性,其黏性只有在运动中才能显现,所以上述两层质点的速度是有差异的,外层的速度小于内层。因而在车体横截面上,离车体表面越远的质点的流速就越小,可以想见,存在一个质点流速为零的界面层,如图25.2所示,故两层质点间的黏滞力即切应力为

$$\tau = \mu \frac{\mathrm{d}u}{\mathrm{d}n}$$

式中, μ 为流体的黏性系数; $\dfrac{\mathrm{d}u}{\mathrm{d}n}$ 为速度梯度。

　　所以车体湿表面的摩擦阻力 R_f 应为

$$R_f = \int_S \mu \left| \frac{\mathrm{d}u}{\mathrm{d}n} \right|_{n \to 0} \mathrm{d}S$$

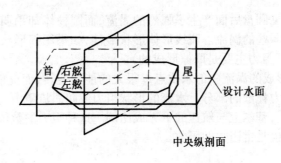

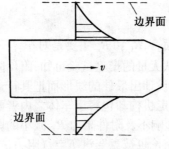

图 25.2　摩擦阻力

式中, S 为车体的湿表面积。

摩擦阻力是车体湿表面积以及车辆航驶的雷诺数(v 为航速, L 为水线长, r 为水的密度, μ 为水的黏度系数)的函数, 据拖模试验测知, R_f 与航速的 1.8 次方成比例。对低速航驶的车船, 摩擦阻力是主要的水流阻力。

25.2.2　形状阻力 R_e

人们曾经将截面积相同的四种不同形状的物体以同样的速度在水中作阻力试验(见图 25.3), 测出的阻力, 若以圆盘为 1, 则圆柱体为 0.66, 球体为 0.30, 而流线形体为 0.04。

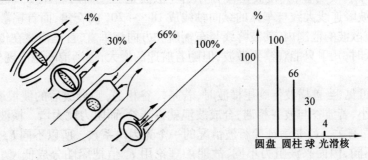

图 25.3　不同形状物体的阻力

观察试验物体,可见圆盘后面产生了强烈的涡流,而圆柱体却稍弱,球体则比圆柱体形状的变化要缓和,故有更弱些的涡流。流线形体形状最佳,如果尾部形状处理得好,则几乎无涡流产生,故阻力最小(其阻力主要是摩擦形成的)。

由于车辆的形状形成的涡流中的水质点以很大的能量旋转,而此能量则是车辆航驶能量的一部分,即被形状阻力耗散的部分。水流的形状阻力或叫涡流阻力,主要取决于车辆或船舶的线形与水的物理性质,基本上与航速的平方成比例。这种阻力的数值尚无法精确计算,只能依靠试验检测,其大小也是雷诺数的函数。

25.2.3　附件阻力 R_A

对水陆两用车辆在水中航驶而言, R_f 和 R_e 主要是对车体形成的,通常把车辆的行走机构引起的水流阻力称为附件阻力。从大量的模型试验可知,附件阻力 R_A 是车辆航驶总阻力中的重要组成因素。分析认为,将车体设计出最佳的线形而把其行走机构暴露于外,其总航驶阻力比形状不佳的箱形结构,但是其行走机构却包容于车体之内者要大。这说明,车体形状不佳而增大的 R_f 和 R_e 对航驶总阻力的影响不及附件阻力 R_A 减小的影响,或者说后者的减小补偿了车体外形不佳的不利影响。这一结论也被竞赛汽车空气阻力试验所证实,据说,完全暴露于车体之外的车轮装置的空气阻力竟占总空气阻力的95%。

25.2.4　兴波阻力 R_W

在平静的水面上,各处压力相同,都是一个大气压。但是,当水陆两用车辆或船舶航驶时,沿车体或船体周围的流速和动压强就会发生变化,压强增高的地方,水面就要升高,而压强降低的地方,水面就将下降,于是形成了一系列的波浪,船舶理论中称其为船行波,观察由车辆航驶面兴起的波浪发现,它们主要由两大波系组成,即车首波系和车尾波系。车首波产生于车首的前端,由散波与横波组成,其横波由波峰开始,而车尾波则产生于车尾的后端,也由散波与横波组成,但不如车首波明显,其横波由波谷开始。散波是一些向两舷外按一定角度分散的短波,其各短波的波峰连线大致与车体的纵向轴线成18°～20°的交角,而首尾散波互不干扰。横波产生在相应散波的范围内,其波峰线与车辆航驶方向相垂直,首尾横波在传递中会产生干扰。在航速较低时,几乎只能观察到散波,但随着航速的增大,逐渐清晰地出现横波,而且航速越高,横波越大。

由图25.4可见,当首横波传到尾横波时,若是峰谷相遇,则合成后的波浪变平缓,兴波较小,当然阻力较小,若波谷与波谷相遇,合成波浪就将陡耸,而阻力就大增。横波干扰规律与车辆的费汝德数 F_r 有关。 F_r 是表征船行波情况的一个无因次系数。所以不同 F_r 值的船(车)航驶兴起的波浪不同,因而兴波阻力不同,故船舶理论用 F_r 值把船舶分成低速、中速和高速三类,即 $F_r < 0.2$ 为低速船, F_r 在0.2和0.35之间为中速船, $F_r > 0.35$ 则为高速船。现代水陆两用战斗车辆,尤其水陆坦克,其 F_r 值都在0.35以上,故都属高速船之列。

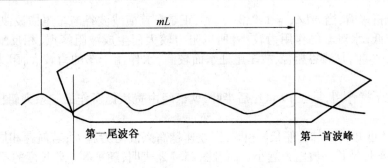

第一尾波谷　　　　　　　　　　　　　　第一首波峰

图 25.4　　横波干扰

图 25.5 所示的三种类型的船舶,它们的长度排水量系数分别为 ①7.5 ~ 20.0,②5.5 ~ 7.0,③4.0 ~ 5.5。所谓长度排水量系数 l 是船长与排水体积立方根的比值,即

$$l = \frac{L}{\sqrt[3]{V}} \tag{25.2}$$

可见,对两栖作战车辆来说,由于 L 较小而排水体积却相对较大,故 l 较小,与图示之相近,由图 25.5 可见,当 F_r 值很小时,摩擦阻力 R_f 占总阻力的 70% ~ 80%,当 $F_r = 0.4$ 时,对客船 R_f 只占 40%,就是说形状阻力和兴波阻力就成为主要阻力成分了,约占总阻力的 60%。如前所说,水陆坦克近于拖船。显然主要水阻力是形状阻力和兴波阻力,若 $F_r = 0.35$,R_A 和 R_W 将占总阻力的 70%。总之,为降低航驶阻力,高速时关键在于降低兴波阻力,而低速时则在于降低摩擦阻力。

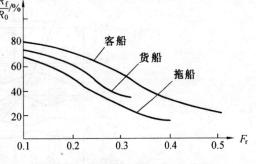

图 25.5　　船舶基本阻力与 F_r 关系

兴波阻力 R_W 是由于车辆航行时,兴起波浪而耗散车辆动力形成的阻力,R_W 是费汝德数 F_r 的函数,大约与航速的 6 次方成比例。

如图 25.4 所示,车首横波峰与车尾横波峰之间距离为 mL,L 为车体长度。由船舶理论分析可知,若横波的波长为 λ,则当 mL/λ 等于 1,2,3 等整数时,兴波阻力随 F_r 变化的曲线出现凸起点,称为波阻峰点,而当上述比值为 0.5,1.5,2.5 等值时,则曲线上出现凹入点,即波阻谷点,如图 25.6 所示。

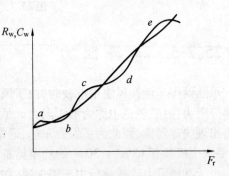

图 25.6　　波阻谷点与波阻峰点

船舶理论依据兴波阻力的变化特性,指出船舶设计时应避免其航速在波阻峰点,而应在波阻谷点。因为在波阻谷点附近具有较大的速度变化范围,兴波阻力变化却较小,因此可以较小的功率消耗而得较高的航速(见图 25.6)。

从力学分析来看,当 $mL/\lambda = 1,2,3,\cdots$ 时,正是车首横波波谷与车尾横波波谷相合,因此车尾处水面较低,水对车的作用力较小,所以阻力较大而生成波阻峰点,相反地,当 $mL/\lambda = 0.5,1.5,2.5,\cdots$ 时,是峰谷相合,故车尾处水面较高,水作用于车的力较大,阻力较小而生波阻谷点。

上述横波干扰作用,早在19世纪后半叶,就已经由费汝德所作的一系列船模试验结果所证实。

由图25.7可知,若车长(船长)相同,则航速越高兴波阻力越大;若航速相同,则船长(平等中体长)或车长越长兴波阻力越小。而且图25.7还表明,随平等中体长度的不同,结果出现间距均匀的波阻峰点,其间距略等于横波波长。由图25.7还可以说明航速选择问题。因为在相邻波阻峰点,车辆或船舶的速长比,即 $v/\sqrt{L}$,大致在1.20～1.95之间,而其中值大约即为波阻谷点处的速长比值。所以,对水陆两用车辆而言,按波阻谷点处的速长比来确定车辆的极限航速是很有参考意义的。上述比值均是按英制单位运算的,即 v 的单位为英里/小时,L 的单位为英尺。如果采用公制单位,则上述相邻波阻峰点的速长比在4～4.9。美国LVIPT两栖装甲突击车此比值为4.8,我国63式水陆坦克的速长比为4.13。

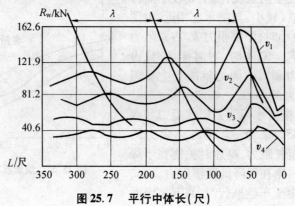

图25.7　平行中体长(尺)

25.2.5　汹涛阻力

水陆两用车辆在风浪中航驶时,由于风浪和车身的剧烈摇荡,使航行阻力大增,其增加的这部分阻力,船舶理论中称为汹涛阻力。虽车辆的动力输出不变,但由于汹涛阻力的影响,车辆将出现失速现象,因此为了保持车速,通常要求车辆应具有一定的功率储备。对一般运输船舶,要求主机具有15%～30%的功率储备,尤其客轮要求较高。

由于汹涛阻力造成航行中车辆失速,如果风浪中的航速为 v_R,风浪前的航速为 v(发动机功率不变),则失速 $\Delta v = v - v_R$,其大小与风浪的波长、波高、风向、波向、相对风速、车体长等因素有关。比如顶风顶浪,失速大,顺风顺浪不仅不产生失速,甚至可能增加航速。据航海统计与模型试验结果可知,当风浪的波长与船长之比在1.0～1.25范围时,失速最严重,而且颠簸严重,当比值小于 0.75,或大于 2 时,则失速与颠簸皆明显减小。船长对失速的影响大,船越短,失速越烈。可见对两栖车辆来讲,这一点很重要。由于车辆是长宽比较小的长方体,所以抗汹涛阻力的能力很低,会出现较严重的失速和颠簸,车首上浪,剧烈纵摇以及车首底波击,甚至可能出现螺旋桨出水飞车(表 25.1)。

表 25.1　蒲福风组表

风 级	风名	风速/(m·s⁻¹)	海面情况	风级	风名	风速/(m·s⁻¹)	海面情况
0	无风	< 0.5	平静	7	疾风	12.5 ~ 15.2	白波甚大
1	轻风	0.6 ~ 1.7	海面出现白波	8	大风	15.3 ~ 18.2	形成大波
2	轻风	1.8 ~ 3.3	可见小波	9	烈风	18.3 ~ 21.5	大浪颇高
3	微风	3.4 ~ 5.2	波浪间有白波	10	狂风	21.6 ~ 25.1	风浪更大
4	和风	5.3 ~ 7.4	一半呈现白波	11	暴风	25.2 ~ 29.0	
5	清风	7.5 ~ 9.8	几乎全为白波	12	飓风	> 29.1	
6	强风	9.9 ~ 12.4	白波稍大				

25.3　两栖车辆的浮性

25.3.1　浮　力

根据阿基米德原理,物体浮力等于其所排开水的质量与重力加速度的乘积。浮力的作用点称为物体的浮心。若水的物理性质是稳定的,则浮心即物体所排开水体积的几何中心。如图 25.8 所示。

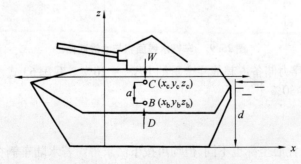

图 25.8　正浮状态的水陆坦克

浮力 D 是作用于车体周围静水压力的和,故有

$$D = \rho V g \tag{25.3}$$

式中,ρ 为水的密度,t/m³;淡水 $\rho = 1.0$ t/m³,海水 $\rho = 1.024 \sim 1.026$ t/m³;V 为排水体积,m³。

车辆作为水中浮体的平衡条件:重力 W 和浮力 D 相等,方向相反,并作用于同一垂直线上。对于正浮状态(无纵倾的漂浮状态)的车体,其平衡条件可写成

$$\begin{cases} D = W \\ x_c = x_b \\ y_c = y_b \end{cases} \tag{25.4}$$

车辆在水中的正浮状态是一种特殊状态。一般情况,车辆在水面上总是存在一定的横倾或纵倾,通常在设计或使用中要控制横倾,而一定的纵倾则是必须的,对水陆坦克来说,通常要获得一个扬首的纵倾角,大约2°～3°,并称之为车尾纵倾角。因此在设计时,要使浮心稍偏前于重心一个距离。车尾纵倾角可以避免航驶时出现埋首现象以提高航驶性能,同时车尾纵倾角还可以提高坦克航驶方向的稳定性,减少偏驶。

25.3.2　浮力储备

当水陆坦克为战斗全重状态时,车体与水面的接触线称为载重水线,通过载重水线的面称为载重水面(见图25.9)。载重水线以上,坦克不透水的体积,即为其浮力储备。可以说水陆坦克除载重水线外,还应有一个极限载重水线,它与载重水线之间的车体体积即为其浮力储备体积。可见,这一部分体积具有重要意义。由于战斗车辆,首要的、与生存性息息相关的要求就是尽可能地降低车高,所以,如何保证水陆坦克具有尽可能大的浮力储备是个十分复杂和困难的问题。

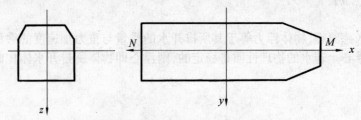

图25.9　车辆水线面积与水线断面

通常水陆坦克的浮力储备占其战斗全重的10%～20%。我国63式水陆坦克的浮力储备占战斗全重的28%～30%。

1. 浮心坐标曲线

随吃水深的不同,浮心坐标也不同,但均可按下法求得。若水陆车辆在吃水 d 时的正浮水线为 MN,则根据各部分面积的静力矩等于总面积相对横坐标轴的力矩即可确定浮心坐标,即

$$X_{\mathrm{b}} = \frac{\sum\limits_{i=1}^{k} F_i x_i}{\sum\limits_{i=1}^{k} F_i}$$

$$Z_{\mathrm{b}} = \frac{\sum\limits_{i=1}^{k} F_i z_i}{\sum\limits_{i=1}^{k} F_i} \tag{25.5}$$

由于式(25.5)是基于某个吃水 d 计算的。故取不同的 d 值可得 $Z_{\mathrm{b}} = f(d)$ 和 $X_{\mathrm{b}} = f(d)$ 曲线,此种曲线称为浮心坐标曲线。

图 25.10 是某船舶的浮心坐标曲线。作出浮心坐标曲线,即可在各种 d 值下计算浮心坐标。

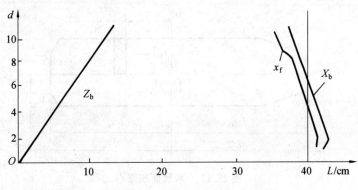

图 25.10 $Z_{\mathrm{b}} = f(d)$ 和 $X_{\mathrm{b}} = f(d)$ 曲线

2. 浮心垂向坐标 Z_{b} 的估算

由船舶理论推荐的经验统计估算法,绘出各种不同船的 Z_{b}, X_{b} 曲线,系数 β 取不同的值:船首尾横截面近等腰三角形,而船体中段断面为近矩形的船,β 值大约为 0.5 ~ 0.6 之间;一般两栖车辆都比较宽肥,几乎为长方体,β 可取 0.5。

$$Z_{\mathrm{b}} = \beta d$$

$$Z_{\mathrm{b}} = \frac{d}{3}\left(\frac{5}{2} - C_{\mathrm{vp}}\right) \tag{25.6}$$

式中,C_{vp} 为棱形系数,即船全断面多为三角形与梯形组成的多边形,根据此多边形的棱形程度,对 C_{vp} 可取不同的值。

式(25.6)已有一百多年的历史,由于形式简便,而且估算出的浮心垂向坐标接近实船的平均值,故一直广为使用,对两栖车辆,由于车体断面为长方形,建议取 C_{vp} 的上限,若取 $C_{\mathrm{vp}} = 1$,则由上式可得 $Z_{\mathrm{b}} = 0.5d$,与经验法相近。

25.3.3　漂心的纵向坐标 x_f

车辆水线面积的几何中心称为漂心，以 F 记之（见图 25.11）。根据求几何图形面积中心的公式可得，x_f 为

$$x_f = \frac{2\int_{l_M}^{l_N} xy\,dx}{A_w}\qquad(25.7)$$

式中，A_w 为水线面积。

图中，L 为车体长，O 为车长中点。

式（25.7）中积分为微分面积对点 O 的面积矩的积分，即水线面积对点 O 的面积矩。对不同的 d 值，水线面积的大小和形状都将不同，故也应求出 $x_f = f(d)$ 的曲线，如图 25.10 所示。

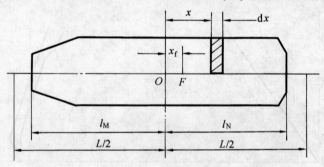

图 25.11　水线面积漂心

25.4　两栖车辆的稳性

25.4.1　基本定义

车辆受倾斜力矩作用偏离初始平衡状态而倾斜，当倾斜力矩消除后，车辆自行恢复到初始平衡位置的性能，称为稳性，也称为稳度。所以，两栖车辆是否具有必要的稳性，关键在于是否具有稳性力矩。

当倾斜力矩作用使车体产生匀速转动，即角加速度等于零，在此种倾斜下的稳性，称为静力稳性，也即静力稳度。相反，如果车体在倾斜力矩的骤然作用下，使车体产生角加速度，此时外力矩所做的功除此消耗外，才是克服车体稳性力矩的功，在此种倾斜下车体的稳性叫做动力稳性，即动力稳度。

25.4.2　微小角度倾斜时两栖车辆的稳性

两栖车辆的稳性,当然有纵稳性与横稳性之分,前者指车体绕横轴 y 纵倾时的稳性,后者则是车体绕纵轴 x 横倾时的稳性,所有纵稳性问题都是微小角度倾斜的稳性问题,由于纵稳性力矩远大于横稳性力矩,因此不存在纵稳性不足的问题。

如图 25.12 所示,设水陆坦克侧倾一个微小角度 θ,图中 AB 为倾前平衡状态下的载重水线位置,A_1,B_1 为实际载重水线。由图 25.12 可见,由于车体倾斜,改变了车体浸入水中的体积形状,因而浮心变到 B',而车体重心位置依然为 C。可见,重力 W 与浮力 D 构成了一个以 CK 为力臂的力偶,这就是使坦克回复原平衡位置的稳性力矩。

如图 25.13 所示,当车体倾斜一个微小角度 θ 时,出水楔形体积 dV_1 和入水楔形体积 dV_2 相等,即坦克倾斜不引起坦克的下沉或上浮。但由于浸入水中车体体积形状的改变,浮心位置发生改变,由 B 移到 B'。作用于点 B' 的浮力作用线与原(倾斜前的平衡状态)作用线的交点 M_0,称为稳心。由于倾角 θ 很小,可认为弧线 $\overset{\frown}{BB'}$ 和其弦线 $\overline{BB'}$ 相等,则 $M_0B = M_0B'$,通常用 ρ_0 代之,称为稳心半径。由船舶理论可知,船舶做微小角度倾斜时,稳心半径为一常数,即

$$\rho_0 = \frac{I_x}{V} \tag{25.8}$$

式中,I_x 为车体正浮水线面积对通过漂心的车体纵轴的面积惯矩,即

$$I_x = \int_{-l_M}^{l_N} \frac{2}{3} y^3 \, dx \tag{25.9}$$

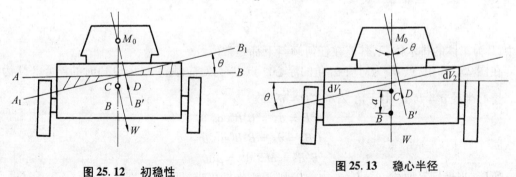

图 25.12　初稳性　　　　　图 25.13　稳心半径

V 为车体的排水体积。

可见,在等容($dV_1 = dV_2$)微倾条件下,稳心 M_0 是一个定点。对于上述微小倾角下的稳性,通常称为初稳性,以与大倾角稳性相区别。由图 25.13 可知,只要车体的重心 C 在稳心 M_0 之下,即 M_0C 取正值时,车辆具有稳性力矩,而当点 C 在 M_0 之上时,即 M_0C 取负值时,车辆具有倾覆力矩,而当 C 和 M_0 重合时,即 $M_0C = 0$ 时,车辆处于随遇平衡状态。这个稳心和重心之间的距离 M_0C 称为初稳心高度,简称稳心高度。

由图 25.13 可知,坦克在微小倾角 θ 下,稳性力矩为

$$M_s = D(\rho_0 - a)\sin\theta \qquad (25.10)$$

式(25.10) 即为初稳性方程式。方程中的 $\rho_0 - a$ 值即为稳心高度。

25.4.3 大角度倾斜时两栖车辆的稳性

由于倾斜角度大,使稳心位置以致稳心半径都不可能保持常量,而且由于出水体积不等于入水体积,即已不是等容倾斜,故必须在上浮或下沉条件下,来研究关于稳性的各种问题。

如图 25.14 所示,取车辆正浮状态时的浮心 B 为坐标原点,则大倾角倾斜后,浮心变到 $B'(y_i, z_i)$,则稳性力矩的力臂等于

$$CK_i = BH_i - a\sin\theta_i = y_i\cos\theta_i + z_i\sin\theta_i - a\sin\theta_i \qquad (25.11)$$

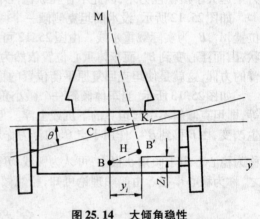

图 25.14　大倾角稳性

式中,a 为两心距,即重心与浮心间的距离,是常数。

所以只要找到与每个 θ_i 相对应的浮心坐标 y_i 和 z_i,则力臂即可确定,因而稳性力矩也就可确定了。

由于对应倾角 θ_i,车辆的稳心半径为

$$\rho_i = \frac{I_{xi}}{V}$$

式中,V 为车体的排水体积,其值在任何倾斜下都是常值。

在图 25.15 中,点 B' 为对应 θ_i 角的浮心。点 B'' 为对应倾斜 $\theta_i + d\theta$ 角时的浮心。M 为稳心。稳心半径 $\rho = B'M$,由于角 $\angle B''B'D = \theta_i$,故

$$B'D = dy = B'B''\cos\theta_i$$
$$DB'' = dz = B'B''\sin\theta_i$$

但

$$B'B'' = MB'd\theta = \rho d\theta$$

所以,当坐标系取成:$\theta = 0, y = z = 0$,则浮心坐标可求,即

$$y_i = \int_0^{\theta_i} \rho_i \cos\theta_i d\theta$$
$$z_i = \int_0^{\theta_i} \rho_i \sin\theta_i d\theta \qquad (25.12)$$

由于尚不知稳心半径与 θ_i 的解析关系,故式(25.12) 只能采用图解法或梯形数值法进行积分。

由于大倾角倾斜是非等容倾斜,所以必然引起车体的上浮或下沉,结果使水线面积重心相

对车体纵向对称面产生一个 η 大小的位移。因此要建立 ρ_i 和 θ_i 的对应关系,首先必须对应每一 θ_i,找出因沉浮形成的水线修正高度 ε_i 和上述的位移 η_i。

1. 求修正高度 ε_i

如图 25.16 所示,画出实际水线,标出 η_i 和 ε_i。图中 V_{1i} 和 V_{2i} 分别为上浮和下沉的楔形体积,如果 $V_{1i} - V_{2i} > 0$,则实际水线比正浮时水线低,而 $V_{1i} - V_{2i} < 0$ 时,实际水线比原水线高,若 S_i 为通过 O 点的辅助水线面积,则修正高度为

$$\varepsilon_i = \frac{V_{1i} - V_{2i}}{S_i} \tag{25.13}$$

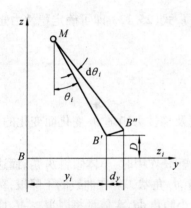

图 25.15　稳性计算示意图

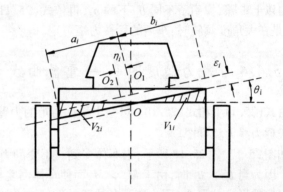

图 25.16　实际水线图

如此,即可得到与 θ_i 相对应的 ε_i。

2. 求水线面积重心位移 η_i

确定与 θ_i 对应的 ε_i 后,即可确定实际水线,则

$$\eta_i = \frac{M_{1i} - M_{2i}}{S_i} \tag{25.14}$$

式中,M_{1i} 为实际水线面积左边部分绕垂直图面并过点 O_1 的轴线的静力矩;M_{2i} 为右边面积的静力矩;S_i 为实际水线面积。

如图 25.16 所示,a_i 表示倾斜 θ_i 后,车体出水部分的实际水线的坐标,b_i 为入水部分实际水线的坐标,故可有

$$\eta_i = \frac{\dfrac{1}{2} \displaystyle\int_{-L'/2}^{L'/2} (a_i^2 - b_i^2)\,\mathrm{d}x}{\displaystyle\int_{-L'/2}^{L'/2} (a_i + b_i)\,\mathrm{d}x} \tag{25.15}$$

式中,L' 为实际水线车体长度,分母的积分即为 S_i。

若车体为一长方体时,即沿纵长方向车体宽度为常值时,则有

$$\eta_i = \frac{a_i - b_i}{2} \tag{25.16}$$

3. 求稳心半径 ρ_i

由于实际水线面积重心位置的确定,则可确定水线面积绕过重心的纵轴的轴惯矩 I_{xi},于是有

$$\rho_i = \frac{I_i}{V}$$

由以上步骤,找到了不同 θ_i 下的 ρ_i,再依式(25.11)、式(25.12)即可确定稳性力矩的力臂,于是在大角度倾斜时,车辆的稳性力矩可定。

25.4.4　静力稳度图 —— 雷德曲线

由式(25.11)和式(25.10)可绘出稳性力矩的力臂及稳性力矩随 θ_i 变化而变化的曲线,该曲线称为静力稳度图。

如图 25.17、图 25.18 所示,当车体受到一不变静力矩 M 作用时,车体倾斜 θ_i 角,而达稳定平衡。因为当 $\theta > \theta_1$ 时,由于 $M_s > M$,而使车体回复至 θ_1 角状态。在曲线的下降段,存在一个不稳定的平衡位置 θ_2,因为离开此位置的任何增大微小倾角 $d\theta$,车体都将因 $M > M_s$ 而不能回复平衡位置。

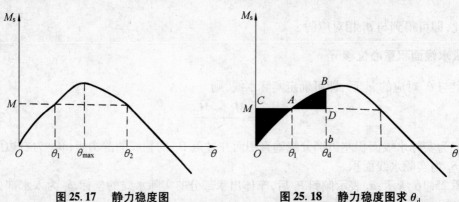

图 25.17　静力稳度图　　　　　　　　图 25.18　静力稳度图求 θ_d

25.4.5　动力稳度

当水陆坦克受到一个倾倒力矩 M 作用时,车辆将做角加速运动,M 做功,除克服恢复力矩做功外,还有一部分功用于使车辆产生角加速度。当达到稳定平衡位置时,在惯性作用下,车

体继续转动(倾斜),但此后,由于 $M_a > M$,故车体做角减速倾斜运动,直到停止倾斜。此时车体的倾斜角称为动力倾角,记为 θ_d。

当 $\theta = \theta_a$ 时,有

$$\int_0^{\theta_d} M_s \mathrm{d}\theta = \int_0^{\theta_d} M \mathrm{d}\theta = M\theta_d$$

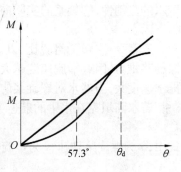

M 为恒值倾倒力矩。由图 25.18 可见,$\theta = \theta_d$ 时,M_a 所做的功即为曲线 OAB 与 θ 轴围成的面积,而 M 做的功则为长方形 $OCDb$ 的面积。可见,图示的两块阴影面积是相等的,因此可以图解 θ_d 值。显然,这种借助静力稳度图求解 θ_d 的方法,比较不方便,通常用静力稳度图的积分曲线来描述动力倾角,此积分曲线即为动力稳度曲线(即 M_a 做功曲线)。

由动力稳度图(见图 25.19)可知,过原点作动力稳度曲线的切线,切点的 θ 轴坐标即为 θ_d。此切线与 θ 轴围成的面积即为倾倒力矩的功。此切线过点 $(0, 57.3°)$,而 $\theta = 57.3°$,对应的倾倒力矩 M 即为极限值,若倾倒力矩超过此极限值,车辆将失稳。

图 25.19　动力稳度图

25.5　水上航驶的推力

25.5.1　螺旋桨的推力特性

在转速不变的条件下,螺旋桨推力随航速提高而降低,这是螺旋桨推力特性的重要规律,如图 25.20 所示。

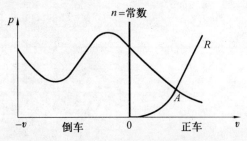

图 25.20　推力特性(转速一定)

由图可见,水流阻力 R 与推力曲线的交点为 A,此时推力与阻力相等,车辆将做等速运动。点 A 对应的航速为 v_A。显然,此航速 v_A 即为对应螺旋桨转速 n 下的最大航速。

当水陆坦克的动力装置与螺旋桨几何参数匹配合理时,车辆可获得较高的航速。

25.5.2　通过螺旋桨转速估计航速

如果螺旋桨的螺距为 p，则螺旋桨推水的前进速度 v，应等于其转速 n 与 p 的乘积，但是由于水的流动性，螺旋桨的实际前进速度低于 np，这个差值称为滑脱速度，即

$$v_n = np - v_s$$

通常令 v_n/np 为滑脱比，以 s 记之。螺旋桨的滑脱速度大小决定了车体(船体)可能获得的螺旋桨推力，因此滑脱速度越大，推力就越大。实际上滑脱速度就是螺旋桨向后推水的速度，推水速度大，当然水对螺旋桨的推力也大。故螺旋桨推力是 np 和 v_p 的函数。

若水陆坦克在水中的航速为 v，则可用螺旋桨的转速 n 来估推，即

$$v = np(1 - s) \tag{25.17}$$

式中，n 为螺旋桨转速；s 为螺旋桨滑脱比。

复　习　题

25-1　车辆构型有哪些基本模式？
25-2　车辆航驶的水流阻力有哪些？
25-3　简述附件阻力。
25-4　简述形状阻力。
25-5　简述浮力储备定义。
25-6　简述两栖车辆的基本定义。

参 考 文 献

[1] 胡望平. 车用发动机原理[M]. 装甲兵工程学院,1996.

[2] 何忠波. 自行火炮发动机构造及原理[M]. 军械工程学院,1994.

[3] 魏春源,何长贵. 风冷柴油机[M]. 北京:机械工业出版社,1998.

[4] 国营华北柴油机厂,B/FL413F 系列柴油机使用说明书

[5] 魏春源,张卫正,葛蕴珊. 高等内燃柴油机学[M]. 北京:北京理工大学,2001.

[6] 李瀛波. 装甲车辆液压传动[M]. 装甲兵工程学院,1994.

[7] 贾铭新. 液压传动与控制[M]. 北京:国防工业出版社,2001.

[8] 刘顺安. 液压传动与气压传动[M]. 长春:吉林科学技术出版社,1999.

[9] 黄琏. 坦克结构与计算[M]. 装甲兵技术学校,1985.

[10] 丁连昌,史延东,宋忠. 装甲车辆结构分析与计算[M]. 装甲兵技术学校,1997.

[11] 阚金山,满金财. 轮式装甲车车型结构介绍[M]. 装甲兵技术学校,1998.

[12] 闫如会,王绍坤. 92 式轮式装甲车构造与修理[M]. 总参兵种部,1997.

[13] 张培林,李国璋. 83 式 152 mm 自行加榴炮,89 式 122 mm 自行榴弹炮勤务教程及图册[M]. 北京:解放军出版社,1998.

[14] 89 式 120 mm 自行反坦克炮,89 式 122 mm 自行火箭炮勤务教程及图册[M]. 北京:解放军出版社,2004.